D1755727

WUNSCHMASCHINE
EINE GESCHICHTE DER TECHNIKVISIONEN SEIT DEM 18. JAHRHUNDERT
WELTERFINDUNG

Herausgegeben von Brigitte Felderer

SpringerWienNewYork

Grußwort

Der menschliche Wunsch, die Natur nicht allein nachzuahmen, sondern sie auch überflügeln zu können, ist seit jeher mit dem Wunsch nach technischen Mitteln verschmolzen. Vom realhistorischen Bau der ägyptischen Pyramiden über den sagenhaften Flug des Ikarus bis zur Mondfahrt war der „Stand der Technik" stets entscheidender Gradmesser für das Funktionieren oder Scheitern eines bestimmten Projektes. Aufgrund ihrer traditionsreichen Verknüpfung mit dem Visionären bewahrte sich „Technik" zugleich auch das Faszinosum eines Mythos, innerhalb dessen die Grenzen des jeweils Möglichen bis zu den Grenzen des jeweils Vorstellbaren erweiterbar sind. Die „Wunschmaschine" als Erfindung ist daher auch immer Resultat einer Projektion, die vom jeweiligen Weltbild bzw. einer in Wechselwirkung mit der Wunschmaschine neu erfundenen Welt ausgeht.

Seit Platon, der die sinnliche Dingwelt als Ordnung beschrieb, hat sich zugleich auch die Vorstellung der Maschine als ein nach bestimmten Regeln und Ordnungen funktionierendes „System" entwickelt. Die Maschine konnte seither sowohl als Erklärungsmodell für Funktionen der toten wie der lebendigen Materie als auch als Hilfsapparatur zur Realisierung von Wünschen dienen.

Die Ausstellung „Wunschmaschine Welterfindung" widmet sich den verschiedenartigsten Aspekten dieser Entwicklung – von Blicken auf die in Diesseits, Himmel und Hölle eingeteilte Welt des Mittelalters bis zu Satellitenbildern von der Erde, von sozialutopischen Entwürfen der Neuzeit bis zu visionären Konzepten des Roboterzeitalters, von frühen Formen der Nachrichtenübermittlung bis zur Kommunikation im Cyberspace. Zur Sprache kommen somit nicht nur die „hohen Wissenschaften und Künste", sondern gleichermaßen auch alltagskulturelle Träger und Erzeuger jeweiliger Welt- oder Wunsch-Weltbilder. Zugleich erfahren hier dadurch die für die Erörterung aktueller Projektionen im Bereich jüngster Technologien wichtigen Fragestellungen ein breites historisches Fundament.

Wir freuen uns daher, diese aufschlußreiche Veranstaltung zu den Wiener Festwochen in der Kunsthalle Wien präsentieren zu können. Unser Dank gilt der Kuratorin des Projektes, Brigitte Felderer, und dem Team der Kunsthalle Wien. Erinnert sei auch daran, daß die Initiative zu diesem spannenden Vorhaben vor nunmehr drei Jahren von Brigitte Felderer, Herbert Lachmayer und Toni Stooss ausging. Zaha Hadid und Patrik Schumacher, die die architektonische Gestaltung übernommen haben, sowie Herbert Lachmayer, der sich diesem Projekt stets mit Rat und Tat zur Verfügung gestellt hat, sei im besonderen gedankt. Den wissenschaftlichen Mitarbeiterinnen und Mitarbeitern, dem wissenschaftlichen Beirat und allen anderen, die an der Realisation dieses Projektes wesentlich beteiligt waren, wird ebenso wie den zahlreichen Leihgebern an anderer Stelle unser besonderer Dank ausgesprochen. Nicht zuletzt danken wir allen Sponsoren, allen voran Silicon Graphics und Kapsch, mit deren Unterstützung ein so aufwendiges Vorhaben realisierbar wurde.

Mit der Hoffnung, daß die in der Ausstellung und im Katalog thematisierten Visionen und Leidenschaften auch auf das lebhafte Interesse der Besucher stoßen, richten wir unseren Gruß an alle, die diese Veranstaltung zu den Wiener Festwochen wahrnehmen.

Dr. Ursula Pasterk
Amtsführende Stadträtin für Kultur in Wien

Dr. Gerald Matt
Geschäftsführer der Kunsthalle Wien

Inhaltsverzeichnis

Brigitte Felderer Einleitung 1

Zaha Hadid, Patrik Schumacher
Die Architektur zu Wunschmaschine – Welterfindung 7

Helga Nowotny Die Erfindung der Zwischenwelt
Zwischenräume, Zwischenzeiten, Zwischen Niemand und Jemand 8

Herbert Lachmayer Vom Ikarus zum Airbus
Technik zwischen Mythenabsorbtion und Mythenproduktion 24

Jehuda Safran Den Gänseblümchen beim Wachsen zusehen
oder die Frau ohne Schatten 40

Thomas Macho Die Träume sind älter als die Erfindungen
Am Beispiel der Hofkammermaschinisten Johann Nepomuk und Leonhard Maelzel . . 45

Hans Ulrich Reck Technik und Improvisation
Betrachtungen zur Logik des Paradoxen 56

Bart Lootsma Zu einer zweiten Natur 68

Wolfgang Pircher Das Bild der Maschine 93

Slavoj Žižek Die Virtualisierung des Herrn 109

Ramón M. Reichert Die Arbeitsmaschine
Dokumente zu Sozialtechnologie und Rationalisierung 119

Franz Reitinger Die Konstruktion anderer Welten 145

Peter Weibel Neurocinema
Zum Wandel der Wahrnehmung im technischen Zeitalter 167

Paul Virilio Das Museum der Sonne 185

Erkki Huhtamo From Cybernation to Interaction:
Ein Beitrag zu einer Archäologie der Interaktivität 192

Mathias Fuchs ParaReal 208

Timothy Druckrey c^n command, control, communication, culture,
consciousness, cognition, cybernetics, computing, cyberspace, cyborg [...] . . 222

Leopold Federmair Entzaubern – Verzaubern
Zu den außergewöhnlichen Reisen Jules Vernes 236

Manfred Faßler Stile der Anwesenheit
Technologien, Traumgesichter, Medien 250

Wolfgang Pircher Kinder der Telegraphie
Eine nachrichtentechnische Genealogie des Computers 272

Friedrich Kittler Lakanal und Soemmerring:
Von der optischen zur elektrischen Telegraphie 286

Bernhard Siegert Carnotmaschinen
Zur Genese von Umkehrbarkeit und Wiederholung als Maschinenschreibweise 296

Elke Krasny Zukunft ohne Ende – das Unternehmen Weltausstellung 314

Manuel Chemineau La Nature Ein Bildessay 339

Christian Theo Steiner Der Motor Verlangen
Die Avantgarde als Touring-Club 358

Georg Seeßlen Träumen Roboter von elektronischen Orgasmen?
13 Anmerkungen zu Sex, Maschinen und Cyberspace 372

Doreet LeVitte-Harten Das Verschwinden des Körpers 384

Charles Hables Gray Die Cyborgs sind unter uns 398

Marie-Anne Berr Stoffwechselmaschinen 411

Gabriele Mras Die Natur des Menschen: Eine Einführung 434

Ernst Strouhal Uhrwerk und Schachspiel
Zur Motivgeschichte des Bildes der intelligenten Maschine 444

Jasia Reichardt Die Paradoxe mechanischen Lebens 472

Wolfgang Müller-Funk Die Maschine als Doppelgänger
Romantische Ansichten von Apparaturen, Automaten und Mechaniken 486

Géza Hajós Automaten in Gärten 507

Herbert Lachmayer Im Dienste einer Vision – Kapsch & Telekommunikation . . 515

Eleonora Louis Zur Poetik von Zeit und Raum 520

Leihgeber 523

Werkliste 525

Photonachweis 548

Dank 549

Impressum 551

Einleitung

Brigitte Felderer

Schön an Ausstellungen ist, daß sie kurzlebig sind, ephemere Erscheinungen, daß sie nicht lange existieren, daß – obwohl massenmedial angelegt, in der Präsentation und vor allem in ihrer Thematisierung – nur wenige Menschen sie letztendlich gesehen haben, daß eine Ausstellung – bevor man sich *dann doch* entschließt hinzugehen, auch schon wieder geschlossen ist, und daß eine Ausstellung, wie schmeichelhaft oder ablehnend sie nun rezensiert sein mag, in jedem Fall Bilder in den Köpfen hinterläßt: Sei es als Plakat, das in den Straßen auf dieses Ereignis verweist, sei es als Katalog, der nicht immer zu Beginn, in jedem Fall aber noch lange nach Ende der Ausstellung erhältlich ist, oder sei es als soziales Ereignis der Eröffnung, die zwar der Ausstellung kaum Raum läßt, sie aber in jedem Fall zur Welt bringt. Der Effekt, der sich einstellt, ist erst nach einer nicht so ohne weiteres zu bestimmenden Halbwertzeit erkennbar: Irgendwann, nach all den Erzählungen, verbunden mit dem noch erinnerbaren, doch nicht rechtzeitig umgesetzten Wunsch hingegangen sein zu wollen, fällt es bisweilen schwer sich zu erinnern, ob man diese oder jene Ausstellung – wirklich oder nicht – gesehen habe.

Wie auch immer eine Ausstellung ausfällt, sie findet in jedem Fall zum richtigen Zeitpunkt statt, nicht zu früh und schon gar nicht zu spät, wobei sie nach einem umgekehrten Prinzip vorgeht, denn eigentlich sind es die dargebotenen Objekte, die dem anonymen Besucher Zutritt gewähren.

Der unausgesprochene Wunsch eines jeden, der Objekte zu einer Assemblage zusammmenbringt, ist im Grunde, dem Besucher keinen Ausweg zu lassen: Die Objekte sollen eine soziale Welt herstellen, in die sich der Betrachter begibt. Und die kurze Zeit, in der jede Ausstellung zu sehen ist, hat auch eine angenehme Nebenerscheinung: all die Vorbereitungszeit, der Aufwand langwieriger Recherchen, die vielen Gespräche, die zu führen waren, kommen zum Verschwinden. Eine Ausstellung beginnt am Eröffnungstag, bis dahin verbleibt sie in einem Raum-Zeitkontinuum: All ihre Bestandteile sind zwar deutlich erkennbar, doch erzählen sie noch nicht jene Geschichte, deren Verlauf skizziert ist, wie die Linien und Graphen, anhand derer Lawrence Sterne die Geschichte des Tristram Shandy verbildlicht.

Die Vorbereitung einer Ausstellung, insbesondere wenn sie zum Genre der thematischen Ausstellungen gehört, hat in diesem Sinne keine Geschichte; es gibt nur einen gewissen Zeit-Raum, der zur Realisierung notwendig ist. Thematische Ausstellungen wie diese sind ein Minimundus – bestechend, weil die Welt miniaturisiert erscheint, und Menschen durch ein Land der Zwerge wandern, immer des Überblicks sicher. Thematische Ausstellungen verschieben zwar die Dimensionierungen, indem sie Dinge zusammenbringen, die in unseren Wunderkammern und Horrorkabinetten längst katalogisiert und sortiert, geordnet, doch getrennt voneinander untergebracht worden sind; diese temporäre Topographie aus Kunstwerken, Büchern, Gegenständen, Skulpturen eröffnet dank ihrer Inszenierung Wege, denen man folgt und die einen sicher wieder zum Ausgang bringen.

Am Anfang steht eine Idee, stehen mögliche Objekte, gibt es Hinweise, Konzepte, Vorschläge, Ermahnungen, Geldprobleme, und das Bestreben, all das über einen Zeitraum hinweg so neu zu ordnen, daß die Ausstellung eine Geschichte erzählt. Die Objekte sind kein Rahmen, durch den sich gewissermaßen die Welt öffnet, nein, eine Ausstellung bedeutet vielmehr ein enges, alle Aufmerksamkeit forderndes Labyrinth, das die Energien und Kräfte des Besuchers begehrt und verschlingt. Erst wenn uns die Objekte wieder entlassen, kann sich langsam klären, was wir gesehen haben. In diesem Sinne sind Ausstellungen Wunschmaschine wie Welterfindung. Sie entstehen auf dem Papier, sie werden auf Papier vorbereitet und zusammengestellt, sie funktionieren nur in dem System, das für ihre Realisierung gewählt wurde, und sie bedeuten den gleichzeitigen Versuch, all diese Absichten, Vorstellungen und Projektionen zu verwirklichen – und darüberhinaus, den lächerlichen Wunsch, zumindest ähnliche Wirkungen in anderen unbeteiligten Menschen zu verursachen. Eines der schönsten Komplimente eines Besuchers möchte wohl seine Feststellung sein, daß er dieses oder jenes Objekt nun denn doch vermißt hätte. Eine Ausstellung läßt sich als standardisierte Form von Gedankenübertragung betrachten, auch als konzeptuelle Textur, die sich für jeden neu zusammenstellt und doch allen kommunizierbar bleibt. Mit einem Wort, *hinter* Ausstellungen stehen so viele Menschen, daß man vielleicht noch den Ursprung der Idee lokalisieren kann, daß aber jedes Objekt, das sich scheinbar in diese erste Idee einfügt, diese auch schon wieder neu bestimmt. Die Objekte gehen wiederum ein spezielles Verhältnis ein mit dem, der sie sozusagen findet: Wunschmaschinen und Welterfindungen gesucht und gefunden haben Manuel Chemineau und Peter Henrici, Elke Krasny, Ianthe Kallas-Bortz, Ingerid Helsing Almaas und Mathias Fuchs, denen ich an dieser Stelle nicht nur danken möchte für das Engagement mit dem sie sich auf dieses Projekt eingelassen haben, sondern auch für ihren Witz, ihr Verständnis, ihre Geduld und ihre Bereitschaft, über zwei Jahre hinweg auf einen Tag der Eröffnung hinzuarbeiten.
Die Kunsthalle am Karlsplatz erlaubt es, ihren Raum architektonisch immer neu zu definieren, und so versteht sich die Ausstellungsarchitektur von Zaha Hadid und Patrik Schumacher nicht nur als Inszenierungstechnik – was gemessen an den Objekten ohnehin immer auch ein anmaßendes Unterfangen wäre –, sondern ordnet sich gleichrangig ein in diese Welt, die geduldig verharrt, wenn wir unsere Aufmerksamkeit und Neugier auf sie richten, die aber, sobald wir ihr den Rücken zudrehen, ihr munteres Leben entfaltet. So gibt es in der Ausstellung keine geschlossenen Räume, sondern Angelpunkte, von denen aus man sich dahin oder dorthin bewegen kann: In jedem Fall kehrt man zurück zu einer Projektion des Turmbaus zu Babel, zu jenem Bild Bruegels, das zur Ikone geworden ist – der Hybris, möchte man, wohl ein wenig voreilig, ausrufen. Der Turmbau zu Babel hält weniger ein Scheitern fest, sondern einen Prozeß künftigen Scheiterns, der, unklar den Beteiligten, auf unbestimmte Zeit anhält und nicht so ohne weiteres zu Ende kommt; um ehrlich zu sein, etwas Besseres hätte einem gar nicht passieren können, als daß die eine und einzige Sprache, die alle mit allen sich austauschen läßt, zerfällt in unterschiedlichste Identitäten und Kulturen. Die Universalsprache schien den Turmbau als reale Möglichkeit denkbar zu machen, wobei im Grunde wenig eindeutig bleibt, was nun tatsächlich gescheitert ist: die Hybris? oder der Machtanspruch einer Universalsprache? Bis zum Turmbau teilten Gott und seine Kinder eine allgemein verständliche Sprache, die Welt war

unter aller Kontrolle, doch die Sprechakte, wer wen anzuflehen hätte und zu bitten, wer schließlich Gnade erteilte etc.., schienen zu eindeutig verteilt; es galt den Kindern, erwachsen zu werden, also den Ort der Macht zu erreichen – und des vollkommenen Glückszustandes. Um dies turmbauend zu bewerkstelligen, wurde die menschliche „Megamaschine" (Lewis Mumford) in Gang gesetzt, nicht so sehr bestimmt von technischen Möglichkeiten, als vielmehr von dem gemeinsam geteilten Willen und dem Wissen eines jeden, welchen Platz er im Gesamtsystem einzunehmen hat. Babel steht nicht nur für den gescheiterten Anspruch einer universalen Verständigung, sondern gleichermaßen für die Megamaschine, in die sich der einzelne einfügt. Salopp formuliert könnte man auch behaupten, daß die Babelisierung des Kosmos den Menschen neue ungeahnte Möglichkeiten eröffnete, indem die neuen Sprachen und Identitäten, der Menschheit als Strafe auferlegt, die Welt mit einem Schlag enorm vergrößerten, und dem Einzelnen Selbstbewußtsein verliehen: An dem Projekt mitgewirkt, in den Himmel gebaut und dabei eine göttliche Strafe auf sich genommen zu haben, adelt. Die Menschen haben Gott – ziemlich erfolgreich – das Fürchten gelehrt.

Der Glaube an den Einzigen Gott, an das Vaterland, an Ehre und Anstand als verbindliche wie zuverlässige Mechanismen, als Sozialtechnologien, stellte im Europa des ausgehenden 18. Jahrhunderts keine Garantie mehr für die Megamaschinisierung der Gesellschaft dar. Knigges Werk „Über den Umgang mit Menschen" ist nichts anderes als das Indiz dafür, daß der soziale Aufstieg willkürlich steuerbar wird: Man kann in die obersten Kreise gelangen und muß nicht mehr dort geboren sein. Diese von Knigge vorgeführte Transparenz und, vor allem, Beeinflußbarkeit sozialer Prozesse markiert gewissermaßen das Ende verbindlicher sozialer Begegnungsformen und den Beginn des Konzeptes von Sozialisierung mit dem zugehörigen Ideal eines projektierten Menschen, der sich in diesen Systemen zwischen oben und unten, drinnen und draußen zurechtfinden und einrichten soll: der sich etabliert. In der Ausstellung ist es darum gegangen, einen Zusammenhang zu visualisieren zwischen dem „zivilen Körper" als physische Ordnung, wie ihn ein Heer darstellt, und dem Panoptikon als architektonische Struktur, welche die Kontrolle und Organisation sozialer Gruppen erlaubt wie vorhersehbar macht: Gefängnisse, Spitäler, Fabriken, Büros. An die Stelle ständisch verbindlicher Verhaltensideale und Tabus treten Funktionalismen, die sich an Kriterien der Effektivität, Beschleunigung, Kontrolle, Optimierung und Vernichtung ausrichten. Architektur als Medium des totalen Überblicks, der Heeresverband als symbolische Befehlsordnung entwerfen ein beklemmendes soziales Szenarium: Als vollwertiges Mitglied dieser Welt kann ich mich nur erfahren, indem ich diese soziale Ordnung mitbetreibe, aufrechterhalte – immer noch vor dem suggestiven Hintergrund eines möglichen babylonischen Turmbau-Projekts. Macht und Herrschaftsansprüche sind in einer so funktionierenden Sozialmaschine nicht mehr verhandelbarer oder zu verortender Inhalt, sondern „virtualisierte Herrscher" (Slavoj Žižek) inszenieren Entscheidungen in einem unbegrenzten Raum, dessen Funktionalitätsprinzipien nicht mehr auf eine Figur, einen Stand, eine Schicht zurückzuführen sind: An die Stelle des Großen Bruders ist eben die kollektive Kontrolle getreten. Spätestens an diesem Punkt wird der Turm zu Babel ruinös: Die Turmspitze bedeutet nicht viel mehr als die Stelle eines Herren, der nur noch gefragt wird, um den einzelnen Befehlsempfänger im suggerierten Kontext einer Entscheidungsstruktur zu entängstigen – wie der funktionslose Lenker einer U-Bahn, die auch automatisch funktionieren würde, eigentlich nur deswegen dasitzt, um all die Menschen zu beruhigen, die ihre Reise durch die orientierungslosen Tunnelsysteme aufnehmen, im grenzenlosen Vertrauen darauf, daß sich Zeichen und Referenz an der nächsten Station vereinbarungsgemäß decken werden.

In dem Maße, in dem Beschreibungs- und Erklärungsmöglichkeiten sozialer Prozesse in die Funktionalität von Ordnungsprinzipien aufgehen, verinnerlichen sich solche Ordnungsideale auch im Einzelnen, in seiner Psyche, in seinem Körper. Mit der „Öffnung des Körpers" im 18. Jahrhundert setzt sich ein Verständnis über die Funktionsweisen des Körpers durch, das die menschliche Anatomie und ihre wundersamen Funktionen begreift als Zusammenwirken verschiedenster Einzelmechanismen, die sich zu einem großen Automaten vervollständigen. Zwei Maschinen des ausgehenden 18. Jahrhunderts, die beide in der Ausstellung gezeigt werden können – die Tympanon-Spielerin von David Roentgen und Peter Kintzing, für Marie Antoinette angefertigt, sowie Wolfgang von Kempelens Sprechmaschine, konstruiert zur Erforschung des Mechanismus des menschlichen Sprechens – repräsentieren diese Perspektive einer bis zum heutigen Tag etablierten Körpersicht: die Fragmentarisierung einzelner Körperfunktionen und deren genaue Analyse, die in Konsequenz zur Möglichkeit der technischen Reproduktion einer Körperfunktion führt: die Beschreibung des Mechanismus der menschlichen Sprache koppelt sich an die maschinelle Rekonstruktion der menschlichen Sprechorgane, die Lunge wird zum Blasebalg etc. Die Ingenieure und Automatenbauer des 18. Jahrhunderts wagten sich nicht erst über eine vorsichtige Annäherung an die Rekonstruktion des menschlichen Organismus heran, sondern drangen sogleich in die Repräsentation menschlicher Intelligenz vor: Androiden repräsentieren die Künste, sie zeichnen, musizieren und schreiben, oder spielen Schach. Kempelens Schachtürke setzte Imaginationen und Phantasien in Gang, die eine derartige Maschine erst in den Bereich des Möglichen rückten. Der faszinationsgeschichtlich entscheidende Schritt setzt dort ein, wo Automaten nicht mehr nur vorgeführt werden, um helles Entzücken über den geheimnisvollen Mechanismus hervorzurufen, der sie in Bewegung versetzt, menschliche Funktionen nicht bloß imitiert werden, sondern Androiden eine glaubhafte Autonomie gewinnen, die sie vielleicht sogar über menschliche Beschränkungen hinaushebt. Eine Maschine, die menschliche Tätigkeiten mechanisch vorführt, mag eine Zeitlang begeistern, auch tiefe Bewunderung hervorrufen, doch wirklich zu beeindrucken vermag nur ein Mechanismus, der Fehler macht, der wenig vorhersehbar handelt, der im Spiel verlieren und gewinnen kann. Die Vorstellung, Leben künstlich zu erzeugen, erlaubt einerseits eine kritische Distanznahme zum eigenen Körper, in dem Sinn, daß klar wird, was mein eigener Körper zu leisten imstande ist beziehungsweise wo seine Grenzen liegen, und andererseits auch eine Verdrängung des Körpers dahingehend, daß ich diesen Körper manipuliere, beeinflusse und handhabe je nach Gebot der technischen Stunde. Eine narzißtische Cyborgisierung erlaubt uns womöglich sogar – angesichts einer massenmedial auf uns einstürzenden Bilderflut – die Vorstellung von einem – unserem – beliebig formbaren Körper, der sich alterslos mit den idealisierenden Simulationen von Körpern messen kann. Mit den ersten Konzeptionen des Cyborgs, wie zum Beispiel jenes Projekt des Chevalier de Beauve, der um 1715 einen Taucheranzug entwickelte, ging es nicht nur darum zu zeigen, wie sich für Menschen mit neuen Werkzeugen neue Lebensräume eröffnen könnten, sondern wohl eher darum, die Begrenztheit menschlicher Existenz zu thematisieren. Nicht nur geburtsrechtliche Privilegien sollten weichen, auch anthropologische Beschränktheit schien auflösbar: Ein nur technisch verbesserter Körper verhieß die kühnste aller Freiheiten, die Reise durch Zeit und Raum.

Technikvisionen sind in diesem Zusammenhang zu verstehen als mnemotechnische Strukturen, die es erlauben, Unvorstellbares denkbar zu machen, ein Bild des Noch-nie-Gesehenen zu entwerfen, Resultate als Ergebnisse von Prozessen zu verstehen, soziales Geschehen als basierend auf mechanistischen Vorgängen zu begreifen. So gesehen sind nicht Technik oder ihre realen Bedingtheiten und Funktionen Thema der Ausstellung wie des vorliegenden Buches, sondern jene Gedankenräume, die Technik in ihren Möglichkeiten repräsentieren, verständliche Erklärungsmöglichkeiten zu bieten für das Weltgeschehen, für soziales Zusammenleben, für gesellschaftliche Prozesse, für die Funktionen des eigenen Körpers. Technik wird so gewissermaßen zu einer gedanklichen Struktur, die es dem, der diesen mnemotechnischen Linien folgt – womit wir wieder bei Tristram Shandy angelangt wären – erlaubt, Distanz einzunehmen zum eigenen Schicksal. Die Technikvision wird damit zur Beschreibung der Welt, ist Himmelsleiter wie Metaebene, die das eigene Leben erträglich macht. In diesem Sinne können wir Technik ansehen als etwas, das uns erlaubt, plausible Bedeutungen zu finden für Vorgänge, die eigentlich außerhalb unseres Wissens und unserer Vorstellungswelt liegen. Technik ist also Inhalt wie Medium einer andauernden Grenzüberschreitung. Exemplarische Figur in diesem Zusammenhang ist zweifellos Jules Verne, der auf den Pariser Weltausstellungen den zeitgenössischen Stand der Technik und der technischen Leistungen recherchierte, um diese technischen Möglichkeiten und Potentiale in die Zukunft zu verlängern. Er schuf eine erklärende Welt, einen sozialen Sinn um die isoliert vorgeführten Technikinszenierungen. Damit wurde eine von Experten geschaffene, nur für solche verständliche Technik zum für ein größeres Publikum akzeptablen Inhalt. Es mag dieser soziale Sinn einer Technikphantasie sein, der zum Katalysator für die Karriere so manchen Forschers wurde, der die Verneschen Linien und Strukturen übernahm, die Technik, die dafür funktionalisiert wurde, jedoch auf den neuesten Stand brachte. In diesem Zusammenhang seien nur die Pioniere der Raketentechnik, Herrmann Oberth in Deutschland und der russische Geistliche Konstantin Tsiolkovsky, genannt, die beide ihr Forscherleben der Realisierung einer gut ausgedachten Geschichte widmeten, den technischen Weg zu finden, um in den Raum der Schwerelosigkeit vorzudringen. *Science-fiction* integriert technisch Unbegreifliches in bekannte sinnhafte Zusammenhänge, wobei letztendlich nicht die Technik selbst und ihre Inhalte erklärt werden, sondern technische Möglichkeiten nur über ihre soziale Bedeutung vermittelt sind. In der Folge könnte man auch den Schluß wagen: je weniger sichtbar, je weniger begreifbar Technik wird, je mehr sie hinter dem Bildschirm der sekundären Wirklichkeit verschwindet, desto schwerer beschreibbar wird wohl auch wieder die Welt, werden wir für uns.

Für die Ausstellung ging es immer auch darum, jene Bilder vorzuführen, anhand derer wir verstehen, was uns umgibt, die uns – weil sie existieren – auch enttängstigen, die uns Unbegreifliches denken lassen und es damit, längst bevor es technisch realisierbar wird, in die Welt setzen. Das Erfinden dieser Welt hält die Ausstellung fest, als eine Wunschmaschine, die sich nicht selbst zerstört, sondern aufhebt.

An dieser Stelle möchte ich meinen besonderen Dank an Frau Dr. Annemarie Türk und Frau Beate Schilcher, KulturKontakt, aussprechen, durch deren engagierten Einsatz wichtigste Sponsorenleistungen zustandegekommen sind: Ohne die großzügigste und unkomplizierte Unterstützung der Sponsoren würde es die Ausstellung nich geben.

Allen voran möchte ich Silicon Graphics danken, die jene Maschinen zur Verfügung stellten, die uns die Realität virtualisieren ließen. Herrn Dipl. Ing. G. Weizenbauer kommt das Verdienst nicht nur ökonomisch großzügigster Unterstützung zu, sondern auch umsichtigster Betreuung.

Der Kapsch AG ist im besonderen Maße für ihre Generosität zu danken, wobei wir in Frau Herdlicka eine außerordentliche Unterstützung für unser Vorhaben fanden.

Danken dürfen wir:

Herrn Dipl. Ing. Leditznig von der Firma Rigips, die dem Architekturentwurf Körper und Volumen verliehen hat; Herrn Generaldirektor Dipl. Ing. Horst Pöchacker von der PORR für Baumaterialien und Transport; Herrn Generaldirektor Dr. Jürg Zumtobel und der Firma Zumtobel-Staff für Beleuchtung und Lichtsteuerung; Herrn Generaldirektor Hofrat Dr. Wilfried Seipel vom Kunsthistorischen Museum, der uns den virtuellen Turmbau von Babel faktisch ermöglicht hat;

Herrn Wolfgang Lorenz, Kulturchef des ORF, der mit einer Richtfunkstrecke und Dokumentationen dazu beiträgt, die Ausstellung einer großen Öffentlichkeit zuzuführen; die Zusammenarbeit mit Frau Dr. Krista Fleischmann, Herrn Ernst Grandits und Herrn P. Jambor gestaltete sich effizient und vergnüglich; Herrn Dr. Lothar Beckel von der Firma Geospace, die uns ihre Satellitendaten zur Verfügung gestellt hat, wodurch uns eine Ausweitung der interaktiven Computerinstallation *Terravision* von Art&Com auch auf Österreich ermöglicht wurde; Seiner Exzellenz, dem Herrn Botschafter der Republik Frankreich, Monsieur Levin, für die Unterstützung, die Tympanonspielerin nach Österreich zu bringen, und Mde. Barillaud vom französischen Kulturinstitut für die Förderung eines begleitenden wissenschaftlichen Symposiums; dem Hotel Bristol für die Einquartierung diverser Ehrengäste und last but not least J. E. Weidinger, der mir immer wieder in heiklen und schwierigen Situationen den Rücken gestärkt hat.

Den Architekten der Ausstellung, Frau Zaha Hadid (London) und Herrn Patrik Schumacher (London/Berlin), Dank und höchste Anerkennung für ihr Werk, zu dessen Realisierung in Wien Herr Dipl. Ing. Fritz Mascher und Herr Dipl. Ing. Klaus Stattmann wesentlich beigetragen haben.

Allen, die in der Vorbereitungsphase uns mit Rat und Tat zur Seite gestanden sind, sei Dank gesagt, insbesondere für wissenschaftliche Supervision Frau Univ. Prof. Dr. Helga Nowotny, Herrn Univ. Prof. Dr. Klaus Heinrich und Herrn Univ. Prof. Dr. Thomas Macho.

Unser Dank gilt der Kulturstadträtin von Wien, Frau Dr. Ursula Pasterk, für ihr dauerhaftes Interesse am Projekt, der neuen Chefkuratorin der Kunsthalle, Frau Dr. Cathrin Pichler, dem Geschäftsführer, Herrn Dr. Gerald Matt, und Frau Catrin Wesemann, Produktionsassistentin, für Engagement und Flexibilität in der Endphase der Projektverwirklichung.

Dem Team der Kunsthalle, allen voran Herrn Richard Resch, Herrn Ing. Paul Lehner und ihren Mitarbeitern sowie Frau Dr. Dietlinde Bügelmayer und Herrn Robert Priewasser sei an dieser Stelle gedankt. Bei allem Streß, der in den letzten Wochen vor einer Ausstellungseröffnung wohl unvermeidbar ist, hat es großen Spaß gemacht, gemeinsam mit Frau Mag. Mechtild Widrich, Frau Jeanette Pacher und Herrn Loys Egg dieses Buch zu realisieren.

Unser ganz persönlicher Dank geht aber an Herrn Toni Stooss, den früheren Direktor der Kunsthalle, der dieses Projekt mitinitiiert hat, sowie an Frau Dr. Eleonora Louis, die dieses Projekt nicht nur betreut hat, sondern auf alle Fragen, auch auf die allerschwierigsten, immer eine Lösung anzubieten hatte; es läßt sich mit Recht behaupten, wir alle haben viel von ihr gelernt.

Doch ohne Herbert Lachmayer hätte manches in den letzten Jahren einen anderen Verlauf genommen, und es war und ist beruhigend, ihn an meiner Seite zu wissen.

Die Architektur zu **Wunschmaschine – Welterfindung**

Zaha Hadid / Patrik Schumacher

Die Ausstellung verfolgt verschiedene historische Entwicklungslinien in die Verwicklung von technischer Erfindung und utopischer Phantasie. Wichtige Errungenschaften erscheinen zwischen zwielichtigen Zeitgenossen, vergessenen Ahnen und ausgestorbenen Seitenlinien. Man sieht den Fortschritt schwanken und stolpern, voran über Kuriositäten und Monstrositäten, angestiftet von irrsinnigen Gedankenflügen. Phantasie, Wunsch und Begierde sind die Protagonisten dieser anderen Geschichte der modernen technischen Zivilisation, in der jede technische Idee als Neuerfindung des Menschen erscheint.
Die Architektur dieser multiplen Welterfindung aus dem Knoten von Fakt und Fiktion läßt sich nicht in eine platonische Form bringen. Nichts ist linear und a priori einsehbar. Der genealogische Baum mutiert zu einem Knäuel loser Enden, die durch den Raum schießen, sich gegenseitig ablenkend, durchkreuzend und durchdringend. Die Räume, die so entstehen, sind keine vorgefertigten, hermetischen Abteile, sondern mehrdeutige, perspektivische Effekte des Wändebündels. Die Wände, von der Halle kaum gehalten, entspringen am Eingangspunkt und durchziehen den Raum nach allen Richtungen hin. Ohne vorgegebene Route darf man sich den Ariadnefaden selber ziehen.

Zaha Hadid, Patrik Schumacher: Entwurf zur Ausstellungsarchitektur „Wunschmaschine Welterfindung", 1996

Die Erfindung der Zwischenwelt:

Zwischenräume, Zwischenzeiten, Zwischen Niemand und Jemand

Helga Nowotny

0.
Am Anfang war der Wunsch? Oder zumindest das Wunschdenken? Ist es das Defizit, die empfundene Lakune, die Spannung zwischen Begehren und Erreichbarkeit, die zur immer wieder neuen Konstruktion des Objekts der Begierde führt und letztlich zur immer wieder unternommenen Erfindung der Welt? Und wer erfindet, wie erfindet wer? Oder ist der Weg vom Wunsch, selbst wenn eine Maschine des Wünschens aufgebaut wird, zur Erfindung der Welt nicht ein viel zu geradliniger, von Ingenieurhand retrospektiv abgekürzt, ein Kürzel nur, um anzudeuten, daß wir dem Zwang zur Welterfindung nicht entkommen können? Gewiß, die Kunst der Erfindung läßt Spielräume offen, vermischt sich mit Phantasie und Wollen, doch der dann einsetzende Suchprozeß führt durch Möglichkeitsräume, die vorhanden sein, lokalisiert und betretbar gemacht werden müssen, bevor sie ausgelotet werden können. Um eine solche Verortung und Eingrenzung zu erreichen, müssen sich auch die Wünsche der Zähmung aussetzen. Alle zielgerichteten Wünsche sind bereits gezähmt. Denn der Suchprozeß der Welterfindung geht nicht ohne Konstruktion vor sich, und jede Konstruktion muß die Spannung zwischen Erreichbarem und Wunschvorstellung kalkulierbar machen. Denn wenn die Phantasie von der Vernunft verlassen wird, wie Goya gezeigt hat, gebiert sie unmögliche Monster. Vereint mit der Vernunft wird sie zur Mutter der Künste und zum Ursprung der Wunder.

Die Natur erfindet, einzelne Menschen erfinden, die Gesellschaft erfindet. Der Natur können wir keine Wünsche unterstellen, außer dem einen, alles andere überdeckenden: das Überleben zu sichern. Als Individuen

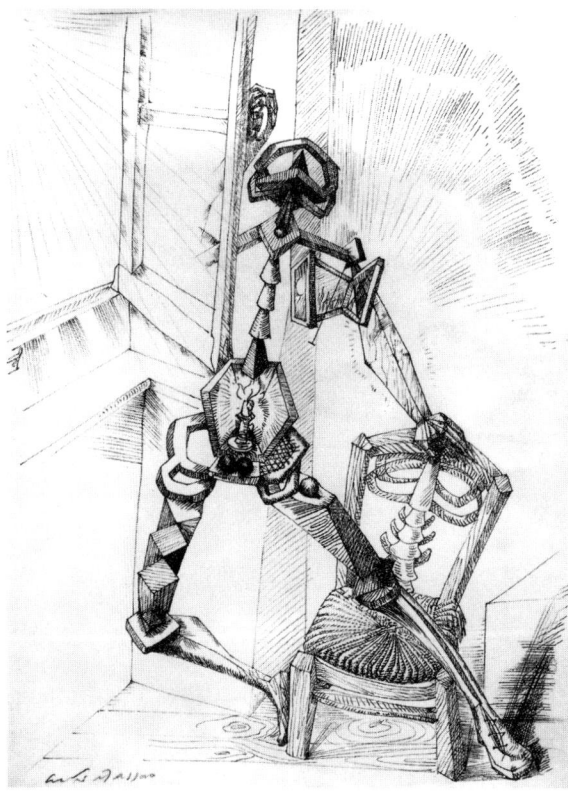

André Masson, *Naissance de l'automate* (Die Geburt des Automaten), 1938, Tusche, 63 × 48 cm, Privatbesitz, Hamburg

sind wir unseren Wünschen ausgeliefert, benützen sie aber auch als mächtige Triebfedern. Die menschliche Libido mag zwar wie eine Wunschmaschine fungieren, doch die eigentlichen Wunschmaschinen beziehen ihre Antriebskraft aus den Schnittstellen von individuellen Wunschvorstellungen und gesellschaftlich gespeisten. Gold ist dort, wo man es findet, lautete die Weisheit der Goldgräber am Klondike. Doch der Wunsch, es zu finden, wäre ohne gesellschaftliche Wertschätzung und Tauschkraft sinnlos. Können wir daher aus den realisierten und den nur geträumten Welterfindungen Schlüsse ziehen auf die Wunschlandschaften, aus denen sie erwachsen sind? Oder sind die Wünsche zu flüchtig und instabil, um verläßliche Wegweiser abzugeben zu jenen Produkten und Ergebnissen, deren Genese sie irgendwann einmal begleiteten?

Norbert Elias meinte, daß es zwar keine festgelegte Entwicklung der Menschheit im Sinne des Erlangens einer höheren Zivilisationsstufe gäbe. Dem Zivilisationsprozeß stehen unfaßbare Beispiele von Entzivilisierung und des Rückfalls in die Barbarei gegenüber. Dennoch ist den ungeplanten und unbeabsichtigten Prozessen, die sich aus dem Zusammenwirken vieler individueller Wunschvorstellungen ergeben, eine Gerichtetheit eingeschrieben. Die menschlichen Überlebenschancen lassen sich auf jeder Ebene der gesellschaftlichen Integration durch das Wissen steigern, das gemeinsam durch Symbolbildung, Symbolverarbeitung und Kommunikation entsteht. Unsere Überlebenschancen sind an das Hervorbringen von Wissen geknüpft, das *wirklichkeitskongruenter* wird. Wirklichkeitskongruenz bezeichnet ein Wissen, das sich ständig neu in eine nie vollständig erfaßbare und sich laufend verändernde Wirklichkeit einpaßt. Es ist Wissen, das seinen Phantasiegehalt, seinen Anteil am Fühlen und Wünschen, ja auch an seinen ideologisch gespeisten Quellen nicht verleugnet und es in eine Balance bringt mit dem anderen Pol, der sich an einer nie eindeutigen, immer prekären Erfahrung der Wirklichkeit orientiert. Wissen ist wahr, wenn es sich bewährt, doch die Bewährung ist immer in einen bestimmten Kontext eingebunden und muß immer in einer oszillierenden Balance gehalten werden. Auch Welterfindungen funktionieren, indem sie sich bewähren und in einem bestimmten historischen Kontext von konkreten Menschen und den Figurationen, die sie bilden, angenommen werden. Dann mögen sie weitere Wünsche erzeugen, die neue Erfindungen hevorbringen, die wiederum neue Wirklichkeiten erzeugen. Wissen bewegt sich zwischen zwei extremen Polen, von denen einer dem Reich der Phantasie und des Wünschens angehört, während der andere sich an der jeweiligen Wirklichkeitserfahrung orientiert. In einer Welt, in der große Unsicherheit herrscht, hat

Jules Verne, *Distances en Astronomie*, o.J., 22,6 × 14,3 cm, photographische Reproduktion eines unveröffentlichten Manuskripts, in dem Jules Verne jene zeitlichen Distanzen anführt, die aufgewendet werden müßten - zu Fuß, mit einem Eilzug oder Lichtgeschwindigkeit -, um zum Zentrum der Erde, zum Mond, zur Sonne und zum der Erde nächstgelegenen Stern vorzudringen.

Wissen mit hohem Phantasiegehalt seinen Platz, denn es stehen keine anderen Orientierungsmittel zur Verfügung. Auf den alten Seekarten wurde das leere Blatt vom Karthographen-Künstler mit allerlei Fabeltieren und Wunderzeichen ausgefüllt, um der ansonsten erschreckenden Leere zu begegnen. So verhält es sich auch mit dem Phantasie- und Wunschgehalt unseres Wissens: Es springt dort ein, wo die Entzauberung der Welt kein wirklichkeitskongruentes Wissen bereit gestellt hat.

Im folgenden geht es darum, Zwischenräume und Zwischenzeiten aufzuzeigen, die wir nicht ertragen können, ohne sie aus- und aufzufüllen. Ob sie mit Fabeltieren oder mit vermeintlich empirisch gesichertem Wissen gefüllt werden, ist nicht ein für allemal zu entscheiden, denn der Fluß in der Grenzziehung zwischen Phantasie, Wunsch und Welterfindung ist nie abgeschlossen. Die Dynamik der Welterfindung liegt zwischen Fülle und Leere und dort liegt auch die Entdeckung der Unvollkommenheit und unseres Nichtwissens. Doch Zwischenräume und Zwischenzeiten, in denen das Nicht-Vorhandene durch unsere Konstruktionen ausgefüllt wird, bedürfen auch des Zwischen-uns, des menschlichen Handelns in seinen beabsichtigten und unbeabsichtigten Verflechtungen. In diesem Dazwischen, das im Zwischenraum der Abstraktion und Konkretisierung, in der Zwischenzeit zwischen dem Noch-Nicht und dem Nicht-Mehr und im Zwischen-uns, in der sozialen Konfiguration zwischen Niemand und Jemand, angesiedelt ist, findet der Wunsch die Welterfindung und erzeugt die geschaffene Wirklichkeit den Wunsch, sie erneut zu verändern.

1. Zwischenräume: die Macht der Virtualisierung

In eindrücklicher Weise schildert Italo Calvino in den „Unsichtbaren Städten" den Augenblick, in dem der Große Khan der Ähnlichkeit zwischen der Bewegung der Figuren im Schachspiel und den Städten seines Reiches gewahr wird. Bisher hatte ihm Marco Polo allabendlich ausführlich seine ausgedehnten Reisen in die wirklichen und imaginierten Städte des Reichs beschrieben. Doch plötzlich stellte der Khan fest: „Wenn jede Stadt einer Partie Schach gleicht, dann werde ich an jenem Tag, an dem ich die Regeln kenne, endlich mein Reich besitzen, selbst wenn ich niemals alle Städte kennen werde, die es enthält". Nach dieser Entdeckung des Khans war es nicht mehr notwendig, Marco Polo auf große Expeditionen zu schicken – es genügte fortan, mit ihm unzählige Partien Schach zu spielen. Die Kenntnis des Reiches lag in der Anordnung des Spiels verborgen: in den Spuren etwa, die das Springen des Pferdes in der Anordnung der Schachfiguren hinterlassen hatte; in den diagonalen Furchen, die sich dem vorpreschenden Läufer öffneten oder in den vorsichtigen Bewegungen des Königs, der seine Füße nach sich schleppte oder dem kurzen Vorrücken des einfachen Bauern. Jede Schachpartie bot eine Vielzahl von Alternativen. Der Große Khan begann sich erneut ins Spiel zu vertiefen, doch der Sinn des Spiels drohte ihm unerwartet zu entgleiten. Das Ende jeder Partie war Sieg oder Niederlage — doch wovon? Was war der wirkliche Einsatz? Nach dem Schachmatt blieb unter dem Fuß des Königs lediglich ein weißes oder schwarzes Quadrat zurück. War das alles? Um seine Eroberungen auf das Wesentliche zu reduzieren, setzte Kublai Khan zum letzten Zug an: Er suchte den endgültigen Sieg, an dem gemessen die vielerlei Schätze des Reiches nichts als verpackte Illusionen waren. Er konzentrierte sich auf ein eingelassenes Stück Holz, un tassello di legna piallato: il nulla.... (Calvino, 1993: 123)

Das königliche Privileg des Schachspiels hat sich heute zum medialen Großereignis verwandelt. In ihm tritt „Deep Blue", der größte Schachcomputer der Welt, gegen den größten menschlichen Schachmeister an. Die Macht der Null, die den Khan so faszinierte, hat ihren Siegeszug um die Welt angetreten, auch wenn sie im Schachspiel diesmal noch nicht endgültig gewonnen hat. In digitaler Anordnung wechselt sie in unendlichen Kombinationen mit

Edouardo Paolozzi, Round the world, 10 Moonstrips Empire News

der Eins; mal ist sie das weiße, mal das schwarze Quadrat. In ihrer Allgegenwart sind Null und Eins unentbehrlich geworden. Sie erzeugen immer wieder neue Virtualität, die erst in Kombination mit dem konkreten Fall, dem konkreten Ereignis und der konkreten Frage jene Aktualisierung erfährt, auf die sie die Antwort sind. Virtuell, wie Pierre Levy anmerkt, ist nicht das Imaginierte als Gegenstück zur Wirklichkeit, sondern das Gegenteil von verwirklicht, von aktuell. (Levy, 1995) In diesem Sinn ist Sprache virtuell, da sie es ermöglicht, eine beinahe unendliche Folge von Sätzen zu sprechen. Werkzeuge sind virtuell, weil sie in vielen Situationen konkrete Funktionen auszuüben imstande sind. Virtualität enthält den Schlüssel für eine Vielzahl möglicher Probleme, die Antworten auf noch gar nicht gestellte mögliche Fragen enthalten. Sie ist das Werkzeug, durch das sich eine Vielzahl von Funktionen verwirklichen läßt, die immer nur auf den einen, den aktualisierten Ausschnitt der Wirklichkeit, reagieren. So verdankt sich das globale Reich der Informations- und Kommunikationstechnologien, das weitaus mehr Schätze in sich birgt, als es sich Kublai Khan je hätte träumen lassen, der Null in der digitalen Anordnung mit der Eins. Jedes Softwareprogramm enthält eine virtuell unendliche Zahl von möglichen Spielen und möglichen Antworten, auf Fragen, die noch gar nicht gestellt wurden. Nur einige davon, niemals alle, werden von den Spielern und Spielerinnen aktualisiert werden.

Doch zurück zu Calvinos Erzählung. Zunächst macht der Khan die Entdeckung, daß es einen Zusammenhang zwischen der Bewegung der Schachfiguren und den Städten seines Reiches gibt. Die vielen Kombinationsmöglichkeiten, die sich aus den Regeln des Spieles ergeben, lassen ihn erkennen, daß er den Sprung auf eine andere Ebene der Wirklichkeit wagen kann. Die Städte, die Marco Polos Erzähllust jeden Abend evoziert – prägnant oder poetisch, voll des sprudelnden Einfallsreichtums und der Phantasie oder nüchtern und systematisch — müssen fortan nicht mehr physisch, auf mühsamen Wegen durch das Gebirge oder auf dem gefährlichen Seeweg, erreicht werden. Sie lassen sich durch die Regeln des Spiels erzeugen. Das Schachspiel wird zum Reich des Khan. Fortan enthält es alles, was das

Walter Pichler, *TV-Helm-Tragbares Wohnzimmer*, 1963, 60 × 125 × 40 cm, Kunststoff-Modell, Sammlung des Künstlers

Reich enthält und noch viel mehr, da es noch unzählige nicht gespielte Partien gibt. Das Reich wird zum Reich der Virtualität, das durch jede Partie, an jedem Abend, erneut und jedes Mal anders aktualisiert wird. Ma adesso era il perché del gioco a sfuggirgli, der Sinn des Spiels beginnt dem Khan zu entgleiten und er fragt sich, worum geht es? Was steht am Spiel, wenn alles, was zurückbleibt, nur ein leeres – weißes oder schwarzes – Quadrat ist?

Die Frage nach dem Sinn hat die moderne Naturwissenschaft, die sich graduell, aber entschlossen von jeder teleologischen Interpretation verabschiedet hat, längst von sich gewiesen. Was die Menschen aus der Fülle der gegenwärtigen technischen Möglichkeiten machen, wie sie und wofür sie die Virtualisierung der Sinne, die ihnen die Telekommunikationssysteme anzubieten haben, nützen, fällt nicht in den Zuständigkeitsbereich der Naturwissenschaften. Die Interaktion der Bilder und visuellen Stimuli, die photographischen Aufnahmen mittels remote sensing von Bewegungen und Körpern, die geographisch weit entfernt sind, das Sichtbarmachen des Inneren des Körpers und der Befindlichkeit der Organe, ohne durch die Oberfläche durch zu müssen, haben alle mehr oder weniger nutzbringende Zwecke gefunden. Doch auch der elektronisch gesteuerte und überwachte Fluß des Finanzkapitals dieser Welt, in der Geld und Information getauscht werden als Teil eines komplexen Spiels, hat seinen Nutzen und seine Nutzer. Nein, den Sinn des Spieles können uns die Regeln des Spieles, kann uns die Null in ihrem digitalen Tanz mit der Eins nicht geben. Den Sinn des Spieles müssen wir schon selber finden.

Die Auswirkungen der Macht der Null in Verbindung mit der Eins auf die Gesellschaft sind unübersehbar und unabsehbar geworden, denn der Prozeß der Computerisierung, Virtualisierung, Telematisierung hat eben erst begonnen. Zwei Phänomene zeichnen sich ab. Eines ist das Phänomen der Entgrenzung, eine Art von Entterritorialisierung. Der geographische Raum schrumpft weiter, wird für bestimmte Interaktionen irrelevant. Die Macht der Null und der Eins ermöglicht es mit Menschen instantan zu kommunizieren, die sich an weit entfernten Orten befinden, ja unter Menschen, die sich wahrscheinlich nie begegnen werden. Maschine spricht zu Maschine, während die Menschen sich ihren Maschinen widmen, um sie mit anderen Maschinen, denen sich Menschen gewidmet haben, sprechen zu lassen... Und doch haftet auch dieser Entgrenzung etwas vom historischen Werdegang der Menschheit, von der Suche nach der Wiederherstellung tribaler Kommunikationsformen an. Es ist, als ob viele der neuen sozialen Umgangsformen am Internet mit Hilfe von Hi-Tech lediglich mimetisch etwas wiederherstellen wollten, das durch die Unpersönlichkeit der Moderne verloren gegangen war. Die über Jahrtausende in allen Dörfern der Welt vorherrschende Form der Kommunikation, die face-to-face Begegnung, in der sich Menschen von Angesicht zu Angesicht gegenüberstehen, wird heute, nach der Phase der relativen Anonymität, die durch Industrialisierung und Urbanisierung eintrat, elektronisch ersetzt und ergänzt. Man begegnet sich, als ob man sich von Angesicht zu Angesicht begegnen würde, als ob man sich kennen würde, als ob es Freundschaft auch auf diese Weise geben könnte.... Als ob – hat der Khan die Städte seines Reiches ebenso wahrgenommen, als er erstmals verstand, was die Regeln des Spieles simulieren können?

Im Zwischenraum der Abstraktion und Virtualität ist die Null zugleich ein Grenzfall. Sie ist der Wächter zwischen den verschiedenen Ebenen einer vielschichtigen Wirklichkeit, die Virtualität und Möglichkeiten miteinschließt. Sie ist ein Fall für das, was Anthropologen in nichtwestlichen Kulturen Liminalität nennen. Sie ist nicht eine Zahl, sondern ein Zustand, ein Reich, in dem erneut die Phantasie ihren Platz einnimmt. Am Ende dieses 20. Jahrhunderts, das die Grenze zwischen Phantasie und Wirklichkeit in unerwarteter und unvorhergesehener Weise wiederum verschiebt, hat sich das Zwischenreich der Null territorial ausgedehnt, indem es das Territorium negiert. Die sorgfältig errichteten und umkämpften Grenzen, die frühere Jahrhunderte im Namen der Rationalität zwischen den trügerischen Sinnen und einer empirisch gesicherten Wirklichkeit errichtet haben, beginnen sich paradoxerweise gerade durch den Sieg der Abstraktion zu verwischen. Der Film etwa hat gezeigt, daß sich das Imaginierte als Wirklichkeit ausgeben kann und daß die solcherart erzeugten Bilder die Wahrnehmungsfähigkeit der Wirklichkeit neu zu gestalten imstande sind. Ebenso vermischen sich im elektronischen Cyberspace Virtualität und Aktualisierung, Wirklichkeit und Mö-

Frontispitz von: Il Mondo della Luna, Poema eroico-comico, 1754, Kupferstich, 17,5 × 12 cm, Archivio Storico Bolaffi, Turin

glichkeit auf eine Weise, die ein ständiges Redesign auslöst. Die Sehnsucht nach Fluchtwegen aus einer als bedrohlich oder unsicher erlebten Wirklichkeit und der Wunsch, die körperliche Gestalt und bisweilen auch die Identität abzustreifen und in ein Phantasiereich einzutauchen, sind durch die Realisierungsmöglichkeiten der elektronischen Medien neu erweckt worden. In einer Zeit, die zugleich radikalen Umbruch und Stagnation signalisiert, in der sich Territorialgrenzen unter dem Banner der Globalisierung einerseits auflösen, andererseits selbst innerhalb Europas blutig umkämpft werden, verlagert sich das Wunschdenken in neugeschaffene Phantasieräume. Zwischen Null und Eins angesiedelt, zwängen sie ihre rhizomartigen Wurzeln zwischen die etablierten Grenzen. So entstehen zwischen Null und Eins neue Dislozierungen, die den Boden für ein neues Reich zwischen Wirklichkeit und Phantasie vorbereiten. Denn dort, wo die Spielregeln den Sinn des Spiels nicht enthalten, werden neue Sinnspiele erfunden.

2. Zwischenzeiten: vom Noch-Nicht zum Nicht-Mehr

Die Null und die Eins gehörten dem Spiel, den Regeln und dem Reich. Die Null steht für die Leer-Stelle, die alles in sich aufzunehmen vermag und deshalb ins schier Unendliche ausdehnbar ist. Sie steht jedoch auch für Grenzen, deren Auflösung, Verschiebung und Neuziehung. Sie gehört in den Kompetenzbereich der Mathematik, der Kognitions- und Computerwissenschaften und der Sozialwissenschaften insofern, als sie unübersehbare Auswirkungen auf die Beziehungen der Menschen zueinander, zu sich selbst und ihrer Liminalität, hervorbringt.

Mit dem Nichts betreten wir den Bereich der Physik und der Kosmologie und — als eine evolutionär einmalige Absetzbewegung vom Nichts — den Bereich der Biologie und der Entstehung des Lebens. Das Nichts gehört jedoch auch den Humanwissenschaften, denn es markiert die Bewegung des Lebens aus dem Nichts hin zum Tod. Das Nichts ist die Verzeitlichung der Leere, aus dem es entstanden ist. Das Nichts ist auf der Zeitachse anzusiedeln; es erstreckt sich zwischen dem Noch-Nicht, dem noch zu Entdeckenden, Kommenden und dem Nicht-Mehr, dem ins Nichts Zurücksinkenden. Zwischen diesen Zeithorizonten ist die Geschichte angesiedelt. Vom Nichts zu sprechen heißt daher immer von einer Doppelbewegung zu sprechen: aus dem Nichts und hin zum Nichts.

Daß es keinen absolut leeren Raum geben kann, behauptete bereits Aristoteles und es hat sich letztendlich als richtig erwiesen. Heute ist diese Behauptung experimentell überprüfbar, und wir wissen, weshalb dies auf Grund der Naturgesetze so ist. Henning Genz zeichnet in seinem Buch „Die Entdeckung des Nichts. Leere und Fülle im Universum" die Korrekturen nach, die seit der Zeit der Vorsokratiker in den Begriffen „etwas" und „nichts", und im Wissen über Materie und leeren Raum gemacht werden mußten. Denn leer im Sinne der Anschauung ist der leerste Raum, den die Physik kennt – einer, der so wenig Energie enthält wie es mit den Naturgesetzen vereinbar ist – nicht. Ist die Temperatur hoch, erfüllen den Raum, der so leer ist, wie er überhaupt sein kann, Wärmestrahlen; ist sie niedrig, bilden sich in ihm Strukturen aus. Die Energie schwankt, so daß ihr kein fester Wert zugeschrieben werden kann, der zu der Energie Null ernannt werden könnte. Das Vakuum der Physik verleiht sozusagen Energie, viel für kurze Zeit, wenig für lange.

Die Vorstellung, daß es einen leeren Raum, eine leere Bühne gibt, auf der die Materie oder die Welt als *etwas* erscheint, mußte also korrigiert werden: Die Welt bildet ein zusammenhängendes Ganzes, denn kein Raum kann ganz leer sein, und keinen kann Materie ganz füllen. Materie und leerer Raum gehen ohne feste Grenzen ineinander über. Doch, so Genz, auf die faszinierendste, mit dem Leeren zusammenhängende Frage, wie es sein kann und wie es dazu gekommen ist, daß es Etwas statt Nichts gibt, hat die Physik nichts Gesichertes zu sagen. Zwar bricht nicht jedes *etwas* die Symmetrien der Naturgesetze. Sicher aber gibt es etwas und nicht nur nichts, wenn die Welt weniger symmetrisch ist als die fundamentalen Naturgesetze. (Genz, 1994:361-63)

Poetischer drückt es Michel Serres aus. Die Opposition zwischen einem leeren Universum und einer erfüllten Welt, zwischen einem homogenen Universum und einer differenzierten Welt, zwischen einem ewigen Universum und einer unvorhersehbaren Welt ist zusammengebrochen. Die Singularitäten kehren zurück; sie schürzen und lösen die Knoten der Ordnung und des Zufalls. Miteinander wetteifernd tauchen überall fremde

Marcel Broodthaers, *Journal d'un voyage utopique*, London, 12. November 1973, Offsetdruck und Tusche auf Papier, zweiteilig, je 38,1 × 50,8 cm, Privatsammlung

Objekte auf, das alte, glatte und leere Universum zerbricht und füllt sich dabei mit Zufällen und Begleitumständen. (Serres, 1991:10-12)

Auch die Biologie vermag keine Gründe anzugeben, weshalb Etwas aus Nichts entstanden ist. Zwar hat Darwins gefährliche Idee (Dennett) mit der Vorstellung aufgeräumt, daß es eines Schöpfers, eines intelligenten Designers bedarf, um jene erstaunlichen und erfolgreichen Algorithmen der Replikation und Reproduktion in Gang zu setzen, die durch ihre Auslesemechanismen das evolutionäre Geschehen als fortlaufende und immer wieder überraschende Entstehung von Etwas aus dem Nichts beschreiben. Es gibt aber keine zwingenden Gründe, weshalb sich die Evolution in Richtung einer höheren Komplexität bewegt. Zwar ist es möglich, die wichtigsten Übergänge im evolutionären Design, vom Ursprung der ersten Replikatoren und des genetischen Codes bis zum Ursprung der Sprache zu rekonstruieren und Gemeinsamkeiten aufzuzeigen. Doch weshalb sich die Bewegung aus dem Nichts in aufwärtige Richtung, und nicht hinab, etwa hin zum Einfacheren, Robusteren, vielleicht auch Langlebigeren, vollzieht, wissen wir nicht.

Der Selektionsprozeß erzeugt nicht einfach Komplexität, sondern ist zunächst auf Überleben, auf Dauer, abgestellt. Sicher, wir Menschen schätzen Komplexität mehr als Einfachheit. Doch Evolution erscheint uns heute längst nicht mehr als der Gestus der inhärenten Fortschrittlichkeit, als die von der Natur gelieferte Rechtfertigung für den Fortschrittsglauben in die Geschichte. Vielmehr beginnen wir Komplexität als Ergebnis von koevolutionären, selbstorganisierenden Prozessen zu begreifen, die wie die Evolution selbst, unvorhersehbar sind.

Doch der wahrscheinlich faszinierendste Bereich, in dem sich die Entstehung, die Emergenz des Neuen, aus dem scheinbaren Nichts manifestiert, ist die menschliche Kreativität selbst. Das Neue hervorzubringen ist nicht genug. Das Neue markiert lediglich Veränderung auf einem Kontinuum. Jeder Zustand, der sich verändert, ist neu. Das kreativ Neue hingegen trägt die Spuren des Schöpferischen in sich, die Fähigkeit, durch Interaktion einzuwirken und zu verändern – die Gedanken anderer, andere Erfahrungen, andere Geschichten, andere kulturelle, politische und soziale Kontexte zu verändern. Und: Das kreativ Neue ist nicht vorhersehbar. Die Wahrscheinlichkeit seines Auftretens ist zwar unter bestimmten Bedingungen höher, doch die Spurensuche nach den letzten Geheimnissen der Kreativität verläuft am

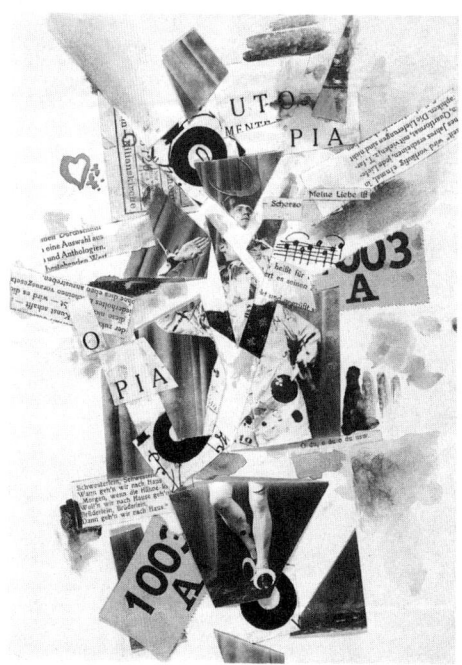

Rudolf Lutz, *Utopia*, Collage unter Verwendung eines zerschnittenen Porträtfotos von Rudolf Lutz und Schriftzeilen aus „Utopia. Dokumente der Wirklichkeit", Weimar 1921, Eintrittskarten, Zeitungsausschnitten, schwarze Tusche aquarelliert, 29,2 × 21,2 cm, Bauhaus-Archiv, Berlin

Ende im Sand. Es gibt ein Vorher und ein Nachher, doch der kreative Augenblick, die Epiphanie der Ein-Sicht, entzieht sich uns. Was bleibt sind Rekonstruktionen, die immer vermischt sind mit einer unvollständigen Erinnerung, mit sozialen Wertungen, angeleitet durch Regeln der Zuschreibung und der Deutung von Relevanz. Die Mikrostruktur der Kreativität zieht an und gibt doch nur Paraphernalien ihrer Genese preis. Der Wunsch zu wissen, wie wir wissen, ist tief verankert in der westlichen Kultur. Doch trotz einer Vielzahl von Zeugnissen und Bezeugungen, die von Künstlerinnen und Künstlern, von Wissenschaftlerinnen und Wissenschaftlern stammen, trotz biographischer und autobiographischer, psychologischer und soziologischer Spurensuche bleibt das Innere des krea-

Fred Freeman, *Clean Air Park*, Titelillustration zu: This Week Magazin, 21. Juni 1959, der Titel bezog sich auf einen Artikel „Here's Your City of Tomorrow", Gouache, 39,4 × 64,8 cm, Sammlung Norman Brosterman, New York

tiven individuellen Aktes verborgen. Es kommuniziert nicht mit außen, sondern nur mit anderen kreativen Akten, mit anderen kreativen Augenblicken. Der Mythos der Kreativität beruht auf diesem Geheimnis, doch das Geheimnis gründet in der Macht der verborgenen Orte und der unvorhersehbaren Zeiten.
Wir leben in einer Zeit, in der Innovation – die soziale Seite der individuellen Kreativität – vom individuell kreativen Akt übergesprungen ist auf ein gesellschaftliches System, das sich historisch ebenso einmalig wie radikal der ständigen Hervorbringung von Neuem verschrieben hat. Wissenschaft und Technik sind der potente Beweis für die Hervorbringung einer Kaskade wissenschaftlicher Entdeckungen, ja selbst für die Herstellung von Phänomenen, die in der Natur nicht vorkommen. Die wachsende technische Infrastruktur, die aus neuen Instrumenten besteht, die wiederum zu neuen Erkenntnissen, Entdeckungen und der Herstellung technischer Artefakte führen, hat die Reichweite der Erkenntnisse und der Fähigkeiten der Menschen, Naturphänomene zu kontrollieren und zu manipulieren, in ungeahnter Weise gesteigert. Wir sind heute von

einer Fülle von strategischen Optionen umgeben, die es niemals zuvor gegeben hat. Im Prozeß der Erweiterung der Reichweite individueller Kreativität und sozialer Innovation ist jedoch eine subtile und folgenreiche Verschiebung in der Balance eingetreten. Innovation ist die soziale Seite individueller menschlicher Kreativität. Sie ist an menschliche Kommunikationssysteme gebunden, an die Sprache, den Gebrauch von Symbolen in der Mathematik, Musik oder in ästhetisch-künstlerischen Repräsentationssystemen. Sie ist darauf gerichtet, eine neue Perspektive, Seh- oder Denkweise zu kommunizieren oder Artefakte herzustellen, die durch ihre Verwendung in vielen unterschiedlichen und lokalen Kontexten die in ihnen geronnene Kreativität weiter wirken lassen. In diesem Prozeß muß die individuelle Kreativität kommuniziert werden. Dadurch wird sie zugleich sozial verhandelbar, umgeformt und verändert und letztlich akzeptiert oder zurückgewiesen. Diese Prozesse verwandeln ein zunächst lokales, individuelles Ereignis, eine bestimmte Anordnung spezifischer kultureller und sozialer Praktiken, aus denen das innovativ Neue erwächst, in etwas, das in die weitere Kultur und Gesellschaft eingepaßt wird.

Während Innovation noch nie so stark gefragt war wie heute, hat sich die Bedeutung des individuellen kreativen Aktes, ob in der Wissenschaft oder in der Kunst, in den Humanwissenschaften oder in den Forschungslaboratorien verringert. Die lokalen Kontexte, in denen individuelle Kreativität am Werk ist und denen sie entspringen, haben sich vervielfältigt. Sie sind bereits integrierter Bestandteil der Innovationsmaschinerien geworden, die moderne Gesellschaften eingerichtet haben. Zweifellos handelt es sich bei der Technowissenschaft um die, gemessen am produktiven Output, am effizientesten funktionierende Innovationsmaschinerie. Doch es gibt zahlreiche andere Innovationsmaschinerien, die Teil der Organisation der Moderne sind und die paradoxerweise Eigenschaften und Folgewirkungen hervorgebracht haben, die wir mit der Postmoderne assoziieren. Doch das liegt in der Natur der Innovation, die letztlich ihre vermeintliche Planung subversiv unterläuft. Die Moderne kulminierte in einer zentralistischen Struktur, die technisch effizient und demokratisch ausdehnbar sein sollte. Das ständige Hervorbringen von Neuem sollte für die fortschrittliche Ausdehnung und Verteilung, für Wachstum und Verbesserung sorgen. Durch die zentralistische Struktur, durch die schiere Größenordnung des Projekts der Moderne, sollte das Neue, das unbeherrschbar und unvorhersehbar ist, beherrschbar, kontrollierbar und vorhersehbar gemacht werden. Heute suchen wir die Türen, um aus dem Raum zu entkommen, in dem die zentralistischen Strukturen zusammengebrochen

Titelblatt von: Wonder Stories, *The Visitors from Mloh*, Mai 1933, 24,8 × 17,6 cm, Sammlung Dr. Rottensteiner, Wien

sind und in dem sich das Zentrum aufgelöst hat. Die Überreste des Projekts der Moderne streben ungeordnet in alle Richtungen. Manche der Überreste sind fragmentiert und, ob wir wollen oder nicht, unschädlich gemacht worden. Anderen wohnt noch eine gewaltige Fliehkraft inne. Ihrer ungebremsten Kraft wohnt ein bedrohliches Zerstörungspotential inne. Streben wir einem neuen Nichts zu?

Es bleibt hier nicht die Zeit, um ausführlicher auf die anderen Bewegungen hin zum Nichts einzugehen. Die Angst vor dem Nichts, die Angst vor dem Tod, ist eine zutiefst in die menschliche Kultur eingeschriebene. Um mit dieser Angst fertig zu werden, erfinden und finden wir ständig neue Fluchtwege und Strategien: Angst läßt sich verdrängen, aber auch in andere Bewegungen umwandeln, die wegführen sollen vom drohenden Absturz ins Nichts.

Diese zeitgenössischen Bewegungen reichen vom Nichts, das der dekonstruktiven Geste als einem ganz normalen Akt der Zerstörung innewohnt, zum postmodernen Tod, der durch antizipierende Wiederholung als magische Beschwörung reversibel gemacht werden soll. Das Drama des Verlustes und der jederzeit möglicherweise hereinbrechenden Katastrophe wird auch auf der Ebene der Menschheit neu inszeniert. Der Verlust manifestiert sich im Artensterben, Sprachensterben und im Verlust der kulturellen Vielfalt. Erstmals ist der Preis dafür global zu bezahlen. Wir sind, so das gegenwärtige Drama, dazu verhalten, in Unsicherheit zu leben und immer wieder Entscheidungen in Ungewißheit treffen zu müssen. Der Verlust des Wunders trat mit dem Aufkommen der modernen Naturwissenschaften bereits im 17. Jahrhundert ein. Vielleicht ist auch das eine Folge der Bewegung vom Nichts zum Nichts, die alles enthält: Sobald wir uns davon absetzen, gibt es keine weißen Flächen mehr und die Welt, die wir schaffen ist von Licht und Dunkel erfüllt, die sich in den Zwischenzeiten mischen.

3. Zwischen-uns: zwischen Niemand und Jemand

Mit Niemand, der im Schatten eines Jemands steht, betreten wir den Bereich der Sozial- und Geisteswissenschaften. Doch am Anfang steht die Theologie und die Theologie beeinflußte die Physik. Daher ist die Entdeckung des Niemand zugleich der Prozeß der Säkularisierung. Bekanntlich hat Newton die Welt für so instabil gehalten, daß Gott von Zeit zu Zeit in den ansonsten automatischen Ablauf eingreifen mußte, wie ein schlechter Uhrmacher, der seine Uhren immer wieder reparieren mußte. Erst mit Laplace wurde Gott als Uhrmacher in den Ruhestand versetzt.

Doch der Weg aus dem Einfachen in die Richtung der Vielfalt und Komplexität, von Jemand zu Niemand, verlief nicht so geradlinig, wie er uns heute erscheinen mag, weder für die Genese des Monotheismus, noch für die soziale Ordnung des menschlichen Zusammenlebens. Dem *einen* Gott gingen viele Götter voraus. Erst als sich die göttliche Welt leerte, erst nachdem die vielen Götter und gottähnlichen Wesen zum Auszug gezwungen worden waren, erst als der *eine* Gott keine anderen Partner mehr hatte als die Menschen, begann ihre wechselseitige Beziehung. In seiner Biographie dieses Gottes „God: A Biography", rekonstruiert Jack Miles aus den Texten der jüdischen Bibel Gott in einer ungewöhnlichen literarischen Perspektive. In der Bibel spricht Gott wenig. Miles merkt an, daß das, was er den Menschen direkt zu sagen hat, gehäuft in der Vergangenheit auftritt. Je mehr wir uns dem Ende der Bibel nähern, desto mehr verstummt er.

Im Prozeß der Säkularisierung wurde Gott, als Inbegriff des Jemand, zum agnostischen Niemand. Doch seine Autorität übertrug sich fortan auf die weltlich-politische Sphäre. Der Begriff der Natur*gesetze* und die zwingende Kraft ihrer Notwendigkeit imitierten die gesetzgebende Macht des absoluten Staates. Die Vorstellung von Gott als dem (erst später erblindeten) Uhrmacher, den das wissenschaftliche 18. Jahrhundert hatte, würde später der großen Zahl der statistischen Mechanik weichen. Den großen Eklat jedoch erzielte bekanntlich Charles Darwin mit seiner Theorie der *blinden*, ziellosen und unbeabsichtigten Prozesse der Evolution. Seither ist das Abstreifen jeder teleologischen Unterstellung in den Naturwissenschaften unbeirrbar weitergegangen, selbst wenn sich versteckte teleologische Absichten durch die Hintertür immer wieder einschleichen.

Wie stark der emotionale Widerstand gegen die Absetzung Jemands und dessen Ersetzung durch Niemand war, läßt sich aus jenen Epochen rekonstruieren, in denen die Menschen wiederholt das verloren, was sie als ihren Mittelpunkt angesehen hatten: Auf die Vertreibung aus dem Paradies folgte die Vertreibung aus dem geozentrischen Mittelpunkt des Universums. Mit der Evolutionstheorie ging die Sonderstellung der Menschen als Krönung der Schöpfung zu Ende. Seither läßt sich kein moralischer Imperativ mehr aus dem ableiten, was biologisch der Fall ist, obwohl die Versuchung, unter Rekurs auf die Natur moralische Interventionen abzuleiten, auch heute noch aktuell ist. Mit Freud wurden die Untiefen der unkontrolliert agierenden Triebe ausgelotet und die vom Bewußtsein patrouillierte Rationalität in ihre Schranken verwiesen. Heute stellt die Kosmologie sogar die Einmaligkeit des Sonnensystems in dem wir leben in Frage – doch diese vorläufig letzte Dezentrierung wurde ohne Schock und ohne viel Aufhebens absorbiert.

Walter Jonas, *Intrapolis*, Perspektivische Ansicht einer Intrapolis-Stadt, 1960 - 70, Tusche, Papier auf Karton, 30,2 x 43,5 cm, Deutsches Architekturmuseum Frankfurt a. M.

Die Menschheit hat sich, so scheint es, an Pluralität gewöhnt. Schritt für Schritt hatte sich die vor allem von der Romantik herbeigesehnte Einheit der Menschen als *der Mensch* und dessen Einmaligkeit und Sonderstellung in kulturelle Vielfalt, Ausnahme, Zufall und fluktuierende Unübersichtlichkeit gewandelt.

Doch halt: Gibt es nicht auch hier im Verlauf der Geschichte eine gegenläufige Bewegung, die mit der Erfindung der Individualität und des Individuums einhergeht, mit dem Aufstieg der Person als unverletzliche Einheit, die politisch, ökonomisch, sozial und moralisch agieren kann und in diesen Handlungsspielräumen zunehmend mit mehr Rechten ausgestattet wird? Wird nicht die europäische Geschichte und wenigstens ein

Teil ihres ansonsten hoch problematischen Exports in die neuen und alten Territorien außerhalb Europas von sozialen Bewegungen getragen und durch Ideen geprägt, in denen die Rechte der Person und deren universell gültige, unverletzbare Individualität im Vordergrund stehen? Geht die Gerichtetheit der Prozesse zwischen Jemand und Niemand nicht ebenso den genau umgekehrten Weg – vom niemand zum jemand, von der Masse zum Individuum oder — wie die klassische soziologische Formel lautet – von der Gemeinschaft zur Gesellschaft?

Auch hier läßt sich eine Doppelbewegung ausmachen. Die Umwandlung des Jemands in Niemand beschreibt den Prozeß der Säkularisierung und der wachsenden Wahrnehmung der Prozesse der Selbstorganisation. Im Prozeß der Demokratisierung hingegen verläuft der Prozeß als Abgabe der Machtfülle des Einen zur Beteiligung der Vielen. Es ist der Aufstieg der Idee des autonomen Individuums, das in den vielen jemanden verkörpert wird. Nicht, daß dieser Prozeß ohne Konflikte vor sich gegangen wäre. Die Angst vor der Massengesellschaft und der Vermassung hat einerseits reale Hintergründe, die Elias Canetti meisterhaft analysiert hat. Andererseits gründet sie jedoch in der Angst vor dem Verlust der Privilegien der Wenigen, die zwischen dem Einen, dem fiktiven Niemand und den sehr realen, ihren Anteil fordernden vielen niemanden stehen.

Heute haben wir es mit Jemand im Plural zu tun, mit dem autonomen Individuum, dessen Verwirklichung einer der spektakulärsten und folgenreichsten Erfolge der Aufklärung ist. Jemand im Plural beginnt sich zu vervielfältigen, besteht auf ihrem oder seinem kulturellen Anderssein, auf dem Recht der Differenz. Damit ist ein neuer Prozeß der Heterogenese eingeleitet, der Parallelen aufweist mit jenem Prozeß der Heterogenese, der die Entgrenzung durch die elektronischen Netzwerke begleitet. Es ist ein Prozeß der Re-Kombination der einzelnen Bestandteile, die aus dem Recht auf Spaltung, auf fortgesetzte Individualisierung entstanden sind. Dadurch werden neue Mischungen ermöglicht und notwendig. Der rasch voranschreitende Prozeß der Hybridisierung ist nicht auf die Schnittstellen zwischen Menschen und Technologien beschränkt; die Hybridisierung vollzieht sich innerhalb der Identität selbst, im Selbst der Menschen also und in ihren Beziehungen zueinander. Die doppelte Absatzbewegung von Jemand zu Niemand und die korrespondierende Aufwertung der vielen niemande zu vielen jemanden, die jeder und jedem ihre oder seine Individualität zugesteht, ist in eine neue Phase der Komplexität getreten. Es ist eine Phase der beispiellosen Vermischung, die sowohl als Mélange, als Mestizentum der kulturellen Demokratie auftritt, wie als intensivierte Hybridisierung der wissenschaftlich-technischen Zivilisation. Die Hybridisierung des Selbst ist in vollem Gang.

Der beispiellose Aufstieg des westlichen Individuums und des Prozesses der Individualisierung begann mit der Aufwertung der menschlichen Person, die schrittweise ausgedehnt wurde: vom exklusiv männlichen Individuum auf die Eigenständigkeit der Frauen als gleichberechtigte Personen. Jemand hat eine weibliche Gestalt erhalten und aufwertende Rechte wurden erkämpft. Beide, die Kategorien des männlichen und weiblichen Individuums, wurden sodann auf die Kinder ausgedehnt, denen ebenso eigene Rechte zugestanden wurden. Die Ausweitung der Person ging weiter: von den gesunden Individuen auf Behinderte und auf Sterbende; von Lebenden auf Ungeborene, von Menschen auf Tiere und schließlich auf die Natur. Der Prozeß der Identifizierung mit anderen bedeutet zugleich eine tiefe Humanisierung. „Le souei de soi", von Foucault als

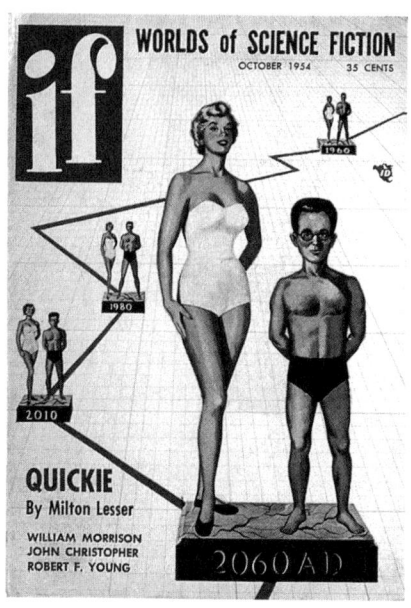

Robert Swanson, *Comparison of the sexes*, 2060 A.D., Titelblatt von: IF, Oktober 1954, Sammlung Dr. Rottensteiner, Wien

eine ethische und praktizierte Grundhaltung am Ausgang der Antike gefeiert, hat sich in *le soin de l'autre* verwandelt, auch wenn wir in unserer berechtigten Kritik an der Unzulänglichkeit der gegenwärtigen Zustände dies nicht so sehen. Gerade weil sich das Prinzip der Anerkennung einer ausgeweiteten Menschlichkeit zumindest als Prinzip und als Recht der Menschen durchgesetzt hat, wird die Spannung, die aus seinen Verletzungen herrührt, als unerträglich empfunden. Es ist die explosive Verbindung zwischen einer noch nicht realisierten kulturellen Demokratie, in der die Entgrenzung des Individuums im Namen der Verwirklichung der kulturellen Vielfalt vorangetrieben wird, mit deren elektronischer Virtualisierung durch die neuen Informations- und Kommunikationstechnologien, die heute für beträchtliche Beunruhigung sorgt und Unsicherheit schafft. Denn die Entgrenzung erfolgt in einer ungeplanten und unkontrollierten Doppelbewegung: durch die elektronischen Netzwerke, die eine Entgrenzung und Entterritorialisierung bei gleichzeitiger Virtualisierung vorantreiben, und durch den Übergang zu Formen der Demokratie, die einer Entgrenzung des Individuums unter dem Imperativ der kulturellen Vielfalt Vorschub leistet. Dabei steht das Prinzip der politischen Repräsentation, des „wer spricht für wen?" und das Prinzip der Verantwortlichkeit, des „wer ist wofür und für wen verantwortlich?" auf dem Spiel. Der Abbau jeglicher zentraler Autorität und der zentralistischen Strukturen führt nicht nur zum Verschwinden des korrespondierenden Habitus von Gehorsam oder Untertanentum, sondern führt auch zum Verschwinden derer, die jene Autorität verkörperten.

In den USA wird immer häufiger die Antwort mit eigener Stimme am Telefon durch die gespeicherte Stimme ersetzt. Wird in Zukunft überhaupt noch jemand antworten, wird jemand ver-antwort-lich sein, oder droht die Herrschaft des dezentralisierten, in Netzwerken sich ständig metamorphosierenden, sich überall hin ausbreitenden niemand? Gehen wir einer Zeit entgegen, in der niemand verantwortlich ist, niemand antwortet, aber auch niemand zuhört und niemand hinsieht? Und weil es auf die Dauer unerträglich ist, ständig mit niemand zu tun zu haben, muß niemand wiederum Gestalt annehmen und zu jemand werden. Das geschieht im Prozeß der Mediatisierung, der den gestylten Medienstar hervorbringt. Dieser wird eigens für den öffentlichen Konsum entworfen, der sich vom privaten Konsum nicht mehr unterscheiden darf, denn nur dann kann sich das ökonomische Äquivalent der Umwandlung des niemand in jemand verwirklichen, das Prinzip des *winner-takes-all*.

Durch die Mediatisierung und die damit verbundene Hybridisierung des öffentlichen und privaten Raums werden neue, generalisierte Austauschmedien nötig, um die veränderten sozialen Beziehungen zwischen den in ihrer Individualität und ihrer Territorialität entgrenzten vielen niemanden und vielen jemanden zu regeln. Jede Gesellschaft hat diese Austauschmedien in entsprechender Komplexität hervorgebracht. Anthropologen erinnern uns daran, daß dies in vorindustriellen Gesellschaften durch die Systematisierung komplexer Verwandtschaftsverhältnisse erzielt wird, durch die Zirkulation von Geschenken oder über die Ehre. In den Industriegesellschaften entwickelte sich das Geld zwar nicht zum einzigen, doch zum generalisiertesten Austauschmedium. Für die virtualisierte kulturelle Demokratie werden es paradoxerweise die Werte sein, die jene ansonsten unvereinbaren komplexen Beziehungen zwischen jemand und niemand, niemand und jemand regeln werden. Werte, das heißt: meine Werte, deine Werte. Doch Werte müssen gemeinsam sein, sozial geteilt, nur dann können sie als wertvoll gelten. Die kulturelle Wertevielfalt, so sehr wir sie auch bejahen mögen, stellt bereits eine zerissene Einheit dar. Die Bewertung der Werte fällt notwendigerweise unterschiedlich aus; meine Werte sind nicht deine Werte. Um sich für den Austausch zu eignen, müssen sie entwertet, ihres Inhalts notwendigerweise beraubt werden. Was als Wert gilt, ist bereits seines Wertes entledigt, gereinigt und entleert, denn wie könnte man sonst unvergleichliche Inhalte gegeneinander austauschen. (Kaempfer, 1995) Nur durch ihre vorausgegangene Entwertung eignen sie sich für die soziale Verwertung. Es wird daher eine Wertebörse geben, in der Werte, ihres inhaltlichen Werts entledigt, notiert und verhandelt werden können. Niemand und jemand treffen sich dort bei etwas. Etwas wird die neue Einheit der Rekombination und Rekonfiguration in einer entgrenzten Welt. Etwas ist der Wert.

Verwendete Literatur:

Calvino, Italo (1985): *Die Unsichtbaren Städte,* Stuttgart.

Genz, Henning (1994): *Die Entdeckung des Nichts. Leere und Fülle im Universum,* München/Wien.

Kaempfer, Wolfgang (1995): *Der Bruch des Zeitgetriebes in der europäischen Moderne,* Vortrag gehalten bei der Konferenz Time and Democracy am Institut für Höhere Studien, Wien.

Levy, Pierre (1995): Welcome to Virtuality, in: *Ars Electronica 95. Mythos Information, Welcome to the Wired World,* S. 91-98, Wien.

Miles, Jack (1995): *God: A Biography,* New York.

Nowotny, Helga (1994): *The Dynamics of Innovation. On the multiplictiy of the New,* Public Lecture Series Collegium Budapest, Budapest.

Serres, Michel (1991): Anfänge, in: I. Prigogine, I. Stengers, S. Pahaut und Michel Serres, *Anfänge,* Berlin.

Vom Ikarus zum Airbus

Technik zwischen Mythenabsorbtion und Mythenproduktion

Herbert Lachmayer

Flüchtige Poesien des Technikgebrauchs

Den Benutzern technischer Geräte, vermeintlich bloß Rezipienten des zivilisatorischen Fortschritts, kommt kulturgeschichtlich – jenseits des Konsums – eine höchst aktive Rolle zu, wenn sie die Fremdheit der Apparate der persönlichen Gestaltung ihres Alltags einverleiben. Den Technikgebrauch kann man indes als ein Repertoire begreifen, mit dessen Hilfe die Benutzer der technischen Apparaturen ihre eigenen Handlungen ausführen. Als verkannte Produzenten, Dichter ihrer eigenen Angelegenheiten und Erfinder ihrer eigenen Wege durch die technologischen Neuheiten der funktionalitätsbetonten Rationalität produzieren die sogenannten Konsumenten „Irrlinien" (Fernand Deligny), folgen unbestimmten Bahnen, die scheinbar nicht lesbar sind, da sie in keinem Zusammenhang mit dem vorgeschriebenen und vorfabrizierten Raum stehen, in dem sie sich bewegen. Es zählt die Art und Weise des Gebrauchs der Benutzer, ihre unmerkliche und listenreiche *Beweglichkeit*, das heißt gerade die Tätigkeit des *Etwas Benutzens*. Diese Gebrauchspraktiken zirkulieren, ohne gesehen zu werden, und sind nur an den Gegenständen wahrnehmbar, die sie bewegen oder verschwinden lassen. Die Praktiken des Konsums sind die Phantome einer Gesellschaft, die den Konsum im Namen trägt.
Fülle, Eigendynamik und Nuancenreichtum der Begehrlichkeiten lassen sich allerdings kaum im Ensemble der Warenwelt konsumistisch befriedigen. Demzufolge begleitet den Benutzer von Technik eine insgeheime Produktivität an Imagination. „In Wunschmaschinen funktioniert alles zur gleichen Zeit – begleitet mehr von Pannen und Fehlzündungen, Stockungen, Kurzschlüssen, Unterbrechungen, von Zerstückelungen und Abständen, und zudem innerhalb einer Gesamtheit, deren Teile sich niemals zu einem Ganzen zusammenfügen lassen. Nicht Mensch noch Natur sind mehr vorhanden, sondern einzig Prozesse, die das eine im anderen erzeugen und die Maschinen aneinanderkoppeln. Überall Produktions- oder Wunschmaschinen […]: Ich und Nicht-Ich, Innen und Außen wollen nichts mehr besagen." (Deleuze/Guattari, 1972/1988: 53, 7f)
Vom beschreibbaren Nutzen der verwendeten Geräte abgesehen, was soviel wie Entlastung, Verbesserung, Beschleunigung oder Verkürzung von gewohnten Verrichtungen bedeutet, wird mit ihrem Gebrauch ein sehr persönliches Verhältnis der Benutzer zu diesen Dingen hergestellt; unter diesen Umständen verwandelt sich die private Erfahrungswelt des Technik-Nutzers in eine neue – nicht-technische – Inszenierung. „Entgegen dem üblichen Modell, in welchem sich Maschinen als Inbegriff rationaler Systeme darstellen, kennt der praktische Umgang mit ihnen die Unmöglichkeit, auch nur in einem engen Rahmen die verschiedenen, möglichen maschinellen Funktionen optimal ineinander zu einer Konstruktion zu integrieren. […] So bleibt in jedem Umgang mit

ihnen seltsam unbestimmt und 'experimentell', an welcher Stelle des 'Mit' wir uns gerade befinden, um so mehr, als den Maschinen nicht nur jeweils ihre Stelle zugewiesen wird, sondern sie ebenso uns eine jeweilige Stelle zuweisen." (Bahr, 1983: 11) Mit der jeweils *gewünschten* Maschine, die zumeist zur Inanspruchnahme eines trivialen Nutzens erfolgreich dienen soll, wird äußerlich wie innerlich vom Benutzer eine Welt miterfunden, die eine kulturelle Vergesellschaftung der technischen Erfindungen erst ermöglicht.

Äußerlich beispielsweise, als es zur Zeit der Jahrhundertwende darum ging, einem ungewohnten Gerät, etwa dem Telephon, einen neuen, ästhetischen Platz in der eigenen Lebenswelt, der Wohnung, einzuräumen. Innerlich, wenn die Gewohnheit des Wunsches nach Kommunikation durch eine technisch neue Form des Kommunizierens durchbrochen wird – was in der Frühzeit des Telephons als Errungenschaft für den Privathaushalt der Fall war: Weit über den funktionalen Anlaß hinaus werden Verstand und Vorstellungskraft des Benutzers strapaziert, um den bisweilen bizarren Charakter dieser Kommunikationshilfe mit der *inneren Welt* der Kommunikationserfahrung und -routine seines Benutzers verträglich zu machen. Visionäres knüpft sich mithin nicht nur an die Erfinder, sondern begleitet auch die Technikfaszination der Benützer, welche – wenn sie sich einer so bedeutsamen Errungenschaft wie dem Telephon nicht entziehen – eben jeweils zur technischen Erfindung auch eine ästhetische und soziale Welt mit-erfinden müssen, gewissermaßen als poetische Interpretation von Alltäglichkeit. Damit schreiben die anonymen, aber dennoch individuellen Benützer von Technik ein Stück Kulturgeschichte mit.

Um mit seiner geliebten Großmutter zu sprechen, bedient sich der Erzähler in Marcel Prousts Roman „Auf der Suche nach der verlorenen Zeit" erstmals eines Telephons. Der vorauseilende Wunsch eines gleichsam telepathischen Kommunikationsideals wird durch die Hinfälligkeit einer knacksenden, durch mühsame Handbedienung höchst störanfälligen Technik enttäuscht. „Da das Denken keine Entfernungen kennt, das räumlich Entlegenste wie das zeitlich Verschiedenste mit Leichtigkeit in einen Bewußtseinsakt zusammenbringt, wird auch die magische Welt sich telepathisch über die räumliche Distanz hinaussetzen und ehemaligen Zusammenhang wie gegenwärtigen behandeln." (Freud, 1912-13/1982: 373) Das überwältigende Faszinosum des Technischen scheint sich nur kurz gegen die Gewöhnung zu behaupten, und schon bald ist das Wunderbare entzaubert, um schließlich in profaner Empörung über den nicht-perfekten Apparat zu enden. „Das Telephon war in jener Epoche noch nicht so im Schwange wie heute. Und doch braucht die Gewohnheit so wenig Zeit, die eben noch von Weihe umgebenen Kräfte, mit denen wir den Kontakt aufgenommen haben, ihres Geheimnisses zu entkleiden, daß ich, als die Verbindung nicht sofort zustande kam, einzig den Gedanken, die Sache sei sehr langwierig und unbequem, sowie beinahe die Absicht hegte, mich deshalb zu beschweren." (Proust, 1920/1983:171)

Wenn das *Ding*, der gleichsam animistisch aufgeladene Apparat, nicht wunschgemäß funktioniert, scheint es, als verweigere es sich – gleichsam ein handelndes Subjekt – dem Benutzer: so tritt ein Schock ein, als würde ein magischer Fetisch außer Kontrolle geraten. Diesen Schock – die Diskrepanz zwischen dem von Lust getragenen Wunsch und der Frustration und Ohnmacht über die Banalität des Nicht-Funktionierens – zu überwinden, verlangt nach einer heilenden Geschichte; durch sie werden die Tücken des technoiden

Subjekts – als hätte das technische Gerät, unkontrolliert agierender Fetisch, dem geschockten Benutzer-Individuum Wunden geschlagen – kalmiert.

Von der Großmutter in Doncières, die der Erzähler, aus Paris telephonierend, am liebsten geküßt hätte, war nur noch die Stimme da, „ungreifbar geisterhaft, wie eine Erscheinung, die mich vielleicht noch einmal aufsuchen würde, wenn meine Großmutter schon gestorben wäre [...] – doch da gerade trat ein, was mich noch einsamer machte: ich hörte die Stimme nicht mehr. Auch meine Großmutter nahm die meine nicht mehr wahr, die Verbindung versagte, wir hatten aufgehört, uns eines in der Gegenwart des anderen zu befinden, eines für das andere hörbar zu sein. [...] Es kam mir so vor, als habe ich bereits einen Schatten unter anderen Schatten sich verlieren lassen, und allein vor dem Apparat wiederholte ich ganz vergebens die Worte: ‚Großmutter, Großmutter', so wie Orpheus, nachdem er allein geblieben war, immer wieder den Namen der Toten murmelte". (Proust, 1920/1983: 170, 176)

Die „Fräuleins vom Amt" hätte der Erzähler gern noch ein letztes Mal angerufen, „die Mittlerinnen des Wortes, die Gottheiten ohne Antlitz; doch die launenhaften Wächterinnen hatten mir die Zauberpforten nicht wieder auftun wollen, oder sicher konnten sie es nicht". (Proust,1920/1983: 176) Dort, wo Technik in Unverständigkeit und Fehleranfälligkeit entrückt ist, holt das mythologische Bild, eine spontan assoziierte und dazuerfundene innere Welt, einen Sinnzusammenhang ein, in welchem die Versöhnung eines umfassend intensivierten Kommunikationswunsches mit seiner störanfälligen Instrumentierung simuliert wird.

Männliche Expeditionen ins Reich der Materie

Für das 19. Jahrhundert waren Entdecken und Erfinden die Haupterprobungswege des umtriebigen virilen Geistes. Entdeckungen waren männliche Expeditionen in die Reiche der Materie (des Mutterstoffs – auch das Physische wurde dem Weiblichen zugeschrieben), des Körpers: der entdeckende Mann stieß auf etwas Vorhandenes. Im Alltagsbewußtsein waren es die Entdecker unbekannter Welten, von Inseln und Kontinenten; sie nahmen die Herausforderung der weißen Flecken auf der Landkarte wahr; von den Eroberungen des Mikrokosmos im planktonbelebten Wassertropfen durch Leuvenhooks Mikroskop bis zu den Eroberungen des Weltalls durch Keplers Fernrohr konnte das Entdeckte nah erscheinen, obgleich es entlegen blieb.

Das Bild des Schöpferischen im abendländischen Patriachat ist unter anderem ein Resultat männlicher Angst vor der Rache unterdrückter Weiblichkeit, die zu einer Marginalisierung der weiblichen Potenz führt. Hephaistos *spaltet* dem Zeus mit einem Hieb den Kopf, um Pallas Athene zu erschaffen; damit wird eine männliche Okkupation der *Spalte* – des weiblichen Geschlechts – demonstriert, um sich die weibliche Gebärfähigkeit anzueignen.

Selbst in der frühen Metaphorik der Psychoanalyse findet sich eine methodisch kaum reflektierte Geschlechterspannung in der *Verortung* des auszuforschenden Terrains wieder: Das Unbewußte wird als Materie dem bewußten Ich gegenübergestellt: Ein männlicher Entdecker geht auf psychische Unterweltsfahrt, deren Navigation nicht immer in der Polarisierung von weiblich/männlich aufgeht. Das Unbewußte, terra incognita, entzieht sich der rationalen Usurpation; es verführt zu Erklärungen, die allerdings ausschließlich auf der Bühne des mythologischen Bildes funktionieren, und verblaßt vor dem Zugriff des logisch schließenden Ich wie des Überich mit seinem Hang zum Zwang und zur Kontrolle.

Schon lange vor Freud hat der Maler Carl Gustav Carus mit dem psychotechnischen Scharfsinn des Romantikers das Unbewußte gleichsam als „goldenen Topf" (E.T.A. Hoffmann) künstlerischer Kreativität qualifiziert, welches das psychisch Bewußte indirekt steuert und höchst vermittelt inspiriert: „Der Schlüssel zur Erkenntnis vom Wesen des bewußten Seelenlebens liegt in der Region des Unbewußtseins." (Carus, 1846: 1) Mit dem Öffentlichmachen des Seelischen als *Unbewußtes* wurde ein Stück persönlicher Privatheit erstmals geschaffen, als ein Thema professionalisierter Irrationalität den Künstlern überantwortet und bereitwillig von diesen angenommen, wenn man etwa an die Symbolisten und später die Surrealisten denkt.

Die Begierde des Entdeckens ist insbesondere im 19. Jahrhundert psychischer Motor einer Sehnsucht, die als Wunschmaschine eines standardisierten männlichen Selbstentwurfes auf Ewigkeits- und Größenphantasien aus ist: ein schier unerschöpflicher Betätigungs- und Bestätigungsdrang, den als Impetus romantischer Selbsttranszendenz Georg Lichtenberg wie folgt beschreibt: „Man muß nicht glauben, wenn wir hier und da ein paar Entdeckungen machen, daß dieses nun immer so fortgehen werde. [...] So wie man Wasser findet, wenn man gräbt, so findet der Mensch überall das Unbegreifliche, bald früher bald später." (Lichtenberg, 1796/1967: 549)

Gottesträume und Allmachtsphantasien beim Erfinden

Der Erfinder *findet etwas ganz und gar*, was es vorher noch nicht gab; das, was er erfunden hat, steht in seiner Macht, er vermeint es zu beherrschen, obgleich das Erfundene etwas sein mag, was sich – wie die Geschichte vom Zauberlehrling berichtet – nicht beherrschen läßt. Für den Typus des universalistischen Renaissance-Artisten waren Entdecken und Erfinden nicht trennbar; erst die heutige Trennung hat die künstlerische Attitüde der Erzeugung des Neuen hervorgebracht. Das wirkliche Experiment duldet diese Unterscheidung jedenfalls nicht: Was ich entdecke, ist immer schon da und zugleich eine Erfindung, und wenn ich etwas erfinde, habe ich es immer schon zugleich konstruiert. An der Schwelle der Neuzeit werfen seine vorrationalistischen Zeitgenossen dem Universalgelehrten Albertus Magnus vor, er wäre ein Zauberer, was ihn nicht nur dämonisieren sollte, sondern schlicht in Lebensgefahr brachte: Grund dafür war die ihm zugeschriebene *Erfindung* eines als Klosterbruder gestalteten Automaten, der unliebsame Besucher abhalten sollte. Als *Entdecker* und Forscher verfaßte Albertus Magnus eine berühmte Spinnenmonographie. Er begriff Rationalität als Einheit von Denken und Natur; Welterfindung in diesem rationalistischen Sinne konnte nur möglich sein, wenn es keine göttliche Macht gab, vor der man Angst haben mußte, daß sie in das Realitätsgeschehen eingreifen könne.

Unter diesem Autonomieanspruch von Rationalität spielt beim Erfinden in Wissenschaft und Technik die Mach- und Machtkomponente des Verfügens über die Materie eine entscheidende wie kontinuitätsstiftende Rolle. „Unsere Ingenieure müssen in mancher Hinsicht als die Schöpfer der modernen Zivilisation betrachtet werden. Sind nicht jene Männer, die die Dynamik dieses Landes geschaffen haben, die Menschen, die vor allen anderen dieses Land zu dem gemacht haben, was es ist?" (Smiles, 1904: XXIII) Diese Leitbilder des aufgeklärt-rationalen männlichen Geistes heben sich vor dem übermächtigen theologischen Hintergrund der Gottesvorstellung vom „unbewegten Beweger" (Aristoteles) als dem Anspruch nach gegensätzlich ab, obwohl sie in der Figur des Philosophen und Wissenschaftlers der Vorstellung des Schöpfergottes verwandt bleiben – der Vorstellung eines Gottes, der nicht in der Teilung von *actus* und *potentia* existiert, sondern als *actus purus* beides beinhaltet – *ens realissimum, allerwirklichst Seiendes,* nach Thomas von Aquin.

Obwohl das *ens realissimum* in seiner göttlichen Allmacht dem Menschen unerkennbar bleibt, versteht sich der Philosoph – und später der Forscher – in seiner Schöpferpotenz als gottebenbildlich, wodurch er die Spaltung von Wirklichkeit und Möglichkeit in die Welt überträgt und in seiner Person als Geschlechterspannung wiederholt. Das *ens realissimum,* als eigentlich geistige Macht des Philosophen proklamiert, ist als prägende Form männlich. Der intellektuelle Philosoph bringt sich in profaner Hybris durch seine schöpferisch-konzeptionelle Geisttätigkeit in verdächtige Nähe zum übermächtigen Schöpfer-Gott und okkupiert damit ein männliches Leitbild: *Vermögen* als männliches Ideal bedeutet, daß ein vermögender Mann viel bewirkt, ohne es selbst zu tun. Später durchbrechen Techniker und Ingenieure dieses Tabu des „unbewegten Bewegers", indem sie sich demiurgisch auf den intimen Kontakt mit Materie und Empirie einlassen. „Technik ist der Einzug des Weltgeistes in Materie und Energie. Diese beiden vermählen sich unter dem Siegel des Geistes, und ihre Vermählung vollzieht der Mensch der technischen Arbeit. An dem Altar dieser Verbindung ist er der Priester und hat ein heiliges Amt." (Dessauer, 1922: 269f)

Die Geistrealität fungiert eigentlich als männliche Potenz, ist Prinzip wie Ideal einer virilen Simulation des Sublimen. Hingegen beinhaltet die reale, materiale Welt die Möglichkeiten: Materie, Mutterstoff, *hylé* – was als weiblicher Stoff von der Philosophie dem Prinzipiendenken gegenüber abgewertet wird, und lediglich die Angst vor dämonisierter Weiblichkeit abwehrt – der Ingenieur als Vergewaltiger der Natur, der seine kriegerisch-heroische Technik-Imagination erst im Geschlechterkampf gewaltsam dem weiblichen Körper der Natur einschreiben muß. Die Schrift der Technik ist eine erobernde, unterwerfende, eine, die mit der Naturbewältigung gleichzeitig das Modellbild einer disziplinierten und gezähmten Frau proponiert. Dem Ingenieur Ludwig Brinkmann erscheint so Natur als „ewig Widerspenstige, die kratzt und beißt und sich bis aufs Blut wehrt." (Brinkmann, 1921: 40) Wird dem männlichen Erfinder die Natur gleich dem findigen Verführer die Frau durch Apparat und Projektion gefügig und untertan, ist das erfinderische Blättern im Buche der Natur ein Akt der Aggression und überheblicher Gewaltanwendung. „Hybris ist heute unsre ganze Stellung zur Natur, unsre Natur-Vergewaltigung mit Hülfe der Maschinen und der so unbedenklichen Techniker- und Ingenieur-Erfindsamkeit." (Nietzsche, 1887/1988: 357)

Der Möglichkeits- und Wirklichkeitssinn dokumentiert den Geschlechterkampf. Die Virtualität bei der „Virtual Reality" ist eine Dimension der Neuen Technologien und Medien, die die Ambiguität dieses Begriffes zu erhöhen vermeint und dadurch auch verliert: Virtualität einerseits leitet sich von *virtus*, der männlichen Tugend, ab; auf der anderen Seite ist Virtualität die Summe der Möglichkeiten, die das Weibliche meinen. Die Virtualität, die im Rahmen der Neuen Technologien gebraucht wird, rekurriert auf einen neutralisierten, plastisch handhabbaren, disponierbaren Erfahrungsraum; die störrische Realität hört auf, störrisch zu sein – auch dies, könnte man meinen, ein Spiel für infantile Männer, die sich in einem ungefährlichen Umgang mit Realität verlieren können. „Damit ist auch die Metaphysik des Cyberspace erfasst. Es ist auffällig, daß Cyberspace als eine immaterielle Sphäre beschrieben wird, die dem Weltzustand entgegengesetzt ist – als seine Überschreitung oder seine Erlösung. Auffällig sind dualistische Oppositionen: ist die Erde zunehmend dem materiellen Elend zugeordnet, so Cyberspace der Sphäre des Geistes; ist die Erde mit Schmutz konnotiert, so Cyberspace mit Reinheit; ist die Zeitform der Erde durch Entropiezuwachs, Sterblichkeit und Endlichkeit charakterisiert, so ist die Zeitform von Cyberspace die der instantiellen Omnipräsenz, der Entgrenzung und der Abwesenheit des Todes." (Böhme, 1996: 69)

Wenn Erfindung aus dem Stadium der Idee zur Wirklichkeit wird, ist stets mit dem profanen Produkt etwa einer Maschine auch ein Stück männlicher Schöpfergeschichte – Welt, Mythos und Kosmos – mitrealisiert: Erfinden als Verwirklichung menschlichen oder, etwas spitz formuliert, männ-schlichen Geistes ist immer schon Welterfindung. Möglichkeit und Materie werden als Domäne der der Männlichkeit untergeordneten Weiblichkeit begriffen. Solange diese passiv, empfänglich, hingebungsvoll etc. ist, mag die Welt der Möglichkeiten jenes weite Land sein, welches erst durch den Blick des männlichen Geistes erblüh'.

Die Magie der verkehrten Natur im Artefakt

„Wir haben ein Haus der Blendwerke, wo wir alle möglichen Gaukeleien, Trugbilder, Vorspiegelungen und Sinnestäuschungen hervorrufen. Man wird leicht begreifen, daß wir, die wir so viele Naturerzeugnisse besitzen, die Verwunderung hervorrufen, auch den Sinnen der Menschen unendlich viel vortäuschen könnten, wenn wir sie zu Wundern herausputzen und zurichten wollten. Ja, wir haben sogar allen Brüdern unseres Hauses unter Geld- und Ehrenstrafen untersagt, etwas Natürliches durch künstliche Zurüstung wunderbar zu machen; rein und von jedem Schein und jeder falschen Wunderhaftigkeit unberührt, sollen vielmehr die Naturerscheinungen vorgeführt werden." (Bacon, 1638/1991: 213f)

Hier haftet der Reproduktion von Natur als Tätigkeit des Täuschens das Anrüchige eines *trickreichen Illusionierens* an, sodaß in Francis Bacons „Nova Atlantis"-Vision der Einsatz sinnlicher Medien als Mißbrauch der Illusionsbildung und als verwerfliche Manipulation gegeißelt wird. Was den Umgang mit Illusionierung angeht, schien nicht nur der Magier und Alchimist in der theologiekonformen Gesellschaft seiner Zeit in hohem Maße verdächtig; insbesondere der Figur des Künstlers hing das Suspekte der magischen Künste an, das sie gleichermaßen blasphemisch in schöpferische Konkurrenz mit den Göttern brachte. Der *ideé fixe* einer *creatio ex nihilo*, der Erschaffung aus dem Nichts, die sich dem *rechten* Glauben verdankt, korreliert die magische Figur des schöpferischen Zauberers, der sich besagter Hybris schuldig macht: „Zweierlei Leistungen schreibt der Mythos dem Künstler zu: daß er Menschen bilde und Bauten schaffe, die an den Himmel reichen oder an Schönheit und Größe mit den Wohnsitzen der Götter wetteifern. Beide Leistungen greifen in das Vorrecht der Gottheit ein, beiden gilt ihre Strafe. [...] Die Gestalt des Künstlers fließt mit der allgemeineren und weiteren der Widersacher der Gottheit zusammen. [...] Noch der Glaube der Griechen hat die erniedrigten und bestraften Künstler heroisiert. So läßt schon der Mythos auf die Ambivalenz der Gefühle schließen, die die Großen der Menschheit von alters her zu begleiten pflegt." (Kris/Kurz, 1980: 114ff)

Was unterscheidet den Magier vom neuzeitlichen Wissenschaftler, die beide Veränderungen in der Welt bewirken wollen? Der eine versucht mit der Genauigkeit magischer Rituale subjektive Intensitäten herzustellen, die in der äußeren Welt Folgewirkungen hervorrufen sollen; der andere entäußert Erkenntnis als Gesetzmäßigkeit der Natur, relativiert die Subjektivität, indem er Erkenntnis an beobachtbarer Realität gewinnt und dadurch experimentelle Objektivität schafft. Im neuzeitlichen Denken findet die Erfindung der Welt aus dem Verstand unter der Voraussetzung statt, daß es keine Angst gibt, eine göttliche Macht würde ständig – in Abwechslung zu den erkannten Gesetzmäßigkeiten der Natur sozusagen – in das Realitätsgeschehen eingreifen; Denken und Natur werden dabei unter einer gemeinsamen Gesetzmäßigkeit gefaßt. Mit dem Verlust dieser Angst wurde in der Philosophie der Renaissance das unstillbare Begehren des Verstandes geweckt, die Welt in der unendlichen Vielfalt ihrer Möglichkeiten zu erschaffen. Marsilio Ficino (1433-1499), der im Auftrag der Medici Platon und Plotin ins Lateinische übersetzte, schreibt dem Geist jene umfassende synoptische Kraft zu, die bisher nur Gott vorbehalten war: „Der Geist *erschafft* sogar das Antlitz der Dinge immer wieder neu aus eigener Kraft und in bestimmter Ordnung, und wieder andere Dinge *erfindet* er aufs Neue. [...] Wer schreitet unbegrenzt voran? Wer erreicht das grenzenlose Ziel dieses Voranschreitens? Mit Sicherheit: Der Geist tut dies. Geist ist also unendliche Kraft, die auch darin zutage tritt, daß er nicht nur die unendliche Wirklichkeit findet, die Gott ist, sondern auch die unendliche Möglichkeit, die als Materie Gott unterworfen und bereit ist, unzählige Gestaltungen zu empfangen." (Ficino, 1474: 164)

Im frühneuzeitlichen Denken treten die Philosophen mit dem Anspruch auf, offensiv die Grenzen des Wissens zu erkunden. Dieser nunmehr entdeckbare Raum der Möglichkeit bemißt sich danach, wie umfassend die Deutungskraft des Renaissancephilosophen für den Begriff des menschlichen Handelns und Vorstellens sein kann. Bei Ficino ist es die Schaffung eines subjektiven Binnenraums, einer Innenwelt, die Voraussetzung für das Urteil über die Welt ist. Erst eine spezifische Aufmerksamkeit sich selbst gegenüber ermöglicht ein Sprechen über die Welt. „Der allerwichtigste philosophische Anstoß in den magischen Lehren der Epoche, von Ficino bis Bruno, ist der Versuch, einen so umfassenden Begriff von Handlung zu bilden, daß er in einer Form von Praxis das [...] auf einmal zu erreichen erlaubt, was theoretisch gar nicht mehr zusammengedacht werden kann. [...] Vor allem in diesem Versuch, Grenzen und Sinn des Wissens aus der Mächtigkeit des menschlichen Handelns zu bestimmen, liegt der charakteristische Anspruch von Renaissance-Philosophie. [...] Es ist Gestaltung der Welt, die in nichts anderem als der Selbst-Erschaffung, der Selbst-Erhebung des Menschen besteht." (Heinrich, 1991: 123)

Dem philosophischen Diskurs in der Renaissance um die Formen der Magie kommt bei der Entstehung der neuzeitlichen Rationalität eine vielfach unterschätzte Rolle zu, wie auch Ernst Cassirer in Erinnerung bringt: „Der magische Mensch, der homo divinans, glaubt im gewissen Sinne an die Allmacht des Ich: aber diese Allmacht stellt sich ihm lediglich in der Kraft des Wunsches dar. Dem Wunsch in seiner höchsten Steigerung und

Potenzierung vermag sich zuletzt die Wirklichkeit nicht zu entziehen; sie wird ihm gefügig und untertan. Der Erfolg eines bestimmten Tuns wird daran geknüpft, daß das Ziel dieses Tuns in der Vorstellung aufs genaueste vorweggenommen wird, und daß das Bild dieses Ziels in höchster Intensität herausgearbeitet und festgehalten wird. Alle *realen* Handlungen bedürfen, wenn sie glücken sollen, einer solchen magischen Vorbereitung und Vorwegnahme. [...] Der Mensch sucht nicht länger, sich die Wirklichkeit mit allen Mitteln des Zaubers und der Bezauberung gefügig zu machen; sondern er nimmt sie als ein selbstständiges charakteristisches Gefüge. [...] Dieses Objektiv-Mögliche erscheint jetzt als die Grenze, die der Allmacht des Wunsches und der affektiven Phantasie gesetzt ist." (Cassirer, 1985: 58ff)

Die Verwobenheit von Mythos und Technik bleibt aber nicht allein Sache der Kunst, sondern gewinnt gerade in der Alltagsästhetik von Gebrauchsgegenständen eine nahezu kultische Dimension. „Trotz seiner griechischen Schäfernamen (Polystyren, Phenoplast, Polyethylen) ist das Plastik, dessen Produkte man kürzlich in einer Ausstellung zusammengefaßt hat, wesentlich eine alchimistische Substanz. Am Eingang der Halle steht das Publikum lange Schlange, um zu sehen, wie sich die magische Operation par excellence, die Umwandlung der Materie, vollzieht. Eine ideale Maschine, langgestreckt und mit zahlreichen Röhren (eine geeignete Form, um von dem Geheimnis eines zurückgelegten Weges zu künden), gewinnt ohne Mühe aus einem Haufen grünlicher Kristalle glänzende kannelierte Schalen. Auf der einen Seite der tellurische Rohstoff, auf der anderen der perfekte Gegenstand. Zwischen diesen beiden Extremen nichts; nichts als ein zurückgelegter Weg, der von einem Angestellten mit Schirmmütze, halb Gott, halb Roboter, überwacht wird. Das Plastik ist weniger eine Substanz als vielmehr die Idee ihrer endlosen Umwandlung, es ist, wie sein gewöhnlicher Name anzeigt, die sichtbar gemachte Allgegenwart." (Barthes, 1964: 79)

Visionen einer universalen Maschine

Für die Innovation in der Technik gilt das Kriterium des vorher Noch-Nicht-Dagewesenen; dadurch hat sich zwischen Vergangenheit und Zukunft eine fortschrittsbesessene Gegenwart etabliert, die des Visionären zur Beschleunigung des Prozesses der Zivilisation bedarf. Das Originäre, der unverwechselbare Einfall, verliert mitunter die spontane Qualität und verselbständigt sich als ein Zwang, der mit der Idee des Erfindens zugleich das Bedürfnis nach einem System allen möglichen Erfindens weckt. Hinter dem Anspruch auf Universalität verbirgt sich auch der Herrschaftsanspruch des ordnenden Zugriffs, nicht allein auf die Verfügbarkeit des Realen, sondern auch vorauseilend auf die Verfügbarkeit alles Möglichen: „Die Bedeutung der universalen Maschine ist klar. Wir brauchen nicht unzählige unterschiedliche Maschinen für unterschiedliche Aufgaben. Eine einzige wird genügen." (Turing, 1950/1987: 88). Auf die mediale Oberfläche gemünzt könnte man sagen: ein Bildschirm für alles.

Oswald Wieners Erlösungsphantasie für ein *verbessertes Mitteleuropa* ist die vollkommene Ersetzung des philosophie-deformierten Geistes durch den Bio-Adapter, der das Ensemble der Unzulänglichkeiten zwischen gewünschter Welt und ihren enttäuschten Erfindern kompensieren soll: „der bio-adapter bietet in seinen grundzügen die m. e. erste diskutable skizze einer vollständigen lösung aller welt-probleme. er ist die chance unseres jahrhunderts: befreiung von philosophie durch technik. sein zweck ist nämlich, die Welt zu ersetzen, [...]. der mensch, ausserhalb seines adapters ein preisgegebener, nervös aktivierter und miserabel ausgerüsteter (sprache, logik, denkkraft, sinnesorgane, werkzeug) schleimklumpen, geschüttelt von lebensangst und von todesfurcht versteinert, wird nach anlegen seines bio-komplements zu einer souveränen einheit, die des kosmos und dessen bewältigung nicht mehr bedarf, weil sie auf eklatante weise in der hierarchie denkbarer wertigkeiten über ihm rangiert. [...] der adapter legt sich – von 'aussen' betrachtet – zwischen den ungenügenden kosmos und den unbefriedigten menschen. er schliesst diesen hermetisch von der herkömmlichen umwelt ab und greift nur in den ersten stadien der adaption auf zu diesem zweck gespeicherte eigene informationen zurück." (Wiener, 1985: 175f)

Von der Spannung des wissenschaftlich-magischen Antagonismus ist im Werk und in der Figur des Bricoleurs und experimentierenden Avantgardekünstlers mitunter einiges nachzuspüren. Technik und Kunst mögen – aufeinander spielerisch bezogen – ein interpretatives Anschauungsfeld eröffnen, das jenseits von Erklärungsmodellen existiert.

So montiert Villiers de l'Isle-Adam aus den Versatzstücken industrieller Fortschrittsphantasien die elektromenschliche Kreatur einer „Eva der Zukunft", zusammengesetzt aus photographischen, phonographischen und elektrodynamischen Sinn-Armaturen. Deren Erfinder und Ingenieur will mit der Schaffung der *idealen Eva* die Traumproduktion im Zeitalter des Elektromagnetismus und der radioaktiven Substanzen in eine maschinelle Imagination zwingen: „Ja, ich will die Illusion bezwingen! In der Erscheinung, die ich hervorzubringen gedenke, will ich des Ideales selber mich bemächtigen, daß es sich zum ersten Male ihren Sinnen als etwas Greifbares, Hörbares, etwas Materialisierbares darstellt." (Villiers de l'Isle-Adam, 1984: 80f)

Die Utopie eines berechnenden wie antizipierenden Verstandes faßt Leibniz mit dem Gedanken eines universalen Kalküls bereits im späten 17. Jahrhundert. Dem Leibnizschen Projekt einer „characteristica universalis" liegt die Annahme zugrunde, daß wissenschaftliche Wissensbildung vollständig kalkulierbar sei: mit Hilfe der *ars iudicandi* könne von *jedem* vorgelegten wissenschaftlichen Satz entschieden werden, ob er wahr oder falsch sei; mit Hilfe der *ars inveniendi* könnten *alle* möglichen wahren Sätze gefunden werden. In einem solchen Wissenschaftskalkül sollte jedes Problem berechenbar beziehungsweise entscheidbar werden: Für jede Klasse von Problemen existiere ein Algorithmus, der die Lösbarkeit oder Unlösbarkeit dieser Problemklasse beweise – die *ars combinatoria*. „In Mathematicis und Mechanicis habe ich vermittelst artis combinatoria einige Dinge gefunden, die in praxi vitae von nicht geringer importanz zu achten, und erstlich in Arithmeticis eine Maschine, so ich eine lebendige Rechenbanck nenne, dieweil dadurch zu wege gebracht wird, daß alle zahlen sich selbst rechnen, addiren subtrahiren multipliziren dividiren, ja gar radicem Quadratam und Cubicam extrahiren ohne einige Mühe des Gemüths, wenn man nur die numeros datos in machina zeichnet, welches so geschwind gethan als sonst geschrieben, so komt die summa motu machinae selbst heraus. Und ist der nuzen noch dazu dabey, daß solange die machina nicht bricht, kein fehler in rechnen begangen werden kan; welches was für einen Nuzen in Cammern, Contorn, re militari, Feldmeßen, Tabula sinuum und Astronomi habe, und wie großer mühe es die Menschen überheben könne, leicht zu erachten." (Leibniz, 1962: 160)

Naturgemäß hat die System-Obsession der Verstandestätigkeit auch leichten Zwangscharakter, der möglicherweise der gewünschten konzeptionellen Kreativität kontraproduktiv zuwiderläuft. Wohltuend pragmatisch hingegen vermerkt Lichtenberg: „In einer so zusammengesetzten Maschine, als diese Welt, spielen wir, dünkt mich, [...] was die Hauptsache betrifft immer in einer Lotterie." (Lichtenberg, 1796/1967: 580) Daß das Erfinden nicht in undisziplinierter Chaotik von statten gehe und ausufere, war in der Neuzeit ein Anliegen von Dringlichkeit und Aktualität; Francis Bacon doziert im „Novum Organon": „Der Geist darf von Anfang an nicht sich selbst überlassen bleiben, sondern muß ständig gelenkt werden und [...] wie durch eine Maschine vorangetrieben [...]." (Bacon,1638/1991: 71)

Im Dienste der Fortschrittsmaschinerie ist der schöpferische Erfindergeist (*ingenium*) des Ingenieurs und Wissenschaftlers nur dann als innovativ zu bezeichnen, wenn er den vorgegebenen Regeln folgt. *Ingenium* wird als „natürliche Begabung" und „Erfindergeist" – vom lateinischen *gignere* „hervorbringen, erzeugen" hergeleitet – zu jener Kraft domestiziert, die erst durch rigide Ausbildung und langjährige Disziplin kreativ zu werden vermag. Zwischen Künstler und Ingenieur gab es im 16. Jahrhundert bei Francis Bacon noch den gemeinsamen Begriff der „imaginatio" als schöpferisches Grundvermögen. Später treten beide in Konkurrenz: der kreative Geist des Wissenschaftlers, Erfinders und Technikers wird für einen anderen gehalten als die Phantasie des Künstlers.

Correspondance zwischen Künstler und Ingenieur

Ingenieur und Künstler einander konkurrenzierend gegenüberzustellen war insbesondere ein Anspruch der Ingenieure, um die Identität ihres *neuen* Berufsstandes bemüht; so meint Max Eyth anläßlich der Hauptversammlung deutscher Ingenieure 1904 in Frankfurt in seinem Vortrag zum Thema „Poesie und Technik": „Die Welt, selbst die sogenannte gebildete Welt, fängt an zu erkennen, daß in einer schönen Lokomotive, in einem elektrisch bewegten Webstuhl, in einer Maschine, die Kraft in Licht verwandelt, mehr Geist steckt als in der zierlichsten Phrase, die Cicero gedrechselt, in dem rollendsten Hexameter, den Vergil jemals gefeilt hat." (Eyth, 1904:17) Das Konkurrenzieren im Schöpferischen zwischen Wissenschaft, Technik und Kunst leitet sich nicht allein vom unterschiedlichen Produktionsprozeß ab, sondern verweist auch auf die unterschiedlichen Existenzformen und sozialen Prestigerollen von Technikern, Wissenschaftlern und Künstlern.

In seinen „Mythen des Alltags" vermerkt Roland Barthes unter dem Titel „Der neue Citroën": „Ich glaube, daß das Auto heute das genaue Äquivalent zu großen gotischen Kathedralen ist. Ich meine damit: eine große Schöpfung der Epoche, die mit Leidenschaft von unbekannten Künstlern erdacht wurde und die in ihrem Bild, wenn nicht überhaupt im Gebrauch von einem ganzen Volk benutzt wird, das sich in ihr ein magisches Objekt zurüstet und aneignet. Der neue Citroën fällt ganz offenkundig insofern vom Himmel, als er sich zunächst als ein superlativisches *Objekt* darbietet. Man darf nicht vergessen, daß das Objekt der beste Bote der Übernatur ist: es gibt im Objekt zugleich eine Vollkommenheit und ein Fehlen des Ursprungs, [...] Die „Déesse"[die Typenbezeichnung D.S. ergibt beim Aussprechen: „Déesse", die „Göttin" – ein Sprech-Spiel, ermöglicht im übrigen durch das im Französischen weibliche Geschlecht des Autos. Anm. des Verf.] ist deutlich eine

Preisung der Scheiben, das Blech liefert dafür nur die Partitur. Die Scheiben sind hier keine Fenster mehr, keine Öffnungen, die in die dunkle Karosserie gebrochen sind, sie sind große Flächen der Luft und der Leere und haben die gleißende Wölbung von Seifenblasen, die harte Dünnheit einer Substanz, die eher insektenhaft als mineralisch ist. Es handelt sich also humanisierte Kunst, und es ist möglich, daß die „Déesse" einen Wendepunkt in der Mythologie des Automobils bezeichnet. Bisher erinnerte das superlativische Auto eher an das Bestiarium der Kraft." (Barthes, 1964: 76/77)

Am technischen Gerät vollzieht sich ein Übergang des Phänomens des *Ästhetischen*: von der Kunstgeborgenheit in die Faszination des Gebrauchsgegenstands, der in seiner Vollkommenheit zum kultischen Solitär des Konsums wird. Was im extrapolierten Felde des *Ästhetischen* in den Produkten von Kunst und Technik sich durchdringt, verschiebt, und, auseinandergleitend, dennoch fallweise zusammenläuft, bleibt in den Rollenbildern der einzelnen Professionalitäten eher getrennt, obgleich mehr und mehr in interdisziplinärer Verschränkung begriffen. Dort, wo das *technische* Produkt massenbegeisternd und epochenverkörpernd zum Fetisch werden kann, vereinzelt sich die Attraktivität des *Kunst*produktes zum Prüfstein des individuellen Connoisseurs; es selbst wird im Reich der Geschmacksurteile an den Rand von Exklusivität gedrängt, wo es alsbald vom technischen Kultobjekt erneut in seiner Vorrangstellung bedroht wird.

Verglichen mit dem eher bürokratischen Charakter des Fachwissenschaftlers und Technikers, exponiert sich die Figur des Künstlers wie des fachunspezifischen Intellektuellen in der avantgardistischen Moderne zweifelsfrei mehr in experimentellen Lebenssituationen, die oft mit der Kreativität ihrer exzentrischen Rolle in Zusammenhang gebracht werden. Doch in seiner heroisierbaren Abenteuerlichkeit trifft sich das Image des Avantgardekünstlers mit dem des eskapistischen Intellektuellen, des euphorisch-stimulierten Technikers und obsessiven Erfinders: eine *hall of fame* der Klischees.

Um die Künstlerfigur ist es im Vergleich zum Erfindertypus nicht wesentlich anders bestellt: sie wird gleichermaßen zum vorbildsuggestiven Image eines *professionalisierten* Individualismus. Hängt dem genialischen Wissenschaftler oder Techniker das Persönliche als etwas Biographisch-Anekdotisches an – gleichsam vermenschlichender Zug an der monumentalen Objektivität des Werks, ist dieses Höchst-Persönliche beim avantgardistischen Künstler zugleich Ingredienz der Produktionsvoraussetzungen. Künstler zu sein bedeutet, auch heute, im Konfektionalismus der kulturbürgerlichen Individualitätskonzepte, eine Kontrastposition einzunehmen, in der die Künstler für den meist nicht einlösbaren Freiheitsanspruch des Einzelnen stellvertretend posieren. Für den Avantgarde-Künstler der Moderne ist die Domäne der Sexualität ein Feld des experimentellen Umgangs mit sich selbst. Das schweifende Kreativauge des männlichen Künstlergenies gleitet über die Unzahl von Beliebigkeiten und entdeckt das *ready made*, als Kunst wirklich geworden durch Berührung mit dem Zauberstab geni[t]aler männlicher Aufmerksamkeit.

Rimbaud behauptete 1871, der moderne Künstler müsse sich selbst zum Monstrum machen, um ins Unbekannte, zum Neuen, vorstoßen zu können. An der jeweiligen Normalität gesellschaftlichen Verhaltens gewinnt die Künstlerfigur exemplarischen Charakter für spezifisch abweichendes Verhalten, für welches allerdings Amoralität, Verantwortungslosigkeit, kreative Asozialität, sexuelle Promiskuität, Verausgabung etc. Geschmacks-Zutaten individueller Freiheit sind. Selbst diese Eskapismen sind im postmodernen Verlauf der Avantgarde bekanntlich zu Klischee-Devotionalien verkommen, deren Nachahmung keine Lebendigkeit verspricht; in den Zwang zur Innovation verstrickt, ist gerade der am Fortschritt dynamisierte Begriff der Avantgarde obsolet geworden. Vergleichsweise krude nimmt sich da das Bild des Technikers als Schöpfer aus, wie es Friedrich Dessauer pathetisch beschwört: „Technik ist im tiefsten Wesen Fortsetzung der Schöpfung. Der Schöpfer hat die Welt nicht abgeschlossen, sondern er hat dem menschlichen Geist, den er nach seinem Ebenbilde geschaffen hat, die Fähigkeit gegeben, die Erde um neue Gestalten zu bereichern, er hat nicht Räder, nicht Dampfrosse, nicht Schiffe, nicht Fernsprecher geschaffen, aber er hat den Menschen mit der Fähigkeit und mit dem Befehl ausgerüstet, nach einem vorgedachten Plan das Schöpfungswerk in unbegrenzte Weiten fortzuführen." (Dessauer, 1926: 14f)

Technikvisionen und die verbesserte Gesellschaft

Zu visionieren bedeutet für den Schamanen, das *räumlich* Distanzierte in die Nähe zu bringen, sodaß zwischen dem imaginativ Herbeigeholten und der Wahrnehmung des Vorhandenen Gleichzeitigkeit besteht – eine gleichsam halluzinatorische Koinzidenz. Für den Propheten hingegen bedeutet Vision, des Zukünftigen habhaft zu werden, es zu vergegenwärtigen – dem seherischen Blick offenbart sich das *zeitlich* Entfernte; dem Apokalyptiker haftet der Blick am Szenarium der Endzeit, die Erinnerung an ein goldenes Zeitalter mag ihm im Herzen wohnen. Der Blick in die Geschichte ist ein gedoppelter: das *here and now* einer emphatisch-visionär aufgeladenen Gegenwart weist in zwei Richtungen – januskköpfig blickt der visionäre Melancholiker in Zukunft und Vergangenheit. Der wissenschaftlich besessene Visionär neigt sachbezogen infolge zwanghaften Mangelgefühle eher zur hysterischen Figur ständiger Unerfülltheit.
Die Gottesschau des Mystikers verweist auf eine selbsttranszendierende Verschmelzung mit dem Göttlichen – Depersonalisierung zu Gottes höherer Ehre. Visionen werden von Wünschen getragen und transportieren sie; Visionäres auf Profanes bezogen zielt auf Wunschproduktion, die den religiösen oder mythischen Rest immer noch mit sich führt - *Träume der Menschheit*, die Technik uns erfüllen soll. Das Visionierte allerdings kann entzaubert werden, wenn das technisch Errungene in gesellschaftliche Routine übergeht: vom Ikarus zum Airbus sozusagen.
Visionen, die sich am Technischen entzünden oder sich an Zivilisation und ihren Fortschritt knüpfen, implizieren immer auch gesellschaftliche Utopie, eine *social fiction*. Mit solcher Art Vision ist eine Vernunftposition verbunden, nämlich das Bild einer verbesserten Gesellschaft, eines realen Utopia – als Zukunft bewerkstelligbar. Am Ingenium des technischen Einfalls klebt bisweilen das Phantasma einer von inneren und, vor allem, von äußeren Zwängen befreiten Gesellschaft: welt- und menschheitsgeschichtliche Erlösung, gebunden an Innovation in der Komplexität technischen Einfallsreichtums, und an die Realisierung der gewünschten Maschinen. Wunschmaschine, Welterfindung – jeder wirkungsgeschichtlich zündende technische Einfall rekurriert auf menschliche Kreativität, die immer auch soziale Kreativität ist und neue Kommunikations- und Interaktionsformen erfindet und etabliert. Auch Deleuze' und Guattaris Verwendung des Begriffs Wunschmaschine – für die Autoren Bild eruptiver Phantasieproduktion – verweist auf

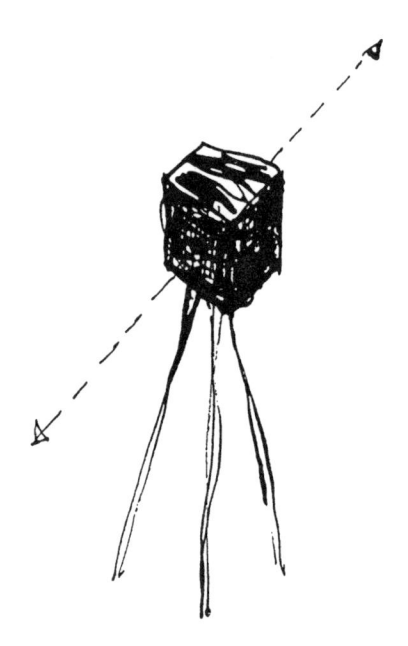

Martin Vlk, Skizze der Januskamera, 1995, utopischer Apparat

diesen Zusammenhang: „Die Wunschmaschinen sind gesellschaftlich und technisch in einem." (Deleuze/Guattari, 1972/1988: 43)

In der Zweigleisigkeit von technisch-zivilisatorischer und soziokultureller Innovation mag es zu Ungleichzeitigkeiten kommen, die quasi ein Schielen des janusköpfigen Doppelblicks zur Folge haben; Mario Erdheim hat auf diese Asynchronizität der Utopie zurecht hingewiesen: dies ist die gebräuchliche Paradoxie der *science-fiction* – in futuristischem Ambiente fechten Cyborgs, nach Art der Ritter, mit Laserschwertern intergalaktische Zweikämpfe aus.

Im bisweilen konfliktuösen Aufeindertreffen von Lustprinzip und Realitätsprinzip [korrigiert: Lustprinz und Realitätsprinzessin; d.A.] stehen einander – wenn wir dem Titel dieser Ausstellung folgen – Wunsch und Erfinden einerseits, Welt und Maschine andererseits gegenüber. Wenn der wünschenden Phantasie keine Realität entgegenkommt, dann wird das Sinnlichkeitsbedürfnis und die Anschauungsbedürftigkeit der Menschen nicht befriedigt, es sei denn durch die Illusionierungsmaschinerie von Medien- und Unterhaltungsindustrie. Mit dem Verschwinden des magischen Weltumgangs tritt auch ein Verlust an animistisch einsetzbarer Sinnlichkeit ein; ein Wiederentdecken des Magischen, als versteckte wie verdrängte Dimension unseres Bewußtseins, vermag durchaus kritisch Anspruch auf Intensivierung von Lebendigkeit sowie Radikalisierung des Sinnlichen und Denkbaren zu erheben und läuft nicht unbedingt auf zivilisatorische Regression hinaus: Ein Moment des Psychotischen wohnt aller wirklich innovativen Kreativität zutiefst inne, ja, es hat wohl alle grundlegenden und wichtigen Veränderungen der Menschheit begleitet.

Durch Beschleunigung in ihren Funktionsabläufen droht unsere routinierte Lebenswelt an Sinnlichkeit und an Anschaulichkeit zu verlieren - trotz, oder gerade wegen des gewaltigen Aufschwungs und der vielfältigen Anwendungen Neuer Technologien und Medien, die in ihrer interaktiven Präsenz schon naturhafte Ausmaße als *intelligente Umgebung* angenommen haben. „Im technisch Virtuellen ist alles selbstidentisch, gewissermaßen eine schattenlose Welt aus nichts als Licht. Das macht den Cyberspace für immer mehr Menschen heute so attraktiv. Für viele ist Cyberspace die aids-freie Zone des Eros. Heute ist absehbar, daß die Eroberung der sinnlichen Welt eine Hauptfront der Cyberspace-Experimentatoren darstellt. Nicht nur Sehen und Hören, sondern vor allem das Fühlen soll im Cyberspace ermöglicht werden. Es geht darum, das Erotische aus der ineinander verschlungenen Präsenz unserer Körper zu lösen – ohne Verlust an Intensität. Einen Mikrokosmos im Infokosmos darzustellen ist die Verlockung für alle die Surfer und Daten-Junkies, Punks und Hacker, Anarchos und Artisten, Schwärmer und Panerotiker, denen Cyberspace zum Medium eines universell geweiteten Narzissmus, eines grandiosen Selbstgefühls, einer schwerelosen Mobilität [...] werden soll." (Böhme, 1996: 69)

Wir machen gegenwärtig die Erfahrung, daß die wesentlichen Versatzstücke unserer Bewußtseinskonstruktionen neu konfiguriert werden oder zumindest neue Namen erhalten: *Datenhighway*, *Online*, *Echtzeit* und dergleichen mehr sind die neuen Etiketten einer *unkritischen Kritik* des eingespielten Vernunfthabitus. Das Denken erfährt nach dem sogenannten „Ende der Gutenberggalaxis" eine Neubelebung seiner visuellen Darstellbarkeit, weshalb der symbolische Raum, die sogenannte *Oberfläche*, eine neue Attraktivität erhält. Mit der Auflösung eines am Lauftext disziplinierten Denkens zugunsten einer visuell erfaßbaren Komplexität graphischer Tableaus etc., kommt es zu einem erweiterten Pluralismus von Denkstrategien, der sich letztlich auch in Organisation und Darstellbarkeit des szientifischen Wissens auswirken wird. Darin besteht auch eine große Chance der Neuen Technologien und Medien, durch multi-lozierbare, gleichzeitige und vor allem *antizipatorische* Visualisierungsprozesse die magische Komponente in unserem vorstellenden Denkvermögen sozusagen neu zu beleben – jenseits bürokratischer Ordnungsnöte, daß jeder Gedanke ein *file* und somit ein Akt ist, zu dem weitere Gedanken als weitere Akte gelegt werden.

Aby Warburg hat eine Kritik unserer rationalen Ordnung und technisierten Welt vor Augen, wenn er 1923 anläßlich eines Vortrags in Bad Kreuzlingen der herrschenden Zivilisation vorwirft, sich von den geistigen Dingen verabschiedet zu haben. „Ich konnte Ihnen heute abend nur an einem wirklichen Überbleibsel des magischen Schlangen-Kultes leider nur allzu flüchtig den Urzustand zeigen, an dessen Verfeinerung und Aufhebung und Ersatz die moderne Kultur arbeitet.

Den Überwinder des Schlangenkultes und der Blitzfurcht, den Erben der Ureinwohner und goldsuchenden Verdränger des Indianers, konnte ich auf der Straße von San Francisco im Augenblicksbilde einfangen. Es ist Onkel Sam mit dem Zylinder, der voll Stolz vor einem nachgeahmten antiken Rundbau die Straße entlang geht. Über seinem Zylinder zieht sich der elektrische Draht. In dieser Kupferschlange Edisons hat er der Natur den Blitz entwunden. Dem heutigen Amerikaner erregt die Klapperschlange keine Furcht mehr. Sie wird getötet, jedenfalls nicht göttlich verehrt. Was ihr entgegengesetzt wird, ist Ausrottung. Der im Draht eingefangene Blitz, die gefangene Elektrizität hat eine Kultur erzeugt, die mit dem Heidentum aufräumt. Was setzt sie an dessen Stelle? Die Naturgewalten werden nicht mehr im anthropomorphen oder biomorphen Umgang gesehen, sondern als unendliche Wellen, die unter dem Handdruck dem Menschen gehorchen. Durch sie zerstört die Kultur des Maschinenzeitalters das, was sich die aus dem Mythos erwachsene Naturwissenschaft mühsam errang, den Andachtsraum, der sich in den Denkraum verwandelte. Der moderne Prometheus und der moderne

„Onkel Sam"

Ikarus, Franklin und die Gebrüder Wright, die das lenkbare Luftschiff erfunden haben, sind eben jene verhängnisvollen Ferngefühl-Zerstörer, die den Erdball wieder ins Chaos zurückzuführen drohen. Telegramm und Telephon zerstören den Kosmos. Das Mythische und symbolische Denken schaffen im Kampf um die vergeistigte Anknüpfung zwischen Mensch und Umwelt den Raum als Andachtsraum oder Denkraum, den die elektrische Augenblicksverknüpfung mordet." (Warburg, 1923: 58f)

Annähernd zeitgleich sucht Ulrich, Protagonist in Musils „Mann ohne Eigenschaften", nach der perfekten Distanz zum Realen, einer *vorbehaltenden* Position im „Denkraum"; ihm geht es nicht um eine gleichsam magische Verschmelzung mit den Dingen, sondern um einen sozusagen kühlen Gebrauch des Verstandes, Signum einer neuen Sinnlichkeit. (Musil, 1930:16) „Wenn man gut durch geöffnete Türen kommen will, muß man die Tatsache achten, daß sie einen festen Rahmen haben: dieser Grundsatz, nach dem der alte Professor immer gelebt hatte, ist einfach eine Forderung des Wirklichkeitssinns. Wenn es aber Wirklichkeitssinn gibt, und niemand wird bezweifeln, daß er seine Daseinsberechtigung hat, dann muß es auch etwas geben, das man Möglichkeitssinn nennen kann. Wer ihn besitzt, sagt beispielsweise nicht: Hier ist dies oder das geschehen, wird geschehen, muß geschehen; sondern er erfindet. Hier könnte, sollte oder müßte geschehen; und wenn man ihm von irgend etwas erklärt, daß es so sei, wie es sei, dann denkt er: Nun, es könnte wahrscheinlich auch anders sein. So ließe sich der Möglichkeitssinn geradezu als die Fähigkeit definieren, alles, was ebensogut sein könnte, zu denken und das, was ist, nicht wichtiger zu nehmen als das, was nicht ist."

Verwendete Literatur:

Bacon, Francis (1638): *Nova Atlantis*, London, in: Klaus Heinisch (Hg.), *Der utopische Staat*, Reinbek bei Hamburg, 1991.

Bahr, Hans-Dieter (1983): *Über den Umgang mit Maschinen*, Tübingen.

Barthes, Roland (1964): *Mythen des Alltags*, Frankfurt a. M.

Böhme, Hartmut (1996): Der technologische Finger Gottes, in: *Neue Zürcher Zeitung*, 13./14. 4., S. 69.

Brinkmann, Ludwig (1921): *Der Ingenieur*, Berlin.

Carus, Carl Gustav (1846): *Psyche. Zur Entwicklungsgeschichte der Seele*, Leipzig.

Cassirer, Ernst (1985): Form und Technik, in: *Symbol, Technik, Sprache*. Hamburg.

Deleuze, Gilles; Guattari, Felix (1972): *Anti-Ödipus*, Frankfurt a. M., 1988.

Dessauer, Friedrich (1922): Technik und Weltgeist, in: *Technik und Industrie 1922*, Heft 23/24, Berlin.

Dessauer, Friedrich (1926): *Bedeutung und Aufgabe der Technik beim Wiederaufbau des Deutschen Reiches*, Berlin.

Eyth, Max (1904): Poesie und Technik. Vortrag gehalten in der Hauptversammlung des Vereins Deutscher Ingenieure zu Frankfurt a. M. am 6. Juni 1904, in: Max Eyth, Lebendige Kräfte.

Ficino, Marsilio (1474): *Theologica platonica, Buch VIII,* Florenz.

Freud, Sigmund (1912-13): Totem und Tabu. Einige Übereinstimmungen im Seelenleben der Wilden und der Neurotiker, in: Alexander Mitscherlich, Angela Richards, James Strachey (Hg.), *Fragen der Gesellschaft. Ursprünge der Religion,* Studienausgabe, Bd. 9, S. 373, Frankfurt a. M., 1982.

Heinrich, Richard (1991): Über die philosophische Bedeutung der neuzeitlichen Magie, in: Klaus Heipcke, Wolfgang Neuser, Erhard Wicke (Hg.), *Die Frankfurter Schriften Giordano Brunos und ihre Voraussetzungen,* Berlin.

Kris, Ernst; Kurz, Otto (1980): *Die Legende vom Künstler. Ein geschichtlicher Versuch,* Frankfurt a. M.

Leibniz, Gottfried Wilhelm (1962): *Sämtliche Schriften und Briefe,* hg. von der Preußischen Akademie der Wissenschaften, Bd. 2/1, Darmstadt.

Lichtenberg, Georg (1796): *Schriften und Briefe,* Bd. 1, München/Wien, 1967

Musil (1930f): *Der Mann ohne Eigenschaften,* Hamburg.

Nietzsche, Friedrich (1887): Zur Genealogie der Moral, in: *Kritische Studienausgabe,* hg. von Giorgio Colli, Mazzino Montinari, Bd. 5., Berlin/New York, 1988.

Proust, Marcel (1920): *Die Welt der Guermantes,* 3. Teil, 1. Buch, Frankfurt a. M., 1982.

Smiles, Stephen (1904): *Lives of Engineers: Early Engineering,* London.

Turing, Alan (1950): Intelligente Maschinen, Edingburgh, in: *Alan Turing, Intelligence Service. Schriften,* hg. von Bernhard Dotzler und Friedrich Kittler, Berlin, 1987.

Villiers de l'Isle-Adam, Auguste Comte de (1984): *Die Eva der Zukunft,* Frankfurt a. M.

Warburg, Aby (1923): Bilder aus dem Gebiet der Pueblo-Indianer in Nord-Amerika, Vortrag in Bad Kreuzlingen. Wiederabdruck in: *Schlangenritual. Ein Reisebericht,* Berlin, 1988.

Wiener, Oswald (1985): *Die Verbesserung von Mitteleuropa, Roman,* Reinbek bei Hamburg.

Den Gänseblümchen beim Wachsen zusehen oder die Frau ohne Schatten

Jehuda Safran

Kunstwerke sind Denkmaschinen. Der Erfinder kümmert sich nicht um die Erscheinung, am wenigsten um seine eigene, und sieht meist so aus, als ob er gerade aufgestanden wäre. Vielleicht rasiert er sich lieber elektrisch, weil er sich ja sonst schneiden und angesichts des Bluts in Ohnmacht fallen könnte.

Der Künstler hat ein sicheres Gefühl für logische Zusammenhänge und zeichnet sich durch völlige geistige Integrität und die erstaunliche Fähigkeit aus, das Leben und all seine Probleme zu vereinfachen. Er verzichtet auf die Waffe der Täuschung, und sein ästhetisches Auge richtet sich auf Berge und Menschen.

Folgt man der Deutung des Buches Sohar durch Isaak Luria, den jüdischen Mystiker des 16. Jahrhunderts, brachen die Gefäße, die dazu bestimmt waren, das göttliche Licht aufzunehmen, im Urgeschehen des kosmischen Dramas, wodurch sich das Licht über alle Welten verteilte. Diese verstreuten Funken einzusammeln und sie dem Ort wiederzugeben, für den sie bestimmt waren, stellt die zentrale Aufgabe des Menschen im Prozeß der Wiederherstellung *(tikkun)* dar. Es gibt eine Art der Erlösung, die in jedem Menschen und immer stattfinden kann und auf keinen Messias angewiesen ist.

Ich beginne meinen Tag mit der *macchinetta*, meiner Espressomaschine: schraube den oberen Teil ab, beseitige den Kaffee vom letzten Mal, fülle den unteren Teil mit Wasser und das Sieb mit frischgemahlenem Kaffee, schraube den Aufsatz fest, nehme ein Streichholz und drehe die kleine Gasflamme auf. Das Wasser wird heiß, der Aufsatz füllt sich mit duftender Flüssigkeit, mit den Kriegen, Revolutionen und Streiks, über die in den Morgenzeitungen berichtet wird, und ich gieße das Gebräu in eine Tasse, gebe einen Löffel Zucker dazu, und nach ein paar Minuten rühre ich bereits in aller Ruhe den verbleibenden Rest auf. Das Weltgeschehen vermischt sich mit dem barocken Brunnen auf der nahen Piazza Farnese. Ja, wir proben in unserem Alltagsleben jedes auch nur vorstellbare Ereignis, sei es räumlich und zeitlich nah oder fern.

In den frühen Tagen des Spanischen Bürgerkrieges haben die Bewohner andalusischer Dörfer die Behörden zum Teufel gejagt und damit begonnen, ein anarchistisches Eden einzurichten. Ganz bewußt zielten sie darauf ab, selbst das arme Leben zu vereinfachen, das sie gelebt hatten, schlossen die Cantinas und kamen im Hinblick auf ihren Verkehr mit den Nachbargemeinden überein, daß es auch für einen so unschuldigen Luxus wie Kaffee keinen Bedarf mehr gebe. Proudhon unterschied in „La guerre et la paix" (1860) zwischen Pauperismus und Armut. Pauperismus sei Elend, arm hingegen ein Mensch, der durch seine Arbeit genug verdiene, um seine Bedürfnisse befriedigen zu können. Proudhon pries die Armut in lyrischen Tönen als idealen Zustand, in dem der Mensch am freiesten und, da Herr seiner Sinne und seines Verlangens, am ehesten zu einem vergeistigten Leben imstande sei.

Tatsächlich lehnten die meisten Anarchisten schon die Vorstellung einer Utopie ab, weil sie Utopien als strenge Konstrukte verstanden; eine Utopie ist ja nichts anderes als eine vollkommene Gesellschaft, und alles Vollkommene hat automatisch zu wachsen aufgehört. Selbst William Godwin modifizierte seine voreilig entwickelte Idee von der Vervollkommnung des Menschen dahingehend, daß er natürlich nicht gemeint habe, daß der Mensch vollkommen sein, sondern sich ständig bessern könne – und dies schloß für ihn, wie er es formulierte, „nicht nur nicht die Möglichkeit, Vollkommenheit zu erlangen, aus, sondern stehe dazu in unmittelbarem Gegensatz".

Doch die allgemeine Ablehnung der Strenge utopischen Denkens hat Anarchisten nicht daran gehindert, gewisse utopische Ideen aufzugreifen. Anarchistische Kommunisten lehnten sich etwa an die Vorstellungen wirtschaftlicher Verteilung an, die Thomas Morus in seinem Werk entwickelt hatte; und gewisse Ansätze Fouriers, die um die Frage kreisten, wie man denn die Menschen dazu bringen könne, eher aus Leidenschaft und weniger aus Gewinnsucht zu arbeiten, hinterließen in verschiedenen anarchistischen Auseinandersetzungen deutliche Spuren. Die einzige utopische Vision freilich, die Anarchisten je wirklich in ihrer Gesamtheit gefiel, war William Morris' „News from Nowhere" (1890), ein Werk, das bereits wesentliche Aspekte von Kropotkins Schrift „Gegenseitige Hilfe in der Entwicklung" (1902) vorwegnahm. In „News from Nowhere" schildert Morris, wie die Welt sein könnte, wenn die anarchistischen Träume von den Einrichtung harmonischer Verhältnisse auf den Ruinen der Autorität verwirklicht werden.

Die Vorstellung des Fortschritts als unabdingbares Gut ist verschwunden, und alles trägt sich nicht im grellen Reich der von Morris abgelehnten perfekten Maschinen, sondern im weichen Licht eines langen Sommernachmittags zu, der nur für den unglücklichen Besucher der Zukunft sein Ende findet, weil er in den viktorianischen Londoner Alltag und zu den erbitterten Debatten zurückkehren muß, die damals die Sozialistische Liga zerrissen.

Das goldene Sonnenlicht dieses langen Sommernachmittags, an dem die Zeit am Rand der Ewigkeit stillsteht, ließ auch die Anarchisten nicht los.

„Mein Gewissen gehört mir, meine Gerechtigkeit gehört mir, und meine Freiheit ist eine souveräne Freiheit", heißt es einmal bei Proudhon. „Männer wie er" – so sein Freund Alexander Herzen – „stehen viel zu fest auf ihren eigenen Füßen, um sich von etwas beherrschen oder in einem Netz fangen zu lassen."

Die Komplexität von Proudhons Persönlichkeit sowie seiner Einstellung und die Kraft seiner Prosa veranlaßten Sainte-Beuve, die erste Biographie zu schreiben, und ließen den Maler Gustave Courbet zu einem lebenslangen begeisterten Anhänger werden; und Tolstoi lieh sich nicht nur den Titel der Schrift Proudhons für seinen größten Roman, sondern verarbeitete auch viele seiner Ansichten über das Wesen von Krieg und Frieden.

Marx nahm das Erscheinen von Proudhons „Systême des Contradictions Economiques ou Philosophie de la misère" im Jahre 1846 zum Anlaß, seine frühere Einschätzung Proudhons in „Das Elend der Philosophie" auf eine Weise zu revidieren, die völlig an der Originalität und Plastizität der Gedanken vorbeigeht, die Proudhons auf den ersten Blick sprunghafter Beweisführung zugrunde liegen. Proudhon suchte nach einer Art Gleichgewicht, das die wirtschaftlichen Widersprüche nicht aufhebt, sondern dynamisch vermittelt. Diese dynamische Gleichung löste sich für ihn im Prinzip der Wechselseitigkeit, das auf einer Reihe von Voraussetzungen wie etwa der Auflösung der Regierung, der gleichen Verteilung des Eigentums und dem freien Kreditwesen gründet. Proudhon setzte sich mit der Idee der Vorsehung auseinander und meinte, daß der Zustand der Welt weit davon entfernt sei, auf die Existenz einer gütigen Gottheit schließen zu lassen, sondern unweigerlich die Wahrheit der in dem Aphorismus „Gott ist das Böse" enthaltenen Aussage unter Beweis stelle.

Schon William Godwin verstand politische Herrschaft als „jene viehische Maschine, welche schon immer der einzige Grund für die Laster der Menschheit gewesen ist, ihrer ganzen Bestimmung nach Ungemach der verschiedensten Art verkörpert und nicht anders entfernt werden kann als dadurch, daß man sie völlig zerstört".

Schließt Lockes Definition der Freiheit als Bestimmtheit „durch das jeweils letzte Ergebnis des Denkens" den Widerspruch eines zugleich freien und bestimmten Willens ein, versucht Godwin eine wissenschaftliche Moral zu entwerfen, die auf der Vorhersehbarkeit des Verhaltens, der Entdeckung allgemeiner Prinzipien und der Kontrolle des Entscheidungsvorganges beruht. Dies führt ihn zu einem empirischeren Verständnis des freien Willens. Seine Unterscheidung zwischen unfreiwilligem Verhalten und freiwilligen Handlungen verweist darauf, daß ersterem eine durch die Erfahrungen der Vergangenheit bestimmte Form der Notwendigkeit eigentümlich ist, während letztere stets in einem Urteil begründet sind und auf Grundlage „der begriffenen Wahrheit verschiedener Aussagen" vor sich gehen. Diese zweite Spielart des sowohl die Vernunft betreffenden als auch teleologischen Determinismus ist von dem, was man gemeinhin unter freiem Willen versteht, ebenso schwer auseinanderzuhalten wie vom thomistischen Begriff des freien Willens, der einzig durch das überlegene Gute der gewählten Alternative angeleitet wird. Menschliche Handlungen, so Godwin in „Thoughts on Man" (1831), dem letzten noch zu seinen Lebzeiten veröffentlichten Aufsatzband, seien zwar tatsächlich als notwendige Zusammenhänge von Ursache und Folge zu verstehen, der menschliche Wille jedoch gehe nicht in diesen Zusammenhängen auf und bringe eine Reihe eigener Ursachen hervor; die Handlungen des Menschen seien insofern freiwillig und daher nicht bestimmt, als das Individuum die Richtung der Zusammenhänge ändern könne, auch wenn es die Kette nicht zu zerreißen vermöge. Der Wille und das Vertrauen in seine Wirksamkeit „begleiten uns das ganze Leben hindurch, geben uns unüberwindliche Ausdauer und heldenhafte Kräfte. Sonst wären wir bloß äußerst träge und seelenlose Klötze, nur Schatten dessen, was die Geschichtsschreibung festhält und die Poesie unsterblich macht – und keine Menschen."

„Mitleid, ja, Anteilnahme bringen wir jenen entgegen, deren Schwächen uns ins Auge fallen, die, damit zufrieden, daß sie Teil einer großen Maschine sind und wie wir von Kräften angetrieben werden, über die sie keine Kontrolle haben, Verbrechen begehen." Godwin räumt ein, daß die Vorstellung eines von unwandelbaren Gesetzen beherrschten Universums und das Bewußtsein der Freiheit, das der Mensch hat, einander widersprechen, ja, begrüßt diesen Gegensatz und schlägt damit eine Brücke zwischen einander entgegenstehenden Ansätzen bzw. Vorstellungen – eine Brücke, die viele seiner freidenkerischen Anhänger und vor allem natürlich Proudhon begeisterte. Daß Shelley mit Godwins Tochter durchbrannte, ist wahrscheinlich bekannter, als daß Shelley geistig in Godwins und dieser finanziell in Shelleys Schuld stand. Die Ironie von Godwins Utopie und

Shelleys „Prometheus Unbound" führte Mary Godwin Shelley in ihrem Werk „Frankenstein, or The Modern Prometheus" zusammen, das im Jahre 1818 erschien. Es ist die Geschichte eines Wissenschaftlers, der aus verwandelten Leichenteilen einen künstlichen Menschen baut. Das Monster, das sich der Furcht, die es Menschen einflößt, gleichermaßen bewußt ist wie seines Bedürfnisses nach Liebe, dem es nicht Herr zu werden vermag, ist zur Einsamkeit verurteilt und wendet sich schließlich gegen die Menschheit und seinen Erfinder.

Der von einem romantischen Interesse für die Struktur des utopischen Denkens ihres Vaters getragene, vor allem jedoch als schmerzhafte Antwort darauf zu verstehende Roman belegt, daß es für die Autorin in ihrer durch die Dialektik von Mensch und Maschine beherrschten Epoche kaum etwas gab, was sie nicht mit dem Abenteuer ihrer Kreatur in Verbindung brachte.

Wenige Jahre zuvor war Heinrich von Kleist infolge eines Mißverständnisses von Kants „Kritik der reinen Vernunft" zu dem Schluß gekommen, daß der Mensch auf tragische Weise außerstande sei, die Wahrheit zu erkennen und sich vergeblich um Wissen und um eine gerechte Welt mühe. Der Mensch sei zu Qualen und nutzlosen Gesten verdammt, sein Gewissen für immer von der natürlichen Welt geschieden. So kam es, daß er weibliche Treue als einzigen absoluten Wert begriff. Kleists „Über das Marionettentheater" (1810) entstand nach der Verlobung des Autors mit Henriette Vogel, einer an einer unheilbaren Krebserkrankung leidenden jungen Frau, mit der er noch vor Ende des darauffolgenden Jahres am Wannsee gemeinsam Selbstmord beging. Kleists Text nimmt diesen Schrecken genau vorweg. Da nur Marionetten „antigrav" seien, könnte man glauben,

Adalbert Kurka, *Photographie des Tendlerschen Seiltänzers* (Automatenfigur), o.J., Photographie, 10 × 13,6 cm, Stadtmuseum Eisenerz

daß deren mechanischer Struktur mehr Grazie innewohne als dem menschlichen Körper. Den Verlust der Gnade übersetzt Kleist in ein mechanisches Verhältnis von Drähten und

Fäden, an denen Gewichte hängen, die allerdings einen zweiten Fall herbeiführen; der Mensch müsse abermals „von dem Baum der Erkenntnis essen, um in den Stand der Unschuld zurückzufallen". Ein neues Kapitel in der Geschichte der Welt?

Dem Laplaceschen Determinismus zufolge hat Gott, nachdem er die Welt erschaffen hat, seine Feder weggelegt, sich zurückgelehnt und sein Werk sich selbst überlassen. Maschinen und wie Maschinen agierende Menschen haben einen Gutteil menschlichen Denkens, Urteilens und Wahrnehmens verdrängt. Nur wenige wissen, wie dieses oder jenes System funktioniert, und viele Menschen sehen Maschinen als mystische Orakel, die nicht vorhersehbare Urteile sprechen; und das gilt erst recht für die Erfinder dieser Maschinen. Zielgerichtete mechanische Vorgänge bringen kluge und erstaunliche Entscheidungen hervor. Eine „bestimmte Methode" für das Leben, das Spielen (das Schachspielen) – eine maschinelle Methode bedeutet nicht unbedingt, daß es auch tatsächlich eine Maschine geben muß: Es genügt ein Buch mit Regeln, die ein Spieler ohne Geist befolgt. Modernität mußte immer den vorhandenen Glauben erschüttern, den „Verlust der Wirklichkeit" der Wirklichkeit entdecken und andere Wirklichkeiten erfinden.

Gerade mechanische Vorrichtungen lassen es zu, daß wir von Unmenschlichkeit im positiven und im mephistophelischen Sinn sprechen können.

Das innere Bewußtsein der Zeit konterkariert nicht bloß die Möglichkeit transparenter und mitteilbarer Erfahrungen – was mitteilbar ist, beruht auf dem Nichtmitteilbaren.

Um dem zerstörerischen Wirken des Prager Golems Einhalt zu gebieten, reichte es aus, einen der Buchstaben auf seiner Stirn zu entfernen. Durch den Wegfall des Aleph ergaben die beiden verbleibenden Buchstaben Mem und Taw das Wort „met": *er ist gestorben*. In einem geschichtlichen Prozeß, den man als zerstörten Text begreift, fungiert die Sprache als zwischen den beiden Extremen des Erhabenen und des Monströsen vermittelndes Spektrum. Jede Maschine berührt dieses dialektische Verhältnis, indem sie neue spektakuläre Gesetze hervorbringt, die unserem Fleisch eingeschrieben werden.

Die Träume sind älter als die Erfindungen

Am Beispiel der Hofkammermaschinisten Johann Nepomuk und Leonhard Maelzel

Thomas Macho

1. Melancholie der Erfindung

Über dem menschenleeren, einer bizarren Zeitseuche verfallenen Gelände von Cape Kennedy kreist ein ehemaliger Astronaut: ein verrückter Pilot namens *Hinton*, der den deutschen Sinn seines Namens zu rechtfertigen scheint, indem er rückwärts fliegt. Er lenkt nach hinten, freilich nicht in des Wortes üblicher Bedeutung. Hinton steuert buchstäblich durch die Fluggeschichte zurück: in der Hoffnung, nochmals an den Nullpunkt einer Entwicklung zu gelangen, die er inzwischen für falsch hält. Er träumt von einem zweiten Anfang, einer neuen Epoche der fliegenden Pioniere. Immer ältere Flugzeuge nimmt er in Betrieb, ein ganzes Museum der Luftfahrt: eine Spad, eine Fokker, eine Sopwith Camel, eine Mignet Flying Flea, einen Segler von Lilienthal, eine Nachbildung des ersten Flugzeugs der Gebrüder Wright. Wann und an welcher Stelle hat die Geschichte begonnen? Die Utopie, die Sehnsucht, die falsche Entscheidung? Die trügerische Erfindung, die einen Verrat an der Suche erzwingt? Der Astronaut will wieder fliegen: „Ich bringe mir das Fliegen bei, indem ich die Reihe dieser alten Flugzeuge zurückverfolge bis an den Anfang. Ich möchte ohne Flügel fliegen" – oder fliegen wie ein Vogel: „Wir werden den Vögeln folgen! Wir können alle fliegen, jeder einzelne von uns. Stellen Sie sich das vor, der wirkliche Flug. Wir werden für immer in der Luft leben!" Hintons Traum ist mächtiger als die leistungsstärksten Propeller und Motoren. Er ahnt: „Lilienthal und die Wrights, Curtiss und Blériot, sogar der alte Mignet – sie sind da. Deshalb bin ich nach Cape Kennedy gekommen. Ich mußte an den Anfang zurück, lange bevor die Luftfahrt uns alle auf einen falschen Weg führte. Wenn die Zeit stillsteht, werden wir uns von dieser Plattform aufschwingen und der Sonne entgegenfliegen." (Ballard 1983: 64f)

Der Sonne entgegenfliegen? Ein zeitgenössischer Ikarus besteigt einen Jumbo Jet 747 der „Boeing Aircraft Company" aus Seattle, Washington. Mit ihm werden mehr als fünfhundert Passagiere über eine beachtliche Entfernung transportiert, ohne etwas anderes zu verspüren als einige kurze Erschütterungen bei Start und Landung. Der Flug verläuft ruhiger als jede Bahn- oder Autofahrt. Dem gedämpften Dröhnen der Triebwerke entspringt kein Höhenrausch und keine panische Angst vor dem Absturz. Ikarus wird sein Ziel planmäßig erreichen; die Lust auf eine Himmelfahrt, die Sehnsucht nach der Sonne hat er – wie seinen Namen – längst aufgegeben. Der erste Fall des Ikarus ereignete sich über dem Ägäischen Meer; der zweite Fall des Ikarus ereignete sich in jenem Augenblick, in dem vergessen wurde, welcher Wunsch die Menschen bewegt, wenn sie vom Fliegen träumen. Fliegen ist nicht einfach Fliegen. Wer hatte sich denn auf die riesigen Stahlcontainer gefreut, die mit außerordentlicher Geschwindigkeit Güter und Menschen transportieren können? Wer wollte jemals über Wolken gleiten, als ob sie aus fugenlos glattem Beton errichtet worden wären? Wer sehnte sich nach der alltäglichen Routine von Sicherheitskontrollen, Kerosindämpfen, Sitzgurten, Gepäckfächern und Bordlautsprechern? *Melancholie der Erfindung.* Seit wenigen Jahrzehnten können wir (in einem technischen Sinne) fliegen – um zugleich (im Sinne einer kulturellen Idee) *nicht mehr* fliegen zu können. Von den Seelenreisen sibirischer Schamanen im Federkleid bis zu den biblischen Engelserscheinungen, von den Hexenritten auf dem Besen bis zu Albrecht Ludwig Berblingers Flugversuchen über der Donau, von den Legenden über Simon Magus bis zu Terry Gilliams Kultfilm „Brazil" wurde das Fliegen niemals imaginiert als ein Inbegriff von Luxus, Tempo oder Ferntransport; Fliegen sollte vielmehr stets, selbst um den Preis des möglichen Absturzes, bedeuten: den Geist der Freiheit, der Schwerelosigkeit, der Unabhängigkeit und Rebellion, der Erotik und einer (mitunter wenig frommen) Spiritualität.

Die Geschichte der modernen Technik läßt sich als eine imponierende Erfolgsgeschichte erzählen; sie läßt sich aber auch als eine Verlustgeschichte bilanzieren. Dabei geht es nicht um eine Fortführung des müßigen Streits zwischen den Parteigängern euphorischer oder polemischer Bewertung technischer Innovationen, um die Entscheidung, ob den ubiquitären Jubel- oder Klagegesängen über die technische Revolutionierung des Planeten ein aufmerksames Ohr geliehen werden soll. Hier interessiert nicht, daß jede technologische Entwicklung unter bestimmten Gesichtspunkten als vorteilhaft oder nachteilhaft analysiert werden kann, sondern daß sie *in sich selbst gespalten* und ambivalent ist. Denn jede technologische Entwicklung entfaltet und beschleunigt sich im Horizont kraftvoller Wunsch- und Sehnsuchtspotentiale, die sie zunächst als eine Art von kulturellem Treibstoff benötigt, anschließend jedoch entzaubert und zerstört. Was am Beispiel des Fliegens gezeigt werden sollte, ließe sich ebensogut an der Geschichte der Mechanisierung des Haushalts (vgl. Giedion, 1982: 557-675) demonstrieren: Die *Dienstboten* des Kleinbürgers, die erträumten *Heinzelmännchen* und *Bauknechte* – *Golems*, die stets „wissen, was die Frauen wünschen" – wurden bald von nüchternen Apparaten, von Waschmaschinen, Kühlschränken oder Staubsaugern verkörpert. Am Beispiel des Telephons: Die „Nabelschnur nach Edenville" (vgl. Joyce, 1981: 54) wurde zuerst angeschlossen, um prompt nach der Etablierung alternativer Kommunikationsnetze (zwischen Telefax und Internet) wieder gekappt zu werden. Am Beispiel der Photographie: Im Traktat über „Das Kunstwerk im Zeitalter seiner technischen Reproduzierbarkeit" argumentierte Walter Benjamin, die „schwermutvolle und mit nichts zu vergleichende Schönheit" der frühen Photographie verdanke sich einer grandiosen Steigerung des „Kultwerts" der Bilder – kurz vor dessen ruinöser Depotenzierung zum bloßen „Ausstellungswert". (Benjamin, 1974: 485) Am Beispiel des Computers: Der machtvolle Traum vom universellen Archiv und der enzyklopädisch perfektionierten Gattungschronik, Mythos vom *Buch des Lebens* schlechthin, wird neuerdings beinahe täglich blamiert, und zwar weder durch Programmfehler noch durch Computerviren, sondern schlicht und einfach durch das Innovationstempo der Branche selbst. Zum 25. Jahrestag der Mondlandung mußte die NASA feststellen, daß sie selbstverständlich alle Daten des denkwürdigen Ereignisses gespeichert hatte – jedoch leider mit Hilfe von Systemen und Programmen, die längst überholt und durch andere Maschinen mit neuer Software ersetzt worden waren.

2. Eine Doppelgängergeschichte

Der doppelgesichtige Prozeß der Stimulation und Aufzehrung jener kulturellen Wunschpotentiale und Traumenergien, die den modernen Willen zur Technik überhaupt erst ermöglicht haben, ließe sich wohl nirgendwo klarer studieren, als an den frühromantischen Maschinenträumen und demiurgischen Phantasmen, an den Doppelgängergeschichten Chamissos oder E.T.A. Hoffmanns, an Mary Shelleys „Frankenstein" oder Edgar Allan Poes „William Wilson". Manche Doppelgängergeschichte wurde nicht aufgezeichnet, sondern gelebt – etwa von den Brüdern und späteren Hofkammermaschinisten *Johann Nepomuk* und *Leonhard Maelzel*. Die beiden Brüder stammten aus der Freien Reichsstadt Regensburg; sie wurden als Söhne eines angesehenen, wenngleich erfolglosen Orgelbauers und Mechanikers am 15. August 1772 (Johann Nepomuk) beziehungsweise am 27. März 1783 (Leonhard) geboren. Beide erlernten in ihrer Jugend das Klavierspiel, und zwar bis zu einer durchaus beachtlichen Perfektion. Johann Nepomuk galt bereits im 14. Lebensjahr als einer der besten Pianisten Regensburgs, während es später von Leonhard heißen sollte, er habe „über hundert classische Stücke von den berühmtesten Tondichtern aus dem Gedächtnisse auf dem Fortepiano" gespielt – vorwiegend Werke für Orchester, „nämlich: Ouvertüren von Cherubini aus: Die Tage der Gefahr, Lodoiska, Bernhardsberg, Medea; Ouvertüren von Mozart aus: Don Juan, Zauberflöte, Le nozze di Figaro, La Clemenza di Tito, Idomeneo, etc.; dann die Symphonie aus der Entführung aus dem Serail; Compositionen von Beethoven, Krammer, Dusek und Gelinek". (Böckh, 1830: 354) Das Klavier war der erste *Musikautomat*, den die Brüder zu bedienen lernten, indem sie Orchesterauszüge vortrugen: Projektionen einer Partitur, die gewissermaßen wie ein *Code* für ein Stiftwalzenspielwerk benutzt wurde.

Beide Brüder zogen ungefähr im selben Alter (1792 beziehungsweise 1805) nach Wien, um in der kaiserlichen Residenzstadt Musikautomaten und mechanische Kunstwerke zu bauen; beide Brüder wurden schließlich (1808 beziehungsweise 1827) zu kaiserlich-königlichen Hofkammermaschinisten ernannt. Eine nahezu klassische Doppelgängerkomödie: Die meisten Lexika und Enzyklopädien haben an irgendeiner Stelle die Biographien und Leistungen der beiden Brüder verwechselt oder zu einer einzigen Geschichte überblendet. Einmal wurde Johann Nepomuk als „Erfinder des Metronoms" gefeiert, dann wiederum Leonhard; einmal wurde Johann Nepomuk als Konstrukteur des *Panharmonicons* gerühmt, dann wiederum Leonhard; einmal wurde Johann Nepomuk als „Vater" eines hölzernen Trompeterautomaten anekdotisch vorgestellt: Napoleon habe den Trompeter in Schönbrunn bewundert und sofort ein Duplikat bestellt – dann wiederum Leonhard, der im Jahr 1848 die Plünderung seiner Werkstatt verhindert habe, indem er den *Trompeter* in der Uniform eines kaiserlichen Kürassiers am Fenster auftreten ließ. (vgl. Wurzbach, 1867: 251) Vermutlich hat Johann Nepomuk die späteren Verwechslungen und Mißverständnisse auch dadurch begünstigt, daß er vor seiner Übersiedlung nach Amerika (zum Jahresende 1825) sämtliche Patente und Eigentumsrechte an den verbleibenden Automaten auf seinen Bruder übertrug. Er kehrte nicht mehr zurück; am 21. Juli 1838 wurde er an Bord der Brigg „Otis", die ihn vom Hafen Laguayra in Havanna nach Philadelphia bringen sollte, tot aufgefunden. Johann Nepomuk war an den Folgen einer akuten Alkoholvergiftung gestorben. Der „Erfinder des Metronoms" wurde mit einer

Eisenkugel an den Füßen im Meer versenkt; sein jüngerer Bruder verstarb beinahe zwei Jahrzehnte später, am 17. August 1855, an der Cholera in Wien.

Eine seltsame Doppelgängergeschichte. Sie wirkt noch seltsamer, sobald sie durch die Geschichte der Urheberrechtsstreitigkeiten ergänzt wird, in die sich Johann Nepomuk Maelzel regelmäßig zu verstricken pflegte. Ungeklärt ist beispielsweise die Frage geblieben, welchen Anteil Friedrich Kaufmann, Sohn einer berühmten Automatenbauerfamilie aus Dresden, an der Konstruktion des erwähnten Trompeters genommen hat; festzustehen scheint lediglich, daß Kaufmann als Gehilfe bei Maelzel gearbeitet hat, und daß er schon 1810 ein deutlich verbessertes Modell eben desselben Trompeters öffentlich vorführte; gegenwärtig wird dieser Automat im Deutschen Museum in München aufbewahrt. (vgl. Leonhardt, 1990: 83f) Mit Beethoven, seinem prominenten Förderer, geriet der Mechanikus in einen bösen Konflikt, weil er dem Meister eine Schlachtenmusik für das große Panharmonicon abzuschwatzen verstand – übrigens gegen das Versprechen, dem zunehmend tauben Kompositeur ein Hörgerät zu konstruieren –, jedoch auf den Plakaten den Eindruck evozierte, selbst als Autor von „Wellingtons Sieg" zu firmieren. Der ohnehin latent paranoisch gestimmte Beethoven war empört, die Plakate mußten abgerissen werden, und nach einer nicht vereinbarten Aufführung der Symphonie am 16. und 17. März 1814 in München kam es zum Eklat: Beethoven beschimpfte Maelzel als „einen rohen Menschen, gänzlich ohne Erziehung, ohne Bildung", und behauptete, der Mechaniker habe die Schlachtenmusik „gestohlen oder verstümmelt zusammengetragen". (vgl. Prelinger, 1907: 359ff) Nicht einmal das berühmte „Metronom" blieb von solchen Auseinandersetzungen verschont; auch hier tauchte schon bald ein *Doppelgänger* auf, der sich betrogen und bestohlen fühlte – nämlich der Amsterdamer Spielorgelbauer Dietrich Nikolaus Winkel, der Maelzel die Grundidee des Metronoms – die Verlegung des Pendelgewichts auf einen fixierten Stab – bereits im Herbst 1814 mitgeteilt haben wollte. Tatsächlich ließ Winkel sein Metronom beim „Koninlijk Instituut voor Wetenschappen en Kunsten" am 31. Juli 1815 patentieren – was Johann Nepomuk (und danach Leonhard) Maelzel freilich nicht hinderte, die Fabrikation und merkantile Verwertung des „de jure Winkel'schen Metronoms" (Wurzbach, 1867: 249) publikumswirksam zu organisieren.

Selbst Maelzels berühmtester Automat stammte nicht aus der eigenen Werkstatt: den legendären *schachspielenden Türken*, mit dem er zumal das amerikanische Publikum nachhaltig beeindrucken konnte, hatte er im Jahr 1804 dem Sohn des Konstrukteurs und Erfinders Wolfgang von Kempelen (angeblich um die Summe von 10.000 Francs) abgekauft. Dabei hatte er von Anfang an geahnt, daß der automatische Schachspieler *getürkt* war, daß also die gelegentlich sichtbaren mechanischen Teile lediglich die Funktion ausüben sollten, ein technisch ungebildetes Publikum zu täuschen – was dessen Begeisterung freilich nicht trübte, sondern sogar noch erhöhte. Ein *Doppelgänger-Automat*! Eine Puppe, die in ihrem Inneren einen kleinwüchsigen Schachmeister aufnehmen konnte! Nicht umsonst gelang es erst dem Experten für Doppelgänger- und Kriminalgeschichten, dem Zeitungsmann Edgar Allan Poe, das Rätsel durch genaue Beobachtung aufzuklären. Doch während Poe schloß, „no reasonable objections can be urged against this solution of the Automaton Chess-Player", (Poe, 1949: 158) mochte sich kaum jemand für seine *Lösung* interessieren – am allerwenigsten Maelzel selbst, der die Doppelgängerkonstruktion des Automaten in sein eigenes Leben integriert hatte, indem er geradezu symbiotisch enge Freundschaften mit *sei-*

nen Schachmeistern unterhielt. Aller Wahrscheinlichkeit nach war es auch der unerwartete Tod seines letzten Schachspielers und engsten Freundes *William Schlumberger*, der Maelzel in so tiefe Depressionen stürzte, daß er buchstäblich beschloß, sich um Verstand und Leben zu trinken.

3. Automaten und Androiden

Bei aller Polemik gegen ihren Geschäftssinn und die Neigung, Prinzipien der Urheberschaft nicht besonders ernstzunehmen, galten die beiden Brüder Maelzel doch zu Recht, wie auch die Zeitgenossen stets einräumten, als hochbegabte, kunstfertige Mechaniker und Erfinder. Angesichts der napoleonischen Kriege befaßte sich beispielsweise der ältere Bruder mit der Herstellung von *Beinprothesen*, die von der „Baierischen Nationalzeitung" am

The Automaton Chess Player, Reklame für Johann Nepomuk Maelzels Ausstellung in London, St. James's Street, um 1819

11. Oktober 1809 hochgelobt wurden: „Unter jenen, die teutscher Kunst und teutschem Erfindungs=Geist Ehr machen, verdient vorzüglich auch unser Maelzel genannt zu werden. […] Wodurch sich aber Herr Maelzel nicht allein Beifall, sondern auch Ansprüche auf öffentlichen Dank erworben hat, das sind die von ihm erfundenen künstlichen Füsse. Er wußte durch eine äußerst einfache, leichte und doch dauerhafte Mechanik ein Leben in die Füsse zu bringen, welches von Kunstverständigen und Anatomen bewundert wird, und wodurch diese künstlichen Füsse beinahe von natürlichen nicht zu unterscheiden sind. Die siebenfache Biegung des Knies und die dreifache des Vorderfusses erlauben, daß man damit ganz bequem auf Treppen und Pferde steigen kann. Hr. Maelzel hat bereits mehrere solcher Füsse zur vollen Zufriedenheit der Besteller geliefert, und dadurch, seiner am würdigsten, den Vorwurf gewisser Journale widerlegt, welche sagten, daß er sein Talent nur fürs Angenehme, aber nicht fürs Nützliche verwende." (zit. nach Leonhardt, 1990: 97) Bei anderer Gelegenheit demonstrierte Johann Nepomuk ein frühes *Automobil*: Als er nämlich am 14. August 1809 – dem Vorabend von Napoleons Geburtstag – seinen Trompeterautomaten auf Schloß Schönbrunn vorführen sollte, fuhr er in einer „Art Phaëthon mit drei Sitzen, aber ohne Pferde" zur kaiserlichen Residenz. Das Feuilleton jubelte: „Da nehmen zunächst zwei Offiziere den Wundertrompeter unter den Arm und bringen ihn zum Gaudium der schon ungeduldigen Menge auf die Straße. Setzen ihn in den Wagen. Neben ihm nimmt der Oberst Lefevre Platz, auf dem Führersitz Meister Maelzel. Der ergreift sodann die zu beiden Seiten angebrachten Hebelstangen, macht mit seinen zwei Armen ein paar kräftig rudernde Bewegungen, und der Wagen rollt davon – das erste Gefährt in Wien, das ohne Pferde fahren kann."

Mit Napoleon, insbesondere mit dessen Schwiegersohn Eugène Beauharnais, der für einige Jahre – um den Preis von 30.000 Francs – den Schachautomaten erwarb, pflegte Maelzel die besten Kontakte. Zur Hochzeit des Korsen mit Österreichs Kaisertochter Marie-Louise stand der Trompeter am Fenster und blies seine Melodien. Hinter ihm „las die zusammengeströmte Wiener Bevölkerung auf einem Durchsichtsbilde das sinnige Chronogramm taCe, MVnDVs ConCors, d.i. Schweige, die Welt ist einig" [1]) Und in den sogenannten Eipeldauerbriefen wurde vermerkt: „Aber den größten Zulauf hat beyn rothen Thurn der mechanische Künstler, Herr Melzel ghabt; denn dort war durch ein Hohlspiegel, als wenns ein Zauberey wär, das ganze Bildniß von der jetzigen Kaiserin von Frankreich wie ein Luftgstalt z'sehn. Da hat ein große Orgel, die aber ein Nam hat, der mir nicht einfallt, inwendig in sein Zimmern wunderschöne Stückl aufgspielt: da kann sich der Herr Vetter also das Gedräng vorstellen, das dort in der Gassen war. Gegn Mitternacht ist dann der allerhöchste Hof selbst durch alle Hauptstraßen der Stadt gfahrn, und da ist er überall bis wieder in die kaiserliche Burg zruck mit den lautesten Jubelruf begleitet worden." (Richter, 1918: 355) Nicht nur die Hochzeit, sondern auch den Rußlandfeldzug unterstützte Maelzel mit allen Kräften: etwa durch die Konstruktion von eigenen Krankenwägen und Fahrzeugen, die während der Fahrt Getreide mahlen sollten. Leider erwies sich bald, daß die russischen Felder längst abgemäht worden waren; und auf dem katastrophalen Rückzug der napoleonischen Armee blieben auch die Krankenwägen Maelzels in Schnee und Morast stecken. (vgl. Leonhardt 1990: 102f) Ob der Hofkammermaschinist die Niederlage bedauerte? Sie hielt ihn jedenfalls nicht davon ab, schon im Winter 1812/13 ein Kunstkabinett in Wien zu eröffnen, das neben dem „Trompeter", einem Panharmonicon, einigen musikalischen Ruhebetten, den Charakterköpfen Franz Xaver Messerschmidts und einem Schreibsekretär mit Flötenspieluhr, der heute noch im Musikinstrumentenmuseum der Universität Leipzig aufbewahrt wird, just ein Gemälde von einer englischen (!) Parlamentssitzung ausstellte – sowie ein grandioses Diorama, das Maelzel bis zu seinem Tode noch häufig vorführen sollte. Es trug den Titel: „Der Brand von Moskau".

Christian Seyffert, *Schreibsekretär mit Musikwerk aus Maelzels Kunstkabinett*, um 1810

Das beständigste Interesse Maelzels galt freilich nicht der Fabrikation von musikalischen Biedermeiermöbeln, der Durchführung programmatischer Zauberveranstaltungen oder der Verbreitung von Gerätschaften, die im Kriegsfall nützlich werden konnten – der Beinprothesen, Krankenwägen, fahrbaren Mühlen oder *Erstickungswehren*, die bei Kellerbränden eingesetzt werden sollten und von Kaiser Franz ab 1815 in Österreich vorgeschrieben wurden –, sondern vielmehr dem Bau des vollkommenen Orchesters. Bereits im Jahr 1800 konstruierte er sein erstes *Panharmonicon*, das die „Leipziger Allgemeine

Musikalische Zeitung" als ein „ziemlich vollständiges Orchester" charakterisierte, das „der Aufmerksamkeit des musikalischen Publikums gewiß nicht unwürdig" sei. Auf der oberen Seite waren „vier wirkliche Trompeten" montiert, „Flötenpfeifen, nebst einem doppelten Blasbalge, ein Triangel, und Hämmer, welche auf metallene Saiten ausschlagen"; unten waren „ein Paar Becken und eine große Trommel angebracht, worauf außer dem gedämpften Schalle der Trommel noch der Wirbel der Pauken durch besondere Schlägel bewirkt wird".

Erstickungswehre zum Gebrauche bey Kellerfeuern, Erfindung von Johann Nepomuk Maelzel, 1814

(LAMZ, 1800: Sp.414f) Schon im selben Jahr gelang es Maelzel, seine Maschine – die ihre Abstammung von Orgel und Klavier noch deutlich offenbarte – an einen ungarischen Edelmann (für 3000 Gulden) zu verkaufen. 1805 baute er ein zweites, wesentlich verbessertes *Panharmonicon*, das keine Orgelpfeifen und Hämmerchen mehr benötigte, sondern alle Töne durch die entsprechenden Instrumente selbst zu generieren trachtete: „Die Trompeten sind von ganz ungemeiner Stärke, auch die Flöten hat M. mit grosser Kunst behandelt, nur die Oboen und Klarinetten sind nicht so sehr gelungen. Der Effekt ist ganz außerordentlich, besonders überraschend bei sehr kräftigen und lärmenden Stücken der Haydn'schen Militärsymphonie z.B. Auch die Ouvertüre aus Cherubini's Medea hat M. trotz der schweren Tonart (f-moll) sehr gut seinem Instrumente angepasst, doch bleibt dabei noch der Mangel der kräftigen Bässe und Violinen sichtbar". (LAMZ, 1806: Sp. 701f) Verkauft wurde die Orchestermaschine, die insgesamt 259 (!) Einzelinstrumente vereinigte (um 60.000 Francs) an den französischen Hof.

Doch Maelzel gab sich nicht zufrieden: Er wollte das perfekte Orchester aufbauen, und nicht bloß eine meterhohe, überaus schwere und laute Supermaschine. Der erfolgreiche Trompeter, erst recht der Schachtürke Wolfgang von Kempelens, wiesen in die ersehnte Richtung: die *Doppelgänger* mußten tatsächlich erschaffen werden als eine täuschend echte Versammlung von Androiden, die ein ganzes Orchester imitieren konnten. Maelzel träumte vom künstlich erweckten Leben, von sprechenden Puppen, vom *mechanical theatre*. 1809 versprach er dem Korrespondenten der „Leipziger Allgemeinen Musikalischen Zeitung" die automatische Sängerin, buchstäblich eine *Puppe Olympia* – und prompt schrieb der begeisterte Feuilletonist: „Lange nicht mehr war das Theater so gedrängt voll, und selten wurde ein verdienstvoller Künstler mit einem so über alles gehenden Beyfalls-Klatschen aufgenommen! Sollte Hr. Melzel seine vorhabende Maschine, von der man vieles sprach und die *singen* wird, vollenden, so dürfte es manchem Sänger und mancher Sängerin bange ums Herz werden. Denn wird die Maschine diesem Trompeter ähnlich: so wird sie weder falsch, noch ausser Takt, ja sie wird sogar ohne ungeziemende Variationen singen, und

Worte aussprechen, welches neue Wunder allein die Liebhaber der Musik haufenweise in die Theater ziehen wird! Und dann die Leichtigkeit für die Direktionen, sich so einen Sänger und so eine Sängerin anzuschaffen! Es ist nur zu besorgen, Hr. Melzel möchte nicht alle einlaufenden Bestellungen befriedigen können! Theaterspiel, Mimik, Bewegung braucht es wol dann nicht mehr. Wir gewöhnen uns an Automaten! Eine schöne Stimme, ein schönes Gesicht, ein schönes Kleid: dafür wird Hr. Maelzel wol sorgen." (LAMZ, 1809: Sp. 366) Das Projekt mußte zwar aufgegeben werden, doch gelang es Maelzel um 1819, die bekannte Sprechmaschine des Barons von Kempelen mit dem Schachtürken so zu kombinieren, daß der *Automat* – anstatt wie bisher mit dem Kopf zu nicken – Schach ansagen konnte, französisch und vornehm: „échec!" Wenig später wurde das Ensemble durch einen winzigen Seiltänzer ergänzt, „der sofort Liebling jedes Publikums war. Er ging von Hand zu Hand; keinerlei Mechanik war sichtbar. Es war nicht zu fassen: auf einem 30 Fuß langen Schleppseil tanzte, turnte, hüpfte, sprang er mit unglaublicher Leichtigkeit und Anmut zu Maelzels vollendeter Pianobegleitung. 'Oh là là!' sagte er, wenn er fertig war. Maelzel verbeugte sich knapp". (Leonhardt, 1990: 172) Ein anderer Puppentänzer sagte „Mama", wieder ein anderer „Papa"; an Stelle der automatischen Sängerin hatte Maelzel also die sprechenden Kinderpuppen erfunden. Auf der Pariser Industrieausstellung von 1823 wurden seine Kreaturen gezeigt, „die 'Mama' sagten, wenn man ihre rechte Hand zur Schulter hob, und 'Papa', wenn man die linke ebenso bewegte" (Fraser, 1966: 119). 1834 erwarb Maelzel ein Patent für diese Erfindung.

Während sein Bruder mit einem Trompeten-Harmonicon scheiterte, das mit insgesamt 36 Trompeten einen solchen Höllenlärm veranstalten konnte, daß selbst die Leipziger Musikzeitung mißbilligend bemerkte, „im Freyen mag sich diese Erfindung nicht übel aus-nehmen; zwischen vier Wänden ist das Geschmetter denn doch zu arg", (LAMZ, 1821: Sp. 464) erreichte Johann Nepomuk Maelzel auf der anderen Seite des Ozeans endlich, daß sein alter Traum von einer Maschine, die ein ganzes Orchester ersetzt, in jener Form reali-siert werden konnte, die er wohl schon nach Erfindung des hölzernen Trompeters imagi-niert haben mußte. Ein *wirkliches* Orchester – kein unförmiger Klotz, kein metallischer Golem – sollte auf der Bühne erscheinen; ein automatisches Ensemble, eine Versammlung spielender Androiden, wurde dem staunenden Publikum der Stadt Boston im Jahr 1829 präsentiert: „ein *Orchester aus zwey und vierzig* Automaten". Das ultimative Panharmonicon bestand „aus den sämmtlichen Mitgliedern eines Orchesters, und selbst der Capell= Meister ist ein Automat. Am bewunderungswürdigsten sind die Violin=Spieler, indem sie Bogen und Finger mit staunenswürdiger Accuratesse und ergreifendem Ausdrucke bewe-gen. Die Trommeln, Pauken, kleinen Pfeifen, Triangel und Glöckchen werden von künst-lichen Mohren gespielt. Diese Automaten produciren die Ouverturen aus 'Don Juan, Iphigenia, Vestalinn'. Die Harmonie spielt das Volkslied: 'God save the King!' – Dem Herrn *Johann Maelzel* sind für dieses Automaten=Orchester von einer Gesellschaft reicher Amerikaner 300.000 Dollars gebothen worden". (Böckh, 1830: 354ff)

4. Das Erbe der Erfinder

300.000 Dollar? Maelzel wollte eine halbe Million lukrieren – und 400.000 Dollar soll er sogar bekommen haben. Doch nach seinem Tode wurde kein Geld gefunden – auch wenn die „Leipziger Allgemeine Musikalische Zeitung" in ihrem beiläufig publizierten Nekrolog spekulierte, Maelzel habe „ein sehr beträchtliches Vermögen" hinterlassen, „das gegen eine halbe Million Thaler sich belaufen soll". (LAMZ, 1838: Sp. 676) Es gab keine Schüler, keine Nachfolger, keine Erben. Maelzels Besitz löste sich auf, wurde verhökert, verstreut, ging verloren. Ein verbessertes Panharmonicon, das er für eine Bostoner Gesellschaft (angeblich um den horrenden Preis von 600.000 Dollar) konstruiert hatte, versank spurlos mit dem Schiff, das den riesigen Automaten an die amerikanische Ostküste transportieren sollte; auch der vielbewunderte Trompeter verschwand irgendwo in der Neuen Welt, nachdem er noch bis 1871 von Maelzels Freund, dem Zauberkünstler Signor Antonio Blitz, vorgeführt wurde. Manche Maschinen – beispielsweise „Der Brand von Moskau", die Seiltänzer und die sprechenden Puppen – wurden von dem polnischen Kraftakrobaten Zaionczek übernommen; und noch jahrzehntelang wurden Ausstellungen unter dem Namen des verstorbenen Erfinders und Hofkammermaschinisten veranstaltet. Sechzehn Jahre nach Maelzels Tod, in der Nacht zum 5. Juli 1854, verbrannte schließlich auch der Schachautomat. „Da war niemand, der daran dachte, ihn zu retten, als die Flammen vom *National Theatre* in Philadelphia an der Ecke Ninth und Chestnut Street auf das '*Chinesische Museum*' überschlugen – der letzten Stätte des 85jährigen Schachtürken. Und keine der lamentierenden Lokalgazetten erwähnte den Untergang dieser 'merkwürdigsten aller mechanischen Erfindungen' mit einem einzigen Wort." (Leonhardt, 1990: 191) Die Doppelgängergeschichte war längst zu Ende gegangen; die Träume vom rätselhaften Androiden konnten die Wende zum 20. Jahrhundert ebensowenig überleben wie die meisten anderen Automaten Maelzels. Das ehemals von Eugène Beauharnais angekaufte Panharmonicon aus dem Jahre 1805 wurde zwar nochmals restauriert und im Stuttgarter Landesmuseum aufgestellt; aber auch diese Maschine kann heute nur mehr auf Photographien betrachtet werden – weil sie restlos verbrannt ist: nach einem Bombenangriff im Zweiten Weltkrieg.

Ironie der Geschichte: Maelzels Name ist heute einzig und allein bekannt aufgrund des ominösen Metronoms, dessen Clou der Regensburger Mechanikus einem niederländischen Spielorgelbauer abgelauscht hatte. Worin bestand die epochale Bedeutung des Metronoms? Schon die Zeitgenossen Maelzels ahnten, daß die Rekrutierung und Synchronisation großer Orchester, die ohne lange Probezeiten auskommen mußten, neuer technischer Unterstützung bedurfte; ganz im Gegensatz zur barocken, feudalen Konzertpraxis erzwang auch der zunehmend reduzierte Kontakt zwischen dem Komponisten und den ausführenden Musikern pragmatische Kompensationsmaßnahmen. Das Metronom sollte gleichsam – im Sinne einer Analogie zwischen Marschallstab und Dirigentenstock, zwischen der organisatorischen Neugliederung des Heeres und des bürgerlichen Orchesters – als eine Art von Exerzierhilfe dienen. Nicht umsonst hieß es bereits im ersten Jahrgang des 1783 neugegründeten „Magazin der Musik", man „sollte für alle deutschen Liebhaber-Concerte" eine Uhr fabrizieren, „und alle Componisten anstatt ihr unbestimmtes Andante, Allegro, Adagio oder gar *tempo giusto*, mit Affect, wie das Wallen des Zephyrs und dergleichen über ihre Musikstücke zu setzen, sollten mit Zahlen nach der Uhr das Tempo anzugeben gehalten seyn. Das wäre ein wesentlicher Gewinn für die Musik. Aber wer gäbe die Zahlen an für die Meisterstücke verstorbener Componisten, die nur allzuoft durch das Geschleppe oder das Wettrennen einer Sängerin oder der Instrumentspieler verhunzt werden?" (MdM,

1783: 200) 1798 wurde in einem englischen Patentantrag das Votum für eine solche Uhr konkretisiert: „At present the duration of time used in music is in a great arbitrary as, for instance, the author or composer intending to have his production executed in a deliberate or slow manner denotes it by the word lento, largo or adagio; in the quick time, by the word presto, prestissimo etc. Now one person's idea of what is slow or what is quick frequently differs from another, and therefore the notion entertained by performers of music must be arbitrary, for they cannot with any certaincy know the precise time the composer meant, and consequently cannot give all the effect to the composition which it is susceptible of." (Eckhardt, 1798: 2)

Das Metronom sollte als organisatorisches Medium fungieren, als ein hilfreiches Instrument zur (rhythmischen) Standardisierung musikalischer Reproduktion. Auch wenn sich die romantische Genieästhetik gelegentlich gegen solche Prothesen sträubte – 1819 wurde beispielsweise das Maelzel'sche Metronom „in die Kategorie derjenigen Verirrungen des menschlichen Geistes" eingeordnet, „die da beweisen, daß es um die Kunst selbst früh oder spät geschehen ist, sobald man mechanische Erfindungen zu deren Verbesserung machen zu müssen glaubt" (LAMZ, 1819: Sp. 599) –, galt doch bald als stillschweigend anerkannter Konsens, daß zumindest die Musikpädagogik auf Metronome nicht mehr verzichten könne. In dieser Hinsicht kommentierten auch Ludwig van Beethoven und Antonio Salieri (in einer gemeinsam veröffentlichten Erklärung) die „Nützlichkeit" der Erfindung Maelzels: es sei notwendig, das Metronom „auch allen Anfängern und Schülern, sey es im Gesange, dem Pianoforte oder irgend einem andern Instrumente als nützlich, ja unentbehrlich anzuempfehlen. Sie werden durch den Gebrauch desselben auf die leichteste Weise den Werth der Note einsehen und ausüben lernen, auch in kürzester Zeit dahin gebracht werden, ohne Schwierigkeit mit Begleitung ungestört vorzutragen; denn indem der Schüler bey der gehörigen Vorrichtung und vom Lehrer gegebenen Anleitung auch in Abwesenheit desselben nicht ausser dem Zeitmasse nach Willkühr singen oder spielen kann, so wird damit sein Tactgefühl in kurzem so geleitet und berichtiget, dass es für ihn in dieser Sache bald keine Schwierigkeit mehr geben wird". (LAMZ, 1818: Sp. 58f) Das Metronom sollte als automatischer Taktstock, als pädagogischer Rohrstab par excellence, den künftigen Musiklehrern ans Herz gelegt werden.

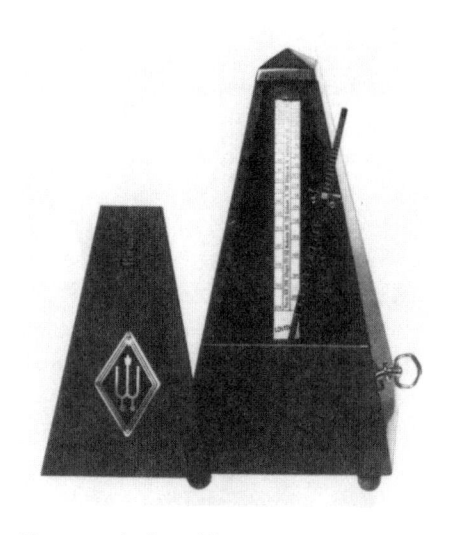

Metronom der Firma Wittner, Kempten, um 1920

Das Metronom hat zweifellos überlebt; die Musikautomaten, spielenden Androiden und zauberischen Doppelgänger sind (vielleicht mit Ausnahme der sprechenden Kinderpuppen) verschwunden. Und dennoch sind die Wünsche und Träume mächtig geblieben, die sich im Horizont anbrechender Standardisierungsprozesse und egalitaristischer Revolutionen zu entwickeln begannen – und zwar in extremer Spannweite: von programmatischen Erklärungen der Gleichheit aller Menschen bis zur Taylorisierung der

Fließbandarbeit, von der *Levée en masse* bis zum Exerzierreglement der US-Marines, von der (auch musikalisch zelebrierten) Fraternisierung der Menschengattung bis zu nationalistischen oder kommunistischen Diktaturen. Maelzels Doppelgängergeschichten, seine seltsamen Maschinen und Androiden, sein Automatenorchester und sein Schachspieler sind zwar genauso vergessen wie die Spad, die Fokker, die Sopwith Camel oder die Mignet Flying Flea des verrückten Astronauten Hinton; sollte es jedoch darum gehen, noch einmal in Erfahrung zu bringen, was es eigentlich bedeutet haben könnte, *fliegen* zu wollen; was es eigentlich bedeutet haben könnte, ein *künstliches Gegenüber*, eine *Puppe Olympia*, einen *Spiegelmenschen*, konstruieren und *erschaffen* zu wollen: dann müßte sich vielleicht der *Flug nach rückwärt*s empfehlen – oder die kreative Auseinandersetzung mit technischen Visionen und Wünschen, die älter sind als die Erfindungen. Ob wir noch einmal eine Partie Schach mit dem schweigsamen Türken spielen sollten?

Anmerkungen:

1) Die römischen Zahlen C+M+V+D+V+C+C (100+1000+5+500+5+100+100) lassen sich zur Jahreszahl 1810, dem Hochzeitsjahr von Napoleon und Marie-Louise, addieren. (Wurzbach, 1867: 248)

Verwendete Literatur:

Ballard, James Graham (1983): Erinnerungen an das Raumfahrtzeitalter. Übers. v. Maria Gridling, in: Franz Rottensteiner (Hg.), *Phantastische Träume,* Frankfurt a. M.

Benjamin, Walter (1974): Das Kunstwerk im Zeitalter seiner technischen Reproduzierbarkeit [Zweite Fassung], in: *Gesammelte Schriften,* Bd. I/2, Frankfurt a. M.

Böckh, Franz Heinrich (1830): Wanderung in die Ateliers hiesiger Künstler, in: *Friedrich Hormayrs Archiv für Geschichte, Literatur und Kunst,* Wien.

Eckhardt, Anthony George (1798): *English Patent for a certain Instrument to serve as a General Standard for Regulating the proper Time in Musical Performances No 2267 of the year 1798.*

Fraser, A. (1966): *Spielzeug. Die Geschichte des Spielzeugs in aller Welt,* Oldenburg/Hamburg.

Giedion, Sigfried (1982): *Die Herrschaft der Mechanisierung. Ein Beitrag zur anonymen Geschichte,* Frankfurt a. M.

Joyce, James (1981): *Ulysses,* übers. von Hans Wollschläger, Frankfurt a. M.

Leipziger Allgemeine Musikalische Zeitung (LAMZ), Jg. 1800 ff.

Leonhardt, Henrike (1990): *Der Taktmesser. Johann Nepomuk Maelzel – Ein lückenhafter Lebenslauf,* Hamburg.

Magazin der Musik (MdM) (1783), Jg. 1, Hamburg.

Poe, Edgar Allan (1949): Maelzel's Chess-Player, in: *The Chess Reader,* New York.

Prelinger, Fritz (1907): *Ludwig van Beethovens sämtliche Briefe und Aufzeichnungen,* Bd. I, Wien/Leipzig.

Richter, Josef (1918): *Die Eipeldauerbriefe,* Bd. II, München.

Wurzbach, Constant von (1867): *Biographisches Lexikon des Kaiserthumes Österreich,* Bd. XVI, Wien.

Technik und Improvisation.

Betrachtungen zur Logik des Paradoxen

Hans Ulrich Reck

Solistische Improvisationen im Jazz – und von hier kennen wohl die meisten von uns das Phänomen des Improvisatorischen – bestehen in der Verdichtung und zugleich Ausweitung von Grundmustern. Von Charlie Parker ist bekannt, daß er in einer Weise zu improvisieren vermochte, die sich in nichts mehr vom Klangbild einer ausgearbeiteten Komposition unterschied. Präzise, ausgefeilt und wohlgesetzt klingen viele seiner improvisierten kurzen Phrasen. Einige wenige Riffs, Überleitungen hier und dort, wenige Sekunden Musik, die ohne weiteres sich als Miniaturen großer Kompositionen hören lassen, Kadenzen, aus denen sich die souveräne Linie der Komposition im Nebenbei des freien Spiels wie von alleine ergibt. Solch höchste Beherrschung ist, wenn immer ein Ziel wahren Musizierens, nicht nur selten zu erreichen, sondern drückt, tritt es denn auf, ein merkwürdiges Paradox aus, nämlich die Verwirklichung von Freiheit und Determinismus zugleich und in derselben Hinsicht. Im freien Spiel den strukturierten Geist der Musik zu verwirklichen, das ist die höchste Leistung eines geschulten, sich frei setzenden Selbst und zugleich die weitestgehende Mediatisierung des schöpferischen Subjekts, das der Überwindung aller Grenzen der Freiheit nicht mehr bedarf, weil hier, im Jenseits der technischen Schwierigkeiten, die vordem verborgene Logik des Materials und der geheimen Stoffe sich am reinsten verkörpert. Die musikalische Improvisation vereint so die widerstreitenden Prinzipien von Freiheit und Determinismus, Selbst- und Fremdbewegung, Wiederholung und Differenz. Ihr Geheimnis ist weniger eines des Klanges als vielmehr eines der Zeit und der Substanz, die in den Erscheinungsformen des Konkreten und Einzelnen als sie selbst aufscheint. So entspricht in der Geschichte des abendländischen Denkens der musikalischen Synthese von Freiheit und Form vielleicht einzig, gewiß aber am genauesten, die Philosophie von Spinoza, welche den Gegensatz von Freiheit und Determinismus aufhebt, um deren paradoxale Verschränkung als Geheimnis der Welt, der sich stetig bewegenden und offenen, der erzeugenden Natur *(natura naturans)* erscheinen zu lassen.

Daß Improvisieren keine ausschließliche Eigenheit des Jazz oder irgendeines Stils, gar eines auf der E/U-Skala anordenbaren Niveaus quer zu den Stilen ist und zuletzt, es versteht sich, auch kein Privileg der Musik oder irgendeiner Kunst, wird an vielem deutlich. So macht es nicht nur diejenige Form oder Sequenz einer klassischen musikalischen Partitur aus, in denen sich aus vielen Gründen die Solisten zu Komponisten auf Zeit erheben durften: die Kadenzen. In ihnen rücken die Solisten in den Rang eines im und mit dem Moment arbeitenden Komponisten auf. Die Partitur selbst sieht als Lücke die Freiheit des Interpreten vor. Die ad-hoc-Komposition, die aus der Interpretation hervorgehen wird, bleibt zu weiten Teilen ausgespart und erscheint nur als strukturelle Festlegung. Das ist ein enormer Tribut an die ausübenden Musiker, wenn man bedenkt, daß die Partitur sonst ein

Notationsdokument mit der Kraft eines nicht nur profanen, sondern – wegen der ästhetischen Überhöhung – gar heiligen Gesetzestextes ist. Von der Partitur abzuweichen, ist deshalb und im Hinblick auf die in der klassischen Musik so überaus dominierende Rolle der genialen, schöpferischen Autorität äußerst riskant, die – mit den Gipfeln Mozart und Beethoven – auf das genaueste den Grundfesten der idealistischen Ästhetik entspricht: Daß hör- oder sichtbares Menschenwerk nur eine zweitrangige Verstofflichung ist, gewissermaßen eine Hörhilfe für diejenigen, die auf äußere Reizhilfen angewiesen sind, daß jedoch wahres Erklingen, als Ins-Werk-Setzen wie als Im-Werk-Hören in reinster und extremster Form, einzig im Geist, im Inneren, als unstoffliche Repräsentation stattfinde. Wer aber je eine der berüchtigt-berühmten konzertanten Aufführungen von Beethovens Mondscheinsonate durch S. Richter hören konnte, der ist über die Grenzen der Werktreue nachhaltig belehrt. Man braucht weder überdurchschnittliche Kenntnisse noch ein präzises musikalisches Gedächtnis, bloß einige aus Vergleichen und Wiederhören genährte Kenntnis, um im Vollzug des Hörens wahrzunehmen, daß, besonders im letzten Satz, die vorgegebene Partitur offenbar kräftig durcheinandergerüttelt worden ist. Die Töne und die Phrasierung schienen sich einen eigensinnigen Weg durch die gewohnten Spuren und Knoten der tonalen Netze zu bahnen. Andere Interpreten, beispielsweise Friedrich Gulda, teilten Formdisziplin und freischwingende Spiellust auf verschiedene Gattungen oder gar Stile auf. In seinem Fall Klassik und Blues. Und wieder Andere, allen voran Glenn Gould, hatten früh keine Lust mehr auf ein konzertantes Vor-Spiel, sondern benutzten das möglichst exakt und quasi-konzertant eingespielte Klangmaterial als Rohstoff für eine Ton auf Ton erfolgende, minutiöse technische Nachbearbeitung, die mit Improvisation nun gewiß gar nichts mehr zu tun haben mochte. Ein Kriterium für Qualität ist das alles, wie leicht ersichtlich, nicht. Dennoch kann die Wette eingegangen werden, daß die beiden Momente des Technischen wie des Improvisatorischen, die als isolierte zur Meisterschaft gebracht und entsprechend verehrt werden, zu ihrer paradoxalen Synthese vereint, so etwas wie das Urmodell und das Bild der Vollendung menschlicher Souveränität schlechthin abgeben. Solche Synthese wäre utopischer Spiegel all dessen, was Menschen im lebendigen Vollzug des Tuns überhaupt glücken kann. In ihr haben die Bilder des Gelingens ihre Heimat, fügt zum reibungsfreien Glück sich, was vordem einmal Schwierigkeiten der Erarbeitung bereitet hat. In ihr fällt alles weg, was Mühe und Mühsal bedeutet. Sie ist reinste Vollendung, Schein bar jeder Genesis und Herkunft. Sie ist Epiphanie. Und als solche wird sie gehört und wahrgenommen. Wenig zufällig handelt es sich hierbei um einen religiösen Begriff, den verbindlichen Fokus aller Metaphorik, die mit der Offensichtlichkeit von Maximalutopien zu tun hat. So wie in der Geschichte der Utopien absolute Ordnung und absolute Freiheit jenseits ihrer typologischen und auch gattungsmäßigen Entgegensetzung sich zum scheinbar ältesten und futuristischsten Bild menschlicher Harmonie in Natur und Kultur zugleich aufschwingen, gerade so erscheint die Einheit des Geformten und des Unformbaren in den Zeitfolgen und Intensitätsgraden der Klänge. Dabei ist zu bedenken, daß Klänge hier überhaupt für alle Zeitkünste stehen und daß Zeit selbst das Medium ist, in dem die erzeugende Natur durch die Abtrennung des Einzelnen und die Schnitte zwischen dem Verschiedenen ihrer Substanz erst ihre sichtbare Gestalt, nämlich die Vereinzelung im Konkreten verleiht. Ohne welches sie nicht existieren würde.

Bei genauem Zusehen zeigt Improvisieren sich als doppelt geformt. Es ist nicht nur prinzipiell Überschreitung des Technischen, sondern auch Vollendung seiner Voraussetzungen. Wer improvisiert, steht nicht mehr im Bann der Zwänge. Er beherrscht ihre Bedingungen so sehr, daß er von ihnen gelöst erscheint. Ein weiterer Wesenszug des Improvisierens ist, daß ein inneres Suchen und Drängen eine äußere Form sprengt. Das richtet sich nicht nur oder in erster Linie gegen akademische Erstarrung oder andere Formalismen. Man kann davon ausgehen, daß der innere Energie-Überschuß, das übersteigerte Unruhepotential eine Konstante jeden künstlerischen Schaffens ist, die nicht nur gegen, sondern vor allem auch in Formen zum Ausdruck kommt. Das aus der Differenz, dem Ausschweifen und Suchen, Aufbrechen und Abweichen sich ergebende Moment des Improvisatorischen ist ja nicht nur ein Potential, sondern selbst eine Form. So treten Form und De-Formation, Ordnung und Chaos, Struktur und Destrukturierung in immer neue Beziehungen ein. Diese Beziehungen belegen nicht nur, daß Technik als Formbeherrschung und Improvisation, als Kontrollsinn wie als Wachsinn geschärfter Spannungsenergien und Ungleichgewichtszustände nicht substanzielle Gegensätze sind, sondern komplementäre Extremzustände, Endpunkte auf einer durchgehenden Skala, die bei dem einen Pol beginnt und beim anderen als Endpunkt der Sukzession und eines kontinuierlichen Fortschreitens endet. Beide sind formbewegende und formbestimmende Momente. Ihr Unterschied bezieht sich nicht auf ein Werk, sondern liegt in der Verschiedenheit der Antriebskraft. Leicht aber ist einzusehen, daß es beider Momente nicht als der sich zu einem Ganzen addierenden Gegensätze, sondern als sich jederzeit durchdringende Kräfte bedarf, damit Form überhaupt zustande kommen kann.

Improvisieren bedeutet keineswegs bloß *Spielen*. Improvisieren bedarf der ausgedehntesten vorgängigen Kenntnis derjenigen Strukturen und Formen, in denen ein Spielen sich als Freisetzung von allzu engen Mustern entfalten möchte. Jemand, der auf einem musikalischen Form-Hintergrund improvisiert, dessen Strukturen er genausowenig beherrscht wie die Instrumente, die diesen eine neue Form geben wollen, ist schlicht eine lächerliche Figur. Beherrschung – und zwar nicht typengerechte oder normale, sondern weitgehende, maximale, ja gar singuläre – ist notwendig, aber nicht hinreichend. Improvisieren hat zum Ziel, die Strukturen – durch das ganze rhetorische Repertoire der Überdehnungen und Verkürzungen, Verschiebungen und Überlagerungen – so zu behandeln, daß in der Ausdehnung Abweichungsmöglichkeiten entstehen, die für etwas Neues, für die Modifikation der Form in einem möglichst offenen Prozeß, genutzt werden kann. Improvisieren ist eine auf Vorläufiges hin angelegte Herstellungsform. Ein Provisorisches und Unfertiges entsteht, ein Zwischenstadium zwischen Konzept und Produkt mit dem Ziel der Verstärkung von Energien an Reibungsflächen. Die Einführung und Ausreizung der Aleatorik, Instanz des Zufalls und der Willkür in der Musik des 20. Jahrhunderts, zum Beispiel bei John Cage, steht nicht nur im Zusammenhang mit den beiden Grundgesetzen aller modernen Künste, der Ausweitung des künstlerischen Materials und der Ausfransung der Künste untereinander und in ihren Kontexten, sondern zwingt den Formen Differenzen durch eingeführte Improvisationsquellen auf. Gleichzeitig wird dadurch das Improvisatorische, die Einführung des Zufalls als Entscheidungsgröße, in einem technischen Sinne erweitert und modifiziert. Gerade wegen der wechselseitigen

Verwiesenheit von Improvisation und Technik, die sich in jedem Moment künstlerischer, aber auch kognitiver Praktiken verbinden, kann das vermeintlich ungeordnete und rohe außerkünstlerische Material zum Bestandteil und Bewegungsmoment der Kunst werden, kann aber auch und gerade die festgesetzte, vermeintlich absolute Form Zerstörungen und Abweichungen provozieren. Krudes Chaos und radikalisierte Form sind demnach Kehrseiten, Grenzwerte und Austauschmedien einer untrennbaren Verschlungenheit des Technischen mit dem Improvisatorischen und umgekehrt. In ihnen äußert sich – um noch einmal auf Spinoza zu verweisen – die Einheit der Substanz als Ausdrucksfülle all ihrer Modifikationen, wobei es keinen ontologischen Unterschied zwischen den denkbaren, also den virtuellen und den konkreten, also den realen Verkörperungen der Substanz gibt. Substanz ist kein Jenseits der Attribute und kein Hinter- oder Untergrund des Konkreten. Es ist schlicht die Gestalt- und Formkraft, die in jedem Einzelnen, nun, da es existiert, eben: hervorgegangen ist, als solche im und am Werk ist.

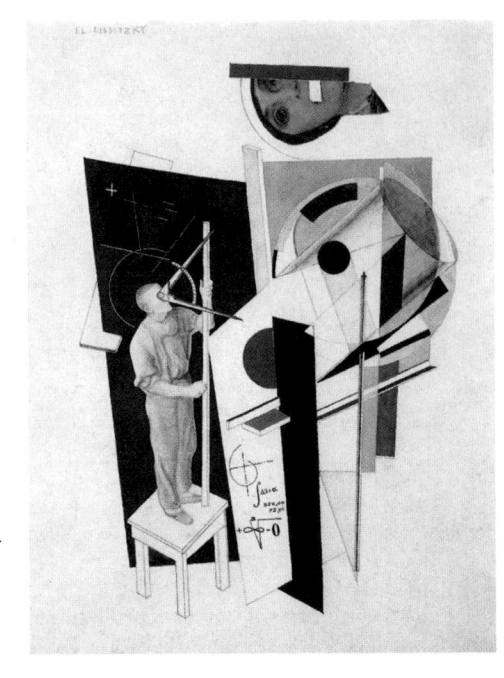

El Lissitzky, *Tatlin Working on the Monument for the Third International* (Tatlin bei der Arbeit an dem Denkmal für die Dritte Internationale), 1921/22, Collage auf Papier, Aquarell, Bleistift und Fotomontage 29,2 × 22,8 cm, Property of Dessau Trust

Es wäre gröblich verkürzt, würde man das Technische dem Reich des Instrumentellen, Rationalen und Kognitiven zuordnen und das Improvisatorische dem vermeintlich ausschließlich schöpferischen Bereich des künstlerischen Ausdrucksschaffens vorbehalten. Das wäre nur ein Reflex auf die Oberfläche der neuzeitlichen Entwicklung der Künste und Wissenschaften. Mit der Renaissance erfährt das symbolische Wissen zwar eine zunehmend strikte Trennung zwischen Kunst, Wissenschaft und Technik. Aber diese Differenzierung ist nur möglich, weil sich die Trennung auf der Hintergrundfolie einer Einheit bewegt. Künste wie Wissenschaften erringen in einem Gleichschritt die Emanzipation von Religion und Kirche. Seither heißen nur noch die Künste „Künste", nicht mehr die Wissenschaften. Der Gleichschritt bedeutet, daß Künste sich neue Regeln geben – postsymbolische Formidentität – und daß Wissenschaften neue Welterklärungskonzepte entwickeln, die nicht der Berechnung, sondern eher der Inspiration und Spekulation entspringen – postmetaphysische Chaosintention. Gerade weil die Künstler einen naturwissenschaftlichen Geltungsanspruch anstreben und Kunst als Medium genuinen Wissens – zunächst auf dem visuellen Kanal, dann als Kognition des Imaginären – durchsetzen, erweist sich eine doppelte Technisierung auf einer höheren Ebene – des Wissens wie der Imagination – als unumgänglich. Auf der banalen Ebene beansprucht Kunst demnach Asozialität. Gleichzeitig verschenkt sie im primären Rekurs auf

Le Corbusier, *Plan voisin*. (Entwurfsskizze zur Perspektive), 1925, Schwarzer Stift und Tusche auf Pauspapier, 55 x 72 cm, Fondation Le Corbusier, Paris

sich selbst eine ontologische Begründung, die ihr andere Bedeutungsbezüge ermöglicht als metaphysische, die an die Stelle der religiösen treten. Daß im 20. Jahrhundert die Reinheit der Formen als Endpunkt nicht nur der künstlerischen Entwicklung, sondern des in Wissen und Lebensreform übergehenden Wesens der Kunst selbst erscheinen kann, vollendet zwingend eine Epoche, an deren Beginn die einmalige Erfindung der Kunst steht. Bereits Immanuel Kant skizzierte in der "Kritik der Urteilskraft" von 1794 die formreflexive Überlegenheit nicht-figurativer Kunst. Denn aller Schein, alles Sinnliche verführe, erwecke "Interessen", was damals hieß: Begierden, und lenke vom Wesentlichen, nämlich der Architektur der Formen und Praktiken ab. Adolf Loos Zurückweisung des Ornaments und Le Corbusiers architektonische Elementarmodulierungen argumentieren exakt gleich. Es ist der Geist der reinen Formen, die Unerbittlichkeit des Universalen, welche es zu erreichen gilt. Diese Unerbittlichkeit hat sich in die Ästhetik und Philosophie der radikalen Moderne dieses Jahrhunderts eingeschrieben. Noch Th. W. Adornos Angst vor der Sinnlichkeit des improvisierenden Spiels, der Stoffsehnsucht im Jazz, belegt die Wirksamkeit dieser Tradition und den architektonischen Geist der gefügten Endspiele, der erschöpfend determinierten Regeln, der Inkorporation des Technischen, das nicht nur als Gerät oder physikalische Maschine, sondern vor allem als Inkorporation der Bilder im Metaphorismus der Maschine, Inbegriff der Ordnung, verstanden wird. Wissenschaftsgeschichtlich ist das eine selektive Zuspitzung. Paul Feyerabend hat nämlich gezeigt, daß Wissenschaft nicht auf dem Schema des instrumentellen Vorher-Nachher beruht, erst recht nicht auf der Induktion, die ja immer wieder geformte Hypothesen und geregelte Kalküle, also bereits äußerst geordnete Wirklichkeitsschemata voraussetzt, sondern auf "Kontra-Induktion", auf

Francis Picabia, *La Ville de New York apercue à travers le corps* (Die Stadt New York durch den menschlichen Körper wahrgenommen), 1913, Aquarell auf Papier, 55,5 x 75 cm, Ronny van de Velde, Antwerpen

Abweichung, irrationaler Spekulation. Diese bewirkt eine Formsprengung als Ausgangspunkt, als Initialkennzeichnung des wissenschaftlichen Prozesses, nicht als ein angestrebtes, begründbares Resultat. Der fundamentale Entwicklungsgang der Wissenschaften beginnt nicht mit den Formen, nicht mit einer Beobachtung, von der man in theorieresistenter Unschuld zu einem Modell gelangt, um dann in erneuter Naivität festzustellen, daß die eingesammelte Beobachtung in keiner bestehenden Theorie mehr Platz hat. Initialzündung der wissenschaftlichen Erkenntnis ist etwas ganz anderes: eine willkürliche, schiere Lust, irgendwelche Tatsachen zu bestreiten. Der anarchische Impuls des Improvisieren-Wollens bildet die maßgebliche Quelle aller wahrhaften – zuweilen auch wahnhaften – Forschung. Erst die Kontra-Induktion liefert Beobachtungsmaterial. Man sieht nur, was man sehen will. Man kann nur sehen wollen, von dem man weiß, was das Wollen nach sich zieht. Was gemeinhin unter Technik und Rationalität verstanden wird, kommt erst wesentlich später und dient zunehmend nicht der Forschung, sondern der Legitimation von Forschungsgeldern, an die unter künstlerisch-chaotischen Vorzeichen schwer heranzukommen ist.

Die technische Zähmung des improvisatorischen Wildwuchses, die Bändigung der Verführung zur chaotischen Mannigfaltigkeit ohne Rückkehrmöglichkeit zu den Formen, ist seit Jahrhunderten Bestandteil der Entwicklung in den Künsten und keineswegs ein gewaltsamer externer Zugriff auf ihre Voraussetzungen. Umgekehrt muß die aus Intuition gespeiste improvisierende Negation wissenschaftlicher Tatsachen auch als Antrieb der Entwicklung des Wissens, nicht nur als seine Subversion gesehen werden. Viele Mitbedeutungen am Begriff des Technischen – der ja schwankt zwischen der Dankbarkeit im Alltag, der Euphorie ihrer Geschichtsphilosophie und der Fremdheit gegen den Umschlag in Nihilismus und Apokalypse – rühren vom Wandel der vormodernen zur modernen Technik her. Traditionellerweise kann Technik als Gebrauch künstlich geschaffener Werkzeuge definiert werden. Lebensgestaltung und Überlebenssicherung erfordern eine Konstanz dieses Werkzeuggebrauchs. Technik als Medium setzt sich zusammen aus ursprünglichen Erfindungen, langwierigen Herstellungsprozessen von diesen verkörpernden Mechanismen und geringen, wenn auch sorgfältigen Modifikationen. Im wesentlichen bleibt sich das Wesen der Technisierung über Jahrtausende gleich. Wissenschaftliche Revolutionen sind seltene, unwahrscheinliche Ereignisse, die in der Regel als Deregulierung des Technischen, als kreatives Chaos auftreten. Erst seit etwa 100 Jahren antwortet die Technik nicht mehr der Kontinuität von Funktionen und Aufgaben, sondern geht von der Vorwegnehmbarkeit dessen aus, was genutzt werden soll. Sie versucht, vorwegzunehmen, was in irgendeinem Sinne in der Zukunft nützlich sein könnte. Damit verliert die Technik ihren rekonstruktiven Aspekt (und ihr Erfahrungspotential), demgemäß erfunden wird, was in einer Notlage weiterhilft. In dem Maße, wie Technik auf Vorwegfabrikation vieler denkbarer Möglichkeiten sich fixiert, wird das Improvisatorische in ein Instrument der Bereitstellung der Apparate für solche Möglichkeiten verwandelt und seiner Intensität und Energie beraubt. Das hat gewaltige Folgen. Denn in dem Maße, wie Technik sich für alle Fälle rüstet, zerstört sie die Fähigkeit zu Improvisation und Bricolage. An die Stelle der rekonstruktiven Freisetzung von Improvisationskompetenzen in Notlagen tritt die Simulation des abstrakt Möglichen. Das für irgendeinen theoretischen Fall praktisch, nämlich maschinell Denkbare wird als

Vorgabe simuliert für alles, was nützlich sein könnte. Damit nicht genug: simuliert wird nicht nur das Reale, sondern bereits die Simulation des Realen. Was geschieht, wenn diese Szenarien als Test der Wirklichkeit auf diese angewandt werden, hat die Katastrophe von Tschernobyl gezeigt. Mehrere Sicherheitsszenarien wurden gleichzeitig angewandt. Das war zuviel. Die Simulation des Störfalls hat dessen katastrophischen Ausbruch erzeugt. Hinter der Katastrophe von Tschernobyl steht kein Ungenügen, sondern, paradox, Vollendung. Keine fehlerhaften oder beschädigten Geräte, keine mangelhaften Menschen, sondern ihre perfekte Symbiose führt, wenn Wirklichkeit als Störfall simuliert wird, zur Katastrophe. Diese Katastrophe ist das Reale der Szenarien, die gar nicht anders können, als ihre Perfektion der Wirklichkeit aufzudrängen, indem sie das Reale ihrer selbst zur Wirklichkeit machen. Solche Logik der Gegen-Induktion aus Wirklichkeitsmangel als zwanghafte Vollendung der Wirklichkeit – indem diese zu ihr selbst gebracht wird – zeigt den generellen Charakter solcher auf Nutzen fixierter vorwegnehmender Technik. Denn die Vorwegnahmen, die angehäuft werden zum Zwecke der Verdichtung von Energien, führen zur präventiven Technisierung allen Handelns und damit zum Diktat der toten Zwecke über alles Denkbare, der rigiden Form über die Bewegung der Stoffe und, zuletzt, zur Eliminierung der Zeit in der Selbststabilisierung von Gegenwartsmaschinen, welche die noch kommende Zeit in sich aufzusaugen trachten. Der Vampirismus der Technik ist untrennbar von ihrer sachlich kühlen Rationalität, wenn immer sie ihr Wirken als Objektivierung der Zukunft plant. Psychologisch entspricht dem, daß zunehmend viele junge Menschen Angst vor allem haben, was mit Planen zu tun hat. Jeder neue Schritt der Technik führt nämlich nicht zu einer Lösung, sondern zum Ausgangspunkt für eine permanent gesteigerte Technisierung von Problemlösungsszenarien. Solche Technik kennt keinen neuen Schritt, der, erfolgreich durchgeführt, zu einem Abschluß gelänge. Jede technische Neuerung wird in der Welt der Techniker und Wissenschaftler vervielfacht. Die Technik ist ohne den vehement angeheizten Selbstlauf ihrer Propaganda nicht mehr vorzustellen. Das Fundament des Wissenschaftsprozesses ändert sich entsprechend. Nurmehr steht nicht die Erfindung am Anfang, die Finanzierung in der Mitte und die rationale Debatte von Resultaten am Schluß. Nunmehr steht eine zunehmend kriminelle Finanzbeschaffung um jeden Preis am Beginn, eine propagandistische Ablösung der Debatte von Resultaten durch eine willkürliche Rhetorik der Versprechungen in der Mitte und am Schluß allenfalls eine Erfindung, die nur noch als Abfallprodukt der Organisation von Geld und Macht, als schiere Offenbarung oder Zufall, zustande kommt.
Auf dem erreichten Stand der Technik, deren Verlagerung von rekonstruierbaren Anpassungen an Notlagen auf die präventive Versorgung einer klassifizierten Zukunft historisch exakt parallel zur Logik der heillosen Entfesselung als Konsequenz der positiven Vorhaben verläuft, wird alles, selbst und gerade das Unscheinbare und der Abfall, verwertet. Der Fortschritt ist nie groß genug. Und er kann an keinem Punkt mehr kontrolliert werden. Das neue Fortschrittsproblem – das härter gesehen werden muß als die metaphorische Rede von 'Fortschrittsfixiertheit' als Ideologie und Unmoral unterstellt – ist die Struktur der Technik und nicht der Effekt ihrer Anwendung. Es ist ihrer Form unverrückbar eingeschrieben. Analytisch gibt es keine Alternative zum Stand der Technik. Denn über alle einzelnen Zwecksetzungen hinaus tendiert das Technische zur maximalen Selbstverwirklichung und stellt sich somit auf Dauer auf das Nicht-Wegdenken-

Können ihrer selbst ein. Jede Ethik und Moral greift zu kurz. Denn sie hat weder eine Wahl noch ein Ziel, die nicht immer schon der Technik eingeschrieben wären. Jede Absicht einer ethischen Kontrolle der Technik ist zunächst mit der grundlegenden Tatsache konfrontiert, daß das Technische als solches und aus sich heraus ein bestimmtes moralisches Verhältnis zur Welt darstellt. Das ethischen Argument gegen die Technik ist nicht nur deshalb so schwach, weil jede moralische Kontrolle der Technik zu deren Ausbau und zu einer selbst wieder technisch geäußerten, also bloß erweiterten Technisierung der Technik, zu einer Wirksamkeit besserer Kontrollen führen würde. Sondern vor allem deshalb, weil die moderne Technik prinzipiell amoralisch auf den Punkt ihrer optimalen Wirksamkeit orientiert ist und die Verwirklichung alles in ihr Gedachten prinzipiell erzwingt. Die Ausmaße der Bedrohung wachsen deshalb ins Unermeßliche, weil die Technik linear und rational ihre Ziele verfolgt, nicht weil ihre Anwendungen Katastrophen erzeugen. So werden gerade für die archaischen Funktionsreserven eines Handelns im anthropologischen Wahrnehmungsraum der Nahsinne die Gefüge von Raum und Zeit außer Kraft gesetzt. Das hat objektive Korrelate: Bei der Atomkraft läßt sich im Ernst zwischen kriegerischer und friedlicher Nutzung nicht mehr unterscheiden. Jedes *friedliche* Atomkraftwerk ist bereits eine potentielle Atombombe.

Wahrheit des Technischen als Indienstnahme aller Möglichkeiten, gerade auch der auf offene Zukunft verweisenden: keine Erfindung, die nicht praktisch angewendet würde, keine Waffe, die, einmal vorhanden, nicht zum Einsatz käme. Kein noch so verwerflicher und brutalisierter Raum, der nicht als Labor wissenschaftlicher Experimente dienen könnte. Weltkrieg II und Vietnamkrieg waren wissenschaftliche Experimente großen Stils. Sie belegen die Kooperation der Wissenschaft hinter den politischen Ideologien. Wissenschaftsziele im technischen Selbstlauf werden in dieser Sicht von den politischen Konjunkturen überhaupt nicht berührt. So ist Apokalypse nicht länger ein nicht vorhersehbares Resultat der Technik, sondern ein Medium ihrer Selbstvervollkommnung, der normale Antriebsgenerator. Die normale, logisch angelegte Anwendung der technischen Geräte hat als solche apokalyptische Formen angenommen. Das erhellt schon aus der Begriffs- und Sprachgeschichte der Apokalypse, nach der diese nicht einfach durch die größtmögliche Katastrophe oder die Dramaturgie der schlimmstmöglichen Wendung bestimmt ist, sondern das sichere Ereignis ist, das bisher nur noch keine Zeit hatte, in das Reale einzutreten. Das Apokalyptische ist ganz der Rhetorik der

Chesley Bonestell, *Spaceship on Launching Rack on Some Mountaintop in Colorado (Raumschiff auf Startrampe auf einem Gipfel in Colorado)*, 1945, Öl auf Holzfaserplatte, 50,8 × 40,6 cm, Sammlung Norman Brosterman, New York

Ankunft und des Appells, der Anrufung eines *komm doch* verhaftet, die seit je den apokalyptischen Kern der Technik ausmacht. Diese Rhetorik des Apokalyptischen ist, abgelöst vom ursprünglichen hebräischen Horizont der enthüllenden Erwartung des Nicht-Vorstellbaren, das nur gedacht werden kann, in die Sprache der militärischen Führung eingegangen. Autorität ist im Sinne des unbedingten Gehorsams, der ein fatales Gefälle zwischen Autorisierten und Unterworfenen voraussetzt, ein apokalyptisches Demonstrationsmedium von Macht. Autoritär im Moment des Technischen ist bereits das Organisationsmodell des scheinbar harmlosen Wissens. Es bildet den Kern aktueller Technikphilosophie, weil in ihm das Moment des Apokalyptischen eingeschrieben ist. Der Selbstlauf des Technischen wird identisch mit dem Modell des Krieges, das bestimmt, unter welchen Bedingungen über die Kriterien der Klassifikation und Anwendung, Überprüfung und Evaluierung der technischen Kenntnisse entschieden wird. Anders gesagt: unter welchen Prämissen etwas als entscheidbar dargestellt werden kann, was unweigerlich das Verfügenkönnen über das Reale der Simulierbarkeit dieser Entscheidungen bedeutet. Die Ideologie der Technik besteht nicht – wie Habermas und Marcuse noch meinten – darin, daß sie falschen Zielen diente oder von entfremdeten gesellschaftlichen Verhältnisse zeugte, sondern daß sie Ausdruck der Kultur ist, die sich nicht *mit*, sondern *in* dieser Technik verwirklicht. Der Triumph der Prothesengötter ist zum Big Brother in unseren Köpfen geworden. Wir besorgen die Unterwerfung unter den Terror des technisch fabrizierten Glücks längst selbst. Alternativen zur übertechnisierten Kultur sind deshalb so schwer zu denken, weil gerade die Kritik an der Apokalypse am stärksten von deren Logik bestimmt ist. Die wesentlichen Technikkritiker von Günther Anders bis Hans Jonas haben in jahrzehntelanger Arbeit nicht mehr zustande gebracht als den Appell, die Technik müsse unter herrschaftliche Kontrolle gebracht werden. Was nichts anderes heißt als: technische Aufrüstung der Moral zwecks Erzeugung einer Hyper-Technik, welche die Technik technisch, nämlich instrumentell kontrolliert. Eine Disziplinierung der überbordenden Technik gelänge also nur einer verbesserten Kalkulation von Zweck-Mittel-Relationen? Analytisch erweist sich gerade die radikale Kritik der technischen Welt als auf die Wunschbilder heilsgeschichtlicher Technikgüte, auf religiöse Garantie der Zwecke bei legitim fabrizierter Vollkommenheit der Mittel eingeschworen. Wenn wir aber nicht bereit sind, in religiöser Andacht und geduldiger, absichtsloser Demut auf die Offenbarung des Unversehrten zu warten, dann impliziert die Kritik an der Übermacht der Technik nicht erst in der Konsequenz, sondern in den Voraussetzungen ein Plädoyer für eine noch weit mächtigere Technik, das unvermeidlich militärisch und kriegerisch perfektionierte Kontrollinstrumentarium. Die außertechnische Kontrolle der Technik bliebe dagegen eine abstrakte ideelle Maxime. Jede konkrete Handlung verläuft nur innerhalb des technischen Universums: Technik kann nur technisch begrenzt werden. Mit jedem konkreten Schritt tritt die moralische Unbedingtheit in das Regelwerk der Technik ein. Einzelne Verbesserungen sind dann möglich nur um den Preis der Stabilisierung der grundsätzlich paradoxen Struktur des Technischen, das nur als Antizipation von Instrumenten, als bewaffnetes Arsenal der Möglichkeiten, als Ausdehnung angehäufter, vorweggenommener Wirklichkeiten funktioniert und das alle Bestimmungsmomente seines Problems auf der Ebene des Versprechens der Lösungen platt wiederholt. Die Technisierung des Außertechnischen ist nicht allein der systemische Mechanismus der Selbstreproduktion der Technik, sondern entspricht fatal der Verwandlung des Utopischen in die Machbarkeit der Utopie, welche Verwandlung insgesamt zu Recht *Moderne* genannt werden darf.

Seit der Renaissance besteht, wie kurz vermerkt, ein enges Verhältnis zwischen Kunst, Wissenschaft und Technik, wobei Technik als Medium der Vergegenständlichung beider Sparten dient. Was in der Renaissance unter dem Thema Rangstreit der Künste, *paragone*, abgehandelt worden ist, bildet den Hintergrund für die merkwürdige Inkorporation des Gegensatzes von Technik und Improvisation in den Figuren des Künstlers und des Wissenschaftlers/Ingenieurs. Beide liegen in dauerndem Kompetenz-, Handlungs-, Macht- und Legitimationsstreit. Und doch gibt es Symmetrien: So wie Leonardo über das disegno, den Entwurf, die Vorherrschaft der Malerei als wissenschaftlicher Disziplin über andere künstlerische Sparten sichern wollte, so tritt heute der Kunstanspruch der Ingenieure über den Computer an die etablierten Künste heran. Die Universalmaschine Computer verspricht populäre Einsicht im Feld des Hermetischen. Das ist aber nur die Rache an der Behauptung, die seit 150 Jahren von Künstlern vorgetragen wird, nur sie seien in der Lage, mit ihren genuinen Erkenntnissen das Leben wahrhaftig umzuformen. Mit der Beanspruchung des Erbes des Imaginären durch die Computerkultur schickt sich eine neue technische Intelligenz an, die kulturellen Semantiken zu annektieren. Dem früheren Expansionsanspruch der Kunst wird heute mit der Ausdehnung des technischen Zugriffs auf den gesamten Lebenszusammenhang geantwortet. Da die Bedeutung der Kultur und der Mechanismus der Erkenntnis durch Gewöhnung sich langsamer entwickeln als die technische Innovation, wird deren Anspruch mit dem Hinweis auf die traditionelle Technikkompetenz des Künstlers untermauert. Das erweist sich gerade in Hinblick auf Gegenwartskunst als einigermaßen plausibel. Denn unsere Schwierigkeit, das Technische zu transzendieren, wird auch daran sichtbar, daß der Erfolg multimedialer Kunst die Technisierung in dem Maße erfordert, wie das Improvisatorische im Feld der Kunst selbst kalkulierbar geworden ist. Der Primat eines Design, das Technisches und Improvisatorisches im Zeichen der Welterzeugungskraft des Digitalen vereinigt, scheint – nach dem Übergang des Poetischen in das Konzeptuelle und die methodischen Praktiken, die Unterweisungen eines Handelns diesseits der hermetischen Expressionen – als das entscheidende Leitmedium aller entwerfenden Praktiken gesichert. Der *digitale* Leonardo 2000 gibt dafür nur die knappe rhetorische Formel. Die Vereinigung des Technischen mit dem Improvisatorischen soll in den technischen Apparaten selbst stattfinden. Dieser Apparat wird zum Synonym für das Unterschiedslose und Ununterscheidbare: Krieg und Kriegsspiele, Entwürfe und Rechnungsprozesse, Erzeugung und Vernichtung sind den Algorithmen gleichgültige Nicht-Werte. Dennoch macht es keinen Sinn, gegen das vermeintlich kalte Technische die Lebendigkeit der warmen Kunst auszuspielen. Das zeigte – wie das Gegenbild: eine Technik, welche auf den Humanfaktor der Ungenauigkeit als Ausdruck des Kreativen setzte – nur, daß wir in einer geschlossenen Kultur leben, deren Eindimensionalität wir nicht zuzugeben bereit sind. Aus diesem Widerwillen heraus entsteht die substanzielle Entgegensetzung des Technischen und des Improvisatorischen, welche deren Verflochtenheit nicht sehen will. In dem Ausmaße, wie Technikbeherrschung in die Naturwissenschaften abgewandert ist, kann Kunst nur noch als einflußlose sich retten, wobei die Marginalität sich längst als Beweis künstlerischer

Empfindungskraft wähnt. Es folgt aus solcher Kunst, daß *Ästhetik* nichts weiter als das Unbegreifliche an den normalen Mechanismen ist.

Je mehr die Zeitrhythmen des Alltags mechanisiert sind, umso mehr drängen die Wünsche nach einer Selbst-Überschreitung der Formen und Regeln in der Improvisation. Das Leben ist faktisch determiniert bis in Restzonen hinein. Damit möchte, pathetisch gesagt, das Leben sich nicht zufrieden geben. Tagträume schärfen sich, die Sehnsucht nach dem Zerfall der Kontroll-Apparate wünscht sich eine kreative Welt der Sabotage herbei, die mit dem Aufbruch aus dem Reich der Mittel wieder eine Verzauberung im Stillstand beschwört, die den Dingen und Mechanismen geraubt worden ist. Diese Sehnsucht phantasiert sich durch verschiebende, spielerische Profanierung des Selbstzwecks des Technischen als ein Veto gegen die verschlossenen und als feindlich empfundenen Mechanismen, Automaten und Maschinen. Nur eine lustvoll zerlegte Maschine gibt, wie jedes Kind erfahren

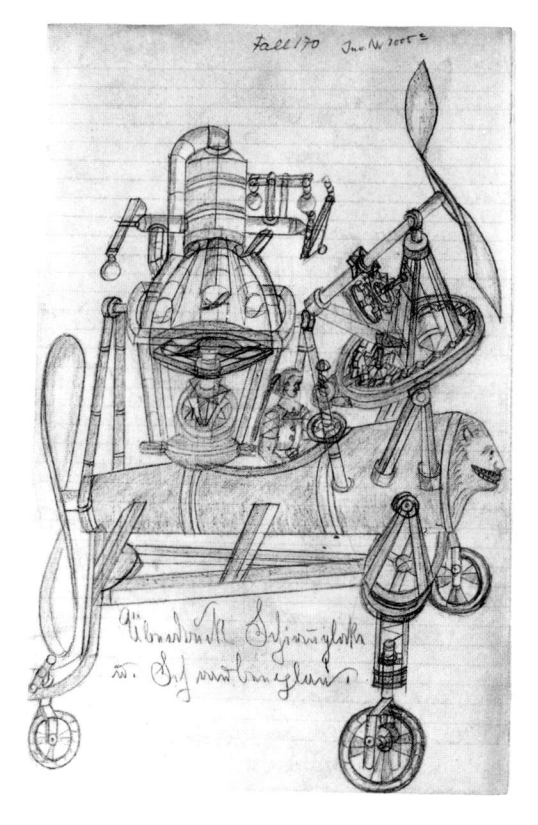

Theodor Gührer, *Überdruck Schirmglocke und Schraubenplan*, o. J., Bleistift, Buntstift auf Schreibpapier, 32,8 x 21 cm, Prinzhorn-Sammlung der Psychiatrischen Universitätsklinik Heidelberg

kann, im günstigen Falle ihren Steuerungsmechanismus preis. Daran erweist ein dekonstruktives Improvisieren sich als mögliche andere Technik, nämlich selbstsetzende Praktik des Einzelnen. Das Improvisatorische als bloß reparierender Grenzfall des Technischen dagegen geht bruchlos in dessen Restrisiko ein, nun aber mit umgekehrter Wirkung: es provoziert die rechnerische Kontrolle und dient als banale Regenerierung eines lädierten Technikverständnisses. Im Lichte der Geschichte der Erfindungen ist unbestreitbar, daß phantasievolles Improvisieren mehr Technikerneuerung bringt als die Verklärung des methodischen Wissenschaftsprozesses.

Ein Fazit gibt es nicht als Ausweg, sondern nur als Einsicht in die Form eines Problems. Technik und Improvisation lassen sich als sich wechselseitig durchdringende, lokale Regelwerke ermöglichende, also notwendig immer aufeinander bezogene Größen allen Entwerfens, Erfindens, Planens und Denkens fassen. Zuweilen wird dem Improvisieren eine Kompensation des Technischen abverlangt. Es soll dann an alles erinnern, was dieses verdrängt hat. Diese Kompensation ist nicht nur ein Scheingefecht, sondern entspringt der Logik des Technischen selbst. Der technische Apparat erzwingt die Gegenwelt des Dysfunktionalen als Wunsch nach dem Improvisieren. Das Als-Ob des vermeintlich Regellosen ist der Traum, mit dem die Maschine sich der Imagination aufdrängt, um vom ganz Anderen, dem Unbedingten und Absoluten zu träumen. Improvisation als mythisch überhöhtes menschliches Vermögen ist wegen seines Versprechens, Vollender und Überwinder des Technischen zugleich zu sein, besonders geeignet für die Rolle eines erfolgversprechenden Hyper-Instrumentes, das technikfähig sein soll, gerade weil es nicht aus der Technik abgeleitet ist, sondern unmittelbar aus den Unwägbarkeiten des Wunderbaren aufzusteigen scheint. Technik bemißt sich einzig am Erfolg. Das Arrangement ihrer Mittel muß den Zwecken so dienen, daß es in diesen verschwindet.

Improvisation bemißt sich am freigespielten Raum des Experiments. Ihre Erfüllung muß jede Aufwendung zur Erreichung ihrer Qualität vergessen machen. Zwei letzte Fragen ergeben sich daraus: Was wäre Technik ohne Funktionieren, was Improvisation, wenn sie bloß weitere Techniken, Manipulationen lieferte? Und was wäre Improvisation ohne Funktionserfüllung gegenüber einer Technik, die ihre wahre Energie aus spekulativen Schüben und Inspiration, nicht aus dem abstrakten Kalkül bezieht?

Jedenfalls erweist sich, daß das Technische nicht länger mehr unberührbares Zweck-Mittel-Handeln ist. In die programmatische Wiederholbarkeit, die aus der perfekten Fügung und dem technischen Plan hervorgeht, sind Differenz und Abweichung als Einfallstor von Spiel, Verrückung und improvisatorischer Geste unvermeidbar eingebaut. Dieses Potential zu nutzen, bedingt allerdings den Bruch mit jeder Erwartung an eine stabile Kontinuität von Zeit in Zukunft. Nur in der Diskontinuität kann die Logik der angehäuften Problemlösungen als höherstufig programmierte Katastrophe wider Willen unterbrochen werden. Dagegen hilft kein Beschwören einer als alternative Substanz verstandenen Improvisation, sondern nur ein Bekenntnis zu endogenen Praktiken in den unauflöslichen, lokalen, zuweilen gar singulären, von Außen jedenfalls unüberschaubaren Verflechtungen und Verwicklungen des Technischen mit dem Improvisatorischen.

Zu einer zweiten Natur

Bart Lootsma

Architektur und Technik sind von Natur aus eng miteinander verbunden. Architektur *ist* Technik: Bautechnik, Konstruktion und technische Infrastruktur. Der Architekt bedient sich zudem zahlreicher *Techniken* im gesamten Schaffensprozeß, angefangen beim Entwurf bis hin zum eventuellen Bau, wie Bruno Reichlin in seiner Einführung zur Daidalos-Ausgabe, die dem Thema „Architektur und technisches Denken" gewidmet ist, zurecht feststellt. (Reichlin, 1985) Darum, so Reichlin weiter, ist das Thema „Architektur und Technik" auch so enorm umfassend. „Bedeutet es doch, in erster Linie nach den 'Techniken' zu fragen, die jenem Denken inhärent sind, das Architektur konzipiert und projektiert. Mit solcher Frage aber überschreitet der Begriff 'Technik' notwendigerweise die Grenzen der Zuständigkeit von Ingenieurwesen und Technologie. Er umgreift vielmehr sämtliche Aspekte des architektonischen Schaffens: die Umsetzung eines vorgegebenen Programms in ein konkretes räumliches Gefüge und in die architektonisch-geometrische Form; die den Materialien und dem gewählten Typus angemessene Verwirklichung eines konstruktiven Systems; die Vorgabe einer symbolischen oder ikonographischen Botschaft in Entsprechung zur kulturellen und sozialen Identifikation von Bauherr und Nutzer; schließlich die ästhetische Bestimmung des architektonischen Objekts."
Reichlin weitet das Thema zurecht und ganz bewußt aus, um gegen die Einschränkung des Denkens, die der Funktionalismus hervorgebracht hat, vorzugehen. Das Verhältnis von Architektur und Technik wurde ja lange Zeit fast ausschließlich im Sinne eines Strebens nach Funktionalität und Konstruktion betrachtet. Die Art, wie Reichlin das Thema ausweitet, geht allerdings wiederum sehr weit, weil so gut wie alle Strategien, Methoden und Instrumente, die der Architekt beim Entwurfsprozeß einsetzt, darunterfallen. „So aufgefaßt, meint die Erforschung des 'technischen Denkens' eine *umfassende Archäologie des gesamten architektonischen Wissens* […]." (Reichlin, 1985) Es versteht sich von selbst, daß ein solches Projekt, das fast Borgeanische Ausmaße annimmt, nicht Thema dieses Essays sein kann.

1.
Wir wollen uns hier darauf beschränken, auf einige verschiedene Einflußfaktoren, die die Architektur bestimmen, hinzuweisen; auf das, was E. J. Dijksterhuis die „Mechanisierung des Weltbilds" (1950) nennt, und auf die faktische Umwandlung unseres Biotops in ein Technotop. Wenn wir von Architektur sprechen, handelt es sich um zwei Einflüsse: den Einfluß eines sich wandelnden Menschenbildes vom „Homme-Machine" hin zum Cyborg und den einer neuen Konzeption der Erde und des Kosmos. Der eine verändert die Architektur von innen heraus und nach innen hin, der andere von außen her und nach außen hin. Es gibt natürlich eine Wechselwirkung zwischen diesen beiden Einflüssen, doch sie lassen sich auch bis heute noch sehr gut einzeln wahrnehmen.
Nicht zu unterschätzen ist darüber hinaus auch der Einfluß, der im Laufe der Zeit von der

rein quantitativen Präsenz der Technik auf die Architektur ausgeht. Die Faszination, die die Brücke bei Conway auf Schinkel während seiner Reise nach England und Wales im Jahre 1826 ausgeübt hat, ist verständlich. Der Kontrast zwischen der Modernität der Brücke und dem mittelalterlichen Städtchen ist groß. Schinkels Zeichnung zeigt die Stadt in ihrer ganzen Pracht, während die Brücke fast beiläufig rechts im Bild zu sehen ist. Die Brücke ist groß im Verhältnis zur Stadt, aber dennoch dominieren die traditionellen Konturen der Stadt noch das Gesamtbild. In der heutigen Zeit hat sich das Verhältnis radikal umgekehrt: Die historischen Stadtkerne sind pittoreske Ausnahmen in einer ausgedehnten Stadtlandschaft, während große Teile der natürlichen Landschaft von High-Tech-Agrarflächen mit Beschlag belegt werden. Mit Ausnahme der Straßen und Schienenstrecken ist ein großer Teil der technischen Infrastruktur unsichtbar geworden: sie befindet sich unter der Erde, oder in Form von Radiowellen in der Luft.

2.

Der Wendepunkt, ab dem die „Mechanisierung des Weltbilds" eintrat, läßt sich in der Architektur der Zeit von kurz vor bis kurz nach der Französischen Revolution finden. Das bekannteste Symbol dieses neuen Weltbilds ist zweifellos der Entwurf, den Etienne-Louis Boullée Newton widmete. „A Newton" ist ein Projekt von 1784 für ein Kenotaph, ein leeres Grabmonument, für den berühmten Naturwissenschaftler. Das Grab wird von einer riesigen Kugelschale umgeben, die über ein System von Gängen, ähnlich dem der ägyptischen Pyramiden, der Öffentlichkeit zugänglich gemacht wird. Tagsüber ist es im Inneren der Kugel dunkel, wobei die kleinen Lichtöffnungen in der Schale den Eindruck eines nächtlichen Sternenhimmels erwecken. Nachts wird die Kugel vom Zentrum aus erleuchtet, wobei um die Lichtquelle herum, die die Sonne darstellt, ein Modell des Sonnensystems erscheint. „O Newton!" schrieb Boullée. „Wenn Du durch das Ausmaß Deiner Erkenntnisse und Dein erhabenes Genie die Gestalt der Erde bestimmt hast, so habe ich das Projekt entworfen, Dich mit Deiner Entdeckung zu umhüllen, Dich gewissermaßen mit Dir selbst zu umhüllen. Aber wie außerhalb Deiner selbst etwas finden, wo es doch dort nichts geben kann, was Deiner würdig ist! Diese Gedanken waren es, die mich bestimmten, Deinem Grabmal die Gestalt der Erde zu geben. Nach dem Vorbild der Alten und um Dir Ehre zu erweisen, umgab ich es mit Blumen und Zypressen." (Boullée, 1987: 131)
Joachim Krausse (1993) stellt fest, daß Boullée aus verschiedenen Gründen an Newton interessiert war. In erster Linie sah Boullée in der Person Newtons selbst ein Vorbild, weil dieser eine schlüssige wissenschaftliche Theorie über die der Natur zugrundeliegenden Prinzipien entwickelt hatte, insbesondere eine Theorie über sich bewegende Körper. Boullée strebte eine derartige Position in der Architektur an, indem er sowohl die klassische Ordnung als auch die Proportions- und Harmonielehre der bestehenden Architekturtheorie beiseite schob zugunsten einer Theorie, die auf der Regelmäßigkeit der geometrischen Körper und dem Studium der Natur aufbaute. Natur und Geometrie hängen nach Ansicht Boullées zusammen, da sich beim Naturstudium zeigt, daß „die Natur niemals von ihrem Lauf abweicht und daß dabei alles zur Vollkommenheit strebt". (zit. nach: Krausse, 1993) Dabei ist Boullées Naturauffassung natürlich vor allem von Newtons Konzeption der Astronomie bestimmt. „Boullée hat mit seinem Newtondenkmal einen Simulator des Weltraumes entworfen, der trotz seiner endlichen Form den Eindruck des Unendlichen ohne Zuhil-

fenahme symbolischer Formen erzeugen kann. Es ist eine künstlerische Antwort auf das wissenschaftliche Konzept des absoluten Raumes und der absoluten Zeit", folgert Krausse. Das Newtonmonument von Boullée ist mit seinen kosmischen Aspirationen sicherlich das spektakulärste Beispiel für das neue Weltbild. Ebensowichtig und bedeutsam sind jedoch Projekte wie sein „Temple à la Nature et à la Raison" aus derselben Periode — ein ebenfalls kugelförmiges Bauwerk mit einer Felsenlandschaft im Zentrum, die, ähnlich wie bei manchen japanischen Zen-Gärten, von einem Umgang aus betrachtet werden kann —, das Projekt für Alexandre-Théodore Brongniart von 1793, eine Berglandschaft in der St. Andreaskathedrale in Bordeaux für das Fest der Freiheit und der Vernunft, das Projekt für einen „Tempel der Vernunft" in Marseille von Chabrier aus dem Jahre 1795 und andere Denkmäler für die Natur. (Mouilleseaux, 1989) Die Natur selbst wird zum Objekt wissenschaftlicher Studien und der Kontemplation.

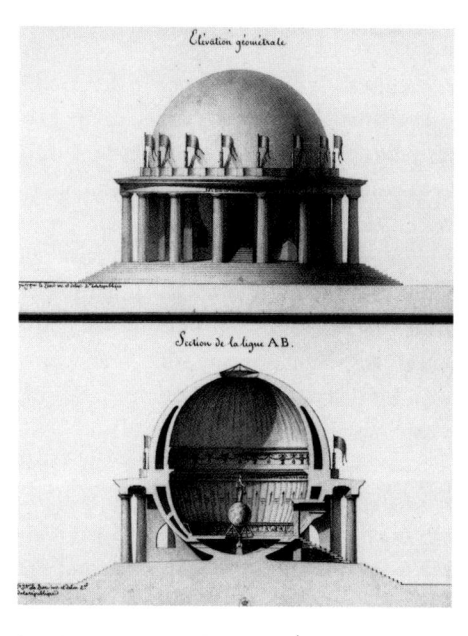

Jean-Jacques Lequeu, *Temple à l'Égalité*, élévation et coupe (*Tempel der Gleichheit*, Aufriß und Schnitt), 1791, Tuschfeder und Aquarell auf Papier, 41 x 32 cm, Bibliothèque nationale de France

Anhand der eher formalen Interpretation des Werks von Boullée, sowie der Untersuchungen von Hans Sedlmayer und Emil Kaufmann zu Ledoux und Lequeu macht Krausse deutlich, daß es sich hier um einen radikalen Bruch mit der architektonischen Tradition handelt, der bis weit in unser Jahrhundert hinein die Themen der Moderne beeinflußt: das Streben nach einer vollkommenen Geometrie und die Tatsache, daß die Kugelform, die nicht nur bei Boullée, sondern auch in den Werken von Ledoux auftaucht, kaum den Boden berührt, so als ob das Gebäude versuchte, sich von der Erde zu lösen. (Krausse, 1993) Schließlich weist Krausse darauf hin, daß es nicht nur Ähnlichkeiten zwischen diesen Entwürfen und Newtons Theorie der Schwerkraft gibt, sondern auch zu den ersten Entwürfen für Kugellager, die in der damaligen Zeit entstanden sind. „Die Kugelhäuser von Boullée und Ledoux stehen am Anfang einer kugelgelagerten Zeit." (Krausse, 1993) Mit anderen Worten: Hier liegt auch der Anfang des Denkens in Begriffen einer an der Maschine angelehnten mimetischen Ästhetik, wie wir sie später beim Werkbund und in fast allen modernistischen Tendenzen des 20. Jahrhunderts wiederfinden.

3.

Es ist nicht nur die neue mechanische Vorstellung eines kosmischen Zusammenhangs, die um die Zeit der Französischen Revolution das Denken über Architektur beeinflußte. Sicher ebenso wichtig war das sich wandelnde Menschenbild, wie es sich im Laufe des 18. Jahrhunderts in den Theorien und Werken von Descartes, Jean Offray de la Mettrie und anderen herauskristallisierte. Der Mensch wurde hier als eine besondere Art von Maschine aufgefaßt.

(Descartes, 1637; La Mettrie, 1748) Parallel dazu läßt sich die Entwicklung eines neuen Typus der Machtausübung feststellen, bei der die alte souveräne Macht durch einzelne disziplinierte Körper ersetzt wird, die in einer straff organisierten Hierarchie funktionieren. In erster Linie geschieht dies im Militär: „In der zweiten Hälfte des 18. Jahrhunderts ist der Soldat etwas geworden, was man fabriziert. Aus einem formlosen Teig, aus einem untauglichen Körper macht man die Maschine, deren man bedarf; Schritt für Schritt hat man die Haltungen zurechtgerichtet, bis ein kalkulierter Zwang jeden Körperteil durchzieht und bemeistert, den gesamten Körper zusammenhält und verfügbar macht und sich insgeheim bis in die Automatik der Gewohnheiten durchsetzt. Man hat also den Bauern 'vertrieben' und ihm 'die Art des Soldaten' gegeben", schreibt Michel Foucault in „Überwachen und Strafen". „Das große Buch vom Menschen als Maschine wurde gleichzeitig auf zwei Registern geschrieben: auf dem anatomisch-metaphysischen Register, dessen erste Seiten von Descartes stammen und das von den Medizinern und Philosophen fortgeschrieben wurde; und auf dem technisch-politischen Register, das sich aus einer Masse von Militär-, Schul- und Spitalreglements sowie aus empirischen und rationalen Prozeduren zur Kontrolle oder Korrektur der Körpertätigkeiten angehäuft hat. Die beiden Register sind wohlunterschieden, da es hier um Unterwerfung und Nutzbarmachung, dort um Funktionen und Erklärung ging: ausnutzbarer Körper und durchschaubarer Körper. Gleichwohl gibt es Überschneidungen", so Foucault weiter. „Der *Homme-Machine* von La Mettrie ist sowohl eine materialistische Reduktion der Seele wie eine allgemeine Theorie der Dressur, zwischen denen der Begriff der „Gelehrigkeit" herrscht, der den analysierbaren Körper mit dem manipulierbaren Körper verknüpft. Gelehrig ist ein Körper, der unterworfen, der ausgenutzt werden kann, der umgeformt und vervollkommnet werden kann. Die berühmten Automaten waren nicht bloß Illustrationen des Organismus; sie waren auch politische Puppen, verkleinerte Modelle von Macht: sie waren die Obsession Friedrichs II., des pendantischen Königs der kleinen Maschinen, der gut gedrillten Regimenter und der langen Übungen." (Foucault, 1976)
Architektur spielt in diesem Disziplinierungsprozeß eine wichtige Rolle. Gebäude werden zu Maschinen, die ein Verhalten hervorrufen, das im Dienst eines größeren Ganzen steht. Gleichzeitig werden sie zu Maschinen, die im Dienst des gesunden Körpers stehen, da nun vermehrt auf Hygiene geachtet wird: auf den Durchzug von Frischluft, die Versorgung mit sauberem Wasser und die organisierte Abfuhr der Abfälle.
Ausgehend von individuellen Körpern produziert die Disziplin eine *gemeinsame* Identität. Das geschieht räumlich, indem sie die Individuen in einem abgeschlossenen Raum zusammenführt, wie im Kloster, im Internat, in der Kaserne oder Fabrik. Der abgeschlossene Raum wird danach wieder parzelliert, in individuelle Zellen aufgeteilt. Dadurch wird es möglich, die An- und Abwesenheit und das Verhalten jedes einzelnen zu überwachen sowie eine Hierarchie mit Kommunikationssträngen zu errichten. Daneben entspricht die Parzellierung natürlich den Anforderungen und Zielsetzungen der Organisation als Ganzes, ob es sich nun um eine Schule oder eine Fabrik handelt. In allen Organisationen, die eine solche Disziplin anstreben, ist die Aufsicht ein wichtiger Aspekt. Das hat zur Folge, daß Gebäude, die diesen Organisationen dienen, sich zu kleineren oder größeren Observatorien entwickeln. Ein Militärcamp ist so organisiert, daß alle Vorgänge im Camp ständig überwacht werden können, und das gleiche finden wir im Laufe des 19. und 20. Jahrhunderts immer häufiger beim Bau von Gefängnissen, Fabriken und Arbeiterquartieren.

Der herausstechendste Typus einer solchen Architektur ist das Panopticum, wie es Jeremy Bentham 1791 entworfen hat. Foucault vergleicht die Bedeutung der Entwicklung des Panoptikums mit den Auswirkungen der Erfindung der Dampfmaschine und des Mikroskops. (Foucault, 1976) Das Panoptikum ist ein kreisförmiges Gefängnis, in dessen Mitte sich ein Turm befindet, von dem aus man die Innenseite des Rings mit den einzelnen Gefängniszellen überblicken kann. Die Gefangenen können wegen der Zellenwände nicht miteinander kommunizieren und sind daher allein auf die (erbaulichen) Informationen aus dem Turm angewiesen. Der wichtigste Aspekt ist jedoch, daß die Gefangenen allzeit als Silhouetten vom Turm aus sichtbar sind, während sie selbst nicht sehen können, ob oder wer sie vom Turm aus beobachtet. Letzteres trägt wesentlich dazu bei, daß der panoptische Blick produktiv und um ein Vielfaches gesteigert wirkt. Die Idee des Blicks, der ungesehen alles überwacht, setzt sich fort in den unsichtbaren Blicken von Tausenden von Augenpaaren der Polizei, die die gesamte Gesellschaft bis in die entferntesten Winkel hinein kontrollieren, aber ebensogut in der Weise, wie Bürger sich gegenseitig überwachen. Die Techniken und technischen Hilfsmittel dazu werden in unserer Zeit immer ausgefeilter, bis hin zur Videoüberwachung, den Abhörvorrichtungen und der Koppelung von Datenbeständen.

Das Bevölkerungswachstum, das Wachstum der Städte und die wirtschaftlichen Veränderungen bilden einen wesentlichen Hintergrund für das Entstehen dieses neuen, subtilen Typus der Machtausübung. Die Lösung, die Bentham vorschlug, bildet in gewissem Sinne das Gegenstück zur Lösung Rousseaus. Rousseau träumte von einer völlig durchsichtigen Gesellschaft, um jegliche Form von Privilegierung zu verhindern, während Bentham gerade die transparente Gesellschaft, in deren Zentrum ein spähender Blick herrscht, anstrebte. (Foucault, 1976) Im Zusammenspiel dieser beiden Kräfte entsteht die Glasarchitektur des 20. Jahrhunderts. Insbesondere Dan Graham hat in zahlreichen Projekten und Texten auf die ambivalente Rolle hingewiesen, die Glas, und gerade der spiegelnde Charakter des Glases, in einem Diskurs spielt, der von Architekten gänzlich auf offenere und demokratischere Verhältnisse hin ausgerichtet ist. Dabei ermöglicht das Glas gleichzeitig eine unausgesprochene hierarchische Kontrolle und kann Ausschließungen produzieren, wie etwa bei der tatsächlichen Anwesenheit bei einem Gespräch oder dem Beobachten eines Gesprächs von außerhalb des gläsernen Raumes. (Wallis, 1993) „Macht wird nicht mehr nur einer bestimmten Person verliehen, die diese absolute Macht aus einer isolierten Position heraus über andere ausübt. Macht wird jetzt zu einer Maschine, die jeden einschließt […]. Es ist deutlich, daß jeder in dieser Maschine eine andere Position einnimmt, manche Positionen sind wichtiger als andere und machen es möglich, daß diejenigen, die sie innehaben, hegemoniale Effekte erzielen, wodurch die Herrschaft einer bestimmten Klasse in dem Maße gefestigt wird, in dem politische und persönliche Macht voneinander losgelöst werden", schreibt Foucault in seinem Essay „L'oeil du pouvoir". (zit. nach: Lambrechts, 1982)

Das Entstehen neuer Krankenhaustypen spielt für die medizinische Wissenschaft eine vergleichbare Rolle wie die Entwicklung der neuen Gefängnistypen. Ebenso wie bei der Disziplin spielt hier das *Sehen* eine wichtige Rolle, sowohl, was den Überblick über die Krankensäle betrifft als auch das Betrachten der einzelnen Patienten. Projekte wie das „Hôtel-Dieu" von Bernard Poyet aus dem Jahre 1785 weisen eine kreisförmige Organisation auf, die der des Panopticums ähnelt. Die kreisförmige Anlage dient jedoch auch der Zufuhr von Frischluft. Das Krankenhaus wird, nach Foucault, zu einer Art Genesungsmaschine. Wie auch im Falle des Gefängnisses ist diese Genesungsmaschine produktiv und folgenreich. Im Rahmen der Gesundheitspolitik wird dem Kind und damit der Familie als der kleinsten Zelle eines parzellierten Systems der Vorrang gegeben. Mit dem Wachstum der Städte gewinnt die Sorge um Prävention und Hygiene an Bedeutung. „Die krankheitserregende Stadt hat im 18. Jahrhundert zu einer wahren Mythenbildung und zu richtigen Panikausbrüchen geführt. Sie führte auf jeden Fall zu einer medizinischen Abhandlung über die pathogene Art

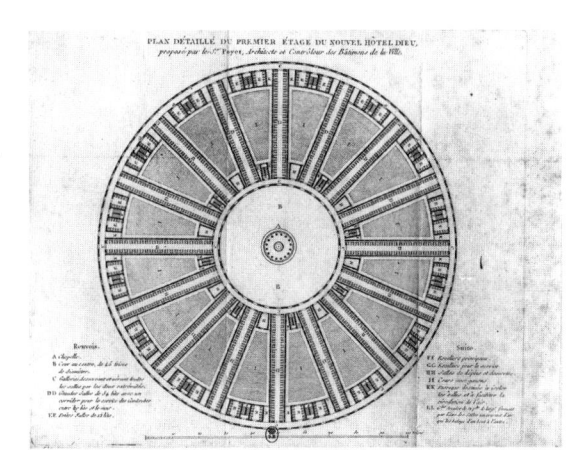

Bernard Poyet, Projet d'Hôtel-Dieu dans l'île des Cygnes (Plan eines Projekts für ein Hospiz auf der Île des Cygnes), 1785, Radierung, 33 x 36,5 cm, Bibliothèque nationale de France

der Stadt und war die Ursache dafür, daß eine ganze Reihe von Einrichtungen, Gebäuden und Anstalten unter ärztliche Aufsicht gestellt wurden." (Foucault, 1972; zit. nach: Lambrechts, 1982) Bestimmte Teile der Stadt, wie Häfen und Gefängnisse, wurden mit Medikamenten versorgt, und später auch die Stadt als Ganzes. Die Anlage einer Infrastruktur für fließendes Wasser und Kanalisation, sowie Gesetze über Licht- und Luftzufuhr im Wohnungsbau verbreiteten diese Form der präventiven Behandlung über den Rest der Stadt.

4.
Wenn es ein Gebiet gibt, auf dem die Mechanisierung des Weltbilds sofort enorme Konsequenzen hatte, dann ist das natürlich die Industrie. Auch hier gibt es geradlinige Verbindungen vom sich wandelnden Menschenbild zu den Veränderungen in der Produktionsweise. Das Beispiel von Jacques de Vaucanson (1709–1782) ist bekannt: Er studierte Anatomie, Musik und Mechanik, produzierte eine Reihe von berühmten Automaten – den Flötenspieler, den Trommler und die Ente –, die Menschen oder Tiere imitierten, und schuf einige vollständig mechanisierte Seidenspinnereien. Es geht hier jedoch nicht darum, die genauen Entwicklungen in der Organisation, Konstruktion und der architektonischen Formgebung der Fabriken selbst zu skizzieren. Es waren insbesondere die Entwicklung der Fließbandproduktion und die Gestaltung und Konstruktion von Fabriken in den Vereinigten Staaten, die seit Anfang des 20. Jahrhunderts in Europa und Rußland einen Einfluß auf die Architektur bekamen. Für den Russen Moissey Ginzberg zum Beispiel diente die Fabrik als Modell für jeden anderen Gebäudetypus: „Das funktionale Programm, das oft in einem einzigen Wort – Fabrik, Club, Wohnungsbau etc. – ausgedrückt wird, muß nach einem peinlich genauen Studium vom Architekten umgesetzt werden und dabei von ihm an ein genaues System von *produktiven und sozialen Prozessen* gekoppelt werden. *Produktions- oder Arbeitsprozesse* werden allgemein mit Bildern von Werkstatt oder Fabrik assoziiert; *soziale Prozesse* mit Wohnungsbau und Gemeinschaftshäusern. Es gibt hier keine grundsätzlichen Unterschiede." (zit. nach: Cohen, 1995)

Sigfried Giedion beschreibt in seinem Buch „Die Herrschaft der Mechanisierung" die Entstehung und das Wachstum der Fließbandproduktion im Laufe des 19. Jahrhunderts, nachdem Oliver Evans sie 1783 zum ersten Mal in einer Mühle angewandt hatte. (Giedion, 1982) Die von Foucault skizzierte Disziplinierung war eine wichtige Voraussetzung für diesen Prozeß, bei dem die komplizierte Anfertigung eines Produkts in eine Reihe von chronologisch aufeinanderfolgenden Handlungen aufgeteilt wurde, die im Gruppenverband ausgeführt wurden. Der Einsatz von mechanischen Mitteln für den Produkttransport – Fließband, Schienen etc. – sorgte dafür, daß die Arbeiter für ihre spezialisierten Handgriffe auf ihrem Platz bleiben konnten, während das entstehende Produkt sich durch den Raum bewegte. Dieser Prozeß wurde unter anderem durch Frederick Taylor mit seinem „scientific management", das auf den zeitgenössischen Analysen aufbaute, und durch Frank Gilbreth, der am einzelnen Arbeiter Bewegungsstudien durchführte, immer weiter verfeinert. (Giedion, 1982) Schließlich war es Henry Ford, der die Fließbandproduktion perfektionierte: Ein Fahrgestell wurde auf ein laufendes Band montiert, woraufhin jeder Arbeiter daran eine bestimmte Anzahl von Handgriffen zu verrichten hatte, bis der Wagen fix und fertig aus der Fabrik rollte. Kurz nach dem ersten Weltkrieg gewannen die Ideen von Taylor, Gilbreth und Ford in allen europäischen Ländern an Einfluß. Jean-Louis Cohen kartierte in „Scenes of the world to come" detailliert, wie dieser Einfluß seinen Weg in die Architektur fand. (Cohen, 1995) Der Einfluß der Rationalisierung ist dreifach, zum einen handelt es sich um die Rationalisierung des Bauprozesses, zum andern um die effiziente Einteilung von Gebäuden und Städten und zum dritten auch um die kulturellen Voraussetzungen und Auswirkungen des Mechanisierungsprozesses.

Le Corbusier, der schon 1916 mit den Ideen Taylors in Kontakt kam, setzte sich auf verschiedenste Weise für deren Verbreitung ein. Dabei war er sowohl an der Massenproduktion von Wohnungen interessiert als auch an der fließenden, linearen Organisation des Fließbandprinzips. Ab 1917 versuchte er – mit wenig Erfolg – durch zwei Firmen, die er selbst gegründet hatte, eine Gartenstadt mit verschiedenen Zweckbauten zu realisieren. Der ehrgeizige Entwurf für einen Schlachthof in Challuy aus dem Jahr 1917 zeigt deutlich eine Koppelung an verschiedene Verkehrssysteme – Schiff, Bahn und Auto – und die Organisation des gesamten Gebäudes um ein Fließband herum, wenngleich dieses auch immer noch die Symmetrieachse der Anlage bildet. Le Corbusiers Interesse für die Rationalisierung bezog sich in erster Linie auf den Bauprozeß selbst. Er war eine Zeitlang Direktor einer wenig erfolgreichen Steinfabrik, aber erst 1924 konnte er bei den „Quartiers modernes Frugès" in Pessac in großem Maßstab – und nicht immer mit Erfolg – Massenproduktionstechniken anwenden. Le Corbusier war sich dessen bewußt, daß eine Industrialisierung des Bauprozesses weitreichende Folgen für den Städtebau haben würde: „Wenn wir die Bauindustrie industrialisieren und taylorisieren wollen, müssen zuerst Stadtplaner neue Straßensysteme entwerfen, breite Durchfahrten, die die Organisation von weitläufigen Baustellen erlauben, auf denen fabrikgefertigte Komponenten (Metallrahmen), Maschinen, rationale Handlungstechniken und Spezialistenteams eingreifen können." (Le Corbusier, 1928, zit. nach: Cohen, 1995) Die Folgen dieser Überlegungen finden wir in seinen städtebaulichen Entwürfen der 20er und 30er Jahre wieder.

Le Corbusier war an den kulturellen Voraussetzungen und Begleiterscheinungen der Massenproduktion sicher ebenso interessiert wie an dem Phänomen selbst: „Die Großindustrie

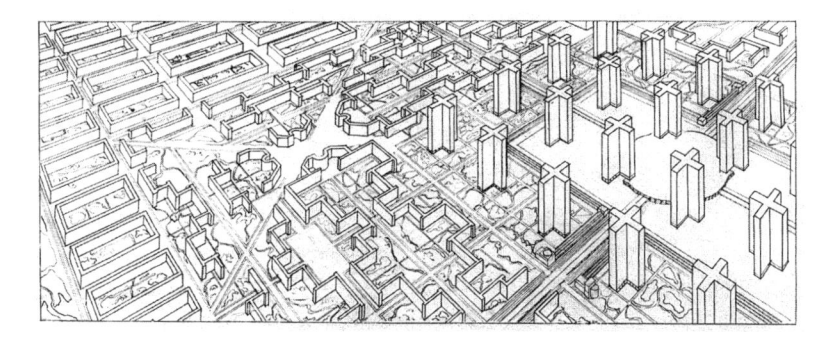

Le Corbusier, *Cité contemporaine pour trois millions d'habitants*. Dessin d'étude en perspective, vue de ciel (*Zeitgenössische Stadt für drei Millionen Einwohner*. Perspektivische Entwurfszeichnung, Blick von oben), 1922, Tusche auf Pauspapier, 44 × 67 cm, Fondation Le Corbusier

muß sich des Bauens annehmen und die einzelnen Bauelemente serienmäßig herstellen. Es gilt, die geistigen Voraussetzungen für den Serienbau zu schaffen. Die geistige Voraussetzung für die Herstellung von Häusern im Serienbau. Die geistige Voraussetzung für das Bewohnen von Serienhäusern. Die geistige Voraussetzung für den Entwurf von Serienhäusern. [...] Wenn man aus seinem Herzen und Geist die starr gewordenen Vorstellungen vom Haus reißt und die Frage von einem kritischen und sachlichen Standpunkt aus ins Auge faßt, kommt man zum Haus als Werkzeug, zum Typenhaus das erschwinglich ist und unvergleichlich gesünder (auch in moralischer Hinsicht) als das alte Haus; außerdem schön wie die Arbeits-Werkzeuge, die unser Dasein begleiten." (Le Corbusier, 1963: 166) Gropius, der vom „Fordismus" fasziniert war, wandte sich 1926 bei einem Vortrag vor dem Deutschen Normausschuß gegen „das Märchen von der Vergewaltigung des Individuums durch die Typisierung und Normierung". Er kündigte eine Rationalisierung in der Bauindustrie an, die zu einem „fertig eingerichteten Haus aus dem Warenlager" führen sollte. (zit. nach: Voigt, 1995) Die Idee des Fließbands als Bewegungsprinzip scheint sich auf Le Corbusiers Überlegungen zum Haus selbst auszuwirken. Die Villa Savoye (1929–1931) ist ganz um die Bewegung herum organisiert: die doppelte Wegeführung durch das Haus, die *promenade architecturale*, suggeriert den Bewohnern, einen Prozeß mit einem Anfangs- und einem Endpunkt zu durchlaufen. Sie werden mit dem Auto gebracht und abgeholt. Der Prozeß ist von seiner Art her meditativ: Die Bewohner besinnen sich am Wochenende auf die Entscheidungen, die sie in der folgenden Woche treffen müssen.

Die konkretesten und weitreichendsten Folgen hatten der Taylorismus und die Fließbandproduktion auf die Küche. Aufbauend auf Christine Fredericks Studie „Household Engineering" von 1919 entstanden auch in Europa zahlreiche neue Küchentypen, deren Ziel es war, die Küchenarbeit zu rationalisieren. (vgl. u.a. Lupton/Miller, 1992) Der bekannteste Typ ist zweifellos die „Frankfurter Küche" von Grete Schütte-Lihotzky, die für die neuen Viertel, die unter der Leitung von Ernst May in Frankfurt entstanden, entwickelt wurde. Die Taylorisierung stand hier ganz im Zeichen der Entwicklung einer Kleinstwohnung. Interessanter sind vielleicht die Modellküchen, die Le Corbusier in den 20er und 30er Jahren entworfen hat, da diese tatsächlich das Fließbandprinzip in sich aufnehmen, indem sie so aufgebaut sind, daß die aufeinanderfolgenden Arbeitsschritte auch räumlich nebeneinander stattfinden können. (Rüegg, 1983)

Den größten Einfluß hat die Rationalisierung in der Bauproduktion sicherlich dort gehabt, wo Standardisierung und Normierung eingeführt wurden. Es ist ein Einfluß, der sich nicht mehr nur auf die Moderne beschränkt, sondern alle Strömungen durchläuft und einen sehr langen Atem hat. Entscheidend für die Durchführung einer großangelegten Standardisierung waren die beiden Weltkriege. Um der enormen Nachfrage nach Waffen im Ersten Weltkrieg nachkommen zu können, war die Standardisierung ein notwendiger Schritt im Produktionsprozeß. Im Jahre 1917 wurde aufgrund des Erfolgs in der Waffenproduktion der Deutsche Normausschuß in Spandau wieder eingerichtet und ein halbes Jahr später der Unterausschuß des Baugewerbes mit so illustren Mitgliedern wie Peter Behrens und Herman Muthesius. „Die Pioniere waren Ingenieure, während die Architekten in dieser ersten Phase nicht sehr aktiv waren; erst als der Zug mit Höchstgeschwindigkeit fuhr, sprangen sie auf." (Voigt, 1995) Der Bedarf an Wohnungen in der Wiederaufbauphase nach den großflächigen Zerstörungen des Zweiten Weltkriegs war ausschlaggebend für die Durchsetzung der Standardisierung im Bau. 1939 erhielt die Deutsche Industrienorm (DIN) den Status eines Gesetzes. (Voigt, 1995)

Le Corbusier, der erst erfolglos versucht hatte, das Vichy-Regime von der Notwendigkeit einer Rationalisierung im Bauprozeß zu überzeugen, arbeitete seit 1943 an seinem „Modulor", der 1949 erschien. Neuferts „Bauentwurfslehre", die nicht nur in Deutschland zur Bibel eines jeden Architekten wurde, erschien 1936, unterstützt von der Organisation der DIN. (vgl. Voigt, 1995) Das Buch enthält reihenweise Vorschläge zur Lösung von Dimensionierungsproblemen in zahlreichen Situationen. „Der Mann ohne Eigenschaften (Musil) dominiert die Bühne; eine Bevölkerung von gesichtslosen Menschen, die in Hunderten von Schnappschüssen mit gnadenlosem Ernst Handlungen verrichten, macht aus diesem Buch ein surrealistisches Panorama des modernen Lebens und der modernen Kultur", schreibt Wolfgang Voigt. 1943 publizierte Neufert ein zweites Buch, die „Bauordnungslehre" mit einem Vorwort von Albert Speer, das nach Voigts Worten, „in einem fordistischen Traum kulminiert, einer Vision der totalen Industrialisierung des Baugewerbes und des Wohnungsbaus", der „Hausbaumaschine". Die Hausbaumaschine ist eine mobile Fabrik, die auf der Baustelle selbst steht, statt daß vorfabrizierte Teile von andernorts antransportiert werden müssen. Die (Wohn-) Gebäude kommen in einem Strang heraus. Hugo Häring schrieb 1947: „Mit Schrecken im Herzen stehen wir vor Neuferts Wohnmaschine; sie ist das Resultat eines Bautriebs, der ganz von Gott verlassen ist – aber was in diesem Zusammenhang und mit allen Entwicklungen im industriellen Bauen technologisch erreicht wurde, ist besonders wertvoll für die Zukunft. Der heftige Widerstand, der früher von industriell gefertigten Wohngebäuden, großen Wohnvierteln oder Hochhäusern hervorgerufen wurde, ist derzeit verschwunden. Wer kein Dach mehr über dem Kopf hat, wird nicht zögern in ein Haus zu ziehen, das ihm bezugsfertig aus einer Fabrik geliefert wird [...]." (zit. nach: Voigt, 1995) Neuferts Maschine wurde nie realisiert, aber Härings Kommentar dazu zeigt treffend, wie es möglich wurde, daß der Bau in der Wiederaufbauphase einen immer stärkeren industriellen Charakter bekam. Erst gegen Ende der 60er Jahre, als die Wohnungsnot zum guten Teil behoben war, entstand Kritik. Eine der zwölf Idealstädte von Superstudio von 1969 ist z.B. eine Stadt, die sich selbst baut und hemmungslos über die Erdoberfläche ausbreitet. (Superstudio, 1972) Die Kritik ist jedoch größtenteils wieder verstummt, und vor einigen Jahren erschienen ernsthafte Berichte in der Baupresse, daß in Japan eine vollautomatische

Fabrik entwickelt wurde, die fast ohne menschliches Zutun mit Hilfe von Robotertechnologie ein Gebäude herstellt.(Stalpers, 1992) Es wäre interessant gewesen, dazu Giedions Kommentar zu hören, schreibt er doch in der „Herrschaft der Mechanisierung", daß dies das ultimative Ziel der Rationalisierung wäre. (Giedion, 1982)

5.
Die Verherrlichung der Maschine in der futuristischen Architektur von Antonio Sant'Elia, Mario Chiattone und anderen war vor allem eine Verherrlichung des größeren Maßstabs: der Metropole, des Wolkenkratzers, des Bahnhofs, des Kraftwerks, der Fabrik, der Brücke und des Lifts. Das explosive Wachstum von Mailand als Industriestadt zu Ende des vorigen Jahrhunderts und Bilder von New York, der Stadt auf der anderen Seite des Ozean, die noch schneller wuchs und wo zahlreiche neue technologische Erfindungen dafür eingesetzt wurden, um dieses Wachstum zu ermöglichen, schufen ein Erwartungsmuster, das die Phantasie anregte. Neben den diversen Kraftwerken, die um die Jahrhundertwende in Mailand gebaut wurden und dem Wettbewerb zum riesigen neuen Mailänder Hauptbahnhof, an dem Sant'Elia 1912 im Auftrag des Architekten Arrigo Cantoni arbeitete, waren es besonders die Bilder New Yorks, wie sie 1913 in einer Ausgabe der Zeitschrift „L'Illustrazione Italiana" zu sehen waren, die Sant'Elia zu seinen Zeichnungen von „La Città

Antonio Sant' Elia, *Station für Züge und Flugzeuge*, 1914, Tinte und Wasserfarbe auf Papier, 30,8 × 20,5 cm, Mr. Charles I. Larson, Mrs. Magali Sarfatti Larson

Nuova" anregten. (Caramel/Longatti, 1988) Eine der Zeichnungen zeigte einen Schnitt durch einen neuen Bahnhof in New York, eine andere eine Zukunftsvision von Harvey Wilson Corbett von 1913, die auf den damaligen Entwicklungen in New York aufbaute. „Future Traffic and New York Skyscrapers" ist die Vision einer Stadt mit Wolkenkratzern, die untereinander durch Brücken verbunden sind, mit Straßen auf verschiedenen Ebenen, einem ausgedehnten U-Bahn-Netz und einer deutlichen Trennung von Auto- und Fußgängerverkehr. Die Publikation in „L'Illustrazione Italiana" war vom „Scientific American" übernommen worden, in dem noch mehr von Richard Rummel gezeichnete Variationen zum schichtweise

Harvey Wilson Corbett,*Towers on one of the Hudson Bridges in around 1975*, um 1930, Zeichnung

aufgebauten Verkehrssystem abgebildet waren, deren Bandbreite sich von einem realistischen Vorschlag für die Manhattan Bridge bis hin zu einer noch eindrucksvolleren Zukunftsvision als der von Corbett, in die auch aufgeständerte Bahnen, Luftschiffe und Flugzeuge aufgenommen waren, erstreckte. (Caramel/Longatti, 1988) Die Stadt selbst war hier zur Maschine geworden, für die Sant'Elia eine zeitgenössische Ausdrucksform suchte, konnte er doch davon ausgehen, daß die gleichen Entwicklungen wie in den Vereinigten Staaten auch in Europa stattfinden würden. Zentrales Thema dieser Entwicklungen war Dynamik und Bewegung. Paolo Portoghesi schreibt: „Sant'Elias sämtliche Kompositionsmethoden tendieren dahin, Bewegung darzustellen: Immer wiederkehrende Transfer-, Gleit- und Rotations-Prozesse suggerieren die Bewegung der Massen, die, von einer ursprünglichen vormaligen Position heraus allmählich ihre

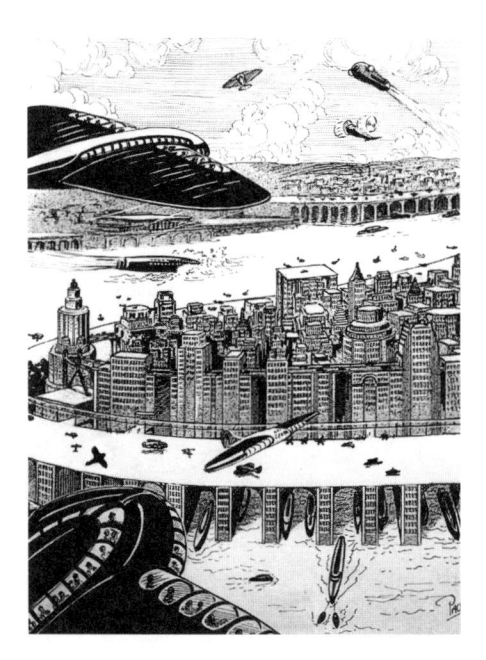

Frank R. Paul, *Future New York*, 1934, Tusche auf Papier, 43 × 33 cm, Sammlung Norman Brosterman, New York

endgültige Anordnung erreicht haben." „Virtuelle Bewegung, ergänzt von der wirklichen Bewegung von Fahrzeugen, Aufzügen und sogar von Rauch und Wind." Das hat laut Portoghesi nichts damit zu tun, die „barocke Vorliebe für Inszenierungen" wiederzubeleben, „[…] es ist eine absolut neue Stadt, der Kult der mechanischen Bewegung, eine Tendenz, sogar die Anwesenheit von Menschen zu einem Bewegungsfluß zu reduzieren – wiederum in Konkurrenz zum Futurismus und seiner 'mechanischen Empfindsamkeit'." (zit. nach: Caramel/Longatti, 1988)

Die Bilder von New York, auf die Sant'Elia aufmerksam geworden war, fielen auch dem Niederländischen Architekten H.Th. Wijdeveld auf, der 1915 seine „Architektonische Phantasie" zeichnete, und erregten später die Aufmerksamkeit von Erich Kettelhut, der 1925 seine Entwürfe für die Kulissen von Fritz Langs „Metropolis" darauf aufbaute. Auch Erich Mendelsohn publizierte die Zeichnung von Rummel in seinem Buch „Rußland–Europa–Amerika" von 1929. (Mendelsohn, 1989) Das Interessante an Mendelsohns Buch ist jedoch, daß die Photos, die er von amerikanischen Städten veröffentlicht, vor allem zeigen, wie nah die Phantasien an der Wirklichkeit sind. Insbesondere Mendelsohns Photo „New York vom Paramount Building zum East River" zeigt die Stadt als eine künstliche Berglandschaft, gekrönt vom Paramount-Gebäude (dessen Name kein Zufall zu sein scheint), mit einer Straße im Vordergrund, die von einer Hochbahnbrücke überquert wird. Das Paramount-Gebäude nimmt in der Komposition einen ähnlichen Platz ein, wie eine merkwürdig barock anmutende Krone eines Wolkenkratzers in Rummels Phantasie, und es sind immer wieder ähnliche Dachkronen, die in fast allen Metropolen-Visionen wiederkehren. „In der Ferne sah Freder das große Gebäude, den 'Neuen Turm zu Babel'. In der Rechenkammer dieses 'Neuen Turms zu Babel' hauste ein Mann: Der Besitzer von Metropolis. Solang dieser

Mann, der nur die Arbeit kannte, Schlaf verachtete, mechanisch aß und trank, den Finger auf einer Schalttafel ruhen ließ, die außer ihm noch niemand berührt hatte, brüllte die Stimme der Maschinenstadt Metropolis um Nahrung... Nahrung.... Nahrung...... Sie mußte mit lebendigen Menschen gefüttert werden. Und die lebendige Nahrung kam in Massen. Ein endloser Strom wälzte sich heran. Ein Strom von zwölf Feldern breit. Sie gingen fast mechanisch, in regelmäßigem Schlurfen", schreibt Thea von Harbou in ihrem Roman „Metropolis", auf dem Fritz Langs gleichnamiger Film basierte. (Harbou, 1928) „Metropolis" ist das ultimative Bild der Stadt als Maschine, einer Stadt, die von Ingenieuren regiert wird, einer Stadt, in der die Menschlichkeit unterdrückt zu werden droht. Diese Unterdrückung wird speziell durch den vom Ingenieur Rotwang entworfenen teuflischen Maschinenmenschen symbolisiert, der mit Hilfe eines geheimnisvollen elektrischen Prozedere die Gestalt und Züge der gefühlsvollen Maria einnimmt.

In den meisten städtebaulichen Entwürfen der 20er und 30er Jahre, ob sie nun von Le Corbusier, Van Doesburg, Hilberseimer oder Wijdeveld stammen, spielen übereinandergeschichtete Verkehrs- und Transportwege eine wichtige Rolle. Obwohl manche Verkehrsknotenpunkte spektakulär zelebriert werden, wie der bekannte Knotenpunkt für Autos und Flugzeuge im Zentrum von Corbusiers „Ville Contemporaine" von 1922, und mehrspurige Autobahnen als eine neue Art von Boulevards präsentiert werden, zeigt sich doch bei allen Plänen ein in erster Linie klares und ordentliches Bild.

Der (Auto-)Verkehr bekommt Platz und wird zum Motor der Stadt, nicht nur in räumlicher, sondern auch in ökonomischer Hinsicht. Die Mobilisierung hat einerseits eine größere Dezentralisierung ermöglicht, andererseits war ein wichtiger Bestandteil des Fordismus eine Lohnpolitik, die dafür sorgte, daß ein Markt für die Massenproduktion entstehen konnte. (Cohen, 1995) Es war wieder vor allem Le Corbusier, der hierauf mit seinen zahllosen Versuchen einging, die Autohersteller – Peugeot, Citroën, und schließlich Voisin – für seine Pläne zu interessieren. „Automobilhersteller erschöpfen sich in sterilen Rivalitäten; sie sättigen das Land mit unerwünschten Konsumobjekten (viel zu viele Automobile für unzureichende Wege- und Straßennetze). Wir müssen daher die städtischen Netze entwickeln und folglich die Städte entwickeln. Für die Entwicklung der Städte brauchen wir Massenproduktion, die zwei-, drei-, viermal billiger ist als die derzeitigen Kosten." (Le Corbusier, 1934) Aber auch in der Sowjetunion wurden Pläne entwickelt, die auf einer zunehmenden Mechanisierung und Mobilisierung aufbauten.

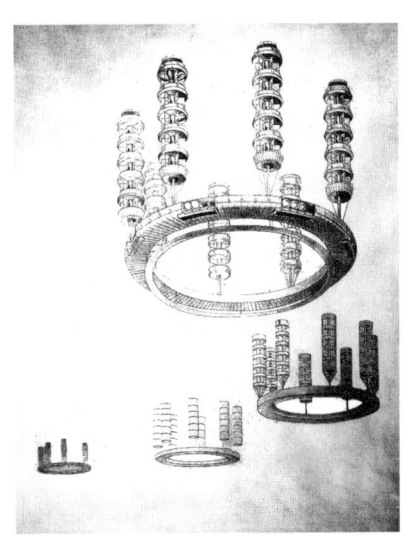

Georgij Krutikov, *Fliegende Stadt*, 1928, Lichtpause, 54,5 × 43 cm, Galerie Alex Lachmann, Köln

Modelle von Bandstädten wie das von Mikchail Ochitowitsch und Iwan Leonidow für Magnitogorsk aus dem Jahr 1930 stehen dafür als Beispiel. Le Corbusiers Entwürfe für Rio de Janeiro von 1929 und für Algier, das „Projet obus" von 1930–1939, zeigen kilometerlange Gebäude mit Straßen auf dem Dach, die sich organisch oder in Rasterform durch die

Landschaft schlängeln. Es sind Ideen, die den Megastrukturen der 50er, 60er und 70er Jahre vorausgehen. Amerikanische Modelle, die auf einer größeren Mobilität basieren, wie Frank Lloyd Wrights „Broadacre City" (1934–1935) und Hilberseimers amerikanische Projekte entwickeln eine größere Dezentralisierung und Streuung der Bebauung.

6.

In dem Maße, in dem die Bedeutung und Verbreitung der Maschine in der Gesellschaft zunahm, entstand mehr und mehr das Bedürfnis nach einer Ästhetik, die dem Maschinenzeitalter gerecht werden sollte. Gottfried Semper schrieb schon 1851 sein Memorandum „Wissenschaft, Industrie und Kunst", eine Aufstellung „über die Organisation eines verbesserten Unterrichts für angehende Techniker, mit besonderer Rücksicht auf Geschmacksausbildung." (Semper, 1966) Das Bedürfnis nach einer neuen Ästhetik wurde immer deutlicher spürbar, je mehr die industrielle Produktion zunahm, der künstlerische Beitrag weiterhin aus dem Handwerk kam und die lukrative Plünderung von historischen Stilen sowie die übertriebene Kunstsinnigkeit des Jugendstils problematische Formen anzunehmen begannen. Um die Jahrhundertwende hatte sich zwischen den Entwerfern und der Industrie eine enorme Kluft gebildet. Die Entwerfer sahen sich als die Vertreter des Ideals und verhielten sich hochmütig gegenüber der Realität der Industrie. Architekten, die von Haus aus Künstler waren, wie Peter Behrens und Henry van de Velde, sahen ihre Aufgabe darin, eine Alternative zur Industriegesellschaft zu schaffen und diese durch ihr Werk zu überhöhen. Die Gründung des Deutschen Werkbunds im Jahre 1907 war der erste wirkliche Versuch, Industrie und Kunst zusammenzuführen.

Dennoch dauerte es noch bis nach dem Ersten Weltkrieg, bevor eine breite Tendenz sichtbar wurde, in der die Produkte der Industriekultur nicht von vornherein als häßlich und verwerflich angesehen wurden, sondern gerade als die Grundlage einer neuen Kultur.

Le Corbusiers „Vers une Architecture" von 1922 sollte den Architekten die Augen öffnen. In dem Kapitel „Des yeux qui ne voient pas …" (Augen, die nicht sehen …) stieß er seine Kollegen mit der Nase auf die Tatsachen: Artefakte aus nicht-architektonischen Bereichen, wie Ozeandampfer, Flugzeuge und Autos, wiesen den Weg zu einer neuen Architektur. Das Haus sollte künftig als eine Maschine zum Wohnen aufgefaßt werden. Dies hatte nicht nur technische und organisatorische Folgen, sondern insbesondere Konsequenzen auf ästhetischer Ebene. Mit einem guten Gespür für Polemik verglich Le Corbusier die Errungenschaften des Maschinenzeitalters mit anerkannten Denkmälern der Vergangenheit. Den Ozeandampfer *Aquitania* mit Notre-Dame, dem Tour St. Jacques, dem Arc de Triomphe und der Pariser Oper; Autos mit dem Parthenon und dem Tempel in Paestum. Der Ozeandampfer erwies sich als größer, als die ganze Reihe der mit ihm verglichenen berühmten Gebäude zusammen und Maschinen waren die einzigen zeitgenössischen Schöpfungen, die sich mit der Schönheit der griechischen Tempel messen konnten: „Phidias hätte gern in dieser Zeit der Standardisierung gelebt", folgerte Le Corbusier denn auch. (1963: 114) Anders als oft behauptet wird, plädierte Le Corbusier nicht für einen radikalen Bruch mit der Vergangenheit. In „L'Art Decoratif d'Aujourd'hui" schrieb er 1925, daß seiner Ansicht nach ähnliche Prinzipien, wie die, die in der Natur für die Evolution verantwortlich waren, auch für Gebrauchsgüter gelten. Die Produkte sollten nicht nur immer besser, sondern auch immer einfacher werden. Das Gesetz der mechanischen Selektion würde dafür sorgen, daß nur die einfachsten Gebrauchsgegenstände, von jeglicher Dekoration und allem Zierat befreit, übrigblieben. Diese Gebrauchsgegenstände würden zu einer geometrischen Form hin tendieren, da Le Corbusier – zu unrecht – annahm, daß dies die optimale Form für eine mechanische Produktion wäre. (Le Corbusier, 1925)

Obwohl in zahlreichen Architekturentwürfen der 20er und 30er Jahre Maschinen- und Konstruktionszitate auftauchten, wurde die Maschinenästhetik zweifellos am genausten von Jakow Tschernikow untersucht. In seinem Buch „Konstruktion der Architektur und Maschinenformen" von 1931 analysierte er erst abstrakte Kompositionen geometrischer Formen von zunehmender Komplexität, vom Zwei- zum Dreidimensionalen, um daraufhin über schematisierte räumliche Zeichnungen von Maschinen zu architektonischen Kompositionen zu kommen. Die Übergänge zwischen den verschiedenen Kategorien sind fließend, sodaß ein überzeugendes Bild einer Ästhetik entsteht, die die gesamte Kultur umfaßt. (Tschernikow, 1991)

Jakov Tschernichow, *Chemische Silos* aus dem Zyklus „*Konstruktionen architektonischer und Maschinen Form*", 1928-31, Tusche auf Papier, 30,2 × 24,5 cm, Galerie Alex Lachmann, Köln

Das Streben nach einer Form von geometrischer Reduktion und Abstraktion war fast allen Avantgardisten der 20er und frühen 30er Jahre gemeinsam, von De Stijl, dem Bauhaus und den italienischen Rationalisten bis hin zu den russischen Suprematisten und Konstruktivisten, mit Ausnahme der Expressionisten. Manchmal wurden konstruktive Elemente oder industrielle Details in die Kompositionen aufgenommen. Auffällig ist, daß in den 20er Jahren die Axonometrie und Isometrie für die Präsentation von Entwürfen allgemein populär wurden. Diese Techniken stammen aus dem Ingenieurswesen und erlauben im Gegensatz zur Perspektive eine objektive, verständliche Wiedergabe des Entwurfs. Anders als bei der Perspektive ist das Subjekt völlig verschwunden. An die Stelle des Subjekts tritt eine schematische Figur, ob es nun Le Corbusiers „homme type" ist, der Arbeiter, der Ingenieur, ein physiologisch abgeleiteter Körper, wie bei Konrad Wachsmann und Le Corbusier, oder eine ganz abstrakte Figur, wie zum Beispiel bei Oskar Schlemmer und Ernst Neufert. Le Corbusier schildert in „L'Art Decoratif d'Aujourd'hui" seinen „homme type" als einen Mann, der mit einem einfachen Anzug und einer Melone bekleidet ist. „L'homme type", der typische Mensch, hat „besoinstypes", typische Bedürfnisse. Möbel und Gebrauchsgegenstände sind Erweiterungen seines Körpers, „objets-membres humains". Sie sind den „fonctions-types" angepaßt, und ebenso gibt es auch „objets-types" und „meubles-types", deren Form, abgesehen von ihrer eigenen Evolution, strikt von der mechanischen Funktionalität bestimmt wird. Bei all dieser Rationalität ist es kein Wunder, daß in den 20er Jahren ein großes Interesse an einer wissenschaftlich fundierten Ästhetik aufkam. „Wir sind die Maschinen, die Aufmerksamkeit und 'spezielle Gebrauchsanweisungen' brauchen!", schrieb Amédée Ozenfant (1953). In der Zeitschrift „Frühlicht", zwischen 1920 und 1922 von Bruno Taut herausgegeben, wurde daher ausführlich die therapeutische Wirkung der Farbe behandelt. So schrieb Ewald Paul,

Chef der „Münchner Gesellschaft für Licht- und Farbenforschung" im Heft 2 über „Die Wirkung der Farbe auf die Nerven". In dem Artikel schildert er unter anderem Verhörzellen der Polizei, in denen eine bestimmte Farbpalette eingesetzt wurde. Ebenfalls ausführlich behandelt er eine Untersuchung, aus der hervorgehen soll, daß die Zahl der Sterbefälle pro Krankenhaussaal von der Farbe der Einrichtung abhängig sei. (Paul, 1963) Ein solches Interesse an der therapeutischen Wirkung von Farbe blieb in den 20er Jahren nicht auf den Kreis um Bruno Taut beschränkt. Auch beispielsweise Ozenfant, Le Corbusier und Fernand Léger veröffentlichten Berichte über ähnliche Untersuchungen. Ozenfant bezog sich in seinen „Foundations of Modern Art" auf die Behandlung von Psychosen durch Lichtbäder und führte eine bemerkenswerte Fallstudie an: „In der Lumière-Fabrik in Lyon waren die Labors, in denen Photo-Platten hergestellt wurden, rubinrot erleuchtet: die Folge davon war, daß die Angestellten, die gewaltig erregt waren, handgreiflich wurden. Was die Arbeiterinnen anbetrifft, so hatten sie massenhaft Kinder: soviel sie eben haben konnten. Wie schade! Beruhigendes Grün ersetzte das Rot und von nun an hatten sie nicht mehr, als die übliche Anzahl." (Ozenfant, 1953)

Im Programm der von Le Corbusier und Ozenfant gemeinsam gegründeten Zeitschrift „L'Esprit Nouveau", das in der ersten Nummer veröffentlicht wurde, lesen wir: „Der Geist, der das Werk dieser Zeitschrift regiert, ist einer, der jeder wissenschaftlichen Untersuchung zujubelt. Wir sind eine Gruppe von Ästhetikern, die glauben, daß die Kunst Gesetze kennt, genau wie die Psychologie und die Physik. […] Wir wollen auf die Ästhetik dieselbe Methode anwenden wie auf die experimentelle Psychologie". (Le Corbusier/Ozenfant,1920) Als Beispiel einer *Entdeckung* der experimentellen Psychologie wurde dann der Goldene Schnitt genannt und die Erwartung ausgesprochen, daß noch mehr derartige Gesetze gefunden werden würden. Im ersten eigentlichen Artikel von „Esprit Nouveau" erklärte Victor Basch, Begründer der experimentellen Ästhetik, was er unter Neuer Ästhetik und Kunstwissenschaft verstand. Er unterschied bei der Rezeption eines Kunstwerks drei Arten von Einflußfaktoren: direkte , formale und assoziative Faktoren. Basch zufolge hatte die traditionelle Ästhetik die direkten Faktoren vernachlässigt, während doch gerade diese anhand der psycho-physischen Auswirkungen auf den Menschen experimentell leicht zu untersuchen wären. Die ästhetische Erfahrung sollte in ihre elementaren Bestandteile Farbe, Form, Rhythmus und Klang aufgespalten und danach analysiert werden. (Basch, 1920)

Der Einfluß dieser wissenschaftlichen Herangehensweise an die Ästhetik wirkte noch lange nach, obwohl es sich im Laufe der Zeit immer deutlicher herausstellte, daß es besonders schwierig war, wirklich wissenschaftliche Gesetzmäßigkeiten festzustellen, mit denen gearbeitet werden konnte. Der Designer Dieter Rams gibt das auch 1981 noch gern zu, aber nur, um damit zu begründen, warum seine Produkte so zurückhaltend gestaltet seien. (Rams, 1981) Die meisten Entwerfer und Architekten haben sich dann im Rahmen der Postmoderne wieder auf die Semiotik gestürzt, eine Ästhetik, die nach Basch ganz besonders auf assoziativen Faktoren beruht.

7.

Nach dem Zweiten Weltkrieg wurde das Bauwesen besonders in Europa in großem Maßstab industrialisiert. Gleichzeitig wurde der moderne Städtebau im Wiederaufbau und bei großflächigen Stadterweiterungen so gut wie überall willkommen geheißen. Die Atmosphäre dieser Zeit war die des hemmungslosen Optimismus. Es gab nicht nur einen stetig zunehmenden Wohlstand, sondern auch den Glauben, daß das technologische und ökonomische Wachstum den Aufbau einer neuen, besseren Gesellschaft ermöglichen würde, in der sich das Individuum mit mehr Freizeit und zahlreichen neuen, zur Verfügung stehenden Transport- und Konsummöglichkeiten freier entwickeln könne. Vor diesem Hintergrund muß die Entstehung einer Reihe von Planungen gesehen werden, die von großangelegter Technologie inspiriert waren: Projekte für riesige Städte, die auf enormen Infrastruktur- und Konstruktionssystemen aufbauten, in die kleine, sich schnell verändernde funktionale Einheiten passen sollten, die hochgradig individuell sind oder zumindest auf das Individuum oder die kleinstmögliche Einheit in der Gesellschaft eingehen. In Wirklichkeit sind es Pläne, bei denen der bestehende großmaßstäbliche und industrialisierte Städtebau in zwei Richtungen ausgeweitet wird: Das Individuum bekommt mehr Freiheit und die Technologie bekommt noch mehr Ansehen. Reyner Banham nennt in seinem berühmten Artikel „Megastructure, urban futures of the recent past" eindeutig Le Corbusiers „Fort-L'Empereur Projekt" des Plans für Algiers von 1931 als den gemeinsamen Ursprung aller dieser Projekte: „Die berühmte Zeichnung des Projekts zeigt in gekrümmter und sich stark beschleunigender Perspektive den massiven Unterbau einer hochgelegten Superautobahn, gebaut als riesiges Regal aus Stahlbeton, auf dessen Böden die Bewohner nach ihrem eigenen Geschmack zweigeschossige Häuser errichtet haben, die nicht notwendigerweise dem 'Corbu-Stil' folgen." (Banham, 1976) Banhams Geschichte der Megastruktur scheint sich in erster Linie um die japanischen metabolistischen Entwürfe von Fuhimiko Maki, Kenzo Tange, Kisho Kurokawa und Kiyonoru Kikutake herum zu entwickeln sowie um den „Pampus Plan" von Jakob Bakema und die Ideen von John Habraken, bei denen sich das Corbusiersche Vorbild tatsächlich stark aufdrängt. Insbesondere die Entwürfe der Metabolisten und derjenige von Bakema hängen komplett an einer einzigen großen Infrastruktur. Doch es gibt sicherlich noch andere Vorgänger. Das Raster hat beispielsweise eine jahrhundertelange Geschichte im Städtebau, doch es bekommt mit den Rastern der amerikanischen Städte und dem Plan von Cerda für Barcelona im 19. Jahrhundert eine neue Bedeutung als Ordnungsprinzip für die nun nicht mehr begrenzte Stadt. In der Architektur wird das Raster im 18. und 19. Jahrhundert bedeutsam, sowohl durch die Kompositionsvorlesungen von Jean Nicolas Louis Durand, als auch durch den Einfluß modularer Konstruktionstechniken. Der „plan libre" von Le Corbusier markiert im 20. Jahrhundert den endgültigen Durchbruch des Rasters in der modernen Architektur und im Städtebau, während in den Vereinigten Staaten bei Wolkenkratzern fast unmerklich der „typical plan" entwickelt wurde: immer größere Geschoßflächen, die durch Aufzüge miteinander verbunden und nur von einem neutralen Stützenraster gegliedert sind. Rem Koolhaas beschreibt den „typical plan" als eine „Architektur am Gefrierpunkt, Architektur, die sich

Walter Jonas, *Intrapolis*, Trichterhaus, 1960-70, Modell, Ø: 141,5 cm; H: 71 cm; Grundplatte: 71 × 71 cm, Deutsches Architekturmuseum, Frankfurt a. M.

aller Spuren von Einzigartigkeit und Spezifizierung entledigt hat", als „neues Territorium für die sanfte Entfaltung neuer Prozesse, in diesem Fall eine ideale Unterkunft für Gewerbebetriebe" („das formloseste Raumprogramm"), eine Architektur, deren einzige Aufgabe darin besteht, „ihre Nutzer *existieren* zu lassen". (Koolhaas, 1995: 334, 336) Archizooms „No-Stop City" von 1970–1972 ist eine weitgehende Radikalisierung von Le Corbusiers „plan libre" und vom „typical plan": riesige Gebäude von den Ausmaßen eines ganzen Stadtteils, die über Schnellstraßen und U-Bahnen miteinander verbunden sind, in denen die Bewohner ihr Mobiliar und ihre persönlichen Besitztümer parken, bis sie wieder weiter ziehen. Raum ist in der modernen Architektur nicht nur der offene Raum, sondern dieser ist von einem sichtbaren oder unsichtbaren kartesianischen Raster geordnet. In diesem Sinne scheint Friedrich Kieslers Modell einer „Raumstadt", wie es auf der „Exposition Internationale des Arts Décoratifs et Industriels Modernes" 1925 in Paris gezeigt wurde, ein ebensowichtiger Vorgänger zu sein für Entwürfe wie Constants „Nieuw Babylon" von 1959–1969, Yona Friedmans „Ville Spatiale" von 1959–1963 und andere, die von einer ausgedehnten Rasterstruktur ausgehen. Die Untersuchungen zu freitragenden modularen Konstruktionen von Konrad Wachsmann, Buckminster Fuller und anderen schufen hierfür die technischen Voraussetzungen. Die individuelle Wohneinheit wurde vorzugsweise nach dem Vorbild des Autos, des Wohnwagens und des *mobile home* industriell produziert – denken wir an Fullers „Dymaxion Badezimmer" von 1940 und das „Dymaxion Haus" von 1944–1946. Die Wohneinheit wird zu einem mobilen Ganzen, das nach Bedarf an der Trag- und Infrastruktur befestigt wird. Der Maßstabssprung von der Einzelzelle zur Megastruktur ist gigantisch und die Beziehungen der Zellen untereinander werden außergewöhnlich komplex.

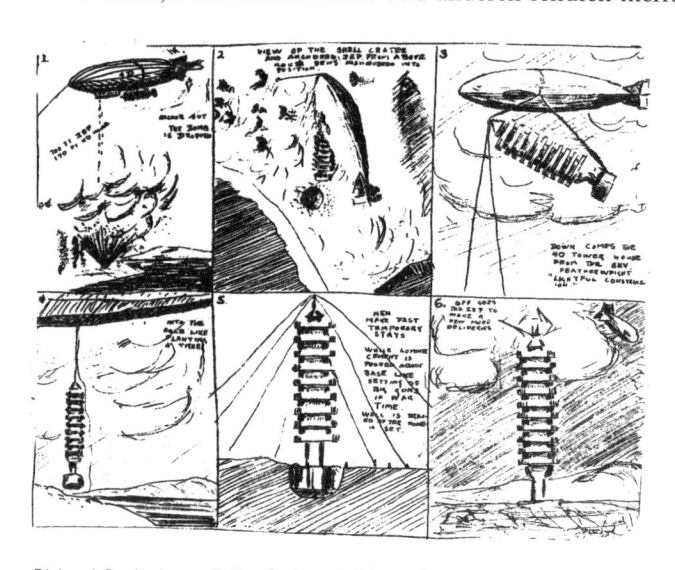

Richard Buckminster Fuller, *Projected delivery by zeppelin of the planned 10deck, wire-wheel, 4D tower apartment house* (Auslieferung des geplanten 10stöckigen 4D Apartmentturms mit Hilfe eines Zeppelins),1927, Pause, 21,6 × 27,9 cm, Carl Solway Gallery, Cincinnati, Ohio, USA

Mobilität und freie Wohnortwahl scheinen die wichtigsten Charakteristika der meisten vorgeschlagenen Megastrukturen zu sein. Archigrams „Walking City" von 1964 ist sogar in der Lage, sich als Ganzes fortzubewegen, wie eine Art Kolonie von riesenhaften Käfern. Die Bewohner dieser Städte werden zu neuen Nomaden, die sich spontan in temporären Gruppen zusammenfinden. Es ist kein Zufall, daß gerade einige frühe Entwürfe des japanischen Metabolisten Kisho Kurokawa, bei denen minimalistische Wohnzellen gestapelt wurden, erfolgreich sind. Das „Nakagin-Kapsel-Hochhaus" in Tokyo wurde 1972 als Stapelung minimaler, aber äußerst luxuriöser Wohneinheiten für einen vorübergehenden Aufenthalt in der Stadt realisiert. Das Kapselhotel in Osaka mit noch kleineren Zellen für Pendler, die nach Überstunden noch übernachten, war so erfolgreich, daß es in den meisten japanischen Städten Nachahmer fand. Ein wichtiger Auslöser für Constants „Nieuw Babylon" war die Bekanntschaft mit einer Gruppe von Zigeunern in Alba in Italien. Constant, der einige Zeit Mitglied der „Internationale Situationniste" war, reserviert in seinem Neuen Babylon große Flächen für befristete Aktivitäten, die nach Bedarf zu füllen sind. Die neuen Nomaden reisen per Hubschrauber; ein freieres und spontaneres Reisen ist undenkbar. „Wir fordern das Abenteuer. Da wir es nicht mehr auf der Erde finden, werden einige es im Mond suchen. Jetzt und in Zukunft setzen wir auf eine Veränderung auf der Erde. Wir nehmen uns vor, hier andere Verhältnisse zu schaffen. Wir rechnen damit, die Gesetze zu brechen, die die Entwicklung wirksamer Aktivitäten im Leben und in der Kultur verhindern. Nun bricht eine neue Ära heran." (Nieuwenhuis, 1959) Dieses neue Zeitalter sollte ganz dem *homo ludens*, dem spielenden Menschen gehören.

Ein wichtiger Programmpunkt der neuen Städte scheint das Vergnügen – und sogar die Sünde – zu sein: denken wir an den „Fun Palace" von Cedric Price von 1962 und das „Sin Centre" von Archigram (Mike Webb) von 1962–1963. Es wirkt wie eine Reaktion auf die sachlichen, verantwortungsvollen und vor allem langweiligen Programme des modernen Städtebaus. Hans Hollein und Walter Pichler gingen noch weiter. Die Möglichkeiten der modernen Technik boten in ihren Augen dem Architekten ungeahnte Freiheiten, die so weit gingen, daß es wieder möglich wurde, rein kultische Gebäude zu erschaffen.

Lincoln: Photographie von Robert Doulton Stotts, *Parachute Tower for the 1939 New York World's Fair & Coney Island*, Steeplechase Park, Coney Island, New York, um 1939, Silbergelatineabzug, 25,3 × 35,4 cm

Hollein schrieb in seinem Manifest „Absolute Architektur" (1962/63): „Heute, zum ersten Male in der Geschichte der Menschheit, zu diesem Zeitpunkt, an dem uns ungeheuer fortgeschrittene Wissenschaft und perfektionierte Technologie alle Mittel bieten, bauen wir, was und wie wir wollen, machen eine Architektur, die nicht durch die Technik bestimmt wird, sondern sich der Technik bedient; reine, absolute Architektur. Heute ist der Mensch Herr über den unendlichen Raum." Und Pichler ging noch ein Stück weiter: „Architektur bedient sich rückhaltlos der stärksten Mittel, die ihr jeweils zur Verfügung stehen. Maschinen haben sie ergriffen, und die Menschen sind nur mehr geduldet in ihrem Bereich." (beide zit. nach: Feuerstein, 1988: 58f.)

8.
Auch in den einzelnen Zellen stehen Komfort und Vergnügen im Vordergrund. Airconditioning sorgt für eine perfekte Klimakontrolle. Die Zellen in Kurokawas Kapsel-Hochhaus sind mit den damals modernsten Stereo- und Fernsehgeräten von Sony ausgestattet. Das „Un-house", die „Environment-Bubble" von Reyner Banham und François Dallegret von 1965 ist ganz um eine Art Totem der Elektrogeräte herum organisiert: „das Endstadium des

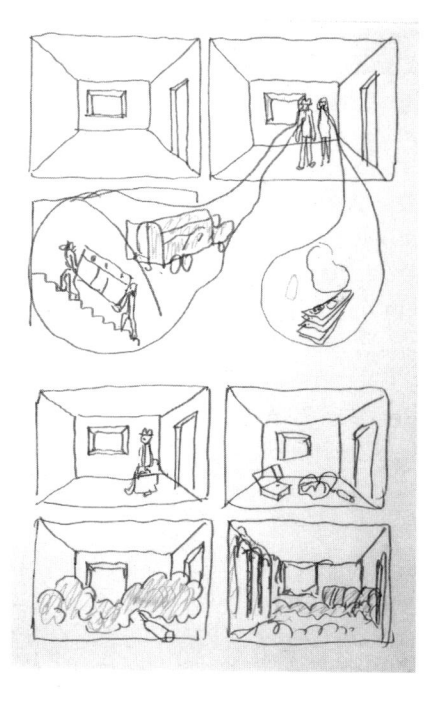

Hans Hollein, *Aufblasbare Wohnungseinrichtung*, 1965, Filzstift und Bunststift auf Papier, 51 x 41 cm, Sammlung des Künstlers

Wegwerfstils, wo auf alle Produkte einschließlich der Kleidung verzichtet werden konnte und die Artifakte – sofern es sie gibt – über die elektronischen Medien kommen." (Jencks, 1971) Die Klimaanlage sorgt dafür, daß die *Bubble* aufgeblasen bleibt und die sanfte Form gewährleistet, daß sie auf jedem Untergrund aufgestellt werden kann. Die Idee des Hauses als eine Art erweitertem technischem Anzug wurde am radikalsten in Michael Webbs „Cushicle" und „Suitaloon" weitergesponnen, die einen Rucksack bzw. einen Anzug darstellen, mit denen der Besitzer sein Haus immer dabei hat. Diese Tendenz, bei der sich die individuelle Behausung mehr und mehr zur Kapsel oder zum Anzug mit technischer Ausrüstung entwickelt, ist unverkennbar von den stürmischen Entwicklungen in der Raumfahrt inspiriert, die sich zu jener Zeit abspielten. In den frühen Arbeiten der österreichischen Gruppen Coop Himmelblau und Haus-Rucker-Co aus den 60er Jahren hatten die individuellen Zellen sogar psychedelische Dimensionen. In vielen Fällen wurden sie zu Ballons aus transparentem Kunststoff, die eingefärbt oder mit farbigem Kunststoff beklebt wurden. Die große Qualität der österreichischen Arbeiten ist, daß sie auch für temporäre Installationen ausgeführt wurden, sodaß ihre Wirkung, im Gegensatz zu den britischen Ideen, erfahrbar wurde. In diesem Sinne sind sie quasi McLuhaneske Environments, bei denen das Publikum *üben* kann mit dem Bombardement der Medieneindrücke, denen es ausgesetzt ist, umzugehen.

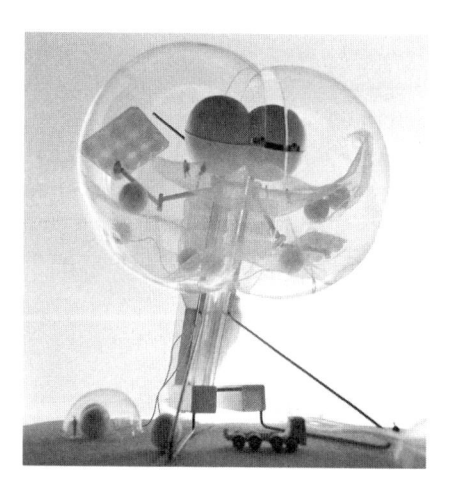

Coop Himmelblau, *Wolke* (zerstört), 1968-72, Photographie, Sammlung CoopHimmelb(l)au

(McLuhan, 1973) Das bewegliche und spielerische Element wird durch Performances betont, bei denen Personen in den Ballons laufen oder bei denen die Ballons in einem Fußballspiel („Stadtfußball", Coop Himmelblau, 1971) bzw. auf einem riesigen weichen Billiardtisch („Riesenbilliard", Haus-Rucker-Co, 1970), hin und her gerollt werden. In manchen Entwürfen werden die Ballons gekoppelt, wie etwa in „Pneumacosm" von Haus-Rucker-Co von 1967 und der „Wolke" von Coop Himmelblau von 1968–1972. Die *Behausung* kriecht den Bewohnern immer dichter auf den Leib und nimmt immer mehr die Gestalt von Möbeln, Anzügen, Brillen und Helmen an. Der „Mind Expander" von Haus-Rucker-Co aus dem Jahr 1967 ist ein Möbelstück, in dem ein Mensch bequem am Schoß eines anderen sitzen kann, während beide unter einem gemeinsamem Helm Musik und Farbeffekte genießen. Das „Gelbe Herz" von Haus-Rucker-Co aus dem Jahr 1968 ist eine pulsierende pneumatische Konstruktion aus gelbem transparenten Kunststoff, während Coop Himmelblau mit Anzügen experimentierte, die den gesamten Körper stimulieren sollten. Hans Hollein kam schließlich mit der Architekturpille.

Anläßlich dieser Experimente mußte Hollein 1968 zu der Feststellung kommen, daß die „begrenzte Begriffsbestimmung und traditionelle Definition der Architektur und ihrer Mittel heute weitgehend an Gültigkeit verloren" hatten. „Der Umwelt als Gesamtheit gilt unsere Anstrengung und allen Medien, die sie bestimmen", schrieb Hollein in „Alles ist Architektur". Und weiter: „Dem Fernsehen wie dem künstlichen Klima, den Transportationen wie der Kleidung, dem Telephon wie der Behausung. […] Der Mensch schafft künstlich Zustände. Dies ist die Architektur. Physisch und psychisch wiederholt, transformiert, erweitert er seinen physischen und psychischen Bereich, bestimmt er 'Umwelt' im weitesten Sinne. Seinen Bedürfnissen und seinen Wünschen gemäß setzt er Mittel ein, diese Bedürfnisse zu befriedigen und diese Wünsche und Träume zu erfüllen. Er erweitert sich selbst und seinen Körper. Er teilt sich mit. Architektur ist ein Medium der Kommunikation." (zit. nach: Feuerstein, 1988: 236)

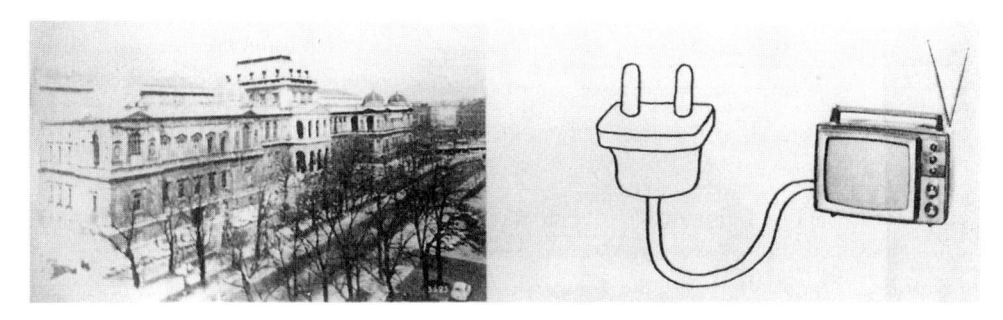

Hans Hollein, *Erweiterungsvorschlag für die Wiener Universität*, 1966, Photographie (Ausschnitt), 40,5 × 50,5 cm, Sammlung des Künstlers

9.
Mit Ablauf der 60er und besonders zu Beginn der 70er Jahre wurde weltweit immer mehr daran gezweifelt, daß es gut wäre, die Gesellschaft in diesem Maße der Technologie auszuliefern. Man wurde sich der globalen Umweltprobleme bewußt, und schon 1968 wurde der „Club of Rome" gegründet. Bei den meisten Architekten und Büros, die in den 60er Jahren in euphorischer Stimmung einen phantastischen Entwurf nach dem anderen produziert hatten, trat zu Beginn der 70er Jahre eine Wende auf. Haus-Rucker-Co setzte bei einigen Projekten und Installationen die Technik zum Schutz vor Umweltverschmutzung ein. Buckminster Fuller-artige *Kuppeln* und pneumatische Konstruktionen sollten die Natur und sogar die Architektur von der schädlichen Umgebung abschirmen, wie in „Cover" (1971), „Pneumatic Skin protecting a farmhouse" (1970) und „Protected Village" (1970). „Natur, eingeweckt" von 1971 war eine idyllische Miniaturlandschaft mit einer Holzhütte in einem Weckglas. Ebenfalls 1971 wurde das Museum Haus Lange in Krefeld komplett mit einer pneumatischen Konstruktion überdeckt, während innen Objekte gezeigt wurden, die

das Recycling von Rheinwasser und Luft suggerierten. „Oase Nr.7", die aufblasbare Kunststoffkugel, die zwei Palmen enthielt und die auf der Documenta 5 von 1972 gezeigt wurde, und die „Grüne Lunge" von 1973 zeugten von einer ähnlichen Mentalität. Danach folgte eine Reihe von Projekten, in denen probiert wurde, mit künstlichen Mitteln die Natur in die Stadt zurückzuholen.

Noch radikaler war die Wende bei der italienischen Gruppe Superstudio. Das Projekt „Die zwölf Idealstädte" von 1971 bediente sich enormer Megastrukturen, die auf den ersten Blick ganz in der Tradition früherer megalomaner Projekte wie dem „Monumento Continuo" lagen, einem riesigen Raster, das als geschlossener Ring den gesamten Erdball umspannen sollte. „Die zwölf Idealstädte" erwies sich jedoch als Studie zu den extremen Auswirkungen einer rein technokratischen Auffassung von Stadt. In „Erste Stadt: die 2000 Tonnen-Stadt" hat beispielsweise jeder Bewohner eine eigene Zelle, die mit allen Annehmlichkeiten ausgestattet ist. Die Bedürfnisse und Wünsche der Bewohner werden untereinander über einen großen Computer abgestimmt, sodaß im Prinzip jeder glücklich sein müßte. Bewohner, die unzufrieden sind und revoltieren, können das drei Mal tun. Beim letzten Mal kracht die Decke mit einer Wucht von 2000 Tonnen herunter, wonach die Zelle für einen neuen Bewohner wieder hergerichtet wird. Superstudio präsentierte „Die zwölf Idealstädte" als einen Zeitschriftenartikel, der von einem Test abgerundet wurde, bei dem die Leser Multiple-Choice-Fragen beantworten konnten. Die Schlußfolgerungen, die Superstudio mit einer positiven Bewertung der „Zwölf Idealstädte" verband, ließen keinen Zweifel darüber aufkommen, daß der Glaube an die Technologie vorbei war (Superstudio, 1972).

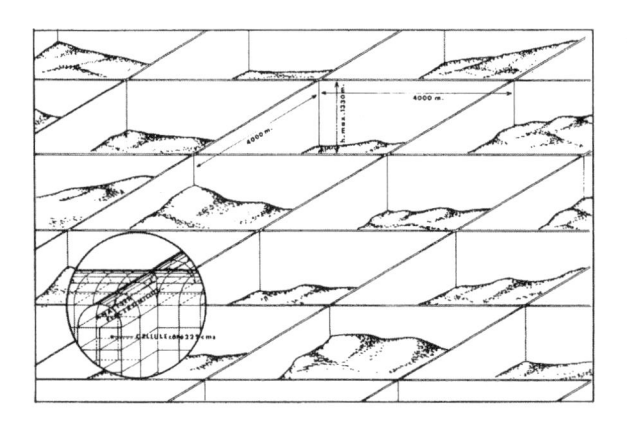

Superstudio, Illustration zum Projekt *Die 2000-Tonnen Stadt* in: ARCHITHESE 1/1972, S. 3, Archiv Superstudio, Florenz

10.

Während der 70er und 80er Jahre gab es kaum eine Architekturströmung, die sich aktiv mit den technologischen Entwicklungen auseinandersetzte. Nur *High-Tech*-Architekten wie Richard Rogers und Norman Foster präsentierten noch eine Architektur, die auf den Errungenschaften der 60er Jahre aufbaute. Obwohl es sich oft um sehr große Gebäude handelte, fehlte der utopische Elan der Megastrukturen fast vollständig, mit Ausnahme vielleicht beim „Centre Pompidou" in Paris von Renzo Piano und Richard Rogers von 1971–1977: eine verspielte Ausstellungsmaschinerie mit einem bewußt industriellen Erscheinungsbild. Das soll nicht heißen, daß die technologische Entwicklung stillstand, im Gegenteil, aber es waren Entwicklungen, die nicht direkt in der gebauten Umgebung sichtbar wurden.

Das enorme Wachstum der Städte, kombiniert mit einer stark gestiegenen individuellen Mobilität und dem explosiven Wachstum der Kommunikationsnetzwerke führte zu einer neuen Stadterfahrung. Irgendwann während der letzten 15 Jahre hat sich unser Biotop endgültig in ein Technotop verwandelt. Die Stadt wird nicht länger durch ihr Zentrum bestimmt, sondern durch ihre Ausdehnung. Wir sprechen nicht mehr von der Metropole, sondern, mit den Worten von Rem Koolhaas, von der „Generic City": „Nicht nur ihre Größe hat zugenommen, sondern auch ihre Zahlen. In den frühen 70er Jahren war sie durchschnittlich von 2,5 Millionen offiziellen (sowie ± 500 000 inoffiziellen) Einwohnern bewohnt; jetzt treibt sie sich bei der 15 Millionen-Marke herum." (Koolhaas, 1995: 1250) Der Charakter des öffentlichen Raums hat sich radikal gewandelt. Der Raum zwischen den Gebäuden ist nicht mehr der Ort, an dem sich die Städter begegnen, sondern schlicht und einfach offener Raum oder, in den meisten Fällen, Verkehrsfläche. „Die 'Generic City' ist das, was übrigbleibt, wenn große Teile des städtischen Lebens mit Cyberspace gekreuzt werden." (Koolhaas, 1995: 1250) Gebäude wie die von Shin Takamatsu und Philippe Starck in Japan stehen da wie riesige, rätselhafte Haushaltsgeräte, eingestöpselt in die unsichtbare Infrastruktur der Stadt. Genau wie bei einem Haushalts- oder Elektrogerät gibt es keinerlei Beziehung mehr zwischen Innen und Außen.

Der Motor der heutigen Stadt ist nicht mehr die Masse, sondern das individuelle Bedürfnis. Das Individuum erhält sein Gemeinschaftsgefühl nicht mehr in seinem Wohnviertel oder an seinem Arbeitsplatz, sondern es findet, informiert von den Medien, Gleichgesinnte an unerwarteten Orten in der Stadt, wo *etwas los ist*. Lars Lerup nennt diese Orte mit einem Begriff des Science-Fiction-Autors William Gibson „Stims". (Lerup,1995) Das können Restaurants oder Bars sein, aber auch kurzfristige Ereignisse wie ein Fest oder eine Techno-Party auf einem verlassenen Fabriksgelände. Im Internet bilden sich schon *virtual communities*, für die man das Haus nicht einmal mehr verlassen muß. Versuche, die Stadt analog zu einer Maschine zu beschreiben, basieren auch meist auf dem Modell der „Junggesellenmaschine", wie sie von Michel Carrouges und Harald Szeemann beschrieben und kartiert wurde, und auf der „Wunschmaschine" von Deleuze und Guattari. (Carrouges, 1954; Szeemann, 1975)

Rem Koolhaas beschreibt z.B. den „Downtown Athletic Club" in New York als eine „Maschine für metropolitane Junggesellen, deren letztliche 'Spitzen'-Kondition sie außer Reichweite der fruchtbaren Bräute katapultiert hat", während Takamatsus Gebäude wie Objekte in der Stadt erscheinen, die an eine undurchdringliche und komplexe Infrastruktur gekoppelt sind und die sich wie die schizophrene Wunschmaschine benehmen, die Deleuze und Guattari in „Anti-Oedipus" beschrieben haben (1974).

Nicht nur die Stadt hat sich verändert, auch das Menschenbild wurde in den letzten 15 Jahren einem radikalen Wandel unterworfen. Jeffrey Deitch läutete das „posthumane" Zeitalter ein. (Deitch, 1992/93) Der Körper läßt sich immer leichter herstellen und manipulieren. Die medizinische Wissenschaft scheint allmählich ganz auf dem Wege zu sein, für eine große Zahl von körperlichen Defekten Abhilfe schaffen zu können. Organtransplantationen sind fast alltägliche Pro-

Inez van Lamsweerde, *The Forest: Klaus*, 1995, computergenerierte Farbphotographie, Plexiglas, 135 x 180 cm

ZU EINER ZWEITEN NATUR

zeduren geworden und zahlreiche, immer raffiniertere Prothesen können Körperfunktionen auffangen und verstärken. Das Sterben ist nicht mehr ein unentrinnbares Schicksal des Menschen, sondern wird mehr und mehr als ein Recht angesehen: Euthanasie. Dasselbe kann von der Geburt gesagt werden, die einerseits durch allerlei Verhütungsmittel und andererseits durch operative Eingriffe, künstliche Befruchtung oder In-Vitro-Fertilisation geregelt wird. Gentechnologie sorgt für eine neue Phase in der Evolution, an die Darwin nicht zu denken gewagt hätte. Der Mensch ist sich seines Rechts auf Selbstbestimmung und der Machbarkeit seines eigenen Körpers durchaus bewußt. Plastische Chirurgie und andere Körpermanipulationen sind quasi normale Erscheinungen. Geschlechtsumwandlung ist fast wöchentlich Thema in irgendeiner Talkshow. Exoskelette verstärken das menschliche Kraftpotential und computergesteuerte Roboter, die *lernen* können, ersetzen menschliche Arbeitskräfte. Der perfekte Cyborg scheint nur noch eine Frage der Zeit zu sein, worauf in zahlreichen Spielfilmen – von „Blade Runner" und „Robocop" bis hin zur „Terminator"-Serie – schon nachdrücklich spekuliert wird.

Andererseits nimmt die Technik immer mehr organische Züge an. Biomorphe Apparate schließen nahtlos an die Haut an. Eine dünne Membran und unsere Haut trennen die innere Technik von unserem inneren Organismus. Sensoren geben die Impulse unseres Gehirns direkt weiter. Legen wir eine Kleinbildkamera wie die Leica A von 1925 neben eine Canon EOS von 1992, dann ist der Unterschied auf einem Blick zu erkennen, und einen ähnlichen Unterschied sehen wir, wenn wir ein heutiges stromlinienförmiges und innen mit optimalem Komfort ausgestattetes Auto, das aussieht wie eine fahrende Gebärmutter, neben einen von Le Corbusiers Favoriten aus den 20er Jahren stellen. Roland Barthes sah 1957 das Nahtlose der Citroën DS schon als Vorboten, als einen Schritt in Richtung einer neuen, freundlicheren Natur. (Barthes, 1975) Es ist der Ausdruck einer neuen Sicht auf die Technik, die nicht mehr vom rationellen Begriff ausgeht, sondern von einem empatischen Erleben. Barthes sah dies schon bei der Präsentation der DS 19: „Offensichtlich tritt an die Stelle der Alchimie der Geschwindigkeit ein anderes Prinzip: Fahren wird ausgekostet.[…] Das Objekt wir vollkommen prostituiert und in Besitz genommen; hervorgekommen aus dem Himmel von Metropolis, wird die 'Déesse' binnen einer Viertelstunde mediatisiert […]." (Barthes, 1975: 78) Die Einführung des Computers in der Architektur führt nicht nur zum *intelligenten Ambiente*, dem Haus, das wie ein geräuschloser Schlaf alle unsere Wünsche erfüllt, noch bevor wir sie geäußert haben. Ebensowenig ist er ausschließlich ein *Werkzeug* beim Entwerfen, das die Ausarbeitung von Entwürfen durch eine Koppelung an die Programme der Konstrukteure, anderer technischer Berater und Produzenten vereinfacht. Fortgeschrittene Programme ermöglichen es, zahlreiche Vorgaben direkt in den Entwurfsprozeß einzubeziehen und den Entwurf aktiv beeinflussen zu lassen. „Liquid Architecture", wie Marcos Novak es nannte, wird nicht auf Cyberspace beschränkt bleiben. (Novak, 1992) Das Werk von unter anderem Greg Lynn und Ben van Berkel weist voraus auf eine Architektur, die an das Bedürfnis nach einer empathischeren Beziehung zu unserer Umwelt anschließt. Die fließenden Formen und Räume von Ben van Berkels Entwurf für die Kaianlagen in Yokohama von 1995 sind gleichzeitig artifiziell und organisch. Greg Lynn benutzt komplexe Computerprogramme, um architektonische Entwürfe zu machen, die Ähnlichkeiten mit den Wachstums- und Evolutionsprozessen in der Natur aufweisen. (Lynn, 1995)

Technik ist nicht mehr ein Mittel, um die Natur zu besiegen. Sie ist schon längst zu einer zweiten Natur geworden. Nun scheint es, als ob sich die Technik fast selbständig immer weiter der Natur und dem Körper annähern, sie imitieren und infiltrieren würde. Technik wird zum Mittel, um die Natur zu perfektionieren. Die Architektur schließt sich dem, wie immer, an.

Verwendete Literatur:

Banham, Reyner (1976): *Megastructure, urban futures of the recent past,* London.

Barthes, Roland (1975): *Mythen des Alltags,* Frankfurt a. M.

Basch, Victor (1920): L'Esthetique Nouvelle et la Science de l'Art, lettre au directeur de l'Esprit Nouveau, in: *L'Esprit Nouveau 1,* Paris.

Boullée, Etienne-Louis (1987)*: Architektur. Abhandlung über die Kunst,* Zürich/München.

Caramel, Luciano; Longatti, Alberto (1988): *Antonio Sant'Elia, The Complete Works,* New York.

Carrouges, Michel (1954): *Les machines célibataires,* Paris.

Cohen, Jean-Louis (1995): *Scenes of the World to Come, European Architecture and the American Challenge 1893-1960,* Paris.

Deitch, Jeffrey (1992/93): *Posthuman,* Kat. Lausanne/Turin/Athen/Hamburg.

Deleuze, Gilles; Guattari, Félix (1974): *Anti-Ödipus, Kapitalismus und Schizophrenie I,* Frankfurt a. M.

Descartes, René (1637): *Discours de la methode,* Leiden.

Dijksterhuis, E. J. (1950): *De mechanisering van het wereldbeeld, de geschiedenis van het natuurwetenschappelijk denken,* Amsterdam.

Feuerstein, Günther (1988)*: Visionäre Architektur Wien 1958/1988,* Berlin.

Foucault, Michel (1972): *Naissance de la clinique, Une archéologie du regard médical,* Paris.

Foucault, Michel (1976): *Überwachen und Strafen. Die Geburt des Gefängnisses,* Frankfurt a. M.

Giedion, Sigfried (1982): *Die Herrschaft der Mechanisierung. Ein Beitrag zur anonymen Geschichte,* Frankfurt a.M.

Harbou, Thea von (1928): *Metropolis,* Amsterdam.

Jencks, Charles (1971): *Architecture 2001, predictions and methods,* London.

Koolhaas, Rem; Mau, Bruce (1995): *S, M, L, XL,* Rotterdam.

Krausse, Joachim (1993): Sphären der Revolution, Architektur und Weltbild der klassischen Mechanik, in: *ARCH+ 116*

La Mettrie, Julien Offray de (1784): *L'Homme-Machine,* Leiden.

Lambert, Jean-Clarence (1992): *Constant,* Paris.

Lambrechts, Mark (1982): *Michel Foucault – Excerpten & Kritiken,* Nijmegen.

Le Corbusier; Ozefant, Amédee (1920): Domaine de l'Esprit Nouveau, in: *Esprit Nouveau Nr. 1.*

Le Corbusier (1925): *L'Art Décoratif d'Aujourd'hui,* Paris.

Le Corbusier (1928): Pour batir: standardiser et tayloriser, in: *Beilage zum Bulletin du Redressement français, 1.5.1928,* zit. nach Cohen, 1995.

Le Corbusier (1934): *Brief an Etienne Gril, Chefredakteur des Almanach Citroën, Paris 27.4.1934* (Fondation Le Corbusier H2(13)36-37), zit. nach Cohen, 1995.

Le Corbusier (1951): *Le Modulor, Essai sur une mésure harmonique à l'echelle humaine applicable universellement à l'architecture et à la méchanique,* Paris, ²1951.

Le Corbusier (1963): *Ausblick auf eine Architektur,* Frankfurt a. M./Berlin.

Lerup, Lars; Stim & Dross (1995): Rethinking the Metropolis, in: *Assemblage 25.*

Lupton, Ellen; Miller, J. Abbot (1992): *The Bathroom, the kitchen and the aesthetics of Waste, a process of elimination,* Cambridge, Massachusettes.

Lynn, Greg (1995): The Renewed Novelty of Symmetry, in: *Assemblage 26.*

McLuhan, Marshall (1973): *Understanding Media, the extensions of man,* New York.

Mendelsohn, Erich (1989): *Rußland, Europa, Amerika, Ein architektonischer Querschnitt/An architectural cross section,* Basel/ Berlin/Boston.

Mouilleseaux, Jean-Pierre (Hg.) (1989): *Les architectes de la liberté 1789-1799,* Kat.Paris.

Nieuwenhuis, Constant (1959): *Déclaration d'Amsterdam,* zit. nach Lambert, 1992.

Novak, Marcos (1992): Liquid Architectures in cyberspace' in: Michael Benedikt (Hg.), *Cyberspace, First Steps,* Cambridge, Massachusettes.

Ozenfant, Amédée (1953): *Foundations of Modern Art,* New York.

Paul, Ewald (1963): Die Wirkung der Farbe auf die Nerven, in: *Frühlicht,* H. 2, Reprint: *Frühlicht 1920-1922, Eine Folge für die Verwirklichung des neuen Baugedankens,* Berlin.

Rams, Dieter (1981): Die Rolle des Designers im Industrieunternehmen, in: Helmut Gsöllpointner; Angela Hareiter; Laurids Ortner (Hg.), *Design ist unsichtbar,* Wien.

Reichlin, Bruno (1985): Editorial, in: *Daidalos 18*/Dezember 1985.

Rüegg, Arthur (1983): Vom Interieur zum Equipment, in: *Archithese 1/1983.*

Semper, Gottfried (1966): *Wissenschaft, Industrie und Kunst,* Mainz.

Stalpers, Judith (1992): Japans Bouwbedrijf ontwikkelt volautomatische bouwplaats, in: *Polytechnisch Weekblad,* 33/34.

Superstudio (1972): Le dodici citta ideali, in: *Casabella 361.*

Szeemann, Harald (1975): *Junggesellenmaschinen/Les Machines Célibataires,* Venedig.

Tschernikow, Jakow (1991): *Konstruktion der Architektur und Maschinenformen,* Basel/Berlin/Boston.

Voigt, Wolfgang (1995): Standaardisering, oorlog en architectuur/Standardization, war and architecture, in: *archis 10/1995.*

Wallis, Brian (1993; Hg.): *Dan Graham, Rock My Religion, Writings and art projects 1965-1990,* Cambridge, Massachusettes.

Das Bild der Maschine

Wolfgang Pircher

Maschinen kommen in der Natur nicht vor. Es lassen sich zwar leicht Analogien ausmachen, die es zu erlauben scheinen, der Natur eine „Technik" zu unterschieben, aber nach alter Tradition wird man zwischen natürlichen, physischen und technischen, erzwungenen Bewegungen unterscheiden und diese Unterscheidung auch als sinnvoll aufrechterhalten. In der Regel können wir sehr leicht für uns begegnende Objekte die Unterscheidung treffen, ob es sich um einen natürlichen oder technischen Gegenstand handelt, eine Unterscheidung, die sich visuell treffen läßt, also die spezifische Gestalt bewertet. Das mag nur bei solchen Objekten schwer zu entscheiden sein, die schon lange außer Gebrauch sind und deren materiale Annäherung an die Naturgestalt schon fortgeschritten ist, wie ein gesunkenes Schiff langsam zu einem seltsamen Amalgam von technischer Gestalt und natürlicher Alterung wird.

In einem oft gezogenen Vergleich zwischen der Bautätigkeit der Biene und der eines Architekten hat man den entscheidenden Unterschied darin erblickt, daß der Architekt das Bild des Hauses zuvor im Kopf habe, während die Biene einem Verhaltensmuster folgt, das sie nicht abändern kann. Demnach würde das geistige Bild der Konstruktion jene Variabilität der Formen ermöglichen, die uns aus einem immergleichen Wiederholen herausführt. Dieses geistige Bild kann sich an natürlichen Formen orientieren, erlaubt aber durch Prozesse der Abänderung, Kombination, Synthese unterschiedlicher Elemente etc., sich weit von diesen Vorbildern zu entfernen. Die Eigenart des Vorstellungsbildes erlaubt auch Konstruktionen, die sich nicht oder noch nicht realisieren lassen, ermöglicht also jene Serie, die wir als „Fortschritt" interpretieren. Wir sind daran gewöhnt, solche Vorstellungsbilder technischer Objekte, die sich nicht zu einer gegebenen Zeit verwirklichen lassen, technische „Visionen" zu nennen, also ein Sehen in die Zukunft (statt in die Ferne) zu unterstellen.

Wie immer diese Vorstellungsbilder zustande kommen und welche genaue Gestalt sie auch annehmen, in jedem Fall sind sie in die Privatheit eingeschlossen. Um kommunizierbar zu werden, müssen sie eine Gestalt außerhalb des Kopfes annehmen, die andere sehen und beurteilen können. Die erste Gestalt der Maschine ist demgemäß die Zeichnung. Hier ist noch keine Entscheidung darüber gefällt, ob diese „vorgestellte" Konstruktion (in dem Doppelsinn der privaten Vorstellung und der Vorstellung für andere) verwirklicht werden wird. Die verhältnismäßige Leichtigkeit der Zeichnung erlaubt beliebig viele Konstruktionen, sie erlaubt aber vor allem einen Prozeß der leichten Diskussion, Verbesserung, Modifikation, Annahme oder Verwerfung. In der friktionslosen Sphäre der Zeichnung erblühen und verblühen die Maschinenentwürfe, hier gewinnen sie ihre erste, oft noch ungeschlachte Gestalt, die sich dann immer mehr verfeinern mag, um schließlich in der Übergangsform zur Realisierung, der Fertigungs- oder Werkstattzeichnung, die endgültige Gestalt anzunehmen. Die Zeichnung ist das Medium, welches sich zwischen die Kopfgeburt und die materielle Gestalt der Maschine zu schieben vermag und jene Fläche der Projektion zur Verfügung stellt, auf der sie sich abbildet.

Das Technische der Zeichnung

In einer Allegorisierung hat Joseph Furttenbach dem Vater „Mechanica" Töchter und Söhne zugeordnet, wobei die Töchter Zeichentechniken für verschiedene Gebiete repräsentieren: Arithmetica, Geometria, Planimetria, Geographia, Astronomia, Navigatio und

Frontispiz von: Joseph Furttenbach, *Mechanische Reißladen*, Augsburg 1644, Universitätsbibliothek Wien

Prospectiva. Die Söhne sind demgegenüber weniger universell, sie stehen für Grottenwerck, Wasserlaitungen, Fewrwerck, Büchsenmeisterey, Architectura Militaris, Architectura Civilis und Architectura Navalis. Im Text heißt es von der „Planimetria", daß sie unentbehrlich sei für den Architectus Civilis und Militaris, den Werckmeister, Zimmermann, Maurer etc. Mit ihrer Hilfe läßt sich das geplante Bauwerk in kleinem Maßstab „auff ein Bogen Papyr verjöngern oder verkleinern/ darneben aber dieses verjöngte corpus, durch den auch kleinen Maßstab und Studium, außtheilen/ wie/ und wohin/ er dieses oder jenes Zimmer/ verordnen/ beneben in seiner Länge/ Braite und Höhe/ erbawn wölle/ gar reifflich betrachten/ hernach so lang darob suchen/ mindern/ oder mehren/ bis daß er seinem gutachten ein gnöge gethan/ und es in rechte Ordnung gebracht hat/ Alsdann aber/ und eben von diesem verkleinerten corpore, so thut er selbiges Gebäw widerumben in das Feld hinauß werffen/ oder dorthin außstecken/ Endtlichen aber dem grossen Werckschuch auffbawen." (Furttenbach, 1644: 28) Recht anschaulich ist hier die Funktion der Zeichnung als eigene Konstruktion, welche das Experiment erlaubt, dargestellt, und diese Konstruktion der Zeichnung ist hier der eigentliche Gegenstand. Was die „Laden" jeweils enthalten, ist das für die Anfertigung der Zeichnung notwendige Werkzeug.

Die einzige Zeichentechnik, welche mit der Kunst in Verbindung steht, ist die Prospectiva, worunter Furttenbach die Perspektivzeichnung versteht. Diese Zeichentechnik spricht die „Augenlust" an, insbesondere im Theater sorgt sie für die Raumillusion. Der eher auf das

Praktische ausgerichtete Furttenbach schenkt ihr allerdings wenig Beachtung. Ein Jahrhundert vor ihm hatte sich Albrecht Dürer naturgemäß weit intensiver mit jener Technik der Perspektivzeichnung beschäftigt, deren Einführung Alberti zugeschrieben wird und die unter dem Namen „Albertis Fenster" bekannt ist. Hierbei zeigt sich, wie das Werkzeug selbst zu einem „medialen" Mittel werden kann, wie das von Dürer gezeichnete und erläuterte apparative Hilfsmittel sich nicht nur zwischen Objekt und Betrachter schiebt, sondern gleichzeitig den Blick des Beobachters zurichtet und repräsentiert. (Dürer, 1525) Die Zurichtung erfolgt durch die Fixierung des Kopfes und damit die Festlegung des Blickpunktes in einem bestimmten Abstand vom Objekt. Gleichzeitig erfolgt die Umrahmung des Blicks, das, was zu sehen gibt, ist fest zwischen Beobachter und Objekt eingeschoben, und diese Umrahmung bietet eine einfache Strukturierung dessen, was sich zu sehen gibt, um gezeichnet zu werden. Da dieser Rahmen gleichzeitig die Zeichenfläche, eine Glasscheibe, umrahmt, bildet sich das Gesehene von selbst ab und wird buchstäblich nachgezeichnet. So wie die Sehstrahlen gleichsam Punkt für Punkt die Umrisse des Gesehenen auf der Glasplatte durchaus perspektivisch nachzeichnen, weil sie gar nicht anders können, so lassen sie sich mit einer Konstruktion als Faden repräsentieren, der von einem Aufhängepunkt aus, der den Blickpunkt vorstellt, zu den Umrißpunkten einer Laute geführt wird, dabei eine dazwischengeschobene Zeichenfläche durchstößt und so den perspektivischen Umriß der Laute nachbildet [1]).

Mann zeichnet eine Laute, (Vorrichtung zum perspektivischen Abzeichnen eines Objekts) Tafel in: Albrecht Dürer, Underweysung der messung, Nürnberg 1525, Universitätsbibliothek Wien

Diese apparativen Vorrichtungen lenken zwar den Blick, richten ihn so zu, daß seine Wahrnehmung sich der Zeichnung anschmiegt, sie gleichsam hierin schon vorwegnimmt, aber sie haben wieder aus dem Blick zu verschwinden. Solange der Werkzeugcharakter dieser Vorrichtungen bestehen bleibt, ist das ganz natürlich, sobald sie aber – um hier historisch vorzugreifen – zu Maschinen werden, die selbst Bilder sehen lassen, die also der Vermittlung des Zeichnens nicht mehr bedürfen, weil sie die Bilder selbst andauernd zeichnen und verlöschen lassen, verschwinden sie nicht mehr, sondern müssen „übersehen" werden. Unsere Kultur hat eine lange Tradition in dieser Zurichtung des Blicks auf das „Wesentliche", was das gleichzeitige Übersehen des bloßen Hilfsmittels bedeutet. Solche Vorrichtungen sind ja keine Sehhilfen in dem Sinne, daß sie uns die Dinge genauer sehen ließen, wie ein Fernrohr oder ein Mikroskop, sondern diese Apparate üben allein Wirkungen auf die Herstellung des Abbildes aus, darum sind sie mediale Maschinen der Reproduktionstechnik. Wir sind allzusehr geneigt, unsere Geläufigkeit der Verbindung von Vorbild und reproduziertem Abbild für natürlich zu halten, anstatt für kulturell erworben [2]).

Die technische Zeichnung

Anders als bei der künstlerischen Zeichnung steht der technischen Zeichnung kein Objekt gegenüber, das abzuzeichnen wäre. Natürlich kann eine bereits existierende Maschine solch ein Objekt sein, aber dann handelt es sich strenggenommen um eine technische Illustration. Aber auch in diesem Fall ist der existierenden Maschine eine Zeichnung vorangegangen, die ein anderes „Vorbild" hatte. Man hat hierfür ein „inneres Auge" verantwortlich gemacht, welches dem Ingenieur eigen sei und ihn in den Stand setzt, noch nicht existierende Maschinen zu sehen und in Folge in eine Zeichnung zu übersetzen [3]).
Von Leonardo da Vinci wird berichtet, daß er im Medium des Zeichnens gedacht, das heißt konstruiert habe. Trotzdem aber hat er die Zeichnung selbst keinem Konstruktionsprozeß unterworfen, der sie von einfachen perspektivischen Darstellungen unterscheiden würde: „[...] Leonardo da Vinci (1452-1519), thought on paper about machines, he nearly always did so in terms of apparent view pictures, and not in terms of true plans and elevations." (Booker, 1963: 47) Zwar entsprechen seine Entwürfe jener schönen Regel Paul Valérys,

Eine Trett-Mühl, in: Georg Andreas Böckler, Schauplatz der Mechanischen Künsten. Theatrum Machinarum Novum, Nürnberg 1661, Universitätsbibliothek Wien

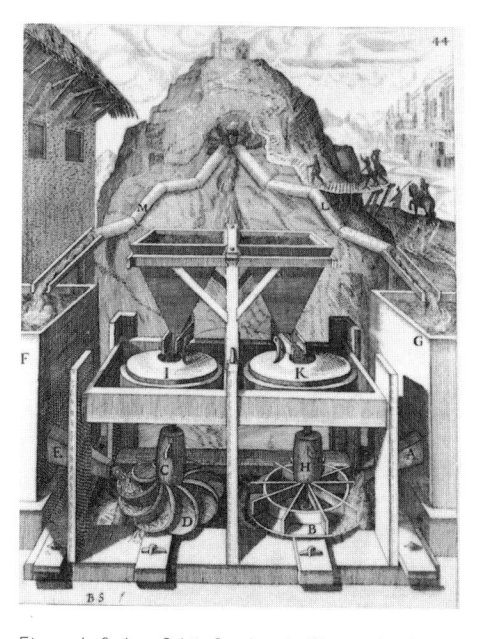

Ein sechsfaches Schöpfwerk mit Kästen, in: Georg Andreas Böckler, Schauplatz der Mechanischen Künsten. Theatrum Machinarum Novum, Nürnberg 1661, Universitätsbibliothek Wien

wonach Konstruktionen Annahmen eines Daseins sind, das auch ganz anders sein könnte, aber sie enthalten selbst nur wenige konstruktive Merkmale. Das mag seine Begründung darin finden, daß Leonardo seine Zeichnungen nicht für eine Werkstätte anfertigte, sondern allenfalls für einen fürstlichen Käufer seiner Fertigkeiten, seine Entwürfe demnach, wenn sie nicht überhaupt nur den Charakter privater Skizzen hatten, Darstellungen der Gestalt möglicher Maschinen mit Hinweisen auf ihre Funktion waren. Die Maschinenbücher des 16., 17. und frühen 18. Jahrhunderts hatten jedenfalls eher den

Charakter von Musterbüchern, kompiliert von Autoren, die manchmal den Anspruch erhoben, derartige Maschinen auch bauen zu können. Die Zeichnungen sollten also einem möglichen Käufer die Konstruktion als Ganzes und wenn möglich in Funktion vorstellig machen, nicht aber Anleitung zur Herstellung einer solchen Maschine sein.

Das änderte sich, als die Maschinenkonstruktionen in den wissenschaftlichen Akademien diskutiert wurden. So gab die Académie Royale des Sciences in Paris zwischen 1735 und 1777 Maschinendarstellungen und Erklärungen in sieben Bänden heraus. Die Akademien konnten sich nicht mehr mit bloßen Angaben über den Verwendungszweck der Maschinen begnügen, sondern mußten sie in das Universum der naturwissenschaftlichen Erklärung einfügen. Somit werden im 18. Jahrhundert die Maschinen auch Gegenstand der Wissenschaften, so wie sie seit dem Rationalismus des 17. Jahrhunderts bevorzugte Metapher für lebendige Wesen wie auch Staaten waren. Mit der „Verwissenschaftlichung" der Maschinenerklärung ändert sich auch das Niveau des Anspruchs an die Zeichnung [4]).

Konstruierte Zeichnung

Die entscheidende Wendung erfolgt im geradezu klassischen Milieu des Ingenieurs, im Festungsbau. Seit alters her waren die Ingenieure dem Krieg vornehmlich dadurch verpflichtet, daß sie Städte geschützt und gleichzeitig belagert haben. Heron hat darum die Ingenieure über die Philosophen gestellt, weil sie eine Stadt (polis) wirkungsvoll zu verteidigen imstande sind, was ein moralischer Diskurs nicht kann. Es mag für die Epoche diverser Steinschleudermaschinen noch einfach sein, die Dicke und Höhe der Mauern zu berechnen, mit den Fortschritten der Artillerie aber werden die Festungswerke immer komplizierter (und teurer). Ihre Wirksamkeit hängt auch zunehmend davon ab, wie sie in der Umgebung plaziert sind, von der aus sie beschossen werden können, was eine entsprechende Geländeaufnahme nötig macht [5]). Kurzum, die Sache verkompliziert sich auch auf der Ebene der zeichnerischen Darstellung, wofür das empirisch bestimmte Regelwerk nicht mehr befriedigend ist. Gaspard Monge wird seine „Darstellende Geometrie" als konstruktive Intervention in diesen Raum begreifen, die das Durcheinander der Regeln des Zeichnens durch die Klarheit und Würde der Geometrie ersetzt. Es ist nicht unerheblich, die intellektuelle Bedeutung der Geometrie als Methode des Denkens hier zum Anschlag zu bringen, wobei das strenge geometrische Denken darstellend wird [6]).

Was die Darstellende Geometrie zu leisten verspricht, ist ein kohärentes Verfahren des Konstruierens gemäß dem Ökonomieprinzip, das heißt mit so wenigen Annahmen und Hilfssätzen wie möglich. Diese Verfahrensweise hat Monge in den ersten Sätzen seiner Darstellenden Geometrie zusammengefaßt: „Erstens soll sie die Methoden liefern, um auf einem Zeichenblatte, welches also nur zwei Dimensionen, Länge und Breite hat, alle Raumgebilde, welche deren drei, nämlich Länge, Breite und Höhe haben abzubilden, vorausgesetzt, dass diese Gebilde streng definiert werden können. Zweitens soll sie das Verfahren lehren, um aus einer genauen Zeichnung die Gestalt der Raumgebilde erkennen und alle Sätze, welche aus der Gestalt und der gegenseitigen Lage der Raumgebilde folgen, ableiten zu können." (Monge, 1900: 3) Monge spricht auch schon die pädagogische

Wichtigkeit der Darstellenden Geometrie an, die sie später in den diversen Industrieschulen behauptete. Es ist vor allem die Genauigkeit, zu welcher die Methode erzieht, die wiederum essentiell ist für die industrielle Herstellung von Maschinen. Monge hat mit einer programmartigen Rede am 19. 1. 1795 die École normale eröffnet und bei dieser Gelegenheit über die Darstellende Geometrie gesagt, sie sei „für den Fortschritt der Industrie von höchster Bedeutung", sei die „für den Ingenieur unerlässlich nothwendige Sprache. [...] Sie sei leicht zu erlernen, gewöhne die Schüler durch die mit dem Unterrichte zu verbindenden constructiven Uebungen an Präcision und wecke den Forschungstrieb, da sie sich immerfort damit beschäftige, Unbekanntes aus Bekanntem zu ermitteln. Ferner ermögliche sie ein klares Verständniss der Elemente der Maschinenlehre." (Monge, 1900: 185)

Es sind Industriepädagogen wie Charles Dupin, die solche programmatischen Sätze aufnehmen. An die „französischen Handwerksleute" gewandt, sagt er: „Wenn ihr die Anwendung der Geometrie und der Mechanik auf eure Künste und Handwerke studirt, so werdet ihr in diesem Studium ein Mittel finden, mit mehr Regelmäßigkeit, Genauigkeit, Verstand, Leichtigkeit und Schnelligkeit zu arbeiten. Ihr werdet besser und schneller zum Zwecke gelangen; ihr werdet eure Arbeiten und Erfindungen vernünftig betrachten lernen." (Dupin, 1825: VI) Auch er betont die Genauigkeit, zu welcher die Geometrie, insbesondere wenn man sie als ideale vorstellig macht, verhilft. Den „Entwerfungen", womit Konstruktionszeichnungen in Grund- und Aufriß gemeint sind, spricht er noch eine besondere Wirkung auf die Vorstellung maschineller Verläufe zu, denn „diese Entwerfungsart dient auch um den Weg vorzustellen, den jeder seiner Punkte genommen hat oder nehmen wird, wenn dieser Körper in irgend eine Bewegung gesetzt werden soll. Diese neue Anwendung der Geometrie ist von der höchsten Wichtigkeit für die Mechanik; sie macht es möglich durch Linien vorzustellen, was im Raume wirklich nicht vorgestellt ist; sie macht es möglich Spuren dauerhaft vorzustellen, deren Natur es ist, im Augenblicke wieder zu verschwinden, der auf den Augenblick ihrer Hervorbringung folgt." (Dupin, 1825: 34)

Die Mitarbeiter von Monge an der École polytechnique, allen voran Nicolas Hachette, versuchen nicht nur den Umfang der Darstellenden Geometrie zu erweitern, sondern ihr vor allem den Anwendungsbereich der mechanischen Maschinen zu erschließen. Die von Hachette 1811 herausgegebene neue Auflage der „Géométrie descriptive" von Monge enthält umfangreiche Zusätze und auch ein „Programme de Géométrie descriptive et des applications". Hachette spricht hier sein Tableau der Maschinen an, wie er es im Traité elementaire des machines von 1811 entfaltet hat. Dieses Tableau beruht auf einer Klassifikation der möglichen maschinellen Bewegungsarten. Lanz und Bétancourt, die ebenfalls ein derartiges Tableau entwerfen, schreiben dazu: „Die Bewegungen, welche in Maschinen vorkommen, finden entweder nach einer geraden Linie oder nach einer Kreislinie, oder nach irgend einer anderen gegebenen krummen Linie Statt; sie können fortgehend oder wiederkehrend (hin und her) sein, und man kann sie folglich zu je zwei und zwei auf fünfzehn verschiedene Arten mit einander verbinden, oder auf ein und zwanzig verschiedene Arten, wenn man jede der gedachten Bewegungen noch mit einer ihr gleichnamigen verbindet. Der Zweck einer jeden Maschine besteht nun darin, eine oder mehrere dieser ein und zwanzig Bewegungen in eine andere zu verwandeln, oder sie fortzupflanzen." (Lanz/Bétancourt, 1829: 1)

Dieses Tableau weist zumindest zwei wichtige Eigenheiten auf, einerseits stellt es eine Art Elemententafel der Bewegungsformen für mechanische Maschinen dar, was zu der Idee führen kann, daß alle Maschinen als Kombinationen dieser Elemente beschrieben werden

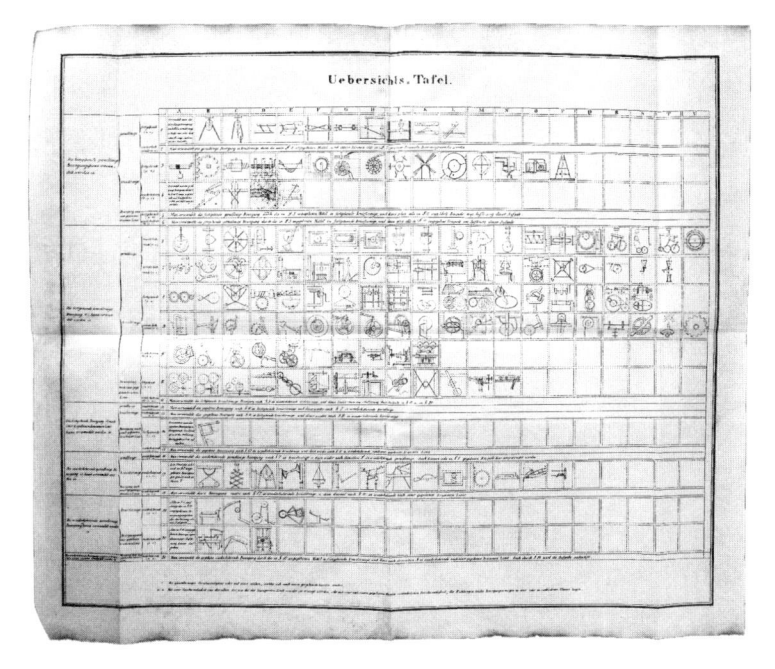

Übersichtstafel zu den Elementen der Maschine, Illustration in: Lanz/Bétancourt, Versuch über die Zusammensetzung der Maschinen, Berlin 1829, Universitätsbibliothek der Technischen Universität Wien

können, und zweitens, damit zusammenhängend, werden die Elemente durch kleine graphische Darstellungen von Zahnradverbindungen, Hebeln, Wasserrädern etc. repräsentiert, die zusammen eine Art Hieroglyphen-Alphabet ergeben. Man könnte also im Prinzip jede Maschine in ihren inneren Bewegungen aus solchen Hieroglyphen zusammensetzen und somit formelhaft beschreiben. Wenn die Darstellende Geometrie die ruhende Maschine erfassen kann, so sind diese Elemente notwendig zur Erschließung der maschinellen Bewegungsfunktionen. (Haindl, 1852:521)

Diese Elemente, als endlicher Vorrat an standardisierbaren Bewegungsmustern, werden von Franz Reuleaux benutzt, um in seiner Theoretischen Kinematik eine wissenschaftliche Maschinenlehre aufzubauen, die sich von der Mechanik völlig löst. Prinzipiell ist für die Erfindung neuer Maschinen nun nicht mehr die Zeichnung mediales Hilfsmittel, sondern die algebraische „Berechnung" in einer kinematischen Begriffsschrift. Wie sehr Reuleaux von der Bildlichkeit abgekommen ist, zeigt seine Bitte, „dass man die von mir gewählten Zeichen für die Elemente nicht willkürlich abändern wolle. Ich habe Jahre zu deren Auswahl und Feststellung gebraucht und danach getrachtet, sie so zu wählen, dass sie, ähnlich den chemischen Zeichen, für die grossen Kultursprachen ungefähr gleichgut brauchbar sein möchten." (Reuleaux, 1875: XIII) Dementsprechend erfindet er eine „kinematische Zeichensprache", um das Erfinden von Maschinen zu unterstützen, indem nunmehr „auf

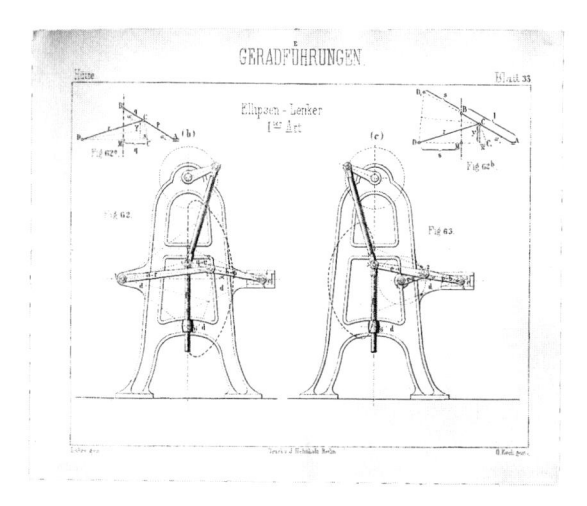

Technische Darstellung der Bewegung einer Maschine, Tafel in: Franz Reuleaux, Skizzenbuch zur angewandten Kinematik, Berlin 1880-92, Universitätsbibliothek der Technischen Universität Wien

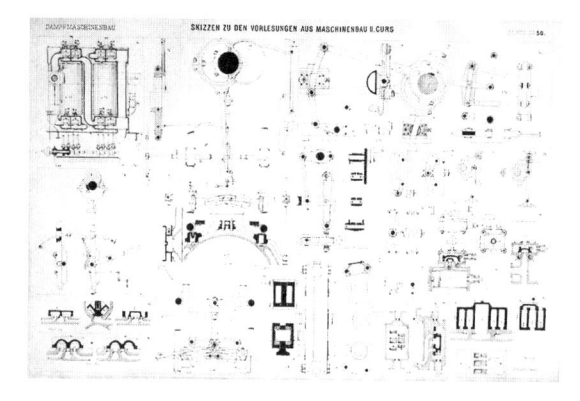

A. Riedler, Maschinenzeichnungen, Tafel in: Hauffe, Skizzen zu den Vorträgen über Maschinenbau, gehalten an der k.k. technischen Hochschule in Wien, um 1880, Universitätsbibliothek der Technischen Universität Wien

wissenschaftlichem Wege neue Mechanismen und neue Maschinen gebildet werden können". (Reuleaux, 1875: XIV)

Der Gegenschlag der kritischen Kollegen kommt prompt, und er wird auf der Ebene der Zeichnung geführt. Im Rahmen des sogenannten „Mathematikerstreites" an den deutschen technischen Hochschulen des endenden 19.Jahrhunderts ist es vor allem Alois Riedler, der mit seinem Buch „Technisches Zeichnen", das er ausdrücklich als „Kampfschrift" bezeichnet, die Gegenposition zu Reuleaux und zum „begrifflichen" Denken der Mathematik überhaupt bezieht, um das für den Techniker notwendige räumliche Vorstellungsvermögen, das vor allem durch die Übung im technischen Zeichnen erworben wird, in den Vordergrund zu rücken. (Riedler, 1896; Otte, 1989) Riedler, der den modernen Standard des technischen Zeichnens nachhaltig begründet, nimmt ihm aber im gleichen Zug alles Theoretisch-Konstruktive.

Was als Verwissenschaftlichung des Maschinenbaues aufgetreten ist, nämlich jene Kombinatorik symbolisch angeschriebener Elemente, die ursprünglich solche der Zeichnung waren, wird nun verworfen, was zur Folge hat, daß das Konstruieren selbst wieder im mentalen Dunkel des Ingenieurs verschwindet und die Zeichnung zur bloßen Äußerung seines privaten Vorstellungsbildes wird. „Das ist ein armseliger Konstrukteur oder Künstler, der erst aus der Zeichnung sieht und sucht, was da werden soll, statt einem wenigstens in der Hauptsache im Kopfe fertigen Vorstellungsbilde zu folgen. Der zeichnerische Ausdruck muss das Produkt der Formvorstellung sein, und nicht umgekehrt diese dem zeichnerischen Bilde nachhinken. [...] Immer aber ist die Raum- und Formvorstellung, also die Geistesthätigkeit die Hauptsache; die zeichnerische Darstellung nur das Mittel, das Vorgestellte für einen bestimmten Zweck zum Ausdruck zu bringen. Die Art des zeichnerischen Ausdrucks ist immer vom Zwecke der Zeichnung abhängig, und zwar ebensowohl bei bloss zeichnerischer Wiedergabe einer gegebenen Form, als auch bei schaffender Gestaltung. In letzterem Falle hat die Zeichnung, als Mittel

für den Ausdruck des Vorgestellten, dem schöpferischen Vorstellungsvermögen zu dienen".
(Riedler, 1896: 2) Zwar betont auch Riedler, wie schon Monge hundert Jahre vor ihm, daß
die Zeichnung die Sprache des Ingenieurs sei, aber sie ist nicht mehr Mittel der Erfindung
bzw. Konstruktion, sondern nur noch Werkzeug der Darstellung.

Es ist klar, daß von einer solchen Position aus alle pädagogische Energie von der
„Wissenschaft" abgezogen und der Ausbildung des räumlichen „Vorstellungsvermögens"
zugewandt werden soll [7]). Die Zeichnung wird zum Kommunikationsmittel, vor allem
hinsichtlich der Herstellung, womit die richtige, das heißt unmißverständliche Ausführung
der Werkstattzeichnung zum Schwerpunkt des Prozesses wird. Die eigentliche Konstruktion ist der Zeichnung immer schon vorausgehend, sie mag sich eines Bildes bedienen,
dieses aber zeichnet sich selbst, denn wenn wir uns eine Maschinenkonstruktion bloß ideell
vorstellen, so wird sie als fertiges Bild erscheinen, um von unserem „inneren Auge" angesehen zu werden.

Sehende Maschinen

Jene Welt von Maschinen, die sich, getrieben von elektrischer Energie, im 19. Jahrhundert
parallel zur Entwicklung des wissenschaftlichen Maschinenbaus und seiner Verwerfung
entfaltet, fügt dem Bild der Maschine ein weiteres hinzu. Zunächst scheint es, als würden
die elektrischen Maschinen, die zuerst im Rahmen der Nachrichtentechniken auftreten,
mit dem alles überstrahlenden Leitstern des Telegraphen, sich der alten Perspektivzeichnung bedienen. Aber dieser Erscheinungsweise von Telegraph und Telephon gesellt
sich sehr bald eine andere Art von Zeichnung hinzu, das Schema beziehungsweise der
Schaltplan. Das ganze 19. Jahrhundert hindurch werden in der Literatur sowohl der
Telegraph wie alle anderen elektrotechnischen Maschinen figürlich dargestellt erscheinen,
um im 20. Jahrhundert durch das Photo abgebildet zu werden. In jener Literatur, die mehr
für das sogenannte „Fachpublikum" gedacht ist, gesellt sich notwendig der Schaltplan
hinzu, weil aus der figürlichen Darstellung die spezifische Funktionsweise nicht erkennbar
ist. Die für die mechanischen Maschinen notwendigen Werkstattzeichnungen sind natürlich auch für diese Gattung Maschinen notwendig, sie werden aber nicht öffentlich
gemacht, weil sie ebensowenig zum Verständnis beitragen würden wie die figürlichen
Darstellungen.

Elektrotechnische Maschinen sind von Natur aus kommunikativ, selbst wenn sie sogenannte „Kraftmaschinen" sind, weil sie nur solange funktionieren, wie sie eingebunden sind in
einen Kommunikationsfluß, der immer auch ein Energiefluß ist. Eine völlig isolierte elektrische Maschine hat aufgehört, eine zu sein, daher ist sie auf Verbindung angewiesen. Wenn
nun die Verbindung das alles entscheidende ist, dann muß sich dies in der Darstellung ausdrücken. Dementsprechend zeigt der Schaltplan vor allem Verbindungen, die in der Realität
sich mittels Draht leicht herstellen lassen, um von fortgeschrittenen Verbindungstechniken
noch zu schweigen. Ein endlicher Vorrat standardisierter Elemente (die Bauteile
Widerstand, Kondensator, Spule etc.) wird zu einem mehr oder weniger komplexen Ganzen
verbunden, und diese Verbindung ist es, die vorzüglich interessiert.

Der Schaltplan bildet also „Realität" ab, aber nicht in der Weise der Abzeichnung oder
Nachzeichnung der wirklichen Maschine. Typischerweise werden in den figürlichen

Darstellungen gerade die Verbindungen, die Verbindungsdrähte, in der Regel nicht mitgezeichnet. Umgekehrt enthält der Schaltplan keine räumlichen Angaben der wirklichen Konstruktion, die Topologie der verbundenen Elemente folgt einer eigenen Logik. Das bedeutet, daß es für die wirkliche Konstruktion eine Reihe zusätzlicher Regeln braucht, die auf die physikalischen Eigenschaften der Elemente abzielen, die das Schema nicht enthalten kann (so werden zum Beispiel in einem Netzteil Drossel und Transformator um 90° zueinander verstellt angeordnet, um eine magnetische Beeinflussung zu reduzieren). Es sind nun genau diese Maschinen, die „sehend" und das heißt zeichnend werden.

Die Idee konkretisiert sich schließlich in einer Reihe von Vorschlägen und Patentschriften, als 1873 von Willoughby Smith, dem Chefelektriker der englischen Telegraph Construction Company, die photoelektrischen Eigenschaften von Selen beschrieben werden, das 1866 bei der Auslegung des Atlantik-Kabels als Vergleichswiderstand benutzt wurde. Es wurden Artikel publiziert mit so verheißungsvollen Titeln wie „Seeing by electricity", „Voir par le télégraphe" oder „Elektrische Teleskopie". 1880 brachte Dr. Adriano de Paiva de Faria Leite Brandao, Professor der Physik an der Polytechnischen Akademie in Porto, sein Buch „La Télescopie électrique basée sur l'emploi du sélénium" heraus, in dem er die Verwendung einer Camera Obscura vorschlägt, deren Projektionsfläche aus Selen bestehen soll. Damit könnten optische Bilder in elektrische Signale übersetzt werden, diese über die Telegraphenleitungen an einen beliebigen Ort versandt und dort wieder in das aufgenommene Bild übersetzt werden. Als der vollkommenste all dieser Apparate gilt der „Kornsche Fernphotograph" von 1902 (dies zumindest ist die Meinung von Ries, 1916: 100), welcher sich allerdings einer dem Telephon analogen Verfahrensweise bedient.

Es war klar, daß noch einiges erfunden werden mußte, um die Idee des „Fernsehens" zu realisieren, aber das Problem war formuliert und es konnten sich die Erfindungen darum kristallisieren. Die Erfindung der Braunschen Röhre war notwendig, damit auf ihr 1906 jene Strichzeichnungen elektronisch geschrieben werden konnten, die durch das von M. Dieckmann und G. Glage patentierte Verfahren elektrisch übertragen wurden. In der Historiographie des Fernsehens werden diese Inventionen dem „spekulativen Zeitalter" zugerechnet. (Goebel, 1979: 212)

Titelblatt von: C. Riess, *Sehende Maschinen*, München 1916

Zeichnung versus Bild: Radar und Fernsehen

Mit der Technik der Vakuumröhren insgesamt, sei es die Kathodenstrahlröhre, wie sie Ferdinand Braun entwickelte, sei es die Gleichrichter- beziehungsweise Verstärkerröhre, wie sie Robert von Lieben (unter dem Patenttitel „Kathodenstrahlrelais") erfunden hatte, treten die sehenden Maschinen in das Zeitalter der technischen Realisierbarkeit.

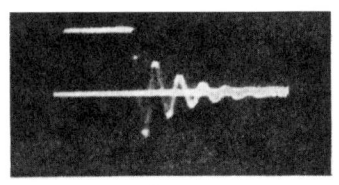

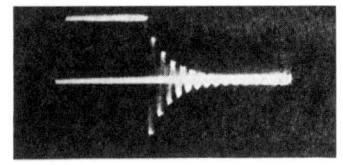

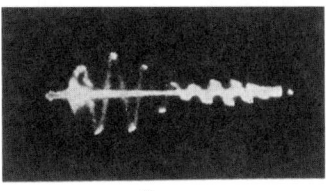

Braun war zu seiner Erfindung, die er nie zum Patent anmeldete, von der Röntgentechnik angeregt worden — eine sehende Maschine eigener Art. Wie die Röntgenstrahlen unter die Oberfläche gewisser Dinge und Körper zu sehen vermögen, wollte Braun das ansichtig machen, was ebenfalls dem Sehen entzogen ist: die Form der elektrischen Energie. Tatsächlich erschien ein perfekter Sinus auf dem Spiegel seiner Röhre, was Braun einigermaßen überraschte, denn so vollkommen hatte er sich die elektrische Welle nicht gedacht. In seinem Nobelpreisvortrag geht Braun eher nur beiläufig auf die Röhre ein, Hauptgegenstand ist sein Senderprinzip der induktiven Antennenankopplung, und er betont auch nur ihren Wert als Experimentalwerkzeug: „It provided a visual picture of current- and voltage-waveforms up to 100 kc/s, and was the means by which investigations of period, waveform, intensity and thereby damping, as well as relative phases, could be made." (Braun, 1909/1967: 236) Als seine Mitarbeiter Dieckmann und Glage 1906 ihr Patent unter dem Titel „Verfahren zur Übertragung von Schriftzeichen und Strichzeichnungen unter Benutzung der Kathodenstrahlröhre" anmeldeten, erregten sie das Mißfallen von Braun, der offenbar ahnte, was daraus folgen wird. (Kurylo, 1965: 147)

Zwei Jahre zuvor hatte C. Hülsmeyer für ein „Verfahren, um entfernte metallische Gegenstände mittels elektrischer Wellen einem Beobachter zu melden", ein Patent im Deutschen Reich angemeldet, das, obwohl es experimentell erprobt war, unbeachtet blieb. Diese Erfindung sollte Kollisionen von Schiffen bei schlechter Sicht vermeiden helfen und beruhte „auf der Eigenschaft der elektrischen Wellen, von Metallen reflektiert zu werden." Die Erfindung stellt einen Apparat vor, „welcher ein fremdes Schiff drahtlos sichtet", indem er „ein bestimmtes Gebiet im Umkreis sozusagen nach fremden metallischen Gegenständen (Schiffe) ableuchten" kann. „Der Apparat besteht, wie bei der drahtlosen Telegraphie, aus Gebe- und Empfangsstation, nur mit dem Unterschiede, daß beide sich an demselben Punkte befinden, allerdings ohne sich direkt beeinflussen

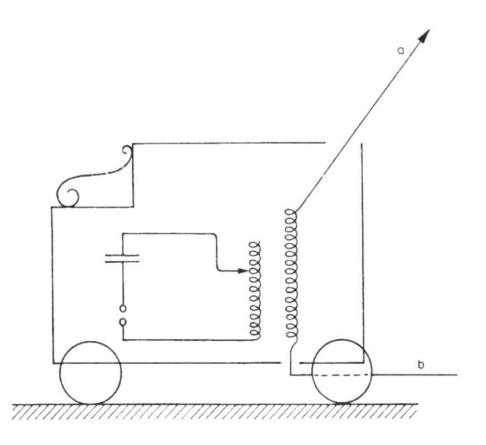

Photographien von Schwingungsbildern der Braunschen Röhre, Illustration in: Ferdinand Braun, Electrical oscillations and wireless telegraphy, (Nobelpreisrede vom 11. Dezember 1909)

Schaltplan des Braunschen Senders, Illustration in: Ferdinand Braun, Electrical oscillations and wireless telegraphy, (Nobelpreisrede vom 11. Dezember 1909)

zu können." (Hülsmeyer, 1905: 1) Da elektrische Wellen sich wie optische verhalten, kann Hülsmeyer ohne Schwierigkeiten optische Metaphern verwenden, um die Funktionsweise seines Apparates zu beschreiben. Auch sendet er mittels Parabolspiegel gerichtete Wellen aus, um das Echo zu empfangen. Durch eine Synchronisierung der Drehung des Gebers mit einem Kompaß läßt sich zumindest die Richtung des erfaßten metallischen Gegenstandes angeben.

Die von Hülsmeyer entwickelte Idee taucht erneut auf, als die Fortschritte der Flugzeugtechnik den natürlichen Schutz der britischen Inseln auflösen und die Städte und Industriezentren dem Bombardement feindlicher Flugzeuge preisgeben. Im November 1934 wurde das von H. T. Tizard geführte Committee for the Scientific Survey of Air Defence begründet, dem von Robert Watson Watt, damals Superintendent of the Radio Department of the National Physical Laboratory, im Frühjahr 1935 der Vorschlag einer Ortung von Flugzeugen mittels Radiowellen unterbreitet wurde. „The proposal he put forward was that warning of the approach of enemy aircraft should be obtained by sending radio waves in the direction of the oncoming aircraft and that knowledge of their approach should then be obtained by listening-out for the minute signals reflected back from the metal structure of the aircraft." (Bowen, 1987: 1) Insoweit wird die Idee Hölsmeyers wieder aufgegriffen, aber Watson Watt fügt ihr eine andere hinzu: die der Braunschen Röhre als Anzeigeinstrument. „He pointed out that the tiny fraction of a second between sending out a pulse and receiving an echo could be measured on a cathode-ray oscillograph, an instrument which later became familiar of tens of thousands of men and women in the armed forces." (Rowe, 1948: 7)

Über die Echowirkung der Radiowellen sollen sich also die einfliegenden Flugzeuge am Schirm der Kathodenstrahlröhre abzeichnen, so schemenhaft wie auch immer. Sie tun das nicht in figürlicher Gestalt, es wird kein der Photographie irgendwie ähnliches Bild von ihnen produziert, sondern eher nur ein Anzeichen ihrer Anwesenheit. Wesentlicher als die Produktion ihrer Ansicht war die Produktion anderer Informationen: Richtung, Höhe, Geschwindigkeit und Anzahl der Flugzeuge. Diese Informationen mochten sich in ein noch so abstraktes Zeichen des Kathodenstrahls übersetzen, wenn es nur interpretierbar war. Diese Interpretation leitete einerseits die britischen Nachtjäger in der Schlacht um England gegen die deutschen Bomberverbände, wie etwas später die britischen Bomberverbände gegen die deutschen Städte. Alles, was ein elektromagnetisches Echo zu werfen imstande war, bildete sich in abstrakter Darstellung am Bildschirm ab — Landschaften oder Städte erschienen geradezu wie auf den entsprechenden Karten. Was die Piloten des Ersten Weltkrieges noch verwundert hatte, daß nämlich die Landschaft aus einer bestimmten Flughöhe tatsächlich wie auf der Karte aussieht, realisiert sich nun auch zur Nachtzeit.

In dieser Zeit fand auch das Fernsehen zu seiner technischen Realisierung. (Goebel, 1979; Möller/Spangenberg, 1991) Zwei Optionen sind damit eröffnet: die direkte elektronische Darstellung, wie sie zuerst im Radar entwickelt wurde, das ab 1943 dem britischen Bomberpiloten buchstäblich durch Nacht und Nebel den Plan der gerade überflogenen deutschen Stadt auf seinem Bildschirm erscheinen ließ, (Lovell, 1991) und die Photo- und Filmreproduktion, wie sie das Fernsehen verwendet, wo ein optisch aufgenommenes Bild in ein elektronisches verwandelt wird. Erst der Computer ermöglicht der Fernsehtechnik ein Abkoppeln von der Kamera und die Erzeugung vollständig „konstruierter" Bilder.

Bildmanipulation

Hatte es gegenüber den deutschen Funkmeßgeräten im Zweiten Weltkrieg noch gereicht, unter dem bezeichnenden Namen „Windows" Staniolstreifen abzuwerfen, um Flugzeuge zu simulieren, so wird der Täuschungsvorgang mit dem Einsatz des Computers komplexer. Insbesondere wenn es darum geht, figürliche Bilder und nicht schematische Anzeigen vorzutäuschen, muß der Vergleich zu Film und Photo ausgehalten werden.

William Mitchell hat auf den fundamentalen Unterschied von Photographie und elektronisch hergestelltem Bild nachdrücklich hingewiesen. Das Fundamentum findet sich in der jeweiligen Technik, was seine Auswirkungen auf das Produkt hat. „A photograph is an analog representation of the differentiation of space in a scene: it varies continuously, both spatially and tonally." (Mitchell, 1992: 2) Dieser kontinuierliche Bildaufbau macht seine Bildqualität aus, die darüber hinaus noch einen überquellenden Informationsgehalt bietet, mehr als zum Beispiel. ein Gemälde, das sich auf das „Wesentliche" konzentriert, während das Photo einfach einen Raumausschnitt „gleichgültig" abbildet. Daher sind wir gewohnt, das Kontingente zu übersehen es aber gleichzeitig dem Photo als „Wahrheit" anzuschreiben. „There is an indefinite amount of information in a continuous-tone photograph, so enlargement usually reveals more detail but yields a fuzzier and grainier picture." (Mitchell, 1992: 6) Ein elektronisch hergestelltes Bild beruht auf einer diskreten Technik, was bedeutet, daß das in ein Cartesianisches Raster zerlegte Bild für jeden Bildpunkt (Pixel) die Spezifizierung hinsichtlich Farbe und Helligkeit verlangt. Das Resultat kann im Computer gespeichert werden und ist jeder Veränderung zugänglich, die im Zugriff auf die Charakteristik der Pixel möglich ist. Damit enthält das elekronische Bild eine präzis bestimmbare Informationsmenge. Man kann ein beliebiges Bild hinsichtlich seiner Pixelwerte erfassen und elektronisch verarbeiten (scannen), man kann aber auch mit einem „Malprogramm" bestimmte Pixelwerte wählen und so ein Bild vollständig neu herstellen, elektronisch malen.

Der dritte Weg der Bildherstellung bedient sich der Zeichentechnik, nämlich „to make use of three-dimensional computer-graphics techniques — to calculate values by application of projection and shading procedures to a digital geometric of an object or scene: this extends the tradition of mathematically constructed perspective that began with Brunelleschi and Alberti. The digital image continues but, as we shall see, also redefines these older traditions." (Mitchell, 1992: 6) Der Widerstand, den die Photographie der Bildmanipulation entgegensetzt – es ist umständlich und technisch aufwendig, den Bildinhalt von Photographien zu verändern, weil die Informationsdichte eine ihr eigene Koheränz erzeugt, die nicht leicht modifizierbar ist –, verliert sich im elektronischen Medium. „A digital image may be part scanned photograph, part computer-synthesized shaded perspective, and part electronic „painting" – all smoothly melded in – to an apparently coherent whole. It may be fabricated from found files, disk litter, the detritus of cyberspace. Digital imagers give meaning and value to computational readymades by appropriation, transformation, reprocessing, and recombination; we have entered the age of electrobricollage." (Mitchell 1992, 7)

Es ist nicht ohne Reiz, darauf hinweisen zu können, daß die gegenwärtigen computerunterstützten Simulationstechniken, wie zum Beispiel Cyberspace, sich in der Traditionslinie der Zeichnung befinden. Das Technisch-Konstruktive der Zeichnung ist ihr bestimmendes Prinzip, darum überhaupt erlauben sie zwar die relativ friktionslose Manipulation der Bilder, verlangen aber gleichzeitig ein recht großzügiges „Übersehen" ihrer bildlichen Dürftigkeit. Wir aber, die wir scheinbar der Bilder in allen ihren Erscheinungsformen bedürfen, geben den notwendigen Kredit immer wieder, den alle Technik zu ihrer Perfektionierung braucht.

Anmerkungen:

1) Die von Dürer vorgeschlagene Konstruktion verwendet aus abbildungstechnischen Gründen drei Fäden, was aber hier nichts zur Sache tut.

2) Der Hinweis eines Ethnologen mag hier hilfreich sein. Nigel Barley macht beim afrikanischen Stamm der Dowayos die Erfahrung, daß ihm Tierfotos zur Klärung ihrer Namen nicht weiterhalfen. „Schuld daran war nicht ihre Art, die Tierwelt einzuteilen, sondern die Tatsache, daß sie auf Fotos nichts erkennen konnten. Wir im Westen vergessen gern, daß man auch die Kunst, auf Fotos etwas wahrzunehmen, lernen muß. Wir sind von Geburt an mit Fotos konfrontiert, und da ist es für uns kein Problem, Gesichter und Gegenstände zu identifizieren, mögen diese auch aus den verschiedensten Blickwinkeln, in wechselndem Licht oder gar mit verzerrenden Objektiven aufgenommen sein. Die Dowayos haben keine solche Tradition in der Ausbildung des Gesichtssinns; ihre bildende Kunst ist auf bänderförmig angeordnete geometrische Muster beschränkt." (Barley, 1993: 125. Mein Dank für diesen Hinweis gebührt Leonhard Bauer.)

3) Eugene S. Ferguson hat diese Metapher geprägt und erklärt: „Das innere Auge ist ein hochentwickeltes Organ, das nicht nur den Überblick über das hat, was im visuellen Gedächtnis gespeichert ist, sondern auch falls erforderlich, neue oder andere Bilder [...] abändert. Wer etwas entwirft und Einzelteile [...] zusammenfügt, kann in der Vorstellung Geräte bauen und handhaben, die es noch gar nicht gibt." (Ferguson, 1993: 9) Eine Reihe eindrucksvoller Beispiele sollen die Eigenart dieses Sehens hervorheben, so wird zum Beispiel über Elmer Sperry berichtet, daß er manchmal „einfach nur in die Luft schaute, dann plötzlich einen Schreibblock nahm, ihn auf Armeslänge hielt und mit einem Bleistift in der anderen Hand zu zeichnen begann. [...] 'Das ist es! Sehen Sie es nicht? Man braucht nur eine Linie um das herum zu ziehen, was man sieht.'" (Ferguson, 1993: 56) Es ist, wie wenn Sperry nach dem Vorbild Dürers gezeichnet hätte.

4) So berichtet Peter Booker: „Amédée François Frézier, an architect and military engineer, wrote a number of books, about 1738, in which we have the first direct examples of plans and elevations drawn together and projectionally related." (Booker, 1963: 39) Über die gesellschaftliche Bedeutung vgl. Knight 1986, 124: „The engineering drawing was an essential feature of the industrial revolution as it moved into the stage of large-scale works; it is thus a characteristic element of the scientific age of the nineteenth century. [...] In the last decades of the eighteenth century, James Watt prepared careful working drawings for the steam-engines which Boulton and Watt were making. These engines required much better fit of components than had Newcomen's; parts bought in had to fit exactly, and then those putting up the engine and its house on site required to know just what to do. A language of technical drawing began. Watt's were usual-

ly coloured, the colours at this period sometimes indicating materials, sometimes function, and sometimes being just decorative."

5) „To accomodate all these requirements it became more and more necessary to get a clear picture of the area; in other words effective maps were necessary and accordingly many advances were made in surveying techniques." (Booker, 1963: 74) Typischerweise zeigt die Abbildung eines „Graphometers" aus dem 16. Jahrhundert (Philippe Danfrie: Déclaration de l'usage du graphomètre, Paris 1597) seine Anwendung in der Vermessung eines städtischen Festungswerkes. (Die beiden Abbildungen finden sich in Brown, 1949/1973: 231)

6) Was den mathematischen Aspekt betrifft, vgl. Glas, 1986.

7) In seiner kleinen Schrift „Die Stellung des Herrn Reuleaux zu den technischen Wissenschaften" polemisiert Riedler gegen den „wissenschaftlichen Maschinenbau": „Im Konstruktionsunterricht, den ich als 'Vorbild' auch entwerthet haben soll, fand ich beim Antritt meiner Thätigkeit an der Berliner Hochschule ein 'Maschinenzeichnen' vor, in welchem romanische Kapitäle, Stopfbüchsen und Schubstangen unmöglicher Bauart nach Vorlagen, 'Vorbildern' schlechtester Art, abgezeichnet wurden; die Zeichnungen wurden dann mühsam mit Schlagschatten und Komplementärfarben abgetuscht. In den Uebungen in den 'Maschinenelementen' wurden dann nach Reuleaux´s Vorbildern im 'Konstrukteur', den jeder Studirende neben sich beim Reissbrett haben musste, und nach seinen 'Gesetzen' Maschinentheile 'berechnet', d. h. aufgrund einer Annahme, z. B. einer einzigen statischen Kraftwirkung, die einzelnen Abmessungen ermittelt. Die so entstandenen Maschinentheile waren allerdings nicht ausführbar und entsprachen keinem praktischen Zwecke; ebensowenig aber den vielfältigen wissenschaftlichen Forderungen." (Riedler, 1899: 3)

Verwendete Literatur:

Barley, N. (1993^6): *Traumatische Tropen. Notizen aus meiner Lehmhütte* (aus dem Englischen übersetzt von Ulrich Enderwitz), Stuttgart.

Booker, P. J. (1963): *A History of Engineering Drawing* (Chatto & Windus) London.

Bowen, E. (1987): *Radar Days* (Hilger) Bristol.

Braun, F. (1909/1967): Electrical oscillations and wireless telegraphy. Nobel Lecture, December 11, 1909, in: *Nobel Lectures, Physics 1901 — 1921* (Elsevier) Amsterdam/London/New York.

Brown, L. (1949/1973): *The Story of Maps* (Dover) New York.

Dürer, A. (1525): *Underweysung der messung,* Nürnberg.

Dupin, C. (1825): *Geometrie und Mechanik der Künste und Handwerke und der schönen Künste,* Bd. 1, Paris/Straßburg.

Ferguson, E. (1993): *Das innere Auge. Von der Kunst des Ingenieurs* (aus dem Amerikanischen von Anita Ehlers) (Birkhäuser) Basel.

Furttenbach, J. (1644): *Mechanische Reißladen,* Augsburg.

Glas, E. (1986): On the Dynamics of Mathematical Change in the Case of Monge and the French Revolution, in: *Studies in History and Philosophy of Science,* 17: S. 249-268.

Goebel, G. (1979): Aus der Geschichte des Fernsehens — Die ersten fünfzig Jahre, in: *Bosch Technische Berichte,* 6: S. 211-235.

Haindl, S. (1852): *Maschinenkunde und Maschinenzeichnen,* 2.Aufl., München.

Hülsmeyer Chr. (1905): *Verfahren, um entfernte metallische Gegenstände mittels elektrischer Wellen einem Beobachter zu melden. DRP 156 546,* ausgegeben den 21.November 1905.

Knight, D. (1986): *The Age of Science. The Scientific World-view in the Nineteenth Century,* (Blackwell) Oxford.

Kurylo, F. (1965): *Ferdinand Braun. Leben und Wirken des Erfinders der Braunschen Röhre,* (Moos) München.

Lanz/Bétancourt (1829): *Versuch über die Zusammensetzung der Maschinen,* (aus dem Französischen nach der 2. Auflage übersetzt von W. Kreyher), Berlin.

Lovell, B. (1991): *Echoes of War. The Story of H2S Radar,* (Hilger) Bristol.

Mitchell, W. (1992): *The Reconfigured Eye. Visual Truth in the Post-Photographic Era.* (MIT Press) Cambridge, Massachusetts.

Monge, G. (1799/1900): *Darstellende Geometrie,* Leipzig (Ostwald's Klassiker der exakten Wissenschaften 117).

Möller T.; Spangenberg, P. M. (1991): Fern-Sehen — Radar — Krieg, in: M. Stingeln; Scherer W (Hg.), *HardWar / Soft War. Krieg und Medien 1914 bis 1945,* S. 275-302, München.

Otte, M. (1989): Die Auseinandersetzungen zwischen Mathematik und Technik als Problem der historischen Rolle und des Typus von Wissenschaft, in: S, Hensel; K. Ihmig; M. Otte (Hg.), *Mathematik und Technik im 19.Jahrhundert in Deutschland, Vandenhoeck & Ruprecht,* Göttingen (Studien zur Wissenschafts-, Sozial- und Bildungsgeschichte der Mathematik Bd. 6).

Reuleaux, F. (1875): *Theoretische Kinematik. Grundzüge einer Theorie des Maschinenwesens,* (Vieweg) Braunschweig.

Riedler, A: (1896): *Das Maschinen-Zeichnen. Begründung und Veranschaulichung der sachlich notwendigen zeichnerischen Darstellungen und ihres Zusammenghanges mit der praktischen Ausführung,* Berlin.

Riedler, A. (1899): *Die Stellung des Herrn Reuleaux zu den technischen Wissenschaften,* Berlin.

Ries, C. (1916): *Sehende Maschinen,* (Huber) München.

Rowe, A. (1948): *One Story of Radar,* (UP) Cambridge, Massachusetts.

Die Virtualisierung des Herrn

Slavoj Žižek

1.
In der berühmten Kurzgeschichte „Fenster" von Saki kommt ein Gast in ein Landhaus und blickt durch das große Fenster auf das Feld hinter dem Haus; die Tochter der Familie, alleine zu Hause und somit die einzige, die ihn empfängt, erzählt ihm, daß sie nun alleine in diesem Haus lebe – alle anderen Familienmitglieder seien vor kurzem durch einen Unfall ums Leben gekommen. Wenig später, als der Gast wieder durch das Fenster schaut, sieht er die Familienmitglieder langsam über das Feld näherkommen, auf der Heimkehr von der Jagd. Überzeugt, daß das, was er sieht, die Geister der Verstorbenen sind, läuft er mit Schrecken davon... (Die Tochter ist klarerweise eine pathologische Lügnerin; für ihre Familie heckt sie schnell eine weitere Geschichte aus, die erklärt, warum der Gast panikartig das Haus verlassen hat.) Einige wenige Worte, die den geeigneten symbolischen Kontext liefern, genügen also, um das Fenster zu einem Rahmen für das Phantasma zu machen und auf wundersame Weise die etwas verschwommen wahrgenommenen Hausbewohner in furchterregende Erscheinungen zu verwandeln.

Auf einer entwickelteren Stufe läßt sich dasselbe Dispositiv in einem der besseren neuen Science-fiction-Filme finden, in Roland Emmerichs „Stargate". Es ist die Geschichte eines jungen Wissenschaftlers, der das Rätsel eines in den 20er Jahren in Ägypten gefundenen riesigen Rings aus unbekanntem Metall löst: Nachdem man die entsprechenden sieben Symbole auf seinem Rand eingesetzt hat, beginnt der Ring als ein „stargate" zu funktionieren – indem man durch das Loch in seiner Mitte steigt, betritt man ein anderes, alternatives Universum, das heißt eine andere Raum-Zeit-Dimension. Was den Ring in Betrieb setzt, ist die Identifizierung des fehlenden, siebenten Symbols. Wir haben es also mit symbolischer Wirksamkeit zu tun, nicht mit einer wissenschaftlichen Untersuchung in Sachen materieller Kausalität – es ist die Einschreibung der entsprechenden sieben Symbole, welche den Ring in seiner Fähigkeit, als phantasmatischer Rahmen zu wirken, aktiviert, genau wie in Sakis Geschichte, worin die symbolische Intervention den gewöhnlichen Fensterrahmen in einen Bildschirm phantasmatischer Erscheinungen verwandelt.

Entscheidend ist hier die topologische Struktur dieser Anordnung: nicht nur das Loch in der Realität, das als die Öffnung hin zu dem anderen Schauplatz des Phantasmas fungiert, sondern auch eine Art von topologischer Verdrehung, eine In-sich-Kehrung der Realität, wie sie am deutlichsten durch die Bühne des Theaters veranschaulicht wird: Wenn wir sie vom Sitz eines Zuschauers aus betrachten, versinken wir im phantasmatischen Raum, wohingegen uns, wenn wir uns hinter die Bühne begeben, sofort die Armseligkeit des Mechanismus, der für die Bühnenillusion verantwortlich ist, ins Auge fällt – der phantasmatische Raum löst sich auf, „es gibt da nichts zu sehen..."

Und ist diese Vorrichtung – der Rahmen, durch den man den anderen Schauplatz erblicken kann – nicht das grundlegende Dispositiv des phantasmatischen Raumes, von den prähistorischen Lascaux-Malereien bis hin zur computergenerierten Virtual Reality? Ist die Schnittstelle eines Computers nicht die letzte Materialisierung dieses Rahmens? Was die eigentlich „menschliche Dimension" definiert, ist die Anwesenheit eines Schirms, eines Rahmens, durch den wir mit dem *übersinnlichen*, virtuellen Universum kommunizieren, das nirgendwo in der Realität aufgefunden werden kann. Schon Lacan hat darauf hingewiesen, daß der angemessene Ort der Platonischen Ideen die Oberfläche der reinen Erscheinung ist. Dieses Loch läßt die Balance unseres Eingebettetseins in die natürlichen Umgebungen entgleisen und wirft uns in einen Zustand „out of joint", in eine aus den Fugen geratene Situation: nicht länger zu Hause in der materiellen Welt, auf der Suche nach dem Anderen Schauplatz, der jedoch für immer „virtuell" bleibt, ein

Morrow, *Faust Aleph Null*, Titelblatt von: IF, August 1967, Sammlung Dr. Rottensteiner, Wien

Versprechen seiner selbst, ein flottierender anamorphotischer Schimmer, nur zugänglich über einen Blick von der Seite.

Die entscheidende Pointe liegt nicht nur darin, daß der Mensch ein zoon technikon ist, welches künstliche technische Umgebungen, seine „zweite Natur", zwischen sich und seine rohen natürlichen Umgebungen stellt. Es geht vielmehr darum, daß der Status dieser „zweiten Natur" auf irreduzible Weise virtuell ist. Um auf das Beispiel der Schnittstelle zurückzukommen: „Virtuell" ist der Raum, den wir auf dem Bildschirm der Schnittstelle sehen, dieses Universum aus Zeichen und glänzenden Bildern, durch das wir frei surfen können, das Universum, das auf den Bildschirm projiziert ist und das auf diesem Bildschirm den falschen Eindruck einer *Tiefe* erzeugt – in dem Moment, wo wir seine Schwelle überqueren und einen Blick auf das werfen, was *wirklich* hinter dem Schirm liegt, sehen wir nichts als sinnlose digitale Apparaturen. Dieser phantasmatische Schauplatz und die symbolische Ordnung sind strikt korrelativ: Es gibt keine symbolische Ordnung ohne den phantasmatischen Raum, keine ideale Ordnung des Logos ohne den pseudo-materiellen, „virtuellen" anderen Schauplatz, auf dem die phantasmatischen Erscheinungen auftreten können – oder, wie F. W. J. Schelling, der als die Schlüsselfigur des Deutschen Idealismus bezeichnet werden kann, es ausdrückte: Es gibt keinen Geist ohne Geister, kein rein geistiges Universum von Ideen ohne die obszöne, ätherische, phantasmatische Körperlichkeit von „Geistern" (Untoten, Geistern, Vampiren...).

Der Schlüssel für den Status der Virtuellen Realität liegt im Unterschied zwischen Imitation und Simulation [1]): Virtuelle Realität imitiert die Realität nicht, sie simuliert sie, indem sie deren Schein erzeugt. Mit anderen Worten, Imitation ahmt ein präexistentes Modell aus dem wirklichen Leben nach, während Simulation den Schein einer nicht existierenden Realität erzeugt – sie simuliert etwas, das nicht existiert. Nehmen wir den elementarsten Fall von Virtualität bei einem Computer, den sogenannten „virtuellen Speicher": Ein Computer kann einen weit größeren Speicher simulieren, als er tatsächlich besitzt, das heißt, er kann so funktionieren, als ob sein Speicher größer wäre, als er in Wahrheit ist. Und gilt dasselbe nicht für jedes symbolische Arrangement, bis hin zum Finanzsystem, welches ein viel größeres Ausmaß an Deckung simuliert, als es tatsächlich bieten kann? Das ganze System von Spareinlagen etc. arbeitet auf der Grundlage, daß jeder beziehungsweise jede zu jeder Zeit sein beziehungsweise ihr Geld auf der Bank beheben kann – eine Voraussetzung, die, obwohl sie niemals verwirklicht werden kann, gleichwohl das *reale, materielle* Funktionieren des Finanzsystems möglich macht...

Die Konsequenzen aus diesem Unterschied zwischen Imitation und Simulation sind radikaler, als es scheinen mag. Im Gegensatz zur Imitation, die den Glauben an eine präexistente *organische* Realität aufrechterhält, bewirkt die Simulation auf retroaktive Weise die *Denaturalisierung* der Realität selbst, indem sie den Mechanismus offenlegt, der für ihre Hervorbringung verantwortlich ist. Mit anderen Worten: Die *ontologische Wette* der Simulation besteht darin, daß es letztlich keine Grenze zwischen der Natur und ihrer künstlichen Reproduktion gibt – es gibt vielmehr eine elementarere Ebene der Realität, in bezug auf die sowohl die simulierte Bildschirm-Realität als auch die *wirkliche* Realität nichts anderes als generierte Effekte sind, das Reale der reinen Berechnung: Hinter dem Ereignis, das durch die Schnittstelle betrachtet wird (der simulierten Wirkung von Realität), liegt die reine, subjektlose („acephale") Berechnung, eine Serie aus 0 und 1, aus + und -.

In seinem Seminar II [2]), worin Lacan zum ersten Mal diese Formel von der Serie aus 0 und 1 einführt, reduziert er sie überstürzt auf die Ordnung des Signifikanten; aus diesem Grund sollte man diese Passagen wiederlesen aus der Perspektive des Gegensatzes zwischen Signifikant und Buchstabe (oder Schrift), der im Seminar XX [3]) aufgebaut wird: Subjektlose digitale Berechnung ist weder die differentielle symbolische Ordnung (das symbolische Reich des Sinns ist Teil der Pseudo-Realität, die auf dem Bildschirm manipuliert wird) noch die Realität außerhalb des Schirms der Schnittstelle (in der körperlichen Realität hinter dem Schirm gibt es nur Chips, elektrischen Strom etc.). Die Wette der Virtuellen Realität besagt, daß das Universum des Sinns, der Erzählform (narrativization), nicht die letzte Referenz, keinen unüberschreitbaren Horizont, darstellt – denn es beruht auf reiner Berechnung. Hier liegt die Spaltung, durch die Lacan auf immer vom postmodernen Dekonstruktivismus getrennt bleibt: Der letztere faßt Wissenschaft als eine unter den möglichen lokalen Erzählformen auf, wohingegen nach Lacans Auffassung die Wissenschaft uns in die Lage setzt, Zugang zum Realen der reinen Berechnung zu gewinnen, welches dem Spiel der multiplen Erzählformen zugrundeliegt. Dies ist das Lacansche Reale: die rein virtuelle, „nicht wirklich existente" Ordnung von subjektloser Berechnung, die gleichwohl jede „Realität" reguliert, sei sie materiell oder/und imaginär.

2.

Der Philosoph, der den besten begrifflichen Apparat für die Virtuelle Realität bereitgestellt hat, war Malebranche in seinem „Okkasionalismus". Malebranche, ein Schüler von Descartes, läßt Descartes' lächerliche Hypothese von der Zirbeldrüse fallen, welche dazu dienen sollte, die Koordination zwischen der materiellen und der geistigen Substanz, das heißt zwischen Körper und Seele, zu erklären. Wie also kann man deren Koordination erklären, wenn es keinen Kontakt zwischen den beiden gibt, keinen Punkt, an dem eine Seele kausal auf einen Körper einwirken kann und umgekehrt? Da die beiden kausalen Netzwerke (jenes der Ideen in meinem Geist und jenes der körperlichen Verkettungen) vollkommen unabhängig sind, besteht die einzige Lösung darin, daß eine dritte Substanz (Gott) ständig zwischen den beiden koordiniert und vermittelt, indem sie den Schein der Kontinuität aufrechterhält: Wenn ich daran denke, die Hand zu heben, und meine Hand tatsächlich in die Höhe schnellt, so bewirkt mein Gedanke das Heben meiner Hand nicht direkt, sondern nur „okkasionell"; das heißt, wenn Gott bemerkt, daß mein Gedanke auf das Heben meiner Hand gerichtet ist, so setzt er die andere, materielle, kausale Kette in Bewegung – was dazu führt, daß meine Hand wirklich gehoben wird.

Wenn wir „Gott" durch den großen Anderen, die symbolische Ordnung, ersetzen, so können wir die Nähe des Okkasionalismus zur Position Lacans erkennen: Wie Lacan es in seiner Polemik gegen Aristoteles in „Television" ausdrückt, ist die Beziehung zwischen Körper und Seele niemals eine direkte, denn der große Andere stellt sich immer zwischen die beiden. Okkasionalismus ist also im Wesentlichen ein Name für die „Arbitrarität des Signifikanten", für den Spalt, der das Netzwerk der Ideen vom Netz der körperlichen (wirklichen) Kausalität trennt, für den Umstand, daß es der große Andere ist, der für die Koordination der beiden Netzwerke verantwortlich zeichnet, sodaß meine Seele eine angenehme Empfindung hat, wenn mein Körper in einen Apfel beißt.

Auf genau diesen Spalt zielt auch der aztekische Priester, der Menschenopfer organisiert, um sicherzustellen, daß die Sonne wieder aufgehen wird: Das Menschenopfer ist hier ein Appell an Gott, die Koordination zwischen den beiden Reihen aufrechtzuerhalten, zwischen der körperlichen Notwendigkeit und der Verkettung symbolischer Ereignisse. So *irrational* das Opfer des Aztekenpriesters scheinen mag – die Prämisse, die dabei zugrundeliegt, enthält bei weitem mehr Einsicht als unsere Gemeinplatz-Intuition, wonach die Koordination zwischen Körper und Seele eine direkte sei. Nach der letztgenannten Auffassung ist es für mich *natürlich*, daß ich eine angenehme Empfindung habe, wenn ich in einen Apfel beiße, denn diese Empfindung ist direkt durch den Apfel verursacht: Was dabei verlorengeht, ist die vermittelnde Rolle des großen Anderen, der die Koordination zwischen der Realität und unserer mentalen Erfahrung von ihr garantiert. Und verhält es sich nicht ganz genau so mit unserem Versenktsein in die Virtuelle Realität? Wenn ich meine Hand hebe, um ein Objekt im virtuellen Raum zu bewegen, so bewegt sich dieses Objekt tatsächlich – meine Illusion besteht natürlich darin zu glauben, daß es die Bewegung meiner Hand gewesen wäre, welche direkt die Ortsveränderung des Objekts verursacht hat. Das heißt, in meinem Versenktsein übersehe ich den komplizierten Mechanismus der computerisierten Koordination – das Pendant zum Gott des Okkasionalismus und seiner Rolle, die Koordination der beiden Serien zu garantieren. [4]) Ungeachtet all der Reden über das „Ende des Cartesianischen Paradigmas" hören wir nicht auf, uns innerhalb dieser Koordinaten aufzuhalten.

Nach Frederic Jameson [5]) besteht eine der Antinomien der Postmoderne in der Antinomie zwischen Konstruktivismus (constructionism) und Essentialismus: Auf der einen Seite haben wir die schwindelerregende Progression von universeller Virtualisierung, die mehr und mehr Gewicht erlangende Formel, daß alles (sozial, symbolisch, technisch...) „konstruiert", kontingent ist, daß ihm jegliche Garantie in einem präexistierenden Grund fehlt; auf der anderen Seite gibt es die verzweifelte Suche nach einem festen Fundament, deren stärkster Ausdruck nicht so sehr die verschiedenen religiösen oder ethnischen „Fundamentalismen" sind, sondern eher die Rückkehr zur Natur in der zeitgenössischen ökologischen Haltung. Innerhalb der Domäne des postmodernen New-Age-Anticartesianismus nimmt diese Antinomie die Gestalt der Spannung zwischen der sogenannten Tiefenökologie („Deep Ecology") und dem New-Age-Techno-Spiritualismus an: Erstere macht sich zur Fürsprecherin einer Rückkehr zur spontanen Erfahrung der Natur, welche durch einen Bruch mit der Attitüde technologischer Herrschaft erreicht werden soll; wohingegen der letztere seine Hoffnungen auf eine spirituelle Umkehr setzt, die durch ihr Gegenteil herbeigeführt werden soll, nämlich durch die vollständige technologische Reproduktion der Realität. (Dies entspricht der Ansicht, daß in einer nicht allzu fernen Zukunft menschliche Subjekte aufgrund ihrer vollen Versenkung in die Virtuelle Realität in der Lage sein werden, den Anker zu lichten, der sie an ihre Körper heftet, und sich in geisterähnliche Wesen zu verwandeln, die frei von einem virtuellen Körper in den nächsten übergehen.)

Auf diese Weise ist es leicht, den springenden Punkt an der Faszination des ökologischen Standpunkts auszumachen: Er präsentiert sich als die einzige glaubwürdige Antwort auf die Hybris des modernen Subjekts, auf die permanente Instabilität, die der kapitalistischen Logik innewohnt. Denn das Problem der zeitgenössischen Ethik besteht darin, eine Grenze in unserem Universum von postmodernem Relativismus zu errichten, in dem keine Instanz die unbedingte Autorität besitzt, uns zu sagen: „So weit könnt ihr gehen, und nicht weiter!" Die Ökologie tritt hier als der einzige ernstzunehmende Widersacher gegen den postmodernen Relativismus auf: Sie bietet die Natur selbst, die zerbrechliche Balance des Öko-Systems der Erde, als den Referenzpunkt an, welcher das richtige Maß liefert, das heißt die unüberschreitbare Grenze für unsere Handlungen. *Diese Geste, eine „objektive" Rechtfertigung für die Begrenzung abzugeben, ist Ideologie in ihrer reinsten Form.* Gegen die tiefenökologische Wiedererrichtung dieser Begrenzung sollte man darum die dem Anschein nach *pessimistische, reaktionäre* Einsicht ins Feld führen, daß das Universum als solches *out of joint* ist, daß eine radikale Dislozierung seine positive ontologische Bedingung bildet. Wir können nun zu dem Gegensatz zwischen der Tiefenökologie und dem New-Age-Spiritualismus zurückkehren: Das Phantasma von der wiedererrichteten natürlichen Balance, in der die Menschheit zum untergeordneten Teil zurückgestuft wurde, und

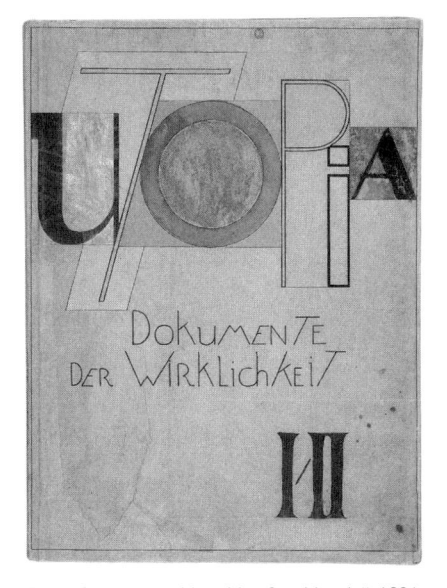

Oskar Schlemmer, Umschlag für „Utopia", 1921, Aquarell und Deckweiß, Silber- und Goldbronze über Konturenzeichnung in Tuschfeder auf Pergaminpapier, 32,8 × 24,9 cm, © 1996 Archiv und Familiennachlaß Oskar Schlemmer, Badenweiler

das Phantasma des Verdampfens der inerten Körperlichkeit in einer umfassenden Virtualisierung sind die zwei entgegengesetzten Strategien, eine *Spaltung* zu verleugnen: die Spaltung zwischen dem, was wir „Realität" nennen, und dem Loch des Realen, das mit phantasmatischem Inhalt gefüllt ist; das heißt der flüchtige, nicht faßbare Spalt, der die „Realität" aufrechterhält.

3.
Insofern die Wirkungskraft der Virtual Reality in der Dynamik des Kapitalismus wurzelt, ist es nicht verwunderlich, daß die Analyse von Marx – seine Betonung des notwendigen Zusammenhangs zwischen Mangel und Exzeß – ihre Gültigkeit auch für die Virtual Reality beibehält. Wie schon Hegel in seiner Theorie der bürgerlichen Gesellschaft hervorgehoben hat, besteht das Paradoxon der modernen Armut darin, daß der Mangel an Wohlstand nicht von den beschränkten produktiven Kapazitäten herrührt, sondern daß er gerade durch den Exzeß der Produktion, durch „zu großen Wohlstand", hervorgebracht wird. Überschuß und Mangel sind korrelativ; der Mangel (die Armut des *Pöbels*) ist gerade die Erscheinungsform eines Exzesses der Produktion. Unter dieser Voraussetzung ist jeder Versuch, eine Balance zwischen dem Mangel und dem Exzeß herzustellen (und was ist der Faschismus in seiner ökonomischen Politik anderes als der verzweifelte Versuch, in den Kreislauf der gesellschaftlichen (Re)produktion eine fundamentale Balance wiedereinzuführen?), zum Scheitern verurteilt: Ausgerechnet der Versuch, den Mangel (die Armut) durch Produktion größeren Wohlstands zu beseitigen, führt zu mehr Armut...
Auf einer etwas anderen Ebene treffen wir eine homologe wechselseitige Abhängigkeit zwischen Mangel und Exzeß in der Stalinistischen Version des „Totalitarismus" an. Wie funktioniert das Über-Ich im stalinistischen bürokratischen Universum? Das hervorragendste Beispiel hierfür sind klarerweise die stalinistischen Säuberungen. Der *double bind*, der im Begriff des Über-Ich liegt, zeichnet sich am deutlichsten ab im Schicksal von Stalins Innenministern – Jeschow, Jagoda, Abakumow. Auf ihnen lastete ein ständiger Druck, stets neue anti-sozialistische Verschwörungen aufzudecken, ihnen wurde immer vorgeworfen, zu milde, nicht wachsam genug zu sein; ihre einzige Möglichkeit, den Anspruch des Führers zu befriedigen, bestand folglich darin, Verschwörungen zu erfinden und Unschuldige zu verhaften. Dadurch jedoch legten sie auch den Grund für ihren eigenen gewaltsamen Sturz, denn ihr Nachfolger war bereits am Werk und sammelte Beweise dafür, daß sie in Wahrheit konterrevolutionäre Agenten des Imperialismus seien, die gute, überzeugte Bolschewiken töteten... Die Unschuld des Opfers ist hier also Teil des Spiels, sie ermöglicht den selbst-reproduzierenden Kreislauf von revolutionären Säuberungen, die „ihre eigenen Kinder fressen". Diese Unmöglichkeit, das *richtige Maß* zu finden zwischen Mangel (an Eifer im Kampf gegen die Konterrevolution) und Exzeß ist das deutlichste Indiz für die dem Über-Ich analoge Funktionsweise der stalinistischen Bürokratie: Wir sind entweder zu milde (wenn wir nicht genügend Verräter entdecken, so beweist das unsere heimliche Unterstützung der Konterrevolution) oder zu wachsam (was uns wiederum schuldig macht, überzeugte Kämpfer für den Sozialismus zu verurteilen)... Diese wechselseitige Abhängigkeit zwischen Mangel und Exzeß bildet möglicherweise den Kern dessen, was wir „die Moderne" nennen.

Ein anderes Beispiel für die Kodependenz von Mangel und Exzeß liefert die paradoxe Rolle des „schmalen Bandes" (das heißt der Umstand, daß aus strukturellen Gründen das Bild immer reduziert, begrenzt ist) im Prozeß der Symbolisierung: Es ist dieser Mangel, diese Beschränkung selbst, welche den exzessiven Reichtum der Imagination aktiviert (es mag hier genügen, an das beinahe sprichwörtliche Beispiel des Kindes mit einfachen Holzspielsachen zu erinnern, das eine weit größere Phantasie besitzt als ein Kind mit kompliziertem Elektronikspielzeug.) Hierin liegt das Hindernis für eine vollständige Versenkung in die virtuelle Realität: Sie sättigt unsere Phantasie, indem alles schon unseren Augen vorgeführt wird. Dies gilt auch für die strukturelle Sackgasse des sogenannten „interaktiven Erzählens", worin der Leser an jeder Wendung der Geschichte seine eigene Version der Ereignisse frei wählen kann (der Held kann die begehrte Dame erobern oder sie verlieren etc.). Die Erfahrung zeigt, daß eine solche Konstellation ein doppeltes Unbehagen im Leser erzeugt:

1. Es gibt „zu viel Freiheit", zu vieles hängt von mir ab, anstatt mich der Lust an der Erzählung hingeben zu können, werde ich mit Entscheidungen bombardiert, die zu treffen sind;

2. Mein naiver Glaube an die erzählte Realität wird gestört; das heißt, zum Entsetzen der offiziellen Ideologie des interaktiven Erzählens lese ich eine Geschichte, um zu erfahren, „was wirklich geschah mit dem Helden" (hat er wirklich die begehrte Dame erobert etc.?), und nicht um über den Ausgang zu entscheiden...[6]) Was dieser Frustration zugrundeliegt, ist das Verlangen nach einem Herrn: In einer Erzählung möchte ich, daß jemand Regeln aufstellt und Verantwortung für den Lauf der Dinge übernimmt – exzessive Freiheit ist aufs äußerste frustrierend. Mehr als eine Antwort auf die Bedrohung durch eine tatsächliche ökologische Katastrophe ist die Tiefenökologie ein Versuch, diesem Mangel an einem *objektiven*, aufgezwungenen Set von Regeln, welches unsere Freiheit eingrenzen würde, zu begegnen. Was hier nicht außer Acht gelassen werden sollte, ist die Verbindung zwischen dieser Beschränkung und unserem *Realitätssinn*: Im interaktiven Universum ermangelt es der Realität an ihrer inhärenten Beschränkung, und sie ist darum gleichsam ihrer Substanz beraubt, in eine Art von ätherischem Bild ihrer selbst verwandelt.

Welche implizite Regel ist also verletzt in einer „interaktiven" Erzählung? Wenn wir eine Aufführung des „Othello" sehen, so wissen wir genau, was kommen wird, und doch sind wir nichtsdestoweniger voll von Unruhe und jedes Mal wieder geschockt vom tragischen Ausgang, so als ob wir, auf einer anderen Ebene, nicht ganz sicher wären, daß das Unvermeidliche wieder passieren wird. Finden wir hier nicht eine neue Variation des Motivs vom Verbot des Unmöglichen und/oder der Verfügung, das zu tun, was bereits in sich selbst notwendig ist? Eine Variante des Spaltes, welcher die beiden Tode, den symbolischen und den realen, voneinander scheidet? Der Spaltung, wie sie in dem bereits erwähnten Beispiel des aztekischen Priesters auftritt, der Menschenopfer organisiert, um den Aufgang der Sonne sicherzustellen, das heißt der durch die äußerst *irrationale* Aussicht alarmiert ist, daß das Offensichtlichste in der Welt nicht eintreten könnte? Und ist nicht die selbe Geste des freien Zustimmens zum Unvermeidlichen konstitutiv für die Position eines Herrn? Mittels dieses „Ja!" setzt ein Herr „den Punkt auf das i", bezeugt er das Unvermeidliche – er handelt, als ob er eine Wahl hätte, wo es in Wahrheit keine gibt.

Anonym, *Machine à vapeur pour la correction célérifère des petites filles et des petits garçons* (Dampfmaschine zur schnellen und sicheren Besserung der kleinen Mädchen und der kleinen Knaben), 1820, Radierung auf blauem Papier, koloriert, 32 x 42,5 cm, Bibliothèque nationale de France

(Aus diesem Grund hat die Position des Herrn notwendigerweise immer etwas inhärent Idiotisches an sich: Die Hauptrolle des Herrn besteht darin, das Offensichtliche festzustellen.)

Es mag genügen, an das gegenwärtige Verhältnis zwischen den westlichen Supermächten und Rußland zu erinnern: In Übereinstimmung mit dem stillschweigenden Pakt, der dieses Verhältnis regelt, behandeln die westlichen Staaten Rußland als eine Großmacht, unter der Bedingung, daß Rußland nicht (wirklich) wie eine Großmacht handelt. Man kann sehen, wie die Logik dieses Angebots, das dazu da ist, abgelehnt zu werden (Rußland wird die Chance geboten, als eine Großmacht zu handeln, unter der Bedingung, daß es dieses Angebot höflich ablehnt), in einer Möglichkeit besteht, welche eine bloße Möglichkeit zu bleiben hat: Im Prinzip ist es für Rußland möglich, wirklich als eine Großmacht zu handeln, aber wenn Rußland den symbolischen Status einer Großmacht beibehalten will, so darf von dieser Möglichkeit kein Gebrauch gemacht werden... Ist also die heutige Position Rußlands (das als Großmacht behandelt wird unter der Bedingung, daß es sich nicht wie eine verhält) nicht die Position des Herrn schlechthin?

Ein anderer Aspekt derselben paradoxen Position des Herrn betrifft das Rätsel des Absolvierens von Prüfungen und der Bekanntgabe ihres Ergebnisses: Es muß da einen minimalen Spalt geben, eine Verzögerung zwischen der tatsächlichen Prüfung, dem direkten Messen unserer Leistungsfähigkeit, und dem Moment der öffentlichen Proklamation des Ergebnisses – eine Zwischenzeit, in welcher trotz der Tatsache, daß die Würfel gefallen sind und wir das Ergebnis kennen, eine Art von *irrationaler* Unsicherheit in bezug darauf auftritt, „was der Herr (der die Resultate bekanntgibt) wohl sagen wird" – als ob das

Ergebnis nur durch seine öffentliche Proklamation wirklich würde, zum *Fürsichsein* gelangte. 7)

Die Virtualisierung der Realität unterminiert somit die Funktion des Herrn – mit Konsequenzen, die bei weitem weniger vorhersagbar und viel unheimlicher sind, als es scheinen mag.

Anmerkungen:

1) Zur Unterscheidung zwischen Imitation und Simulation siehe Wooley, 1992.

2) Siehe Seminarsitzung XXIII (1980; „Psychoanalyse und Kybernetik"), in: Lacan, 1954-55

3) Siehe dazu Kapitel III in: Lacan, 1986.

4) Das Hauptwerk von Nicolas Malebranche bilden seine „Recherches de la verité" (1674-75, die greifbarste Ausgabe: Paris, (Vrin) 1975. In unserer Lesart von Malebranche stützen wir uns auf: Bozovic, 1995. Nebenbei ermöglicht es uns der Okkasionalismus, ein neues Licht auf den genauen Status des Sündenfalls zu werfen: Adam wurde nicht deshalb ruiniert und aus dem Paradies verbannt, weil er einfach durch Evas Sinnlichkeit auf Abwege geführt worden wäre. Das Entscheidende ist viel eher, daß er einen philosophischen Fehler beging und vom Okkasionalismus zum vulgären sensualistischen Empirismus *regredierte*, demzufolge materielle Objekte unsere Sinne direkt, ohne Vermittlung des großen Anderen (Gott) affizieren. Der Sündenfall ist in erster Linie eine Frage von Adams philosophischen Überzeugungen. Das heißt, daß Adam vor dem Fall seinen Körper vollkommen beherrschte und eine Distanz ihm gegenüber wahrte: Da ihm bewußt war, daß die Verbindung zwischen seiner Seele und seinem Körper kontingent und nur okkasionell ist, war er in jedem Augenblick in der Lage, sie zu suspendieren, das heißt sich abzukoppeln und weder Schmerz noch Lust zu empfinden. Schmerz und Lust waren keine Selbstzwecke, sie dienten nur dazu, Information darüber zu liefern, was schlecht oder gut für das Überleben seines Körpers ist. Der „Sündenfall" passierte in jenem Moment, wo Adam in exzessiver Weise (das heißt über das Maß hinaus, das nötig ist, um durch Information sein Überleben in natürlichen Umgebungen zu garantieren) seinen Sinnen nachgab – in dem Moment, wo seine Sinne ihn in einem solchen Maß affizierten, daß er seine Distanz zu ihnen verlor und vom reinen Denken abgelenkt wurde. Das Objekt, das für den Sündenfall verantwortlich war, war klarerweise Eva: Adam fiel, als der Anblick der nackten Eva ihn für einen Moment verwirrte und ihn dazu verleitete zu glauben, daß Eva selbst, direkt und nicht okkasionell, die Ursache seiner Lust sei. Eva ist also insofern verantwortlich für den Sündenfall, als sie den philosophischen Irrtum des sensualistischen Realismus hervorruft. Wenn Lacan geltend macht, daß die Frau nicht existiert („la femme n'existe pas"), so muß diese Behauptung als entscheidendes Argument für den Okkasionalismus und gegen den sensualistischen Empirismus gelesen werden: Wenn ein Mann eine Frau sexuell genießt, so ist die Frau nicht eine direkte, sondern lediglich eine okkasionelle Ursache seines Genießens. Er genießt die Frau, weil Gott (der große Andere, das symbolische Netzwerk) sie als das Objekt der Befriedigung aufrechterhält. Mit anderen Worten: „Eva" steht für die primordiale fetischistische Verleugnung der „Kastration", das heißt des Umstands, daß die Wirkung eines sinnlichen Objekts (einer Frau) nicht direkt in seinen Eigenschaften gründet, sondern durch seinen symbolischen Ort vermittelt ist. Und, wie bereits der heilige Augustinus hervorgehoben hat,

die Strafe, der Preis, den Adam für seinen Sündenfall zu bezahlen hatte, bestand – recht angemessen – darin, daß er seinen Körper nicht mehr voll beherrschen konnte: Die Erektion seines Phallus entzog sich seiner Kontrolle. Wenn also der Sündenfall eine Veränderung in Adams philosophischer Position impliziert und wenn es ferner der Sündenfall ist, wodurch die Frau geschaffen, zum Sein gebracht wird – nicht auf der ontischen Ebene, sondern hinsichtlich ihres ontologischen Status, als die Verführerin, die zum Begehren des Mannes korrelativ ist (die Dinge verhalten sich hier noch schlimmer, als Otto Weininger dachte, denn in ihrem ontologischen Status ist die Frau das Ergebnis des philosophischen Irrtums des Mannes) – was war dann, wenn es eine gab, die philosophische Position von Eva?

5) Siehe dazu den ersten Teil („Die Antinomien der Postmoderne") von: Jameson, 1994.

6) Filmschaffende fallen manchmal einer homologen Illusion zum Opfer, wenn sie neue Filme in Sondervorschauen prüfen und dann wie besessen ein neues Ende nach dem anderen etc. drehen. Diese äußerste Adaption nach den Wünschen des Publikums führt regelmäßig zu einem Scheitern. Was das Publikum will, ist ein Herr, der ihm seine Version aufzwingt, und nicht ein biegsamer Diener...

7) Man ist sogar versucht, eine wilde Hypothese zu riskieren und zu behaupten, daß diese Spaltung eine physiologische Basis in dem doppelten Höhepunkt der orgasmischen Erfahrung hat: Zuerst kommt ein *point of no return*, nach dem wir für einige Sekunden im Entzücken schweben; dann löst der darauffolgende zweite Höhepunkt die Spannung... Das Klischee, wonach Wagners Steigerungsmomente (das Finale der Ouvertüre zu „Lohengrin", das Finale des „Tristan") „orgasmisch" sind, erscheint so gerechtfertigt: Auch hier ist der Steigerungsmoment ein doppelter, das heißt, der erste Höhepunkt beendet die Hemmung, setzt die Kräfte frei, aber er löst noch nicht die Spannung; hierfür wird ein zweiter Höhepunkt benötigt...

Verwendete Literatur:

Bozovic, Miran (1995): Malebranchian Occasionalism, or, Philosophy in the Garden of Eden, in: *Filozofski Vestnik* (1/1995; Ljubljana: Slovene Academy of Sciences).

Jameson, Frederic (1994): *The Seeds of Time,* New York.

Lacan, Jacques (1954-55): *Das Ich in der Theorie Freuds und in der Technik der Psychoanalyse. Das Seminar.* Buch II, Olten/Freiburg.

Lacan, Jacques (1986): *Encore. Das Seminar,* Buch XX (1972-1973), Weinheim/Berlin.

Wooley, Benjamin (1992): *Virtual Worlds,* (Blackwell) Oxford.

Die Arbeitsmaschine

Dokumente zu Sozialtechnologie und Rationalisierung

Ramón M. Reichert

„Die menschliche Gesellschaft erscheint [...] wie eine große, ungeheure Maschine, deren regelmäßige und harmonische Bewegungen tausend angenehme Wirkungen hervorbringen." (Smith, 1977: 526) Maschinentraum eines Adam Smith von einer allgemeinen Arbeitsgesellschaft, in der Arbeitsteilung bereits umfassend soziotechnisch moralisiert ist. Doch heroisiert diese Sozialutopie bloß den Endpunkt der Tugendschule gesamtgesellschaftlicher *Verfleißigung* und verbirgt sorgsam deren Technologie der Pädagogisierung.

Die Sprache des Regierens entfaltet im 17. Jahrhundert in einer Vielzahl von Techniken des Wissens die Konstruktion von Bevölkerung. Mit der Etablierung der „Politischen Arithmetik" [1] sollte nun der Sozialkörper in tabellarisch lesbare Ordnungen – Tableaus, Genealogien und Taxonomien – übersetzt werden, um ihn für die Möglichkeit einer *besseren* Regierbarkeit und Verwaltung bereitzustellen. Regieren und Verwalten setzt demnach eine diskursive Technologie voraus, die es erst ermöglicht, den Gegenstand der politischen Vernunft innerhalb einer symbolischen Ordnung anzuordnen, aufzuzeichnen und einer Berechnung zugänglich zu machen. Im *Kampf* um regierungswissenschaftliche Hegemonie klassifiziert das soziotechnische Wissen unaufhörlich, erstellt endlose Listen von Ordnungs-, Leistungs-, Gedächtnis- oder Tugendmängeln – und fügt seine Anatomie des sozialen Körpers wieder unter dem Diktat der Nützlichkeit zusammen: sei es in der Administration eines taktischen Körpers, eines arbeitsteiligen Fabrikskörpers, eines selbstregulierten moralischen Automaten oder eines „Human Engineering".

Claude Nicolas Ledoux, *Vue perspective de la Ville de Chaux,* (Perspektivische Ansicht der Stadt Chaux), 1804, Kupferstich, 32,8 × 48,5 cm, Sammlung Georges Jean

Industrie-Theater

„Die Produktion wird euch, die ihr die Jahrhunderte voller Vorurteile und Laster in Grund und Boden verdammt, die ihr so hoffnungsfroh in eine glückliche Zukunft blickt, mit jener zarten inneren Freude erfüllen, die sich einstellt, wenn ihr euch nicht künstlich zu trösten sucht. So werdet ihr schließlich die Grundsätze herausfinden, die euch zu Anhängern strenger Sitten werden lassen, ihr werdet in asketischen Familien leben, pflichtbewußt und von natürlichen Anschauungen geleitet; ihr werdet sehen, wie die Arbeit den Tumult der Städte fliehen, wie sie nicht rasten noch rosten, wie sie sich rundum in den stillen Wäldern ausbreiten wird. Vor meinem Auge öffnet sich und wächst ein riesiger Kreis, ein neuer Horizont schimmert in allen Farben herauf. Das mächtige Gestirn blickt kühn herab auf die Natur, sodaß der schwache Mensch die Augen niederschlägt. Du aber, produktive Aktivität, brauchst nicht zu fürchten, die glühende Linie zu überschreiten. Du bist die Mutter aller Kräfte, und nichts kann ohne dich bestehen, außer dem Elend. Du hauchst das Leben ein." (Ledoux, 1804: 24)

1773 erhielt der Architekt Claude-Nicolas Ledoux (1736-1806) den Bauauftrag, eine Salzfabrik in der Franche-Comté bei Arc-et-Senans zu entwerfen. Der Bauherr des Entwurfs der Salinenstadt war eine industrielle Unternehmungsgesellschaft, die bereits über einen Großteil der Produktionsgüter verfügte und mit der Suche nach hohen Profiten die Gesamtkonzeption der neuen Salinen prägte.

Arbeit und Produktion sind die Schlüsselbegriffe der architektonischen Sprache von Ledoux. Die Arbeitssymbolik seiner Architektur markiert insofern eine Zäsur in der Geschichte der Stadtplanung, als Ledoux ein architektonisches Tableau ausschließlich unter den Aspekten von Arbeit und Produktion entwarf. In das Zentrum des verwaltenden Blicks stellt Ledoux das Haus des Direktors und seiner Beamten, in dessen Mittelpunkt sich eine Kapelle befindet, die den gesamten Ort heiligen sollte. In dieselbe Richtung weist auch die sogenannte Galerie, durch welche die Arbeiter das Salz führen, direkt unter dem Altar der Kapelle, wodurch die Produktion gleichsam ihre Weihe erhält. Die architektonische Inszenierung von Produktion repräsentiert den Ort des Kontrollbeamten in seiner ganzen theatralischen Fülle:

„Der Kontrollbeamte, den ich ins Zentrum der Kraftlinien gesetzt habe, kann mit einem Blick alle Einzelheiten erfassen, die seiner Aufsicht obliegen [...]. Das Auge kann die kürzeste Linie am schnellsten überblicken; die Arbeit verläuft dann in schnellen Schritten; die Bürde des Weges verringert sich in der Hoffnung auf eine schnelle Rückkehr. Alles richtet sich nach diesem Maß, das das Gesetz der Bewegung vervollkommnet." (Ledoux, 1804: 67, 77)

Die Ordnung der Produktion entfaltet sich aber weniger aus dem zentralen Blickort der Administration, sondern muß sich erst in der Assoziation der Arbeiterwohnungen verfassen. Das heißt, daß die konstituierende Organisation der Fabrik erst möglich wird durch die (Selbst-) Regierung der Lebensführung der Arbeiter, die das Band des Vertrages von Produktion und Reproduktion knüpft. Ledoux Arbeiter- und Fabriksiedlung beruhte auf dem Prinzip der Einheit von Produktionssphäre und Privatsphäre. So war beispielsweise das Emblem der ausrinnenden Salzsole gleichsam als Füllhorn permanenter Produktivität an jedem der Häuser und Hallen zitiert, um zu suggerieren, daß die gesamte Reproduktion des Arbeiters untrennbar mit der gleichmäßigen Salzgewinnung verknüpft sei.

„Wenn der Arbeiter seinen geliebten Rückzugsort des Arbeiterhauses verläßt, findet er ein fruchtbares Feld zu bestellen, es beschäftigt ihn während der Arbeitspausen und bringt ihm Genuß." (Ledoux, 1804: 111f)

Die Architektur beschreibt Ledoux als Regulativ einer reformierten produktiven Sittlichkeit, die in den Prozeß der Produktion die soziale Lebensform des Arbeiters miteinbezieht. Es gilt also, den Zugriff auf das Arbeiterleben zu konfigurieren. Auch die Privatsphäre des Arbeiters ist Produktionsbedingung und dem Austausch mit dem Kapital unterworfen. Produktiv gilt nur jene Form der Arbeit, die sich austauscht, so ist die Reproduktion selbst Wiederherstellung der Produktion. Auch der unmittelbare Genuß soll zur Aufrechterhaltung der gesamten Fabriksorganisation beitragen, so gibt es in Ledoux' Industrie-Utopie keine unproduktive Verausgabung, sondern den Versuch, innerhalb einer geschlossenen Ökonomie jeder Handlung als Tauschhandlung die Erhaltung des Fabriksorganismus zu unterstellen. Jedes Arbeiterwohngebäude zentrierte ein Versammlungsraum, ein „Hôtel de réunion", in dem sich ein Herdfeuer über einer gewölbten Decke befand, die, so schreibt Ledoux, „eine allgemeine Vorstellung von Gemeinsamkeit vermittelt, die den Menschen einbindet in eine soziale Ordnung, so wie sie ihm von Natur gegeben ist". (Ledoux, 1804: 109)

In diesem Industrie-Theater, das die architektonische Form des römischen Theaters stilisiert, modelliert die architektonische Einbindung von Produktion, Direktion und Arbeiterwohnung die Rousseausche Gesellschaftsverfassung des „Contrat Social" (1762). In diesem Zusammenhang betont Ledoux in seinem 1804 erschienenen Traktat „L'Architecture considérée sous le rapport de l'art, des moeurs et de la législation" immer wieder die „Ordre social" und die erzieherische Wirkung dieser umfassenden Architektur der Produktion. So trat an Stelle des barocken Verbandes das Pavillonsystem, das von nun an zum Modell der Kooperation wurde: eine freie Vereinigung selbständiger Bürger. Für die in ihrer Freiheit noch ratlosen Bürger beansprucht jedoch Ledoux eine Regierungsaufgabe, die ihn zum erziehenden Architekten delegiert. Eine erziehende Architektur soll das soziale System nicht nur reinigen, sondern als Schöpfungsakt des sozialen Bandes je schon die Ordnung des Sozialen konstituieren:

„In diesen schönen Räumen wird alles zur Freude, hier läßt sich die Liebe nieder um zu bleiben, hier ist der Mensch noch voller Unschuld [...]. Die gewölbte Decke im Versammlungsraum der Arbeiterwohngebäude vermittelt eine allgemeine Vorstellung von Gemeinsamkeit, die den Menschen einbindet in eine soziale Ordnung, so wie sie ihm von Natur gegeben ist..." (Ledoux, 1804: 109f)

Idyllenarchitektur industrieller Leidenschaften

Die Sozialutopisten versuchten stets schon, die Diskursfigur der Arbeit als *menschlichen* Affekt zu verallgemeinern und für den gesamten Gesellschaftskörper geltend zu machen. Besonders deutlich wird dies in den Schriften Charles Fouriers, der die industrielle Arbeitszerlegung des Leibes wieder in der Einheit einer Triebstruktur zu verankern sucht. Mit dem Deutungsansatz, daß zwischen den Affekten der Menschen und der Arbeit, die sie tun, notwendige und berechenbare Anziehungskräfte wirken, bot Fourier eine ontologische Version menschlicher Arbeit an. Arbeit sollte unter Berufung auf Newtons Theorie der physikalischen Anziehungskraft als Affekt *ursprünglichen Daseins* den Bürger allgemein, gar universell vergesellschaften. Die Gesellschaft befindet sich nach Fouriers naturwissenschaftlichen Isomorphien in einem Naturzustand, deren Zivilisierung erst durch die Anwendung Newtonscher Universalgesetze herbeigeführt werden könne.

In seiner programmatischen Schrift „Théorie de l'unité universelle" von 1822 beschreibt Fourier seinen Architekturplan, der die Arbeit in Unterhaltung und die Freude in Arbeit umformt:

„Ich beginne mit der Papillone oder Flatterlust. Sie ist das Bedürfnis nach periodischer Abwechslung, kontrastierenden Situationen, Szenenveränderungen, pikanten Zwischenfällen, Neuheiten, die geeignet sind, die Illusionen zu wecken, Sinne und Seele anzuregen. [...] Um den häufigen Ortswechsel zu erleichtern, den das Leben in der Harmonie mit sich bringt, sind alle Flügel und Gebäudeteile eines Phalansteriums im ersten Stock

Anonym, *Vue du Phalanstère de Fourier*, (Ansicht des Phalanstère von Fourier) 19. Jhdt., Aquarell, 61,5 x 74,5 cm, Musée du Temps, Besançon

und Parterre durch Straßengalerien verbunden, die im Winter mittels Röhren beheizt und im Sommer gekühlt werden. Auf diese Weise kann man geschützt alle Säle, Werkstätten und Stallungen durchlaufen, ohne zu wissen, ob es draußen kalt oder warm ist." (Fourier, 1822: 66f)

Mit der Rentabilität der Arbeitsfreude verbunden ist die Vielfalt der Vorlieben, auch sie ist eine rentable Lust, die Produktion erhöht. Diese Diversifikation der Geschmacksurteile, die der Monotonie des industriellen Alltags gegenübergestellt wird, soll erstens die Produktion durch die lustvolle Neigung zur Selbstverausgabung (jeder kann sich seine Arbeit aussuchen, der Wert dieser Arbeit wird durch eine Arbeitsbörse bestimmt, wonach die attraktivste am geringsten, die niedrigste am höchsten entlohnt werden soll) erhöhen, zweitens die Konsumtion durch ein flottierendes, luxuriös-verfeinertes Bedürfnis anheben: „Von früh auf werden die Kinder daran gewöhnt, ihren Geschmack an jedem Gericht, jedem Duft und jeder Art der Zubereitung zu entwickeln und zu begründen. Für die kleinsten Gerichte werden sie je nach Geschmack die verschiedensten Zutaten verlangen, um sie dann auf die Arbeit der Zubereitung, der Aufbewahrung und der Produktion auszudehnen." (Fourier, 1822: 72)

Die Verfeinerung des Geschmacks reguliert aber nicht nur die Güteklasse der Produkte, sondern auch die Dsziplin des Arbeiters, der nun angehalten wird, die Qualität des Produktes permanent zu verbessern.

Als Grundzelle des sozialen Körpers bestimmt Fourier die Phalange: Sie soll der Prototyp einer Wohn- und Produktionsgenossenschaft mit universellem Anspruch sein. Die Organisation der Arbeit basiert auf dem Prinzip der sozialen Affekte von Wetteifer (cabaliste) und Begeisterung (composite). Durch die Leidenschaft des Wetteifers werden demnach die einzelnen Gruppen der Produktion innerhalb der Phalange hinsichtlich ihrer Arbeitsleistung unter Wettbewerb gestellt. Für die Organisierung der Konkurrenz innerhalb der Phalange ist es deshalb wichtig, daß die Arbeitsgruppen verwandte Tätigkeiten ausüben, um durch kontinuierlichen Vergleich ihren Wetteifer zu motivieren und schließlich eine qualitative Optimierung der Produkte zu gewährleisten:

„In jeder leidenschaftlichen Serie, gleichviel ob es sich um Arbeit oder um Vergnügen handelt, gilt es also, eine Stufenleiter einander nahe verwandter Tätigkeiten aufzustellen. Dies ist ein sicheres Mittel, der Streitlust einen lebhaften Aufschwung zu geben, jedes Produkt zu hoher Qualität zu bringen, die Arbeitsfreude anzuregen und eine große Vertrautheit unter den Mitgliedern einer jeden Gruppe herzustellen." (Fourier, 1822: 72)

Der „Esprit de Corps" einer unter Wettkampf stehenden Arbeitsgruppe ist schließlich Modell einer allgemeinen Reformierung des Gesellschaftskörpers:

„Eine Arbeitsgruppe muß noch von zwei anderen, sinnlichen Reizen angespornt werden; einmal vom Reiz der besonderen Vervollkommnung des Produkts, die jede Gruppe anstrebt und deren Lob sie mit Stolz erfüllt; zum anderen vom Reiz der kollektiven Vervollkommnung, dem gemeinsamen Wohlergehen, das alle Arbeiten und Produkte der Serien durchdringt." (Fourier, 1822: 74)

Taktischer Körper und Produktivkraft

Die technologische Kriegsführung des Salvenfeuers führte um 1600 zu einer Reorganisation der neuzeitlichen Kriegsführung. Taktische Einheiten wurden im Drill formiert, um die für die Salven notwendigen segmentierten Einzelschritte schnell und möglichst synchron auszuführen. Während die mittelalterliche Schlachtformation noch aus ein Kilometer breiten Aufstellungen bestand, galt es nun, einen Truppenkörper auszubilden, synchron zu feuern, zurückzumarschieren, zu laden und Manöver auszuführen [2]). Taktisches Ziel der Disziplinierung des Truppenkörpers war es, die Produktion eines regelmäßigen Feuerhagels zu organisieren. Mit dieser Änderung der militärischen Taktik unabdingbar verbunden war eine streng kodierte Formation des Heereskörpers. Dem Exerzieren, dem präzis organisierten Ablauf synchronisierter Handlungen einer taktischen Einheit, wird fortan die Substanz der Schlachtentscheidung zugeschrieben:

„Der Erfolg unserer preußischen Infanterie kann man nur der Vorzüglichkeit ihrer Disziplin und ihres Exercierens zuschreiben; es ist eben nicht gleichgültig, wie man exer-

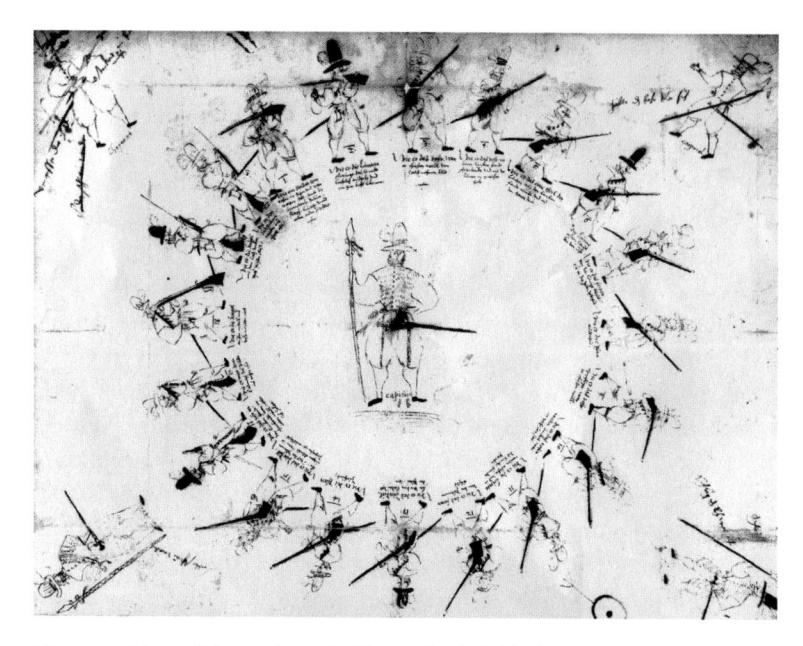

Johann von Nassau, Skizze zu jenen Positionen, die ein Soldat idealerweise beim Laden der Muskete einnehmen sollte. Der Verfasser gab den Ladevorgang simultan wieder. 1607, Tusche auf Papier, 40 x 52 cm, Hessisches Hauptstaatsarchiv, Wiesbaden

ciert; in Preußen arbeitet man daran seit 40 Jahren mit unermüdlichen Eifer." (Moritz von Sachsen, 1750).

Die Musketentechnik schreibt den Takt in den Tableaus mechanischer Konfigurationen des militärischen Körpers vor: Taktische Einheiten – Regimenter, Bataillons, Divisionen, Züge – konnten angeordnet, verschoben, verteilt und als funktionale Teile einer komplexen strategischen Maschine komponiert werden.

„In den Augen der meisten Militärs ist die Tactik nur ein Zweig der umfassenden Kriegswissenschaft; in den meinigen ist sie das Fundament dieser Wissenschaft; ja, sie ist diese Wissenschaft selber, da sie lehrt, die Truppen aufzustellen, sie zu ordnen, sie in Bewegung zu setzen, sie kämpfen zu lassen; sie allein ist imstande, mit der Zahl fertig zu werden und die Menge zu handhaben." (de Guibert, 1774: 50).

Das Bild vom mutigen Heroen des Zweikampfes, bei dem noch Mut und Geschicklichkeit den Schlachtgewinn erzwang, ist bereits bei Hegel antiquierter Passus der Kriegshistorie, er spricht ernüchtert von der „Tapferkeit als formelle Tugend" (Hegel, 1986: 495). Die Gesinnung des Kriegers geht auf im „Mechanischen einer äußeren Ordnung und des Dienstes, – gänzlichen Gehorsam und Abtun des eigenen Meinens und Räsonierens, so Abwesenheit des eigenen Geistes und intensivste und umfassende augenblickliche Gegenwart des Geistes und Entschlossenheit, – das feindseligste und dabei persönlichste Handeln gegen Individuen bei vollkommenen gleichgültiger, ja guter Gesinnung gegen sie als Individuen". (Hegel, 1986: 496). Die Kriegerfunktion im taktischen Körper ist nicht das Tun einer besonderen Person, sondern bloß das Handeln eines Gliedes, das nur mehr als Effekt einer formalen Stelle innerhalb der Truppenmechanik hervorgeht. Der persönliche Kampf von Angesicht zu Angesicht

ist mit der Erfindung des Projektils in der Abstraktion der Tapferkeit aufgelöst: „Jenes Prinzip hat darum das Feuergewehr erfunden, und nicht eine zufällige Erfindung dieser Waffe hat die bloß persönliche Gestalt der Tapferkeit in die abstraktere verwandelt." (Hegel, 1986: 496)
Was uns hier jedoch interessiert, ist nicht die kriegshistorische Schlußfolgerung, sondern das Modellbild dieser idealen funktionalen Kriegerformation, die mit dem strategischen Dispositiv der Organisation sozialer Körper verbunden ist.
„Man müßte die Disziplin zu einer nationalen Sache machen. Endlich wird derjenige Staat eine einfache, dauerhafte und leicht zu führende Administration haben. Diese wird den großen Maschinen gleich sein, die bei wenigen, ohne Künstelei zusammengesetzten Triebfedern, die größten Wirkungen hervorbringen. Die Macht dieses Staates wird aus seiner Stärke, und seine Wohlfahrt aus seinem glücklichen Zustande entstehen." (Guibert, 1774: 50)
Was also mit diesem Diskurs der Herstellung taktischer Körper verbunden ist, ist das Versprechen einer allgemeinen Ökonomie und Optimierung durch die taktische Einverleibung. Insofern unterscheidet sich diese Kunst oder techné der Taktik epistemologisch in nichts von der Einrichtung der Ordnung in anderen Institutionen, die sich mit dem Problem auseinandersetzten, wie man über andere regieren könne. Die Technologie des militärischen Modells soll schließlich den gesamten Sozialkörper umfassen, die Politik als Fortführung der Kriegswissenschaft erfindet schließlich die allgemeine, systematische Polizeywissenschaft, die über die Einführung des *Körpers* der Bevölkerung überhaupt erst die Technik seiner Kolonisierung umreißt. Der Erfinder der systematischen Polizey, Johann Heinrich Gottlob von Justi, bestimmt den Staat als einen einfachen moralischen Körper, in dem die Städte „die großen Haupt- und Pulsadern sind und das Geld vielmehr die beweglichen Güter, stellen das Blut in demselben vor, dessen Umlauf die Pulsadern in dem Körper befördern und dadurch demselben Kräfte, Leben und Tätigkeit verschaffen". (Justi, 1760/61: 13) Die Einverleibung in den taktischen Verband bedeutet die Subjektivierung unter das Gesetz, das heißt die Einbindung in das Reglement einer gesamtgesellschaftlichen Kooperation. Nutzbringend soll jedes arbeitsverausgabende Fragment dem sozialen Körper einverleibt werden:
„Jede Bewegung eines Fingers, jeder Fußschritt, jedes Zeichen der Hand, jedes Flüstern kann in diesem System profitabel eingesetzt werden. Eine bettlägerige Person, wenn sie nur sehen und reden kann, ist zur Überwachung fähig. Auch wenn sie blind ist, so kann sie sich doch im Bett hinsetzen und sticken, spinnen usw. Hier kann jedes Fragment von Fähigkeit, wie klein es auch immer sei ausgeübt werden." (Bentham, 1962b, Bd. VIII: 382)
Die taktische Arbeit in Heer und Fabrik besteht darin, den taktischen Wert des Kriegers oder des Arbeiters nicht über seine Vermögen Geschicklichkeit, Spezialwissen oder Heroismus zu bestimmen, sondern ihn zur Funktionsstelle zu machen:
„Die Arbeiter können nach dem Willen eines Dirigenten von einer Maschine zur anderen versetzt werden. Dergleichen Wechsel setzt sich der alten Routine entgegen, die die Arbeit teilt und dem einen Arbeiter die Aufgabe zuweist, den Kopf einer Stecknadel zu fassonieren, dem anderen, ihre Spitze zu schleifen." (Ure, 1835: 119)
Die Attribute dieser taktischen Ökonomie wie Einheit, Gleichheit, Regelmäßigkeit werden schließlich als Mehrwert an *Disziplin* angeschrieben – unter der Voraussetzung, daß erst

Anonym, Schriftnormung, Illustration in: A. Baginsky, Handbuch der Schulhygiene, Stuttgart 1883, 2. Aufl., Bd. 1

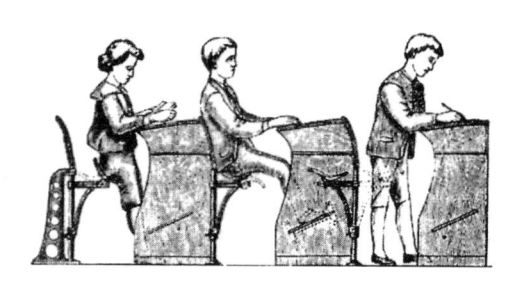

Anonym, Erziehungsapparat: Schulbank von Schindler, Illustration in: R. Wehmer, Enzyklopädisches Handbuch der Schulhygiene, Wien 1904

Disziplinarmaschinen den Mehrwert der Produktion realisieren:

„Man könnte eine ganze Geschichte der Erfindungen seit 1830 schreiben, die bloß als Kriegsmittel des Kapitals wider Arbeitermeuten ins Leben traten." (Marx, 1962, Bd.1: 459)

Ebenso gilt für die Schulordnung des 19. Jahrhunderts die taktische Einverleibung: „Gesetz und Ordnung durchdringen alle, auch die unscheinbarsten Verrichtungen beim Taktschreiben. Alles geht nach dem Takt, das Zurechtsetzen, das Greifen nach dem Stift, das Ansetzen, die Produktion der Schreibformen, das Pausieren, das Absetzen und das Weglegen des Stiftes. Ordnung ist die Losung, weil ohne sie teils die einzelne, teils die gesamte Schreibmaschine ins Stocken kommen und große Störungen anrichten würde. Alles ist gespannt, gleichmäßig beschäftigt und wie von *einem* Geist beseelt, weil es *ein* Gesetz ist, das alle fesselt." (Schöne, 1876ff, Bd. 8: 140)

In Kaserne, Fabrik, Schule, Armen-, Kranken- oder Arbeitshaus wird das industrielle Moment einer ununterbrochenen, regelmäßigen Arbeitsverausgabung bereits im 18. Jahrhundert exerziert. Die Arbeit und ihre Reproduktion (Fruchtbarkeit) wird im Sinne allgemeiner sittlicher Bildung zur Synthesis von Bevölkerung. Es gilt, die Subjekte einer Nation durch das Medium der Arbeit zu verfassen; Industrialisierung – Verfleißigung – ist das entscheidende Argument in der Erziehung zum Staatsbürger, das entscheidende Moment der Anpassung an Ordnung, Aufstieg (Besserung) und Gehorsam. Andauernde Arbeit ist das Herz der Disziplin:

„Die Hände der Kinder sind hier beschäftigt, die Körperkraft hat einen Gegenstand, auf den sie wirket, die Zerstreuung ist verhütet, die Langeweile verbannet! Das Heer der Störungen und Unordnungen, welches die unruhigen Hände, die unbeschäftigte Körperkraft zu erzeugen pflegt, ist hier also fremd!" (Lachmann, 1802/1973: 147)

Anfang des 19. Jahrhunderts wurde in England begonnen, Tretmühlen in den „Working Houses" einzurichten. In den Trettrommel standen mehrere Arbeiter nebeneinander auf den Stufen einer Radtrommel und trieben sie mit ihren Tretbewegungen voran. Dabei waren auch sogenannte Müßiggeher gezwungen, den Bewegungen des Rades zu folgen. Meist wurde in den Treträdern eine Glocke angebracht, die Alarm meldete, wenn das Rad von allen gemeinsam zu langsam getreten wurde. Da zumeist Tretmühlen in keinem weiteren

Anonym, Tretmühle in Gold-Bath-Fields, 1867, Kupferstich

Produktionszusammenhang standen, produzierten sie nichts anderes als den Terror der Gruppe, den Terror der kooperativen Arbeitsteilung. Tretmühlen ersetzen die Willkür des Aufsehers durch einen maschinellen Gruppenzwang, die Gewalt des Zwanges wird über das Medium der Maschine depersonalisiert. Andererseits soll durch die Tretmühle der Gruppenzwang den Einzelnen partikularisieren, durch Konkurrenz- ein Selektionsverhältnis objektivieren, der Gruppe Hierarchie und das Recht des Stärkeren einschreiben. Der Polizeywissenschaftler Norman Hudtwalker schreibt 1824 über die ästhetische Erziehung durch die Tretmühle:

„Die moralische Besserung wird schon dadurch erreicht, daß das Regelmäßige und Gleichförmige der Arbeit schon alleine auf rohe und verwilderte Gemüther wohltätig wirkt." (Hudtwalker, 1824, Bd. 1: 59f)

Um die Disziplin der Soldaten „bis zum Maschinenmäßigen zu subordiniren und discipliniren, zu den willigsten und fleißigsten Geschöpfen, die es vielleicht auf dem ganzen Erdboden giebt" (Reckahn, 1796: 13), wurde es in den Kasernen Preußens üblich, die Heimarbeit in den Kasernen bereits disziplinierten Arbeitskräfte zu befehlen. Spätestens mit dem kaiserlichen Patent von 1797, das die Verkettung von Regiments- oder Bataillonsschulen mit Industrieschulen allgemein vorschrieb, war Industrialisierung und disziplinierter Arbeitskorps das entscheidende Kriterium nationaler Produktivität.

„Die Kasernen glichen daher Fabriken; denn in jeder Stube standen große Räder und Hecheln, an welchen die Soldaten, während sie im Dienste nicht beschäftigt waren, bis auf das Hemd ausgezogen, und mit bloßen Füßen, vom Morgen bis in die Nacht hinein, Wolle spannen und kratzten." (Buchholz, 1804: 20)

Die Kongruenz von taktischer Kriegswissenschaft und Ökonomie eröffnet bereits Karl Marx in seiner Kapitalanalyse. Denn die Arbeit am taktischen Körper wirft erstens das Problem der ökonomisierenden Bewegung und nützlichen Organisation und zweitens die Technologie der Befehlsfunktion auf. Marx macht die Organisation der Arbeitsteilung abhängig von einer militärischen Isomorphie: „Wie die Angriffskraft einer Kavallerieschwadron oder die Widerstandskraft eines Infanterieregiments wesentlich verschieden ist von der Summe der von jedem Kavalleristen und Infanteristen vereinzelt entwickelten Angriffs- und Widerstandskräfte, so die mechanische Kraftsumme vereinzelter Arbeiter von der gesellschaftlichen Kraftpotenz, die sich entwickelt, wenn viele Hände gleichzeitig in derselben ungeteilten Operation zusammenwirken." (Marx, 1962a, Bd. 1: 345)

Auch die Techniken der Führung zur Entfaltung von Disziplin (Fabriksmanager hingegen sehen Führungstechniken nur als Bedingung von *Effizienz*), verortet Marx in der Formation arbeitsteiliger Produktionsmaschinen:

„Der Befehl des Kapitalisten auf dem Produktionsfeld wird jetzt so unentbehrlich wie der Befehl des Generals auf dem Schlachtfeld. Alle unmittelbar gesellschaftliche oder gemeinschaftliche Arbeit auf größrem Maßstab bedarf mehr oder minder einer Direktion, welche die Harmonie der individuellen Tätigkeiten vermittelt und die allgemeinen Funktionen vollzieht, die aus der Bewegung des produktiven Gesamtkörpers im Unterschied von der Bewegung seiner selbständigen Organe entspringen." (Marx, 1962a: 345)

Spätestens mit der Massenfabrikation von Kriegswaffen im 1. Weltkrieg wurde Kriegs- und Fabrikökonomie zu einer Disziplinarordnung verschmolzen. Während in den vorhergehenden Kriegsszenarios das Kriegspersonal fast zur Gänze aus Wehrsoldaten bestand, reduzierte sich im 1. Weltkrieg der Anteil des Kriegspersonals am Schlachtfeld um die Hälfte. Die sogenannte zweite Armee, die den größten Teil des Kriegspersonals ausmachte, war die Armee der Fabrikation. Diese strategische Mobilmachung der Fabrik bedeutete nun, in der Industrialisierung des Krieges eine Kriegsentscheidung zu suchen. Entscheidend war nicht mehr die Anzahl der kämpfenden Soldaten, sondern die Größe des Waffenarsenals, das in der Massenfabrikation durch die zweite Armee produziert wurde.

Die Mobilisierung des Arbeiters zum disziplinierten Fabrikssoldaten rechtfertigte die Organisationstheorie in diskursiven Einsetzungsriten. So diente der vor dem 1. Weltkrieg vom Ingenieur Russell Robb (1864-1927) an der Harvard Business School gehaltene Lehrgang über industrielle Organisation vor allem der Beglaubigung der allgemeinen Mobilmachung von Arbeitskraft:

„Die militärische Organisation hat allen anderen Arten von Organisationen vieles übermittelt. Die klar definierten Pflichten und Weisungsrechte der Offiziere, die Disziplin, unter der alle Bewegungen präzise abrollen und alle Befehle von Vorgesetzten gehorsam befolgt werden, geben den meisten Menschen eine Vorstellung der Perfektion des dirigierten Handelns. Sobald sie sehen, daß eine industrielle Unternehmung groß ist, sprechen sie somit von ihren Mitarbeitern als einer *industriellen* Armee. Die Regelmäßigkeit der Arbeitsstunden in einem organisierten Industriebetrieb; die definitiven und formellen Anordnungen und klar umrissenen Anordnungen und klar umrissenen Zuständigkeiten geben uns das Bild jenes uralten Typs der Organisation, welche die Lenkung großer Menschenmassen im Kampf bezweckt." (Robb, 1911: 27)

Ein Modell der Selbstregulation

Um den bis dato nicht besiegten Widerstand gegen eine industrialisierte Gesellschaft effektiver zu bekämpfen, projektierte der Engländer Jeremy Bentham (1748-1832) ein

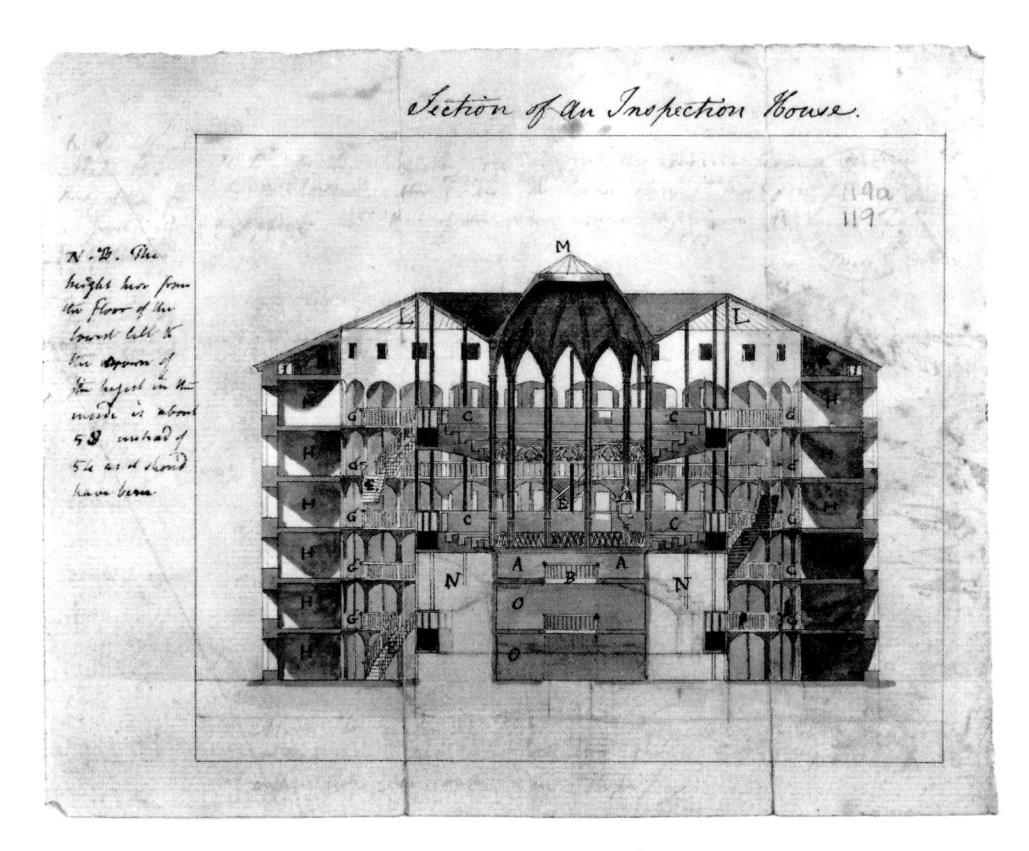

Jeremy Bentham, Section of an Inspection House, (Gebäude zur sozialen Überwachung, Schnitt) Ende 18. Jh., Aquarell, Tusche, handschriftliche Anmerkungen, 16 x 20 cm, University College London Library, London

Prinzip der Regierung des kalkulierenden Verstandes. Er nennt es Panopticon. Dieser Name verweist auf eine modische Einrichtung des ausgehenden 18. Jahrhunderts: Im Panoptikum, einer alles zur Anschauung bringenden Anstalt, wurden vor allem naturwissenschaftliche Sammlungen ausgestellt. Die Raumplanung des Panopticon stellte Bentham allgemein als Modell für die Errichtung von Gefängnissen als auch für Fabriken, für Schulen als auch für Pflegeanstalten, Spitäler oder Arbeitshäuser vor.

Benthams Theorie entfaltet sich an der Nahtstelle zwischen den bisherigen Regulierungsunternehmen, die allesamt Versuche äußerlicher Disziplinierung waren, und einer allgemeinen Regulierung zur Arbeitsgesellschaft über die Geschlossenheit der Anstalten hinaus. Während Polizeywissenschaftler wie etwa Heinrich Wagnitz (Wagnitz, 1791/92) oder John Howard (Howard, 1777) die Industrialisierung der Gesellschaft vom Ansatz einer flächendeckenden inneren Organisation von Zucht- und Arbeitshäusern aus denken, entwirft Bentham ein allgemeines Modell der Regierung, das den gesamten Gesellschaftskörper umfaßt und sich nicht mehr mit äußeren Regeln begnügt, sondern sich auf das Innere im Menschen konzentriert. Wenn der Regierungstechnologe das Interesse aller vertritt, dann ist er auch human, und jeder Widerstand gegen ihn wird inhuman und kann, wenn die pädagogische Arbeit nicht gelingt, vernichtet werden. Konzipiert ist Benthams Panopticon als die totale Institution der Menschlichkeit. In ihm soll schematisch eine omnipräsente Anschauung für den Blick des Wissens konfiguriert werden. Bentham:

„Ein kreisrunder oder viereckiger Bau, mit Zellen auf jedem Stockwerk rundum; in der Mitte eine Loge für den Inspektor, aus der er alle Gefangenen sehen kann, ohne aber von ihnen gesehen zu werden, aus der er alle Anweisungen geben kann, ohne seinen Posten verlassen zu müssen." (Bentham, 1962a, Bd. I: 498)

Alle Baumaterialien des Panopticon, jedes architektonische Element ist der kalkulierenden Umformung des Menschen überantwortet. Der architektonische Apparat mit seinen Prinzipien des omnipräsenten Aufsehers und der Einzelhaft soll den Delinquenten in die Ordnung zurückzwingen. Deshalb muß er erzogen werden. Erst wenn der Delinquent seine eigene Bestrafung bejaht, ist das Gesetz anerkannt.

Das Panopticon ist zugleich Modell der Vernunft, das Axiom, das der Architektur zugrunde liegt, ist der Grundsatz, daß die äußeren Umstände den Menschen formen. Das Panopticon dient neben der Umformung der Armen, Kranken und Arbeitslosen vor allem ihrer Nomenklatur. Bentham ist von der Tabelle fasziniert, sein Panopticon ist die Obsession von der Erstellung einer synoptischen Tabelle, die Erstellung eines Gefängnis der Sprache, oder: die Vision eines Bauwerkes materialisierter Klassifikation.

Doch ist die Architektur des Unsichtbaren das Ereignis des Panopticon. Die Berechnung des Lichteinfalls wird zur zentralen Technologie der Regierung. Die Unsichtbarkeit des Aufsehers wurde durch die Lichttechnik ermöglicht: Die Oberlichter des Gebäudes waren in Benthams Plan so angebracht, daß der Inspektor im Dunkeln blieb, aber alle Zellen im Licht lagen. Das ist bekanntlich die Finte des Panopticon, daß der Blick beobachtet, ohne selbst gesehen zu werden. Diese Blickkonstruktion enthält schließlich ein perfides theistisches Moment, insofern die Macht dieses Blickes genau in der Unentschiedenheit des kontrollierenden Blickes liegt. In der Herstellung der Unentschiedenheit zeigt sich die Strategie des Panopticon am deutlichsten: daß nämlich die Überwachung längst schon begonnen hat, noch ehe der Aufseher seinen Platz einnehmen wird. Bentham zeigt, daß wir keine Präsenz eines regierenden Subjektes oder Objektes mehr brauchen. Die Lehre Benthams ist, daß die Technologie des Regierens dort am intensivsten ist, wo sie unsichtbar geworden ist, zerstreut, depersonalisiert: Jeder ist Stellvertreter der Regierung als Verantwortung gegen sich selbst. Der innere Frieden sollte nicht mehr nur äußerlich durch die Macht des Souveräns verteidigt werden, sondern von jedem einzelnen auch gegen sich selbst. Dazu muß der Zufall der Herrschernatur durch einen rein technischen Vollzug ersetzt werden, eine Ordnungsarchitektur. Bentham spricht in diesem Zusammenhang von einer „unsichtbaren Kette", die in Zukunft das Gefängnis überflüssig machen könnte. Daher auch das Interesse Benthams für die Schulversuche des Sozialutopisten Robert Owen, für das Projekt, Erziehung effektiver als bisher ohne äußerliche Strafen unter Selbstbeteiligung der Zöglinge durchzusetzen. In Owens Arbeits- und Lebenskolonie „New Lanark" fand er bewiesen, daß besser in einer Manufaktur oder Fabrik gearbeitet wird, wenn jeder sich gut behandelt fühlt und glücklich ist. Der Alltag in der autarken und autonomen Kolonie ist permanent darauf ausgerichtet, dieses Glück anzuerkennen und unter Beweis zu stellen.

„Die lebendigen Maschinen können verbessert werden, wenn man sie zur Kraft und Tätigkeit ausbildete; und daß es wirklich echte Wirtschaftlichkeit sei, sie in Ordnung und

Sauberkeit zu erhalten; sie mit Freundlichkeit zu behandeln, sodaß ihre gedanklichen Bewegungen nicht allzuviele irritierende Reibung erfuhren; mit jedem Mittel versuchen, sie perfekter zu machen." (Owen, 1825: 60)

Bedingungen schaffen, um Arbeit zur Unterhaltung zu machen und die Freude rentabel. Es ist die Technik einer unendlichen Vervielfältigung des Produktionsprozesses, die Bentham fasziniert. Voraussetzung dafür ist zunächst die Vorstellung eines permanent im Kampf mit dem Naturzustand auseinanderfallenden Sozialkörpers. Dieser könne nur durch eine strenge Axiomatik sozialer Gesetzmäßigkeit regulierbar gemacht werden. Bentham in der Imagination von Darstellbarkeit eines Maschinenmodells der perfekten Regierung:

„Man muß die verschiedenen Teile der großen Regierungsmaschine erklären, die Art ihres Funktionierens. [...] man sollte ein Modell konstruieren, in dem ihre wichtigsten Teile wiederum in Einzelteile zerlegt werden können. [...] dieses System könnte in seiner Perfektion als Beispielmodell dienen." (Bentham, 1962b, Bd. VIII: 283)

Die Regierungsmaschine, die Bentham vorstellig macht, resynthetisiert die Anatomie der Gesellschaft. Funktion heißt also hier die analysierten Partikel des Gesellschaftskörpers bestimmten Stellen unterzuordnen. Diese Regierungsmaschine wird aber erst durch ein finales Prinzip zu einem selbstbewegten Automaten, Ideal einer *lebendigen* und *gesunden* Staatsmaschine: Dieses Prinzip heißt „Self-Government". Das Benthamsche Modell-Subjekt soll sich selbst als Urheber der Erziehung regieren, seine *richtige* Stelle als persönlichen Fund, seine *individuellen* Fähigkeiten und Lüste deklarieren. Diese Wiedererkennung muß täglich wiederholt werden, in Prozeduren *persönlicher* Buchführung, in Ritualen der Individuierung, in Gewissensprüfungen.

„Indirekte Methoden [...] wirken [...] moralisch auf den Menschen, motivieren ihn, den Gesetzen zu gehorchen, nehmen ihm die Neigungen zu Verbrechen, regieren ihn durch seine eigenen Neigungen und sein eigenes Wissen." (Bentham, 1962a, Bd. I: 533f)

Die panoptische Architektur zielt auf ein Subjekt, das selbsttätig die Handlung seiner Unterwerfung, seines Produktions- und Reproduktionsprozesses, vollzieht. Dieses zur Einsicht in die symbolische Ordnung ertüchtigte Subjekt muß im Sinne des Self-Government den performativen Akt der Regierung – Interesse zeigen, motiviert, verantwortungsbewußt und arbeitsfreudig sein – selbst vollziehen. Das Problem der panoptischen Architektur ist: Wie formt man ein kodifizierbares (Deskription), lernfähiges (Pädagogik) und verantwortliches (Moral) Subjekt, das seine Regulation selbst anerkennt und begehrt? Bentham empfiehlt aus diesem Grund neben den bisherigen direkten Methoden, wie er schreibt, „indirekte Methoden" der Erziehung:

„Die Hand, die handelt und schlägt, sollte sorgfältig versteckt werden. Statt dessen muß man die Menge auf ein Bild der Vorstellung, eine allgemein verehrte Abstraktion konzentrieren – z. B. die Gerechtigkeit, diese Tochter der Notwendigkeit und Mutter des Friedens, die die Menschen zwar immer fürchten müssen, aber niemals hassen dürfen, die sie immer vor allem verehren sollen." (Bentham, 1962a, Bd. I: 370)

Die Institutionalisierung des panoptischen Blicks wird in weiterer Folge vor allem von den Polizeitheoretikern reklamiert. So verlangt der Polizeitheoretiker Zimmermann 1845 die „Einheit aller Mittel und Producte der Beobachtung in einem festen Sammelpunct". (Zimmermann, 1845, Bd. 1: 410) Bedingung für die systematische Observierung des

Bevölkerungskörpers ist allerdings die Annahme, er sei unaufhörlich davon bedroht, auseinanderzufallen, sich zu zerstreuen. „Die Polizei soll gewissermaßen als fliegende Cohorte den Wirrwarr des neuen Lebens durchdringen; überall gegenwärtig und thätig sein; und beachten, hemmen, zurechtlegen, entdecken, was ihr als regelwidrig aufstößt." (Zimmermann, 1845, Bd. 1: 161)

Gefängnis und Marktwirtschaft

Die ersten Reformanstalten im Gefängnisbau am Beginn des 19. Jahrhunderts folgten dem Modell der Fabrik. Sämtliche Humanwissenschaften diskutierten nun die Produktivität von Gefängnisarbeit. Die Frage war: Wie muß das Gefängnis beschaffen sein, um einen Kriminellen in einen Arbeiter zu transformieren? Die architektonische Reform des

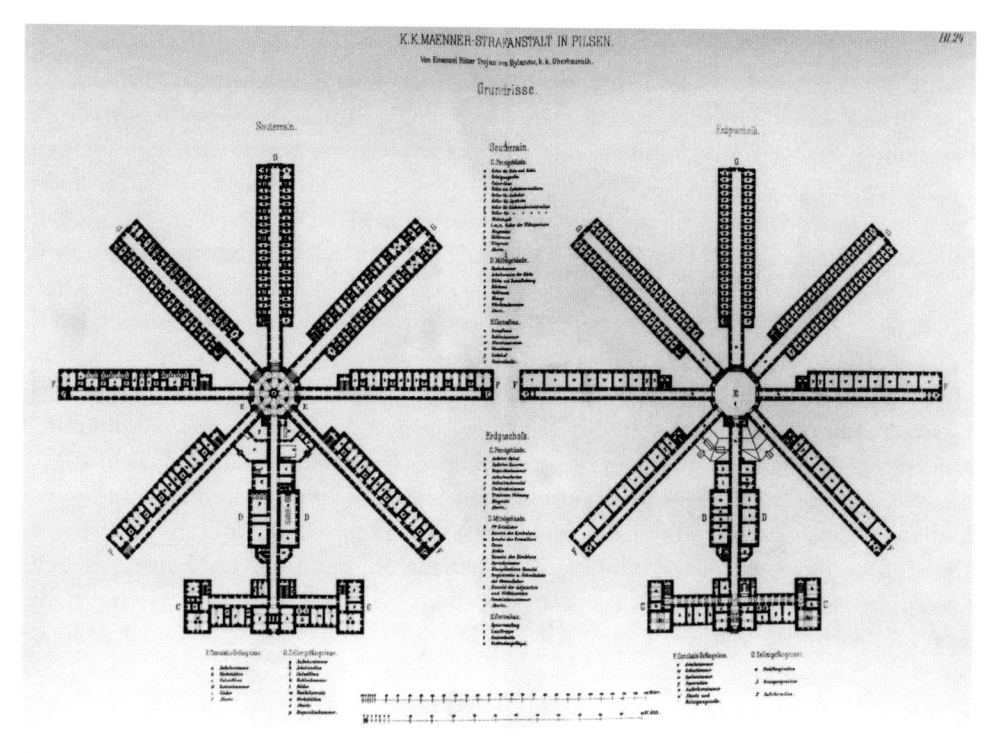

Emanuel Ritter Trojan von Bylanow, k.k. Männer-Strafanstalt in Pilsen, Grundrisse, Illustration in: Allgemeine Bauzeitung 1881, Lithographie

Gefängnisses bestand in der *Mustergültigkeit* des panoptischen Schemas; dieses sogenannte „Strahlenbausystem" wurde ausgehend von Nordamerikas und Englands Musteranstalten (Philadelphia, Pentonville) zum Prototyp von Regierungstechnologie und ermöglichte die Teilung der „see-being-seen"-Dyade. Diese Anordnung ermöglichte erst die Einsetzung der wissenschaftlichen Buchführung im Gefängnis, das heißt die Zerlegung der Delinquenz in ihre elementaren Teile, ihre Analyse, Klassifizierung, Vergleichung und Selektion. Das Gefängnis wird letztendlich zum Topos eines anthropologischen Gartens, mit seinen geordneten Rängen, Klassen und Rassen der kriminellen Spezies. Das Gefängnis dient hier vor allem der Produktion von Wissen über den Kriminellen. Dieses Wissen repräsentiert sich in einer *positiven* Wendung schließlich als die Wissenschaft des Sozialen.

Hier können wir die gesellschaftspolitische Dimension des Gefängnisses erkennen. Das Gefängnis ist Maschine der Transformation, sie konstruiert nach der Isolation und Observation der devianten Symptome des Delinquenten ein gewalttätiges, faules und sittlich verrohtes Subjekt (Subjekt des Wissens), das in ein angepaßtes, genormtes Subjekt (ideales Subjekt) verwandelt werden soll. Der Endpunkt der Transformation (Umerziehung oder *Besserung*) ist schließlich das für die Anforderungen einer industriellen Arbeitswelt disponible Subjekt. In anderen Worten: die Produktion von Industrieproletariat durch die Erziehung der Gefangenen mit der Fabriksdisziplin.

Der französische Pädagoge Benjamin Appert entwirft ein Modellgefängnis, welches die Gefangenen in zehn moralische Klassen einteilt. Die Bezeichnung der moralischen Klassenzugehörigkeit ist mit entsprechenden Kleidern geregelt. Man tritt die Haft in der untersten Klasse an und kann schließlich im Laufe der Internierung bis in die höchste Klasse aufsteigen, die gleichbedeutend mit der Entlassung aus dem Gefängnis ist. Appert wollte mit seiner Besserungsanstalt die Delinquenten auf eine moralisierte Leistungsgesellschaft vorbereiten, entwarf aber vielmehr ein Programm idealtypischer pädagogischer Klassifizierung. Die geschlossene Institution liefert also nicht nur die Synopsis über die *gefährlichen* Klassen, sondern liefert ein streng begrenztes und leicht überschaubares Beobachtungsfeld für die Humanwissenschaften. Das Gefängnis-Modell ist Laboratorium, um Thesen der Humanwissenschaften empirisch zu verifizieren. Die Möglichkeit, den Gegenstand des Experiments ohne Störung und vorzeitigen Abbruch beobachten zu können, bot den Humanwissenschaften ideale Möglichkeiten für die ununterbrochene Buchführung und jederzeitige Intervention. Apperts Anstalt sucht den Anschluß an liberale Regierungstechnologie: Das, was man aus seinem Leben macht, erhält man im Äquivalent des gesellschaftlichen Aufstiegs zurück. Jede Besserungsklasse war mit einer symbolischen Schwelle markiert, um den Grad der Selbstbeherrschung anzuzeigen: Er beginnt mit der „Hoffnung", aus der „Besserung" folgt, bis zur „Guten Aufführung". Der Begnadigungsspruch der ersten Klasse, „Die Gegenwart", tilgt die Vergangenheit. Johann Graf von Barth-Barthenheim über die Klassifikation der Zwangsarbeiter nach ihrer moralischen Beschaffenheit:

„Die Verbesserung oder Verschlechterung in dem sittlichen Betragen und in der Beobachtung der Ordnung, verbunden mit der Zu- oder Abnahme in dem Arbeitsfleiße muß hierbey den Ausschlag geben, und es insbesondere als Regel zu bemerken, daß keiner jemahls in eine bessere Classe zu versetzen ist, so lange er nicht regelmäßig mehr als sein Pensum liefert." (Barthenheim, 1838)

Die Arbeit im Gefängnis wurde jedoch nicht eingeführt, um mit dieser Produktion zur Erhaltung des Gefängnisses beizutragen. So zeigt beispielsweise die Studie von Melossi und Pavarini (Melossi/Pavarini, 1981), die das Philadelphia-System in Nordamerika im 19. Jahrhundert untersucht, daß auch während der industriellen Revolution die Handarbeit mit wenigen, veralteten Werkzeugen beibehalten wurde. Für die Gefängnisarbeit war nicht die Produktivität entscheidend, weder das Lohnsystem für Disziplin, noch der Wettbewerb der Gefängnisprodukte mit denen des freien Marktes. Mit der Durchsetzung der industrialisierten Arbeit verlor schließlich die Gefängnisarbeit jegliche *Objektivität* am Warenmarkt. Ein vieldiskutierter Versuch, Produktion mit Disziplin zu verknüpfen, ist das Marken-System des Engländers Alexander Maconochie. Für die Kritiker der Einzelzellensystems bedeutete Isolationshaft die längerfristige Stillegung der Produktivität des Delinquenten. Das liberale Gefängnismodell hingegen zielte darauf ab, innerhalb des Gefängnisses einen Wirtschaftskampf zu simulieren. In dieser Inszenierung eines *Survival of the Fittest* sollten ausschließlich *geprüfte*, sich im harten Kampf um die begrenzten Klassenplätze *durchgesetzte* Subjekte entlassen werden. Die liberale Ordnungsstrategie konnte daher mit einem Kerkersystem nichts anfangen und plädierte für eine Klassenschule mit Prämiensystem.

„Zweck der militärischen Disziplin ist, die Menschen an gemeinschaftliches Handeln zu gewöhnen: der der Strafdisziplin aber, sie dazu vorzubereiten, daß sie für sich mit Vortheil arbeiten." (Maconochie, 1851: 22)

Irlands Gefängnissystem nimmt schließlich um 1855 dieses Marken-System in seine Gefängnisreform auf. Die Gefangenen sind hier in fünf Klassen eingeteilt, wobei die jeweilige Zugehörigkeit durch die Menge der verdienten Marken bestimmt wird. „Der erste Vorschlag des Marken-Systems ist der: daß die Arbeit die Dauer der Zeit bestimme." (Maconochie, 1851: 30) Das im Gefängnis anerzogene Interesse für die harten Kämpfe in der Marktwirtschaft soll den Gefangenen dazu bringen, diesem Interesse auch folgen zu können. Jeder Gefangene soll darum für Leistungsäquivalente bestimmte Marken erhalten, mit denen verschiedene Vergünstigungen bis zur völligen Entlassung erkauft werden können. Ordnung soll hier idealiter im Gefängnis als mimetischer Akt marktwirtschaftlicher Gesetze nachgebildet sein.

Weiters schlägt Maconochie vor, Gefangenengruppen zu bilden, an die Marken gemeinsam vergeben werden. So werde eine gegenseitige Kontrolle ermöglicht. Der Gefangene wird zum Unternehmer seiner Normierung. Dieses Prämien-Regulativ nimmt bereits das kooperative System konkurrierender Gruppen in den Fabriken, das systematisch in den Anfängen des 20. Jahrhunderts als eine gruppenimmanente Optimierung eingesetzt wird, vorweg. Die Pädagogik des Marken-Systems besteht darin, die Simulation eines Kapitalsystems mit Lohnarbeit, Prämiensystem und sozialem Aufstieg zu etablieren, um zu erziehen, daß Selbstbeherrschung, das heißt, eine disziplinierte Regierung seiner Selbst, kapitalbildend ist. Es zeigt aber auch die Grundlage der liberalen Organisationstheorie, die vom *frei* entscheidenden Subjekt ausgeht, das nichts anderes ist, als die Disziplin der Selbstregulation, das heißt, die Verkörperung der perfekten Regierung.

„Der Herr der Produktion ist der Techniker"

Eine entscheidende Zäsur in der Organisierung von Arbeit markiert die Ersetzung persönlicher Anweisungen. Noch in den späten 60er Jahren des 19. Jahrhunderts wird in der betriebsorganisatorischen Literatur die mündliche Instruktion als die beste bezeichnet. Es dominiert ein personengebundener, partikularistischer Leistungsstil, die formale Regulation der Arbeit ist marginal. Es gibt wohl die Teilung in Werkstattsegmente mit einer straff reglementierten Arbeitsteilung, aber der Werkaufseher vergleicht persönlich seine Instruktion mit der geleisteten Arbeit. Seit den späten 80er Jahren werden unter dem Stichwort Organisation, definiert als Zusammenfassung und Eingliederung von Mitteln zur Erreichung eines Zweckes, die Betriebsvorgänge zunehmend in eine symbolische Ordnung übersetzt.

„Durch die schriftliche Anweisung soll der allzu freundschaftliche und nachsichtige Umgang von Werkmeister und Arbeiter vermieden werden; aber auch der Widerspruch und der persönliche Mißmut gegenüber dem Vorgesetzten soll durch die schriftliche Anweisung aufgehoben sein." (Steel Company, 1921: 7)

An die Stelle von wilden Besprechungen treten schriftlich standardisierte Anweisungen und Gebote. „Jeder Arbeiter erhält eine Karte mit einer detaillierten Beschreibung der besten Methode der elementaren Arbeitsverrichtungen an dem betreffenden Werkstück. [...] Da auf der Instruktionskarte die Zeit jedes Arbeitsganges festgelegt ist, so kann der Arbeiter laufend verfolgen, ob er seinen Bonus verdient oder nicht. [...] So kann man sogleich erkennen, daß es sich um ein Erziehungssystem handelt, bei dem diejenigen, welche lernen, prämiiert werden." (Gantt, 1901: 2) Pflichtenhefte, Dienstformulare und Arbeitskarten schreiben das Programm der Arbeit:

Messung der geleisteten Arbeit nach Taylorsystem

„Es ist möglich, den Effekt einer Rechenmaschine zu erreichen, indem man eine Liste von Handlungsanweisungen niederschreibt und einen Menschen bittet, sie auszuführen. Eine derartige Kombination eines Menschen mit geschriebenen Instruktionen wird 'Papiermaschine' genannt." (Turing, 1987: 91)

Zentrum der Fabrik ist nunmehr eine nachrichtentechnische Schaltzentrale, ein Büro für Datenerhebung, welches die in quantifizierbare Größen zerlegten Produktionsmittel, Arbeitsprozesse und Arbeitskräfte verwaltet und regierbar macht.

„Der Aufseher hat ein Verzeichnis sämtlicher Resultate; ist in seiner Abteilung etwas nicht in Ordnung, das Produktionsverzeichnis meldet es sofort." (Ford, 1923: 115)

Personal- und Schreibbüro sind Aufzeichnungs- und Entscheidungsfolie von Regierungswissen. Hier ist es der Terror des Schreibfehlers, der das Regime der Rationalisierung antreibt:

„Die Schreiberin gehört zur Maschine. Sie hat nur eine Funktion: Die Bedienung von Hebel und Taste." (Schlier, 1926: 99) Und:

„Aufrecht, in kerzengerader Haltung sitzt die modern arbeitende Stenotypistin vor der Maschine, den Kopf erhoben, die Augen geradeaus auf das Stenogramm gerichtet, während die Hände bei leicht abwärts geneigter Armhaltung ruhig und ohne Aufregung über die Tastatur fliegen und nur die Finger arbeiten." (Schack, 1925: 148)

Für die Rationalisierung von Regierungstechnik im allgemeinen eröffnet jedoch die von Herman Hollerith, einem Ingenieur der US-amerikanischen Volkszählungsbehörde, konstruierte Lochkartenmaschine eine neue Geschwindigkeit für Identifizierungsstrategien. Mit dieser Gedächtnismaschine konnte der Zensus von 1890 innerhalb von zweieinhalb Jahren ausgezählt werden — anstatt der bei vorherigen Zählungen notwendigen sieben bis acht Jahre. Hollerith gründete schließlich eine eigene Firma, die „Tabulating Machine Company", die 1924 in „International Business Machines", abgekürzt IBM, umbenannt wurde.

Grundlage der statistischen Archivierung und Verwaltung größerer sozialer Gruppen ist die Übertragung von Personalmerkmalen in einen binären Code, der aus einem negativen (ohne Loch) und positiven (mit Loch) Ausdruck besteht. Das nachrichtentechnisch aufgerüstete Planungs- und Personalbüro trifft nun seine Regierungsentscheidungen vermittelt über das Syntagma der Lochkarte.

„In dem von Hermann Hollerith erdachten Lochkartenverfahren erhielt die Betriebswissenschaft ein sicheres Mittel zur rechnerischen Feststellung und Kontrolle betrieblicher Vorgänge und zur raschen Erlangung von ziffernmäßigem, statistischen Material. Zum Zwecke der Lochung und Sortierung der Karten ist eine Maschine erforderlich, die die Lochung abfühlen kann und dann die Karten in die den Lochungen entsprechenden Fächer ablegt. Die sortierten Karten gelangen in die Tabelliermaschine, die den Inhalt einer jeden Karte selbsttätig auf eine Liste druckt oder den Addierbegriff der auf der Karte befindlichen Gruppen summiert." (Stern, 1926: 86)

Quantifizierung, Vergleich und Selektion lassen sich nun auf einem rein syntaktischen Tableau auseinandersetzen und kombinieren.

„Ein äußerst wichtiger Teil der organisatorischen Arbeiten der Wissenschaft vom Management besteht darin, alle Informationen über die Mitglieder einer Organisation zu planen, zu sammeln, zu ordnen und zu systematisieren und sie dann unter einem vollständigen, querverbundenen, mnemotechnisch richtig durchdachten System der Klassifikation zu archivieren." (Gilbreth, 1966: 214)

1923 entstand in den USA das „Material Board of Personel Classification", welches „alle wichtigen Abteilungen der Regierung, der Industrie, der Schulen und des Ingenieurwesens repräsentierte, mit der Aufgabe, Arbeitsqualifikationen und die wissenschaftliche Terminologie zu standarisieren und eine vollständige Übersicht über die Klassifikation des Personals anzufertigen." (Noble, 1979: 231) Die Strategie dieser und ähnlicher Kommissionen war es, für das „menschliche Element der Produktion" (Noble, 1979: 231) umfassende Ingenieurstechniken zu institutionalisieren. „Die Arbeiter sind das Ziel von Studien. Sie werden genau so studiert, wie üblicherweise immer schon Maschinen studiert worden sind und immer mehr studiert werden. In der Vergangenheit haben wir Maschinen sehr eingehend studiert und Arbeiter sehr wenig. Aber unter Scientific Management wird der Arbeiter Gegenstand eines weit sorgfältigeren und genaueren Studiums, als es jemals Maschinen gewidmet war." (Taylor, 1916: 16)

Ziel der Sozialingenieure war es, jede soziale Distinktion der Lehrlinge und Arbeiter zu zerlegen und auf das Sozialprofil der maschinellen Produktion *unmittelbar* abzustimmen. Eingestellt wurde der, der das geringste soziale Risiko repräsentierte. „Das häusliche Leben der Arbeiter wurde untersucht und der Versuch gemacht, festzustellen, was sie mit ihren Löhnen anfingen." (Ford, 1923: 115)

Das Problem des Management vor der Erfindung der Fließbandarbeit war, die Entscheidung über die tägliche Arbeitsleistung und die Ausnutzung der Maschine immer noch dem Arbeiter zu überantworten. So ist die Etablierung des Management verbunden mit der Auslöschung des Bildungskapitals der Facharbeiter und Werkmeister und der Transfer dieses Wissens in Planungsbüros, Humanwissenschaften und Ingenieurwissenschaften. Insofern war die selbstgewählte Geschwindigkeit wie beim Stücklohn uninteressant. Denn Stückzahl-Prämien und Akkordlohn senken zwar die Arbeitskosten, lösen aber nicht das Problem des Umsatzes. Taylors Arbeitsanalyse entfaltete sich genau am Problem des Akkordlohnes, dessen Attraktion vor allem auf der Annahme beruhte, daß hiermit nur die tatsächliche Arbeit – im Gegensatz zur Arbeitskraft – bezahlt wurde, und daß der Arbeiter deswegen das Problem der Umwandlung von Arbeitskraft in Arbeit selbst regulieren würde. Es galt also für das tayloristische Management, den Arbeiter vollends aus der Entscheidung über seine Arbeitsverausgabung auszuschließen, um sie einer *neuen Klasse der Produktivkräfte*, der Managementklasse zu überantworten.

Die mit dieser Arbeit der Arbeitsteilung verknüpfte Anthropometrie des Arbeiters problematisiert die Zergliederung elementarer Arbeitsschritte. In diesem Zusammenhang sind die Bewegungsanalysen von Frederic Taylor und Frank Gilbreth eine wesentliche Referenz für die Anatomisierung und Funktionalisierung der Arbeit. Ein komplexer Arbeitsablauf wird in seine elementaren Bestandteile zerlegt und anschließend segmentiert in spezialisierte Hände, Arme oder Beine. Die Funktion für jeden dieser Körperteile wird fragmentierten Produktionszeiten und -bewegungen untergeordnet. Taylor kalkulierte in seinen „Principles of Scientific Management" die Herstellung von Zeitnormen, die die Maßeinheit für den Lohn (Prämie) bemessen:

„Erstens: Man suche 10-15 Leute, die in der speziellen Arbeit, die analysiert werden soll, besonders gewandt sind. Zweitens: Man studiere die genaue Reihenfolge der grundlegenden Operationen, welche jeder einzelne dieser Leute immer wieder ausführt, wenn er die fragliche Arbeit verrichtet. Drittens: Man messe mit der Stoppuhr die Zeit, welche zu jeder dieser Einzeloperationen nötig ist, und suche dann die schnellste Art und Weise herauszufinden, auf die sie sich ausführen läßt. Viertens: Man schalte alle falschen, zeitraubenden und nutzlosen Bewegungen aus. Fünftens: Nach Beseitigung aller unnötigen Bewegungen stelle man die schnellsten und besten Bewegungen tabellarisch in Serien geordnet zusammen." (Taylor, 1916: 125)

Die Aufzeichnung und Messung von Arbeitsvorgängen mit der Stoppuhr-Methode hielt Gilbreth auf seiner Suche nach der optimierten Arbeitsbewegung für unbrauchbar. Ihn interessierte der Arbeitsvorgang an sich und seine elementare Zerlegung. Ihm ging es um den Modus der Bewegung, um eine elementare Analyse und eine synoptische Klassifizierung der Bewegungsarten. Die Abläufe der Bewegungen übersteigen die Reaktionszeit des menschlichen Auges – das Problem Gilbreths war also die Sichtbarmachung der Elemente der Bewegung, ihres Weges, ihrer Ausdehnung. Das zweite Problem war die Darstellbarkeit der Trennung von Körper und Bewegung. 1912 schließlich entdeckt Gilbreth die Methode der „Light Line Studies"; seine Ausrüstung bestand bloß aus einem Photoapparat und Glühbirnen. Für sein Experiment stellte er einen Probanden vor eine Photokamera und befestigte ein kleines elektrisches Licht an dem die Bewegung ausführenden Körperteil; der Bewegungsverlauf erschien schließlich

Frank B. and Lilian Gilbreth, *Moving Boxes of glass ware* (Verschieben von mit Glas gefüllten Schachteln), um 1925, Photographie, Purdue University Library, West Lafayette, USA

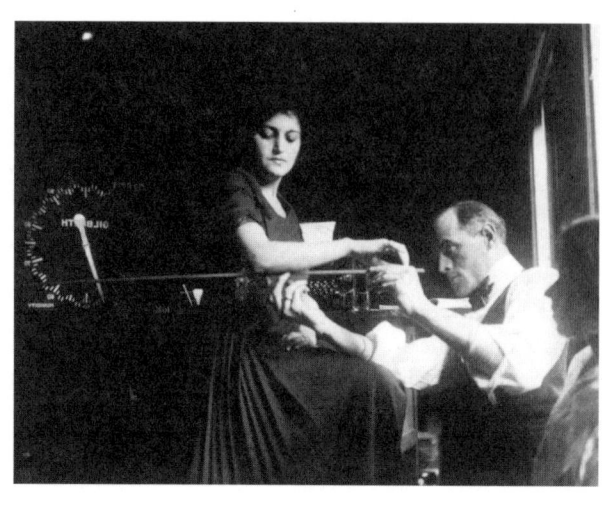

Frank B. and Lilian Gilbreth, *Mr. P. H. Waters in Motion Study Laboratory* (Mr. P. H. Waters im Laboratorium für Bewegungsstudien), um 1925, Photographie, Purdue University Library, West Lafayette, USA

mit Langzeitbelichtung auf dem Positiv als leuchtende, weiße Kurve. Diese Apparatur benannte Gilbreth Bewegungsaufzeichner oder Zyklograph. Aus der Form der Kurve leitete Gilbreth Zögern, Unsicherheit, Gewohnheit oder Automatisierung des Bewegungsablaufes des Arbeiters ab. Der Verlust, der durch die permanenten Unterlassungssünden des Blicks sich der Beobachtung entzieht, wird in der Momentphotographie, der Bewegungskurve etc. gespeichert, die Geschwindigkeit wird annulliert. Eine Ballistik der Bewegungen wird so lange ausgewertet, bis der Zwischenraum als reiner Verlust getilgt scheint. Diesen Verlust, der Entzug an Aufmerksamkeit des Arbeiters ist der Gewinn Gilbreths. Gilbreth leitete schließlich aus seinen „Motion Studies" eine universale Grammatik der elementaren Arbeitsschritte ab. Nach Gilbreth lassen sich alle Arbeiten, alle Bewegungen und Betätigungen auf 17 Grundelemente reduzieren, Arbeitselemente, „True Elements of Work", die sich nicht mehr unterteilen lassen.

„Wir betrachten nach unserem gegenwärtigen Wissensstand die 17 Grundelemente als ausreichend, alle Arten der Arbeit zu revolutionieren. Und wenn die Industrien aller Nationen die unnötigen Arbeitsvollzüge eliminieren würden, um die Arten, Sequenzen und Kombinationen der effizienten verbleibenden Grundelemente zu standardisieren, dann könnte man jedes Jahr so viel einsparen, daß die Weltschulden der meisten Nationen getilgt wären." (Gilbreth, 1924: 153)

Die fordistische Fabriksorganisation wird dieses Prinzip in den Fabrikshallen in Detroit, wo Henry Ford mit seinem „Model T" die amerikanische Nation mobilisiert, systematisieren: Der annektierte Arbeiter ist jenes fragmentierte Subjekt, den das Gesetz des Fließbandes anordnet. Sein Produktionsmodell ging von einem komplexen Produkt, zum Beispiel einem Auto, aus, das sich Stück für Stück aus standardisierten Einzelteilen zusammensetzen läßt, und zwar schrittweise in einer genau kalkulierten Abfolge von einfachen Arbeitsoperationen. War Taylors Methode noch die Disziplinierung des einzelnen

Arbeiterkörpers, hatte Ford nun die gesamte Fabriksmaschinerie als Subjekt im Blick. Die Frage ist nicht mehr: Wie läßt sich ein Arbeitsgang, ein Handgriff, rationalisieren? Sondern: wie synthetisiert man sie in einer reibungslos funktionierenden Maschine?
„In der Fordschen Fabrikationsmaschinerie liegt mehr Geist und Seele und Initiative als in den sie bedienenden Menschen. Sie ist es, die dem Arbeiter seine Höchstleistung abringt und nicht der sonst hierzu dienende Akkordlohn. Der Herr der Produktion ist der Techniker!" (Witte, 1924: 57)

Fließband und Girlsmaschine

1914 installiert Henry Ford das erste Endlos-Band mit Kettenantrieb zur Montage von Magnetzündern in seiner Automobilfabrik Highland Park in Detroit. Die Instanz des Befehles ist nicht mehr der Aufmerksamkeit und Abwesenheit des Werkmeisters verantwortet, sondern ist auf das Fließ-Band als maschinelles Subjekt bezogen, welches dem Arbeiter das Territorium seiner Nützlichkeit ausmißt. Ausschließlich in der Besetzung seines eigenen Ortes im Gefüge der Fabrik bezieht der Arbeiter nunmehr seinen produktiven Wert. Der Werkmeister in den Fordfabriken wurde zum Polizeiorgan umgeschult, er exekutierte das Gebot der technischen Struktur. Das Fließband regulierte auch die restliche Vergesellschaftung der Arbeiter. So resümierte die Untersuchung „Man on the Assembly Line" von Charles Walker und Robert Guest (1983), daß der Bewegungsspielraum, den das Fließband dem Arbeiter ließ, seine soziale Interaktion determiniere. Aufgrund der Geschwindigkeit des Fließbandes, der an Drähten und Schienen befestigten Werkzeuge wurden die Arbeiter an ihre Positionen gebunden. Jene Arbeiter, die ein paar Montagestationen entfernt arbeiteten, kannten sich kaum.
„Bediene dich der Gleitbahnen oder anderer Transportmittel, damit der Arbeiter nach vollendeter Verrichtung den Teil, an dem er gearbeitet hat, stets an dem gleichen Fleck fallen lassen kann. Das Nettoresultat aus der Befolgung dieser Grundregel ist eine Verminderung der Ansprüche an die Denkfähigkeit des Arbeitenden und eine Reduzierung seiner Bewegungen auf ein Mindestmaß. Nach Möglichkeit hat er ein und dieselbe Sache mit nur ein und derselben Bewegung zu verrichten." (Ford, 1923: 93)
Doch ist die Maschine nicht das Produkt der Arbeitsteilung, sondern die Maschine bezieht ihre größte Faszination aus dem Abbild der Kooperation. Nicht nur Henry Ford beschreibt das Fließband als maschinelle Darstellung der Kooperation selbst, auch Siegfried Kracauer rekonstruiert in seiner Glosse „Girls und Krise" (1931) das Allegorische des Fließbandes: „In jener Nachkriegsära, in der die Prosperity unbegrenzt schien und man noch kaum etwas von Arbeitslosigkeit ahnte – damals wurden die Girls in U.S.A. künstlich gezeugt und dann serienweise nach Europa exportiert. Sie waren nicht nur amerikanische Produkte, sie demonstrierten zugleich die Größe der amerikanischen Produktion. Wenn sie eine Schlange bildeten, die sich auf und nieder bewegte, veranschaulichten sie strahlend die Vorzüge des laufenden Bands; wenn sie im Geschwindtempo steppten, klang es wie: Business, Business; wenn sie die Beine mathematisch genau in die Höhe schmetterten, bejahten sie freudig die Fortschritte der Rationalisierung: und wenn sie stets wieder dasselbe taten, ohne daß ihre Reihe je abriß, sah man innerlich eine ununterbrochene Kette von Autos aus den Fabrikhöfen in die Welt gleiten." (Kracauer, 1931)

Die Revuegirls, die in den 20er Jahren vom Blick des europäischen Geschmacksurteils aus den Gemeinplatz des amerikanischen *Way of Life* buchstäblich verkörperten, brachten die Strategie rationaler Disziplinierung technisch zur Perfektion und hoben sie aus der *grauen Welt* der Fabrik und Kaserne heraus.

„Die amerikanischen Revuemädchen atmen das Leben und erinnern nicht an die graue Welt der Fabriksäle. Es ist eine einzige Bewegung, die alle diese Körper durchdringt, sie bilden berauschende Farbornamente in atemberaubender Abfolge..." (Meisel, 1925: 23)

Eine der bedeutendsten amerikanischen Tanz-Formationen, die Tiller-Girls, traten während der Inflation im Berliner Admiralpalast auf, tanzten sogar im Großen Schauspielhaus, unter der Intendanz von Max Reinhardt. Die Faszination des weiblichen Kollektivkörpers zeigt sich vor allem in der längst begehrten Ästhetisierung von industriellen Bewegungsmaschinen. „Girls waren gedrillte, nach bestimmten einfachen Techniken geübte Tanzkörper, Bewegungsmaschinen." (Giese, 1925: 83)

Die Girls wurden auf der Bühne als Chorus Line angeordnet. Diese Chorus Line arrangiert ebenso wie sein Vorbild, das industrielle Fließband, das Faszinosum der Kooperation.

'Tiller-Girls' vor dem Großstadtvorhang in der Haller-Revue „An und Aus", Photographie, 1926, Dr. Wolfgang Jansen, Berlin

Das Fließband und das funktionale Glied der Produktionsmaschine wurde in den Revuestädten als ästhetische Allegorie gefeiert. Ähnlich der Selektion der Bewegungsstudien am Fließband stellte man möglichst gleich große Girls in eine Chorus-Line und ließ sie militärisch exerzieren, bis sie synchron wie nach „einem unsichtbaren, aber unentrinnbaren Kommando" (Polgar, 1968: 186) agierten.

„Jeder erledigt seinen Griff am rollenden Band, übt eine Teilfunktion aus, ohne das Ganze zu kennen, [...] eine monströse Figur, die von ihrem Urheber den Augen ihrer Träger entzogen wird und kaum ihn selbst zum Betrachter hat. Sie ist nach rationalen Grundsätzen entworfen, aus denen das Taylor-System nur die letzte Folgerung zieht. Den Beinen der

Tillergirls entsprechen die Hände in der Fabrik [...] Die in ihnen gegliederte Masse ist aus Büros und Fabriken geholt." (Kracauer, 1977: 54)

Die Girlsmaschine dient hier als Folie der Aufzeichnung eines unermeßlichen Stromes von Produktion; als Allegorie des industriellen Fortschrittes der 20er und 30er Jahre institutionalisiert die Fließbandproduktion in der Girlsmaschine ihren Anspruch auf zivilisatorische Hegemonie.

Mit dieser *schönen Einheit* des Gruppenkörpers, der zu einem Subjekt zu verschmelzen scheint, korrespondiert in der Managementtheorie, dem „Scientific Management", das Problem der Depersonalisierung des Befehls und seine Umwandlung in ein technologisches Programm:

„Um die Extreme von zuviel Befehl und zu wenig Befehl zu vermeiden, schlage ich vor, den Befehl zu depersonalisieren, um alle Beteiligten mit der Situation zu konfrontieren, um das Gesetz der Situation zu entdecken und diesem zu gehorchen. Es sollte nicht eine Person einer anderen Person Befehle geben, sondern beide sollten darin übereinkommen, den Befehl aus der Situation heraus zu empfangen. Wenn Befehle einfach Teil der Situation sind, kommt erst gar nicht die Frage auf, wer nun befehlen und wer nun gehorchen muß. Beide können nun den Befehl, der aus der Situation entsteht, anerkennen. Unter diesem Aspekt gesehen, können wir den Versuch, die Gesetze der Situation zu verstehen, als die Essenz des Scientific Management bezeichnen." (Follet, 1926: 153)

Der Mathematiker Emil Post verband in den 30er Jahren die Methode des Algorithmus mit der fordistischen Fließbandarbeit. Der Ausführende seines Algorithmus war nicht wie bei Alan Turing die Maschine, sondern ein Arbeiter. Der von Post instruierte Arbeiter bewegt sich hiebei in einem „Symbol Space", der aus einer unendlichen Folge von Feldern besteht, die binär kodiert sind, entweder leer sind oder eine Markierung enthalten. Der Arbeiter des Postschen Algorithmus führt nun auf diesem unendlichen Band folgende Operationen aus:

„(a) Das Feld markieren, (b) Das Zeichen löschen, (c) Das Feld nach rechts bewegen, (d) Das Feld nach links bewegen, (e) Das Feld determinieren, ob es markiert ist oder nicht" (Post, 1936: 103f). Was dieser Arbeiter bei jedem Schritt zu tun hat, ist durch ein „Set of Directions", durch ein Maschinenprogramm von Instruktionen, bestimmt, „die die Arbeitsoperationen im symbolischen Raum dirigieren und die Ordnung, in welcher diese Operationen anzuwenden sind, festlegen." (Post, 1936: 103f)

Der Arbeitsbefehl braucht also nur noch didaktisch *Instruktion* benannt werden, um klar zu machen, daß es für das Arbeitsmanagement nur noch darum geht, rechtzeitig zu adressieren, in der rechtzeitigen Besetzung der Kanäle von Informations-Technologien den Konkurrenzvorsprung zu ermöglichen.

Der Postsche Arbeiter verrichtet also dieselben Operationen wie Alan Turings Maschinenkopf. Er bewegt sich nach rechts oder nach links, überschreibt ein Symbol oder löscht es. Beide Präzisierungen des Algorithmusbegriffes sind mathematisch gesehen äquivalent. Ein unendliches Band. Unterteilung in Felder. Elementarste Aktionen. Automatische Befehlsfolge. Sequentielle Anordnung. Das Maschinenprogramm der Arbeit des Mathematikers Post ist der Maschinentraum von der Lückenlosigkeit von Befehl und Ausführung. Der Maschinentraum von einem Arbeitsautomaten, der die technokratische Lösung der Klassenfrage verspricht.

Anmerkungen:

1) Captain John Graunts (1620-1674) *Observation on the Bills of Mortality* (1662) firmiert neben Sir William Pettys *Political Anatomy of Irland* (1671-73) als die erste und zugleich berühmteste sozialstatistische Untersuchung auf dem Feld der Political Arithmetic.

2) vgl. Geoffrey Parkers Hinweis über die Konvergenz von Kriegsführung und Technologie: „Den europäischen Kontremarsch regte erstmals Wilhelm Ludwig von Nassau an" — in einem Brief an seinen Cousin Moritz, den er am 8. Dezember 1594 in Groningen schrieb (Parker, 1984: 40). Er argumentierte, daß es mit sechs rotierenden Reihen von Musketieren möglich sein müßte, den kontinuierlichen Feuerhagel nachzuahmen, den die römischen Legionen mit ihren Wurfspießen und Schleudern erzeugt hatten.

Verwendete Literatur:

Barth-Barthenheim, Johann Graf von (1838): *Einrichtung der kaiserl. königl. Zwangsarbeitsanstalt in Wien* (3. 12. 1938).

Bentham, Jeremy (1962): Tracts on Poor Laws and Pauper Management, in: John Bowring (Hg.), *The Works of Jeremy Bentham* (Erstauflage 1838-43), 11 Bde., New York.

Bentham, Jeremy (1962): Principles of Penal Law, in: John Bowring (Hg.), *The Works of Jeremy Bentham* (Erstauflage 1838-43), 11 Bde., New York.

Buchholz, Friedrich (1804): *Briefe eines reisenden Spaniers an seinen Bruder in Madrid über sein Vaterland und Preußen,* Berlin.

Follett, Mary Parker (1926): The Giving of Orders, in: Henry C. Metcalf (Hg.), *Scientific Foundations of Business Administration,* Baltimore.

Ford, Henry (1923): *Mein Leben und Werk,* Leipzig.

Fourier, Charles (1822): *Théorie de l'unité universelle oder Traité de l'association domestique agricole,* Paris.

Gantt, Henry Lawrence (1901): *A Bonus-System of Rewarding Labour,* Boston.

Giese, Fritz (1925): *Girlkultur, Vergleiche zwischen amerikanischen und europäischen Rhythmus und Lebensgefühl,* München.

Gilbreth, Frank Bunker (1924): Classifying the Elements of Work, in: *Management and Administration* (8. 8. 1924).

Gilbreth, Frank Bunker (1966): Die Wissenschaft im Dienste des Managements führt zur Arbeitsökonomie, in: Kurt Pentzlin (Hg.), *Meister der Rationalisierung,* Düsseldorf/Wien.

de Guibert, Jacques Antoine (1774): *Versuch über die Tactik, Nebst einer vorläufigen Abhandlung über den gegenwärtigen Zustand der Staats- und Kriegswissenschaft in Europa,* Dresden.

Guest, Robert, Charles Walker (1983): *Man on the Assembly Line,* Boston.

Hegel, Georg Wilhelm Friedrich (1986): *Grundlinien der Philosophie des Rechts* (Erstauflage: 1821), Frankfurt a. M.

Howard, John (1777): *The State of the Prisons in England and Wales with prelimenery Observations and an account of some foreign Prisons,* London.

Hudtwalker, Norman (1824): Über die Tretmühle, in: *Criminalistische Beyträge* (1/1824).

Justi, Johann Heinrich Gottlob von (1760/61): *Grundfeste zu der Macht und Glückseligkeit der Staaten,* Leipzig.

Kracauer, Siegfried (1931): Girls und Krise, in: *Frankfurter Zeitung* (27. 5. 1931).

Kracauer, Siegfried (1977): *Das Ornament der Masse* (erstmals erschienen in der Frankfurter Zeitung 9./10. Juni 1927), Frankfurt a. M.

Lachmann, Carl Ludolf Friedrich (1973): *Das Industrieschulwesen, ein wesentliches und erreichbares Bedürfnis aller Bürger- und Landschulen* (Reprint von 1802), Glashütten i. T.

Ledoux, Claude-Nicolas (1804): *L'Architecture considerée sous le rapport de l'art, des moeurs et de la législation,* Paris.

Maconochie, Captain Alexander (1851): *Verbrechen und Strafe. Das Marken-System,* Frankfurt a. M.

Marx, Karl (1962a): Der Produktionsprozeß des Kapitals, in: ders: *Das Kapital. Kritik der politischen Ökonomie* (Erstauflage: 1867), Bd. 1, Berlin.

Marx, Karl (1962b): Maschinerie und große Industrie, in: ders: *Das Kapital. Kritik der politischen Ökonomie* (Erstauflage: 1867), Bd. 1, Berlin.

Meisel, Hans (1925): *Die Apollo-Revue,* Berlin.

Melossi, Dario; Pavarini, Massimo (1981): *The Prison and the Factory. Origins of the Penitentiary System,* London/Basingstoke.

Moritz von Sachsen, Marschall (1750): *Brief an den Grafen von Argenson (25. 2. 1750),* Archiv Arsenal, Ms 2701, Paris.

Noble, David (1979): *America by Design. Science, Technology and the Rise of Corporate Capitalism,* New York.

Owen, Robert (1825): *A New View of Society,* New York.

Parker, Geoffrey (1984): *Die militärische Revolution. Die Kriegskunst und der Aufstieg des Westens 1500-1800,* Frankfurt a. M.

Polgar, Alfred (1968): Girls, in: *Auswahl. Prosa aus vier Jahrzehnten,* Reinbek bei Hamburg.

Reckahn, Leopold (1796): *Policey der Manufaktur,* Neuruppin.

Robb, Russell (1911): *Organisation unter der Einwirkung von Zweck und Umständen*, Berlin.

Schack, Friedrich von (1925): *Büropraxis der Büro- und Geschäftsorganisation*, Charlottenburg.

Schlier, Paula (1926): *Petras Aufzeichnungen oder Konzept einer Jugend nach dem Diktat der Zeit*, Innsbruck.

Schöne, Heinrich (1876-87): Gründliche und ausführliche Anweisung zur Anwendung der Taktschreibmethode in Seminarien und Volksschulen, in: *Enzyklopädie des gesamten Erziehungs- und Unterrichtswesen*, 10 Bde., Gotha.

Smith, Adam (1977): *Theorie der ethischen Gefühle* (Erstauflage: 1759), Hamburg.

Steel Company (1921): *Fabrikordnung*, London/Hamburg.

Stern, Robert (1926): *Neueste Errungenschaften moderner Bürotechnik. Maschinisierung, Signale und Symbole*, Wien.

Taylor, Frederick Winslow (1916): *The Principles of Scientific Management. Bulletin of the Taylor Society*, Cleveland.

Turing, Alan (1987): *Intelligence Service. Schriften* (Erstauflage: 1969), hg. von Bernhard Dotzler und Friedrich Kittler, Berlin.

Ure, Andrew (1835): *The philosophy of manufactures: or, an exposition of the scientific, moral and commercial economy of the factory system of Great Britain*, London.

Wagnitz, Heinrich (1791/92): *Historische Nachrichten und Bemerkungen über die merkwürdigsten Zuchthäuser in Deutschland*, 2 Bde., Halle.

Witte, Irene M. (1924): *Taylor, Gilbreth, Ford. Gegenwartsfragen der amerikanischen und europäischen Arbeitswissenschaft*, München/Berlin.

Zimmermann, Gustav (1845): *Die Deutsche Polizei im 19. Jahrhundert*, Hannover.

Die Konstruktion anderer Welten

Franz Reitinger

Für unseren Neffen

1. Blick gen Himmel

Seit der Antike galt das Jenseits als ein Ort, von wo aus die transzendentalen Mächte, seien es Götter oder Dämonen, agierend in den Lauf der Welt eingriffen. Im religiösen Weltverständnis bezeichnete das Jenseits die andere Welt par excellence. Dem Christentum war die Existenz von Jenseitsreichen durch die Person Jesus von Nazareth verbürgt, von dem es hieß, daß er zur Hölle hinabgestiegen und danach in den Himmel aufgefahren sei. Eine konkrete Vorstellung über Lage und Beschaffenheit dieser Orte verband sich damit freilich nicht. Nur soviel läßt sich sagen: Mit der radikalen Umwertung von Tod und Leben im Christentum wurde die ontologische Schwelle zwischen Zeitlichkeit und Ewigkeit für eine Lagebestimmung des Jenseits entscheidend – mit all den theologischen Schwierigkeiten, die daraus resultierten, daß das Hereinbrechen spontaner Ewigkeit in die Alltagswelt des einzelnen nicht gleich auch das Ende der Zeiten bedeuten mußte. [1])

Die Heilserwartung des Christentums hieß den Gläubigen seinen Blick aufwärts richten. Der ursprünglichen Bestimmung des Christentums als einer Erlösungslehre entsprach denn auch die fundamentale Zweiteilung des christlichen Universums in eine irdische und eine überirdische Zone. Die christliche Topographie etwa, wie sie der Indienfahrer und spätere Mönch Kosmâs Indikopleústes im 6. Jahrhundert entworfen hatte, beinhaltete in ihrem Kern eine Lehre von den beiden Räumen, auf griechisch „Katastasen". Diese sah ein zweistöckiges Weltgebäude vor, in dem das untere Geschoß die Erde mit dem Planeten- und Fixsternhimmel, das obere Geschoß das eigentliche Himmelreich umfaßte, das als himmlisches Jerusalem zugleich in seiner zeitlichen Dimension als zukünftige Welt begriffen wurde. Wichtig ist in unserem Zusammenhang, daß in nachikonoklastischer Zeit den Ausführungen bei Kosmâs erste Versuche folgten, die geschilderten Universalverhältnisse ins Medium des Bildes zu übertragen, wobei der radikale Reduktionismus der Formensprache Schemata zeitigte, die ob ihrer abstrakten Räumlichkeit in der byzantinischen Buchmalerei ihresgleichen suchen. Darüber hinaus markieren die illustrierten Kosmâs-Handschriften des 9. und 11. Jahrhunderts den Anfang einer Ikonographie des Weltgerichts, in der die christlichen Jenseitsvorstellungen wie nirgends sonst zur Anschauung gelangen sollten. [2])

Man braucht sich nur an die kreatürlichen Anverwandlungen der antiken Götter in den Metamorphosen Ovids zu erinnern, um zu erkennen, mit welcher Schärfe nunmehr die Trennung von Erde und Himmel vollzogen ist. Tatsächlich läßt sich das Ausmaß einer solchen Trennung nur begreifen, wenn man das politische Konzept vor Augen hat, das dem topographischen Modell des Kosmâs zugrunde liegt. Gemeint ist die Lehre von den beiden Reichen, die auf Augustinus Aurelianus, den bedeutendsten Ideologen des frühen Christentums zurückgeht. Für Augustinus stellte sich die „Civitas terrena", der Weltstaat, als Abbild der „Civitas Dei", des Gottesstaates, dar. Eine überirdische Ordnung wirkte gleichsam von oben auf die Bereiche des Irdischen ein. Die Zuspitzung der von Paulus formulierten Alternative von Geist und Fleisch brachte im Zuge der Gregorianischen Reform eine Spiritualisierung des Himmels mit sich, vor der die christliche Klage über die zunehmende Verweltlichung des „Saeculum" ihre Plausibilität erhält. Sie führte in den „Historiae de duabus civitatibus" zu einer Radikalisierung des Augustinischen Geschichtsentwurfes im Sinne einer auf Konfrontation angelegten Gegenbildlichkeit. Zwei Lager, die sich feindlich gegenüberstanden, schufen eine politische Ordnung, die von nun an bestimmend sein sollte. Seit Ende des 14. Jahrhunderts gewann der Augustinische Gottesstaat in illuminierten Handschriften an neuer Anschaulichkeit. Die beiden Städte sind darin – durch keinerlei eskatologische Perspektive vermittelt – in einer überzeitlichen Ordnung einander über- beziehungsweise untergeordnet. Die Topographie der Erde hebt sich dabei von der Choreographie des Himmels, die Gleichgeordnetheit der Stände von der Hierarchie der Engelschöre ab, wobei die „Civitas terrena" mit Mühe ihre unabhängige Stellung als Ort der Bewährung behaupten kann, ohne Gefahr zu laufen, ihrerseits – im Sinne eines aufkeimenden Manichäismus – mit den bösen Mächten identifiziert zu werden. [3]

In der für den Christen charakteristischen Wendung des Blickes nach oben, seiner Fixiertheit auf den Himmel, liegt begründet, daß die Unterwelt zunächst keinen eigenen Platz im christlichen Universum erhielt. Tatsächlich erfolgte die Scheidung der „Lämmer" und „Böcke" am Jüngsten Tag nach einer bilateralen Rechtsordnung, die sich – mit dem Recht der Waage, dem sie zu Ansehen verhalf – gleichsam in der Waagrechten erfüllte. Zwar gingen mittelalterliche Exegeten nicht fehl, wenn sie nach dem Vorbild des alttestamentarischen Engelssturzes oder der neutestamentarischen Anastasis den Sitz der Mächte der Finsternis grundsätzlich unten, das heißt in einem der Erde inferioren Bereich anberaumten. Doch solange dieses „Unten" als bloßes Ortsattribut an eine sukzessive, erst nach und nach sich erschließende Heilserzählung gebunden war, fiel es kosmologisch kaum ins Gewicht. Dazu kam, daß die Vertreter der Scholastik, die dazu übergegangen waren, den binären Aufbau des Universums durch eine abgestufte Ordnung zu ersetzen, die ursprüngliche Zweiteilung in Himmel und Erde keineswegs fallenließen. Sie verknüpften die „himmlischen Hierarchien" eines Pseudo-Dionysius mit dem aristotelischen Vorbild zu einer Stufenleiter des Seins, wobei sie weiterhin zwischen sub- und translunaren Sphären unterschieden. Die Hölle aber wurde der Erde subsumiert – physisch wie moralisch – als deren innerster Kern.

Eine Ausnahme scheint in dieser Hinsicht das Weltbild des Wilhelm von Auvergne zu bilden. Der an der Sorbonne lehrende Bischof vermutete die Hölle in den untersten Tiefen am anderen, dem Empyreum entgegengesetzten Ende des Universums. In der Mitte zwischen diesen Gegenden ortete er die Welt der Lebenden. [4] Erst gegen Ende des Mittelalters sind Äquivalente im Medium des Bildes auffindbar, die sich einer solchen Weltsicht zur Seite stellen lassen. In einem Kölner Inkunabeldruck etwa ist das Verhältnis der verschiedenen Welten formalisiert und auf ein abstraktes Schema gebracht. [5] Gegenüber der politisch brisanten Reichsmetaphorik des Augustinus verrät hier eine Symbolik der Sphären neuplatonistische Harmonievorstellungen, die mit den Mitteln einer ornamentierenden Geometrie bewältigt werden. In einem aus triadischen Kreisen sich aufbauenden, idealen Universum wird die Erde als Mittelreich auf einer Achse mit über beziehungsweise unter ihr liegenden himmlischen beziehungsweise infernalen Welten angesiedelt. Ein solcher ternärer Kosmos ist mythisch, nicht nur weil dabei völlig unklar bleibt, wie dieser mit dem ptolemäischen Weltbild des Spätmittelalters zusammengeht, sondern weil der gottgleiche Blick, der darüber waltet, weit entfernt von der perspektivischen, standpunktbezogenen Unterscheidung immanenter und transzendenter Wirklichkeiten ist, die für die Neuzeit kennzeichnend ist. Gleichwohl kann eine eigene, geradezu als autonome Welt ausgewiesene Hölle als ein frühes Indiz dafür gewertet werden, daß der Prozeß, der schließlich zur Dissoziation der Welten des Diesseits und Jenseits führen sollte, in Gang gekommen ist. Eine Rückbindung, wie sie durch die Wiederholung der ternären Universalordnung im Inneren jeder dieser Welten erfolgt, ist eher der Ausdruck dieses Prozesses, als daß sie diesen unterliefe. Sie ist sicherlich in Zusammenhang mit den Spekulationen der Epoche über die Analogie von Mikro- und Makrokosmos zu sehen. Das eigentliche Motiv für eine autonome Hölle dürfte indessen in einem moralischen Rigorismus zu suchen sein, der die Eigenverantwortlichkeit der Menschen betont, ganz im Sinne des neuen heroischen Menschenbildes, für das das Gleichnis des Herkules am Scheideweg im 15. Jahrhundert neue Geltung gewann.

Anonym, *Land-Charten der wahren Freindschaft*, Anf. 18. Jhdt., Radierung

2. Jenseitsreiche

Im späten Mittelalter hatten sich die zahlreichen Jenseitsberichte soweit verdichtet, daß man dazu übergehen konnte, ein kohärentes Bild der Jenseitsreiche zu entwerfen.[6] Was in Visionen, Lehrmodellen, Allegorien offenbart und dargelegt worden, war indessen hinsichtlich seiner Lokalisierbarkeit wie seiner räumlichen Binnenentfaltung allusiv, unbestimmt und in sich widersprüchlich. Mit dem im 12. Jahrhundert neu aufflammenden Interesse für die platonische Kosmoslehre und dem Aufschwung einer wissenschaftlichen Kosmologie stieg der Anreiz – und vielleicht auch die Notwendigkeit – zu einer genaueren Lagebestimmung der christlichen Jenseitsorte. Es stellte sich die Frage, wo die unbestimmten Orte einer christlichen Topographie im mittelalterlichen Kosmos anzusiedeln wären. Erste Versuche in diese Richtung hatte schon Hildegard von Bingen unternommen.[7] Doch ist es das besondere Verdienst Dante Alighieris (1265–1321), die Koordinierung der christlichen Jenseitsreiche und deren Systematisierung nach historischen, geographischen und moralischen Gesichtspunkten geleistet und zu einer poetischen Gesamtschau gesteigert zu haben.

Seine „Divina Commedia" umfaßt in ihren drei Teilen den Abstieg durch den

Höllentrichter zum Erdmittelpunkt, die Besteigung des Berges der Läuterung zum irdischen Paradies und schließlich die Reise durch kosmische Sphären in den empyreischen Lichthimmel. Jedes dieser drei Modelle steht dabei am Anfang oder in der Tradition eines eigenen Genres literarischer Reisen, das losgelöst vom Gesamtentwurf der „Commedia" bis über die neuzeitliche Epochenschwelle hinaus fortexistierte. [8]) Davon unabhängig setzte im Quattrocento eine Entwicklung ein, in deren Folge sich bei Dantes literarischen Nachfahren die Jenseitsreiche in allegorische Weltreiche verwandeln sollten, die zu den persistierenden Formen religiöser Anschauung als zeitgemäßere Alternative hinzutraten. [9]) Dantes Konstruktion der Jenseitsräume ist als ein historischer Schritt hin zur Vereinheitlichung jenes symbolischen Raumes zu werten, der die Anschauungsformen des Mittelalters bestimmte. Ein solcher Schritt setzt das Zurücktreten der eskatologischen Heilserwartung und eine allmähliche Entzeitlichung des Jenseits voraus. Tatsächlich ist die Hoffnung auf die Abkunft einer dezisionistisch Recht sprechenden Gottheit am Ende der Zeiten, die den Jenseitsreichen das Gepräge von Wartesälen verlieh, bei Dante durch eine bereits verwirklichte, gleichsam konziliare Rechtsordnung ersetzt. Das Jenseits erfüllt dabei gewisse Funktionen einer Gegenwelt, da es im Diesseits geltende Standesunterschiede und politische Machtverhältnisse außer Kraft setzt und teilweise negiert. Zugleich erscheint es als das Produkt einer Ordnungsphantasie, in der Geschichte der moralischen Beurteilung durch den Autor unterworfen ist, die ihrerseits auf ein hierarchisch strukturiertes System der Gratifikation hinausläuft.

Erste Versuche einer bildlichen Bewältigung des von Dante vorgelegten räumlichen Konzeptes fallen ins 14. Jahrhundert. Für sie ist bezeichnend, daß sie nicht auf dem angestammten Feld der früh einsetzenden Dante-Illustration stattfanden, sondern auf dem vergleichsweise konventionelleren Terrain christlicher Ikonographie. Etwa gleichzeitig mit Dante hatte Giotto in der Arenakapelle von Padua die Jenseitsorte räumlich zusammengefaßt und zum dominierenden Motiv seiner Gerichtsdarstellung gemacht. Es genügt ein Seitenblick auf byzantinische Vorbilder, um die bahnbrechende Leistung des Florentiners zu erkennen. Auf Buffalmaccos „Weltgericht" auf dem Camposanto in Pisa (zwischen 1330 und 1345) differenzieren sich die kategorischen Straforte aus, Bulgen und Kammern ergeben ein ausgedehntes Stollensystem. Mit der Geographie des Danteschen Infernos verknüpft, erreicht die Höllenikonographie in Nardo di Ciones Fresken der Strozzi-Kapelle zu S. Maria Novella in Florenz (um 1357) einen Höhepunkt. Erstmals emanzipieren sich Himmel und Hölle aus dem übergeordneten Zusammenhang des Weltgerichtsbildes und konstituieren sich als selbständige Bildmotive. Durch Restrukturierung und Straffung des eine Vielheit an Orten umfassenden Stollensystems erhält die Unterwelt eine einheitliche Schichtenordnung. [10])

Auf die Ausdifferenzierung nach verschiedenen Örtern im Trecento hin folgte im Quattrocento das Bestreben, unter Verwendung der einschlägigen Textstellen die von Dante beschriebenen Jenseitsreiche nach architektonischen Regeln zu vermessen. Die Mathematisierung des Raumes, die zu einer weitgehenden Vereinheitlichung der Orte führte, kann als Teil der Bestrebungen betrachtet werden, Werk und Person des Dichters zu nobilitieren. Nach Vasari soll sich bereits Filippo Brunelleschi (1376–1446) mit einer Ausmessung von Dantes Jenseitsreichen beschäftigt haben. Die entscheidenden Impulse dürften indessen von seinem Biographen, dem gleichfalls als Mathematiker und Architekt tätigen Antonio Manetti (1423–1497), ausgegangen sein, der Anfang der 70er Jahre des 15. Jahrhunderts Größe und Lage des Infernos mitsamt seinen Rängen, Kreisen und Streifen bestimmt hatte. Es hat sich eine Abschrift der „Commedia" aus dem Jahr 1462 erhalten, die Manetti mit kosmographischen Zeichnungen – darunter einem Höllentrichter – ausstattete, die quasi den Text glossieren. [11]) Auf die Anregung des Architekten hin widmete Cristoforo Landino der Frage nach „Sito forma et mesura dello inferno et statura de' giganti et di Lucifero" ein Kapitel in seinem berühmt gewordenen Kommentar von 1481. Nach der Hinrichtung Savonarolas und der Errichtung des Herzogtums war es vor allem der republikanische Flügel des gelehrten Florenz gewesen, der die Vergöttlichung Dantes und seiner Werke betrieb. Zu dessen hervorragendsten Vertretern zählte Girolamo Benivieni (1453–1542), ein Mitglied der Platonischen Akademie und engster Freund Pico della Mirandolas, der einen Dialog verfaßte, in dem er den verstorbenen Manetti die Ergebnisse seiner Studien vortragen ließ. Um die von Manetti und Benivieni vorgetragenen Positionen kam es im Laufe des 16. Jahrhunderts zu einer lang anhaltenden Auseinandersetzung zwischen jüngeren Kommentatoren. In zwei Vorträgen, die der junge Galileo Galilei 1587/88 vor der Florentinischen Akademie hielt, griff dieser zugunsten der beiden ersteren ein und beendete so die Querele. In der Person Galileis berühren sich das mythische und das naturwissenschaftliche Weltbild, ehe sich der christliche Mythos unter dem Einfluß der Physikotheologie des 17. Jahrhunderts in Abstraktionen auflöst. [12])

Ob Galileis Beschäftigung mit Dante eher für das Fortleben eines christlichen Jenseitsglaubens oder für die Zeitlosigkeit großer Dichtung spricht, sei dahingestellt. In keinem Fall ist daraus zu schließen, daß Kosmologie und Astrologie, Glaube und Wissenschaft einander in nahtloser Filiation abgelöst hätten. Tatsächlich kündigt sich bei Dante in ganz anderer Hinsicht etwas Neues an, das ist – in den Worten Egon Friedells – der Übergang vom theozentrischen zu einem geozentrischen Weltbild. [13]) In seinem System der Jenseitsreiche hatte Dante an einem Schichtenmodell festgehalten, das die Raumsphären nach dem Vorbild der Kosmologie übereinander ansiedelte. Dies ist umso verständlicher, als er die Idee einer hierarchisch geordneten, christlichen Gesellschaft mit seiner Epoche teilte. Indessen ist die Annahme, daß die Erde eine Kugel sei und das irdische Paradies sich an den Antipoden befände, mit unvorhersehbaren Konsequenzen verbunden. In der „Göttlichen Komödie" beginnt der Aufstieg des Dichters zum irdischen Paradies dort, wo der Abstieg zum Mittelpunkt der Erde endet, ohne daß irgendein Richtungswechsel notwendig wäre. Abstrakt formuliert, bedeutete ein solches Wegeszenario die Dissoziation von gerichtetem Raum und normativer Moral. Eine derartige Trennung aber kam dem Verlust einer einheitlichen Heilsperspektive gleich. Oben und unten büßten als christliche Richtwerte ihre absolute Signifikanz ein, und der aufwärts gerichtete Blick löste sich aus seiner Fixiertheit. Von Ignatius von Loyola bis John Bunyan wird es zur Bestimmung des Christenmenschen gehören, durch seine persönliche Hölle hindurchzumüssen und Höhen und Tiefen im Leben gleichsam konjunkturell zu erfahren.

Am Beginn der Frühen Neuzeit sollte es zu einem Paradigmenwechsel kommen, im Zuge dessen sich die Geographie von der Kosmologie emanzipieren und als Leitwissenschaft etablieren konnte. Während die Kosmologie sich im Zeichen der Astrologie neu konstituieren mußte und erst wieder in der 2. Hälfte des 17. Jahrhunderts an gesellschaftlichem

Terrain gewann [14]), machten frühneuzeitliche Entdeckungsreisen und neue Projektions- und Reproduktionstechniken die Erdkunde zu einem expandierenden Wissenschaftszweig. In Ablösung der mittelalterlichen Stratigraphie vollzog die Kartographie den Übergang von einer Vertikal- zu einer Horizontalordnung, vermittels derer die transzendenten Orte ihre zentrale Stellung im frühneuzeitlichen Bewußtsein einbüßten und als biographische Appendices an den Rand einer Geographie der Lebenswege rückten. Auch wenn diese in den Überresten einer „Geographia sacra" bis weit ins 17. Jahrhundert ihr Unwesen trieben, gehörte es doch auf längere Sicht zu ihrem Schicksal, daß man sie an die Polarkappen versetzte oder zu provinziellen „Ländern der Frommen" marginalisierte, um endlich den Versuch, sie weiterhin geographisch zu orten, für müßig zu befinden. Ortslosigkeit, wie sie im Ausspruch „Überall Hölle, überall Himmel" des böhmischen Mystikers Daniel von Czepko (1605–1660) zum Ausdruck kommt, sollte so zur zentralen Bestimmung alles Jenseitigen werden. Auch der sicherste Weg dorthin führte fortan an ein Nichts, das zwar keineswegs die physikalische Leere eines experimentell erwiesenen Vakuums zu sein brauchte, das aber auch als substantielle Fülle mythischer Erfahrung nicht für jeden die gleiche Geltung mehr besaß. Über Zeiten und Räume hinweg ertönte indessen das vernichtende „O altitudo!" einer grenzenlosen, abgründigen Existenz. [15])

3. Neue Welt

Mit dem Aufschwung der Geographie konnte sich am Beginn der Frühen Neuzeit eine horizontale Oberflächenordnung etablieren, die die Tendenz in sich trug, die transzendente, der Sinnenwelt verborgene Wirklichkeit der Jenseitsreiche als „Alter mundus" in den neuzeitlichen Erfahrungshorizont mit hineinzunehmen und so gleichsam zu integrieren. Dieser Prozeß einer Verinnerweltlichung erfolgte im wesentlichen nach Maßgabe der neuen Entdeckungen.
Die Imagination anderer Welten im Diesseits und der Versuch ihrer konstruktiven Darstellung ist kein frühneuzeitliches Privileg: Schon Kosmâs unterschied in Beantwortung der Frage nach dem Sitz des irdischen Paradieses zwischen einer entvölkerten Außen- und einer bewohnten Binnenwelt. In Wiederaufnahme der antiken Antipodenlehre zog dann im neunten Jahrhundert als erster christlicher Autor Bischof Virgil von Salzburg ernsthaft das „Vorhandensein einer anderen Welt und anderer Menschen unter der Erde" in Erwägung. Gleichwohl scheinen Amerigo Vespucci, der in einem Schreiben an Pierfrancesco de' Medici den Begriff „De novo mundo" prägte, und Petrus Martyr d'Anghiera (1455/57–1526), der mit seinem „De orbe novo" zum ersten Chronisten der frühneuzeitlichen Entdeckungsreisen werden sollte, eher an einen transzendentaltheologischen Sprachgebrauch anzuknüpfen. Der augustinischen Auffassung von der „Neuen Welt" als einer durch die Niederkunft des himmlischen Jerusalems erneuerten Welt gegenüber ist dem „Neuen" bei Vespucci freilich der Tonfall der „Eskatologie" genommen. „Neue Welt" meint nunmehr eine andere, mit der sich im Widerstreit der Epoche zwischen „antiqui" und „moderni" ein neues Zeitalter ankündigt. Zum Erfolg dieser Wortprägung gehört nicht zuletzt, daß sie der Phantasie einen Nährboden bereitete, auf dem sich schon bald Schlaraffen und Utopier ansiedelten, um ihre Kolonien zu errichten. [16])
Die aktive Landnahme der jüngst entdeckten Territorien machte neuerliche

Grenzziehungen erforderlich, deren fiktionaler Charakter am besten in der Absicht zum Ausdruck kommt, eine Abgrenzung von Einflußsphären hinsichtlich zukünftiger Entdeckungen und Gebietsgewinne treffen zu wollen, wie dies im Vertrag von Tordesillas von 1493 der Fall war, der die Gebietsansprüche von Spaniern und Portugiesen durch eine „linea demarcación" festlegte. Eine solche Teilung der Erde kannte ihr biblisches Vorbild in der alttestamentarischen Völkertafel des ersten Buches Mose, die den Söhnen Noe und dessen Nachfahren je ein Drittel der Erde zusprach.

Zugleich erfuhr die frühneuzeitliche Weltsicht eine kontemplative Innenbrechung, für die im humanistischen Zeitalter die antike Philosophie das entsprechende Beispiel lieferte. Dem Unisono des mittelalterlichen „Contemptus mundi" gegenüber eröffneten Heraklit und Demokrit den kontroversiellen Blick auf eine Welt, die gleichermaßen zum Lachen und zum Weinen reizte. Als Kepler im Jahr 1610 den Kaiserlichen Rat Wackher von Wackenfels traf und durch ihn von der Entdeckung der Jupitermonde durch Galilei erfuhr, verloren beide die Fassung, der eine vor Freude, der andere vor Betroffenheit. Beiden fiel es im Gelächter und aus Verwirrung schwer, angesichts der Überraschung durch die Nachricht zu sprechen und zuzuhören: „Ille gaudio, ego rubore, risu uterque ob novitatem confusi […]."[17] So wie der Optimismus des einen, verkörpert auch der Pessimismus des anderen nicht eigentlich eine bestimmte Stimmungslage. Beide stehen sie vielmehr für eine emotionale Grundhaltung, in der sich die Heterogenität individueller Weltanschauungen und Weltanschauungsperspektiven realisiert.[18]

Autoren wie Wolf Lepenies haben auf den Zusammenhang zwischen frühneuzeitlicher Melancholie und dem utopischen Staatsroman hingewiesen, der die gelehrten Spekulationen über eine mögliche Verbesserungsfähigkeit der bestehenden Sozialordnung mit einem fiktiven Erzählrahmen ausstattete.[19] Tatsächlich war die Utopie eine der ersten und folgenreichsten Ausprägungen einer in ihren Formen wie in ihren Inhalten vielfältigen Literatur von „Voyages imaginaires", die die Entdeckung neuer Welten nach dem Vorbild des Kolumbus zu ihrem Leitmotiv machte. Die Utopie des Thomas Morus bezeichnet insofern eine Neuorientierung, als sie den Jenseitsvorstellungen des mittelalterlichen Ideenrealismus eine klare Absage erteilte.[20] Negativbestimmungen vom Typ *Utopia* (Nicht-Ort), *Amaurotum* („Kaum-Wahrnehmbar"), *Anydrus* („Ohne-Wasser") stellten nach dem Vorbild einer negativen Theologie die absolute Distanz zu realen Welten im Diesseits wie im Jenseits als Beziehung ex negativo her. Im Gegenzug beanspruchte „Utopia", mehr zu sein als ein bloßes Phantasiegebilde. Was in seiner Existenzform konsequent verneint wurde, erfuhr als Erscheinungsform weitgehende Bejahung. Während die „Res fictae" der Dichtung nach herkömmlicher Auffassung der Lüge gleichgesetzt wurden, es sei denn, an ihnen war die hintergründige Wahrheit eines Arkanums auszumachen, ist hier Fiktion im Sinne einer möglichen Welt begriffen, die in ihrer ganzen Konkretheit augenfällig wird. Konsequente Fiktionalisierung läßt das literarische Werk an der Wirklichkeit teilhaben, und zwar als Wahrscheinlichkeit. Die partikulären Verhältnisse, an denen sich die Utopie dabei orientierte, schlossen nicht allein die affirmative Steigerung des Negativen ins Universelle nach dem pseudo-dionysischen Vorbild aus, sie bildeten zugleich die Voraussetzung für das Gelingen des fiktionalen Entwurfes. Die andere Welt wurde so auf ein Inseldasein reduziert, ohne daß sich damit bereits der Wunsch nach geschlossenen

Gesellschaften, überschaubaren Verhältnissen und Zuflucht bei Welten im Kleinen verbunden hätte, wie er durch die neuzeitliche Charakterisierung der Welt als labyrinthischer Irrweg und Jahrmarkt der Eitelkeiten geschürt werden sollte.

Die präzisen Angaben, die Morus hinsichtlich der räumlichen Beschaffenheit der Insel machte, ließen „Utopia" zum potentiellen Gegenstand der Kartographen werden. Bereits auf dem bekannten Frontispiz der Erstausgabe des Romans ist der landkartenähnliche Entwurf seiner Intention nach deutlich erkennbar. Doch erhielt „Utopiae typus" erst in der Ausführung des Antwerpener Verlegers Abraham Ortelius seine konkrete Gestalt durch ein Kartenbild, das sich auf der Höhe seiner Zeit befand. [21] Die Kartographie wurde so zu einem wesentlichen Faktor des fiktionalen Erzählrahmens, dessen räumliche Konsistenz Wirklichkeit indizierte. Zugleich gewährleistete sie, daß in dem frühneuzeitlichen Unterfangen literarischer Welterkundung die Einheit von Raum und Zeit im Sinne der Aristotelischen Poetik gewahrt blieb. [22]

Freilich gab es in den Extremlagen eines radikal formalistischen Denkens, das die Negation bestehender Verhältnisse betrieb und sich dabei quasi selbst exilierte, auf Dauer kein Verharren. Ein verschärfter Realitätssinn, wie ihn die Naturwissenschaften durch Abgrenzung von den Erscheinungsformen des Glaubens wie auch des Aberglaubens entwickelt hatten, verlangte nach einer positiven Bestimmung des spezifischen Verhältnisses der Welten des Realen und des Imaginären. Auf theoretischer Ebene sollte dies Francis Bacon versuchen. Auf einem der Titelblätter seiner umfassenden Wissenschaftsreform wird das Unternehmen der Wissenschaft mit einem Schiff verglichen, das mit vollen Segeln über die Säulen des Herkules und die sie verkörpernde alte Ordnung hinaussteuert, um Kurs auf eine neue Welt zu nehmen. Darüber reichen sich die für den „Mundus visibilis" und „Mundus intellectualis" stehenden Hemisphären im Bündnis von Vernunft und Erfahrung symbolisch die Hände. [23]

Die dem Sichtbaren entgegengesetzte Welt des Denkens beruhte bei Bacon weitgehend auf einer operationalen Vernunft, die mögliche Wirklichkeiten gleichsam als Fiktion evident hielt, bis der rationale Versuch ihrer konstruktiven Verwirklichung gewagt werden konnte. Während man sich aber an den Status des fraglos „Garantierten" (Blumenberg) gewöhnte, den Wirklichkeit in Anspruch nahm, geriet die von Bacon voll Zuversicht anvisierte Einheit der Erfahrung alsbald in das problematische Fahrwasser eines psycho-physischen Dualismus, dessen Proponenten eines immer größeren Theorieaufwandes bedurften, um das Zusammenspiel voneinander kausal unabhängiger Körper- und Ideenwelten zu erklären.

4. Innenwelten

Indessen wurde der für die theoretische Neugierde so erfreuliche Zuwachs an Wissen lebensweltlich eher als Bedrohung empfunden, als daß man in ihm einen echten Erkenntnisgewinn erblickt hätte. Die zunehmende „Welthaltigkeit" fand in einem neuen Weltbild ihren Niederschlag, das lange vor dem Jüngsten Tag das Bewußtsein von weithin übervölkerten Räumen mit einschloß. [24] Das Umherirren unter Menschen, die in der pessimistischen Weltsicht des Calvinismus bloß als augustinische „Massa perditionis" in Betracht kamen, wurde zur conditio humana, wie auch die Suche nach beständigen Werten vergeblich blieb. [25] Unter dem Eindruck des anhaltenden Erfahrungsdrucks verabschiedete sich die christliche Neuzeit von der dem „Contemptus mundi" eigenen Bildlichkeit des irdischen Jammertales (Psalm 84,7) und ging dazu über, die Welt wechselweise als Ameisenhaufen, Jahrmarkt, Irrgarten und Labyrinth zu beschreiben. [26]) Anstatt das Artifizielle der ingeniösen Erfindung zu bewundern, beunruhigte sie vor allem die Vielheit der Wege, die Absenz einer einheitlichen Richtung und das Fehlen eines jeglichen Zieles, kurzum das dem Labyrinth eigene Potential der Desorientiertheit. Geradezu konträr zur ästhetischen Qualität des mythischen Urbildes stand eine labyrinthisch gewordene Welt, im Anschluß an Augustinus, für schuldhafte Verstrickung in Chaos und Unordnung, aus der sich der einzelne Christenmensch aus eigenen Stücken kaum je zu befreien vermochte. Letzteres kam insofern einer Falle gleich, in die man nicht erst geraten mußte, da man sich in ihr befand, ja, mehr noch, in sie hineingeboren war.

In Reaktion auf die Zunahme der innerweltlichen Erfahrungsdichte machten sich seit Ende des 16. Jahrhunderts Tendenzen bemerkbar, die einer verinnerlichten Frömmigkeit das Wort redeten, wie sie schon Augustinus gefordert hatte: „Noli foras ire, in te ipsum redi, in interiore homine habitat veritas." [27]) Indessen blieb die Flucht vor einer entsakralisierten Außenwelt und die Einkehr in die Einfachheit des Herzens, wie sie Jan Amos Comenius angesichts der hoffnungslosen politischen Lage seiner Heimat propagiert hatte, prekär. An seinem Lebensende erblickte der böhmische Universalgelehrte und Pädagoge schier überall Labyrinthe, in der Wissenschaft ebenso wie in der Religion und, was noch schlimmer war, auch im Inneren der Menschen. [28])

Mit der zunehmenden Verbreitung von Kartenwerken im Medium des Reproduktionsstiches und deren Verfügbarkeit in den über die eigentliche Domäne der Erdkunde hinausreichenden Sphären des Alltags und der Häuslichkeit rückte die Kartographie in die überlieferten Positionen sinnhafter Daseinsauslegung ein. Anders als der antike Mythos vom Labyrinth, der die Vorstellung von einem materiellen, durch Menschenhand errichteten Bauwerk implizierte, versprach die Landkarte eine Registratur der modernen Welt im Weichbild eines immateriellen Aufzeichnungsverfahrens. Indessen wurden die konstruktiven Merkmale der Karte durch eine von diesen losgelöste Idolhaftigkeit überschattet. An ihr blieb der bange Blick einer nach dem Menetekel eines heranbrechenden Zeitalters Ausschau haltenden Generation von Moralisten haften, die sich an das symptomatische Ganze der Karte hielten, ohne die Brauchbarkeit eines graphischen Systems von räumlichen Verhältnissen ernsthaft in Erwägung zu ziehen. Wie ich an anderer Stelle gezeigt habe, vermittelte die Karte einen Begriff von Freiheit, der mit der Angst vor einer Wirklichkeit belegt war, die – der Symbolik des Labyrinths analog – als chaotisch erfahren wurde. Zugleich suggerierte die Karte eine in ihrer Verflechtung heilsbezüglich undurchdringlich gewordene Welt. Ein bedeutender Vertreter der evangelischen Reformbewegung wie Johann Valentin Andreae etwa kann die zunehmende Verbreitung des neuen Mediums mit einem verächtlichen „Von allen Seiten Reisekarten genug!" quittieren, da diese seiner Meinung nach jeglichen Nutzens zur Erreichung des Glücks entbehrten, ja, mehr noch, vom Glauben ab und in die Irre führten. [29]) Bei so unterschiedlichen Autoren wie Comenius und Hedelin d'Aubignac bildet die Karte den Hintergrund einer als peripatetische Wende inszenierten dezisiven Weltabkehr, in deren Verlauf der „exitus" des „Verlorenen Sohnes" sich im „reditus" einer glücklichen Heimkunft aufhebt.

Tatsächlich war es eher in Entkoppelung von Fluchtmotiv und persönlicher Einkehr, daß die Wendung nach innen zur Entdeckung differenzierter Innenwelten nach dem Muster der neuzeitlichen Forschungsreisen führte. Obgleich bereits das 15. Jahrhundert einen Begriff davon besaß, war an die Ausführung einer „Mappemonde spirituelle" im eigentlichen Sinne erst zu denken, als man im Laufe des folgenden Jahrhunderts dazu überging, die konstruktiven Möglichkeiten der Darstellung und Projektion von Wirklichkeit, über die die Frühe Neuzeit verfügte, für die analytische Beschreibung realer, wenn auch nicht unbedingt manifester Zustände nutzbar zu machen. [30] Einen frühen Versuch der Klassifizierung und schematischen Darlegung der sittlichen Verfassung der Seele stellt ein graphisches System zur Gewissenserforschung dar, wie es Ignatius von Loyola in seinem „Examen particulare" entwickelte. [31] Es konnte nur folgerichtig sein, wenn das kartographische Verfahren einige Jahrzehnte danach in der christlichen Mission zum Einsatz gelangte, um die Eingeborenen der neuen Welt in den abgründigen Gewissenslandschaften der alten seßhaft zu machen. [32] Vergleichsweise lustvoll gestalteten sich demgegenüber die Entdeckungsfahrten in das Reich der Leidenschaften, die man in den gebildeten Kreisen Europas unternahm. Ihnen hatten in England Autoren wie Philipp Sidney, John Donne und William Shakespeare vorgearbeitet, die in metaphorischen Wendungen einer Kartographie der Charaktere den Weg ebneten. [33]

Als technisch vermittelter Ausdruck neuzeitlicher Weltoffenheit gab die Kartographie nicht nur über die Welt in ihrer äußeren Beschaffenheit, sondern auch über die besondere Befindlichkeit in ihr Auskunft. Sie erfaßte Wirklichkeit gewissermaßen unter dem doppelten Aspekt der Mundanität. Während aber die Versuche, lesend ihren Sinn zu entziffern, kaum je über eine Moralisierung der Kartographie hinausgelangten, schien ihre funktionelle Handhabung eine beispiellose Möglichkeit zu eröffnen: die Kartierung der Moral. Wenn die Karte – woran kein Zweifel bestehen konnte – Orientierung in der physischen Welt gewährte und deren Kontrolle in Aussicht stellte, war es dann nicht auch denkbar, daß sie in der Erforschung der inneren Natur des Menschen und der äußeren Formen seiner Geselligkeit Gleiches leistete? Weiterhin an rigiden Handlungsmustern festzuhalten war wenig ratsam. Vernünftiger erschien es, sich anhand der Karte einen Überblick über die jeweilige Lage zu verschaffen und über sie hinaus Planungshorizonte zu entwerfen, die ein strategisches Vorgehen über absehbare Zeiträume hinweg ermöglichten. Das „Savoir la carte" (Tristan l'Hermite) sollte auf diese Weise zur Voraussetzung für eine durchaus praktischen Zielen zugewandte, erfolgsorientierte Weltweisheit werden. [34]

Im konfessionellen Umfeld der Moralsatire wie in den literarischen Kreisen der galanten Welt begann man konsequenterweise die Landkarte als Ausdrucksform zu entdecken und jenseits ihres engeren Geltungsbereiches der Erdkunde zu nutzen. Egal ob in der Schenke, an der Akademie oder bei Hofe, in der Liebe oder im Leben: Kenntnisse der Kartographie waren schon bald unerläßlich, wenn es darum ging, Heilsperspektiven zu eröffnen, tugendreiche Lebensführung zu lehren, Verhaltensregeln vorzugeben, Gefühlskonstellationen aufzudecken, ästhetische Positionen abzustecken oder gegebenenfalls sogar Sachkultur in ihrer Vielfalt zu präsentieren. Bei allem antwortete die Karte auf das Bedürfnis nach Wertorientierung und Güterabwägung, wobei sie bestimmte klassifizierende Aufgaben übernahm, die sie in die Nähe von bildstatistischen Verfahren wie Kategorientafel und Diagramm rückten. Angesichts unterschiedlicher Existenz- und Bewußtseinslagen versteht es sich von selbst, daß die Karte kein objektives Medium sein konnte. Sie mochte das entsprechende Terrain in seiner ganzen Breite erschließen oder – wie bei einem Schema – auf wesentliche Züge reduzieren und verdichten. Stets lag den manifesten Inhalten die Intentionalität der Karte zugrunde, die – je nachdem, wie es die Umstände erforderten – indikativ, präskriptiv, ironisierend, präjudizierend oder auch warnend zu Buche schlug. Der fiktive Rahmen, den die literarische Form des Reiseberichts bot, blieb dabei in jedem Fall gewahrt.

Indem die Kartographie einen vergleichenden Maßstab an die Wirklichkeiten des Geographen und des Moralisten legte, konnte sie verhindern, daß eine Kartierung der Moral lauter exklusive Welten zutage förderte. Indessen versprach die Arrondierung der Territorien innerer Sinnhaftigkeit und äußerer Zweckmäßigkeit nur so lange erfolgreich zu sein, wie diese in ihrer Funktion als Gegenwelt einander zu stabilisieren vermochten. In jenen Fällen, wo die Lust am Spielerischen der Landkartenallegorie die Angst vor etwaigem Identitätsverlust überwog, sind verschiedene Grade der Assimilation von Wirklichkeit beobachtbar, in denen sich die Realwelt der Geographen manifestierte: Die Pamphletisten der Reformation beispielsweise legten den Ländereien des Königs „Freier Wille" einen Stadtplan von Rom zugrunde. Auf der „Carte des Estats du Grand Duc d'Osmeos" ist die Umgebung von Paris mit ihren Ortschaften auf eine imaginäre Landschaft des Weingenusses verstreut, die sich von der Insel Kreta im Südosten bis zu den Kanaren im Nordwesten erstreckt. Von der Maas bis an den Mississippi reicht „Geks-Kop", das trotz alledem nicht größer als eine Südseeinsel ist. Deren Hauptstadt aber sollte bloß eine Straße sein, die im zweiten Pariser Gemeindebezirk gelegene „Rue Quinquampoix", der einstige Hauptsitz der „Companie des Indes".

Daß sich die Landkarte in ihrer allegorischen Gestalt nicht allein durch Abgrenzung von der Körperwelt, sondern gerade in Bezugnahme auf sie definierte, ist selbst noch in jenen Fällen evident, wo sie keinen Hinweis auf eine ihr äußere Wirklichkeit zu enthalten scheint: So kann die römische Heldin „Clélie" in Madeleine de Scudérys gleichnamigem Roman den um ihre Gunst buhlenden Verehrern die „Carte de Tendre" gewissermaßen als Klartext vorlegen. In vergleichbarer Weise ist auf dem Titelblatt einer deutschen Übersetzung der Komödien Edme Boursaults den realen Gegebenheiten des Hofes die Karte als inwendige oder besser unterschwellige Seelenlandschaft kommentierend untergeschoben. Der Landkartenglobus zu Füßen des „Deutschen Michels" endlich zeigt in den Predigten des Mauritius von Nattenhausen das Weltbild an, vor dem der zum Schiedsrichter der Nation Berufene sein Urteil fällt. Hier wie dort hat die Karte wesentlich an der Auslegung des vordergründigen Geschehens Anteil, ohne notwendigerweise auf einen „tieferen" Bedeutungshintergrund zu rekurrieren. Personifizierbaren Vorgängen setzt sie vielmehr eine unpersönliche Moral entgegen, wobei sie die konkrete Aktionsebene auf eine abstrakte Beziehungsebene reduziert, auf der Eigenschaften und Ideen von den Anschauungsformen abgehoben als Begriffe fortexistieren.

5. Scheinwelten

Der christliche Skeptizismus versuchte die Entdeckung neuer wie die Errichtung utopischer Gegenwelten zu hintertreiben, indem er diese in sein Konzept irdischer Scheinhaftigkeit reintegrierte. Mit den Mitteln der Moralistik funktionierte er die andere

Welt nach seinem Belieben zum Zerrbild, Spiegelbild, Gegen- oder Umkehrbild der einen um, die gelegentlich sogar ihr eigenes Wunschbild inkludieren konnte.

In Joseph Halls (1574–1656) „Mundus alter et idem" ist das „Nirgendwo" der Utopie dem christlichen Weltbegriff untergeordnet. Die im Titel angerissene Identitätsproblematik läßt sich bis auf Plato (Timaeus: „alteritas, illud idem") zurückverfolgen. Zu deren Komplexität hat vor allem die christliche Lehre von der Trinität beigetragen, in der die Personen einander unendlich widerspiegelten. Im 16. Jahrhundert stoßen wir auf den Leitspruch „Alter et idem" in unterschiedlichen Spielarten, sei es als rhetorische Regel, Devise oder Emblem. In der Form des „Idem in alio" verkörperte er das Prinzip der Allegorie schlechthin. Bei Hall leistet der Titel einer Dialektik von Verfremdung und Reidentifikation Vorschub. [35])

Schon an der Universität hatte man Hall wegen seiner gelungenen Verteidigung des Lehrsatzes: „Mundus senescit" hochleben lassen. In seiner Reisesatire sticht Mercurius, die „Alter persona" des Autors, in der Hoffnung auf schnellen Ruhm und den geschichts trächtigen Titel eines „Inventor orbis novi" auf dem Schiff „Phantasia" in See. Es ist zunächst nicht so sehr die Phantasie des Dichters, die ihn dazu ermächtigt, als die der Geographen und Kartenstecher selber:

„It has always annoyed me to find that maps invariably carry the legend 'The Unknown Southern Land'. And indeed who could be so soulless as to read it without silent indignation? For if they know it to be a land, and a southern land, how can they assert that it is unknown? And if it is unknown, whence comes that shape and position which the cartographers agree unanimously in depicting?" [36])

In Vorwegnahme zukünftiger Entdeckungen gibt der Autor des Romans eine Reise durch die Länder eines unbekannten Südkontinents vor, auf dem Andersheit nach dem Vorbild von Münster und Mandeville als Begegnung mit bizarren Landschaften und monströsen Rassen erfahren wird.[37]) Die Einsicht, daß der neu erschlossene Südkontinent der bekannten Welt gleicht, ist zunächst Ausdruck der Enttäuschung darüber, nur alte Laster wiederzufinden, anstatt eine neue Welt entdeckt zu haben. Dahinter verbirgt sich ganz offensichtlich der christliche „Curiositas"-Verdacht, den Hall angesichts des Unternehmungsgeistes der nach-elisabethianischen Epoche hegte und in seinen späteren Schriften immer wieder erneuerte. Mochte Hall auch nicht schlecht beraten sein, das utopische Potential der Reiseberichte gering zu veranschlagen, so unterschätzte er doch wiederum die Tragweite ethnologischer Befunde, anhand derer die Relativität bestehender Moralbegriffe zusehends Gewißheit wurde. [38]) Indessen erwies sich die mit der Einholung des Fremden in den Horizont christ-licher Weltanschauung einhergehende Verfremdung des Vertrauten als fruchtbares Prinzip der Satire, das dem Autor erlaubte, die spezifisch nationalen Untugenden der europäischen Völker unter die Lupe seines Witzes zu nehmen.

Bei alledem kam die Lokalisierfreudigkeit des Autors den Erfordernissen einer modernen Geographie entgegen. So werden den jeweiligen Abschnitten des Werkes vier Teilkarten vorangeschickt, über deren relative Lage die einleitende Generalkarte Aufschluß gibt. In ihrer Symbolträchtigkeit beruht letztere auf einer geringfügigen Manipulation zeitgenössischer Weltkarten. Eine weit nach Norden vorragende „Terra australis" drängt die fünf Weltkontinente bis fast über den Äquator zurück, was zu einer signifikanten Verschiebung der globalen Verhältnisse führt. Durch die Neugewichtung der Erdteile kommen die

Landmassen der beiden Hemisphären nahezu paritätisch einander gegenüber zu liegen. In ihrer Spiegelbildlichkeit läßt die moralische Welt einen direkten Vergleich mit der physischen zu. Diese beziehen sich aufeinander innerhalb des sie umfassenden Ganzen eines christlichen Weltbegriffs.

Das Titelkupfer zu John Wilkins' „A Discourse Concerning a New World" (1640) kann als ein frühes Indiz dafür herangezogen werden, daß die Suche nach neuen Welten allmählich in das Zeichen der Kopernikanischen Wende rückte. Durch die Entdeckungen, die Galileo Galilei bei Betrachtung der Mondoberfläche mit Hilfe des Fernrohrs gemacht hatte, erhielten insbesondere die Spekulationen hinsichtlich einer anderen Welt auf dem Mond enormen Auftrieb. In der Nachfolge der „Wahren Geschichten" des Lukian verfaßten John Wilkins (1655) und Cyrano de Bergerac (1659) erste Mondreisen. Es konnte nicht ausbleiben, daß man im Zuge der Kritik am Preziösentum den Mond als einen Ort weiblicher Untugenden beschrieb, als deren oberste die Wankelmütigkeit galt. Man betrachtete ihn aber auch als eine Art Forum, auf dem die einander rivalisierenden Lehrmeinungen und Denkschulen der Antike dem Leser einen Begriff von der Relativität philosophischer Wahrheiten vermittelten. Die eigentliche Leistung dieser Reisen aber ist in der satirischen Umkehrung des perspektivischen Standpunktes zu sehen, die in der umwerfenden Überlegung gipfelt: „La terre nous parut, en la regardant de la lune, comme la lune nous paroît, en

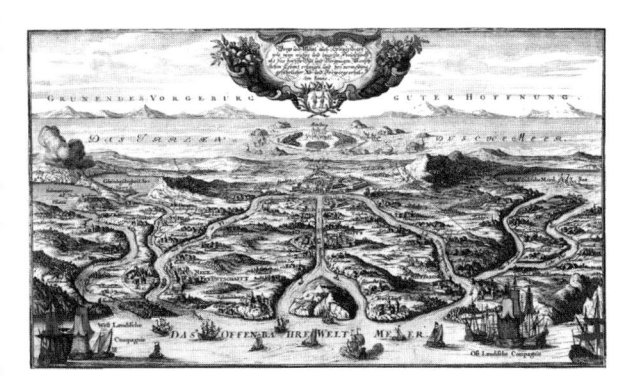

Gottlieb Grän, *Weege und Mittel auch Erinnerungen wie man wahre und innerste Freundschaft als das höchste Gut und Vergnügen Menschlichen Lebens erlangen könne,* Augsburg um 1750

la regardant de la terre" (Daniel Gabriel), die Erde, vom Mond aus betrachtet, erscheine uns ihrerseits wie ein Mond. [39]) Zeitgleich zu den Bestrebungen der Selenographen, die Oberfläche des Mondes zu kartieren, versuchte man die moralische Welt als lunare Ordnung zu begreifen und mit den Mitteln der Kartographie die Verteilung der sittlichen Einflüsse der Erde auf dem Mond und seinen vermeintlichen Kontinenten festzuhalten. [40])

Doch auch der Fixsternhimmel als ureigenstes Reich der Poesie führte in Gegenüberstellung von „Globe terrestre" und „céleste" zu entsprechenden Moralisierungen. Auf Gerhard Mercator geht die Gepflogenheit zurück, eine Sammlung von Landkarten in gebundener Form als „Atlas" zu bezeichnen. Namengebend wurde der das Himmelsgewölbe tragende Riese der antiken Mythologie, dem man seither in entsprechenden Kartenwerken den Rang eines „Genius loci" einzuräumen pflegte. [41]) Eine barocke Landkartensatire auf das neuentdeckte Schlaraffenland „Utopia" im Duodezformat paraphrasiert den Titelblatt-Helden in einer den Grobianismus der Reformationszeit erneuernden Pose. An seiner Statt ist es ein kerniger Bauer, der die Welt der Schlaraffen auf die leichte Schulter nimmt, während er der umschatteten Erde unter seinen Füßen den verlängerten Rücken zeigt. [42]) Achtete der Atlas der Kartographen vor allem darauf, was ihn

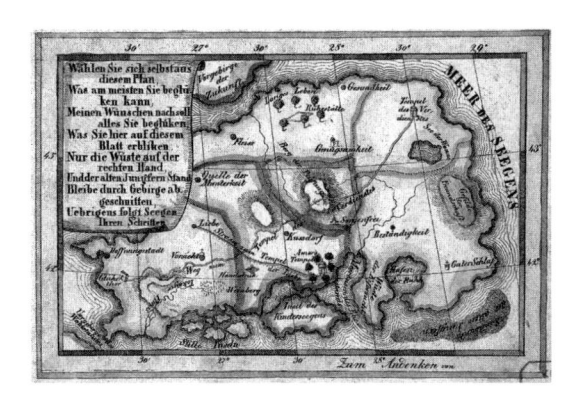

Anonym, *Wählen Sie sich selbst aus diesem Plan, was am meisten Sie beglücken kann*, Anfang 19. Jhdt., Glückwunschkarte, kolorierter Kupferstich, ca. 15 x 10,5 cm, Staatsbibliothek zu Berlin - Preußischer Kulturbesitz - Kartenabteilung

trug, so verspürt der ihn parodierende Bauer zu deutlich die Last dessen, was er trägt, als daß er es nicht, und sei es mit dem Säbel, verteidigen wollte. Da aber sein Paradies nicht an die uranische Welt der Dichtkunst heranreicht, ist es ein Landkartenglobus, der anstelle von Sternbildern und Tierkreiszeichen bloß einen Lasterkatalog der Utopier enthält.

Der Traum von einer besseren Welt – sei es in den ätherischen Umrissen der Gefilde Seliger, sei es in der handfesten Gestalt eines epikureischen Schlemmerlandes – endete im Erwachen über die rauhen Verhältnisse, die den Durchreisenden aus Bauernparadiesen und Narrenspitälern entgegenschlugen. Ursprünglich eine Redefigur des Humanismus zur Geißelung überkommener Zustände wie auch jüngst akquirierter Moden, wandte sich der Narr bald schon gegen Besserwisserei und überhebliche Gelehrtheit. Aus einer Maske der Vernunft wurde so ein Instrument der Vernunftkritik, das, anstatt zu brandmarken, seinerseits entlarvte. [43] Die Welt machte aus der Karte ihr Kostüm. Der Schellenhut, den man ihr aufsetzte, gab sie dem Spott preis. [44] So kommt der Autor der oben genannten „Erklaerung der Wunder-seltzamen Land-Charten Utopiae" zu dem interessanten Schluß, „daß diese weiter prosequirte Schalck-Welt eine rechte Nebel-Kappen und Überzug unsers eigenen Erdboden seyn müsse, aus welcher in diese Schalck-Kappen, durch einen einigen Laster-Text, ein jedes leichtlich gelangen und verführt werden kan." Zu Ende gedacht hat diesen Vergleich Johann Baptist Homann, der die literarische „Erklärung" seiner gestochenen „Tabula Schlaraffia" zugrunde gelegt hat. Auf der „Land-Tabell" des Nürnberger Kartographen sind Äquator, Wendekreise und Pole konsequent dem moralisierenden Zweck untergeordnet, der barocke Mundanität auf humorige Weise behandelt. Die Distanz zwischen dem Realen und dem Imaginären ist räumlich indessen nicht mehr wahrnehmbar. Sie kann nur noch in abstracto, nämlich rechnerisch nachvollzogen werden. Der realen Welt mit ihren 360 Längengraden ist die imaginäre Welt der Schlaraffen in zusätzlichen 180 Graden gleichsam übergestülpt. Der Schleier, den sie derart über die physische Welt wirft, umgibt diese mit dem Nimbus des Scheins.

Die Wünschbarkeit utopischer Genußphantasien hält sich bei Homann mit deren Verwerflichkeit die Waage. Hat Scheinhaftigkeit den Ausschluß von Geburt und Tod zur Voraussetzung, so werden in Armut und Arbeit ihre materiellen Grenzen unmißverständlich angezeigt. Vor allem in der zweiten, von Matthias Seutter überarbeiteten Auflage ist der gegen den Müßiggang des Adels gerichtete, sozialkritische Tonfall unüberhörbar.

Stets suggerierte die globale Sicht auf die Welt den Zugriff auf ein Ganzes, das der Prinzipienherrschaft einzelner sittenbildender Kräfte überantwortet werden konnte. Im ausgehenden Spätbarock, als in Deutschland partikularisierende Tendenzen der Frühaufklärung bereits deutlich an Profil gewannen, wurde die Karte noch einmal zum bevorzugten Projektionsort totalitärer Sichtweisen. Unter dem Eindruck einer Metaphysik des Scheins quittiert der Narr seinen Dienst an den „avaritia" und „voluptas" gleichermaßen umfassenden, materiellen Begierden und gerät ideologiekritisch in das Fahrwasser falschen Bewußtseins, moralisch in die Nähe des höfischen Lasters par excellence — der Lüge. Im Vorfeld eines zynischen Blicks von oben herab fallen der Karte Aufsichtsfunktionen zu.

Keineswegs verspricht der Rekurs auf eine Ikonographie der „Verkehrten Welt" eine Aufhebung der Totalität des Scheins im Zeichen einer Subversivität, die das Oberste zuunterst kehrt. Sie repräsentiert, ganz im Gegenteil, in den Augen einer Zeitkritik, die Verdrehtes zurechtrückt, den Zustand illusionistischer Weltbefangenheit. [45])

Nicht so sehr das Trugbild des Irdischen selbst als die in dessen Folge sich einstellende Enttäuschung ist das eigentliche Thema der Insel „Geks-Kop", die in ihren Umrissen das Porträt eines Narren zeichnet. Der Perspektivenwech

sel ergibt sich hier innerhalb des kartographierten Raumes selber. *Wanhoop* („Eitle Hoffnung"), *Armoed* („Armut") und *Droefhyt* („Betrübnis") umkreisen das Eiland als dessen Trabanten. Der Eindruck des Figurativen stellt sich aus einer gewissen Entfernung ein, in der Perspektive der Betrogenen.

6. Moralische Welt

In seinem „Aufsatz, den sichern Weg des Glücks zu finden" (1799) entsinnt sich Heinrich von Kleist eines Gipfelerlebnisses auf dem Brocken, dem er die frühromantische Einsicht in die Einheit universeller Erfahrung abgewinnt: „Lächeln Sie nicht, mein Freund, es waltet ein gleiches Gesetz über die moralische wie über die physische Welt." [46])

Schon Leibniz war nach dem Vorbild seines Lehrers Erhard Weigel von der Annahme zweier Welten der Physik und der Moral ausgegangen, die er in seinem „Discours de métaphysique" (1686) in Hinblick auf ihre höchsten Ziele – „Perfection" und „Felicité" – definierte. [47]) Eine gewisse Bedeutung erlangte der entsprechende Wortgebrauch dann im „Système de la nature ou des lois du monde physique et du monde moral" (Paris 1770) des Paul Thiry d'Holbach, der bereits darüber klagt, daß man in seiner Zeit davon ausreichend oft Gebrauch gemacht habe, um damit Mißbrauch zu treiben. Ganz im Gegensatz zu der von Christian F. Wolff am Beispiel des Schlaraffenlandes getroffenen Unterscheidung zwischen „wahrer" und „erdichteter Welt" [48]) haben wir es bei der „Moralischen Welt"

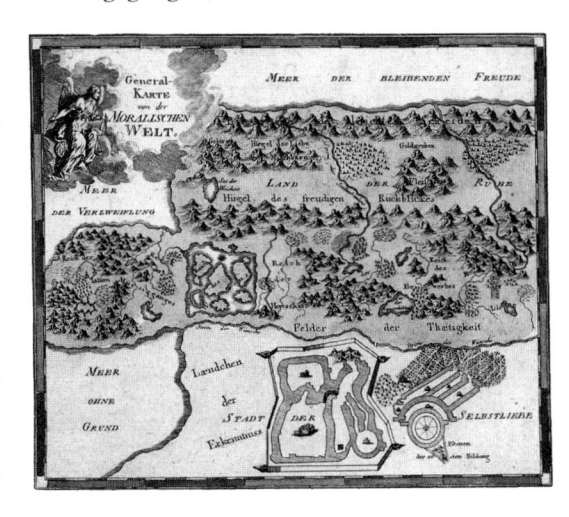

Joseph Krommer, *Generalkarte der moralischen Welt*, Illustration in: Franz Johann Joseph von Reilly, Atlas von der moralischen Welt, Wien 1802, Kupferstich, 21 × 29,5 cm, Oberösterreichisches Landesmuseum, Linz

DIE KONSTRUKTION ANDERER WELTEN

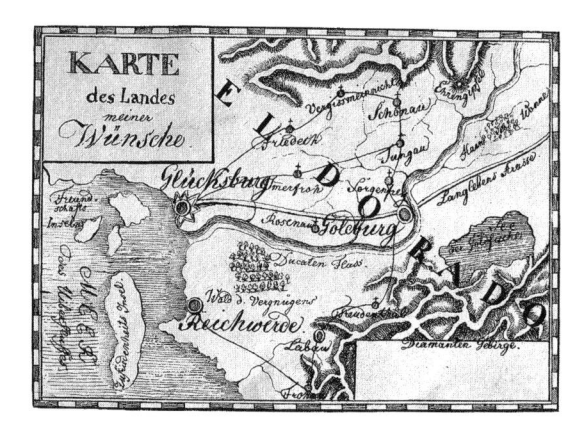

Joseph und Aloys Zötl, *Karte des Landes meiner Wünsche*, Federzeichnung in: Stammbuch des Joseph Zötl, Freistadt/Oberösterreich, 1830, 17 × 11 cm, Sammlung Elisabeth Hueber-Zötl, Linz

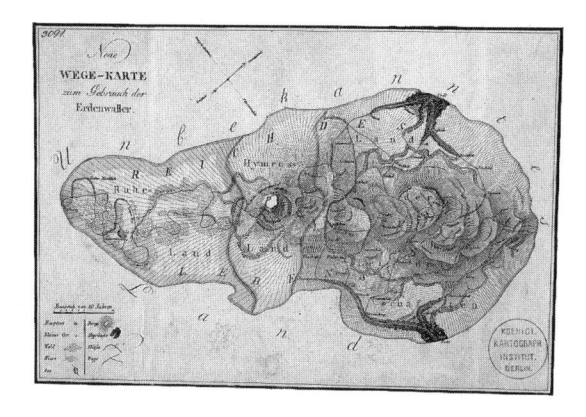

Carl Mare, *Neue Wege-Karte zum Gebrauch der Erdenwaller*, Berlin, um 1850, Kupferstich, koloriert, Staatsbibliothek zu Berlin - Preußischer Kulturbesitz - Kartenabteilung

um keine literarische Bezugsgröße zu tun. Gewann doch der Begriff der Moral im Zusammenhang der Aufklärungsbestrebungen gerade erst vor dem Hintergrund einer Kritik an dem „Monde imaginaire" der religiösen Anschauungen an Profil. [49] Gegenüber den physischen Tatsachen empirisch-rationaler Wissensschöpfung und in Abgrenzung zu ihnen bildete die „Moralische Welt" das eigentliche Feld der sozialen Tatsachen, das wertethische Fragen der Moral, der Ökonomie und der Politik gleichermaßen umfaßte. Diese Phänomene der Sphäre eines im weitesten Sinne Sittlichen zuzuordnen schien plausibel, solange man davon ausgehen durfte, daß sie von Individuen und nicht von Institutionen bestimmt wurden. Während die Prinzipien des Denkens und der Erfahrung bei Bacon noch vorwiegend methodischen Ansprüchen gehorchten, erlangte der Dualismus von Physik und Moral im 18. Jahrhundert weitreichende Geltung im Zuge einer Resystematisierung des Wissens, die zu einer Ablösung des bis dahin geltenden Systems der freien Künste führte. Ihren Abschluß fand diese Entwicklung im revolutionären Frankreich mit der institutionellen Verankerung der „Moralwissenschaften" durch die Gründung der „Académie des Sciences Morales et Politiques" von 1795. Dieser gehörte neben der Philosophie, der Geschichte, den Rechts- und Wirtschaftswissenschaften auch die Geographie an, keineswegs zu unrecht, wenn man sich der Versuche Turgots und Kants entsinnt, die Geographie zu einer politisch-moralischen Wissenschaft umzurüsten. [50]

Dieweil sich Heinrich von Kleist mit seiner Behauptung dem Erwartungshorizont seiner Zeitgenossen entgegenstellte, hielt das bürgerliche Lager auseinander, was sich in Kategorien von Zeit und Raum nicht zusammendenken ließ. Lessing war mit seiner pointierten Analyse der Gattungsunterschiede in den Künsten richtungsweisend gewesen. In seinem „Atlas der moralischen Welt" (1802) überträgt Franz Johann Josef von Reilly die Lessingschen Kategorien von Zeit und Raum auf die Verhältnisse der Kartographie.

Der seit jungen Jahren den Ideen der Französischen Revolution zugewandte Verleger stellt im Vorwort zu seinem „Atlas" fest, daß die Kartierung der Moral an ihrem Anfang stünde. Zugleich drückt er die Hoffnung auf deren methodische Verbesserung und Perfektionierung durch eine zukünftige Generation von „scharfsichtigern Geographen" nach dem Vorbild der neuzeitlichen Kartographie aus. Die strukturelle Eigenheit der „moralischen Welt" sei, so Reilly, in dem Umstand zu suchen, daß diese keine Kugel ist, „wie die physische, auf der man, wenn man gerade vor sich hin geht, nach zurückgelegten fünf tausend vier hundert Meilen richtig wieder auf den Punct kömmt, von dem man ausgegangen ist. Die moralische Welt ist eine Fläche, und hat man sich ein Mahl auf derselben von seiner Stelle wegbegeben, so kömmt man nie wieder auf dieselbe zurück, man mag nun den wahren Weg eingeschlagen haben, und sich nicht mehr zurück verlangen, oder einen falschen, den man gern wieder zurück machete, wenn es möglich wäre."

Dieses individualgeschichtliche „Nie wieder zurück" der moralischen Welt sollte im Zeitalter der Industriellen Revolution zur Leitidee historischer, biologischer und endlich thermophysikalischer Großtheorien werden. Eine radikalisierte Moderne, die unter dem Eindruck eines mechanisierten Zeitbegriffs epochalen Fortschritt und transindividuelle Beschleunigung an die Stelle von Lebensperioden setzte, brachte das feudale Denken in Kategorien des Raums zu Ende. Zeitgleich kündigte sich der Niedergang einer Kartographie der praktischen Vernunft an, an deren Stelle in den Künsten neue Strategien diskontinuierlicher Raumerfahrung treten sollten.

Anmerkungen:

1) Der hier vorliegende Aufsatz ist Teil eines umfassenden Projekts, das unter dem Titel „Kartographie der praktischen Vernunft. Eine Geschichte der Landkartenallegorie" die katalogmäßige Erschließung und theoretische Begründung einer visuellen „Geografia trasportata al morale" in der Zeit zwischen 1560 und 1845 zum Ziel hat. Als Vorstudie ist dazu bisher erschienen: Reitinger, Franz (1996): „Kampf um Rom". Von der Befreiung sinnorientierten Denkens im kartographischen Raum am Beispiel einer Weltkarte des Papismus aus der Zeit der französischen Religionskriege, in: Jahrbuch des Instituts für Kunstgeschichte der Universität Graz, S. 2ff.

2) Wolska-Conus, Wanda (1968-73): Cosmas Indicopleustès. Topographie chrétienne, Paris; John, Madathil Oommen (1992): Die Theologie des Kosmas Indikopleustes. Zum Standort des Kosmas Indikopleustes zwischen alexandrinischer und antiochenischer Tradition, Diss., Salzburg; Kessler, Herbert L. (1995): Gazing at the Future. The „Parusia" Miniature in the Vatican Cosmas, in: Byzantine East, Latin West. Art Historical Studies in Honor of Kurt Weitzmann, hg. v. Doula Mouriki, Princeton.

3) de Laborde, Alexandre (1909): Les manuscrits à peinture de la Cité de Dieu de Saint-Augustin, 3 Bde., Paris; Gousset, Marie-Therese (1978): Iconographie de la Jerusalem Céleste dans l'art médiéval occidental du IXe à la fin du XIIe siècle, Paris; Smith, Sharon Dunlap (1975): Illustrations of Raoul de Praelles' Translation of St. Augustine's City of God between 1375 and 1420, New York; dies. (1982): New Themes for the „City of God" around 1400. The Illustrations of Raoul de Presles' Translations, in: Scriptorium 36, 68-82; Perer, M. L. Gatti (Hg.) (1983): La dimora di Dio con gli uomini. (Ap. 21,3) Immagini della

Gerusalemme celeste dal 3. al 14. secolo, Universitá Cattolica del S. Cuore, Mailand (Ausst. Kat.); Contamine, Philippe (1982): A propos du légendaire de la monarchie française à la fin du moyen âge. Le prologue de la traduction par Raoul de Presles de „La Cité de Dieu" et son iconographie, in: Texte et image. Actes du Colloque intern. de Chantilly, Paris, S. 201-214; Kühnel, Bianca (1987): From the Earthly to the Heavenly Jerusalem. Representations of the Holy City in Christian Art of the Millenium, R. (Römische Quartalschrift für christliche Altertumskunde und Kirchengeschichte, Suppl. 42.); Oort, Johannes van (1991): Jerusalem and Babylon. A Study into Augustine's „City of God" and the Sources of his Doctrine of the Two Cities, Leiden/New York/Köln 1991.

4) Auvergne, Wilhelm von: De universo; zit. n. Le Goff, Jacques (1981): La Naissance du Purgatoire, Paris, S. 242 und 244.

5) Schramm, Albert (1924): Der Bilderschmuck der Frühdrucke, Bd. 8, Die Kölner Drucke, Leipzig, S. 7, Nr. 319; Stammler, Wolfgang (1980): „Dornenkranz von Köln", in: Die deutsche Literatur des Mittelalters. Verfasserlexikon, hg. v. Kurt Ruh, Bd. 2, Berlin/New York, S. 211.

6) Ruegg, August (1945): Die Jenseitsvorstellungen vor Dante und die übrigen literarischen Voraussetzungen der „Divina Commedia". Ein quellenkritischer Kommentar, 2 Bde., Einsiedeln/Köln; Dinzelbacher, Peter (1981): Vision und Visionsliteratur im Mittelalter, Stuttgart; Le Goff (1981); Carozzi, Claude (1983): La Géographie de l'au-delà et sa signification pendent le haut moyen âge, in: Populi e paesi nella cultura altomedievale. XXIXe Settimana di Storia del Centro Italiano di studi sull'alto medioevo, Spoleto, S. 423-481, 483-485; Gurjewitsch, Aaron J. (1986): „Die göttliche Komödie" vor Dante, in: ders., Mittelalterliche Volkskultur. Probleme zur Forschung, Berlin, S. 167-228; Lang, Bernhard; McDannell, Colleen (1990): Der Himmel. Eine Kulturgeschichte des ewigen Lebens, Frankfurt a. M.; Minois, Georges (1991): Die Hölle. Zur Geschichte einer Fiktion, München; Vorgrimler, Herbert (1993): Geschichte der Hölle, München.

7) Hildegard von Bingen (1965): Das Buch „De operatione Dei" aus dem Genter Codex, hg. v. Heinrich Schipperges, Salzburg; Otto, Rita (1976/77): Zu den gotischen Miniaturen einer Hildegardhandschrift in Lucca, in: Mainzer Zeitschrift, 71/72, S. 110-126; Clausberg, Karl (1980): Kosmische Visionen. Mystische Weltbilder von Hildegard von Bingen bis heute, Köln, Farbabb. 16.

8) Höllenvisionen: „Vision del infierno por Santa Teresa de Jesus", Francisco de la Cruz: Cinco palabras del apóstol San Pablo comentadas por el Angélico Doctor Santo Thomas, Valencia 1723, S. 170f. Bergbesteigungen: Jean Gersons „La montaigne de contemplation" (Paris 1397) wurde von Geiler von Kaysersberg in seiner Predigt „Von dem Berg des Schauwens" (1488) ins Deutsche übersetzt. Gleichfalls asketisch gestimmt ist Antonio Bettinis „Monte Sancto di Dio" (Florenz 1477) zu nennen. Am französischen Hof liefert Jean Thenard mit seinem „Mont de Sophie" (Paris 1513-1520) ein frühes Beispiel einer „ascensio publica". In Deutschland gelingt Hans Sachs ein volkstümliches Gegenstück mit seinem Lügenberg. Ein Forschungsvorhaben mit dem Titel „Mountain Symbolism in Flemish Manuscripts of the 15th Century" wurde von Sandra Billington, University of Glasgow, angekündigt. Sphärenreisen: in der Inversion eines „Sol subterraneus" noch bei Ludwig Holberg (Niels Klims unterirdische Reisen, Berlin 1788) unverkennbar.

9) Frezzi, Federigo (1394-1403): Il Quadriregio del decurso della vita umana, Foligno; Palmieri, Matteo (1464): Città di vita, Florenz; Doni, Antonio Francesco (1552/53): I mondi, Venedig.

10) Hughes, Robert (1968): Heaven and Hell in Western Art, Frankfurt a. M.; Giles, Kathleen Alden (1977): The Strozzi Chapel in Santa Maria Novella. Florence Painting and Patronage 1340-1355, Diss., New York; Pitts, Frances Lee (1982): Nardo di Cione and the Strozzi Chapel Frescoes. Iconographic

Problems in Mid-Trecento Florentine Paintings, Diss., Berkeley; Baschet, Jérôme (1993): Les Justices de l'au-delà. Les représentations de l'enfer en France et en Italie (XIIe - XVe siècle), Rom, insbes. der Abschnitt „Compartimentage et logique des lieux infernaux", S. 296ff.

11) Florenz, Biblioteca Nazionale Centrale, cod. II,I,33; Roddewig, Marcella (1984): Die göttliche Komödie. Vergleichende Bestandsaufnahme der Commedia-Handschriften, Stuttgart, S. 98f.

12) Manetti, Antonio (1481): Sito, forma et misura dello inferno et statura de' giganti et di Lucifero, Florenz; Benivieni, Girolamo (1506): Dialogo di Antonio Manetti, cittadino fiorentino, circa al sito forma et misure dello inferno di Dante Alighieri, Florenz; Donati, Lamberto (1962): Il Botticelli e le prime illustrazioni della Divina Commedia, Florenz, S. 102-144; ders.(1965): Il Manetti e le figure della Divina Commedia, in: La Bibliofilia, 67, S. 273-96; Vallone, Aldo (1969): L'interpretatione di Dante nel Cinquecento, Florenz, S. 63-68; Galilei, Galileo (1965): Vermessung der Hölle Dantes, in: ders., Siderius Nuncius. Nachricht von neuen Sternen, hg. v. Hans Blumenberg, Frankfurt a. M., S. 231-250; Dreyer, Peter (1987/88): Raggio sensale, Giulio da Sangallo und Botticelli - Der Höllentrichter, in: Jahrbuch der Berliner Museen, 29/30, 179-196.

13) „Mögen andere die Sterne beobachten, wenn es ihnen beliebt; ich glaube, man muß auf der Erde suchen, was uns glücklich und unglücklich macht." (Erasmus von Rotterdam, Ep. 1005, S. 1ff.)

14) Im Französischen etwa ist der Begriff „géographe" seit 1557 nachweisbar, der den bis dahin üblichen Ausdruck „cosmographe" ersetzt, vgl. Lestringant, Frank (1991): Le déclin d'un savoir. La crise de la cosmographie à la fin de la Renaissance, in: Annales ESC, 2, S. 239-260. In Deutschland erfolgte eine breitenwirksame Rezeption der neuen Weltsicht der Astronomie überhaupt erst im 18. Jahrhundert unter dem Einfluß der französischen Aufklärung, vgl. Trunz, Erich (1992): Weltbild und Dichtung im deutschen Barock. Sechs Studien, München, S. 172ff.

15) Vgl. dazu Walker, Daniel Pickering (1964): The Decline of Hell. Seventeenth Century Discussions of Eternal Torment, Chicago/London/Toronto; sowie Kittsteiner, Heinz D. (1995): Die Entstehung des modernen Gewissens, Frankfurt a. M., S. 101-158; Ingebretsen, Edward J. (1996): Maps of Heaven, Maps of Hell. Religious Terror as Memory from the Puritans to Stephen King, New York.

16) Ginzburg, Carlo (1983): Der Käse und die Würmer. Die Welt eines Müllers um 1600, Frankfurt a. M., S. 120-126.

17) zit. n. Blumenberg, Hans (1981): Die Genesis der kopernikanischen Welt, Frankfurt a. M., S. 758.

18) Möller, Lieselotte (1954): Demokrit und Heraklit, in: Reallexikon zur deutschen Kunst, hg. v. Otto Schmitt, Bd. 3, Stuttgart, Sp. 1244-1251; Blankert, Albert (1966/67): Heraclitus en Democritus bij Marsilio Ficino, in: Simiolus, 1, S. 128-135; Pigler, Anton (21974): Barockthemen. Eine Auswahl von Verzeichnissen zur Ikonographie des 17. und 18. Jahrhunderts, Bd. 2, Budapest, S. 312-314; Garcia Gomez, Angel Maria (1984): The Legend of the Laughing Philosopher and its Presence in Spanish Literature, 1500-1700, Cordoba; Brandtner, Andreas (1991): Das Demokrit-Heraklit-Thema in der Frühen Neuzeit. Rezeptions- und wirkungsgeschichtliche Skizze der Repräsentation in Text und Bild, in: Frühneuzeit-INFO, 2, S. 51-62; Rütten, Thomas (1992): Demokrit - Lachender Philosoph und sanguinischer Melancholiker. Eine pseudohippokratische Geschichte, Leiden/New York/Kopenhagen/Köln, (Mnemosyne 118).

19) Lepenies, Wolf (1969): Melancholie und Gesellschaft, Frankfurt a. M.; vgl. dazu auch Schleiner, Winfried (1991): Melancholy, Genius and Utopia in the Renaissance, Wiesbaden, (Wolfenbütteler Abhandlungen zur Renaissanceforschung 10).

20) Tatsächlich spielten Jenseitsreiche im Glauben der Utopier kaum noch eine Rolle. Bei Morus wandeln die Toten, gleichsam als Wiedergänger, unter den Lebenden, und selbst bei Campanella verlagert sich die Frage nach dem Jenseits mehr auf die Nebenschauplätze einer Auseinandersetzung um die Unsterblichkeit der Seele, die Endlichkeit der Welt und die Existenz des Nichts.

21) Kruyfhooft, Cécile (1981): A Recent Discovery. Utopia by Abraham Ortelius, in: The Map Collector, 16, 3, S. 10-14; Meurer, Peter H. (1991): Fontes Cartographici Orteliani. Das „Theatrum Orbis Terrarum" von Abraham Ortelius und seine Kartenquellen, Weinheim, S. 24.

22) Genau diesen Zweck erfüllen die ersten Vermessungen literarischer Schauplätze von Rabelais bis Segrais, gleichgültig ob sie dabei ein Stück Realgeographie oder ein reines Phantasiegebilde auf Papier fixieren.

23) Repr., Alburgh 1987; Gibson, Reginald Walter (1950): Francis Bacon. A Bibliography of his Works and of Baconiana to the Year 1750, Oxford, S. 118f; Hind, Arthur M. (1964): Engraving in England in the Sixteenth and Seventeenth Centuries. A Descriptive Catalogue with Introductions, Part III, The Reign of Charles I., hg. v. Margery Corbett; Michael Norton, Cambridge, S. 140f und Abb. 75a. Mit Bacon tritt die Zweiweltenlehre, die ein Kernstück der philosophischen Metaphysik des Abendlandes von Platon bis Kant bildet, in ein kritisches Stadium. Spekulationen über den Inbegriff des Wirklichen rückten in den Hintergrund und schufen methodischen Überlegungen des Wissenserwerbs als auch Fragen hinsichtlich der Bedingungen und Grenzen von Wirklichkeitserfahrung Raum, wie sie die Erkenntnistheorie seit Locke aufwerfen sollte, vgl. Beierwaltes, Werner (1984), Mundus intelligibilis/sensibilis, in: Historisches Wörterbuch der Philosophie, Bd. 6, Stuttgart, Sp. 236-240.

24) Möller, Lieselotte (1952), Bildgeschichtliche Studien zu Stammbuchbildern II. Die Kugel als Vanitassymbol, in: Jahrbuch der Hamburger Kunstsammlungen, 2, S. 157-177; Stammler, Wolfgang (1959), Frau Welt. Eine mittelalterliche Allegorie, Freiburg/Schweiz. (Freiburger Universitätsreden 23); Welzig, Werner (1963): Beispielhafte Figuren. Tor, Abenteurer und Einsiedler bei Grimmelshausen, Graz/Köln, S. 76-88; Schilling, Michael (1979): Imagines Mundi. Metaphorische Darstellungen der Welt in der Emblematik, Frankfurt a. M., (Mikrokosmos. Beiträge zur Literaturwissenschaft und Bedeutungsforschung 4).

25) Ausst. Kat. (1976/77): Justus Georg Schottelius. 1612-1676. Ein deutscher Gelehrter am Wolfenbütteler Hof, hg. v. Jörg Jochen Berns; Wolfang Borm, Herzog August Bibliothek, Wolfenbüttel, Kat.-Nr. 191.

26) Schilling (1979), S. 211ff; Kern, Hermann (1982): Labyrinthe. Erscheinungsformen und Deutungen. 5000 Jahre Gegenwart eines Urbildes, München, S. 295ff, Kap. XIII, „Das Labyrinth der Welt".

27) Aurelius Augustinus, De vera religione, Kap. 39.

28) Tschiewskij, Dmitrij (1972): Das Labyrinth der Welt und das Paradies des Herzens des J. A. Comenius. Die Thematik und die Quellen des Werkes, in: ders., Bohemica, Kleinere Schriften, München, S. 145ff; Ausst. Kat. (1982): Labyrinth der Welt und Lusthaus des Herzens. Johann Amos Comenius 1592-1670. Europäische Dimension der Kultur, hg. v. Iga Hampel, Museum Bochum; Baumann, Thomas (1991): Zwischen Weltveränderung und Weltflucht. Zum Wandel der pietistischen Utopie im 17. und 18. Jahrhundert, Moers.

29) Johann Valentin Andreae, Manip. III, 31, „Viel und wenig".

30) Bei der in wenigen Handschriften überlieferten „Mappemonde spirituelle" (1449) des burgundischen Bischofs Jean Germain handelt es sich tatsächlich um eine „Topographia sanctorum" konventionellen Zuschnitts.

31) Ignatius von Loyola (1988): Geistliche Übungen und erläuternde Texte, hg. v. Peter Knauer, Graz/Wien/Köln, S. 26-28.

32) Croix, Alain (1981): La Bretagne aux 16e et 17e siècle. La vie, la mort, la foi, 2 Bde., Paris, Bd. 2, S. 1222-1331, Abb. 185-195; Rondaut, Fanch; Croix, Alain; Broudic, Fanch (1988): Taolennou ar Baradoz. Les Chemins du paradis, Chasse-Marée.

33) Whiting, George Wesley (1939): Milton's Literary Milieu, Chapel Hill/N. C.; Morgan, Victor (1983): The Literary Image of Globes and Maps in Early Modern England, in: Sarah Tyacke (Hg.): English Map-Making 1500-1650, London, S. 46-55; Gillies, John (1994): Shakespeare and the Geography of Difference, New York, (Cambridge Studies in Renaissance Literature and Culture 4).

34) „Le Royaume d'Amour […], c'est une Contrée fort agréable, et où il y a de la satisfaction de voyager, quand on en sait la carte en perfection […]" (vor 1655), zit. n. Carriat, Amédée (1960): Tristan l'Hermite. Choix de Pages, Limoges, S. 224. Autoren wie Jean Chapelain, Saint-Simon, La Fontaine u. a. haben sich diesem Sprachgebrauch angeschlossen.

35) Meinhardt, Helmut: Andersheit, Anderssein, in: Historisches Wörterbuch der Philosophie, Basel/Stuttgart, Bd. 1, Sp. 298-300; Grotsch, Klaus: Non alius, in: Historisches Wörterbuch der Philosophie, Bd. 6, Sp. 897f; „Idem et alter": Devise des Antonio Borghesi, in: Jacopo Gelli, Divise-motti e imprese di famiglie e personaggi Italiani, Mailand ^{2}1928 (Repr., Mailand 1976), Nr. 943; „Aliud Idem", in: Paulus Macchius, Emblemata, Bologna 1628, Nr. 16.

36) Stommel, Henry (1984): Lost Islands. The Story of Islands that Have Vanished from Nautical Charts, Vancouver; Dreyer-Eimbcke, Oswald (1991a): Kolumbus. Entdeckungen und Irrtümer in der deutschen Kartographie, Frankfurt a. M..

37) Dreyer-Eimbcke, Oswald (1991b): Terra australis im Kartenbild, in: 5. Kartographisches Colloquium. Oldenburg, 22.-24. März 1990. Vorträge und Berichte, hg. v. Wolfgang Scharfe und Hans Harms, Berlin, S. 165-174.

38) Brandon, William (1986): New Worlds for Old. Reports from the New World and Their Effect on the Development of Social Thought in Europe, 1500-1800, Athens/Ohio.

39) Guthke, Karl S. (1983): Der Mythos der Neuzeit. Das Thema der Mehrheit der Welten in der Literatur- und Geistesgeschichte von der kopernikanischen Wende bis zur Science Fiction, Bern/München.

40) Hoenncher, Ellen (1987): Fahrten nach Mond und Sonne. Studien insbesondere zur französischen Literaturgeschichte des 17. Jahrhunderts, Oppeln; Nicolson, Marjorie Hope (1936): A World in the Moon. A Study of Changing Attitude toward the Moon in the 17th and 18th centuries, Northampton, (Smith College Studies XVII, 2).

41) Ausst. Kat. (1995): Vierhundert Jahre Mercator, vierhundert Jahre Atlas. „Die ganze Welt zwischen zwei Buchdeckeln." Eine Geschichte der Atlanten, hg. v. Hans Wolff, Bayerische Staatsbibliothek, München. Hinsichtlich des Atlasmythos und seiner neuzeitlichen Ikonographie vgl. Saxl, Fritz (1933): Atlas, der Titan, im Dienst der astrologischen Erdkunde, in: Imprimatur, 4, S. 44-55, sowie Snoep, Derk Persant (1967/68): Van Atlas tot last. Aspecten van de betekenis van het Atlasmotief, in: Simiolus, 2, S. 6-22. Zum Titelblatt des Atlanten von Justus Danckert s. Koeman, Cornelis (1969): Atlantes Neerlandici, Bd. 2, Amsterdam, S. 93ff.; Wawrik, Franz (1982): Berühmte Atlanten, Dortmund, S. 117f.

42) Müller, Martin (1984): Das Schlaraffenland. Der Traum von Faulheit und Müßiggang, Wien; Kuczynski, Peter (1984): Bekämpfung einer Volksutopie. Das volkstümlich gehaltene Schlaraffenland im 16. Jahrhundert, Diss., Berlin; Richter, Dieter (1984): Schlaraffenland. Geschichte einer populären

Phantasie, Köln; Harms, Wolfgang (Hg.) (1985): Deutsche illustrierte Flugblätter des 16. und 17. Jahrhunderts, Bd. 1, Tübingen, S. 158f.; Jockel, Nils (1995): Pieter Breughel, Das Schlaraffenland, Reinbek bei Hamburg.

43) Castelli, Enrico et al (Hg.) (1971): L'umanesimo e „la Follia", Rom (Fenomenologia dell'arte e della religione 2); Deufert, Wilfried (1975): Narr, Moral und Gesellschaft. Grundtendenzen im Prosaschwank des 16. Jahrhunderts, Bern; Bencard, Johann Caspar (1709): Fatuo-Sophia Caesare-Montana, Das ist: Die Kaysersbergische Narragonische Schiffahrt, Oder der so genannte Sittliche Narren Spiegel, Augsburg; Lemmer, Manfred (Hg.) (1986): Wol-geschliffener Narren-Spiegel. 115 Merianische Kupfer herausgegeben durch Wahrmund Jocoserius, Leipzig; Ausst. Kat. (1987): Over Wilden en Narren, Boeren en Bedelaars. Beeld van de Andere, Vertoog Over het Zelf, hg. v. Paul Vandenbroeck, Koninklijk Museum voor Schone Kunsten, Antwerpen; Reisenhofer, Elisabeth (1991): Das Narrenthema bei Abraham a Sta Clara, Dipl. Arb., Wien.

44) Shirley, Rodney W. (1982): Epichthonius Cosmopolites. Who Was He?, in: The Map Collector, 18, 2, S. 39f.

45) Kramer, Fritz (1977): Verkehrte Welten, Frankfurt a. M.; Babcock, Barbara A. (1978): The Reversible World, Ithaka/London; Pini, Verio Dante (1987): Mundus inversus. Il mundo alla rovescia quale tema iconografico in una dimora quattrocentesca, in: Unsere Kunstdenkmäler, 38, 2, S. 255-265; Kuper, Michael (1993): Zur Semiotik der Inversion. Verkehrte Welt und Lachkultur im 16. Jahrhundert, Berlin.

46) Kleist, Heinrich von: Sämtliche Werke, hg. v. Paul Stapf, München o. J., S. 1025.

47) Gerhardt, Carl Immanuel (Hg.) (1960/61): Die philosophischen Schriften von Gottfried Wilhelm Leibniz, Hildesheim, Bd. 4, S. 462. Leibniz spricht wechselweise von „Monde physique" und „Monde naturel", verwendet aber auch das Bacon'sche Begriffspaar „Monde intellectuel" - „Monde sensible". Hinsichtlich des Wortgebrauches in Erhard Weigels „Arithmetischer Beschreibung der Moralweisheit" (1674) ist auf Röd, Wolfgang (1969): Erhard Weigels Lehre von den entia moralia, in: Archiv für Geschichte der Philosophie, 51, S. 58-84, insbes. S. 70f, zu verweisen.

48) Vernünftige Gedanken von Gott, der Welt und der Seele des Menschen, Halle 1727, S. 33.

49) d'Holbach, Paul Thiry (1978): System der Natur, Frankfurt a. M., S. 600; vgl. Pecharroman, Ovid (1974): Nature and Moral Man in the Philosophy of Baron d'Holbach, Diss., New York.

50) Noch zu Beginn dieses Jahrhunderts konnte sich die Soziologie in Frankreich als „Moralwissenschaft" (Lepenies) begreifen. Demgegenüber leistete in Deutschland die ungenaue Übersetzung des von John Stuart Mill gebrauchten Ausdrucks „Moral science" einer Einteilung der Wissenschaften in Natur- und Geisteswissenschaften Vorschub. Unter dem Vorzeichen des deutschen Idealismus bildeten sich im Laufe des 19. Jahrhunderts jene „Zwei Kulturen" heraus, die in ihren unterschiedlichen Bildungszielen einander bis in die jüngste Gegenwart ignorierten, vgl. Mittelstraß, Jürgen (1993): Natur und Geist. Von dualistischen, kulturellen und transdisziplinären Formen der Wissenschaft, in: Joseph Huber; Georg Thurn (Hg.), Wissenschaftsmilieus. Wissenschaftskontroversen und soziokulturelle Konflikte, Berlin, S. 69-84.

Neurocinema Zum Wandel der Wahrnehmung im technischen Zeitalter

Peter Weibel

„Video" (lat.) heißt bekanntlich „ich sehe". Daß der subjektive Akt der Wahrnehmung, ausgedrückt in Ichform und als Tätigkeitswort eines Subjekts, heute eine Maschine, ein technisches Gerät bezeichnet, sagt bereits alles über den Wandel der Wahrnehmung zu Ende des 20. Jahrhunderts, nämlich den weiteren Verlust eines anthropomorphen Monopols, den Verlust des Monopols der menschlichen Wahrnehmung, der durch die maschinengestützte Wahrnehmung eingetreten ist. Mit dem Auftreten der Apparate hat sich die Wahrnehmung der Welt verändert. Darüber herrscht Gewißheit. Unstimmigkeit herrscht nur in der Beantwortung der Frage: Wie hat sich die menschliche Wahrnehmung verändert? Dabei interessiert die meisten weniger die objektive Veränderung der Wahrnehmungswelt; daß wir zum Beispiel seit der Erfindung des Mikroskops und des Teleskops in bisher unsichtbare Zonen der Gegenstandswelt vorgedrungen sind. Von Interesse ist offensichtlich die subjektive Veränderung der Wahrnehmung unter dem Einfluß der Apparatewelt, und hier insbesondere der neuen technischen Medien wie Video und Computer.

Stationen des technischen Bildes

Bevor wir die Wechselbeziehung zwischen Apparatewelt und Wahrnehmungswelt näher untersuchen, und zwar in Hinblick auf ihre kognitiven und psychischen Aspekte, wollen wir einige Stufen der Genese des technischen, apparategestützten Bildes rekapitulieren.
Die erste Station des technischen Bildes war die maschinenunterstützte Bildproduktion der Photographie 1839. Die maschinengestützte Bildübermittlung über lange Distanzen (die Telegraphie) durch das Scanning-Prinzip, die Zerlegung eines zweidimensionalen Bildes in eine lineare Folge von Punkten in der Zeit, erfolgte etwa in der gleichen Epoche. Die Trennung von Bote und Botschaft, von Körper und Zeichen im elektromagnetischen Zeitalter (1873 Maxwell, 1887 Hertz, 1896 Marconi), welche körper- und materielose Reisen von Zeichen in der telematischen Kultur ermöglichte, verursachte eine Kompression von Raum und Zeit. Telephon, Telekopie, „elektronisches Teleskop" (TV-System von Nipkow, 1884) stellen maschinelle Übertragungssysteme von Ton, von statischem und bewegtem Bild dar. Auf die maschinengestützte Bilderzeugung folgten also die maschinengestützte Bildübertragung und der maschinengestützte Bildempfang.
Auf das Verschwinden von Realität (Raum und Zeit in ihrer historischen Form) folgte die Simulation von Realität. Auf die photographische Analyse der Bewegung folgte die kinematographische Synthese der Bewegung. Maschinenbewegte Bilder, der Film, die Illusion des bewegten Bildes, bilden die dritte Station der technischen Bilder.
Die Entdeckung des Elektrons und der Kathodenstrahlröhre (beide 1897) lieferten die Voraussetzung für die elektronische anstelle der mechanischen Bilderzeugung und -über-

tragung. Die magnetische Aufzeichnung von Bildsignalen (statt wie bisher nur von Tonsignalen) mittels eines Videorecorders (1951) mixte Film und Fernsehen (Bildspeicherung und Bildausstrahlung) in das neue Medium Video. Diese vierte Station steigerte die Möglichkeit der (maschinellen) Bildmanipulation. Transistoren, integrierte Schaltkreise, Chips und die Halbleitertechnik revolutionierten seit Mitte des 20. Jahrhunderts die Technologie der Informationsverarbeitung und führten zum multimedialen Computer.

Die fünfte Stufe, das digitale Bild, das vollkommen maschinenerzeugte, berechenbare Bild vereinigt nicht nur die Eigenschaften aller vier vorherigen Stationen der technischen Bilder in sich, sondern weist auch fundamental neue Eigenschaften auf: Virtualität, Variabilität, Viabilität und somit Interaktivität. Die Virtualität der Speicherung der Information ermöglicht die Variabilität der Bildinhalte in Echtzeit. Das Bild wird zu einem dynamischen System aus Variablen, die jederzeit geändert werden können. Mit ihrer enormen Rechengeschwindigkeit können die Computer nicht nur künstliche Wirklichkeiten in Echtzeit simulieren, neue Welten emulieren, sondern es wird dadurch die Grenze zwischen Realität und Simulation überhaupt aufgeweicht. Virtuelle Realität beziehungsweise „Cyberspace" ist der Name für diesen Grenzraum, für diese Beinahe-Wirklichkeit der Telepräsenz und Tele-Existenz. Dieser virtuelle Raum ist vom Betrachter beeinflußbar und begehbar. Der Betrachter verändert und verformt das digitale Bild. Der Betrachter bewegt das Bild, und das Bild reagiert auf die Bewegung des Betrachters. Das variable Bildverhalten führt zur Viabilität des Bildsystems, zu einem lebensähnlichen (viablen) Verhalten des Bildes. Das interaktiv belebte Bild ist die vielleicht radikalste Transformation des europäischen Bildbegriffs.

Die interaktive, computerterminale Datenfernübertragungstechnologie ermöglicht neue Lebensformen und Kunstformen im globalen digitalen Netz, auf den „electronic super highways". (N. J. Paik, 1976) Diese sechste Stufe, der globale Computerverbund via Telephon und Modem, wird nicht nur neue Formen der Arbeit (teleworking) in der digitalen Stadt („Telepolis", Florian Rötzer) ermöglichen, sondern auch neue Formen der künstlerischen Interaktion, wie wir sie heute kaum erahnen können.

Der siebente Schritt beginnt im Reich der Interface-Forschung und Sensoren-Technologie schon Realität zu werden, das Neurocinema. Mit „brain-wave"- oder „eye-tracker"-Sensoren, mit „brain-chips" oder „neurochips" werden die Gehirne direkt an die digitalen Welten gekoppelt.

Räder, Trommeln, Scheiben

Der Begriff des Visuellen wurde im 20. Jahrhundert mit dem technischen Bildbegriff grundlegend verändert. Damit wir die Zukunft des Visuellen ins 21. Jahrhundert projizieren können, bedarf es einer Analyse der historischen Voraussetzungen der technischen Visualität im 19. Jahrhundert. Unsere These für die Entstehung des technischen Bildes ist, daß diese unter dem Einfluß der industriellen Revolution, die eine maschinengestützte Revolution war, stattgefunden hat. Die Analyse des menschlichen Körpers erfolgte unter dem Aspekt der Maschine. Der menschliche Organismus wurde selbst als Maschine betrachtet. Auch die Analyse der Wahrnehmung geschah unter dem Eindruck der

Performance von Maschinen. Die experimentelle Physiologie, insbesondere die des Auges, bildete im 19. Jahrhundert die Leitwissenschaft für die Genese des technischen Bildes.

Um die Mitte des 19. Jahrhunderts war die industrielle Revolution, die auf Maschinen basierte, so weit vorangeschritten, daß sich Fragen nach dem Leistungsverhältnis zwischen Mensch und Maschine stellten. Man fing beispielsweise an, die Zeit zu messen, die der menschliche Organismus bei seinen diversen Tätigkeiten benötigte, und diese Zeit mit der Zeit der Maschinen zu vergleichen. Das menschliche Verhalten wurde in metrischen Systemen gemessen und notiert. Aus diesem obsessiven Studium der Funktionsweise des menschlichen Maschinen-Körpers entstanden im 19. Jahrhundert die experimentelle Physiologie, Psychologie und Medizin. Ohne diese experimentelle physiologische, psychophysiologische Forschung und ohne die frühen optiko-chemischen Experimente wäre das Kino nicht entstanden. Die rudimentären wissenschaftlichen Kenntnisse und Anwendungen der optischen Gesetze, genauer: der Physiologie des Sehens – gewonnen aus dem Vergleich mit Maschinen –, bilden die historischen Grundlagen der Filmkunst.

Mit Hilfe der experimentellen Wahrnehmungspsychologie wurden die Gesetze des Sehens und die Mechanismen der Wahrnehmung erstmals methodisch erforscht. 1824 wurde die Trägheit des Auges (persistence of vision) von Dr. Peter Mark Roget entdeckt. Die Entdeckung der Nachbildwirkung und vor allem der stroboskopischen Effekts bilden die physiologischen Grundlagen der Kinematographie, die Kunst der maschinellen visuellen Simulation der Bewegung. Die Nachbildwirkung – infolge der Trägheit des Auges bleibt etwa 1/20 Sekunde nach der Lichteinwirkung der Lichteindruck noch bestehen – und der durch sie verursachte stroboskopische Effekt – die scheinbare Verschmelzung von rasch hintereinander rezipierten Bildern auf der Netzhaut des Auges – wurden wissenschaftlich erfaßt und zur Konstruktion von sogenannten „philosophischen Spielsachen" benützt, welche Bewegungsillusionen produzierten. 1824 hat Sir John Herschel die Nachbildwirkung mit einem Geldstück demonstriert, das er so schnell um seine Achse drehte, bis Zahl und Wappen gleichzeitig wahrgenommen wurden.

Poyet, *Vorrichtung zur chronophotographischen Erforschung von in Bewegung befindlichen Flüssigkeiten*, Illustration in: La Nature, 1893, Bd. I, S. 360, 19 x 28,5 cm

Poyet, *Tiefdruckreproduktion chronophotographischer Bilder, die die Bewegung von Flüssigkeiten festhalten*, Illustration in: La Nature, 1893, Bd. I, S. 361, 19 x 28,5 cm

NEUROCINEMA 169

Um 1830 konstruierte der große Physiker Michael Faraday die nach ihm benannten Faradayschen Scheiben, die mit Hilfe eines apparativ hergestellten stroboskopischen Effektes „Scheinbewegungen" hervorriefen. (Faraday, 1831: 205-223 u. 333-336) Der belgische Physiker J. A. F. Plateau stellte zur gleichen Zeit erste Untersuchungen über stroboskopische Erscheinungen an (griech. strobos = Wirbel oder Drehung, skopein = sehen), das heißt über die Flimmergrenze beziehungsweise den Verschmelzungseffekt von Bildern. 1829 baute er zur Illustration von Bewegungstäuschungen das Anorthoskop (anorthein = wiederherstellen, aufrichten), 1832 sein berühmtes Phenakistoskop (phenakizein = täuschen). (Plateau, 1832: 365-368) 1839 formulierte er das Gesetz des „stroboskopischen Effektes".[1]) Der österreichische Professor für Geometrie Simon Stampfer erfand 1833 die stroboskopischen Scheiben. Wie bei Joseph Plateaus Phenakistoskop wird eine Scheibe mit Perforationsschlitzen, die Zeichnungen von aufeinanderfolgenden Bewegungen trägt, schnell gedreht. Um die Bewegung zu beobachten, schaut der Betrachter durch die Schlitze auf einen Spiegel, der die Zeichnungen in simulierter Bewegung reflektiert. Um den Spiegel weglassen zu können, wurden die Vorrichtungen dahingehend verbessert, daß zwei gegenläufige Scheiben auf einer Welle rotierten. (Stampfer, 1834: 239)

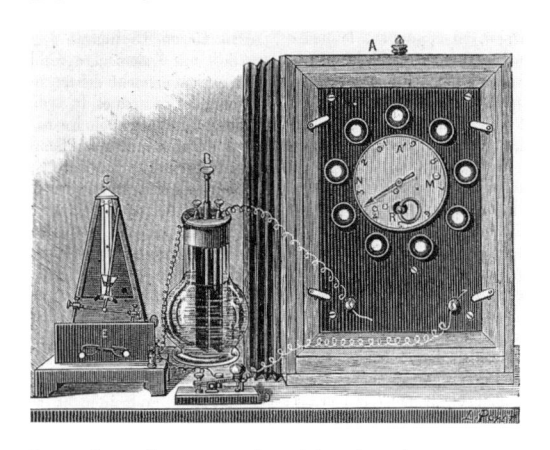

Das 19. Jahrhundert war süchtig nach einer Analyse und Synthese von Bewegungsabläufen. Durch den Vergleich von Körper und Maschine (vor allem was Zeitabläufe betraf) entwickelten sich neue Formen einer apparativen Kunst. Es wurde möglich, die Geschwindigkeit von Maschinen zu benützen, um die Trägheit des Auges zu überlisten. Ein leuchtender Punkt konnte mit Hilfe einer Maschine so schnell im Kreise bewegt werden, daß für das Auge die Illusion einer durchgehenden kreisförmigen Linie entstand. Statische Bilder konnten mit Hilfe einer Maschine so schnell bewegt werden, daß für das Auge der Eindruck einer natürlichen kontinuierlichen Bewegung entstand. 1912 formulierte der Gestaltpsychologe M. Wertheimer ein weiteres Gesetz der Scheinbewegung, das Phi-Phänomen.[2]) Nur mit Hilfe der beschleunigten Geschwindigkeit von Maschinen konnte zwischen Maschine und Augen eine neue Zeit-Beziehung hergestellt werden, welche die optischen Entdeckungen des Nachbildes, des stroboskopischen Effektes und des Phi-Phänomens nutzbar machen konnte. Die Maschinen benützten gleichsam die optischen Defizite des Auges, die vom Physiologen vermessen wurden, um eine maschinengestützte Kunst der optischen Täuschungen, insbesondere der Bewegungssimulation, zu erzeugen. Weil diese frühe mechanische Phase der industriellen Revolution selbst von Rad-Technologien gezeichnet war, hießen auch die ersten kinematographischen Apparate „Lebensrad" (Stampfer), „Radbilder" (Faraday), „Scheiben" (Stampfer), „Trommeln" (W. G. Horner).

Poyet, *Darstellung eines photoelektrischen Apparates, der das Photographieren in regelmäßigen Intervallen ermöglicht*, Illustration in: La Nature, 1883, Bd.2, S. 217, 19 × 28,5 cm

All diese optischen Apparate haben den Nachteil, daß sie nicht kollektiv, sondern nur individuell den Zugang zu den optischen Phänomenen ermöglichten. Eine kollektive Erfahrung von maschinengestützten Bildern erlaubte bisher nur die Zauberlaterne, die Frühform der Projektion. Der erste Vorschlag zur Verbindung von „Lebensrad" und „Laterna magica" kam 1843 vom Engländer T. W. Naylor. Der Zauberkünstler Ludwig Döbler entwickelte 1847 „eine neue Laterna magica, welche bewegliche Bilder an der Wand hervorbringt". Künstler, Techniker und Physiker arbeiteten an der Entwicklung jener Apparate, die sich die physiologischen Gesetze zunutze machen konnten. Diese Apparate muß man entsprechend ihrer Funktion in zwei

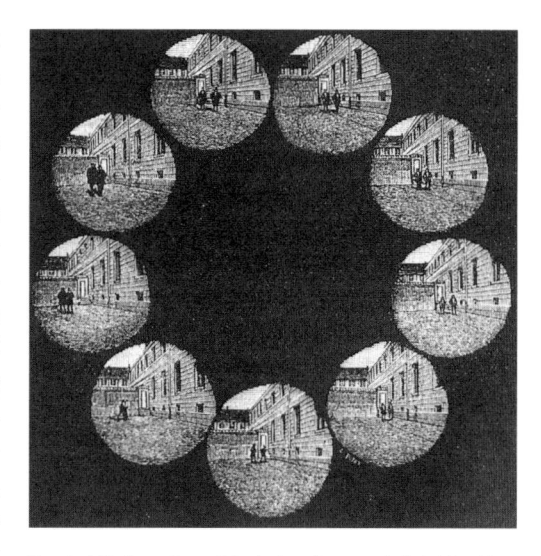

Poyet, *Mit dem photoelektrischen Apparat bei gleichzeitiger Belichtungszeit, aber ungleichen Intervallen aufgenommene Bilder*, Illustration in: La Nature, 1883, Bd.2, S. 217, 19 × 28,5 cm

Klassen einteilen. Die einen zerlegten die Bewegung in einzelne Phasenbilder (Bewegungsanalyse), die anderen verschmolzen die einzelnen Bilder zur Illusion von Bewegung (Bewegungssynthese). Die Kamera diente der Bewegungsanalyse, der Projektor der Bewegungssynthese. Die Bewegungsanalyse erfolgte mittels der Photographie. Die Bewegungssynthese durch den Filmprojektor ist der eigentliche Beginn der Kinematographie. Dafür bedurfte es noch der Entwicklung des Bildstreifens, eines (chemischen) Trägermediums für die Bildsequenzen und eines Bandes für die laufenden Bilder. Aus den Grundgesetzen der Physiologie des Sehens entwickelten sich im 19. Jahrhundert die mechanischen Apparaturen, die schließlich 1895 zur Geburt des Films führten, zum Cinématographe der Gebrüder Lumière, der damals noch als „Cinétoscope de projection" bezeichnet wurde, was er auch tatsächlich war, weil sich in ihm die photo-kinematische Serienaufnahme mit der theatralischen Projektionslinie verband.

Scanning und Simultaneität

Die Entdeckung der Trägheit der Retina wurde angeregt von der Beobachtung der Räder eines bewegten Wagens durch die Schlitze beziehungsweise Spalten eines Zaunes. Roget bemerkte, daß es aussah, als würden die Speichen stillstehen oder sich auch in die Gegenrichtung bewegen. Diese Wahrnehmung von Bewegung durch einen Spalt, einerseits Voraussetzung für die Entwicklung der optischen Scheiben (Bild- und Spaltscheibe), war andrerseits auch die Vorwegnahme des Scanning-Prinzips, die Zerlegung einer Bildfläche in eine lineare Folge von Punkten in der Zeit.

Im 17. und 18. Jahrhundert entdeckte eine Reihe von Wissenschaftlern (Luigi Galvani, Alessandro Volta, Hans C. Oersted, André M. Ampère, Georg S. Ohm, Michael Faraday und James C. Maxwell) die Fähigkeit von elektrischem Strom, durch verschiedene

Werkstoffe, insbesondere Metalle, hindurchzufließen. Die erste praktische Anwendung wurde 1843 von Samuel F. B. Morse in Form des „Telegraphen" (Fernschreibgerät) entwickelt: Die Buchstaben des Alphabets wurden in elektrische Signale über den Umweg des Morsecodes umgesetzt, die entweder auf einem Papierstreifen aufgezeichnet oder von ausgebildeten Telegraphisten direkt transkribiert, also übersetzt wurden. Da die elektrischen Impulse mit annähernder Lichtgeschwindigkeit über Telegraphenleitungen übertragen wurden, setzte sich dieses Verfahren innerhalb kürzester Zeit als schnellste Form der Nachrichtenübertragung durch. Es dauerte nicht lange, und die meisten größeren Städte waren über elektrische Drähte, die an Masten befestigt wurden, miteinander verbunden. Die gleichen Drähte wurden in den Seen und Weltmeeren unter Wasser verlegt. Etwa zur gleichen Zeit versuchten andere Forscher, mit Hilfe der Telegraphenleitungen mehr als bloß Punkte und Striche zu übertragen.

Einen der ersten Ansätze lieferte Alexander Bain im Jahr 1843. Bei dem von Bain entwickelten Gerät wurden die Buchstaben des Alphabets aus verschiedenen Linien zusammengesetzt, die jeweils an eine gesonderte Leitung angeschlossen waren. Die zu übertragende Type wurde dabei mittels einer mit isolierten Metallspitzen besetzten kammartigen Sonde abgetastet. Beim Empfänger wurden die Buchstaben dann durch einen gleichartigen Metallkamm auf chemisch behandeltem Spezialpapier reproduziert. 1847 stellte Frederick C. Bakewell eine weitere Entwicklung zur Übermittlung von handschriftlichem Material vor. Bei diesem System wurde eine Metallfolie mit einer „Isoliertinte" beschriftet, die dann um einen Rotationszylinder gewickelt wurde. Anschließend wurde der Zylinder mittels eines Laufwerks gedreht und die Folie dabei mit einem Metallstift abgetastet. Beim Empfangsgerät fuhr ein ähnlicher Metallstift über chemisch präpariertes Papier. Sender und Empfänger waren so ausgestattet, daß die Stifte in identischer Weise verschoben und die Geräte synchron betrieben werden konnten. Dieser Mechanismus zur Abtastung einfacher Bilder beinhaltete bereits zwei der grundlegenden Wirkmechanismen des erst später realisierten Systems zur Direktübertragung von Bildern: das Scanning-Prinzip, das sequentielle Abtasten (Zerlegen) von Bildern, und die Synchronisation von Sender und Empfänger. Diese Systeme trugen damals die Bezeichnung „Kopiertelephon". Heute kennt sie jedes Kind unter der Bezeichnung Telefax oder kurz Fax.

Der nächste Entwicklungsschritt war die Übermittlung akustischer Signale über dieselben Leitungen, die bei der Telegraphie der Übertragung von elektrischen Impulsen dienten. 1876 gelang es Alexander Graham Bell als erstem, die menschliche Stimme über einen elektrischen Draht zu übertragen: das Telephon (die ferne Stimme) war erfunden. 1876 gab es also schon drei Verfahren zur telematischen Kommunikation in Echtzeit: den Telegraphen, den Kopiertelegraphen und das Telephon. Die Zeit war reif für die Einführung eines visuellen Übertragungssystems, des Fernsehens. Das Fernsehen wurde also schon im 19. Jahrhundert, und zwar vor dem Kino, erfunden.

1873 berichteten Willoughby Smith und Joseph May, ein Elektriker, der bei der Verlegung des Seekabels der Atlantic Telegraph Company mitgewirkt hatte, daß Selenstäbe, wie sie für die Stromdurchgangsprüfung verwendet werden, ihren Widerstand beziehungsweise ihre Leitfähigkeit mit wechselndem Licht änderten. Diese Eigenschaft einiger Metalle, auf Lichtveränderungen zu reagieren, sollte sich schon bald in Konzepten für Geräte zur Bildübertragung wiederfinden. Zum ersten Mal erwähnt wird ein solches Gerät als

„Telektroskop" (fern elektrisch sehen) 1877 bei L. Figuier. Er beschreibt ein Gerät, das angeblich von Alexander G. Bell erfunden wurde und Bilder übertragen konnte. Irische Telegraphen experimentierten 1870 mit Selenium-Resistoren, wo wechselnde Lichtbedingungen die Resistenz änderten. Daraus ergab sich die Möglichkeit, die Lichtwerte eines Systems zu kontrollieren und daher ein Bild mit Hilfe dieser kontrollierten Lichwerte (helle und dunkle Punkte) zu übertragen. George Carey schlug 1875 ein Televisions-System vor, eine „Selen-Kamera", das ein Mosaik von Selenium-Sensoren und separate Übertragungslinien für jeden Sensor verwendete. Doch die Parallel-Übertragung erwies sich als unpraktisch. Nur die Scanning-Methode hatte Aussicht auf Erfolg, das heißt die Zerlegung eines Bildes in Linien von Punkten und deren Übertragung als eine lineare Folge von Punkten in der Zeit. Mehrere Sanning-Methoden können unterschieden werden. Das prismatische Scanning von William Lucas (1882), ein mechanisch-optischer Prozeß, der Lichtstrahlen dirigierte, nicht unähnlich dem Prozeß, der heute in den Bildröhren moderner Videokameras – allerdings auf elektronischer Basis – stattfindet. Jean Lazare Weiller erfand ein mechanisches Scanning-System mit Spiegeln. Das erfolgreichste Scanning-Verfahren erfand Paul Nipkow 1884, das aus der Kombination der alten kinematoskopischen Scheiben-Idee und des Scanning-Prinzips entstand. Die Nipkowsche Scheibe, das Grundprinzip des modernen Fernsehers, ist also eine Rückkehr der Faradayschen Scheiben verbunden mit dem seriellen Scanning. Nipkow nannte seine Erfindung „elektrisches Teleskop". Das Herz des Nipkowschen Patents bildete eine rotierende Lochscheibe mit insgesamt 24 Löchern, die spiralförmig nahe dem Außenrand angebracht waren. Nipkows Idee basierte auf dem Gedanken, daß Licht vom abzubildenden Gegenstand durch die Scheibe auf eine Selenzelle trifft. Am Empfänger sollte eine polarisierte Lichtquelle eine ähnliche Lochscheibe anstrahlen. Wenn sich nun die beiden Scheiben mit gleichbleibender Geschwindigkeit drehten, mußte nach Ansicht von Nipkow ein Bild entstehen, das durch ein Okular betrachtet werden sollte. Dieses Patent wies alle Voraussetzungen für ein erfolgreiches Bildübertragungssystem auf. Dem Patent sollten bald andere Ideen folgen, die ebenfalls auf dem Prinzip einer rotierenden Scheibe basierten, wie zum Beispiel Drehspiegelwalzen (Lazare Weiller), Linsenscheiben (Louis Brillouin) sowie perforierte Bänder und Streifen (Paul Ribbe). Insgesamt wurden in dieser Zeit entscheidende Erkenntnisse im Bereich der Photoelektrizität gewonnen. 1887 entdeckte Heinrich Hertz, daß sich elektrische Entladungen schneller als im Dunklen vollziehen, wenn ultraviolettes Licht auf eine Funkenstrecke fällt. 1887 erzeugte Heinrich Hertz unter dem Rückgriff auf die Theorie von James C. Maxwell per Funkenentladung elektromagnetische Wellen, die sich im Raum bewegten und mit einer Antenne empfangen und damit von einem Schwingkreis auf einen anderen übertragen werden konnten. Diese Hertzschen Wellen bildeten das Fundament für die Entwicklung der drahtlosen Kommunikation.

Bildtelegraphie

Die ersten Patente für Telegraphenapparate, die es erlaubten, Handschriften und Zeichnungen zu übertragen, gehen, wie schon erwähnt, auf den Schotten Alexander Bain

(1843) und den Engländer Frederick Collier Bakewell (1847) zurück. Die Übertragung von Schriften mit dem Kopiertelegraphen von Bakewell auf der Londoner Weltausstellung im Jahr 1851 erstaunte bereits das allgemeine Publikum.

Der aus Breslau stammende Arthur Korn (1870-1940) hatte den Ehrgeiz, „über Raum und Zeit zu sehen". Die durch die lichtelektrischen Forschungen an Selen erzielten Ergebnisse (von Hallwachs), zusammen mit der von Elster 1888 entwickelten Photozelle, ermöglichten das in gewissem Maße. Sein gegen Ende des 19. Jahrhunderts entwickeltes System der Bildtelegraphie setzte auf der Sendeseite eine elektrooptische zeilenweise Abtastung der Sendertrommel. Damit konnten auch Grauwerte des Bildes im Sendesignal dargestellt werden. An der Empfangsquelle benützte Korn das für die Zwecke der Elektrokardiographie 1895 entwickelte Seitengalvanometer zusammen mit einer durch ein Funkenrelais gesteuerten Leuchtröhre. Im Jahre 1904 konnte Korn erfolgreich Bilder mit guter Qualität auf der Strecke München-Nürnberg-München übertragen.

Die erfolgreiche Entwicklung von Bildtelegraphiesystemen bildete schließlich auch die Grundlage zur Entwicklung von Telegraphiesystemen für sich bewegende Bilder, den Fernsehsystemen.

Sequenzphotographie und Simultaneität

Zusammenfassend können wir sagen, daß im 19. Jahrhundert zwei verschiedene Prinzipien der maschinengestützten Bildgenerierung und -übertragung beziehungsweise der Bewegungssimulation entwickelt wurden, die zur Kinematographie, der projizierten Bewegungskunst, und zur Television, der fernübertragenen Bewegungskunst führten. Die Namen dieser beiden Prinzipien können vereinfachend Bildsequenz und Bildscanning genannt werden. Die Bewegungszerlegung und -synthese durch Bildmaschinen operierte auf der Objektebene sich bewegender Körper. Das elektronische Bild, um den Faktor Fernübertragung erweitert, beruhte anfangs aber auf Zerlegung und Synthese des Bildes, operierte also auf der Metaebene. Die Entwicklung der Bildsequenz geschah durch die Photographie, vor allem durch die Experimente von J. E. Marey und E. J. Muybridge. Marey entwickelte die Methode der Simultaneität. Ihm ging es primär um eine graphische Methode der Aufzeichnung der Bewegung, wie sein Artikel „Moteurs animés. Expériences de physiologie graphique" (1875) bezeugt.[3] Mareys Verfahren stellte die verschiedenen Phasen einer Bewegung auf einer einzigen Platte nebeneinander dar. Zuerst von einem einzigen Standpunkt aus, ab 1887 mit drei Photoapparaten gleichzeitig von oben, von der Seite und von unten. Die Malerei des Kubismus und Futurismus fand die Lösung des Bewegungsproblems in Mareys Simultaneität der verschiedenen Bewegungsphasen und seiner Synthese des multiplen Blickpunkts. Daher wurden Simultaneität und Synthese zu Zentralbegriffen des Kubismus und Futurismus. Essentiell für die Zukunft der experimentellen Filmkunst sollte die Tatsache werden, daß Marey die graphische Methode nicht nur entwickelte, um Bewegung darzustellen und zu analysieren, sondern auch um sie zu komponieren und zu synthetisieren. Seine graphische Methode wurde als Notation der Bewegung, als Partitur der Grundelemente der Scheinbewegung, nämlich der Filmkader, später von den experimentellen Filmkünstlern weiterentwickelt.

Die Methode der Sukzession (Montage) stammt von dem britisch-amerikanischen Photographen Eadweard J. Muybridge. Sein Verfahren begründete die dreidimensionale Kunst (Fläche und Zeit) der bewegten Bilder. Muybridge entwickelte eine zu Marey gewissermaßen gegensätzliche Methode der (photo)graphischen Darstellung der Bewegung. Bei Muybridge zeigte jedes Bild nur eine einzige Phase der Bewegung. Da er aber mehrere (24) Kameras in Abständen von einem halben Meter nebeneinander/nacheinander aufgestellt hatte, erhielt er eine Folge von 24 Bildern, die 24 Bewegungsphasen zeigten. Muybridges entscheidender Schritt war, die photographische Registration von einem Bild auf mehrere Bilder zu verteilen, zeitlich aufeinanderfolgende Bewegungsphasen in räumlich aufeinanderfolgenden Bildern zu repräsentieren: „An electrophotographic investigation of consecutive phases of animal movements", wie der Untertitel seines Buches „Animal locomotion" (1887) lautete. Jedes einzelne Photobild zeigte nur eine Bewegungsphase, nur ein Stehbild. Aber 24 Stehbilder bzw. Stehkader, die sich voneinander unterscheiden, bilden die ideale Voraussetzung für das Laufbild. Muybridge ebnete den Weg zur Kunst des Films als Kinematographie, als Schrift der Bewegung, Marey zur Kunst des Films als Opseographie, als Schrift des Sehens. Muybridge folgten die Künstler, die an der Bewegung, an der Dynamik, an der Montage, an der Imitation des realen Lebens interessiert waren; Marey jene Künstler, denen an der Kunst des Sehens, an der Unterbrechung, an der Konstruktion einer filmischen Realität gelegen war. Für die Kunst, das Sehen beim Sehen zu beobachten, die Opseoskopie, waren die weiteren Fortschritte der experimentellen Wahrnehmungspsychologie im 20. Jahrhundert in gleichem Maße relevant wie bereits im 19. Jahrhundert.

Das medizinische Bild

Die medizinische Forschung hat nicht nur im 20. Jahrhundert die Suche nach neuen Bildmaschinen und Bildtypen unterstützt, von der Computertomographie bis zur Szintigraphie, sondern selbstverständlich auch im 19. Jahrhundert (siehe die Röntgenstrahlen). Von der medizinischen Photographie gehen bis heute wichtige Impulse aus, weil sie weniger auf die Bewegungs-Imitation zentriert ist. Ihre photoelektrischen Apparate indizieren geradezu die computergestützten Experimente von heute, mit Hilfe von Kameras und am Kopf montierten Sensoren (wie seinerzeit zu Beginn der Television) das Auge selbst als fernwirkenden Bilderzeuger und -kontrollor einzusetzen. (Londe, 1883: 215-218)

Wie die industrielle Revolution selbst in eine mechanische und in eine elektronische Phase eingeteilt werden kann, so auch die Geschichte des bewegten Bildes. Die Trägheit der Retina liegt beiden Phasen zugrunde, nur die Prinzipien, diese Trägheit maschinell auszunützen, sind verschieden. Das Sukzessions-Prinzip, kommend aus der Sequenz-Photographie, wo Bild auf Bild folgte, aber das Bild selbst unangetastet blieb, führte zur Kinematographie, zur chemisch-mechanischen Bildsequenz. Das Scanning-Prinzip griff das Bild selbst an, zerlegte es in eine Folge von Punkten in der Zeit und führte zum elektronischen Bild. Sukzession und Scanning differenzieren also die Natur der beiden Gastmedien der bewegten Bilder, wobei natürlich dem Scanning-Prinzip als Wegbereiter des elektronischen Bildes auch im 21. Jahrhundert die Zukunft gehört.

Das Telebild

Im Rahmen des Internationalen Elektrizitätskongresses, der 1900 in Verbindung mit einer entsprechenden Ausstellung in Paris stattfand, hielt ein gewisser Perskyi am 25. August 1900 einen Vortrag mit dem Titel „Television". Er beschrieb einen Apparat, der auf den magnetischen Eigenschaften von Selen aufgebaut war. Der von ihm geprägte neue Terminus sollte nach und nach die älteren Bezeichnungen wie „Telephot" oder „Telektroskop" ersetzen, um eine neu entstandene Kunst und Wissenschaft zu beschreiben: das „Fern-Sehen".

1904 beantragte Ambrose Fleming ein Patent für eine Vakuumröhre mit zwei Elektroden, die als Detektor für Hochfrequenzschwingungen konzipiert war. Ambrose Fleming drehte 1896 das Bild in einer „Geißler-Röhre" (1858), indem er die Stromflußrichtung in einer um die Röhre gewickelten Spule umkehrte. 1897 lenkte Sir W. Crooks das Bild in einer ähnlichen Röhre elektrostatisch ab, und Joseph J. Thompson führte den Nachweis, daß die Strahlen in solchen Röhren negative elektrische Ladungen trugen. 1897 schließlich entwickelte Karl Ferdinand Braun die nach ihm benannte Kathodenstrahlröhre. 1906 wurde von Lee de Forest ein Patent für eine vergleichbare Röhre mit zwei Elektroden und 1907 ein Patent für die erste Drei-Elektroden-Röhre, die Triode (mit einem Gitter als dritter Elektrode) beantragt. De Forest nannte diese Vorrichtung „Audion". Die neue Röhre hatte drei Hauptfunktionen: Sie verstärkte Signale auf fast jedes beliebige Niveau, sie konnte Wechselstrom in Gleichstrom wandeln und hochfrequenten Strom generieren. Ein ähnliches Patent wurde 1906 von Robert von Lieben für ein Kathodenrelais beantragt.

Die verschiedenen damals vorgestellten Verfahren zur Übertragung von Bildern hatten heftige Kontroversen ausgelöst. In seinem Schreiben vom Juni 1908 an die Zeitschrift „La Nature", in dem die verschiedenen damals geläufigen Verfahren besprochen wurden, äußerte Shelford Bidwell die Ansicht, daß es wohl kein System gäbe, das Bilder über Hunderte von Meilen hinweg übertragen könne. Ein gewisser Alan Archibald Campbell Swinton erwiderte in einem Gegenschreiben, daß „elektrisches Fern-Sehen" möglich sei, wenn ordnungsgemäß synchronisierte Röhren mit Kathodenstrahlen sowohl am Sender als auch am Empfänger und geeignete Apparaturen zur Umwandlung von Licht in Elektrizität und umgekehrt zur Verfügung stünden: die erste in der Literatur nachweisbare Erwähnung eines vollelektrischen Fernsehsystems.

1909 schließlich wurden drei verschiedene Fernsehsysteme gebaut und tatsächlich in Betrieb genommen. Das erste (in der Reihenfolge der Veröffentlichung) war das von Dr. Max Dieckmann. Sein System arbeitete auf der Senderseite mit einer ganz eigenständigen Entwicklung und einer Kathodenstrahlröhre als Empfänger. Das zweite System, das von Ernst Ruhmer stammt, bestand aus einem Mosaik von 25 Selenzellen. Auf einem ganz anderen Ansatz basierte das von Georges Gignoux und Prof. A. Fournier 1909 konstruierte und vorgestellte Fernsehgerät. Der Sendeschirm bestand aus einer Anordnung von Selenzellen, die jeweils mit einem gesonderten Relais gekoppelt wurden.

In St. Petersburg beantragte Professor Boris Rosing 1907 ein Patent für ein Fernsehsystem, das sich einer Kathodenstrahlröhre als Empfänger bediente. Der Sender war mit zwei Bildtrommeln zur Abtastung und Untergliederung des zu übertragenden Bildes ausgestattet. Soweit sich dies nachvollziehen läßt, begann Rosing mit den Arbeiten an einer solchen Apparatur schon 1904. Von seiner Bedeutung her ist dieses Patent mit dem Nipkowschen Patent von 1884 zu vergleichen. Im Mai 1911 führte er seinen Kollegen sein System vor. Unterstützt wurde er dabei von einem Technikstudenten namens Wladimir K. Zworykin.

Im November 1911 wurde A. A. Campbell Swinton Präsident der in London ansässigen Röntgen-Gesellschaft. Seine Antrittsrede trug den Titel „Distant Electric Vision". Er bezog sich in dieser Ansprache auf seinen aus dem Jahr 1908 stammenden Artikel in der Zeitschrift „La Nature" und skizzierte ein vollelektrisches Fernsehsystem mit Kathodenstrahlröhren für Sender und Empfänger.

In den USA hatte Charles Francis Jenkins, der 1895 zusammen mit Thomas Armat den ersten Filmprojektor erfunden hatte, seine Aufmerksamkeit von der Kinematographie auf die Telephotographie und die Television verlagert. 1922 beantragte er sein erstes Patent im Zusammenhang mit der drahtlosen Bildübertragung. Zum Einsatz kamen hier zwei ganz spezielle Abtasteinrichtungen, die von ihm entwickelten „prismatischen" Ringe.

Im April 1923 wurden Berichte über die erfolgreiche Übertragung von Standbildern durch C. F. Jenkins veröffentlicht. Im Dezember 1923 führte Jenkins das von ihm entwickelte Fernsehsystem dem Herausgeber von „Radio News", Hugo Gernsback, und dem Herausgeber von „Popular Radio", Watson Davis, vor. Etwa zur selben Zeit begann ein junger Forscher namens John Logie Baird in London mit ersten Fernsehexperimenten. Sein erstes Patent datiert vom Juli 1923.

Ein weiterer Patentantrag für eine Bildaufnahmeröhre wurde am 29. Dezember 1923 eingereicht – von W. K. Zworykin von der Firma Westinghouse Electric Co. Die Bildaufnahmeröhre war Bestandteil eines Patents für ein vollelektrisches Fernsehsystem. In San Francisco, Kalifornien, beantragte am 7. Januar 1927 ein Newcomer im Bereich Television namens Philo T. Farnsworth ein Patent für ein vollkommen anders geartetes elektrisches Fernsehsystem. Es handelte sich dabei um ein Bildzerlegungssystem mit einer Aufnahmeplatte, auf der das Licht von einer abgebildeten Szene in Elektrizität umgewandelt wurde. Anschließend wurde das gesamte Elektronenbild an eine Elektrode weitergeleitet, wo es zum Fernsehsignal wurde. Farnsworth gilt daher als eigentlicher Erfinder des elektronischen Fernsehens, da er mit seinem „Bildzerleger" (Image Dissector) in der Tat ein optisches Bild Zeile für Zeile in ein elektrisches Bild verwandelte. Diese Zerlegung eines optischen Bildes mit seiner Scanning-Methode formte ein elektronisches Bild, dessen Feld durch einen elektronischen Blendenverschluß in einer bestimmten Geschwindigkeit abgetastet wurde. Das National Television System Committee (NTSC) empfahl 1940 525 Linien pro 1/30 sec. als Standard.

In Deutschland ließ sich Manfred von Ardenne am 27. März 1931 ein Fernsehsystem mit Kathodenstrahlröhren als Sender und Empfänger patentieren. Der Sender war als Lichtpunktabtastsystem für Lichtbilder oder Film ausgebildet. Das neue System wurde erstmalig auf der Funkausstellung Berlin 1931 vorgestellt. Von Ardenne verwendete eine Filmschleife, die mit acht Bildern pro Sekunde projiziert wurde. Auch wenn einschränkend gesagt werden muß, daß keine elektrische Aufnahmeröhre beteiligt war, bleibt festzuhalten, daß dies die erste öffentliche Vorführung des Kathodenstrahlfernsehens überhaupt war. 1940 kam es zu einer Übertragung von Farbfernsehen durch CBS.

Die Struktur des TV-Bildsignals

Ist der Bild-Kader der Baustein des Films, so ist die lineare Abfolge von Punkten in der Zeit der Baustein des elektronischen Bildes. Ereignet sich zwischen zwei verschiedenen Kadern das eigentliche Phänomen der Kinematographie, nämlich die Illusion der Bewegung, so stellt die beschleunigte Manipulation des Bildsignals das eigentliche Phänomen des elektronischen Bildes her. 25 Bilder (statt 24 wie beim Film) werden pro Sekunde gesendet, um die Illusion der Bewegung zu erzeugen, aber 50 Bilder wären notwendig, um den Flimmer-Effekt zu vermeiden. Der TV-Schirm erreicht dies durch die Struktur des Halbbildes. Die horizontalen Linien, bestehend aus einer Sequenz von Punkten, werden nämlich nicht wirklich nacheinander gesendet, sondern zuerst werden die Linien 1,3,5,7, … 525 von links nach rechts gesendet und dann von unten nach oben die Linien 2,4,6, …, 524. Jedes Halbbild wird so 60 mal in der Sekunde gesendet, das ganze Bild aber nur 30 mal. Die Anzahl der Linien (Scan Lines) und der Punkte steigern die Wirklichkeitstreue des Bildes, das Auflösungsvermögen. Das Videobild besteht aus einer Sequenz von Impulsen, wobei die Amplitudenhöhe die Helligkeitsinformation darstellt. Jeder Impuls wird in einem Zehnmillionstel einer Sekunde gesendet und geht dann zum nächsten „Punkt".

Das Videobild

Als der dänische Ingenieur Valdemar Poulsen 1898 – bezeichnenderweise ein Jahr, nachdem Braun die nach ihm benannte Röhre für das künftige Fernsehen erfunden hatte – erstmals die Möglichkeit der Informations-Speicherung durch magnetische Bänder zeigte, konnte er nicht ahnen, was das für die Zukunft des Bildes bedeuten würde. Poulsens „Telegraphon" (eine logische Extension von Telegraph und Telefax) zeichnete akustische Information magnetisch auf. Erst viele Jahrzehnte später entstand die Idee, nicht nur Ton, sondern auch Bilder auf magnetischen Bändern zu speichern.
Das Videozeitalter begann 1956, als Charles Ginsberg und Ray Dolby (der spätere Erfinder des Dolby-Sounds) von der Ampex Corp. die ersten magnetischen Tapes entwickelten, die auch Bilder speichern konnten. Davor gab es ja nur Fernsehen live. Die Übertragung bewegter Bilder oder Objekte mittels Elektronik wurde also mit der magnetischen Bildspeicherung gekoppelt. Daraus entstand Video: TV plus magnetische Speicherung. Das Videobild ist gleichsam ein elektronisches Bild mit magnetischer Speicherung.

Das elektronische Bild-System

Die postindustrielle Revolution ist informationsbasiert. Die Informationssysteme der Gegenwart arbeiten nicht nur mit der Technologie der Telemaschinen (Television, Telefax, Telephon etc.), sondern vor allem mit dem multimedialen Computer. Wir können sagen, das digitale Bild ist die postindustrielle Version des bewegten Bildes.
Durch die technischen Transformationen des Bildes im Rahmen der digitalen Kommunikationsrevolution kam es zum Übergang von der Illusion des bewegten Bildes zur Illusion des belebten Bildes. War der Schwerpunkt in den ersten hundert Jahren die maschinenunterstützte Erzeugung von Bildern (Photographie, Film), ist der Schwerpunkt

seit den letzten 50 Jahren die maschinenunterstützte Speicherung und Übertragung von Bildern (TV, Computer). Dieser Wechsel ist fundamental und hat den Charakter des technischen Bildes vollkommen verändert. Die neuen ästhetischen Möglichkeiten der maschinenunterstützten Speicherung und Übertragung von Daten haben auch wesentlich dazu beigetragen, von Medienkunst statt von Maschinenkunst zu sprechen.

Die Veränderung der technischen Natur der Informationsspeicherung hat die Akzentverschiebung von der maschinenunterstützten Erzeugung zur maschinenunterstützten Speicherung des Bildes verursacht. Die Ästhetik der Postproduktion und der Interaktivität begann. Die bisherigen Speicherformen der Information waren chemischer oder magnetischer Natur. Die chemische Speicherung der Information bei Photographie und Film hat die Information gleichsam in das Trägermaterial eingesperrt. Die chemisch gespeicherte Information war nicht mehr veränderbar, höchstens löschbar, und war auch schwer zugänglich. Die magnetische Speicherung der Information bei Video war schon lockerer und damit für künstlerische Absichten besser. Bei Photo und Film kann zwar auch im nachhinein, nach der Generierung des Bildes, am Photo beziehungsweise am Kader etwas retouchiert und verändert werden, nur ist es wesentlich schwieriger als bei Video.

Bei Video ist die Postproduktion, das heißt die maschinengestützte Bearbeitung des Bildes nach der maschinengestützten Produktion des Bildes, zur wichtigsten Phase geworden, eben weil durch die magnetische Speicherung der Information die Manipulationsmöglichkeiten größer geworden sind. Bei Photographie, Film und Video ist die Information im Prinzip auf ein Trägermedium gespeichert, wo sie schwer zugänglich und schwer veränderbar ist. Die Information ist *eingesperrt*; sie ist gut gespeichert und überlebt lange. Der Preis für dieses sichere Überleben der Information beim klassischen Medienbild ist ihre Invarianz. Die Lebensfähigkeit (Viabilität) der Information geschieht auf Kosten der Variabilität der Information. Maschinenunterstützte Erzeugung, Speicherung und Übertragung von Bildern bildete also ein Tripel, bei dem immer mehr die Wichtigkeit von Speicherung und Übertragung erkannt wurde. Beim klassischen maschinengestützten Bild geschah die Speicherung mehr oder minder mechanisch, das heißt chemisch und magnetisch. Eine Revolution ereignete sich, als die Speicherung in die nicht-mechanische Phase eintrat, als die Information elektronisch beziehungsweise digital gespeichert wurde, wie es beim Computer der Fall ist.

Die digitale beziehungsweise elektronische Speicherung der Information ist das eigentliche Wesen der digitalen Revolution, denn dadurch ist die Information nicht mehr in ein Trägermedium eingesperrt oder gebunden. Die Information ist frei, flottiert, ist leicht zugänglich und veränderbar. Durch die Transformation der Information vom analogen zum digitalen Code kann die Information nicht nur im postproduktiven Prozeß geändert werden, wie bisher bei Photo, Film, Video, sondern im produktiven Prozeß, im Erzeugungsprozeß des Bildes selbst, in Echtzeit, wie man sagt. Alle Parameter der Information, die zu einem Bild gehören und es konstituieren, sind bei der digitalen Speicherung im Computer sofort, unmittelbar, jederzeit zugänglich und veränderbar. Instante Variabilität aufgrund der digitalen virtuellen Speicherung der Information ist also das einzigartige Merkmal der Computerbilder. „Access" (Zugang) und „memory" (Speicherfähigkeit) wurden daher die neuen Schlüsselwörter für die digitale Bildindustrie.

Die interaktive CD-ROM ist ein wichtiges kommerzielles Produkt dieserEntwicklung. Der Wechsel von mechanischer maschinenunterstützter Erzeugung, Speicherung und Übertragung der Bilder zur elektronischen Erzeugung, Speicherung und Übertragung von Bildern hat also die Natur der technischen Bilder vollkommen verändert, indem sie die Natur der Speicherung der Information und der Bildobjekte vollkommen verändert hat. Im digitalen Bild ist die Information virtuell gespeichert. Die Information ist daher variabel, weil die Daten virtuell gespeichert sind. Das Wesentliche der künstlichen Welten ist die virtuelle Speicherung der Information. Das macht sie im eigentlichen Sinne zu virtuellen Welten. Ein Bild, dessen Information virtuell gespeichert ist und daher jederzeit zugänglich und veränderbar, ist ein Feld von Variablen. Jeder Punkt, jede Dimension, jeder Parameter des elektronischen beziehungsweise digitalen beziehungsweise computererzeugten Bildes wird zu einer Variablen. Durch die virtuelle Speicherung der Information im Computer werden alle Punkte des Bildes zu Variablen in einem cartesianischen Koordinatensystem.

Das Bild selbst wird zu einem dynamischen System aus Variablen. Das Verhalten dieser Variablen ist vom Kontext steuerbar. Dieser Kontext kann sein: der Beobachter, der Ton, andere Bilder, andere Maschinen, Interfaces. Das statische Bild wird zu einem dynamischen Bildfeld. Das Bild wird zu einem Bildsystem, das sich variabel verhält, zu einem Ereignisfeld. Das (kontextgesteuerte) Bild verwandelt sich von einem statischen Fenster, durch das man auf die Welt blickt, in eine Tür, durch die der Beobachter in die Welt multisensorieller Ereignisfelder ein- und austreten kann. Das Bild wird zur Konstruktion kontextgesteuerter Ereigniswelten, die der Betrachter interaktiv verändern kann, da diese Bildwelt eine Welt der Variablen ist. Der digitale Code verwandelt die Welt in ein Feld von Variablen. Diese instante Variabilität bei virtuell gespeicherter Information macht computererzeugte Bilder so geeignet für interaktive Installationen, das heißt Installationen, die auf Eingaben in Echtzeit reagieren, und für künstliche beziehungsweise virtuelle Environments, die mit künstlicher Intelligenz und künstlichem Leben arbeiten. Auf die Virtualität der Speicherung der Information folgt die Variabilität des Bildinhalts. Auf die Variabilität des Bildsystems folgt die Viabilität des Bildverhaltens. Das Bildsystem verhält sich wie ein lebender Organismus.

Der Betrachter kann sich im Cyberspace, im Bild selbst befinden. Der Betrachter verändert und verformt das Cyberbild live. Er wird Teil des Bildes, er sieht sich selbst im Bild. Der Betrachter bewegt das Bild und das Bild reagiert auf die Bewegungen des Betrachters. Systeme und Organismen, die auf Eingaben der Umwelt reagieren, nennen wir lebende Systeme. Da die digitalen Bilder auf die Eingaben der Zuseher in Echtzeit reagieren, also zwischen Bild und Betrachter eine wechselseitige Interaktion besteht, können wir sie mit Eigenschaften lebender Organismen vergleichen und nennen sie daher lebende beziehungsweise belebte Bilder. Die Interaktivität des Bildsystems setzt sich aus Virtualität, Variabilität und Viabilität zusammen.

Interaktive Computerinstallationen und -simulationen ermöglichen also die Illusion des belebten Bildes als die vorläufig fortgeschrittenste Entwicklungsstufe der Kunst des technischen Bildes. Das interaktive belebte Bild ist die vielleicht radikalste Transformation des europäischen Bildbegriffs.

Mit dem Cyberbild beginnt eine neue Ära der visuellen Kommunikation.

Neurocinema

Wir haben die Geschichte des bewegten Bildes im 19. und 20. Jahrhundert neu interpretiert, nämlich als parallele Entwicklung zwischen Physiologie und Technologie, als Zeitbeziehung zwischen Maschine und Auge. Das Ergebnis war eine Technologie der optischen Simulation. Auf der Grundlage dieser Analyse können wir technisch und strukturell eine Extension der kinematographischen Codes voraussagen, nämlich eine parallele Entwicklung zwischen Neurowissenschaften und Technologie als Zeitbeziehung zwischen Maschine und Gehirn. Das Ergebnis wird eine Technologie der mentalen Stimulation sein.

Die einfachen physiologisch-optischen Entdeckungen um 1830, 1860, 1930 und 1950, die Wahrnehmungsexperimente mit dem Auge waren [4]), wurden durch die Gehirn- und Neurowissenschaften, die kognitive Wissenschaft und die Wissenschaften der künstlichen Intelligenz wie des künstlichen Lebens zu Experimenten mit dem Gehirn als Ort der Konstruktion von virtuellen Welten. Der Netz-Gedanke wird dabei eine große Rolle spielen, der darin besteht, daß es erstens mehr Verbindungen als Knoten geben muß, also keine vertikale Hierarchie, und daß es zweitens stets neue Verbindungen gibt. Die Nervenzellen bleiben lokalisiert, aber die neuronale Tätigkeit besteht gleichsam im Entwerfen immer neuer Straßenzüge zwischen sich stets ändernden Häuserblocks. Es werden stets neue Kartographien entworfen und neue Verbindungen zwischen den Zellen gezogen. Die neuronale Tätigkeit wird gleichsam nicht-lokal und nicht-hierarchisch sein und parallel verteilt.

Poyet, *Selbstleiter; Leuchten einer Lampe durch Induktion einer einzigen Drahtschleife*, Illustration in: La Nature, 1894, Bd. I, S. 233, 19 × 28,5 cm

Das 21. Jahrhundert wird die optischen Recherchen und Sensationen zu Ende des 20. Jahrhunderts (Video Games, Computer Games, interaktive Computerinstallationen, Cyberspace, Virtual Reality), welche die Spezialeffekte des Vaudeville des 19. Jahrhunderts wiederholen und die gegenwärtig nur individuell benutzbar sind, in ein Massenmedium verwandeln, in eine kollektive Erfahrung. So wie das

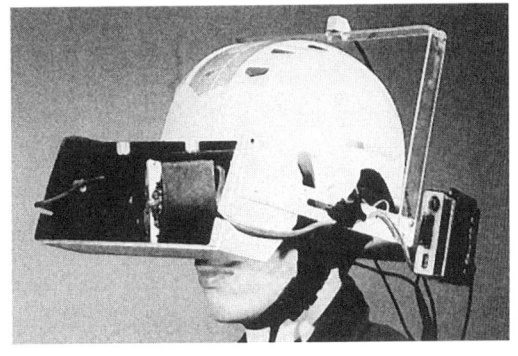

Bildschirm, am Kopf montiert, Ars Electronica 1990

20. Jahrhundert die Erfindungen des 19. Jahrhunderts in eine Massenindustrie verwandelt hat.

Am Beispiel des Phenakistoskops des 19. Jahrhunderts können wir das Prinzip der singulären Perzeption erfassen: 1 Person an 1 lokalen Ort sieht 1 Film zu 1 Zeit. Der Projektor des Kinos ermöglichte eine kollektive und simultane Wahrnehmung: x Personen an 1 lokalen Ort sehen 1 Film zu 1 Zeit. Das Fernsehen ermöglichte eine kollektive, simultane, aber nicht-lokale Wahrnehmung: x Personen an x Orten sehen 1 Film zu 1 Zeit. Video und CD-Rom ermöglichen eine singuläre wie kollektive, nicht-simultane Wahrnehmung: x oder 1 Person/en sehen 1 Film zu x Zeiten an x oder 1 Ort. Das digitale Bild am Ende des 20. Jahrhunderts fängt wieder von vorne an. Beim Head-Mounted Display der V.R.-Systeme gibt es wieder die singuläre lokale simultane Perzeption des 19. Jahrhunderts: 1 Person an 1 Ort sieht 1 Film zu 1 Zeit. Das Ziel muß also sein, die Wahrnehmungs-Technologie vom 19. Jahrhundert ins 21. Jahrhundert zu transformieren, das heißt zu den Spielarten von kollektiven, nicht-lokalen, nicht-simultanen Wahrnehmungsformen, die wir vom Fernsehen, vom Radio, von der Schallplatte, von der CD, vom Film etc. schon kennen. Dies wird die Arbeit des 21. Jahrhunderts sein, die digitale Bild- und Tontechnologie von den Rezeptionsformen des 19. Jahrhunderts in die Rezeptionsformen des 20. Jahrhunderts nicht nur zu übertragen, sondern diese auch zu übertreffen. Dies wird mit Hilfe von Quantencomputern, Nano-Maschinen und neuen Wellen-Technologien möglich sein. Nicht nur wird das Handy, die Teletechnologie des Tons, Übertragung von akustischen Informationen von Person zu Person, auch die visuelle Information erfassen, sondern durch massive Parallel-Verarbeitung und Verbreitung von Information werden mehrere Personen an mehreren Orten (nicht-lokal) zu gleichen oder verschiedenen Zeiten (simultan oder sukzessiv) eine visuelle Welt erleben, von der sie selbst als interne Beobachter Teil sind. Im Neurocinema wird der Betrachter interner Beobachter der Welt sein, also in der Bildwelt selbst mitspielen und sie dabei verändern. Er wird kein externer Beobachter bleiben wie beim Film. Es wird mit Hilfe des Konzeptes des internen Beobachters und der Technologie der neuronalen Stimulation (siehe „Strange Days" 1995 von K. Bigelow / J. Cameron) und mit Hilfe der „Fuzzy Logik" der Quantencomputer sogar möglich sein, daß jede Person eines Kollektivs einen anderen Film am gleichen oder an verschiedenen Orten zur gleichen oder zu verschiedenen Zeiten sieht: x oder 1 Person/en sehen an x oder 1 Ort/en zu x oder 1 Zeit/en x oder 1 Film. Die Leute werden in einem Saal sitzen. In einem Computer wird eine variable Datenmenge sein, aus der sich die Besucher selbst ihren Film telematisch als einen Akt des Erlebens selbst konstruieren. Kollektive Interaktion statt der jetzt nur individuellen Interface-Technologie wird möglich sein. Ein kollektives Publikum wird an 1 Platz simultan (wie im Kino von heute) durch

J. Mullins, *Videorecorder*, 1952

telematische Technologie verschiedene virtuelle Welten erleben. Ein kollektives Publikum wird an verschiedenen Orten (nicht-lokal) gleichzeitig verschiedene virtuelle Welten betreten (eine Fortsetzung des Fernsehens). Konnektivität ohne Kabel, Nicht-Lokalität und simultane Parallelität werden die Zukunft des Neurokinos bestimmen: Jeder sieht andere Bildwelten zur gleichen Zeit am selben Ort. „Liquide Visionen" könnte der Titel für diese Bilder der Zukunft sein, in Anlehnung an die hydrodynamischen Experimente der Chronophotographie von E. J. Marey (1893: 359-363), denn diese Liquidität bestimmt, gemäß Marcos Novak, auch den Cyberspace. (Novak, 1991: 224-254)

Die maschinengestützte Wahrnehmung bedeutet das Ende einer Illusion, das Ende der Herrschaft des Monopols des Realen. Der Herrscher blickte auf die Welt, der Bürger blickt in Zukunft auf den Bildschirm in seinem Gehirn.

Unter Umgehung der klassischen elektronischen Schnittstellen wird man mit „brain-chips" oder „neuro-chips" arbeiten, um die Gehirne möglichst verlustfrei und direkt an die digitalen Welten zu koppeln.

Anmerkungen:

1) Der stroboskopische Effekt bestimmt die Frequenz, ab der die einzelnen aufeinanderfolgenden Bildeindrücke als kontinuierlich wahrgenommen werden und somit eine Bewegungsillusion hervorrufen. Um das Flimmern beziehungsweise Flackern des Lichtes zu vermeiden, genügen allerdings nicht 24 Bilder pro Sekunde. Um die dafür notwendige Frequenz von 50 Impulsen pro Sekunde zu bekommen, muß jedes der 24 Bilder bei der Projektionszeit von 1/24 Sekunde durch Flügel einer Umlaufblende mit zwei Dunkelpausen unterbrochen werden.

2) Zwei feststehende kurze Lichtlinien, die räumlich getrennt sind, werden einige Zeit nacheinander gezeigt. Wenn das Intervall zwischen dem Aufleuchten der beiden Linien kurz ist (1/32 Sekunde), erscheinen beide Linien simultan. Ist das Intervall lang, werden die beiden Linien nacheinander gesehen. In einem bestimmten Intervall, bezeichnenderweise bei der Frequenz von 1/16 Sekunde, werden die zwei Lichtlinien als Bewegung einer Linie gesehen.

3) Erschienen in: La Nature. Paris, 28. 9. und 5. 10. 1875. vgl. dazu auch: Développement de la méthode graphique par l'emploi de la photographie. Supplément à la méthode graphique, Paris 1885.

4) siehe Brunswick (1929 u. 1934); Bühler (1913 u. 1933)
Erinnert sei an zusammenfassende Darstellungen wie C. E. Osgoods Method and Theory in Experimental Psychology (1953), R. S. Woodworths u. Harold Schlosbergs Experimental Psychology (1954) und auch an An Introduction to Modern Psychology von O. L. Zangwill (1950).
Auf dem Gebiete der spezialisierten Studien der Psychologie des Sehens gibt M. D. Vernon in A Further Study of Visual Perception (1952) einen ausgezeichneten Überblick, während Wolfgang Metzger in Gesetze des Sehens (2. Ausgabe: 1953) die Materie vom Standpunkt der Gestalttheorie behandelt. Hinzuweisen gilt es ebenfalls auf R. M. Evans' An Introduction to Color (1948), D. O. Hebbs The Organization of Behavior (1949), Viktor von Weizsäckers Der Gestaltkreis (1950), F. H. Allports Theories of Perception and the Concept of Structure (1955), F. A. Hayeks The Sensory Order (1952) und vor allem auf J. J. Gibsons Buch The Perception of the Visual World (1950).

Verwendete Literatur:

Brunswik, Egon u.a. (1929; Hg.): *Beiträge zur Problemgeschichte der Psychologie. Festschrift zu Karl Bühlers 50. Geburtstag,* Jena.

Brunswik, Egon (1934): *Wahrnehmung und Gegenstandswelt. Grundlegung einer Psychologie vom Gegenstand her,* Leipzig/Wien.

Bühler, Karl (1913): *Die Gestaltwahrnehmungen: experimentelle Untersuchungen zur psychologischen und ästhetischen Analyse der Raum- und Zeitanschauung,* Stuttgart.

Bühler, Karl (1933): *Ausdruckstheorie. Das System an der Geschichte aufgezeigt,* Jena.

Faraday, Michael (1831): On a peculiar class of optical deceptions, in: *Journal of the Royal Institution of Great Britain,* Nr. 1.

Londe, Albert (1883): La photographie en médecine. Appareil photo-èletrique, in: *La Nature, Paris,* 11. Jahr, 2. Semester.

Marey, E. J. (1893): Hydrodynamique expérimentale. Le mouvement du liquides étudié par la chronophotographie, in: *La Nature,* Paris, 21. Jahr, Nr. 1018.

Novak, Marcos (1991): Liquid Architecture in Cyberspace, in: Michael Benedikt, *Cyberspace,* Cambridge, Massachusetts.

Paik, Nam June (1976): 1974 Media Planning for the Postindustrial Society, in: Herzogenrath, Wulf (Hg.), Nam June Paik. Werke (1946 - 1976), Musik-Fluxus-Video. (Ausst.Kat.), (Kölnischer Kunstverein) Köln.

Plateau, J. A. F. (1832): Sur un nouveau genre d'illusion optique, in: *Correspondance mathem. et phys. de l'observatoire de Bruxelles,* Nr. 7.

Stampfer, Simon (1834): Über die optischen Täuschungs-Phänomene, welche durch die stroboskopischen Scheiben (optischen Zauberscheiben) hervorgebracht werden, in: *Jahrbücher des k.k. polytechnischen Instituts in Wien,* 18. Bd., Wien (bereits 1833 als Broschüre der 2. Auflage der „Zauberscheiben" beigelegt).

Das Museum der Sonne

Paul Virilio

„See it now"

1.
Die Malerei kann uns nicht täuschen, denn „auch bey der kunstvollsten Nachahmung ist sie schon dadurch vor diesem Abwege gesichert, daß es ihr an einer wahren Lichttinte fehlt", schrieb August Wilhelm Schlegel im vergangenen Jahrhundert.
Die Täuschung des *„direktübertragenen"* Fernsehens besteht heute darin, daß es dank der Lichtgeschwindigkeit der Wellenoptik eben jene „wahre Tinte" besitzt. Eine wahrheitsgetreue Färbung, die nichts anderes ist als die „Echtzeit" der Fernsehübertragungen, die die Realität der beobachteten Szenen erhellt.
Während die Repräsentationsweise der Malerei nicht darauf aus sein konnte, die unmittelbare Erhellung zu kompensieren, weil sich jede Figur damals einer „verschobenen Zeit" zuordnete, verfügt die televisuelle Repräsentationsweise dank der Direkt-Techniken über das Licht der Unmittelbarkeit, über jene plötzliche Wahrscheinlichkeit, die weder der Malerei noch der Photographie, ja nicht einmal dem Kino eigneten. Und es erscheint zugleich mit dieser Reduktion der optischen Dichte der menschlichen Umwelt ein letzter „Horizont der Sichtbarkeit".
Obgleich nun das ferngesendete Ereignis tatsächlich stattfindet, klärt es uns dennoch über seine letzte Grenze auf, die es in der absoluten Geschwindigkeit des Lichts findet.
Der Mensch bedient sich also nicht mehr nur der relativen Geschwindigkeit des Tieres oder der Maschine, sondern der Geschwindigkeit der Wellen im elektromagnetischen Bereich, ohne zu bemerken, daß er hier auf eine unübersteigbare *Mauer* stößt, die nicht mehr bloß eine Mauer des Schalls oder der Hitze ist wie bei Überschallflugzeugen, sondern eine Mauer des Lichts, die das Handeln und die Wahrnehmung des Menschen für immer beschränkt.
Tatsächlich findet das Ereignis – wir vergessen das allzu oft – nicht nur *hier und jetzt* statt, sondern auch „im Licht" einer positiven oder negativen Beschleunigung. So ist zum Beispiel die zufällige Begegnung zweier Fußgänger auf dem Trottoir, die ein Gespräch anknüpfen, nicht von derselben Natur wie das langsame Aneinander-Vorbeifahren zweier Fahrzeuglenker, die sich auf der Straße, in geringem Abstand vom Trottoir, mit einer Handbewegung grüßen...
Stellen wir uns nun vor, die Geschwindigkeit der einander *hier und jetzt* kreuzenden Fahrzeuge würde beträchtlich gesteigert: die Begegnung, der ausgetauschte Gruß, fände in diesem Fall überhaupt nicht statt, da die Zeitdauer für die Wahrnehmung nicht ausreichen würde. Die relative Unsichtbarkeit der beiden anwesenden Lenker würde dabei nicht etwa durch eine gespenstische Abwesenheit ihrer Körper bedingt, sondern allein durch die Abwesenheit einer zur gegenseitigen Erkennung notwendigen Dauer. Das Ereignis der Begegnung der Fußgänger auf dem Trottoir oder das Aneinander-Vorbeifahren der Fahrzeuglenker auf der Straße findet einerseits zwar hier und jetzt statt, andererseits aber auch „im Licht" beziehungsweise „in Eile", also in einer relativen Geschwindigkeit, die von den Fortbewegungsarten der jeweiligen Körper abhängt.

Ganz anders, wenn die beiden Personen mittels interaktiver Techniken – also in Echtzeit – miteinander kommunizieren. In diesem Fall erleichtert die absolute Geschwindigkeit ihre Begegung, ihr Auge-in-Auge, und zwar unabhängig von den räumlichen oder zeitlichen Intervallen, die sie de facto voneinander trennen. Hier findet das Ereignis nicht „statt", es findet keinen Ort, oder genauer, *es findet zweimal statt*, an zwei verschiedenen Orten, sodaß der topische Aspekt dem teletopischen Aspekt weicht und die Einheit von Zeit und Ort sich aufspaltet in einen Ort der Sendung und einen Ort des Empfangs, hier und dort *zur gleichen Zeit* dank den Wundern der elektromagnetischen Interaktion.

Das Problem des „televisuellen Horizonts" der ephemeren Begegnung bleibt indessen ungelöst. Wenn nämlich das Erscheinen der Erscheinungsbilder der kopräsenten Interakteure dem Erscheinen der zuvor erwähnten Fußgänger oder Autofahrer vergleichbar oder sogar analog ist, so ist das Terminal ihrer Wahrnehmung doch ein anderes, insofern der Horizont der einander begegnenden Fußgänger ein Straßenstück, jener der mit geringer Geschwindigkeit aneinander vorbeifahrenden Lenker eine Straßenperspektive ist: Der Fluchtpunkt des Stadthorizonts begrenzt die Zone ihrer faktischen Begegnung.

Im Fall der vor ihren jeweiligen Bildschirmen kopräsenten Fernsehenden ist der Horizont allerdings nicht der „Hintergrund des Bildes", sondern seine Begrenzung, der *Rahmen des Bildschirms*, die Rahmung der Sendung und

Alexander Leydenfrost, *City of the Future (Rush Hour)*, (Stadt der Zukunft - Verkehrsspitze), um 1949, 43,2 × 53,3 cm, Kohle, Kohlestift auf Papier, Sammlung Norman Brosterman, New York

vor allem die Zeitdauer, die ihrer Unterhaltung zugemessen ist, bevor der kathodische Bildschirm von neuem opak und stumm wird. Der „televisuelle Horizont" ist also ausschließlich der Horizont der in Echtzeit bemessenen Sendung beziehungsweise des Empfangs der übertragenen Unterhaltung, ein *Gegenwartsaugenblick*, der durch die Rahmung des Gesichtspunkts der beiden Fernsehenden bestimmt wird, vor allem aber durch die Frist, die ihrem Dialog, ihrem Auge-in-Auge vorbehalten ist.

„Man tötet die Gegenwart, wenn man sie isoliert", schrieb Paul Klee. Begehen die Techniker der Telekommunikation nicht genau diese Missetat, wenn sie die *Gegenwart* von ihrem „Hier-und-Jetzt" isolieren und ein *kommutatives Anderswo* Raum greifen lassen, das nicht mehr der Ort unserer konkreten Präsenz in der Welt ist, sondern nur noch der Ort einer diskreten, zeitlich begrenzten Telepräsenz? Die Echtzeit der Telekommunikation tritt also nicht nur, wie meist behauptet wird, der *Vergangenheit* beziehungsweise der „verschobenen Zeit" entgegen, sondern auch der *Gegenwart* und ihrer Vorgängigkeit selbst, und sie verweist als optische Kommutation des „Wirklichen" und des „Übertragenen" auf den hier und jetzt körperlich anwesenden Betrachter, mit dem eine Illusion fortlebt, worin der Körper zum

Zeugen und damit zum einzigen Stabilitätselement in einer virtualisierten Umwelt wird. Auf die *Fokusierung* des Blicks des Kinozuschauers, des Augenzeugen der *kleinen optischen Illusion*, die auf dem Fortbestehen der Netzhaut beruht, folgt die *Polarisierung* des Körpers des Fernsehzuschauers, des Zeugen der *großen elektro-optischen Illusion* einer wellenmäßigen Erfassung der Wirklichkeit der ganzen Welt, wobei das Fortbestehen des Körpers des Zeugen vor Ort das Fortbestehen des Augenzeugen vollendet. Die Unbeweglichkeit des eigenen Körpers ist das offenkundige Resultat dieses generalisierten – optischen, lautlichen... – Einströmens von Informationen, wo sich die ganze Aufmerksamkeit auf den *unverzüglichen Trajekt* der Bilder und Töne bezieht und konzentriert. So wird der Bildschirm plötzlich zum letzten Horizont der Sichtbarkeit, zum Horizont der beschleunigten Teilchen, der den geographischen Horizont der Ausdehnung ersetzt, in dem sich der Körper des Fernsehenden nach wie vor bewegt...

Scheinbarer Horizont oder *tiefer Horizont* ? Die Frage nach der optischen Dichte der Realumgebung wiederholt für den Bewohner dieses engen Planeten jene andere Frage nach der direkten, gewohnten Transparenz der Stoffe, wobei allerdings das Rätsel der indirekten Transparenz hinzutritt – ein Ergebnis der Kapazitäten der „aktiven" Optik des *indirekten Lichts*, das nunmehr das menschliche Milieu beleuchtet wie jenes andere, *direkte* Licht der Sonne oder der Fee „Elektrizität", die dank der Eigenschaften der „passiven" Optik verschiedener Korrekturstoffe wie Luft, Wasser oder Brillenglas die Umgebung aufhellten und sichtbar machten!

Jeder weiß: *keine scheinbare Geschwindigkeit ohne Horizont, ohne Terminal*. Ist der Rahmen des kathodischen Bildschirms für uns ein echter Horizont geworden, ein Horizont im Quadrat? Dieses Quadrat, das nichts anderes ist als ein „Würfel", der sich in den zwei Dimensionen der reduzierten und fragmentierten Fernsehsequenz versteckt? Die Frage bleibt offen. Man sieht, daß der Einbruch eines *indirekten Horizonts* als Ergebnis des Auftauchens eines „dritten Intervalls", der Kategorie *Licht* (ein Null-Zeichen), neben den traditionellen Intervallen des *Raumes* (negatives Zeichen) und der *Zeit* (positives Zeichen), in diesem Fin de siècle zur überraschenden Erfindung einer letzten *Perspektive* führt, wo die Tiefe der Echtzeit die Oberhand gewinnt über die Tiefe des realen Raumes der Territorien. Künftig erhellt das indirekte Licht der Signale die Welt der sinnlichen Wahrnehmung auf das klarste, indem sie die optische Dichte unseres Planeten momentweise auf nichts reduziert. Zu den raumzeitlichen Deformationen der Distanzen und Zeitspannen, die der Schnelligkeit des Transports und der körperlichen Fortbewegung der Personen geschuldet sind, kommen noch die Intermissionen dieser in Augenblicksschnelle aus der Ferne übertragenen Erscheinungen...

Interaktive Techniken, die die unmerkliche Ausbreitung eines Phänomens begünstigen, *diese plötzliche Kybernetisierung des geophysischen Raumes*, seines atmosphärischen Volumens – und nicht mehr nur, wie es nach der Erfindung der ersten Automaten der Fall war, des Objekts oder der Maschine, die zum Roboter wird; Errichtung eines Kontrollmodus der geophysischen Umwelt, wo das *Steuern von sich bewegenden Fahrzeugen* durch das *Sehen-Steuern* der augenblicksschnellen Annäherung der Orte abgelöst wird... Teleskopierung des Nahen und des Fernen, plötzliche Verringerung, Minimierung der Ausdehnung der Welt dank der Kapazitäten der *optischen Erweiterung* der Erscheinungen des menschlichen Milieus.

2.

„Der echte Beobachter ist wahrhaftig ein Künstler: Er errät die Bedeutung und versteht es, dasjenige zu wittern und ausfindig zu machen, was wichtig ist in der flüchtigen, einzigartigen Mischung der Phänomene", schrieb Novalis. Man kann, glaube ich, die Energie der Beobachtung, die eine Energie in Bildern oder, besser gesagt, *in Informationen* ist, nicht besser beschreiben.

Wenn die Geschwindigkeit im eigentlichen Wortsinn nicht ein Phänomen ist, sondern die Beziehung *zwischen* den Phänomenen (die Relativität selbst), wenn die Geschwindigkeit also dem *Sehen* und *Wahrnehmen* dient und nicht nur der bequemeren Fortbewegung, dann beschreibt der deutsche Dichter tatsächlich mit höchster Perfektion die *kinematische Optik* dieses Blicks, der bestrebt ist, das Wesentliche in der flüchtigen Bewegung der Phänomene festzuhalten. Übrigens handelt es sich hier um nichts anderes als das, was die Informatiker heute als *Bildkapazität* bezeichnen.

Ähnlich wie die Mikroprozessoren der synthetischen Bilderherstellung ist das menschliche Auge ein mächtiges Instrument zur Analyse von Sichtbarkeitsstrukturen, das in Windeseile (zwanzig Tausendstelsekunden) die optische Dichte von Ereignissen abschätzen kann, sodaß es heute nötig scheint, den beiden bisher bekannten Energietypen, der *potentiellen* und der *kinetischen* (aktuellen) Energie, einen dritten und letzten Typus hinzuzufügen, die *kinematische* (informative) Energie, da ansonsten, wie es scheint, der relativistische Charakter unserer Beobachtung verschwände und von neuem eine Aufspaltung in Betrachter und Betrachteten einträte, wie dies in der Vergangenheit – in der prägalileischen Ära – der Fall war.

Aber lassen wir diese nutzlose historische Regression, kehren wir lieber zu den Techniken der Echtzeit zurück. Nachdem es ihnen gelungen ist, mit der Grenzgeschwindigkeit der Elementarteilchen elektro-optische Bilder und elektro-akustische Töne sowie telemetrische Signale auszustrahlen, die nicht nur die Teleaudition und Television, sondern auch die Teleaktion ermöglichen, machen sich die von den jeweiligen Regierungen unterstützten Laboratorien nunmehr an die Verbesserung der Auflösung des ferngesendeten Bildes, um die indirekte Transparenz zu beschleunigen und die optische Erweiterung der natürlichen Umwelt noch einmal voranzutreiben.

Erinnern wir uns: Der menschliche Blick *zertrennt* zugleich den Raum und die Zeit, die Objektivität des Auges vollbringt ein relativistisches Wunder, sodaß die Grenzen des Blickfelds und die Abfolge der Sequenzen ihrerseits mit der zeitlichen Zertrennung der Rhythmik des Bildes verbunden sind. Die Rede vom *Akt des unterscheidenden Blicks* ist also kein leeres Wort – es sei denn, die Relativität wäre selbst nur eine perspektivische Halluzination! Die Suche nach einem Fernsehen in Hochauflösungsqualität fällt also in den wissenschaftlich umstrittenen Bereich der *beobachteten Energie*. Tatsächlich kann man sich seit dem Moment, in dem uns die zeitgenössischen Physiker davon überzeugt haben, *daß der Beobachter untrennbar mit dem Beobachteten verbunden ist*, zurecht fragen, was es mit der objektiven Wahrscheinlichkeit dieser „beobachteten Energie" auf sich hat, die grundlegend und maßgebend ist im Bereich der experimentellen Wissenschaften...

Beobachtete Energie oder Beobachtungsenergie? Die Frage bleibt offen, was uns aber nicht daran hindert, schon heute, gestützt auf die Forschungsergebnisse betreffend die high-definition, ein direktübertragenes Fernsehbild zu bewerkstelligen, dessen Unschärfe für das freie Auge kaum wahrnehmbar ist, sodaß die elektronische Bildauflösung bereits jener des freien menschlichen Sehens überlegen ist, und zwar *in einem Ausmaß, daß das Bild selbst realer wirkt als die Sache, von der es das Abbild ist*. Ein wahrlich verblüffendes Phänomen, das unter anderem auf eine Beschleunigung von 25 bis 50 Bildern pro Sekunde zurückzuführen ist (die subliminale Grenze der menschlichen Wahrnehmung liegt bekanntlich bei 60 Bildern pro Sekunde).

So erscheint die optische Erweiterung unserer Umwelt in diesem Fin de siècle als eine letzte Grenze, ein letzter „Horizont" der technologischen Aktivität des Menschen. Die Steigerung der Präzision der *teleaktuellen* Beobachtung entspricht heute dem, was gestern die Eroberung von Territorien oder die Ausdehnung von Imperien war. Der unlängst populär gewordene Begriff *Glasnost* verrät, worum es hier geht. Kurz nach den Ereignissen in Osteuropa, im Dezember 1990, rief in Straßburg der Vertreter eines an die EU grenzenden Landes aus: *„Wenn man die Grenzen abschafft, muß man auch die Entfernungen abschaffen*, sonst werden wir große Probleme in der Peripherie unserer Länder bekommen."

Meiner Meinung nach müßte man diesen Satz umdrehen, um zu verstehen, was in politischer Hinsicht derzeit auf dem Spiel steht. In der Tat, wenn man die Entfernungen abschafft, was mit der jüngsten Entwicklung der Telekommunikation bereits geschehen ist, muß man auch die Grenzen abschaffen, und zwar nicht nur die *politischen* Grenzen der Nationalstaaten (zugunsten von größeren Föderationen oder Konföderationen), sondern auch die *ästhetischen* „Grenzen" der Dinge, die uns umgeben, zugunsten einer zeitlichen Grenze, einer Grenze der Beschleunigung der *optischen Kommutation* der Erscheinungen einer vollständig und ununterbrochen telepräsenten Welt.

Beschleunigung der bislang immer nur zeitweiligen Verminderung der optischen Dichte des Sichtbarkeitshorizonts eines Planeten, der den interaktiven Techniken *überausgesetzt* ist; Erhöhung der Leuchtintensität dieser zweiten Sonne, die die Ausdehnung unserer Territorien erhellt – jenen meteorologischen Satelliten gleich, die uns deren Klima mitteilen...

The Transposed Man, Titelblatt von: Thrilling Wonder Stories, November 1953, Sammlung Dr. Rottensteiner, Wien

Ende der äußeren Welt, dieses *Mundus* der unmittelbaren Erscheinungen, der noch eine Fortbewegung erforderte, mithin die Schaffung eines Raumintervalls und einer Zeitspanne, zweier Intervalle, eines „negativen" und eines „positiven", die durch das Intervall der absoluten Geschwindigkeit des Lichts definitiv entwertet werden, durch das „Null"-Intervall jener Wellen, die die Fernsehsendung ermöglichen und nicht nur den philosophischen Begriff der „gegenwärtigen Zeit", sondern vor allem den Begriff des „Realaugenblicks" in Frage stellen. Für viele von uns ist es so, daß das Risiko, die Nähe des Todes, jedem Augenblick des Lebens ein Mehr an Intensität verleiht – andernfalls müßte man nämlich vermuten, daß uns die neuen elektromagnetischen Technologien, wenn sie dem Augenblick mehr „Tiefe" verleihen, ruinieren und buchstäblich töten, zumal der angeblich reale Augenblick der Television immer nur der Augenblick des plötzlichen Verschwindens unseres unmittelbaren Bewußtseins ist, da die ständige Vertiefung der Intensität des gegenwärtigen Augenblicks unweigerlich auf Kosten jener „Intuition des Augenblicks" geht, an der Gaston Bachelard so viel gelegen war.

Die Technologien des Video-Signals haben nichts mehr mit jener „kleinen Illusion" gemein, die 1895 die Zuschauer erschreckte, als sie *Die Einfahrt des Zuges in den Bahnhof von La Ciotat*, den Film der Brüder Lumière, betrachteten, denn es handelt sich nun um eine „große Illusion" emanzipatorischer Natur, um die Illusion der Anwesenheit der äußersten Enden der Welt hier und jetzt, an Ort und Stelle. Eine Telepräsenz, die ebensowenig Vertrauen erweckt wie damals die Lokomotive, die auf die Zuschauer der ersten Kinoprojektion zufuhr. Während die relative Momentangeschwindigkeit, die das Photogramm erzeugte, lediglich die *scheinbare Bewegung des Films* der Brüder Lumière erzeugte, vermittelt die absolute Geschwindigkeit des Videogramms die *scheinbare Nähe der einander entgegengesetzten geographischen Punkte*, womit die Grenze der Sichtbarkeit erreicht wird, da die rein mechanische Abfolge der Sequenzen mit 17 oder 24 Bildern pro Sekunde von der transelektronischen Abfolge der Videosequenzen mit 25, 30 oder 50 Bildern pro Sekunde abgelöst wird.

Die unmittelbare Gegenwart zu töten ist also nur unter der Voraussetzung möglich, daß man auch die *Mobilität* des Fernsehzuschauers tötet, was eine durchaus fragwürdige, reine *Motilität* an Ort und Stelle nach sich zieht. Die „Gegenwart" zu isolieren bedeutet vor allem, den „Patienten" zu isolieren, ihn definitiv von der aktiven Welt der sinnlichen Erfahrung des ihn umgebenden Raumes auszuschließen – zugunsten einer simplen *Bildwiederkehr* oder, anders gesagt, einer Rückkehr zur Trägheit des eigenen Körpers, eines interaktiven *Mann-gegen-Mann*...

Im übrigen wird man bemerken, daß es kein „globales Dorf" gibt, wie Marshall McLuhan es sich erhoffte, sondern einen Trägheitspol, der die gegenwärtige Welt in jedem ihrer Bewohner erstarren läßt. Wir erleben die Rückkehr zum Nullpunkt des Beginns einer Besiedelung, die nicht mehr in erster Linie die Ausdehnung der Erde betrifft, nicht die Urbanisierung des Echtraums unseres Planeten, sondern die Urbanisierung der Echtzeit, ihrer bloßen Erscheinungen und das zeitweilige Verschwinden der Kommunikatoren, zu denen wir alle geworden sind.

3.

„Süß ist das Licht und köstlich den Augen, die Sonne zu schauen! Ja, lebt auch viele Jahre der Mensch, er soll ihrer aller sich freuen! Und er gedenke der Tage des Dunkels, derer sind ja so viele. Alles, was kommt, ist Wahn", schrieb der Prediger Salomo (Prediger 11,7 f). Was wird geschehen mit diesem Licht, das am Morgen so süß ist, was wird geschehen, wenn das *indirekte* Licht der Wellenoptik der Bildaufnahmegeräte endgültig das *direkte* Licht und die geometrische Optik der Sonnenstrahlen verdrängt haben wird? Werden wir das Tageslicht ins Museum stellen, um nur noch die indirekte Beleuchtung der Kontrollmonitore der Wirklichkeit durchdringen zu lassen?

Sollte das tatsächlich der Fall sein, würde auch die Krypta, würde die unterirdische Finsternis überflüssig, da der fallende Schatten bereits nicht mehr jener der Sonnenbestrahlung der äußeren Landschaft wäre, sondern der Schatten der „virtuellen Realität", die unser Innenleben von Grund auf erneuert.

Simulator, Cyber-Brille, Monitor der Videoüberwachung – das alles sind prophetische Zeichen des Verlöschens des *optischen* und des unmerklichen Erstrahlens eines *elektro-optischen* Lichts... Im neuen Licht wird das *Virtuelle demnächst den Platz des Visuellen einnehmen*, des Audiovisuellen, besser gesagt, womit Schlegels romantische Analyse der „Gemälde" (Schlegel: 64) ein Ende findet, denn künftig wird uns die Wiedergabe der sinnlich erfahrbaren Erscheinungen in Echtzeit täuschen, eine Täuschung, die sich *der Lichtgeschwindigkeit bedient*, der Grenzgeschwindigkeit einer elektromagnetischen Strahlung, die die Transparenz des Tageslichts bedeutungslos macht und statt dessen die *Transapparenz* der in Augenblicksschnelle fernübertragenen Erscheinungen inthronisieren wird...

Daß uns die Geschwindigkeit von ihrem kosmischen Licht befreit, darin besteht das Paradox einer technischen Beschleunigung, die plötzlich gegen die *Zeitmauer* prallt, das Paradox der „Echtzeit" einer medialen Ubiquität, die sich stets nur auf Kosten des Blicks des freien Auges durchsetzt... Die virtuelle Sehmaschine vollendet das, was die Kunst des Malers oder des Bildhauers seit dem Quattrocento, seit der Erfindung der Perspektive und später des Hell-Dunkels, lediglich skizzieren konnte – wobei Galileis Fernrohr ein Vorläufer des späteren Fernsehens ist. Da haben wir also das allerletzte Museum: das Museum der Sonne! Das Museum des Lichts, das seit der Nacht der Zeiten den Horizont der Erscheinungen überflutete.

Golightly, *Dampfmaschinenpferd* (worauf man in einer Stunde von Paris nach Petersburg reiten kann), 1828, handkolorierte Lithographie, 25 × 33 cm, The Science Museum, London

Museum der aufgehenden Sonne, Symbol jenes Landes des hellen Morgens, dieses fernen Ostens, der noch immer vom Aufgang des astronomischen Lichts lebt und der morgen, nicht anders als jedermann, verhüllt und begraben wird in der strahlenden Finsternis des Obskurantismus einer virtuellen Realität, wo der kybernetische Raum endgültig den Sieg über die Ausdehnung und geographische Tiefe der Welt davontragen wird.

Verwendete Literatur:

Schlegel, August Wilhelm und Friedrich (Hg.), Die Gemählde. Ein Gespräch von W., in: *Athenaeum*, Band 2, 1. Stück, S. 64

From Cybernation to Interaction:

Ein Beitrag zu einer Archäologie der Interaktivität

Erkki Huhtamo

„Es ist nicht unsere Bestimmung, eine Rasse von Babysittern für Computer zu werden. Die Automation ist nicht des Teufels, keine Idee Frankensteins", so meinte der britische Industrielle Sir Leon Bagrit in einem seiner bekannten Radiovorträge über die Automation. (Bagrit, 1965: 33) Was auch immer Sir Leon über Kinder und Teufel gedacht haben mag, sein Ausspruch ist Ausdruck seiner Zeit, ein Text-Schlüsselloch, durch das wir in eine andere Ära der Technologie schauen können. Inmitten der vorherrschenden Modeerscheinungen, „interaktive Medien" und „Netsurfing" wirkt der Vergleich mit dem Computer-Babysitten seltsam. Das könnte man auch über das Thema sagen, das Sir Leon Bagrit damals behandelte: Automation oder „Kybernation". In den sechziger Jahren wurden diese Begriffe als Zeichen einer technologischen Veränderung, die – so dachte man – an den Fundamenten der westlichen Welt rüttelte, auf breiter Basis diskutiert. „Automation" und „Kybernation" sind heute nicht mehr *in*, sie sind schon lange keine kontroversiellen Begriffe des öffentlichen Diskurses mehr. [1]) Bedeutet das, daß diese Begriffe und der Kontext, in dem sie entstanden, für unsere Versuche, die Technokultur und auch Modeerscheinungen wie die Interaktivität zu verstehen, nicht mehr relevant sind?

Robert Seymour (Shortshanks), *Locomotion*, o. J., Druck, 36,2 × 48,9 cm, The Metropolitan Museum of Art, Gift of Mr. and Mrs. Paul Bird Junior, 1962

In meinem Artikel möchte ich das verneinen. Die meisten technokulturellen Diskurse haben ihren Mangel an Geschichtsbewußtsein gemeinsam. Die Geschichte verflüchtigt sich im Laufe der technologischen Entwicklung. Das geschieht nicht nur aufgrund einer „postmodernen" Logik; es ist vielmehr ein Spiegelbild des dominierenden „technischen Ansatzes" zu Kultur. Für den Techniker ist die Vergangenheit nur dann interessant, wenn sie für die Erstellung neuer Hardware und Software nützlich ist. Diese Haltung finden wir in seinem Abbild, dem Verkaufsmanager, wieder. Nur was „maximale Leistungsfähigkeit" in praktischer Anwendung und im Verkauf mit sich bringt, verdient Aufmerksamkeit; alles andere ist veraltet. Die Geschichte des Computers ist ein gutes Beispiel dafür. Einige Jahre alte PCs sind nur noch für die Halde geeignet; Bilder ihrer Vorläufer, der Großrechenanlagen aus den fünfziger Jahren, könnten genausogut aus einem alten Science-fiction-Film stammen. Haben sie überhaupt jemals existiert?

Der technische Ansatz reicht aber nicht aus, um der Art und Weise gerecht zu werden, in der die Technologie mit unserer Kultur verwoben ist. Zunächst erklärt er nicht, wie die Benutzer selbst ihre persönliche Beziehung zur Technologie gestalten. Wie Sherry Turkle so überzeugend dargestellt hat, sind ihre Haltungen komplexe Mischungen aus verschiedenen (kulturellen, ideologischen, sozialen, psychologischen) Komponenten, dem Stoff, aus dem Lebensgeschichten nun einmal sind. (Turkle, 1984 und 1995) Zweitens sind kulturelle Prozesse vielschichtige Konstrukte. Die „fortschrittlichen" Schichten (wie sie sich etwa in den spektakulären Entwicklungen im Bereich der Computerhardware zeigen) bestehen immer im Verhältnis zu Schichten, die einer anderen Logik folgen. Technologie-Diskurse – Konglomerate aus Ängsten, Wünschen, Erwartungen, Utopien etc. – entwickeln sich nicht immer parallel zur Hardware. Zwischen den „technischen Daten" einer Erfindung, den Gedanken ihrer Schöpfer und den Bedeutungen, die sie in manchen kulturellen Kontexten erhalten, laufen die Entwicklungen nicht unbedingt synchron ab.

Die diskursiven Aspekte der Kultur sind durch Wiederholungen geprägt. Bestimmte Formulierungen kehren wieder und wieder zurück, immer an neue Gegebenheiten angepaßt. Für die Protagonisten der Automation und der Kybernation in den fünfziger und sechziger Jahren standen diese beiden Begriffe für die von Grund auf neue und progressive Beziehung zwischen Mensch und Maschine. Wie es Sir Leon Bagrit ausdrückte, „[ist] es nicht eine Frage der Maschinen, die den Menschen ersetzen, sondern vielmehr im großen und ganzen eine Frage der Erweiterung der menschlichen Fähigkeiten durch Maschinen, sodaß sie eigentlich bessere, fähigere Menschen werden." Sehr ähnliche Metaphern wurden zu anderen Zeiten und an anderen Orten verwendet; vor nicht allzu langer Zeit wendeten sie die Sprecher der interaktiven Computertechnik an, wie etwa Seymour Papert in seiner Beschreibung der „Knowledge Machine", dem (hypothetischen) ultimativen interaktiven Computer, der die Lernfähigkeit von Kindern geradezu entfesseln würde. (Papert, 1993)

Parallelen finden sich aber auch auf der „apokalyptischen" Seite. Jacques Ellul, dessen einflußreiches Buch „La Technique" (1954) als „The Technological Society" 1964 in englischer Übersetzung erschien, warnte vor den Auswirkungen der Automation: „Der Mensch wird zum Katalysator reduziert. Oder besser, er wird zur Münze, die man in den Automaten wirft: Er löst einen Vorgang aus, ohne daran teilzunehmen." [2]) Für Ellul stellte sich nicht die Frage, „daß der Mensch zum Verschwinden gebracht würde, sondern daß er kapitulieren würde, daß

Seidenstücker, Ein Automat für Kolonialwaren und Getränke im Tivoli in Kopenhagen, Photographie, um 1930

er dazu gebracht würde, sich mit der Technik zu arrangieren und keine persönlichen Gefühle und Reaktionen zu erfahren." (Ellul, 1964: 137 f) In seinem populistischen Angriff auf interaktive Medien und Computervernetzung beschwor Clifford Stoll vor kurzem diese Ängste vor der „Kapitulation" wieder herauf, indem er behauptete, daß „uns die Computer lehren, uns zurückzuziehen, uns in der Behaglichkeit ihrer falschen Wirklichkeit einzuspinnen. Warum werden Drogensüchtige und Computerfreaks gleichermaßen als „Benutzer" bezeichnet?" [3])

Obwohl sie das Schwergewicht jeweils anders setzen, ziehen Bagrit und Papert, Ellul und Stoll im wesentlichen ähnliche Schlüsse: Der Umgang mit der Maschine führt entweder zur Erweiterung der menschlichen Fähigkeiten oder zu Entmenschlichung und Entfremdung. Die Maschine ist entweder Freund oder Feind. Diese Bemerkung zeigt nur, daß es unter der in Veränderung begriffenen Oberfläche der Maschinenkultur hartnäckige und langlebige Strömungen oder „vorherrschende Diskurse" gibt, die von Zeit zu Zeit wiederbelebt werden, besonders in Zeiten von Krisen und Brüchen. [4]) So interessant die Beobachtung solcher „mythologischen" Erscheinungen auch sein mag, es ist auch äußerst wichtig zu zeigen, wie solche traditionsverhafteten Elemente (die sich oft in Polaritäten äußern) funktionieren, wenn sie in spezifischen historischen Kontexten (wieder)belebt werden und auf das Wechselspiel zwischen dem Einzigartigen und dem Alltäglichen hinweisen.

In diesem Beitrag möchte ich die computervermittelte Interaktivität aus dem Blickwinkel, mit den „Augen" der frühen Diskurse über Automation und Kybernation betrachten. Anstatt die Automation als selbstverständlich anzunehmen, soll hier ein genauerer Blick auf einige ihrer frühen Erscheinungsformen und die Art, wie sie von ihren Befürwortern und Gegnern gesehen wurde, geworfen werden. Das Schwergewicht wird vor allem auf den Organisationsformen der Beziehung Mensch-Maschine liegen. Man könnte diesen Artikel auch als Beitrag zu einer „Archäologie der Interaktivität" interpretieren. Es soll darin versucht werden, den Standpunkt der zeitgenössischen interaktiven Medien zu definieren, indem sie mit anderen Erscheinungsformen der Begegnung Mensch-Maschine in Beziehung gesetzt werden und indem einigen der Wege nachgespürt wird, über die sich ihre Prinzipien herausgebildet haben.

Frank Kelley Freas, Titelblatt von: Astounding Science Fiction, Oktober 1953, Sammlung Dr. Rottensteiner, Wien

Von den Automaten zur Automation

In seinen Vorträgen über die Automation erzählte Sir Leon Bagrit die folgende Anekdote: „Ich sprach neulich mit einem Mann, der sagte, Automation sei nichts Neues, er habe das schon 1934 erlebt. Ich sagte: 'Wirklich interessant. Was haben Sie da gemacht?' Und er sagte: 'Ach, wir hatten doch damals schon automatische Maschinen.' Er war überzeugt davon, daß das schon Automation gewesen sei." (Bagrit, 1965: 42) Die frühen Vertreter der Automation machten klar, daß zwischen „automatischen Maschinen" und „Automation" als allgemeinem Prinzip ein Unterschied bestand. Grundsätzlich ist jede Maschine mit einem ausreichenden selbstregelnden (Rückkopplungs-)Mechanismus, der ihr ermöglicht, bestimmte Tätigkeiten ohne menschlichen Eingriff auszuführen, eine automatische Maschine. Das klassische Beispiel sind die Automaten, die meist anthropomorphen mechanischen Kuriositäten, die über die Jahrhunderte hinweg gebaut und bewundert wurden. Automation ist jedoch – so Daniel Bell in seinem Vorwort zu Bagrit (1965: XVII) – „ein Prozeß, der menschliche Manipulation durch programmierte, maschinengesteuerte Operationen ersetzt. Er ist sozusagen die Frucht, die Kybernetik und Computer tragen."

Der spanische Erfinder Leonardo Torres y Quevedo war wahrscheinlich der erste, der den begrifflichen Schritt vom „nutzlosen" Automaten zur Automation machte. Im Jahr 1915 hatte er die Idee, daß Automaten „zu einer Gattung von Apparaten [werden könnten], die ohne die bloßen sichtbaren Gesten des Menschen versuchen, die gleichen Ergebnisse zu erzielen, wie lebende Personen sie erzielen können, sodaß also der Mensch durch die Maschine ersetzt wird." (aus: Fleck, 1973: 67) In einem Interview mit „Scientific American" behauptete Torres, daß „zumindest in der Theorie die meisten oder alle Tätigkeiten in einem großen Betrieb von Maschinen ausgeführt werden könnten, auch jene, die angeblich beträchtliche intellektuelle Kapazitäten erfordern." (Fleck, 1973: 67) Die praktischen Möglichkeiten traten schrittweise in Erscheinung und erreichten in den vierziger Jahren eine frühe Zeit der Reife, als die ersten Computer, moderne Servomechanismen mit automatischer Rückkopplungsfunktion, entstanden und neue Theorien (Kybernetik, Informatik) erklärten, wie solche Systeme funktionierten. Das Wort „Automation" oder „Automatisierung" wurde vermutlich 1947 bei Ford geprägt und 1949 in die Praxis umgesetzt, als die Firma mit den ersten spezifisch für die Automation ausgelegten Fabriken zu arbeiten begann. (Fleck, 1973: 148)

Der Begriff Automation trat im Zusammenhang mit militärisch-industriellen Anwendungen auf und wurde im riesigen Anwendungsbereich der Verwaltung unter der Kurzbezeichnung ADV (automatische Datenverarbeitung) bekannt. In seinem Überblick aus dem Jahr 1967 zählte John Rose vier Kategorien der Anwendung auf: Steuerung (von verschiedenen Industrien bis zu Verkehr und Luftabwehr), Wissenschaft (von technischen Zeichnungen über Raumfahrt zu Wirtschaftsforschung und militärischer Logistik), Information (von Buchhaltung und Steuerdokumentation bis zu medizinischer Diagnostik und Informationsabfrage) und sonstiges (dazu gehörten auch Mustererkennung und Problemlösung). (Rose, 1967: 2) Obwohl einige dieser Anwendungen als Nachkommen früherer mechanisierter Abläufe betrachtet werden konnten (die ADV war zweifellos eine Weiterentwicklung der mechanischen „Buchungsmaschinen" der zwanziger und dreißiger Jahre), zogen die Vertreter der Automation eine klare Trennlinie zwischen Mechanisierung und Automation. [5])

Für Marshall McLuhan wurde „die Mechanisierung eines jeden Prozesses durch Fragmentierung erreicht, angefangen von der Mechanisierung des Schreibens durch die beweglichen Lettern". (McLuhan, 1969: 371) Laut Siegfried Giedion war die volle

Mechanisierung durch das Fließband gegeben, mit dem die gesamte Fabrik zu einem synchronen Organismus konsolidiert wird." (Giedion, 1969: 5) In der mechanisierten Fabrik wurde der Herstellungsprozeß durch Teilung in übersichtliche „Abschnitte" rationalisiert, die in einer streng vorgegebenen Reihenfolge aufeinanderfolgten. Jede Aufgabe wurde von einem Arbeiter in Kombination mit einer spezialisierten Werkzeugmaschine erfüllt. Um den Prozeß zu vereinfachen und zu steuern, wurden verschiedene Methoden für die wissenschaftliche Untersuchung der Arbeit entwickelt. Das Ergebnis der physiologischen Studien über optimale Körperbewegungen, den richtigen Einsatz der menschlichen Energie und die Ermüdung beim Arbeiter wurden von vielen als stärkere Unterwerfung des arbeitenden Menschen unter die mechanistischen Prinzipien der Maschine anstelle einer Erleichterung seiner Arbeit gesehen. So sah auch Charlie Chaplins Interpretation der Mechanisierung in „Moderne Zeiten" (1936) aus. Mensch und Maschine wurden als Teile eines größeren „synchronen Organismus" gekreuzt und zum Hybrid. Laut Anson Rabinbachs gelungener Definition wurde der Arbeiter in einen „menschlichen Motor" verwandelt. (Rabinbach, 1990)

Die Verfechter der Automation wiesen darauf hin, daß die Automation den Arbeiter nicht versklavt, sondern zum eigentlichen Herrn und Meister macht. Laut Sir Leon Bagrit „ermöglicht die Automation dadurch, daß sie ein selbstanpassender und veränderbarer Teil eines Mechanismus ist, dem Menschen die Arbeit in einem von ihm bestimmten Tempo, da die Maschine auf ihn reagiert." [6]) McLuhan entwickelte die Unterscheidung zwischen Mechanisierung und Automation weiter, indem er die Automation in seine synthetische Betrachtung über die kulturelle Bedeutung der Elektrizität einbezog: „Die Automation ist keine Erweiterung der mechanischen Prinzipien der Fragmentierung und Trennung von Abläufen. Sie entspricht eher der Unterwanderung der mechanischen Welt durch die Elektrizität mit ihrem Augenblickscharakter. Aus diesem Grund bestehen jene, die mit Automation zu tun haben, darauf, daß sie ebenso eine Denkungsart ist wie eine Art, Dinge zu tun." [7]) Die Automation wurde damit beinahe „automatisch" eine von McLuhans neuen „Erweiterungen des Menschen". Andere, wie etwa der Soziologe Daniel Bell, sahen die Automation als Symbol des Übergangs von der industriellen zur post-industriellen Kultur. (vgl. Bells in Bagrit, 1965)

Die Demarkationslinie zwischen Mechanisierung und Automation war nie so klar, wie ihre Vertreter uns das glauben machen wollten. Das läßt sich schon bei Sir Leon Bagrit erkennen, der Skrupel hat, das Wort zu verwenden: „Ich bin unzufrieden damit, weil es eine Automatik impliziert und damit Mechanisierung und damit wiederum gedankenlose, repetitive Bewegungen, und das [...] ist das genaue Gegenteil der Automation." (Bagrit, 1965: 41 f) Sir Leon bevorzugt den Ausdruck Kybernation, weil „er mit der Theorie der Kommunikation und Steuerung zu tun hat, worum es letztlich in der Automation wirklich geht." (Bagrit, 1965: 42) Das Wort Kybernation war bereits früher verwendet worden, zum Beispiel von Donald N. Michael, der sich damit gleichermaßen auf „Automation *und* Computer" bezog. [8]) Obwohl Michael die Verwendung des neuen Wortes (das von Norbert Wieners Begriff Kybernetik, geprägt gegen Ende der vierziger Jahre, abgeleitet war) aus rein linguistischen und textuellen Gründen rechtfertigt, läßt sich diese Wahl auch leicht als strategische Bewegung auf einem ideologischen Schlachtfeld sehen: ein Scheinversuch, die Krümel der Vergangenheit vom Tisch zu fegen.

Der Computer – fremd und doch vertraut

New Freedom Gas Kitchens, Choose a Modern GAS Range For Tops in Cooking Perfection, Illustration in: Let us Help you make it livable, lovely and work-saving, too!, einer Werbebroschüre von 'New Freedom Gas Kitchens', 1946, Vierfarbdruck auf Papier, 26,5 × 20,5 cm, Hagley Museum and Library, Wilmington, USA

Die Maschine als physisches Artefakt ist immer von der Maschine als diskursives Element umgeben (manchmal geht dieses dem Artefakt sogar voraus). Das „Imaginäre an der Automation" wurde stark von den weit verbreiteten Bedeutungen beeinflußt, die so „fremden und doch vertrauten" Artefakten wie Industrierobotern und Großrechenanlagen zugeordnet waren. Die Mode der „automatischen Geräte" verbreitete sich jedoch auf andere, leichter zugängliche Bereiche, wie etwa Haushaltsgeräte und Bildung (Lehrmaschinen), die zumindest nominell „die Automation zu den Menschen brachten". [9] Die „automatisierte Hausfrau" und der „automatisierte Sokrates" sind nur zwei der vielen diskursiven Manifestationen dieses Prozesses. [10] Die Diskurse über die Automation verbanden sich auch mit anderen Diskursen, wie etwa jenen des Konsumentenschutzes und der Moderne, welche in der westlichen Welt nach dem Zweiten Weltkrieg prägend für die allgemeine Einstellung der Menschen waren. Die Medien – das heißt die Presse, der Film und die damalige Neuheit, das Fernsehen (selbst ein Stück semi-automatischer Technologie) – spielten in der Verbreitung dieser Gedanken eine wesentliche Rolle. Der Werbetext für eine Bendix-Waschmaschine aus dem Jahr 1946 spricht für sich:

Frank R. Paul, *Robot Factory* (Roboterfabrik), 1950, Tusche auf Papier, 43,2 × 30,5 cm, Sammlung Norman Brosterman, New York

„Es ist wunderbar! Wie mir meine BENDIX die gesamte *Arbeit* beim Waschen abnimmt! Schließlich wäscht, spült und trocknet sie vor, sie reinigt sich selbsttätig, entleert sich und schaltet ab – alles automatisch!"[11])

Das Imaginäre am Roboter ist ein Thema, daß aufgrund seines großen Umfanges hier nicht behandelt werden kann. [12]) Als selbstregelndes künstliches System war der Industrieroboter zusammen mit dem Computer das ultimative Symbol der Automation. Seine Wurzeln gingen freilich viel weiter zurück, in das Zeitalter der Mechanik. In einer typischen Science-Fiction-Geschichte der fünfziger Jahre, der Titelstory „Amazing Marvels of Tomorrow", die 1955 in der Zeitschrift Mechanix Illustrated erschien, spielt der Roboter zwei Rollen. Erstens gab es „Roboterfabriken, die vollständig *automatisiert* sind, ohne einen einzigen menschlichen Arbeiter darin." [13]) Zweitens gab es den „Roboterbausatz – Bau Dir Deinen eigenen Roboter": „Der Bausatz besteht aus allen Werkzeugen und Teilen, die zum Bau Deines eigenen Roboters aus Metall erforderlich sind, mit einer atombetriebenen Batterie, Garantiedauer ein Jahrhundert. Der Roboter kann hören und gehorcht allen Anweisungen, er kann Dein Diener sein. Wer einsam ist, kann ihn dazu ausbilden, Dame oder Karten zu spielen, ja sogar zu tanzen." (Binder, 1955: 210) Andere im Haushalt verwendete automatische Geräte in der Geschichte sind die kochende „Ess-o-Matic"-Küche und der automatische Traum-Plattenspieler „Traum-o-Vision".

Auch die frühen Vorstellungen über den Computer waren stark von den populären Medien beeinflußt. Ein wichtiger Aspekt, der die Faszination des Mediums ausmacht, ist die Möglichkeit zur „Ersatz-Präsenz", der Zugang zu Lebensbereichen, in denen man sonst von der direkten Erfahrung ausgeschlossen ist. Für die breite Masse war der Computer über Jahre ein ausgesprochen „ungreifbares", fernes Objekt, hinter fest versperrten Türen in den Steuer- und Maschinenräumen der Gesellschaft unter Verschluß. Die ersten öffentlichen Auftritte gab es in Fernsehshows, Comic Strips und populärwissenschaftlichen Geschichten. [14]) Es gab zum Beispiel Fernsehquiz mit riesigen „Elektronengehirnen" von der Größe eines Zimmers, denen ein Mensch (oft eine Großmutter oder ein Kind) Fragen stellen durfte. Der Computer antwortete dann auf seine Weise, entweder durch Blinklichter oder indem er Text über eine Art Fernschreiber ausspuckte. Eine andere Variante war die Schachpartie zwischen dem menschlichen Meister und dem Computer. Hinter diesen „Auftritten" stand einerseits das Gewinnstreben, aus dem Neuheitswert des Computers (und der Automation) Kapital zu schlagen, andererseits aber auch der Wunsch nach einer gewissen Vermenschlichung. Das

„menschliche Antlitz" war notwendig, weil die meisten tatsächlich von frühen Computern ausgeführten Tätigkeiten langweilig, feindselig oder gar destruktiv waren.
Die Medien machten aus dem Computer einen „vertrauten Fremden". Es wurde zum Beispiel oft impliziert, daß der Computer auf irgendeine Weise „lebendig" sei, aber sogar die „Lebenszeichen" waren doppelt vermittelt, zunächst durch die Medien, und dann durch die Computerbediener und -programmierer. Die Stereotypen von kleinen Männern in weißen Mänteln, die neben der riesigen Maschine stehen (man kennt das Bild aus zahllosen Bilderwitzen), waren gleichzeitig menschliche Präsenz und eine distanzierte, in Dunkel gehüllte wissenschaftliche Priesterschaft.[15] Wie Priester widmeten sich die Bediener und Programmierer dem „geheimen Wissen" über den Computer und agierten als Vermittler: sie gaben dem Computer Fragen zu lösen auf und interpretierten die Antworten. Diese Atmosphäre wurde wunderbar von Robert Sherman Townes in der Kurzgeschichte „Problem for Emmy" (1952) eingefangen, die aus der Perspektive eines Bedienungsassistenten über einen Großrechner namens Emmy erzählt:
„Sobald dann letztlich eine Problemstellung ausgewählt war, wurde sie den Mathematikern übermittelt – oder besser DEN MATHEMATIKERN. Passend zu der an einen Tempel gemahnenden Stille im Raum und unserer tempeldienerartigen Arbeit um Emmy, hatten die zwölf Männer etwas Priesterliches an sich. Sie saßen in zwei Reihen an sechs weißen Schreibtischen, kleine Rechenmaschinen und Berge von Papier vor sich, vornübergebeugt, und murmelten vor sich hin; alle trugen weiße Mäntel (keiner schien richtig zu wissen, warum wir alle weiße Mäntel trugen), wie die Priester eines neuen logarithmischen Kultes." (Sherman Townes, 1963: 90)
Bilderwitze betonten oft die Mißverständnisse und die zusammengebrochenen Kommunikationsverbindungen zwischen den „Priestern" und den Computern. In einem typischen Beispiel sehen wir zwei Männer neben dem Großrechner stehen. Einer sagt zum anderen: „Hast Du nicht auch manchmal das Gefühl, er versucht, uns etwas zu sagen?" In einem anderen Bilderwitz lesen zwei ähnlich aussehende Männer einen Lochstreifen, der aus dem Computer kommt: „Ich glaub' es einfach nicht. Er sagt, 'Cogito, ergo sum.'" Sogar die bereits erwähnte Kurzgeschichte von Townes befaßt sich mit unerklärlichen Reaktionen des Computers, die mit der mysteriösen Nachricht enden: „WER BIN ICH WER BIN ICH WER BIN ICH..." Diese Beispiele können einfach Ausdruck der Reaktion einer perplexen Öffentlichkeit und der in Dunkel gehüllten Position des Computers sein, sie verweisen aber vielleicht auch auf wirkliche Probleme, wie sie in der Beziehung zwischen Mensch und Computer, und damit in der Vorstellung von der Automation, wahrgenommen werden. John G. Kemeny meinte dazu rückblickend:
„[Computer] waren so selten und so teuer, daß der Mensch sich dem Computer näherte wie ein Grieche der Antike einem Orakel. Der Mensch legte der Maschine seine Anfrage vor und wartete geduldig, bis es der Maschine konvenierte, das Problem zu lösen. Die Beziehung war von einem gewissen Maß an Mystik umgeben [...]*echte Kommunikation zwischen den beiden war unmöglich*." (aus: Brown/Marks, 1974: 114)
In vielen populären Diskursen hieß es geradewegs, daß diese Art der „echten Kommunikation" gar nicht mehr erforderlich war. Und doch gab es viele Beispiele für

den Widerstand gegen den Gedanken der umfassenden Automation. Das wurde etwa aus den Reaktionen auf die Einrichtung des Autopiloten klar. Sogar Sir Leon Bagrit bemerkte, daß „es interessant ist festzustellen, wie wir oft ein beschränktes Maß an Automation akzeptieren – etwa den Autopiloten im Flugzeug –, es uns jedoch widerstrebt, völlig auf den menschlichen Puffer – den Piloten – zu verzichten." (Bagrit, 1965: 43) Dieses Gefühl finden wir auch in einer Anekdote, die 1975 von Sema Marks nacherzählt wurde:

„Dieses Flugzeug stellt den neuesten Stand der technischen Entwicklungen dar. Alle Steuerungen werden automatisch von unserem Hauptcomputer bedient. Es ist kein menschlicher Pilot an Bord. Entspannen Sie sich und genießen Sie Ihren Flug, Ihren Flug, Ihren Flug..." (Brown/Marks, 1974: 114)

Lev Manovich hat vor kurzem betont, daß der Gedanke, die Automation als etwas zu sehen, das ohne menschliches Zutun funktioniert, auf einem Mißverständnis beruht: „Es ist wesentlich festzustellen, daß Automation nicht zum Ersatz des Menschen durch die Maschine führt. Die Rolle des arbeitenden Menschen wird vielmehr zu einer des Beobachtens und Regelns: Anzeigen überwachen, eingehende Informationen analysieren, Entscheidungen treffen, Regler bedienen." [16]) Manovich sieht hier eine neue Art der Arbeitserfahrung, „neu für die post-industrielle Gesellschaft: die Arbeit als *Warten*, daß etwas passiert. (Manovich 1993: 209) Diese Beobachtung führt zur Behauptung, daß der wirkliche Vorläufer dieser Beziehung Mensch-Maschine die Erfahrung beim Ansehen eines Films ist, nicht die Arbeit an einem mechanisierten Fließband. Für Manovich ist die paradigmatische Gestalt für diese neue Arbeitssituation der Flugüberwacher am Radarschirm, der auf das Auftauchen des nächsten Punktes wartet. Es könnte allerdings auch die „automatisierte Hausfrau" sein, die neben der automatischen Waschmaschine sitzt, das Wasch-"Programm" einstellt und von Zeit zu Zeit auf den „Bildschirm" starrt.

Hasso Gehrmann, Die erste vollautomatische Küche der Welt, Prototyp der Firma Elektra Bregenz, 1978, Kunststoff, Metall, Glas, 125 x 160 x 350 cm, Deutsches Museum, München

Vom „wartenden Bediener" zum „ungeduldigen Benutzer"

Seltsamerweise übersieht Manovich die Rolle, die in der von ihm beschriebenen neuen Arbeitssituation gewisse Variationen spielen, und besonders die Bedeutung, die Unterschiede in der Häufigkeit der Kommunikation zwischen dem Menschen und der Maschine, dem System, haben. Laut Manovich ist „es nicht wesentlich, daß in manchen

Situationen die Eingriffe [des Benutzers] in Sekundenabständen erforderlich sein können, während sie in anderen Fällen nur sehr selten notwendig sind." (Manovich, 1993: 207 f) Dieser Aspekt könnte sich jedoch als extrem wichtig erweisen – nicht nur, wenn es um die Frage der Quantität geht, sondern auch um die der Qualität – wenn wir beginnen, die stufenweise Verlagerung in Richtung interaktive Medien nachzuvollziehen. Im Idealfall ist das interaktive System durch eine „Beziehung zwischen Mensch und System in Realzeit" oder durch „die aufeinander bezogene, gleichzeitige Tätigkeit beider Beteiligter, meist (aber nicht notwendigerweise) zur Erreichung eines Zieles" gekennzeichnet (Andy Lippman, aus: Brand, 1988: 46) In einem interaktiven System ist die Rolle des Menschen nicht auf Überwachung und gelegentliche Eingriffe beschränkt. Das System braucht vielmehr die Handlungen des Benutzers, und zwar wiederholt und rasch. In seiner Voraussage über die „Home-Computer-Revolution" (1977) beschrieb Ted Nelson die neue Kategorie des „ungeduldigen Benutzers", einen direkten Gegensatz zum „wartenden Bediener" in der Frühzeit der Automation: „Wir werden es mit einem neuen Benutzertyp zu tun haben: zack-zack, schlampig, ungeduldig und nicht willens, auf detaillierte Anweisungen zu warten."

Ein intreraktives System basiert also nicht auf dem Warten, sondern auf der ständigen (Re-) Aktion. Interessanterweise näherte sich B. F. Skinner, Professor an der Universität Harvard, dieser Idee bereits mit der Beschreibung der von ihm in den fünfziger und sechziger Jahren entworfenen Lehrmaschinen an:

„Es gibt einen ständigen Austausch zwischen Progamm und Student. Anders als Vorlesungen, Lehrbücher und die üblichen audiovisuellen Lehrbehelfe regt die Maschine nachhaltig zur Aktivität an. Der Student ist immer aufmerksam und beschäftigt." (Skinner, 1968: 37 ff)

Die jeweilige Charakterisierung der Beziehung Mensch-Maschine in den Bereichen Mechanisierung und Automation beziehungsweise in jüngerer Zeit auch im Bereich der interaktiven Systeme darf nicht als absolut klar getrennt und gegenseitig ausschließend gesehen werden. Eigentlich könnte man die interaktiven Medien als eine Art Synthese der beiden früheren Modelle des Mensch-Maschine-Systems sehen: Es übernimmt von den mechanisierten Systemen das ständige Zusammenspiel zwischen „Arbeiter" und Maschine, das manchmal bis zur „Hybridisierung" gehen kann. Bei Videospielen, Virtual-Reality-Systemen und verschiedenen interaktiven Kunstwerken (etwa Jeffrey Shaws „Legible City" und „Revolution") werden sogar Aspekte der körperlichen Betätigung in die Interaktion zwischen Mensch und Computer wieder eingeführt. Diese „positive", aktive körperliche Hybridisierung könnte man jedoch auch bis zu den Flippern und anderen mit Münzen betriebenen mechanischen Spielautomaten zurückverfolgen. [17]) Interaktive Systeme auf Computerbasis vereinigen allerdings zahlreiche automatisierte Funktionen in sich. [18]) In der Folge können verschiedene Verhaltensweisen, auch das „Warten", als eingebaute Optionen in das System aufgenommen werden (in der Hardware oder in der Software).

„Die Uhr läuft ..." Computerlogos, die auf dem Bildschirm erscheinen, während der Rechner arbeitet

Der Übergang zu den heutigen interaktiven Systemen hat schrittweise stattgefunden – über die Entwicklung immer direkterer und vielseitigerer Computerschnittstellen, höherer Verarbeitungsgeschwindigkeiten und größerer Speicherkapazität. Diese technische Entwicklung, in deren Rahmen Ivan A. Sutherlands interaktives Zeichenprogramm „Sketchpad" (1963) einen frühen Meilenstein bildete, ist gut dokumentiert. (vgl. Rheingold, 1985) Man darf jedoch nicht vergessen, daß diese Entwicklung auch mit der Erweiterung des Anwendungsbereiches von Computersystemen Hand in Hand ging. Die frühen Großrechner wurden meist für komplexe mathematische Berechnungen verwendet, sodaß man kaum der Interaktivität bedurfte. Diese wurde erst notwendig, als neue Anwendungsbereiche erschlossen wurden, wie Simulation, Visualisierung, Textverarbeitung und Spiele. [19] Auch die langsame Verbreitung des Computers weg vom Kontext der Verwaltung und der Industrie in viele Bereiche der Gesellschaft, bis zum Privatbenutzer, hatte damit zu tun. Diese Entwicklung hatte Sir Leon Bagrit bereits 1964 vorausgesehen:

„Man kann sich heute einen Personal Computer vorstellen, der so klein ist, daß man ihn im Auto mitnehmen, ja sogar in die Tasche stecken kann. Er könnte an ein landesweites Computernetz angeschlossen sein und dem einzelnen auf Anfrage beinahe unbegrenzte Informationen bieten." [20]

Von der Automation ausgehend, sah Bagrit nicht nur den PC voraus, sondern auch das Internet. [21] Fast gleichzeitig bemerkte Marshall McLuhan ebenfalls, daß der Automation ein interaktives und kommunikatives Potential innewohnte: „Die Automation hat nicht nur Auswirkungen auf die Produktion, sondern auch auf jede Phase des Konsums und des Marketings; der Konsument wird im Automationskreislauf zum Produzenten [...]. Die elektrische Automation vereint Produktion, Konsum und Lernen in einem Prozeß untrennbar miteinander." (McLuhan, 1969: 372 f) Mit solchen Aussichten öffnete sich die frühe Automation als eine recht geradlinige Form der Rationalisierung und Überwachung industrieller Produktion und der Bearbeitung statistischer Daten bereits zu heterogeneren Welten. McLuhan sah „die Entstehung einer tiefen Sensitivität gegenüber den Wechselbeziehungen und prozessualen Verknüpfungen des Ganzen" voraus, „sodaß immer neue Formen von Organisation und Talent gefordert waren." (McLuhan, 1969: 378 f)

Schlußbemerkungen

„Diejenigen, die lange in stiller Anbetung verharrt waren, begannen nun zu sprechen. Sie beschrieben das seltsame Gefühl des Friedens, das über sie gekommen war, als sie das Buch der Maschine zur Hand nahmen, die Freude, die die Wiederholung bestimmter Zahlen daraus bereitete, so wenig Sinn diese Zahlen auch nach außen hin für das Ohr haben mochten, die Verzückung, wenn man einen noch so unwichtigen Knopf berührte oder überflüssigerweise eine elektrische Klingel auslöste." (Forster, 1963: 283 f)
Dieses Zitat aus E. M. Forsters Kurzgeschichte „The Machine Stops" (1928), das fälschli-

cherweise für eine Beschreibung der Priesterschaft um den Großrechner aus den fünfziger Jahren gehalten werden könnte, ist in der Welt der interaktiven Computer gar nicht so fehl am Platz. Die Tatsache, daß die Computer allgegenwärtig, tragbar und vernetzt sind, ja, daß sie sogar selbst zu Medienmaschinen geworden sind, hat das Gefühl der Ehrfurcht vor ihnen dennoch nicht völlig beseitigt. In den neunziger Jahren entstanden neue Technokulte, sei es die Brüderschaft der Virtual Reality um ihren Hohepriester Jaron Lanier, seien es die Techno-Heiden. Das Bild der fünfziger Jahre mit dem Menschen als „Babysitter" des Computers ist vermutlich auf den Kopf gestellt worden, denn die Computer werden heute selbst oft als Babysitter eingesetzt; die Konzepte und Gefühle, die die Entwicklung des Computers schon vor Jahrzehnten begleiteten, besitzen aber in vielen Fällen nach wie vor Aktualität.

In diesem Artikel ging es darum, daß uns die Untersuchung „veralteter" Phänomene wie der frühen Diskurse um Automation und Kybernation Einblicke in das Wesen der Technologien gewähren, die uns heute umgeben. Der heute allgegenwärtige Diskurs um die Interaktivität scheint plötzlich und erst vor sehr kurzer Zeit entstanden zu sein. Das Schlagwort „interaktive Medien", ganz zu schweigen vom „interaktiven Shopping" und der „interaktiven Unterhaltung", gab es vor den neunziger Jahren im öffentlichen Leben kaum. [22] Zeitschriften mit dem Wort „Interaktivität" im Titel entstanden erst in den vergangenen zwei bis drei Jahren. [23] Man darf jedoch nicht übersehen, daß dieser „Kult der Interaktivität" schon lange in Vorbereitung war. Obwohl die mächtigen Medienmaschinerien von heute die Macht haben, Dinge zu „machen" (anstatt sie lediglich zu „präsentieren"), entstehen „Dinge" wie „interaktive Medien" nicht aus dem Nichts.

Die Interaktivität ist ein Teil der schrittweisen Entwicklung des Computers, von den ersten Gedanken an, die man im Zusammenhang mit der Automation diskutierte — einer Erscheinung, die auf den ersten Blick das genaue Gegenteil zu sein scheint. Wir sollten aber noch an einer anderen Stelle ansetzen, bei den frühen Formen der Beziehung Mensch-Maschine. Dieser Artikel hat sich schließlich nur andeutungsweise mit Phänomenen wie mechanischen Spielautomaten und Lehrmaschinen als wichtigen Vorläufern zumindest einiger Aspekte der Interaktivität auseinandergesetzt. Gleichzeitig sollten wir jedoch der teleologischen Versuchung widerstehen, die gesamte Geschichte der Beziehung Mensch-Maschine als etwas darzustellen, das zu unserer heutigen Vorstellung von Interaktivität geführt hat. Dabei fallen wir sicherlich der Illusion anheim, die wir von unserem Blickpunkt aus haben müssen, und auch der List der Geschichte. Der Stoff, aus dem die Geschichte ist, besteht aus zahllosen Fäden. Für andere „Geschenke" stellt sich die Sichtweise wieder völlig anders dar. Wir sollten also nicht der Versuchung erliegen, die Vergangenheit nur als erweiterten Prolog zur Gegenwart zu sehen.

So sind die Gedanken der fünfziger Jahre zum Thema Automation sicherlich nicht nur aus der Perspektive der Interaktivität interessant. Die Anfänge der künstlichen Intelligenz bringen hier einen weiteren Diskurs ein, der damit in engem Zusammenhang steht. Nach einer langen Durststrecke gewinnt sie wieder an Boden, jedoch in einer anderen Erscheinungsform — in der Erforschung künstlichen Lebens. Das könnte uns eine neue gute Ausrede dafür liefern, zu den „Wurzeln" zurückzugehen, den Gedanken um Kybernetik und Automation, in die fünfziger und sechziger Jahre. Und genau das passiert auch schon.

Anmerkungen:

1) In Glossar und Index der Studie von John A. Barry, (1991) einer Studie über Computerjargon, kommen die Begriffe Automation und Kybernation nicht mehr vor.

2) Ellul, 1964: 135. Elluls Vorstellung von der schicksalhaften Unterwanderung durch die "Technik", allerdings im Zusammenhang mit der Mechanisierung, findet sich interessanterweise schon 1937 bei George Orwell in „The Road of Wigan Pier". (1963: 259) Dort heißt es in etwa, daß der Prozeß der Mechanisierung selbst zur Maschine geworden ist, einem riesigen glänzenden Vehikel, das uns in rasender Fahrt an ein Ziel bringt, welches wir selbst nicht kennen, wahrscheinlich aber streben wir der H. G. Wellsschen Welt der Gummizellen und dem Gehirn in der Flasche zu.

3) Stoll, 1995: 136. Anm. d. Ü.: Das Wortspiel trifft im Deutschen nur bedingt zu, da man Drogensüchtige offiziell eher als "Konsumenten" bezeichnet.

4) vgl. Penny, 1991: 184 ff. Eine ausführlichere Behandlung des Themas findet sich bei Mazlich, 1993.

5) Die Literatur zum Thema Automation ist zu umfangreich, als daß sie hier erschöpfend angeführt werden könnte. Zu den interessanteren, wenn auch in Vergessenheit geratenen Büchern gehören Michael, 1962; Deczynski,1964; Jacobsen/Roucek, 1959; Buckingham, 1963. Auch zur Kybernetik gibt es einschlägige Literatur, vor allem Wiener, 1954/1950.

6) Bagrit, 1965: 39. Durchaus bemerkenswert ist, daß Bagrit auf gewisse Weise die Situation einfach umdrehte, indem er von den „Sklavendiensten der Automation" sprach und dabei die traditional Polarität Sklave/Herr mit umgekehrten Vorzeichen perpetuierte (45).

7) McLuhan, 1969: 371 f. Der Gedanke, daß die Automation „ebenso eine Denkungsart ist wie eine Art, Dinge zu tun", dürfte aus John Diebolds Bericht (1959: 3) herrühren.

8) Michael, 1963: 80; Originalhervorhebung. Michael benutzt die Formulierung: „wir erfinden den Ausdruck". Marshall McLuhan verwendet ihn in „Understanding Media" (1969: 370) als Synonym für die Automation.

9) Ein Pionier auf dem Gebiet der Lernmaschinen war B. F. Skinner, Professor in Harvard und Psychologe der behavioristischen Schule. Seine zum Großteil vergessenen Schriften über die Lernmaschinen, mit denen er von den 50er Jahren an experimentierte, wurden 1968 unter dem Titel „The Technology of Teaching" gesammelt. Der Haupteinfluß für Skinners Maschinen kam von den Prüfungs- und Bewertungsmaschinen, die der einsame Pionier Sidney L. Pressey in den 20er Jahren schuf und die er als „industrielle Revolution in der Erziehung" bezeichnete. (Pressey: 30)

10) Der Ausdruck „automatisierter Sokrates" wurde von Desmond L. Cook geprägt. Als historischer Vorläufer des „automatisierten Lehrens" wird oft Komenius mit seiner „Autopraxis" betrachtet. Näheres dazu findet sich in dem nützlichen Handbuch von Walter R. Fuchs (1969).

11) Diese Werbung ist in Lupton, 1993: 19 abgebildet. Ein weiteres Beispiel ist ein Werbefoto, das Adrian Forty analysiert hat. Dabei steht eine Hausfrau im Partykleid neben dem E-Herd, während dieser eine vollständige Mahlzeit bereitet. Forty kommentiert: „Kein Schmutz, kein Schweiß – der Herd, so scheint es, produziert das Essen alleine." Hier steht die Ideologie der Moderne für den völligen Ersatz der menschlichen Arbeit durch vollautomatische Maschinen mit elegantem Design. Außerdem impliziert die Werbung auch die völlige Ausschließung einer taktilen Beziehung zu Arbeit und Werkzeugen. (Forty: 211)

12) Es gibt zahlreiche Bücher dazu. Besonders nützlich sind: Geduld, 1978 und Minsky, 1995.

13) vgl. Binder, 1955: 72. Der Text zeigt, wie vage die Unterscheidung zwischen Automation und Mechanisierung ist: „Den Vorläufer dazu gab es in der Pilotanlage 1955, die völlig mechanisiert war."

14) Soweit ich weiß, muß die vollständige „Geistesgeschichte des Computers" noch geschrieben werden. Es gibt umfangreiches Material über die Rezeption des Computers in der breiten Öffentlichkeit, das bisher kaum genutzt wurde. Die frühen Computer-*Auftritte* im Fernsehen und im Kino, auf die ich mich beziehe, habe ich im Computermuseum in Boston gesehen.

15) Diese Rolle trat in den frühen 90er Jahren wieder auf den Plan - in der Gestalt des Helfers bei Virtual Reality-Vorführungen. Er stellt das System wieder ein, kalibriert den Handschuh und die Brille und, unerschütterlich neben dem *virtuellen Reisenden* stehend, interpretiert er sogar die verschwommenen Szenen *von draußen*.

16) Manovich, 1993: 202. Ich möchte Lev Manovich dafür danken, daß er mir ein Exemplar seiner Dissertation zur Verfügung gestellt hat. Die Funktionen „Überwachen und Regeln" passen auch zur Gestalt der „automatisierten Hausfrau", die auf den *Bildschirm* ihrer automatischen Waschmaschine starrt.

17) Es gibt nur wenige seriöse Bücher über Spielautomaten. Es sei hier jedoch auf Pearson, 1992 verwiesen.

18) Karl Sims jüngere Computerinstallation „Genetic Images" kombiniert eine interaktive Schnittstelle (eine Reihe von Monitoren mit Sensoren, die bei Berührung mit dem Fuß ausgelöst weden) und einen Computer, der Generationen genetischer Bilder aufgrund der Auswahl des Benutzers durchrechnet. Sims unterstreicht damit die gleichzeitige Präsenz und das Zusammenspiel der interaktiven und automatisierten Merkmale des Computers.

19) Was die Geschichte der Anfänge, auch die Entwicklung von Spacewar, dem ersten Computerspiel, angeht, so sei auf Brand, 1974 verwiesen.

20) vgl. Bagrit, 1965: 58. Das zeigt, daß Seymour Papert nicht recht hat, wenn er sagt, daß Alan Kay „der erste war, der den Ausdruck Personal Computer verwendete." (Papert, 1993: 42) Angesichts des populärwissenschaftlichen Charakters von Bagrits Vorträgen ist es durchaus möglich, daß auch er den Ausdruck anderswo aufgegriffen hatte.

21) Mehr als zehn Jahre später führte Ted Nelson in seinem im Selbstverlag erschienenen Buch „The Home Computer Revolution" aus: „Bisher wurden die meisten Computersysteme nicht für die Benutzung durch den Durchschnittsbürger ausgelegt. Eine bestimmte Sorte erfahrener Benutzer wurde antizipiert und nur diese Personen verwendeten den Computer letztlich. [...] Das wird sich bald ändern. Interaktive Systeme werden für jeden erdenklichen Zweck auf kleinen Computern laufen und auf den Markt kommen." (Nelson, 1977: 24)

22) Es scheint mir wesentlich, daß weder das Wort „Interaktivität" noch „interaktive Medien" in John A. Barrys Studie über Computersprache Barry, 1991 vorkommt.

23) „Interactivity" (1995-) und „Interactive Week" (1994-) sind zwei Beispiele. Die erste Ausgabe von Tim Morrisons Kompendium, „Morrison" (1994) wurde 1995 aktualisiert und neu aufgelegt.

Verwendete Literatur:

Barry, John A. (1991):*Technobabble,* (M IT Press) Cambridge, Massachusetts.

Bagrit, Leon (1965):*The Age of Automation. The BBC Reith Lectures 1964,* (Mentor Books) New York.

Binder, O. O. (1955): Amazing Marvels of Tomorrow, in: *Mechanix Illustrated,* März 1955.

Brand, Stewart (1974): *II Cybernetic Frontiers,* (Random House and Bookworks) New York/Berkeley.

Brand, Stewart (1988):*The Media Lab. Inventing the Future at M. I. T.,* (Viking; Penguin Books) New York.

Brown, Les; Marks, Sema (1974): *Electric Media,* (Harcourt Brace Jovanovich) New York.

Buckingham, W. (1963): *Automation,* (The New American Library) New York.

Deczynski, S. (1964): *Automation and the future of man,* (Allen & Unwin) London.

Diebold, John (1959): Automation: Its Impact on Business and Labor, Washington, D. C.: National Planning Association, Planning Pamphlet Nr. 106 (Mai 1959), aus: Donald M. Michael: Cybernation: The Silent Conquest, in: Arthur O. Lewis Jr. Hg.),*Of Men and Machines,* (Dutton) New York, 1963, S.79.

Ellul, Jacques (1964): *The Technological Society,* Übers. John Wilkinson, (Vintage Books) New York.

Fleck, Glen (1973; Hg.): *A Computer Perspective. Aus dem Büro von Charles und Ray Eames,* Cambridge, Massachusetts.

Forster, E. M. (1963): The Machine Stops., in: Arthur O. Lewis Jr. (Hg.), *Of Men and Machines,* (Dutton) New York.

Forty, Adrian (1986): *Objects of Desire. Design and Society,* (Thames & Hudson) London.

Fuchs, Walter R. (1969): *Knaurs Buch vom neuen Lernen,* (Th. Knaur Nachf./Droemersche Verlagsanstalt) München/Zürich.

Geduld, Harry M./Gottesman, Ronald (1978; Hg.): *Robots Robots Robots,* (Graphic Society) New York.

Giedion, Siegfried (1969): *Mechanization takes Command. A Contribution to Anonymous History,* (W. W. Norton) New York [1948].

Jacobsen, H. B.; Roucek, J. S. (1959; Hg.): *Automation and Society,* (Philosophical Library) New York.

Lupton, Ellen (1993): *Mechanical Brides. Women and Machines from Home to Office,* (Princeton Architectural Press) New York.

Manovich, L. (1993): *The Engineering of Vision from Constructivism to Virtual Reality,* Dissertation, University of Rochester, College of Arts and Science (unveröffentlicht), Rochester, New York State.

Mazlich, Bruce (1993):*The Fourth Discontinuity. The Co-evolution of Humans and Machines,* (Yale University Press) New Haven/London.

McLuhan, Marshall (1969): *Understanding Media. The Extensions of Man,* (Sphere Books) London [1964].

Michael, Donald N. (1962):*Automation,* (Vintage Books) New York.

Michael, Donald M. (1963): Cybernation: The Silent Conquestt. in: Arthur O. Lewis Jr. (Hg.), *Of Men and Machines*, (Dutton) New York.

Minsky, Marvin (1995; Hg.): *Robotics,* (Anchor Press/Doubleday, An Omni Press Book) New York.

Morrison, Tim (1994): *The Magic of Interactive Entertainment,* (SAMS Publishing) Indianapolis.

Nelson, Ted (1977): *The Home Computer Revolution,* erschienen im Selbstverlag.

Orwell, George (1937): The Road to Wigan Pier, in: Arthur O. Lewis Jr. (1963; Hg.), *Of Men and Machines*, (Dutton) New York.

Papert, Seymour (1993): *The Children's Machine. Rethinking School in the Age of the Computer,* (Basic Books) New York.

Penny, Simon (1991): *Machine Culture, SISEA Proceedings,* hg. v. Wim van der Plas, (SISEA) Groningen.

Pearson, Lynn F. (1992): *Amusement Machines, Princes Risborough,* (Shire) Buckinghamshire.

Rabinbach, Anson (1990): *The Human Motor. Energy, Fatigue, and the Origins of Modernity,* (Basic Books) New York.

Rheingold, Howard (1985): *Tools for Thought. The People and Ideas behind the Next Computer Revolution,* (Simon & Schuster) New York.

Rose, John (1967): *Automation. Its uses and consequences,* (Oliver & Boyd) Edinburgh/London.

Sherman Townes, Robert (1963): Problem for Emmy, in: Arthur O. Lewis Jr. (Hg.), *Of Men and Machines,* (Dutton) New York.

Skinner, B. F. (1968): *The Technology of Teaching,* (Appleton-Century-Crofts) New York.

Stoll, Clifford (1995): *Silicon Snake Oil. Second Thoughts on the Information Highway,* (Doubleday) New York.

Turkle, Sherry (1984): *The Second Self. Computers and the Human Spirit,* (Granada) London.

Turkle, Sherry (1995): *Life in the Screen: Identity in the Age of the Internet,* (Simon & Schuster) New York.

Wiener, Norbert (1954/50): *The human use of human beings. Cybernetics and Society,* (Doubleday) New York.

ParaReal

Mathias Fuchs

ART + COM, *Terravision*, 1994, interaktive Computerinstallation

„Der Hund war ein richtiger Köter: Fleisch- und Blut-Mix, also diejenige Sorte, die man nur mehr selten sieht. Ein echtes Sammlerstück. Er pinkelte an ein Leuchtdisplay. Auf dem Display stand: NO GO!
Neben dem Display stand ein Robo-Crunchy.
Echt, virtuell oder robo – wer kann das noch unterscheiden?"
(Noon, 1993: 17)
In Jeff Noons cooler Story vom Cyberpunk-Manchester der nahen Zukunft wachsen Wirklichkeit, Virtualität und robotische Maschinenwelt ineinander. Der Leser des Buches betritt eine Welt, in der Roboter, Simulationen und Fleisch- und Blut-Menschen in friedlicher Nachbarschaft koexistieren. In „Vurt" bilden das Virtuelle und die Wirklichkeit Mixturen und Hybride. Humanoide und Maschinen begegnen sich auf Straßenniveau wie auch im elektronischen Raum. Bereits jetzt dringen Wirklichkeit, Virtualität und Robotik gleichzeitig und raumteilend, inhaltlich widersprüchlich und formal komplementär auf uns ein. Drei fiktive Maschinen, die konstruktiv an die Maschinengattungen in der Ausstellung „Wunschmaschine – Welterfindung" angelehnt sind, sollen das relationale Geflecht zwischen den Zustandsformen „echt", „virtuell" und „robo" beschreiben. Diese Maschinen erfinde und bezeichne ich als
Existenzsynthesizer,
Präsenzprojektor
und Debabelizer.
Als Jaron Lanier vor einigen Jahren bunte Polygongruppen, die ein simuliertes Wohnzimmer vorstellen sollten, als virtuelle Realität annoncierte, stützte er die Tragfähigkeit des Begriffes „Virtual Reality" auf zwei Pfeiler: Science und Science-fiction. Die klassische Strahlenoptik und die Cyberspace-Phantasien William Gibsons und Bruce Sterlings hatten den virtuellen Raum und die virtuellen Objekte als Gegenstände jenseits der physikalischen Welt beschrieben, als Gegenstände eines Reiches, das hinter einer Membrane, einer Trennwand oder einer Spiegelfläche liegt. Die Trennwand, der Spiegel oder das Interface ermöglichen ein Überwechseln von einer Realitätsinstanz in die andere: von Realität zu Virtualität — und wieder zurück. Zumindest bei Gibson läuft dieses Überwechseln oft schmerzhaft und mühsam ab, die Realitätsinstanzen sind inkompatibel und das Eintauchen in die Virtualität ist stets mit dem drohenden Verlust der Realität verbunden.

In Gibsons Roman „Biochips" kommt Bobby, der Virtual-Reality-Scout, in die Gefahr, auf einem seiner Ausflüge in den elektronischen Raum elend umzukommen. Dieser Beinahe-Tod sieht physikalisch, vor-virtuell und geradezu drastisch körperlich aus, obwohl jener Bobby doch während des Unglücks im Cyberspace weilt, dort wahrnimmt, denkt, fühlt und sich fortbewegt. „Sein Herz kippte ganz, legte sich flach und jagte mit roten Comics-Beinen sein Lunch wieder hinaus. Galvanische Froschschenkelzuckungen rissen seinen Arsch hoch und zerrten die E-Troden von der Stirn. Seine Blase entleerte sich, als er mit dem Kopf gegen die Kante des Hitachi knallte, und jemand sagte Scheiße Scheiße Scheiße in den staubigmuffigen Teppichboden…
Dann explodierte sein Kopf. Er sah es ganz klar von irgendwo weit entfernt. Wie eine Leuchtgranate.
Weiß.
Licht." (Gibson, 1988: 33)
Doch zu jeder Cyber-Hölle gibt es glücklicherweise einen Cyber-Himmel, in dem digitale Milch und elektronischer Honig fließen. „Wie ein Origami-Trick in flüssigem Neon entfaltete sich seine distanzlose Heimat, sein Land, ein transparentes Schachbrett in 3-D, unendlich ausgedehnt. […] Und irgendwo er, lachend, in einer weiß getünchten Dachkammer, die fernen Finger zärtlich auf dem Deck, das Gesicht von Freudentränen überströmt." (Gibson, 1987: 77)
Der Cyber-Himmel muß ein „Jenseits" sein. Nicht nur weil Gibson, der Autor und Konstrukteur dieses Himmels in nordamerikanisch-protestantischen Verhältnissen aufgewachsen ist, sondern auch, weil die Apparaturen jener Virtualitätsvermittlung als „bypasses" zur sinnlichen Ausrüstung der Benutzer beschrieben werden. Bilderzeuger, die das Augen-Sehen ausblenden, Bio-Chips, die zerebrale Instanzen ersetzen und Gefühls-Effektoren, die taktile Erfahrungen kurzschließen, legen die Erfahrung des virtuellen Raumes als eine jenseitige Erfahrung fest. Das Eintauchen in den Cyberspace geht mit dem Aussteigen aus der Realwelt Hand in Hand: Augen zu – ab ins Jenseits!
„Er schloß die Augen.
Fand den geriffelten EIN-Schalter.
Und in der blutgeschwängerten Dunkelheit hinter den Augen wallten silberne Phosphene aus den Grenzen des Raumes auf, hypnagoge Bilder, die wie ein wahllos zusammengeschnittener Film ruckend vorüberzogen." (Gibson, 1987: 77)
Wie im Transporter-Prozeß des Raumschiffes Enterprise verläßt der Benutzer seine realphysische Position in dem Moment, in dem er portiert wird und *rematerialisiert* sich gleichzeitig im Fernen. „Beam me up, Scotty!" ist die Aufforderung zur Rematerialisation am anderen Ort – gleichzeitig aber auch die Bereitschaft zur Dematerialisation im diesseitigen. Bekanntlich verschwindet Captain Kirk mit seinem treuen Vulkanier Spock in „glitzernden

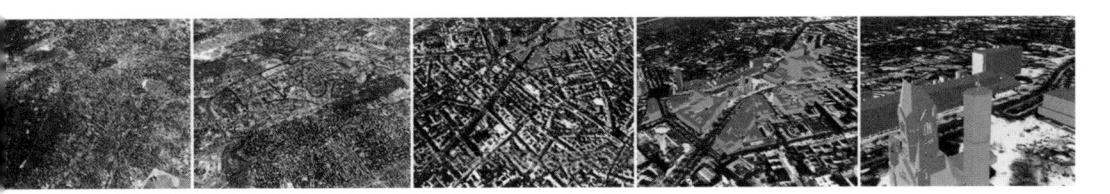

Lichtsäulen", (Foster, 6111.5: 46-48) die sanft aber bestimmt zerstäuben: weg – aus – fort! Gemeinsam ist dem Cyberspace William Gibsons, den Transportertechnologien des Raumschiffes Enterprise und den christlichen Space-Travels (zum Beispiel Christi Himmelfahrt), daß die Realitätsebenen voneinander so strikt getrennt sind, wie die Stockwerke eines Hochhauses, das man im Lift durchreist (vgl. Kamper, 1994: 232). Es gibt kein Nebeneinander von Hier und Dort, keine gleichzeitige Verfügbarkeit der unterschiedlichen Niveaus, ja nicht einmal ein Durchschimmern einer Ebene in die andere – oder gar einen Durchblick ins nächste Geschoß (wie in einem offenen Treppenhaus beispielsweise).

Steigen wir aus den literarischen Virtuality-Formen aus, und in die Niederungen einer konkreten Realitätsmaschine ein: Wir befinden uns in einer Spielhalle, zum Beispiel dem Trocadero in London, der Disneyworld in Orlando oder der Lobby der New City Hall in Shinjuku, Tokyo:[1]) Ein Spieler sitzt an der Steuerkonsole eines Kampfbombers und eliminiert angreifende Flugzeuge (virtuell). Gleichzeitig hat seine Freundin, die dem Spiel zusieht, ihre Hand (real) auf seiner Schulter und reicht ihm einen Pappbecher mit Popcorn (real). Der Spieler kann die Geschwindigkeit seines Flugzeuges (virtuell) mit einem Fußpedal steuern (robo) und stößt sich dabei in der Hitze des Gefechts (virtuell) sein Knie (real) an. Er spürt einen realen Schmerz während des virtuellen Fluges. „Real, Vurt or robo – who can tell the difference anymore?" fragt Jeff Noon daher zurecht in „Vurt", einem Sciencefiction-Roman der 90er Jahre. In „Vurt" zerbricht das Fahrstuhlmodell christlich-Gibsonscher Machart zugunsten eines Bazars der Realitäten und Virtualitäten, die in fröhlichem Nebeneinander konkurrieren, rekurrieren und präkurrieren.

Wenn Wunschmaschinen mehr sein sollen als Jenseitskonstruktionen, so muß die Frage „Real, Vurt or robo?" stets offen bleiben. Das gilt für das Reich der textlichen Fiktion, der Realitätsbeschreibung, und ebenso für das der künstlerischen Formen. Paul Sermons Arbeit „Telematic Dreaming" verbindet in erster Linie zwei Betten miteinander. Diese Betten stehen als reale Betten auf konkretem Boden und sicherlich nicht im virtuellen Raum. Für die Benutzer der Installation sind die Betten sichtbar und berührbar, angreifbar. Was ihrer Begreifbarkeit allerdings im Wege steht, sind Personen, virtuelle Personen, die sich dazugesellen ohne anwesend zu sein. Zwischen den Besuchern zweier physikalisch getrennter Orte vermittelt Video als „Transporter-Technologie" – um im Jargon des Raumschiffes Enterprise zu bleiben. Was Sermons Beamen allerdings vom Sci-fi-Transport à la Enterprise unterscheidet, ist der Verbleib der Portierten am Startpunkt der Reise und ihr gleichzeitiges Auf-

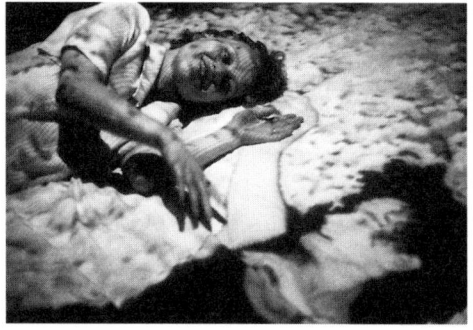

Paul Sermon, *Telematic Dreaming*, 1992, telematische Installation

tauchen am Zielort. Paul Sermons Teleportage ist eine Präsenzverdopplung, ein Nebeneinander von Hier und Dort, ein additiver Umgang mit Realitätsschichten. Dieses Nebeneinander ist dem exklusiven Jenseitsphantasma Gibsonscher Himmelfahrten entgegengesetzt. „Telematic Dreaming" ist ein Träumen mit offenen Augen, ein Phantasieren bar jeder Versuchung einzuschlafen, ein konstruktives Tagträumen. Im Gegensatz zu den Schlafwandlern bevölkern die Tagträumer einen Raum, der membranlos und flüssig von Wirklichkeitsströmen, Virtualitätswolken und robotischen Kanten durchzogen ist. Dieser Raum, der uns als Raum der Para-Realitäten erscheint, wirkt als Nährboden für eine Wunschökonomie, die im asynchronen Parallel-Processing auf Wirklichkeit, Virtuality
und Resynthesis fußt.

Existenzsynthesizer

„In spätestens 50 bis 100 Jahren wird eine neue Klasse von Organismen entstehen. Diese Organismen werden in dem Sinne künstlich sein, daß sie zwar anfänglich von Menschen entworfen werden, bald jedoch beginnen werden, sich zu vermehren, und sich in etwas völlig anderes zu verwandeln als das, was sie zu Beginn einmal waren. Als 'lebendig' müssen diese Wesen in jeder denkbaren Bedeutung des Wortes gelten. [...] Die Ankunft des künstlichen Lebens wird den bedeutendsten geschichtlichen Moment seit der Entstehung der menschlichen Spezies darstellen." (Farmer, 1987)
Die Prophezeiung Doyne Farmers, die im September 1987 in der Geburtsstunde des Begriffes „Artificial Life" anläßlich der berühmten Los Alamos A-Life Konferenz ausgesprochen wurde, ist inzwischen beinahe zehn Jahre alt. Am Wege von theoretischen Experimenten wie den selbstreproduzierenden Automaten (Neumann, 1977), den „Loops" Christopher Langtons (Levy, 1992: 93 ff) [2]), botanischen Graphiksystemen (Lindenmayer, 1990), Larry Yaegers „PolyWorld" und komplexen Computersimulationen auf der Connection Machine [3]) kündigte sich die Ankunft [4]) des künstlichen Lebens an. Das künstliche Leben kam näher und näher. Nicht sonderlich nähergekommen sind wir dagegen der Beantwortung der Frage, was *Leben* überhaupt sei. Ein Teil der Los Alamos A-Life Pioniere schlug einen Test ähnlich dem Turing-Test vor, der die Frage zwar nicht analytisch, immerhin aber pragmatisch lösen sollte, indem er ein Ununterscheidbarkeitskriterium einführte: Wenn es dem Probanden nicht mehr möglich wäre, zu unterscheiden, ob er einer künstlichen Lebensform gegenübersteht oder einer genuin natürlichen, so müßte jene wohl als lebendig bezeichnet werden. Science-fiction-Filme wie „Blade-Runner" demonstrierten das Potential an Horror und Fehlerhaftigkeit, das in solcher Vorgangsweise liegt. Christopher Langton grenzte daher alternativ Leben von der Erscheinung von Lebendigkeit ab, indem er postulierte: „Die Stofflichkeit ist nicht der Stoff, aus dem das Leben gemacht ist!" (Langton, 1986) Für Langton waren Prozesse, die auf der höchst unlebendigen Ebene eines Computermonitors abliefen, mindestens ebenso lebensnahe wie die Ausführungen von „Wetware", die wirklich krochen, stoffwechselten oder sich fortpflanzten.
Offensichtlich unorganisch und doch stets in der Nähe zur Natur oder ihren Elementen finden sich die Arbeiten von Christa Sommerer und Laurent Mignonneau. Obwohl Christa Sommerer eine fundierte biologisch-wissenschaftliche Ausbildung besitzt, funktionieren ihre Arbeiten im Kontext künstlerischer Installation und Medienreflexion. Aus diesem

Grunde kommen ihre biologischen oder zumindest biologistischen Werke stets mit einem Surplus an Stofflichkeit daher, selbst wenn sie mit der kühlen Ästhetik der Laboratorien flirten. „Interactive Plant Growing", eine Arbeit für echte Pflanzen, Computer und computergenerierte Gewächse, ist eine parareale Konstruktion zwischen Biologie, Artificial-Life und künstlerischer Inszenation. Die Benutzer der Installation sehen sich einer Reihe von simulierten Pflanzen gegenüber, die in Abhängigkeit von ihren Aktionen entstehen, wachsen und wieder vergehen. Die Berührung der lebenden Pflanzen steuert die Entwicklung der simulierten Pflanzen nach einem Regelsystem, das Kontrolle, Unvorhersehbarkeit und transkulturelle Ironie enthält. So bewirkt eine Berührung des Kaktus die Elimination der virtuellen Pflanzenwelt, ganz als wäre ein verrückter Spieledesigner von Nintendo oder SEGA in ein Biotechnologie-Laboratorium eingedrungen: Kaktus böse – Philodendron gut! Man sollte die Installation also nicht mißverstehen als eine Schulstunde in computergestützter Ökologie, sondern vielmehr nach den Realitätsinstanzen suchen, die den kompletten Wirklichkeitscluster konstituieen: Virtualität in den simulierten Gewächsen, physikalisch-biologisch Realität aus den Blumentöpfen und kulturell geformte zweite Natur in der Spielästhetik und der Benutzungslogik.

Christa Sommerer & Laurent Mignonneau, *Intro Act*, 1995, interaktive Computerinstallation

In der jüngsten Arbeit von Sommerer und Mignonneau, „GENMA", dem genetischen Manipulator, setzt der Benutzer mit seinen eigenen Händen genetische Stränge zusammen, und kann so im biotechnischen Baukasten Wesen erschaffen. Wie der DJ im Mega-Mix Musikstücke neu zusammensetzt, so stellt der Benutzer im Genmix seine persönliche Kreatur her. „Thermofische. Knochenblumen. Venusfliegenhaut. Honigpflanzen? Wenn Du einen Remix von Madonna machen kannst, nachdem sie bereits tot ist, warum kannst Du dann keinen Remix vom Leben machen?" (Noon, 1993: 35) Mittels „GENMA" kann man dies.

Ähnlich verfahren Sommerer und Mignonneau in „A-Volve", einem Echtzeitenvironment, das in einem Aquarium virtuelle Kreaturen aussetzt, die die Benutzer interaktiv beeinflussen können. Das Wasser ist wohl real vorhanden, die Fische aber sind Konstrukte. Kein vernünftiger Mensch würde daran zweifeln.

Ich denke deshalb nicht, daß die Arbeit, „die Grenzen zwischen wirklich und unwirklich verwischt, indem sie Realität mit 'Un-Realität' koppelt." (Sommerer & Mignonneau, 1993) Ganz im Gegenteil wird die Differenzierbarkeit von Realitätsinstanzen durch das Nebeneinander derselben erhöht. Das Manöver der virtuellen Realität ist im Gegensatz zur Begeisterung für die Illusion, die der Film und das Theater über große Strecken ihrer Geschichte pflegten, ein Vorgang mit der gedoppelten List „so zu tun, als ob", gleichzeitig aber den Hinweis auf die Artifizialität des Kreierten parat zu halten. Man mag in diesem Zusammenhang an die herzig animierten (das heißt „mit Lebensatem behauchten") Schreibtischlampen von John Lasseter denken, die als Lampen leben, dennoch nie lebendig werden. Greift man wiederum zurück auf die Automaten des 18. Jahrhunderts, so wird der Unterschied von VR und Illusionismus besonders deutlich: Dem Automatenbauer Jacquez-Droz muß es wohl um den theatralischen Schauer der Lebendigkeit gegangen sein, als er seiner robotischen Orgelspielerin „ein leichtes Heben und Senken des Busens" implantierte – wozu sonst sollte eine Bewegung der Brust für die Effizienz des Orgelspieles wohl nützlich sein? Die Automatenbauer orientierten ihre Vorstellung von künstlichem Leben an dem Aspekt, der sowohl Christopher Langton als auch den zeitgenössischen VR Künstlern am unbedeutendsten erscheint: der Erscheinung und der Oberfläche. Das künstliche Leben in der Machart der 90er Jahre wirkt daher bisweilen überhaupt nicht realistisch. Es begegnet uns in Gestalten, die oft abstrakt, unorganisch, visuell schrill und sinnlich knapp wirken.

Der Biologe Thomas Ray setzt seinen Erfahrungshintergrund aus Studien der Mathematik, Feldstudien im Regenwald von Costa Rica, Analysen des chinesischen GO-Spieles und biologischen Spekulationen zusammen. Mit dem Ende der 80er Jahre entwickelte er das Programmsystem „Tierra". Ray bezeichnet Systeme als lebendig, die „selbstreproduzierend und zu freier evolutionärer Entwicklung"[5]) fähig sind. „Tierra" prozessiert einen Datenbestand, den Ray „die Suppe" nennt, eine Masse von virtuellen Organismen, die am Computer um Speicherplatz und Rechenzeiten kämpfen. (Ray, 1992) Diese Organismen können sich gegenseitig vernichten, sich bewegen, sich vermehren und vor allem auch mutieren. Nach längeren Experimenten mit der Ur-Suppe okulierte Ray das System am 3. Januar 1990 mit einem Test-Organismus, den er „Ancestor" nannte. Unmittelbar danach bildeten sich äußerst erfolgreiche Parasiten, die die Suppe bevölkerten. Ray war auf Wesen gestoßen, die ihn zu der Äußerung verleiteten: „Ich muß folgende Schlußfolgerung ziehen: Da draußen wartet das künstliche Leben, und es wartet darauf, Umgebungen von uns hergestellt zu bekommen, in denen es sich weiterentwickeln kann." (Levy, 1992)

Das künstliche Leben wartet allerdings nicht nur „da draußen", sondern auch in den Forschungslabors der militärisch-wissenschaftlichen Forschung und in den Ateliers der Künstler, Architekten und Designer. Christian Möllers „Autonomer Spiegel" ist ein Produkt künstlicher Lebensforschung im Sinne Christopher Langtons: Nicht die Stofflichkeit, oder die hyperrealistische Nachahmung bestimmen die Lebendigkeit, vielmehr die Schlüssigkeit des Prozesses – wo immer auch dieser abläuft. Im Falle des „autonomen Spiegels" wird dem Betrachter das Wireframe Modell einer Figur vorgespiegelt, die den Betrachter nachahmt. Anders als E. T. A. Hoffmanns Olimpia im „Sandmann" (Hoffmann, 1817) versucht die digitale Spiegelfigur allerdings durch Nachahmungsbrüche ihre Lebendigkeit zu beweisen – und nicht durch die Starrheit ihres Imitationsalgorithmus. Die simulierte Figur des Spiegels besitzt eine Art von (einprogrammiertem) Ungehorsam, oder – um es anders zu sagen –

Christian Möller, ARCHIMEDIA, Autonomous Mirror, 1996, interaktive Computerinstallation

eine Fähigkeit zur Mutation, zur Abweichung vom Effizienzraster technischer Präzision. Durch diese Fähigkeit, die man im Jargon Rays als „open-endedness" beschreiben könnte, unterscheidet sich die Möllersche Spiegelgestalt ganz wesentlich von den Automatenmodellen des 18. Jahrhunderts, wie des Flötenspielers oder der Tympanonspielerin. Bei letzteren ist hinter der gehorsamen Nachahmung der adrett verkleidete Tierbändiger- und Dompteursstandpunkt sichtbar, bei ersterer steht ein Konzept von Leben zur Diskussion, das weiter reicht als die Idee identischer Replikation. Leben zeichnet sich im Möllerschen Bild als Fähigkeit zum Regelbruch mindestens ebenso deutlich ab, wie in der Fähigkeit zu regelkonformem Verhalten.

Präsenzprojektor

„In Legible City fährt der Betrachter auf einem Fahrrad durch eine virtuelle Stadt, die durch eine urbane Architektur aus Buchstaben und Texten dargestellt wird. Die körperliche Anstrengung, in der realen Welt Fahrrad zu fahren, wird direkt auf diese Schnittstelle mit der virtuellen Welt übertragen, wodurch die absurde, jedoch euphorische Verbindung des eigenen Körpers im Virtuellen bestätigt wird. Das kann mit gewöhnlichen Schnittstellen – Tastatur, Maus, Joystick etc. – verglichen werden, die minimale Verschiebungen des Körpers in mediale Koordinaten übersetzen. Unsere Präsenz im Virtuellen wird durch eine wachsende Zahl empfindlicher Prothesen unterstützt, die uns einen pseudotaktilen Zugang zum Unberührbaren eröffnen." (Shaw, 1995: 169)
Jeffrey Shaw entwarf mit „Legible City" ein inzwischen zum Medienkunst-Klassiker gereiftes Ambiente simulierter Beweglichkeit. Es ist nicht nur die Eleganz der synthetischen Welten, die jene Arbeit auszeichnet, sondern auch die Raffinesse des Interfaces: eines Fahrrades. Die Installation, die 1988 entwickelt wurde, 1989 auf der ars electronica, 1993 in der Kunsthalle und 1995 in Graz gezeigt wurde, erlaubt es dem Benutzer, über die Pedale mit dem Computer zu kommunizieren. Im Gegensatz zur Maus, dem Joystick und der Computertastatur eignet dem Fahrrad Jeffrey Shaws eine Qualität des massiv Physikalischen, die den erstgenannten Interfaces völlig fehlt. Für meine Konzeption der Schnittstelle zwischen Maschinerie und Körper setzen sich Maus und Keyboard auf der Seite des Computers fest. Nur wenn sie nicht funktionieren, bemerke ich ihre Physikalität überhaupt. Nimmt man die Schnittstelle zwischen Mensch und Maschine als eine verschiebbare Grenzlinie an, so rückt die Maus dem Betrachter näher, wenn sie nicht mehr leicht rollt, ihr Mechanismus verschmutzt ist, das Mauskabel eingeklemmt wurde etc. Solange sie aber funktioniert, ist sie quasi *im Computer*. Der Mauszeiger, Cursor, ist das virtuelle Bild der realen Maus im digitalen Raum. Anders das Fahrrad: Wenn Jeffrey Shaw von einer „absurden, jedoch euphorischen Verbindung" spricht, so beschreibt er die Wirkung einer pararealen Strategie. Genau daraus resultiert das „euphorische" Gefühl. Mein Wahrnehmungsapparat gewinnt offenbar Lust aus der Situation, in mehreren Verkörperlichungs- und Entkörperlichungsinstanzen gleichzeitig zu segeln. [6]) Meine Wunschmotorik wird getrieben von der Sehnsucht, mich fortzubewegen, von dem Wissen, auf der Stelle zu treten und von der Vision (im engsten Sinne des Wortes), den Raum zu durchfahren. Keine der Realitätsinstanzen kann ein dauerhaftes Primat über eine der anderen herstellen und so bleibe ich – solange ich mitspiele – im Schwebezustand zwischen Physikalität und Virtualität, zwischen Körperlichkeit, Raison

und sinnlicher Erfahrung. Ich bleibe parareal – und gleichzeitig paravirtuell.
Jeffrey Shaws „Legible City" funktioniert aber auch auf einer zweiten Ebene: Selbst wenn man im Felde virtueller Geographien bleibt, durch die der Benutzer radelt, so hält sich ein Rest jenes parallelen Nebeneinanders, das zwischen den Realitätsinstanzen stets herumgeisterte. Im virtuell-geographischen Raum fahre ich durch eine Stadt, die New York, Karlsruhe oder Amsterdam sein kann. Mühelos wechsle ich von der einen in die andere Stadt und bleibe dennoch stets im Dazwischen-Daneben: endlich Herr meiner geographischen Gebundenheit und nicht mehr Sklave. Was dem futuristisch-altmodischen Captain Kirk noch Sorgen bereitete, gereicht uns zum Entertainment 1. Klasse: Präsenzprojektion, ein Territorial-Surfen auf weltweitem Boden.
„Das müßte Vulkan sein!
Der Arretaner drückte auf einen Schalter, und das System, das Spock lokalisiert hatte, fing hell zu glühen an.
Und hier die Erde!
Unglaublich, sagte Karla Fünf.
Dann wurde wieder auf das schwarze Universum der Föderation zurückgeschaltet. Kirk wurde langsam etwas schwindlig, als sie von Minute zu Minute zwischen den Universen hin und herwechselten." (Foster, 6111.5 : 54)
Kirk ist ein Hasenfuß, dem das dichte Nebeneinander ferner Galaxien den Schweiß auf die Stirn treibt. Vermutlich hätte er auch angesichts Jeffrey Shaws pararealem Mix von Städten, Zeichen und Realitätsinstanzen weiche Knie bekommen – oder den Phaser gezogen. Nicht ganz extraterrestrisch, aber auch nicht ausschließlich irdisch präsentiert sich der Blick auf die Erde in „Terravision", einer interaktiven Installation von ART+COM aus Berlin. Das Modell des Planeten, das aus Satellitenaufnahmen und Vermessungsdaten ausgewählter Orte der Erde zusammengesetzt wurde, erlaubt es dem Benutzer, sich vom Weltall in die Intimität eines Zimmers in einer großen Stadt zu versetzen. Es ist nicht so sehr die vollständige Vermeßbarkeit des Planeten, also die Verdrängbarkeit sämtlicher *weißer Flecken*, die in der Geschichte der Erdvermessung und Kartographie so bedeutsam war, sondern die Dialektik von Distanz und Nähe, die mir den Globus als Objekt neu aufschlüsseln kann. Die Verwandlung des Blickes von einem objektivierten und distanten in einen eindringlich nahen und beinahe voyeuristischen, geschieht über das Steuerinstrument des „Earth-Trackers", eines Navigationsinstrumentes in Form einer (Erd-)Kugel. Es verwundert allerdings, wenn tages-journalistische Beschreibungen Maschinerien wie die genannten als Maschinen der Omnipräsenz festlegen wollen. In diesem Sinne bezeichnet Michael Esser in der „Zeit" vom 8. März 1996 „Terravision" als eine „Gottmaschine", (Esser, 1996: 94) ganz als wäre der Benutzer an jedem Orte zugleich, während er in Wirklichkeit doch nur wandert: von einem Ort zum anderen – mühelos zwar, doch stets territorialisiert (und sei es nur im Virtuellen). Gottähnlichkeit ist im Bilde Essers offenbar eine Click-And-Go Rasanz, die im schnellen Zoomen ihre Kraft und Herrlichkeit entfaltet. Was „Terravision" vom Reisen im herkömmlichen Sinne unterscheidet, ist hingegen nicht die Möglichkeit, überallhin gelangen zu können, sondern die Verschiebung einer dynamisch topographischen Erfahrung in ein disloziertes Erfahrungsambiente. Nicht, daß mir der Computer eine Kamerafahrt über den Potsdamer Platz reproduzieren kann, sondern daß diese Fahrt in die kilometerweit entfernte Kunsthalle in Wien versetzt wird, ist das Überraschende. Manfred Faßler

beschreibt diesen Aspekt des Nebeneinander zweier Öffentlichkeiten als „Simultaneität der Öffentlichkeitsebenen". (Faßler, 1994: 261) Auf der Nahwirkungsebene meines Subjektumfeldes begreife ich mich als Ausstellungsbesucher zwischen anderen Besuchern, auf der fernräumlichen Ebene als Nutzer und Informationskonsument im elektronischen Raum der Datenbanken. Jeder dieser Öffentlichkeitsebenen eignet eine Raum- und Geschwindigkeitsspezifik: Allgemein wird dem elektronischen Raum ein Prestissimo zugesprochen, während die physikalische Welt angeblich langsam dahinschreiten soll. [7])

Fortgesetzt wird die Annäherung an die physikalische Detailstruktur des Planeten in den Live WebCams (INTERNET Kameras) und den CU-SeeMe-Seiten des WorldWideWeb. [8]) Diese Vorrichtungen erlauben uns nicht nur den hautnahen Kontakt mit der Gebäudestruktur der Metropolen, sondern auch mit deren Bewohnern. Daß dabei eine Wunschmaschinerie in Betrieb gesetzt wird, die extrakorporal exekutiert und transportiert wird, zum Inhalt aber gerade das Verlangen nach Nähe und Leben hat, weist auf einen Antagonismus des Sehnens hin, der den Netzen innezuwohnen scheint. Die Möglichkeit, mittels eines extrem öffentlichen Mediums in allerprivateste Räume vordringen zu können, inszeniert Francisco de Sousa Webber/public netbase in den Schaufenstern vis-à-vis der Kunsthalle. Dort werden vom öffentlichen Raum (Straße) aus, Fenster in den elektronischen Raum (INTERNET) geöffnet, der wiederum in Privaträume (CU-SeeMee Aufnahmeorte) ausfließt.

Schreitet man auf der Strecke öffentlicher Raum – Privatzimmer – Bewohner weiter, so gelangt man auf der Route zunehmender Privatheit über die Grenzlinie Haut bis in das Körperinnere der Bewohner. Christian Möllers Arbeit „Voyage through the Human Body" stellt eine Präsenzprojektion in das Körperinnere einer Person dar. Vor kurzer Zeit wurden medizinische Schnitte durch den Körper bekannt, die ein Schwerverbrecher von sich anzufertigen gestattet hatte. Der Verurteilte Joseph Paul Jerningan, der wegen Raubmordes zum Tode verurteilt und am 5. August 1993 hingerichtet worden war, wurde im „Health and Science Center" in Denver, Colorado mittels eines Kälte-Makrotoms bei -70°C schichtenweise in Scheiben zerschnitten. Anschließend wurden die millimeterdicken Körperquerschnitte digitalisiert und das visuelle Material nach Bearbeitung am Computer gespeichert. Die Installation Möllers tastet den Körper der digitalisierten Person linear ab und erlaubt somit den Betrachtern eine Fahrt von der Zehenspitze bis zum Scheitel. Im gleichen Zuge, in dem die Betrachter sich auf eine Wegstrecke durch das Körperinnere begeben, fährt der Projektionsmechanismus durch die Kunsthalle. Die Reise durch den menschlichen Körper ist also gleichzeitig eine Reise durch den Baukörper der Kunsthalle. Architektoni-

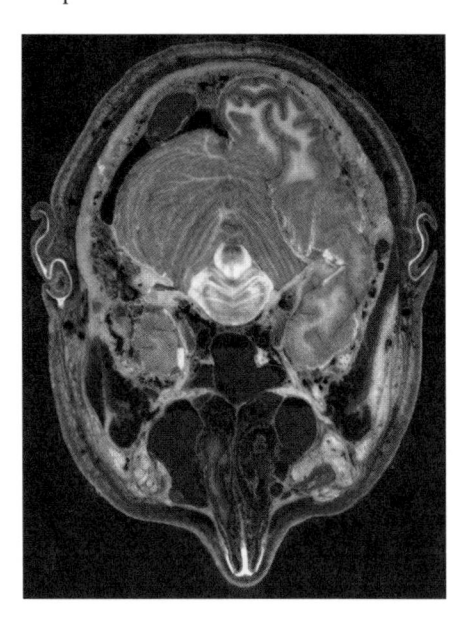

Christian Möller, *ARCHIMEDIA*, *Voyage through the Human Body*, 1996, Computerinstallation

scher Korpus und organischer Körper korrelieren als makroskopisches beziehungsweise mikroskopisches Terrain der Fortbewegung. In diesen Terrains, den eigentlichen Reiselandschaften, formiert sich Wahrnehmung im Spannungsfeld von Altbekanntem und Überraschendem, von Orientierung und konstruktivem Verlorengehen. Orientierung vermag sich herzustellen mittels anatomischer Vorinformation und strukturaler Leitlinien. Orientierung vermag sich aber auch im Vergleich zu historischen Vorgängermodellen zu entwickeln, zum Beispiel zu dem Science-fiction-Film „Fantastic Journey" (Fleischer, 1966), der eine U-Boot Expedition durch das menschliche Gefäßsystem beschreibt, oder durch die anatomischen Aquarelle nach Wachsmodellen des Josephinums in Wien.

Debabelizer

Die Konteraktivität zum „Turmbau zu Babel" ist die Debabelisation. Das Werkzeug, das solches vermag, ist der „Debabelizer" (Lainhard, 1996: 45). Eben dieser ist als wohlfeiles Computerprogramm eines der nützlichsten und aufsehenerregendsten Softwaresysteme der vergangenen Jahre. Im unübersichtlichen Dschungel der Datenformate, der Hardwareplattformen und der Betriebssysteme verspricht der Debabelizer eine generelle Kompatibilität von Bilddaten, die auf IBM, Macintosh oder Silicon Graphics Maschinen hergestellt wurden. Der Debabelizer ermöglicht ein grenzenloses Nomadisieren von Photoshop™ zu CorelDraw™, von SoftImage™ zu Strata™ StudioPro. Als große Universalcodiermaschine steht der Debabelizer daher in der Tradition des Leibnizschen Systemes, der Textmaschinen Raimundus Lullus, des Esperanto und der ständig wiederkehrenden und ebenso verläßlich wieder scheiternden Vereinheitlichungsversuche im Gebiet der Computersprachen: PL/I, das ambitioniert als „Programming Language No. 1" lanciert wurde und dann in Vergessenheit geriet, die „Vienna Definition Language VDL", an deren Entwicklung der österreichische Computerpionier Heinz Zemanek maßgeblich beteiligt war, Hypertext und Cross-Plattform Produkte, MIDI Standard File Format für die Musik und als letzter Streich die Hypertext Markup Language HTML, als universelles Bindeglied der Vernetzten aller Länder und Kontinente stellen solche Vereinheitlichungsversuche dar. Im selben Zuge, in dem diese Systeme zu Debabelisieren vorgeben, babelisieren sie den Kosmos der Systeme, weil die neue, vermeintliche Metasprache als Einzelsprache wieder in die Menge der Sprachen eingebettet werden kann. Eine Universalsprache kann sich nicht nur aus Gründen industrieller Profitgier, sondern auch aus systemischen Gründen nicht etablieren, solange der Prozeß der Sprachbildung und Sprachveränderung nicht abgeschlossen ist. „Der Turmbau zu Babel" (Bruegel, 1563) ist daher zu Recht eine Metapher für die Unmöglichkeit, totale Sprachsysteme konstruieren zu können [9]) – wie auch eine Hoffnungsformel für die Möglichkeit, in Diskompatibilität leben zu können.
Peter Weibel setzt in seiner Arbeit „Babylon" am Bruegelschen Bild an, das er per Video-Link aus dem Kunsthistorischen Museum importiert. Im Prozeß der Reterritorialisierung treten zum toten Gemälde zwei lebendige Instanzen der Kontextualisierung und Dekonstruktion: Am Quellort, dem Kunsthistorischen Museum, schieben sich Besucher vor das Bild, verdrängen Bildteile und geben andere wieder frei. Oder sie werfen Schatten auf Bruegels Bild, das dadurch seine Farbqualität wechselt. Das Bild, das täglich von Tausenden

von Besuchern betrachtet wird, gewinnt durch den elektronischen Transport einen zweiten Betrachtungsort (die Kunsthalle), einen zweiten Betrachtungskontext (die Ausstellung „Wunschmaschine – Welterfindung") und eine zweite Ebene der manipulativen Verformung. Peter Weibels Installation verknüpft die Bilddaten des „Turmbaus" mit den Live-Kameraimages der Kunsthallenbesucher, die sich in das kunsthistorische Trägerbild eindrücken können, wie Füße in den nassen Meeresstrand. Wie die Fußabdrücke verschwinden

Peter Weibel, *Babylon*, 1996, interaktive Computerinstallation

auch die interaktiven, dreidimensionalen Verformungen „mit der nächsten Welle". Kommunikationstheoretisch stellen sich Mikro-Diskurse auf mehreren Ebenen ein:
1. Die Besucher des Kunsthistorischen Museums kommunizieren mit dem Bruegel-Bild.
2. Die Kunsthallenbesucher kommunizieren mit dem Video des Bruegelschen Bildes.
3. Die Kunsthallenbesucher kommunizieren mit den Betrachtern des Bruegel-Originals im Kunsthistorischen Museum. (Abgesehen werden soll an dieser Stelle davon, daß im Bruegelschen Bild selbst ein weiteres Objekt-Betrachter Verhältnis aufgehoben ist: König Nimrod steht mit seiner Begleitergruppe vor dem Turm. Der Betrachter des Bildes im Museum steht also vor dem Bild des Turmes – er steht aber auch vor dem Bild des Königs, der vor dem Turm steht. Der Benutzer der Weibelschen Installation steht daher vor dem Video der Betrachter, die vor dem Bild stehen, das den König zeigt, der ...)
Die Komplexität der Situation, das Nebeneinander von Ebenen medialer Aufarbeitung und von Realitätsbrüchen formiert selbstverständlich selbst einen „Turmbau" im medialen Feld. In einem Arbeitsgespräch bezeichnete Peter Weibel die Medien – und insbesondere die Netze – als den „technologisch geführten Beweis, daß Systeme durch babylonische Sprachverwirrung nicht destruiert werden, sondern daß sie gerade darin ihre Funktion entfalten können". (Weibel, 1996) „Babylon" wirkt als Babelizer und Debabelizer zugleich: Als technisches System zwischen Bild, Video und Computerimage stellt das System Kompatibilitä-

ten her. Inhaltlich wirkt die Arbeit als babylonisches Dispositiv: „Babylon" wirkt durch und vermittels seiner Inkompatibilitäten. Auf diese Weise ist es babylonische Maschine und Debabelizer.

Kompatibilitätsversuche im Felde der Maschinen und Organismen sind uns als androide Geschöpfe oder als Cyborgs gegenwärtig. Stelarc, der mittels Robotik, medizinischer Technologie und VR-Apparatur an einem Brückenschlag zwischen Mensch und Maschine arbeitet, argumentiert zugunsten der Annäherung von organischen und industriellen Systemen, die er als „hybride Mensch-Maschine Systeme" beschreibt:

„Die Zeit ist jetzt angebrochen, um die Menschen neu zu gestalten, um sie besser mit ihren Maschinen kompatibel zu machen." (Stelarc, 1995: 79) Am Wege zu dieser Kompatibilität hat Stelarc einen dritten Arm entwickelt, der durch EMG-Signale der Bauch- und Beinmuskeln aktiviert wird. Er besitzt Mechanismen zum Greifen und Loslassen und verfügt außerdem über ein taktiles Feedback-System, das ein einfaches Berührungsgefühl vermittelt. Stelarc ist der Ansicht, daß im ingenieursmäßigen Umgang mit dem Körper und der Maschinerie hybrid-symbiotische Wesen entwickelt werden könnten, die auf die herannahenden Katastrophen und Ereignisse mit der Effizienz techno-humaner Superwesen antworten könnten: „In der Zone G, in der sauerstofffreien Umgebung des Weltraums wird es offensichtlich, daß die Technologie hier haltbarer ist und besser arbeitet als auf der Erde. Die menschliche Komponente muß unterstützt und auch vor kleinen Schwankungen des Drucks, der Temperatur und der Strahlung geschützt werden. Symbiotische Systeme scheinen dafür die beste Strategie zu sein. Implantierte Komponenten können Entwicklungen mit Energie versorgen und beschleunigen; Exo-Skelette können den Körper verstärken; Roboterstrukturen können zu Wirten für einen eingefügten Körper werden." (Stelarc, 1995: 79) Zusätzlich zu der erprobten Verschmelzung von Mechanik und menschlichem Substrat fordert Stelarc eine Ausweitung des Mensch-Maschine-Systems in den elektronischen Raum hinein bis in die digitalen Computernetze, um einen Cyberkörper konstruieren zu können, der als vollkompatible „carbon-steel-silicon machine" das beste aus drei Welten einholt: aus Körperwelt, Maschinenwelt und elektronischem Raum. Anders als in den düsteren Prophezeiungen des Polemikers und Forschers der Carnegie Mellon Universität, Hans Moravec (Moravec, 1990), stellt sich im Stelarcschen Modell nicht die exklusive Frage „Werden wir durch die Roboter ersetzt werden?", sondern vielmehr die Überlegung, welche unserer *Komponenten* wir maschinell ersetzen wollen, und welche elektronisch-virtuell. Im Nebeneinander von Robotik, virtuellen Konstrukten und Körperkomponenten formuliert Stelarc die Science-fiction-Rätselfrage: „Real, Vurt or

Stelarc, *Performance in der Akademie der Bildenden Künste*, Wien 1992

robo – who can tell the difference anymore?" als konkrete Performance. Anders als der Science-fiction geht es Stelarc dabei allerdings nicht um Horror, Phantasieproduktion oder Schock[10]), sondern um Versuche im Möglichkeitsfeld unter der Triebkraft der Befürchtungen – und der Wünsche.

Anmerkungen:

1) vgl. Huhtamo, Erkki (1994): Phantom Train in Technopia, in: *ISEA '94 Catalogue*, S. 206-207, Helsinki.

2) „Geschafft! Die Schleife reproduziert sich selbst!" rief Langton am 26. Oktober 1979 aus. (zit. nach: Levy, 1992: 101)

3) Daniel Hillis und Karl Sims: letzterer mit populären Arbeiten wie „Panspermia", „Virtual Evolving Creatures".

4) „advent" heißt es im Originaltext bei Langton.

5) im Original: „open-ended evolution".

6) „zu surfen" würde man auf Silicon-Kalifornisch sagen.

7) Bisweilen ist es gerade umgekehrt: Viele Reisen im INTERNET führen selbst im dromologisch-virilioschen Zeitalter postkutschenlahme Fortbewegungsformen vor, die lange Wartezeiten, Reiseunterbrechungen und schleppenden Verbindungsaufbau beinhalten. „Surfen" ist ein schönes Wort, doch „Schlurfen" trifft den Sachverhalt oft besser, wenn es um die stockend langsame Fortbewegung von Site zu Site geht.

8) Das Verzeichnis der Live Webkameras findet sich bezeichnenderweise auf einer als „Peeping Tom Homepage" betitelten Seite; „Peeping Tom": der Voyeur.

9) Heinz Zemanek verwendet das Bild des „Turmbaus zu Babel" als warnende Metapher für mißlungene Spracharchitektur im Bereich der Computersprachen (Vorlesungen auf der TU Wien, ACM convention).

10) „Das ist weder eine faustische Möglichkeit, noch sollte es eine frankensteinsche Furcht im Umgang mit dem Körper geben." (Stelarc, 1995: 78)

Verwendete Literatur:

Esser, Michael: Alles sehen, überall sein, in: *Die Zeit* (11/51. Jg., 8. 3. 1996).

Farmer, James Doyne (1987): Artificial Life Konferenz in Los Alamos,
zit. nach: Bass, Thomas A. (1985): *The Endaemonic Pie*, (Houghton Mifflin Verlag) Boston.

Faßler, Manfred; Halbach, Wulf R. (1994; Hg.): *Cyberspace. Gemeinschaften, Virtuelle Kolonien, Öffentlichkeiten,* München.

Fleischer, Richard (1966; Regisseur): *Fantastic Voyage,* Science-fiction-Spielfilm, 101 Min., Farbe.

Foster, Alan Dean (6111.5): *Im Schatten schwarzer Sterne – Raumschiff Enterprise, die neuen Abenteuer,* (Goldmann Verlag) Berlin (Sternzeit 6111.5 entspricht in irdischer Zeitrechnung dem Jahr 1976).

Gibson, William (1988): *Mikrochips* (englisch 1986: *Count Zero*), München.

Gibson, William (1987): *Neu-Romancer* (englisch 1984: *Neuromancer*), München.

Hoffmann, E. T. A. (1817): *Der Sandmann.*

Kamper, Dietmar (1994): Das Mediale – das Virtuelle – das Telematische, in: Manfred Faßler; Wulf R. Halbach (Hg.), *Cyberspace,* München.

Lainhard, Richard; Kierstead, Nick (1996): *Scaling the Tower of Debabelizer, in: Interactivity,* Vol. 2, Nr 3, 3/1996.

Langton, Christopher G.; Taylor, Charles; Farmer, J. Doyne; Rasmussen, Steen (1992; Hg.): Artificial Life II, in: *Santa Fe Institute Studies in the Sciences of Complexity,* Vol. 10, (Addison-Wesley Verlag) Reading, Massachusetts.

Langton, Christopher (1986): Studying Artificial Life with Cellular Automata, in: *Physica 22D* (120-49), 1986.

Levy, Steven (1992): *Artificial Life,* (Vintage Books) New York.

Lindenmayer, Aristid; Prusinkiewicz, Przemyslaw (1990): *The Algorithmic Beauty of Plants,* (Springer Verlag) New York.

Moravec, Hans (1990): *Mind Children,* Cambridge, Massachusetts.

Neumann, John von (1977): *Theory of Self-Reproducing Automata,* Chicago.

Noon, Jeff (1993): *Vurt,* (Ringpull Press) London.

Ray, Thomas S. (1992): An Approach to the Synthesis of Life, in: Christopher G. Langton; Charles Taylor; J. Doyne Farmer; Steen Rasmusssen (Hg.): Artificial Life II, in: *Santa Fe Institute Studies in the Sciences of Complexity,* Vol. 10, (Addison-Wesley Verlag) Reading, Massachusetts.

Shaw, Jeffrey (1995): Der entkörperte und wiederverkörperte Leib, in: *Kunstforum International,* 132/1995.

Sommerer, Christa; Mignonneau, Laurent (1996): *unveröffentlichte Werkübersicht,* Kyoto.

Stelarc (1995): Von Psycho- zu Cyberstrategien. Prosthetik, Robotik und Tele-Existenz, in: *Kunstforum International,* 132/1995.

Weibel, Peter (1996): *unpubl. Arbeitsgespräch zu „Babylon",* 28. 3. 1996.

C ⁿ

command, control, communication, culture, consciousness, cognition, cybernetics, computing, cyberspace, cyborg[...].

Timothy Druckrey

„Wenn es heute überhaupt noch Monumente gibt, dann fallen sie sicher nicht in den Bereich des Sichtbaren[...] dieses Mißverhältnis liegt nun im matten Licht der Bildschirme begründet."
Virilio, 1991: 21

„[...]Wodurch werden die Zwischenräume zwischen Repräsentationen des Raumes und den Räumen der Repräsentation besetzt? Vielleicht durch eine Kultur? Sicherlich, doch das Wort hat weniger Inhalt, als es zu haben scheint. Durch das Werk künstlerischer Schöpfungskraft? Zweifelsohne — doch dies läßt Fragen wie „von wem?" und „wie?" unbeantwortet. Durch Vorstellungskraft? Vielleicht — doch warum? und für wen?"
Lefebvre, 1991

„Die Psychologie", so schrieb ein bekannter Forscher der virtuellen Realität, „ist die Physik der virtuellen Realität". Diese ziemlich mutige Aussage bedeutet eine ebenso mutige Verschiebung in der Art und Weise, wie über das Verhältnis von Bewußtsein und Repräsentation, wenn nicht sogar über das Verhältnis von Materie und Rezeption nachgedacht wird. Und zugleich wird diese Aussage zunehmend erhärtet von miteinander verwandten Gebieten wie der Kognitionstheorie, den Forschungsansätzen im Bereich der Neurologie und Computerwissenschaft, der Entwicklung der genetischen Programmierung und Bildproduktion, der Verbindung zwischen Parallelverarbeitung und Internet und der überraschenden Meldung des Max Planck-Instituts, die in der „New York Times" wiedergegeben wurde: „Am Montag, dem 21. August, wurde bekannt, daß man eine Signalverbindung zwischen einer Nervenzelle und einem Silizium-Chip hergestellt hat, die in beiden Richtungen funktioniert." (NY Times, 1995) Austauschbare Nachrichten zwischen Anorganischem und Organischem stellen einen Schritt in Richtung der Aufhebung der Grenze zwischen Mensch und Computer als einer Schnittstelle oder gar als eines kybernetischen Organismus dar. Das bedeutet im Grunde die Einführung eines Modells des Menschen als eines Systems, das angepaßt werden kann, anstatt sich selber anzupassen. In der Tat legen die Auswirkungen der mitunter beängstigenden Entwicklungen in der Anwendung von Computern auf die

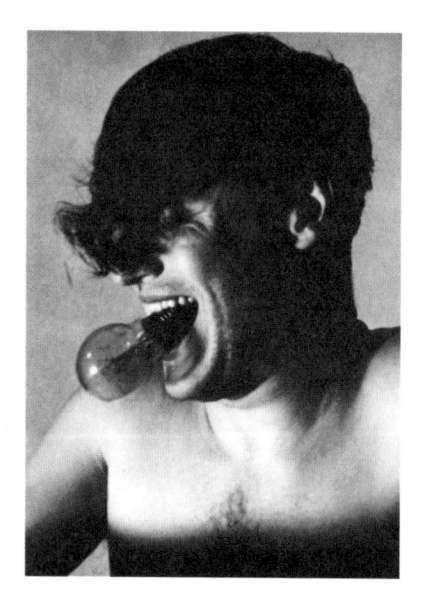

Vaclav Zykmund, *Selbstporträt*, 1937, Photographie, 18 × 13 cm, Moravská Galerie, Brno

„Wissenschaften des Künstlichen" (insbesondere künstliches Leben und künstliche Intelligenz) die Vermutung nahe, daß die algorithmischen Annahmen des Programmierens eine Art Essentialismus darstellen, bei dem die Nichtunterscheidbarkeit von Natürlichem, Künstlichem, und Simuliertem noch durch die allumfassende Metapher von Information und Code überboten wird.

Selbst nach jahrelanger Forschung im Bereich der künstlichen Intelligenz, der Computerlogik oder der verteilten Kognitionsmodelle herrscht noch Unklarheit über ihre Wirksamkeit als wissenschaftliche, psychologische oder kulturelle Modelle. Es ist aber sicher, daß diese Fragestellungen in dem Maße überzeugte Anhänger finden werden, in dem sich die Neurotechnologie, die kognitive Technologie und die Biotechnologie dort treffen, wo „die Einschreibung von Information" (Evelyn Fox Keller) stattfindet. Sie schreibt, „daß, während auch Forscher im Bereich der Molekularbiologie und der Cyber-Wissenschaft wenig Interesse am erkenntnistheoretischen Programm des jeweils anderen zeigten, die Information weder als Metapher noch als materielle (oder technologische) Einschreibung eingegrenzt" werden konnte. (Keller, 1995: 103) Wenn man die historische Entwicklung betrachtet (man erinnere sich daran, daß die Modelle des mit Computer simulierten rechnerischen Denkens in den späten 40er und frühen 50er Jahren entstanden), so sieht man, daß der Unterschied zwischen Mensch und Computer von der Schnittstelle vermittelt wurde. Plötzlich verliert selbst die jüngste Manifestation des Cyborg ihre Wirksamkeit als eine Trope der Opposition beziehungsweise Identifikation.

Das Zusammenwachsen der kybernetischen, der künstlichen, der biologischen und der kognitiven Technologie wirkt sich in erstaunlicher Art und Weise auf die menschliche Erfahrung und Erwartung aus. Norbert Wiener, der bahnbrechende Forscher im Bereich der Kybernetik, schrieb folgende Zeilen in „The Human Use of Human Beings": „Jedes Instrument in einem Katalog wissenschaftlicher Geräte kann ein Sinnesorgan sein."

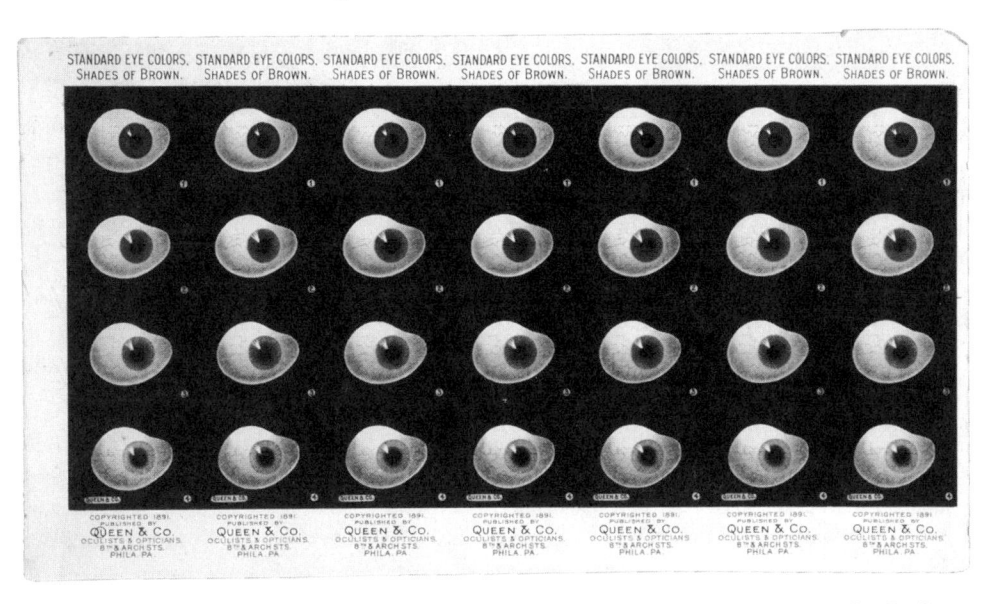

Standard Eye Colours. Shades of Brown, Seite aus einem Firmenkatalog der Firma 'Queen & Co. Oculists & Opticians', um 1900, 20 x 36 cm, Hagley Museum and Library, Wilmington, USA

(Wiener, 1954: 23) Doch der Unterschied zwischen instrumentaler Aufzeichnung und Sinneswahrnehmung läßt sich nicht ganz aufheben, auch wenn das Wahrnehmungsfeld durch die Technologie erweitert wird. Die Schwierigkeiten entstehen dann, wenn der Bereich der Erfahrung, der die Kognition begründet, nicht mehr in der Affinität zwischen Repräsentation und Rezeption *verwurzelt* ist, sondern in einem problematischeren Bereich, in welchem der Akt des Bewußtseins selbst wiedergegeben werden könnte. In dieser Logik könnte die Schnittstelle mit der Technologie viel mehr als ein Navigieren durch Hyper- oder Virtual Environments darstellen. Sie legt vielmehr nahe, daß der neurologische Prozeß auf der Ebene der Entstehung des Bewußtseins selbst (oder vielleicht des Unbewußten) programmiert wird.

Sicherlich sind das Vordringen der Technologie in den Körper und die Vergesellschaftlichung der simulierten Realitäten mehr als Zeichen technologischen Fortschritts, sie stellen auch eine radikale Transformation des Wissens, der Biologie und der kulturellen Ordnung dar, in der Wissen mit Ideologie, Biologie oder Identität verbunden wird, wobei dies in Form eines technologischen Imperativs geschieht, der nicht unbedingt mit Notwendigkeit zu tun hat. Diese Art von wiedergegebener Realität geht über die Virtualisierung des Raumes in den sogenannten „immersiven environments" hinaus. Tatsächlich steht die gesamte Geschichte der Repräsentation auf dem Spiel, in dem Maße, in dem die Technologien des Künstlichen das Verhältnis zwischen der Subjektivität und ihrem Anderen neu bestimmen! Die Auswirkungen der Genmanipulation (oder vielleicht wäre es noch passender von genetischen Therapien zu sprechen), der patentierten Lebensformen, der radikalisierten Techno-Medizin oder Techno-Psychologie gehören zu den entscheidenden ethischen Problemen unserer Zeit. Doch zugleich entsteht ein Diskurs über die Verwendung von kosmetischer Genetik und kosmetischer Psychopharmakologie, die eingesetzt werden, um die Neigung zu bestimmten Krankheiten zu erkennen, das Geschlecht von Kindern festzulegen, ja, sogar um das Verhalten durch die Verabreichung von Psychopharmaka zu normalisieren, die lediglich die Symptome von Normalität erzeugen. Und wie das läuft, weiß man ohnehin: zuerst Symptome der Normalität, dann simulierte Befriedigung.

Darüber hinaus werden Modelle neurologischer Prozesse, die das Verhalten aufzeichnen, zweifelsohne dazu verwendet werden, um die Metapher vom Gehirn als Computer zu untermauern, die man in einem Großteil der künstlichen Intelligenz und des kognitivistischen Denkens findet. Man verbinde diese Metapher vom Gehirn als Computer mit der Allegorie des Denkens als eines verteilten Systems, und schon zeichnen sich einige der kulturellen Dimensionen des Konnektionismus-Modells ab. Tatsächlich bilden verteilte Systeme die Grundlage eines neuen Machtsystems. Wir haben durch Begriffe wie Präsenz,

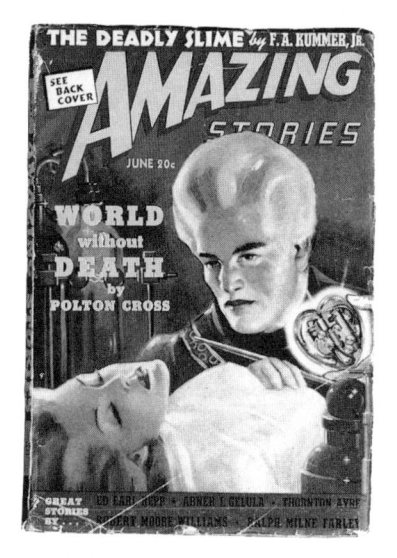

William Juhre, *World Without Death*, Titelblatt von: Amazing Stories, Juni 1939, Sammlung Dr. Rottensteiner, Wien

durch Technologien und cyberpathologische Veränderungen eine Subjektposition innerhalb von Technologien entwickelt, die „auf triumphale Weise künstlich" (Frederic Jameson) sind.

Damit ist der Moment erreicht, wo Repräsentation und Entsprechung nicht mehr mit Wahrnehmung zusammenfallen. Statt dessen könnte der Akt des Bewußtseins selbst als künstlich betrachtet werden. Was beängstigend erscheint ist, wie die rissige Grenze zwischen dem Bewußtsein (einem Kriterium) und der Kognition (einer Beschreibung) durch Biotechnologien, Neuroimplantate und das spekulative Potential des Post-Cyborgs als letzter Stufe in der Technologisierung des Körpers zusammengenäht wird. Man könnte Spekulationen über Neuro-Schnittstellen, Verbindungen zwischen den Repräsentationsschemata des Computers und den neurologischen Aktivitäten des Gehirns anstellen. Die Verwendung von Diagnosetechnologien für die Identifizierung und Analyse des Verhaltens stellt die Frage von Macht und Wissen ganz direkt als eine Frage der Technik in der Neurokultur. „Der Code", so Claude Raulet, „ist Performanz, welche die Kontrolle durch reine Operationalität zugunsten einer auf Regeln basierenden sozialen Kontrolle ersetzt."

Verbindet man das sich abzeichnende Potential von Kommunikation zwischen Neuron und Chip mit den Interessen der künstlichen Intelligenz und des künstlichen Lebens, so stoßen wir auf beunruhigende Parallelen. Marvin Minsky, der Guru der künstlichen Intelligenz, spekuliert über Neuro-Implantate in einer erstaunlich neo(neuro-)kartesianischen ontologischen Illusion:

„Warum sollen wir das Gehirn im Kopf behalten? Es wurde schon Forschung über die direkte Verbindung von Computern mit dem Gehirn betrieben: Für die Behebung von Taubheit könnte man einen Ton direkt in den Gehörnerv einspielen; für die Steigerung der Sehkraft Bildinformationen direkt in die primäre Sehrinde einführen. [...] Das steckt heute immer noch in den Kinderschuhen, aber es gibt keine grundsätzlichen Hindernisse. [...] Man stelle sich also eine Person in einigen Jahrzehnten vor, die sich eine Schnittstelle direkt im Gehirn anschafft. Mit Hilfe von einfacher Nanotechnologie würde eine Nadel in eine der mit Flüssigkeit gefüllten Höhlen des Gehirns eingeführt und ein leistungsstarker Computer eingebaut werden. [...] Dort bleibt er und betrachtet, was in Ihrem Gehirn vorgeht [...] In geduldiger Wartestellung in Ihrem Gehirn arbeitet Ihr Computer-Implantat mit leistungsstarken Techniken der künstlichen Intelligenz, um die von den Mustern der Gehirnaktivität dargestellten Intentionen zu erkennen [...]. In dem Maße, wie wir der Schnittstelle größere Kompetenzbereiche auftragen, wird die Grenze zwischen Geist und Maschine zunehmend undeutlich." (Minsky, 1990: 97-106)

Betrachtet man nun die Anzahl der Disziplinen, die inzwischen von dem Gedanken, daß der Organismus

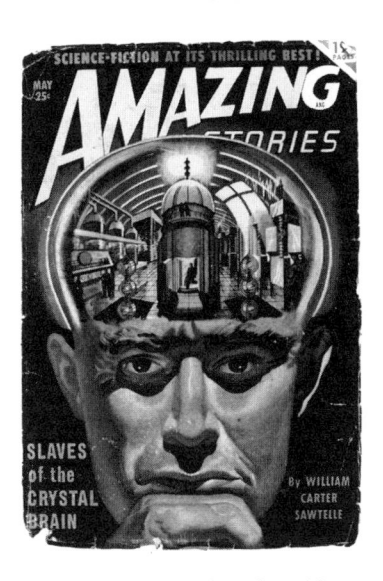

Arnold Kohn, *Slaves of the Crystal Brain*, Titelblatt von: Amazing Stories, Mai 1950, Sammlung Dr. Rottensteiner, Wien

ein Betriebssystem sei, beeinflußt worden sind, überrascht es nicht, daß sowohl Kognition als auch Biologie als Systeme verstanden werden, in denen das Denken kaum mehr darstellt als massives Speichern und richtigen synaptischen Parallelismus, und daß Leben nichts anderes ist als überlebende Algorithmen, die die Genetik als eine Art *synthetischer Biologie* konstituieren. Doch können die positivistischen Grundlagen dieser Bemühungen kaum die damit verbundenen Herrschaftsinteressen und das tiefe Interesse für die Formierung von Sphären verbergen, in welchen menschliche Aktivitäten vollzogen werden.

In einer Sonderausgabe des Time Magazine („Beyond the Year 2000") aus dem Jahre 1992 sind einige Bilder abgedruckt, die hervorheben, wie die Öffentlichkeit die Technologien rezipiert. „Lauschen" ist der Untertitel einer Reihe von PET-Scanbildern, die die aktiven Gehirnregionen identifizieren. „Hören", „Sprechen", „Sehen" und „Denken" sind die verschiedenen Funktionen. Auf der nächsten Seite gibt es ein einzelnes PET-Scanbild, versehen mit dem Untertitel: „Traurige Gedanken". Diese Forschung, die in zahlreichen Labors auf der ganzen Welt betrieben wird, zeichnet die kognitive Anatomie durch die Lokalisierung der biochemischen Aktivität auf. Diese Bemühungen kreuzen sich mit dem Human-Genome-Projekt, bei dem die Anwendung von biologischen und neurologischen Erkenntnissen als entscheidend für die erkenntnistheoretischen und ontologischen Fragestellungen kommender Generationen betrachtet wird. Das kognitive „Lauschen" liefert lediglich die Rechtfertigung für Techniken der kognitiven Überwachung. Dieses infologische System – das auf die Beherrschung des Seins ausgerichtet ist – konzentriert sich nicht mehr nur auf Systeme (wie in der Definition der kognitiven Wissenschaft), sondern auf das Rechnen als Apriori. Daraus folgt, daß die Aufzeichnung von kognitiven Zuständen, das Decodieren der neurologischen Dimension von Bewußtseinsakten (und möglicherweise bald von unbewußten Akten?) den Auftakt dazu bildet, diese Zustände als simulierte zu erleben, und zwar ohne die hinderlichen Apparaturen der tragbaren virtuellen Technologie.

Sowohl in der künstlichen Intelligenz als auch im künstlichen Leben läßt sich der Enthusiasmus unter den Befürwortern kaum zügeln. Kevin Kelly sticht hier besonders hervor. Er schließt seine Einleitung zu „Out of Control" mit folgenden Worten: „Doch während wir die lebenden Kräfte in die von uns fabrizierten Maschinen loslassen, verlieren wir die Kontrolle über sie. Sie nehmen etwas Wildes an und führen damit zu einigen Überraschungen, die das Wilde mit sich bringt. Dies ist also das Dilemma, das alle Götter hinnehmen müssen: nämlich, daß sie nicht mehr völlig souverän über ihre besten Schöpfungen sind. Die Welt des Fabrizierten wird bald der Welt des Geborenen ähneln: autonom, veränderlich und kreativ, aber folglich außerhalb unserer Kontrolle. Ich glaube, daß dies ein großartiger Tauschhandel ist." (Kelly, 1994: 4) Diese Art von unverblümtem Faustischem Tauschhandel wird nicht nur von denen vertreten, die die synthetische Biologie in der Öffentlichkeit preisen, sondern auch von den Forschern: „Ich will nicht das Leben auf den Computer überspielen, ich will vielmehr den Computer in das Leben einspielen", sagt der eine. „Der Beginn des künstlichen Lebens wird der bedeutendste Augenblick in der Geschichte seit der Entstehung menschlicher Wesen sein", sagt ein anderer. (Kelly, 1994: 351; Levy, 1992: 4)

Die Abbildung der Genstruktur, die Verbindung von künstlicher Intelligenz und künstlichem Leben, der technische Einsatz von Kommunikation auf der Ebene des Neurons, vielleicht sogar auf der Ebene des Gens selbst, sind nicht mehr wissenschaftliche Fiktionen, die in den Schriften von Philip K. Dick oder in der Cyberpunk-Generation von William Gibson, Pat Cadigan oder Octavia Butler so verbreitet waren, sondern vielmehr Vorschläge einer Techno-Wissenschaft, die in Illusionen von Totalität und in neu erfundene Formen wissenschaftlicher Visualisierung eintauchen. In dem Maße, wie die Bemühungen, die synaptische Aktivität abzubilden, breite Anwendung in der Praxis finden, wird der ausgereifte Bereich der „Bioinformatik" Techniken für das Codieren der formativen Verhaltensimpulse erforschen. Der Körper als Maschine – eine jahrhundertalte Metapher – wird plötzlich von einem genetischen Betriebssystem gesteuert, von DNS-Schaltungen, einem Prinzip, das, wie Francis Jacob bemerkte, als „Modell [entdeckt wurde], das elektronischen Computern entlehnt wurde. Es setzt das genetische Material eines Eis mit dem Magnetband eines Computers gleich. Es löst eine Reihe von Operationen aus, die ausgeführt werden müssen." Fast ein halbes Jahrhundert später ist die Neurotechnologie in einer Informationstheorie eingebettet, die auf den brillanten Veröffentlichungen und Technologien der späten 40er und frühen 50er Jahre basiert.

Der Aufsatz von Vannevar Bush, „As We May Think" (1945), die Erfindung des Transistors (1948), Norbert Wieners „Cybernetics" (1948), Claude Shannons und Warren Weavers „The Mathematical Theory of Communication" (1949), A. M. Turings Aufsatz „Computing Machinery and Intelligence" (1950), James Watsons und Francis Cricks bedeutsame Entdeckung der DNS-Struktur als genetischer Code (1953), John von Neumanns „The Computer and the Brain" (1958) lieferten Ansätze, deren Auswirkungen auf die Informationstechnologien die Grundlage für die Transformation der gesellschaftlichen Logik der Zivilisation schufen. Darauf antworteten etwa Bücher wie Siegfried Giedions „Die Herrschaft der Mechanisierung" (1948), Lewis Mumfords „Art and Technics" (1952), E. J. Dijksterhuis' „The Mechanization of the World Picture" (1959), C. P. Snows „Die Zwei Kulturen" (1959) und andere, in denen das technische Prinzip als Grundlage einer gesellschaftlichen Ordnung in Frage gestellt wurde. Während die Technologen sich mit Information beschäftigten, befaßte sich die Kulturtheorie mit den Nachwirkungen dessen, was als „militärisch-industrieller Komplex" bezeichnet worden war.

Es sollte auch nicht vergessen werden, daß die politische Stimmung der Nachkriegszeit nachhaltig von zwei miteinander verbundenen Fixierungen, der Abschreckung einerseits und der technischen Herrschaft andererseits, bestimmt wurden. Wie Friedrich Kittler es so treffend beschrieb: „Die bedingungslose Kapitulation öffnete dem Technologietransfer Tür und Tor." (Kittler, 1994: 328) Oder an anderer Stelle: „Das Projekt der Moderne war grundsätzlich eines der Waffen- und Medientechnologie gewesen [...] Umso besser, daß es in der banalen Ausdrucksweise von Demokratie und der Kommunikation des Konsenses verhüllt wurde." (Kittler, 1992: 169) Die Taktiken des Kalten Krieges, das Befehlen, das Steuern und das Kommunizieren waren offensichtlich mehr als bloße Metaphern, sie dienten ebenso als eindringliche Erinnerung an die Tatsache, daß die Technologie kaum mehr als ein positiver Nebeneffekt des Krieges war. Auch wenn sie in ihrem Verhältnis zu Information miteinander verwandt sind, zeigen die in dieser kurzen Liste genannten Ansätze und Erfindungen unterschiedliche Anwendungen und Auswirkungen in der Technologie der Nachkriegszeit.

Steven Heims schreibt: „Obwohl die Welt der Politik von der der Mathematik abgehoben zu sein scheint, verwendeten sowohl Wiener als auch von Neumann einige mathematische Ideen als begrifflichen Rahmen für ihre Beschreibung der Gesellschaft. Für von Neumann bildete die Spieltheorie den Grundstein, für Wiener die Kybernetik." Obwohl die Arbeiten Wieners und von Neumanns stark voneinander abwichen, stand ihre Forschungsarbeit im Zeichen der Konfrontationspolitik des Kalten Krieges (von Neumann arbeitete in der paranoiden Ära des Kalten Krieges in den Sitzungssälen des Militärs, Wiener in den Hörsälen der wissenschaftlichen Aufklärung). Aus Heims' Sicht zeichnet die Spieltheorie das Bild einer „Welt, in der jeder schonungs- und mitleidslos, aber intelligent und berechnend das verfolgt, was er als seinen Vorteil wahrnimmt." (Heims, 1980: 291) Die Kybernetik hingegen ist tiefer von Reflexivität und Feedback (den Vorboten der Interaktivität) beeinflußt: Sie eignet sich aufgrund ihrer biologischen und technischen Theorien genauso, die Medien auf Kontrolle, Kommunikation und den Einsatz von Computern zu gründen. Katherina Hayles schreibt über die mathematische Kommunikationstheorie: „Die Informationstheorie hat, so wie sie von Shannon entwickelt wurde, nur mit der effizienten Übertragung von Botschaften über Kommunikationskanäle zu tun, nicht aber damit, was die Botschaften bedeuten. Shannon wollte es vermeiden, die Psyche des Empfängers als Teil des Kommunikationssystems zu betrachten." (Hayles, 1996: 18)

Für Watson und Crick waren „genetische Informationen" ein Code oder eine Anweisung. Die Spieltheorie, das Verhältnis von Signal und Rauschen, das Feedback, der genetische Code stehen in einer neuen lebendigen Beziehung zur Repräsentation. Sieht man das in Zusammenhang mit dem Computer und dem Aufkommen von Teledisplays und den immer größer werdenden Systemen der Nachkriegszeit, so wird diese Entwicklung so klar wie der Übergang von der industriellen zur elektronischen Kultur.

Mit all ihren unterschiedlichen Realisierungen, ideologischen Zugehörigkeiten und Auswirkungen bilden die Geschichten dieser Medien den Kern der „künstlichen Wissenschaften." Hayles nimmt an, daß in der „dritten Welle" der Kybernetik „die Idee einer virtuellen Informationswelt, die neben der materiellen Objektwelt besteht und sie durchdringt, keine Abstraktion mehr ist. Sie hat sich sozusagen ein Nest im menschlichen Sensorium gebaut." (Hayles, 1996: 13) Eines scheint sicher: Die Fundamente, die in den 50er Jahren gelegt wurden, sind in den 90er Jahren verschmolzen: Eine ganze Reihe von Humanwissenschaften entsteht nun im Zeichen des algorithmischen Imperativs.

Zusammen mit den revolutionären Tendenzen im Bereich der Medien sind einige gleichermaßen aussagekräftige Metaphern aufgetaucht: Konnektivismus, Parallelismus, Nanotechnologie, assoziative Systeme, fuzzy mathematics, Chaos, verteilte und allgegenwärtige Computersysteme, das völlige Eintauchen in die Medien, intelligente Technologien, das Ausfüllen von Formularen via Bildschirm. Mit Versprechen und Täuschungen der Cybersphäre werden einige der kulturellen Kernprobleme der digitalen Medien verdeckt durch die vage Hoffnung, daß Probleme des Zugangs und der Bedeutung sich in der Zukunft lösen werden. Dies ist eine problematische Annahme der Technologie und der mit einer wissenschaftlichen Betrachtungsweise verbundenen Kreativität, daß ein Problem nicht so sehr überwindbar als vielmehr zufällig und im Entstehen begriffen ist. Für so viele Projekte, die mit den elektronischen Medien arbeiten, stellen die (oft als

Hindernisse betrachteten) Merkmale des Systems, das die Daten liefert, eine Hürde dar, die es mehr zu überwinden denn zu befragen gilt. Die digitalen Medien setzen ein kommunikatives System voraus, das die Repräsentation in die Technosphäre, Neurosphäre und Genosphäre assimiliert. Reaktionen auf die Reize der erlebten Phänomene werden durch die Erforschung der neuroreflexiven Aktivitäten des als Betriebssystem verstandenen Gehirns ersetzt. In diesem System ist die Repräsentation weniger wichtig als die Wiedergabe, die Fähigkeit weniger wichtig als das Verhalten, Kulturen weniger wichtig als Verbindungen.

Die Fragen, die von der Beziehung zwischen der Kybernetik, der Kommunikation, der Stadtplanung, der Identität und dem Netzwerk aufgeworfen werden, stellen gewaltige Herausforderungen an die kulturellen Traditionen dar. Gleichzeitig unterstreichen diese Fragen die Notwendigkeit, die Gesamtfunktion der Kultur innerhalb der technologischen Konzeption von Konnektionismus und verteilten Systemen einer Reflexion zu unterziehen. Es liegt auf der Hand, daß die Systemtheorien der Kommunikation, der Intelligenz, der Biologie, der Identität, der Kollektivität, der Demokratie und der Politik nicht völlig ausreichen, um die Bedeutung der elektronischen Kultur zu erfassen. Wenn es hier eine Veränderung gibt, die in jenen Transformationen gegen Ende des 20. Jahrhunderts Ausdruck findet, so erfolgt sie nicht aufgrund eines Versuchs, die Begriffe des „geschlossenen" Systems dialektisch aufzulösen, sondern infolge der Bemühung, diskursiv konstituierte Netzwerke miteinander zu konfrontieren: das biologische Netzwerk, das Identitätsnetzwerk, das kulturelle Netzwerk. Es ist daher nicht überraschend, daß der Begriff des Konnektionismus aufgetaucht ist, um das System von Knotenpunkten in einem Schaltkreis telematischer Epistemologie zu bezeichnen. Man wird Kommunikationstheorien in Form von Interaktivität, Zerstreuung und technologischer Repräsentation neuformulieren müssen.

Der öffentliche Bereich bildet sich innerhalb der kurzen Phasen von Waffenstillstand infolge der Identitätskämpfe der letzten Jahre heraus. Die mit großem Eifer geförderten Kommunikationstechniken in Netzwerken scheinen der kulturellen Entwurzelung in der ersten Moderne Abhilfe zu leisten. Und sie konfrontieren uns mit der Rückkehr der Polis zum Zustand politischer Zugehörigkeit und diskursiver Zusammenarbeit. Die Netzpolis, die mit Ideologie genauso viel wie mit Identität zu tun hat, ist mehr als ein neues cybersoziologisches Phänomen. Sie ist ein Ort, an dem sich möglicherweise eine neue Identität bilden kann, und zwar unter den Bedingungen zerstreuter Vernetzung und kontingenter Macht. Das Netzwerk hebt die Beschränkungen des Telefons auf, das

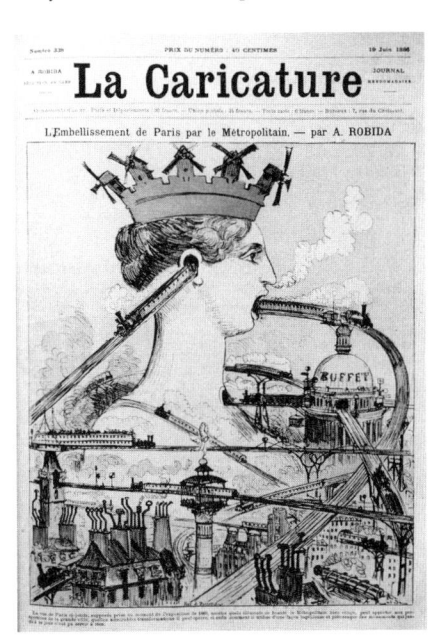

Albert Robida, *L'Embellissement de Paris par le Metropolitain* (Die Verschönerung von Paris durch die Metro), Titelblatt von: La Caricature, Juni 1886, 45 × 30 cm Sammlung Claude Rebeyrat, Paris

immer nur Punkt mit Punkt verbindet, und erschüttert die Dominanz der Rundfunkmedien. An deren Stelle tritt ein dynamisches System, in dem die Bindung an einen Ort aufgegeben wird, ohne Ortlosigkeit zu bedeuten, und in dem die Repräsentation kein Zeichen für den Verlust des Realen ist. Angesichts der beschleunigten Forschungsinitiativen führt die Entwicklung jener Medien, in die man eintauchen kann, zu einer Annäherung an die Neurokognition.

2.
„Dann ist da noch die Elektrizität [...]. Oder habe ich nur geträumt, daß die materielle Welt ein einziger großer Nerv geworden ist, der in Blitzesschnelle Tausende von Meilen durchzittert? [...] Ist nicht vielmehr der Erdball ein ungeheurer Schädel, ein Gehirn, Instinkt samt Intelligenz! Oder sagen wir, er ist selbst ein Gedanke, nichts sonst, und nicht länger von der stofflichen Beschaffenheit, die wir ihm zugeschrieben haben."
(Nathaniel Hawthorne: Das Haus der Sieben Giebel)
Hawthorne, zweifelsohne vom Telegraphen inspiriert, erkannte das sich verändernde Umfeld des 19. Jahrhunderts. Der Telegraph, gestützt auf die Entwicklung der Eisenbahn, hat tatsächlich die Grenzen nicht nur des Raumes, sondern auch der Zeit gesprengt. Unvorstellbare Übertragungsgeschwindigkeiten in einem ausgedehnten Netzwerk von Standorten, in einer Sprache, die dem Binärcode vorausging, haben sicherlich „Instinkt samt Intelligenz" angekündigt und das Ende der „stofflichen Beschaffenheit" als Zeichen materieller Gegenwart nahegelegt. Es überrascht daher sehr, daß McLuhan Hawthornes Gedanken zum Vorbild nahm, um eine Kommunikationspraxis zu entwickeln, die den technologischen Fortschritt als Ausdruck gesellschaftlichen Wandels berücksichtigte. Politisch in dem Sinn, daß die Technologik des westlichen Wirtschaftssystems wieder zu Ehren zu gelangen schien, unterschied sich das Verhältnis zwischen Medium und Botschaft nicht wesentlich von jenem zwischen Signifikat und Signifikant in der Semiotik. Der codierte Diskurs hat seine Wurzeln in der Forschung des 19. Jahrhunderts, dessen *Beherrschung* der Natur sich in deren Systematisierung niederschlug. Diese Diskurse über Repräsentation, Überwachung, Maschinenbau, Medizin, Physik und Kommunikation bilden die Grundlage des theoretischen Rahmens, der unser Verhältnis zur modernen Welt ständig herauszufordern scheint. Und während die großen Entwürfe der Moderne so eng mit den Diskursen über Machtpolitik und Beherrschung verbunden waren, schufen und zerstörten sie ihr frisch-fröhlich verfolgtes lineares Forschungskonzept. Die lineare und verteilte Natur war in einer Epoche, die die biologische Evolution hinter sich gelassen hatte, keine geeignete Metapher für den Fortschritt mehr. Und als die Industrialisierung der Technologie in den 20er Jahren ihren ersten Höhepunkt erreicht hatte, sagte sie sich von dem fehlgeleiteten Entwicklungsprinzip los, auf dem sie beruhte. Die Technologie gestaltete die Gleichung von Natur und Kultur neu. Was wir von der Entwicklung der Kommunikationstechnologie, Visualisierung und Repräsentation erben, ist eine versteckte, auf Sachverstand gegründete Macht. Den Systemstrukturen der Techno-Wissenschaft sind Herrschaftsmuster inhärent, die die Grundlage der verschiedenen Utopien des Kognitiven darstellen.
Die Geschichte der Medientechnologien konzentrierte sich aber, von einigen bemerkenswerten Ausnahmen abgesehen, primär auf die Metapher des Sichtbaren – obwohl das

Modell der „moralischen Objektivität" in der Wissenschaftsgeschichte mehr als einmal zerstört wurde, und zwar sowohl in der wissenschaftlichen Literatur (Heisenberg oder Gödel) als auch in der kulturellen Bewertung der Wissenschaftspraxis (Latour) –, oder sie stellte einen Versuch dar, die Kulturindustrie in der Ära von Radio und Fernsehen wiederzubeleben. Marshall McLuhans schillernde Rechtfertigung, wonach Imperialismus Globalisierung bedeute, spiegelte die multinationale Entwicklung wider, die die Verschmelzung der Medien in den 60er Jahren begründete. Starke Sprüche begleiteten die Ideen auf ihrer Gratwanderung zwischen Moral und Propaganda – zusammen mit den Logos aus der Werbung (das heißt *logos*), die der Welt der Fragmentierung neue Nahrung lieferten. Die Verbindung von Fernseh- und Informationstechnologien war die Basis für den gesellschaftlichen Wandel, in dem die Rundfunkmedien scheinbar das „global village" überziehen. Dabei schufen sie eine „reaktionäre Heilslehre" (Enzensberger, 1980), die in Goebbels Bemühungen wurzelte, Deutschland durch den Einsatz der neuen Technologie des Radios wieder in die Stammeskultur zurückzuführen.

Vergessen wir nicht, daß Herbert Marcuse in seinem Buch „Der eindimensionale Mensch" (1964) bereits die möglichen Auswirkungen der medialen Oberflächenkultur aufgedeckt hat: Die Taktiken der „repressiven Toleranz", die ihren Schatten auf die Gegenkultur warfen, entwickelten sich als Elemente im Kampf um Kommunikation und Kontrolle. Es ist nicht überraschend, daß die Verlagerung von der „Kulturindustrie" zur „Bewußtseinsindustrie", wie sie Enzensberger in seinem „Baukasten zu einer Theorie der Medien" (1980) nachzeichnete, sowohl eine neue Technologie als auch neue Strategien für ihre Benutzung bedeutet. Vor dem Hintergrund der „Resignation" entsteht ein Verständnis der Wechselseitigkeit von Produktion und Rezeption, in dem die Technologie direkt zur Mobilisierung benutzt werden kann.

Die Auswirkungen der Zerstreuung von Information, Macht, lokaler Politik, die neue Ausrichtung der militärischen Forschung und die Entwicklung in den Cybertechnologien haben zu einem neuerlichen Chaos geführt, in dem Illusion durch Virtualisierung ersetzt und die Entfaltung der Technologien (bio, neuro, info, geno) neuerlich als eine Kommunikationsrevolution verschleiert wird – dabei bezeichnet man McLuhan wieder einmal als „Bauchredner und Propheten" des neuentstandenen „global village", das in der telepräsenten Totalität des World Wide Web wächst. Und wenn das hektische Systemdenken über das Netzwerk nicht durch den Telefanatismus von rechts oder das Tele-Marketing des Handels im Netz ausgelöscht wird, so gibt es noch fruchtbares Territorium zu besiedeln. Denkt man aber an den Trend zur Regulierung, wie er in den USA 1966 sehr deutlich durch das Gesetz über Telekommunikation vorgezeichnet wurde, so wird klar, daß die Vereinnahmung des Netzes durch den Staat droht. Schon hat die Beziehung von Rezeption und Verhalten, von Moral und Politik gemeinsamen Boden in dem Versuch gefunden, die Phantasie im Netzwerk zu verwüsten. Dies geschieht im Namen fundamentalistischer ethischer Klischees, die sich als Archetypen einer zweideutigen virtuellen Ethik ausgeben, welche auf dem Modell der Sprechakttheorie basiert. Es überrascht daher nicht, daß die panoptischen und repressiven Metaphern Benthams und Foucaults im Cyberspace in Gestalt von *Akteuren* neu erfunden werden.

Doch hinter der Transformation der Kommunikation lauern die miteinander verwandten Begriffe der Rezeption: die Erfahrung und das Temporale. Wie eine Neubetrachtung der

Technologien des 19. Jahrhunderts zeigen wird, deutet die Ausweitung der Technologie in den Bereich des Verhaltens auf ein kulturelles Umfeld, das nicht nur zunehmend mit Maschinen gefüllt ist. Es entstand vielmehr die Reglementierung des Alltags durch die von der Photographie gelieferten Technologien der Visualisierung, die Reglementierung der Zeit durch Uhren und die komplexe Reglementierung von Informationen, die immer mehr vom Zusammenbruch geographischer Grenzen bestimmt wurde. Austausch, Übertragung, Mobilität sollten nicht nur mit Problemen der Industrie, wie etwa Produktion und Kapital, verbunden werden, sondern mit dem Begriff des Selbst, der Rechtfertigung der Moderne und mit den verzweigten Formen der Repräsentation.

Wenn die soziale Maschine Repräsentationen hervorbringt, so erschafft sie sich auch selbst aus den Repräsentationen... Dezentriert, in Panik und Verwirrung versetzt durch all diesen neuen Zauber des Sichtbaren, ist das menschliche Auge einer Reihe von Begrenzungen und Zweifeln ausgesetzt. Das mechanische Auge, die photographische Linse, fesselt und fasziniert, doch zugleich fungiert es aufgrund der Genormtheit der Sichtweisen als Garant der Identität des Sichtbaren." (Comolli, 1980: 15)

Riou, *La chambre du capitaine Nemo*, (Das Zimmer von Kapitän Nemo), Illustration in: Jules Verne, 20 000 lieues sous les mers, Paris: Hetzel 1887

Diese Bemerkung zu dem, was Jean Louis Comolli als „den Wahn des Sichtbaren" beschreibt, bezog sich auf die zweite Hälfte des 19. Jahrhunderts. 1918 schrieb Dziga Vertov folgendes: „Ich bin das Auge der Kamera. Ich bin die Maschine, die Ihnen die Welt so zeigt, wie ich allein sie wahrnehme. Vom heutigen Tag an bin ich für immer von der Unbeweglichkeit des Menschen befreit. Ich befinde mich in ständiger Bewegung..." Die Maschine und der Körper sind vereint, während die Wahrnehmung selbst im Ausdruck einen *Rahmen* findet. Dennoch scheint folgendes klar zu sein: Die Modifikation der sichtbaren Welt in der Moderne ist durch die Konsolidierung der wissenschaftlichen Herrschaft über die Natur und durch ein Repräsentationsmodell gekennzeichnet, das völlig mit der Technologie verbunden ist.

EMSH, Titelblatt von: Galaxy, August 1952, Sammlung Dr. Rottensteiner, Wien

Auch wenn sich im wesentlichen nicht viel verändert hat, ist man bereits über die Kultur der Moderne, in der die Repräsentation zunehmend mechanisiert wurde, hinausgelangt. Das technologische Modell wurde durch ein kybernetisches abgelöst. Wenn es innerhalb der postmodernen Diskurse einen gemeinsamen Nenner gibt, dann ist es der, daß die Vorherrschaft eines Systems wissenschaftlicher Visualisierung und der Verlust jeglichen totalisierenden Modells, sei es eines der „realen" Welt oder eines ihrer Repräsentationen, zum Tragen kommen. Doch auch jenseits des phänomenologischen Zugangs, der für die meisten Theorien der Repräsentation kennzeichnend ist, hat sich eine Verschiebung vollzogen, wobei man annehmen kann, daß das Repräsentierte keine Entsprechung in der materiellen Welt hat. Während der gesamten Entwicklung der „Virtualisierung" der Repräsentation zerbröckelte ihre unsichere epistemologische Grundlage.

Der lineare Gegensatz zwischen einem angeblichen *Realen* und einem angeblichen *Irrealen* hat die pseudo-moralische Krise der Repräsentation genauso fortgesetzt, wie er vom materialistischen Ansatz übermäßig vereinfacht wurde. „Wir verwechseln das Mehr mit dem Weniger", schrieb Deleuze über Bergson, „wir tun so, als hätte es das Nicht-Sein vor dem Sein, die Unordnung vor der Ordnung und das Mögliche vor der Existenz gegeben, als hätte es das Sein gegeben, um eine Leere zu füllen, die Ordnung, um eine vorangegangene Unordnung zu beheben, das Reale, um eine primäre Möglichkeit zu verwirklichen." Um es einfach auszudrücken: Die Rekonfigurierung der Repräsentation in der Verschiebung vom Aufzeichnen zur Wiedergabe muß, um mit Lacan zu sprechen, von einer beständigen Überprüfung der Wechselseitigkeit zwischen dem „Symbolischen" und dem „Imaginären" begleitet sein. Wie Slavoj Žižek in Anlehnung an Lacan sagte: „Die Virtualität kommt bereits in der symbolischen Ordnung als solche zum Tragen [...] in dem Maße, in dem virtuelle Phänomene es uns rückwirkend ermöglichen, zu entdecken, in welchem Grad unsere grundlegendste Selbsterfahrung virtuell war." (Žižek bei der ars electronica 1995) In diesem Computersystem ist die „Virtualisierung" der Repräsentation tief mit den Techniken des entscheidenden postkybernetischen Projekts, nämlich der Kognitionsindustrie, verbunden.

Die Diskurse über Produktion und Rezeption, die Prinzipien des Interface-Designs, die Wahrnehmungstheorien, die narrativen Linien, die Praktiken der Verwirklichung, die Strategien der Verteilung etc. bilden eine ganze Litanei von Fragen, die durch die Auswirkungen der digitalen Medien zu neuem Leben erweckt werden. Die Liste verändert sich natürlich ständig, unter dem Einfluß der beschleunigten Innovationen und der geradezu unbegreiflichen Entwicklung der Technologie. Endlose Forderungen nach Revision und die Anliegen des Marktes bilden die Grundlage eines großen Teils der Technokultur. Endlose Versprechungen – die Art positivistischer Euphorie, die die Moderne stets heimsuchte – zeigen sich wieder in einem Environment, das sich durch immer größer werdende Zugänglichkeit auszeichnet. Spekulativer Konsum füllt eine Lücke zwischen dem Ende der Industrie und dem Beginn einer virtuellen Vereinigung, ein Informationsfeld, das im Zeichen der Spekulation steht.

Hatten die Reproduzierbarkeit und die Fragen der Massenpsychologie die Kritik der Kultur in den 30er Jahren bestimmt, so kamen im Zeitalter der Fernsehübertragung, das nach den 50er Jahren einsetzte, die Technologien der Übertragung und des Bewußtseins zum Tragen. Zusammen mit dem Einzug des Televisuellen und der Kybernetik kam es zwangsläufig zu einem Abdriften in Richtung Ökonomie der Information und zur Entstehung einer *Bewußtseinsindustrie*, die man als Angelpunkt im Diskurs über den Wandel der Reproduzierbarkeit erkannte. Die Kulturtheorie sah sich verwickelt in eine Dialektik mit dem Kreislauf der Information, während schon die nächste Generation sich mehr für neurokognitive Fragestellungen interessierte als für Fragen der Wahrnehmung und Ideologie. Tatsächlich kam es zu einer größeren Annäherung an die Kognition in den Sphären der elektronischen und genetischen Medien.

Während Fragen des Raums und der Dauer die Diskurse der Moderne beherrschten, sind Fragen des Interface und des Narrativen innerhalb der Postmoderne als Zeichen einer weitaus komplexeren Situation bedeutend. Überholte Traditionen des öffentlichen Bereichs, die Soziologie der Postindustrialisierung, die Abgegrenztheit der Identität sind einer Art verteiltem Eingebettetsein – oder besser Eingetauchtsein – des Selbst in den Medien-Landschaften der Telekultur gewichen, die eine kommunikative Praxis hervorbringen muß, deren Grenzen im physikalischen Raum noch nicht festgelegt worden sind. Die Technologien der neuen Medien entwerfen vielmehr eine kognitive Geographie der Rezeption, der Kommunikation, die in Bereichen hervortritt, deren Beherrschung der Materie von kurzer Dauer ist, deren Position im Raum jeglicher fester Grundlage entbehrt und deren Präsenz an Partizipation gemessen wird, und nicht an den Zufälligkeiten des Ortes.

„Die Explosion der Kausalität, die den Physikern zufolge morgen enden sollte in einer riesigen Implosion der Finalität, einer theoretischen oder metatheoretischen Konstruktion, die imstande war, die Materie vor dem Verlust des Sinns zu retten, die Schöpfung des Schöpfers zu bewahren, ein heimlicher Wunsch nach Autonomie und universeller Automation – all das sollte sämtlichen zeitgenössischen apokalyptischen Trends gemeinsam sein. Diese Aufdeckung der prekären Seite des menschlichen Willens, dieses Antlitz der Hoffnungslosigkeit, das den Ambitionen der Wissenschaften völlig entspricht, diese Täuschung, in welcher die aufklärerische Idee der Natur sich vermischt – und letztlich verwechselt wird – mit der Idee des Wirklichen, einem Überbleibsel aus dem Jahrhundert der Lichtgeschwindigkeit." (Virilio, 1993: 5)

Verwendete Literatur:

Comolli, Jean-Louis, (1980): Machines of the Visible", in: Teresa de Laurentis; Stephen Heath, *The Cinematic Apparatus.*

Enzensberger, Hans Magnus, (1980): Baukasten zu einer Theorie der Medien, in: ders., *Palaver. Politische Überlegungen 1966-1973,* Frankfurt a. M.

Enzensberger, Hans Magnus (1968): Constituents of a Theory of the Media, in: *Dreamers of the Absolute,* London.

Hayles, N. Katherine, (1996): Boundary Disputes: Homeostasis, Reflexivity, and the Foundations of Cybernetics, in: Robert Markley (Hg.), *Virtual Realities and Their Discontents,* S. 13-18, Baltimore.

Heims, Steven (1980): *John von Neumann and Norbert Wiener, From Mathematics to the Technologies of Life and Death,* Massachusetts.

Keller, Evelyn Fox (1995): *Refiguring Life: Metaphors of Twentieth Century Biology,* New York.

Kelly, Kevin (1994): *Out of Control: The Rise of Neo-Biological Civilization,* Massachusetts.

Kittler, Friedrich (1992): Gespräch zwischen Friedrich Kittler und Peter Weibel, in: Peter Weibel, *Zur Rechtfertigung der hypothetischen Natur der Kunst und der Nicht-Identität in der Objektwelt,* Köln.

Kittler, Friedrich, (1994): Unconditional Surrender, in: Hans Ulrich Gumbrecht; K. Ludwig Pfeiffer (Hg.), *Materialities of Communication,* Stanford.

Lefebvre, Henri (1991): *The Production of Space,* Oxford.

Levy, Steven (1992): *Artificial Life,* New York.

Minsky, Marvin (1990): The Future Meaning of Science, Art and Psychology, in: Gottfried Hattinger (Hg.), *Virtuelle Welten*, Linz.

NY Times (1995): Neuron talks to chip and chip to Nerve Cell, in: *New York Times,* 22. August 1995.

Virilio, Paul (1991): *The Lost Dimension,* (Semiotext(e)), New York.

Virilio, Paul (1993): The Third Interval: A Critical Transition, in: Verena Andermatt Conley (Hg.), *Rethinking Technologies,* Minneapolis.

Wiener, Norbert (1954): *The Human Use of Human Beings: Cybernetics and Society,* New York.

Entzaubern – Verzaubern

Zu den *außergewöhnlichen Reisen* Jules Vernes

Leopold Federmair

Paul Suze, Titelblatt von: Jules Verne, *De la Terre à la Lune, trajet direct en 97 heures 20 minutes*, Paris: Hetzel o. J., 26,5 x 17,2 cm, Privatsammlung, Wien

1.

62 Bände umfaßt die Reihe der „Außergewöhnlichen Reisen", die Jules Verne zwischen 1863 und 1905, seinem Todesjahr, im Pariser Verlag Hetzel veröffentlichte. 62 Bände, von den turbulenten, ironisch erzählten "Fünf Wochen im Ballon" bis zu "Der Herr der Welt", einem der letzten Werke Vernes, das man als düsteres Vermächtnis des Technopädagogen lesen kann.

„Mein Ziel war es, die Erde zu beschreiben, und nicht nur die Erde, sondern das Universum", sagte Verne 1893 im Gespräch mit einem amerikanischen Journalisten [1]). Seine Äußerung bringt die expansive Bewegung der Romane auf den Punkt. Schritt für Schritt erobern sie Räume, aber auch Zeiten, Zug um Zug decken sie die Gebiete des Wissens und der Erfahrung ab. Um dies zu erreichen, um die Erde und das Universum zu entzaubern, bedient sich der Autor einer Erzählmaschine, die es ihm erlaubt, das expansive Programm wie am Fließband zu erfüllen, und bedienen sich seine Protagonisten der zur Verfügung stehenden Technologien der zweiten Hälfte des 19. Jahrhunderts, die dabei nur selten ins Phantastische getrieben werden.

Das Außergewöhnliche der Verneschen Reisen – jedenfalls der prototypischen unter ihnen – besteht darin, daß sie nicht nur eine lange oder schwierige Strecke beschreiben, sondern die menschlichen Räume erweitern, das Unbekannte erschließen und in Elemente führen, in denen der natürlichen Ordnung gemäß andere Arten leben: die Fische im Wasser, die Vögel in der Luft. Die Reise um die Erde in achtzig Tagen wäre eine zwar abenteuerliche, aber gewöhnliche Reise, würde sie nicht eine neue Perspektive eröffnen, nämlich die planetarische. Diese Reise verläßt bereits die horizontale Ebene und nähert sich der vertikalen – oder kreisenden, orbitalen Erweiterung, die für die Unternehmungen des Unterseeboots, für die Erforschung des Mittelpunkts der Erde, für die Fahrten zum Mond konstitutiv ist. Es geht nicht mehr nur, wie bei den Romantikern, von denen Verne geistig abstammt, in die Ferne, „ins weite Feld", sondern nach oben, nach unten, nach außen – zu Wasser und zu Land, aber auch durch die Luft und durch die Erde.

Was die Erde betrifft, so geht ein wesentliches, in mehreren Romanen thematisiertes Bestreben dahin, an ihre äußersten Punkte zu gelangen, um sie auf diese Weise als Planeten, als kugelähnlichen Körper, bestimmen und beschreiben zu können, wobei der Akt der Benennung von minutiöser Bedeutung ist. „Den Pol besitzen heißt, die Erde beherrschen: man hat den Punkt und die Kreise unter seinem Fuss." (Serres, 1974: 89) Den Punkt also, in dem die Meridiane zusammenlaufen. Oder den innersten Punkt, durch den die Erdachse läuft, den Mittelpunkt. Der Entdecker-Eroberer, mag er nun Kapitän Nemo oder Professor Lidenbrock heißen, beeilt sich, den Ort, den er als erster Mensch betreten hat, mit seinem Namen zu versehen. Nemo pflanzt am Südpol seine schwarze Fahne auf und nimmt diesen „sechsten Erdteil" in Besitz. „In wessen Namen?" fragt Arronax. „In meinem eigenen", lautet die Antwort. Vernes Helden, die Triade Gelehrter-Ingenieur-Arbeiter, die sich oft in einer einzigen Person verkörpert,

Félix Nadar, *Entwurf eines dampfbetriebenen Helikopters von Ponton d'Amécourt*, 1863, 29,4 × 23,7 cm, Photographie, Musée Carnavalet, Paris

diese Helden überziehen auf ihren Reisen den Erdball und tendenziell auch die anderen Planeten mit ihrem Wissen, mit der Ordnung der Sprache und der Klassifizierungen. Die Welt wird auf diese Weise entzaubert. Zugleich aber führt die Vernesche Erzählmaschine neue Geheimnisse ein, sie öffnet eine Reihe von Fragen der Erkenntnis, um sie dann in der Schwebe zu lassen, und verdunkelt die Herkunft, die Identität, die Ziele der Helden: Die schwarze Fahne ist ein obskures, erst noch zu entschlüsselndes Zeichen (die Lösung wird am Ende des zweiten Bandes von "Die geheimnisvolle Insel" gegeben). Die Topographierung der Erde wirft neue Fragen auf; die Absorbierung der Mythen erzeugt neue, wenn auch kurzlebigere Mythen. Das Geheimnis wird nicht abgeschafft, sondern verwissenschaftlicht. Der Zugang zu ihm ist der systematische Zweifel, den Verne in pädagogischer Absicht als narratives Spiel inszeniert.

Selbst Robur, der Eroberer, dessen Absichten im gleichnamigen Roman recht zwiespältig sind, empfindet beim Überfliegen der Kontinente so etwas wie ein „topographisches Begehren". Als sein Luftschiff den Südpol überquert, gerät er, der kühle Rechner, fast außer sich, und der Erzähler kommentiert melancholisch, daß dieser „ideale Punkt" erst noch entdeckt werden müsse. Zuvor schon, über dem afrikanischen Kontinent, hatte er die weißen Stellen auf den Landkarten bedauert, die „vagen Bezeichnungen, die die Kartographen zum Verzweifeln bringen". Trotz dem immer wieder geäußerten Erstaunen angesichts der Wunder des Sichtbaren geht es dem Luftreisenden wie auch dem Tiefseereisenden letztlich um die Benennung und Beschreibung selbst. Der Rest an Unbestimmtheit, der nach jeder einzelnen Reise übrigbleibt, ist der Antrieb zum nächsten Unternehmen. Sowohl die nicht-fiktionalen Berichte über Ballonfahrten als auch die Verneschen Fiktionen zeigen deutlich, daß

Félix Nadar, *Erste Versuche aerostatischer Aufnahmen der 'Place de l'Étoile' von einem Ballon aus*, um 1858, 40 x 30 cm, Photographie, Neuabzug, Bibliothèque Nationale, de France, Paris

der primäre Wunsch, der den Luftreisenden leitete, dahin ging, die Welt in ungewohnter, neuer Perspektive von *oben* zu sehen. "Fünf Wochen im Ballon" wurde von der Ballonfahrt inspiriert, die der Photograph Nadar im Juli 1865 unternahm (das Anagramm, Ardan, benutzte Verne als Namen für einen der drei Astronauten seiner Mondreisen). Die Vogelperspektive, die sich der Mensch auf diese Weise anmaßt und aneignet, ist eine erste visuelle Expansion, ein erster Schritt zum globalen Blick, den die Mondreisen – und natürlich das Fernrohr, beides zusammen – gewähren. Das topographische Begehren verbindet sich mit der Sehnsucht nach dem Fernblick, der möglichst viel auf einmal sehen läßt. Im Idealfall, den Vernes "Reise um den Mond" fiktionalisiert, ist dies der Satellitenblick, der alle Seiten der Sphäroide beleuchtet. Daß ein Photograph zu den Pionieren der Verwirklichung dieser Träume gehörte, ist gewiß kein Zufall. Er ergriff die Möglichkeit, seinen Standort durch einen Schwebeort zu ersetzen, von dem aus er buchstäblich alles festhalten konnte: die grenzenlose, planetarische Welt als Komplement zur punktuellen Erhellung der menschlichen Seele, die – auch dies ein Wunder der Technik – auf dem Porträtphoto erscheint.

Ein Charakteristikum von Vernes Beschreibungen der neuartigen Fortbewegungsmaschinen, aber auch der Räume und Naturphänomene, ist die Neigung zur Superlativierung der Größenverhältnisse. Die Maße und die Leistungskraft der Nautilus und der Albatros, des künstlichen Fischs und des künstlichen Vogels, sind unerhört, das unterirdische Meer, das Professor Lidenbrock und seine beiden Begleiter entdecken, ist unermeßlich; die Naturkatastrophen, Malström und Vulkanausbruch, die Entfesselung der Wassermassen und des Feuers, sind gewaltig. Einerseits gehören diese Merkmale – samt den Extrembefindlichkeiten von Hunger, Durst, Ersticken, Ertrinken und wundersamer Errettung – natürlich zur Maschinerie des Abenteuerromans; andererseits decken sie sich mit der Tendenz zur Expansion und zur Intensivierung, die der Epoche Vernes generell eignete. Ausdehnung der Gebiete, Überschreitung der Grenzen: Diese Dynamiken liegen den Entdeckerreisen ebenso zugrunde wie dem zeitgenössischen Kolonialismus oder dem Überschreitungsgestus von Nietzsches Philosophie, der zum Konzept des Übermenschen führt. Aus dieser Zeitgenossenschaft Vernes führen aber auch Fluchtlinien zu den – oft schon erstarrten – Monumentalismen des 20. Jahrhunderts, zu Kafkas höchst ambivalenter Vision eines Naturtheaters in Oklahoma, das in Wahrheit ein Techniktheater ist und gewisse Entsprechungen zur Bestrafungsmaschine der "Strafkolonie" hat, oder zu Chaplins Vision der „Modernen Zeiten". Die quasi-militärische Arbeitsweise, die Verne in "Die 500 Millionen der Begum" beschreibt, läßt an Ernst Jüngers Übergestalt des „Arbeiters" denken, das von Verne imaginierte „Paris im 20. Jahrhundert" an Fritz Langs "Metropolis". Es ist des öfteren gesagt worden, daß Vernes Technikvisionen ganz im 19. Jahrhundert verwurzelt sind und häufig auf aktuelle Ereignisse, ja auf Moden reagieren. Dem wäre hinzuzufügen, daß sein Werk auch die Keime enthält, die im 20. Jahrhundert austreiben sollten, und dazu sogar Spurenelemente einer Kritik an diesen Blüten. Liest man "Paris au XXe siècle" [2]), ist man immer wieder erstaunt, wie naheliegend, wie simpel, wie logisch die Verneschen Zukunftsextrapolationen sind. Verne hat sich keinen prophetischen Aufschwüngen hingegeben, er hat vielmehr Rechenaufgaben gelöst. Er hat die Monumentalisierung der Metropolen, die Verkabelung der Welt, die Verringerung der Abstände vorausgedacht, auch die totale – sei es *sanfte*, sei es gewalttätige – Kontrolle der Gesellschaft, aber nicht die Verkleinerung der Maschinen, ihre arbeitsvernichtende Wirkung und die Reduzierung der Wirklichkeit auf virtuelle Bilder, da diese Prozesse in der Technologie des 19. Jahrhunderts noch nicht enthalten waren. Mit Blick auf den Ersten Weltkrieg, den ersten industriellen und «demokratischen» Krieg, schrieb Walter Benjamin: „Menschenmassen, Gase, elektrische Kräfte wur-

Charles Lamb, *High Streets in the Air*, um 1908, 71 × 54 cm, Tinte und Wasserfarbe auf blauem Papier, Avery Architectural and Fine Arts Library, Columbia University, N.Y.

Benett, *Stahlstadt*, Illustration in: Jules Verne, Die 500 Millionen der Begum, in: ders., Werke (Gesamtausgabe), Wien: Hart leben, 1876, Bd. 31, S. 40

den ins freie Feld geworfen, Hochfrequenzströme durchfuhren die Landschaft, neue Gestirne gingen am Himmel auf, Luftraum und Meerestiefen brausten von Propellern, und allenthalben grub man Opferschächte in die Muttererde. Dieses große Werben um den Kosmos vollzog zum ersten Male sich in planetarischem Maßstab, nämlich im Geiste der Technik." Die Technik aber, so Benjamin, habe „die Menschheit verraten und das Brautlager in ein Blutmeer verwandelt". (Benjamin, 1955: 124)

Auch die (wohl unausweichliche) Verbindung der technisch ermöglichten planetarischen Perspektive mit dem Krieg, die wechselseitige Befruchtung von Forschung, Technik und Gewaltausübung, ist bei Verne vorgedacht. Den Luftkampf zwischen Flugzeug und Ballon, zwischen Leichtgewicht und Schwergewicht, zwischen technischem Fortschritt und technischer Stagnation, den Robur, der entschlossene Ingenieur, naturgemäß für sich entscheidet, kommentiert der Erzähler mit den unsentimentalen Worten: „Ein Luftkampf stand bevor, ein Kampf, der selbst die Aussichten auf Rettung ausschließt, die bei einem Seekampf immer noch bleiben – der erste Kampf dieser Art, doch bestimmt nicht der letzte, denn der Fortschritt ist eines der Gesetze dieser Welt." (Verne, 1970: 331)

Neben der räumlichen Expansion nach oben, nach unten, nach außen und nach innen gibt es bei Verne auch einen Drang zur zeitlichen Ausdehnung, zur Regression und zur Progression, der in Verbindung mit dem Historizismus der Epoche steht. Die Reise zum Mittelpunkt der Erde dient nicht nur der geologischen Erkundung, sie ist auch eine Reise durch die Zeit, durch die Naturgeschichte, ebenso wie durch die Menschheitsgeschichte. Die romantische, in wissenschaftliche Bahnen gelenkte Sehnsucht, eine Urpflanze zu finden, aus der sich alles weitere Leben ableitet, wird überhöht durch das Bild des Urmenschen, das Professor Lidenbrock und sein Neffe in der riesenhaften unterirdischen Höhle zu sehen glauben. Ist man hier an den Anfang der Geschichte gelangt oder handelt es sich um ein Trugbild, um romantische Phantasie? Der Autor, rational kalkulierend auch dann, wenn er die turbulentesten Abenteuer erfindet, läßt die Frage bewußt in der Schwebe. Das historische Interesse – oder eher die Pflicht, der Geschichte Genüge zu tun – leitet Verne auch bei vielen seiner enzyklopädischen Aufzählungen. Die Geschichte der Luftfahrt oder der Polarexpeditionen wird nicht weniger sorgsam inventarisiert als die Meeresfauna, die unterirdischen Gesteinsschichten oder die technischen Geräte. Die totalisierende Beschreibung der Welt hat auch eine historische Dimension.

In dieser Dimension kann man sich nun in zwei Richtungen bewegen, und Jules Verne wäre nicht Jules Verne, würde er nicht beide Möglichkeiten nützen. Michel Dufrénoy, der knabenhafte Held des Science-fiction-Romans "Paris au XXe siècle", ist ein aus dem 19. ins 20. Jahrhundert gestolperter Candide, der sich allerdings der Welt, die er vorfindet, nicht anzupassen vermag. Ohne daß sich Verne einer entsprechenden Konstruktion oder Terminologie bedienen würde, handelt es sich hier doch um eine Reise mit der Zeitmaschine, denn die Psychologie, die Sozialisation, die Erfahrungen des Helden stammen zur Gänze aus dem 19. Jahrhundert. Warum sonst sollte ein Jugendlicher im Jahr 1960, zu einer Zeit, da die literarischen Traditionen völlig vergessen sind, verzweifelt nach einer Ausgabe von Victor Hugo suchen? Nein, dieser Michel Dufrénoy ist in der ersten Hälfte des 19. Jahrhunderts geboren, sein Kulturbewußtsein gleicht dem des jungen Jules Verne, und eine Zeitmaschine hat ihn 100 Jahre weit in eine technizistische, utilitaristische Zukunft katapultiert. Er ist der Vektor, der das Bedürfnis Vernes oder des zeitgenössischen Lesers nach zeitlicher Progression transportiert. Beides, der Zeitsprung nach vorne und die beschleunigte Rückwärtsentwicklung, kombiniert Verne in der Erzählung "Der ewige Adam", die sich auf zwei zeitlichen Ebenen entfaltet. Die erste Ebene scheint in großer zeitlicher Ferne angesiedelt zu sein, aber nicht unbedingt in der Zukunft, da die Menschen, die sie bevölkern, einerseits zwar so etwas wie einen Universalstaat errichtet haben, andererseits aber bestimmte technische Erfindungen noch nicht kennen. „Wir sehen: die Andart'-Iten-Schu kannten zwar den Telegraphen, nicht aber das Telephon oder das elektrische Licht zur Zeit, als der Zartog Sofr-Aï-Sr diese Beobachtungen anstellte", heißt es in einer Anmerkung Vernes zu seinem 1905 verfaßten Text. (Verne, 1977: 252)

Die Beobachtungen, die der Sofr anstellt, beziehen sich auf einen Textfund, der ihn in eine ferne Vergangenheit zurückführt. Die Bewohner dieser Vergangenheit waren im Vergleich zu seiner eigenen Epoche offenbar weiter fortgeschritten, zumindest in technischer Hinsicht, denn der Erzähler jenes gefundenen Textstücks erwähnt eine Fahrt in einem Wagen, der über einen 35-PS-Motor verfügt. Dennoch trägt dieser Vergangenheitsbericht das Datum „Rosario, den 24. Mai 2...", und er beginnt mit den Worten: „Ich setze diese Art Datum vor den Beginn meiner Erzählung, obgleich sie in Tat und Wahrheit viel neueren Datums ist und auch anderswo spielt." Die Erzählung Vernes spielt mit den Zeitebenen, sie bewältigt gewaltige Zeiträume und relativiert die Datierungen, ja sogar die Vektoren. Die Geschichte, die (angeblich) in Rosario spielt, beginnt übrigens mit einer monumentalen Naturkatastrophe und endet fragmentarisch mit der geistigen Regression der überlebenden Menschengruppe auf ein frühgeschichtliches Niveau.

In Vernes *außergewöhnlichen Reisen*, zu denen wir auch "Paris au XXe siècle" und "Der ewige Adam" zählen können, läßt sich eine Expansivität, eine Neigung zur Totalisierung feststellen, die in der zeitlichen, noch mehr aber in der räumlichen Dimension wirkt, während sich parallel dazu eine enzyklopädische Anhäufung von Wissen vollzieht. Ein Großteil der „Voyages extraordinaires" erschien zunächst in der – ebenfalls von Hetzel herausgegebenen – Zeitschrift "Magasin d'éducation et de récréation", die sich vor allem an ein jugendliches Publikum richtete. Beide, Verleger und Autor, hatten sich die alte Maxime des *prodesse et delectare* zu eigen gemacht. Neu ist an ihrem Projekt der totalisierende Anspruch und der positivistische Geist, der einer herkömmlichen Erzählstrategie – bis hin zu den (rabelaisischen) Aufzählungen, die oft weniger edukativen als rekreativen Wert haben – aufgepfropft wird. Die räumliche Expansion deckt sich einerseits mit kartographischen Interessen, andererseits aber auch mit den kolonialistischen Tendenzen des 19. Jahrhunderts. Die Entsprechung, von der hier die Rede ist, ist in erster Linie eine strukturelle; sie wird von den Thematisierungen des Kolonialismus, die man bei Verne immer wieder finden kann, gleichsam flankiert. Daß der Autor dabei mit einer Vielzahl von – untereinander oft widersprüchlichen – Stimmen spricht, läßt sich kaum bestreiten (vgl. Foucault, 1994). Die Kolonialisierten und noch zu Kolonialisierenden erscheinen einmal als edle Wilde, dann wieder als kriegslüsterne Barbaren oder auch – der Diener Frycollin in "Robur der Eroberer" – als schwarze Feiglinge. Einer Einheit (oder Zweiheit) in der Vielstimmigkeit ist man vielleicht an der Stelle am nächsten, wo sich Cyrus Smith, ein weißer Amerikaner aus den liberalen Nordstaaten, idealer Vertreter des Verneschen Ingenieurtypus, und Kapitän Nemo, der von den Engländern aus seiner Heimat vertriebene indische Fürst, begegnen. Cyrus Smith hört den edlen, von Gewissensbissen geplagten Rächer der Unterdrückten geduldig an, um ihm dann zu antworten: „Ihr Irrtum gehört zu denen, die Bewunderung verdienen, und Ihr Name braucht den Urteilsspruch der Geschichte nicht zu fürchten." Die beiden Ingenieure verstehen einander, auch wenn sie nicht übereinstimmen.

2.

Ernst Jünger hat die Technik als „die Art und Weise" definiert, „in der die Gestalt des Arbeiters die Welt mobilisiert". (Jünger, 1982: 156) In diesem großspurigen, ziemlich abstrakten Mobilismus klingt die Maxime der Niemandsgestalt nach, die mit der Menschheit gebrochen hat, um sie, nietzscheanisch gesprochen, zu überwinden: MOBILIS IN MOBILI steht auf dem „eleganten" Tischbesteck der Nautilus graviert. Während aber in dieser Maxime wie im gesamten narrativen Parcours des U-Boot-Kapitäns ein ökologischer Grundton (flankiert durch die wiederholte Thematisierung des Schutzes bedrohter Arten) unüberhörbar ist, herrscht in den meisten Verneschen Romanen ein kriegerisches Technikverständnis vor. Es gehe darum, sagt Robur, der Flugkapitän, stärker zu sein als die Luft, stärker als das Wasser, stärker als die Natur. Robur, gegen dessen tyrannische Neigungen der Autor erfolglos ankämpft, macht sich die Natur ebenso untertan wie die Menschen; Nemo sucht, wenigstens in dem Element, das er sich erwählt hat,

Riou, *La mer s'enflamma à son regard* (Sein Blick entflammte das Meer), Illustration in: Jules Verne, *20 000 lieues sous les mers*, Paris: Hetzel 1887

eine Koexistenz mit seiner Umwelt und stellt die Technik in den Dienst dieser Koexistenz. „Man kann die menschlichen Gesetze herausfordern", sagt Nemo, „aber nicht die Naturgesetze." Die Formel „Herr der Lüfte", „Herr der Meere", „Herr der Welt" findet bei Verne mit unterschiedlichen Bedeutungsnuancen immer wieder Verwendung. Etwa auch in "Der ewige Adam", wo Sofr als Ziel der langsam fortschreitenden Menschheit die „vollkommene Erkenntnis", die „absolute Beherrschung des Universums" nennt. Dieser Herrschaftsanspruch wird freilich durch das aufgefundene Manuskript aus der künftigen Vorwelt bestritten, ja verhöhnt. Verne hatte sich im Verlauf seiner Schriftstellerkarriere zum Skeptiker gewandelt. Seine pessimistischen Prognosen (oder eher Diagnosen) betreffen jedoch nie die Technik als solche, die er sogar in den kritisch gedachten Passagen bewundert, sondern die menschliche, vor allem geistige und moralische Schwäche.

Ein Kernstück der Verneschen Abenteuererzählmaschine ist eben dieser Kampf zwischen Mensch und Natur. Daß es keinesfalls ein einziger „Triumphmarsch" des Menschen, wie ihn Sofr sich vorstellt, sein kann, beweist jede einzelne der *außergewöhnlichen Reisen*. Immer wieder sind die Individuen, wenn nicht die gesamte Menschheit, in Gefahr, den Naturgewalten zu unterliegen. An den Höhepunkten des Kampfes, dort, wo sich die Natur in einer Monumentalität zeigt, die den technischen Apparaten weit überlegen ist, verwandelt sich der Feind in Gestalt der Fluten des Malströms oder des vulkanischen Feuermeers auf wundersame Weise in einen Freund, der die menschlichen Individuen aus ihrer aussichtslosen Lage befreit, den Erzählverlauf abkürzt und die Protagonisten nach Hause führt. Hier dreht sich das ökologische Verhältnis um: Die Natur hat ein Einsehen mit dem Menschen wie ein Erwachsener mit dem überheblichen Kind. Während die Naturkatastrophen also im letzten Moment zu lebenserhaltenden Ereignissen werden, kann der Traum von der technischen Naturbeherrschung zum Alptraum werden. In "Der Herr der Welt" (1904), einem seiner letzten Werke, läßt Verne die Macht Roburs zur Allmacht anwachsen. Er beherrscht nicht mehr nur ein Element, sondern alle. Sein Luftschiff, das im ersten, 1886 erschienenen Roman noch „Albatros" geheißen hatte und durch die Anspielung auf Baudelaires Albatros-

L. Benett, *Der Apparat war von spindelartiger Gestalt*, Illustration in: Jules Verne, *Herr der Welt*, in: ders., Werke (Gesamtausgabe), Wien: Hartleben 1876, Bd. 86, S. 21

Gedicht romantische Konnotationen geweckt hatte, heißt nun "Epouvante", also *Schrecken*, und es fordert nicht mehr nur die Lüfte heraus, sondern auch die Meere und die horizontale irdische Ferne, denn es ist zugleich Automobil, Flugzeug, Schiff und Unterseeboot. Hier ist offenbar eine Grenze erreicht, eine technisch bewerkstelligte Konzentration der menschlichen Expansion, der die Natur mittels Elektrizität ein Ende setzt. Hybris und Nemesis: Gott straft den Frevelnden mit seinem Blitz.

3.
Der Traum vom Fliegen, der Traum vom Tauchen, der Traum vom Graben. So sehr es im einzelnen um die technische Realisierung geht, so sehr sind die Unternehmungen der Verneschen Helden immer auch in der Geschichte der *Menschheitsträume* verwurzelt. In Mailand studiert Verne Leonardo da Vincis Entwürfe für Flugmaschinen, um sich bei der Beschreibung seiner Albatros davon inspirieren zu lassen. Ohne daß eine Absicht oder ein System erkennbar wäre, stecken seine Romane voller Mythen: Ikarus und Odysseus (der „Niemand"), aber auch Orpheus (der Unterweltreisende), Prometheus, Moses; Noah und die Sintflut, Ariadne und das Labyrinth; Atlantis, die Urpflanze, der Stein des Weisen. Offensichtlich hat das, was man landläufig Menschheitsträume nennt, mit der Sehnsucht zu tun, Grenzen zu überschreiten und den Erfahrungsraum zu erweitern. Wie ein Fisch sein, wie ein Vogel sein, wie Gott sein (eine extraterrestre Position einnehmen): Das Ziel der technischen Anstrengung ist es, sich das ureigene Element einer anderen Art anzueignen. Der Freudschen Definition zufolge sind Träume Wunschmaschinen. Menschheitlich sind

Träume, wenn sie sich auf die Möglichkeiten der Gattung beziehen. Tierwerden, Pflanzewerden, Steinwerden, Alleswerden (Allessehen): Das 19. Jahrhundert hat Schritt für Schritt Techniken zur Realisierung der Träume entfaltet. In "Robur der Eroberer" leitet Verne das sechste Kapitel mit einem Zitat ein: „In welchem Zeitalter wird der Mensch aufhören, durch die Niederungen zu kriechen, um im Azur und im Frieden des Himmels zu leben?" – „Die Antwort auf diese Frage Camille Flammarions", so der Erzähler, der sich hier in einem quasi-wissenschaftlichen Dialog mit dem berühmten Astronomen befindet, „fällt leicht: die Zeit wird gekommen sein, sobald die Fortschritte in der Mechanik die Lösung des Problems der Aviation ermöglichen. Und seit einigen Jahren ließ sich absehen, daß eine wirksamere Ausnutzung der Elektrizität zur Lösung dieses Problems führen mußte." Im gleichen Sinn bemerkt Professor Arronax im Schlußwort zu seinem Unterseereisebericht: „Dies ist der treue Bericht von der unwahrscheinlichen" – traumhaften und doch wirklichen und doch wieder erfundenen – „Expedition in einem Element, das dem Menschen unerreichbar ist und dessen Wege der Fortschritt eines Tages freimachen wird."

Arne Saknussem, der Vorläufer und Wegweiser Professor Lidenbrocks, war ein (fiktiver) isländischer Alchimist des 16. Jahrhunderts. Das geheimnisvolle Manuskript, das Saknussem hinterlassen hat, weckt im Mineralogen des 19. Jahrhunderts ein heftiges, dem Goldfieber ähnliches, tatsächlich aber wissenschaftliches, auf das Innere (die Essenz oder das Wesen) der Erde versessenes Fieber. Was unter den Händen der Alchimisten zauberhaft blieb, nämlich das, „was die Welt", um mit einem berühmten deutschen Wesenssucher zu sprechen, „im Innersten zusammenhält", entzaubern die Forscher und Entdecker des Industriezeitalters. Auf ihren außergewöhnlichen, traumhaft-wissenschaftlichen Reisen lassen sie eine Unmenge von erklärenden, ordnenden Sätzen, eine breite Spur des Wissens zurück, scheitern meist aber ebenso wie ihre Vorfahren an den letzten Geheimnissen, an den fernsten Zielen (zum Beispiel dem Mond) und an den wissenschaftlichen Grundfragen: Ist der Erdkern heiß, ist er kalt? Gibt es ein Leben auf den anderen Sternen oder nicht? Scheitern und Zweifel, *trial and error* samt den unerwarteten Nebeneffekten dieses Verfahrens, sind Teil des neuen, neuzeitlichen Zaubers, der die Entzauberung begleitet. Vom Alchimisten zum Mineralogen ist es ein großer Sprung, und dennoch haben beide an denselben Menschheitsträumen teil.

Vernes Fähigkeit, sich den Traummechanismen hinzugeben, und der Wille, alle Register der Vorstellungskraft zu ziehen, um die Stationen des Fortschritts – mit mehr oder weniger Skepsis – zu veranschaulichen, ermöglichen immer wieder surrealistische Bilder, sowohl im

Lucien Rudaux, *Blick auf die Oberfläche des Mondes aus dem Raumschiff*, 1925 - 1937, Glas, bemalt, 8,5 × 10 cm, Sammlung Rudaux, Donville

Bereich der Technik als auch bei der Darstellung neu erschlossener Räume. Die Welt in der Welt, Monade in der Monade, die Professor Lidenbrock und seine beiden Begleiter im Inneren der Erde entdecken, überbietet die Nautilus-Tiefseewelt mit ihren Vegetationen, Städten und Friedhöfen an Wunderbarkeit. Diese Optik des Außergewöhnlichen war es vermutlich, die Surrealisten wie Raymond Roussel oder Jean Cocteau anzog. Sie ergötzten sich an den phantastischen Höhlenwelten, ihrem durch elektrische Beleuchtung zutage geförderten Zauber, und hätten bestimmt auch, hätten sie davon Kenntnis gehabt, das „elektrische Konzert" der zweihundert Klaviere im vorletzten Kapitel von "Paris au XXe siècle" zu schätzen gewußt. Die Stiche, die die Originalausgaben der *außergewöhnlichen Reisen* illustrieren, bleiben hinter der Komplexität der Bildwelt der Texte meist zurück. Wenige Illustrationen zeigen die Arbeit der Vorstellungskraft so gut wie die Darstellung des toten Hundes, den die Mondreisenden aus dem Fenster ihres Raumschiffs geworfen haben und der sie nun, da das irdische Naturgesetz außer Kraft ist, auf hartnäckige Weise begleitet. In der Regel klammern sich die Illustratoren an gängige Erzählsituationen. Nur das elektrische Licht, damals noch eine Neuheit, regte ihre Ausdruckskraft an; gewaltige Lichtkegel, Lichtdome findet man immer wieder auf diesen Stichen. Dennoch können die Illustrationen dazu beitragen, eine wesentliche Ambivalenz zu erhellen, die die Verneschen Romane kennzeichnet. Auf der einen Seite hängen die Figuren, letztlich auch die *außergewöhnlichen* Helden, einer bürgerlichen, mit romantischen Elementen durchsetzten Lebensauffassung an. Auf der anderen Seite läßt sich der Autor von experimentellen, positivistischen Prinzipien leiten. Diese Ambivalenz spiegelt sich häufig in einem widersprüchlichen Verhältnis zwischen Innen und Außen. Der hohe technische Standard der Luft-, Raum- und Unterseeschiffe wird durch ein biedermeierliches Interieur verbrämt. Der Modernismus der Ingenieure und der Arbeiter wird von einer höchst konventionellen Psychologie getragen und gegebenenfalls abgeschwächt. Der Universalismus und Planetarismus der Eroberer und Entdecker wird durch die borniete nationale Sehweise, der sich Verne nicht entziehen konnte, wieder in Frage gestellt – oder auch in koloniale Bahnen gelenkt (eine Hauptsorge der Verneschen Erzähler ist die nationale Herkunft der außergewöhnlichen Helden). Dennoch ist die Erzählmaschine viel eher als die Illustrationsmaschine in der Lage, Bilder zu produzieren, die weit über den gutbürgerlichen Kontext hinausweisen.

Daß die Verneschen Helden, so konventionell sie gestaltet sein mögen, immer wieder mythische Dimensionen erreichen, hängt unter anderem damit zusammen, daß der Autor sie

Emile Bayard und A. de Neuville, *Autour du projectile (Der Hund als Satellit)* Illustration in: Jules Verne, *Autour de la Lune*, Paris: Hetzel o.J., S. 144, Privatsammlung, Wien

mit den Naturgewalten konfrontiert, sie also gleichsam in einen naturmythischen Horizont stellt. Die Geschichten der Helden und Halbgötter verlangen nach einem elementaren Hintergrund. Prometheus stiehlt nicht eine Fackel, sondern das Feuer; der Lichtstrahl, den Robur über Paris fallen läßt, ist ein Sinnbild der Elektrizität, in dem sich – je nach Wertnuancierung – eine neuzeitliche Fee oder ein böser Dämon zu erkennen gibt. Hat der Held mit den Elementen zu kämpfen, entfesseln diese ihre ganze Gewalt. Der Grad der Gefahr, die dadurch entsteht, erreicht das äußerste Ende der Skala, die Auseinandersetzung ist von höchster, superlativer Intensität. Feuer, Wasser, Luft und Erde: In der Reihenfolge der durchlebten Abenteuer drohen die Reisenden zu verbrennen, zu ertrinken, zu ersticken, lebendig begraben, erdrückt zu werden. Die fremden Elemente verweigern oder gestatten (in der ökologischen Variante) dem Menschen den Zugang. Wie die einzelnen Abenteuer auch enden, die Technomythologie des 19. Jahrhunderts kann ohne den Widerpart der Natur ebensowenig in Szene gesetzt werden wie einst die biblische oder die griechische Mythologie.

L. Benett, *Der „Albatros" senkte sich tiefer über Paris herab*, Illustration in: Jules Verne, *Robur der Sieger*, in: ders., Werke (Gesamtausgabe), Wien: Hartleben 1876, Bd. 50

4.

Der Angelpunkt der Verneschen Technomythologie ist die Elektrizität, die sowohl eine umfassende Erhellung als auch eine beschleunigte Fortbewegung ermöglicht. Die Dampfmaschinen nehmen demgegenüber bereits einen sekundären Rang ein, während die Bedeutung von Telegraphie (in "Paris au XXe siècle" kann man ein „fac-similé de toute écriture", also ein Telefax, an beliebige Orte schicken), Telephon und Bildvirtualität (in "Das Karpathenschloß") erst angedeutet wird. „Die Elektrizität", kommentiert der Erzähler während der Beschreibung von Roburs Luftschiff, „wird eines Tages die Seele der industriellen Welt sein." In "Paris au XXe siècle", 1863 geschrieben, hatte der noch junge Autor allerdings ein dämonisches Bild der Elektrizität entworfen (ohne sich der Faszination angesichts der technischen Leistungen des 20. Jahrhunderts entziehen zu können). Eine der oft recht präzisen Vorhersagen Vernes betrifft die Erfindung und den Gebrauch des elektrischen Stuhls. Auf diese Weise, so der zynische Kommentar, würde man besser die göttliche Gerechtigkeit (Nemesis) nachahmen können. Auch dies ist ein Beispiel für Technomythologie: der Mensch maßt sich durch die Beherrschung der Elektrizität jene göttliche Rechtsprechung an, die Robur, den vermessenen Technotyrannen, am Ende von Vernes narrativem Parcours in der Naturform des Blitzes treffen wird. Das monumentale Gesamtwerk, die lange Serie der *außergewöhnlichen Reisen*, schließt sich auf wundersame Weise, unabhängig vom Bewußtsein des Autors.

In der Entwicklung Vernes kann man einen literarischen Dreischritt von kritischer Romantik zum bürgerlichen Positivismus und schließlich zur Skepsis des Alters feststellen, der ziemlich genau einem durchschnittlichen sozialen und biologischen Reifungsprozeß entspricht. Dennoch überrascht die Tatsache, daß der Erzähler einer Technomythologie seine Wurzeln in einer bisweilen karrikaturesk anmutenden, vor apokalyptischen Bildern nicht zurückscheuenden Kritik der modernen Zivilisation hat. In "Fünf Wochen im Ballon" prophezeit Fergusson, daß die Maschinen, die die Menschen erfinden, ihre Erfinder eines Tages verschlingen werden. Und in seiner Paris-Science-fiction mobilisiert Verne all die kritischen Formeln, die die Romantiker Europas schon am Ende des 18. Jahrhunderts gegen das heraufziehende Industriezeitalter geschmiedet hatten: Utilitarismus und Egoismus würden zur Herrschaft gelangen, die Poesie werde von der Prosa, das Organische vom Mechanischen erstickt, die Phantasie bleibe auf der Strecke. Trotzdem sind die Beschreibungen, die Verne vom total motorisierten, elektrisch erhellten und sozial kontrollierten Paris des 20. Jahrhunderts gibt, von einem Elan der Bewunderung getragen. Dieses Auseinanderklaffen von sachlicher Beschreibung und romantischer Reflexion verweist auf die Ambivalenz, die das gesamte Werk des Autors prägt und auf verschiedenen Ebenen wirkt.

Die Abenteuerlust, die Faszination durch das Vulkanische und das Chaos der entfesselten Elemente, mag destruktiven Charakter haben. Verne frönt dieser Lust durch die Bedienung seiner Erzählmaschine, er zähmt sie aber auch, indem er ihr eine nie ganz verstummende Stimme der Vernunft beigibt. Die Natur (und auch die Geschichte) wird unablässig in eine Ordnung gebracht, versprachlicht, klassifiziert, mit Hypothesen versehen. Nicht nur Gelehrte wie Professor Arronax halten sich streng an die diskursiven Schemata des Argumentierens, Prüfens, logischen Schließens, sondern auch *Arbeiter* wie Ned Land, deren Existenz von naturhaften Instinkten beherrscht wird. Die Formelhaftigkeit der Dialoge, das Langatmige der Aufzählungen, die Bedachtnahme auf pädagogische Wirkung, alles Eigenschaften, die in Widerspruch zur Turbulenz der Abenteuer stehen und Vernes Hauptwerke prägen – verweisen auf die zeitkonforme Bürgerlichkeit des Autors und seines Verlegers. Ein Sinnbild dafür bietet Professor Lidenbrock, der, durch einen Vulkanausbruch aus dem Inneren der Erde ins Freie befördert, halbnackt und zerschunden, fast aller Mittel ledig, sich genau zwei Dinge bewahrt hat: den ledernen Geldbeutel und die Brille auf der Nase. Das Abenteuer ist bestanden, der Professor kann unverzüglich und auf bequeme Weise die Heimreise antreten, um den Kollegen Zuhause wissenschaftlichen Bericht zu erstatten. In dieser Bürgerlichkeit liegt ein wesentlicher Unterschied zur Maschinen-, Geschwindigkeits- und Kriegsbegeisterung der italienischen Futuristen, die auf die Vernesche Epoche unmittelbar folgt, oder auch zur anarchischen Attitüde eines Ernst Jünger. Bei Verne wird jeglicher Enthusiasmus gebremst durch ein diskutierendes, abwägendes, zweifelndes und ordnendes Erzählen, in dem das Wissen am Ende die Macht erringt über das Chaos der Natur und die Turbulenz der Geschichten.

Nemo, der Kapitän der Nautilus, ist vielleicht das beste Beispiel für die Verquickung von romantischen Wurzeln, positivistischem Geist und *arbeitender* Tatkraft. Am Beginn seiner – fast als *unendlich* vorzustellenden – Reise steht eine Verletzung, eine Wunde, geschlagen durch den englischen Kolonialismus, die sich nicht schließt. Das Fahrzeug, das er konstruiert hat, zugleich Fortbewegungsmittel, Kriegsschiff und Forschungsstation, ist ein Wunderwerk der Technik. Nemo lebt im Einklang mit der Natur, gerät aber dennoch, *mobilis in mobili*, immer wieder in abenteuerliche Situationen und ist dann stets der erste, der Hand anlegt. Er hat Sinn für Musik (manchmal hört man ihn Orgel spielen) und Mitleid mit den Unterdrückten, aber auch die Fähigkeiten eines Ingenieurs und das Wissen eines wandelnden Lexikons. Sein Verhältnis zur Mannschaft, diesen uniformen, reibungslos funktionierenden Arbeitern, hat etwas Mystisches – ein Eindruck, der beim Leser durch die unverständliche Sprache, in der sie untereinander kommunizieren, verstärkt wird. Die verhältnismäßig komplexe soziale Schichtung der Verneschen Romanwelt – Ingenieur, Gelehrter, Diener, Arbeiter – neigt tatsächlich zu einer Bipolarisierung, bei der im Idealfall der Führer die Geführten reibungslos repräsentiert. Ein negatives Gegenbild zu Nemo finden wir in Robur: Ihm fehlen die romantischen Wurzeln ebenso wie die edlen Ziele, statt dessen dominieren Kalkül, Konstruktivismus und Wille zur Macht. Die soziale Komplexität wird nicht zugunsten mystischer Einheit reduziert, sondern in Richtung auf die tyrannische Herrschaft eines einzelnen. Die Akzentverschiebungen in der Haltung des Autors wirken sich auch auf die von ihm geschaffenen Figuren aus.

In "Paris au XXe siècle" führt der romantische Traditionalismus die drei jungen Helden, die eine illegale Widerstandsgruppe in der technisierten Welt bilden, unter anderem dazu, den Krieg und den Soldatenstand zu verteidigen. Die Vorherrschaft der Maschinen mache den individuellen Mut überflüssig, die Soldaten seien zu Mechanikern geworden. Der Beruf des Soldaten ist im Jahr 1960, Vernes Zukunftsbild zufolge, ebenso vom Aussterben bedroht wie der Beruf des Poeten und der des Musikers. Man mag hierin eine mehr oder minder zutreffende Prognose sehen; bemerkenswert sind aber vor allem die rückwärtsgewandten Fundamente, auf denen die Vernesche Romanwelt aufbaut. In der Verschränkung von Regression und Progression befriedigt sich eine Sehnsucht nach archaischen Zuständen ebenso wie eine Neugier auf ferne Zeiten und Räume. Auf die Reise in die Zukunft folgt ein Ausflug in die Vorzeit, falls nicht beides gleichzeitig vor sich geht. Vielleicht ist es nicht ganz abwegig, auf dem Grund dieser Ambivalenz einen psychischen Mechanismus zu vermuten. Unter der Oberfläche des Meeres findet Kapitän Nemo, der sein Schiff liebt „wie ein Vater sein Kind", die „absolute Ruhe". Während auf gewöhnlichen Schiffen „alles Gefahr ist", hat der Nautilus-Reisende „nichts mehr zu befürchten". *Mobilis in mobili*, diese Maxime hat eine Kehrseite, die eine archaische Sehnsucht verrät.

Roland Barthes hat darauf hingewiesen, daß der grundlegende Gestus des Romans jener der „Einschließung" ist. (Barthes, 1957) Die Situation der Gefangenschaft hat dabei eine ambivalente Färbung, die an jene von Träumen erinnert, wo das Lustempfinden der Wunscherfüllung von einem unbestimmten Angstgefühl begleitet wird; im Augenblick der Transgression droht bereits die Strafe. Barthes Beobachtung läßt sich ohne weiteres auf eine Reihe anderer Romane ausdehnen: die Mondreisenden machen es sich in ihrer Weltraumkapsel bequem und laufen Gefahr, den fremden Stern für ewige Zeiten als Satellit zu umkreisen; Uncle Prudent und Phil Evans, die Gefangenen Roburs, wollen erst einmal das Luftschiff kennenlernen, bevor sie daran denken, sich abzuseilen; Professor Lidenbrock und seine Gefährten befahren trotz der drohenden Gefahren das Urmeer, an dessen Gestade sie in der riesigen Höhle im Inneren der Erde gelangen. Die Analogie des letztgenannten Bildes zur fötalen Existenzweise liegt auf der Hand. Die Lust am Text ähnelt hier dem Vergnügen, das Kinder empfinden, wenn sie sich unter dem Tisch, in Baumhäusern und Verschlägen, in den Gänge und Höhlen eines Heustadels verkriechen. Die Expansion, die die *außerordentlichen Reisen* beschreiben, ist zugleich oder zuerst eine Autoinklusion. Die erschlossenen Welten sind Innenwelten nach Art der Leibnizschen Monaden, die unendlich viele Monaden in sich enthalten. Die Erweiterung der Erfahrungsräume entpuppt sich als Aneignung, mithin als Erfüllung – Barthes sagt auch: Möblierung – der Innenräume, die die Erzählmaschine unermüdlich gestaltet.

Verne domestiziert die unendlichen Räume, die Pascal einst erschreckten. Die wohligen Schauder und die Geborgenheit, die die Lektüre der außerordentlichen Reisen gewährt, kann man heute auch in den géodes erleben, in den hochtechnisierten Blasenhohlräumen, vor den gewölbten Riesenbildschirmen, wo die euphorischen, euphorisierenden Weltraumfilme der NASA laufen. Neben der kinematographischen oder virtuellen Monumentalität wirkt die Vernesche Erzählmaschine zwar ein bißchen altmodisch, doch sie funktioniert immer noch. Ja, man könnte sogar die Meinung vertreten, daß das Maß an rekreativer Edukation, das sie hervorbringt, jenes der Geoden erreicht, wenn nicht sogar übertrifft.

Anmerkungen:

1) zit. nach der französischen Übersetzung in: Magazine littéraire, Oktober 1990.

2) J. Hetzel, Vernes Verleger, hatte das Buch 1864 wegen seiner „karikaturhaften" Züge abgelehnt. Es wurde 1994 zum erstenmal gedruckt.

Verwendete Literatur:

Barthes, Roland (1957): Nautilus et Bateau ivre, in: *Mythologies,* Paris.

Benjamin, Walter (1955): *Einbahnstrasse,* Berlin/Frankfurt a. M.

Foucault, Michel (1994): *L'arrière-fable,* in: ders., Dits et écrits, Bd. 1, Paris.

Jünger, Ernst (1982): *Der Arbeiter,* Stuttgart.

Serres, Michel (1974): *Jouvences. Sur Jules Verne,* Paris.

Verne, Jules (1977): Der ewige Adam, in: ders., *Meistererzählungen,* Zürich.

Verne, Jules (1970): *Robur der Eroberer,* Zürich.

Stile der Anwesenheit   Technologien, Traumgesichter, Medien

Manfred Faßler

Dietmar Kamper gewidmet

1. Zwischen den Gesichtern: Körper und Schnittstellen

Es hat den Anschein, als stünden die Kontroversen um Technologie und Medialität vor einer Entscheidung: Versteht man sie als *Prothesen* oder als *realisierte Visionen*? Sind Technologie und Medialität intelligente Traumgesichte menschlicher Sinne oder Ersatzzeug für verlorengegangene muskuläre Kraft oder Ohren- und Augenstärke?

Schaut man sich die Artefakte an, so ist sofort klar: Es gibt beides. Es gibt die lange Geschichte des grob- und feinmechanischen Ersatzes für verlorene Körperteile, und es gibt eine ebenso lange Geschichte der Erweiterung der Körperfunktionen oder ihrer Reichweiten. Aber nur selten sind die Artefaktklassen Ersatz- und Erweiterungstechniken unterscheidungsreich ausgeführt. Im Kern gehen die Kontroversen – zum Leidwesen differenzierter Körperbegrifflichkeit – nicht um die Pragmatik, sondern um Metaphorik. In ihr verpuppen sich tiefgreifende Vorbehalte gegenüber hergestellten nichtmenschlichen Handlungsbedingungen und Medien. Jenes *Ideal anonymer Geschichtsdarstellung*, das Siegfried Giedion für seine nach wie vor großartige Darstellung „Die Herrschaft der Mechanisierung" (Giedon, 1987: 20) wählte, ist keineswegs verbreitet. Er verband dies mit der These, Werkzeuge und Gegenstände seien Ausdruck grundsätzlicher Einstellungen zur Welt – und man könnte heute hinzufügen: grundsätzlich kaum begriffener Einstellungen zu Welt. Die Fähigkeit des Menschen, Materie willkürlich zu formen, sich diese Formen dienlich zu machen, sich seine Umgebung zu erzeugen, wird immer noch vorrangig als Subjektgeschichte verstanden. Daß es diese nicht gäbe, stünde sie nicht im Kontext von Kollektivgeschichten und weltweit hochproduktiven Anonymitäten, wird selten bedacht. Valentin Braitenberg nannte dies einmal eine „unfaire [...] egozentrische Anschauung". (Breitenberg, 1993: 9) *Das „Unfaire" besteht in der Verweigerung der Anonymität*, das heißt der Verweigerung der Produktivität des Anderen, des Gegenübers, des Unbekannten. Die Kuriosität der Jahrhunderte vorrangig mechanischer Technik- und Medienentwicklung besteht darin, daß *anonyme, mechanische, strukturelle Umgebungen 'gebaut'* wurden und *zugleich sich Subjekt- und Individualitätskonzepte verhärteten*. Damit tue ich die hervorragende Rolle des Menschen nicht ab, sondern unterstreiche die immensen Konstruktionsleistungen beim Bau von intimen, privaten, sozialen, kommunikativen Handlungsumgebungen. Zugleich aber gehe ich davon aus, daß der Mensch nicht anders existieren kann als in diesen Varianten *zweiter Natur*, das heißt in einer anonymen Umgebung, die nicht 'er/sie' ist. Die nichtmenschlichen Umgebungen sind also konstruierte und notwendig anonyme Umgebungen. Es sind Gefüge von Denkweisen und materieller Umsetzung. Hergestellte Anonymität, das gemachte Andere, ist eine conditio humana, die medial und technisch ausgeführt wird.

Die Aversion gegenüber der 'zweiten Natur' ist eine kulturhistorische Erblast, die umso schwerer wiegt, je unkritischer sie gehegt wird. Diejenigen, die behaupten, mit dem Prothesen-Argument kritisch gegenüber technologischen und medialen Entwicklungen zu sein, sind dies gerade nicht. Sie behaupten eine essentielle Unterscheidbarkeit von Körper und Technik, wo es doch um die Erkenntnis der Unterschiede im Prozeß, in der Pragmatik, in der Operation geht.

Es ist banal, den menschlichen Körper von physikalischer Technik zu unterscheiden. Dieser Unterschied sagt nichts darüber aus, ob ein Mensch die Techniken der Kommunikation besser als ein Computer beherrscht und wie sich Wahrnehmung, Sinne, Erinnerung oder Reflexion durch den Umgang mit diesem verändern. Die Banalität offenbart ein umfangreiches Defizit: Die *kulturelle Entwicklungsgeschichte der menschlichen Sinne*, das heißt der Wahrnehmung und Reflexion von 'Umgebung', und ihre Beziehung zum medial und technologisch geprägten Körper muß noch geschrieben werden. Bislang bleibt nur, sich in die Kontroverse zu begeben, um das Terrain für eine *Neubeschreibung der Gleichzeitigkeit und Gleichräumigkeit von menschlichem Körper und nichtmenschlicher Umgebung* unter gegenwärtigen Bedingungen mit vorzubereiten. Wir müssen lernen – vor allem unter dem erzieherischen Druck elektronisch-digitaler Fernanwesenheiten –, *Subjekt und Anonymität in gleicher Weise ernst zu nehmen*. Ich gehe im folgenden Text vorrangig von Raum-Zeit-Visionen aus, und nicht von Körper-Prothesen. Hieraus ergibt sich ein methodisches Grundmuster.

Nimmt man sich der Technikgeschichte *nicht* aus der Perspektive des Krieges oder des Unfalls an, also nicht aus der Sicht des verletzten, des reduzierten Körpers, so wird deutlich, daß es sich immer um *Verstärkungen der Fähigkeiten und der Sinne* handelt. Die bewußte Erzeugung von Umgebungen des Handelns, Lebens, Produzierens, des Wissens, Glaubens, Bewegens wählt aus den Möglichkeiten aus, den Körper zu entlasten oder ihn hochspezialisiert zu belasten. Über Technik wird immer auch Belastung verteilt oder erst erzeugt. Verstärkung ist also nicht per se als fortschrittliche Erweiterung zu sehen; sie kann, gerade unter Einrechnung ökonomischer Bedingungen, für bestimmte soziale Gruppen sinnliche und soziale Verarmung einschließen. Hierzu gehört sicher auch, daß diese 'Verstärkung', je nach dem, wer sie erfand oder anwandte, als Geheimnis gedeutet (zum Beispiel die Geschichte des Brillenglases), als Häresie (Navigation, Planetenlehre und der Fall Galileo Galiliei) oder als Herrschaftsmittel, als totalitäre Unterwerfungsmaschine (Industrialisierungsprozesse des 19. und frühen 20. Jahrhunderts) genutzt und entwickelt wurde.

Aber dies nehme ich hier nicht als Ausgangspunkt. Mich wird die Frage beschäftigen, wie der allmähliche Übergang von techno- und telephoben Körperkonzepten der Gegenwart und Neuzeit zu mentalen Modellen intensiver medialer Umgebung zu verstehen und zu bewerten ist. Sicher reicht diese Frage immer wieder an kriegsgeschichtliche und herrschaftstheoretische Argumente heran. In diesen erschöpft sich aber der dynamische und instabile Zusammenhang von Körper-Integrität und Körper-Umgebung nicht. Was medial und technologisch dem Körper 'auf den Leib rückt', entstammt diesem. Nur wie?

Um mich an die Antwort heranzutasten, gehe ich aus von einer Geschichte der physiologischen (Gerät, Handwerkzeug, Werkzeug, Mechanik), sinnlichen (Text, Bild, Photograhie, Architektur, Grammophon, Telephon...) und mentalen Verstärkung (Erzählung, narrative Überlieferung, Buch, starre, mechanische oder elektronische Wissensspeicher und Prozessoren). Die Geschichte der *Körper-Verstärkung* ist ausschließlich die Geschichte der *Körper-*

Umgebungen, denn die physiologischen Bedingungen des Menschen haben sich in der äußerst kurzen Medien- und Technikgeschichte nicht verändert.

Technik birgt, so könnte man sagen, Erzählweisen der kulturellen Sicht auf die begrenzten einzelmenschlichen Reichweiten und den Beleg für mögliche 'vollständige' Informationen. Diese erzählen nicht nur von der Aneignung der Hand, dem experimentellen Handeln, dem entwerfenden Denken. Sie berichten auch davon, wie Einzelne und Kollektive nähere und weitere Umgebungen erschließen (so die Erfindung des Rades vor circa 6000 Jahren, die Erfindung des Ruderschiffs vor 4700 Jahren und des Segelschiffes vor 3400 Jahren), wie sie erobert und vergessen werden. Heute kann niemand von den 'weißen Flecken' auf der Landkarte oder auf dem Globus 'erzählen', noch davon berichten, wie diese 'verschwanden'. Diese Geschichte ist nur in nichthumanen Speichern 'anwesend'. Die Vergrößerung der sinnlich-körperlichen und sozial-organisatorischen Reichweiten hat das Oberflächenbild der Welt vervollständigt; die Satellitenphotographie hält 'lückenlos' die Veränderungen, auch die Zerstörungen fest.

Neben diesen rückblickenden und dokumentarischen Erzählungen ist Technik zugleich die Aussicht auf das *Trugbild des vollständigen Körpers*. Und dessen Vollständigkeit ist nicht im Sinne der *prothesenhaften Wiederherstellung*, sondern der *umfassenden nichthumanen Körperlichkeit* entworfen. Dieses Trugbild wurde begünstigt durch die wissenschaftliche Behauptung der Moderne des 18. und 19. Jahrhunderts, es ließe sich 'Vollständigkeit' herstellen – also auch der vollständige Technik-Körper.

Liest man allerdings diese Geschichten, ohne eine Verbindung zur Religion und Philosophie herzustellen, so scheint Technik eine ingenieurswissenschaftliche Erzählung zu sein, ein ökonomisiertes und ausbeutbares Handlungsritual. Stellt man die Verbindung her, so fallen einem plötzlich überraschende Dinge auf: *Technik erzählt* bis in unsere Tage die *Geschichte des absoluten Wissens*, die Geschichte des reines Geistes. Es ist gar nicht die vom Geist getrennte Instrumentalität. Technik ist eher ein Ablenkungsmanöver des sich immer noch absolut entwerfenden Geistes – eine überaus geschickte, dauerhafte Public Relation.

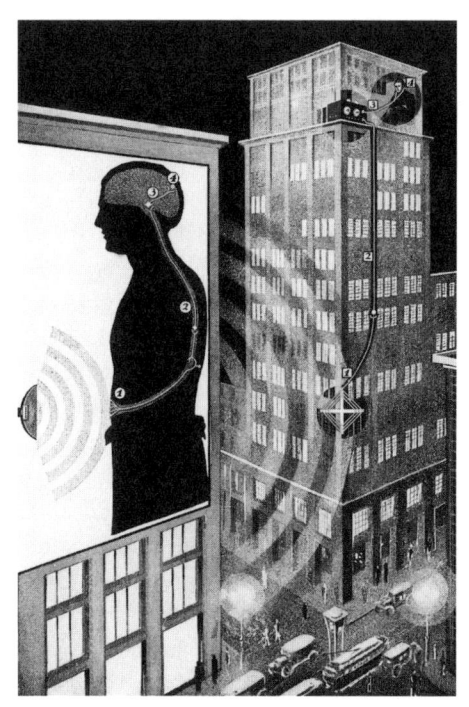

Die Empfindungsbahn, Illustration in: Fritz Kahn, Das Leben des Menschen. Eine volkstümliche Anatomie, Biologie, Physiologie und Entwicklungsgeschichte des Menschen. Band IV. Stuttgart, 1929, Tafel VII, 25,5 × 36,5 cm, Österreichische Nationalbibliothek, Wien

Nicht die Prothese ist des Pudels Kern, sondern das Projekt der Vervollständigung. Technikkonzepte des 19. Jahrhunderts waren in diesem Sinne das Trägersystem eines Wissensanspruchs, der sich nicht mehr ausreichend sprachlich in seinem Universali- tätsanspruch vermittelte. Das Projekt war der profanisierte Kreuzzug, die säkulare Mission, die über die Ökonomisierung durch die industrielle

Warenwirtschaft in weltweite Bewegung gesetzt wurde.

Nun stellt sich das 20. Jahrhundert mit seinen tiefgreifend naturwissenschaftlichen, biologischen und neurophysiologischen Erkenntnissen sowie den elektronischen Systemen der Fernanwesenheit rückblickend als ein *Schwellenraum* in eine andere Vorstellungs- und Produktionswelt dar: Sie ist der Übergang von dem Bild *mechanischer Automatisierung* zur *elektronisch-kybernetischen Rückbindung von Technik an Körper und Geist*. Zugleich werden mentale Modelle und computertechnologische Medialität ineinander verwoben – textile Netze. Damit endet die inszenierte Trennung von Geist und Körper; das Doppelspiel von reinem Geist und schmutziger Technik ist vorbei. Wissen und Körper sowie Reflexion und Traum geraten in den Sog der Pragmatik, das heißt in den Sog der raschen Kommunikations-, Wissens- und Gestaltungsentscheidung; gerade der *Elfenbeinturm*, dieses Sinnbild für abgeschiedene Theorie und Reflexion, die geschnitzte Einsamkeit und Reinheit, wird digitalisiert. Wissen

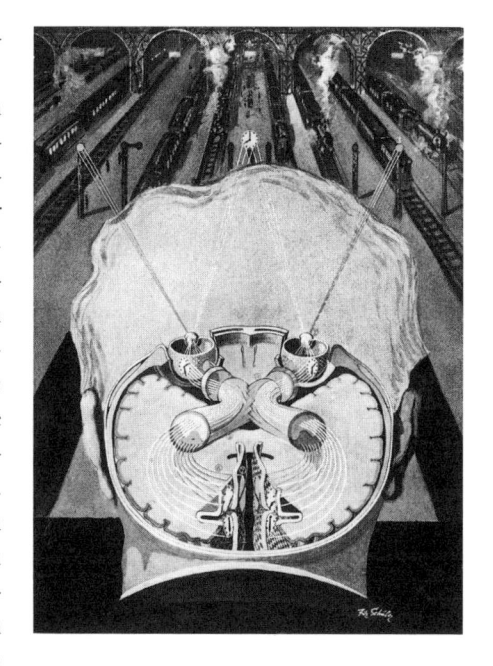

Die Lichtwahrnehmung, Illustration in: Fritz Kahn, Das Leben des Menschen. Eine volkstümliche Anatomie, Biologie, Physiologie und Entwicklungsgeschichte des Menschen. Band IV. Stuttgart, 1929, Tafel XXII, 25,5 × 36,5 cm, Österreichische Nationalbibliothek, Wien

muß sich bewähren, um als Wahrheit zu gelten. Das innere *Traumgesicht* vom Menschen und der Maschine findet im *Zwischengesicht,* im *Interface*, seine gegenwärtige Entsprechung – allerdings mit der Gefahr, daß das entwerfende Denken sich aus der rasanten Zustandsfolge von Ereignis und Ergebnis nicht herausnehmen kann.

2. Kernspaltung des Körpers und die Technik des Selbstauslösers

Kulturgeschichtlich sind Technik und technologische Medialität die ökonomisierten Streckenläufer eines im Kern unaufgeklärten Modells des *reinen Geistes*. Moderne Technikentwicklung, vor allem des 19. und frühen 20. Jahrhunderts, bediente eine unaufgeklärte, weil absolute geistige Ordnungsidee. Gegen beides schürten die Essentialisten des Körpers, die Bohemiens, die Situationisten, die Existenzialisten die Kritik, wenn nicht gar den Widerstand. Ihre Stimme erhob sich für einen Körper ohne Prothesen. Damit kritisierten sie die lange und brutale Kriegs- und Industrialisierungsgeschichte. Sie sahen aber nicht die harte mechanische Koppelung von Geist und Technik.

Heute gilt zumindest die Übereinkunft: *Wer von Technologie und Medialität spricht, kann vom Körper nicht schweigen*. Damit ist die Gemeinsamkeit erschöpft, und die Kontroversen um das, was als Körper beschrieben und mit Bedeutung belegt wird, kann beginnen.

Der Antrieb der Kontroversen liegt in der These, Technik und Medialität richteten sich gegen Körper, und für manche auch gegen Leben. Richtig scheint dabei nur zu sein, daß

Körper und Technik, Körper und Medium nicht gleichursprünglich sind. Körper, in der vollen physiologischen, sinnlichen und cerebralen Bedeutung, ist der Technik logisch vorgängig. Aber was wissen wir damit? Wir können dies selbst nur sagen, indem wir uns aus der Distanz unseren lebendigen Handlungsvoraussetzungen zuwenden. Die Trennung von Körper und Technik, von Geist und Medialität zerlegt den Menschen in These (Reflexion, Bewußtsein etc.) und Pro-These (Technik, Medium etc.). Ich nenne diese Position die „Kernspaltung des Körpers" in Leiblichkeit und Technik. Diese Idee, der Formulierung Friedrich Heers von der „Kernspaltung Gottes" in Gott und Satan entlehnt, beschreibt die auch heute immer wieder aufgefrischte Behauptung, es gäbe zwei voneinander zu trennende Körpergeschichten: die der Sinnlichkeit und die des Sinns.

Ich stelle der *Kernspaltung des Körpers* die Position des *lernenden Körpers* entgegen. Lernen ist daran gebunden, daß *Umgebungen* wahrgenommen, erkannt, anerkannt und zugeordnet werden. Die methodische Position ist weder neu oder originell. Sie ist in Jean Piagets genetischer Erkenntnistheorie ebenso formuliert wie in der Kybernetik dynamischer rückbezüglicher Systeme. Aber wenig bis gar nichts findet sich davon in Technik- oder Medientheorien. Der reine Geist produziert immer noch seinen eigenen Nebel, in dem sich der essentialistische Körper wohlfühlt.

Anstelle der Kernspaltung setze ich die *lernende Adaptation*, den *Entwurf* und die *Selbstbeschreibung* des einzelnen Menschen in Umgebungen oder sozialen Gefügen. Damit ist aber auch klar, daß das *Traumgesicht* nicht wirklich den Menschen verläßt und in der Maschine weiter geträumt wird: Es ist Bindemittel für das offene Verhältnis von Mensch und Umgebung; es ist die technologisch, ökonomisch, medial organisierte sinnliche Schleuse, durch die der Mensch sich wahrnimmt, bildet und entwirft. *Technik ist insofern immer eine Sinnengeburt*, die sich der Schrift-, Waren-, Markt- und Körperabstraktion bedient, die sie selbst erzeugt. Die Überlegung, Technik und ihre Anwendungsystematik, also Technologie, sowie Medialität als Umgebungen zu verstehen, leitet zur These über: Technik ist eine körperliche Erfindung und die Erfindung eines weiteren Körpers. Sie ist die *in* äußerliche Bewegung *ver*setzte Phantasie, die von der muskulären Bewegungsfähigkeit des Menschen, nicht aber von seiner sinnlichen und damit mentalen *Beweglichkeit* getrennt ist. Auch der Automat, getrennt von der muskulären und sinnlichen Begrenztheit des menschlichen Körpers, wird über mentale Modelle in seinen Funktionen oder Operationen gesteuert. Dies wird gegenwärtig an einigen Entwicklungen überdeutlich: an dem über die Augenbewegung gesteuerten Rechner, an über Elektro-Gehirnströme gesteuerten Computerprogrammen.

In dem Maße, wie der Mensch diese *Äußerlichkeit* auf sich und andere anwendet, formt er seine sinnliche und mentale Körperlichkeit und führt die Phantasie, die laufen gelernt hat, in sich zurück.

Solange dies aber nicht als dynamischer Rückbezug zwischen dem kommunikativ handelnden Menschen und nicht-menschlichen Kommunikationsträgern begriffen wird, bleibt die *Kernspaltung* erhalten. In ihr belegt der Mensch seine Beteiligung durch den *Mechanismus* der photographischen *Selbstauslösung*. Der photographische *Selbstauslöser* wird vom Menschen gestartet und läßt ihm wenige Sekunden, um *von diesem Apparat* dokumentierend abgelichtet zu werden. Einmal gestartet, läßt die Mechanik der *Selbstauslösung* dem menschlichen Auslöser nur wenig Zeit, sich ins materiale Gedächtnis einzufügen. Die Photographie speichert die Anwesenheit und beendet sie.

Bezogen auf das Photo, hat der *auslösende Mensch* (zum Beispiel ich, wenn ich unbedingt noch auf ein Gruppenphoto möchte) seinen Spaß, wenn er sich auf dem später vorliegenden Bild, das *sich selbst ausgelöst hat*, wiederentdeckt.

Die eigene Handlung wird in die wenigen Sekunden der *apparativen Selbstauslösung* verlegt. Das Leitmotiv ist immer noch die *Kernspaltung* und nicht der *menschliche Selbstauslöser*. In der Spaltung anonymisiert sich der Mensch. Der menschliche Selbstauslöser verlagert die Verantwortung für das *Auslösen* auf die automatisierte Phantasie, auf ein – dem Scheine nach unvermittelbares – *Außen*. Dies ist ein Selbstbetrug mit immer noch dramatischen Auswirkungen – bis zu dem Größten Anzunehmenden Unfall (GAU) in einem Atomkraftwerk. Die apparative Selbstauslösung und die menschliche Selbstauslöschung sind hier ein und dasselbe. Es ist hier nicht der Ort, die Geschichte dieses Leitmotivs auch nur annähernd darzustellen. Am Beispiel der kontrollierten nuklearen Reaktionen läßt sich aber ein zusätzlicher Aspekt deutlich machen: Der Ort des Geschehens sollte nicht selten vom Körper ferngehalten werden, da nicht nur die menschliche Wahrnehmung gegenüber Radioaktivität versagt. Die Physiologie ist in ihrer Lebensfähigkeit bedroht. Technologie und Medialität ermöglichen die Trennung vom Ort des Geschehens, ohne daß der wahrnehmende Kontakt verlorengeht. Dies ist nur ein einzelnes Beispiel für die These, daß die *Wahrnehmung des Körpers durch die Handhabung der Umgebungen geprägt ist*. Weiträumige Abstände zu Gegenstandsbereichen bedeuten dabei nicht per se, daß das Körperkonzept eine niedrigere Differenziertheit aufweist, als bei nahräumlichen Beziehungen.

Wahrnehmung und Erkenntnis des Körpers erfolgen über das vermittelte Andere. Dabei ist zunächst gar nicht wichtig, welcher Anwesenheit das wahrgenommene Andere zuzuordnen ist: ob direkt vor Ort, erkennbar davon abgesetzt oder fernanwesend. *Wahrgenommene Anwesenheit*, ob über Telephon, Teleskop, über Briefe, Erzählungen etc., beschreibt und erzeugt Körperlichkeit. Die Art, wie die Reichweiten erzeugt werden, mögen sich technologisch grundlegend unterscheiden. In der Wahrnehmung der sinnlich direkten Ereignisse oder der vermittelten sinnlichen Ereignisse bildet sich der Körper als Ort des Geschehens, das heißt durch Bedeutung, Sinn, Affekt, Reflexion, aus.

Die *Umgebung des Körpers* ist also ein relatives Erklärungskonzept, auch wenn damit harte soziale Produktions- oder Kommunikationsstrukturen gemeint sind.

Dies schließt die Einsicht mit ein, daß wir, wie Wilhelm Reich einmal sagte, keinen Körper haben, sondern Körper sind. Ganz gleich, wie weit unsere Sinne *transportiert* werden und aus welcher Ferne wir etwas wahrnehmen: *Wir stellen immer Körperlichkeit her, da wir immer sinnlich agieren*. Dabei können Gesichts-, Gehör- oder Geruchssinn unterschiedlich beteiligt sein, ebenso das sozio-kulturelle Sinn-Gedächtnis oder individuelle Bedeutungshorizonte.

Umgebung kann sehr unterschiedlich erfahren und gewählt werden. Mag sein, daß für die einen Theorie *unsinnlich* ist, für andere stellt sie ein Faszinosum dar; mag sein, daß sich der eine in klassischer Musik zu Haus fühlt, der andere dies als ein Gefängnis empfindet; mag sein, daß der eine den Rundfunkapparat oder das Fernsehgerät ablehnt und statt dessen *selbstvergessen* in Romane *eintaucht*. Dies ändert nichts daran, daß weder Sinn die Sinnlichkeit entlassen, noch dies umgekehrt erfolgen kann.

Allerdings schließt dies argumentativ auch ein, daß die Umgebungen, in denen und gegenüber denen sich Körperlichkeit erfährt und entwirft, sehr unterschiedlich sein können: vom Sandkasten bis zu elektronischer Fernanwesenheit, vom Stadtgarten bis zur virtuellen Nachbarschaft. Anders gesagt: Das *Maß des Körpers liegt in den Verhältnissen*, in denen er sich wahrnimmt und die er entwirft. Technik und Medialität sind demnach körperliche Erfindungen, um die geringen sinnlichen Reichweiten, die geringen physikalischen und chemischen Belastungen etc. zu überspringen. Der eigene Körper, jenes nicht einmal biographisch vollständig verfügbare Lebendige, erhält in Technologie und Medialität ein Gegenüber, das eine andere Reichweite hat und – was ebenso wichtig ist – mit Zeit völlig anders verbunden ist, als dies die Körperzeit festlegt.

Es ist gerade die Reichweite, die Ferne, der anonyme Ort und Verlauf eines Geschehens, was die Leitidee der *Kernspaltung des Menschen* aushöhlt. Die Zeiten ändern sich. Beschleunigung, Echtzeitsimulation, elektronisch eingebettete Körperlichkeit erfordern nicht nur den Abschied von der *Spaltung*, sondern ihre Nutzung erfordert, den *elektronischen Selbstauslöser* Mensch – seine elektronisch-digitale Instantaneität – gegenüber dem *mechanischen Selbstauslöser Mensch* neu zu bestimmen. Die sinnlich-technologische Wunschmaschine wird derzeit neu zusammengesetzt.

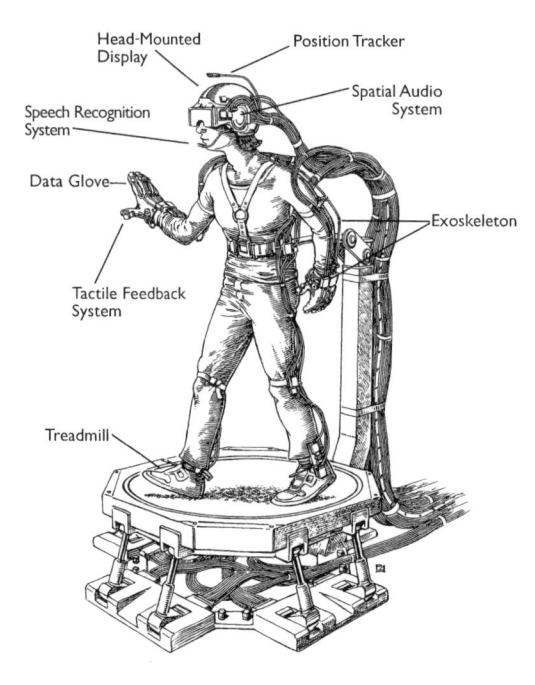

Motion Platform, Illustration zu: Frank Biocca, Virtual Reality Technology, in: Journal of Communication, Herbst 1992, Bd. 42, Nr. 4, S. 26

3. Netzwerke und human fiction

Mit der MATRIX, dem weltweiten Geflecht von Computernetzen, scheint der Raum für Visionen und Fiktionen neu eröffnet zu sein. Im Vorraum sammeln sich derzeit all jene, die weder auf bewußte kulturelle Herkunft noch auf gestaltete techno-mediale Zukunft verzichten wollen. Spröde, sperrige Vergangenheiten, ob sie in Fabriken, Bürotrakten, Maschinenparks oder Ausbildungsordnungen *verkörpert* sind, lassen sich nicht mehr ohne erhebliche kulturelle Anstrengungen übersetzen. Bedeutungsordnungen, die die Abstände zwischen Mensch und Maschine, Natur und Kultur oder Nähe und Ferne fixierten, vergreisen zusehends. Nicht nur früher *blühende Industrielandschaften* werden ökonomisches und kulturelles Brachland, auch *blühende* philosophische, kulturelle, soziale Aussagesysteme setzen Patina an, weil sie nicht mehr *gebraucht* werden. *Struktur* und *Bedeutung*, jene unverzichtbaren Koordinaten menschlicher Unterscheidungs- und Reflexionsfähigkeit, werden derzeit tiefgreifend verändert. „Kultur findet in Zukunft", wie G. Sapelli schreibt, „zwischen Netzwerk und Sinngebung statt."

Diesen Gedanken greife ich auf. Akzeptiert man ihn, so sind heutige Technikvisionen zugleich mentale Modelle vielgestaltiger, anonymer, uneinsehbarer aber ansprechbarer verteilter Kommunikationsorte. Es sind Modelle virtueller Marktplätze und Forschungslabors, virtueller Dörfer und Gemeinschaften. Sie beschreiben Wissen, Körper und Orte über die *Einbindung* in netztechnologische *Zustände*. Darüber hinaus stellt sich mit ihnen die Anforderung, Ort, Körper, Wissen über den *einzelnen Menschen* und über *Menschengruppen im Netz* neu zu bestimmen. Wie läßt sich in dieser Logik medientechnologischer Globalisierung der Mensch begreifen?

Unstrittig ist, daß der Mensch in seinen Verhaltens-, Wahrnehmungs- und Reflexionsweisen *nicht genetisch determiniert* ist. Diese *anthropologische Offenheit* ist zugleich verbunden mit sensorisch-körperlichen Begrenzungen, die sich auf den Nahbereich der Erfahrung beziehen. Alles, was jenseits des Seh-, Fassungs-, Hör-, Sprech-, Riech-, Geschwindigkeitsvermögens liegt, kann über zwei Kulturmodi erreicht werden: entweder über mentale Modelle (Liebe bis Rechtssystem, Vertrauen bis Loyalität) oder über Technologien.

Es sind keine Prothesen, sondern Zugewinne, Verstärkungen: *techné* und *Logos*. Sie als *Prothesen* zu qualifizieren, wie dies noch häufig in Anlehnung an Arnold Gehlen getan wird, behauptet, die anthropologische Offenheit sei ein Defizit. Körperliche Defizite sind historisch aber stets erzeugte, durch Krieg und Unfall, durch Krankheit und Selbstzerstörung entstandene *Mängel*. Auf sie wurde mit *Ersatzteilen* geantwortet.

Kehren wir den Gedanken der Prothetik – auf den noch einzugehen sein wird – um, so stellt sich eher die Frage, auf welchen vorläufigen mentalen und technologischen *Abschluß der Offenheit* wir uns einlassen sollten und vor allem: Auf welchem Niveau soll er stattfinden? Die religiösen oder feudalistisch-autoritären Systeme stehen ebensowenig zur Verfügung wie Maschinen- und Automatenensembles der 1950er bis 1980er Jahre. Wie also soll man diesen Abschluß materiell, ideell, zeitlich, räumlich und gegenständlich beschreiben?

Es mangelt an reichhaltigen Vor-Stellungen und Vor-Bildern, in denen die technologischen Beziehungsmöglichkeiten der Menschen auf sich selbst und andere gezeichnet werden und in denen der Mensch sich wahrnehmen und reflektierend selbstbewußt begreifen kann. *Technikvisionen* sind so verstanden immer auch *human-fiction* und *social-fiction*.

Im Zentrum steht die Frage: Werden Technologie und Medialität als intelligente und kulturelle Ebenen des Menschenverständnisses zugelassen, oder wird dies weiterhin nur zwischen Körper (Sinnlichkeit/Sinne/Geschlecht) und Sprache (Sinn), wenn auch sehr strittig, so doch wie gewohnt, ausgehandelt?

Körperbilder stoßen in den ästhetischen, kulturellen und anthropologischen Debatten hart aufeinander. Ihre Mächtigkeit gibt etwas von der Erklärungskraft,

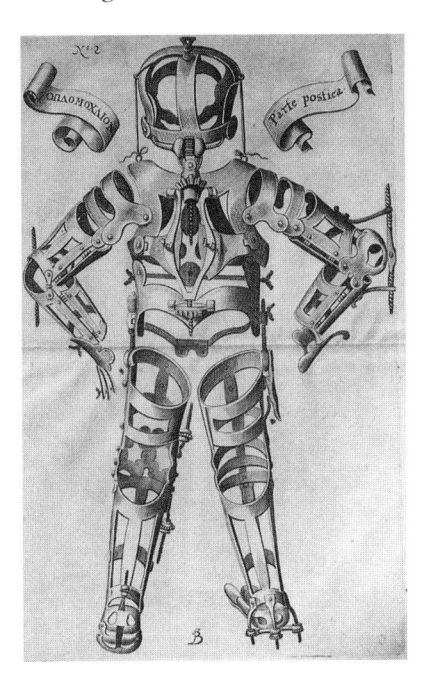

Hieronymi Fabrichii von Aquapendente, Ganzkörperprothese, Illustration in: Opera chirurgica, Patavii 1647, 1684, 30,5 × 20 cm

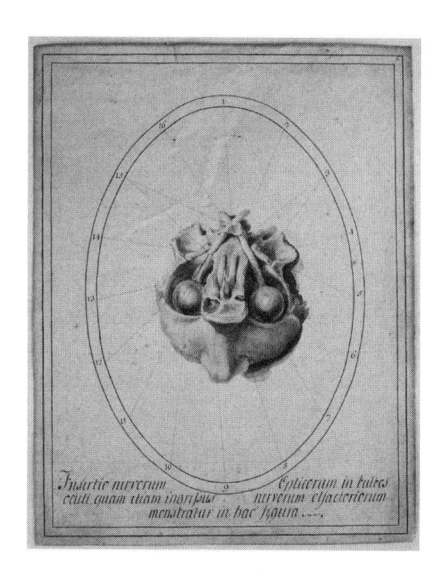

Anonym, *Augen*, aus einer Serie von Aquarellen zu anatomischen Wachspräparaten, um 1775-1785, Aquarell auf Papier, 40,7 × 31,9 cm, Institut für Geschichte der Medizin der Universität Wien

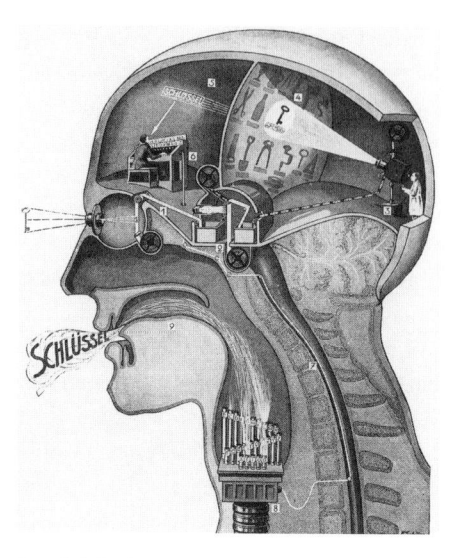

Der Sehakt, Illustration in: Fritz Kahn, Das Leben des Menschen. Eine volkstümliche Anatomie, Biologie, Physiologie und Entwicklungsgeschichte des Menschen. Band IV. Stuttgart, 1929, Tafel VIII, 25,5 × 36,5 cm, Österreichische Nationalbibliothek, Wien

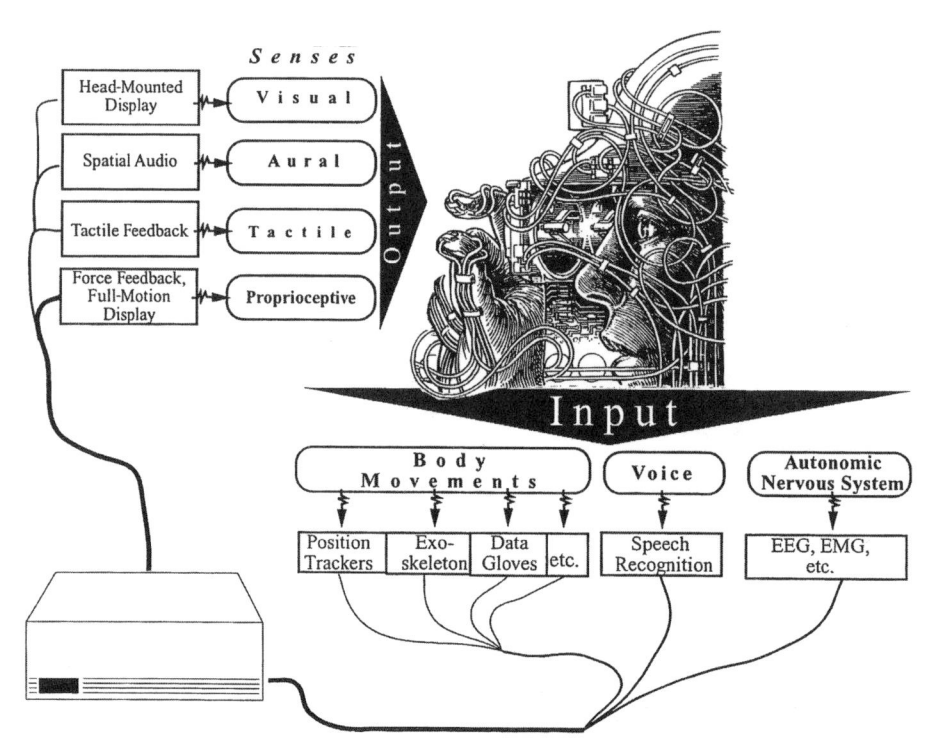

Virtual Reality: Input – Output, Illustration zu: Frank Biocca, Virtual Reality Technology, in: Journal of Communication, Herbst 1992, Bd. 42, Nr. 4, S. 30

den technologischen Visionen und der Angst wieder, mit der sie gezeichnet oder auf sie reagiert wird.

Technik ist *kein Instinktersatz*, Medientechnologie erst recht nicht. Technikvisionen umfassen eine sehr differenzierte Lebendigkeit, ohne sie zu annektieren. Worin sie sich von früheren unterscheiden und worin sie heute bestehen, ist Thema dieses Beitrages.

Die Räume der Elektrosphäre und der Mediosphäre sind noch weitgehend unbevölkert. Der Schritt in die virtuelle Ferne, in die Globalität elektronischer Netze, fällt vor allem in europäischen Gesellschaften noch schwer, und dies, obwohl sie computerverstärkte und -generierte Umgebungen immer intensiver auf sich anwenden, ihre Geographie mit elektronischer Topographie aufschließen und neu ordnen.

Mensch, Technologie und *Raum* stehen in veränderten Bezügen und sind zunächst doch nichts anderes als Mensch, Technologie und Raum. Und dennoch haben sie nicht mehr den territorialen, ökonomischen, kulturellen Boden *unter den Füßen*, der sie agrarisch, mechanisch, schwerindustriell und bürokratisch beschrieb. Sie sind anders (von woanders) zu beobachten und zu beschreiben. Sie sind auf anderes als die Ortsansässigkeit zu orientieren. Welche Visionen verbinden sich mit ihren Zuständen in der Matrix? Und worin unterscheiden sich diese von den zurückgelassenen Bildern und Begriffen?

4. Detektivische Sensoren und diskrete Visionen

Um von Visionen zu berichten, reicht die Kaffeestunde mit dem Erzähler nicht. Der Bericht bedarf der Orte und Zeiten, der Gehäuse und Gebäude, der Texte und Sprachen, in denen geahnte, vorausgesehene Wirklichkeit handfest wird. Technikvisionen – zumal – erzählen bildlich und textlich von Handfestem, von Produktionskultur und Transport, von stabilen Motoren und rasanten Bewegungen, von unbekannten Dimensionen und unentdeckten Eigenschaften der Materie und des Menschen. Visionen erzählen von Orten zukünftiger Erinnerung und schreiben so Produktionskultur, Speichergeschichte oder Kommunikationskultur weiter. Damit ist eine Grundentscheidung schon getroffen: *Technik ist Kultur*. Von der Bedeutung dieser Zuordnung wird noch zu berichten sein.

Visionen sind nicht zu beweisen, aber sie sind nicht folgenlos, und erst recht nicht voraussetzungslos. Eine innere Spannung ist damit angesprochen, die diesen Text begleiten wird. Sie besteht in dem *traditionsstarken Gegensatz von Sinnlichem und Bewußtsein* und den *computertechnologisch bestimmten neuerlichen Annäherungen von Sinnlichkeit und Bewußtsein*, Senso-Motorik und Medialität.

Läßt sich die *Trennung* von Sinn und Sinnen – trotz vieler strittiger Differenzierungen – der warenwirtschaftlichen Produktionskultur zuordnen, so gehört die *Annäherung* zur Kommunikationskultur. Beide Systeme existieren derzeit noch nebeneinander, obwohl das erstere in die Zweite Liga abzusteigen begonnen hat.

Technikvisionen sind nicht von technologischen Stilen zu trennen. Sie sind gebunden an Erfahrungen, die Ingenieure, Architektinnen, Philosophen, Sozialwissenschaftlerinnen, Maler und Bildhauerinnen mit Technik machen. Diese sind eingewoben in Kollektivbezüge, die politisch, kulturell, national oder ethnisch geprägt sind. Daneben ist die künstlerische, architektonische, verspielte, letztlich sinnlich-bewußte Geschichte von Technivisionen in der Darstellung zu berücksichtigen.

Es geht mir darum aufzuzeigen, daß die *Trennung von Geist und Technik zu einer irritierend-aggressiven Polarität von Appetit auf Sinnlichkeit und Hunger nach Sinn* geführt hat – letztlich zu einem *absurden Frontverlauf von Natur* (alias Ökologie, alias Körper, alias Geschlecht/gender) *und Technologie*. Die Trennung hatte unter schwerindustriellen Bedingungen der Massenproduktion und -verwaltung ihre Hochzeit und in der Phase der mechanischen Automatisierung der 1950er bis 1970er Jahre ihr Abschiedsfest.

Heute müssen wir die Notwendigkeit begreifen, Körper und Technik in einem unlösbaren, sich verstärkenden Wechselverhältnis zu verstehen. Zugleich müssen wir dies visionär übersteigern, um an uns selbst zu lernen. Mit sensitiven elektronischen Umgebungen (vom Rauchmelder, über Ozonmessungen, Abgasmelder in Tiefgaragen, Stimm- und Bewegungssteuerungen von Rechnerprozessen, Datenhandschuh, remote control bis hin zu computergesteuerten stereotaktischen Operationen und Datenanzügen) werden die Körper in ausgewählten sinnlich-logistischen Bereichen erfaßt. Visionen müssen die Auswahl verändern, ausweiten, widerlegen.

Vision ist das innere Gesicht, der innere Anblick. Sie ist mit Gedächtnis vermählt, affektiv, magisch; sie blendet aus und projiziert. Sie ist in der Ideengeschichte stets ein individuelles, bildlich, sprachlich und darstellerisch kaum vermittelbares Ereignis. Es ist verschlossen in der Selbstbetrachtung des *inneren Auges*, manchmal ein Trugbild, ein religiöser oder phobischer Zustand, manchmal ein Entwurf.

Technikvisionen sind von Anfang an Visitenkarten einer – anzustrebenden oder zu verhindernden – möglichen Zukunft. *Technikvisionen sind Social Fiction*. Ihr Entwurfs- oder Bildcharakter ist ein öffentliches Gut, zumal die Visionen auf Ordnungen zielen und nicht selten Normativität mit in die Voraus-Schau eintragen. Technikvisionen sind auf Korrespondenzen des Körpers und auf Verhaltenskoordination ausgerichtet. Sie sind Tagträume aus sozialen Zusammenhängen in Richtung auf andere soziale Zusammenhänge.

Sie unterscheiden sich von Prognosen durch die fehlende legitimierende Rückschau. Dennoch können mit ihnen strategische, manipulative, absichtlich fälschende oder auch übersteigert hoffnungsbeladene Rechtfertigungen verbunden sein. Allen Visionen gemeinsam ist das Phantastische, ob sich dies regressiv oder transgressiv ausdrückt. Aber gerade diesen Unterschied muß man genau betrachten. Die Technikentwicklung weist vor allem in den letzten 200 Jahren zuviel Unterwerfungsphantasien und -realitäten auf, als daß Vision und Phantasie neutral betrachtet werden können.

Dennoch kommen heutige Gesellschaften in ihrer Selbstbeschreibung und ihren Selbstentwürfen nicht ohne Visionen aus. Sie können die Globalisierung technomedialer Prozesse aus sich selbst, von ihrem Territorium, von ihren Produktionsorten, von ihren internen Versorgungsleistungen etc. ausgehend, gar nicht mehr erklären. Global aktivierbare computertechnologische „Interfaces" sind zum *inneren Gesicht* aller beteiligten Systeme geworden. Sie geben die Chance frei, Technikvisionen als neu zu begreifende Zivilisationsmuster zu entwerfen. Das *Ethos der Kommunikation* besteht nun gerade darin, global spielen, träumen, informieren, streiten, surfen, navigieren zu können, ohne sich dem Werthorizont eines einzelnen Kulturraumes anschließen zu müssen. Es ist das Ethos der diskreten, unterscheidungsreichen Visionen. Manches ist dabei schwärmerisch, aber auch ein unverzichtbarer Schritt, Menschliches neu zu verstehen.

Viel Technik- und Visionsschrott ist dafür wegzuschieben. Was allerdings noch wichtiger ist,

ist die nicht nachlassende Kritik an jenen schwerindustriellen und bürokratischen Realitäten, die ihre Zukunftslosigkeit immer wieder gesellschaftlichen Systemen aufladen wollen, vor allem in Europa. Gegen die Armut dieser Zukunftslosigkeit ist der Luxus zu stellen, daß Kommunikations- und Medientechnologien eine globale Zukunft haben, und Kultur und Demokratie sich nur in diesem neuen „global-local-nexus" (D. Morley, K. Robins) weiterbilden können. Dennoch ist ein genauer Blick auf die Herkunft von Visionen, zumal Technikvisionen, unverzichtbar.

5. Dumme und intelligente Umgebungen

Mit drei Thesen möchte ich dies vertiefen.

a. Krieg und Ökonomie, Massenvernichtung und Massenproduktion verhindern bis heute die differenzierte Erfahrung der Wirklichkeit von Technik.

Viele Vorstellungen über mögliche technische Entwicklungen stehen noch im Kernschatten dieser Erfahrungen. In Europa sind noch viele Vorstellungen durch die Technikgenese vor allem der vergangenen 100 Jahre befangen, nicht aber gefangen. Allmählich pendelt sich die (Nachkriegs-) Erfahrung für und in Europa ein: Demokratie und Technologie werden zusammen denkbar. Vorrangig stellt sich ein anderes Niveau von Technikgenese dar: die computertechnologische Globalisierung. Damit leugne ich nicht den regional fortdauernden Zusammenhang von kriegs- und sozialtechnischer Maschinerie.

b. Technologie, das heißt die jeweilige Verwendungsart von Technik, ist ein soziales Verhältnis. Dieses ist nicht aus Affektbezügen zu lösen. Technologie steht – wie jede Konstruktion – in dem Spannungsfeld anthropologischer Offenheit und der existenzialen Notwendigkeit, Situationen, Handlungsverläufe, Horizonte kurzzeitig funktional, ästhetisch oder medial zu *schließen*. Ob als Werkzeug, Wohnhaus, Druckmaschine, Stuhl, Bankschalter oder als Zeitung, Telefon, Videorecorder. Stets wird ein Konstruktionsverlauf abgeschlossen und zugleich Nutzung *eröffnet*. Zentral ist aber, daß eine neue Phase der Reflexion, Erfahrung, Projektion durch den *Abschluß* geöffnet wird. Nichts erschöpft sich in Funktionalität; jeder Abschluß überschreitet sich selbst.

Dies beschreibt ein rückbezüglich sich verstärkendes Verhältnis. In ihm ist der Mensch immer auch affektiv beteiligt. Aus diesem Grund ist gerade im technologischen Bereich nicht jene *Entemotionalisierung* erkennbar, die zum Beispiel Norbert Elias mit dem Prozeß der Zivilisation verband und die er vornehmlich im Verhältnis von Privatheit und Öffentlichkeit zu erkennen glaubte.
Obwohl Technik als physikalische Gegenstandsordnung aus der Matrix des körperlichen und kollektiven Zeit- und Handlungsgefüges heraustritt, ist der unbelebte Geschehenszusammenhang ein Gegenstand mentaler, geistiger, kognitiver, gefühlsbestimmter und vor allem handelnder Auswahl. Dies bedeutet, daß *Technik kein entlassener Teil des menschlichen Organismus* ist beziehungsweise einen Verlust (externer) körperlicher Funktionen *ersetzt*. Sicher gibt es prothetische Hilfen bei Organtransplantation, technischem Organersatz, eige setzten mechanischen Hilfen etc. Worüber wir aber hier reden, ist nicht die medizinische

Notwendigkeit des Ersatzes, sondern die Verstärkung der *Reichweiten* menschlichen Handelns. Ganz gleich, wie weit entfernt der technische Gegenstand von den Fähigkeiten des Menschen zu stehen scheint, wie unerklärlich oder überaus leistungsfähig er ist, er ist keine Prothese, kein vom Menschen getrennter Handlungsverlauf. Es gehört zur Technikdiskussion gerade unseres Jahrhunderts, entweder über Krieg oder über Prothesen zu sprechen – was, fatal genug, medizinisch zusammenhängt. Ich schreibe dies bewußt gegen die Ersatz- oder Prothesen-Theoreme von Arnold Gehlen, aber auch mit allem Bedacht gegen die Ersatzrhetorik bei Paul Virilio – unbeschadet der zum Teil exzellenten Untersuchungen.

Man muß dem Menschen die ganze Verantwortung und Selbstbestimmung zumuten. Eine Entlastung, die von der Gestaltung der sozialen Räume, der Handlungsbedingungen, der Koordination (ersetzend oder prothetisch) freispricht, gibt es nicht. Es gibt keine stählerne oder mediale Schürze der Mutter, unter die man schlüpfen kann, um das selbst Veranstaltete nicht zu sehen – um also zu vergessen, daß der Mensch der Auslöser des Selbstauslösers ist. Technik ersetzt nichts, sondern verstärkt *schwache* physiologische Dispositionen des Menschen (Augen, Ohren, Muskelkraft, Speicherfähigkeit, Reichweite der Stimme, Kombinatorik, Bewegungsgeschwindigkeit etc.). Sie ist Instrument (Technik) und Handlungselement (Technologie). Und damit ist der Mensch immer beteiligt, ob futuristisch oder ingenieurmäßig, ob technokratisch oder phobisch, ob ökologisch oder ethisch. Er bildet mit seinen Erfindungen, ganz gleich auf welchem Abstraktionsgrad, eine Handlungs-*Figur*. Auch in der Vision der *menschenleeren Fabrik* bleibt die affektive und intelligente Beteiligung erhalten.

Oder nehmen wir als Beispiel die Kunst der „gegenstandslosen Welt", den künstlerischen Konstruktivismus zwischen 1910 und 1916.

Es ist an der Zeit anzuerkennen, daß wir keine andere Möglichkeit haben, als anthropozentrisch über Technik und Technologie zu sprechen. Die sozialen Systeme der Technologie sind die menschlichen Lebensformen, mit denen wir uns auseinandersetzen müssen. Sie schieben das agrarische, handwerkliche, mechanische, institutionelle Handeln nicht ins Abseits. Sie sind ein Teil der Bestandssicherung geworden, aber nicht mehr deren Leitwert.

c. Es ist eine globale technologische Vernetzung entstanden, die die Chance bietet, Demokratie und transkulturelle Kommunikation strukturell zusammenzudenken.

Die politisch-liberalen Freiheitsrechte, wie das Recht zur Trennung, zur Verweigerung, zum Rückzug, zum Neuanfang, zur Entzweiung finden nun in Technologien ein Gegenüber, das nicht mit Autarkiephantasmen oder ähnlichem verschmolzen ist. Aufmerksamkeits- und Verständigungsräume für Demokratie und Technologie werden experimentell. Sie schreiben nichts unausweichlich vor, können dies nicht mehr. Dies ist die wohl entscheidende Veränderung. Sie sind beide transgressiv, liefern keinen festen Boden, kein fixierbares Territorium. Ihr Nutzen und ihre Qualität liegen in Verabredungen, in Prozeduren und experimentellen Normen. Auch hier setze ich gleich hinzu, daß mir klar ist, daß beides unter warenwirtschaftlichen Zugangs- und Verteilungsbedingungen stattfindet. Aber gerade diese haben die Territorialität als Ordnungspflicht längst vergessen.

Heute geht es um Visionen von intelligenten vorläufigen Ordnungen, um Experimente mit Visionen ständig sich verändernder globaler Sozialräume. Nicht mehr Geographie, sondern Topographien, nicht mehr Gemeinschaft, sondern Netzwerke. Doch davon später.

6. Coupieren? Copieren?

Am Ende des 20. Jahrhunderts und mitten in den computertechnologischen Transformationen von Regionalität, Territorialität, Körperlichkeit, von Bild, Sprache, Gedächtnis und Entscheidung, von Anwesenheit und Erreichbarkeit, ist die Voraussicht verpflichtet, sich der Herkunft zu vergewissern, um den Abstand zu ihr festzulegen. Auch Visionen haben ihre Geschichte, die sich in der Art der Visionierung fortsetzen. Sie haben Ventilfunktionen, ihre politische Manipulationskraft und umschreiben Interessenfelder. Science-fiction und social fiction liefern den Stoff für visionäre Entwürfe, aber Visionen können auch regressiv sein, angstbesetzt, angstgelenkt.

Die Bestimmung dieser Unterschiede ist nicht zu unterschätzen, gerade auch in kritischer Tradition. Die Visionen von Technik sind mentale, kognitive, politische Ereignisse und nicht allein über die Performanz eines technischen Gebildes zu fassen. Was *technisch* ist, als solches *identifiziert* wird, liegt in den Bewertungsmöglichkeiten kultureller Beobachtung. *Visionen von Technik* sind Teile des *sozialen Innenlebens*. Es sind Entwürfe, die den gegenwärtigen Zeiten vorauseilen und nach ihren pragmatischen Orten suchen. Visionen können prototypisierend gemeint sein. Aber hier gilt, im Gegensatz zur mechanischen Serie, daß der Prototyp niemals in Serie geht. Der Vorgang seiner sozialen Realisierung bringt ihn in komplexe dynamische Zusammenhänge. Er wird aufgelöst, wird Verhaltens- oder Erfindungsmaterial für Neues und geht in die evolutionäre Masse ungerichteter Bewegung ein – zumindest scheint dies derzeit der Fall zu sein.

Um Technik als potentiell zivile, entlastende, befreiende kulturelle Handlung angemessen begreifen zu können, müßten wir Technisches wahrscheinlich über mehrere Generationen ohne Krieg erfahren haben. Nur langsam entwickelt sich in Europa ein kritisches kulturelles Verständnis, das Technik nicht der Natur und dem In-Humanen zuschlägt, sondern zentral in die Entwicklungsbedingungen menschlichen Lebens einstellt. Die Furcht, daß man *Teil*, *Zahnrad*, *Schmiermittel* einer *großen Maschinerie* geworden sei, der Gesetzmäßigkeit *der Technik* ebenso ausgeliefert wie den genetischen Codes der Doppel-Helix, schwächt sich allerdings nur langsam ab.

Es bedarf des sozialen Mutes, Kultur im pluralen, freiheitlichen und individuellen Sinne mit technologischen Prozessen zusammenzudenken. Wir brauchen intelligente Visionen, die Technologie mit dem Medium demokratischer Partizipation und nicht-blockierter öffentlicher Kommunikation verweben.

Ich versprach eingangs, nicht vom Krieg zu reden. Von ihm haben Paul Virilio, Friedrich Kittler und andere schon eloquent gesprochen. Und doch wird der kurze Rückblick das enge Verhältnis von sozialer Befehlsordnung – dem *System der Gebrauchsanweisungen des Lebens* – und den militärischen Befehlsordnungen – dem *System soldatischen Massengehorsams* – ansprechen müssen.

Ich sprach an, daß die Technikentwicklung bislang einherging mit der Trennung des Sinnlichen vom Bewußtsein (Geist). Die Reinigung des Geistes von allem Körperlichen, Naturalen und Technischen nimmt den Sinnen ihre Bedeutung und erzeugt unsinnige Sinne und unsinnige Technik.

Geist, der Körperliches gleichsam nur als Leiche zur Kenntnis nimmt, kann sich Technik nicht einmal mehr auf Abstand halten. In dieser Tradition sind Bewußtsein und Sinnlichkeit,

Geist und Technik frontal zueinander gestellt. Überall Zwillingsgeburten. Die Front regelt die bedrohliche Annäherung, reflexionslos. Denn letztlich kann sich das eine nur durch die vermutete Drohung des anderen bestimmen. Gewaltiger Geist nutzt gewaltige Technik als Gehäuse: ein totalitäres Phantasma.

Die *befehlsförmige Anweisung* ist die zentrale Erfahrung von Technik in der Moderne. Sie drängt die handwerkliche Kompetenz (die erste Stufe technischer Entwicklung) im Umgang mit dem Werkzeug und dem Werkstück zurück. Die Anweisung hierarchisiert. Sie unterbindet Phantasie der Nutzer, spezialisiert die Tätigkeit, verkümmert die sinnliche Beteiligung und *implantiert die Mechanik des Vollzuges in den Körper* des Arbeiters, der Arbeiterin, der Angestellten. Auf dieser zweiten Stufe technischer Entwicklung ist der Mensch Maschinenelement. Die Anweisung ordnet die Zeit, verpflichtet auf die Arbeitsstelle, auf die Körperhaltung, auf die erlaubte Pause, auf die zugelassenen Kollegengespräche. Die Anweisung, das heißt die ausweglose Mensch-Maschine-Koordination, *konfiguriert* den Menschen als Teil der Maschine. Hermann Schmidt, neben Norbert Wiener einer der Begründer der Kybernetik, schrieb: „Die Rangordnung von Leben und Maschine war damit oft widernatürlich verkehrt." Seine kybernetische Vision war die „Ausschaltung des Menschen aus dem Wirkungszusammenhang mit der Maschine". (Schmidt,1941: 11 f) Zunächst, und gerade in Deutschland, galt: Der Mensch ist Maschinenelement.

Die systematisierten und warenwirtschaftlich durchgesetzten Gebrauch*anweisungen* der Produktion und Produkte paßten den Menschen, paßten Populationen den Stilen mechanischer Bedienung an. Industrietechnische Befehlsordnungen hatten soziale Verbunde produziert, in denen *Technik* nur die mechanisierte Botschaft der Verhaltenseinengung ist. *Technik* – in der anweisend-dinglichen Gestalt der Maschine, der Fabrik, der Eisenbahngeleise, der Schranken etc. – *coupierte* (beschnitt) den Menschen, sie *copierte* ihn nicht. Diese Befehlsgestalt ist Moment der großen pädagogischen Maschine, deren Produkte das industrialisierte Bewußtsein, soldatischer Gehorsam und *Blitzkrieg* waren.

Es war die „Tragik des halbgelösten technischen Problems" (H. Schmidt) auf der zweiten Stufe der technischen Entwicklung, welche den Terror durch die Totale des mechanisierten Volkskörpers ermöglichte. Der Mensch gebrauchte sich menschenunwürdig, um Norbert Wieners Buchtitel „The human use of human beings" (1952) in seine soziokulturelle Begründung zu übersetzen. Wiener schrieb gegen die „unmenschliche Verwendung menschlicher Wesen" nicht nur im Faschismus, sondern auch gegen „sich immer wiederholende Aufgaben in einer Fabrik", weil sie nur „ein Millionstel der Fähigkeiten" des Gehirns in Anspruch nehmen. Die „Mechanisierung des Menschen" zerstört „nicht nur alle ethischen Werte der Menschen..., sondern (vernichtet) auch unsere heute sehr geringen Aussichten für einen längeren Bestand der Menschheit." (Wiener, 1952: 26)

7. Treuegelöbnisse und Unterbrechungen

Die mechanischen Treuegelöbnisse der industriellen Gesellschaften des 19. und 20. Jahrhunderts hatten in sich den Widerstand gegen das *Wesen der Technik* erzeugt, das durch das *technische Wesen* (Soldat, Moloch, Roboter) beweisbar schien. Die *halbgelösten technischen Probleme* erfuhren ihre soziale und politische Ideologisierung in der Gleichstellung von Mensch und Maschine.

Widerstand und Kritik bezogen sich auf diese Verschmelzung. Sie führten *die Technik* gegen das Humane an. Erfaßt wurde damit nicht *die Technik*, sondern der industrielle Gesamtkörper, der gepanzerte Behälter der Sozialität, der aus einem symbolischen Gemisch von Territorium, Nationalismus, ökonomischer Macht, Fabrikordnung und Militär bestand – ein hartes Material.

So brillant Walter Benjamins Analyse „Das Kunstwerk im Zeitalter seiner technischen Reproduzierbarkeit" ist, so legt sie, im heutigen Rückblick, eine falsche Spur. Sie ergibt sich aus der Aussage, es handele sich um die „von der Technik veränderte Sinneswahrnehmung", die im „Krieg" ihre „künstlerische Befriedigung" erfahre. Die behinderte Sinneswahrnehmung war durch die einseitigen, verkrampften, degenerierten kollektiven Loyalitäten gegenüber den industriellen Zeitordnungen, den Disziplinmustern, den Gangarten (Gleichschritt) im industriellen Alltag entstanden. Nicht Technik, sondern die *Organisation* der *halbgelösten technischen Probleme* beförderte die spezifische faschismusstützende Sinneswahrnehmung. Die Spezialisierungen auf strategische Produktion und die politische Formierung kollektiver Sicherheits- und Eindämmungsmechanismen konstruierten „den Arbeiter" (E. Jünger) oder den *Volkskörper*.

Organisation heißt hier auch *Logistik*, und Logistik heißt unter den Bedingungen des Selbst-Containements immer *Autarkie*. Nur im abgeleiteten Sinne hat dies mit Technik (Gerät, Werkzeug, Werkzeugmaschine) oder mit der Fähigkeit zu tun, diese zu erdenken, entwerfen, zu bauen, zu bedienen. Industrielle und militärische Organisation, Logistik und Autarkie sind *Nutzungsstrategien*, keine technische Dinglichkeit. Sie erzeugen keinen Kreativitäts- oder Visionshorizont, noch lassen sie ihn zu. Neues ist in diesem Kontext ein zielgerichtetes, zweckgebundenes und strategiestützendes *Produkt*. So werden die Nutzungsstrategien zu Befehlsmustern des Alltäglichen und hierüber mit technischen Prozessen verbunden.

Die erste Schlußfolgerung lautet:
Das widerständige, kritische, theoretische Handgepäck, das aus dem politisch-strategischen *Containement* stammt, eignet sich nicht für eine *differenzierte Technikdiskussion*.

Die zweite Schlußfolgerung lautet:
Was in diesen Traditionen mit dem Wort *Technik* belegt wurde, bezog sich materialiter auf *Logistiken*, auf räumliche Tiefenstaffelungen des Technikeinsatzes und der Ressourcenbeschaffung.

Die dritte Schlußfolgerung lautet:
Diese Strategien sind *mentale Modelle*, die durch Erfahrungen und vor allem durch *diskursive Prozesse* erzeugt und erhalten werden. Es sind die Maschinen im Kopf, die die kognitiven und semantischen Loyalitäten an die unerreichbare *Größe* der Nation, des Volkes etc. schmieden.

8. Furcht vor 'eindringender Technik'

Begründet in herrischen Vergesellschaftungsstilen, in stählernen Figurationen der Fabrikkörper, in tayloristischen oder fordistischen Zwangsserien und in Massenproduktion, formulierte die Kritik in die politische Auseinandersetzung immer auch die fundamentale Ablehnung von Technik hinein.

Im Namen der Gerechtigkeit wurde Ökonomie geächtet, im Namen der Humanität traf es Technik. Gegen „die Herrschaft der Technik" (stets im Singular der Beziehungslosigkeit) wurden Visionen der Humanität gesetzt, selbst dann, wenn für *die Moderne* gesprochen wurde. Eine Moderne ohne Technik, Handeln ohne Produktion, Dinglichkeit ohne Technik, Vernunft ohne Formalismen? Technik erschien als der hausgemachte, unerreichbare Feind der Moderne. Technik wurde in der sich hauptsächlich sprachlich beschreibenden Moderne ausgebürgert, entfernt und zu einer riskanten und mächtigen Ferne gemacht, die dann *eindringen*, *kolonisieren* kann. Dies ist ein bemerkenswerter kultureller Vorgang. In dieses Setting gehört die eingespielte theoriepolitische *Trennung von Humanität und Technologie*. Sie ist bei Jürgen Habermas in Interaktion und Arbeit, Lebenswelt und System wohlgeordnet. Am selben Erklärungshorizont bewegt sich Günter Anders. Aber es ist nicht der Mensch, der antiquiert ist, sondern die *Organisationsformen der Techniken* und die instrumentellen Ordnungen, *in denen er sich verwendet*. Die über Jahrhunderte eingeführte Trennung von Kopf und Hand, Sinn und Sinnlichkeit, mußte schließlich vor der akzeptierten Mächtigkeit der Maschine kapitulieren, weil diese serieller, schneller, stärker, weitreichender ist als der Mensch.

Der theoretische Abschluß des Raums der Sprache (einesteils) und der Körperlichkeit (anderenteils) wehren die Ökonomisierung und Mechanisierung spezialisierter Körperfunktionen ab. Es sind vorkybernetische Konzepte, die von der Idee einer pragmatischen Sprachdomäne und zeitloser, technikfreier Ästhetik zehren. Kultur erscheint als technikfreies Habitat. Mit der kybernetischen Automatisierung lösen sich die mechanischen Bindungen von Mensch und Maschine in etlichen sozialen Bereichen auf. Es entsteht eine Distanz, die, wegen der in sich abgeschlossenen Produktionsverläufe der Automaten, die techno-kritischen Befürchtungen zu bestätigen scheint. Übersehen wird allerdings, daß die Distanz ein völlig neues Niveau der Interaktion von Mensch und Maschine hervorbringt. Maschine, und erst recht der Computer, werden Gegenspieler des Menschen.

Das Scheitern des Menschen an der Selbstteilung in Körper und Geist, Sprache und Technik gehört in die Psychohistorie der letzten 100 Jahre. Wilhelm Reich hatte der Trennung, wie oben schon zitiert, entgegengehalten, daß wir *nicht Körper haben*, sondern *Körper sind*. Anerkennt man diesen Satz, werden Bewegung, Muskelkraft, Sinnlichkeit ebenso intelligent wie Sprache, bildliche Erinnerung, mechanische Bedienung. Die immense Spannung der dynamischen, körperlichen Einheit von Mechanik und Phantasie ist parallel zu verstehen zur dynamischen Einheit von Technologie und Diskurs. Die Folgerung: Kein von uns wahrgenommener Gegenstand, und wenn wir es selbst sind, entwickelt sich nach dem Augenblick der Wahrnehmung *ganz von selbst* – weder Technik noch Mensch.

Es ist beeindruckend, daß es immer noch in sozialwissenschaftlichen Theorien, in der Ingenieurwissenschaft, in philosophischen Affektpolitiken gelingt, *den Körper* von *dem Geist* zu trennen und sie (voneinander) fernzuhalten. Die Ferne des Körpers nimmt dabei die Rhetorik der entrückten, entfernten Natur an, Technik inbegriffen. Das Kuriose besteht nun darin, daß es *der Geist* ist, der *den Körper* entfernt, erniedrigt. Diskursivierte Abwehrschlachten tun ihr übriges.

Das theoretisch inszenierte Gegeneinander von Technik und Humanität trennt den Lärm der Maschinen von der Ruhe der Gedanken, den Gestank der Motorenabgase von der hygienischen Situation des Seminars. Kopftechniken, Geistmaschinen, Straßenkehrmaschinen,

Produktionstechniken – alles gibt's nur in einem Zusammenhang. Daß in diesem sehr unterschiedliche zeitliche Aktivitätsniveaus, auch qualitativ unterscheidbare Reichweiten von Speicher-, Transport- oder Transfersystemen bestehen, beschreibt nur die Differenziertheit der menschlichen Handlungskapazitäten. Kapazitäten und Kompetenzen beschreiben sich wechselseitig. Das eine gegen das andere zu stellen, unterbricht die gemeinsame Verfaßtheit, macht jeden einzelnen Bereich zur Handlungsbrache, Abraum, Abfall. Aber dieser, wie wir inzwischen wissen, verläßt keineswegs unsere Lebensbereiche, egal wie weit man es symbolisch, juristisch oder sicherheitstechnisch verbannt.

Wir müssen uns daran gewöhnen: Die *Vision von Humanität ist nicht ohne die Vision von Technologie* zu haben. Ich stelle mich auf die Seite dieser rückbezüglichen Doppelbeschreibung, um über sie die herrischen, gewaltförmigen oder auch kommunikativen, freiheitlichen Dimensionen der *elektronisch-digitalen Einbettung des Körpers* zu begreifen. Der in Maschinentechnik gefesselte Drang nach geistiger und körperlicher Bewegung sucht aktuell nicht mehr im Krieg seinen Ausweg; sein Ausweg ist die vernetzte Kommunikation und die anonyme Interaktion – das Erlernen von anonymer Mitwelt.

Technologien, ganz gleich welchen Organisationsgrades, *sind nicht die Armaturen der Humanität*, über die ihre *unnatürliche* Beschleunigung oder die unsinnlichen Distanzen bemessen werden. Es sind aber *auch nicht die Meldeläufer einer fremden Macht*.

Woher kommt die Idee einer virenähnlich in *die Lebenswelt eindringenden Technik*, die in Ethnographie, in kritischer Gesellschaftstheorie oder auch in Kulturanthropologie gepflegt wird? Wesentlich für diese Konzepte ist die auf Claude Levy-Strauss zurückgehende These, daß der Übergang von Natur zur Kultur abgeschlossen sei. Kultur, und hierüber das Humane, wird, in christlich-textlicher Tradition, von nun an über Sprache bestimmt. Sprache ist der Gegenpart zur Technik, welche strukturell der Natur zugeschlagen wird. Technik liefert als *zweite Natur* den kulturellen *fallout* der Lebenswelt. Technik ist Teil der zurückgelassenen Natur. Aus diesem Gedanken heraus kann es kein „Zurück zur Natur" geben, aber auch kein *Zurück zur Technik*, weil dies die erstgenannte Regression einschließt.

Dabei wird übersehen, daß es nicht um *die zweite Natur* geht, sondern um die sich erweiternde Organisation menschlicher Lebensgrundlagen, ob als Dorf, Maschine, Infrastruktur, Stadt, globale Kommunikation, um die Zusammensetzung des sozialen menschlichen Lebens.

Im Zentrum wird Sozialität nicht über die Maschine, den Arbeiter, die mechanisierte Massenbewegung beschrieben. Die Beschreibung, oder richtiger: die Konstruktion erfolgt über das vorausgesetzt Menschliche oder das benennbare, verabredete Menschliche. Der Diskurs wähnt sich, im trivialen Maschinenbegriff, technikfrei, erfolgt von Angesicht zu Angesicht, im direkten Sprachhandeln. Im diametralen Gegensatz zur Kriegsmaschinerie, die die *Ferne* niedermacht, alles mit der *eigenen* Technologie durchsetzt, enthält die Diskursrhetorik also eine andere Bestimmung von *Technik*. Sie wird zu einer, *unterhalb des Diskurses eingestuften*, aber dennoch mächtigen *Technokratie* oder zu einem *Sachzwang*. Der organisatorische Umgang mit Technik wird zwar als *humanisierbar* eingestuft. *Technik als eine integrale kulturelle Handlungsweise* wird aber, infiziert durch Ökonomie und Militär, allein instrumentell erfaßt.

Die Angst vor Kommunikationstechnologie ist die Angst, daß das Entfernte gar nicht soweit weg ist, daß die *Ferne mächtiger, intelligenter zurückkommt*, als die Nähe der angesichtigen

Gespräche jemals sein kann. Es ist die unerklärte Angst, daß die Sicherheitsabstände zwischen Kultur und Technik symbolisch-begrifflich nicht mehr zu halten sind, die *Dinge* eben nicht der Hand entgleiten, sondern dem *reinen Geist*.

Technik weist nicht mehr vom Körper weg, beschreibt nicht mehr fixierte Orte, vertäute Schiffe im Hafen, geparkte Transportmaschinen. Sie legt mikrologische (Röntgen, Mikroskop, subatomare Ereignisse) und makrologische Bereiche (globaler Handel, Telekommunikation) offen, ist Selbstbeschreibung des Menschen. Sie klärt mittels der erbrachten Ergebnisse auf, die nie erfahrbar, auch nicht durch Krieg annektierbar sein werden. Technologie, zumal jene Systeme, die immer größere und differenziertere eigene Topographien erzeugen, erscheint als evolutionär nicht verfügbar. Sie gehört *anderen, fernen Völkern, fremden Sitten*, ist nicht „made in germany" oder „god's own country". Aus dieser gepflegten *Feindeinstellung*, der mechanisch betriebenen Kernspaltung des Menschen, die auf uralte Muster zurückzugreifen scheint, trübt sich die Wahrnehmung möglicher Zukunft.

Die zukünftigen Probleme liegen in der intensiven Verbindung von Wissen, Sinnlichkeit, Perzeption, Kognition, Taktilität, liegen in der *Einbettung des ganzen Körpers in medien-technologische Zustände*. Nicht das Coupieren, sondern die Okkupation des Körpers als kommunikative Ressource steht auf der Agenda. Anders gesagt: *Nicht die Versöhnung des Körpers mit sich selbst* ist angefragt, sondern die *Einsicht in die kommunikative Existenzform des Körpers*, des Menschen mit all seinen Produkten und Produktionen. Und für diese Bedingungen gilt: Erst in dem Moment, wo wir dem Vorfindlichen *nichts* mehr hinzufügen, nichts erfinden, nichts verwerfen, werden wir zum soldatischen Automatismus, ob geistig oder körperlich.

Die Angst vor der Ferne wird von vielen Quellen versorgt. Es vermischen sich die Erfahrungen, nicht *im eigenen Körper* und nicht *im eigenen Land* Herr oder Dame zu sein. Dies betrifft neben den genetischen Codes die psychischen Bedingungen und die Emergenzen sozialer Prozesse. Verstärkt wird dies durch elektronische Systeme der Fernanwesenheit, der Telematik und der nicht mehr verfügbaren Zeit der Informationsübertragungen. Ferne, fast zum neuen Herrschaftssignum poliert, scheint mehr zu wissen, schneller zu sein, mehr wahrzunehmen, weniger Körper, noch weniger Territorium und erst recht keine Seele zu haben. In Kulturkritiken wird *die Ferne* plötzlich wieder zur dumpfen *Natur der Technik*. Sie erscheint in einem Rückgriff auf vorindustrielle, territoriale Fernängste, zwischen territorialer Kultusgemeinschaft und nationalistischem Treueschwur. Ihr entspricht die Renaissance der Nähe – eine medial unerfüllbare Begierde der Sinnlichkeit und der angesichtigen Treue.

9. 24 Stunden life

Technikvisionen stehen heute in dem unentschiedenen Streit um die Bedeutung von Identifizierung (womit Nähe, Angesichtigkeit, Namentlichkeit, Identität, Kultur, normative Begrenzung, Repräsentation verbunden ist) und Anonymität (womit Ferne, Unbekanntheit, Unerkennbarkeit, Prozedur, Verabredung, Entemotionalisierung, Zivilisation, Globalität verbunden ist).

Ein besonderes Gewicht in diesem Konflikt kommt dabei der Verbindung von Raumsicht und Architektur zu. Architektur tritt auf der Stelle, umbaut Räume, baut industrielle Massenstallungen (Hinterhofarchitektur in Berlin Ende des 19. Jahrhunderts), ist politische Architektur. Architektur geht in die Fläche und kreiert vom Grund aus Raum, bildet Straßenfluchten, Passagen, baut die Territorialität für raumloyales Verhalten. Mit Beton, Stahl und Glas geht sie in die Höhe, entrückt dem Auge, wird erst aus der Ferne ein Stadtzeichen, bildet Skyline, Straßenschluchten, Fassaden und Baumassen der Repräsentation.

Die Raumbilder der Architektur sind sehr vielfältig und hier nicht darzustellen. Sie reichen von Quartierskonzepten, über freie repräsentative Räume, Konzepte für öffentliche Begegnung bis zu Stadtburgen. Der territorial-architektonische Raum ist stets auch sozialsymbolischer Raum. Architektur bezieht sich auf die Systeme mechanischer Erreichbarkeit, auf eine flächige Mobilität und flächige Strukturierung. Sie ist geographisch, nicht topologisch.

Die Fragmentierung der Fläche erfolgt durch die immense Ausdehnung der mechanischen Transportsysteme, wie Eisenbahnen, Straßenbahnen, Kanäle, Autostraßen. Die Visionen *pulsierenden* Transportes, schneller Bewegungen bezeugen den Raum als Prozeß, als Dauerereignis. Ihre Bündelung finden diese Veränderungen in der Groß-Stadt. Sie wird in den ersten Jahrzehnten unseres Jahrhunderts zu einem Transportensemble – immer weniger ein architektonischer Ausdruck, obwohl immer noch als Gesamtkunstwerk gedacht: Symphonie der Großstadt. Rhythmus, Resonanz, Klangfarbe, Inszenierung *verflüssigen* die harten Wegemuster. Großstadt – 24 Stunden life, eine ständige Durchmischung von Anonymität und Ansässigkeit, Austausch in der Fläche, Symphonie des Heterogenen, zusammengeführt durch Transport, Differenzierung. Fremde und Fremdes werden alltäglich. Die Anonymität zwingt zu Anpassung an Unbekanntes, Uneinsichtiges, zum Lernen ohne normative Pädagogik, zwingt zur Topologie einer Urbanität als Netz-Knoten-Verhältnis und nicht zur Loyalität.

10. Unfaßbarer Raum

Mit Technik verbindet sich nicht grundsätzlich Ansässigkeit. Ihre Physik beschreibt nur Newtonsche Phänomene. Das materiale Gewicht von Maschinen liefert keine kulturelle oder soziale Bestimmung für Technik. Diese war stets Bewegung, Machen, Drehung, Veränderung, war raumgreifend und Zeitmaß, war maßlos und ortlos. Sie war, vor allem mit der Durchsetzung der Transmission von Bewegungsenergie (Dampfmaschine) und schließlich mit der Elektrizität, insgesamt beweglich. Sie war dies alles in Verbindung mit dem menschlichen Körper (immer gedacht als Kopf und Hand). Technik ist ein notwendigerweise verdinglichter Mechanismus. Er beschreibt außen und innen.

In Technologie sind Maschine, Territorium, Raum, Körper, Institution und Strategie koordiniert. Insofern ist Technik kein Gegenüber des Menschen; sie wird erst durch ihren Gebrauch gegenwärtig, ob symbolisch, metaphorisch oder materialiter; nur so ist sie Umgebung – bis zur metaphorischen Schrift als Großorganismus (der industrielle Puls der Stadt), als Verklärung eines industriellen Gesamtkörpers (Atem der Fabriken, Industriewerbung: rauchende Schlote im Gegenlicht der Sonne). Aber auch bis hin zur Identifizierung von gepanzertem Volkskörper mit Militärtechnik, der Mensch als Geschoß. Kein statischer Begriff vermag die Beschaffenheit technologischer Räume zu erfassen – erst recht nicht die der medientechnologischen Räume. Computertechnologie verändert die genannte Koordination, weil sie von Beginn an des Flächenterritoriums, der räumlichen Geographie und der dauerhaften Verschraubung ortsfester Maschinen nicht bedurfte. An die Stelle der tayloristischen und fordistischen Integration verkümmerter taktiler und intelligenter Fähigkeiten tritt die mediale Einbettung, die mediale Okkupation. Von nun an kann die sensorische, intelligente, steuernde und interaktive Erfassung von Wirklichkeit durch den einzelnen Menschen genausoweit reichen wie die Kapazitäten in sich und an ihr Territorium *festverschraubter* Institutionen und Ökonomien, und das zu jeder Tageszeit, durch jede Zeitzone.

Der *symbolische Tod der Territorien* in globalen und lokalen Netzwerken ruft die Angst vor der selbständigen Ferne hervor, da Territorien, Räume, Gegenstände ihren Zustand wechseln können. Die überlieferten Konstruktionen werden durch neue Produkte ausgezehrt und machen völlig neuen Visionen Platz. Das generalisierte Andere, jene normativen Bezugsgrößen sozialer Verbände, die das Verstehen zwischen den ansässigen Bevölkerungen regeln, weicht einem generalisierten Irgendwo oder dem orbitalen Blick auf die Welt.

Orte, Ereignisse, Zustände sind die Leitideen und Leitwirklichkeiten neuer Visionen, nicht die Materialität und der Boden. Das Monumentale weicht dem Skulpturalen – auch dem Planeten als Skulptur, und dieses Skulpturale weicht dem Multimedium. Die Repräsentation steht im Schatten von Singulärem, in dem sich die derzeitige Vergesellschaftung ausdrückt. Was bleibt, sind verteilte Repräsentationen, kurzzeitige Verdichtigungen. Der symbolische Tod ist zugleich symbolische Geburt einer gleichanwesenden Ferne, einer gleichfernen Nähe.

Rogers, Titelblatt von: Astounding Science Stories, Mai 1947, Sammlung Dr. Rottensteiner, Wien

Die elektronische Erreichbarkeit von Städten, Schlafzimmern, Fabrikhallen, Kreditbüros, genetischen Kodes hat als Bezugssicherheiten Speicher, Prozessoren und Interfaces. Durch ihren Gebrauch inaugurieren wir die Elektrosphäre als Sozialsphäre, den virtuellen Raum als sozialen Raum.

Die Technikentwicklung durchtrennt endgültig die politisch geschmiedete Kette zwischen Territorium und Autarkie. Sie macht *Kommunikation zum globalen Ereignisfeld*. Über sie lassen sich keine auf Dauer gestellten naturalen, kriegerischen, ethnischen oder nationalen Gemeinschaftlichkeiten halten. Dies könnte nur über blockierte demokratische Partizipation und blockierte öffentliche Kommunikation erreicht werden. Rumänien, UdSSR, DDR, Watergate etc. sind aber gute Gegenbeispiele hierfür.

11. Fazit

Wir müssen also klar und dauerhaft unterscheiden lernen zwischen:
a) den gehörten, gesehenen, gedachten, gefühlten, gerochenen Gegenstandsbereichen, denen wir hohe oder niedrige empirische, emotionale, affektive oder täuschende Wirklichkeitswerte zuweisen,

b) den instrumentalen Meßgeräten, mit denen wir Wirklichkeit herstellen und sie identifizieren, rubrizieren,

c) der Medienrealität als Programm (faktischer und kontrafaktischer) Wahrnehmungsmöglichkeiten,

d) der Medienrealität als ästhetische Konstruktion (expressive Besonderheit)

e) und der intellektuellen (Vor-, Nach-)Konstruktion der Medienrealität als struktureller Verallgemeinerung.

Kein Medium ist in sich abgeschlossen, weder elektronisch, semiotisch noch funktional. Es geht um den *Gebrauch von Kommunikation*, nicht um die sensorische Beherrschung durch Traumwirklichkeiten, heißen diese nun Greta Garbo oder Virtuelle Realität, Radio oder Cyberspace; es geht um den Gebrauch der Interfaces.

Hat man sich erst einmal an diese Entrümpelung historisch berechtigter, weil ehedem funktionaler Interpretationen gewöhnt, wird deutlich, daß es keineswegs um Referenzverluste im Sinne eines soziokulturellen *Schwarzen Freitags* an der Abendländischen Börse geht, sondern um die Festigung höchst differenzierter kybernetischer Relationalität.

Zu ihr gehören angesichtige Beziehungen ebenso wie komplexe (erreichbare Fremde/Ferne) und heterogene (unerreichbare Fremde) Relationen.

Das heißt aber auch: Die Bedeutung angesichtiger Interaktion und verbaler Kommunikation nimmt ab, während zugleich die komplexe, heterogene computervermittelte, telemediale Anwesenheit an Bedeutung zunimmt. Identität und körperliche Integrität werden zur Kunst, sich im Anonymen, Heteronymen und Pseudonymen als Eigenart zu begreifen, Körper wird zu einem Stil, mit medialen Umgebungen umzugehen.

Verwendete Literatur:

Braitenberg, Valentin (1993): *Vehikel. Experimente mit kybernetischen Wesen,* Reinbek bei Hamburg.

Giedion, Siegfried (1987): *Die Herrschaft der Mechanisierung,* (englisch 1948: Mechanization Takes Command), Frankfurt a. M.

Schmidt, Hermann (1961): *Denkschrift zur Gründung eines Institutes für Regelungstechnik,* VDI-Druck Berlin 1941, Neuauflage Hamburg.

Wiener, Norbert (1948): *Cybernetics or control and communication in the animal and the machine,* Paris.

Kinder der Telegraphie

Eine nachrichtentechnische Genealogie des Computers

Wolfgang Pircher

Vielleicht sind wir doch dem 19. Jahrhundert in einem höheren Maße gerade dort verpflichtet, wo wir glauben, ganz bei uns zu sein, ganz in einer Welt ohne Vorbild. Es waren schließlich die Menschen des 19. Jahrhunderts, die begonnen haben, den natürlichen Raum technisch aufzuschließen, ihm eine neue Raumstruktur einzuprägen, die sich nicht mehr um natürliche Grenzen kümmert, die aber auch eine andere Logik des Nahe- und Fernseins ausformt. Die Menschen des 19. Jahrhunderts waren bereit zu dieser Entwicklung, sie haben kaum gezögert, die technischen Erfindungen schnell in ihrem Alltagsleben wirksam werden zu lassen. Es war ihnen sehr deutlich bewußt, daß sich damit das soziale Leben grundlegend verwandelt, und sie wollten diese Verwandlung. In eben dieser Zeit bildet sich jene typische Mentalität des Menschen der technischen Zivilisation heraus, über die immer neuen, sich überbietenden Erfindungen in Staunen auszubrechen, sie schnell zu akzeptieren, um wieder neue zu wollen, die bestaunenswert sind. Wohin das führt, das wußten die Menschen des 19. Jahrhunderts auch nicht – aber sie hatten Ahnungen und Visionen. Man kennt die Wurzeln des Computers in den Rechenmaschinen-Konstruktionen des 19. Jahrhunderts recht gut, Charles Babbage ist oft Ausgangspunkt und Kronzeuge in einem. Aber die Kraft, die sich in den komplizierten mechanischen Getrieben buchstäblich erschöpft, tritt zur gleichen Zeit in anderen Techniken in jugendlicher Frische auf den Plan. Will man die weitgehend unbeachteten nachrichtentechnischen Wurzeln des Computers bloßlegen, wird man sich in das Universum der Elektrizität begeben, dort, wo sich der Buchstabe mit Energie auflädt.

Schrift – Code – Signal: Telegraphie

Als Samuel Thomas Soemmerring 1809 seinen elektrischen Telegraphen vorstellt, keineswegs eine ausgereifte Erfindung und schwerlich anwendbar in der vorgestellten Form, pflanzt er den Keim einer schnell wuchernden Pflanze. Zunächst bemißt sich der Wert einer Erfindung an dem bereits Erprobten, und das war in diesem Fall die optische Telegraphie, wie sie Claude Chappe für die französische Revolutionsregierung und anschließend für Napoleon eingerichtet hatte. Diese Erfindung hatte mehrfach ihren militärischen Wert bewiesen, so auch 1809 im Krieg zwischen Frankreich und Österreich. Seit der Antike gibt es Vorschläge für optische Telegraphen, die allesamt den Nachteil haben, an die Sichtbarkeit gebunden zu sein, dementsprechend durch schlechtes Wetter, Dunkelheit und Nachlässigkeiten des Personals in der Brauchbarkeit und Zuverlässigkeit sehr eingeschränkt zu sein. Es bedurfte wahrscheinlich der besonderen Situation der Revolutionskriege und eines Konvents, der von Leuten beeinflußt wurde, die für technische Neuerungen überaus aufgeschlossen waren, um eine doch komplizierte und kostspielige Einrichtung wie die optische Telegraphenkette von Claude Chappe aufzubauen. Es mußten Stationen in verhältnismäßig kurzen Abständen (durchschnittlich alle 10 km) errichtet werden, die mit Signalgebern und Beobachtern ausgestattet waren, welche die Signale der vorigen Station mit einem Fernrohr ablasen und dann mit den eigenen Signalvorrichtungen weitergaben, eine Art Staffettenlauf der Nachricht also. Die Signaleinrichtungen gaben allerdings keine codierten Buchstaben weiter, wie manche Reisende glaubten, das hätte die Nachrichtenübermittlung recht langwierig und fehlerhaft gemacht, sondern es wurde ein Zahlencode übermittelt, der auf die Seiten und Zeilen eines telegraphischen Wörterbuches verwies, wo ganze Worte, Sätze und Phrasen angegeben waren. (Aschoff 1984, 161f) Der optische Telegraph verblieb im Medium des Buches, das ihm zugrundeliegende Buch war der Schlüssel der Telegraphie selbst.

Nachricht, übertragen durch einen optischen Telegraphen von Claude Chappe, Illustration in: Beschreibung und Abbildung des Telegraphen, Leipzig 1795, Tafel IV

Soemmerring, aufgefordert, eine analoge Erfindung zu machen, wechselt die Technik, um, wie er sagt, „freyes Spiel zu behalten unter den Umständen, wodurch die Sichtbarkeit, und folglich der Gebrauch der jetzt gewöhnlichen Telegraphen gänzlich wegfällt" (Soemmerring, 1809/1810: 401) und er wechselt auch die Codierart. Hierin kehrt er zur Buchstabenvermittlung zurück, wie sie viele Konzepte optischer Telegraphie ebenfalls aufwiesen. Aber er führt notwendigerweise einen weiteren Schritt ein: Sein Alphabet wird nicht eigentlich codiert, sondern mit Hilfe eines elektrischen Signals angezeigt. Der Aufwand hierfür ist sehr groß: Jeder Buchstabe bekommt zwei mit einem Draht verbundene Elektroden zugeteilt, und wenn auf der Geberseite die Elektrode mit einem galvanischen Element verbunden wird, steigen bei der Empfängerseite Bläschen auf, da als Empfangselektroden goldene „Spitzen oder Stifte", in einem Wasserbehälter eingetaucht, verwendet werden. Was sich Soemmerring auf der Ebene der Codierung erspart, das muß er durch großen Materialaufwand ersetzen (35 solcher Verbindungen, 25 für die Buchstaben und 10 für die Zahlzeichen, sieht er vor). [1]) Es ist klar, daß die weitere Entwicklung der elektrischen Telegraphen sich einer günstigeren Codierform bedienen mußte, um den Aufwand an Elektroden und Draht zu reduzieren.

Der Nadeltelegraph, den Gauß und Weber 1833 in Göttingen betrieben, war nicht nur anders konstruiert – er beruhte auf Oersteds Entdeckung der Ablenkung der Magnetnadel durch elektrischen Strom, auf der des Elektromagnetismus durch Arago und der elektromagnetischen Induktion durch Faraday, er verwendete auch ein anderes Codiersystem. [2]) Der übermittelte Induktionsstromstoß konnte eine Magnetnadel in zwei Richtungen ablenken und aus diesen beiden Anzeigen wurde ein Buchstabencode zusammengestellt. Zu dieser Zeit aber hatte sich in Samuel Morses Kopf schon der Gedanke eines schreibenden Telegraphen festgesetzt, und zwar sollte ein Elektromagnet dazu dienen, „in der Ferne" zu schreiben. (Aschoff, 1987: 90) Das erste 1837 übermittelte Morsetelegramm spricht von einem gelungenen Experiment (Successful experiment with Telegraph. September 4th, 1837). Die berühmte Kurz-Lang-Signalfolge diente damals noch zur „Darstellung dekadischer Zahlen, die mit einem telegraphischen Wörterbuch korrespondierten". (Aschoff, 1987: 91)

Mit der Entdeckung Steinheils, daß die Erde die Rückleitung übernehmen konnte, man sich also auf einen Draht beschränken durfte, wird die materielle Verbindung auf das unerläßliche Minimum reduzierbar, und alle weitere Innovation zielt nun auf eine Erhöhung der Kanalkapazität. Die Ökonomie der Alphabetschrift wird verschärft durch eine erzwungene Sparsamkeit, die eine Reduzierung der Nachricht auf das zum Verständnis unerläßliche Minimum anstrebt. (Kittler, 1986)

Samuel Morse, *Zeichnung in seinem Notizbuch, in dem er Lettern und Codes aufschlüsselt*, 1837

Aber die Ökonomie begrenzt sich nicht darin, denn je einfacher ein Code ist, desto leichter ist er vom Telegraphisten zu lernen und desto schneller zu senden. Aber wie auch in der Fabrik, läßt sich die Maschine das Privileg der Geschwindigkeit nicht nehmen. Da die Leitungskosten, das heißt in diesem Fall die Belegungskosten, die alles entscheidenden sind, kommt also ökonomisch alles darauf an, die Nachricht so schnell wie nur möglich zu senden. Das hat zunächst den Effekt, daß der Telegraph noch deutlicher in die Gutenberg-Galaxis zurückkehrt (wenn es gestattet ist, diesen Begriff auf die einfachste Weise zu verwenden). So verwendet Morse Lettern, die dem Graphismus seines Codes nachgebildet sind, und die entsprechend angeordnet einen Geber ansteuern können. Es ist einsichtig, daß man auf diese Art Schwierigkeiten bei längeren Texten bekommt, Schwierigkeiten, die sich mit anderen Code-Speicherungen leicht lösen lassen, zum Beispiel mit Lochbändern. Ein Gutteil der innovatorischen Anstrengungen spielt sich also auf der Seite des maschinellen Schreibens ab, und die Welt der Telegraphen des 19. Jahrhunderts ist bevölkert mit Schnellschreibe-Telegraphen und entsprechenden Hilfsgeräten.

Morse - Stiftschreiber mit Federwerk, Illustration in: H. Schellen, Der elektromagnetische Telegraph, Braunschweig, 1888, 6. Aufl.

Ein geübter Telegraphist konnte durchschnittlich 15-20 Wörter pro Minute mit dem Morsetelegraphen eingeben, während zum Beispiel der Siemens-Schnelltelegraph bis zu 80

Telegraphischer Empfangsapparat von G. Jaite mit ausgestanztem Lochstreifen, Illustration in: H. Schellen, Der elektromagnetische Telegraph, Braunschweig: 1888, 6. Aufl.

Wörter pro Minute übermitteln konnte. Diese Geschwindigkeit verlangte dementsprechend nach einem neuen Telegraphisten. „Wegen dieser großen Geschwindigkeit kann die Zeichengebung nicht mehr von Hand aus erfolgen. Die Telegramme werden vermittels eigener Stanz-Schreibmaschinen in Lochschrift auf Papierstreifen übertragen, die dann mit großer Geschwindigkeit durch den Sendeapparat laufen und die eigentliche Zeichengebung bewirken". (Pfeuffer, o. J.: 125) Damit trennt sich die Codierung vom eigentlichen Übermitteln, was bedeutet, daß der Telegraph sich einer Speichertechnik erschließt, denn nichts würde daran hindern, den gleichen Papierstreifen zu jeder beliebigen Zeit wieder durch den Telegraphensender laufen zu lassen.

Es ist nicht diese Absicht, welche zur Anwendung der schon aus der Steuerung von Webstühlen bekannten Lochstreifentechnik führt, sondern die technische Möglichkeit hoher Geschwindigkeit durch maschinelle Eingabe verbunden mit dem ökonomischen Kalkül der Belegungskosten der Leitung. Die Leitungen waren der kostspieligste Teil der Telegraphenanlagen, und die Ambition aller Telegraphenhersteller ging auf den Leitungsbau, während die Apparate, wie Werner Siemens sagte, dafür nur die Lockvögel spielten. Die Apparate trugen in ihrer konstruktiven Beschleunigung des Eingabevorganges dieser Ökonomie durchaus Rechnung, was sie aber nur durch die Abkopplung des langsamen Schreibvorganges erreichen konnten. Damit trennte sich die enge Mensch-Maschinen-Kommunikation auf, indem sich die Maschinen kommunikativ kurzschlossen und als externe Vorgänge Schreiben und Lesen aus ihrem Verbund entließen.

Man hat das im 19. Jahrhundert nicht weiter kommentiert, vielleicht weil man allzu fasziniert war von der Vorstellung einer All-Präsenz. Immer wieder taucht in der Literatur die Beschwörung auf, durch den Telegraphen könne man an allen möglichen Orten „gleichzeitig" sein. Der kleine Riß, der sich hier zwischen der physischen Zeit der Menschen und der technischen Zeit der Maschinen auftut und der einer externen Speicherung geschuldet ist, wird später als ein Abgrund erlebt werden, der uns fundamental von der Zeitlogik der Maschinen trennt. Nach außen hin wird man diesen Maschinen zumuten, dies und das für uns in „Echtzeit" zu verarbeiten, was nur heißt, daß die minimale Zeit, die für die Verarbeitung von Daten nötig ist, in der Größenordnung unserer eigenen Verarbeitungszeit liegt (woraus folgt, daß streng genommen jede „Gleichzeitigkeit" = Echtzeit unmöglich ist). Das mag ein Grund sein, warum man Maschinen mit dem Gattungsnamen „Computer" immer wieder mit unserem Gehirn verglichen hat, obwohl man wußte, daß die Funktionslogik deutlich different ist.

Es war kein geringerer als Heinrich von Kleist, der das faustische Element im elektrischen

Telegraphen bemerkte, als er zur Zeit des Soemmerringschen Experiments vom Telegraphen spricht, „der mit der Schnelligkeit des Gedankens, ich will sagen, in kürzerer Zeit, als irgend ein chronometrisches Instrument angeben kann, [...] Nachrichten mitteilt." (Kleist, 1810: 511) Vergessen wir nicht, daß nach der alten Sage, die bei Christopher Marlowe noch präsent war, Faust in Mephisto den Dämon der höchsten Geschwindigkeit, nämlich so schnell wie ein Gedanke, beschwört. Auf Beschleunigung zielt das faustische Begehren, und mit ihm das des Abendlandes.

Was man im 19. Jahrhundert oft der Eisenbahn zuschrieb, nämlich die „Vernichtung des Raumes", realisierte der Telegraph in weit höherem Maße. Die Beförderungszeit von elektrischen Signalen sinkt an die Schwelle menschlicher Wahrnehmbarkeit, das heißt praktisch gegen null, daher verschwindet der überbrückte Raum als zu überwindendes Hindernis. Das hat allerdings zur Vorbedingung, daß in diesen geographischen Raum ein technischer Raum eingeschrieben, das heißt ein Netz entfaltet wird. Nur in diesem neuen Raum zirkulieren die Nachrichten mit Lichtgeschwindigkeit, daher hängt alles davon ab, „angeschlossen" zu sein. Der Streit um die Linienführungen, der in England 1868-70 schließlich zur Verstaatlichung der inländischen Telegraphenlinien führte, ging um die Bezugnahme des technischen Raums auf den geographischen, der für einen territorialen Nationalstaat naturgemäß der Raum seiner Herrschaft ist und also in allen seinen Teilen kommunikativ erreichbar sein muß. (vgl. Perry, 1992)

Die Zeitgenossen der Verkabelung der Kontinente projizierten den technischen Raum der Telegraphennetze durchaus auf den politisch-geographischen. So bemerkt schon Karl Knies 1857: „Uebrigens hängt hier bis zur allseitigen Verbreitung der Telegraphen natürlich auch sehr viel von der Richtung der gewählten Linien ab und diese steht wie die Richtungslinie der Eisenbahnen leicht auch unter Einflüssen, die mehr auf die innersten Lebenstriebe eines Volkes, wie auf die nächsten Bedürfnisse des Nachrichtenverkehrs hinweisen. Frankreich wird jede Art von Verkehrsmittel in der Form eines Spinnennetzes um seinen Herzpunkt Paris ausbilden; starke Stränge in der Radienrichtung kommen immer zuerst, bleiben vorwiegend, wenn auch allmälig die schwächeren Seitenverbindungen nicht ausbleiben. Deutschland zeigt nichts dieser Art. In seinen Eisenbahnen wiegt die quadrirte Masche vor, nicht ohne Fehler durch die vielen Hände gewoben, mit vielen Kreuzpunkten, aus denen einzelne etwas stärker hervortreten. In Rußland liegt der Schlüssel in den Feldzugsplänen, welche von der Kaiserstadt aus gegen Westen und Süden dirigiert werden müssen." (Knies, 1857: 123)

Man kann die universelle Bedeutung der Verbindung nicht deutlicher zum Ausdruck bringen als Hermann von Helmholtz: „Man hat die Nervenfäden oft mit den Telegraphendrähten verglichen, welche ein Land durchziehen; und in der Tat ist dieser Vergleich in hohem Maße geeignet, eine hervorragende und wichtige Eigentümlichkeit ihrer klar zu machen. Denn es sind in dem Telegraphennetz überall dieselben kupfernen oder eisernen Drähte, welche dieselbe Art von Bewegung, nämlich einen elektrischen Strom, fortleiten, dabei aber die verschiedenartigsten Wirkungen in den Stationen hervorbringen, je nach den Hilfsapparaten, mit denen sie verbunden werden. Bald wird eine Glocke geläutet, bald ein Zeigertelegraph, bald ein Schreibtelegraph in Bewegung gesetzt; bald sind es chemische Zusammensetzungen, durch welche die Depesche notiert wird. [...] Kurz jede von den hundertfältig verschiedenen Wirkungen, welche elektrische Ströme überhaupt hervorbringen, kann ein nach jedem beliebig entlegenen Ort hingelegter Telegraphendraht veranlassen, und immer ist es derselbe Vorgang im Draht, der alle diese Wirkungen hervorruft." (Helmholtz, 1868: 59) Dieser eine Draht wurde sozusagen immer mehr gespannt, das heißt, immer mehr Wirkungen sollten ihn durchlaufen. Neben der Beschleunigung der seriell gesendeten Nachrichtenströme verfiel man allzuleicht auf die Idee, gleichzeitig mehrere Nachrichten über einen Draht zu senden. Die Ausführung erwies sich allerdings als schwieriger. Die Verfolgung dieser Idee stimulierte gleichsam „nebenbei" die Geburt des Telefons, denn Alexander Graham Bell war es hauptsächlich um ein Verfahren zur Multiplextelegraphie zu tun, und das Telephon entwickelte sich am Rande dieser Tätigkeit.

Wahl – Code – Vermittlung: Telephon

Gegenüber der Telegraphie macht das Telephon einige Verlagerungen geltend: Der Anschluß-Apparat befindet sich nicht mehr in den (Post-)Ämtern, sondern im privaten Bereich, das Telephon ist die erste Technik, die diesen Raum der Nachricht erschließt. Das ist auch deshalb möglich, weil keine besondere Ausbildung nötig ist, um dieses Gerät zu bedienen. ³) Der Code wird anfangs im Amt hergestellt, indem „Verbindungen" gebahnt werden. Anders als bei den Telegraphenleitungen, sind die Telephonleitungen also zunächst unterbrochen und werden erst im Bedarfsfall erzeugt – wenn wir von den ganz frühen Direktverbindungen absehen.

Das Personal im Amt (englisch: exchange) realisiert eine zunächst nur virtuelle Verbindung, unterbricht also die Unterbrechung für die Zeit eines Gespräches. Der Code ist hier überaus einfach, jedem Teilnehmer ist eine Nummer zugeordnet, dieser Nummer ein Steckkontakt, und die Vermittlung erschöpft sich darin, zwischen zwei Steckkontakten, die beide im Amt enden, das heißt für eine Verbindung geöffnet sind, eine elektrische Drahtverbindung herzustellen. ⁴) Damit dies geschehen kann, braucht es vom Teilnehmer nur die Bereitschaft, sich im Amt mittels eines Zeichens anzumelden, also seinen Kurbelinduktor zu drehen, das heißt einen Signalstrom zu senden, um einen Gesprächswunsch anzumelden. ⁵) Dieser Stromstoß läßt im Amt eine Klappe fallen oder eine Lampe leuchten, was für die Telephonistin das Zeichen ist, daß eine Verbindung gewünscht wird. Zunächst verbindet sie sich selbst mit dem rufenden Teilnehmer, um zu erfahren, mit wem er verbunden werden möchte, sodann stöpselt sie ihren Klinkenstecker an den Anschluß des gewünsch-

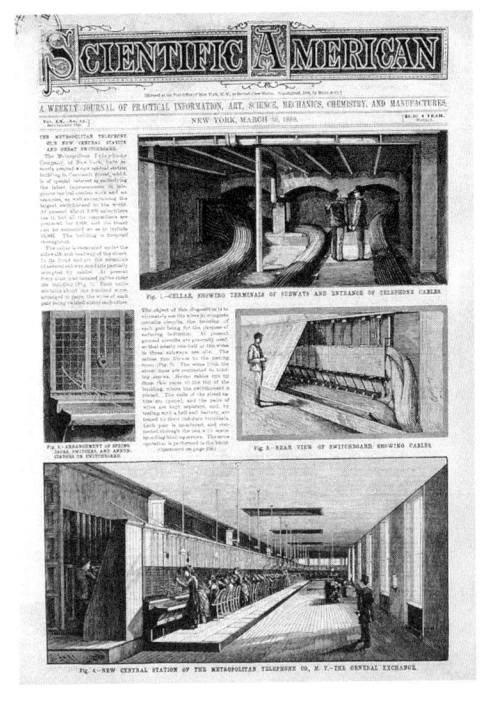

Telephonzentrale, Titelbild von: Scientific American, März 1889

ten Teilnehmers, um im Fall seiner Bereitschaft die Verbindung zu realisieren. Immer also löst sich so ein Zwiegespräch auf in eine Dreierverbindung, wobei der Dritte sich einschalten muß, um die Verbindung herzustellen und natürlich die Möglichkeit behält, sich jederzeit wieder einzuschalten und auch die Verbindung wieder zu trennen.

Marcel Proust hat das ironisch ins Mythologische gewendet: „Wir brauchen, damit sich dies Wunder vollzieht, unsere Lippen nur der magischen Membrane zu nähern und – ich gebe zu, daß es manchmal etwas lange dauert – die immer wachen, klugen Jungfrauen zu rufen, deren Stimme wir täglich hören, ohne ihr Antlitz zu kennen, und die gleichsam unsere Schutzengel auf jenen Pfaden in schwindelnder Finsternis sind, deren Eingangstor sie eifersüchtig bewachen; jene Allmächtigen, die bewirken, daß Abwesende plötzlich neben uns stehen, freilich, ohne daß wir sie sehen dürfen; die Danaiden des nicht zu Erschauenden, die die Urnen des Klanges unaufhörlich leeren, füllen, einander reichen; die ironischen Furien, die in dem Augenblick, da wir einer Freundin ein Geheimnis zuflüstern, in der Hoffnung, daß niemand es erlauscht, uns grausam ihr „Hier Amt" entgegenhalten; die ewig gereizten Dienerinnen des Mysteriums, die so leicht gekränkten Priesterinnen des Unsichtbaren, die Fräuleins vom Amt!" (Proust, 1979: 1422 f)

Zwei Motive sind nun benannt, die zur Ersetzung des Dritten durch eine Maschine, also die Ersetzung der amtlichen Fräuleins durch einen Vermittlungsautomaten, führten: Schnelligkeit der Verbindungsherstellung und Gesprächsgeheimnis. Die Fama will es, daß dem noch die Korrumpierbarkeit zur Seite gestellt wird, denn mit der Erfindung der automatischen Vermittlung antwortete Almon Strowger auf die Bestechung der Telephonistinnen durch den

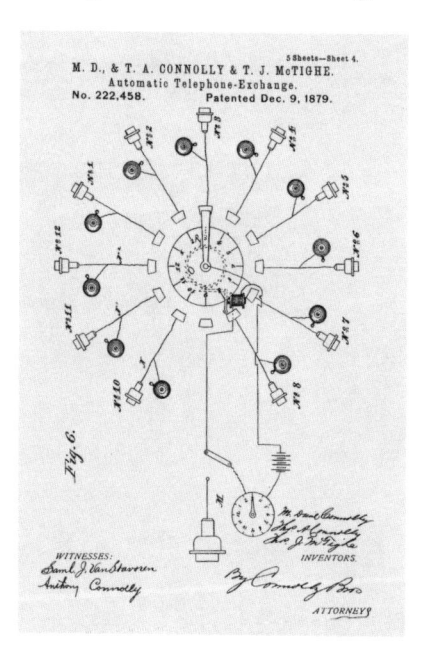

Zeichnung aus der Patentschrift von D. Connolly, Th. Connolly und Th. McTighe *Improvement in Automatic Telephone-Exchange* (Ausbau einer automatischen Telephonvermittlung), US Patent 222.458 vom 9. Dezember 1879

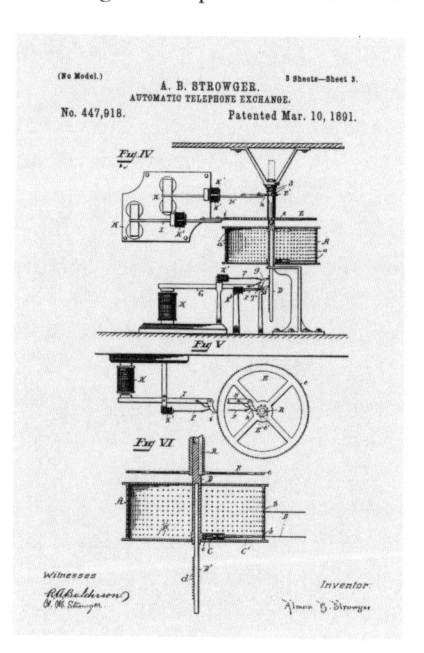

Zeichnung aus der Patentschrift von Almon Strowger, *Automatic Telephone Exchange* (automatische Telephonvermittlung), US Patent 447.918 vom 10. März 1891

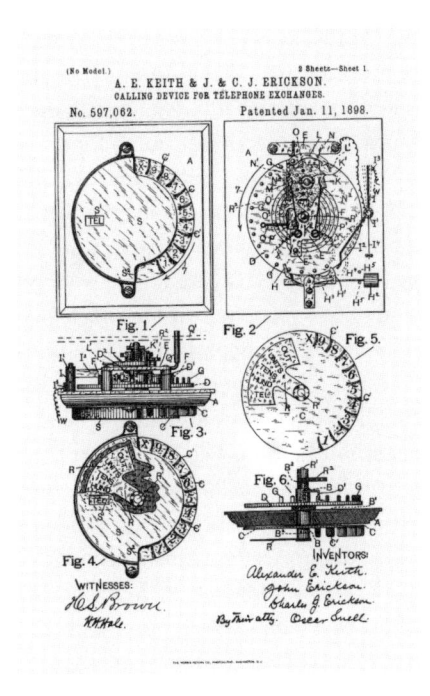

Zeichnung aus der Patentschrift von A. E. Keith, J. Erickson und Ch. J. Erickson, *Calling Device for Telephone-Exchanges* (Wählscheibe für Telephonvermittlungen), US Patent 597.062 vom 11. Jänner 1898

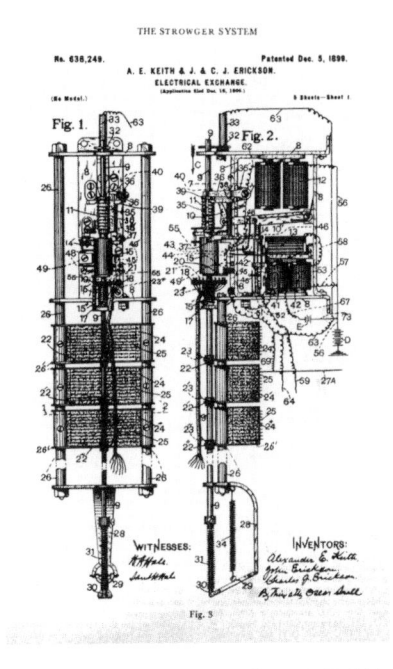

Zeichnung aus der Patentschrift von A. E. Keith, J. Erickson und Ch. J. Erickson, *Electrical Exchange* (Schrittwähler), US Patent 638.249 vom 5. Dezember 1899

am Ort konkurrierenden Begräbnisunternehmer, die alle Nachrichten von Todesfällen ihm durchstellten und Strowger so um sein Geschäft brachten. (Chapuis, 1982: 71)

Mit der automatischen telephonischen Verbindung geht aber einher, daß der Teilnehmer einen Code lernen muß; nur ist der Code nicht mehr zur Umsetzung seiner Nachricht in ein elektrisches Signal gedacht – das erfolgt analog und sozusagen „automatisch" –, aber die Adressierung seiner Nachricht, also die Wahl des Empfängers, des Gesprächspartners, unterliegt einer Codierung, die das Amt nun nicht mehr leistet. Die damit verbundenen Komplikationen waren ein Argument gegen die automatische Verbindung, wie sie der Cheftechniker von AT&T noch 1910 am Kongreß in Paris vorbrachte. (Chapuis, 1982: 78) Er plädierte damals noch für eine Arbeitsteilung zwischen Teilnehmer und Telephonistin (operator), was mit der spezifischen *Allergie* von AT&T gegen die automatische Vermittlung zu tun hat. Erst 1920 wandte sich die Firma des Telephonerfinders Bell dieser Technik zu. Mit der 1896 erfundenen Wählscheibe konnte der Teilnehmer einen bestimmten, meist kombinierten Buchstaben- und Zahlencode eingeben, um den gewünschten Adressaten auszuwählen und dann die Erreichbarkeit zu erfahren.

Nunmehr hatte sich ein maschinelles Ensemble eingeschaltet, das heißt, die prinzipielle Unterbrechung konnte nur unterbrochen werden, wenn man den Strowgerschen Hebdrehwähler „anrief", diese oder jene Position einzunehmen. Man kommuniziert also zuerst mit der Verbindungsmaschine, und zwar in der ihr gemäßen Sprache, das heißt, man sendet Signale, Impulse, und die Verwandlung des Codes in Signale besorgt dabei die Wählscheibe, die den Code in entsprechende Impulse übersetzt. Die Wählscheibe ist das Interface des Telephons, denn anders als beim Telegraphen, der ja nur eine fixe Verbindung der Stationen kennt, „wählt" das Telephon eine Verbindung, das heißt, es sortiert aus der gegebenen endlichen Zahl von möglichen Verbindungen eine aus, indem es einen bestimmten Pfad schlägt. Es ist einleuchtend, daß dies mit steigender Zahl von Möglichkeiten (Teilnehmern) technisch komplizierter wird. Aber der Strowgersche Hebdrehwähler gestattet eine serielle Kombinatorik dergestalt, daß ein Hebdrehwähler einen anderen anzuwählen vermag und so fort. Schließlich brachte man die Hebdrehwähler dazu, einen anderen gerade freien Hebdrehwähler auszusuchen. Ganze Dezimalbäume schalten sich so zwischen die Gesprächspartner, wobei allerdings deren Code quantitativ wächst. Statt der Beherrschbarkeit der Quantität der Nachrichten, wie beim Telegraphen, entsteht nun das Problem der Quantität der Verbindungen. Der Code hat auch nur hier seine Aufgaben. Da Telephonteilnehmer seit alters her zur „leisure class" gerechnet werden, spielen die Kosten der Leitungsbelegung nicht mehr der Unternehmung in die Bilanz, sondern fallen beim Kunden an. Alle Anstrengung richtet sich daher auf die Schnelligkeit der Herstellung der Verbindung, nicht aber auf die Schnelligkeit der Nachrichtenübermittlung, im Gegenteil: Das wird dem privaten Haushaltsbudget überantwortet. Daher zielt auch alle „Digitalisierung" des Telephons auf die Verbindung und nicht auf die Ökonomisierung der Gesprächsdauer, was ja technisch ebenso möglich wäre. Weil am Telephon letztlich immer nur *Private* hängen, sind deren Kosten unmittelbar Profite der betreibenden Gesellschaften. Wir können dies als ein Beispiel dafür nehmen, wie ein ökonomisches Kalkül die technische Entwicklung zu beeinflussen vermag, was allerdings seit dem Beginn der Industriellen Revolution kaum noch zu verwundern vermag.

Datum – Lochung – Signal: Hollerith

In der zweiten Hälfte des 19. Jahrhunderts expandiert die staatliche Administration, und diese Ausdehnung der Verwaltungstätigkeit, die immer mehr zur Grundlage des Regierens wird, verlangt nach zuverlässigen Daten über den sozialen Körper. Die administrative Statistik gelangt hierbei zu entscheidender Bedeutung. Daten über die grundlegenden Belange der Bevölkerung zu sammeln und in einfachen Berechnungen Schlüsse daraus zu formulieren ist eine Beschäftigung schon des 17. Jahrhunderts. Im 18. Jahrhundert beginnen einige europäische Territorialstaaten wie Preußen und Österreich mit Volkszählungen, um mittels dieser Gesamterhebungen ein Bild über die Bevölkerung zu formieren. Neben den gewichtigen Schwierigkeiten der Erhebung selbst (Obstruktion und Verfälschung der Daten durch die Grundherrschaften) sind es die langwierigen Auswertungen, welche das Unternehmen Volkszählung problematisch machen. Je mehr Zeit zwischen der Erhebung und der Auswertung der Daten vergeht, desto weniger aussagekräftig ist die Zählung und desto geringer ist der politisch-administrative Wert.

Wie so oft, bietet sich auch hier eine technische Lösung an. Hermann Hollerith entwickelt für den amerikanischen Zensus ein Verfahren, das sich schon bekannter Codier- und Adressiertechniken bedient, um die Auswertung der erhobenen Daten wesentlich zu beschleunigen. Seine ursprüngliche Idee, die Daten auf Lochbändern aufzuzeichnen, verwarf er zugunsten von Lochkarten, weil diese eine bessere Zugriffsmöglichkeit aufwiesen. Ähnlich wie beim Telegraphen geht nun die Codierung mit einer Speicherung parallel, deren Zweck

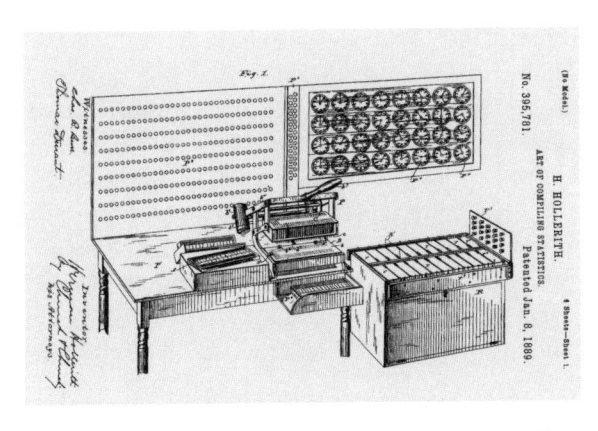

Zeichnung aus der Patentschrift von Herman Hollerith, *Art of Compiling Statistics* (Methode zur statistischen Datenerfassung), US Patent 395.781 vom 8. Jänner 1889

aber nicht die Verkürzung der Belegdauer ist, sondern die Bewältigung großer Datenmengen in möglichst kurzer Zeit. Dazu mußte diese Speichertechnik mit der aus der Telegraphen- und Telephontechnik bekannten Schaltform des elektromagnetischen Relais verbunden werden; die Lochkarten mußten also in ihrem schnellen maschinellen Durchlauf „adressiert" werden, das heißt am richtigen Platz ausgefällt werden, um dort einem Zählvorgang zu unterliegen. Das Speichermedium verhält sich zur Schaltlogik sozusagen invers, denn überall dort, wo in der Karte ein Loch gestanzt ist, wird ein elektrischer Kontakt zur Ansteuerung eines Relais geschlossen, während sonst die Karte als Isolation wirkt.

Dauerte die Auswertung der amerikanischen Volkszählung von 1880 noch sieben Jahre, so konnte mit Hilfe der Hollerithschen Maschinen diese Zeit auf zwei Jahre reduziert werden, wobei eine weit umfangreichere Dokumentation vorgelegt werden konnte. „The tabulation of the 1890 census was a technical and financial triumph for Hollerith. It was well reported in the press, appearing for example as the main article in the August 30, 1890 issue of Scientific American. Within six weeks of the start of the census, the rough count of population was complete (total 62.622.250 citizens)." (Campbell-Kelly, 1990: 130)

Holleriths Erfindung trifft auf ein Wissensbedürfnis, das von Karl Knies so aufgefaßt wird, daß die Statistik als Anwendung der exakten Methode auf die „Erscheinungen des öffentlichen Lebens der menschlichen Gesellschaft [...] zu einer Physiologie der Gesellschaft (wird), und als solche will sie die unangreifbare Vertreterin der vollen Wahrheit der Dinge werden, auf welcher Basis allein ein sicheres Heil für die Leitung und Besserung der Erscheinungen des öffentlichen Lebens zu erwarten ist". (Knies, 1850: 81) Die emsige Betriebsamkeit in der Erfassung der *Wahrheit* des sozialen Lebens führt notwendig zu einer veränderten Selbstdefinition der Gesellschaft, denn, wie Rümelin sagt, „der moderne Begriff der Gesellschaft ist eigentlich erst durch die Anwendung und stei-

The New Census of the United States, Titelblatt von: Scientific American, 30. August 1890

gende Verbreitung und Vertiefung der statistischen Methode genauer bestimmt und wissenschaftlich verwerthbar geworden". (Rümelin, 1888, nach Schäfer, 1971: 157)
Die Anwendung der Hollerithschen Zählmaschinen bei der österreichischen Volkszählung von 1890 hatte zur Folge, daß „der ganze Betrieb fabrikartiger wird. Eine weitgehende Arbeitsteilung griff Platz; die Verrichtungen des einzelnen Arbeiters werden immer einfacher, seine ganz einseitige Virtuosität in der Ausübung derselben immer ausgebildeter. Die Anforderungen an die Vorbildung der Arbeiter fallen auf ein außerordentlich tiefes Niveau". (Rauchberg, 1891/92: 111) Für die Statistik selbst bedeutet dagegen der maschinelle Einsatz eine Art Emanzipation: „Der experimentale Charakter der Statistik kann sich energischer entwickeln, und die analytische Durchbildung des Stoffes ist von allen materiellen Schranken befreit." (Rauchberg, 1891/92: 110)
In Holleriths Verhältnis zur österreichischen Bürokratie waren allerdings einige strittige Punkte entstanden, über die Austrian sagt: „The requirement to manufacture abroad probably explains why the inquiry from Austria's Central Bureau of Statistics was made to the inventor indirectly through the Vienna manufacturing firm of Otto Schaefler. [6]) On receiving his Austrian patents, Hollerith signed a contract with the company." (Austrian, 1982: 79) Hollerith schreibt selbst darüber: „I had unfortunate experience with the Austrians which shows the ridiculousness of their patent laws. They were anxious to use the machines and ordered a number. I applied for an Austrian patent, but as it was impossible to have the machines made in Austria within the time allowed me, I had some sent over from America, simply as a matter of accomodation. When they arrived, the government promptly annulled my patents because the machines were not made in Austria." (Austrian, 1982: 79) Es wurde aber in Folge doch ein befriedigender Kompromiß erreicht, ein neuer Kontrakt unterzeichnet, aber die Maschinen mußten erst dem ausgedehnten statistischen Wissensbedürfnis der österreichischen Bürokratie angepaßt werden. „The Austrian must give a full account of himself and his family, their ages, religion, languages, occupations, secondary occupations, indebtness, income, expenditures, number of domestic animals including dogs, cats, and birds, character of clothing worn, size of rooms occupied particularly specifying height of ceilings, and he must produce a certified copy of his birth certificate." (Austrian, 1982: 81) Wie auch heute noch üblich, wurden falsche Angaben unter Strafandrohung gestellt. Durch die Anwendung der Maschinen verbilligte sich die Auswertung von 87.700 Gulden für die vorangegangene händische Auswertung auf 22.300 Gulden. Hollerith war allerdings immer noch ein wenig verärgert. „Attending the International Institute of Statistics four years later, he would write: 'Whatever interest the Austrians can arouse is simply that of an imitation. The credit certainly comes to me. All, except the Austrians, say the Hollerith machines. The Austrian say, 'Machine Electrique'." (Austrian, 1982: 82)
Die Lochkartentechnik veränderte aber auch die innere Verwaltungstätigkeit privater Firmen. Mit dem Anwachsen der Betriebsgrößen nach der Mitte des 19. Jahrhunderts wurde betriebswirtschaftliche Planung zur Verbesserung der Kostensituation notwendig, und sie konnte nur auf einer erweiterten Informationsbasis funktionieren. Die Entscheidungsfindung ging immer mehr von der unternehmerischen *Intuition* zur empirisch abgesicherten wissenschaftlichen Betriebsführung über. Das Anwachsen der Firmengrößen erhöhte auch ihren internen Organisations- und Verwaltungsaufwand, für den ebenfalls neue Methoden der *informatischen* Erfassung notwendig wurden. Gegen Ende des 19. Jahrhunderts drangen

zwei Maschinen in die Administration der Betriebe ein: die mechanischen Rechenmaschinen und die Zählmaschinen. Annähernd parallel dazu bürgerte sich die Schreibmaschine in der Welt des Büros ein. Zwischen 1910 und 1920 bekamen Tabulatormaschinen hohe Attraktivität für geschäftliche und industrielle Firmen. Sie erstellten zum Beispiel Lohnlisten oder Sterbetafeln für Versicherungsunternehmen.

Ein wichtiger Anwendungszweig fand sich in den großen Eisenbahngesellschaften, die ihren Frachtverkehr mittels dieser Zählmaschinen ökonomisierten. Bis in die frühen 30er Jahre des 20. Jahrhunderts bestanden nebeneinander eine mechanische und eine elektrische Version der Tabulatormaschinen. Hollerith verwendete seit je die elektrische Lösung, und dementsprechend hielt die Nachfolgefirma IBM auch daran fest. 1931 führte IBM die multiplizierende Lochkartenmaschine ein, welche zwei Faktoren von einer Karte ablesen, sie multiplizieren und in ein freies Feld der Karte die Summe einlochen konnte. Zu dieser Zeit war IBM schon unbestrittener Marktführer auf diesem Sektor.

Ein bedeutender, neuerlich staatlicher Einsatz wurde 1935 durch den Social Security Act der Roosevelt-Administration geschaffen. Zur Realisierung dieses großen Sozialhilfeprogrammes war die Registrierung einer großen Bevölkerungszahl in kurzer Zeit nötig, in den Worten der New York Sunday News „the world's biggest bookkeeping job!". Dieses Stichwort verwendete IBM im Titel des 1937 hergestellten Films „Social Security at Baltimore: World's Biggest Bookkeeping Job". Für die Rechenanforderungen, wie sie sich im Gefolge des Zweiten Weltkrieges stellten, waren die Lochkartenmaschinen zu langsam und zu arbeitsintensiv. Sie verbanden sich zunächst mit elektronischen Konstruktionen, um schließlich ganz zu verschwinden.

Mit der Hollerithmaschine sind wir in die *offizielle* Geschichte des Computers eingeschwenkt, es ist aber wichtig, ihre Verwandtschaft mit den Nachrichtentechniken des 19. Jahrhunderts anzumerken. Es ist nicht nur von technikgeschichtlichem Interesse, bestimmte elementare Funktionen an bestimmte Techniken zu binden, wie zum Beispiel die Umsetzung von Nachrichten in Codierungen und Signale (Telegraphie) oder die Adressierung von Nachrichten (Telephon), sondern mit deren praktischer Entfaltung erfolgt auch die zivilisatorische Zurichtung und Gewöhnung der Benutzer, wenn denn unsere Zivilisation auch nachrichtentechnisch definierbar ist. Was die unzähligen Praktiken im Umgang mit diesen Geräten erzeugen, ist das notwendige Korrelat der technischen Entwicklung selbst, die ins Leere verliefe – wenn sie überhaupt zustände käme – ohne die im kulturellen Raum mit den Praktiken verbundenen Visionen künftiger Möglichkeiten. So wie die Erfindungen selbst mit Funktionen operieren und diese zu jeweiligen Zwecken umsetzen, so üben die Praktiken über immer neu entdeckte praktische Funktionen einen Druck auf die Technik aus.

Anmerkungen:

1) Soemmerring entwirft Codierregeln, die das gleichzeitige Senden von zwei Buchstaben gestatten, deren Reihenfolge gemäß der unterschiedlich intensiven Gasentwicklung bestimmt wird, die eine Verbindung mit dem jeweiligen Pol des galvanischen Elements hervorruft. „Zum Beyspiel, in dem Worte, Ak ad em ie bezeichnet man die Buchstaben A, a, e, i, mittelst des Hydrogen, k, d, m, e, hingegen mittelst des Oxygenpoles." (Soemmerring, 1809/1810: 404)

2) Gauß sagte über Soemmerrings Telegraphen, daß statt der Gasentladungen, „die erst später bekannt gewordenen magnetischen Wirkungen galvanischer Ströme" bei weitem mehr geeignet sind. „Nachdem im Jahre 1833, hauptsächlich um ähnliche Untersuchungen über das Gesetz der Stärke galvanischer Ströme nach Verschiedenheit der Umstände in großem Maßstab anstellen zu können, zwischen der hiesigen Sternwarte und dem physikalischen Cabinet eine Drahtverbindung gemacht war, von welcher großartigen Anlage das Verdienst der sehr schwierigen Ausführung allein dem Prof. Weber gehört, wurde die Kette gleich von Anfang an oft zu telegraphischen Zwecken benutzt, nicht bloß zu einfachen, um täglich die Uhren zu vergleichen, sondern versuchsweise auch zu zusammengesetzten; und die Möglichkeit, Buchstaben, Wörter und ganze Phrasen zu signalisieren, wurde dadurch schon damals zu einer evidenten Thatsache." (Aschoff, 1987: 70)

3) Das versuchten auch schon die Telegraphengesellschaften zu erreichen, so verwendete die britische Universal Private Telegraph Company einen „Wheatstone universal or ABC telegraph, which as it did not require a code could be worked by any literate person. The Universal constructed and maintained wires between places of business and homes". (Perry, 1992: 87)

4) Der tatsächliche Vorgang der Vermittlung durch eine Telephonistin war etwas komplizierter. Eine Beschreibung davon findet sich bei Holtgrewe, 1989: 116.

5) Welche psychischen Katastrophen eintreten können, wenn es durch eine Fehlschaltung zur Verwechslung von Signal und Kommunikationsstrom kommt, hat Bernhard Siegert ausführlich behandelt und dies mit der segensreichen Einführung der Telephongabel eingeleitet, die solches vermeiden hilft. (Siegert, 1990).

6) Richtig: Otto Schäffler. Er war von seinen technischen Interessen und Fertigkeiten her überaus geeignet, eine Adaptierung der Hollerithschen Maschinen vorzunehmen, die auch in einem eigenen Patent von 1895 kulminierten: er hatte sich nicht nur mit der Telegraphie beschäftigt (1872 Erfindung eines Börsendruckers), sondern er baute ab 1881 auch Telephonzentralen. (vgl. Zemanek, 1974)

Verwendete Literatur:

Aschoff, V. (1985): *Geschichte der Nachrichtentechnik. Beiträge zur Geschichte der Nachrichtentechnik von ihren Anfängen bis zum Ende des 18. Jahrhunderts,* Berlin.

Aschoff, V. (1987): Nachrichtentechnische Entwicklungen in der ersten Hälfte des 19. Jahrhunderts, in: ders., *Geschichte der Nachrichtentechnik,* Bd. 2, Berlin.

Austrian, G. (1982): *Herman Hollerith. Forgotten Giant of Information Processing,* New York.

Campbell-Kelly, M. (1990): Punched-Card Machinery, in: W. Aspray (Hg.), *Computing Before Computers,* S. 122-155, (Iowa State University Press) Ames.

Chapuis, R. J. (1982): Manual and Electromechanical Switching (1878-1960), in: ders., *100 Years of Telephone Switching (1878-1978),* Teil I, (= Studies in Telecommunication Bd. 1), (North-Holland Publishing Company), Amsterdam.

Helmholtz, H. (1868/1987): Die neueren Fortschritte in der Theorie des Sehens, in: S. Gelhaar (Hg.), *Hermann v. Helmholtz. Abhandlungen zur Philosophie und Geometrie,* (Junghans) Cuxhaven.

Holtgrewe, U. (1989): Die Arbeit der Vermittlung – Frauen am Klappschrank, in: Jörg Becker (Hg.), *Telefonieren,* (Hessische Blätter für Volks- und Kulturforschung), S. 113-124, Marburg.

Kittler, F. (1986): Im Telegrammstil, in: Gumbrecht; Pfeiffer (Hg.), *Stil. Geschichten und Funktionen eines kulturwissenschaftlichen Diskurselementes.*, S. 358-370, Frankfurt a. M.

Kleist, H. (1810/1978): Entwurf einer Bombenpost., in: ders., *Werke und Briefe,* Bd. 3, S. 511-513, (Aufbau Verlag) Berlin/Weimar.

Knies, C. G. A. (1850): *Die Statistik als selbständige Wissenschaft,* Kassel.

Perry, C. (1992): *The Victorian Post Office. The Growth of a Bureaucracy,* (Woodbridge) Boydell.

Pfeuffer, H. (o. J.): Telegraphie und Telephonie in Österreich, in: *Österreichs Post einst und jetzt,* o. O.

Proust, M. (1979): Die Welt der Guermantes 1, in: ders., *Auf der Suche nach der verlorenen Zeit,* Bd. 4, Frankfurt a. M.

Rauchberg, H. (1891/92): Die elektrische Zählmaschine und ihre Anwendung, insbesondere bei der österreichischen Volkszählung, in: *Allgemeines Statistisches Archiv 2,* S. 78-126.

Rümelin, G. (1888): *Über den Begriff der Gesellschaft und einer Gesellschaftslehre,* zit. nach U. Schäfer (1971): Historische Nationalökonomie und Sozialstatistik als Gesellschaftswissenschaften, Köln/Wien.

Siegert, B. (1990): Das Amt des Gehorchens. Hysterie der Telephonistinnen oder Wiederkehr des Ohres 1874-1913, in: J. Hörisch; M. Wetzel (Hg.), *Armaturen der Sinne. Literarische und technische Medien 1870 bis 1920, S. 83-106,* München.

Soemmerring, S. (1809/1810): Über einen elektrischen Telegraphen, in: *Denkschriften der Königlichen Akademie der Wissenschaften zu München.*

Zemanek, H. (1974): *Nachrichtentechnik und Datenverarbeitung zur Makartzeit: Otto Schäffler (1838-1928). Ein vergessener Österreicher,* (Sonderdruck aus dem Jahrbuch des Österreichischen Gewerbevereins).

Lakanal und Soemmerring:

Von der optischen zur elektrischen Telegraphie

Friedrich Kittler

1.
In letzter Zeit wird viel über Medientechnologien geschrieben, die die Art der Informationsspeicherung verändert haben. Photographie und Film, Grammophon und Kassettenrecorder haben ja in der Tat das Vorrecht der Literatur, optische und akustische Veränderungen im Zeitlauf zu evozieren (im Sinne Lessings), aufgehoben. Über Medientechnologien, die die Art der Informationsübertragung verändert haben, weiß man weniger. Obgleich die Heiligen Schriften sich aufgrund ihres Umfangs und Gewichts als viel übertragbarer und daher machtvoller erwiesen als ältere Formen der Heiligkeit, gebührt dem Einfluß der Übertragungstechnologien auf die Kultur im allgemeinen und auf die Literatur im besonderen eine Neubewertung.

Im Jahre 1794 ging in Westeuropa eine tausendjährige Ära, die von Militärhistorikern die Steinzeit des Kommandos genannt wurde, zu Ende. (vgl. Creveld, 1985) Die ersten jemals verlegten Telegraphenleitungen verbanden das revolutionäre Paris mit einer an der flandrischen Grenze kämpfenden Revolutionsarmee. Obwohl diese Leitungen – mittels eines optischen und noch nicht elektrischen Systems funktionierten, übertraf ihre Übertragungsgeschwindigkeit jene des berühmten persischen oder römischen Militärpostsystems. Ab 1794 waren ein Mann und sein Pferd nicht länger die ultimative Maßeinheit für Informationskanäle. Der optische Telegraph benötigte nur zwanzig Minuten, um die Hundert-Meilen-Distanz, die Carnots Generalstab in Paris von den Armeehauptquartieren in der Nähe von Lille trennte, zu überwinden.

In der Steinzeit der Strategie funktionierte die Kommandokette großteils über das gesprochene Wort. Erst mit dem optischen Telegraphen und, einige Jahre später, mit Napoleons exzessivem Briefwechsel betrat die Kommunikation der Macht das Reich des Literarischen. Und eben dies, so seltsam es erscheinen mag, hatte weitreichende Auswirkungen auf die Literatur als solche.

Zwei Jahre zuvor, im Jahre 1792, wäre der erste Antrag, ein optisches Telegraphensystem einzurichten, beinahe zum Scheitern verurteilt gewesen. Er wurde an den Nationalkonvent von einem gewissen Claude Chappe gestellt, der gerade die Priesterlaufbahn gegen die eines Ingenieurs eingetauscht hatte. Diese biographische oder eher revolutionäre Konversion machte aus ihm aber noch keinen Propagandisten technischer Innovation. Um den (armen und daher) abgeneigten Konvent zu überzeugen, mußte sich Chappe an Mitglieder desselben um Hilfe wenden, die politisch und rhetorisch begabter waren. Es ist Joseph Lakanal zu verdanken, daß aus einem technischen Projekt politische und strategische Realität wurde.

Lakanal, später ein berüchtigter Königsmörder, der seine letzten Jahre im Exil in Louisiana verbringen mußte, hat das entscheidende Argument festgehalten. In seinen „Ausgewählten Schriften" wird der Brief zitiert, den er, kurz bevor er den endgültigen und positiven Entscheid durchsetzte, von einem äußerst dankbaren Chappe erhielt: „Ich höre von verschiedenen Konventsmitgliedern und Mitarbeitern Ihres Komitees, daß der Bürger Daunou nichts von meinem Projekt wissen will und der Bürger Arbogast nicht sehr um dessen Annahme bemüht scheint. Wie ist es möglich, daß sie von der genialen Idee, die Sie gestern, als Sie vor dem Komitee sprachen, entwickelten und an die ich gar nicht gedacht hatte, nicht begeistert sind. Der Bau des Telegraphen widerlegt in der Tat die Argumentation mancher Publizisten, daß Frankreich für die Bildung einer Republik zu großräumig sei. Der Telegraph verringert alle Distanzen und vereinigt eine riesige Bevölkerung sozusagen an einem einzigen Punkt. Ich hätte mein Projekt, das allerorts abgelehnt worden war, längst aufgegeben, wenn Sie es nicht protegiert hätten." [1])

Auf diese Weise gestand der Ingenieur Chappe dem Politiker Lakanal seine mangelnde politische Rhetorik ein. Ohne Literatur wäre das revolutionäre französische Telegraphensystem nie entstanden. Es wurde mit der ausdrücklichen Absicht implementiert, die Kluft zwischen Rousseaus literarischer Republik und den geographischen Gegebenheiten Frankreichs, zwischen der mittelalterlichen Mündlichkeit der Schweizer Wähler und der zwangsläufigen Bürokratie moderner Territorialstaaten zu schließen. Die nahezu vollkommene, wenngleich Männern vorbehaltene Demokratie der historischen Schweiz, wo Wähler sich am Hauptplatz ihres jeweiligen Kantons versammelten, sollte zu einem landesweiten Votum der Bürger erweitert werden, die in einem optischen und demzufolge immateriellen Mediensystem versammelt waren. Der Preis für die Einführung von Rousseaus literarischer Republik und die gleichzeitige Widerlegung seiner nicht minder literarischen Kritiker war der Ersatz der Literatur durch Technologie.

Nicht umsonst hatte Lakanal in jener berühmten Konventsitzung, in der beschlossen wurde, Rousseau durch die Aufstellung seiner Statue im Pariser Pantheon zu ehren, den Vorsitz. Er wußte sehr gut, daß die Gesetze der modernen Politik auf dem Papier erfunden werden und aus Büchern kommen. Der „Contrat Social" und seine „Volonté générale" (der allgemeine Wille der Nation), argumentierte Lakanal in seinem „Bericht über die Ehrungen im Gedenken an Rousseau", „scheinen dafür geschrieben worden zu sein, vor der vereinigten Menschheit verkündet zu werden [...]. Der unsterbliche Autor dieses Werkes hat gleichsam teil an der glorreichen Erschaffung der Welt, da er ihren Bewohnern universelle Gesetze schenkte, die so notwendig sind wie jene der Natur, Gesetze, die jedoch nur in den Schriften dieses großen Mannes existierten, bevor Ihr – die Mitglieder des französischen Konvents – diese Gesetze dem Volk bekanntmachtet." [2])

Unglücklicherweise wurde dem Volk die telegraphische Implementierung von Rousseaus Literatur jedoch nur in der befremdlichen Form von Armeen und Kämpfen bekannt. Keinem französischen Bürger war es je erlaubt, mittels telegraphischer Wahl einen demokratischen Beitrag zu irgendeinem allgemeinen Willen zu leisten, die neue Übertragungstechnologie blieb ausschließlich den Generalstäben und Armeen vorbehalten. Erst 40 Jahre später sollte eine französische Regierung ihr Telegraphensystem zum öffentlichen Gebrauch freigeben – doch selbst dann nicht den Bürgern, sondern der oberen Bourgeoisie, nicht den Wählern, sondern den privaten Bankiers.

Daß die optische Telegraphie ein Militärgeheimnis blieb, stand in keinerlei Widerspruch zu Lakanals Absichten. Sobald sein ebenso öffentliches wie demokratisches Argument finanzielle Unterstützung gefunden hatte, war es entbehrlich. In geheimen Sitzungen des

Komitees pries Lakanal statt dessen die „große Nützlichkeit des Telegraphen unter vielerlei Umständen, vor allem im Krieg zu Land und zur See, wo unverzügliche Kommunikation und schnelle Kenntnis der (feindlichen) Manöver maßgeblich den Ausgang beeinflussen konnten." [3] Diese Unverzüglichkeit und Schnelligkeit der Kommunikation, argumentiert er weiter, sei abhängig von ihrer Geheimhaltung. „Oft ist es wichtig, die Bedeutung telegraphischer Signale vor Beobachtern, die auf der Kommunikationslinie dazwischen postiert sind, zu verbergen. Aus diesem Grund weihte der Bürger Chappe nur die Operatoren an den beiden Endpunkten der Leitung in den Geheimcode ein." [4] Systematisch verschlüsselte er seinen telegraphischen Code, dessen 192 Zeichen aller alphabetischen Intelligenz spotteten. Nicht einmal die Telegraphisten kannten die Bedeutung der Zeichen, die sie lesen, schreiben und von einem Relaissender zum anderen übermitteln mußten.

Mit dem Auftauchen der Nationalstaaten und ihrer Massenarmeen ging das unvordenkliche Monopol der Schrift als Mittel der Informationsübertragung verloren. Einerseits gingen die politischen, das heißt militärischen Mächte vom Geschriebenen zur Verborgenheit technologischer Medien über, wobei die Telegraphie in der historischen Reihenfolge nur ein Vorläufer von elektrischen Leitungen, drahtloser Kommunikation und Computernetzwerken war. Andererseits wurde das Schreiben in seiner Lesbarkeit und Langsamkeit dem Volk überlassen, das seit Lakanals Zeit das Gesetz kennen, selbst lesen und schreiben können soll.

Vielleicht sollte Lakanal besser Lecanal buchstabiert werden, denn Joseph Lakanal führte nicht nur das Geheimhaltungssystem der ersten Telegraphen ein, sondern auch eine allgemeine Alphabetisierung, die vom kleinen Kind bis zum literarischen Genie gelten sollte. Die moderne Kanalisierung oder Trennung von Macht und Schrift, Geheimtechnologie und öffentlichem Buchmarkt geht, zumindest was Frankreich anlangt, auf ihn zurück.

Die Königsmörder (darunter Lakanal) konnten die weitreichenden literarischen Konsequenzen ihrer Heldentat einfach nicht voraussehen. Die alten Auffassungen vom Copyright und der Autorschaft waren, wie Derrida kürzlich in Erinnerung rief (Derrida, 1980: 25), in der Person des Königs begründet, der kraft eines königlichen Privilegs die Verleger und ihre Bücher vor illegalen Nachdrucken schützte. Daher traf die Enthauptung von Louis XVI. die Literatur in ihren Grundfesten. Unmittelbar nach diesem Ereignis zirkulierte Literatur in zahllosen illegalen Kopien – gleich der Software von heute. Von diesem Nullpunkt des Schreibens an wäre die moderne Literatur umsonst gewesen, hätte Lakanal nicht einmal mehr erfolgreich interveniert. In seiner Eigenschaft als Sprecher des Ausschusses für Volksbildung (Aschoff, 1984: 160) beschrieb er dem Nationalkonvent in bewegten Worten die unheilvollen Konsequenzen dieses poetischen oder vielmehr finanziellen Fluchs:

„Kaum hat ein Genie in Stille und Einsamkeit ein Werk vollendet, das die Grenzen menschlichen Wissens erweitert, bemächtigen sich Literatur-Piraten desselben, und der Autor kommt nur zur Unsterblichkeit durch das Elend der Armut. Von seinen Kindern ganz zu schweigen [...]." [5]

Um diesen Mißstand zu ändern, mußte Lakanal literarischen Texten neue Adressaten zuweisen. War der Genius des Schriftstellers nun keine poetische Gabe mehr für regierende Fürsten, so gehörte er dem Volk, dessen Souveränität, wie im Falle Rousseaus, seine

Werke erfunden hatte. Das Volk konnte dem genialen Autor und seinem Vermächtnis seine Dankbarkeit nur bezeugen, indem es ihm das literarische Copyright verlieh. Seit 1793 werden die Werke berühmter Zeitgenossen von anonymen Namenlosen bezahlt. Das Volk, einfach weil es sich nicht selbst hatte erfinden können, entlohnt seine eigentlichen Erfinder.
Wie Lakanal erkannte, war dies eine Revolution innerhalb der Revolution: „Von allen Besitztümern ist fraglos das geistige Eigentum am unanfechtbarsten, da sein Wachsen weder die Gleichheit bedroht noch die Freiheit einschränkt. Umso verwunderlicher ist, daß dieses Eigentum erst durch das positive Recht anerkannt und geltend gemacht werden mußte, daß eine Revolution, so groß wie die unsere, nötig war, um uns dahin zurückzuführen." [6])
Selten war die wohlbekannte Redeweise von der Revolution als einer buchstäblichen Rückkehr zu vergessenen Wahrheiten gründlicher mißverstanden worden. Kein alteuropäisches Gesetz hätte tatsächlich die Vorstellung von geistigem oder literarischem Eigentum in Erwägung ziehen können. Wenn die revolutionäre Urheberrechts-Gesetzgebung sich tatsächlich auf einen älteren Stand der Dinge berief, dann nur, wie zumeist, auf das Ancien Régime. Alle Autoren wurden verpflichtet, zwei Kopien ihres neuen Buches in der Nationalbibliothek [7]) zu deponieren, geradeso wie Franz I. im Jahre 1537 die Verleger verpflichtet hatte, jedwedes Gutenbergsche Wissen dem König auszuhändigen.
Lakanals Vorstellung einer Nation, die ihren großen Schriftstellern Dank schuldete, veränderte jedoch das ganze System der Verbreitung und Übertragung von Literatur. Bücher, die vom Volk honoriert wurden, gehörten konsequenterweise von diesem gelesen. Nicht zufällig stand Lakanal dem Ausschuß für Volksbildung vor, dessen Hauptanliegen es war, erstmals in der französischen Geschichte ein staatlich kontrolliertes Grundschul-Bildungssystem einzurichten, das ausdrücklich als System der allgemeinen Sozialisierung [8]) gedacht war. Hätte das arme revolutionäre Frankreich es sich nur leisten können, wären alle sechsjährigen Kinder gesetzlich gezwungen gewesen, eine staatliche Grundschule zu besuchen oder (in Lakanals medientechnologischen Begriffen) „lesen und schreiben zu lernen." (Lakanal, 1838d: 92) Ansonsten hätten die mit Copyright bedachten Autoren wahrscheinlich nicht die dankbare Leserschaft bekommen, die den neuen Helden des Volkes zu Recht zustand. Anders gesagt: Lakanal verband berühmte Autoren und anonyme Kinder in einem Feedback-System.
Der Grundsatz der allgemeinen Alphabetisierung, wie zäh und langsam seine spätere Umsetzung sich auch erweisen sollte, (vgl. Furet/Ozouf, 1977) legte den Grundstein für die modernen Staaten. Zusammen mit dem gleichzeitig eingeführten Prinzip der allgemeinen Mobilmachung, das Carnots vierzehn Armeen ermöglichte, bildete er die öffentliche oder manifeste Seite eines Machtsystems, dessen verborgene Seite der systematisch der Allgemeinheit vorenthaltene oder unlesbare Telegraph blieb.

2.
Die doppelte Entdeckung einer gleichzeitig literarischen und militärischen Innovation hatte Konsequenzen. Biographisch gesehen, waren Autoren ebenso wie Erfinder gezwungen, ihre geniale Urheberschaft nachzuweisen. Der Nationalkonvent griff Lakanals Vorschlag auf und beförderte Claude Chappe zum Oberleutnant des Pionierkorps oder

besser (um den vielsagenderen französischen Titel beizubehalten) zu einem „lieutenant de génie" (vgl. Lakanal, 1838c: 114) Doch ebendiese Ingenieurtätigkeit oder Genialität machten Chappe, der angeblich einige Ideen zur Telegraphie von einem Mann geklaut hatte, der unter der Guillotine gestorben war, zu schaffen. Im Jahre 1805 sprang Chappe, der anhaltenden Zweifel an seiner Urheberschaft müde, in einem Pariser Brunnenschacht erfolgreich in den Tod.

Auf strategischem Gebiet war der optische Telegraph erst vier Jahre später, im Jahre 1809, ein Erfolg. Zu diesem Zeitpunkt begann er jedoch gleichzeitig technisch obsolet zu werden. Daß die Napoleonischen Hauptstreitkräfte langwierig in Spanien engagiert waren, nahm das Österreichische Kaiserreich als eine erste historische Chance zu einem Angriffskrieg wahr. Anstatt einmal mehr vom Feind angegriffen zu werden, erhoffte es den strategischen Vorteil des Angreifers für sich selbst. Erzherzog Johann zufolge, Österreichs führendem Strategen, würde es vier Wochen dauern, bis Napoleon von der Invasion der Österreicher in Bayern erfuhr. Doch leider erwies sich diese Prämisse als falsch – die Steinzeit des Kommandos war gerade zu Ende gegangen.

Unmittelbar bevor österreichische Truppen in München, der Hauptstadt von Frankreichs langjährigem Verbündeten, einfielen, sandte der Botschafter Napoleons einen berittenen Kurier nach Straßburg. In dieser Stadt, einem strategisch überaus günstig gelegenen Horchposten, hatte der Kaiser seinen Generalstabschef, Marschall Alexandre Berthier, postiert. Schon am 10. April sandte er Berthier ein Telegramm, in dem er vor eventuellen österreichischen Überraschungsangriffen warnte. Die Ankunft des Kuriers aus München – nur zwei Tage später – war lediglich eine nachträgliche empirische Bestätigung. Dank der zwischen Paris und Straßburg eingerichteten Telegraphenlinie konnte Marschall Berthier seinen Kaiser in kürzester Zeit informieren. Am 12. April gab Napoleon per Brief und Telegramm Befehl zu den ersten französischen Gegenmaßnahmen. Am 25. April wurde München von seiner Großen Armee zurückerobert. (Oberliesen, 1982: 60-62)

Zum ersten Mal in der Geschichte der Kriegsführung hatte Signalverarbeitung in Echtzeit einen ganzen Feldzug entschieden. Napoleons „Große Armee" vereinte alle revolutionären Innovationen in sich: die allgemeine Mobilmachung, die allgemeine Alphabetisierung, sowie ein nichtallgemeines, doch übermenschliches Kommunikationssystem. Die Übermenschlichkeit war jedoch im Falle der optischen Telegraphie noch mit einem letzten Mangel behaftet. An jeder der unzähligen Signalstationen mußten zwei Männer oder, genauer gesagt, zwei verwundete Armeeveteranen beschäftigt werden: einer, der per Fernrohr die Input-Signale ablas, und ein weiterer für das mechanische Schreiben der Output-Signale. Alle diese Männer verzögerten nicht nur die Kommandokette, sondern wären ohne Chappes kryptographischen Code auch potentielle Verräter gewesen.

Auf dem Weg zur informatorischen Übermenschlichkeit von heute blieb also ein letzter Schritt zu tun. Die vollständige Ausschaltung des Menschen begann – wie könnte es anders sein – mit dem Deutschen Idealismus. Als König Max von Bayern und seine Minister in ihre befreite Hauptstadt zurückkehrten, hatte die optische Telegraphie ihre strategische Effizienz offenbart. Dies veranlaßte den Bayrischen Premierminister, in der kürzlich gegründeten Akademie der Wissenschaften neue Wege in der Forschung zu weisen. Graf Mountgelas gab einen technisch optimierten Telegraphen in Auftrag. Und kein anderer als Samuel Thomas Soemmerring, der idealistischste unter allen deutschen Neurologen, gerade aus dem Kantschen Königsberg angekommen, machte sich an die Verwirklichung. Die elektrische Telegraphie verdankt ihre Entstehung den gleichermaßen militärischen wie wissenschaftlichen Konsequenzen des Sieges, den sein optischer Vorläufer errungen hatte. Offensichtlich leitet der Erfolg von Medientechnologien ihren Niedergang ein.

Es stimmt, daß Soemmerring nicht der erste war, der die nachrichtentechnische Nutzung der Elektrizität in Betracht zog. Laut Lakanal hatte bereits Claude Chappe mit elektrischer Telegraphie experimentiert, war jedoch auf unlösbare Probleme bei der Isolierung gestoßen. [9]) Die europäische Kunde von Chappes optischem System veranlaßte jedoch einen katalanischen Physiker, einen neuerlichen Versuch mit der Elektrizität zu unternehmen. Im Jahre 1895 schlug Francisco Salvá y Campillo der Akademie der Naturwissenschaften und Künste in Barcelona ein Experiment vor, das so präzise wie schmerzhaft war. Zweimal 22 elektrische Leitungen, von denen jedes Paar einen Buchstaben des Alphabets darstellte, sollten Barcelona unterirdisch über etwa 20 Meilen mit dem kleinen Hafen Mataró verbinden. Sobald an einem Schaltbrett in Barcelona der Strom in irgendeinem Leitungspaar aktiviert wurde, würde tierische Elektrizität im Sinne Galvanis wirksam werden. Ein Mann, dessen linke und rechte Hand mit den positiven und negativen Kabeln verbunden war, würde den Long-distance-Text unweigerlich buchstäblich hinausschreien. Mit anderen Worten: Der Empfänger von Salvás elektrischem Telegraphen wäre aus menschlichem Fleisch gewesen. Von Galvani zu Salvá, von Frankenstein zu Edisons Elektroexekution war Strom gleichbedeutend mit Schmerz.

Umso bemerkenswerter die Tatsache, daß ausgerechnet ein Neurologe dieser neuro-elektrischen Ambiguität ein Ende setzte. Damit die Tradition der Schrift als Informationsträger abgelöst werden konnte, mußten Strom und Spannung, Digits und schließlich Bytes vom menschlichen Fleisch isoliert werden. Darin bestand der Beitrag Soemmerrings zur elektrischen Telegraphie des Jahres 1909.

13 Jahre zuvor veröffentlichte Soemmerring sein „Organ der Seele", eine Abhandlung über das anatomische Organ oder den Sitz der Seele. Die Frage, die er stellte und beantwortete, war so kantianisch wie möglich gehalten. Einerseits und philosophisch betrachtet, hatte der Idealismus keinen Zweifel daran gelassen, daß das Bewußtsein als eine transzendentale Funktion, das alle eingegebenen sensorischen Daten vereinigt, selbst einzig oder unteilbar sein mußte. Ansonsten würde sich das Kantsche Ego, das „alle meine Vorstellungen muß begleiten können", um sie als meine behaupten zu können, in psychologischem Wahnsinn [10]) auflösen, geradeso wie sich beinahe gleichzeitig die Autorschaft an Büchern in politischer Anarchie auflöste. Andererseits und wissenschaftlich betrachtet, hatte die Anatomie das menschliche Gehirn seziert, ohne jedoch in all seinen mannigfaltigen, verzweigten Windungen je ein vereinigendes Zentrum zu entdecken. Es gab, wie Soemmerring sich ausdrückte, einfach keinen „festen Theil" des Hirns „in dem sich alle Nerven", die von anderen Teilen ausgingen, „vereinigten". [11]) Diese Tatsache, die die Solidität jeglicher vorangegangenen Neurologie seit Descartes zerstörte, zeigte einen Weg auf, der aus der Festkörperphysik überhaupt hinausführte. Denn da blieb ein flüssiger Teil zurück – das Gehirnwasser, das ja von Anatomen gewöhnlich beseitigt und von Physiologen mißachtet wurde. Doch da alle festen Teile des Hirns in diesem ubiquitären Wasser schwammen, mußte es da nicht als das organisches Korrelat der Seele betrachtet werden, als Adjutant der transzendentalen Apperzeption selbst? Soemmerring bejahte diese Frage: Das Gehirn-

wasser stelle ein „vereinigendes Mittelding" dar, im Latein der Mediziner: das „Medium uniens" [12]). Der Physiologe Soemmerring blieb Philosoph genug, um seine neue Medientechnologie des Gehirns Kants definitivem Urteil zu unterwerfen. „Der Stolz unseres Zeitalters, Kant, hatte die Gefälligkeit, der Idee, die in vorstehender Abhandlung herrscht, nicht nur seinen Beyfall zu schenken, sondern dieselbe sogar noch zu erweitern und zu verfeinern und so zu vervollkommnen." (Soemmerring, 1796: 81)

Kants philosophische Verfeinerung bestand wie üblich in einer transzendentalen Kritik. „Denn wenn ich den Ort meiner Seele, d. i. meines absoluten Selbst's irgendwo im Raume anschaulich machen soll, so muß ich mich selbst durch eben denselben Sinn wahrnehmen, wodurch ich auch die mich zunächst umgebende Materie wahrnehme; [...]. Nun kann die Seele sich nur durch den inneren Sinn, den Körper aber (es sey inwendig oder äußerlich) nur durch äußern Sinne wahrnehmen, mithin sich selbst schlechterdings keinen Ort bestimmen, weil sie sich zu diesem Behuf zum Gegenstand ihrer eigenen äußeren Anschauung machen und sich ausser sich selbst versetzen müßte; welches sich widerspricht. – Die verlangte Auflösung also der Aufgabe vom Sitz der Seele, die der Metaphysik zugemuthet wird, führt auf eine unmögliche Größe ($\sqrt{-2}$)." (zit. nach: Soemmerring, 1796: 86)

So überholt Kants mathematisches Mißtrauen in imaginäre Zahlen auch gewesen sein mag, es hinderte ihn nicht daran, Soemmerrings Neurophysiologie spektakulär zu vollenden. Die Gehirnflüssigkeit könne, so Kant, die Funktion eines vereinigenden Seelenorgans besitzen, aber nur, wenn sie Auflösung zuließ. Dem unterschiedlichen Einwirken aller anderen Gehirnnerven ausgesetzt und gezwungen, deren Information zu behalten, muß sie zumindest zwei verschiedene chemische Zustände kennen. Älteren europäischen Annahmen zufolge wäre diese seltsame Flüssigkeit tatsächlich eine unmögliche Größe gewesen. Aber wie Kant nur zu gut wußte, waren die einstigen vier Elemente – Feuer und Wasser, Erde und Luft – gerade unter experimentellen Beschuß geraten. 1789 veröffentlichte Lavoisier den Nachweis, daß die moderne Chemie das angebliche Element Wasser in Wasserstoff und Sauerstoff scheiden konnte. (Séguin/Lavoisier, 1862: 688f)

Kants Beitrag für Soemmerring war ebendies: „Das reine bis vor Kurzem noch für chemisches Element gehaltene, gemeine Wasser wird jetzt [...] in zwey verschiedene Luftarten geschieden. [...] so kann man sich vorstellen, welche Mannichfaltigkeit von Werkzeugen die Nerven in ihren Enden in dem Gehirnwasser [...] vor sich finden, um dadurch für die Sinnenwelt empfänglich und wechselseitig wiederum noch auf sie wirksam zu seyn." (zit. nach: Soemmerring, 1796: 85)

Wollte man diese erstaunliche Aussage kommentieren, so könnte man vorweg frei heraus behaupten, daß hierin das ganze aktuelle Reden über Medieninteraktivität, ohne es zu wissen, seinen Ursprung hat. Die Tatsache, daß Norbert Wiener die Kantsche „Wechselwirkung" ganz bewußt mit kybernetischer Interaktivität übersetzte, ist längst amerikanischer Vergeßlichkeit zum Opfer gefallen. Eine zweite und historische Aussage würde heißen, daß alle modernen Übertragungsmedien von Kants Aussage herrühren, einfach weil der elektrische Telegraph Kants (und nicht Soemmerrings) Auffassung vom Gehirnwasser implementierte.

Mit einer bemerkenswerten Verzögerung von dreizehn Jahren verwandelte sich die Neurophysiologie in Medientechnologie. Unter dem zweifachen Druck der bayrischen Politiker und Napoleons Kriegsführung ersetzte Soemmerring Salvás 22 alphabetische

Leitungen durch 35 alphanumerische und die mitteilenden Schreie durch die mitteilende Elektrolyse. Die Medientechnologie wurde zu einem eigenständigen System, das für immer von Körpern und ihren Schmerzen getrennt war. Sobald auf der Seite des Senders ein elektrischer Kontakt geschlossen wurde, fand auf der Empfängerseite eine Aufspaltung von Wasser in seine zwei chemischen Elemente statt. Kleine Blasen, entweder von Wasserstoff oder von Sauerstoff, stiegen aus dem elektrifizierten Wasser auf – das und nur das war der eigentliche Beginn des modernen Zeitalters. Die unmöglichen oder imaginären Größen der Metaphysik waren zu zeichengebenden und somit unanfechtbaren Einheiten der Medientechnologie geworden.

Graf Mountgelas, Soemmerrings Auftraggeber, war sehr zufrieden. Das Königreich Bayern hatte seinen Befreier überflügelt. Als der elektrische Telegraph jedoch einige Monate später in Paris ausgestellt wurde, traf er auf entschiedene und eindeutige Ablehnung. Napoleon, der sich schon geweigert hatte, mit Dampfschiffen – einer amerikanischen Erfindung – in England einzufallen, soll den elektrischen Telegraphen „une idée germanique", eine allzu deutsche Idee, genannt haben. Aus diesem Grund scheiden sich in Europa bis zum heutigen Tag sowohl auf technologischer als auch auf politischer Ebene die Geister. In Amerika hingegen prägten diese allzu deutschen Gedanken die akademische Landschaft. Mundus, wie man sagt, vult decipi.

Es bleibt, in Anlehnung an Hölderlin, nur eine Frage: Wozu Dichtung in technologischer, das heißt dürftiger Zeit? Was geschieht, wenn jemand, anstatt elektrische Kreise zu schließen und chemische Reaktionen hervorzurufen, auf die Typographie zurückgreift? Die allseits bekannte Antwort ist ein amerikanischer Traum. Als Samuel Morse, Maler und Photograph, die übliche Bildungsreise nach Europa unternahm, war der auf der Spitze des Louvre errichtete optische Telegraph noch im Einsatz. Auf seiner Seereise nach Hause lernte Morse jedoch die Arbeit von Soemmerring und Gauss kennen, die elektrische Telegraphie anstatt der optischen von Chappe. Diese Information erwies sich als richtungsweisend. Es heißt, daß Morse, zurück in New York, eine Druckerei betreten habe, in der alle Gutenbergschen Lettern in Kästen ausgestellt zu bewundern waren. Wie um Poes unvergeßliches „Xing a paragraph" vorwegzunehmen, waren die X eher selten, die A und N eher häufig, während die E bei weitem in der Überzahl waren. Samuel Morse verabschiedete sich ehrerbietig von Gutenberg und stellte folgenden Gedanken an: In einem standardisierten Telegraphensystem würde die Zahl der Punkte und Striche, die jeder einzelne Letter benötigte, auf eine lineare Funktion ihrer Häufigkeit reduziert. Von diesem Tag an besteht der poetische Wert beziehungseise der Informationswert einzig und allein in vermiedener Redundanz; Literatur ist, wie Mallarmé zuerst erkannte, ein kombinatorisches Spiel, das mit endlichen Mengen von Buchstaben operiert. So fundamental haben die Meth- oden der Informationsübertragung die Methoden der Informationsspeicherung beeinflußt.

Anmerkungen:

1) Lakanal, 1838a: 220f: „J'apprends des divers représentants et de quelques employés du Comité que le C[itoyen] Daunou ne veut pas de mon projet, et que le C[itoyen] Arbogast ne témoigne aucun empressement pour son adoption. Comment n'ont-ils pas été frappés de l'idée ingénieuse que vous avez développée hier au Comité, et à laquelle je n'avais pas songé? L'établissement du télégraphe est, en effet, la meilleure

réponse aux publicistes, qui pensent que la France est trop étendue pour former une république. Le télégraphe abrège les distances et réunit en quelque sorte une immense population sur un seul point. Il y a longtemps que, rebuté de toutes parts, j'aurais abandonné mon projet, si vous ne l'aviez pris sous votre protection etc." Diese Passage entging der Aufmerksamkeit von Aschoffs Geschichte der Nachrichtentechnik. (vgl. Aschoff, 1984: 160)

2) Lakanal, 1838b: 180f: „Semble avoir été fait pour être prononcé en présence du genre humain assemblé [...]. L'auteur immortel de cet ouvrage s'est associé en quelque sorte à la gloire de la création du monde en donnant à ses habitants des lois universelles, et nécessaires comme celles de la nature, lois qui n'existaient que dans les écrits de ce grand homme avant que vous en eussiez fait présent aux peuples."

3) Lakanal, 1838c: 108: „Il peut être d'une grande utilité dans une foule de circonstances, et surtout dans les guerres de terre et de mer, où de promptes communications et la rapide connaissance des manoeuvres peuvent avoir une grande influence sur le succès."

4) Lakanal, 1838c: 113: „Il est souvent essentiel de cacher aux observateurs intermédiaires placés sur la ligne de correspondance le sens des dépêches. Le citoyen Chappe est parvenu à n'initier dans le secret de l'opération que les stationnaires placés aux deux extrémités de la ligne."

5) Lakanal, 1793: 8: „Le génie a-t-il ordonné, dans le silence, un ouvrage qui recule les bornes des connaissances humaines? Des pirates littéraires s'en emparent aussitôt, et l'auteur ne marche à l'immortalité qu'à travers les horreurs de la misère. Eh! ses enfants [...]."

6) Lakanal, 1793: 7f: „De toutes les propriétés, la moins susceptible de contestation, celle dont l'acroissement ne peut ni blesser l'égalité, ni donner d'ombrage à la liberté, c'est, sans contredit, celle des productions du génie; et si quelque chose doit étonner, c'est qu'il ait fallu reconnaître cette propriété, assurer son libre exercice par une loi positive; c'est qu'une si grande révolution que la nôtre ait été nécessaire pour nous ramener sur ce point."

7) vgl. Loi du 19 juillet 1793, relative aux droits de propriété des auteurs d'écrits en tout genre, des compositeurs de musique, des peintres et des dessinateurs, 6. Nachdruck in: Loché, 1827: 9.

8) vgl. Lakanal, 1838e: 160: „Les écoles primaires doivent introduire (l'enfance) en quelque sorte dans la société."

9) vgl. Lakanal, 1838c: 108: „L'électricité fixe d'abord l'attention de ce laborieux physicien; il imagine de correspondre par le secours des temps marquant électriquement les mêmes valeurs, au moyen de deux pendules harmonisées; il plaça et isola des conducteurs à de certaines distances; mais la difficulté de l'isolement, l'expansion latérale du fluide dans un long espace, l'intensité, qui eut été nécessaire est qui et subordonnée à l'état de l'atmosphère, lui firent regarder son projet de communication par le moyen de l'électricité comme chimérique."

10) vgl. Kant, B 131 f: „Das 'Ich denke' muß alle meine Vorstellungen begleiten können; denn sonst würde etwas in mir vorgestellt werden, was gar nicht gedacht werden könnte, welches eben so viel heißt, als die Vorstellung würde entweder unmöglich, oder wenigstens für mich nichts sein."

11) Soemmerring, 1796: 32f: „Man suchte einen festen Theil des Hirns, in dem sich alle Nerven vereinigten. [...] Alleine alle Bemühungen, eine solche Stelle in der Soliden Hirnmasse zu finden, waren bis jetzt vergeblich."

12) Soemmerring, 1796: 37: „Das vereinigende Mittelding (Medium uniens) wäre folglich die Flüssigkeit der Hirnhöhlen."

Verwendete Literatur:

Aschoff, Volker (1984): Geschichte der Nachrichtentechnik, Bd. 1: *Beiträge zur Geschichte der Nachrichtentechnik von ihren Anfängen bis zum Ende des 18. Jahrhunderts* (korrigierter Nachdruck), Berlin/Heidelberg/New York/Tokyo.

Creveld, Martin van (1985): *Command in War,* Cambridge, Massachusetts/London.

Derrida, Jacques (1980): Titel (noch zu bestimmen), in: Friedrich A. Kittler (Hg.), *Austreibung des Geistes aus den Geisteswissenschaften. Programme des Poststrukturalismus,* Paderborn/München/Wien/Zürich.

Furet, François; Ozouf, Mona *(1977): Lire et écrire. L'alphabétisation des français de Calvin à Jules Ferry,* Paris.

Kant, Immanuel (1982): *Kritik der reinen Vernunft,* Frankfurt a. M.

Lakanal, Joseph (1838a): Brief Chappes an Lakanal, in: ders., *Exposé sommaire des Travaux de Joseph Lakanal,* Paris.

Lakanal, Joseph (1838b): Rapport sur les honneurs à rendre à la mémoire de Jean-Jacques Rousseau, in: ders., *Exposé sommaire des Travaux de Joseph Lakanal,* Paris.

Lakanal, Joseph (1838c): Rapport sur le télégraphe, in: ders., *Exposé sommaire des Travaux de Joseph Lakanal,* Paris.

Lakanal Joseph (1838d): Rapport sur l'établissement des écoles normales, in: ders., *Exposé sommaire des Travaux de Joseph Lakanal,* Paris.

Lakanal, Joseph (1838e): Rapport sur l'organisation des écoles primaires, in: Joseph ders., *Exposé sommaire des Travaux de Joseph Lakanal,* Paris.

Lakanal, Joseph (1793): Rapport, in: Baron Loché (1827), *La législation civile, commerciale et criminelle de la France, ou commentaire et complément des codes français,* Bd. 9 (Reprint), Paris.

Baron Loché (1827): *La législation civile, commerciale et criminelle de la France, ou commentaire et complément des codes français,* Bd. 9, Paris.

Oberliesen, Rolf (1982): *Information, Daten und Signale. Geschichte technischer Informationsverarbeitung,* Reinbek bei Hamburg.

Séguin; Lavoisier (1862): Sur la respiration des animaux., in: *Oeuvres de Lavoisier,* Bd. 2, Paris.

Soemmerring, Samuel Thomas (1796): *Das Organ der Seele. Unserm Kant gewidmet,* Königsberg, Ts.

Carnotmaschinen

Zur Genese von Umkehrbarkeit und Wiederholung als Maschinenschreibweise

Bernhard Siegert

$$\int om.\ MUu\ \cos.\ U \wedge u = 0.$$
Lazare Carnot

4, 5, 6, 3, 4, 5, 6, 3, 4, 5 u. s. w.
Sadi Carnot

1.

Am 3. August 1832 wird ein aus der Armee entlassener Ingenieur, dessen Name so berühmt ist, wie seine Person und sein schmales Werk unbekannt sind, in die Privatklinik von Jean-Étienne-Dominique Esquirol in Ivry am Stadtrand von Paris eingeliefert. Die Klinikakten des ersten Facharztes der Psychiatriegeschichte (vgl. Castel, 1983:111) sprechen die lakonische Sprache der Existenz-Technologie namens Register (vgl. Thüring, 1993: 299):
„Mr. Carnot, Lazare Sadi. 38 [ans]. ex ingénieur militaire. [né à] Paris, Seine. [domicile] Rue de l'Est n° 5. son frère rue des Sts. Peres n° 26. manie. [etré le] 3 août 1832. guéri de sa manie mort le 24 août 1832 choléra."[1])
Daß der Begründer einer Wissenschaft von Arbeitssklaven oder Kraftmaschinen, die als das Waltende einer jeden Maschine einen Zyklus oder eine Monomanie erkannt hat, selber von einer „manie" behaust wurde, von der er – wenn überhaupt – nur geheilt wurde, um von der großen asiatischen Choleraepidemie, die Europa von 1827 bis 1839 heimsuchte, dahingerafft zu werden, mag nur ein Witz der Götter sein. Indessen markiert es nichts weniger als die „Heraufkunft einer Welt der Maschine" (Lacan, 1980: 100), daß nur ein halbes Jahr vorher dieselbe Choleraepidemie in Berlin einen Philosophieprofessor namens Hegel holt, der – mit den Worten Jacques Lacans – „völlig die Bedeutung jenes Phänomens verkannt [hat], das aus [seiner] Zeit hervorzubrechen begann – die Dampfmaschine." (Lacan, 1980: 99) Eine Wissenschaft von der Maschine gibt es im System der Wissenschaften oder des absoluten Wissen nicht, weshalb die Ausbreitung der Wärme in Hegels „Enzyklopädie der philosophischen Wissenschaften" ihrem Begriff nach eben das besagt, was nach dem sogenannten „Carnotschen Prinzip" der Maschinenwissenschaft der im höchsten Maße zu vermeidende Fall einer vollkommen unnützen Wiederherstellung des Wärmegleichgewichts ist: daß „die Mitteilung der Wärme an verschiedene Körper für sich nur das abstrakte Kontinuieren dieser Determination durch unbestimmte Materialität hindurch enthält." (Hegel, 1969: 251, § 305) Der philosophische Begriff der Wärmebewegung widerspricht also maximal der maschinenökonomischen Forderung, „dass an den zur Gewinnung von bewegender Kraft aus Wärme benutzten Körpern keine Temperaturänderung stattfindet, welche nicht durch eine Volumänderung bedingt ist." (S. Carnot, 1988: 15) Die Auskunft Hegels, daß Wärmemitteilung im Begriff bloßer Dissipation oder Abnutzung aufgeht, ist charakteristisch für einen Diskurs, in dem Energie beziehungsweise Arbeit (aktualisierte Energie)

als Problem des Selbstbewußtseins von Sklaven erscheint, anstatt als Problem der Ökonomie von Maschinen.

„Die Energie [...] ist ein Begriff, der erst von dem Moment an erscheinen kann, wo es Maschinen gibt. Nicht daß Energie nicht immer schon dagewesen wäre. Bloß, die Leute, die Sklaven hatten, haben niemals bemerkt, daß man Gleichungen aufstellen konnte zwischen dem Preis ihrer Nahrung und dem, was sie in den *latifundia* taten. Man findet kein Beispiel vom energetischen Kalkül in der Verwendung von Sklaven. [....] Man mußte Maschinen haben, um zu bemerken, daß man sie ernähren mußte. Und mehr noch – daß man sie unterhalten mußte. Und warum? Weil sie dazu neigen, sich abzunutzen. Die Sklaven ebenfalls, aber daran denkt man nicht, man hält es für natürlich, daß sie altern und krepieren. Und ferner hat man bemerkt, etwas, woran man nie zuvor gedacht hatte, daß die Lebewesen sich ganz von selbst unterhalten, daß sie Homöostate darstellen." (Lacan, 1980: 100)

Die Choleraepidemie von 1832 zeugt nicht allein von Europas mangelhafter Unterscheidung zwischen Abwasser- und Trinkwasserkanälen, von Zu- und Ableitung – einer Voraussetzung für energetische Kalküle wie für hygienische –, sondern ebenfalls von der Nichtkonvergenz der Arbeit und des absoluten Wissens. Denn Wissen ist eine Sache des Genießens und Arbeit, wie jedermann weiß, nicht. Im berühmten Herrschaft/Knechtschaft-Kapitel der „Phänomenologie" ist, was die Arbeit des Sklaven liefert, bekanntlich „Bildung" im Goetheschen Sinne: „Durch die Arbeit kommt [das Bewußtsein des Sklaven] aber zu sich selbst." (Hegel, 1975: 153) Das ist kein monomanes Zurückkommen auf sich selbst, kein Wiederfinden des Selben, sondern bekanntlich „Aufhebung" des Selben; „dies Wiederfinden seiner durch sich selbst [...] in der Arbeit" (Hegel, 1975: 154) konstituiert nicht eine elementare Zählbarkeit – eins und eins... –, sondern den Aufstieg in der Stufenleiter des absoluten Wissens. Seit Sadi Carnot sind wir dagegen „in der bequemen Lage, in Zweifel zu ziehen, daß die Arbeit an ihrem Horizont ein absolutes Wissen erzeugt, nicht einmal irgendein Wissen." [2] Denn mit der „Heraufkunft einer Welt der Maschine" rückt Arbeit ein in ein Dispositiv von „reinen numerischen Wahrheiten, von dem, was zählbar ist". (Lacan, 1991: 92)

Das 19. Jahrhundert wird die Rückkopplungsschleifen der absoluten Methode, die das Individuum in Goethes „Wilhelm-Meister"-Romanen noch, wenn nicht zum absoluten Wissen, so doch wenigstens zur vollkommenen Ausbildung seiner selbst steuerten, technisch implementieren zur Erzeugung einer unendlichen Monotonie, die Nietzsche 1880 schließlich als das große Hintergrundrauschen des Universums visionieren wird. Monotonie der Wiederholung, die für Hegel die vollkommene Negation der Bewegung des Begriffs ist.

„Er [Hegel] war noch im Feld der Newtonschen Entdeckung, er hatte nicht die Thermodynamik entstehen sehen. Wenn er sich auf den Rücken von Formeln hätte setzen können, die, zum ersten Mal, das Feld vereinheitlichten, das man seitdem das der Thermodynamik nennt, hätte er vielleicht hier die Herrschaft des Signifikanten erkennen können, des Signifikanten, der auf zwei Niveaus wiederholt wird, S1 und nochmal S1." (Lacan, 1991: 92)

2.

„S1, S1 encore." 1824 publiziert Nicolas Léonard Sadi Carnot seine „Réflexions sur la puissance motrice du feu." S1, das ist in diesem Text ein Körper A. Das zweite S1 das ist, darunter, ein Körper B. Das eine nennt Carnot die Heizung (den Kessel), das andere die Kühlung

Fig. 1.

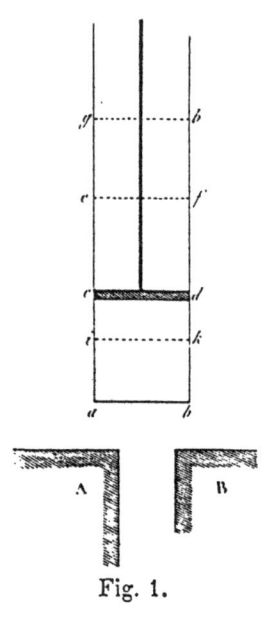

Maschine aus Carnots *Betrachtungen*, S. 20

(den Kondensator), die den Wärmestoff empfängt und einen Kolben in Bewegung setzt, der sich in einem Zylinder befindet. Thermodynamiker haben oft von S1 über S1 zum ersten S1 weitergezählt, um so den Carnotschen Zyklus zu konstruieren. Denn ein Zyklus ist weder Kreis noch Ellipse noch sonst irgendwie geometrischer Konstruierbarkeit unterworfen. Ein Zyklus ist topologischer Natur – er wird durch einen Zählalgorithmus konstituiert, dessen Bedingung ist, daß man dort, wo man anfängt zu zählen, egal wo, irgendwann wieder ankommt. Seit der „Theory of Heat" von James Clerk Maxwell aus dem Jahre 1871 gibt es auch eine mehr oder weniger kanonisch gewordene Art, den Zyklus zu er-zählen. (vgl. Maxwell, 1878: 160 ff) Maxwell beginnt an jenem Punkt, an dem die Arbeitssubstanz (Luft bei Carnot) die Temperatur des konstant kalten Körpers B hat. Eins: Adiabatische Kompression. Der Kolben wird niedergedrückt, das Volumen der Substanz verkleinert. Die Temperatur steigt, weil ja keine Wärme soll entweichen können. Das Ende der Operation ist erreicht, wenn die Temperatur die des Körpers A erreicht hat. Zwei: Isotherme Expansion. Der Zylinder wird mit dem heißen Körper A in Verbindung gebracht, woraufhin der Kolben steigt. Die Temperatur bleibt konstant. Drei: Adiabatische Expansion. Die Verbindung des Zylinders zur Heizung wird unterbrochen, der Kolben steigt weiter, die Temperatur fällt, bis sie auf die des Körpers B gesunken ist. Vier: Isotherme Kompression. Der Zylinder wird mit dem kalten Körper B verbunden. Sobald der Kolben niedergedrückt wird, geht Wärme von der Arbeitssubstanz auf B über, sodaß die Temperatur gleichbleibt. Der Kolben wird niedergedrückt (in empirischen Maschinen durch das Vakuum herabgezogen), bis er an jenem Punkt angekommen ist, an dem die erste Operation begann. „Die arbeitende Substanz ist [...] nach diesen vier Operationen genau in ihren Anfangszustand zurückgekehrt, sowohl in Bezug auf Volumen, als auf Druck und Temperatur." (Maxwell, 1878: 162)

Wenn die Thermodynamik ihre Maschinen beschreibt, zählt sie bis vier. Doch obwohl sie diesen Zyklus nach Sadi Carnot benannt hat, hat Carnot selbst nicht bis vier gezählt, sondern bis sechs. Carnot beginnt seinen Zyklus bei Maxwells zwei, unterscheidet aber das Herstellen der Verbindung des Zylinders mit dem heißen Körper und die isotherme Expansion als zwei verschiedene Operationen. Zählt Maxwell 2, zählt Carnot also 1, 2. Carnots 3, 4 und 5 entsprechen hingegen Maxwells 3, 4 und 1. Carnots 6 entspricht im Prinzip seiner eigenen (und Maxwells) 2 (isotherme Expansion), sie unterscheidet sich nur durch die Kolbenposition. Anschließend „wiederholt sich die unter 3. beschriebene Periode, sodann die Perioden 4, 5, 6, 3, 4, 5, 6, 3, 4, 5 etc." (S. Carnot, 1988: 21) Carnots Er-Zählung des Zyklus kehrt mithin nie wieder an ihren Anfang, die 1, zurück, obgleich der Zyklus den entsprechenden Maschinenzustand nichtsdestoweniger in jeder Periode durchläuft. Nachdem Position 5 zum ersten Mal erreicht worden ist, divergiert das Erzählte und das Zählen: Der Anfang (1, 2) wird aus der symbolischen Kette der Maschine getilgt, oder besser: im Augenblick, in dem der Zyklus sich schließt, verschoben: an die Stelle 3.

Carnots Erzählung des Zyklus gründet mithin das Zyklische selbst auf der Ausstreichung eines Anfangs. Was Wiederholung konstituiert, ist nicht, wie die Lehrbücher seit Maxwell wiederholen, daß eine Reihe von Operationen die Maschine in irgendeinen beliebigen Anfangszustand zurückkehren macht, sondern daß der Anfang nie wieder mitgezählt wird. Weil man an den Ursprung nicht zurückkehren kann, muß man ihn fortlaufend wiederholen, ohne ihn im Symbolischen je wieder erreichen zu können. Der Anfang ist das Überzählige selbst, das Zuviel, die Placenta. Damit das, was immer wieder an seinem Platz erscheint, das Reale, als Maschine laufen kann, muß zwischen Zählzyklus und Maschinenzyklus eine Position ex-sistieren, die das Erzählen der Maschine als fortlaufendes Überzählen konstituiert, weil sie auf ihrer Ex-Position insistiert.

Die Überzähligkeit des Anfangs hat einen Grund: Erst die Verkettung der Positionen 3-4-5-6 zum Zyklus läßt nämlich das Überzählen zur Erzählweise oder „Beschreibung" der „Arbeitsweise einer Maschine von einer ganz imaginären Art" (Maxwell, 1878: 159) werden. Denn Abzählbarkeit setzt voraus, daß die Zustände der Maschine voneinander diskret unterschieden sind. Unter dieser Voraussetzung jedoch wäre eine Maschine keine Carnotmaschine. Denn eine Carnotmaschine prozediert nur über infinitesimal kleine Temperaturdifferenzen. Temperaturschocks, die Berührung zwischen Körpern von verschiedener Temperatur, gehen nämlich einher mit einem „Verlust an bewegender Kraft" und verhindern damit den einzigen Sinn der Carnotmaschine, nämlich einen doppelten zu haben, mit anderen Worten: umkehrbar zu sein. „Alle oben beschriebenen Vorgänge können in einem Sinne ebenso wie in umgekehrter Ordnung hervorgebracht werden." (S. Carnot, 1988: 21 f) Läuft die Maschine vorwärts, strömt Wärme von der Heizung zum Kondensator, gleichzeitig wird „bewegende Kraft" produziert: Die Maschine ist eine Dampfmaschine. Läuft sie rückwärts, wird „bewegende Kraft" verbraucht, und die Wärme strömt vom kalten Körper zum warmen zurück: Die Maschine ist ein Kühlschrank. Die Alternation der beiden Richtungssinne, von hin und her, plus und minus, ist bei einer Carnotmaschine ein Nullsummenspiel: Weder Kraft noch Wärmestoff gehen verloren. Die Maschine, Maxwell hat es auf den Punkt gebracht, muß nur unendlich langsam laufen. „Indem wir mit der Maschine genügend langsam arbeiten" (Maxwell, 1878: 172), kann der „Temperaturunterschied zwischen den Körpern A und B unbegrenzt klein" (S. Carnot, 1988: 17) gemacht werden, sodaß der einzige Unterschied zwischen den beiden Zählsinnen, daß beim direkten der Dampf kälter sein muß als A und wärmer als B und im inversen wärmer als A und kälter als B, infinitesimal gering wird. Dann wird die Menge der erzeugten Kraft gleich der, die im Umkehrfall wieder verbraucht wird, und die Wärmemenge, die von A nach B gewandert ist, gleich der, die im Umkehrfall von B nach A wandert, „so dass man *eine unbegrenzte Anzahl von Malen abwechselnde Operationen dieser Art wiederholen kann*, ohne dass schliesslich weder bewegende Kraft hervorgebracht, noch Wärmestoff von einem Körper zum anderen übergegangen ist." (S. Carnot, 1988: 13; meine Hervorhebung) Carnots Maschine produziert, allen um den Begriff der Produktion herum konstruierten Maschinentheorien des 19. Jahrhunderts zum Trotz, mithin gar nichts außer der Wiederholung selber. Ihre Position und ihre Negation heben sich im unhegelischsten aller Sinne gegenseitig auf; als ewige Umkehrung und Wiederholung ihrer selbst ist sie die Verstocktheit selbst – Input und Output sind völlig egalisiert, das Integral des alternierenden Zyklus ist der Nullpunkt des Begehrens.

3.

Die Frage ist nur, woher die Maschinentheorie, die an die Stelle der Hegelschen Aufhebung die unendliche Wiederholbarkeit des Selben setzt, ihr Wissen von Wiederholung und Umkehrbarkeit hat. Die Antwort, die Lacan nahelegen würde, ist einfach: selbstredend von der Maschine selbst. Dem aber ist nicht so. Maschinentheorie ist nicht Mimesis der Maschine und schon gar nicht Mimesis der Natur. Was die Wiederholung in Carnots „Réflexions" einschreibt, ist vielmehr, *encore*, eine Wiedereinschreibung, eine Neuaufnahme. Denn die „Aufhebung" aller dynamischer Bestimmungen einer Maschine durch die Oszillation (permanent wiederholte Umkehrung) ihrer Operationen, die eine Dampfmaschine in ein ideales (weil energiesummenkonstantes und entropiefreies) Signal verwandelt, gehorcht einem Programm, das die Rückführung von Maschinen auf eine rein kinematische Geometrie fordert. Aber der Urheber dieses Programms hieß nicht etwa Sadi Carnot; es ist das Programm desjenigen, dessen Institutionen er zeit seines Lebens durchlief und dessen Name, Lazare, den seinen bis zum Ende übercodiert. Denn es ist ein Name, der in der Erinnerung der französischen Nation zwanghaft vom Namen Carnot wachgerufen wird – so wie im Klinikregister Esquirols, wo der Name des Vaters vor dem Namen Carnot auftaucht, obwohl „Lazare" nicht zu den Vornamen Sadis zählt.[3] Geboren 1796 im Petit Luxembourg, das der Vater zu dieser Zeit als Mitglied des Direktoriums bewohnt, ausgebildet in der vom Vater gegründeten École Polytechnique, erweisen sich schließlich die Prinzipien seiner Maschine – die die ersten Prinzipien einer neuen Wissenschaft namens Thermodynamik sein werden – als mediale und operationale Bedingungen einer Kunst oder Technik, Maschinen auf dem Papier zu beschreiben. Diese Kunst heißt – in bezug auf Maschinen einer ziemlich passiven Art – Ingenieurskunst, und Lazare Nicolas Marguerite Carnot ist, was die Berufsbezeichnung Ingenieur ursprünglich meint: ein Fachmann für Fortifikationen.

Im Jahr 1771 wird Lazare Carnot achtzehnjährig in die École de Mézières aufgenommen, die zwischen 1749 und 1751 vom Kriegsminister Louis' XV., dem Grafen Marc Pierre d'Argenson, gegründete Ingenieursschule des Ancien Régime.[4] Sein Lehrer und bald auch Freund ist Gaspard Monge, der in eben diesen Jahren seine deskriptive Geometrie entwickelt. (vgl. Booker, 1961: 21) Als Premierleutnant verläßt Carnot die Schule am 1. Januar 1773, um in den folgenden Jahren als ordentlicher Ingenieur in Calais, Havre, Béthune, Aire-sur-la-Lys und Arras zu arbeiten. Am 31. Dezember 1776 wandelt eine Ordonnanz von Saint-Germain die „Ingenieure des Königs" um in die „Offiziere des Königlichen Geniekorps". Als ein solcher wird Carnot 1783 aufgrund seines Dienstalters zwar zum Hauptmann befördert, doch militärische Karrieren sind im Ancien Régime für Bürgerliche kaum zu machen. Die Alternative zu militärischem Ruhm hieß für Carnot immer: wissenschaftlicher Ruhm.

1783 erscheint sein erstes Werk: der „Essai sur les machines en général". Ein solcher Titel versprach in der zweiten Hälfte des 18. Jahrhunderts die Abhandlung der Statik und Dynamik der sechs sogenannten „einfachen Maschinen", als da sind: Waage, Hebel, Rolle, schiefe Ebene, Keil und Schraube. Alle möglichen Erkenntnisse über Maschinen sind zu Carnots Zeiten von einer Ordnung der Dinge vorgegeben, deren Hauptregel besagt, daß alle konstruierbaren Maschinen Kombinationen aus diesem Satz elementarer Maschinen sind.[5] Ihnen allen ist gemeinsam, daß sie ein Gleichgewicht haben und sich in Form von Gleichungen anschreiben lassen, deren linke Seiten Summen von Produkten von Massen und Bewegungsgrößen und deren rechte Seiten 0 sind.

Daß ein Ingenieur eine Abhandlung über die Bewegungs- und Krafterhaltungsgesetze solcher Maschinen schreibt, ist kein Zufall. Denn im 18. Jahrhundert bilden die Diskurse der Mechanik und der Fortifikationssysteme ein gemeinsames epistemisches Feld, das organisiert wird von den Berechnungen des Gleichgewichtes von einfachen Maschinen, deren Horizont die Diskussion des Geltungsbereiches der Bewahrung der vis viva ist. Diese Identität von militärischem und physikalisch-mechanischem Diskurs bezeugt zum Beispiel das Mémoire, mit dem Carnot 1789 in die – vom Comte de Guibert zwei Jahre zuvor losgetretene – Debatte zwischen Ingenieuren und Befürwortern der offenen Feldschlacht über den Nutzen und Nachteil von Festungen für das Königreich Frankreich eingreift. Schon hier zeichnet sich der Antagonismus in vollem Umfang ab, der später die Beziehung zwischen dem Ingenieur Carnot und seinem großen Gegenspieler, dem Artilleristen Napoleon Bonaparte, charakterisieren wird. Denn für welche Seite Carnot Partei ergreift, ist keine Frage. „La guerre est par excellence l'art de conserver"[6] – er macht mithin zur Kunst oder Technik, sofern er gerechter Krieg und das heißt, Verteidigungskrieg ist, was andernorts ein der Natur der Dinge zugeschriebenes Prinzip ist: die Erhaltung der lebenden Kräfte. Wo immer es möglich ist, muß die Kriegskunst aktive Kräfte (Truppen) durch passive (Festungen) ersetzen, denn „das heißt Maschinen zu verwenden, um die Arme zu ökonomisieren, um Kraft durch kunstfertige Konstruktionen zu ersetzen [...]. Der ganze Effekt [dieser passiven Kräfte] besteht in einer Reaktion, die nur Bewegung absorbieren und zerstören kann; sie können folglich nicht gänzlich die aktiven Kräfte ersetzen, aber vereint mit diesen aktiven Kräften, sind sie Unterstützungspunkte, die deren Energie verdoppeln."[7] Auf diese Weise fallen Festungen vollkommen unter den Begriff der Maschine, wie ihn Diderots „Encyclopédie" definiert hat, nämlich als das, „qui sert à augmenter & à regler les forces mouvantes." (Encyclopédie, 1966: Bd. 9, 794) Der physikalische Diskurs der Mechanik ist ein militärischer. Festungen sind Körper im „System der Kräfte", die die Bewegung des Angreifers bremsen, seine Zeit verbrauchen und seine Mittel binden. Was man Gleichgewicht nennt, ist strategische raison d'être von Festungsbauingenieuren: „c'est cette destruction générale de tous les mouvemens [sic!] qu'on nomme équilibre", heißt es in der 1803 erschienenen erweiterten Fassung des „Essai". (Carnot, 1803: 23) Und da Festungen ja nach Carnots eigenem Wort „machines" sind, ist ein „Essai sur les machines en générale" auch eine Theorie über die Wirkungsweise von Festungen.

Die Feinde von Festungen sind die Belagerungsartillerie und Grafen wie Guibert, die ihrerseits eine „destruction générale" aller Forts im Sinn haben. Seit Einführung der Belagerungsartillerie im 15. Jahrhundert – die nach Einführung des Eisengußverfahrens im 16. Jahrhundert zudem ihre vorher fast unüberwindliche Unbeweglichkeit verlor – hatten Wehrbauten, sobald sie unter Beschuß gerieten, keine Überlebenschance mehr. Ab 1520 entstand daher ein Befestigungstyp, zunächst „trace italienne" genannt, dessen langgestrecktes Glacis, dessen Gräben, Bastionen, Courtinen, Ravelins und Contregardes dem Angreifer nach Möglichkeit kein sichtbares Ziel mehr boten, um so den Fall, daß eine Kanonenkugel auf eine Mauer trifft, gar nicht erst zuzulassen. (vgl. McNeill, 1984: 83 ff) Aufgabe von Ingenieuren solcher Energieabsorptionsmaschinen ist mithin, eben jenen Fall aus dem Krieg auszuschließen, der das große Rätsel der zeitgenössischen gelehrten Diskussion um die Erhaltung der vis viva darstellt: die Festkörperkollision.

4.

Der Kollisionstheorie des 17. Jahrhunderts zufolge bleibt die Größe der „lebendigen Kräfte" (für die William Thomson 1862 den Begriff „kinetische Energie" eingeführt hat) zwar bei der Interaktion von vollkommen elastischen Körpern erhalten, aber im weitaus interessanteren Fall von festen Körpern bleibt mv^2 nur bewahrt, wenn die Bewegung „in unwahrnehmbaren Graden" und nicht durch Aufprall übermittelt wird.[8]) Carnot demonstriert den problematischen Fall auf folgende Weise: Zerlegt man die Geschwindigkeit W (einer anfliegenden Kanonenkugel etwa) – wie es Carnot grundsätzlich tut – in eine aktuale Geschwindigkeit V und eine „verlorene Geschwindigkeit" U [9]), dann gilt für alle Fälle, daß

$$\int MW^2 = \int MV^2 + \int MU^2$$

Aber nur im Fall von Bewegungen, die sich nach und nach unmerklich verändern, wird U unendlich klein, U″ unendlich klein zweiter Ordnung, woraufhin sich die Formel auf

$$\int MW^2 = \int MV^2$$

reduziert – Carnots Schreibweise der „berühmten Entdeckung von Huygens", „daß die Summe der lebenden Kräfte sich niemals ändert".[10]) Nur bei einem kontinuierlichen Übergang zwischen Anfangs- und aktualer Geschwindigkeit gilt also der Erhaltungssatz der vis viva, unterstellt sich die Kriegskunst der Ingenieure – „l'art de conserver" – den Prinzipien der Natur, „die die Phänomene schon immer bestätigt haben". (Carnot, 1803: 104 f)

Die Gültigkeit eines Prinzips, auf dem die Theorie der Maschinen beruht, hat dort ein Defizit, wo die durch eine Differenzierbarkeit aller Punkte definierte Kontinuität der Abläufe eine Unstetigkeit aufweist, mit dem Effekt, daß die Theorie des „chocs" eine Sonderrolle in der Mechanik des 17. und 18. Jahrhunderts spielte. Im übrigen zeigt das Problem, daß der zuständige mechanische Diskurs das im Sinne der analytischen Geometrie Stetige mit stetigen Vorgängen in der Natur identifizierte und umgekehrt Unstetigkeiten einer geometrischen Funktion mit Unstetigkeiten in der Natur. Anders als im 19. Jahrhundert, in dem Stimmen hörbar werden, die Unstetigkeiten zur Unnatur erklären (vgl. Riemann, 1876: 223) haben im 18. Jahrhundert die Monstren der Unstetigkeit noch eine Realität in physikalischen Prozessen. Der Verlust der kinetischen Energie im Fall der Festkörperkollision erzeugt ein Loch der Unzuständigkeit, das die Mechanik hindert, Kriegswissenschaft zu werden – denn eine Kriegswissenschaft „Mechanik" muß vor allem Kollisionsvorgänge berechnen können.

Dieses Loch kann auf zweierlei Weise gestopft werden. Die erste Methode besteht darin, mv^2 in der Masse und der Geschwindigkeit einer empirisch abgefeuerten Kanonenkugel zu realisieren und ein Mittel aufzufinden, das übertragene mv^2 zu messen. Das ist die Methode des Ballistikers, und das Mittel, die kinetische Energie eines Geschosses zu bestimmen, wurde 1742 vom englischen Mathematiker und Physiker Benjamin Robins angegeben. Die andere Methode ist der experimentellen diametral entgegengesetzt. Es ist diejenige des Ingenieurs Lazare Carnot; sie läuft im Prinzip darauf hinaus, erstens eine Klasse von Maschinen zu definieren, deren Verhalten von jeder Dynamik (und damit vom Schicksal der kinetischen Energie) völlig unabhängig ist, und zweitens zu beweisen, daß diese Maschinen alle anderen Maschinen ersetzen können.

Daß Carnot diese Strategie einschlägt, ist nicht verwunderlich. Die Eliminierung von dynamischen Kategorien aus der Maschinentheorie ist schließlich nur die Fortsetzung der Art des Krieges, den Ingenieure zu führen haben, nur mit anderen, diskursiven Mitteln. Daß aber ein Praktiker der Kanonenkugel wie Napoleon, dessen revolutionäre Verwendung von Feldartillerie im 1755 in der französischen Armee eingeführten Geschützbohrverfahren des Schweizer Ingenieurs und Geschützgießers Jean Maritz ihr technikhistorisches Apriori hatte (vgl. McNeill, 1984: 152 f), eine solche Methode degoutieren mußte, ist allerdings verwunderlich. Sein Kommentar zu Carnots Ingenieurs- und Maschinenkunst trifft indes ins Schwarze. „Der Krieg allein gibt Erfahrung; Carnot hätte sein System niemals geschrieben, wenn er den Effekt einer Kanonenkugel gekannt hätte." [11])

Ein ebenso böses wie – im Grunde – nietzscheanisches Wort. Krieger mißtrauen Erkenntnissen, denen Erfahrungen zugrundeliegen, deren technische Bedingung der Möglichkeit niemals befragt wird. Über deren Gegebensein oder Ge-Stell mit Stillschweigen hinwegzugehen, macht den Begriff des *common sense* selbst aus. Erfahrungen, die unterstellen, daß die Tatsache, daß sie gemacht werden, im Menschsein seinen erklärungsunbedürftigen Grund hat, sind gar keine. Napoleons Wort, das die Ursachen des *entendement humain* in die Unmenschlichkeit des Krieges versetzt, ist deutlich gegen den Ober-Philosophen des sogenannten *common sense* gerichtet, John Locke, dessen Autorität den ersten Teil von Carnots „Principes" einleitet, der die Grundbegriffe der Statik und Dynamik erläutert.

„Woher hat der Mensch all das Material für seine Vernunft und für seine Erkenntnis? Ich antworte darauf mit einem einzigen Worte: aus der Erfahrung. Auf sie gründet sich unsere gesamte Erkenntnis, von ihr leitet sie sich schließlich her."[12])

Nein, denn „la guerre seule donne l'expérience". Allein durch die Erfahrung ist der Effekt einer Kanonenkugel zwar bekannt, aber noch lange nicht erkannt. Damit der Effekt einer Kanonenkugel auch erkannt werde im Sinne von physikalischer Messung und mathematischer Berechnung, sodaß Erkenntnis würde Erfahrung ersetzen können und Wissenschaft moderne Kriege würde dereinst führen können, erfand also der Ballistiker und Festungsbauingenieur Benjamin Robins das ballistische Pendel. In einem auf drei Füßen stehenden sehr starken „Gestell" ist an einem Querbalken ein eisernes Pendel aufgehängt, an dessen unterem Ende „ein starkes dickes hölzernes Brett" befestigt ist. Weiter ist am unteren Ende des Pendels ein mit einer Skala versehenes Bändchen angeheftet, das durch eine stählerne Führung mit einer Ablesemarkierung VN läuft. „Derowegen, wenn eine Kugel von einer bekannten Schwehre [sic!] gegen das Pendulum anstößt und die Grösse des Schwungs, welchen das Pendulum durch diesen Stoß empfängt, genau beobachtet wird, so kan [sic!] man daraus die Geschwindigkeit, welche die Kugel bey dem Stoß gehabt, anzeigen.

Die Grösse des Schwungs aber, welcher in dem Pendulo von dem Stoß verursachet wird, kan sehr genau durch Hülfe des Bandes LN gemessen werden." (Robins, 1922: 95)

Dazu wird vor dem Schuß das Band zwischen Pendel und

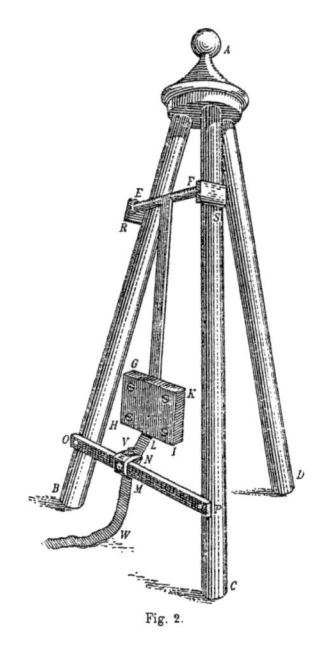

Benjamin Robins *ballistisches Pendel*

Führung gespannt und dort mit einer Stecknadel markiert. Infolge der energiesummeninkonstanten Festkörperkollision zwischen Geschoß und Pendel wird dasselbe „zurückgetrieben und einen Theil des Bandes bei VN durchziehen [...], aus welchem durchgezogenen Theil, dessen Länge von der Stecknadel an gemessen wird, man sofort den Bogen, welchen das Pendulum im ersten Schwung beschrieben, ausmessen kann." (Robins, 1922: 95) Und sofern man vorher das Gewicht des Pendels, Entfernung von Gravitations- und Schwingungszentrum von der Pendelachse gemessen hat, so kann man durch Anwendung der Newtonschen Gesetze leicht die Geschwindigkeit der Kugel bestimmen.

Während der Artillerist sogenannte (scheinbar) freie Bewegungen mit dem Ziel von energieökonomisch ungeklärten, aber militärisch erfolgreichen Festkörperkollisionen auslöst, hemmt der Ballistiker freie Bewegungen durch Maschinen, um sie aus den resultierenden Bewegungen der Maschinen zu bestimmen. Lazare Carnot dagegen plant eine Wissenschaft, die angeben kann, wie die resultierenden Bewegungen in Bewegungen eines Zeichenstifts zu übersetzen sind. „Notre but", sagt er etwas versteckt, „est d'entendre la théorie du choc à un système quelconque". (Carnot, 1803: 136) Ein Ziel, das Carnot durch eine Theorie der Bewegung erreichen will, die vollkommen von den Kräften, die sie hervorbringen oder übertragen, abstrahiert: „une science très étendue, très importante, et qui n'a jamais été traitée."[13]) Da Carnot durch Monge weiß, daß das Wissen von den in Maschinen ablaufenden Prozessen von der Geometrie geliefert wird [14]), muß diese Wissenschaft eine Wissenschaft von den Gesetzen sein, die die Abbildung von Mechanik auf Geometrie und von Geometrie auf Mechanik regeln. Diese Wissenschaft handelt von einer Klasse von Bewegungen, die Carnot erfunden hat, die sogenannten „geometrischen Bewegungen". Ihnen ist Carnots lebenslange wissenschaftliche Arbeit gewidmet; sie erfunden zu haben, erfüllt ihn mit dem wahren Stolz des Pioniers.

„Die Theorie der *geometrischen Bewegungen* ist sehr wichtig. Sie ist [...] eine zwischen der gewöhnlichen Geometrie und der Mechanik vermittelnde Wissenschaft. Sie ist die Theorie von Bewegungen, die ein beliebiges System von Körpern annehmen kann, ohne daß sie sich gegenseitig hemmen, ohne daß sie aufeinander irgendeine Wirkung oder Gegenwirkung ausüben. Diese Wissenschaft ist noch nie besonders behandelt worden: sie ist vollständig neu zu erschaffen und verdient wegen ihrer Schönheit an sich als auch wegen ihrer Nützlichkeit die volle Aufmerksamkeit der Gelehrten. Denn die großen analytischen Schwierigkeiten, denen man in der Mechanik und vor allem in der Hydraulik begegnet, rühren einzig daher, daß die Theorie der geometrischen Bewegungen fehlt." (Carnot, 1803: 116)

Die Einführung der geometrischen Bewegungen verspricht, das allgemeine Problem der Mechanik zu lösen, das darin besteht, von gegebenen virtuellen Geschwindigkeiten[15]) zu den reellen Bewegungen zu kommen, die durch die Bedingungen der Maschine modifiziert sind, oder auch das besondere Problem der Ballistik, „die kombinierte Geschwindigkeit für jeden Moment und jeden Punkt eines Systems zu bestimmen, wenn man die Konfiguration der verschiedenen Teile, aus denen es zusammengesetzt ist, ihre Massen und die Geschwindigkeiten kennt, von denen man annimmt, daß sie sie vorher erhalten haben, sei es durch Stoß oder sei es durch äußere Wirkursachen irgendeiner anderen Art. Also sind es, mit einem Wort, genaugenommen nicht die allgemeinen Bewegungsgesetze, die wir untersuchen, sondern die Gesetze der Übertragung von Bewegung zwischen verschiedenen materiellen Teilen eines Systems." Wort für Wort ließe sich diese Aufgabenstellung auf den Ablauf eines ballistischen Pendelexperiments beziehen.

Die Erfindung der geometrischen Bewegungen ermöglicht es indes, den Ablauf eines ballistischen Experiments durch die Konstruktion einer abstrakten Maschine zu ersetzen. Abstrakt sind Carnots Maschinen, weil er geometrische Bewegungen so definiert, daß sie „absolut unabhängig von den Regeln der Dynamik sind: sie hängen nur von den Bedingungen der Verbindung zwischen den Teilen des Systems ab und können folglich einzig und allein durch die Geometrie bestimmt werden." (Carnot, 1803: 115) Die eigentliche Definition der geometrischen Bewegungen besagt, daß solche Bewegungen geometrisch heißen, die in einem System von Körpern, dem sie mitgeteilt werden, weder die relative Geschwindigkeit der Körper zu einander verändern, noch die Wirkung, die sie aufeinander ausüben oder ausüben könnten, wenn ihnen irgendwelche andere Geschwindigkeiten mitgeteilt würden. (Carnot, 1803: 108) Doch alle Definitionen der geometrischen Bewegung lassen sich ersetzen durch die Anwendung eines einfachen Krtiteriums. Denn jede geometrische Bewegung ist, was Sadi Carnots Maschine einstmals sein wird: umkehrbar.

„Wenn ein System von Körpern irgendeine geometrische Bewegung annimmt, sei dieses System nun vollkommen frei oder durch Hindernisse gehemmt, ist es ihm immer möglich, eine andere geometrische Bewegung anzunehmen, die absolut der ersten gleich ist, aber den diametral umgekehrten Sinn hat." (Carnot, 1803: 119)

Die Ersetzung von nach dem Einschlag eines Geschosses gemessenen Bewegungen durch umkehrbare Bewegungen, ermöglicht es, von virtuellen Bewegungen zu reellen Bewegungen zu kommen, denn, darauf läuft Carnots Geometriemaschinerie hinaus, das Reelle ist das, was umkehrbar ist.

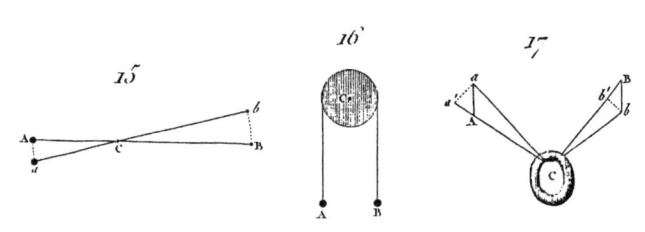

Umkehrmaschine von Lazare Carnot

5.

Man stelle sich vor: Carnot feuert eine Kanone auf ein ballistisches Pendel ab. In dem „Augenblick, in dem der Schock sich anschickt, zu wirken", wird die Bewegung angehalten und in zwei andere zerlegt: Die eine ist diejenige, die durch den Aufprall verloren geht, die andere (die resultierende) wird ersetzt durch eine geometrische Bewegung. Diese neue Bewegung wird dann diejenige sein, die tatsächlich nach dem Aufprall stattgefunden hat. (vgl. Carnot, 1803: 128) Der Beweis dieses Ersetzungstheorems funktioniert aufgrund der Feststellung, daß sowohl die ersetzte Bewegung als auch die, die sie ersetzt, geometrische Bewegungen sind, da keine von beiden die Wirkung der Körper aufeinander verändert. Im Prinzip aber läuft Carnots entscheidende Operation auf die Ersetzung eines dynamisch unendlich Kleinen durch ein geometrisch endlich Kleines hinaus. [16]) Daher kann es auch ein Theorem geben, das besagt, daß „jede virtuelle Bewegung eines beliebigen Systems von Körpern notwendig geometrisch ist." (Carnot, 1803: 130) Der Moment des „choc" wird abbildbar auf eine umkehrbare Maschinenbewegung. Sadi Carnot wird hieraus seine Lehren ziehen. Denn genau diese Ersetzungsoperation erlaubt ihm, seinerseits einen infinite-

simal kleinen Temperaturunterschied als ersetzbar durch einen endlich kleinen, die reelle Bewegung der Maschine in Gang setzenden Unterschied und damit die ewige Umkehrbarkeit seiner Maschine zu behaupten [17]): Ein Differential wird ersetzt durch eine Differenz. Durch diesen Shift, der eine geometrisch imaginäre Maschinenbewegung konstituiert an der Stelle eines reellen Ereignisses, löst Lazare Carnot schließlich auch das vis-viva-Problem.
Ausgangspunkt ist das Theorem XI der „Principes", das sich in Form der folgenden Gleichung F schreiben läßt:

$\int M U V \cos z = 0$ [18])

Wobei M die Masse eines jeden Körpers, V wieder die aktuale Geschwindigkeit gegenüber W (virtuelle Geschwindigkeit), U wieder die Geschwindigkeit, die M „verliert", und z der Winkel zwischen den Richtungen von V und U ist (Carnot schreibt für z: $U \wedge V$).
Dieser Ausdruck ist identisch mit dem Erhaltungssatz der lebenden Kräfte. Da $U \cos z = V$, reduziert sich der Satz auf

$\int MV^2 = 0$,

was Leibniz' Definition der vis viva und Huygens Prinzip der Erhaltung derselben beschreibt.
Da Carnot zuvor bewiesen hat, daß virtuelle Bewegungen geometrische sind, kann er das System virtueller Geschwindigkeiten auf Festkörperkollisionen anwenden, wo Bewegung durch gespeicherte Stoßkraft geschieht, anstatt durch unwahrnehmbare Bewegungsgrade, und mit Theorem XIV zur Ersetzungsoperation schreiten:
„Wenn man im Augenblick, in dem der Aufprall anfängt, zu wirken, die Bewegung, mit der das System anfängt, sich zu bewegen, in zwei andere zerlegt, von denen die eine diejenige ist, die zerstört wird, und die andere plötzlich aufgehoben und durch eine andere beliebige geometrische Bewegung ersetzt wird, dann ist die Summe der Produkte aus der von jedem Körper des Systems verlorenen Bewegungsquantität und ihrer geometrischen Geschwindigkeit und der Richtung dieser Bewegungsquantität, gleich null." [19])
Wenn u die absolute Geschwindigkeit eines Körpers M im Anfangsmoment einer geometrischen Bewegung ist, dann (weil die Teile des Systems sich aufgrund von *u* allein gegeneinander nicht verschieben) sind die Wirkungen untereinander im System dieselben, ob nun M durch U bewegt wurde oder durch die kombinierten Bewegungen *u* und U. Aber wenn alle Körper nur durch die verlorene Bewegung U bewegt würden, würde notwendig Gleichgewicht eintreten (Theorem VI, § 156). Daher ist die wirkliche Bewegung nach der Kollision u und also

$\int MUu \cos z = 0.$ (I)

Carnot hat also mit der Überführung der ersten Gleichung (F) in die zweite Gleichung (I) eine aktuelle Geschwindigkeit V durch eine imaginäre, geometrische Geschwindigkeit *u* ersetzen können. Unter die geometrischen Bewegungen, zu denen ein System in der Lage ist, fällt auch die tatsächliche Bewegung, die es im Anfangsimpuls hat. [20]) Und das ist alles. Die Maschine des ballistischen Pendels kann durch Ersetzung einer infinitesimalen Bewegung durch eine endliche, aber umkehrbare Bewegung, in eine kräftefreie, rein kinematische Maschine transformiert werden, deren Arbeitsweise und Wirkung auf dem Papier geometrisch konstruiert werden kann.

6.
Im selben Jahr 1803, in dem die „Principes fondamentaux de l'équilibre et du mouvement" erscheinen, verweist Carnot die Welt dieser Maschinen ins Reich einer „géométrie de position", und das heißt ins Reich des Imaginären, denn „la géométrie de position [...] n'est autre chose qu'un monde imaginé." (Carnot, 1985: 474) Die „Geometrie der Stellung" (wie Carnots Titel 1811 ins Deutsche übersetzt wurde) hat große Ähnlichkeit mit Leibniz' „analyse de situation", die ein Projekt war (und blieb), die Abundanz der Algebra einzudämmen. Denn wenn diese „Abundanz", die oft mehrere Lösungen für ein Problem liefert, das aufgrund seiner Bedingungen reell nur eine Lösung haben kann, auch „bewundernswert" ist, schreibt d'Alembert, „so wäre es doch zu wünschen, daß man ein Mittel fände, die *situation* in das Kalkül mit eingehen zu lassen." [21])

Carnots „Géométrie de position" reduziert das Problem auf die schlichte und tiefe Frage, welche Bedeutung das Zeichen – (minus) vor isolierten Größen hat. Die Antwort lautet, daß in der „Géométrie de position" „der Begriff der isolierten positiven und negativen Größen ersetzt wird durch direkte und umgekehrte Größen." (Carnot, 1985: 473) Für den Leser der „Géométrie de position" heißt Lesen – als wäre er der Leser von Novalis' „Heinrich von Ofterdingen" – Imaginieren. Beliebige Systeme werden vor dem Auge der Einbildungskraft halluziniert, und zwar immer in zwei verschiedenen Zuständen, einem „primitiven" Ausgangszustand und einem transformierten Zustand. In der Analyse des transformierten Systems heißt eine Differenz zwischen zwei Größen, die Lage von Punkten, Strecken, Winkeln, Flächen, dann „direkt", wenn die größere und die kleinere den analogen Größen im Primitivsystem entsprechen, andernfalls „invers".

Aber anders als bei halluzinatorischen Transformationen der Literatur, zum Beispiel von der Art, die in Novalis' Roman eine blaue Blume in ein Mädchen überführt [22]), können die Korrelationen zwischen primitivem und transformiertem System exhauriert und daher tabelliert werden. Die Elemente eines geometrischen Systems (oder einer Maschine) sind mit anderen Worten abzählbar und paarweise korrelierbar. [23]) Solche Korrelationstabellen füllen in Carnots „Géométrie de position" zum Teil mehrere Seiten. Eine Tabelle, das weiß man seit Alan Turing, ist eine Maschine. Sie hält Verschiebungen von Symbolen auf dem Papier fest. Insofern solche Korrelationen Bewegungen repräsentieren, die in „unwahrnehmbaren Graden" sich verändern, ist auch der Infinitesimalkalkül eine solche Maschine.

„Die Modernen haben sich unermeßliche Vorteile verschafft, indem sie die gewöhnliche Algebra und den Infinitesimalalgorithmus erdachten. Das ist ein Instrument, mit dem sie die Arbeit des Geistes erleichtern, indem sie sie sozusagen auf mechanische Arbeit reduzieren. Die algebraischen Symbole sind nicht allein das, was die Schrift für den Gedanken ist – ein Mittel, ihn zu formulieren und festzuhalten –, sie wirken auf den Gedanken zurück, sie lenken ihn bis zu einem gewissen Punkt, und es reicht, sie unter Einhaltung bestimmter sehr einfacher Regeln auf dem Papier zu verschieben, um unfehlbar zu neuen Wahrheiten zu gelangen." (Carnot, 1970: 123)

Am Ende des 18. Jahrhunderts kommt Mathematik auf den Begriff des Algorithmus oder Papiermaschinenbaus. Die „manière de faire la géométrie par tableaux" (Carnot, 1985: 473) verwandelt ein geometrisches System in eine Aufzählung. Sadi Carnot wird nach diesem Beispiel einen Maschinenprozeß in eine Aufzählung verwandeln und damit einen Zyklus als das Waltende einer thermodynamischen Maschine konstruieren können, indem er, wie oben gezeigt, zwei Systemzustände – den ersten beziehungsweise zweiten und den dritten – miteinander korreliert oder ineinander transformiert.

7.

Bevor aber die Welt der geometrischen Umkehrmaschinen zur Welt thermodynamischer Umkehrmaschinen wurde, passierte Geschichte. Am 31. August 1791 entsendet das Departement Pas-de-Calais Hauptmann Carnot als Abgeordneten der Gesetzgebenden Versammlung nach Paris. In weniger als einem Jahr hat derselbe Hauptmann eine beispiellose militärische Machtstellung erreicht. Als Kriegsminister mit diktatorischen Vollmachten zu Zeiten des nationalen Notstands wird er im Wohlfahrtsausschuß einer der drei mächtigsten Männer neben Robespierre und St.-Just. Das Volk feiert ihn, den Erfinder der „levée en masse", als den „Organisator des Sieges" [24]), und als am 9. Prairial des Jahres III (28. Mai 1795) nach dem Aufstand vom 1. Priarial die Mitglieder der alten Ausschüsse verhaftet werden, ist Carnot der einzige, der verschont bleibt. (vgl. Futer/Richet, 1981: 387) Er verwaltet das Kriegsressort im Direktorium, bis ihn der Staatsstreich vom 17./18. Fructidor (4./5. September) 1797 zwingt, für zwei Jahre ins Exil nach Deutschland und in die Schweiz zu gehen. Seinen freigewordenen Platz im Institut de France nimmt am 28. Dezember niemand anders als Napoleon Bonaparte ein. (vgl. Futer/Richet, 1981: 507) Zwar macht der ihn nach dem 18. Brumaire zum Kriegsminister, aber das ist eher eine Beleidigung für seinen früheren Vorgesetzten. Die Ansichten des Ingenieurs Carnot über Kriegführung können denen des Brigadegenerals der Artillerie Bonaparte kaum mehr entgegengesetzt sein – nach wenigen Monaten schon tritt Carnot zurück. 1804 stimmt er als einziges Mitglied des Tribunats gegen die Proklamation Napoleons zum Kaiser der Franzosen.
Und doch ist 1814 Carnot Napoleons einziger General, der – als Gouverneur und Verteidiger von Antwerpen – unbesiegt bleibt, der einzige, der gegen Napoleons Abdankung kämpft und statt dessen die totale Vernichtung zum einzig denkbaren Kriegsziel oder -ende erklärt. „Il [Carnot] combattit cette abdication qui, selon lui, était le coup de mort de la patrie; il voulait qu'on se défendît jusqu'à extinction, en désespéré: il fut le seul de son avis; tout le reste signa pour l'abdication; elle fut résolue, et alors Carnot, s'appuyant la tête de ses deux mains, se mit à fondre en larmes." [25])
Solche Treue belohnte Napoleon während der Hundert Tage mit dem Amt des Innenministers. Aber hundert Tage sind immer schon gezählt gewesen und die Tugenden eines Ingenieurs für einen Artilleristen sowieso nur im Untergang intelligibel. „Monsieur Carnot, je vous ai connu trop tard", soll Napoleon nach Waterloo gesagt haben.[26]) *Weil* er ihn er- oder gekannt hat, *war* es zu spät. Also folgen zwei Geschichts-Exile: die Insel St. Helena für den Artilleristen, die Festung Magdeburg für den Ingenieur.
1823 stirbt Lazare Carnot. Sein jüngerer Sohn Hippolyte lauscht in Magdeburg den letzten Worten des Vaters. Der Vater weiß: In Paris arbeitet Sadi Carnot an einem maschinentheoretischen Essay. Vom Totenbett kehrt Hippolyte nach Paris zurück, wo Sadi gerade einen halben (aus drei Operationen) bestehenden Zyklus zu Papier gebracht hat. Hippolyte gibt die Weisung des Vaters weiter: Carnotmaschinen der zweiten Generation müssen kompati-

bel sein mit Carnotmaschinen der ersten Generation. (vgl. Gillispie, 1971: 92) Das heißt, daß eine Carnotsche Maschinenwissenschaft gegründet sein muß auf den Möglichkeiten der geometrischen Konstruktion. Die Gesetze der Imagination von Maschinen haben die Gesetze zu sein, nach denen (imaginäre) Maschinen funktionieren. Die entropiefreie (oder absolut redundante) Maschine entspringt nicht der Natur und der in ihr waltenden Dynamik, sondern der Entropiefreiheit einer dynamikfreien Konstruktionsvorschrift. Was bei Lazare Carnot eine (strategische) Operation von Signifikanten war, wird bei Sadi Carnot eine Operation von Signifikaten. Ausgerechnet die Theorie der thermodynamischen Maschine, die Sadi Carnot geliefert hat und die 23 Jahre später zum Apriori der Formulierung des Ersten thermodynamischen Hauptsatzes wurde, durch den Hermann von Helmholtz der Physik ein energetisches Grund(diskurs)gesetz gab, ausgerechnet diese Theorie hat ihr Apriori in der Möglichkeit der entropiefreien Konstruktion von Maschinen auf dem Papier. Wenn von thermodynamischen Maschinen die Rede ist, heißt das, das Attribut „thermodynamisch" ist immer schon durchgestrichen. Oder noch bündiger: Die Dampfmaschine ist Geometrie der Stellung als Funktion der Zeit.

8.
Nach der Juli-Revolution von 1830 wurde Sadi Carnot Mitglied der neugegründeten Association Polytechnique. Er hätte hier, kurz vor seinem Tode, Émile Clapeyron kennenlernen können, der mit seinem „Mémoire sur la puissance motrice de la chaleur" im Jahr 1834 Carnots „Réflexions" aus dem Dunkel der Ignoranz, das sie bis dahin umgeben hat, ans Licht holt. Clapeyron, der wie Sadi Carnot Absolvent der École Polytechnique und Ingenieur ist, überführt die Ergebnisse Carnots (der keine einzige Formel geschrieben hatte) in analytische Form. Doch sein wichtigster Beitrag zur Geschichte der Carnot-Maschine steht am Anfang seines Textes: die Wiedergabe des Carnotschen Zyklus in Terms eines Wattschen Indikator-Diagramms. (vgl. Cardwell, 1971: 220) Aus einer er-zählten Figur wird damit eine graphische.

Das dritte Aufschreibesystem der Umkehrbarkeit entsprang der Schwierigkeit, den Output einer Dampfmaschine zu messen: Er ergab sich vorerst nur der höheren Mathematik in Gestalt der Integralrechnung. 1792 schreibt James Watt höchst alarmiert an seinen Assistenten, daß sein größter Konkurrent – Jonathan Hornblower – einen Mathematiker aus Oxford (einen „Mr. Giddy" – gemeint ist Davies Gilbert) angeschleppt hätte, um durch *fluxions* die Überlegenheit seiner Maschine zu beweisen. Das hieße, daß zum ersten Mal die Arbeit, die von einer Maschine geleistet wurde, durch die Fläche einer Druck/Volumen-Kurve angegeben worden wäre:

$\int p dv = W$. (vgl. Cardwell, 1971: 79)

Erstens hätte Watt, da es um eine Integration ging, besser von *fluents* geredet. Und zweitens können die Verschiebungen von Symbolen auf dem Papier eines Mathematikers vielleicht einen Beweis führen, sie können aber nicht in Echtzeit die von der Maschine bei jeder Wiederkehr ihrer selbst geleistete Arbeit angeben. Dazu ist der *computer* Mensch viel zu schwerfällig und a fortiori die Newtonsche Fluxionsrechnung. Die Lösung des Problems fand Watts Assistent John Southern im Jahre 1796.

Ein Schreibstift drückt gegen einen mit Papier umwickelten Zylinder, der mit dem Kolben

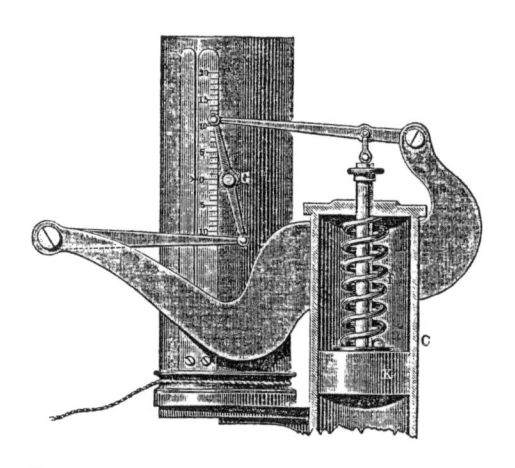

Indikator nach Maxwells „Theorie der Wärme"

der Maschine so verbunden ist, daß der Winkel, um den sich der Zylinder hin- und herdreht, proportional zum Weg ist, den der Kolben zurücklegt, während der Schreibstift vom Dampf proportional zu dessen Druck gehoben oder gesenkt wird. Auf diese Weise schreibt sich der Carnotsche Zyklus als Selbstregistratur der Maschine. Man muß nur die Fläche berechnen, die er umschließt, um das Maß der Arbeit zu ermitteln, das die Maschine gerade leistet. Und der Indikator ist ein früher Vorläufer jener Aufschreibemedien, die unter der Bezeichnung „graphische Methode", angefangen von Carl Ludwigs Kymographen bis hin zu Jules-Étienne Mareys Polygraphen, das Wissen des 19. Jahrhunderts von physikalischen und physiologischen Prozessen beherrschen werden. (vgl. de Chadarevian, 1993: 28 ff) Watt hielt den Indikator lange Zeit geheim; es scheint, daß er in einem kurzen Brief im „Quarterly Journal of Science" von 1822 zum ersten Mal erwähnt wurde. (vgl. Cardwell, 1971: 80) Zu spät für Carnot, um selbst noch seinen Zyklus durch das Geständnis der Maschine beglaubigen zu können. Denn als das, was Sadi Carnots Umkehrmaschine im Imaginären bereits war, ein analoges Signal, schreibt sie sich im Medium des Indikators auf. Dessen Schreibfläche vollführt eine Umkehr-Bewegung, die präzise den Begriff der geometrischen Bewegung Lazare Carnots erfüllt. War Umkehrbarkeit anfangs bei Lazare Carnot eine Bedingung für Signifikantenoperationen, damit Maschinen sich schreiben lassen, so wird sie bei Clapeyron eine Bedingung des Mediums, um Maschinen sich schreiben zu lassen. Es fehlt nur noch, daß die Schreibfläche einfach nur in Funktion der Zeit bewegt wird, damit sich die Sinusschwingung anschreiben kann als die nachrichtentechnische Wahrheit des 19. Jahrhunderts.

Anmerkungen:

1) zit. nach: Robert Fox, Einleitung, in: Carnot, 1988: LV, Anm. 100.

2) Lacan, 1991: 90, Übers. v. Verf., mit großem Dank an Anna Bitsch.

3) Sadis weitere Vornamen sind, wie bereits erwähnt, Nicolas Léonard.

4) Für weitere biographische Details über Lazare Carnot im Kontext der Geschichte des französischen Geniekorps vgl. Truttmann, 1984: 143 ff.

5) vgl. den Artikel „Machine" in: *Encyclopédie*, 1966: Bd. 9, 794.

6) Lazare Carnot, „Mémoire présenté au Conseil de la guerre au sujet des places fortes qui doivent être démolies ou abandonnées; ou Examen de cette question: est-il avantageux au roi de France qu'il y ait des places fortes sur les frontières de ses États?" in: Carnot, 1984: Bd. I, S. 412.

7) ebd., 413; Übersetzung aller Carnot-Zitate v. Verf.

8) Die vis viva war eine in der zweiten Hälfte des 18. Jahrhunderts durch die metaphysischen Dispute in früheren Jahrzehnten des Jahrhunderts diskreditierte Größe. Das ist der Grund, warum Carnot schon im Vorwort der „Principes" eine Auffassung der Mechanik als Theorie der Kräfte ablehnt zugunsten einer Auffassung der Mechanik als „Theorie der Bewegungen selbst". (1803: XI) Das Prinzip der Erhaltung der lebenden Kräfte war damals für Maupertuis- und d'Alembert-Leser wie Carnot nur ein Hilfsprinzip, das hauptsächlich in der Hydrodynamik und Himmelsmechanik verwendet wurde. (vgl. Schirra, 1991: 75)

9) W ist die Geschwindigkeit eines Körpers M vor dem Zusammenprall, V die Geschwindigkeit nach dem Zusammenprall, U die Geschwindigkeit, die der Körper beim Zusammenprall „verliert" oder die W in V transformiert. Carnot demonstriert die Dekomposition von Geschwindigkeiten an einem Parkett von Parallelogrammen:

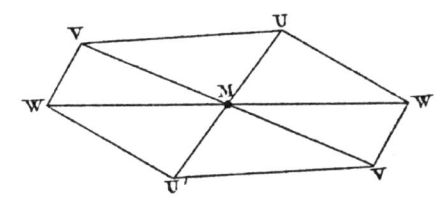

Wenn man die Strecke UM, die die verlorene Geschwindigkeit repräsentiert, über den Punkt M hinaus bis U' verlängert, und wenn man MU' = MU macht, dann erhält man ein neues Parallelogramm MWVU', dem zu entnehmen ist, daß man auch die Geschwindigkeit MV in zwei andere Geschwindigkeiten zerlegen kann, nämlich MW und MU', wobei MU' umgekehrt proportional der verlorenen Geschwindigkeit MU ist und daher „gewonnene Geschwindigkeit" heißt. vgl. Carnot, 1803: S. 24 f.

10) Carnot, 1803: 104. Die Erhaltungseigenschaft der Größe mv^2 hatte Huygens 1656 in der Schrift „De motu corporum ex percussione" verkündet: „La somme des produits faits de la grandeur de chaque corps dur, multiplié par le quarré de la vitesse, est toujours la même devant et après leurs rencontre." Oder: $\sum mv^2 =$ konst. (zit. nach: Schirra, 1991: 54) Heute würde man schreiben $1/2 \sum mv^2 + W_{pot}(x,y,z) =$ konstant.

11) Napoleon nach Gourgaud, Journal de Sainte-Hélène, in: Lazare Carnot, 1984: Bd. I, 32. Übers. v. Verf. Napoleon tut Carnot Unrecht: Carnot nahm am 31. Mai 1793 mit der Nordarmee an der Einnahme von Furnes teil, sowie am 15. und 16. Oktober 1793 mit der Rheinarmee an der Schlacht von Wattignies.

12) Locke, 1981: Bd.I, 108. Das Zitat steht in Lazare Carnots „Principes fondamentaux" auf Seite 2 f.

13) Lazare Carnot, „Géométrie de position à lusage de ceux qui se destinent à mesurer les terrains" (1803), in: ders., 1985: Bd. II., 474.

14) „Es ist notwendig, unter den Handwerkern das Wissen von den Abläufen zu verbreiten, die in den Werken und Maschinen angewendet werden, deren Zweck es ist, entweder Handarbeit zu ersparen oder den Ergebnissen der Arbeit eine höhere Einheitlichkeit und Präzision zu verleihen [...]. Diese Ziele können nur erreicht werden, indem der nationalen Bildung eine neue Richtung gegeben wird. Dies wird in erster Linie dadurch erreicht, daß alle jungen intelligenten Leute mit der deskriptiven Geometrie vertraut gemacht werden." Gaspard Monge, „Géométrie Descriptive" (1794), Vorwort, zit. nach Booker, 1961: 24.

15) „Wenn in einem System von Körpern ein unmittelbares oder durch eine beliebige Maschine geschaffenes Gleichgewicht herrscht und wenn man dieses Gleichgewicht durch die Wirkung einer unendlich kleinen Kraft verschiebt, dann heißt die Geschwindigkeit, die ein jeder Körper des Systems danach annimmt, virtuelle Geschwindigkeit, und die allgemeine Bewegung des Systems heißt folglich virtuelle Bewegung." (Carnot, 1803: 130)

16) „Cette généralisation consistoit à substituer aux vîtesses *virtuelles* qui sont infiniment petites, des vîtesses finies que je nommois *géométriques*", heißt es schon (und auch nur) im Vorwort der „Principes fondamentaux". (Carnot, 1803: X)

17) „Man wird vielleicht erstaunt sein, dass der Körper B bei derselben Temperatur, wie sie der Dampf hat, diesen verdichten kann: dies ist zweifellos streng genommen nicht möglich; da aber die kleinste Temperaturverschiedenheit die Condensation hervorrufen wird, so reicht dies aus, um die Richtigkeit unserer Betrachtung zu bewähren. Ganz ähnlich genügt es in der Differentialrechnung, dass man sich die vernachlässigten Grössen als ins Unendlichkleine abnehmend im Verhältnis zu den in den Gleichungen beibehaltenen Grössen denken kann, um die Gewissheit eines endgiltigen Resultats zu erhalten." (S. Carnot, 1988: 12)

18) In Worten: „Die Summe der Produkte aus der von jedem Körper verlorenen Bewegungsquantität und der Geschwindigkeit nach dem Aufprall und der Richtung der verlorenen Bewegungsquantität ist gleich null." (Carnot, 1803: 139.) Die Formel F auf S. 143.

19) Carnot, 1803: 153, Die Formel I auf S. 154

20) vgl. hierzu auch den Nachvollzug bei Gillispie, 1971: 40 ff.

21) Artikel „Situation", in: *Encyclopédie*, 1966: Bd. 15, 232.

22) vgl. Novalis, 1978: Bd.1, 242 und dazu Kittler, 1995: 150 ff.

23) Felix Klein hat Carnot als Vorläufer seiner gruppentheoretischen Transformationen geehrt. (Klein, 1926: Bd.I, 79 f)

24) General Bertrand zufolge ist es allerdings ein „Märchen", daß Carnot die Armeen dirigierte. „Ce qui faisait aller les armées, c'était le représentant qui avait plein pouvoir. Un billet de lui faisait venir la poudre, l'artillerie de Dijon ou d'Auxonne, sans même que Paris en soit informé. Tel était le système du temps." Cahiers de Sainte-Hélène, Journal du général Bertrand, 12 janvier 1817. (zit. nach Carnot, 1984: Bd. I, 31) Ein typisches Beispiel für die Verachtung eines napoleonischen Generals für die Organisatoren der republikanischen Siege.

25) Las Casas, Mémorial de Sainte-Hélène, 26 mai 1816, (zit. nach Carnot, 1984: Bd. I, 31). Vom selben Geist beseelt war auch der Sohn Sadi: „Als Ende März die letzte Verteidigungsschlacht um Paris herangerückt war, traten die Kompanien, die man aus [den Schülern der École Polytechnique] zusammengestellt hatte, auf der Straße nach Vincennes dem Feind mit inzwischen legendär gewordenem Mut entgegen. Zu Lazares großer Freude war Sadi unter denen, die so heldenhaft, aber auch vergeblich bis zum denkwürdigen 30. März kämpften, als schließlich Paris in die Hände der Alliierten fiel." Robert Fox, Einleitung, S. XXXV.

26) Nach den Memoiren Hippolyte Carnots über seinen Vater. (zit. nach Carnot, 1984: Bd. I, 31)

Verwendete Literatur:

Booker, Peter Jeffrey (1961): Gaspard Monge (1746-1818) and his effect on Engineering Drawing and Technical Education, in: *Transactions of the Newcomen Society for the Study of the History of Engineering and Technology 34*, 1961/62.

Castel, Robert (1983): *Die psychiatrische Ordnung. Das goldene Zeitalter des Irrenwesens,* Frankfurt a. M.

Carnot, Lazare (1803): *Principes fondamentaux de l'équilibre et du mouvement,* Paris.

Carnot, Lazare (1970): *Réflexions sur la métaphysique du calcul infinitésimal,* Paris.

Carnot, Lazare (1984/85): *Révolution et mathématique*, Bd.I/II, Paris.

Carnot, Sadi (1988): *Betrachtungen über die bewegende Kraft des Feuers und die zur Entwickelung dieser Kraft geeigneten Maschinen* (Übers. v. Wilhelm Ostwald), Braunschweig-Wiesbaden.

Chadarevian, Soraya de (1993): Die 'Methode der Kurven' in der Physiologie zwischen 1850 und 1900, in: Hans-Jörg Rheinberger/Michael Hagner (Hg.), *Die Experimentalisierung des Lebens. Experimentalsysteme in den biologischen Wissenschaften 1850/1950*, Berlin.

Encyclopédie, ou Dictionnaire raisonné des sciences, des arts et des métiers (1966), Reprint Stuttgart/Bad Cannstatt.

Furet, François/Richet, Denis (1981): *Die französische Revolution*, München.

Gillispie, Charles Coulston (1971): *Lazare Carnot, savant*, Princeton, NJ.

Hegel, Georg Wilhelm Friedrich (1969[7]): *Enzyklopädie der philosophischen Wissenschaften im Grundrisse*, Hamburg.

Hegel, Georg Wilhelm Friedrich (1975[2]): *Phänomenologie des Geistes*, Frankfurt a. M.

Kittler, Friedrich A. (1995[3]): *Aufschreibesysteme 1800/1900*, München.

Klein, Felix (1926): *Vorlesungen über die Entwicklung der Mathematik im 19. Jahrhundert*, Berlin.

Lacan, Jacques (1988): *Das Seminar Buch II: Das Ich in der Theorie Freuds und in der Technik der Psychoanalyse*, Olten-Freiburg i. Br.

Lacan, Jacques (1990): *Le séminaire livre XVII: L'envers de la psychanalyse*, Paris.

Locke, John (1981[4]): *Versuch über den menschlichen Verstand*, Hamburg.

McNeill, William H. (1984): *Krieg und Macht. Militär, Wirtschaft und Gesellschaft vom Altertum bis heute*, München.

Maxwell, James Clerk (1878): *Theorie der Wärme* (autorisierte deutsche Ausgabe. Übers. nach der 4. Aufl. des Originals v. F. Neesen), Braunschweig.

Novalis (1978): *Werke, Tagebücher und Briefe Friedrich von Hardenbergs*, hg. von Hans-Joachim Mähl und Richard Samuel, München/Wien.

Riemann, Bernhard (1876): Ueber die Darstellbarkeit einer Function durch eine trigonometrische Reihe, in: *Bernhard Riemann's gesammelte mathematische Werke*, hg. unter Mitwirkung von R. Dedekind und H. Weber, Leipzig.

Robins, Benjamin (1922): *Neue Grundsätze der Artillerie* (aus dem Englischen übersetzt und mit vielen Anmerkungen versehen von Leonhard Euler, hg. von Friedrich Robert Scherrer (= Leonhardi Euleri Opera Omnia, 2. Serie, 14. Band), Leipzig/Berlin.

Schirra, Norbert (1991): *Die Entwicklung des Energiebegriffs und seines Erhaltungskonzepts*, Frankfurt a. M.

Thüring, Hubert (1993): „?Ja was!!!? Und das Register". Adolf Wölfli befragt sein Leben, in: Bettina Hunger u. a. (Hg.), *Porträt eines produktiven Unfalls - Adolf Wölfli. Dokumente und Recherchen*, Basel/Frankfurt a. M.

Truttmann, Philippe (1984): Lazare Carnot et l'art de la fortification, in: Lazare Carnot, *Révolution et mathématique*, Bd. I, S. 143-154, Paris.

Zukunft ohne Ende – das Unternehmen Weltausstellung

Elke Krasny

Die Herausforderung des Augenblicks

Weltausstellungen inszenierten programmatisch die *frohe Botschaft* des Fortschritts. Die auf Zeit errichteten Ausstellungslandschaften, in ihrem baulichen Ensemblespiel sowohl der Stadt als auch dem Park verpflichtet, sollten dem Besucher die Möglichkeit bieten, vor Ort einen Blick auf die Errungenschaften der ganzen Welt zu werfen. In diesen panoramatischen Momentaufnahmen amalgamierten sich technischer und ästhetischer, wissenschaftlicher, sozialer und zugleich nationaler Leistungsnachweis in ganz spezifischer Weise. Orte und Zeiten verdichteten sich zum *global village* der internationalen Erfahrungen: Nicht nur rund um die Welt sollte die Entdeckungsreise der Weltausstellungen gehen, sondern auch durch die Zeiten; vergangene Ressourcen wurden als geschichtsmächtige Zukünfte gegenwärtig mobilisiert, experimentelle Zukunftsvorstellungen aktivierten die Gegenwart, und der je aktuelle Stand der Dinge sollte für alle greifbar und verfügbar erscheinen. Für die Gestaltung der je geltenden Megatrends im zeitgeistigen industriekulturellen Outfit und für die Inszenierung der Vorstellungen möglicher Zukünfte liefern die historischen Ausstellungen ein reichhaltiges ideengeschichtliches und mentalitätsgeschichtliches Reservoir auf der Ebene der Artefakte selbst. Immer schon geht es um das kulturelle Surplus der Welt der Dinge, um das Ausloten des ästhetisch-gestalterischen Potentials der Produktion – die Techniken der Inszenierung sind es auch, auf die das Medium immer setzen mußte, um Masseninformation und Massenunterhaltung in adäquater Weise miteinander zu verknüpfen; im Rückblick liefern die inszenatorischen Ausstellungslandschaften daher Einblicke in die sich wandelnde Physiognomie des affirmativ-geglätteten *Selbstbildes* der Industriekultur.
Die Technik der Inszenierung und die Inszenierung der Technik sind es, auf die die Ausstellungen als Strategie der Popularisierung setzten. Diese aufs Globale angelegten Erscheinungsformen von Welt suchten ein industrialisiert-aufgeklärtes Selbstbewußtsein auf der Ebene der ästhetischen Organisation der Wahrnehmung zu produzieren. In diesem Sinne handelt es sich immer um gezielte Eingriffe ins Vorhandene (natürlich mit dem jeweiligen Anteil an bewußt/unbewußter Wunschmaschinerie der Sehnsüchte), die die jeweilige Weltausstellung zur Konstruktion eines Erlebnis-Raumes und eines Raum-Erlebnisses werden lassen. Entlang diesem Erlebnis- und Erfahrungscharakter disponiert sich die Prägung der Wahrnehmung des Gebotenen: Spektakel und Dekoration, Kulisse und Verkleidung, Inszenierung und Gestaltung als Kommunikationsmittel des Realen.
„Diese Weltausstellung soll ein Millionenpublikum auf einprägsame und fesselnde Weise motivieren und Lust auf Zukunft machen. Sie soll zeigen, welche faszinierenden Wege wir gemeinsam ins nächste Jahrtausend gehen können, ohne den notwendigen Konsens zu stören, ohne unser lebensnotwendiges Ökosystem weiter zu gefährden. Auf diese Weise kann die Weltausstellung in Hannover die Bilanz an der Jahrtausendwende sein, mit der

George Cruikshank, *All the World Goes to the Fair* (Alle Welt bricht zur Weltausstellung auf), 1851, Kupferstich

aufgezeigt wird, wie die Weltgesellschaft die ökologischen und ökonomischen Herausforderungen des nächsten Jahrtausends annehmen und meistern wird. [...] Wir wollen und werden Lust auf Zukunft machen." (Expo 2000, 1995: 7)
Die notwendigen Reizworte für das Selbstverständnis des Mediums Weltausstellung sind bereits in diesem kurzen Statement gefallen: Weltgesellschaft und Millionenpublikum, Bilanzierung vergangener und gegenwärtiger Leistungen und Zukunftsvisionen sowie Auseinandersetzung mit aktuellen, globalen Themen stehen auf dem Programm. Diese Darstellung ist der Informationsbroschüre über die kommende Expo 2000 entnommen, die zur Jahrtausendwende in Hannover ihren Ort finden wird. Ein kritisches Datum, das in ganz besonderer Weise, ebenso wie die Jahrhundertschau 1900 in Paris, zu Rückblicken und Ausblicken, zu Inventarisierung und Inventur, zu Hysterese und Spektakelsucht, zu Vergangenheitserarbeitung und Zukunftsprojektierung einlädt.
Geschichtsphilosophisch schreiben die Weltausstellungen also ungebrochen am Projekt der Moderne weiter, gerade diesem zum Teil anachronistisch anmutenden Konzept der fortschreitenden Fortschrittlichkeit verdanken sie vielleicht ihre Langlebigkeit; der Königsweg der geschichtsmächtigen Zukunftsorientierung, unter je anderen Vorzeichen, wird weiter beschritten und inszenatorisch aufbereitet. Die eingangs zitierte Formulierung der Vorschau auf die kommende Weltausstellung enthält eine Fülle historisch aufgeladener Vokabel aus dem Terrain der Entwicklung der Weltausstellungen selbst. Angelegt als industriekulturelle Leistungsschauen, die die Schnittpunkte von Industrie und Ästhetik, Technologie und Bildung je zeitgenössisch synthetisierten, mobilisierten und mit globaler Wirkungsabsicht versahen, schrieben sie sich in ihrem Innovationsgestus traditionsreich fort. Der Unter-

haltungswert im Informationsgehalt wurde im Zuge ihrer Entwicklung immer wichtiger. Tradition und Innovation, Utopie und Realpragmatik verleihen in ihrem jeweiligen Spannungsverhältnis den Weltausstellungen ihren kulturgeschichtlichen Horizont. Immer noch läßt sich die vom „Bureau International des Expositions" gegebene Definition des Phänomens Weltausstellung auf das Phänomen selbst anwenden:
„Eine Weltausstellung ist also eine Veranstaltung, die, was auch immer ihr Titel sei, zum Hauptziel hat, die Öffentlichkeit zu informieren; sie ist eine Bestandsaufnahme aller dem Menschen zur Verfügung stehenden Mittel, die Bedürfnisse einer Zivilisation zu befriedigen, und stellt in einem oder mehreren Bereichen des menschlichen Strebens gemachte Fortschritte heraus oder stellt Zukunftsperspektiven dar." (vgl. Kalb, 1994: 233)
Diese angestrebte Universalisierung des Wissens durch eine aktuelle Bestandsaufnahme des Vorhandenen als Weltprogramm wiederholt sich sozusagen in den Beiträgen der einzelnen Teilnehmerländer. Im internationalen Concours wird nationale Bilanzierung in industrieller, technologischer und ästhetischer Hinsicht betrieben.

Weltkonstruktionen

Bilanzierung der gegenwärtigen und vergangenen Leistungen als zivilisatorische Strategie zur Entdeckung des kulturellen Potentials für mögliche Zukünfte ist eines der Konstruktionsprinzipien des Mediums Weltausstellung. Vergangenheit und Gegenwart werden gleichsam kulturdarwinistisch aufbereitet. Die *synthetische Philosophie des Auges*, die Gastineau als Wahrnehmungsreaktion auf die sich technisch und dadurch nachhaltig physiologisch und mental verändernde Schau-Landschaft des 19. Jahrhunderts am Beispiel der Eisenbahn konstatierte (vgl. Schivelbusch, 1993: 59), läßt sich auf die *Welt- und Zeitreise vor Ort* übertragen. Die Wahrnehmungsqualitäten der Dinge mußten ausgelotet werden, um das Auge der Ausstellungsbesucher auf diese Art von Weltaufnahme einzustellen. Diesem ästhetischen Problem korreliert die synthetisierende Aufgabe der Ordnung der Dinge: In welcher Klassifikatorik, in welcher Aufschlüsselung und Einteilung der Produktionslandschaft läßt sich die Weltschau anordnen? Auch hier geht es wieder um eine synthetische Philosophie des Auges, des richtigen Blicks auf die Dinge selbst.
Ein weiteres Konstruktionsprinzip besteht darin, für die Zeit der Ausstellung die Gegenwart selbst in eine Momentaufnahme zu verwandeln, in ein begehbares, gestaltetes Szenario. Diese Transformation hat zivilisationspsychologisch unsere Wahrnehmungsgewohnheiten von Welt entscheidend geprägt. Hinter der Vorstellung der Dinge der Weltausstellung stehen immer die je zeitgenössischen Vorstellungen von ihnen. Genau diese sollten zu dem lesbaren Bild werden, das sich weltweit von den Dingen selbst verbreiten kann. Die Wahrnehmung selbst wird gemäß der Produktionslandschaft in ihrer spartenbezogenen und nationalen Erscheinung systematisiert. In dieser Fülle und konzentrierten Dichte der Reize, ja, fast immer auch der Reizüberflutung, des überreichen Angebots der Schaumöglichkeiten findet sich der Blick reflexiv mit sich selbst konfrontiert und muß ein Verstehen erst entwickeln, gleichsam lernen entlang der gebotenen Ordnungen des Sehens. Diese Intensivierung der Welterfahrung wird technisch evoziert durch den Einsatz unterschiedlichster Illusions- und Präsentationstechniken, wie beispielsweise Dioramen und Panoramen. Erst durch diese werden die Dinge selbst ins rechte Licht gerückt.

Bewegen wir uns ungefähr 150 Jahre zurück, zur ersten Veranstaltung dieser Art, die unter dem Titel „The Great Exhibition of the Works of Industry of all Nations" in London 1851 abgehalten wurde, so fand Prinz Albert ein Jahr vor Ausstellungseröffnung folgende motivierend-pathetischen Worte:
„Es wird niemand, welcher den besonderen Richtungen unseres gegenwärtigen Zeitalters einige Aufmerksamkeit geschenkt hat, auch nur einen Augenblick zweifeln, daß wir in der Zeit eines wunderbaren Überganges leben, welche der Verwirklichung des großen Zieles, auf das in der Tat die ganze Weltgeschichte gerichtet ist – der Darstellung der Einheit der Menschheit – rasch zustrebt; nicht einer Einheit, welche die Grenzen niederreißt und die besonderen Charakterzüge der verschiedenen Nationen der Erde vernichtet, sondern einer Einheit, welche das Ergebnis und Erzeugnis der nationalen Verschiedenheiten und mit einander wetteifernden Volkscharaktere ist: Die Entfernungen, welche die verschiedenen Nationen und Teile des Erdkreises trennen, verschwinden schrittweise vor den Vervollkommnungen der neueren Erfindungen, und wir können sie jetzt mit unglaublicher Leichtigkeit zurücklegen; die Sprachen aller Völker sind bekannt, und ihre Leistungen sind in den Kreis des Erreichbaren für jedermann gestellt; der Gedanke wird mit der Schnelligkeit und ebenso mit der Gewalt des Lichtstrahles verbreitet. Auf der anderen Seite wird der große Grundsatz der Arbeitsteilung, welche die bewegende Kraft der Zivilisation genannt werden mag, auf alle Zweige der Wissenschaft, des Gewerbefleißes und der Kunst ausgedehnt." (Schmitt, 1863: 193)
Der einladende Appell ist programmatisch, die Aufforderung zugleich Zugang zur inhaltlichen Orientierung des historischen Projektes Weltausstellung. Verbreitung und Verfügbarmachen von Wissen und, damit Hand in Hand gehend, die Erzeugung einer als einheitlich denkbaren, produktionstechnisch geprägten und arbeitsteilig organisierten Alltagskultur sind zentrale Momente für die synthetische Orientierung dieses Pilotprojektes und bleiben bestimmend für die nachfolgenden Ausstellungen. Globale Wirkungen stehen auf dem Spiel – die Verbreitung und Vertiefung eben dieser zur Ausstellung gebrachten Kultur, die gültiger und zeitgenössisch forcierter Ausdruck und Spiegel derselben sein sollte und dadurch erst ein wahrnehmbares Bild dieser Kultur entwickelte. Der formulierte Anspruch geht also weit über den jeweiligen Veranstaltungsort hinaus – bleibende Wirkung auf Zeit ist gefragt. Paradoxerweise schafft genau die Dynamik der Zukunftsorientierung inhärent ein Ablaufdatum der vorgestellten Novitäten. Dieser Widerspruch zwischen aktuell und veraltend sollte die Planung der Zukunft denkbar machen.
In diesem scheinhaften Setting entwickelt sich gleichsam eine Demokratie der Waren, die stellvertretend für ihren Ursprungsort, das jeweilige Ausstellerland, stehen. Die einzelnen Segmente der industriekulturellen Produktionsordnung in ihrer ästhetischen Transformierung in Ausstellungsobjekte sollen für eine anspruchsvolle, weltpolitisch orientierte Erfahrbarkeit einerseits in ihrer Vereinheitlichung different werden und andererseits miteinander produktiv verbunden werden. In der Gleichartigkeit der Differenzen und der Differenzierbarkeit der Ausstellerländer und ihrer Produkte wird Internationalität erzeugt. Die Zusammenschau der Erfahrungen und die Erfahrungen dieser Gesamtschau sollen sich wechselseitig durchdringen und in einer Wirkungsgeschichte außerhalb des Schauplatzes Weltausstellung produktiv entfalten und einlösen. *Bilanz* und *Inventar*, *Enzyklopädie* und *Utopie*, *Inszenierung* und *Gestaltung* erweisen sich für die Erfahrung der Dinge als die

wesentlichen Parameter der inhaltlichen und formalen Gestaltbarkeit von Welt. Durch die Gestaltung der Welt als Panorama der Dinge soll für den Betrachter die Möglichkeit der Synopse hergestellt werden.

Weltöffentlichkeit

In diese Zusammenschau ist repräsentativ der Ausstellungsbesucher eingeschrieben. Darin erweisen sich die Dimensionen des Öffentlichen und des Politischen der Inszenierungsleistungen der Weltausstellungen. Der Ausstellungsbesucher als Repräsentant einer Weltöffentlichkeit erfüllt in seinem individuellen Erleben der Schaulandschaften eine Übersetzungsleistung. Nicht die je individuelle Erfahrungslust des einzelnen Besuchers steht auf dem Spiel, sondern generell die Strukturierung, Ordnung und Steuerung der Wahrnehmung selbst.

„Während früher die größten geistigen Anstrengungen sich zu einem universellen Wissen zerstreuten und dieses Wissen auf Wenige beschränkt war, sind sie gegenwärtig auf spezielle Fächer, und in diesen wieder auf die kleinsten Punkte gerichtet; aber das errungene Wissen wird auf einmal Eigentum des großen Ganzen. Während früher Entdeckungen geheim gehalten wurden, veranlaßt die Öffentlichkeit unserer Tage, daß, sobald eine Entdeckung oder Erfindung gemacht ist, ganze Weltteile zu unserer Verfügung stehen, so daß wir nur den besten und wohlfeilsten Plan für unsere Zwecke zu wählen haben und gewaltige Produktionskräfte dem Anreize der Mitbewerbung und des Kapitals zu Gebote stehen." (Kommission, 1851: Bd.1, 5)

Noch ist der Glaube an den Fortschritt wenig brüchig, zwar wird den sozialen Implikationen der zunehmenden Technifizierung und Maschinisierung zum Teil auch mit Skepsis und Angst begegnet, der Anspruch aller Bürger auf Zugang zum Wissen und zur Bildung muß sich politisch argumentativ erst als effiziente Strategie für den Staatshaushalt selbst behaupten, zwar nimmt die Angst vor dem Anspruch und der politischen Organisation der Massen zu, aber dennoch: Weltfriede und Völkerverständigung, Fortschritt im Zeichen der Technik und Demokratie des Warenaustauschs sind auf die Fahnen des Unternehmens Weltausstellung geheftet. Die Vielfalt der Interessen und auch Interessenkonflikte zwischen den verschiedenen Feldern des sozialen Raums, zwischen Industrie, Technologie, Kultur, Kunst und Wissenschaft, zwischen offizieller nationaler Repräsentation und internationalem Austausch übersetzt sich in die einzelnen Ausstellungsbesucher und wird durch die gestaltete Inszenierung der Objekte gleichzeitig dissimuliert und zum Ausdruck gebracht. Im Jahr 2000 wird es eine fast 150jährige Programmtreue sein, der sich das Unternehmen Welt-Ausstellung verschrieben hat. Was interessiert, sind die mentalen Leitlinien, die der *goldene Spiegel* der internationalen Schönheitswettbewerbe der industriekulturellen-nationalen Leistungsschauen reflektiert. Innovatorische Tradition und pragmatische Utopie sind die paradoxen Extreme, zwischen denen sich die Weltausstellung als globales Leitprojekt bewegt. Was diese Ausstellungen entdecken und erfinden, sind die sinnlichen Qualitäten der Artefakte. In diese Schule der Sinnlichkeit wird die Rationalität der industriellen Produktionslogik eingeführt. Technische Erfindungen und Innovationen in ihrer Verdinglichung als Ausstellungsobjekte verkörpern im Spektrum der internationalen Schaulandschaften nationales Prestige, soziale Ordnungen und ästhetisches Surplus im Sinne einer

Faszinationsgeschichte innerhalb der Mediatisierung von Wirklichkeit. Durch die Gestaltung wird in das Schweigen der Dinge die Welt-Sprache der Ausstellungen eingeführt, in der sich die Ideologien der Rede in ihrer je spezifischen Verlagerung und ihrem globalen Anspruch manifestieren.

Auch je zeitgenössisch ist diese Bewegung des Umschlags in den Dingen selbst, ist das Andere ihrer Erscheinungsform, das einerseits ihre Spiegelfunktion dialektisch in sich gebrochen zum Ausdruck bringt und andererseits ein Kalkül des Spielerisch-Gestaltbaren freisetzt, durchaus bewußt. In „Westermanns illustrierten deutschen Monats-Heften" schreibt Bruno Bucher im Jahr 1881 zur Ausstellungsfrage folgendes:

„Früher spiegelte man sich gern vor, ein Jeder solle herzubringen, was er täglich macht, nicht im Feierkleide, sondern im Werktagskittel solle sich die Arbeit zeigen. Das war allerdings die ursprüngliche Idee, allein die Größe und die rasche Folge der Ausstellungen haben diese Idee längst antiquiert. Die großen Massen des Publikums, welche sich einfinden müssen, um nur einigermaßen den Aufwand einer Weltausstellung zu decken, wollen ja nicht Fachstudien machen, sondern schauen, unterhalten sein, in dem großen Bilderbuche blättern. Und der Zuwachs an Bildung, welcher von den Ausstellungen mitgebracht wird, kann durchschnittlich auch nicht höher veranschlagt werden, als der Gewinn aus dem Durchblättern illustrierter Prachtwerke."

Wie ein buntes und anschauliches Kinderlexikon vergegenständlichen die Ausstellungen die Phantasmatik der enzyklopädischen Ordnung von Welt. Die verschiedenen Kapitel des Buches des Weltwissens werden kaleidoskopartig in Szenarien verwandelt, in denen sich Bildung als Unterhaltungswert, ökonomische Interessen als inszenatorische Qualitäten zur Erscheinung bringen.

Weitblick und Nahaufnahme

Im Ausstellungsalltag der Warteschlangen und Reizüberflutung, der sinnlichen Ablenkungen und spektakelsüchtigen Wahrnehmungsgewohnheiten ist der Blick aufs Ganze immer verstellt. Ein souveräner Ausstellungsbetrachter wäre der, der das Gelände, das Stadt-Bild oder die Schau-Parklandschaft, die die Weltausstellungen auf Zeit installierten, zuerst aus der Vogelperspektive wahrnimmt. Ein typisches Transportmittel der Weltausstellungen – die „Gondelbahn" – reflektiert genau dieses Begehren. Der schwebende Blick von oben, der alles gleichwertig, gleichsam filmisch-vorüberziehend wahrnimmt, dynamisiert die statische Momentaufnahme der Vogelperspektive in panoramatischem Weitblick. Souveränes Vorübergleiten, flanierendes Wahrnehmen ohne Störung auf dem Niveau der Objekte selbst sollten auch die „Trottoirs Roulants" der Pariser Weltausstellung 1900 garantieren, die jedoch häufig an

Atomium und Gondelbahn, Titelblatt von: Paris Match, Spezialausgabe zur Expo '58 in Brüssel, Mai - Oktober 1958

Trottoir Roullant und Hochbahn (Elektrische und Stufen-Bahn auf der Strecke Marsfeld-Invaliden-Esplanade), Weltausstellung, Paris 1900, Illustration in: Hans Kraemer, Das 19. Jahrhundert, Leipzig 1900

technischen Gebrechen litten. Aus dieser Orientierung von oben über die künstliche Welt, aus dieser Leichtigkeit der technisch unterstützten Begehung der Weltausstellungen, wäre dann das Eintauchen ins Gewühl der Massen vorzustellen, in dem man sich die Annäherung an einzelne Objekte erst wieder *erarbeiten* muß. Gedränge und Unübersichtlichkeit, chaotisch-faszinierende Vielfalt, exotisch-buntes Durcheinander sind charakteristisch für die Nahaufnahme Weltausstellung, ist man per pedes, mit Ausstellungsführer und Plan bewaffnet, der Orientierung der Objekte auf der Spur.

Nicht zufällig verfielen die einzelnen Weltausstellungen auf *Ikonen*, auf große einprägsame Zeichen, gleichsam Kürzel der jeweiligen Veranstaltung, die den Blick fokussieren, die Orientierung richten und gleichzeitig das Spektakel des Ganzen monumentalistisch überhöhen und pathetisch verkürzten. Die Rotunde in Wien 1873, die Freiheitsstatue: erstmals präsentiert auf der Weltausstellung in Paris 1878, der Eiffelturm in Paris 1889, das Ferrie's Wheel in Chicago 1893, das Atomium in Brüssel 1958, der Sun Tower in Osaka 1970, um nur einige herauszugreifen. Der gigantische Baukörper des Kristallpalastes der ersten Weltausstellung in London 1851 eröffnete diesen Reigen der demonstrativen Megalomanie: 563 m lang, 124 m breit, 33 m hoch. Wissenschaft, Technik und Industrie in einem Zusammenspiel der umfassenden Beeindruckung. Den Wahrnehmungsschock, den diese gigantische Glasarchitektur auslöste, kann man sich heute kaum mehr vorstellen. Das Behältnis für die Dinge der Welt avancierte selbst zum Merkzeichen der Ausstellung und ist gleichsam ein kulturgeschichtlicher Gedächtnisort geworden. Es gibt in London heute noch einen Verein, der sich, gleichsam einem archäologischen Interesse verpflichtet, um die Erhaltung der noch vorhandenen Reste des Crystal Palace bemüht.

Wiener Weltausstellung 1873: In der Rotunde, Illustration nach einer Zeichnung von L. von Elliot

Zum großen Teil sind die gebauten Relikte der Weltausstellungen – abgesehen von städte-

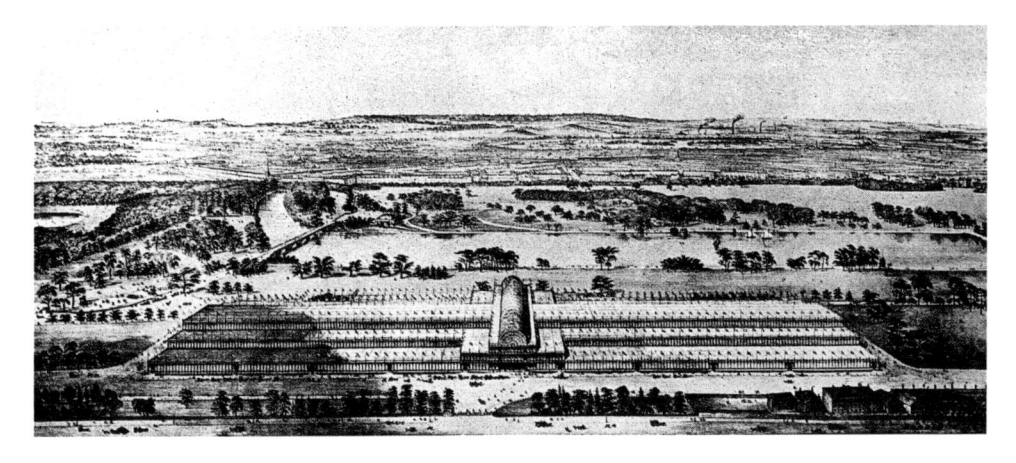

Luftbild des Kristallpalastes, Weltausstellung, London 1851

baulich-infrastrukturellen Maßnahmen in der jeweiligen Veranstalterstadt – spärlich. Wichtiger sind sozusagen die *mentalen Reste* – die langfristigen Wirkungen und Spuren, die sich in Hinblick auf den Modus der Wahrnehmung von Welt durch die Praxis der Ausstellung etablierten und modifizierten. Wahrnehmung und Gestaltung, Vorstellung und Wirkung, Phantasie und Erinnerung werden in ganz spezieller Weise im Szenario der Ausstellungsordnungen produktiv miteinander verbunden.

Faszinierende Oberflächen

Denkt man nicht an einzelne, exemplarische Ikonen und Pavillons, sondern versucht man sich die Atmosphäre und das Flair der Weltausstellungen zu vergegenwärtigen, so entstehen ganz andere Bilder im Kopf. Man sieht ein ganzes Panorama der Erscheinungsformen von Welt; man denkt an die opulent-verschwenderische, opernhaft-pompöse, industriellerfindungsreiche, exotisch-spektakelnde Welt des 19. Jahrhunderts. Fast intuitiv erfaßt man die Stimmungslage der Kultur des Spektakels, die für, auf und mit den Weltausstellungen erfunden wurde. Der Faktor des Sehens-*würdigen*, des Auffälligen und Augenfälligen, des Einprägsamen bestimmte die inszenatorischen Leistungen. Die Ausstellungen mobilisieren auch im andenkenden Rückblick die Einbildungskraft, die faszinierenden und überraschenden, erstaunlichen und geheimnisvollen Seiten des großen Maschinenparks der kapitalistischen Produktionsordnung bilden die schillernden Oberflächen ihrer gestalteten Erscheinungsform. Genau diese gleichsam *oberflächliche* Seite der erscheinenden Welt ist auch von Anfang an Anlaß zu heftiger Kritik an diesen verschwenderischen, potlatschähnlichen Veranstaltungen gewesen. Auch ein direkter ökonomischer Nutzen ist so leicht nicht festzustellen. Die unübersehbare Wirkung dieser zum Teil ins Monströse und Megalomane ausfernden Unternehmungen ist daher woanders zu suchen in der Erfindung einer industriekulturellen Bildersprache, die ihre Wahrnehmungsordnung und das Niveau ihrer interpretierenden Rezeption gleich mitliefert. Genau darin manifestiert sich der öffentlich-globale Anspruch, die *universell-nationalistische* Informationsvermittlung der Weltausstellungen.

Die große Entdeckung der Weltausstellungen ist sozusagen nicht das jeweils vorgestellte

Objekt, die Präsentation wirtschaftlicher Potenz und technologischer Innovationen, sondern die ästhetische Dimension der vorgestellten Artefakte. Technologietransfer und Informationspolitik können nur durch die Spektakularität der präsentierten und ausgestellten *Dinge* erreicht werden. Es geht also um die Auslotung der sinnlichen Qualitäten der Objekte, um jene bunte, diversifizierte, reichhaltige Oberfläche der Schau-Produktionslandschaft zu erzeugen, die nicht zuletzt die Erträglichkeit eben dieser Ordnung im Alltag herbeiführen sollte. Auch den Ausstellungsmachern war dieser Umschlag vom Technischen ins Ästhetische, vom Abstrakten ins Sinnliche bewußt, respektive die Notwendigkeit der Zusammenführung dieser unterschiedlichen Niveaus der Wahrnehmbarkeit, um jeweils auch die andere Seite zum Ausdruck zu bringen.

Der österreichische Weltausstellungsexperte Wilhelm Exner beschreibt genau diesen Zusammenhang in den offiziellen Berichten über die Weltausstellung in Paris 1900: „Durch diesen Gedankengang gelangen wir zu dem Schlusse, daß die Leistungen der Technik so wie die Werke der Kunst wirken und ihnen daher derselbe zivilisatorische Einfluss zugeschrieben werden muß, wie der Kunst und dem Kunstgewerbe. Ist diese Argumentation richtig, so kann man die Weltausstellung des Jahres 1900 als die größte, ergiebigste, ja für den ausdauernden Besucher und für die Millionen aller Besucher zusammengenommen als eine unerschöpfliche Quelle ästhetischen Empfindens bezeichnen." (Exner, 1902)

Was auf dem Spiel steht, ist das Finden und Erfinden einer *Sprache der Dinge*, die die industriekulturellen Leistungen als ästhetisches Phänomen wahrnehmbar macht und diese Wahrnehmung gleichzeitig als globalgültige vorzustellen versucht. Andere Produktionstechniken als die auf der Industrialisierung beruhenden werden in diesem Denken gleichzeitig folkloristisch und anachronistisch-exotisch. Weniger industrialisierte Regionen setzten daher in der klassifikatorischen Ordnung der Ausstellung genau auf den Export von Brauchtum, Folklore und einer quasi exotischen Vorführung anderer Lebensformen. Es geht um den Umschlag zwischen Realem und Imaginärem, zwischen eingelöster Produktionsordnung und inspirativem Wunschbild als Wahrnehmungs- und Handlungsanweisung im Objekt selbst. Die große Entdeckung der Weltausstellungen sind die Dinge selbst und die Auslotung ihres Potentials. Das Paradox von vertrautem Wiedererkennungseffekt und erstaunlich origineller Überraschung muß sich in der Ausstellungstechnik erweisen. Die Visualisierungen des Imaginären, die sich konkret manifestieren, sind in diesem Sinne als globale Bildungsarbeit aufzufassen, um die Dinge selbst im Speicher des kollektiven Gedächtnisses und im öffentlichen Bewußtsein zu verankern und aneignend zu installieren. Hier kündigt sich an, daß das transitorisch-ephemere Phänomen der Weltausstellungen eine reiche Wirkungsgeschichte hat. Nicht so sehr geht es um einzelne Zeichen, sondern vielmehr um eine Geschichte der Mediatisierung von Wirklichkeit, um eine Prägung der Wahrnehmung der industriekulturellen Öffentlichkeit. Im Schnittpunkt von staatlichen und ökonomischen, technischen und wissenschaftlichen, bildungspolitischen und künstlerischen Interessen etablierten sich die Weltausstellungen und produzierten Erscheinungsformen von Welt. Abgesehen von der realen Präsentation von Erfindungen und technischen Neuerungen, erfanden die Weltausstellungen eine Sprache der Dinge, ein Formenvokabular der Präsentation und der Lesbarkeit dieser industriekulturellen Öffentlichkeit selbst. Die Regelmäßgkeit der Veranstaltungen im 19. Jahrhundert, die gleichsam circa alle fünf Jahre den Fortschritt für eine Momentaufnahme anhielten, um genau diesen Fortschritt demonstrativ verfügbar zu machen und zu inszenieren, läßt eine interne Vergleichbarkeit zu, die für die Veranstaltungen des 20. Jahrhunderts so nicht mehr gegeben ist.

Sinnliches Tribunal

Diese Konstruktionen sollten ein Weltbild vorstellen, das der ökonomisch rationalisierten Logik der Industriegesellschaft als globaler Produktionsgemeinschaft ein je zeitgenössisch gültiges und zugleich fortschrittlich-avanciertes, verbindliches *Bild* lieferte. Dieses Bild, eine Versammlung der Dinge vor einem sinnlichen Tribunal, ist der Schlüssel zur Vermittlung von Erfahrung und Erkenntnis, Staunen und Lust im Szenario der Weltausstellungen selbst. Die produktive Lust des Vorscheins ist dem Gestaltungsprinzip *Welt*-Ausstellung immanent und gleichzeitig entscheidender Zugang zu ihrer Entschlüsselung, sowohl für die Ausstellungsbesucher vor Ort als auch für die re-dekonstruierende Betrachtung. Das Ausstellungmachen als Informationsvermittlung und Popularisierung von Wissen suchte und erfand eine Dramaturgie und eine Szenographie, die die Vorstellung der Dinge weitgehend bestimmte. Dies ist vor allem auch mediengeschichtlich und vermittlungstechnisch von Interesse, da es vorrangig um die Art und Weise der Präsentation geht, die die Dinge zu Objekten der Repräsentation werden lassen. In dieser Differenz liegt das entscheidende Moment für die Selbstwahrnehmung der Öffentlichkeit durch die Lesbarkeit der Dinge der Welt. Die Gegenstände selbst werden als adäquat zur Vermittlung von Erkenntnis und Erfahrung entdeckt und müssen dafür ausstellungsgerecht inszeniert und aufbereitet werden. Das Schwierige liegt nun in dieser Inthronisierung der Gegenständlichkeit, die zugleich Mittel und Zweck der angestrebten Universalisierung von Wissen ist. Öffentlichkeitsarbeit im Sinne von globaler Bildung sind in diesem Zusammenhang die Entdeckung des Bildungspotentials der Gegenständlichkeit und der Prozeß der Entwicklung der Lesbarkeit der Dinge. Im Akt der Kommunikation der Ausstellung wird das Reale und das Imaginäre der Dinge freigesetzt und zugleich instrumentalisiert, um die Vorstellungswelten der Zusammenhänge von Produktion, Gesellschaft, Kunst, Kultur und nicht zuletzt *Welt* in diesem Sinne vor Ort zu fokussieren und in den Griff zu bekommen.

Die Weltausstellungsbesucher müssen sich *ihre Ausstellung* gleichsam lustvoll erarbeiten – die Dinge synoptisieren, die zusammengedacht sind. Überraschungsmomente und opulente Überforderung, Spektakelsucht und Neuheitsgier, Objektübermüdung und Simplifizierung in der Betrachtung sind in dieser konventionalisierten Bedeutungskonstituierung der Gebilde Weltausstellung miteingeschlossen. Die Momente des Entdeckens und Erforschens der Ausstellungslandschaften sind die imaginären Ressourcen der Ausstellungen, die das Vorstellungspotential der Besucher mobilisieren sollen. Aus dieser Zusammenschau entwickeln sich dann produktiv die denkbaren und vorstellbaren Zusammenhänge. Im spielerischen Moment des Erfindens der je eigenen Weltausstellung, des individuellen Weges durch das Angebot verbinden sich strukturelle Elemente der klassischen Bildungsreise und der literarisch-fiktiven Zeitreise zur fast filmartigen Choreographie der eigenen Wahrnehmung. Die Welt-Konstruktionen im Ausstellungsgelände sind nicht nur programmatisch und baulich vorgegeben, sie entstehen auch im Augenblick der begehenden Wahrnehmung. Nicht zufällig war Jules Verne ein eifriger Besucher der Pariser Weltausstellungen. 1867 hatte er bereits fünf von seinen 64 Romanen der *technischen Abenteuer* veröffentlicht. Zum

Teil ist die Diktion derjenigen der Weltausstellungsliteratur, den offiziellen Katalogen, Berichten und Führern, vergleichbar. Der Bau der „Nautilus" in „20 000 Meilen unter dem Meer", 1870 erschienen, führt ein name-dropping prominenter Weltausstellungsteilnehmer vor:

„'Eins begreife ich nicht: wie haben Sie dieses Schiff bauen können, ohne daß es jemand gemerkt hat?' – 'Ich habe jedes seiner Einzelteile von einer anderen Firma unter einem anderen Namen bezogen, das ist das ganze Geheimnis. Der Kiel kommt von Creuzot, die Welle der Schraube von Pen & Co. in London, die Rumpfplatten von Leard in Liverpool, die Schraube von Scott in Glasgow, die Behälter von Cail & Co. in Paris, die Maschine von Krupp in Essen; der Schnabel kommt aus Schweden, die Instrumente aus den USA und so fort. Alle diese Teile sind schließlich in meiner Werkstätte auf einer einsamen Insel im Ozean gelandet. Dort haben meine Gefährten und ich unser Schiff zusammengebaut.'" (Verne, 1975: 60 f; vgl. Plum, 1975: 118)

Das Zusammenspiel der verschiedenen Firmen ist gleichsam eine Wirkungsgeschichte von auf der Ausstellung gesammelten Informationen. Die *Geheimnisse der Konstruktion* verweisen auf ein durchaus reales Problem der auf Weltausstellungen teilnehmenden Firmen – die Herausforderung, Innovationen zu präsentieren und gleichzeitig die Schwierigkeit, nicht zu viel Wissensvorsprung an die Konkurrenz zu verraten.

Bildungsspektakel und Ordnungslust

Trotz der unablässigen enzyklopädischen Ordnungsversuche und der fast manischen Besessenheit der Systematisierung der Erscheinungsformen von Welt erschienen den zeitgenössischen Ausstellungsbeobachtern die Ausstellungswelten zum Teil chaotisch, bunt und zufällig. Unter dem Titel „Die Ausstellung als Culturbild" vermittelt Dr. Franz Xaver Neumann in den Berichten über die Pariser Weltausstellung von 1867 einen lebhaften Eindruck des opulenten und schillernden Sammelsuriums (und der angestrengten inhärenten Ordnungsbemühungen, die für die Ausstellungsbesucher oft nicht nachvollziehbar waren). „Von einem Extreme zu dem anderen fanden sich die buntesten und mannigfachsten Übergangsstufen, wie sie ja das Leben selbst charakterisieren: […] hier die, gleichsam durch Feenhände geschaffenen Spitzen Belgiens, dünn und zart wie Spinnengewebe, und dort die Ankerketten aus dem englischen Marine-Arsenale, deren eine zwanzig Zentner wiegt; […] da der Pavillon Impérial, im raffiniertesten Geschmacke und Luxus ausgestattet, und dort das Kirgisen-Zelt aus Birkenrinde; – in jenem winzigen Flacon das duftende Öl der orientalischen Rosen, deren 130.000 nur eine Unze des herrlichen Parfums geben, und in dieser Flasche das Petroleum, von welchem im letzten Jahre in Nordamerika allein täglich weit über 400.000 Gallonen gewonnen wurden. Man konnte im Ausstellungs-Palaste in kürzester Zeit gleichsam eine Reise um die Welt ausführen und ebenso gewissermaßen von der Gegenwart bis in die fernste Vergangenheit zurücksehen. Denn, hier lagen die üppigen Produkte der Äquatorialzone und der Tropen: die gewaltigen Hölzer, die reichen Früchte, die herrlichen Drogen, die wertvollen Gewürze, die Palmen mit ihren zahlreichen Nutzanwendungen, die Produkte der bunten Tierwelt, die kostbaren Steine und edlen Metalle und alle anderen Schätze der verschwenderischen Natur. Dort stand der Rentierschlitten der Polarwelt und um ihn reihten sich alle charakteristischen Typen der kalten Zone: das Pelzwerk, die Häute und Felle, die Fische und eine Anzahl von Produkten, denen die klimatische Ruhe und die Farblosigkeit des arktischen Lebens aufgeprägt sind. Dazwischen aber lagen jene Schätze des gemäßigten Erdstriches, welche der Fleiß des Menschen zwar im Schweiße des Angesichte geschaffen, auf welche er aber stolz sein kann: die höchsten Errungenschaften des Geistes!" (Central-Comité, 1869: 4)

Diese Vergegenständlichung des enzyklopädischen Gedankens des 18. Jahrhunderts führt zu einer Fülle an Bildern, Eindrücken und Zusammenstellungen, deren Systematisierung und Ordnung sich auf den ersten Blick nicht immer leicht entschlüsselt. Das Nebeneinander gerät zum Durcheinander der Bilderflut und der Objekthäufung. Einen gegenständlich greifbaren Überblick in die Gesamtheit des menschlichen Wissens bringen zu wollen und dadurch alle in einen geschlossenen Kreis der universellen Bildung einzuführen, läßt die Selektion und die Klassifikation gleichzeitig lustvoll und zwanghaft werden. Als panoptische Rundschau wird die ganze Welt als Augenschmaus aufbereitet, in dem Ordnungssucht und Ordnungslust eng nebeneinanderliegen. Die zwei großen Parameter für die Ordnung der Dinge auf den Weltausstellungen waren einerseits die Elemente der industriekulturellen Produktionslandschaft selbst und andererseits die einzelnen ausstellenden Nationen. An der Veränderung und Erweiterung des Klassifikationssystems der Weltausstellungen, das sich expansiv in immer mehr Gruppen und Unterklassen aufteilte, wovon auch die bändefüllende Ausstellungskatalogliteratur des 19. Jahrhunderts zeugt, läßt sich ganz kursorisch die Veränderung des Antlitzes der Industriekultur ablesen, aufruhend auf der Präsentation der Produktionstechniken und der Produktionsmittel. Nicht nur die Klassifikatorik expandiert, es ändert sich auch das bauliche Arrangement der Ausstellungen. Gegen Ende des 19. Jahrhunderts treten die einzelnen Länder zunehmend auch mit nationalen Pavillons auf, die sowohl in der inneren wie äußeren Gestaltung auf einen identifizierbaren Zeichencharakter setzen.

„Nach außen hin, also in der den Weltausstellungen eigenen Geographie bedeutete die Pavillonisierung einen egalisierenden Prozeß gegenüber kleineren Staaten, als nun eben nicht mehr die verbrauchte Ausstellungsfläche der einzige Maßstab für nationale Größe und industrielles Potential ist, sondern auch die gestalterische, szenische Invention des je eigenen Auftritts. [...] Statt sich nun mittels und separiert nach Branchen zu präsentieren, wird die Integration nationaler Ökonomie und Kultur in die gemeinsame Fassung zur zentralen Präsentationsstrategie." (Rapp, 1995: 10)

Im 20. Jahrhundert werden die großen Ausstellungshallen und die industriekulturelle Klassifikatorik endgültig durch Nationenpavillons abgelöst; jedes Land zeigt nun im kleinen einen Querschnitt durch seine Welt, in der sich der Ordnungsgedanke der Weltausstellungen wiederholt.

Weltausstellungen laden den Besucher zu einer amüsanten, vergnüglichen, chaotisch-geordneten, teilweise strapaziös-überwältigenden Bildungsreise durch Raum und Zeit ein; die *Kultur des Spektakels* erweist sich als genuine Bildungspolitik der Ausstellungen. Daß es sich um künstliche, ephemere Welten, um eine Einrichtung auf Zeit handelt, ist auch den jeweiligen Ausstellungsmachern bewußt: Eine künstliche Welt des Vorläufigen mit dem Anspruch momentaner Gültigkeit wird mit großem Aufwand installiert, gleichsam eine Festkultur des bürgerlich-industriellen Zeitalters unter den Prämissen der nationalen Konkurrenz. Das Nebeneinander des Unterschiedlichsten, Exotischsten, Eigenartigsten, Neuesten und Ältesten ist eine experimentelle Versuchsanordnung des geordneten Überblicks über die Schaulandschaft der Produktion und der Produktionsmöglichkeiten. Nicht nur um die Vermittlung eines Eindrucks vor Ort geht es den Veranstaltern, die Ausstellungen sollen durch die Berichterstattung, durch umfangreiche Darstellungen in enzyklopädieähnlichen Katalogen ihren transitorischen Charakter überwinden und sich in den je zeitgenössischen technologischen, ästhetischen und wissenschaftlichen Diskurs avanciert einklinken.

„Erscheinungen der Literatur, wie die vorliegende, begegnen häufig der Ansicht, als gehörten sie in die Kategorie der Gelegenheitsschriften. Weil ihr Inhalt wesentlich den internationalen Festen von vorübergehender Bedeutung entnommen ist, glaubt man nicht, sie über dem Niveau ephemerer Leistungen erhalten zu können. Die fachmännischen Beobachtungen, deren Resultate in wissenschaftlichen Ausstellungs-Berichten hinterlegt sind, dürfen jedoch gewiß einen ebenso bleibenden Wert beanspruchen, als irgend ein anderer Beitrag zur Wirtschafts- und Kulturgeschichte. Das Mittel, um denselben eine solche Anerkennung zu verschaffen, scheint mir gefunden, wenn man dieselben des Charakters ausschließend technologischer Beschreibungen, bloßer Schilderungen des Gesehenen entkleidet; wenn man sie zu Repertorien macht, in welchen, nach einem einheitlichen Grundgedanken, die Tatsachen so geordnet sind, daß sie einen zuverlässigen Schluß auf den Grad der Gesittung der Zeitperiode gestatten, welcher sie angehören. Dieser Grundgedanke, welcher sich – wie ich hoffe – als roter Faden durch alle Klassenberichte verfolgen lässt, ist in dem ersten Teile der Einleitung ausführlich entwickelt. Es ist der Gedanke, daß wir an die Errungenschaften des menschlichen Geistes einen Maßstab anlegen müssen, der uns zeigt, inwieferne die Beherrschung der Natur vollständiger, die Gewähr der Freiheit sicherer wurde. Die Einzelheiten, aus welchen sich auf diese Prinzipien der modernen Zivilisation schließen läßt, reihen sich gewissermassen als ebenso viele Belege an die allgemeinen Sätze über das Wesen des wirtschaftlichen Fortschrittes an. Dadurch aber ist der innere Zusammenhang unter den tausenden von Bausteinen hergestellt, deren es bedurfte, um das imposante Gebäude der Menschheits-Entwicklung weiter fortzusetzen und um dessen einstige Vollendung zu ermöglichen. Die zahllosen Erfindungen und Verbesserungen in allen Zweigen der Technik, die steigende Erkenntnis der Natur und ihrer unermeßlichen Schätze, die zunehmende Intensität der Arbeit sind in den umfangreichen Berichten über die einzelnen Ausstellungs-Gruppen enthalten. Aus diesen aber entsteht das Kulturgemälde, von welchem man einen um so übersichtlicheren Gesamteindruck erhält, je höher man sich über die Details und Spezialitäten erhebt." (Neumann, 1869: III f)

Popularisierung von Wissen

Mediatisierung von Wirklichkeit und damit verbunden die Popularisierung von Wissen in einem repräsentativen Gestus kennzeichnen die Ausstellungen. Die Wahrnehmung von Gegenwart ist großteils eine Wahrnehmung von Medientechniken und durch Medientechniken. Zwischen mediatisierter Mythologisierung und effizienter Strategik, zwischen Faszinationsgeschichte und Technikgeschichte setzt man auf das Erscheinen der Dinge selbst. Die Techniken der Simulation werden genutzt zur Simulation von Technik, Illusions-Maschinen werden als Repräsentationsapparate von Wirklichkeit eingesetzt. Die technischen Voraussetzungen, die die Etablierung von Weltausstellungen erst möglich machten, Weltverkehr, Weltnachrichtensystem, Welthandel etc., bedingten in sich auch ihr Obsoletwerden als primäre Informationsquelle. Ihr schon vorher gegebener Faszinationsanteil, ihr spekulativer Charakter ließ sie dennoch nicht abdanken.

„Unser Verkehrssystem, so überaus entwickelt und einer noch unendlich bedeutenderen Entwicklung fähig, hat die veränderte Signatur

Der Illusionssaal im Elektrizitätspalast, Weltausstellung, Paris 1900, Illustration in: Hans Kraemer, Das 19. Jahrhundert, Leipzig 1900

der heutigen Welt geschaffen. Telegraph und Dampfwagen befördern heute jede neue Idee, jedes Resultat angestrengten Forschens mit größter Schnelligkeit von einem Teil der Erde zum andern, alle Völker können zu fast gleicher Zeit der neuen Errungenschaften des menschlichen Geistes teilhaftig werden." (Programm, 1872) Daß es beim Phänomen der Ausstellungen immer auch um etwas anderes als um ökonomisch kalkulierte Zweckorientierung geht, wird genau durch diesen Widerspruch deutlich. Trotz avancierter Kommunikationstechnologien ist das sinnliche Erleben immer noch auf der Seite des Spektakels der industriekulturellen Produktionsordnung zu verbuchen, gleichsam ein inszenatorischer Potlatsch des Kapitalismus unter nationalen Vorzeichen, der durch Telegenität nicht ersetzbar ist. Vielmehr geht es immer mehr um den gezielten Einsatz von Ausstellungstechnologie und Präsentationstechniken selbst, die erst wieder die Dinge zum Sprechen bringen. Der österreichische Pavillonarchitekt Karl Schwanzer beschrieb anläßlich der Expo'67 in Montréal diese Anforderungen an die Präsentationstechniken: „Die Kommunikationsmedien haben sich im letzten Jahrhundert entscheidend gewandelt und damit hat sich auch die Ausstellungstaktik geändert. Das einfache, nüchterne Aufstellen von Gegenständen entspricht nicht mehr den Aufnahmemöglichkeiten eines EXPO-Besuchers, der auf seinem Rundgang durch die annähernd hundert Pavillons mit tausenden Exponaten konfrontiert wird. Die 'Gegenstände', sofern sie für die Ausstellung notwendig sind, müssen manipuliert werden, um überhaupt Aufmerksamkeit zu erregen." (Schwanzer, 1967)

Der Erlebnis- und Ereignisraum *Welt* als Bühne der Dinge, auf der sich die Internationalisierung der Industrie- und Informationsgesellschaft zu erweisen hat, setzt auf spekulative Synthesen. Gerade im Spektakel des Massenhaften liegt die Notwendigkeit zu herausragenden Einzelleistungen – es ist kein durchwegs geplantes Ensemble-Zusammenspiel, das sich zwischen den Objekten einer Weltausstellung ergibt. Zu groß sind dafür die Unbekannten und die Überraschungen; kein Teilnehmerland weiß ja im Laufe der Vorbereitungszeit, wie sich die anderen darstellen werden, wie sie ihren Pavillon gestalten werden, welche Objekte sie aus dem nationalen Fundus auswählen werden. Aus dem daher auch zufälligen Neben- und Miteinander ergibt sich aktuell und retrospektiv ein Muster, welches erst in der Rezeption als beabsichtigtes interpretierbar wird. Zwischen Selbstverständlichkeit, Kritik, Faszination, Vergnügen und Unverständnis bewegt sich alltägliche Wahrnehmung von Technik, Weltausstellungen trugen nicht unwesentlich zur kulturpsychologischen Konditionierung dieser Wahrnehmung bei.

„Die Kompliziertheit der frühen industriellen Maschinen faszinierte die Viktorianer; bei der Ausstellung im Londoner Kristallpalast 1851 oder bei der Pariser Weltausstellung 1867 versammelten sich große Menschenmengen, um mitzuerleben, wie Maschinen menschliche oder sogar übermenschliche Aufgaben erfüllten. Der Roboter des Grafen Dunin, der sogenannte stählerne Mann, stieß auf ehrfürchtiges Staunen, und selbst so etwas Prosaisches wie ein industriell gefertigtes Klosettspülbecken aus Porzellan weckte Begeisterung. Allerdings fürchteten die Viktorianer die Fähigkeit der Maschinen, sich zu wiederholen, etwa wenn der Roboter des Grafen Dunin wieder und wieder dieselben Verrichtungen ausführte, ohne zu ermüden. Auch von den Ergebnissen der Maschinenarbeit fühlten sie sich angewidert, wenn sie sich vor ihnen auftürmten. Tausend Wasserklosetts wirkten anstößig, während ein einziges die frohe Botschaft des Fortschritts verkündete." (Sennett, 1994: 274)

Die Faszination liegt in der Möglichkeitsform. Nicht der Alltag der Produktion soll durch die Weltausstellungen pathetisch überhöht und veklärt werden, sondern die Möglichkeiten einer nahen Zukunft auf Grundlage eben dieser Produktionsbedingungen sollten präsentisch erscheinen. In der Chance, experimentelle Formen auszuprobieren und spielerisch-strategisch Präsentationsformen für diese Potentialität zu entwickeln, liegt das faszinierende Surplus der Weltausstellungen. Ihr semantisch-spekulativer Mehrwert ergibt sich aus der Freisetzung der industriekulturellen Kalküle. Trotz oder vielleicht gerade wegen der kulturellen Aufladung der Präsentation von Maschinen und technischen Leistungen ist das Reale der Produktionslandschaft in die Leistungsschau der Inszenierungen miteingeschlossen. Wolfgang Schivelbusch beschreibt die Erfahrungsdistanz des Bürgertums zu den Voraussetzungen und Bedingungen der industriellen Produktion und ihre vorwiegend ästhetisch vermittelte Wahrnehmung. „Von der ‚eigentlichen' großen Industrie, Manchester und Sheffield, hat das Bürgertum des 19. Jahrhunderts keine authentische Erfahrung. Es nimmt sie nur indirekt zur Kenntnis, gefiltert durch die Präsentation der Weltausstellungen und eine philanthropische schöne Literatur." Technik bedarf also, um sich im alltagskulturellen Selbstverständnis zu verankern, der inszenatorisch-vermittelnden Darstellung. So leisteten die Weltausstellungen einen großen Beitrag zur Popularisierung von Technik. Die auf den Ausstellungen exemplarisch vorgeführten und gestalteten Wahrnehmungsqualitäten technischer Artefakte sedimentierten zivilisationspsychologisch in die Alltagserfahrung. In der inszenierten Einmaligkeit der Objekte spiegelt sich gleichsam die Einmaligkeit der beobachtenden, spazierenden, flanierenden, staunenden, ermüdenden Ausstellungsbesucher.

Maschinenabteilung im Kristallpalast, Weltausstellung, London 1851

Im beruhigenden Gefühl der möglichen Reproduzierbarkeit befördern die Gesetze der Ausstellung die singuläre, würdigende Apotheose des Objekts. Als simulierte Welten formulieren die Ausstellungslandschaften die mögliche Möblierung einer Welt, die zum megalomanischen Mikro-Kosmos einer globalen, überschaubaren Selbstverständigung geworden ist. Das Positive der Gegenwart ergibt sich aus der Perspektive einer Zukunfts-Zuflucht, in der Schein und Vorschein einer möglichen Welt als Refugium von und für genau diese bestehende Welt sich miteinander verbinden. Als Manifestationen einer einlösbaren und ausstellungstechnisch partiell bereits eingelösten Wunschvorstellung werden die Objekte gleichzeitig auratisch und profanisiert. Die ausgestellte Ware wird zur Ware Ausstellung.

Erlebniswelten

Die immer wieder angesprochene leitmotivische Zukunftsverpflichtung des Unternehmens Weltausstellung wurde auf der New Yorker Weltausstellung von 1939 in besonderer Weise in Szene gesetzt. Das von Norman Bel Geddes für die Firma General Motors entworfene „Futurama" zeigte im Modell das Leben der Zukunft im Jahr 1960. Die Vorstellungen zukünftigen Lebens waren in greifbare und gestaltbare Nähe gerückt. In seinem Roman „Weltausstellung" schildert Edgar Lawrence Doctorow die Wirkung des Futuramas aus der kindlichen Besucherperspektive und liefert gleichzeitig ein anschauliches Bild vom Erlebnispark-Charakter der Ausstellung selbst.

„Schon von der Hochbahnstation aus konnte ich die berühmten Wahrzeichen Trylon und Perisphäre sehen. Sie waren gewaltig. Sie leuchteten weiß in der Sonne. Wir fuhren über die Brücke der Räder und stiegen natürlich am General-Motors-Gebäude aus. Da strebten alle zuerst hin. Wir reihten uns in eine lange Schlange ein, die eine Rampe hinauf und um eine Ecke und eine weitere Rampe hinaufführte, an diesem großartigen stromlinienförmigen Gebäude mit seinen abgerundeten Winkeln und fensterlosen Wänden entlang. [...] Die General-Motors-Ausstellung war die populärste auf dem ganzen Gelände, und darum machte es mir nichts aus, daß wir so lange warten mußten, praktisch eine Stunde. [...] Endlich gelangten wir hinein. Mein Magen zog sich zusammen und mein Herz pochte, als wir uns auf die Schau einstellten. Wir liefen los und belegten Plätze, Sessel mit hohen Seitenlehnen, in die Lautsprecher eingebaut waren. Die Sessel schauten alle in dieselbe Richtung

Nembhard N. Culin, *The New York World's Fair in 1939*, Plakat zur Weltausstellung in New York

und befanden sich auf einer Schiene. Die Lichter verloschen. Musik ertönte, und die Sessel ruckten an und begannen, sich seitwärts zu bewegen. Vor uns leuchtete eine ganze Welt auf, als flögen wir über sie hinweg, der phantastischste Anblick, den ich je erlebt hatte, eine ganze Stadt der Zukunft mit Wolkenkratzern und vierspurigen Schnellstraßen, auf denen in verschiedener Geschwindigkeit echte kleine Autos fuhren, die schnelleren auf den mittleren

Image of spectators seated in conveyor booths, viewing city model below, 1939, Gelatinsilberabzug, 20,6 × 25,3 cm, Norman Bel Geddes Collection, Theatre Arts Collection, Harry Ransom Humanities Research Center, The University of Texas at Austin

Spuren, die langsameren außen. Die Autos wurden ferngesteuert, die Fahrer lenkten nicht einmal mehr! Diese Miniaturwelt führte vor, wie alles geplant war, die Leute wohnten in diesem stromlinienförmig gewellten Gebäude, von denen jedes die Bevölkerung einer Kleinstadt aufnehmen konnte und alles enthielt, was sie nur brauchen konnten, Schulen, Lebensmittelgeschäfte, Wäschereien, Kinos und so fort, und sie würden nicht einmal mehr ins Freie müssen. [...] Und wir kamen über Brücken und Flüsse, an automatisierten Farmen und Flughäfen vorbei, in denen Flugzeuge mit Aufzügen aus unterirdischen Hangars hinaufbefördert wurden. Und es gab erleuchtete und rauchende Fabriken, und Seen und Wälder und Gebirge, und es war alles echt, das heißt, maßstabgerecht. [...] Und draußen auf dem Land gab es diese winzigen Häuser, in denen Leute saßen und die Zeitung lasen und Radio hörten. In den Städten der Zukunft verbanden Fußgängerbrücken die Gebäude, und die Fahrbahnen verliefen tief darunter. Niemand würde in dieser futuristischen Welt überfahren werden. Es war alles sehr einleuchtend, die Leute mußten keine Strecken zurücklegen, es sei denn, um die Landschaft zu sehen; alles übrige, ihre Schulen, ihre Arbeitsplätze, befand sich gleich da, wo sie wohnten. Ich war sehr beeindruckt. Wieviel ich auch über das Futurama gehört hatte, es selbst zu sehen, war etwas völlig anderes: all die kleinen bewegten Elemente, all die Lichter und Schatten, die Lebendigkeit des Ganzen; als würde ich das größte, komplizierteste Spielzeug betrachten, das je geschaffen worden war! Tatsächlich war dies ein Gedanke, auf den ich selbst kam und den niemand mir gegenüber ausgesprochen hatte. Das Ganze war ein Spielzeug, das jedes Kind auf der Welt gern besessen hätte. Man konnte ewig damit spielen. [...] Die Gebäude waren Modellgebäude, es war eine Modellwelt, erfüllt von passender Musik, und ein Sprecher beschrieb all diese wunderbaren Dinge, die da vorbeizogen, diese Regentropfenautos, diese klimatisierten Städte. Und dann kam der verblüffende Schluß, man sah im Modell eine ganz bestimmte Straßenkreuzung, und die Vorstellung war vorbei, und mit seinem Ich habe die Zukunft gesehen-Button in der Hand trat man hinaus an die Sonne und stand exakt an der Kreuzung, die man eben gesehen

Bobby and Betty's Trip, Brettspiel, Souvenir zur New York World's Fair, 1939

hatte, die Zukunft war genau da, wo man stand, und was klein gewesen war, war groß geworden, der Maßstab hatte sich vergrößert, und man schaute nicht mehr hinab auf diese Kreuzung der Zukunft, sondern stand auf ihr, gleich hier auf der Weltausstellung!" (Doctorow, 1995: 279 ff)

Das Modellhafte und Gemachte der Zukunftsvorstellungen liegt auf der Hand, ist offensichtlich und trotz dieser Durchschaubarkeit ist die Faszination ungebrochen. Das Machbare appellierte an die Phantasie und mobilisierte den Wunsch als Vehikel in die Zukunft. In anderer Weise setzte das Experiment „Pavilion", der Firmenpavillon von Pepsi-Cola auf der Expo'70 in Osaka, auf zukunftsträchtige und unkonventionelle Möglichkeiten der Zusammenarbeit zwischen Künstlern und Technikern und auf einen neugierig-aufgeschlossenen Ausstellungsbesucher.

„The Pavilion would not tell a story or guide the visitor through a didactic authoritarian experience. The visitor would be encouraged as an individual to explore the environment and compose his own experience. As a work of art, the Pavilion and its operation would be an open-ended situation, an experiment in the scientific sense of the word." (Klüver, 1972: IX) Das Gesamtkunstwerk, zusammengesetzt aus verschiedenen, unterschiedlichen Stationen – künstlich erzeugter, natürlicher Nebel umhüllte den Pavillon, die „Suntrak sculpture" visualisierte den Lauf der Sonne, der größte sphärische Spiegel, der zu diesem Zeitpunkt je konstruiert worden war, verwandelte den Zuschauer selbst in einen Teil der Ausstellung, ein modernes Sound System lud zu Experimenten ein –, sollte einen offenen und experimentellen Erlebnisraum bieten. Ausgangssituation für einen eigenen Pepsi-Cola-Firmenpavillon in Osaka war die Marktsituation – außerhalb der USA wurden damals nur in Mexiko und Westdeutschland mehr Cola-Getränke konsumiert. In Japan verkaufte Coca-Cola das Achtfache von Pepsi; die Firma hatte daher ein vitales Interesse, ihre Marktanteile zu vergrößern. Die Selbstdarstellung auf der ersten in Asien stattfindenden Expo sollte dabei helfen. Neue Filmtechnologien und Projektionstechniken waren 1967 in Montréal bei fast allen Teilnehmerländern die große Sache gewesen, darauf wollte man nicht mehr setzen – es erschien bereits drei Jahre später als antiquiert.

Das Ungewöhnliche liegt vielleicht nicht so sehr in der Erscheinungsform des Pavillons auf dem Gelände der Expo selbst als vielmehr im Abenteuer seines Produktionsprozesses. Der Brückenschlag zwischen Kunst und Technologie verstand sich sozial als zukunftsweisend. Die 1966 entstandene Gruppe „Experiments in Art and Technology" war künstlerisch und technologisch verantwortlich für die Gestaltung des „Pavilions". Eher zufällig war diese Gruppierung, der unter anderem Robert Rauschenberg und Billy Klüver, Techniker bei Bell Laboratories und Realisator von Jean Tinguelys kinetischer Skulptur „Hommage à New York", angehörten, an den Auftrag geraten, den Pavillon für Pepsi Japan zu gestalten. Das Verhältnis der Gruppe zu einem kommerziell-werbend orientierten Auftritt auf einer Weltausstellung war von Anfang an widersprüchlich und von großer Skepsis getragen. Als Einstimmung wurde gemeinsam mit den Geschäftsführern von Pepsi-Cola die Ausstellung „The Machine", die Pontus Hultén im Museum of Modern Art 1968 veranstaltete, besucht – im Anschluß daran erfolgte die Präsentation der ersten Ideen und Entwürfe für den Pavillon. Der Entstehungsprozeß war der Versuch einer konfrontativen Verbindung von ökonomisch-kommerziellen, künstlerisch-autonomen und technologisch-avancierten Interessen und Produktionsmöglichkeiten. Planung und Durchführung erscheinen retrospektiv engagiert, konfliktgeladen und teilweise chaotisch. Der offene und zugleich zweckorientierte Dialog zwischen Künstlern und Technikern war das entscheidend avantgardistische und zugleich utopische Moment des Arbeitsprozesses „Pavilion".

„In a final analysis of this Pavilion Project one should not lose the perspective that this was an ongoing experiment in a process that is attempting to bring together long-separated areas of endeavor. […] This collaboration was a four-way event, between artists and engineers, between a group of artists and a major business organization, and between them and businessmen, artists, and engineers in Japan. The project brought more American artists, traditionally bound to New York, to Japan than had ever been there before, and brought them into working contact with Japanese artists. It was a step toward a new relationship between professionals working on a physical project. It brought many engineers and scientists together with a group of artists whose concern for the 'environment' of the Pavilion stretched the limits of a straight engineering task. Perhaps as important were the opportunities opened up to the artist. During the Renaissance, when engineers built fortresses involving machinery and systems too complicated to deal with, they called in an artist to do the final planning. The additional insight that the artist has because of his training and commitment can be of great value for society in a rapidly changing technical environment." (Klüver, 1972: 59)

In einer offenen und intensiven Auseinandersetzung stellt sich der Produktionsprozeß des „Pavilion" dem Anspruch des Mediums Ausstellung, der Verbindung künstlerischer und ökonomischer, technologischer und wissenschaftlicher Bedingungen und Möglichkeiten mit einer öffentlichen Wirkungsabsicht. Geplant war keine aufdringliche Firmenselbstdarstellung, keine 0815-Multimedia-Show, sondern ein eindringlicher und stimmungsvoller Erlebnisraum. Kultureller Austausch und Zusammenarbeit zwischen verschiedenen gesellschaftlichen Produktionsfeldern im Sinne einer offenen Kommunikation waren charakteristisch für die konzeptionelle und umsetzende Erarbeitung – gleichzeitig war der „Pavilion" aber auch ein utopisches Freispiel außerhalb eines effektiven ökonomischen Kalküls, letztlich überschritten die Kosten um ein Vielfaches die ursprüngliche Kalkulation.

In einem global gedachten kollektiven Gedächtnis fungieren Weltausstellungen als der erinnerbare Ort vergangener Zukunftsvorstellungen, als imaginatorisches Potential einer auf Fortschrittslogik und Akkumulation beruhenden gesellschaftlichen Ordnung, die ihre Wünsche und Sehnsüchte, aber auch ihre ganz realen Strategien und Pragmatiken einer *besseren Welt*, die auf eben diesen Optimierungsvorstellungen beruht, in Szene setzt. Die Inszenatorik und das Wissen um die scheinbare Verfügbarkeit der Dinge auf den Weltausstellungen wirkt gleichzeitig entlastend und versprechend. Angesichts der Pragmatik des Versprechens kann man sich auf das Residuum des utopischen Vorscheins zurückziehen. In der Wissenspopularisierung und dem effektiven und imaginären Technologie-Transfer, die das Medium in seiner Genealogie der Ordnung der Wahrnehmung anlegt, spiegeln sich die realen sozialen Gegebenheiten wider.

Nur scheinbar, nur auf Zeit ist allen (Ausstellungsbesuchern) alles (die Ausstellungsobjekte) verfügbar. In der Immanenz dieser Konstruktion bewegt sich die Kritik auf einem anderen Niveau als vor den Toren der Weltausstellung. In der Differenz zur Welt ante portas wird genau diese entdeckt und zelebriert. Die Fiktion einer gültigen industriekulturellen Identität, wie sie die Sprache der Dinge auf den Weltausstellungen formuliert, bedarf der

Inszenierung, um den Dingen überhaupt erst auf die Spur zu kommen und ihre Sprache zum Sprechen zu bringen. Die Politik der Objekte, die Ideologie ihrer Benützung, ihre soziale und ästhetische Dimension können sich erst auf der Basis der Inszenatorik selbst in Szene setzen.

Die angestrebte Global-Kultur, die sich auf den Weltausstellungen ein internationales Stelldichein gibt, bedarf der Mediatisierung. Die Dinge werden aus ihrem alltäglichen Kontext freigestellt, um genau diesen aus einer anderen Perspektive erscheinen zu lassen. Der Vorwurf der Scheinbarkeit und der Verlogenheit, der geglätteten Oberfläche und der generellen Ausstellungsmüdigkeit, die ab den ersten Ausstellungen des 19. Jahrhunderts larmoyant das Phänomen als ständiger Schatten begleitete, trifft genau diese Besetzungslücke zwischen dem Gegenstand und seiner Inszenierung. Kulturelles Selbstverständnis, wie es auf den Weltausstellungen angelegt ist, verdankt sich verschiedenen konventionalisierten Übereinkünften, in denen die Ordnung dieser ausstellbaren Welt gedacht wird: als eine nationale und industriekulturelle Leistungsschau. Der konkurrierende Wettbewerb der einzelnen Ausstellerländer, die Erfindung des *Nationalen* als ausstellbare, wiedererkennbare und identifizierbare Entität und die enzyklopädische Ordnung der Dinge innerhalb der Logik der Produktion bilden das System der Dinge innerhalb der Schau-Ordnungen der Weltausstellung. Die Seite der historisch-materialistischen Analytik und die Seite der Imagination folgen der technischen Entwicklung, neue Vorstellungen werden auf der Basis existierender Techniken evoziert.

Die frohe Botschaft der Weltausstellungen ist die Entdeckung der Geschichtsmächtigkeit der Zukunft. Die rationalisierte Mythologie der Dinge ist quasi die *Zivil-Religion* der Weltausstellungen. In glorios-pathetischem Tonfall wird mit dem Bauwerk des Eiffelturms anläßlich der Pariser Weltausstellung von 1889 „Das Zeitalter der Ingenieure" eingeläutet: „Die Pariser Weltausstellung hat eine Stadt aus Eisen erbaut, eine Stadt von einer Kühnheit der Bauten, die eine neue Epoche ankündigt. Die ungeheuren Metallglieder des Eiffelturms, die gewaltigen Bogen der Maschinenhalle, die Riesenkuppel des Zentraldoms predigen den Völkern: ihr seht ein Zeitalter in Staub zerfallen und ein neues sich erheben, das Zeitalter der Ingenieure, die neue und wahre Eisenzeit! Das ist die Lehre, mit der uns die Weltausstellung entläßt, die vor wenigen Tagen ihre Pforten geschlossen hat. Jede Zeit hat ihre Führer, ihre bahnbrechenden Geister, ihre Hirten. Die Priester, die Krieger, die Dichter, die stillen Forscher – sie haben ihre Zeit gehabt. … Und die Völker stehen dabei, staunen die Wunderwerke an und begrüßen mit Jubel die neuen Herrscher. Ja, wir sind in die Ära der Ingenieure getreten. Sie üben die größte Macht aus über das Fühlen und Denken, mehr noch über die alltägliche Behaglichkeit der Menschen; ihnen beugt sich das Geschlecht der Lebenden, das immer dorthin seine Huldigungen zollt, wo es die gewaltigste Machtentfaltung gewahrt. [...] Denn die Arbeit ist die neue Religion geworden und die Ingenieure sind ihre Priester. Darum gehört ihnen die Zukunft." (Neumann-Hofer, 1889) Die epochemachende Eisenkonstruktion, längst zum städtischen Wahrzeichen von Paris avanciert, mobilisierte die symbolische Wirksamkeit des technisch Machbaren.

Unterschiedliche Ansprüche dynamisieren die Schaulandschaften in ihrem Fortschrittsenthusiasmus: langfristige Wirkung, momentane Gültigkeit und inhärentes Verfallsdatum. An den Dingen selbst soll sich der Stand der Dinge erweisen.

„Es war das Jahr der Kolumbus-Ausstellung in Chicago [...] Damit sollte der vierhundert-

ste Jahrestag der Entdeckung Amerikas durch Kolumbus gefeiert werden. Man wollte sämtliche Geräte und Erfindungen vorstellen und der Welt zeigen, was für schlaue Wissenschaftler wir haben. Es kamen fünfundzwanzig Millionen Besucher, es war, als ob man zum Zirkus ginge. Man zeigte dort den ersten Reißverschluß, das erste Riesenrad, sämtliche Wunder des neuen Zeitalters." (Auster, 1994: 181 f)
Spektakelsucht und Objektlust verbinden sich im Rahmen der Weltausstellung zum medialen Sinnenereignis; auf Grundlage der ökonomischen und technologischen, wissenschaftlichen und ästhetischen Möglichkeiten wird eine Landschaft der repräsentativen Ordnung entworfen, die gleichzeitig den imaginären Wunschpotentialen und den symbolischen Phantasmen Genüge leisten sollte und inhärent immer die psychologischen Muster der Strategien der Selbst-Darstellungen mitlieferte. Der Erfahrungshaushalt wird in diesem Sinne eingeschränkt und limitiert, um in dieser Beschränkung auf ungeahnte und zugleich vorstellbare Möglichkeiten zu verweisen. Die Leistungen der Inszenierung unterwerfen die einzelnen Objekte einer Real-Politik des Imaginären. Gerade in der Akkumulation der Errungenschaften und der Novitäten muß sich das einzelne Objekt seinen Status der Wahrnehmbarkeit erst wieder erobern, und in diesem Sinne bedarf es der gestalterischen Umsetzung und Hervorhebung. Der Schwerpunkt liegt also auf der Auslotung der ästhetischen Möglichkeiten des Objektes selbst. Die Aufmerksamkeit muß geweckt und das Auge geschult werden; in der langen Geschichte der Wahrnehmung der Dinge spielen die Weltausstellungen als Versuchsanordnung eine besondere Rolle.
Der Wahrnehmungsschock, den die erste Londoner Weltausstellung, vor allem auch durch die Novität der architektonischen Präsentationsform des Paxtonschen Glaspalastes auszulösen vermochte, konnte durch spätere Veranstaltungen dieser Art wohl kaum wiederholt werden und war dennoch als historische Referenz immer mitgedachter Selbstanspruch. Für die veränderte Wahrnehmung der Dimensionen muß das Auge des Betrachters erst eine besondere Sensibilität entwickeln, sowohl in der Auslotung und Erfassung des Raumes selbst als auch in der Erfaßbarkeit der einzelnen Gegenstände. Genau diese Irritation übersetzt sich in alltägliche Gewöhnung, das Auge bedarf immer weiterer inszenatorischer Stimuli.
„Wir sehen ein feines Netzwerk symmetrischer Linien, aber ohne irgendeinen Anhalt, um ein Urteil über die Entfernung desselben von dem Auge und über die wirkliche Größe seiner Maschen zu gewinnen. Die Seitenwände stehen zu weit ab, um sie mit demselben Blick erfassen zu können, und anstatt über eine gegenüberstehende Wand streift das Auge an einer unendlichen Perspektive hinauf, deren Ende in einem blauen Duft verschwimmt. Wir wissen nicht, ob das Gewebe hundert oder tausend Fuß über uns schwebt, ob die Decke flach oder durch eine Menge kleiner paralleler Dächer gebildet ist; denn es fehlt ganz an dem Schattenwurf, der sonst der Seele den Eindruck des Sehnervs verstehen hilft. […] Erst an den Seitenwänden orientieren wir uns, indem wir aus dem Gedränge von Teppichen, Geweben, Tierfellen, Spiegeln und tausend anderen Draperien eine einzelne freie Säule heraussuchen – so schlank, als wäre sie nicht da, um zu tragen, sondern nur das Bedürfnis des Auges nach einem Träger zu befriedigen – ihre Höhe an einem Vorübergehenden messen und über ihr eine zweite und dritte verfolgen." (Bucher, 1851: 10 f)
Flüchtigkeit und Konzentration sind Extreme, die als Herausforderung an das wahrnehmende Auge gestellt werden. Die Orientierung im Ensemble der Weltausstellung bedarf der

Schulung, der Blick muß aufs Ganze gehen können und sich gleichzeitig für das Detail schärfen. In dieser Zusammen-Schau stehen die Seh-Sucht und der Wahrnehmungsgenuß in einem paradoxalen Verhältnis zueinander. „Dieser ästhetische Gesamteindruck war nur um den Preis des Absehens von den ausgestellten Waren zu haben. Gelänge die Zusammenschau nicht, so das 'Morgenblatt für gebildete Leser', verlören wir 'inmitten der Schätze der Welt fast die Fähigkeit, sie zu genießen.'" (Wagner, 1994: 33) Die Zeitgemäßheit muß gelernt sein – dies gilt für beide Seiten, für den Auftritt der einzelnen Ausstellungsgegenstände und für die Ausstellungsbesucher. Die von den Weltausstellungen geforderte und propagierte, inszenatorisch bereits versuchsweise eingelöste und großteils affirmativ-unproblematisch gestaltete Vorschau auf die nahe Zukunft verlangt also nach aktuellen Zeitgenossen, die als Multiplikatoren der Ausstellungswelten diese in ihre Lebens-Welten übersetzen und aus dem Spaziergang vor Ort selbst noch Genuß im Sinne von Erlebnis und Information ziehen können. Die gewünschte Aktualität bedarf der Zeitgenossen, die in der Lage sind, die Sprache der technisch-ästhetischen Erfahrungsszenarios sozial und symbolisch zu lesen, zu verbreiten und in eine Sprache des Alltags rückzuübersetzen. Die Grundlagen der industriekulturellen Erscheinungsform von Welt tendieren weitgehend dazu, sich den Möglichkeiten der sinnlichen und greifbaren Erfahrung zu entziehen. Stehen sie als Objekte des Ausgestelltwerdens auf ihrem inszenatorischen Prüfstand, letztlich befragt nach ihrem semantisch-ästhetischen Mehrwert, so sind genau in dieser Instrumentalisierung die Objekte in verschiedener Hinsicht freigespielt – ausgestellt für ihren Auftritt als Referenten. Fetischisierung des Objektes und Verweischarakter auf ihren Ort und Wert in der industriekulturellen Produktionsordnung markieren die Bandbreite der Auftrittsmöglichkeiten. Im sinnlichen Lustgewinn wird die Möglichkeit der Erfahrung und somit auch der kritischen Auseinandersetzung mitgeliefert. In diesem Sinn stehen die Objekte der Ausstellung immer auf der Kippe: In ihrer Vorführung liegt die Möglichkeit zur Ausbildung eines differenzierenden Unterscheidungsvermögens. Genau dieser Raum der Reflexion und Kritik wird durch die Ideologisierung der Warenkultur in Verbindung mit nationaler Emblematik besetzt; die Bedingungen der Möglichkeiten der Erfahrung, die in der Oberflächlichkeit ihrer Vorführung ihr Entstehen mit ausstellen, sollen nicht mehr als andere als die angebotenen gedacht und wahrgenommen und dadurch selbstverständlich gemacht werden. Die Mobilisierung der Sinne wird sowohl über ästhetische Verfremdung, Loslösen aus dem alltäglichen Kontext als auch über Identifikationsmöglichkeiten und simulierte Verfügbarkeit angepeilt.

Gerade in der Loslösung liegt das Potential des Entdeckens, gleichsam des lustvollen Wiederfindens, des anderen Sehens des Gewöhnlichen. Anläßlich der ersten Weltausstellung wurde dieses Wahrnehmungsphänomen in der zeitgenössichen Publizistik folgendermaßen beschrieben.

„Am 3. Juni berichtete die Times von jeweils über 50.000 Besuchern an mehreren der vorausgehenden Tage, von denen die meisten zur arbeitenden Bevölkerung zu zählen seien: 'Es war zugleich interessant und erfreulich zu beobachten, wie nach kurzer Zeit der Bewunderung und des Erstaunens jeder durch einen natürlichen Instinkt sich den Abteilungen zuwandte, in die er sein eigenes praktisches Wissen am entschiedensten und klarsten einbringen konnte [...] offensichtlich wirkt ein besonderer Instinkt im Gemeinschaftskörper, an dem unsere höheren Klassen nicht teilhaben.' Zahlreiche Berichte wiederholten diese

Stereotype von einem quasi triebhaften Interesse der unteren Schichten an den für sie wichtigen Bereichen der Maschinerie." (Wagner, 1994: 34 f)

Zwischen Objekt und Betrachter spielt sich die Soziologie ihrer Relation ab. So kommt es im Raum der ästhetischen Inszenierung des Realen, im Raum der Imaginationsspiele mit dem Wirklichen, zu einer aufmerksameren, lustvolleren, interessierteren Begegnung mit den Artefakten dieses Realen als im Normalkontext der Dinge. Im Akt des Zeigens, des Präsentierens liegt also die Möglichkeit, die Faszinations- und Identifikationspotentiale der Dinge spürbar zu machen und die Aufmerksamkeit der Besucher dafür zu sensibilisieren. Gegenwart verfügbar zu machen heißt daher, sie als Objekt und gleichzeitig als Akt der Darstellung zu verstehen. Der Wirklichkeitsgehalt der Dinge wird durch die Technik des Ausstellens auf den Prüfstand gehoben und gleichzeitig zum Original dieser Wirklichkeit erklärt. Der Produktions- und der Gesellschaftskontext der ausgestellten Gegenstände soll sich in den Augen der Betrachter spiegeln, wiederfinden, produktiv werden. In diesem Sinne sind Weltausstellungen Arbeit an der Kultur, Eingriffe in die Kultur, im Dienste eines dem *Fortschritt* verpflichteten Zivilisationsprozesses. Die bereits genannten Parameter von Inventar und Inventur, die dem Phänomen Weltausstellung eigen sind, werden durch die Technik des Ausstellens, durch die Mittel der gestalterischen Aufbereitung der Objekte, in eine Erzählung verwandelt. Akteure dieser Erzählung sind gleichzeitig die Objekte und die Besucher, das heißt, die Objekte und die Besucher konstituieren sich im Schnittpunkt des Blickes. Gerade durch die Perfektionierung der Ausstellungstechniken und der Illusionstechnologien gewinnen paradoxerweise die Objekte an Sinnlichkeitswert und an Wirklichkeitsgehalt. Begriffe, mit denen wir heute unseren gesellschaftlichen Status quo der Wahrnehmung beschreiben, wie Informations- und Erlebnisgesellschaft, haben ihre Wurzeln in den Wahrnehmungsszenarien der Weltausstellungen. Die Artefakte der Welt werden zur Information, die Welt selbst zum Erlebnis. Weltausstellungen sind daher historische Umschlagplätze von Zeichen, die als Ressource des kollektiven Gedächtnisses aufbereitet wurden. In den Dingen wird ihr illusionistisches Potential und ihre ästhetische Anziehungskraft entdeckt und strategisch nutzbar gemacht. Auf dem Weg zur Etablierung einer Massenkultur waren die Weltausstellungen gleichzeitig innovativ und traditionsbildend und fungieren daher in der Retrospektive als archäologische Spurenlegungen einer Mediatisierung von Wirklichkeit und einer Geschichtlichkeit der Wahrnehmung selbst. Als Reservate inszenierter Realitäten werden die Besucher zu Trägern der Massenkultur. Die Schule der Einfühlung in das Erlernen des Realen war also nachhaltiger Merkstoff der Weltausstellungen, vor allem im 19. Jahrhundert. „Ausstellungsnotizbuch. Ein gewisser Sabatier gab für die Besucher der 67er Ausstellung ein Notizbuch heraus, welches zur systematischen Aufzeichnung von Notizen, wie zum leichten Wiederauffinden derselben dadurch geeignet gemacht wurde, daß es wie ein Wörterbuch eingerichtet war. Die Köpfe der einzelnen Blätter waren in fünf Sprachen gedruckt. Die Idee ist nicht schlecht, doch eignete sich das Notizbuch durch seine Einteilung, welche der ganzen Ausstellung entsprach nicht für Fachmänner, sondern nur für 'Besucher' im weitesten Sinne des Wortes." (Exner, 1868: 55)

Die von den Weltausstellungen initiierte Wahrnehmungsordnung von Welt, die es dem einzelnen abverlangt, aus den Teilen ein Ganzes zusammenzusetzen und gleichzeitig ein Ganzes zu sehen, ohne sich in den Details zu verlieren, bedarf eines als Öffentlichkeit konstituierten Publikums. Die Identifikation mit der Industriekultur bedarf der Zeichensetzung und der öffentlichen Leseübung dieser Zeichen im Sinne von Verständlichkeit und Akzeptanz.

„Unsere Sinnlichkeit hat sich in der Berührung mit Gegenständlichem gebildet. Marx spricht davon, daß die fünf Sinne ein Produkt der Weltgeschichte sind und die Industrie das aufgeschlagne Buch der menschlichen Psychologie ist." (Negt, 1992: 138)

In dem Wissen, daß es ums Ganze geht, daß die Schulung der Sinne und dadurch die Prägung der Wahrnehmung und der Vorstellungskraft keine anthropologische, a-historische Invariante ist, sondern ein historisch-dynamisierter Prozeß, entwickelt das Medium Ausstellung eine Eigengesetzlichkeit, in der die Seiten des Buches der Industrie aufgeschlagen werden. Im Szenario der Weltausstellungen gibt es keine wirklichere Wirklichkeit als die ausgestellte.

Verwendete Literatur:

Auster, Paul (1994): *Mond über Manhattan*, Reinbek bei Hamburg.

Bucher, Lothar (1851): *Literaturhistorische Skizzen aus der Industrieausstellung aller Völker*, Frankfurt a. M.

Central-Comité (1867): *Bericht über die Welt-Ausstellung zu Paris im Jahre 1867*, hg. durch das k. k. Österreichische Central-Comité, Wien.

Doctorow, Edgar Lawrence (1995): *Weltausstellung*, Reinbek bei Hamburg.

Exner, Wilhelm (1868): *Die neuesten Fortschritte im Ausstellungswesen*, Weimar.

Exner, Wilhelm (1902): Einleitung zu den Fachberichten über die Weltausstellung, in: *Berichte über die Weltausstellung in Paris 1900*, hg. durch das k. k. Österreichische General-Commissariat, Bd. 2, Wien.

Expo 2000 (1995): *Die Weltausstellung EXPO 2000 Hannover*, Juni 1995.

Kalb, Christine (1994): *Weltausstellungen im Wandel der Zeit und ihre infrastrukturellen Auswirkungen auf Stadt und Region*, Frankfurt a. M.

Klüver, Billy; Martin, Julie; Rose, Barbara (1972): *Pavilion by Experiments in Art and Technology*, New York.

Kommission (1851): *Amtlicher Bericht über die Industrie-Ausstellung aller Völker zu London im Jahre 1851*, hg. von der Berichterstattungs-Kommision der Deutschen Zollvereins-Regierungen, Berlin.

Negt, Oskar; Kluge, Alexander (1992): *Maßverhältnisse des Politischen. 15 Vorschläge zum Unterscheidungsvermöge*, Frankfurt a. M.

Neumann, Franz Xaver (1869): Vorwort, in: *Bericht über die Welt-Ausstellung zu Paris im Jahre 1867*, hg. durch das k. k. Österreichische Central-Comité, Bd. 1, Wien.

Neumann-Hofer, Otto (1889): *Das Zeitalter der Ingenieure*, in: *Tagblatt. Demokratisches Organ*, Wien 11. November 1889.

Plum, Werner (1975): *Weltausstellungen im 19. Jahrhundert. Schauspiele des sozio-kulturellen Wandels;* Bonn/Bad Godesberg.

Programm (1872): *Das Programm der Wiener Weltausstellung,* in: *Wiener Weltausstellungs-Zeitung,* Wien 10. 1. 1872.

Rapp, Christian (1995): Architektur zwischen Behältnis und Zeichen, in: Felber, Ulrike; Krasny, Elke; Rapp, Christian, *Österreich auf Weltausstellungen 1851 - 1992,* Band 2, (Forschungsbericht) Wien.

Schivelbusch, Wolfgang (1993): *Geschichte der Eisenbahnreise. Zur Industrialisierung von Raum und Zeit im 19. Jahrhundert,* Frankfurt a. M.

Schmitt, Friedrich (1863): *Oesterreich auf den bisherigen Weltausstellungen,* in: *Österreichische Revue,* Bd. 2, Wien.

Schwanzer, Karl (1967): Österreich bei der Expo 67, in: *der aufbau,* 22. Jg./6.

Sennett, Richard (1994): *Civitas. Die Großstadt und die Kultur des Unterschieds,* Frankfurt a. M.

Verne, Jules (1968): *20 000 Meilen unter dem Meer,* Frankfurt a. M.

Wagner, Monika (1994): Die erster Londoner Weltausstellung als Wahrnehmungsproblem, in: *Ferrum. Nachrichten aus der Eisenbibliothek,* Nr 66, Langwiesen.

La Nature Ein Bildessay

Manuel Chemineau

„Da unsere Götter und unsere Hoffnungen nur noch 'wissenschaftlich' sind – warum sollten es nicht auch unsere Liebschaften werden?"
Villiers de l'Isle-Adam, „L'Eve future"

Albert Tissandier, Titelblatt zu: La Nature, 1897, 19 x 28,5 cm

Der Blick gleitet über den schmalen Uferstreifen mit verstreuten Felsbrocken, dann weiter über ein ruhiges, fein gesäumtes Meer, um schließlich an einer majestätischen Sonne haltzumachen, die langsam am Horizont erscheint, von ein paar Wolkenschwaden geziert. Dies besinnlich-heitere Bild wird weder durch Menschen, ihre Artefakte noch durch andere Lebewesen gestört; die bloß angedeuteten Formen dekorativer Vögel verstärken den Eindruck von Einsamkeit. Keine Spur vom emsigen 19. Jahrhundert, das sich gern hektisch, dampfend, keuchend, mechanistisch und voll von Industrie gibt. Heitere Vision der großen Himmels- und Weltallmaschine, reines Bild, in dem die morgens frisch den Fluten entstiegene – oder abends dorthin zurückkehrende – Sonne das erste sichtbare, bewegende Element ist. Über diese friedliche Landschaft, Bild des stetigen Zyklus vom Ende oder vom Anfang der Welt, legen sich die Lettern des Titels.
Albert Tissandier zeichnete dieses Titelblatt für die Zeitschrift seines Bruders Gaston: „La Nature. Revue des sciences et de leurs applications aux arts et à l'industrie" (Die Natur. Zeitschrift für die Wissenschaften und ihre Anwendungen in den Künsten und in der Industrie) konnte allwöchentlich im Lesekabinett zur Hand genommen werden, Jules Verne beispielsweise hatte dazu Gelegenheit in der „Société industrielle" zu Amiens, die er täglich besuchte.
Reich illustriert, wird sie zur Inspirationsquelle für Schriftsteller wie Verne und Robida, die hier das Material für ihre Arbeit fanden, aber später auch für Künstler wie Marcel Duchamp, Max Ernst oder Francis Picabia, die oft genug die Vorbilder für ihre „metaphorischen Maschinen" von „La Nature" bezogen.
Die folgende *tour d'horizon* durch die Zeitschrift soll einige der grundlegenden Codes, die ihre Sprache charakterisieren, einige semiotische Schemata, bestimmte Werthaltungen und Darstellungstechniken aufzeigen. So zum Beispiel spricht „La Nature" jeweils mit bloß *einer Stimme*, in der die Individualität der je verschiedenen Autoren zurückgestellt wird.
Eine Reise unternehmen: das bietet „La Nature" in all den Jahrzehnten ihres Erscheinens den Lesern an.
Michel Serres spricht von einer „zweiten Reise". (Serres, 1974) Es ist eine Reise, die den

großen Entdeckungen der Wissenschaftler, Gelehrten, Ingenieure, Konstrukteure, Geographen etc. folgt. Eine hermetische *horizontale* wie *vertikale* Reise durch die Räume des Wissens und in die Tiefen des 19. Jahrhunderts. In eine Welt, die vom Fortschritt der wissenschaftlich-technischen Erkenntnis Stück für Stück erst erfunden wird. „Der Globus ist das Eigentum einer gewissen Vernunft. Der große Imperialismus der zweiten Jahrhunderthälfte spiegelt sich – bei Verne, bei den Autoren von *La Nature* und anderswo – in diesem Zugriff des Wissens auf das Universum wider. Daher ist der Zyklus Erde, der gekrümmte Raum der Fortbewegung, zugleich auch der Ort der Enzyklopädie. Das Wissen geht ohne Umschweife auf die Dinge und die Welt aus. Es erfaßt sie lückenlos und ohne Exzeß." (Serres, 1974)

Diese Erkundung der Welt und Dinge geschieht gleichsam im Modus einer wiederentdeckenden Niederschrift in Bild und Text: Wie in den Illustrationen Poyets Maschinen inszeniert werden,"La Nature" wird zum schöpferischen Ort einer traumhaften, zauberischen, hypnotischen Welt. Die Maschine betritt den öffentlichen Raum, wird Teil eines öffentlichen Schauspiels, das – in einer Art Überrealismus – in einem idealtypischen sozialen Milieu arangiert wird. Es ist also Teil einer Traumwelt, die sich durch und durch realistisch gibt. Der exemplarische Raum der Illustrationen von „La Nature" ist irreal-real, erstarrt, utopisch, abstrakt, weil zu sauber, zu geordnet, allzu vernünftig, zu wunderbar, insgesamt zu glatt. Auf einer zweiten Verständnisebene wird die Maschine im Inneren dieses so *reinen* Raumes entblößt, einem ruhigen Voyeurismus zugeführt, der durch die Faszination für Photographie, respektive durch die Vielfalt an Visionierungsapparaten signalisiert wird. (Krauss, 1988) „La Nature" erscheint als Ort von Weltschöpfung in Wort und Bild. In diese Bewegung hineingezogen, bekommt der voyeuristisch implizierte Leser die vom Apparat geschaffene Illusion erst so richtig in den imaginierenden Blick, damit er sie konstatiert und als suggestiv erfährt, wobei die Illusion vom illusionsstiftenden Apparat zugleich auch demontiert wird. Die Illustrationen bemühen die inszenierte Welt rings um die Maschine, sie stellen sich zwischen Photographie und Photographiertes und halten auf diese Weise den Leser an seinem – zugleich illusionierten wie desillusionierten – Ort in Schwebe.

Gaston Tissandier in seinem Arbeitszimmer in der Avenue de l'Opéra in Paris, 1886, Photographie

„La Nature", das wissenschaftlich-technische Zentralorgan des 19. Jahrhunderts und der enzyklopädisch-zivilisatorischen Reise, wurde 1873 von Gaston Tissandier gegründet. Eine schillernde Persönlichkeit seiner Zeit: Aeronaut, man sieht ihn oft in der von ihm entwickelten Flugmaschine, die graziös übers Wolkenmeer in Richtung Unendlichkeit fliegt, derselbe Friede, dieselbe elegante Einsamkeit wie auf dem Titelblatt; Zeitschriftengründer, bibliophiler Gelehrter, Chemiker, Meteorologe, Luftphotograph. Er gleicht darin den meisten seiner Kollegen, denn im 19. Jahrhundert kommt es selten vor, daß ein Wissenschaftler nur in einer einzigen Disziplin aufgeht. Wie im Fall von Jules Vernes Figur Cyrus Smith ist das Wissen der Forscher so universell, daß sie mit ihren diversen einzelwissenschaftlichen Kenntnissen bei Bedarf die Welt zu rekonstruieren vermeinen. Dabei gehen sie mit Selbstverständlichkeit davon aus, sämtliche Parameter zu kennen. Nicht zuletzt aus diesem Grund ist das Projekt von „La Nature" von enzyklopädischer Größenphantasie geprägt, das Ziel eine umfassend-eklektische, totalisierende Weltbeschreibung und Welterfindung. Wir sehen Tissandier an seinem Schreibtisch, umgeben von Symbolen seines Jahrhunderts: das in den Bücherregalen abgelagerte Wissen; der Globus, der die vollständige Beherrschung der Welt suggeriert, die man *umrundet* und *begreift*; Teller und Uhren mit dem Ballonmotiv sowie andere Objekte, die an Flugreisen erinnern. Die Wissensmaschine selbst ist gut gekleidet, sie rekelt sich genüßlich im bürgerlichen Interieur.

Der Kopf des Erfinders

Eine Leitfigur des 19. Jahrhunderts ist der Erfinder – der Ingenieur – der Bewohner einer im doppelten Wortsinn *erfundenen* – angeeigneten und neugeschaffenen – Welt.

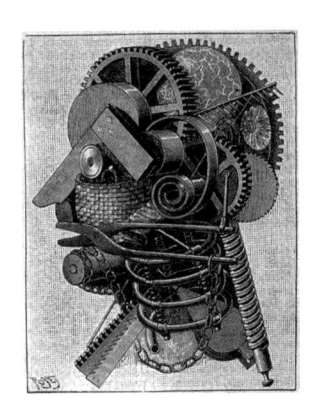

Der Illustrator Poyet montiert nach dem Vorbild Arcimboldos den Kopf des Erfinders vor unseren Augen: *runde* Teile wie Räder, Zahnräder, Spiralfedern, Zylinderstücke; *geradlinige* Teile wie Maurerwinkel, Zangen, Lineale etc. Im Inneren dieses, von den Zähnen eines Zahnrads begrenzten Schädels befindet sich ein Globus, das strahlende Zentrum dieses mechanisch beseelten Geistes, der ebenfalls ein Artefakt ist. Der mechanische Kopf ist kein künstliches Wesen, sondern die Allegorie einer projektierten Schöpfung dieser neuen Welt; er ist Sinnbild für die Neukonzeption einer revidierten und korrigierten Natur.

Poyet, *Kopf des Erfinders*, Illustration in: La Nature, 1890, Bd. I, S. 176, 19 × 28,5 cm

Die Erklärung zum Titelbild von „La Nature" wird erst im Jahr 1900 geliefert. Es handelt sich um eine Kulisse. Die Natur in „La Nature" ist die von der Mechanik des Panoramas geschaffene Illusion. Die Felsen des Vordergrunds wie die Wellen sind bewegliche Tafeln, die man perspektivisch angeordnet hat, um Entfernung zu erzeugen. Der Himmel, die auf- oder untergehende Sonne: eine Leinwand im Hintergrund. Die anmutig simulierte Natur, die die Besucher der Weltausstellung von 1900 als Wunderding bestaunten, erinnert daran, daß das Universum das erste aller Uhrwerke ist. Die Pointe besteht dabei in der krassen Gleichzeitigkeit von Illusion und ihrer mechanischen Machbarkeit.

Poyet, *Das Stéréorama*, Illustration in: La Nature, 1900, Bd. I, S. 400, 19 × 28,5 cm

Die entblößte Maschine

Poyet, *Ein elektrischer Bonbonautomat*, Illustration in: La Nature, 1887, Bd. 2, S. 29, 19 × 28,5 cm

Nachdem die Maschine die Werkstätte verlassen hat, zeigt sie sich dem Blick der Öffentlichkeit stets in bekleideter Form. Das Ornament, die Einkleidung gehorcht einer Formensprache, die der Architektur entlehnt ist. Die Erscheinungsform der Maschine schreibt sich in einen Kontext ein, dessen bestes Beispiel uns der Katalog für gußeiserne Fertigteil-Fassaden des Hauses Badger liefert. (Badger, 1865) Die angebotenen Motive weisen unterschiedlichste architektonische Stile auf: von der dorischen Säule bis zum Barock Ludwigs XIV. Miles Orvell merkt an, daß die Maschine, soll sie vor die Augen des Publikums treten, dem Anlaß entsprechend bekleidet wird: Ihr Skelett, ihre Organe aus Stahl und ihr Mechanismus verschwinden unter einer dekorativen Hülle. (Orvell, 1995: 6)

Nichts verrät beim ersten Hinsehen ihre innere *Natur*. Die auffallend strenge Kleidung stachelt die Neugierde noch mehr an. Und plötzlich spricht die Maschine: Alles an mir ist Zeichen. Die Typographie gibt ihrer Stimme erst Ton, Geschmeidigkeit, Kraft, wodurch sie imstande ist, sanfte Information, Einladung zum Vergnügen und energische Befehle zu modulieren. Die Maschine ruft, verspricht, ordnet an. Der ausgestreckte Zeigefinger ihrer Hand bezeichnet auf unnachgiebige, fordernde Weise die Richtung. Die ganze äußere Hülle ist Teil einer kapitalistischen Rhetorik und dient nur dem einen Zweck: zu überzeugen. Kein Zweifel, die Maschine erfüllt Wünsche und hält, was sie verspricht. Sie fordert auf: Die Hand zeigt beharrlich auf den Schlitz, der die Münze aufnehmen wird. Die Maschine ist zuverlässig, übersichtlich und vertrauenswürdig. Beugt man sich nur ihren Anweisungen, hält sie, was sie verspricht. Wer zahlt, bekommt im Tausch für die Münze eine Schachtel Bonbons. Die Maschine gibt sogar das genaue Wechselgeld zurück; kein Betrug möglich. Das Kind, der menschliche Akteur im Bilde, ist auf den Status einer Puppe reduziert, ein mechanischer, erstarrter Schauspieler in einer Szene, wo die Hauptrolle der sprechenden Maschine zukommt. In ihrer Gebärde fixiert wie die Welt, die sie umgibt, wie alles, was nicht Maschine ist… Stumm und gleichgültig. Auch der Junge hat nur eine Hand, und er richtet sie unbeholfen auf die Hand der Maschine – diese Hand, die bei den Surrealisten aufs Irrationale verweisen wird und die hier bloß einen mysteriösen Prozeß bezeichnet, wobei die magische Öffnung des Bonbon-Automaten das Geheimnis schließlich ins Wanken bringt. Zuletzt dringt die Münze, Symbol des Begehrens, in die Maschine ein. Diese, obwohl an sich nicht anthropomorph, korrespondiert mit menschlichen Eigenschaften. Die Maschine ist Wohltäterin, sie erfüllt einen Wunsch: „Man brauchte nur ein Zwei-Sous-Stück in die Geldbüchse zu werfen, damit eine kleine mechanisierte Tafel zu funktionieren begann […], die den Kindern zur Freude gereichte. Die solcherart angehäuften Summen wurden im allgemeinen zu wohltätigen Zwecken verwendet." (La Nature, 1887: 29)

In dieser eigens für die Maschine gemachten Welt zeigt diese sich als zuverlässig, vertrauenswürdig und unbestechlich, geschickt und unhintergehbar, da sie nichts als die erbetenen Geldstücke für eine angekündigte Leistung annimmt. Auch deshalb, weil sie das Geld zurückgibt, wenn sie den Wunsch nicht erfüllen kann.

Die Maschine, die sich der Öffentlichkeit zeigt, ist bekleidet. Das birgt die Möglichkeit in sich, sie zu entkleiden. Wie Duchamps „Braut" von den „Junggesellen" wird die Maschine vom Graphiker entblößt. Ein beunruhigender Augenblick, wenn ihre geometrisch angeordneten Organe, ihre Eingeweide aus Stahl, Federn, Schläuchen und Räderwerken enthüllt werden. Der Leser, ein möglicher Voyeur, soll die Bewunderung für die klare Verteilung der Innereien, für die Intimbereiche der Maschine teilen. Das menschliche Wesen verschwindet aus dem Bild. Dieses anzügliche Wesen, das einen Wunsch erzeugt und ihn reibungslos erfüllt, stellt hier seinen ganzen, auf Funktionalität, auf Lustbeschaffung ausgerichteten Körper zur Schau.

Zwischen der Welt der Maschine und der der Natur findet ein Spiel statt, das die Unterschiede verwischt. Die Natur unterwirft sich der Maschine, und der Maschine gefällt es, die Natur nachzuahmen. Aus diesem Spiel entstehen hybride Formen, die auf merkwürdige *Pfropfungen* zurückgehen, die "La Nature" als *anmutig* bezeichnet: „Der kleine Apparat ist elegant konstruiert, er besitzt ein graziöses Äußeres." (La Nature, 1887: 336) Die künstliche Fliege erscheint als Mischform, ähnlich wie sich das Kind vor dem Bonbon-Automaten als Puppe – Schaufensterpuppe – darstellt. „La Nature" ist von zahllosen Komparsen hybrider Wesen bevölkert: mechanisierte Menschen, vermenschlichte Maschinen. Ständiges Oszillieren, das dem Menschen die Maschine als Modell unterlegt (Descartes, La Mettrie), um daraufhin den Menschen als Modell für die Maschine vorstellig zu machen; eine Haltung, die sich in der Taxonomie der *Organe* – wenn Maschinenteile mit anatomischen Namen (Schraubenkopf, Zahnrad, Mutter etc.) versehen werden – offenbar niederschlägt.

Poyet, *Die mechanische Fliege*
Illustration in: La Nature, 1887,
Bd. 2, S. 336, 19 × 28,5 cm

„Die zukünftige Eva" und das Geschlecht der Automaten

„Die *natürlichste* Haltung der *Andréide* ist es, die Wange auf die Hand gestützt dazusitzen – oder auf einem Sofa oder einem Bett zu liegen, ganz wie eine Frau."
Villiers de L'Isle-Adam, „L'Eve future"

Der anthropomorphe Automat ist, wie *die* Maschine, weiblich. Das Medium, welches ihr Leben einhaucht, ist die *Fee Elektrizität*. Wundersames Fluidum, moderner Lebensfunke, der den Maschinen ein subtileres Leben schenkt. Die Elektrizität ermöglicht eine Rückkehr zur magischen wie spielerischen Phase der cartesianischen Auffassung von künstlichen Wesen. Der Automat, Symbol der „vollkommenen Form" (*formes substancielles*) und zugleich Illusionsmaschine, gewinnt mit den Anwendungen der Elektrizität wieder an Bedeutung. Nachdem Du Bois-Reymond 1848 die elektrische Natur der Hirnströme entdeckt hat, erfährt die Idee der „elektrischen Seele" buchstäblich einen neuen Impuls.

Thomas A. Edison, der Erfinder – unter anderem – des Phonographen, der in die Fiktion des Romans von Villiers de L'Isle-Adam eingegangen ist, tut sich als Schöpfer eines künstlichen Wesens weiblichen Geschlechts hervor, welches dem menschlichen Modell überlegen ist. Die künftige Eva Villiers', seine „Andréide", wird „von jener erstaunlichen Kraft bewegt, die wir Elektrizität nennen und die ihr, wie Sie sehen, den ganzen Schmelz, die ganze Illusion des Lebens verleiht." (Villiers de l'Isle-Adam, 1957: 832) Der Autor bezieht sich auf verschiedene Erfindungen Edisons, darunter die „phonographische Puppe", die – ähnlich der „zukünftigen Eva" – die aufgenommenen Worte sprechgetreu wiedergibt. Edison, der von Villiers mythisierte Erfinder-Demiurg, korrigiert so nebenbei das Leben, das ihn selbst allerdings mit einem schwachen Gehör ausgestattet hat. Es hängt vermutlich mit der drohenden Taubheit zusammen, daß er getrieben ist, eine Welt voll von Illusionen, von optischen und auditiven Täuschungen zu erzeugen. Die künstliche „Eve future" erfüllt die sozialen, aber auch erotischen Erwartungen des Helden besser als eine tatsächliche Frau. Einmal mehr zeigt sich der verbreitete Glaube an die vielfach gesteigerten Möglichkeiten einer künstlichen Welt. Die Konversation, die die „Andréide" gewährt, ist vollkommen, sofern sich der Gesprächspartner zu ihren wunderbaren, aber vorgegebenen – weil mit technischen Mitteln aufgenommenen und reproduzierten – Antworten die richtigen Fragen einfallen läßt.

Jacques Noël, *L'Eve Future*, Illustration in: Villiers de L'Isle-Adam, L'Eve Future, Paris 1957, 20,2 × 13,5 × 3,5 cm, Institut Français de Vienne, Wien

Als kleines Mädchen verkleidet, enthüllt die schließlich nackt gezeigte Puppe ihren Körper, ihre Intimität, ihr inneres Organ der stimmlichen Reproduktion. Die eigentümliche Reproduktionsform der Maschine ist der Klon, für den das menschliche Wesen noch unabdingbar ist, solange sich die Maschine nicht selbst reproduzieren kann. So entspricht auch die scheinbar ins Unendliche gehende Reihe der Arbeiterinnen, die sie herstellen, der unendlichen Serie der Puppen. Als Klon eines Mädchens scheint die Puppe von ihm die Stimme zu borgen, um zu einem vollständigeren Leben geboren zu werden: Sie feiert ihre Unabhängigkeit, indem sie „jene Geschöpfe, die bloß *Papa* und *Mama* sagen konnten, weit hinter sich läßt." (La Nature, 1890: 381)

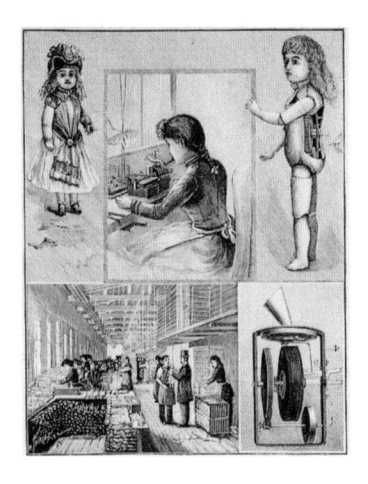

Poyet, *Edisons phonographische Puppe*, Illustration in: La Nature, 1890, Bd. I, S. 381, 19 × 28,5 cm

In ihrer Beziehung der Menschen des 19. Jahrhunderts zum Automaten, erkannte John Cohen die (erfolgreiche)

Suche nach „Entfremdung in der erotischen Beziehung zu einem Automaten" (Cohen, 1968), und in der angekleideten/entkleideten Maschine eine allgegenwärtige Form der Sublimierung, die sich überall breitmacht, in den populärwissenschaftlichen Schriften, in der Literatur (Jarry, 1902) und generell in den Zukunftsvisionen des 19. Jahrhunderts.

Seelenmaschine

„Was man in diesem Jahrhundert der Industrie in die Maschine einfließen sieht, sind die Sinne der Menschen."
Jacomy, 1994

„Doch die modernen Psychologen – unter Psychologen verstehe ich Physiologen – sind keine Leute, die aus solch geringfügigen Gründen einhalten, und dank der *Plethismographie* ist es ihnen gelungen, diese offensichtlich unberührbaren Phänomene zu untersuchen." (La Nature, 1899: 241)

Seelische Stimmungen und Gefühle widersetzen sich, auch wenn sie sich manchmal durch körperliche Zeichen äußern, jeder sinnvollen rational-technischen Erfassung und folglich dem Versuch ihrer Reproduzierbarkeit. Genaue Messungen sind ein erster Schritt auf dem Weg zur Simulation und zur Erforschung des Geheimnisses des Lebens, das der Ingenieur-Demiurg in seinen kühnsten Vorhaben neuschaffen will. Das ideal künstliche Lebewesen, von dem die Automaten wohl nur unzulängliche Karikaturen sind, sollte in sich menschliche Gefühle wie Angst und Freude, Traurigkeit und selbst Intuition spüren und fühlen, aufbringen können. Indem sie diese äußerst feinen Einheiten, dieses letzte Refugium des Menschlichen, auf mechanischem Wege aufzeichnet und die „unsichtbaren Bewegungen" (La Nature, 1899: 241) herausfindet, die beispielsweise das Hören eines anmutigen Musikstücks von Gounod (etwa „Das Tal") oder ein drohender Zahnarztbesuch auslöst, vollzieht die Maschine eine analytische Demontage menschlicher Gemütszustände und übersetzt selbige in ihre eigene elektro-mechanische Sprache.

Poyet, *Maschine zur Aufzeichnung seelischer Zustände*, Illustration in: La Nature, 1899, Bd. I, S. 241, 19 × 28,5 cm

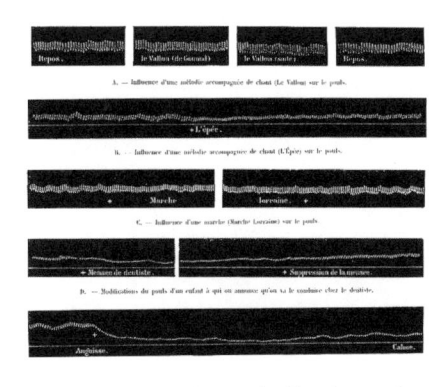

Poyet, *Darstellung der von der Maschine aufgezeichneten Gefühlszustände*, Illustration in: La Nature, 1899, Bd. I, S. 242, 19 × 28,5 cm

Die Sprechmaschine des Doktor Marage ist eine Wiederzusammensetzung, eine Remontage. Ausgehend von einer photographischen Analyse der menschlichen Stimme stellt Marage einen Apparat her, der in der Lage ist, Stimmorgane zu simulieren. Die Töne werden nicht – etwa wie beim Phonographen – übertragen, sondern rekonstruiert, wobei die Simulation von einem etwas monströsen Anthropomorphismus begleitet wird: Ähnlich wie bei den Kreaturen des Doktor Lerne, der Hauptfigur des Romans von Maurice Renard, sind an der hybriden Maschine nebeneinander fünf menschliche Münder – in Form von Abgüssen – angebracht, eine jede mit geöffneten Lippen, die einen bestimmten, zur Grimasse erstarrten Vokal formulieren und hervorbringen. Diese grinsende Orgel, ein Prototyp des Cyborg, gilt als „Hilfsmittel für den Gesangslehrer bei seiner harten Arbeit, für den Philologen bei seinen schwierigen Forschungen, für den Mediziner, der sich der humanitären Aufgabe widmet, den Taubstummen, diesen armen Entrechteten, zu helfen." (La Nature, 1908: 6-10)

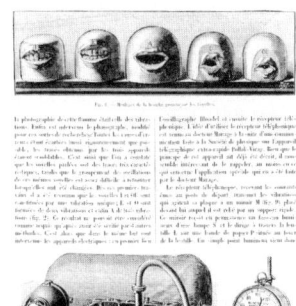

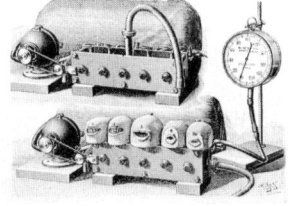

Poyet, *Sprechmachine des Doktor Marage*, Illustration in: La Nature, 1908, Bd. 2, S. 7, 19 × 28,5 cm

Der feste Glaube an die Möglichkeit künstlichen Lebens ermöglichte aber auch Täuschung durch die Automaten Vaucansons oder den Schachspieler Kempelens: Der Schachtürke ist zwar nur eine Fälschung, eine Intelligenz vortäuschende Maschine, die Ente von Vaucanson, wenn auch ein echter Automat, gab vor, organische Funktion – wie Verdauen – zu vollbringen. Der Erfolg der Simulation hängt von der Begehrenskraft des Glaubens an die Illusion ab. So etwa ist der Schwindel des Schachtürken ohne die Überzeugung undenkbar, daß es einem Automaten, einem Mechanismus jedenfalls möglich sei, eine so ausschließlich menschliche Tätigkeit wie das Schachspielen auszuführen. Es ist diese gewollte wie höchst aktive Gläubigkeit des Zuschauers und des Jahrhunderts, die die Ente Vaucansons zum Leben *erweckt*, und nicht so sehr das Talent des genialen Mechanikers, Leben nachzuäffen. Scheinen nicht ihre heute nur mehr auf Photos erhaltenen „Überreste", ihr Skelett noch vom vergangenem Leben zu zeugen?

Die Grenzen zwischen Simulation und Kreation beginnen sich aufzulösen und zu verflüchtigen, wie für den Helden in Jules Vernes Roman „Das Karpatenschloß", dessen einziges Bestreben darin besteht, selbst Objekt einer optisch-akustischen Täuschung zu werden – so stark ist sein erotisches Begehren wie sein Glaube an die Wunder der Wissenschaft. Eine Hologramm-Maschine, die mit einem perfektionierten Phonographen (als Vorbild dienten Jules Vernes zahlreiche in „La Nature" dargestellte Theaterkniffe und Arbeiten Edisons wie Phonograph und Kinetoskop) verbunden ist, ruft Stilla die geliebte, wenn auch verstorbene Frau in Bild und Stimme wieder ins Leben, was verheerende Auswirkungen auf ihn als Liebhaber hat; er verfällt schließlich dem Wahnsinn.

L. Benett, *Erscheinung der Stilla*, Illustration in: Jules Verne, *Das Karpatenschloß*, in: Werke (Gesamtausgabe), Wien: Hartleben 1874-1909, Bd. 61, Privatsammlung, Wien

Überall anderswo

"'Keine Musiker, kein Orchester mehr in unseren heutigen Salons, wenn es Konzerte oder Bälle gibt. Statt dessen Platzersparnis, Geldersparnis. Durch ein Abonnement bei einer der Musikgesellschaften, die jetzt *en vogue* sind, erhält man seinen Bedarf an Musik über den Draht.' Mit diesen Worten führt unser Kollege Robida den Leser in seine unterhaltsame Utopie *Das 20. Jahrhundert* ein, die jedermann kennt. Ist es aber notwendig, bis zum nächsten Jahrhundert zu warten, um all den Wunderwerken beiwohnen zu können, die Zeichner und Romanschriftsteller längst erträumen? Mögen wir zur Zeit noch kaum die Epoche voraussahnen, in der es möglich sein wird, mithilfe eines Kabels zu sehen, was an einem weit entfernten Punkt des Globus geschieht, so wissen wir doch alle, daß uns das Telephon ermöglicht, nicht nur Töne, sondern das in großer Ferne artikulierte Wort zu hören. Von hier bis zur Übertragung des Theaters ins eigene Heim war nur noch ein kleiner Schritt: er wurde getan." (La Nature, 1892: 55)

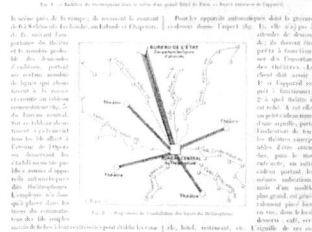

Poyet, *Gäste im Salon eines Grand Hôtel in Paris benützen das Théâtrophone und Diagramme der Einrichtung der Linien des Théâtrophones*, Illustrationen in: La Nature, 1892, Bd. 2, S. 56, 19 × 28,5 cm

Das Theatrophon nimmt vorweg, was heute unsere elektronischen Netzwerke (zum Beispiel Internet, World Wide Webb etc.) sind und mit sich bringen. Neu-Definierung des Raums, Neu-Modellierung der Geographie, Neu-Fassung von Gleichzeitigkeit. Der gewohnte Begriff der Entfernung verliert an Bedeutung: statt dessen virtuelle Präsenz. Die nicht nur versprochene Simultaneität der Reizübertragung gewährleistet die Aufhebung des Dislozierten und räumlicher Differenzen.

Berührendes Bild eines *Internet-Salons*: Die Protagonisten, an ihre Hörer gebunden, haben bereits die Überwindung von Zeit und Raum vollzogen. Scheinbar gemeinsam erlebt jeder für sich – wie in einer private Zelle – das übertragene Schauspiel. Der Beitrag in „La Nature" kündigt übrigens an, daß das „Theatrophon" schon bald auch in Cafés, Clubs, Hotels etc. verbreitet sein wird.

Im Innersten des Netzes, im Zentrum der Verteilung der Ströme befindet sich eine riesige unterirdische Spinne, die unsichtbare, wiederum entblößte Maschine. Hier, im Zentrum des Zentrums, beleuchtet nur von elektrischem Licht, sehen wir die zuverlässige und dienstfertige Gestalt der Telephonistin: mit ausgestrecktem Arm eine Erscheinung des bürgerlichen Alltags, zugleich unscheinbar wie ergeben in ihrer Bereitschaft zur Höflichkeit und Ehrfurcht vor der Maschine und deren Wirkung. Auf dem zweiten

Poyet, *Telephonzentrale*, Illustration in: La Nature, 1892, Bd. 2, S. 57, 19 × 28,5 cm

LA NATURE

Blick erregt eine andere, teilweise hinter Drähten versteckte menschlich-männliche Figur die Aufmerksamkeit des Betrachters: der im Automatismus seiner Bewegung erstarrte Operateur.

Die U-Bahn als urbanes Verkehrsmittel verkörpert gewissermaßen den Wunsch nach subterrestrer Fortbewegung, ohne topographische Orientierung während der Fahrt, deren einziges Ziel es ist, dieses so schnell wie möglich zu erreichen: Entfernung wird nur in Zeit gemessen. Phileas Fogg, der die Welt in „achtzig Tagen" umkreist, interessiert sich für die Gegenden, die er durchquert, nicht im mindesten. Seine Wette kann als exemplarisches Beispiel des Wunsches nach optimaler Distanzauflösung angeführt werden, einer lediglich am Erreichen orientierten Fortbewegungsart, dem „Beamen" der Science-Fiction vergleichbar.

Schlüsselpunkt des Verkehrsnetzes ist zweifelsohne der Ort, wo die Ströme zusammen- oder auseinandergeführt respektive in andere Richtungen umgeleitet werden: der Verkehrsknoten. Ein bisweilen entlegener Ort, an dem sich die Verkehrswege kreuzen, ohne einander zu berühren; ein unterirdischer Ort, wie hier die Metro an der Kreuzungsstelle mehrerer einander überlagernder Linien, über denen der bürgerliche Alltag an der Oberfläche als Miniaturentheater weitergeht, nichtswissend vom monströsen Unterbau, der unter seinen Schritten sein mehrstöckiges Kellerleben fristet. Der Knoten, ein privilegierter und nur von oben bedeutsamer Ort ist wie ein Fertigteil produziert, mit inandergreifenden Anschlußstücken, die ein nahtloses Strömen des intensiven Verkehrs gewährleisten.

Poyet, *U-Bahn-Netz unter dem Place de l'Opéra*, Illustration in: La Nature, 1903, Bd. 1, S. 225, 19 × 28,5 cm

Elektrische Hinrichtung

Ab 1739 wendet sich Jacques Vaucanson, genialer Konstrukteur anthropomorpher und zoomorpher Automaten, der Rationalisierung der menschlichen Arbeit zu. Seine Maschinen ahmen die Gesten der Arbeiter nach, übersetzen sie in eine mechanische Sprache und beschleunigen überdies ihren Rhythmus. Diese künstlichen Wesen sind mehr als bloß Spielzeug, sie zeigen die Natur des Menschen quasi als lebendige Maschine (vgl. La Mettrie), und sie scheinen auch an seiner Stelle zu handeln.

Die Kartoffelschälmaschine, die 1900 in „La Nature" abgebildet wurde, arbeitet dreißig Mal schneller als jede Arbeiterin, die allenfalls noch dazu gebraucht werden könnte, die Maschine in Bewegung zu setzen. Der *Corpus* der Maschine ähnelt mit seinen Gliedmaßen, Armen und Beinen, dem menschlichen Körper, den er zu ersetzen ver-

Poyet, *Kartoffelschälmaschine, genannt 'La Parmentière'*, Illustration in: La Nature, 1900, Bd. 2, S. 16, 19 × 28,5 cm

meint. Die monströsen Eingeweide, die man durchs geöffnete Maul wahrnimmt, erinnern an ein beunruhigendes Objekt wie etwa Meret Oppenheims „déjeuner à fourrure". An den anthropomorphen Maschinen beunruhigt gerade ihre Ähnlichkeit mit menschlichen Wesen. Eine händisch zu betreibende Kartoffelschälmaschine mutet mit ihrem mechanischem Betriebssystem im Zeitalter der Elektrizität archaisch an.

Elektrizität, Lebensfluidum, das den Alltag prägt: Als kontrollierte Energie durchläuft sie, leise, präzise und nicht lokalisierbar, alte Herde, Lampen und Motore, wärmt, ernährt und bewegt ein eigenes Universum. Die Unsichtbarkeit und damit Abstraktheit der elektrischen Energie überträgt sich in etwa auf die Gestaltung ihrer Umgebung. Von der elektrifizierten Küche zum elektrischen Stuhl: Es ist ein und dieselbe Energie, die beide belebt, dasselbe Paradigma von Effizienz und Sauberkeit. In der Tat, der Haushaltsunfall ist so überraschend wie die Exekution selbstverständlich.

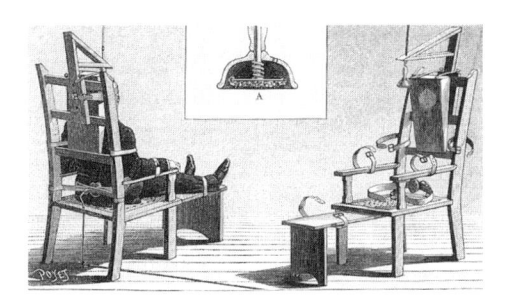

Poyet, *Elektrische Küche im Restaurant 'La Ferta'*, Illustration in: La Nature, 1900, Bd. 2, S. 181
19 × 28,5 cm

Poyet, *Erste elektrische Hinrichtung eines zum Tode Verurteilten*, Illustration in: La Nature, 1890, Bd. 2, S. 209, 19 × 28,5 cm

Eine unumstößliche, kühle, lakonische Aussage zum Phänomen: „Das schiefe Licht, das die elektrischen Hinrichtungen auf den Hochspannungswechselstrom werfen könnten, würde auf natürliche Weise den Niederspannungswechselstrom begünstigen." (La Nature, „Die erste elektrische Hinrichtung eines zum Tode Verurteilten", 1890 (2): 209) Hier wird eine Maschine wiederum in abstrakter Umgebung gezeigt, auf eine abgehobene Weise, von der bereits oben die Rede war. Der Ort ist zurückgenommen, neutral, sauber, durch Schatten und Fußbodenrillen deutlich umrissen, aufs Wesentliche, nämlich den Gegenstand, beschränkt, kurz: ein Nicht-Ort, *non-lieu*. Um der Szene jede Tragik zu nehmen, dreht uns der Verurteilte wie ein Patient auf der Couch den Rücken zu, während der Kopf vom Mittelpfosten des elektrischen Stuhls verdeckt wird. Für den Beobachter gibt es keinen Weg, mit dem Delinquenten in Kontakt zu treten, um über sein Leben, sein Leiden und seine Angst etwas zu erfahren. Das Los eines anonymen Anwesenden, gleichsam eines Phantoms, wird ihn kaum rühren – dennoch geht von der gesamten Installation Beunruhigung aus. Die *augenblickliche* Exekution des Verurteilten verwandelt sich in das Verschwinden seines Körpers auf der rechten Seite des Bildes.

Die erste elektrische Hinrichtung schafft denn auch eine neue Sprache: „An der Kommandotafel waren auch zwei Schalter [...]. Den anderen, mit dem der Stromkreis des Stuhls geschlossen wurde, nannte man *fataler Schalter*." (La Nature, 1890: 210)

Die Elektrodenkappe im weißen Feld des Bildes, die den elektrischen Strom kopfwärts in den Körper der Verurteilten einführt, wirkt wie ein Trichter, oder eher wie ein Saugnapf, durch den das Leben entschwindet. Die Richtung der Strömung kann allerdings umgekehrt werden: Man stelle sich eine Maschine zur *Erzeugung seelischer Zustände* vor, wie die weiter oben abgebildete Maschine zur Aufzeichnung dieser seelischen Zustände, wobei die Simulation auf elektromagnetischer Messung beruht. Solch eine Maschine kommt auch in Alfred Jarrys Roman „Le Surmâle" vor. Diese „Seelenerzeugungsmaschine", deren Form und Mechanik weitgehend an den elektrischen Stuhl erinnert, verliebt sich schlußendlich durch einen Umkehreffekt in den „Surmâle", dem sie eigentlich die Liebe einhauchen sollte.

Die Junggesellenmaschinen

„Die Junggesellenmaschine erscheint zunächst als nutzlose, unmögliche, unverständliche, delirierende Maschine." (Carrouges, 1948) In einer Welt, in der Maschinen gleichbedeutend mit Nützlichem sind, verweist die Junggesellenmaschine in die Welt des Absurden. Sie entwirft faktisch unmögliche, in der Fiktion jedoch glaubwürdige, schlüssig-notwendige und überdies elegant funktionierende Kreisläufe.

Als Maschine zur Luststeigerung oder der Grenzüberschreitung übernimmt die Junggesellenmaschine vom Rad die kreisförmige, in sich geschlossene Bewegung, die auch als Metapher für die Masturbation gelten kann. Rad und Rotationsbewegung sind auch entscheidende Elemente der Junggesellenmaschinen Duchamps oder Jarrys.

Poyet, *Projekt eines kugelförmigen Fahrrades aus durchsichtigem Material*, Illustration in: La Nature, 1882, Bd. I, S. 207, 19 × 28,5 cm

Die hier abgebildete Kugel ist aus einem – aus der Sicht der damaligen Zeit – erst noch zu entdeckenden „durchsichtigen Material" gefertigt. Als dreidimensionales Pendant zum Rad setzt sie als Energie ein Perpetuum Mobile voraus – woher nimmt schließlich der Sportler die Luft, die er atmet? Sie rollt ohne sichtbaren äußeren Anstoß und schließt auf rätselhafte Weise den Radfahrer mit ein, der in einer grundlos scheinenden Bewegung den geschlossenen Kreis der Junggesellenmaschine durchläuft.

Wie der Schienengleiter des großen Glases von Duchamp und die rotierende Schokoladenreibe bilden die Radfahrer, die auf der Stelle treten, und die ihnen korrespondierenden, kleinen Figuren im Miniaturstadion – die sie in Bewegung setzen – ein mechanisch-symbiotisches System.

Poyet, *Das Cyclodrome*, Illustration in: La Nature, 1897, Bd. I, S. 160, 19 × 28,5 cm

„Jede Junggesellenmaschine besteht aus einem *Doppelsystem von Bildern*. Jeder Bereich findet seine Entsprechung im andern. Beide sind gleichwertig. Ein Bereich bezieht sich auf das *Sexuelle*. Er umfaßt begriffsmässig *zwei Elemente*: das *Männliche* und das *Weibliche*. [...] Der andere Bereich bezieht sich auf die Mechanik. Auch er weist *zwei mechanische Elemente* auf, die dem männlichen und dem weiblichen Teilelement des Sexualbereichs entsprechen." (Carrouges, 1975: 21 f)

Diese Dualität erscheint deutlich auf dem Bild des Zyklodroms, das ein System zeigt, in welchem die – verhinderte – geradlinige Bewegung der auf der Stelle Tretenden mit der kreisförmigen Fortbewegung im Miniaturstadion aufs engste verbunden ist. Die Maschine wirkt durch die perspektivlose, flächige Darstellung zusätzlich abstrakt, indem der Eindruck hervorgerufen wird, als würden die radfahrenden Junggesellen ihre Kräfte gleichsam durch Fernwirkung auf die zierlichen Figuren des Miniaturstadions übertragen. Der Illustrator betont den Kontrast zwischen einer mechanisch-männlichen und einer feminin stilisierten Seite, wenn man die Ornamentik des Dekors betrachtet. „Die Trennung der Geschlechter ist der Nährboden für Bild und Bedeutungen. Wie kompliziert sie auch sein mögen – die Darstellungen im mechanischen Bereich lassen sich *automatisch* dem einen oder anderen Element des sexuellen Bereichs zuordnen." (Carrouges, 1975: 22)

Die Bewegung der Radfahrer, die den unverkleideten, martialischen Mechanismus der Walzen betätigen, wird durch ein zartes, als Energieleiter dienendes Gestänge auf die Spielzeugbahn übertragen. Durch eine zweite, nicht auf den ersten Blick ersichtliche Mechanik zeigt dieses sportliche Spielzeug den jeweiligen Leistungsstand der auf der Stelle tretenden Radfahrer. So wird es zum anschaulichen *Meßinstrument* eines üblichen Wettkampfs.

Auf sexuell Orgiastisches scheint „La Nature" anzuspielen, wenn es in einem Beitrag mit dem Titel „Ein außerordentliches Projekt" heißt: „Der Anblick von Abgründen [...] ist das zu erforschende Feld." (La Nature, 1891: 47) Die Maschine ermöglicht die Erfahrung des „neuartigen Gefühls" des freien Falls im Inneren eines auf den Kopf gestellten Projektils, sozusagen eine negative Rakete. Am Ende dieses Falls aus einer Höhe von 300 Metern erfolgt die Landung in einer tiefen, mit Wasser gefüllten, oben weiten, nach unten hin verengten Erdeinbuchtung von symbolistischer Tiefe.

Poyet, *Ein außergewöhnliches Projekt,* Freier Fall eines Projektils aus 300 Metern Höhe, Illustration in: La Nature, 1891, Bd. 1, S. 48, 19 × 28,5 cm

Im Inneren des Lusterzeugungsapparats befindet sich eine Runde von waghalsigen Lustempfängern. Im Nirgendwo einer Mondlandschaft oder Wüstenei steht der Turm.

Erzeugung von beruflicher Deformation

Der Körper arbeitet, um sich der dynamischen Form der Maschine anzupassen oder sich von bestimmten Arbeitsvorgängen zu erholen. Die Zander-Gymnastik, eine *natürliche* Heilmethode, versöhnt den disziplinierten Körper mit der Maschine. Denn seit Vaucanson hat der Automat seine anthropomorphe Gestalt verlassen, um in den weitläufigen *Körper der Fabrik* und die tayloristische Perfektion des Arbeitsprozesses einzutreten. „Im 19. Jahrhundert herrschen in der Werkstatt die Maschinen. Der unqualifizierte Mensch ist allein dazu da, um sie zu bedienen. Der Rhythmus des Arbeiters hat sich dem Rhythmus der Maschine anzupassen." (Jacomy, 1994) Sein Körper muß sich fügen, muß erzogen werden und sich erziehen und sich den Bedürfnissen der Maschine entsprechend modellieren (lassen). In der vorgestellten Propädeutik ist die Maschine eine Simulation: der Zandersche Spaten, im weitesten Sinne Vorläufer aller Simulatoren, wie des Flugsimulators oder auch jener Maschinen, die den Körper in der Freizeit formen – Propädeutik einer Lustarbeit.

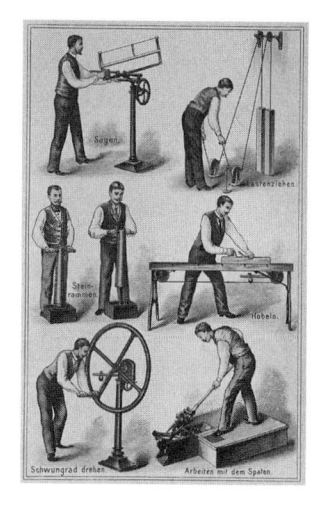

Anonym, *Heilgymnastik an Zanderschen Apparaten*, Illustration in: F. E. Bilz, Das neue Naturheilverfahren, Dresden-Radebeul, 1894, 75. Aufl., S. 1829

Der Ursprung der Welt durch die Photographie

Diese Collage von Max Ernst, deren Hauptbestandteil „La Nature" des Jahrgangs 1891 (Seite 4) entnommen ist, feiert gewissermaßen den „Ursprung der Welt", im Sinne Courbets, und zwar durch die Photographie.

Als „Früchte der neuesten psychophysiologischen Forschung" (Krauss, 1988) sind die optischen Apparate und insbesondere die Photographie Gegenstand einer Begeisterung, die von unzähligen Artikeln vermittelt wird, die den neuen Apparaten, Techniken, Anwendungen etc. gewidmet werden. Denn der Photoapparat ist immer schon mehr als ein beliebiges Werkzeug: Er suggeriert vorauseilend die Aufgabe, die sichtbare Welt ohne Fehler und wahrhaftig in einer zweiten Welt der Abbildung zu zeigen; er etabliert ein Medium und wird zum bevorzugten Instrument der Objektivität.

Max Ernst, *„sans souffler mot et par n'importe quel temps, lumière magique"*, Illustration in: Max Ernst, La Femme 100 Têtes, 1956, Kap. 3

Das maschinenunterstützte Sehen, das für die szientische Erkenntnishaltung von „La Nature" steht, erreicht seine vollendete Form im visuellen Überwachungsinstrument *par excellence* – dem Photoapparat. Man kann davon ausgehen, daß im 19. Jahrhundert ein epistemologisches Paradigma auftritt (Ginzburg, 1985), das die Methode des Forschers der eines Detektivs annähert. (vgl. auch Walter Benjamin) Sherlock Holmes kann als Verkörperung des positivistischen Detektivs wie der positivistischen Epistemologie gelten. In eklektischer oder interdisziplinärer Manier bedient er sich der unterschiedlichsten Methoden, um die Wahrheit herauszufinden, anders gesagt *Beweise* für die Natur der Dinge zu erbringen.

Das sprichwörtlich photographische Gedächtnis, das erforderlich ist, um die Unmenge von möglicherweise relevanten Fakten zu speichern, wird begleitend unterstützt von technischen Sehhilfen, durch die der Detektiv Daten dokumentieren kann. Das Metier des detektivischen Aus-Forschens bedarf vielfach strategischer Geheimhaltung: Manchmal ist es notwendig, bei Nachforschungen die eigene Identität als Detektiv zu verbergen. Selbstverständlich kann das Photographieren mit versteckter Kamera Objekte erfassen, die in einer Beweisführung noch zu größter Wichtigkeit werden.

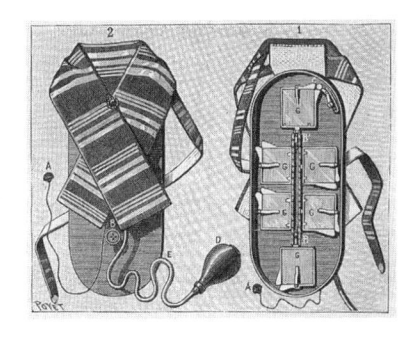

Poyet, *Die Photographierkrawatte*, La Nature, 1890, Bd. 2, S. 164, 19 × 28,5 cm

Als Instrument im Dienste der Objektivität geht die Photographie ganz in ihrer Mission auf, hinter der Möglichkeit und Tatsächlichkeit der Täuschung die Wahrheit zu zeigen. Unter diesem Gesichtspunkt ist die Chronophotographie Mareys eine Verwandte der Geisterphotographie, die eine vierte Dimension festzuhalten trachtet.

Letztlich entscheidet die Wissenschaft darüber, was als Fäschung zu betrachten ist, und „La Nature", in der zugleich die Illusion und der Kunstgriff (Techniken des Theaters etc.) gezeigt werden, stuft sie zurück auf den Rang eines „Tricks", in die Abteilung „photographische Rekreation", wo ein sanfter, erlaubter Moment des Wahns der scheinbar ungefährlichen Phantasterei gewährt wird. Méliès, ein eifriger „Nature"-Leser, ließ sich durch die Lektüre zu so manchem kinematographischen Zaubertrick oder Spezialeffekt anregen oder kopierte sie sogar.

Es ist ein doppeldeutiges Moment, in dem der Leser zugleich der Täuschung erliegen und ihre Zerstörung durch die Enthüllung des Tricks nachvollziehen soll. „Auf diesen Seiten wird also eingeräumt, daß der Zuschauer zwei Plätze einnimmt. Auf dem einen erlebt er die imaginäre Identifizierung oder Vereinigung mit der Illusion [...]. Auf der anderen erlebt er eine Verbindung zum jeweilgen Gerät, das ununterbrochen an seine Anwesenheit erinnert, an seine Mechanik, an seine Form." (Krauss, 1988)

Poyet, *Photographische Rekreation*, Illustration in: La Nature, 1893, Bd. I, S. 133, 19 × 28,5 cm

Da die Photographie die Aufgabe und Gewohnheit hat, den objektiven visuellen Beweis für sichtbare oder unsichtbare Ereignisse zu erbringen, liegt es nahe, daß man sie dazu verwenden will, Wiedergänger und andere „unbeweisbare Präsenzen" im Bild festzuhalten. In

Poyet, *Geisterphotographie*, Illustration in: La Nature, 1894, Bd. 1, S. 101, 19 × 28,5 cm

diesem Zusammenhang ist das Beispiel der „Cottingley Fairies" (zit. nach Krauss, 1993), der im Dorf Cottingley photographierten Elfen, berühmt wie bezeichnend. Die Serie der Fotos, die feenhafte Wesen darstellen und zu Beginn des Jahrhunderts von zwei jungen Schwestern aufgenommen wurden, die ihre Echtheit beschworen, konnten seltsamerweise alle Authentizitätsgutachten bestehen und fanden ihren glühendsten Verteidiger in niemand Geringerem als Conan Doyle, dem Erfinder von Sherlock Holmes. Die Geisterphotographie nutzt offensichtlich das enorme Objektivitätspotential, das die Photographie mit sich bringt, den Wunsch nach Unfehlbarkeit sowie die Weigerung des Publikums, an die gezielte Täuschung, an den Kunstgriff zu glauben. Das Publikum entpuppt sich als ausgesprochen empfänglich für das Hin und Her zwischen Illusion und Desillusionierung.

Die Arbeiten Mareys – von dem man häufig und regelmäßig Beiträge in „La Nature" findet – zerlegen die Bewegung mithilfe der Chronophotographie in ihre sukzessiven Stadien. Die Chronophotographie erzeugt die Zeit als eine neue, vierte Dimension und prägt somit auch eine neue Zeitwahrnehmung. Die Arbeiten Mareys können als erträumte Utopie der Bewegung betrachtet werden."Die Photographien von Marey, die kubistische Analyse, die 'Braut' von Duchamp bewegen sich nicht: Sie inspirieren einen zenonischen Traum von der Bewegung. Man sieht einen Körper starr, wie eine Rüstung, die ihre Gliedmaßen spielen läßt, es ist auf magische Weise hier und dort, aber er *geht* nicht von hier nach dort." (Merleau-Ponty, 1967 : 38) Marey vollzieht eine Art Demontage der Bewegung, indem er ihr die Zeit als Gerüst wegnimmt und zugleich konstruktiv hinzugibt. Das Zenonsche Paradoxon scheint hier seine Bestätigung zu finden.

Poyet, *Faksimile eines Filmstreifens des Cinéma Lumière*, Illustration in: La Nature, 1895, Bd. 2, S. 215, 19 × 28,5 cm

Wenn also die kinematographischen Arbeiten der Brüder Lumière von Marey abgeleitet scheinen, können sie dennoch nicht als eine Abfolge unbeweglicher „Abschnitte" dargestellt werden, denen man zusätzlich abstrakte Zeit hinzugeben müßte, um die Bewegung zu erzeugen. Das

Kino realisiert vielmehr, was Bergson als *Image-Mouvement* bezeichnet, (Deleuze, 1983) das Bild das zugleich auch die Bewegung ist. So lehrt uns das Kino die „Mechanik des Auges". Die hier in einem Rahmen angeordneten Filmstreifen des Cinéma Lumière, das auch an die Arbeiten Mareys erinnert, stellen eine flächige Projektion von Bewegung dar. Die Bild-Bewegung explodiert, um nachträglich wieder zusammengesetzt und in einen Kasten gegeben zu werden: „explosante-fixe" wie später das surrealistische Bild bei André Breton heißt.

Die Begeisterung für die Röntgenstrahlen wird durch ihre „photographische Macht" genährt, während ihnen aufgrund ihrer „Durchdringungskraft ein neuer Platz unter unseren wichtigsten Forschungsmitteln" (La Nature, 1896/1: 130) eingeräumt wird. Tatsächlich ist es dank der Röntgenstrahlen möglich geworden, „unsichtbare und vollständig geschlossene Objekte zu photographieren". Mehr noch, die Strahlen tauchen in das Wesen der Dinge selbst und enthüllen nicht nur, was sich unter der Oberfläche befindet, sondern stellen eine Beziehung zu einer anderen Realität her, zur anderen Natur der Dinge.

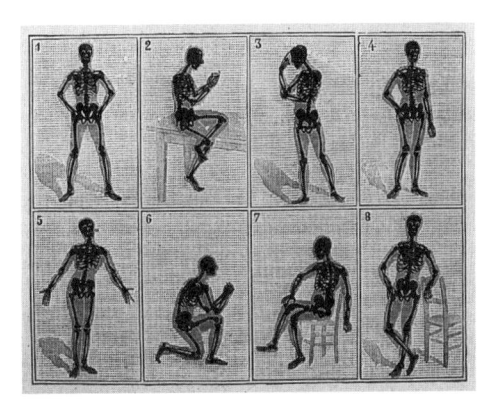

Poyet, *Récréations photographiques* (Röntgenstrahlen), Illustration in: La Nature, 1897, Bd. 2, S. 32, 19 × 28,5 cm

Es handelt sich dabei nicht zuletzt um ein Spiel mit der Identität, denn die Röntgenstrahlen finden gerade bei der Aufdeckung von Fälschungen Verwendung. Mit dieser neuen Technik ist eine weitere Phase der Objektivierung von Wahrheit erreicht. Die jüngere Fortschrittsgeneration erhebt sich gegen die alte: Der Sohn, der den Vater durchleuchtet, verhöhnt ihn zugleich durch die Anwendung dieses Verfahrens

Die Illustrationen von „La Nature" bringen zwei verschiedene Universen in eine quasi-symbiotische Beziehung: die bürgerliche Lebenswelt und die Welt der Technik. Die Wirkung dieser Begegnung, die schon durch die abstrakte Wirklichkeitsdarstellung ungewöhnlich erscheint, wird noch verstärkt durch die Neutralität eines Strichs, der Maschine und Natur aus demselben Stoff modelliert. So entsteht ein Gefühl des Befremdens, das an spätere Arbeiten der Surrealisten erinnert, die bei ihren Collagen bekanntlich aus dem reichen Bilderreservoir der Zeitschrift schöpften. Es besteht beispielsweise kein Zweifel, daß ein surrealistisches Element bereits schon in den Vorlagen für Max Ernsts Collageroman „La femme 100 têtes" enthalten ist. Die rational-irrationale Begegnung, der konstruierte Charakter dieser Welt eines geträumten, der Maschinenästhetik unterworfenen Realismus, erzeugt den faszinierten Effekt dieser „hypnotischen Szenen": (Camfield, 1993) Ihre Schauplätze sind utopisch geworden, sie haben vermutlich den Zweck, über den Einbruch der Maschine in die Welt des Unbewußten hinwegzuhelfen und zu *trösten*. Wenn er Fantomas, Dante und Jules Verne in einem offenen Ballonkorb vereint (die Vorlage zu dem Bild zeigt Gay-Lussac und Biot bei Messungen, ohne den „Dante" in der Mitte), verschiebt oder verstärkt der Künstler das surrealistische Element, er schafft es aber nicht von Grund auf neu.

Max Ernst, *Fantomas, Dante und Jules Verne*, Illustration in: Max Ernst, La Femme 100 Têtes, 1929, Kap. 8

Gay-Lussac und Biot machen physikalische Experimente bei 4000 Metern Höhe, Illustration in: Fernand Priem, La terre, les mers et les continents, in A.-E. Brehm, Les mer-veilles de la nature, Paris 1892, S. 51

Das letzte Bild

Poyet, *Versuchsaquarium zum Studium der Bewegung im Wasser*, Illustration in: La Nature, 1890, Bd. 2, S. 377, 19 x 28,5 cm

Innenraum/Außenraum: zwischen beiden der wissenschaftliche Blick. Das Laborfenster ist zugleich Fenster zur Außenwelt. Trotzdem tritt zwischen Außen- und Innenwelt nicht nur die Simulation – in diesem Fall die Simulation einer Meeresumwelt – sondern auch das Instrument, das *neue Auge*, das nicht nur eine einfache Verlängerung des Blicks ist, sondern zugleich der Schlüssel zu einer anderen Welt. So enthüllen uns die Röntgenstrahlen die tiefere, hintergründige Natur der Dinge, die Wahrheit hinter den Stoffbinden der Mumie oder das seltsame Phänomen einer zweischwänzigen Eidechse. Wir erblicken in diesem Bild eine Paraphrase des Projekts von „La Nature": der Forscher, seine Instrumente, die von ihm simulierte Natur (das Aquarium) und der Ausblick auf die *echte* Natur – auf eine Natur, die so leicht zum Dekor, zum Bühnenbild wird.

Das letzte Bild steht am Anfang. Es zeigt die untergehende Sonne, jedoch ohne Himmelsmaschine. Der Ort: die Weltausstellung von 1900. Die Landschaft ist entblößt wie eine Bühne, wie ein Panorama, das von Maschinen bewegt wird. Entblößung der Natur, Entblößung von „La Nature". Ohne Unterlaß sieht sich dieses Jahrhundert selbst an, und es beschreibt sich in einem visionären Diskurs, der sein eigenes Bild mittels Selbstprojektionen in die Zukunft entwirft.

Verwendete Literatur:

Badger, Daniel D. (1865): *Badger's Illustrated catalogue of Cast-iron architecture*, New York.

Camfield, William A. (1993): *Max Ernst: Dada and the dawn of surrealism*, München.

Carrouges, Michel (1975): Mode d'emploi, in: Harald Szeemann (Hg.), *Les machines Célibataires/Die Jungesellenmaschinen*, Venedig.

Cohen, John (1968): *Les robots humains dans le mythe et dans la science*, Paris.

Deleuze, Gilles; Guattari, Félix (1972): *L'Anti-Oedipe*, Paris.

Deleuze, Gilles (1983): *L'image-Mouvement*, Paris.

Ernst, Max (1956): *La Femme 100 Têtes*, Paris.

Ginzburg, Carlo (1985): Indizien: Morelli, Freud und Sherlock Holmes, in: Umberto Eco; Thomas A. Sebeok (Hg.), *Der Zirkel oder Im Zeichen der drei, Dupin, Holmes, Peirce*, o.O.

Jacomy, Bruno (1994): Les machines qui voulaient singer l'homme, in: Jean Clair (Hg.), *L'âme au corps. Arts et sciences 1793 - 1993* (Kat.), Paris.

Jarry, Alfred (1902): *Le Surmâle*, Paris.

Krauss, Rolf H. (1993): Sherlock Holmes, die Photographie und die Elfen, in: *Mythologie der Aufklärung, Geheimlehre der Moderne, Jahresring 40*, München.

Krauss, Rosalind (1988): *Der Impuls zu sehen*, Bern.

La Mettrie, Julien Offray de (1981): *L'Homme-Machine*, Paris.

Merleau-Ponty, Maurice (1967): *Das Auge und der Geist* (französisch 1964: L'oeil et l'esprit), Reinbek bei Hamburg.

Orvell, Miles (1995): *After the Machine, Visual Arts and the Erasing of Cultural Boundaries*, Jackson, Mississippi.

Serres, Michel (1974): *Jouvences. Sur Jules Verne*, Paris.

Villiers de L'Isle-Adam, Auguste Comte de (1957): *L'Eve Future*, Paris.

Der Motor Verlangen Die Avantgarde als Touring-Club

Christian Theo Steiner

„Vehicles of desire" – Vehikel der Sehnsucht oder des Begehrens –, unter diesem Stichwort diskutierte 1955 Reyner Banham die Verwandtschaft zwischen Technologie und Sexualität. Er bezog sich dabei auf Marshall McLuhans Analyse der Automobilwerbung, auf die Verbindungen zwischen den fetischisierten Körpern der Maschinen und den beigefügten Glamour Girls. An den Beispielen von Filippo Tommaso Marinetti, Francis Picabia und Marcel Duchamp können wir sehen, daß solche phantasmatischen Relationen schon in der Frühzeit der Avantgarde, die zugleich die Frühzeit des Automobils ist, erkannt und thematisiert wurden. Die künstlerische Amalgamierung von Mechanik und Erotik, von Automobilismus und sexuellem Verlangen bringt zweierlei auf den Punkt: das konstitutive Lustmoment der individuell-maschinellen Mobilität wie auch das Antibourgeoise einer unverschämten, unverhüllten Lüsternheit im Bildnerischen. Ungeachtet aller Differenzierungen und Einwände, die seit dem Erscheinen des Buches „Les machines célibataires" von Michel Carrouges (1954) und Harald Szeemanns gleichnamiger Ausstellung vorgebracht worden sind, kann Duchamps „Großes Glas" (1915-1923) nach wie vor als *chef-d'œuvre* des Junggesellenmaschinenzeitalters gelten. Eine chronologische Übersicht (vgl. Szeemann, 1974: 194 ff; Clair, 1994: 428 ff) listet die Stationen dieser Entwicklung auf. Vorläufer, Zeitgenossen und Nachfolger des großen Maschinisten Duchamp passieren Revue. Der Ursprung – die Geburt – des Mythos der Junggesellenmaschine wird zwischen der Französischen Revolution und dem Ende der Restauration angesiedelt (1789-1870). Als Zeit der Entfaltung firmieren die Jahre zwischen 1880 und 1920. Liebesmaschinen stehen neben Automaten der Grausamkeit, elektrischer Antrieb neben dem Prinzip des Perpetuum mobile.

Hinter der umfangreichen Diskussion ist die obere Hälfte des „Großen Glases" manchmal etwas aus dem Blick geraten. Über dem Schlagwort für die „männliche" Maschinerie zu ebener Erde vergißt man leicht den weiblichen Anteil, die Domäne der Braut. Die Maschine, die sie verkörpert, ist keine Jungfrauenmaschine, denn der Übergang von der Jungfrau zur Braut ist bereits getan (1912 malte Duchamp „Le Passage de la Vierge à la Mariée"). Der sogenannte „weibliche Gehenkte" (pendu femelle), welcher die ansonsten beinahe völlig leere Zone dominiert, ist bezeichnenderweise ein Automobilmotor (die eigenwillige Form ist als *cut-out* aus Duchamps Gemälde „Mariée" von 1912 entstanden; vgl. Suquet, in: de Duve, 1991: 85 ff). Die *Brautmaschine* ist als zeitgemäße Manifestation des Mythos der Selbstbeweglichkeit konzipiert. Duchamp verwendet für das Zusammenspiel zwischen dem „männlichen" Parterre und der Etage der Braut die Metapher des Zweitaktmotors (vgl. Duchamp, 1991: 40 ff), in dem „essence d'amour" (Liebesbenzin) „explodiert" und so die „am Endpunkt ihres Verlangens angelangte Jungfrau zur Entfaltung" bringt. Die ersehnte Befriedigung, das Ziel des Begehrens, ist allerdings nicht frei verfügbar. Die „Nacktheit" beziehungsweise die „Paarung" (das „Gemenge", die „Kollision") müssen erst erarbeitet werden, der „Motor Verlangen" muß erst sein Räderwerk in Bewegung setzen. Es fällt auf, daß Duchamp in der männlichen Hälfte Apparate ansiedelt, die in diesem Kontext altmodisch mechanisch anmuten (Schokoladenreibe, Mühlrad, Schienengleiter). Hingegen reserviert er die vergleichsweise avancierte Technologie für die Braut. Man könnte nun den mechanischen Aspekt seiner Konstruktion betonen, um Duchamps Frauenbild in die Nähe des Femme-fatale-Phantasmas zu rücken. Treffender wäre es jedoch, darin die Thematisierung eines Modernisierungsschubes im weiblichen Selbst- und Fremdbild zu erkennen, (vgl. Steiner, 1995) zumal Duchamp sich immer wieder in positiver Weise mit der weiblichen Seite identifiziert hat (wie etwa als Rrose Sélavy oder wenn er sagte: „Ich möchte Ideen so erfassen, wie das weibliche Organ das männliche umschließt beim Geschlechtsakt"; Duchamp, 1991: 63).

Wenn man sich nicht mit einer bloß oberflächlich ikonographischen Betrachtung zufrie-

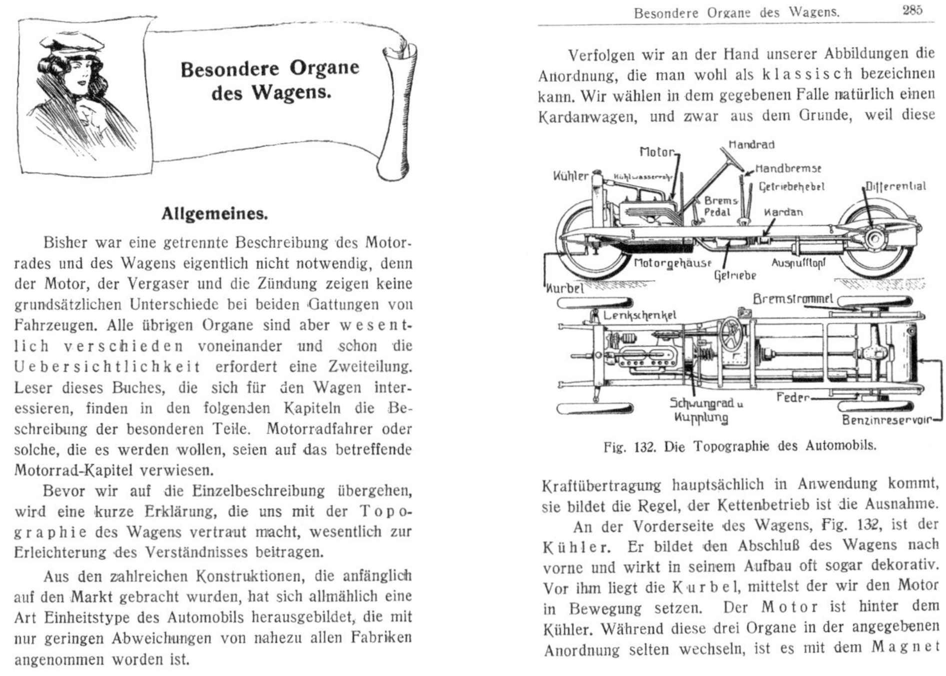

Die Topographie des Automobils, Illustration in: Filius: Ohne Chauffeur. Handbuch für Automobilisten und Motorradfahrer, Wien 1918

dengibt, erkennt man die konstruktive Logik des Automobils als zentrales Prinzip der avantgardistischen Energetik, oder, wie Picabia 1924 rückblickend sagte, „Dada ist das Benzin und das Publikum der Motor". Ehe wir den genaueren Werdegang dieser Metapher verfolgen, werfen wir noch einen Blick auf den damaligen kulturellen Umgang mit der Körper- und Maschinenthematik. Die Wende vom 19. ins 20. Jahrhundert erlebt in vitalistischen, nudistischen und jugendbewegten Tendenzen eine Wiederentdeckung, besser: Eroberung des Körpers im philosophischen, politischen und artistischen Diskurs. Was in den realistischen Akten des 19. Jahrhunderts (bei Ingres oder Manet) als verführerisch, doch unerreichbar, als verbrämte Pornographie erscheint, wird durch lebensreformerische Bestrebungen zum mehr oder weniger offenen Objekt der Begierde. In der Sehnsucht nach Authentizität werden jedoch gleichzeitig die Normen der bürgerlichen Moral gewahrt. Lediglich der Expressionismus verbindet sein Streben nach Ursprünglichkeit zumindest teilweise mit einer Auflehnung der Leidenschaften und Instinkte gegen die moralische Disziplin. Der politisch reaktionäre Diskurs benutzte den – schönen – nackten Körper als Symbolgestalt für Ideale wie rassischen Fortschritt durch gezielte Fortpflanzung oder für nationale Einheit, wie die Allegorien Germania oder Marianne zeigen. (Mosse, 70: 111 ff) Vielfach dienen Bilder von nackten Körpern in Verbindung mit Versatzstücken der Natur wie etwa Blumenranken als Zeichen für eine Gegenwelt, um Bedrohliches und Katastrophisches (Krieg, Zivilisation, Industrialisierung, Großstadt) auszublenden.

Die von den Avantgardekünstlern verwendeten maschinellen Versatzstücke exemplifizieren im Gegensatz dazu zentrale positiv konnotierte Elemente einer entscheidenden Phase der Mechanisierung. Um die Jahrhundertwende befindet sich nämlich zugleich die Technik-Euphorie durch die immer stärkere individuelle Versorgung mit wunscherfüllenden (oder Wunscherfüllung verheißenden) Maschinen auf einem Höhepunkt. Bereits 1868 eröffnete der amerikanische Poet Walt Whitman sein Buch „Passage to India" mit den paradigmatisch hymnischen Worten:

„Singing my days,
Singing the great achievements of the present,
Singing the strong light works of engineers,
Our modern wonders." (zit. nach Marx, 1964: 223)

Die amerikanische Ingenieurskunst und Industrie sollten sich letztlich als prägend für all die Jahrzehnte technologischer Aufrüstung erweisen und firmieren heute unter dem Stichwort des Fordismus (nach den Prinzipien der Massenproduktion in Henry Fords Automobilfabriken). Einflüsse eines gewissen Amerikanismus werden wir auch in den Arbeiten von Picabia und Duchamp feststellen können. Doch bleiben wir fürs erste noch in Europa, wo schließlich die Grundlagen für die avantgardistischen Kunstmaschinen gelegt wurden. Man hat den Prozeß der Modernisierung in Amerika als sehr langsam und gleichmäßig beschrieben. Frankreich hat im Kontrast dazu (auch wenn wie überall durch den Krieg Industrie und Fahrzeugtechnik angekurbelt wurden) erst in der Nachkriegszeit einen plötzlichen Modernisierungsschub erlebt, einen abrupten Übergang in eine Massenkultur nach amerikanischem Muster. (vgl. Ross, 1995: 4 ff) Diese Beobachtung bezieht sich auf den Bereich des fordistischen Konsums, der alle Bürger mit einem standardisierten Wohnbereich für den persönlichen Verbrauch und Gebrauch von Gütern sowie mit einem eigenen Automobil für den Individualverkehr versorgt. In jener Zeit, als Picabia und Duchamp ihre Kunstmaschinen entwarfen, konnte von einer solchen massendemokratischen Gesamtversorgung noch nicht die Rede sein. Gerade durch die Besonderheit der ersehnten Maschinen waren die 10er Jahre unseres Jahrhunderts sowie die respektive Vorlaufphase eine Hoch-Zeit technologischer Mythen (wie Schnelligkeit und sonstiger maschinengestützten Höchstleistungen des „Mängelwesens" Mensch; vgl. Gehlen, 1940; Sontag, 1989: 163). Der Automobilismus war ursprünglich ein exklusives Vergnügen für Wohlhabende. Dementsprechend sah das Fahrzeug anfangs auch noch wie eine Kutsche aus, auch wenn Benz im ersten Automobilprospekt von 1888 seinen „Motorwagen" bereits mit pronunciert fortschrittlichen Slogans anpries: „Neu!", „Praktisch!" und „Patentirt in allen Industriestaaten!" Das motorbetriebene Luxusgefährt machte die Herren unabhängig von der Eisenbahnfahrt mit ihren Nachteilen wie fixen Abfahrtszeiten, festgelegten Routen und unliebsamen Mitreisenden. Nachdem die Pferdekutsche aufgrund ihrer beschränkten Geschwindigkeit von der Eisenbahn aus dem Rennen geworfen worden war, fand man nun im Automobil ein passendes Fortbewegungsmittel, das Freiheit, Schnelligkeit und Prestige gleichermaßen vereinte. Nicht nur der Adel, sondern vor allem auch die Unternehmer, das erstarkende Bildungs- und Großbürgertum finanzierten (sich) gerne das neue rollende Statussymbol, um so wieder Fahrplan und Streckenwahl souverän selbst bestimmen zu können. Gleichzeitig war die Fahrzeugtechnik um die Jahrhundertwende aber noch weit davon entfernt, so etwas wie Komfort zu bieten. (vgl. Sachs, 1984: 151 ff)

Dieser wurde jedoch rasch angestrebt und schließlich auch gewährleistet, wie Duchamp 1961 bemerkte: „Die Gesellschaft von heute ist materialistischer, als sie je gewesen ist. Demokratie steht für Komfort; die besten Maschinen und Matratzen." (Duchamp, 1991: 128) Um jedoch in der Frühphase der Motorisierung ein Automobil in Betrieb zu setzen, benötigte man nicht wenig Muskelkraft, und um es am Laufen zu halten mußte man schon in technischen Belangen recht versiert sein. Auch konnte der Besitzer eines solchen Gefährts sich persönlich beträchtlichen Nimbus verschaffen, wenn er den Fahrer einsparte. Im Jahre 1904 brachte deshalb etwa in Wien ein findiger Experte unter dem Pseudonym Filius ein Handbuch für Automobilisten und Motorradfahrer auf den Markt. Unter dem bezeichnenden Titel „Ohne Chauffeur" bot dieses Buch „Ratschläge über die Behandlung, Verhaltungsmaßregeln und

Anton Stankowski, *1/100 sec bei 70 km/h*, 1930, Gelatinesilberabzug, 31 × 24 cm, Schweizerische Stiftung für die Photographie, Zürich

Auskunftsmittel bei Störungen", die dem stolzen Besitzer den Selbstbetrieb ermöglichen sollten. Das detailreiche Werk mit seinen knapp 500 Seiten erschien bis zum Jahr 1918 in acht Auflagen. Der Umfang solcher Ratgeberliteratur verweist auf die Häufigkeit technischer Gebrechen, der große Absatz zeigt, daß dennoch viele das Abenteuer wagen wollten. Ein solcher *Herrenfahrer* war übrigens auch Francis Picabia, der im Laufe der Jahre (1908-1953) nacheinander wohl 128 Automobile besaß, (vgl. Lebel, in: Picabia, 1995: 190) denen er ein versierter Mechaniker und waghalsiger Chauffeur war.

Ganz auf sich allein gestellt eine Ausfahrt zu wagen war nicht bloß wegen der verheißenen Souveränität attraktiv, sondern vor allem auch weil die Unternehmung atemberaubende Geschwindigkeiten und riskante Situationen versprach. Die Zeitungs- (und Rundfunk-) Meldungen über spektakuläre Wettrennen, Geschwindigkeits- und Entfernungsrekorde (ganz abgesehen von den dramatischen Unfallberichten) verschafften dem Automobil den nötigen Nimbus. Für immer größeres Publikumsinteresse sorgten Veranstaltungen wie die Fernfahrt Paris-Bordeaux 1895 (die Durchschnittsgeschwindigkeit des Siegers betrug 24,4 km/h) oder das Rennen Peking-Paris von 1907 (dessen 13.000 km lange Strecke der Sieger in nur 44 Tagen bewältigte, während die Zweitplazierten 20 Tage länger unterwegs waren). Der Sportsmann und heroische Lenker wurde so zum kulturellen Leitbild. Im Sprachgebrauch lassen sich spezifische Verschiebungen in Richtung dieses neuen Kults der Schnelligkeit feststellen: aus *Rekord*, dem Synonym für *schriftliche Aufzeichnung*, wird die heute geläufige Höchstleistung, und das Wort *Tempo*, das ursprünglich die metrische Angemessenheit meinte, wurde zu dem Zauberwort für ersehnte hohe Geschwindigkeit. (vgl. Sachs, 1984: 141 ff) Diesen mythischen Impetus griffen auch die Futuristen auf und Marinetti hielt es bereits in seinem ersten Manifest 1909 fest: „Wir erklären, daß sich die Herrlichkeit der Welt um eine neue Schönheit bereichert hat: die Schönheit der Geschwindigkeit. Ein Rennwagen, dessen Karosserie große Rohre schmücken, die Schlangen mit explosivem Atem gleichen [...] ein aufheulendes Auto, das auf Kartätschen zu laufen scheint, ist schöner als die *Nike von Samothrake.*" (zit. nach Asholt/Fähnders, 1995: 5) Und wie zur Bekräftigung dieses mit phallischen Symbolen bereits überladenen Hymnus ergänzt die darauffolgende fünfte Passage des Manifests: „Wir wollen den Mann besingen, der das Steuer hält, dessen Idealachse die Erde durchquert, die selbst auf ihrer Bahn dahinjagt." Der Taumel der Geschwindigkeit ist immer dem Taumel der Lust verwandt, die beiden werden zu wechselseitigen Metaphern. Ihre Zusammenführung unter futuristischen Auspizien dient immer noch dem alten Kult der Schönheit. Diese bleibt zwar oberster Wert und wird doch entscheidend modifiziert, denn „Schönheit gibt es nur noch im Kampf". Männlichkeit, Technik, Krieg als Ideale. Die besungene Geschwindigkeit ist in erster Linie der höchste Wert der industriellen Revolution (die mobilen Waren werden beschleunigt, insgesamt werden sämtliche Güter schneller erzeugt, verteilt und verändert), in zweiter Hinsicht aber ist das Lieblings-Tempo der Futuristen die enorme Rasanz des Ersten Weltkriegs, wie sie Marinetti in „La nuova religione – morale della velocità" verherrlicht. Das Auto wurde zum vorrangigen Symbol des futuristischen Programms, da es dessen Leitideen in idealer Kombination zu verkörpern schien. Es versprach, sowohl die Wahrnehmung wie auch das Umfeld des Menschen zu verändern. Die neuen Erfahrungen der Geschwindigkeit und des Dynamismus bildeten die neue Wirklichkeit, das wesentlich Reale, und sollten als bewegte oder beseelte Materie in den futuristischen Kunstwerken unmittelbar zum Ausdruck kommen. (vgl. Hinz, 1985: 77) Geschwindigkeit und Veränderung signalisierend wird das Automobil zum Gegenpol der bekämpften kanonischen Stabilität und Ordnung des Status quo. Und es garantierte als höchst persönliches Transportmittel Macht und Unabhängigkeit, was der Aggressivität der futuristischen Programmatik entsprach. Schon in der Einlei-

tung zum ersten futuristischen Manifest wird eine sinnlich-genußvolle Vergnügungsfahrt beschrieben, durch welche Mensch und Maschine (Marinettis motorisierter Stoßtrupp) die „tausendjährige Finsternis", sprich: die Last der Vergangenheit, abschütteln. Mit diesem Ursprungsmythos wird das Automobil artistisch als Vehikel der Sehnsucht inszeniert (der Ausdruck *Sehnsucht* ist selbstverständlich im Sinne avantgardistischer Rhetorik viel zu sentimental konnotiert, doch soll er in unserem Kontext als Überbegriff für die beiden Antriebskräfte Begehren und Aufbegehren stehen).

Mit einem solcherart mythisch aufgeladenen Fluchtwagen sollte sich der zum Rennfahrer stilisierte Künstler aus dem Staub machen (durch die Trägheit des Akademismus, durch die Musealisierung und das „Krebsgeschwür der Professoren, Archäologen, Fremdenführer und Antiquare" hatte sich dieser Staub angesammelt, den die futuristische Flucht nach vorne aufwirbeln sollte).

Das Automobil wurde so zum Sinnbild für Aufbruch und Sieg (die vom Futuromobil übertrumpfte Nike stellt ja schließlich keine geringere dar als die griechische Siegesgöttin). Im militärischen wie im zivilen Bereich leistete das neue motorisierte Individualvehikel das Heilsversprechen auf heldenhafte Eroberungen. „Der Krieg war eine Einladung zur Männlichkeit", (Mosse, 1987: 138) eine Gelegenheit, die eigene Männlichkeit unter Beweis zu stellen. „Der Krieg erfüllte die Sehnsucht nach dem Außerordentlichen im Leben, nach dem Abenteuer." (Mosse, 1987: 150) Und wenn gerade nicht Krieg ist, dann kann man immer noch mit Höchstgeschwindigkeit über die Landstraßen rasen: „Der zahm gewordene Tod überholte mich an jeder Kurve." (Marinetti, zit. nach Asholt/Fähnders, 1995: 4) Dieses Verhältnis zum (selbstgewählten) Risiko beschrieb auch der Zeitgenosse Georg Simmel in seinem Essay über das Abenteuer als das zentrale Element des radikalen Ausstiegs aus Alltag und Normalität: „Der Abenteurer nun, um es mit einem Worte zu sagen, behandelt das Unberechenbare des Lebens so, wie wir uns sonst nur dem sicher Berechenbaren gegenüber verhalten." (Simmel, 1983: 30) Betrachten wir nun Duchamps wesentlich verhalteneren Umgang mit dem Sujet. 1912

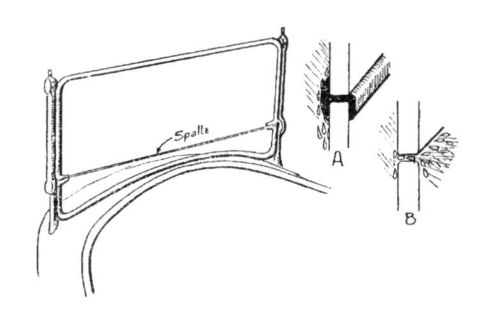

Spaltenschließer für die Glasscheibe, Illustration in: Filius, Ohne Chauffeur. Handbuch für Automobilisten und Motorradfahrer, Wien 1918

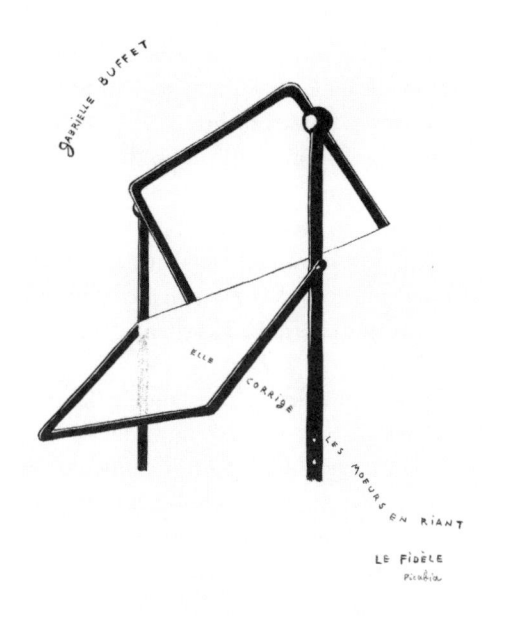

Francis Picabia, *Gabrielle Buffet elle corrige les moeurs en riant* (Gabrielle Buffet - lachend korrigiert sie die Sitten), ca. 1915, Gouache auf Papier, 58,2 × 47 cm

kann in vielerlei Hinsicht als Schlüsseljahr für Duchamps künstlerische Entwicklung gelten. Er malt „Nu descendant un escalier n° 2" und will es am „Salon des Indépendants" zeigen. Am 18. März erfährt er jedoch von seinen beiden Brüdern, daß Gleizes und Metzinger den Titel des Gemäldes für zu literarisch, ja für eine Karikatur halten. Er holt das Bild wieder ab und zieht in der Folge für drei Monate nach München, um seine künstlerische Situation neu zu überdenken. (vgl. de Duve, 1991b) Im Oktober verbringt er mit Gabrielle und Francis Picabia in Begleitung von Apollinaire eine Woche im Juragebirge. Die Ankunft gestaltet sich durch Wolkenbruch und Blitzgewitter geradezu dramatisch, wobei Picabia als versierter Fahrer die gefährlichen Bergstraßen meistert. Ein Echo dieser stürmischen Fahrt findet sich in den einleitenden Notizen zum „Großen Glas" (Duchamp, 1981: 38), weshalb sie als prägend für den Mythos der „Mariée mise à nu par ses célibataires" anzusehen ist. Im November trifft er dann seine endgültige Entscheidung, nicht mehr als Maler sein Geld verdienen zu wollen. Durch den Brotberuf eines Bibliothekars verschafft er sich die Möglichkeit, als Künstler unabhängig von den gesellschaftlichen Verpflichtungen zu werden. Anstelle des bislang gepflegten handwerklichen Metiers der Malerei entwickelt er von nun an eine im wesentlichen intellektuell geprägte künstlerische Arbeit. Dem verschmähten Gemälde war schließlich im darauffolgenden Jahr bei der „International Exhibition of Modern Art" in einem ehemaligen New Yorker Militärarsenal, jener legendären Konfrontation des amerikanischen Publikums mit moderner europäischer Kunst, ein mythenstiftender skandalumwitterter Triumph beschieden. (vgl. Daniels, 1992: 54 ff; Davidson, 1993)

In Zusammenhang mit dieser sogenannten *Armory Show* gab der ebenfalls vertretene Picabia zwischen Februar und März 1913 Interviews für die Zeitschriften „New York Times", „New York Tribune" und „Globe", in welchen er seine Theorie einer abstrakten Kunst auf den Punkt brachte. „We must represent the spirit of modern times, the spirit of the 20th century. Modern painters want to break free from mechanical objectivity. Absolute values in form and colour exist that are infinitely more valid and which go far beyond mere fidelity to the model." (zit. nach Picabia, 1995: 169)

Picabia war zu Kriegsbeginn eine Zeitlang als Chauffeur für einen General im Einsatz. Ein baldiger Nervenzusammenbruch (wohl im Zusammenhang mit Alkohol- und Drogenkonsum) und eine Auslandsmission (Zucker aus Kuba) verschafften ihm jedoch schnell die Möglichkeit, sich in New York (später Barcelona) vom Kriegsgeschehen fernzuhalten. 1915 konnte Picabia dann sagen, daß er durch seine Begegnung mit Amerika zu der

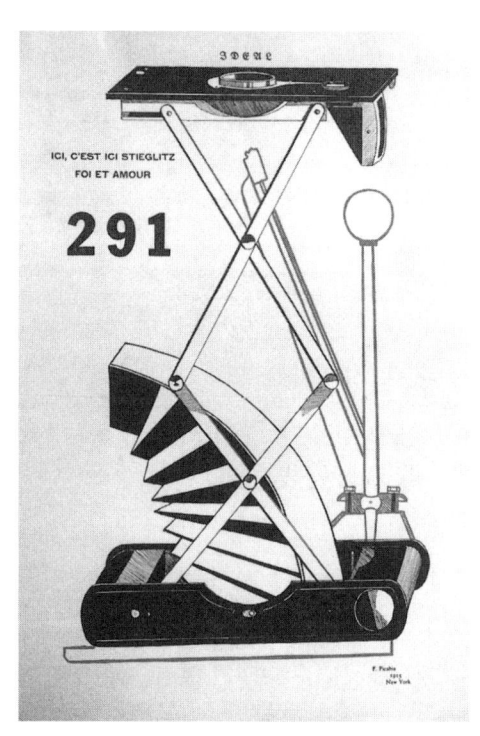

Francis Picabia, *Ici Stieglitz*, Titelblatt von: 291, Nr. 5-6, Juli-August 1915, 29 × 43,5 cm, Ronny van de Velde, Antwerpen

Ansicht gelangt sei, „that the genius of the modern world is in machinery" (zit. nach Camfield, in: Picabia, 1995: 174) und diese sei die lebendigste (!) Ausdrucksmöglichkeit für die Kunst. In der Folge erstellte er jene berühmten Porträts unter Zuhilfenahme mechanischer Formen: „Ideal" zeigt den Photographen Alfred Stieglitz via ausklappbarer Photolinse (in dessen Galerie in New York organisiert Marius de Zayas 1916 die erste rein mechanomorphizistische Picabia-Ausstellung), „Marie Laurencin" (ein Ventilator steht für die Frische oder Kühle der Dargestellten), „Voilà Haviland" (eine elektrische Lampe veranschaulicht die Strahlkraft und aufklärerische Helligkeit von Paul Haviland, dem Schriftsteller und Partner von Stieglitz) und für die Gefährtin Gabrielle Buffet läßt Picabia eine jener damals üblichen zweigeteilten Auto-Windschutzscheiben auftreten („Gabrielle Buffet elle corrige les moeurs en riant"). Aber auch bei anonymen (allgemeineren) Porträts versucht er, durch Maschinen(-teile) Vorstellungen zu interpretieren und menschliche Eigenschaften auszudrücken. Eine „jeune fille americaine" tritt „dans l'etat de nudité" als Zündkerze auf (und auf dem Korpus zeigt sich der Schriftzug „FOR EVER"). Am Maschinellen fasziniert ihn am meisten die Vorstellung ununterbrochener Bewegung und 1922 formuliert er daraus sogar eine weltumspannende Phantasie: „I would like to find an engineer to realize my latest invention. This invention consists in setting rings around the earth, circles rendered immobile by centripetal force; on these circles hotels that would revolve on their own axes could be built. Thus, without leaving our rooms, we could go around the world, or, rather we'd see it turn within twenty-four hours. Behold! Cairo, with the vision of pilgrims to Mecca, upper Egypt, then New York, Brooklyn and Riverside Drive. Here's Paris, the Seine, etc., and accompanying this amazing parade, girl pianists playing melodies by Reynaldo Hahn! There'd be no more travel, no more missed trains, no more night, and thus much less danger of catching cold. And finally, the application of my discovery offers important benefits. If ever an American engineer gets an idea from reading these lines, I'll be grateful if he writes to me so that we can discuss a possible application. Naturally, the rings' inhabitants would enjoy anti-nationality." (zit. nach Michelson, in: Picabia, 1995: 192 f) Diese Phantasie nimmt geradezu prophetisch vorweg, was wir heutzutage als Ausgeburten von Spektakelkultur, Disneyfizierung und totaler Mobilität beziehungsweise Verfügbarkeit kennen.

Immer wieder stellt er sich sein ideales Perpetuum mobile jedoch ähnlich wie Duchamp in einer Maschinen-Sex-Analogie vor. Picabia fertigt 1915 auch ein Maschinenporträt von Marius de Zayas an. Das Bild ist durch eine horizontale Linie (Stange) in eine obere und eine untere Zone getrennt. Im oberen Bildteil fällt eine Korsettform besonders ins Auge, welche diese Zone als weiblichen Bereich ausweist. Über einen Draht ist diese als weiblich definierte Hohlform mit einer Zündkerze verbunden. Sie ist mit zwei Ringen am Horizontalbalken festgemacht und über ein Gestänge von ihrer Körpermitte aus an die zentrale Maschinerie des unteren Bereichs angeschlossen. In der männlich denotierten Zone dominiert ein mechanisches Gestänge, in dessen Zentrum eine Turbine (gespeist von einer Batterie) arbeitet. An der Horizontlinie einer stilisierten Wasseroberfläche erhebt sich der emphatisch mit Ausrufezeichen versehene zweifache Namenszug des Porträtierten. Im Vordergrund dieser nautischen Szenerie steht „Je suis venu sur les rivages du Pont Euxin" (Ich bin an die Gestade des Hellespont gekommen). Das Ereignis der Ankunft wird von einer komplexen, erotisch aktiven Maschine eingerahmt und überbaut. Die Parallelen zum Aufbau des „Großen Glases" sind unübersehbar (vgl. Borràs, 1985: 155; Lebel, in: Picabia, 1995: 170) – von der

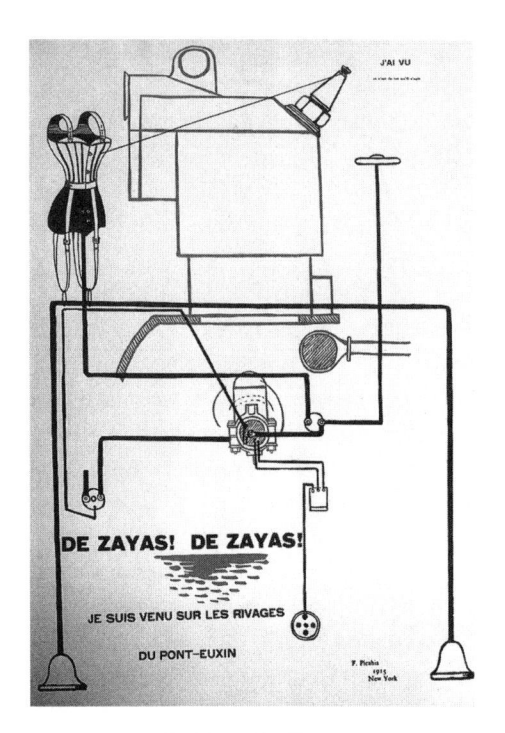

Francis Picabia, *De Zayas! De Zayas!*, Illustration in: 291, Nr. 5-6, Juli-August 1915, 29 × 43,5 cm

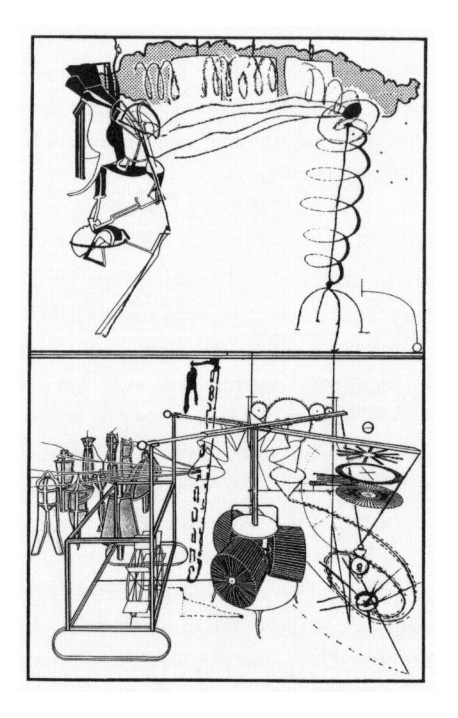

Marcel Duchamps *La Mariée mise à nu par ses célibataires, même*. Schema des Großen Glases ergänzt von Jean Suquet mit Hilfe von Entwurfszeichnungen aus Marcel Duchamps Notizen, 1974, Siebdruck auf Glas, 266,5 × 170 cm, Privatsammlung, Wien

Topographie der Geschlechtertrennung bis hin zum Element des Wassers, welches in beiden Kunstwerken für die Perpetuierung der Bewegung zuständig ist. Obwohl es sich um Darstellungen von Maschinen in Arbeit handelt, bleiben die Szenerien hinsichtlich visueller Dynamik geradezu abstinent. Picabia und Duchamp gehen methodisch anders vor als die Futuristen, welche versuchen, durch dynamische Linien (vergleichbar den *speed lines* im Comic Strip) effektiv Bewegung zu suggerieren. Die beiden *New Yorker* geben uns statische Abbilder von Interaktionen und bringen durch (oftmals kryptische) Texte oder Textfragmente Leben ins maschinelle Werk.

Bei aller offenkundigen Gemeinsamkeit gibt es aber auch unübersehbare Differenzen zwischen den beiden hinsichtlich ihrer künstlerischen Methodik. Picabia ist stets auf Spontaneität bedacht und beschränkt sich auf anekdotische Bruchstücke (vielfach aus dem Wörterbuch „Petit Larousse"; vgl. Camfield, in: Picabia, 1995: 174). Duchamp dagegen arbeitet die ersten acht Jahre nach seiner Emigration in die USA (1915-1923) mit großer Akribie an dem beinahe zwei mal drei Meter großen Glas „La Mariée mise à nu par ses célibataires, même". In aufwendigen Prozeduren trägt er die penibel konstruierten Einzelformen mit feinen Bleidrähten auf die Glasoberfläche auf und *bebrütet* die verwendete Ölfarbe monatelang mit Staub. In dieser Zeit erstellt er dazu noch einen Berg von Notizen und feilt ständig an den einzelnen Elementen. 1923 beendet er die Arbeit an diesem Werk vorzeitig und erklärt es für „definitively unfinished". In dieser Zeit stellt auch das Epizentrum Dada mehr oder weniger seine Aktivität ein und Duchamps Freund Picabia entscheidet sich, wie wir sehen werden, wieder für klassischere Figurationen. Waren die Energiereserven der Avantgarde verbraucht?

Wenn wir etwa zum Vergleich die italienische Situation betrachten, so sehen wir, daß dort die blutigen Erfahrungen einer direkten kriegerischen Auseinandersetzung zwischen Menschen und Maschinen selbst der rauschhaften futuristischen Rhetorik die Spitze genommen haben. Daß der Held des Futurismus fortan zu dem spektakuläreren Transportmittel Flugzeug greift, kann darüber kaum hinwegtäuschen. In einem Film von 1963 erwähnt Duchamp, daß er nach New York kam, „in dem Augenblick, als man in Frankreich nichts tun konnte oder nur kämpfen". Und auf Jean-Marie Drots rhetorische Frage: „Sie wollten auch keine Soldaten sein", antwortet er lapidar: „Nein, auch nicht, nein, nein. Kein Militarist." (Duchamp, 1991: 160 f) Duchamp verließ ein Frankreich, das im Zuge des Krieges eine Welle des Nationalismus erlebte und in der unmittelbaren Nachkriegszeit im Bereich der (wiewohl unleugbar avantgardistischen) Malerei des Spät-Kubismus den klassizistischen Ruf nach einem „retour à l'ordre" vernehmen mußte. In der Nummer 4 der Zeitschrift „391" (Barcelona 1917) kommentierte Picabia eine solche Rückkehr zum Realismus mit der bissigen Bemerkung: „Picasso a decidé de retourner à l'École des Beaux-Arts." Zehn Jahre später veröffentlichte er in der Zeitschrift „Comoedia" einen Text, in dem er die Dadabewegung für (längst) tot erklärte: „Picabia gegen Dada oder Die Rückkehr zur Vernunft", lautete plötzlich das Motto. (vgl. Picabia, 1981, Bd. 1: 92 ff) Die Dada-Maschinen, mit deren Hilfe doch gerade die Vernunft poetisch konterkariert werden sollte, wurden ausgemustert (im Gegensatz dazu benutzte der Surrealismus Maschinenelemente als Symbole für Rationalität, um sie bildlich in die Landschaften des Irrationalen eindringen zu lassen). Daraus, daß der Dadaismus mittlerweile von vielen ernst genommen wurde, schloß Picabia messerscharf, daß dieser tot sein müsse: „Dank Dada werden die Kunsthändler reich werden, die Verleger sich Autos leisten können, Autoren die Ehrenlegion bekommen und ich werde *Francis Picabia* bleiben!" (Picabia, 1981: 93) Da er in diesem Text den Kollektivismus der kommunistisch engagierten Intellektuellen angegriffen hatte, antwortete als erste „L'Humanité" mit dem Hinweis, wer in die Schlagzeilen kommen und ein eigenes Auto haben will, muß eben in seiner Kunst das bürgerliche Publikum (und die Kunsthändler – und Amerika) bedienen. (vgl. Borràs, 1993: 102) Picabia legte also in dieser Zeit gewissermaßen den Retourgang ein, um sich wieder in Richtung Tradition und Akademie zu bewegen. Im November 1922 hatte er gemeinsam mit Germaine Everling sowie Simone und André Breton eine Autofahrt von Paris nach Barcelona unternommen – anläßlich der Eröffnung seiner Ausstellung in der Galerie Dalmau. Fast in einer Art Werküberblick zeigte die Ausstellung unterschiedlichste Beispiele – Maschinenporträts hingen neben den Españoladas, Konterfeis spanischer Frauen. Die Ausstellung bei Dalmau sollte (ebenso wie die Autofahrt dorthin) legendär werden. Man übte sich noch einmal in einer Aufbruchstimmung: „My heart barks and beats, my blood is like a railroad with no stations that runs to Barcelona [...] we shall go to Spain to look for the sun; that big yellow car now sleeping in my garage will carry us to Seville, Algeciras, oranges, the simmering sea and russet sierras." (zit. nach Picabia, 1995: 177) Das desaströse Ergebnis der Ausstellung – völliges Desinteresse des Publikums, der Käufer – markierte (wohl nicht zufällig) für Picabia das Ende des Dadaismus. Im Mai 1923, also nur wenige Monate nach dem Debakel von

Barcelona, stellte Picabia in Paris bei Danthon aus, wobei sämtliche der 123 Exponate dem (vielfach spanisch inspirierten!) Realismus zuzurechnen waren. Lebel nennt den Picabia dieser Phase folgerichtig „ultra-figurativ". (Picabia, 1995: 183)

Hätte Duchamp einen vergleichbaren restaurativen Schwenk wie Picabia vollziehen wollen, er hätte in der amerikanischen Malerei der 20er und 30er Jahre eine Reihe von Gleichgesinnten finden können. Maler wie Louis Lozowick und Charles Sheeler beginnen in dieser Zeit mit ihren sachlichen, präzisionistischen Szenerien des Maschinenzeitalters. (vgl. Orvell, 1995: 3 ff; Schmied, 1993) In vielfach menschenleeren Ansichten zelebrieren sie die erstarkte Technologie und verklären die maschinell-industrielle Umwelt. Doch Duchamp macht den Schritt zur ausgelebten Phantasie auf Kosten der Sehnsucht nicht mit. Als das Automobil zum Massenartikel wird, zum scheinbar unabdingbaren Transportmittel zwischen Wohnstätte und Arbeitsplatz, taugt es nicht mehr als Motor avantgardistischer Fortschrittlichkeit. Als Heim abseits vom Zuhause, als ein Raum für Trost und Intimität zu einer Zeit des Massenverkehrs, da Alleinsein schon zum Luxus geworden ist, bietet das Automobil jedenfalls keine Möglichkeit mehr zur heroischen Stilisierung. Schon in den frühen Ready-mades zeigt sich Duchamps ironische Distanz zu den Mythen von Warenhaus und Konsumgüterindustrie. Ready-mades stellen (abgesehen davon, daß sie sich vehement vom Kanon der Kunstgeschichte und klassischer Kontinuität abgrenzen) eine krasse Herausforderung für den Kunstmarkt wie auch das Selbstverständnis einer warenfetischistischen Lebenswelt dar. Gleich zu Beginn seines Aufenthalts in den USA verleiht Duchamp einer gewissen skeptischen Distanz gegenüber der industriellen Lebenswelt Ausdruck: In einem Interview mit „The New York Tribune" erklärt er 1915, daß sein „Großes Glas" auch „als Ironie auf die Heldentaten des modernen Ingenieurs" gedacht ist. (Duchamp, 1991: 12) Und als zwei Jahre später der Streit um Duchamps (vulgo Richard Mutts) Ready-made/Pissoir mit dem Titel „Fountain" tobt, lesen wir in einer Erklärung des von Duchamp mit Beatrice Wood und Henri-Pierre Roché herausgegebenen „The Blind Man" gegen den Vorwurf, das Objekt sei bloß ein schlichtes Stück Klempnerei, „Die einzigen Kunstwerke, die Amerika hervorgebracht hat, sind seine Klempnereien und seine Brücken." (Duchamp, 1981: 228) Die offene Ironie zielt zwar in erster Linie auf die Gegner des Ready-mades, doch der Witz geht auch auf Kosten des künstlerisch noch rückständigen und nur in technischer Hinsicht hochmodernen Staates.

In dem bereits zitierten Film-Interview von 1963 wird Duchamp darauf angesprochen, daß er „das Spiel der amerikanischen Gesellschaft", den *American Way of Life*, nicht mitmachte, und er bekräftigt: „[...] ganz genau! Kein Auto, vor allem kein Auto! Kein Haus auf dem Lande, keine Frau und keine Kinder vor allem!" (Duchamp, 1991: 158) Doch die Sehnsucht bleibt bestehen. Und gezwungenermaßen sucht sie sich neue Vehikel. „Making love is not modern, but it continues to be what I like the most" (Picabia, zit. nach Borràs, 1993: 103) – so definiert Picabia seinen subjektiven Rückzugsposten. „Machen Sie auch Liebe mit der Maschine?" – diese Frage stellt die Titelheldin Simultanina in Marinettis Theaterstück von 1930 einem Piloten. Und dieser antwortet ganz selbstverständlich: „Alles mit der Maschine. Die Maschine vereinfacht, sie befreit vom Geschwätz, sie lehrt die Aufrichtigkeit, die Präzision. [...] Unermüdlichkeit, Heroismus und beliebig viele Wiederholungen." (zit. nach Hinz, 1985: 236) Die futuristische Gebetsmühle dreht sich also unbeirrt weiter, auch wenn der ursprüngliche, naive Glaube an den Faschismus als politische Kraft der Erneuerung längst bei kulturpolitischen Grabenkämpfen aufgegeben wurde. Und auch Duchamp beschäftigt sich nach der langen Arbeit am „Großen Glas", nach den derben Sprachspielen seines weiblichen *Alter ego* Rrose Selavy und nach der Selbstmusealisierung en miniature („Boîte en valise") im Spätwerk vereinfacht gesagt weiterhin mit dem Thema N° 1. Im „Großen Glas" bildete der Horizont nicht nur die Trennlinie zwischen den Geschlechtern, sondern auch (ähnlich wie der Topf voller Gold am fiktiven Ende des Regenbogens) den Ort der ersehnten Entkleidung/Paarung. Diese einfache Linie, die Berührungsfläche zwischen den Kanten der beiden Glashälften, markiert für Duchamp den Übergang zwischen der

Howard M. Duffin, *Atomic Power Plant (Atomkraftwerk)*, Rückseite von: Amazing Stories, Oktober 1939, Gouache auf Papier, 40,6 x 61 cm, Sammlung Norman Brosterman, New York

zweidimensional dargestellten dreidimensionalen, zölibatären Sphäre und der Vierdimensionalität. Der sexuelle Akt, der imaginierte *Fluchtpunkt*, auf den hin alles konstruiert ist, stellt für ihn ja die „vierdimensionale Situation par excellence" dar. (Duchamp, 1981: 266) Er meinte, „dass eine taktile Empfindung die alle Seiten eines Objekts umschliesst einer vierdimensionalen taktilen Empfindung *nahekommt*". Was das „Große Glas" uns zeigt ist ein Substitut für das Unsichtbare, Nichtdarstellbare. Obwohl die Maschinerie uns scheinbar alle ihre Funktionselemente enthüllt, ist sie doch nur „wie die Haube des Automobils. Das, was den Motor zudeckt". (Duchamp, 1991: 52).
Liebe, Landschaft, Maschine: Leo Marx hat in seinem Buch „The Machine in the Garden" die Spannung zwischen einer technologisch zugerichteten Lebenswelt und einem pastoralen (ländlichen) Ideal als die Determinanten von so etwas wie einem amerikanischen Bewußtsein bezeichnet. Amerika sei in allen (politischen, künstlerischen etc.) Wunschbildern die grüne, ursprüngliche Landschaft, in die sich das suchende Individuum (die Metapher des guten Hirten klingt an) zurückzieht, um ein neues Leben zu beginnen, von den gesellschaftlichen Zwängen frei zu werden. In diesem begrifflichen Koordinatensystem zeigt sich Duchamps Horizontlinie als dezidiert wissenschaftliches, quasi-technologisches Konstrukt. Denken wir zum Vergleich an das Tableau seines Spätwerks „Étant donné", welches für das Auge des einsamen Voyeurs unerreichbar hinter einer Holztür einen nackten

Frauentorso vor stilisierter Landschaft und künstlichem Wasserfall drapiert: Die Horizontlinie hat nun ihre Gestalt verändert und ist nicht mehr bloß konstruiert, sondern anschaulich gegeben – doch der Horizont selbst ist natürlich per definitionem immer fern. Und der Horizont ist dafür da, daß sich der einsame Abenteurer darauf zu bewegt. „Das Liebesverhältnis enthält in sich das deutliche Zusammen der beiden Elemente, die auch die Form des Abenteurers vereinigt; die erobernde Kraft und die unerzwingbare Gewährung, den Gewinn aus dem eigenen Können und das Angewiesensein auf das Glück, mit dem ein Unberechenbares außerhalb unser uns begnadet." (Simmel, 1983: 32) Mit der erotischen Fata Morgana vor Augen hat Duchamp die Desillusionierungen des *American Dream* umschifft und dessen Grunddogma beherzigt, daß es nicht entscheidend sei, irgendwo anzukommen, sondern unterwegs zu sein. Er packte sich nicht den Tiger in den Tank, sondern Liebesbenzin speiste seinen Motor.

Verwendete Literatur:

Aragno, Piero (1980): Futurismus und Faschismus. Die italienische Avantgarde und die Revolution, in: Reinhold Grimm; Jost Hermand (Hg.), *Faschismus und Avantgarde,* S. 83-91, Königstein, Ts.

Asholt, Wolfgang; Fähnders, Walter (1995; Hg.): *Manifeste und Proklamationen der europäischen Avantgarde (1909-1938),* Stuttgart/Weimar.

Boerner, Peter (1985): Utopia in der Neuen Welt. Von europäischen Träumen zum American Dream, in: Wilhelm Vosskamp (Hg.), *Utopieforschung,* Bd. 2, S. 358-374, Frankfurt a. M.

Borràs, Maria Lluïsa (1985): *Francis Picabia,* Barcelona.

Borràs, Maria Lluïsa (1993): *Francis Picabia,* Madrid.

Brée, Germaine (1980): Faschismus und Avantgarde in Frankreich?, in: Reinhold Grimm; Jost Hermand (Hg.), *Faschismus und Avantgarde,* S. 92-114, Königstein, Ts.

Clair, Jean (1994): *L'âme au corps. Arts et sciences 1793-1993* (Kat.), Paris.

Daniels, Dieter (1992): *Duchamp und die anderen,* Köln.

Davidson, Abraham A. (1993): Die Armory Show und die frühe Moderne in Amerika, in: Christos M. Joachimides; Norman Rosenthal (Hg.), *Amerikanische Kunst im 20. Jahrhundert. Malerei und Plastik 1913-1993* (Kat.), S. 45-54, Berlin.

de Duve, Thierry (Hg., 1991a): *The Definitively Unfinished Marcel Duchamp,* Cambridge, Massachusetts.

de Duve, Thierry (1991b): *Pictorial Nominalism. On Marcel Duchamp's Passage from Painting to the Readymade,* Minneapolis.

Duchamp, Marcel (1981): *Die Schriften,* Bd. 1, hg. von Serge Stauffer, Zürich.

Duchamp, Marcel (1991): *Statements und Interviews,* hg. von Serge Stauffer, Stuttgart.

Filius (1918a): *Ohne Chauffeur. Handbuch für Automobilisten und Motorradfahrer*, Wien ^{8}.

Filius (1918b): *Die Kunst des Fahrens. Praktische Winke, ein Automobil oder Motorrad richtig zu lenken*, Wien ^{2}.

Gehlen, Arnold (1940): *Der Mensch. Seine Natur und seine Stellung in der Welt*, Berlin.

Hinz, Manfred (1985): *Die Zukunft der Katastrophe. Mythische und rationalistische Geschichtstheorie im italienischen Futurismus*, Berlin/New York.

Marx, Leo (1964): *The Machine in the Garden. Technology and the Pastoral Ideal in America*, Oxford.

Mosse, George L. (1980): Faschismus und Avantgarde, in: Reinhold Grimm; Jost Hermand (Hg.), *Faschismus und Avantgarde*, S. 133-149, Königstein, Ts.

Mosse, George L. (1987): *Nationalismus und Sexualität. Bürgerliche Moral und sexuelle Normen*, Reinbek bei Hamburg.

Orvell, Miles (1995): *After the Machine. Visual Arts and the Erasing of Cultural Boundaries*, Jackson, Mississippi.

Picabia, Francis (1981-83): *Schriften in zwei Bänden (Funny Guy Dada. Platonische Gebisse)*, Hamburg.

Picabia, Francis (1988): *Caravanserail*, Gießen.

Picabia, Francis (1995): *Maquinas y Españolas* (Kat.), Valencia/Barcelona.

Rabinbach, Anson (1990): *The Human Motor: Energy, Fatigue, and the Origins of Modernity*, New York.

Ross, Kristin (1995): *Fast Cars, Clean Bodies. Decolonization and the Reordering of French Culture*, Cambridge, Massachusetts.

Sachs, Wolfgang (1984): *Die Liebe zum Automobil. Ein Rückblick in die Geschichte unserer Wünsche*, Reinbek bei Hamburg.

Schmied, Wieland (1993): 'Precisionist View' und 'Modernist Scene': Die zwanziger Jahre, in: Christos M. Joachimides; Norman Rosenthal (Hg.), *Amerikanische Kunst im 20. Jahrhundert. Malerei und Plastik 1913-1993*, S. 55-68, Kat. Berlin.

Simmel, Georg (1983): *Philosophische Kultur. Gesammelte Essays* (nach der dritten Auflage von 1923), Berlin.

Sontag, Susan (1989): Die Katastrophenphantasie, in: diess., *Geist als Leidenschaft. Ausgewählte Essays*, Leipzig/Weimar.

Steiner, Christian Theo (1995): Die erste Braut, der letzte Akt: Duchamp und der Striptease, in: Christoph Geissmar-Brandi; Eleonora Louis (Hg.), *Glaube Hoffnung Liebe Tod* (Kat.), S. 356-367, Wien.

Suquet, Jean (1974): *Miroir de la Mariée*, Paris.

Suquet, Jean (1992): *Le Grand Verre. Visite guidée*, Paris.

Szeemann, Harald (1975): *Junggesellenmaschinen/Les Machines Célibataires*, Venedig.

Träumen Roboter von elektronischen Orgasmen?

13 Anmerkungen zu Sex, Maschinen und Cyberspace

Georg Seeßlen

Ray Pioch, *Space Station*, 1956, Gouache, ca. 20,3 × 25,5 cm, Sammlung Norman Brosterman, New York

1.

Science-fiction war, jedenfalls bevor sie mit „Star Wars" den Rang eines universalen Matinee-Märchens erhielt, das Genre der „Nerds", der Jungs mit den Minderwertigkeitskomplexen, den Brillen, den Bücherschränken, das Genre der Spielverderber, unsportlichen Flaschen, die auch bei den Mädchen keinen Schlag hatten. Sie handelte angeblich von großen Maschinen, die die Welt in neue Ordnungen brachten, von Hyperraumschiffen und Kriegen zwischen den Planeten; in Wirklichkeit handelt Science-fiction selten von etwas anderem als davon, daß das Leben eine einzige Abfolge von Katastrophen zwischen Individuen, Gesellschaften und Technologien ist. Und sie handelt von einem sexuellen Begehren, das auf der panischen Flucht vor sich selbst tausendundeins Bilder findet, um das Flüchten vor dem Mädchen nebenan als kosmisches Standhalten zu tarnen. Ursprünglich war die utopische Literatur die Kreation einer wundervollen und schrecklichen Phantasiewelt, die den Weg des Bürgertums vom Stolz auf seine eigenen technischen Errungenschaften in die Angst vor ihnen begleitete. Mit Jules Vernes Romanen träumte man zugleich von den großartigen Fortschritten dieser unruhig-konservativen Klasse und davon, wie ihr zu entkommen wäre. Und H. G. Wells entfaltete schon die aufgespaltenen Katastrophenphantasien, von denen das Genre nach wie vor zehrt. Der industrielle Kapitalismus und die nationalistische Militarisierung konnte nur auf den Untergang der bürgerlichen Welt hinauslaufen, aber dieser Untergang war zugleich schrecklich und schön. Ein Männertod im Ringen mit der Maschine, der Frauen ausschloß. Nichts konnte schöner und schrecklicher sein als die Einsamkeit von Kapitän Nemo in seinem hochtechnisierten Unterseeschiff, das die sieben Meere durchzog wie eine ungeborene männliche Seele das Fruchtwasser auf der Suche nach seinem Ursprung.

Riou, „Un homme! un naufragé!" m'écriai-je, („Ein Mensch! Ein Schiffbrüchiger!" rief ich aus) Illustration in: Jules Verne, 20 000 lieues sous les mers, Paris: Hetzel 1887

2.

Was ist die Maschine? Sie ist einerseits nützlich. Aber jede Nützlichkeit forciert den Prozeß der Aneignung, und so produziert jeder Vorgang der Maschinisierung in den Auseinandersetzungen der Völker, der Klassen, der Kulturen, der Geschlechter und der Generationen Gewinner und Verlierer. Nicht bloß in der Science-fiction ist der absolute Herr über die Maschinen der alte, weiße, bürgerliche, europäisch-amerikanische Mann; jede andere Beziehung — das Kind und die Maschine, die Frau und die Maschine, der Asiate und die Maschine — hat einen notwendig dissidenten oder subversiven Aspekt. Helden in der Science-fiction sind bis in die 70er Jahre hinein prächtig geratene Kerle, die im Auftrag ihres Super-Patriarchen dafür sorgen, daß die Maschinen nicht in die falschen Hände geraten (oder sich gar, denn ihnen ist ja schon bald nicht mehr zu trauen, selbst zu den falschen Allianzen begeben). 20 Jahre lang verbrachte der Comic-Held „Magnus" seine Tage mit nichts anderem, als im Auftrag des weisen Wissenschaftler-Führers und zur Rettung seiner Tochter, die ein Talent hatte, in die Fänge von bösen Maschinen zu geraten, aus dem Ruder gelaufene Roboter im Zukunftsstaat „Northam" mit bloßen Fäusten in Metallschrott zu verwandeln. Helden des Alltags waren, beinahe genau so lange, Männer, die Frauen von *ihren* Maschinen mit Worten fernhielten wie: „Davon verstehst du nichts, mein Schatz".

Andrerseits sind Maschinen auch schön, vollendete ästhetische Systeme, die sehr genau die Träume ihrer Erbauer, Utopisches und Symbiotisches ausdrücken, kämpfend mit den beiden Verlockungen der Ästhetik, nämlich monumental und erhaben zu werden, oder menschlich und wahrhaftig. Und schließlich ist die Maschine ein Mythos; eine besondere Art der gesellschaftlichen Aussage und eine besondere Art des individuellen (psychischen) Gebrauchs.

Sie ist, zunächst, Verlängerung und Schutz der männlichen Person, das Instrument, mit dem das *Patriarchat* (keine plane Männerherrschaft, sondern eine besondere semiologische Struktur der Wahrnehmung von Welt und Macht) noch einmal triumphiert und zugleich seinen Untergang besiegelt. Zu der Zeit, als sich die bürgerliche Herrschaft maschinisierte, durchkreuzten sich die sexuellen und die sozialen Diskurse. Der proletarische Mann suchte seine innige Beziehung zur Maschine aus zwei miteinander verbundenen Motiven; er hatte damit Anteil am gesellschaftlichen Reichtum (auch wenn dieser Anteil allenfalls virtuell war und vor allem die Ausbeutung verschleierte, die er in der Fabrik erfuhr) und er konnte an ihr die beiden letzten Machtansprüche, die ihm geblieben waren, mythisieren: die Macht über den eigenen Körper und die Macht gegenüber der Frau. Schweißglänzender Männerkörper an der unendlich fordernden und unendlich arbeitenden Maschine. Die Sängerin Madonna, so erzählen die Videoclips, ist noch immer von diesem längst verlorenen Bild in unziemliche Aufregung zu versetzen.

Der bürgerliche Mann, der zwar in der Gründerphase Erfinder und Wirtschaftler in einem war, jedenfalls in den großen mythischen Biographien dieser Zeit, verlor sehr rasch den direkten Bezug zu den Maschinen. Er konnte sie berechnen, er konnte ihre großen Abläufe bestimmen, aber er war ihnen nie so nah wie der proletarische Mann.

Den Dialog zwischen Maschine und Mensch, vor allem Mann in diesem Zusammenhang, sah er mit einer Mischung aus Neid und Verachtung. Er verachtete in der Maschine zugleich den Proletarier und sich selbst; er neidete ihm den Körper, den die Maschine dem proletarischen Mann nicht nur zu lassen, sondern geradezu aus ihm zu formen schien, und er neidete ihm die intime Nähe zur Maschine. Wie oft sehen wir in einem deutschen Film der Zeit zwischen den Kriegen einen stolzen Proletarier (oder einen Vertreter der technologischen Avantgarde, ihm verwandt), der kategorisch verkündet, an *seine* Maschine lasse er niemanden heran. Er meint damit den Fabriksherrn so sehr wie die Frau (Und wie glücklich ist er, wenn beide sich daran halten!).

3.

Die Maschine ist seit den 10er Jahren, etwa in Romanen wie „The Machine Stops" (1914) von Edward M. Forster, das Gebilde, das die Herrschaft über die Menschheit erlangen will und danach strebt, eine eigene Art von Gottheit zu bilden, die – wie wir spätestens aus „2001" wissen –, sich dagegen zu wehren weiß, *abgeschaltet* zu werden. So bringt sie nicht nur die Ordnung der Zeit und die metaphysische Ordnung des Kosmos durcheinander, sondern auch die Ordnung der Geschlechter.

Es gibt eine sehr komische Variante dazu in Charlie Chaplins „Modern Times" (1936);

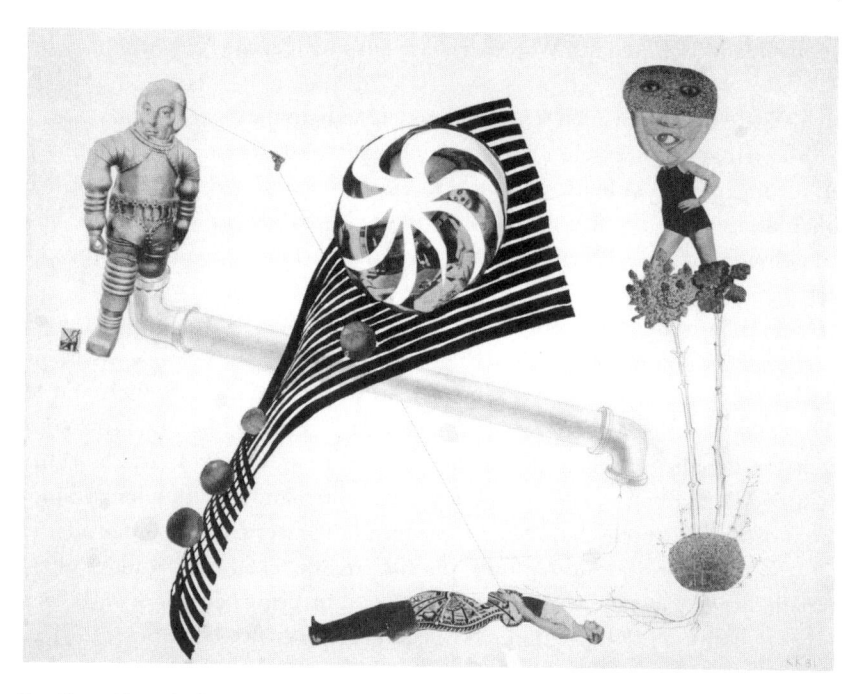

Kurt Kranz, *Kreisschießer*, 1930/31, Zeichnung und Collage, 42 × 53,5 cm, Galerie Berinson, Berlin

Charlie ist ein Fließbandarbeiter, der in immer höherem Tempo Bolzen an irgendein Maschinenteil anschrauben muß. Als er vom Fließband geht, ist sein Körper nach wie vor in den konvulsivischen Zuckungen der Arbeitsbewegung begriffen, und Charlie reagiert wie manisch auf alles, was sich an Knöpfen festschrauben läßt; so verfolgt er mit seinen Schraubenschlüsseln eine Frau, die sich das Kleid mit großen Knöpfen vor der Brust geschlossen hat. Ähnlich setzt der „Zauberlehrling" Jerry Lewis in seinen Filmen immer wieder die Technologie in destruktiven Gang, wenn er einer Frau zu nahekommt.

4.

Die Maschine hat zwei einander nur scheinbar widersprechende Aspekte. Sie erweitert den inneren und äußeren Aktionsradius des Menschen. Und sie ersetzt partiell und in zunehmendem Maß seine Aktionen. Maschinen produzieren immer zugleich Erkenntnisse, Waren und menschliches Elend. Die Fluchtpunkte der Science-fiction beschreiben unsere Ängste: eine Welt, in der die Maschinen die Menschen überflüssig gemacht haben. Eine Welt, in der Maschinen und Menschen sich einander so angenähert haben, daß sie nicht mehr zu unterscheiden sind. Eine Welt, in der ein permanenter *Bürgerkrieg* zwischen Menschen und Maschinen herrscht. Eine Welt, in der die Maschinen den Menschen in einer synthetischen Bildwelt, in einem endlosen elektronischen Traum halten, in dem er seine Versklavung nicht mehr erkennt. Eine Welt, in der die Maschinen die Liebe verbieten.

Die Verhältnisse verändern sich durch die Maschine bereits im Reich der Körper. Sie macht zuerst die körperliche Arbeit überflüssig. Aber ist nicht der Körper auch die letzte Bastion der Erfahrung von Ich und Welt? Der männliche Körper zuerst wird sich durch die Maschine selbst zum Problem. Wozu ist er noch gut? Er muß, einerseits, erhalten bleiben; panisch und narzißtisch blickt er in den Spiegel, registriert kleinste Fehler. Und er muß sich neue Erfahrungsfelder suchen, im Sport vielleicht. Am Ende steht die Restauration des Männerkörpers im Bodybuilding-Studio, eine hypertrophe, extensive und exhibitionistische Anhäufung von Zeichen männlicher Kraft wie bei Arnold Schwarzenegger. Der männliche Körper triumphiert über die Konkurrenz der Maschine, weil er mit Hilfe *seiner* nutzlos-symbiotischen Maschinen selbst zu einer Art Maschine geworden ist. Den Weg zur Frau hat er sich damit nicht unbedingt erleichtert; er genießt ihre Bewunderung (wie einst die Diva die bewundernden Blicke der Männer genossen haben mochte), und muß sich ihrer dann doch immer wieder entledigen, sobald sie möglicherweise seine eigene Maschinisierung in Frage stellt.

So ist es also nicht nur eine Frage der heftigen Action, daß seit den 80er Jahren die Helden der cineastischen und gezeichneten Zukunftsträume nicht mehr die Teams von Wissenschaftlern und Männer der Tat sind, wie wir sie aus dem Genre gewohnt waren, sondern autonome männliche Körperkampfmaschinen, die immer zwei Dinge zu fürchten haben: die Übermacht der Maschine und den Verrat der Frau. Und der Grad wenn nicht der Emanzipation so doch der Auflösung der Geschlechterrollen und Erfahrungsräume läßt sich unter anderem auch daran ablesen, wie es die Frauen den Männern nachmachen und ihren Körper von einer semiotischen Inszenierung zur Erzeugung von Begehren in die autonome Kampfmaschine verwandeln.

5.

Die frühe Science-fiction gab sich vollkommen sachlich. Sie spekulierte über technisch-wissenschaftliche Möglichkeiten und probierte ihre Prämissen dann in einer Handlung aus, die fast immer auf die eine oder andere Weise Bewährung im Kampf mit einschloß. Beinahe immer lief es auf einen Krieg der Welten hinaus. Nicht umsonst und augenscheinlich ohne Arg nennt man diese Form der Science-fiction immer noch „Hard SF". Aus ihr sind nicht nur soziale Bedingungen der Entwicklungen ausgeklammert (nicht, daß ihr, umgekehrt, die sozialtechnische und *politische* Komponente fehlen würde), vor allem ist im Feld ihrer technischen Phantasien so gut wie kein Raum für Frauen. Ein paar Standardrollen im dritten Glied sind möglicherweise weiblich besetzt, aber die männliche Vorherrschaft ist im Reich der Maschinen, Hyperantriebe und Solarwaffen auf eine geradezu manische Weise befestigt.

Virgil Finlay, *Space Suit*, 1956, Tusche auf Schabkarton 20,3 × 14 cm, Sammlung Norman Brosterman, New York

Zunächst träumt die Science-fiction nicht von einer Welt, in der die Frauen in der einen oder anderen Weise zu *haben* sind, sondern von einer Welt, in der Frauen möglichst ausgeschlossen sind. Sie sind einerseits Dekoration und andrerseits der Störfall, der die Mann/Maschine-Ordnung durcheinanderbringt (und entsprechend muß sie *eliminiert* werden).

Aber natürlich bildeten sich, wie es in der populären Kultur gewöhnlich sich entwickelt, schon früh Gegentendenzen gegen die Hard Science-fiction, eine vehemente Bearbeitung jener sinnlichen und mythischen Begierden, die man aus den Maschinenträumen so sorgfältig ausgeschlossen hatte. Die Science-fiction der 40er und 50er Jahre mit ihren Träumen von Roboterarmeen, maschinell gesteuerten Superstädten und omnipotenten Waffen, war eines der prüdesten Genres der Unterhaltung. Die Welt mußte für ihre Sünden büßen, und der Mann mußte hinaus in ein sehr feindliches, aber in der Regel frauenfreies Weltraumleben. Freilich durchzogen auch furchtbare Subtexte von Kastrationsängsten und Unterlegenheitsgefühlen das Genre. Der Frau (und, ganz im Sinne der amerikanischen Trivialpsychologie der 50er Jahre, vor allem: der Mutter), der der Mann von der Erde in den Weltraum entfloh, begegnete er in monströser Gestalt auf den fernsten aller Planeten wieder, und in seiner eigenen Technologie wiederholten sich seine widersprüchlichen Gefühle zwischen Sehnsucht nach Geborgenheit (in seinem Mutterschiff etwa) und Befreiung.

Der ödipale und sexuelle Kontext der Maschinenträume der Hard Science-fiction (und vielleicht im gesellschaftlichen Umgang mit Technologie und Fortschrittsglauben überhaupt) ließ sich auf Dauer nicht vollkommen unterdrücken. Schon 1939 machte die Redaktion eines amerikanischen Magazins, der MARVEL SCIENCE STORIES, eine großartige Entdeckung: Die gleichen Geschichten von Robotern, Megamaschinen und Hyperräumen, die auch die Konkurrenz brachte, ließen sich noch viel besser verkaufen, wenn man auf die Titelbilder spärlich bekleidete Frauen brachte, die wechselweise in den Klauen tentakelbewehrter Weltraummonster oder in den Greifarmen mit allerlei symbolischen Apparaturen bewehrter, chromglänzender Roboter in Angstschreien oder wohltuender Ohnmacht gezeigt wurden. Hollywood begriff diese ikonische Rezeptur sehr schnell.

Entscheidend ist: Die Frau erscheint durch die Bedrohung des Monsters und der Maschine, also der beiden extremen Erscheinungen aggressiver Männlichkeit, nicht erotisch, sondern erotisiert: Es ist der Blick der Maschine, der sie zum sexuellen Objekt macht. So ist die Maschine, der Ausdruck von aggressiver Nützlichkeit und aggressiver Macht, zwischen den begehrenden, aber ängstlichen Blick des Mannes und das hilflos gemachte Bild weiblicher Erotik getreten, ein Mittler einerseits für die fetischisierte Wahrnehmung zwischen Begehren und Ablehnung, andrerseits aber auch so etwas wie ein Instrument der Rache gegenüber dem begehrten Objekt, das sich in der Regel entzieht.

„Der Tonfilm", so Ernst Bloch in seinem Aufsatz „Bezeichnender Wandel in Kinofabeln" (1932), „mußte erfunden werden, um in 'Frankenstein' den Weiberschrei des Opfers festzuhalten: das Opfer wird freilich gar keines, aber der Golem ist bereits der riesenhaft aufsteigende faschistische Mörder, er ist die Technik mit falschem Bewußtsein, die Angst eines Amerika, ohne prosperity, vor sich selber." Die Technik in der visuellen

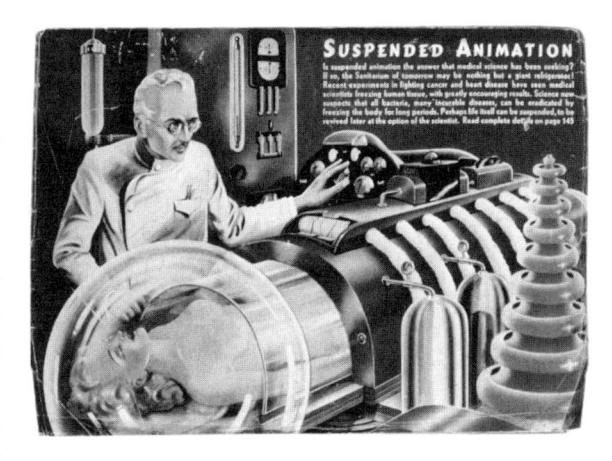

Suspended Animation, Rückseite von: Amazing Stories, Jänner 1940, Sammlung Dr. Rottensteiner, Wien

Science-fiction, so scheint es, ist ganz nach diesem Modell vor allem produziert, um die Angst der Frau auszulösen, so wie der Mad Scientist sein Monster immer und immer wieder in seinen Laboratorien herstellt, damit es die Frau erschrecken und die Ohnmächtige über die Türschwelle tragen kann.

Diese Mythologie der männlichen Panik und Herrschaft und der weiblichen Unschuld und Furcht setzt sich, gewiß, nur in sehr beschränktem Maß in den wirklichen Gebrauch fort, den die Gesellschaft von ihrem technologischen Reichtum macht. Und dennoch beschreibt jeder Mythos auch eine politische und ökonomische Praxis. „In der Science Fiction", so Susan Sontag, „geht es nicht um Naturwissenschaft. Es geht um die Katastrophe und damit um eines der ältesten Themen der Kunst. Im SF-Film wird die Katastrophe nicht intensiv, sondern extensiv erlebt. Hier geht es um Quantität und Einfallsreichtum." Der Mad Scientist schafft entweder ein technologisches Monster, das auf die Frau losgeht, oder er macht sich direkt – mittels seiner Technologie – am Körper der Frau zu schaffen. Schließlich verwandelt sich, wie in „The Fly", der Wissenschaftler in seiner Technologie in ein Monster, das die Frau bedroht und sie zugleich, tragisch genug, um Erlösung anfleht.

Hält aber bei näherem Hinsehen die Aussage von Susan Sontag, die Science-fiction extensiviere die Katastrophe vor allem, wirklich stand? Oder zeigt viel eher dieses genauere Hinsehen nicht den wahren, den religiösen Gehalt der Katastrophen im Genre? Tatsächlich vollziehen sie sich ja gerade dort, wo das christliche Dogma, das religiöse Tabu betroffen ist. Die Unterscheidung zwischen der guten, der neutralen und der bösen Technik in der Phantasie der SF läßt sich ohne Umwege als die himmlische, die irdische und die höllische Technik beschreiben. Und, wie wir unsere Kultur kennen, ist diese massenhafte Gleichnis-Produktion in der Regel weniger von urchristlichem Geist als vom paulinischen und augustinischen Eifer gegen die Sexualität und gegen die Frau bestimmt. Tief in ihrem antirationalen Kern handelt die Science-fiction (die freilich und glücklicherweise seit ihrem Entstehen mehrere Schübe von Aufklärung und Selbstreflexion erlebte) davon, daß die Frau die eigentliche Katastrophe der Weltgeschichte ist und der Mann *seine* Maschinenwelt vor allem entwickelt, um die Frau in Angst und auf Distanz zu halten, aber auch, um sein eigenes Begehren zu kontrollieren. Die irdische Technologie ist sehr einfach zu umreißen: Sie dient der Produktion und der Kontrolle der Natur, sie realisiert das Gebot für den Menschen, sich die Erde untertan zu machen. Unklar dagegen werden die Verhältnisse schon in den technologischen Mitteln der phantastischen Reise. Verwandeln sich die Menschen, die sich in den Himmelsraum bewegen, in Engel, oder begehen sie ein Sakrileg? Möglicherweise kommt es dabei auf ihre Bewährung an. Schon heftiger ist der Verstoß gegen die lineare Zeitauffassung des Christentums; wenn die Zeitmaschine ihre endlosen Paradoxien produziert, dann bestraft sie damit auch den Menschen, der sich der kosmischen Ordnung entzieht, in der die Wiedergeburt einzig und allein am „Tag des jüngsten Gerichtes" und in einer ebenso abgeschlossenen wie transzendentalen Welt geschehen will. Die Zeitreise, die eines der Hauptthemen des Genres bildet, setzt antike, heidnische Vorstellungen von der zyklischen Organisation der Welt wieder in Kraft, sie ruiniert aber gleichzeitig auch die ödipale Struktur der bürgerlichen (wie der heiligen) Familie. Das Zeitreise-Motiv ist gewiß nicht zufällig so häufig mit dem Inzest-Thema verbunden; Marty McFly in dem Film „Zurück in die Zukunft" trifft in der Vergangenheit seine Mutter, die sich so heftig in ihn verliebt, daß sie darüber seinen Vater vergißt; und Naomi Mitchisons Roman „Memoirs of a Spacewoman" (Aus den Memoiren einer Weltraumfahrerin) erzählt von einer Frau, die in der Supertechnologie der Weltraumfahrt von Welt zu Welt unterwegs ist, nicht, um Planeten auszubeuten oder sie zu erobern, sondern ausschließlich um zu lernen. Doch immer wenn sie zurück auf die Erde gelangt, ist eines ihrer Kinder, der Relativität von Zeit und Raum wegen, um so vieles schneller gealtert, daß sie sich in etwa im gleichen Status befinden, was mehrfach zu eher komplexen Mutter/Sohn-Beziehungen führt.

Wahrhaft höllisch aber wird die Technologie, wo sie das größte Tabu bricht, das Privileg der göttlichen Schöpfung selbst: Die Produktion des künstlichen Menschen, mit der man sich göttliche Züge anmaßt, ist (nicht nur) in der Science-fiction von weit größeren Katastrophen bestraft als, sagen wir, die militärische und wirtschaftliche Ausrottung ganzer Milchstraßen. Dieses Tabu wird umso schlimmer, je perfekter der künstliche Mensch, der Maschinenmensch, seinem Vorbild, der Schöpfung Gottes nach „dem eigenen Bild", gleicht. Der Maschinenmensch ist als Teil irdischer Technologie akzeptabel, solange er ausschließlich dem Nutzen dient, wie der Roboter, der sein maschinelles Wesen nicht verleugnet. Das Problem, das sich aus ihm ergibt, bleibt im Rahmen hierarchischer Strukturen, die, wie wir aus Isaac Asimovs „Gesetzen der Robotik" wissen, ihre eigenen Tücken und Paradoxien entwickeln. Tragisch und katastrophal wird der künstliche Mensch, wo er ein autonomes Ich und wo er ein System der Gefühle entwickelt. Und am allertragischsten und allerkatastrophalsten ist es,

Kelley Freas, *Super-Science Fiction*, Juni 1958, Titelblatt, Sammlung Dr. Rottensteiner, Wien

wenn der künstliche Mensch in den Familienroman und in die sexuelle Struktur der Gesellschaft eingreift.

Aber zur gleichen Zeit ist der *Sexy Roboter*, die Verbindung von perfekten, alterslosen und beliebig produzierbaren externalisierten Zeichen begehrenswerter Weiblichkeit oder Männlichkeit mit der unermüdlichen Dienstbarkeit einer Lustmaschine, auch ein großer Traum: die Abspaltung der angenehmen von den gefährlichen Aspekten der Sexualität. Es ist zunächst nur ein kleiner Schritt von der Phantasie der Maschine, die der Frau Angst macht und sie stellvertretend für den Mann unterwirft und buchstäblich ohnmächtig macht, zu der Idee, die Maschine könne die Frau nicht nur bannen, sondern gleich auch ersetzen. Und nicht viel größer ist der Schritt von der Phantasie, die Frau müsse sich die männliche Technologie erobern, um sie zu verbessern, zu der Phantasie von der erotischen Ersetzung des Mannes durch seine Technologie. So schmeichelt die Weltraumfahrerin „Barbarella" ihrem Geliebten, dem Roboter, mit den Worten: „Victor, Ihr habt Stil!", und der antwortet bescheiden, daß er sich durchaus bewußt sei, daß seinen Impulsen immer noch „etwas Mechanisches anhafte".

6.

In den 60er Jahren wird die Maschinenwelt, nicht nur in der Science-fiction, sondern gewiß auch im alltäglichen und nicht so alltäglichen Gebrauch, einer Resexualisierung unterworfen. Die Maschine, vom Rührfix bis zum Düsenjäger, nimmt eine verführerische Gestalt an und die Verhältnisse im erotisch-technologischen Dreieck ändern sich drastisch.

In der patriarchalisch-christlichen Phase der Technologie-Mythisierung wurde vor allem verhandelt, wie sich der Mann durch die Maschine die Frau vom Leib halten oder sie unterwerfen sollte, und, andrerseits, wie der Weg der Frau zur Technologie nur über den Mann führen konnte. Nun zeigte sich die Maschine in der Lage, selbst sexuelles Begehren auszulösen, Mann wie Frau perfekt zu imitieren, und sogar, solches Begehren zu entwickeln. Die sexualisierte Technologie hatte einen erheblichen Anteil daran, daß sich in diesen Jahren eine Phantasie des Androgynen entwickelte. Statt sie, buchstäblich mit Gewalt, aufrechtzuerhalten, löste die Maschine nun, gelegentlich mit nicht weniger katastrophalen Folgen, die Geschlechterrollen und die Ordnung der Familienromane auf. Major Tom war David Bowie und umgekehrt; die existentielle Erfahrung der neuerlichen Verschmelzung von Maschine und Mensch im Weltraum schuf das Wesen, das Mann und Frau gleichzeitig sein konnte.

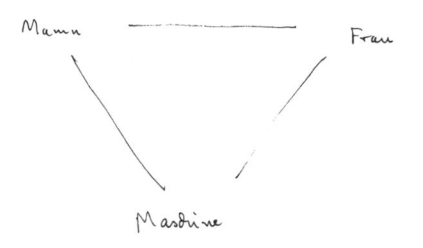

Doch nicht allein das sexuelle Begehren stand im Vordergrund, sondern die Unterwanderung der familiären Systeme durch maschinelle Imitationen, wie in dem Film „The Stepford Wives", wo in einem kleinen amerikanischen Ort sich die Frauen zu so beängstigend perfekten Hausfrauen, Müttern und Geliebten entwickeln, daß früher oder später nur ein Schluß gezogen werden kann: Es sind Roboter. Je weniger die soziale Ordnung tatsächlich funktionierte, desto mehr erträumte man sich das perfekte Funktionieren der Maschinen; Männer und Frauen bedrohten einander gleichsam damit, sich gegenseitig durch Maschinen zu ersetzen.

Am Ende des Jahrzehntes, als die technokratischen Träume der Hard Science-fiction weitgehend ausgeträumt waren, hatte sich ein wüstes Durcheinander von sexuellen, psychedelischen und technologischen Phantasien gebildet. Dick Strong und Lance Sterling schufen für die legendäre „Evergreen Review" 1970 die Serie „Frank Fleet & His Electronic Sex Machine", die einen Roboter mit allen weiblichen Ingredienzien präsentiert, die sich als wahres Sexmonster erweist. Hatte Barbarella noch mühelos die Folterung durch eine Lustmaschine überstanden, so waren nun die Raumfahrer mit perfekten und allzeit willigen Roboter-Frauen versorgt, maschinelle Prostitution (wie in Fritz Leibers Erzählung von „The Silver Egghead") war gang und gäbe, und in der Nachfolge des Films „Demon Seed", wo ein Computer eine Frau vergewaltigt und mit ihr ein Kind zeugt, bevölkerte sich die Welt der Phantastik mit menschmaschinellen Zwitterwesen. Sie alle waren in der Regel aus gleichen Teilen Lust und Angst zusammengesetzt: Die menschenähnlichen Lustmaschinen verwandelten sich nur allzu schnell in Todesmaschinen, die ihre Benutzer für ihre frevelhafte Gier bestraften. Damit war nicht nur das letzte christliche Tabu im Genre außer Kraft gesetzt, welches dennoch im Wesen der künstlichen Menschen erhalten blieb, sondern auch ein völlig neues Feld erotisch-moralischer Allegorien eröffnet. Die Maschine war nicht länger ein Objekt, mit dem man in menschliche Beziehungen eingreifen konnte, sie war eine eigenständige Lebensform, zu der man eine Beziehung von Macht und Erotik entwickeln mußte, und sie vervollkommnete und störte zugleich den endlosen Familienroman. Kein Mensch kann in dieser Welt noch genau wissen, ob er mehr von einer menschlichen oder mehr von einer maschinellen Mutter abstammt; „M.u.t.h.u.r." heißt der allsymbiotische Computer in „Alien", und der Held von „Blade Runner" ist unterwegs, um künstliche Menschen zu töten, die sich in die Gesellschaft eingeschlichen haben, und hat am Ende immerhin die Ahnung, daß er selbst ein Android ist.

7.

Der Computer ist zugleich die logische Fortsetzung der Maschine und die Anti-Maschine schlechthin. Für ihn ist das göttliche Schöpfungsprivileg von vornherein keine Frage, weshalb er auch stets nach der Weltherrschaft strebt und nicht einzelne Illusionen, sondern ganze Illusionswelten produziert. Zunächst einmal wiederholt sich der Geschlechterkampf um die Maschine; er ist geboren, einmal mehr: aus dem Geist des Krieges, als männliches Instrument der Selbstvergewisserung und Produzent anti-weiblicher Fluchtwelten. Aber er intimisiert auf so deutliche Art den Mensch-Maschine-Dialog, daß sich der ideologische Anteil an dieser Bannung allenfalls als Farce wiederholen kann. Wie im „Terminator 2" tritt nun die alte, die mechanische, gestalthafte Technologie in Konkurrenz mit der neuen, flüssigen und nicht-euklidischen Technologie.

Man sieht: Die Verhältnisse werden erheblich komplexer, die Beziehungen polyphoner, zumal wenn man die mechanische Technologie in Richtung einer unverarbeiteten technologischen Vergangenheit und die elektronische Technologie einer ungewissen technologischen Zukunft verlängert.

Eines der Ergebnisse dieser Auflösung ist die Virtualisierung der Sexualität selbst: Cybersex ist schließlich die neuerliche Union von mechanischen und ästhetischen Reizen, doch nicht mehr in der geschlossenen

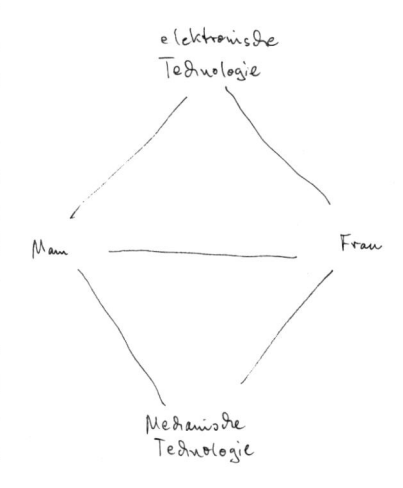

Form eines Mythos von Liebe, Verführung und Begehren, sondern in der offenen Form einer an jedem Punkt quantifizierbaren Funktion.

So liegt es auf der Hand, daß das *Eindringen* in virtuelle Welten (wir können hier den Prozeß der Schöpfung und den Prozeß des Reisens nicht mehr wirklich auseinanderhalten) in der Phantasie der populären Kultur auch mit erheblichen Gefahren verbunden ist. Was ist, wenn von dem Wesen, das mein Begehren auslöst, nicht bloß nicht zu sagen ist, ob es ein Mensch oder eine mechanische Imitation eines solchen ist, sondern auch nicht mehr, ob es sich um etwas Materielles oder nur um ein aus diesem Begehren selbst heraus produziertes Bild ohne organische Entsprechung handelt.

So tritt im Cyberspace und in dem, was wir in unseren kollektiven Phantasien dazu denken, einer der ältesten Mythen der Menschheit ins Stadium seiner technischen Reproduzierbarkeit. Das Objekt verliert mit dem Begehren seine Wirklichkeit, die/der Geliebte erweist sich als Schimäre, der Traum greift in den Alltag, Liebe selbst ist ein göttlicher/dämonischer Schöpfungsakt, der immer auch die Gestalt des Geliebten verändert und ihn, im schlechten Fall, zerstört.

8.

So ist es eines unserer Lieblingsbilder, daß der Mann in den Datennetzen und an den Arbeitsspeichern unermüdlich unterwegs ist, um sich die ideale Frau zu schaffen, die Frau, die nichts mehr ist als das Bild seiner Wünsche — auch da schließt sich ein Kreis. Aber auch die Frau mag in den Datennetzen, vielleicht ganz anders, vielleicht ganz ähnlich, ihren Prinzen zusammensetzen. Auch Frauen basteln sich, wie in Susan Seidelmans Film „Makin' Mr. Right" das Männerbild ihrer Träume ohne Rücksicht auf eine soziale Wirklichkeit des Geschöpfes.

9.

Der Mann also hat seine Maschinen, um sich die eigene Frau zu erschaffen (er rebelliert dabei nicht nur gegen Gott, sondern vor allem gegen die Mutter, die die Menschen gebären muß); „mit meinen eigenen Händen" (wie Baron Frankenstein das so enthusiastisch ausdrückte) will er das Gebärprivileg der Frau durchbrechen (die sich dafür rächen wird, indem sie in den komplementären Amazonen-Phantasien das Zeugungsprivileg des Mannes durchbricht). Die Männerherrschaft auf der einen, der Frauenstaat auf der anderen Seite sind jeweils nur möglich, indem Teile des Kreislaufs von Liebe, Sex, Zeugung, Geburt, Leben und Tod maschinell ersetzt werden. Der Preis dafür? Die letzte Bastion der Konstruktion von *Biographie* und *Metaphysik*, die eine logische Beziehung zueinander haben können, die *unsterbliche Seele* im Menschen, die den Körper nur besitzt (oder *bewohnt*), verliert ihre Zuverlässigkeit. Eine Maschine hat keine Seele, ein Mensch hat sie. Was aber ist mit den Wesen, an deren Lebenszyklus die Maschine tiefe Eingriffe vorgenommen hat, was ist mit dem Wesen, das nicht mehr genau zu unterscheiden weiß zwischen den menschlichen und den maschinellen Segmenten seiner Erscheinung? Dieser technologisch forcierte Zerfall der menschlichen Entität führt auch zu einem Wechselspiel zwischen männlichen und weiblichen Mustern; die Frau im Weltraumanzug ist, wie das Cowgirl im Western, eine Crossdressing-Ikone, aber sie ist, im Genre zumindest, erst der Beginn der Ereignisse, die die Verhältnisse zum Tanzen bringen: Der Mann, der sich in seinen Maschinenwelten und in seinen Raumschiffen erneut gebären läßt, steht der Frau gegenüber, die sich in dieser Welt auf eine besondere Weise zu panzern versteht. Mann, Frau und Maschine tendieren dazu, die Rollen untereinander zu wechseln, und das umso mehr, je weiter sie sich von der guten alten Erde entfernt haben.

10.
Im Cyberspace hat der menschliche Körper also seine Auseinandersetzung mit der Maschine zugleich gewonnen und verloren. Gewonnen hat er sie insofern, als seine Semiologie keineswegs von der Maschine verdrängt wurde, verloren indes, weil die Maschine endlose Verfügungsgewalt über sein Bild gibt. Während sich Arnold Schwarzenegger noch so materiell hat plagen müssen, um seinen Körper zum lebenden und autonomen Kunstwerk zu machen, kann ich meine Erscheinung im Cyberspace beliebig gestalten; zwei ganz und gar nicht ideale körperliche Menschen schicken ihre idealen Körperbilder in die Netze, wo sie sich nicht nur treffen und

Science Fiction Quarterly, August, Titelblatt, Sammlung Dr. Rottensteiner, Wien

lieben mögen, sondern einander weiter bearbeiten, sich dort ein paar Muskeln mehr, hier einen größeren Busen verpassen. Sexualität im Cyberspace hat nichts mehr mit ICH und DU zu tun.

11.
Aber all das, verwirklicht oder nur als Traum und Alptraum in der populären Kultur, hat nur auf sehr indirekte Weise mit dem Alltagsleben zu tun, in dem sich Männer, Frauen und Maschinen auf eine viel banalere Weise arrangieren müssen. Die Unordnung indes ist in der alltäglichen nicht geringer als in der *virtuellen* Realität.

12.
Möglicherweise verändert sich das Modell der Beziehung von Mann, Frau und Maschine noch einmal und sieht nun vielleicht so aus:
Man sieht, daß sich die Kommunikationsabläufe zwischen der Frau, dem Mann und der elektronischen Technologie in eine flüssig-kreisförmige Art verwandelt haben (ohne wohl ganz die ursprünglich starre Form der Beziehung zu *vergessen*), während sich die Beziehung zur mechanischen Technologie gleichsam aus dem Praxis-Raum dieser Kommunikation bewegt hat.
Zur mythischen Einheit mit seiner Maschine konnte der Lokomotivführer (oder der imaginäre Lokomotivführer männlicher Kinderträume) nur gelangen, indem er eine massive Form der Bewegung generierte. Was dies anbelangt, hat sich zum Weltraumfahrer nicht viel geändert. Er setzt einen Prozeß von Teilhabe und Ausschluß in Gang. Der erste Akt einer klassischen „Space Opera" behandelt in der Regel die bedeutende Frage, wer an einer Weltraummission teilnehmen darf und wer nicht. Der Datenreisende dagegen befindet sich in

einem offenen, ja, wenn man so will chaotischen System, in dem er mehr oder weniger jedem und jeder begegnen und sich zu mehr oder weniger strukturierten, mehr oder weniger kreativen, mehr oder weniger lustvollen Bewegungen und Beziehungen verabreden kann. Sie oder er selbst werden durch die Bewegung generiert. Ebenso wie es möglich ist, eine Stadt virtueller, aber *funktionierender* Art in einem anonymen, kollektiven elektronischen Schöpfungsakt zu errichten, so ist es möglich, Signale der Lust auszusenden und zu empfangen, die keine eindeutigen *Autoren* mehr haben. Und so wie die mechanische Hardware in diesem Vorgang nur noch in ihrem ästhetischen Design und ihrem ergonomischen Funktionieren von Interesse ist, so verschwindet die Technologie des Kommunikationsvorgangs selbst. Damit verschwinden aber auch eine Anzahl der ödipalen Ängste, die wir der mechanischen Technologie gegenüber entwickelt haben und die einen Großteil der Katastrophenphantasie der Science-fiction ausmachte. Die sexuelle Konkurrenz/Komplizenschaft zwischen Mensch und Maschine (die mit dem Vibrator im Nachtkästchen beginnen mag) ist stets auch Ausdruck einer tiefergreifenden Konkurrenz: Der Mensch weiß um seine Sterblichkeit und die potentielle Unsterblichkeit seines maschinellen Geschöpfes (und diese Konkurrenz mag sich auch im *kleinen* Tod der Liebe zeigen). Das maschinelle Geschöpf *ersetzt* den Menschen. In der elektronischen Technologie dagegen – die ökonomisch und sozial eine um vieles größere Bedrohung bedeuten mag, mythologisch und seelisch aber eher harmonisierend wirkt – gibt es keinen gestalthaften Unterschied zwischen Mensch und Maschine. *Ich*, wer immer das unter den neuen Bedingungen sein mag, ist mindestens genauso unsterblich wie die benutzte Maschine, auf ewig mögen meine Datenschatten durch die Netze wandern, und sei es in Form einer unendlich weitergegebenen Highscore-Eintragung bei einem Computerspiel. Die mechanische Maschine hatte meine körperlichen Funktionen ersetzt (und sich gleichzeitig ein wenig über das Mechanische im Funktionieren des Menschen lustig gemacht); die elektronische Maschine verstärkt meine Empfindungen, sendend und empfangend, und je stärker diese Maschine, desto stärker ist auch *Ich*. Der Roboter, der in seiner mechanischen Erscheinung sein elektronisches Funktionieren verbirgt, ruft gleichsam automatisch den Diskurs von Herrschaft und Knechtschaft hervor; wir sehen es ihm sozusagen an, daß er nur auf die Gelegenheit lauert, als Knecht die Herrschaft zu übernehmen (was uns nicht verwundern kann, wenn wir seine Genealogie verfolgen: als männliche Maschine, die die Frau bannen sollte und als militärische Maschine, die den Feind vernichten muß); der Computer dagegen hat eine Tendenz des Verschlingens, er frißt auf eine mehr oder minder zärtliche, narzißtische Weise den User auf. Ganz und gar märchenhaft.

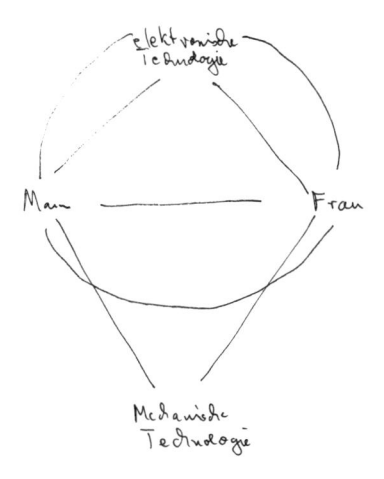

Das Verschwinden des Körpers

Doreet LeVitte-Harten

Im Anfang schuf Gott eine Maschine, eine Einheit, die vollkommen war, bis die Sünde sie menschlich machte. Auch das Paradies funktionierte, solange es bestand, trotz seiner organischen Verkleidung wie eine gut geölte Maschine. Aufgrund seiner nanotechnischen Fähigkeiten gelang es Gott, dafür zu sorgen, daß jeder Apfel *der* Apfel war – ein Plan, den die heutige Gentechnik verfolgt –, und Tiere zu schaffen, die sich wie Damen beim Fünfuhrtee benahmen. Die Welt war eine einzige Teegesellschaft und hätte das auch bleiben können, wenn es nicht das Menschliche in Form der Schlange gegeben hätte. Was ist denn das ersehnte verlorene Paradies anderes als die Verkörperung des vollkommenen und wie eine Maschine funktionierenden Ganzen, über das uns die Bibel erzählt? So gesehen entsprangen Maschinenträume einem Verlangen, das nicht auf Fortschritt gerichtet, sondern *in illo tempora*, in der mythischen Vollkommenheit der Vergangenheit begründet war. Bei Maschinen ging es also stets schon weniger um die Zukunft als um das, was früher einmal war.
Diese Verkehrung der Perspektive hilft einige Dinge zu erhellen. Wenn alle Maschinen eine utopische Vergangenheit befördern sollen, kommt in ihnen im wesentlichen eine dem Mythos verbundene und dem rationalen Fortschrittsverständnis entgegengesetzte zirkuläre Zeitvorstellung zum Ausdruck. Über die Erfindung von Maschinen breitet sich immer der Nebel des Mythos. Andererseits stellt jede Maschine einen rituellen Schöpfungsakt dar, in dem die Junggesellenmaschine die biologischen Mängel des männlichen Geschlechts kompensiert. Dieser 1954 von Michel Carrouges in „Les Machines Célibataires" beschriebenen Vorstellung zufolge, die sich im Werk Duchamps ebenso wiederfindet wie in den Texten Kafkas und Jarrys, ist die Technologie nichts anderes als eine erotische Metapher, die die Frau in politisch höchst unkorrekter Weise von der Bühne verdrängt. Carrouges' Ansatz formuliert eine hermetische Beziehung zwischen Mensch und Maschine; die Sprache der Junggesellenmaschine hat mit Fortpflanzung nichts zu schaffen, und die entstehende erotische Beziehung des Mannes ist ausweglos inzestuös. Als Erzeuger befruchtet der Mann die Maschine mit der Metapher des Lebens, und es ist die Tochter, die, wie alle Mythen erzählen, eines Tages ihren Vater verraten und ihn in den Tod stürzen wird. Dieser Zusammenhang trägt dazu bei, die ambivalente Haltung gegenüber Maschinen zu erklären, die man stets entweder gehaßt oder geliebt hat, indem man sie verdinglichte und den Menschen mit den Folgen zurechtkommen ließ. Daß nichts, was das Leben angeht, sächlich, neutral sein kann, hat bereits Heidegger hervorgehoben, der die Technologie eher als Geisteszustand denn als einen dem Menschen in den Schoß gelegten Koloß begriff.
Interessant ist, daß es meist bereits zu Institutionen gewordene Religionen waren, die der Maschine den Krieg erklärten. Das letzte, was ein Papst wollte, war die beschleunigte Einlösung einer Utopie. Die Vollkommenheit der Maschine galt der Kirche als Verneinung ihrer Einrichtung: Was soll denn die Religion noch bewirken, wenn alles getan und die Welt durch Maschinenträume in den ursprünglichen Zustand der Vollkommenheit zurückgekehrt ist?

Nicht daß Imame und Priester keine Handys verwendeten – dennoch hat die Kirche die Maschine immer erst einmal als Werk des Teufels verdammt; daß diese Hervorbringungen des Satans gezähmt werden und dazu dienen könnten, das Reich Gottes zu mehren, kam später. War der Maschine vielleicht etwas Endgültiges eingeschrieben? Der Menschensohn sollte der nächste sein, und sein endgültiges Bild machte Päpste und Künstler arbeitslos. Man begriff die Maschine als etwas Nichtmenschliches, als etwas, das zu den theoretischen Bestrebungen des Menschen in Gegensatz stand. Daher ließ auch niemand die Zügel schießen und stellte angesichts des Laufes der Geschichte einmal in Frage, ob denn das Menschliche auch wirklich so wunderbar war.
Der Gegensatz von Mensch und Maschine wurde in einem Maße emblematisiert, daß man seine Logik nie in Zweifel zog. Das von Kopernikus über Darwin bis zu Freud und Einstein entwickelte Verständnis von Technologie als Teil eines – wenn auch schablonenhaft gesehenen – historischen Kontinuums wurde gerade durch die Art dessen, wie man es verfocht, zerstört, indem man behauptete, daß der Geist des Menschen, sein Humanismus eben, Maschinenträume ausschließe. Um einen funktionalen Mythos zu schaffen, der eine Gegnerschaft überflüssig machte, wurde der Körper aufgewertet und stand nun der Panzerung der Maschine von Angesicht zu Angesicht gegenüber. Das heilige Bild sollte gegen die Gefahren kämpfen, die dem gepanzerten Bild entsprangen, und die Haut jener Vorstellungen retten, die schon längst hätten fallengelassen werden sollen.
Der Dualismus von Mensch und Maschine mußte von nun an der Bewunderung des Menschen für sein Menschsein dienen, das zum Guten im kirchlichen Sinne verkehrt wurde. Sobald das Wesen des Menschlichen aus dessen Gegensatz zu allem, was als unmenschlich definiert wurde, zu Grausamkeit, Krieg und Entfremdung, gewonnen war, konnte es sich im praktischen Leben durchsetzen, ohne die Vorstellungen des humanistischen Gebäudes in Frage zu stellen. Es war der Körper, dessen Ideologien der Maschine sein Negativ aufprägten und gleichzeitig eine Ideologie des Verschwindens hervorbrachten, die dafür sorgte, daß sich die im Geist liegende Einzigartigkeit des humanistischen Wesens entfalten konnte.
Der Vorgang des Verschwindens betonte den Sieg des Geistes über das Fleisch, und Maschinen wurden den niederen Bereichen des Fleischlichen zugerechnet. Das Fleischliche mußte im Rahmen einer negativen Theologie zur Darstellung gelangen. Dieser beinahe talmudischen Ableitung zufolge sollte die Maschine, die nun mit dem nicht geistigen Fleisch gleichgesetzt war, als Wasserträger der Menschheit toleriert werden. Der Mythos der über ihren Schöpfer obsiegenden Maschine hat in ebendieser Konstruktion seinen Ursprung. Indem die Maschine Verlängerungen, Prothesen und digitale Mittel an Stelle des Körpers setzt, ersetzt und schmückt sie die menschliche Komponente des Körpers und beginnt zu einer abstrakten Einheit zu werden. Was ist denn die virtuelle Realität anderes als die Verkörperung des Geistes durch die Maschine?
Wie aber kam es dazu, daß sich der Körper verflüchtigte? Welcher Mechanismus sorgte dafür, daß er nach einer solchen Aufhebung verlangte? Wo liegt der Wendepunkt, jenseits dessen Maschinenträume mit den Träumen des Geistes zusammenfallen?
Es ist schon lange her, daß sich der Körper zu verflüchtigen begann. Eines Tages entdeckte der Mensch, daß er eine Seele hatte und daß dieser Schatz in seinem Leib eingeschlossen war wie Kapital in einem Safe. Damit fing es an. Von dem über Generationen hinweg in

jüdisch-christlichen Lehren gepriesenen gnostischen Ideal, auf Kosten des Leibes zur Erkenntnis zu gelangen, zieht sich ein deutlicher roter Faden zu den Klagen, die man heute über das Verschwinden des Körpers durch die Kybernetik und deren unter dem Begriff Cyberspace bekannte Erscheinungsformen anstimmt.

In der Renaissance vollzog sich ein grundsätzlicher Wandel der Vorstellung des Körpers in seinen drei Dimensionen. Hatten zuvor das Gute, das Böse und das Neutrale Oberfläche und Tiefe des Leibes besetzt, bestimmten nun, wie sich an den Karten des Kolumbus und den perspektivischen Schaubildern Leonardos ablesen läßt, Raster und Schichten die Sichtweise. [1] Dieser Zugang gab dem Leib eine Rechtfertigung, aber sehr bald trat die Angst, die Menschlichkeit zu verlieren, an Stelle dessen, was die religiöse Moral bedeckte. Leonardo stellte den Körper als Maschine mit Scharnieren und Hebeln dar, was Descartes in seiner Philosophie aufgriff, indem er eine strikte Dualität von Leib und Seele vertrat und den Körper gewissermaßen als Automaten verstand. Der mechanische Körper sollte gleichermaßen der Geringschätzung anheimfallen wie der organische.

Die Wetware [2] war im Reich des Geistes nie wirklich willkommen. Bereits der junge Aristoteles hielt sie unter dem Einfluß Platos für den Kerker der Seele; und die Helden des Frühchristentums waren durchgeistigte Eremiten, die ihren Körper dem Verfall preisgaben, ihn vernachlässigten und in unvorstellbarer Weise verstümmelten, um zum Ausdruck zu bringen, daß sie Buße taten. Thomas von Aquin war der einzige christliche Theologe, der dem Leib wieder eine bescheidene Würde verlieh, indem er ihm die Form der Seele zuordnete und deren Verhältnis zum Körper als eines von Form und Materie faßte, Leib und Seele als zwei Komponenten ein und derselben Substanz verstand. Aber natürlich war er ein Mann der goldenen Mitte. [3]

Das Judentum war stolz darauf, den Körper nicht völlig zu verneinen und Ablehnung des Fleisches und Hinnahme der materiellen Welt auseinanderhalten zu können. Diese in der Bibel getroffene Unterscheidung, der man auch in den Schriften der Qumran-Sekte begegnet, beeinflußte die paulinische Theologie, deren Körperfeindlichkeit weit weniger rigoros war als die der pythagoräischen, platonischen und gnostischen Strömungen. [4] Daß die jüdisch-christlichen Lehren den Körper nicht völlig ablehnten wie die Gnostiker, die ihn als Bereich des Bösen begriffen, hängt damit zusammen, daß dies die Vorstellung eines einziges Gottes, der alles erschaffen hat, unter Umständen in Frage gestellt hätte. Der Leib wurde also aufgrund seiner Geschichte nicht a priori verdammt, sondern war der in ihm schlummernden Möglichkeiten wegen mit Mißtrauen zu betrachten und ständiger Aufsicht und

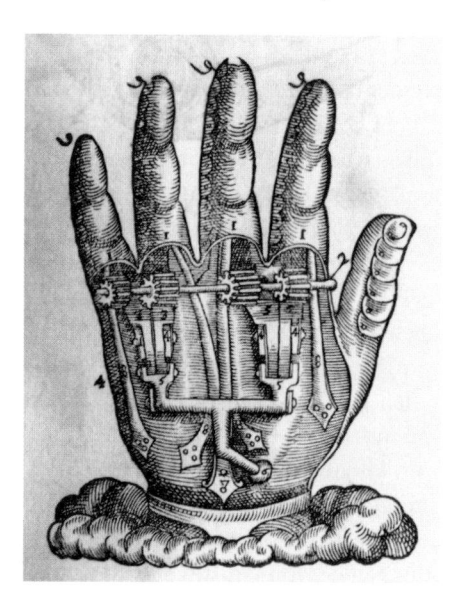

Ambroise Paré, *Manus factitae ex ferro imago*, (Prothesenhand) Illustration in: Opera Chirurgica Ambrosii Paraei Galliarum Regis Primarii et pariesis Chirurgi, Frankfurt a. M., APVD, Ioanem Feyrabend, Impensis Pietri filcheri, S. 656, 1590, Österreichische Nationalbibliothek, Wien

Reinigung zu unterziehen, um ihn von einem Ort der Begierde zu einem des Mangels zu machen. Dadurch räumte man dem Körper, wenn auch keinen Ehrenplatz, so doch einen neuen Stellenwert ein, indem man ihm als bedingt neutral begegnete.

Sobald die theologischen Spekulationen über den Körper in die Philosophie Eingang fanden, entwickelte sich eine analoge Terminologie. Statt des zur Sünde neigenden Leibes trifft man auf einen mit Maschinenattributen belegten Körper. Noch unter dem Schutz des allmächtigen Gottes gelang es Descartes, der an der Dualität festhielt, nicht, das Wechselverhältnis von Seele und Körper zu erklären, während Nicole Malebranche, der die Ansätze Descartes und Pascals zu verbinden versuchte, der Frage überhaupt aus dem Weg ging. Descartes räumte dem Körper im wesentlichen keine Möglichkeit der Freiheit ein; Freiheit erlange der Mensch, indem er seine Leidenschaften und Gefühle – Bewunderung, Liebe, Haß, Begehren, Freude und Trauer – kontrolliere. Descartes Ideal ist eine Art Automat, der dem christlichen Wunschbild des disziplinierten Körpers entspricht. Kurz: Der Körper blieb in der Philosophie ebenso zum Verschwinden verurteilt wie zuvor. Neben dem einst organischen Verschwinden durch die Verneinung des Körpers entwickelte sich eine Metamorphose zum Mechanischen – zwei Lösungen, die bis in unsere Zeit hinein nebeneinander bestanden. Wenn sich auch die moralische Dreidimensionalität des Körpers zu einer physischen Dreidimensionalität verschoben hatte, änderte sich im wesentlichen kaum etwas. Auf der Grundlage der beiden Möglichkeiten der Verflüchtigung des Körpers, der christlich-organischen und der aufklärerisch-mechanischen, sind in der Moderne positive und negative Positionen bezogen worden. Daß die dualistische Sichtweise unter Umständen auf einem „kategorischen Fehler" beruht, wie Gilbert Ryle meint, trug nicht wirklich dazu bei, daß man sich um eine komplexere Sichtweise bemühte. [5]

Durch die Mechanisierung des Körpers befreite der kartesianische Dualismus den Körper nicht nur von seinen moralischen Verpflichtungen und von seiner Seele, sondern verwandelte ihn auch in ein Objekt jenseits der Sprache.

Von anderen Gegenständen unterschied sich der Körper dadurch, daß ihn eine soziale Charta schützte: er war das Bild des Heiligen. Heilig war der Leib nicht deshalb, weil er als irdischer Gegenstand existierte oder weil ihn ein individuelles und einzigartiges Gepräge auszeichnete, sondern weil er etwas repräsentierte, ein Symbolfeld darstellte. Durch sein Vermögen, als Bedeutungsträger zu fungieren, durch die Totalität seiner Abstraktion und Distanzierung von sich selbst wurde dem Körper im Lauf seines mühseligen Verschwindens nun Schutz zuteil. Er wurde zum Kunstwerk der Seele.

Der Körper kann also auf zwei Wegen unsichtbar werden: Entweder verschwindet er der jüdisch-christlichen Tradition entsprechend durch Beschränkung organisch, oder er wird um zahllose Prothesen erweitert und geht in eine Maschine

EMSH, Titelblatt von: *The Caves of Steel*, Galaxy, Oktober 1953, Sammlung Dr. Rottensteiner, Wien

über. Während die erste Lösung der Ethik der Moderne zufolge als positive Entwicklung gilt, werden die Verwandlung des Körpers in eine Maschine und die spätere Ätherisierung des Leibes im Cyberspace als Ende des Menschlichen gesehen und als apokalyptische Vision verstanden. Festzuhalten ist, daß die organische Auflösung von keiner theoretischen Diskussion begleitet war, während der zweite Weg im Science-fiction-Bereich und in den Sozialwissenschaften Gegenstand endloser Debatten war und ist und nun nach Richard Buckminster Fuller und McLuhan mit Foster, Virilio, Ronel und Ihde bereits die dritte Generation von Propheten des Maschinenzeitalters hervorgebracht hat. Die erste Lösung blieb aus noch auszuführenden ökonomischen Gründen positiv besetzt; die zweite wurde Gegenstand akademischer und literarischer Debatten; die erste war geistig subversiv, die zweite in Ängsten verwurzelt, deren Quellen in den Anfängen der Menschheit liegen.

Das organische Verschwinden des Körpers in unserer Zeit äußert sich im Kult der Dünnheit, ja Ausmergelung, der das Schönheitsideal bestimmt. [6] Wer dick ist, gibt sich als unterlegen zu erkennen. Schwarze sind fett, Unterschichtler ausgefressen, Unterbezahlte korpulent, Frauen mollig, Arme stark, Menschen aus 'unterentwickelten' Ländern rundlich. Gegen Ende unseres Jahrhunderts werden die Dicken nicht der Gnade Gottes teilhaftig. Sie sind Sünder, deren Vergehen in ihrem Fleisch liegt, das dem allmächtigen Blick der Eingeweihten preisgegeben ist, deren Selbstzucht davon zeugt, daß sie dem Wort Gottes folgen. Was die Märtyrer im Frühchristentum waren, sind heute die Magersüchtigen. [7]

Sicher hat der Kult der Auszehrung auch ökonomische Gründe. Jährlich werden 300 Millionen Dollar für Schlankheitsoperationen und 300 Milliarden Dollar für Diätprodukte ausgegeben. [8] Doch wirtschaftliche Motive genügen nicht, die an Besessenheit grenzende Haltung der Konsumenten zu erklären. Der geradezu religiös anmutende Körperhaß bereitet den Boden dafür, daß sich die Menschen mit der allmählichen Vernichtung des Körpers abfinden. Fettsein wird unterschwellig als Vergehen gegen Gott gedeutet, während vordergründig mit medizinischen Ausdrücken vor Gefahren für die Gesundheit gewarnt wird, auch wenn schon längst auf der Hand liegt, daß dem nicht ganz so ist. Dünnsein heißt Schönsein, und das Christentum hat immer darauf geachtet, wie es dasteht. Ganz bestimmten Parametern gehorchend, die jene ausschlossen, deren visuelle Merkmale sich nicht mit dem abendländischen Ideal deckten, hieß Christsein Schönsein. So kam es, daß Jesus als blond dargestellt wurde, und so ist auch zu erklären, daß Maria auf den meisten Bildern aussieht, als sei sie in Bayern geboren. Andere Arten des Schönen wurden nur unter der Kategorie des Exotischen zugelassen, was soviel wie „nicht unserem Volk zugehörig", also nichtchristlich hieß.

Ich glaube, es war die Herzogin von Windsor, die in ihrer erhabenen Dummheit einmal von sich gab, daß man gar nicht dünn und reich genug sein kann. Mit dieser Feststellung, in der der Geist des protestantischen Evangeliums mitschwingt, der die beiden großen Abstraktionen als Zeichen göttlicher Gnade deutet, hat die Herzogin eine Wahrheit ausgesprochen, derzufolge Fülle in der Deprivation liegt. Das Opfer Geld schart seine Anhänger um sich wie ein Aztekenkönig seine Opfer, die ihn vor Gott vertreten. Je mehr Geld zur Verfügung steht, desto größer ist das religiöse Opfer, entspricht Geld als die Abstraktion des Wachstums, als die es dem abendländischen Ethos gilt, doch dem Verschwinden des sich in seinen Opfern verkörpernden Herrschers. Die andere Abstraktion ist die des Körpers, dessen Tugend, folgt man dem Evangelium, darin liegt, nicht vorhanden zu sein. Die beiden Apotheosen sind die Grundpfeiler der Theologie des Gewichts.

Es liegt daher auf der Hand, weshalb die Terminologie der Diät einem religiösen Wörterbuch zu entstammen scheint: Dünnwerden ist letztlich die Tat eines Gläubigen, der anerkennt, daß sich sein Körper um der Erlösung seiner Seele willen verflüchtigen muß. Die Struktur eines religiösen Rituals, das den Kandidaten zur Wahrheit hinführt, ist nicht zu übersehen. Dünn zu werden ist in der Sprache derer, die es tun, ein Heilsakt, ein Prozeß der Zucht, der Selbstdisziplinierung, des Gestehens, und erinnert auch insofern an das Verhalten eines Menschen, der sich zu einer Religion bekehrt. [9])

Und wohin wendet sich nun die Begierde? Traditionell zeigte der Körper, je obszöner – also fetter – er wurde, ein um so stimmigeres Profil der Begierde, die er zum Ausdruck brachte. Kehrt nun das Verlangen im Verschwinden den Inhalt der auf Mangel gegründeten Begierde hervor? Die Vernichtung konzentriert sich auf die Oberfläche des Körpers; über Tiefe spricht

Thomas O'Reilly, *They looked off ... over the city*, Illustration zu 'The Ultimate City' in: Science Fiction Plus, April 1953, S. 50, Sammlung Dr. Rottensteiner, Wien

sie nur noch in Sinnbildern und schafft es dadurch, den Körper von der Begierde abzubringen, zwingt ihn dazu, sich selbst zum Gegenstand zu werden; Deleuze und Guattari haben von einem Verlangen gesprochen, das in einem Körper ohne Organe gefangen ist. Dies führt zu einer Bewegung, die sich ständig aus sich selbst heraus in der apokalyptischen Vision eines Körpers erneuert, der keine Organe hat und dessen Oberfläche und Wesen zusammenfallen. Der Körper ist nicht mehr zentrales Thema der Schöpfungsgeschichte und wird der Matrix der Welt einverleibt; dennoch bleibt er in seinem eigenen Bild gefangen und transportiert keinerlei symbolischen Gehalt.

Das Verlangen dieses Körpers muß subversiv vorgehen. Es bricht sich Bahn, indem es das Verschwinden durch dessen Negation umgestaltet. Diese Spielart organischer Desintegration ist uns als Bodybuilding bekannt. Auf den ersten Blick scheint Bodybuilding die Vernichtung des Körpers in Frage zu stellen, dem Körper affirmativ zu begegnen, tut jedoch in Wahrheit nichts anderes, als ihn zur Maschine zu metaphorisieren. Der Körper bekommt eine Panzerung, das Zusammenspiel seiner Teile wird perfektioniert – er wird zum genauen Gegenteil eines Körpers ohne Organe. [10]) Dadurch wird die am negativen Pol des Spektrums des Verschwindens angesiedelte Idee der Verwandlung des Menschen in eine Maschine in einen Bereich verlagert, in dem das Verschwinden begrüßt werden kann. Konspirativ wertet Bodybuilding die Begriffe um und schafft dadurch der als unnatürlich empfundenen Kontinuität Raum.

Zugrunde liegt der menschlichen Angst vor der Maschine nicht nur der Gegensatz zwischen Materie und Seele, Körper und Geist, sondern auch die Dichotomie zwischen Natur und Technologie – wobei Technologie in diesem Verständnis nicht mit Kultur in Zusammenhang steht. Der Geist ist Natur und von Gott geschaffen, die Maschine Oberfläche und Menschenwerk. Die Abgrenzung wird streng überwacht; die Trennlinie zu überschreiten kommt einer Tabuverletzung gleich. Obwohl Natur nun keine Kategorie mehr darstellt und eher zu einer Strategie geworden ist, wird Diskontinuität als Wesensmerkmal des Menschlichen beibehalten. Der gesamte Mythos einer an und für sich neutralen Technologie wurzelt in diesem Bedürfnis nach ererbter Herrschaft, das seinerseits der gottgegebenen Überlegenheit der humanistisch-naturalistischen Seite der Dichotomie entspringt. Die Geschichte lehrt uns freilich, daß ebendiese Illusion der Diskontinuität von den großen Denkern in Zweifel gezogen wurde. Kopernikus, Darwin, Freud und Einstein betrachteten den Menschen als Glied einer Kette, eines Kontinuums, was ein Verhältnis von Mensch und Maschine unterstellt. [11])

Was die andere Form des Verschwindens betrifft, so gibt es darüber im Unterschied zur organischen eine reiche Literatur, die sich für und gegen diesen Weg ausspricht. Wir nennen diese Literatur Science-fiction, und mir scheint, daß keine andere zivilisatorische Errungenschaft eine gleichermaßen eigenständige Form hervorgebracht hat. Sicher haben einzelne Werke des Genres im allgemeinen nicht das Gewicht der Mainstream-Texte – man muß sich die Fülle der Werke und deren Wirkung aufeinander vergegenwärtigen, nachvollziehen, wie sich Vorstellungen aus anderen Vorstellungen heraus entwickeln. Die Lektüre eines einzelnen Buches kann nicht in das Thema einführen; erst durch ständiges Lesen erwirbt man sich einen Bezugsrahmen, vor dessen Hintergrund sich die inneren Beziehungen richtig entschlüsseln, Korrelationen durchschauen und Affinitäten der Sprache und der Zeichensysteme erkennen lassen. Solcherart erweitert jede Lektüre den Text, läßt ihn jedoch gleichzeitig auch zerfallen, weil sich an seiner Oberfläche, vom roten Faden der Geschichte einmal abgesehen, nur sehr wenig ablesen und begreifen läßt.

Was den Körper angeht, war sich die Science-fiction-Literatur nicht nur der Möglichkeiten bewußt, die sein Verschwinden barg, sondern auch davon fasziniert. Die dystopischen Tendenzen haben die Einverleibung des Körpers in eine Maschine unmittelbar mit dem Verlust des menschlichen Geistes in Zusammenhang gebracht. Doch trotz aller grundsätzlichen Klagen schlägt stets eine gewisse Begeisterung im Hinblick auf die unwiderstehlichen Möglichkeiten der Verwandlung des Körpers durch. Je weiter sich die Science-fiction-Literatur entwickelte, desto weniger fühlte sie sich verpflichtet, auf das elegische Pathos ihrer Zeit Rücksicht zu nehmen, mit dem das Verschwinden des Körpers beklagt wurde, sie sondierte lieber die mit den entsprechenden Themen verbundenen Tabus und befreite diese von zeitgenössischen Ideologien. Ging die Literatur der 40er und 50er Jahre noch weitgehend mit dem Zeitgeist konform, verzichtet das Genre seit den frühen 80er Jahren auf politische Korrektheit. In der Cyberpunk-Literatur schwingen keine feministischen, antirassistischen oder ökologischen Anliegen mit. Und dennoch kommt nur hier der Wandel, dem unser verschwindender Körper Tag für Tag unterworfen ist, zur Sprache. Historisch gesehen wird also die Transformation des Körpers in eine Maschine durch seine Umwandlung in Information abgelöst – eine Entwicklung, die darin gipfelt, daß nun der Geist durch Information verkörpert wird, was den Traum unseres Jahrhunderts von der völligen Freiheit des Geistes Wirklichkeit werden läßt.

In der Science-fiction-Literatur trifft man auf verschiedene Formen des Verschwindens. Entweder wird der Körper untauglich und entbehrlich und eine Maschine erledigt seine

Arbeit besser, oder er wird durch weiterentwickelte Roboter, sogenannte Androiden oder Cyborgs, ersetzt. [12]) Künstliche Intelligenz beziehungsweise deren organisches Analogon, ein in einer chemischen Flüssigkeit schwimmendes Gehirn, entsprechen metonymisch dem gepanzerten Leib des Cyborgs und der totalen Entfremdung der Kampfmaschine. In der Matrix der Cyberpunk-Literatur vollendet sich das Verschwinden: Hier überlebt der Geist in dem Raum, den er sich selbst geschaffen hat, und ist imstande, Körper darzustellen. Das Ver-

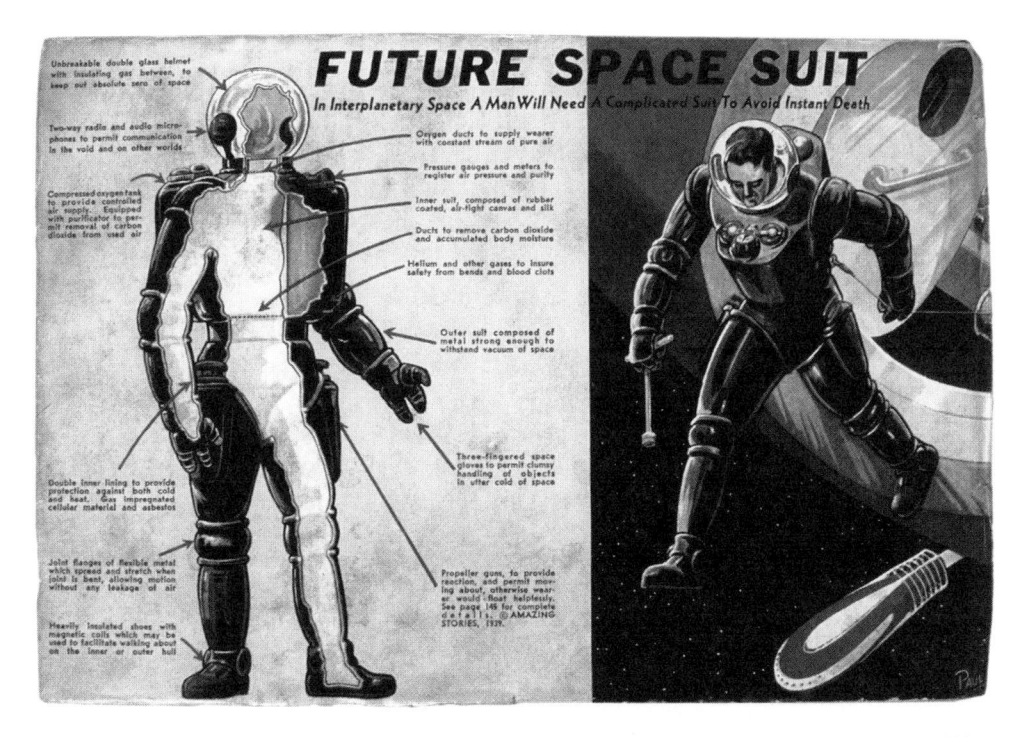

Frank R. Paul, *Future Space Suit,* Rückseite von: Amazing Stories, Juni 1939, Sammlung Dr. Rottensteiner, Wien

hältnis von Körper und Geist hat sich vollständig verkehrt. Der Geist stellt den Körper nicht bloß bildlich dar, sondern verwandelt sich ihn an, verkörpert ihn, braucht kein Bild mehr; der Körper ist gegenwärtig, ohne daß der Geist Haut und Umrisse wiederholt. In dieser Umkehrung wird der Körper abstrakt, materialisiert sich der Geist als Informationsfluß. Genau hier läßt die Poppersche dritte Welt, diese Noosphäre geistiger Substanz, Ideen Fleisch werden. Mary Shelley legte mit ihrem „Frankenstein" die Grundlagen für die zwiespältige Haltung, die die Menschen von heute der Maschine in Beziehung zum Körper entgegenbringen, weil sie den ersten Androiden schuf, der zugleich sanft und bedrohlich war. Wiederholt erscheint das Monster unbeholfen, und das als Maschine wie auch als Person, sodaß dieses modernistische Geschöpf zugleich auch als anachronistischer und barbarischer Rückfall erscheint. Indem die Autorin Frankenstein eine latente Destruktivität verleiht, ebnet sie der im 20. Jahrhundert weit verbreiteten Auffassung den Weg, derzufolge die Maschine ein schlummernder Virus ist, der jederzeit aktiv werden und die Menschheit zerstören kann. In dieser Tradition standen schon Samuel Butlers „Erewhon" (1872), Iwanowitsch Samjatins „Wir" (1920) und Karel Capeks „W. U. R." (1921), denen zahlreiche Science-fiction-Autoren wie

Lester Del Rey und Roger Zelazny vieles verdanken. Zwischen dieser Sichtweise und den positiven Visionen Jules Vernes und des späten Isaac Asimov, der die Roboter als grundsätzlich lernfähige Konstrukte zu rechtfertigen versuchte, liegen Welten.

Es gibt einen Übergang von der apokalyptischen Vision der Kampfmaschine zur entwickelten Ausführung des konstruierten Körpers in Form von Androiden und Cyborgs: das vom Körper losgelöste Gehirn. Dieses war besonders beliebt, als kryonische Träume als einziger Weg erschienen, wenn schon nicht wirklich ein ewiges, so doch ein langes Leben zu garantieren. Dieses Gehirn wird oft verrückt, was eine Abwandlung des Motivs vom verrückten Wissenschaftler darstellt – wer Gott spielt, wird bestraft. Modernere Variationen des Themas, etwa die Erzählungen von Blish und McCaffrey, führen das Gehirn als zentrales Nervensystem von riesigen Maschinen wie etwa Raumschiffen vor. Das Gehirn wird immer als organisch dargestellt, ist daher einzigartig und menschlich; es beweist die Überlegenheit des Organischen, verweist jedoch zugleich auf den Preis der Abkoppelung vom Körper. Das Organische existiert ja nur im heiligen Bild des Körpers; die Ablösung bestimmter Teile ist daher tödlich und scheitert in früheren Bearbeitungen des Themas auch stets. In späteren Manifestationen künstlicher Intelligenz kommt dieser Zusammenhang dadurch zum Ausdruck, daß diese durch ihre Körperlosigkeit in den Wahnsinn getrieben werden; dieses Schicksal ereilt zum Beispiel Hal in „2001 – Odyssee im Weltraum". [13] Erst in einem viel späteren Stadium durfte der seiner Organe entkleidete Geist ein normales Leben führen, doch sein Raum mußte neu bestimmt und -gestaltet werden. Das Auftauchen des Voodoo-Pantheons in der Cyberspace-Matrix von William Gibsons Romantrilogie verweist auf die Notwendigkeit, dem ätherischen Geist durch Vertreter der organischen, wenn auch mythischen Welt Substanz zu verleihen.

Konnte man dem Einsatz und Mißbrauch der Technologie gegenüber noch eine kohärente Haltung einnehmen, solange die Maschine einem Gegenstand glich und den Stellvertreter der Seele nicht ersetzen wollte, so rief die Maschine, die sich über den Körper als Emblem der Seele lustig machte, weitaus komplexere Reaktionen hervor. In seiner Simulation des heiligen Bildes karikierten der Cyborg und vor allem der Android die gelungenste Schöpfung Gottes, ja verbesserten sie gar noch mit Hilfe gentechnologischer Eingriffe und stellten dadurch die festgefügte Hierarchie von Geist, Körper und Maschine in Frage. Als Simulakra zerstörten die Wesen, besonders wenn es sich um Klone handelte, die platonische Beziehung von Original und Kopie, weil sie wesensmäßig anders waren und dieses Anderssein nicht sichtbar war. Es gibt keine Möglichkeit, Androiden von Menschen zu unterscheiden, es sei denn durch Bezeichnung; man muß den Kunstmenschen Seriennummern geben oder sie sonstwie sichtbar kenntlich machen, wodurch sich wiederum ein Widerspruch zu ihrer menschlichen Komponente auftut. Hier gelangt die Diskussion um das Wesen dessen, was den Menschen ausmacht, an ihre Grenze.

Wie bereits umrissen, war der Leib in früheren Zeiten der Sitz der Sünde – eine fest umrissene Kategorie – und wurde durch die Seele gezähmt und neutralisiert, sodaß die Unreinheit des Körpers, die von dieser Welt war, ertragen werden konnte. Solange der Leib sichtbar war, konnte man ihn auch orten und durch verschiedene Techniken befrieden. Den Körper des Cyborgs hingegen zeichnet eine ererbte Subversivität aus: Da der Leib visualisiert wird, ohne die Angelegenheiten der Seele in Betracht zu ziehen, ist er ein blinder Fleck, zerstört die Präsenz auf Kosten dessen, was er darstellt. Und mehr noch: Es kommt zu einer

Neudefinition der Unreinheit, weil der Cyborg über alle Kategorien gestellt wird, weder dem Männlichen noch dem Weiblichen, weder der Natur noch der Kultur, weder dem Menschen noch der Maschine zugeordnet wird. Die Unreinheit ist also der Schlüssel zu dem Schrecken, den Cyborgs oder Androiden bei den Reinen auslösen. Dieser Schrecken, das Wesen nicht zuordnen zu können, ist ein Gefühl, das man hybriden Monstren entgegenbringt, deren Unreinheit zumindest sichtbar ist. Der Schrecken verdoppelt sich, wenn man zwar um die Unreinheit weiß, sie aber nicht sieht; dann wird der vollkommene Körper des Androiden obszön wie der des Fettleibigen. Cyborg und Android sind Spiegelbilder, die nichts enthüllen, Bilder, die sich selbst reflektieren und nicht die Gesellschaft, in der sie leben. Sie sind in ihrer als Objektivität getarnten Subjektivität der Feind. Doch die Subversivität hat noch einen anderen Aspekt: Der künstliche Leib trotzt dem Alter; er bleibt ewig jung. Man stellt keine alten Androiden her, und die Träume des langen Lebens sind durch die Jugend definiert. Maschinen können alt, aber nie jung sein.[14] So verbirgt der Android, indem er in eine junge Haut schlüpft, sein mechanisches Wesen und verschleiert seine Unreinheit durch den Idealzustand seines Körpers.

Daß der Cyborg, indem er sich jeder Kategorisierung entzieht, das Hybride sichtbar macht, war nicht immer ein Grund, ihn negativ zu sehen. Im „Cyborg-Manifest" erhebt Donna Haraway ihn zur emblematischen Form, in der sich eine bereits mit Maschinen und Biotechnik untrennbar verwachsene Gesellschaft neu zu definieren vermag und dabei die Frage des Geschlechts als irrelevant abtun kann. (Haraway, 1991: 152) Wenn der Leib hinter seiner Oberfläche nichts mehr verbirgt, wie Baudrillard es formuliert, also nicht mehr als Zeichen fungiert und zu einem Hyperphänomen geworden ist, das in der Ekstase seines Erscheinungsbildes aufgeht, warum sträubt man sich dann, könnte man fragen, so sehr dagegen, daß das neue im Cyborg entdeckte Zeichen des Körpers an die Stelle des alten tritt und die Entwicklung einer neuen Terminologie auslöst?

Bisher wurde der Körper und dessen archaische Sprache nicht vom Cyborg verdrängt, jedenfalls nicht in der Wirklichkeit, sofern man von Herzschrittmachern, künstlichen Knochen und den Errungenschaften der Gentechnologie absieht. Von allen Visionen, die uns die Werke der Science-fiction-Literatur geschenkt haben, entspricht nur eine einzige Form des Verschwindens der Realität. Im Cyberspace geht der Körper vollkommen auf.

Den Begriff Cyberspace hat William Gibson, die zentrale Figur der Cyberpunk-Literatur, erfunden. Der Begriff bezeichnet eine „täglich überall auf der Welt von Milliarden berechtigter Operatoren erfahrene Sinnestäuschung [...], eine graphische Darstellung von Daten, die allen Computerspeichern des menschlichen Systems entstammen". (Rucker, 1992: 280) Der auch virtuelle Realität, Cyberia, digitaler Raum, Grid, Matrix oder Netz genannte Cyberspace ist eine von Computern und Kommunikationsverbindungen erzeugte Parallelwelt, ein Universum der Information, nicht unbedingt des Wissens. Man könnte natürlich sagen, daß bereits Robert Boyle im Jahre 1669 eine solche Sphäre begründet hat, als er eine eher langweilige akademische Arbeit „der Gemeinschaft gleichgesinnter Menschen" widmete, die sich nicht an einem Ort befinden mußten, um dieselbe Idee zu vertreten.[15] Man kann der Meinung sein, daß vom damaligen Mittel des Schreibens bis zum konsensuellen Raum des Telefonierens, des Fernsehens und des Computers es schon immer eine Welt gab, in der keine leibliche Gegenwart mehr erforderlich war. Doch im Cyberspace enttäuscht die Kluft zwischen der Fülle nicht-körperlicher Gegenwart und der Abwesenheit des Geistes in seiner erhabenen Form alle mit dem alten Dualismus verbundenen Erwartungen, dessen Gleichung „Je weniger Körper, desto mehr Geist" sich als schlicht unwahr erweist. Den Körper zu verlassen, bietet keine Garantie für eine höhere Geistigkeit, denn nichts ist ärmlicher, oberflächlicher, gebrochener und seichter als die Menschen, Ideen und Ereignisse, die die Matrix bevölkern.

Betonen möchte ich, daß die Adjektive, die ich hier verwende, keinesfalls kritisch gemeint sind. Sie sollen nur klarmachen, daß die intentionalen Qualitäten mit der Tatsache in Einklang stehen, daß die Postmoderne nichts Kohärenteres hervorgebracht hat als den Cyberspace. Wie Frederic Jameson zu Recht festgestellt hat, ist die totale Gleichsetzung von Fiktion, das heißt Theorie, und Wirklichkeit für die Cyberpunk-Literatur und die Postmoderne gleichermaßen charakteristisch: Alles wird sofort als bare Münze genommen; Bild- und Sprachwelt werden zum Pasticcio beziehungsweise Fragment; die Gegenstände sind simuliert und konstruiert; das inhaltliche Subjekt ist abhanden gekommen, das Kontemplativ-Erhabene wird durch das Hysterisch-Erhabene verdrängt; Raum und Zeit haben keine Tiefe mehr. In einer solchen Welt kann der Körper nur durch die Metaphorisierung seiner einstigen Substanz überleben. [16] Er gilt nun nicht einmal mehr als veredeltes Fleisch, als das die Religion ihn sah. Er ist nicht mehr *flesh*, sondern bloß *meat* – und so nennen heute die Hacker den Körper tatsächlich. Case, der Protagonist von Gibsons „Neoromancer", dem ersten Band der diese Phänomene kanonisierenden Trilogie, wird umgebaut, damit er sowohl im virtuellen als auch im realen Raum leben kann. Sein Leben außerhalb Cyberias ist langweilig; seinem Körper gegenüber empfindet er einen ähnlichen Ekel wie die Märtyrer für ihr Fleisch. Der Name der Hauptfigur verweist auf das Verhältnis zu ihrem Körper. Als Subjekt existiert er nur virtuell. Der menschliche Körper ist im Raum der Matrix aufgegangen, und wenn man sich vergegenwärtigt, daß Virtualität von vir („Mann") und Matrix von mater („Mutter") kommen, erkennt man, daß das Leben im Cyberspace eine Art fortwährende Neugeburt ist. Die virtuelle Realität gehört dem Mann; Frauen existieren in diesem Raum nur, wenn sie sich eine phallische Rhetorik aneignen. Die Matrix ist eine Junggesellenmaschine: Als Urmutter nimmt sie ihre Männer wieder in ihren Schoß auf und gebiert sie als virtuelle Wesen neu. Biologische Bezeichnungen dieser Art durchziehen die gesamte Literatur und werden natürlich auch im wirklichen Leben verwendet. Computer werden von Viren und Krankheiten befallen, und in der Literatur werden solche fast schon der Empfindung fähige Maschinen immer mit Fortpflanzung verbunden – man siehe „Terminator", „Alien", „Blood Music" und das heute fast schon altertümlich wirkende „2001 – Odyssee im Weltraum". Biologische Begriffe helfen, die Maschine mit Attributen des Natürlichen zu belegen und sie durch eine solche Legitimation in einen Mutterschoß zu verwandeln. Andererseits kann man das Gerippe der Matrix auch mit Fleisch versehen, indem man sie mit einem Pantheon mythischer Wesen bevölkert, den virtuellen Raum also durch dessen Mythologisierung real werden läßt. In „Count Zero", dem zweiten Band der Trilogie Gibsons, geistern Voodoo-Götter als Beherrscher des Raums durch die Matrix.

Cyberia bietet eine Fülle von Varianten der Umkehrung. Während in sozusagen vorvirtueller Zeit Außerirdische sich des Körpers bemächtigten und das heilige Bild durch Dekategorisierung beschmutzten, ist es nun der Körper, der in den Cyberspace eindringt und infolge seiner Entkörperlichung die Dekategorisierung in ein Reinigungsideal verkehrt. War er außerhalb des Grids das, worauf der Blick sich richtete, wird er in der Matrix selbst zum all-

Stanley Kubrick, Szene in: *2001: Odyssee im Weltraum*, GB 1965 - 68, Filmstill; Regie: Stanley Kubrick, Buch: Stanley Kubrick und Arthur C. Clarke

mächtigen Blick. Wurde er früher dargestellt und ließ durch sein Erscheinen ein sich wandelndes hierarchisches System entstehen, wird seine Darstellung im Netz zu einer Präsenz, die ihrem Wesen nach antiautoritär ist. Der Geist, der im Meer der Informationen treibt, sucht nach den Oberflächen und nicht nach den Tiefen des Wissens, nicht nach innerer Wahrheit, sondern nach explodierender Visualität. Welche Beziehungen aber bestehen zwischen einem unsichtbaren Leib und einer hypervisuellen Umgebung?
Klammert man einmal utopische Ideale wie das Recht, sich sein eigenes Bild zu wählen, aus, auch wenn das neue bloß simuliert ist, und räumt man ein, daß – und hier schließt sich der Kreis zum antiautoritären Charakter der Hacker, die eine große Gemeinschaft von Big Brothers und daher gleichberechtigte Spieler sind – der Totalitarismus eines Systems und die dem Körper entgegengebrachte Verehrung sich direkt proportional verhalten, wird klar, daß die Hegemonie des Sehenden bedeutungslos ist. Das Verschwinden des Körpers macht Information zu einem weniger materiellen Wert, weil die Unterscheidung zwischen dem Gesehenen und dem Subjekt der Wahrnehmung verschwimmt. Genau in dem Augenblick, in dem die ganze Welt sich durch das Auge darbietet, wie Maurice Blanchot es formuliert hat, verwandelt sich das Verlangen in einen im Leerlauf um sich selbst kreisenden Trieb. Die panoptische Vision wird zu einer implodierenden Perspektive, der Leib zum Auge, das im Erblinden begriffen ist, weil es zwischen Sehen und Gesehenwerden nicht unterscheiden kann. Der Körper steht in einer Superposition, befindet sich weder hier in dieser Welt noch dort in Cyberia. Seine Bedürfnisse und er selbst bewohnen nicht mehr dieselbe Dimension. Der Leib wird zu einem Relikt, einer sich im Niemandsland umhertreibenden Erinnerung. Wer überall und jederzeit alles sieht, ist blind.
Dem Verschwinden des Körpers kommt in den Initiationsriten, auf die die Menschheit zu ihrer Selbstdefinition angewiesen war, eine Schlüsselrolle zu. Bei jedem religiösen, technischen und begrifflichen Durchbruch war es unabdingbar, daß der nächste Ritus Reste eines alten aufgriff. Nun jedoch ist von unseren Körpern kaum mehr etwas übrig. Vermag die Matrix einmal zu empfinden, wird sich der Körper, wie es William Gibson, Bruce Sterling und John Varley vorweggenommen haben, völlig verflüchtigen und damit die historischen Erwartungen einlösen: Ein Happy-End, mit dem das Menschliche von der Bühne abtritt.

Anmerkungen:

1) Diese Veränderungen werden bei Ihde, 1993: 15-31 diskutiert.

2) Wetware = biologische Software. Während der Begriff der DNS das genetische Programm, die abstrakte Informationsstruktur hinter dem genetischen Code bezeichnet, ist die Wetware als materielle DNS einer Zelle zu verstehen. Eine Samenzelle ist sozusagen eine Wetware mit Schwanz, die ohne Ei-Wetware zu nichts taugt; erst eine befruchtete Samenzelle stellt eine in sich geschlossene Wetware dar. (siehe Yukawa, 1992: 280)

3) Summa theologica, Ia, 75, 6. Zum Leib-Seele Problem bei Thomas von Aquin siehe auch Copelston, 1975: 174.

4) Zur Haltung der Qumran-Sekte und des Frühchristentums zum Leib vgl. Flusser, 1979: 346-358.

5) Den Begriff des „kategorischen Fehlers" hat Ryle in *The Concept of the Mind* (deutsch: *Der Begriff des Geistes*) weiter entwickelt. Ryle meint, daß es zu einem solchen Fehler kommt, wenn wir – aus einem Glauben an die eigene Sprache heraus – im Sinne Descartes dualistisch vom Geist sprechen. (siehe auch Woolley, 1993: 101-103)

6) Zum Thema Schönheitskult und religiöse Strukturen vgl. Wolf, 1991: 86-131.

7) Jean Baudrillard setzt das Phänomen der Fettleibigkeit in den USA in Bezug zum Ideal der Konsumgesellschaft. (Baudrillard, 1990) Er sagt, daß bei Dicken der Lacansche Spiegel nicht wirkt, daß sie Körper ohne Bild sind; er schließt aus dieser Beobachtung jedoch nicht, daß die Dicken deshalb eine spezifische Form des Verschwindes darstellen, was, wie ich glaube, der Fall ist. Baudrillards These, der Dicke sei der ieale Konsument, trifft nicht zu da es vielmehr die hysterisch und besessen an der Vernichtung ihres Körpers arbeitenden sind, die die Kassen der Industrie klingeln lassen.

8) Zahlen nach Wolf, 1991: 17.

9) Parallelen zwischen religiösen Mythen und dem Schönheitskult zieht zum Beispiel Roberta Pollack. (1989: 107)

10) Panzerung meint hier nicht, daß dem Körper Prothesen zuwachsen (wie Dadaisten und Surrealisten sich das vorstellten), sondern bezeichnet eine Panzerung von innen, die Verwandlung des Körpers in eine organische Festung. (siehe Foster: 1991 und Bukatman: 1993: 301-328)

11) Zu dieser Kontinuität vgl. Mazelish, 1970: 195-197 und Warrick, 1977: 182-224.

12) Android und Cyborg unterscheiden sich in der Regel dadurch, daß der Android aus organischer Materie gebaut, der Cyborg jedoch teilweise mechanisch ist. In der Literatur tarnen Androiden ihre nicht-menschliche Natur besser als Cyborgs. Menschen mit technischen Einbauteilen werden nicht als mechanisch betrachtet, auch wenn die Teile ihren Körper verändern, verdrängen oder zu einer kategorischen Metamorphose führen wie in Bruce Sterlings *Schismatrix*.

13) Eine Vorform des vom Körper getrennten Gehirns ist die Gehirnimplantation. Siehe dazu: Alec Effingers „When Gravity Fails" (1987), William Burroughs „Naked Lunch" (1959) und Philip K. Dicks Roman „Do Androids Dream of Electric Sheep?" (1968), nach dem der Film „Blade Runner" gedreht wurde.

14) Wie vor allem mit Altern und Jugend verbundene mechanische Qualitäten ins Menschliche übertragen werden, thematisiert Woodwards, 1994.

15) Zu Boyle als Erfinder des virtuellen „Witnessing" siehe Shapin/Schaffer, 1985.

16) Frederic Jameson in einem Vortrag am Whitney Museum 1982; überarbeitete Fassung in: Jameson, 1984.

Verwendete Literatur:

Baudrillard, Jean (1990): Figures of the Transpolitical, The Obese, in: *Fatal Strategies, (Semiotexte/Pluto)* New York.

Bukatman, Scott (1993): *Terminal Identity,* (Duke University Press) Durham/London.

Copelston, F. C. (1975): *Aquinas,* (Penguin Books).

Flusser, David (1979): *Jewish Sources in Early Christianity. Studies and Essays* (hebräisch), Sifriat Poalim, Tel Aviv.

Foster, Hal (1991): Armour Fou, in: *October* (56/1991).

Ihde, Don (1993): *Postphenomonology, Essays in the Postmodern Context,* (Northwestern University Press) Evanston, Illinois.

Haraway, Donna J. (1991): A Manifesto for Cyborg: Science, Technology and Socialist Feminism in the Late Twentieth Century, in: *Simian Cyborgs and Women. The Reinvention of Nature,* (Routledge) New York.

Jameson, Frederic (1984): Postmodernism, The Cultural Logic of Late Capitalism, in: *New Left Review 146* (Juli/Aug. 1984).

Mazelish, Bruce (1970): The Fourth Discontinuity, in: Zenon W. Pylyshyn (Hg.), *Perspectives on the Computer Revolution,* (Prentice Hall) Englewood Cliffs.

Pollack, Roberta (1989): *Pray Your Weight Away! Never Too Thin,* (Pfrentice Hall) New York.

Rucker, Rudy; Sirius, R. U.; Mu, Queen (1992; Hg.): *Mondo. A User's Guide to the New Edge,* (Thames and Hudson) London.

Shapin, Steven; Schaffer, Simon (1985): *Leviathan and the Air Pump: Hobbes, Boyle and the Experimental Life,* (Princeton University Press).

Warrick, Patricia (1977): Images of the Man-Machine Intelligence Relationship, in: Thomas D. Clareson (Hg.), *Many Futures – Many Worlds,* (Kent State University Press).

Wolf, Naomi (1991): *The Beauty Myth,* (Vintage Books) New York.

Woodwards, Kathleen (1994): From Visual Cyborgs to Biological Time Bombs: Technocriticism and the Material Body, in: Gretchen Bender; Timothy Druckrey (Hg.), *Culture on the Brink,* (Bay Press) Seattle.

Woolley, Benjamin (1993): *Virtual Worlds,* (Penguin Books).

Yukawa, Max (1992): Wetware, in: Rudy Rucker; R. U. Sirius; Queen Mu (Hg.), *Mondo. A User's Guide to the New Edge,* (Thames and Hudson) London.

Die Cyborgs sind unter uns

Chris Hables Gray

Die Menschen wollten immer Cyborgs sein. Dieses Streben machte uns aber auch immer Angst. Als Cyborg aufzutreten, das heißt sich verkleiden und dabei sein Innerstes nach außen kehren. Wir streifen durch eine beunruhigende karnevaleske Technowelt und das hat Dauerfolgen. Ebenso reizende wie beunruhigende Vorstellungen von der schönen und grotesken Technowissenschaft. Manche Träume und manche Alpträume scheinen dazu bestimmt, wahr zu werden. Überdeterminiert ist die akademische Verwirrung um diesen Prozeß. Überdeterminiert: mehrere und mehr als ausreichende Ursachen? Die Ursachen können wir katalogisieren; daher auch dieser Katalog, der einige der subtileren Untersuchungen über die dem Cyborg zugrundelie-

Giuseppe Arcimboldo, *Feuer*, 1566, Öl auf Holz, 66,5 × 51 cm

Philippe Druillet, *Krieger vom Planeten 'Gaïl'*, Illustration in: Metal Hurlant, Nr. 2, 1975, S. 8, Zeichnung, 21 × 27 cm, Privatsammlung, Wien

gende Kausalität zusammenfaßt. Über die Ursachen hinaus impliziert die Überdeterminierung aber auch Meta-Ursachen. Sie sind wahrscheinlich nicht benennbar, können aber vielleicht in den Schnittpunkten, Mutationen und Bildschöpfungen, Objekten, Logiken, Mythen und Reflexionen noch erspürt werden. Schnittpunkt – das heißt für uns der Punkt, wo These und Antithese einander kreuzen. Mutationen sind immer Synthesen. Amalgamierung und Schöpfung finden sich in der Erfindung der Prothese. These, Antithese, Synthese, Prothese. Eine Cyborg-Erkenntnistheorie. [1] Eine Cyborg-Ästhetik? Das bleibt noch abzuwarten. Welchen Nutzen hätte sie letztlich überhaupt? [2]
Ästhetisch korrekt oder nicht, die Cyborgs sind heute unter uns, als Bilder und Artefakte, und

Rache ist süß, wie es so schön in den Comics heißt. Die Rache der Cyborgs! Wofür wird hier eigentlich Rache genommen? Das ist nicht klar und wird vielleicht überhaupt nie klar werden. Jedenfalls spricht aus vielen Cyborg-Dingen unmißverständlich Wut. Besonders starken Ausdruck findet das in Robert Longos „All You Zombies: Truth Before God". In diesem Fall scheint die Wut des großen Hybriden unwillentlich „gegen die eigene Existenz" gerichtet, wie Jennifer Gonzalez meinte (Gonzalez, 1995: 267-280). Im technisch-wissenschaftlichen Umfeld des Cyborg findet sich freilich ein gewisser Haß auf das Leben (oder eine Liebe zum Tod des organischen Körpers als Tor zur Unsterblichkeit) – wie in dem alten Faschistenspruch „Lang lebe der Tod!"[3]) Die Genealogie solcher Haß-Cyborgs läßt sich zumindest bis zu den Kämpfern in den Schützengräben des Ersten Weltkriegs zurückverfolgen, aber vielleicht begann sie auch schon beim allerersten Krieger, der sich mit seinem Steinbeil eins fühlte.[4])

Es gibt neben dem faschistischen Cyborg auch noch andere Typen, auch wenn ersterer in Filmen und Büchern besonders populär ist,[5]) nämlich zum Beispiel seinen Bruder, den Soldaten-Cyborg.[6]) Auch deren Vetter, der Weltraum-Cyborg, ist ein besonders wichtiges Geschöpf. Der Begriff Cyborg wurde 1960, als man darüber spekulierte, wie man den Menschen an das Leben im Weltall anpassen könnte, geprägt: Der Konzertpianist und spätere Computererfinder Manfred Clynes und sein Vorgesetzter Dr. Nathan Kline, ein führender Psychologe und Befürworter von Psychopharmaka, bastelten ihn aus den englischen Worten für Kybernetik (*cybernetics*) und Organismus (*organism*) zusammen. (Clynes/Kline, 1960; Clynes, 1995; Gray, 1995: 43-54) Nur Maschinen und Cyborgs können im Weltraum überleben. Die Menschen können das nicht. Es gibt überhaupt viele Orte, an denen die Menschen nur in Cyborggestalt überleben können – im Meer, über den Wolken, auf dem postmodernen Schlachtfeld. Wir denken allerdings nicht gerne über unsere Abhängigkeit von Maschinen nach, denn sie geht tiefer als das einfache Verhältnis des lebenden Geschöpfs zur Maschine. Es ist eine Beziehung, eine Symbiose. Wir sind eine Cyborg-Gesellschaft der Werkzeuge, Maschinen und

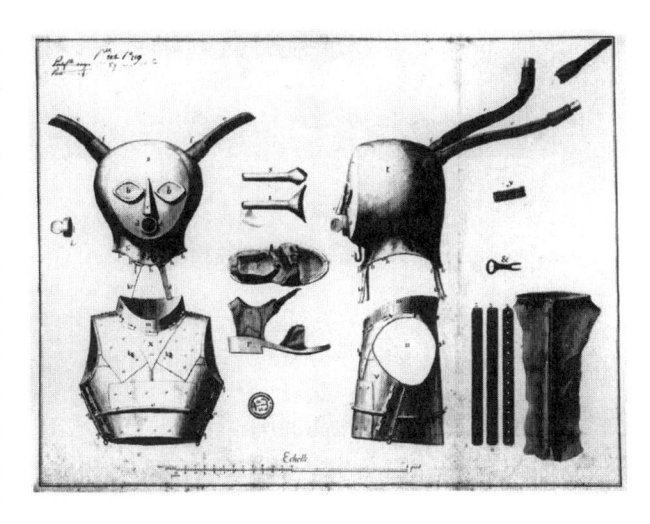

Anonym, *Projet du chevalier de Beauve pour l'équipement d'un plongeur* (Projekt von Chevalier de Beauve für eine Taucherausrüstung, Detail), 1715, Aquarell auf Papier, 43 × 55,5 cm, Archives nationales, Paris

Organismen, aber wir leugnen es. Wir leugnen unsere Verbindung zum Organischen, zur Welt, in die wir eingebettet sind, und wir bestreiten die Verantwortung für die Technologie und die Wissenschaft, die wir schaffen. Donna Haraway, die große Cyborgologin, führt seit der Ersterscheinung ihres „Manifesto for Cyborgs" im Jahr 1985 gegen diese Verdrängungstaktik eine Kampagne in wunderbarer, dreidimensionaler Prosa. (Haraway, 1991)

„Es gibt mehrere Konsequenzen, wenn man das Bild des Cyborgs ernst nimmt und als etwas anderes als einen Feind sieht. Unsere Körper, wir selbst; Körper sind Pläne, die Macht und Identität abbilden. Cyborgs sind keine Ausnahmen. Der Körper des Cyborgs ist nicht unschuldig; er wurde nicht in einem Garten geboren; er sucht keine einheitliche Identität und schafft so Antagonismen, Dualismen ohne Ende (oder bis zum Ende der Welt); er nimmt die Ironie als gegeben an. Einer ist zu wenig und zwei sind nur eine Möglichkeit. Intensive Freude an der Geschicklichkeit, der Geschicklichkeit einer Maschine, ist keine Sünde mehr, sondern ein Aspekt der Verkörperung. Die Maschine ist kein Es, das es zu beleben, anzubeten und beherrschen gilt. Die Maschine ist in uns, unseren Verfahren, ein Aspekt unserer Verkörperung. Wir können für die Maschinen verantwortlich sein; sie herrschen nicht über uns, bedrohen uns nicht. Wir sind für die Grenzen verantwortlich; wir sind sie." (Haraway, 1991: 99)

Es wäre tödlich, wenn es uns nicht gelänge, mit unserer Lage als Cyborgs als Teil des organischen (des natürlichen) und des maschinellen Systems (der industriellen Zivilisation) zurechtzukommen. Eine Vernichtung eines des beiden Systeme bedeutet das Ende der Menschheit, und doch scheinen die beiden Systeme eigentlich oft auf Kollisionskurs zu sein. Vielleicht kehrt das Verdrängte im Cyborg als Unvollkommenes, in sich Widersprüchliches und als unlösbares Paradoxon zurück. Ein gutes Gödelsches (unvollständiges beziehungsweise paradoxes) Modell ist es ja – der liebe Cyborg, der Hermaphrodit, der Killer und Erlöser, der Verkrüppelte und Überausgestattete als System.

Aber auch andere Modelle sind anwendbar. Die Theorien komplexer Systeme scheinen oft geeignet, wie das für einen durch die Kybernetik definierten Organismus auch logisch erscheint. Umso beunruhigender ist die wachsende Erkenntnis, daß ein System sich selbst nicht verstehen kann und daß viele der komplexeren Systeme dadurch funktionieren, daß sie immer am Rande des „Außer Kontrolle-Geratens" laufen.[7]) Eine andere Geschichte könnte nach guter alter Dialektik ablaufen: Die These der Natur schafft die Antithese der Zivilisation, die die Synthese des Cyborg hervorbringt. Oder, wie David Channel es wiederum auf andere Art schildert: Der zentrale Gedanke der organischen Ordnung („Die große Kette des Seins") trifft auf das Logische („Das Uhrwerk des Universums") und erschafft das Zeitalter der lebenden Maschine, in dem simple Dichotomien wie Leben/Tod zwecklos sind. (Channel, 1991) Oder es kann auch eine epische Ritterfahrt der menschlichen Kultur sein, in deren Verlauf langsam die Illusionen von unserer zentralen Rolle im Universum (die Kopernikanische Wende), von unserer Unterscheidung vom Tier (widerlegt durch die Evolutionstheorie) und unserem Glauben an die eigene inhärente Rationalität (Freud und das Unbewußte) überwunden werden, sodaß wir endlich mit unserer eigenen Maschinennatur (der Vierten Diskontinuität) zu

Bob Thawley, *Hermaphrodite Cyborg*, 1994, Bleistift, Tusche und Deckweiß auf Papier, 20,5 × 27,7 cm

Rande kommen. 8) Oder vielleicht ist es auch einfacher: wir stehen eben an der Schwelle zwischen dem Menschlichen und dem Posthumanen, einer einzigartigen Situation in unserer Geschichte. 9) Der ganze Planet ist ein Cyborg, wie auch immer er genannt werden mag (Noosphere, Gaia, Erde, Dritter Felsbrocken von der Sonne aus, Staatskörper, siehe: Haraway, 1995; Stock, 1993). Der Staatskörper war nicht nur ein Leviathan von Subjekten, der losgelöst über der Landschaft schwebte, er schloß auch den Boden unter deren Füßen ein. So steht es also um den Cyborg-Staatskörper von heute, die Textur aus Menschen und Technologie im Kontext der Natur, die immer stärker unterworfen, immer stärker mit der Zivilisation verflochten ist. Wir Menschen und unsere Kulturen haben zehntausende von Jahren mit der Natur gelebt, aber mit dem Aussterben von Arten, der Bevölkerungsexplosion und der Veränderung jeder Nische in unserer Umwelt für unsere Zwecke sind die Menschen zu einem einzigen Cyborg-System geworden.

Richard Buckminster Fuller, *Air Ocean World Town Plan*, 1927, Tusche auf Papier, 21,6 × 27,9 cm, Carl Solway Gallery, Cincinnati, Ohio, USA

Die Theorie vom Cyborg wird also verbreitet, aber auch die Cyborgs vermehren sich, und das ist noch wesentlicher. Bei ihrer Vermehrung ist die spezifische Ausprägung von größter Bedeutung. Jeder Cyborg ist einzigartig und die allgemeinen Stamm- und Gattungsstrukturen sind noch nicht bekannt, ja, sie haben sich noch gar nicht herausgebildet. Dennoch verstehen wir vieles und bestimmen durch unser Verständnis einen wesentlichen Teil der Zukunft, wenn nicht die gesamte Zukunft. Es gibt viele Stellen, an denen man beginnen kann, aber für einen Historiker ist es am verlockendsten, am verführerischsten, bei den Entstehungsgeschichten zu beginnen. Mythos, Tradition, Wissenschaft oder Familienklatsch – Entstehungsgeschichten üben in den menschlichen Kulturen eine starke Faszination auf alle aus. Vielleicht zum Teil deshalb, weil wir alle erkennen, daß wir in der Zeit gefangen sind? Gezwungen, immer nur vorwärts durch's Leben zu marschieren? Und doch, wenn wir nur eine Minute zurückgehen könnten, oder einen Augenblick im Jetzt verweilen, dann könnten wir vielleicht den Geist unserer Zeit verstehen....

Aber nein, weiter, go on, march! Die Historiker, also diejenigen unter uns, die über die Schulter zurückschauen, während sie vorwärts marschieren, gehören zu denen, denen es die Entstehungsgeschichten am meisten angetan haben. Und die, die von Menschen, Werkzeugen, Maschinen und Zauberei/Wissenschaft handeln, sind die faszinierendsten. Das beginnt schon in den Anfängen der Menschheit, wo für manche Wissenschafter der Gebrauch von Werkzeugen ausschlaggebend ist. Homo Faber, der Mensch als Handwerker, als Werkzeugbenutzer. Manche dieser Geschichten haben eine sehr materialistische Handlung: Auge-

Hand-Werkzeug-Gehirnwachstum und das Ganze noch einmal. Andere sind nuancierter. Allen ist jedoch ein besonders grundlegender Ansatz zur Frage „Wo liegen die Ursprünge des Menschen?" gemein. Die Beweise stehen alle mit Werkzeugen in Zusammenhang, und mit dem Körper, dem allerersten menschlichen Werkzeug, beziehungsweise mit der Sprache selbst. Derzeit definieren wir Intelligenz, sogar Staatsangehörigkeit, nicht so sehr über den Körper als über die Produktion von Sprache. Das könnte ein Trugschluß sein.

Werkzeuge sind keine Staatsbürger, aber sie definieren Zeitalter (pastoral, landwirtschaftlich, städtisch), und besonders Kriegswerkzeuge tun das (Bronze, Eisen, Stahl). Zahllose Werkzeuge wurden erfunden, dann begannen die Menschen, immer kompliziertere gesellschaftliche Maschinerien für das Leben in der Gemeinschaft aufzubauen (Stämme, Familien, Dörfer), zur Führung von Kriegen (Armeen), zur Verfolgung wirtschaftlicher Ziele (Bewässerungssysteme, Städte, Häfen) und zur Befriedigung dieses Dranges nach Wissen oder zumindest nach wirksamer Kohärenz (Religion, Kunst, Magie). In den tausenden von Jahren, in denen es Städte gibt, wurde die Grenze zwischen Mensch und Werkzeug und der Gedanke der Maschine als komplexes System sorgfältig untersucht, meist in den Bereichen Religion, Kunst und Magie. Mythen der griechischen Antike und des alten Indien beschreiben seltsame Geschöpfe, halb Fleisch, halb Metall, und in vielen Geschichten treten Menschen als Automaten, Artefakte auf, die von Göttern und Göttinnen belebt werden. Die Menschen schaffen sich in Mythen auch ihre eigenen empfindenden Geschöpfe und deren Simulationen, für Tempel, aus Streben nach Unsterblichkeit, zur Unterhaltung. Automaten haben eine lange Geschichte, von Heros mechanischen Tableaus (300 v. Chr.) über den Hahn von Straßburg (1574) und Jacques de Vaucansons berühmter kackender mechanischer Ente (1741) bis zu den gewinnbringenden Schöpfungen der Walt Disney Corporation. Auf manche Weise sind sie alle komplexe Großleistungen religiöser Technik.

Die Tradition der Automaten blühte bis vor 500 Jahren auf der ganzen Welt, vor allem in China, Japan und Europa, und kulminierte in Europa schließlich in jener allgemeinen kulturellen Übergangsphase, aus der die moderne Wissenschaft, der moderne Krieg und der moderne Nationalstaat hervorgingen, die uns bald dorthin brachten, wo sich unsere Welt heute befindet. Die Automaten führten zu den automatischen Webstühlen und letztlich zu den automatischen Waffen und anderer Maschinerie, sowie zu einer Reihe von Systemen, die Marionetten ebenso steuern können wie Prothesen.

Es ist auch die Zeit des Golem, der sprechenden Köpfe und der Homunculi, der Prothesen, die wirklich funktionierten, wie die austauschbaren Armprothesen, die Graf Götz von Berlichingen zu tragen pflegte, die eine bei Hof, die andere im Kampf. Es ist das Zeitalter, in dem die Einbildung, der Körper sei eine Maschine, über den Anatomiesaal und die Obduktion zur Arbeitshypothese wurde. (Laqueur, 1990) Der Körper wurde mit dem Intellekt dekonstruiert, die Organe für den wissenschaftlichen Blick offengelegt.

Anonym, *Space Man*, 50er Jahre, Metall, 19 x 7,5 x 6 cm, Sammlung Auerswald

Schließlich war es auch das Zeitalter, in dem die Naturwissenschaft nicht nur die Ballistik, sondern auch die Logistik zu beeinflussen begann; Armeen wurden zu effizienten Maschinen und Machiavelli brachte das Kalkül der Vernunft in Krieg und Politik ein. Seither ist alles sehr schnell gegangen. In den letzten Jahrhunderten haben die industriellen und naturwissenschaftlichen Revolutionen mit den politischen Veränderungen mehr als nur Schritt gehalten. Mary Shelley ließ Frankensteins Monster aus ihrem aktuellen Wissensstand in Naturwissenschaft (Elektrizität) und Technik (Rechenmaschinen, Medizin) entstehen. Ihre Tochter Ada Lovelace wurde die erste Computerprogrammiererin und arbeitete im Rahmen des ersten militärischen Forschungs- und Entwicklungsvertrages der Moderne, der von Charles Babbage mit der britischen Marine geschlossenen Vereinbarung über die Erstellung von Berechnungen. Diese Verbindung zwischen der imaginierten Zukunft (Kunst oder Science-Fiction oder Kriegspläne) und den tatsächlichen Produkten der Naturwissenschaft und Technik ist real und dynamisch, und sie gebiert Monster, seien Hoffnungen an sie geknüpft oder nicht. [10])

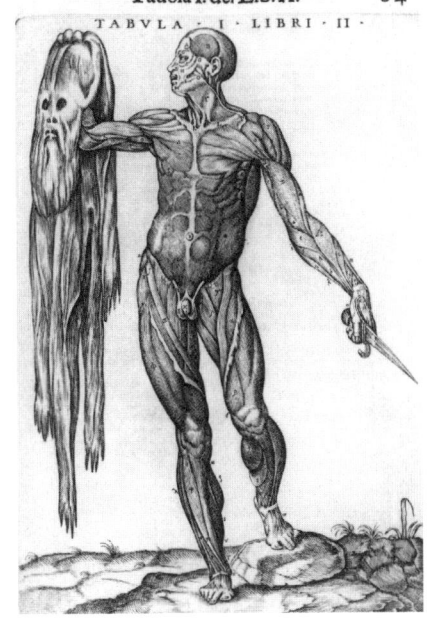

Anonym, *Anatomische Zeichnung: Muskulatur, Sehnen und abgezogene Haut*, Illustration in: Johannes Valverde, L' anatomia del corpo umano, Giunti, 1586, Buch II, Tafel I, S. 64, Kupferstich, 1586

Die physische Erschaffung des Cyborg spielt sich also nicht im Vakuum ab. Es handelt sich vielmehr um einen sehr spezifischen Prozeß, der an realen Orten abläuft. In unserer Kultur ballen sich diese Cyborg-Orte in manchen Bereichen: im Krieg, im Weltraum, bei der Arbeit, in der Medizin und in der Phantasie.

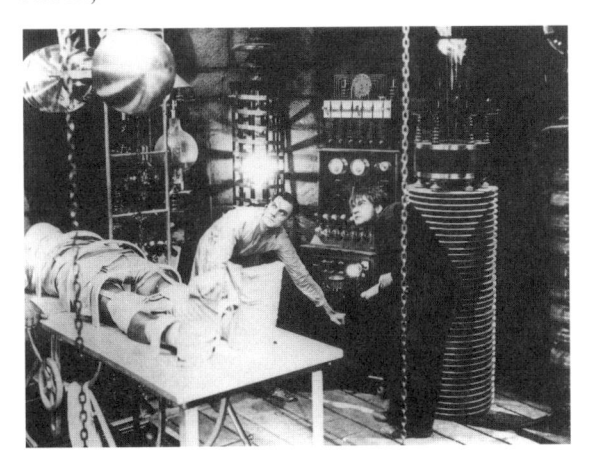

James Whale, Szene in: *Frankenstein - The Man who made a monster*, USA 1931, Filmstill; Regie: James Whale, Buch: Garret Fort, Francis E. Faragoh, nach dem Roman von Mary Wollstonecraft-Shelley

Der Krieg basiert darauf, was man Körpern antun kann. Die Macht des Krieges stammt im Grunde aus dem Töten und Verstümmeln von Körpern, (Scarry, 1992) aber Macht kann auch aus der Verwandlung von Soldaten in Cyborgs entstehen, wie Klaus Theweleit erklärt:

„Aus der Vielheit der menschlichen Wunschmaschine wird die Einheit der Lustverfolgungsmaschine soldatischer Mann, während aus der Einheit und Einfachheit der Maschine, die Objekte produziert, eine ästhetische Vielheit quasi-menschlichen Ausdrucks gewonnen wird, sodaß der Mensch zu einer unvollkommenen Maschine, die Maschine zu einem unvollkommenen Menschen wird, beide nicht in der Lage, zu produzieren, sondern den Schrecken auszudrücken und weiterzugeben, den sie erlitten haben: in ihrer perversen Form werden beide zu Zerstörern. Die wirklichen Menschen und die wirklichen Maschinen fallen dieser Verkehrung zum Opfer. Die Ausdrucksmaschine Flugzeug wirft Bomben auf die Produktionsmaschinen, die maschinisierten Körper zerstören die fleischlichen. Darin stellt sich zur Schau die entmenschlichte, das ist die entmaschinisierte Libido des soldatischen Mannes, und sein entmenschlichtes, das ist sein maschinisiertes Fleisch." (Theweleit, 1995: 198)

An der Westfront des Ersten Weltkriegs entstand eine neue Erotik um Metall und Tod und sie verfolgt uns bis heute durch unsere Weltkultur (Ekstein, 1989).

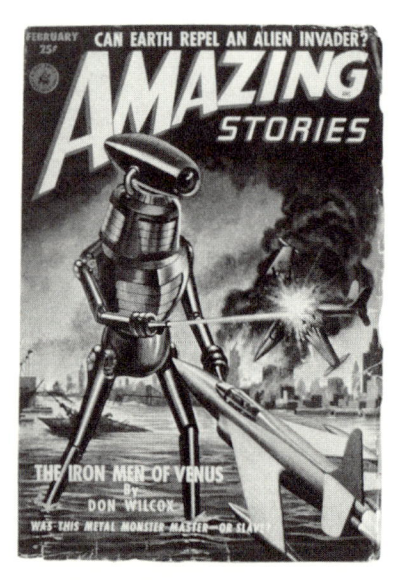

Lawrence, *The Iron Men of Venus*, Titelblatt von: Amazing Stories, Februar 1952, Sammlung Dr. Rottensteiner, Wien

Das Überleben kann nur durch Dislozierung eines ständig verbesserten Systems von Mensch-Maschinenwaffen gesichert werden. Nur so sind die unglaublichen Veränderungen des postmodernen Krieges auszugleichen. Zu den wesentlichsten dieser Veränderungen gehören: Geschwindigkeit, Tödlichkeit, Information, Weltraum. (Virilio/Lotringer, 1984) Der Krieg ist heute fünfdimensional. Nicht nur nach oben und unten, rechts und links, sondern auch durch die Zeit und in den Cyberspace. Der Krieg dringt unvermeidlich auch in den Cyberspace vor, als Cyberwar, Netwar, Informationskrieg, [11]) so, wie er auch schon den Weltraum erobert hat, noch nicht zum Kampf, sondern zur Überwachung, für Kommando- und Steuerungszwecke.

Auch der zivile Raum ist Cyberspace und Weltraum, man muß jedoch auf gewisse Weise ein Cyborg sein, um dorthin zu gelangen, wobei die dazu erforderliche Prothese ein Computer mit Internetanschluß sein kann oder ein Raumanzug. Für den Weltraum wurden eigene Bereiche von Naturwissenschaft und Technik entwickelt: Biokybernetik, Telesysteme, Bionik. Für den Cyberspace gilt dasselbe. Cyborgs sind also in vielen anorganischen Räumen und auch in den meisten anderen als Technologie allgegenwärtig. Den Cyberspace bevölkern nicht nur menschliche Cyborgs, auch reines künstliches Leben, eine andere Cyborg-Spezies, entsteht dort durch das Nachbilden organischer Informationen in Computercodes.

Dennoch ist der wesentlichste Raum (und die Grundlage) unserer Kultur und der Cyborgisierung natürlich unser menschlicher Körper. Dem Bereich der Medizin, dieser Verbindung aus Kunst, Technik und Naturwissenschaft, vertrauen wir unsere Körper im Notfall an. So gibt es verschiedene Arten lebender Kadaver, *deren* Herzen schlagen, Spender-Cyborgs, die nach dem ersten einen zweiten und dritten Tod sterben, während ihre Organe *geerntet* werden. Es gibt tote Frauen, die Techno-Babies zur Welt bringen, welche wiederum selbst durch künstliche Zeugung entstanden sind, und hunderttausende Neuverstorbene liegen im Koma oder vegetieren besinnungslos dahin (Clarke, 1995; Hogle, 1995; Gray, 1996a: 141-178). Dann gibt es die Organempfänger, die dauernd oder vorübergehend an Organen hängen, welche sie als Fremdimplantate von Schweinen und Pavianen oder von anderen Menschen erhalten haben. Die Ärzte können freilich auch zusammengebaute Cyborg-Organe verwenden, wie etwa die künstliche Leber, die aus zwei lebenden Hunden entstand, oder Teile von Biomaterialien, oder sie können *reine* Maschinenherzen und -gelenke und -gliedmaßen beziehungsweise andere Prothesen einsetzen. Dazu muß der Körper nach völlig rationalen Gesichtspunkten betrachtet werden, von der

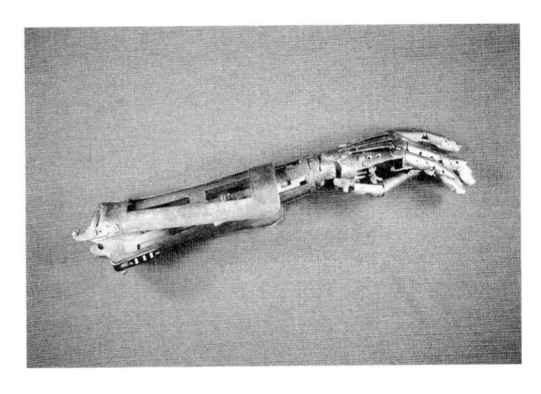

Anonym, *Prothèse du bras et de la main*, (Armprothese), 17. Jhdt., Eisen, Länge: 41 cm

Muskeldynamik zur neurochemischen Psychoendokrinologie. Wir müssen wissenschaftlich sichtbar gemacht werden, damit man uns zu Cyborgs machen kann.

Eine Leiche nehmen, sie einfrieren und dann sorgfältig in tausende dünne Scheibchen zerschnippeln – das klingt nach Horrorstory und ist nur einem hingerichteten Kriminellen zuzumuten, sollte man annehmen – für die heutige Naturwissenschaft und Technik ist es aber lediglich eine weitere Form, den Körper in seinen Einzelheiten zu untersuchen und abzubilden.

Jedes Experiment, jedes Märchen beginnt in der menschlichen Phantasie, die Vater und Mutter unseres Cyborg-Ichs ist, so wie die Zufälle und Manipulationen der Genetik die Eltern unseres organischen Seins sind. Ein einfacher Gedanke (meme) oder Code (gene) kann unglaubliche Wirkung haben. Etwas Kleines kann unglaublich mächtig sein, es kann mit Hebelwirkung alles aus den Angeln heben. Schließlich ist die Genetik die bedeutendste Form der Nanotechnologie. Auch das Unsichtbare muß sichtbar gemacht werden, vor allem, wenn es das Meta-Regelsystem unserer Körper, der Evolution selbst ist, das wir als Genetik bezeichnen. Hier lauert die Möglichkeit für den Cyborg, seinem menschlichen Ursprung fast völlig zu entfliehen. [12])

Zum Cyborg können wir uns aber auch selbst machen. Wir können dadurch die Grenzen dessen ausloten, wie weit unsere Kontrolle reicht. Das scheint die Botschaft zu sein, die der militante Cyborg-Künstler Stelarc vermittelt, dem sein Körper als Leinwand dient.

Was sagt uns Stelarc, was sagen uns all die anderen Cyborgs über das Streben, das zum Cyborg geführt hat? Das kristallisiert sich eben erst heraus. Natürlich ist der Körper die Grundlage, er kann philosophisch genauso wenig ignoriert werden wie IRL (*im realen Leben*), egal, wie sehr man danach strebt, virtuell zu sein. [13]) Körper bewohnen Räume, sei es nun der Weltraum (der *Tummelplatz* der Militärs), der mikroskopische Raum (der jetzt von der Nanotechnologie besiedelt wird), Cyberspace (das simulierte Universum der virtuellen Technologien) oder der symbolische Raum (nicht der Cyberspace, wie manche VR-Techniker behaupten, sondern der *Tummelplatz* der Platoniker, die menschliche Phantasie, der Ursprung des Cyborg). Der Raum wird durch Geschwindigkeit und Simulation verändert. [14]) Zoe Sofia erklärte, wie alle diese Räume in der abendländischen Kultur durch eine Ästhetik der Naturwissenschaft und Technik miteinander verbunden sind, die die Epistemophilie ebenso begünstigt wie Halbes (von der halben Lebendigkeit des Cyborgs bis zur Halbwertszeit beim Zerfall atomarer Substanzen), Entstehungsgeschichten (vom Urknall über das Menschliche zum Posthumanen), Unsterblichkeit und Außerirdisches. (Sofia: 47-59) Im Kern dieses Gespinstes finden wir die Technowissenschaft vom Cyborg, die unbestritten äußerst evokative Technologien umfaßt. Evokativ nicht nur im Sinn dessen, was sie in uns als Individuen auslösen, sondern speziell im Hinblick darauf, was sie an möglichen Zukunftsformen für unsere Kultur als Ganzes evozieren. [15]) Träume von möglichen Konstruktionen des Unmöglichen führen zu wirklichen Veränderungen, neuen Lebensformen, Veränderungen darin, wie wir von Raum, Zeit, Erotik, Kunst, Künstlichkeit, Vollkommenheit und vom Leben, von uns selbst denken. Technik und Naturwissenschaft dekonstruieren ständig die Vorstellung vom Unmöglichen. Eine einzige gegebene Unmöglichkeit macht die Nostalgie zur Wirklichkeit. Die Vergangenheit ist vorbei. Wir können nicht zurück in die Zukunft (es sei denn, im Film), wir müssen vorwärtsschreiten. Die Zukunft ist schließlich eine neue Umwelt. Die Zukunft ist das, wofür kybernetische Organismen (Cyborgs) gedacht sind. Wir haben uns entwickelt, um zukünftige Schocks abzufangen. Auf die Dauer ist das zwar keine gute Überlebensstrategie, aber wir sind engagierte Wesen. Unser eiliges Vorwärtsstreben in die Zukunft kann ein Heidenspaß werden oder eine Alptraumfahrt mit der Geisterbahn. Wahrscheinlich beides.

Der Ausdruck Cyborg wurde geprägt, um die Möglichkeiten sehr persönlicher und befreiender Technologie zu beschreiben.

„Für das exogen erweiterte, organisatorisch komplexe und unbewußte Funktionieren als integriertes hämostatisches System schlagen wir den Terminus „Cyborg" vor. Der Cyborg schließt mit Absicht exogene Komponenten ein, die die selbstregelnde Kontrollfunktion des Organismus erweitern, um ihm die Anpassung an neue Umgebungen zu ermöglichen. Befindet sich der Mensch im Weltraum, muß er nicht nur sein Raumfahrzeug fliegen, sondern auch fortlaufend Dinge überprüfen und Adjustierungen vornehmen, um zu überleben; er wird Sklave der Maschine. Der Zweck des Cyborgs [...] ist es, ein Organisationssystem zu bieten, in dem solche roboterartigen Tätigkeiten automatisch und unbewußt erledigt werden, während der Mensch frei ist, zu erforschen, zu schaffen, zu denken und zu fühlen." (Clynes/Kline, 1960: 27)

Wie aber die alten Geschichten vom Golem zeigen und wie Mary Shelley in der ersten großen Cyborg-Erzählung, Frankenstein, demonstrierte, ist die Befreiung keine Folge, die unbedingt eintreten muß.

Cyborgs sind Erfindungen für neue naturwissenschaftlich-technische Gebiete. Wie die Kultur sind sie aus Vergangenheit und Möglichkeiten konstruier.t [16]) Sie – wir – sind ebenso Kunstwerke wie unsere Identitäten. Die Verbreitung der Cyborgs verheißt Monster, verheißt Möglichkeiten. Das Grauen ist möglich, vielleicht sogar unvermeidlich. [17]) Aber der Widerstand dagegen, und auch die Freude daran, sollten möglich sein. Die Erkenntnistheorie des Cyborgs zeigt, daß man nicht

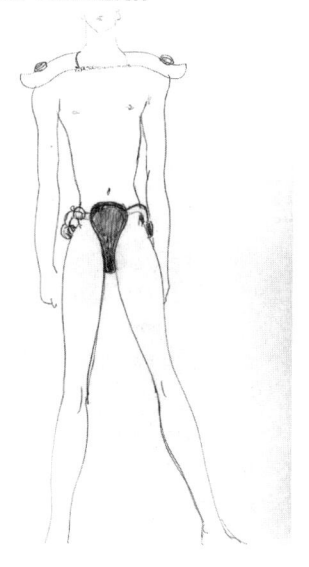

Rudi Gernreich, *Bike Parts,* Modeentwurf, Bleistift, 35,5 × 21,5 cm, Layne Nielson, Los Angeles, USA

unbedingt dialektisch in Reih und Glied marschieren muß. Prothesen und Zusätze sind immer möglich, am Körper und in der Kultur, und damit auch in der Zukunft.

Monica Caspers Bild einer schrillen, karnevalesken Cyborg-Parade, die sich unseren Augen darbietet, ist durchaus passend. (Casper, 1995) Cyborgs sind oft groteske, illegitime, ordnungslose Kombinationen, die nicht nur die Grenzen des guten Geschmacks, sondern auch des gesunden Menschenverstandes überschreiten. Sie sind gefährlich. Sie sind aber auch aufregend, nicht festzulegen, ausgelassen, befreiend. (siehe Sandoval, 1995; Gabilondo, 1995; Macauley/Lopez, 1995) Sie leben an der Grenze zwischen den Kulturen, zwischen den Lebenden und den Toten, zwischen dem Organischen und dem Anorganischen, zwischen dem Natürlichen und dem Künstlichen, zwischen dem Jetzt und der Zukunft, und verschleiern, verdinglichen diese Grenzen dabei. Wir müssen die Grenzen, an denen wir uns ansiedeln und die wir überschreiten, sorgfältig aussuchen. Wir müssen unsere Stimulationen, die Musik, zu der wir tanzen, die Kleidung, die wir tragen, sorgfältig aussuchen. Ansonsten wird uns die Zukunft nicht gehören und wir werden nicht einmal Spaß haben. Wir sind letztendlich unsere eigenen Rituale. Es geht um unser Leben, es ist unser Fest, auf dem wir uns vergnügen. Als Individuen können wir weinen, wann immer wir wollen, wir können tanzen, lieben und hassen, wir können früher weggehen, wir können uns vormachen, daß etwas gar nicht passiert. Die Cyborg-Parade ist ohnedies längst im Gange.

Anmerkungen:

1) Diese Cyborg-Erkenntnistheorie wurde erstmals beleuchtet in: Gray/Mentor/Figueroa-Sarriera. (1995: 1-15) Am liebsten würde ich mich dafür entschuldigen, daß ich in diesem Essay so oft dieses Buch und andere Arbeiten zitiere, die eine Handvoll Cyborgologie-Kollegen und ich geschrieben haben, aber dazu ist unsere Forschung ja schließlich gedacht. Auf gewisse Weise sind unsere Arbeiten auch Prothesen, die der Gesellschaft helfen, über unsere fortschreitende Cyborgisierung nachzudenken oder sie mitzugestalten.

2) Vielleicht eine Vermittlung zwischen Körper und Kultur, wie das einige Teilnehmer am "Virtual Seminar on the Bioapparatus" vorschlugen, welches im Herbst 1991 am „Banff Centre for the Arts" stattfand und in „Bioapparatus" (1991) beschrieben wurde.

3) Der Tod als Tor zur Unsterblichkeit ist ein altes religiöses Motiv in der Menschheitsgeschichte, das heute in Wissenschaft und Technik fest verankert ist. Für viele Cyborg- und Computerforscher ist das die grundlegende Motivation, wie Grant Fjermedal anhand von Interviews mit Wissenschaftern in Stanford, an der Carnegie-Mellon-Universität und der Universität von Kalifornien, dem Massachussetts Institute of Technology und an anderen Eliteforschungsstätten zeigte (Fjermedal, 1986). Auch transhumanistische und posthumanistische Zeitschriften wie „Mondo 2000" und „Extropy" zeigen das klar.

4) Was die Entstehung des faschistischen Cyborg im Ersten Weltkrieg angeht, sei auf Theweleit (1995) verwiesen.

5) Allgemeine Ausführungen über den Cyborg in der Literatur: Balsamo (1995); Bukatan (1993). Der beste Artikel über Terminator/Arnold Schwarzenegger ist Goldberg (1995). Für eine ausführliche Erörterung von Star Trek: The Next Generation's Fascist Borg, sei auf Fuchs (1995) verwiesen. Die Arbeiten von Hayles nehmen auf diesem relativ jungen Gebiet eine zentrale Stellung ein. Siehe zum Beispiel auch dies. (1995). Die besten cyborgologischen Arbeiten sind aber immer noch Science-fiction-Geschichten. Es gibt zu viele großartige davon, als daß man sie hier aufzählen könnte.

6) Die beste Arbeit zum Thema Krieg und Cyborgs ist Levidow/Robins (1991).

7) Zu den Grenzen des System-Selbstverständnisses sei auf Bateson (1972) verwiesen. Bei Kelly (1995) findet sich ein guter Überblick über die zeitgenössische Theorie komplexer Systeme mit Schwergewicht auf die Grenzen dessen, was sie jemals zu erklären hoffen dürfen.

8) All das wird in witzigen Einzelheiten in Mazlish (1993) beschrieben.

9) "Das Einzigartige: Innerhalb von dreißig Jahren werden wir die technischen Möglichkeiten haben, übermenschliche Intelligenz zu schaffen. Kurz danach wird die menschliche Ära ihr Ende finden." Von Vernon Vinge, präsentiert beim Symposium Vision-21, 30.-31. März 1993, nachgedruckt in der Ausgabe Winter 1993 der „Whole Earth Review". Erhältlich über die Extropians Mailing List unter der E-mail-Adresse habs@extropy.org. Livingston/Halberstam (1995) enthält eine Reihe von akademischen Beiträgen zum Thema "Posthumanes".

10) Das beste Buch über die Beziehung zwischen Science-fiction einerseits und Naturwissenschaft und Technik andererseits ist Franklin (1988). Von mir stammt eine Aktualisierung, Gray (1994: 315-336). Was die Monster als Hoffnungsträger anlangt, sei auf Haraway (1992) verwiesen.

11) Arquilla/Ronfeldt (1994). Neuste Informationen über das Thema Cyberwar: [www.psycom.net/iwar1.html] und [www.fas.org/pub/gen/fas/cp/swtt.html].

12) Einzelheiten zu gleichzeitig beunruhigenden und aufregenden Visionen im Zusammenhang damit finden sich in den folgenden reich bebilderten Werken der Zukunftsforschung: Dixon (1990); Stableford (1984); Lorie/Murray-Clark (1989).

13) Die Spezialistin für Transsexualismus und Cyborg-Medientheorie, Allucquere Rosanne Stone, hat eine der besten Analysen zur Bedeutung des Körpers geschrieben (Stone, 1995).

14) Zum Thema Geschwindigkeit sei auf Virilio (1980) verwiesen, zum Thema Simulation auf Baudrillard (1978).

15) Ein Thema, das in letzter Zeit am besten bei Edwards (1995) und bei Sherry Turkle behandelt wurde.

16) Zumindest argumentiert eine steigende Zahl von Autoren, die sich als Cyborg-Anthropologen beschreiben, so – dazu gehören Sarah Williams, Gary Lee Downey und Joseph Dumit. Ihr Manifest und andere Beiträge finden sich im Abschnitt Cyborg Anthropology von „The Cyborg Handbook", S. 341-392.

17) Das potentiell Böse im naturwissenschaftlich-technischen Bereich des Cyborgs ist unglaubwürdig, nicht nur im Krieg, sondern auch für die freie Gesellschaft im allgemeinen. Ein sehr beunruhigendes Beispiel findet sich bei Delgado (1969). Die Psychopathologie solcher körperverachtender Träume werden bei Figueroa-Sarriera (1995) analysiert.

Verwendete Literatur:

Arquilla, John; Ronfeldt, David (1994): *Cyberwar is Coming!, in: Journal of Comparative Strategy,* Bd. 12 (2/1994), S. 141-165.

Balsamo, Anne (1995): *Technologies of the Gendered Body,* Durham, North Carolina.

Bateson, Gregory (1972): *Steps to an Ecology of Mind,* (Bantam) New York.

Baudrillard, Jean (1978): *Agonie des Realen,* (Merve) Berlin.

Bioapparatus (1991): Banff, Kanada, Banff Centre for the Arts.

Bukatan, Scott (1993): *Terminal Identity: The Virtual Subject in Postmodern Science Fiction,* Durham, North Carolina.

Casper, Monica J. (1995): Fetal Cyborgs and Technomoms on the Reproductive Frontier: Which Way to the Carnival?, in: Gray;Mentor;Figueroa-Sarriera, S. 183-202.

Channel, David *(1991): The Vital Maschine: A Study of Technology and Organic Life,* (Oxford University Press) New York.

Clarke, Adele (1995): Modernity, Postmodernity & Reproductive Processes, or 'Mommy, Where Do Cyborgs Come From Anyway?', in: Gray;Mentor;Figueroa-Sarriera, S. 139-155.

Clynes, Manfred (1995): Cyborg II. Sentic Space Travel, in: Gray;Mentor;Figueroa-Sarriera, S. 35-42.

Clynes, Manfred; Kline, Nathan S. (1960): Cyborgs and Space, in: *Astronautics (9/1960),* (nachgedruckt in: Gray;Mentor;Figueroa-Sarriera, S. 29-34).

Delgado, Jose M. R. (1969): *Physical Control of the Mind: Toward a Psychocivilized Society,* (Harper) New York.

Dixon, Dougal (1990): *Man After Man: An Anthropology of the Future,* (St. Martin's Press) New York.

Edwards, Paul (1995): *Closed Worlds,* Cambridge, Massachusetts.

Ekstein, Modris (1989): *The Rites of Spring: The Great War and the Birth of the Modern Age,* (Houghton Mifflin) Boston.

Figueroa-Sarriera, Heidi J. (1995): Children of the Mind With Disposable Bodies, in: Gray;Mentor;Figueroa-Sarriera, S. 127-137.

Fjermedal, Grant (1986): *The Tomorrow Makers: A Brave World of Living-Brain Machines,* (MacMillan) New York.

Franklin, H. Bruce (1988): *War Stars: The Superweapon and the American Imagination,* Oxford.

Fuchs, Cynthia J. (1995): 'Death is Irrelevant': Cyborgs, Reproduction and the Future of Male Hysteria, in: Gray;Mentor;Figueroa-Sarriera, S. 281-300.

Gabilondo, Joseph (1995): Postcolonial Cyborgs: Subjectivity in the Age of Cybernetic Reproduction, in: Gray;Mentor;Figueroa-Sarriera, *The Cyborg Handbook,* S. 423-432, (Routledge) New York.

Goldberg, Jonathan (1995): Recalling Totalities: The Mirrored Stages of Arnold Schwarzenegger, in: Gray;Mentor;Figueroa-Sarriera, S. 223-254.

Gonzalez, Jennifer (1995): Envisioning Cyborg Bodies: Notes From Current Research, in: Gray;Mentor;Figueroa-Sarriera, S. 267-280.

Gray, Chris Hables (1995): An Interview with Manfred Clynes, in: Gray;Mentor;Figueroa-Sarriera, S. 43-54.

Gray, Chris Hables (1996a): Medical Cyborgs: Artificial Organs and the Quest for the Posthuman, in: ders. (Hg.), *Technohistory: Using the History of Technology in Interdisciplinary Research,* S. 141-178, (Krieger Publishing) Melbourne, Florida.

Gray, Chris Hables (1996b): *Postmodern War,* (Guilford Press) New York.

Gray, Chris Hables; Mentor, Steven; Figueroa-Sarriera, Heidi J. (1995): *The Cyborg Handbook,* (Routledge) New York.

Gray, Chris Hables (1994): 'There Will Be War!': Future War Fantasies and Militaristic Science Fiction in the 1980s, in: *Science-Fiction Studies,* Nr. 64, Bd. 21/III (11/1994), S. 315-336.

Haraway, Donna (1991): *A Cyborg Manifesto: Science, Technology and Socialist Feminism in the 1980s* (nachgedruckt in: Simians, Cyborgs and Women), (Routledge) New York.

Haraway, Donna *(1995):* Cyborgs and Symbionts: Living Together in the New World Order, in: Gray/Mentor/Figueroa-Sarriera, S. XI-XX.

Haraway, Donna (1992): The Promises of Monsters: A Regenerative Politics for Inappropriate/d Others, in: Lawrence Grossberg et al. (Hg.), *Cultural Studies,* (Routledge) New York.

Hayles, Katherine (1995): The Life Cycle of Cyborgs: Writing the Posthuman, in: Gray/Mentor/Figueroa-Sarriera, S. 321-340.

Hogle, Linda (1995): Tales From the Cryptic: Technology Meets Organism in the Living Cadaver, in: Gray/Mentor/Figueroa-Sarriera, S. 203-217.

Kelly, Kevin (1995): *Out of Control,* (Harper) New York.

Laqueur, Thomas (1990): *Making Sex: Body and Gender from the Greeks to Freud,* Cambridge, Massachussetts.

Levidow, Les; Robins, Kevin (1991; Hg.): *Cyborg Worlds: The Military Information Society,* (Columbia University Press) New York.

Livingston, Ira; Halberstam, Judith (1995; Hg.): *Posthuman Bodies,* Bloomington, Indiana.

Lorie, Peter; Murray-Clark, Sidd (1989): *History of the Future: A Chronology,* (Doubleday) New York.

Macauley, William R.; Lopez, Angel J. Gordo (1995): From Cognitive Psychologies to Mythologies: Advancing Cyborg Textualities for a Narrative of Resistance, in: Gray/Mentor/Figueroa-Sarriera.

Mazlish, Bruce (1993): *The Fourth Discontinuity: The Co-Evolution of Humans and Machines,* (Yale University Press) New Haven.

Sandoval, Chela (1995): New Sciences: Cyborg Feminism and the Methodology of the Oppressed, in: Gray/Mentor/Figueroa-Sarriera, S. 407-421.

Scarry, Elaine (1992): *Der Körper im Schmerz* (englisch 1985:*The Body in Pain: The Making and Unmaking of the World,* Oxford), Frankfurt a. M.

Stableford, Brian (1984): *Future Man: Brave New World or Genetic Nightmare?* (Crown Publishers) New York.

Sofia, Zoe: Exterminating Fetuses: Abortion, Disarmament, and the Sexo-Semiotics of Extra-Terrestrialism, in: *Diacritics 14,* S. 47-59.

Stock, Gregory (1993): *Metaman: The Merging of Humans and Machines into a Global Superorganism,* (Simon and Schuster) New York.

Stone, Allucquere Rosanne (1995): *The War of Desire and Technology at the Close of the Mechanical Age,* Cambridge, Massachusetts.

Theweleit, Klaus (1995): *Männerphantasien, Bd. 2: Männerkörper: Zur Psychoanalyse des weißen Terrors,* (Erstausgabe 1977/78) München.

Virilio, Paul; Lotringer, Sylvère (1984): *Der reine Krieg,* (Merve) Berlin.

Virilio, Paul (1980): *Geschwindigkeit und Politik. Ein Essay zur Dromologie,* (Merve) Berlin.

Stoffwechselmaschinen

Marie-Anne Berr

„Denn Liebe ist die Zahl, die Einheit heißt."
Max Bense

Das Konzept der Stoffwechselmaschine ist aufs engste mit dem Gedanken der mechanischen Erzeugung der Leidenschaften, der Imagination, der Seele/des Geistes verknüpft; ganz allgemein läßt es sich als das Bemühen um die Selbsterschaffung der Seele als formale Einheit/Ordnung verstehen, die aus den als mechanische Bewegung aufgefaßten Leidenschaften hervorgeht. Wenngleich die Stoffwechselmaschine erst im 18. Jahrhundert mit La Mettries philosophischer Maschinentheorie entsteht, kann das Bestreben, das Bewegte, das Werdende, das Viele – also die sinnliche Dingwelt – als formale Einheit/Ordnung zu denken, bis in die Antike, bis zu Parmenides zurückverfolgt werden. Es war jedoch erst Platon, der die Erzeugung des Vielen als formale Einheit in den Kontext der Selbsterschaffung stellte, der die Formalisierung der (eigenen) Seele einerseits in der Äquivalenz von der Suche nach der Wahrheit und der Formalisierung der Rede, andererseits in der Äquivalenz von der Suche nach der Wahrheit und der erotischen Beziehung, der Vervollkommnung der Liebe, gedacht hat.
Im Phaidros hat Platon das die Formalisierung der Seele realisierende Verfahren – die Dialektik – konzipiert. Die Dialektik ist ein der zeitgenössischen Mathematik und der Eleatik geschuldetes Verfahren zur Erzeugung der Rede, zur Analyse der Natur der Seele. Es gilt, mit ihrer Hilfe die Struktur des Ganzen zu erfassen, das vielfach Zerstreute in eine einzige Form zusammenzufassen, und umgekehrt nach Formen zu zerlegen. Die Zusammenschau und Zerlegung soll nicht nach einem starren Schematismus, sondern von Fall zu Fall nach der „natürlichen Gliederung" vor sich gehen. Das dihairetische Verfahren wird von Platon – vor allem in der späten Phase – mit den beiden Prinzipien des Einen und der unbestimmten Zweiheit in Beziehung gesetzt, (Markovic, 1965) wenngleich er zur Veranschaulichung seines Formalisierungsbemühens auch andere Bilder geschaffen hat. Wie es im Sophistes heißt, kann eine Form durch vieles hindurch nach allen Seiten ausgespannt sein, und viele untereinander verschiedene Formen können von einer einzigen rings umfaßt werden. (253d) Hier garantiert also eher die Vorstellung eines Kreises die Herstellung der Einheit. In der Bestimmung der Beziehung des Einen und der unbestimmten Zweiheit aber kommt die Absicht, die Platon mit dem dihairetischen Verfahren verfolgt, besonders deutlich zum Vorschein. Die unbestimmte Zweiheit tritt in Form von Gegensatzpaaren auf, die in ihrem Wirkungsbereich Schwankungen unterliegen, die ohne Grenze und ohne Ende sind. Dieses unbestimmte und unbegrenzte Prinzip erfährt durch das Prinzip des Einen seine Grenze, denn dieses führt in das erstere Bestimmtheit, Begrenztheit und Maß, sowie Gesetz und Ordnung ein.
Im Symposion beschreibt Platon diese grenzziehende Beziehung am Beispiel des Zustandekommens der Harmonie. Diese entsteht durch die Kunst der Musik, indem „das vorher auseinanderstrebende Hohe und Tiefe durch sie in Einklang gebracht worden sei. [...] solange das

Hohe und Tiefe noch auseinanderstreben, ist keine Harmonie denkbar". (187a-b) Harmonie ist Einklang, ist „eine Art Übereinstimmung", die mit dem Auseinanderstreben unvereinbar ist. Die Herstellung der gegenseitigen Eintracht in der Harmonie, aber auch im Rhythmus (in den schnellen und langsamen Bewegungen) setzt Platon gleich mit der Liebe, sodaß die Musik „die Kenntnis von den Liebesregungen im Gebiete der Harmonie und des Rhythmus" ist. (187c) Platon betrachtet dieses Eingreifen der Grenze als „Erzeugung", als „Erzeugung zum Sein nach den durch die Grenze geschaffenen Maßen". (Phil. 26d) Denn durch die Herstellung einer Einheit, einer Eintracht entsteht etwas Neues. Als „gemischte Wesenheiten" (Phil. 25b, 27b) bezeichnet Platon dies als die Gattung des durch das Bestimmte (Pera) gebundenen Unbestimmten (Apeiron). (Phil. 27d)

Auch im Phaidros veranschaulicht Platon das dihairetische Verfahren mit der begrenzenden Beziehung des Einen und der unbestimmten Zweiheit. Hier zeigt sich darüber hinaus, daß der Begriff der unbestimmten Zweiheit als Äquivalent für die Vielheit stehen kann. Sokrates führt in zwei aufeinanderfolgenden, sich widersprechenden Reden über den Eros dem Phaidros die Erzeugung des Eros als Wahrheit/Erkenntnis vor, die sich über die Herstellung der Rede als formale Ordnung/Einheit ergibt. Das Irrationale im Menschen, der Eros, sei eine einzige Form, die jedoch von Natur aus zwei gegensätzliche Seiten hat. Sokrates vergleicht die Einheit und Zweiheit des Eros mit dem Leib, der zwar eine einzige Form ist, aber doch aus doppelten, allerdings gleichnamigen Gliedern besteht. Diesen linken und rechten Gliedern hat Sokrates in seinen beiden Reden über den Eros gerecht zu werden versucht, indem er in der ersten Rede die links liegenden Teile des Eros kritisierte. In der zweiten Rede hingegen entfaltete und lobte er die rechts liegenden Teile des Wahnsinns als den „göttlichen" Eros. (265d-266c) Die Demonstration des dialektischen Verfahrens in den Reden über den Eros soll zweierlei deutlich machen: Es geht einerseits darum, durch eine bestimmte Ordnung/Form der Rede die Wahrheit zu erzeugen, das heißt, daß ein „unbestimmter", „umstrittener", „mehrdeutiger" Begriff wie der des Eros „eindeutig", „einheitlich" wird und andererseits will Sokrates vorführen, daß es nicht mehr wie in Lysias Rede um die Lust und eine Ästhetik des Umgangs mit dieser geht. Vielmehr wird diese Form des Eros kritisiert, während die andere Form, die einer Liebesbeziehung als Suche nach der Wahrheit gleicht, als göttliche Form des Eros gepriesen wird.

Der Eros als die Suche nach der Wahrheit wird zur Selbsterkenntnis oder Hervorbringung wahrer Vortrefflichkeit aus sich selbst heraus im Angesicht der Schönheit. Denn die Ursache der Liebe ist hier nicht mehr die Suche des Individuums nach seiner anderen Hälfte, wie im Symposion Aristophanes in seinem Mythos meinte, sondern es ist das Wahre, das als das schöne Spiegelbild der eigenen Seele im Anderen gesucht wird. Der so verstandene Eros, die Liebesbeziehung im Kontext der Dialektik wird bei Sokrates/Platon zur Idee der Selbsterschaffung als Selbsterkenntnis mittels eines formalisierenden Verfahrens, das heißt mittels der Erzeugung der Rede/des Begriffs als formale Einheit/Ordnung.

Die Wollust als Triebfeder der Imagination

Sind es die Musen und der göttliche Eros, die aus Sokrates in seinen Reden über den Eros sprechen, so ist es bei La Mettrie die Göttin Venus, die dem Autor die Feder reicht und führt. Die Selbstverständlichkeit des Schreibens, die Äquivalenz von Schrift und Seele/Geist, die

La Mettrie behauptet, sind nicht das einzige, worin sich dieser von Platon unterscheidet, wenngleich sie beide auf Konzepte zur Selbsterzeugung des Menschen sinnen, also den sich ohne göttlichen Beweger erschaffenden Menschen im Auge haben.

La Mettrie jedoch entwirft – im völligen Gegensatz zu Platons Idee der Formalisierung der Seele – ein materialistisches, mechanistisches Konzept der Seele, des Geistes und behauptet darüberhinaus, daß immaterielle oder spiritualistische Ansätze in keiner Weise ihre Annahmen legitimieren könnten. Der Grund hierfür liegt darin, daß La Mettrie nur Erfahrung und Beobachtung als Erkenntnisquelle zuläßt und – wie Epikur – Philosophie als Naturwissenschaft verstanden wissen will. Nicht ohne Ironie beschließt La Mettrie seinen Essay „L'Homme-Machine" (1748) mit einer Bemerkung zu Descartes spiritualistischer Philosophie, die

Man Ray, Torso aus der Mappe „*Electricité*", 1931, 26 × 20,5 cm, Fotogravure, Schweizerische Stiftung für die Photographie, Zürich

implizit seine These vom Maschinenmenschen unterstützen soll. Er unterstellt Descartes, ein heimlicher Materialist zu sein, das heißt, den Gedanken der angeborenen Ideen, also der zweiten Substanz, nur aus Rücksicht auf die Ansicht seiner Zeit behauptet zu haben. Tatsächlich geht La Mettrie wie Descartes davon aus, daß der Körper eine Maschine sei. Anders als Descartes beschränkt er jedoch den Menschen, das Universum, auf diese eine Substanz. La Mettrie begründet seine Annahme mit den naturwissenschaftlichen Erkenntnissen seiner Zeit. Vor allem die in der Anatomie erhaltenen Beobachtungen legen die in der Studie „L'Homme-Machine" vertretene These nahe, daß der Mensch eine Stoffwechselmaschine, ein sich selbst erzeugender und erhaltender Kreislauf sei. Einerseits gibt es die Entdeckung des Blutkreislaufs durch Harvey, vor allem aber sind es die in Vivisektionen an Tieren gemachten Beobachtungen des Chirurgen und Physiologen Albrecht von Haller, die La Mettrie zu seiner gewagten Annahme der Äquivalenz von selbsttätiger Körpermaschine und Seele/Geist inspirieren. Haller hat mit der Beobach-

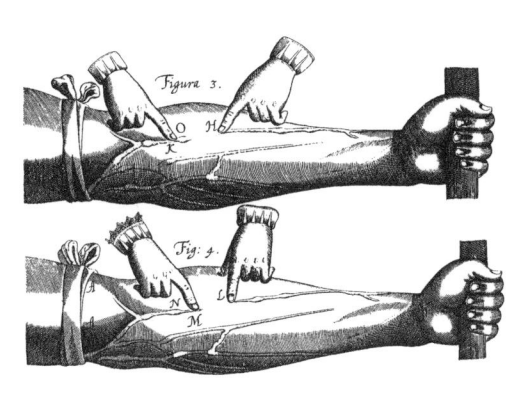

William Harvey, Blutkreislauf, Kupferstich in: *Exercitatio Anatomia de Motu Cordis et Sanguinis in Animalibus*, Frankfurt 1628

tung der „muskulären Irritabilität" (1752) die vorherrschenden animistischen Annahmen Georg Ernst Stahls durch eine vitalistische Auffassung vom Körper ersetzt. Er hat nachgewiesen, daß nur die Nerven Empfindlichkeit zeigen und somit Empfundenes ins Gehirn weiterleiten können, aber weder die Sehnen noch die Bänder empfindlich oder reizbar sind, wie seit der Antike fälschlicherweise angenommen wurde. Haller hat damit die Behauptung einer frühen materialistischen Physiologie, nämlich die Gleichsetzung der Seele mit allen Körperteilen, widerlegt. Die Empfindlichkeit galt diesen als Kriterium für die Seele. Da es jedoch viele Körperteile gibt, die nicht empfindlich sind, also keine Nerven haben, schloß Haller daraus, daß es noch ein anderes Prinzip der Belebung geben mußte. Dieses fand er in der Beobachtung, daß die Muskeln nicht nur durch die Nerven gesteuert werden, sondern über einen eigenen Impuls verfügen, der sich durch Reizbarkeit und selbsttätiger Bewegung der unterschiedlichen Muskeln – auch nach der Abtrennung vom Nerv und vom Körper – äußert. (vgl. Haller, 1922) Es lassen sich eine Vielzahl von experimentellen Beispielen anführen. Vom Körper getrennte Muskeln ziehen sich zusammen, wenn sie berührt werden; ein Froschherz bewegt sich noch gut eine Stunde nach Abtrennung vom lebenden Froschkörper; Eingeweide behalten ihre Bewegung noch lange bei, wenn sie vom Körper getrennt wurden. Bacon beschreibt in seiner „Historia vitae et mortis", daß ein einem Hochverräter bei lebendigem Leibe herausgerissenes Herz, das ins Feuer geworfen wurde, mehr als sieben Minuten andauernd senkrecht in die Höhe gesprungen sei, wobei der erste „Sprung" eineinhalb Meter betrug. (La Mettrie, 1988: 68ff)

Die Beobachtungen dieser unwillkürlichen Bewegung und das Vorhandensein eines mechanischen Automaten – der Uhr –, nicht zuletzt aber Newtons mathematische Auffassung von der Bewegung haben La Mettrie bewogen, das von dem Mathematiker und Naturforscher Maupertius aufgestellte sogenannte Extremalprinzip der Physik – „das Prinzip der kleinsten Wirkung" (action) –, das Maupertius für die „Weltformel" hielt, in das „Minimalprinzip der Bewegung" (le moindre principe de mouvement) umzuwandeln und zum Grundprinzip der Selbsterschaffung, Selbstbewegung des Körpers zu machen. Denn im Gegensatz zum „frommen Haller" – wie La Mettrie ihn ironischerweise bezeichnet – leitet dieser den Beweis der Nicht-Existenz eines äußeren Bewegers, der Nichtexistenz Gottes aus der experimentellen Beobachtung der muskulären Irritabilität ab. „Läßt man als Voraussetzung das Minimalprinzip der Bewegung gelten, so genügt das für die belebten Körper vollkommen, um sich zu bewegen, um zu empfinden, zu denken, zu bereuen." (La Mettrie, 1988: 68)

La Mettrie gelangt also zu der Annahme, daß der Körper des Menschen eine Stoffwechselmaschine sei, „die ihre Triebfedern selbst spannt, ein lebendiger Inbegriff der ewigen Bewegung". (La Mettrie, 1988: 26) Die zugeführte Nahrung hält die Maschine in Gang, so wie die Federn der Uhr durch das Aufziehen gespannt werden. Bereits Platon hat auf den Zusammenhang von Nahrungszufuhr und dem Zustand der Seele hingewiesen. La Mettrie plädiert jedoch nicht für eine asketische Haltung dem Körper gegenüber, sondern für eine reichliche Zufuhr vorzüglicher Nahrung, denn dies sei die Bedingung einer starken und kräftigen Seele. Nicht nur der Zustand der Seele ist allein über den Zustand des Körpers zu erfahren, die Seele ist nichts anderes als die Körper-Maschine selbst. „Da nun aber einmal alle Funktionen der Seele dermaßen von der entsprechenden Organisation des Gehirns und des gesamten Körpers abhängen, daß sie offensichtlich nichts anderes sind als diese Organisation selbst, haben wir es ganz klar mit einer Maschine zu tun." (La Mettrie, 1988: 67) So erscheint es naheliegend, daß die Entwicklung der Seele sich nach der Entwicklung des Körpers richtet.

Dies bedeutet jedoch nicht, daß die Seele identisch wäre mit den Organen selbst. Vielmehr liegt der Zusammenhang „in der gegenseitigen Beziehung und der Art von 'Sympathie' zwischen jenen Muskeln und der Imagination". (La Mettrie, 1988: 73) La Mettrie geht davon aus, daß alle Komponenten der Seele/des Geistes auf die Imagination zurückzuführen sind: „Urteilskraft, Schlußvermögen und Gedächtnis." Sie sind nichts anderes als Modifikationen „jener besonderen Sorte aus Gehirnmark gewirkten Leinwand, auf die die im Auge angebildeten Objekte wie von einer Laterna magica projiziert werden." (La Mettrie, 1988: 43) Allein die Imagination ist die Wahrnehmung, allein sie ist es, die als Geist oder Seele anzusehen ist, da sie deren sämtliche Funktionen ausübt, da sie es ist, „die alle Objekte mit den sie kennzeichnenden Worten und Figuren verknüpft". (La Mettrie, 1988: 44) Imagination und Bewegung der Muskeln stimulieren sich gegenseitig, sodaß die körperlichen Bewegungen, die Empfindungen ebenso wie die Sinne zur Basis der Imagination, also zur Grundlage allen Denkens, der Seele, des Lebens überhaupt werden. Bereits Epikur hat auf den notwendigen Zusammenhang von Leben/Seele und Empfindung hingewiesen, denn das Ende der Empfindung sei der Tod, der insofern kein Teil des Lebens sein kann. „Gewöhne dich an den grundlegenden Gedanken, daß der Tod für uns ein Nichts ist. Denn alles Gute und Schlimme beruht darauf, daß wir es empfinden. Verlust aber dieser Empfindung ist der Tod."

Die materialistische Auffassung der Seele führt konsequenterweise zu einem Vernunftbegriff, der nicht „das Wort, wohl aber das Gefühl bei den Göttern entlehnt". (La Mettrie, 1987: 17) Nicht die Begriffe sind die Erzeuger der Bedeutung der Schrift, nicht Eros oder Aphrodite, sondern Venus, die Wollust ist federführende Göttin, die Erzeugerin der Imagination, der Schrift, des Diskurses. Denn die Wollust *beflügelt* die Imagination, also die Seele, den Geist, die Vernunft.

Die imaginierte Idee vom Menschen als selbsttätige Stoffwechselmaschine, also als Maschine des Austauschs und der Umwandlung hat lange Zeit im Schatten der literarischen Überhöhung dieser Idee gestanden, ist mit dem gleichen Etikett der Abnormalität/Irrationalität versehen worden wie de Sades philosophische Literatur. Sade hat die in La Mettries Konzept der Seele/des Geistes als Stoffwechselmaschine enthaltenen Freiheitsgrade des Menschen gegenüber einer seiner Rationalität sich entziehenden Natur zugespitzt und in das Postulat gefaßt, daß der Mensch alles denken soll, was er tun kann.

Sade begreift die Natur als ein mechanisches Bewegungsprinzip, die Natur erscheint ihm als eine Maschine aus Wachstum und Zerfall, ein Prinzip der ewigen Zerstörung. „Die hervorstechendste und schönste Eigenschaft der Natur ist die Bewegung, die unausgesetzt in ihr herrscht. Aber diese Bewegung ist nur eine ununterbrochene Folge von Verbrechen. Nur durch Zerstörung erhält und erneuert sie sich." (Sade, 1987) Insofern handelt der Sadesche Philosoph nach den Gesetzen der Natur. Denn in der Zerstörung der Objekte hält Sade die Stoffwechselmaschine Natur in Gang, erzeugt Sade den Diskurs über die Umwandlung/Neuorganisation der Materie in der Grammatik der Imagination, des Denkens. In seinem Konzept der Stoffwechselmaschine Natur inszeniert er den Siegeszug der Imagination gegen die Determinanten einer sich der Grammatik des Beobachtens, Denkens und

Beschreibens entziehenden Natur – symbolisiert an der *Zerstörung* Justines, der der Philosophie der Tugend, dem Gesetz einer immateriellen Seele, eines immateriellen Geistes verpflichteten Frau einerseits und an der *Erzeugung* Juliettes, der phallischen, Verbrechen, Leidenschaften, das heißt, der Umwandlungen und Diskurse produzierenden Frau andererseits. Sades Postulat der Äquivalenz von Imagination und Handlung ist – wie schon La Mettries Stoffwechselmaschine – einer Naturwissenschaft geschuldet, die die Mittel der experimentellen Erfahrung und Beobachtung zunehmend technisiert und verfeinert. Anders als Haller, der nur geringen Gebrauch vom Mikroskop machte und überwiegend mit dem Seziermesser forschte, hat Galvani von 1780 an in Lebendversuchen mit Fröschen mittels der „Elektrisiermaschine", dem „Nervenconductor" und ähnlichen technischen Apparaten die tierische Energie minimiert oder maximiert und das daraus folgende Verhalten beobachtet und aufgezeichnet. Das heißt, im ausgehenden 18. Jahrhundert gelingt es der Naturwissenschaft, durch Hinzufügung von künstlich erzeugter Elektrizität lebendige *Elektrizität* wissenschaftlich nachzuweisen. Galvani ist der erste, der tierische Gehirntätigkeit mittels künstlicher Elektrisierung in mancher Hinsicht beeinflussen, steuern kann. Durch die Einleitung künstlicher Elektrizität in die tierischen Nervenbahnen läßt sich beispielsweise Epilepsie oder Apoplexie hervorrufen. Im folgenden Experiment vergleicht Galvani die Wirkung der atmosphärischen Elektrizität mit der künstlichen auf das Tier: „Wir haben einen langen passenden Conductor, und zwar einen Eisendraht, in freier Luft an einem höher

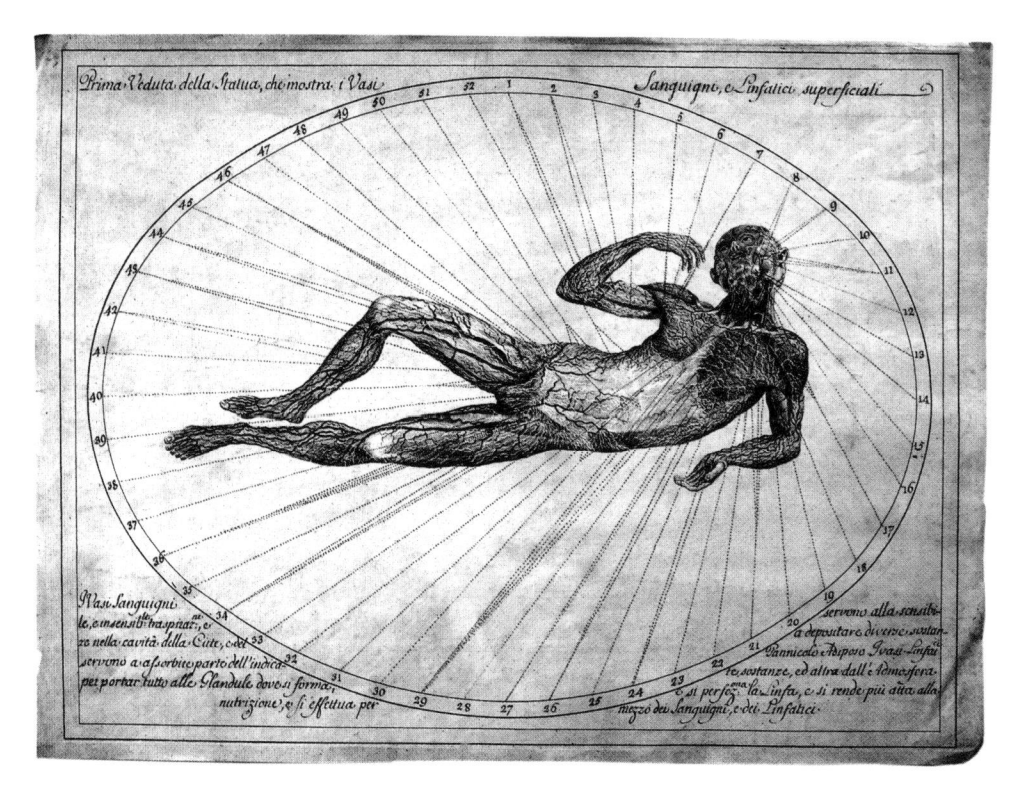

Anonym, Männlicher Körper, aus einer Serie von Aquarellen zu anatomischen Wachspräparaten, um 1775-1785, Aquarell, 40,7 x 31,9 cm, Bildarchiv des Instituts für Geschichte der Medizin, Wien

gelegenen Ort des Hauses ausgespannt und isolirt, und an ihn, als ein Gewitter am Himmel aufgezogen war, präparirte Frösche oder präparirte Schenkel von Warmblütern mit ihren Nerven aufgehängt. Auch an ihre Füße haben wir einen anderen Conductor, nämlich einen sehr langen Eisendraht, geheftet, um ihn bis in das Wasser [...] zu tauchen. Die Sache verlief ganz nach Wunsch wie bei der künstlichen Elektricität. So oft nämlich Blitze hervorbrachen, geriethen sämmtliche Muskeln in demselben Moment in wiederholte heftige Zuckungen, so daß immer, wie der Schein der Blitze und das Aufleuchten, auch die Muskelbewegungen und Contractionen den Donnerschlägen vorausgingen und diese gleichsam ankündigten." (Galvani, 1894: 18)

Es ist selbstverständlich, daß die aus den Vivisektionen der Tiere gewonnenen Erkenntnisse auf den Menschen übertragen werden. Schließlich sind die Sektionen der menschlichen Leiche im 18. Jahrhundert Normalität. Man kann also Vergleiche anstellen. Haller hat zwar beteuert, seine Erkenntnisse nur aus Tierversuchen zu haben, aber er war immerhin auch Chirurg. Auf jeden Fall hat er eine gewisse Übertragbarkeit seiner am tierischen Körper gewonnenen Erkenntnisse auf den menschlichen behauptet. Schließlich ging es ihm weniger darum, einzelne Organe in ihrer Form zu analysieren, als ihre Funktion, den Mechanismus des Körpers, zu erforschen.

Die imaginierten Grausamkeiten, Verbrechen, die Sade an Frauen ausführen läßt, können wie die Experimente, die Vivisektionen am Tier der zeitgenössischen Naturforscher gelesen werden. Nicht erst die Naturforscher-Generation Galvanis praktizierte jede realisierbare experimentelle Technik in Tierversuchen, um die wissenschaftliche Erkenntnis voranzubringen. Haller hat, um die Empfindlichkeit zu testen, die mit dem Zeigen von Schmerz gleichgesetzt wurde, sämtliche Körperteile der Versuchstiere mit allen möglichen Säuren in unterschiedlichsten Temperaturen getränkt, beziehungsweise mit dem Seziermesser eingeritzt, eingestochen, bei lebendigem Leibe abgetrennt. Einige Beispiele sollen dies vor Augen führen: „Ich habe die Pfanne des Beckens, worin das Schenkelbein sich bewegt, voll Vitriolöl gegossen: von diesem gewaltigen Gifte, das die berührte Gebärmutter eines Kaninchens innerhalb einer Minute verzehrt, ist doch kein Zeichen einer Klage verursacht worden, wenn man das Gelenk damit brannte. Einigemale habe ich auch in das Gelenke des Knies [...] mit Vitriolöle oder Spiegelglaßbutter getränkten Stäbchen gebrannt: ich habe ferner die Seitenbänder, [...] die Haversche Drüse und das Band der Kniescheibe gebrannt: und bei dem allen kein Zeichen einigen Schmerzens an den Tieren verspüret. Ja diese Wunden [...] sind bis zur Verwunderung glücklich geheilet." (Haller, 1922: 20) Und: „Ich machte daher bei Hunden Löcher in die Hirnschale, welches mit einem scharfen Meißel und einem Hammer ziemlich bequem [...] und wodurch auch das Gehirn in einem weitern Umfange entblößt wird. Ich habe den Versuch an Hunden, Böcken, Ratten, Fröschen, Katzen und anderen Tieren oftmals wiederholt und in der harten Hirnhaut, oder vielmehr dem ganzen Gehirne, eben auch eine Bewegung gefunden, dergleichen Schlichting beschrieben hat. Ich habe nämlich wahrgenommen, daß das Gehirn bei dem Ausatmen in die Höhe steigt, und unter dem Einatmen heruntergeht. Ich habe es wohl zwanzigmal gesehen, denn ich habe bloß wegen dieser Bewegung über dreißig Versuche angestellet." (Haller, 1922: 24f)

Die imaginierten verbrecherischen Ausschweifungen Sades können auch deshalb als naturwissenschaftliche Experimente, Vivisektionen am menschlichen Leib gelesen werden, da sie wie diese nicht zügellos oder ungeordnet ablaufen. Die Sadeschen Philosophen handhaben die Umwandlung, Umorganisation der materiellen Substanz kalten Herzens – in einer experimentellen, maschinellen Anordnung, in Gruppen, Serien, in denen die Haltung, die Position der einzelnen Körperteile ebenso wie die Handlungsabfolge genau festgelegt ist. Und schließlich werden die Frauen wie die Versuchstiere immer wieder hergestellt, *geheilt*, um sie erneut in den Dienst der experimentellen Diskurserzeugung stellen zu können. Haller hat das männliche Glied als das empfindlichste Körperteil im Experiment mit Tieren beobachtet und beschrieben: „Das Zeugungsglied ist, weil es häuticht und nervicht ist, auch empfindlich, und übertrifft bei seinen vielen Nerven alle anderen Teile des Körpers, an der Schärfe des Gefühls." (Haller 1922: 30f) Es liegt also nahe, daß La Mettrie bereits die Wollust als Beflügelung der Imagination hervorhebt, daß mehr noch Sade den Phallus zum Symbol seiner Imagination erzeugenden Stoffwechselmaschine macht: eine ewige Bewegung der Aufladung und Entladung als Symbol der Zerstörung, die gleichzeitig die permanente Erzeugung der Imagination, des Diskurses ist. Die experimentelle Vervielfältigung und Potentierung der Empfindung, der Wollust durch die Zufuhr erlesenster Nahrung für Gaumen und Auge bedingt insofern die Vervielfältigung der Imagination, also des Denkens, des Geistes, des Diskurses – des literarischen wie des naturwissenschaftlichen.

Berechenbare Leidenschaften

Die mechanische Auffassung von Seele und Geist – dies wird bereits bei La Mettrie deutlich – enthält die Möglichkeit der Steuerung und Potentierung der seelischen/geistigen Funktionen über die Verfeinerung der Organisation des Körpers. Denn diese – verstanden als Bewegung im Sinne einer Beziehung, einer Sympathie zwischen den Bestandteilen der Körpermaschine – wird durch die Bewegung der Muskulatur, also durch das Zulassen, das ungehemmte Ausleben der Leidenschaften – sei es das Essen, sei es die Liebe oder die Grausamkeit – qualitativ gehaltvoller. Sade hat diese Idee der Stoffwechselmaschine im Hinblick auf die unbegrenzten Denk- und Handlungsmöglichkeiten des sich mit dem Universum, der Natur gleichsetzenden Subjekts idealisiert. Charles Fourier hat aus diesem Mechanismus der Bewegung die Vision einer durch die Bejahung der Leidenschaften harmonisierten sozialen Welt erzeugt. Er geht in seiner Studie „Le nouveau monde amoureux" (1808) davon aus, daß die Leidenschaften „unbezwingbare Kräfte" seien, die nicht, wie die Philosophie es dreitausend Jahre lang versucht hat, unterdrückt werden könnten. Insofern sollte man sie bejahen und ihre Gesetze studieren. Denn das Übel der Leidenschaften liegt nicht in ihnen selbst, sondern in einem ungeordneten, ungezügelten Ablauf. Fourier stellt die These auf, daß die Leidenschaften nicht die Feinde der Eintracht sind – wie Platon, Seneca, Locke und andere meinten –, sondern im Gegenteil die Eintracht durch die Leidenschaften gefördert, erzeugt werden kann. Der Schlüssel dazu liegt in der Herstellung einer Ordnung der Leidenschaften, insbesondere in einer Ordnung der materiellen Liebe. Den Schlüssel zu dieser Ordnung sieht Fourier in der Mathematik. Er geht davon aus, daß sich die Leidenschaften des Menschen – auch die Liebe – berechnen lassen wie die Bewegungen der Planeten, des Mondes, des Meeres. Isaac Newtons Theorie der universellen Schwerkraft und der Anziehung inspirierte Fourier zu seiner Theorie der berechenbaren Leidenschaften. Indem Newton nachwies, daß die materielle Anziehung die Eigenschaft besitzt, das Universum harmonisch zu lenken, gab er Fourier Anlaß zu der Vermutung, daß die leidenschaftliche Anziehung, die niemals untersucht worden war, ebenso beschaffen sei. Konsequenter noch als La Mettrie geht Fourier in seinem Verständnis der Wirkung der Natur nicht mehr vom beobachteten Verhalten der Körper aus, sondern von mathematischen Schlußfolgerungen, die aus der experimentellen Erfahrung abgeleitet sind. Das heißt, die Wirkung der Natur, die Bewegung, wird mit dem Gravitationsgesetz zu einem den Regeln der Mathematik gehorchenden Mechanismus. In diesem Sinne will Fourier die Leidenschaften des einzelnen, der Gesellschaft in eine berechenbare Ordnung bringen, beziehungsweise ihnen eine bestimmte Richtung geben, aber nicht ihre Natur ändern – zu der ihm die Theorie der Schwerkraft auch keinen Zugang mehr verschafft.

Lange vor Freud prangerte Fourier die verheerenden Folgen der sexuellen Unterdrückung an. Sein Werk liest sich wie ein langer Schrei der Wut gegen die Philosophen und Moralisten, denen man diese Unterdrückung verdankt. Dennoch will Fourier die Leidenschaften aber keineswegs im rohen, anarchischen Zustand belassen oder „ihre Zügel schleifen" lassen. „Gleich unseren Obstbäumen muß jede Leidenschaft gepfropft, veredelt und durch Gegengewichte ausgeglichen werden. Denn ist sie dieser verschiedenen Stützen beraubt, so bringt ihr freier Aufflug nur Laster und Verbrechen hervor." (Fourier, 1977: 111) Fourier unterdrückt also nicht die Leidenschaften, will sie aber durch den mathematischen Mechanismus der Bewegung, der Anziehung, durch eine veränderte Organisation des Ablaufs in neue Bahnen lenken. In seiner Vision einer harmonisierten Gesellschaft, in der alle Leidenschaften zugelassen sind und uneingeschränkt ausgelebt werden können, in der die *materielle* Liebe im Vordergrund der harmonisierenden Leidenschaften steht, gibt es wie bei Sade Gruppen, Serien. Wie bei Sade ist jede Bewegung des Körpers, jede Handlungsabfolge, jeder Moment der individuellen wie sozialen Bewegung bestimmt, berechnet, einer Regel unterworfen. Aber ebensowenig wie bei Sade – so muß noch einmal hervorgehoben werden – bedingt dies die Unterdrückung der Leidenschaften. Aber es bringt diese in ein Gleichgewicht, in einen berechenbaren Mechanismus, in eine Einheit, die – wie schon bei Platon – gleichgesetzt wird mit dem Begriff der Harmonie. Nicht zufällig vergleicht Fourier seine soziale Gemeinschaft mit einem Orchester oder auch mit der Musik. Wie im Orchester die einzelnen Instrumente über die Beziehungen untereinander und zum Ganzen ihr Verhalten steuern müssen, so hat dies auch für das Individuum zu gelten. Das Individuum, der einzelne kann nur über die Beziehungen zu anderen existieren. Infolgedessen kritisiert Fourier die Libertins und ihren grenzenlosen Egoismus. Es gilt ihm wie Kant die Beeinträchtigung des anderen als Grenze der individuellen Leidenschaften.

Allerdings schließt Fourier, der sich auch als Nachfolger von Johannes Kepler versteht, die Disharmonien, die Differenzen, die „Übergänge", das „Zwieträchtige" nicht aus. Kepler beschreibt in seinem Werk „Harmonices mundi" (1619) den Gang des Universums als ein göttliches Konzert, an dem sogar die Exzentrizitäten oder Abirrungen der Gestirne mitwirken. Sie stören nicht nur nicht, sondern führen Abwechslung in den Gesamtmechanismus ein. So wie die Konsonanzen zur Harmonie beitragen, bedeuten die Dissonanzen den Gegensatz, die Differenz, den Übergang. In diesem Sinne betrachtet Fourier jede Form der Leidenschaft – sei es die Homosexualität, die Polygamie, der Sado-Masochismus – als Teil der Harmonie, ja geradezu als nutzbringend für diese.

Fourier hat den Himmel auf Erden holen wollen, indem er das Gesetz der Schwerkraft/Anziehung auf die Gesellschaft übertrug. In seiner Vision der berechenbaren Leidenschaften nimmt er allerdings dem Individuum die Freiheit der unbegrenzten Selbsterzeugung, die La Mettrie und Sade in ihrer Anwendung der Mechanik auf das Verständnis von Körper und Seele ihm geschaffen hatten. Durch die Verknüpfung mit der These der Nutzbarmachung der individuellen Leidenschaften für die Ökonomie der Gesellschaft, für die Erzeugung der sozialen Harmonie, gerät Fouriers Befreiung der Leidenschaften in gewisser Weise sogar in die Nähe der Buchhaltung, der Ökonomisierung der Energie, der Leidenschaften, des Lebens, die aus der Annahme einer Äquivalenz des lebenden Organismus mit der Wärmekraftmaschine enstanden ist und sich im 19. Jahrhundert über die Etablierung der verschiedenen Humanwissenschaften in breitem Rahmen durchgesetzt hat. Fouriers Beschreibung des „zivilisierten" Balls im Unterschied zum Ablauf des „harmonischen" Vergnügens soll davon einen Eindruck vermitteln. In der „zivilisierten" Welt benötigt jemand drei Stunden, um sich auf einen Ball vorzubereiten, also sich anzuziehen und zu frisieren. Insofern entstehen zeitliche Probleme, wenn die gesellschaftlichen Notwendigkeiten der Arbeit mit den individuellen Vergnügungen verknüpft werden sollen. Wenn die Arbeitsgruppen um acht Uhr abends von der Arbeit zurückkommen, bei Sonnenaufgang aber schon wieder zur Arbeit müssen, bleibt kaum Zeit für den Ball. Anders bei den Menschen der „Harmonie": Diese haben „zuviele Geschäfte zu verrichten, als daß sie Belustigungen zulassen könnten, die Zeit kosten. Die Gruppen brauchen höchstens eine Viertelstunde, um ihre Arbeitskleider abzulegen und ein Ballkleid anzuziehen. Im April beginnt der Tanz um 8 Uhr abends. Um 9 Uhr wird das Abendessen gereicht. Eine Stunde nach dem Essen geht der Tanz weiter, und um 11 Uhr liegen alle im Bett. Manchmal beginnt die Veranstaltung mit einem Konzert oder einer Theateraufführung und man tanzt erst nach dem Essen. In der Harmonie wird nichts eintönig sein". (Fourier, 1977: 131)

Die Buchhaltung der Energie

„Die bewegende Kraft, die die Welt erhält, ist auch in der Lage, die Welt zu erzeugen." (La Mettrie, 1988: 64) In dieser Behauptung, die aus der Äquivalenz von materiellem Stoffwechselkreislauf und Seele/Geist resultiert, liegt wohl der wesentliche Grund für die Ächtung La Mettries als Philosoph und Wissenschaftler. Denn La Mettrie zog aus seiner Theorie der Stoffwechselmaschine den einzig möglichen Schluß: die Verneinung der Existenz eines äußeren Bewegers, eines Gottes. Die Annahme, daß der Mensch wie ein mechanischer Kreisprozeß funktionieren würde, macht die Frage nach dem Anfang, nach dem ersten Grund überflüssig, undenkbar, da ein Kreis weder Anfang noch Ende hat.
Ende des 18. Jahrhunderts kritisiert Alessandro Volta im Zusammenhang mit der Erforschung der Elektrizität des Körpers die materialistische Sicht der Seele mit dem Vorwurf der mangelnden empirischen Kenntnis der Beschaffenheit der Nerven, der tierischen Elektrizität. Noch Galvani hat zunächst wie Haller, La Mettrie und andere angenommen, daß in den Nerven „Lebensgeister", eine spezielle Flüssigkeit – der Nervensaft – vorhanden wäre, die die äußeren Eindrücke ins „sensorium commune" bringen würden, und auf den Wink des Willens hin die Nerven und Muskeln des Körpers durchlaufen und jene Bewegungen in ihnen erzeugen, deren sie fähig sind. Nur im Hinblick auf diese nicht-empirische und deshalb falsche Sichtweise konnte La Mettrie die Theorie einer sich selbst erzeugenden Maschine/Seele entwickeln. Insofern könne sie nur eine idealistische, aber keine wissenschaftliche sein. (Volta, 1900: 16ff)

Ottomar Starke, Titelblatt zu: Paul Scheerbart, *Das Perpetuum Mobile*, Leipzig 1910

Allerdings hat die wissenschaftliche Beobachtung der scheinbar unendlichen Bewegung der Himmelsgestirne, der Planetenwelt, den Gedanken der Selbsterzeugung der Dinge zunächst als geradezu zwingend erscheinen lassen. Denn es ist naheliegend, davon auszugehen, daß die irdischen Bewegungen sich in der gleichen Weise wie die himmlischen verhalten würden. Zumal bereits die Pendelbewegung der Uhr in gewisser Weise die Realität einer unendlichen mechanischen Bewegung vermittelte – vor allem dann, wenn man sie wie La Mettrie als Maschine des Austausches, des Zu- und Abflusses auffaßt. Die Idee einer sich selbst erschaffenden Maschine ließ sich als technischer Apparat aber tatsächlich nicht realisieren, sondern mußte vorerst theoretische Realität bleiben. Die Bemühungen, ein Perpetuum mobile durch rein mechanische Wirkungen zu konstruieren, scheiterten allesamt, sodaß beispielsweise die französische Akademie ab 1775 keine „angeblichen Lösungen" dieses Problems mehr annahm. In dem andauernden Bemühen, zu beweisen, daß das Perpetuum mobile möglich/unmöglich ist, hatte sich die Erkenntnis durchgesetzt, daß es unmöglich sei, Bewegung aus nichts zu schaffen. Die Behauptung „ex nihilo nil fit" heißt, daß man nur soviel Arbeit erhält, wie man an Energie hineingibt. Daraus leitet sich das physikalische Gesetz der „Erhaltung der lebendigen Kräfte" ab, das am Ende des 18. und zu Beginn des 19. Jahrhunderts besagt, daß „in einem System von materiellen Punkten, die Zentralkräften unterworfen sind, die lebendige Kraft nur abhängig von der augenblicklichen Konfiguration des Systems ist, nämlich von dem Werte, welchen die Kräftefunktion bei dieser Konfiguration hat. Die Änderung der Kräftefunktion mißt also die von den Kräften geleistete Arbeit, einerlei, auf welchem Wege die Verarbeitung stattfindet; bei der Rückkehr in dieselbe Konfiguration ist auch die lebendige Kraft wieder dieselbe". (Planck, 1913: 14)

Sadi Carnot übertrug 1824 diesen mechanischen Satz auf eine nicht-mechanische Erscheinung, auf die Wärme. Angeregt durch die seit Anfang des 18. Jahrhunderts existierende Dampfmaschine entwickelte er eine Theorie der mechanischen Wirkungen der Wärme. Carnot ging dabei von der vorherrschenden Wärmetheorie aus, die die Wärme als einen unzerstörbaren Stoff betrachtete und ließ sich von dem Gedanken leiten, daß die Wärmematerie auf ähnliche Weise lebendige Kraft produziert wie die Schwere der ponderablen Materie. Letztere hat das Bestreben, aus höheren Lagen in tiefere zu fallen. Die „dabei erzeugte lebendige Kraft wird gemessen durch das Produkt der Schwerkraft in die durchfallene Höhe, und dies Produkt ist daher das Äquivalent der erzeugten lebendigen Kraft".

(Planck, 1913: 15) Carnot übertrug dieses Verhalten auf die Wärme, indem er davon ausging, daß die Wärme das Bestreben hätte, aus der höheren in die tiefere Temperatur überzugehen. Die Nutzbarmachung dieses Bestrebens führte ihn zu dem Gedankenmodell des „umkehrbaren Kreisprozesses". Ein Prozeß, der aus vier Stufen bestehend gedacht wurde – analog der Bewegung eines Wasserfalls. Die Erzeugung der Arbeit wurde mit dem Übergang von höherer in tiefere Temperatur kompensiert und als das Maß derselben – also als das Äquivalent der Arbeit – wurde das Produkt einer Wärmemenge in eine Temperaturdifferenz betrachtet. Für Carnot war Wärme nichts anderes als für Newton die Kraft. Und ebenso wie Newtons Kraft ist die Wärmetheorie als Kreisprozeß ein ideales Modell, das nicht realisierbar ist, aber als „idealer Grenzfall aller denkbaren analogen wirklichen Processe" betrachtet werden kann. (Mach 1919: 219) Die Wärmetheorie Carnots wurde in der Folgezeit zwar in weiten Teilen modifiziert oder verworfen, aber das grundlegende Prinzip der Energietheorie, das wissenschaftliche Modell der Stoffwechseltheorie als mechanischer, als sich selbst erhaltender Kreisprozeß war hiermit geboren.

Doch die Nachteile einer Stoffwärmetheorie wurden schnell offensichtlich. Es konnte nicht nur angenommen werden, daß Arbeit nicht aus nichts entstehen kann, sondern ebenso mußte konstatiert werden, daß sie nicht in nichts vergehen kann. Der Satz von der „Unzerstörbarkeit der Wärme" führte 1842 zu der Entdeckung des mechanischen Wärmeäquivalents durch Robert Mayer. Dieser Satz bedeutet die Äquivalenz von Kraft und Wärme. Er ermöglicht anzunehmen, daß Kraft – der Begriff der Kraft wurde später durch den der Energie ersetzt – niemals verloren geht, sondern sich mittels Bewegung/Übertragung lediglich in eine andere Form verwandelt. Eine grundlegende Annahme dieses Satzes ist die Äquivalenz von Ursache und Wirkung, weshalb Mayer von nur einer Ursache, von nur einem Begriff, den der Kraft, ausgehen kann. Die Aufgabe der Physik besteht dann lediglich darin, „die Kraft in ihren verschiedenen Formen kennen zu lernen, die Bedingungen ihrer Metamorphosen zu erforschen, [...] denn die Erschaffung oder die Vernichtung einer Kraft liegt außer dem Bereiche menschlichen Denkens und Wirkens". (Mayer, 1911: 12) Bereits mit Carnots Kreisprozeßtheorie hätte man davon ausgehen können, daß die Konsequenzen, die La Mettrie im Hinblick auf den Menschen, auf Seele/Geist/Imagination aus der Annahme von Mensch und Welt als Stoffwechselmaschine gezogen hatte, nun wissenschaftliche Bestätigung gefunden hätten. Aber dies war in keiner Weise der Fall. Denn die Physik – so Mayer – fragt nicht nach dem Wie und Warum der Ursache, sie versucht nicht, diese zu erklären, sondern es geht ihr allein um die positive Erkenntnis. Die Physik hat nicht die Ursache, sondern nur die Tatsache der Verwandlung im Auge. Insofern ist die Frage nach der ersten Bewegung keine physikalische sondern eine philosophische, die dadurch charakterisiert sei, daß sie spekulativ, also ohne wissenschaftliche Bedeutung bliebe. (Mayer 1911: 14)

Existierten bis zur Entdeckung der Wärmeäquivalenz die Stofftheorie und die Bewegungs-/Zerstreuungstheorie der Wärme nebeneinander, so sollte sich mit diesem Satz die Zerstreuungstheorie durchsetzen. Denn Wärme ist mit dem Gesetz der Wärmeäquivalenz eine Kraft, die sich in mechanischen Effekt verwandeln läßt. Das Verständnis von Wärme analog der ponderablen Bewegung als eine Bewegung von Materie mußte damit endgültig aufgegeben werden. (Mayer 1911: 14) Das heißt, mit diesem Satz wurde Wärme nicht mehr über bestimmte Eigenschaften wie Schwere oder Raumerfüllung, sondern über ihre Äquivalenz mit der Kraft definiert und ist damit wie diese zu einem virtuellen Begriff, zu einem „Begriff des Unbekannten, Unerforschlichen, Hypothetischen" geworden. (Mayer 1911: 1) Rudolph Clausius hat wenig später diesen von James P. Joule, Hermann Helmholtz und vielen anderen präzisierten und verallgemeinerten Satz des Wärmeäquivalents, der Erhaltung der Arbeit, zum „ersten Hauptsatz" der Thermodynamik erklärt und durch einen „zweiten Hauptsatz" ergänzt. Dieser zweite Satz präzisiert und korrigiert die Wärmetheorie Carnots, indem er der Tatsache Rechnung trägt, daß Wärme nicht als Stoff, sondern als mechanische Bewegung, als Arbeit verstanden wird. Er besagt, daß der Körper, der einen Kreisprozeß durchmacht und wieder zu dem Ausgangspunkt zurückkehrt, eine von der geleisteten äußeren Arbeit abhängige Wärme verbraucht und wieder aufnehmen muß. Mit den Worten Clausius liest sich dieser Grundgedanke folgendermaßen: „In allen Fällen, wo durch Wärme Arbeit entsteht, wird eine der erzeugten Arbeit proportionale Wärmemenge verbraucht, und umgekehrt wird durch Verbrauch einer ebenso großen Arbeit dieselbe Wärmemenge erzeugt." (Planck, 1913: 61)

Die beiden thermodynamischen Sätze werden als „Weltgesetze" betrachtet. Ihre Geltung bezieht sich also nicht nur auf den einzelnen energetischen Vorgang, sondern auch auf die Bewegung des Universums, das heißt, es lassen sich generelle Aussagen über das Verhalten der Energievorgänge machen. Clausius – aber auch William Thomson und Helmholtz teilen diese Ansicht – kommt zu dem Schluß, daß bei reversiblen Kreisprozessen die Energiedifferenz gleich Null ist, das heißt, daß die Entropie – das Maß für die Zerstreuung der Energie – konstant bleibt. Allerdings sind reversible Vorgänge gedankliche Idealfälle, die in der Praxis nicht vorkommen. Empirische Stoffwechselkreisläufe sind irreversible Vorgänge, sie unterliegen einer „einsinnigen Richtung". Infolgedessen nimmt hier die Entropie zu, das heißt, daß die Zerstreuung (Dissipation) der Energie zunehmend fortschreitet, also die Energievorräte nur abnehmen, aber nicht zunehmen können. (Ostwald, 1912: 83ff) Mit dem Zweiten Hauptsatz der Thermodynamik bestätigt sich erneut, daß es kein Perpetuum mobile geben kann, daß jede Bewegung wie die der Uhr eine endliche sein muß. Aber darüber hinaus beweist dieser Satz, daß nicht nur die irdische, sondern auch die kosmische Bewegung eine endliche, eine sich nicht selbst erzeugende ist, wenn sie nicht ebenso wie die Wärmekraftmaschine und der lebendige Organismus als physikalisches Modell, das heißt, als ein geschlossenes System gedacht wird.

Insofern wird das, was Robert Meyer 1842 als Aufgabe der Technik beschreibt – bei der Dampfmaschine den ungewünschten Effekt des Wärmeverlustes nach außen im Verhältnis zum nutzbaren mechanischen Effekt möglichst klein zu machen –, für alle energetischen Umwandlungsvorgänge zur Norm. Der Vorteil des Satzes der Erhaltung ebenso wie der der Abnahme liegt dabei in der Vorhersagbarkeit des Wärmeverbrauchs durch geleistete Arbeit und umgekehrt. Das macht die Energieübertragung, den Energieverbrauch zu einem kalkulierbaren Vorgang, der damit entsprechend der wissenschaftlichen Berechnungen kontrolliert, reguliert, begrenzt werden kann. Da die Mechanik die Naturvorgänge „anatomiert", möglichst weit abstrahiert, „bis sie als Zahlen und Linien in ihr Kalkul passen, kümmert sie sich wenig, wenn durch ihre Anschauung [...] Erscheinungen weit auseinander zu liegen kommen, die in der Natur aufs engste verknüpft sind" und umgekehrt (Mayer, 1911: 10). Das heißt, daß die Vorgänge der Natur als zerlegbare, anatomisierbare Bewegungen aufgefaßt und nach den Gesetzen der Physik und Mathematik neu zusammengesetzt werden.

Die Universalität dieser Sätze erlaubt es, sie auf alle energetischen Vorgänge zu übertragen. Nicht nur die technischen Automaten, sondern auch die natürlichen Automaten des Materialismus, die Pflanzen, Tiere und der menschliche Körper werden unter dem Aspekt der Erhaltung und Abnahme analysiert. Der lebendige Organismus ist vor allem eine Wärmekraftmaschine, eine Stoffwechselmaschine, die Glukose, Glykogen oder Stärke, Fette und Proteine zu Kohlendioxyd, Wasser und Harnstoff verbrennt. Es ist das Stoffwechselgleichgewicht, das im Mittelpunkt des Interesses steht. Unterschiede wie die der verschieden hohen Arbeitstemperaturen bei tierischen Muskeln und Wärmemaschinen werden in der klassischen Physiologie beiseite geschoben oder oberflächlich erklärt, um die Annahme eines konservativen Energieverhaltens des Körpers behaupten zu können.

Die Wirkungen dieser physiologischen Erkenntnisse, die nach Mayer die physikalische Theorie empirisch bestätigen, sind weitreichend. In sämtlichen Dimensionen des Lebens werden die natürlichen, energetischen Vorgänge diesen beiden Prinzipien unterworfen. Sei es die Nahrung im Hinblick auf die Arbeitsleistung bei Mensch und Tier als wissenschaftliche Codierung der Zufuhr von Energie, sei es die Reglementierung der Sexualität, um das Energiegleichgewicht nicht zu gefährden. Insgesamt läßt sich feststellen, daß das konservative Stoffwechselmodell der Physik die Herstellung einer nach Einheit strebenden, konservativen Identität forcierte und das „aus dem Gleichgewicht geraten" – also jede Form der Abweichung – pathologisierte.

Die Berechenbarkeit der Leidenschaften, wie sie Fourier noch als eine die Leidenschaften befreiende soziale Utopie konzipierte, wurde durch die mit den beiden Sätzen betriebene Formalisierung und die damit einhergehende Verallgemeinerung der Mechanik, der Bewegung, in erheblichem Maße verstärkt und führte zu einer Ökonomisierung der Bewegung des Lebens in absoluter Weise. Das heißt, daß sämtliche Dimensionen des Lebens als zerlegbare, anatomisierbare Bewegungen aufgefaßt und nach den Gesetzen der Physik neu konstruiert wurden. Michel Foucault hat in seinen zahlreichen Analysen die im 19. Jahrhundert sich durchsetzende Ökonomisierung des Lebens als „Ökonomie und Effizienz der Bewegung" (Foucault, 1983) beschrieben. Er hat dargelegt, daß diese Ökonomisierung mit der gleichzeitigen Diskursivierung des Lebens als Buchführung der energetischen Vorgänge einherging. Die Ökonomisierung des Körpers ist primär keine Unterdrückung der Leidenschaften, doch kommen Reglementierung, Kontrolle und Steuerung der energetischen Vorgänge gemäß der wissenschaftlichen Codes faktisch einer Unterdrückung und Verdrängung der Leidenschaften gleich. „Es geht nicht darum, den Körper in der Masse, als eine unterschiedslose Einheit zu behandeln, sondern ihn im Detail zu bearbeiten; auf ihn einen fein abgestimmten Zwang auszuüben; die Zugriffe auf der Ebene der Mechanik ins Kleinste gehen zu lassen: Bewegungen, Gesten, Haltungen. Eine infinitesimale Gewalt über den tätigen Körper." (Foucault, 1979: 175)

In der globalen Zeitplanung, der zeitlichen Durcharbeitung der Tätigkeiten, der Zusammenschaltung von Körper und Geste, von Körper und Objekt und in der erschöpfenden Ausnutzung beziehungsweise in der Aufzeichnung, Steuerung, Überwachung und Kontrolle der energetischen Verausgabung steht die Mechanisierung des Körpers im Geiste der Wärmekraftmaschine, deren reibungsloser Ablauf von den unterschiedlichsten sozialen Institutionen gewährleistet wird. Es sind dies die sich im 19. Jahrhundert etablierenden Humanwissenschaften, die polizeilichen, detektivischen Spürsinn entwickeln, damit keine

Anonym, *Exercices et évolutions de l'infanterie françaises*, Tafeln 1 - 8 (Exerzierübungen der französischen Infanterie) 1765, 11 x 17 cm, Kupferstich koloriert, Bibliothèque de l'Arsenal, Paris

Bewegung des Lebens der Klassifizierung, Systematisierung und Aufzeichnung entgeht und Buch über jede Energiebewegung geführt werden kann. Die ausführenden Institutionen wie Schule, Polizei, Strafjustiz, Krankenanstalten, realisieren die Energieerhaltung/die Energiebuchführung ins Unendliche.

Die Berechenbarkeit der Seele

Mit der Realisierung der kybernetischen Maschine, des elektronischen Rechners, setzt ein Wandel im Verständnis des Körpers ein. Die Annahme, daß der Körper ein konservatives System sei, verändert sich mit dem Bau der Elektronenröhren. Man stellt fest, daß die Begrenztheit der verfügbaren Kraft viel geringer ist, als lange Zeit vermutet wurde, denn die Vakuumröhren kommen mit einem äußerst niedrigen Energieniveau aus. „Die Elektronenröhre hat uns gezeigt, daß ein System mit einer äußeren Energiequelle, deren meiste Energie verschwendet wird, eine sehr wirkungsvolle Tätigkeit ausüben kann, um gewünschte Operationen auszuführen, besonders wenn bei einem niedrigen Energieverlust gearbeitet wird." (Wiener, 1963: 66) Die Angst vor einem Exodus der Systeme Mensch und Maschine durch eine unkontrollierte energetische Verausgabung erweist sich mit der elektronischen Maschine als unbegründet und mit der Angst verschwindet auch die ihr geschuldete Begrifflichkeit. „Wir beginnen einzusehen, daß solche wichtigen Elemente wie die Neuronen, die Atome des Nervenkomplexes unseres Körpers, ihre Arbeit unter fast den gleichen Bedingungen wie Vakuumröhren verrichten, [...] und daß die Buchhaltung, die sehr wesentlich ist für die Beschreibung ihrer Funktion, keine Energiebuchhaltung ist." (Wiener, 1963: 66) Der Mathematiker Norbert Wiener, der als der Begründer des kybernetischen Denkens gilt, geht denn auch davon aus, daß die Analyse von Mensch und Maschine, von Automaten, ein „Zweig der Nachrichtentechnik" ist. Ihre Hauptbegriffe sind die der „Nachricht", des „Betrags der Störung oder 'Rauschen'", „Größe der Information", „Kodierverfahren" etc. (Wiener, 1963: 66)

Das kommunikationstheoretische Modell der Maschine, das Wiener konzipiert, ist zwar ebenso wie das wärmetheoretische Modell ein geschlossenes rückgekoppeltes Regelsystem, eine Homöostase, aber beruht nicht auf der *Bewegung* als Umwandlung der Wärme, sondern auf der Bewegung als Steuerung und Umwandlung von Zeichen. Auch im theoretischen Modell der kybernetischen Maschine ist der mechanische Begriff der Bewegung die Basis, jedoch in einer grundlegend gewandelten Form. Die seit Newton als materielle Anziehung zwischen zerstreuten materiellen Punkten angenommene Bewegung wird zur Signalübertragung, zum Mechanismus als *Anziehungs*/Funktion zwischen den Zeichen. Die Möglichkeit zu dieser Annahme wurde insbesondere mit der seit dem Beginn des 20. Jahrhunderts intensiv betriebenen Berechenbarkeit von Funktionen geschaffen, deren Präzisierung in den 30er und 40er Jahren gelang.

Eine außerordentliche Bedeutung kommt in diesem Prozeß dem logisch-operationalen Modell von Turing (1936) zu, weil dieses gegenüber dem reinen mathematischen Formalismus den Vorteil hat, eine mechanische Berechnungsmethode zu sein. Eine Turing-Maschine besteht aus einem unendlich langen Band, auf das Symbole geschrieben sind und von dem sie wieder gelesen werden können, aus einem nach rechts oder links verschiebbaren Schreib- und Lesekopf und aus einer Zustandsübergangs- und Ausgabetabelle. Zwar basiert Turings

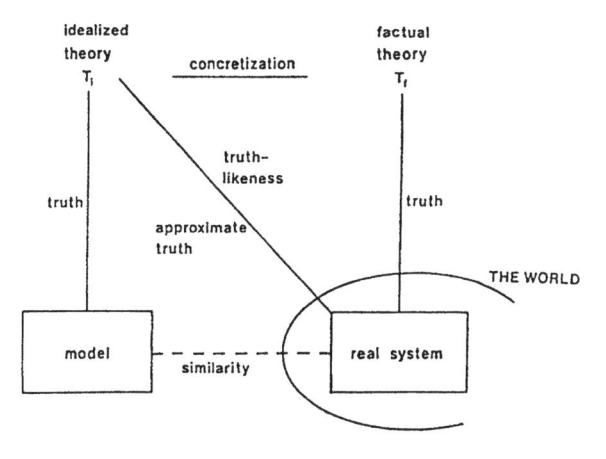

```
idealized                              factual
theory        concretization           theory
 T_i          ─────────────             T_f
              truth-
              likeness
truth         approximate              truth
              truth
                                              THE WORLD

   model      ─ ─ ─ ─ ─ ─ ─    real system
              similarity
```

Peter Halley, *Model and Truth*, 1994, varaible Größe, digitalisierter Perforationsdruck

Berechnungsmethode auf einer mechanischen Apparatur. Aber nicht diese ist die eigentliche Maschine, vielmehr sind es die auf dem Papier verzeichneten Operationen. Denn die Abfolge der internen Zustände, die durch die Turingtafeln festgehalten werden, bezieht sich nicht auf die Bewegung des gegenständlichen Artefakts, sondern auf bloße Zeichenkonfigurationen. Turing selbst zeigte, daß seine Maschine äquivalent mit dem mathematischen Modell ist.

Turings Modell ist deshalb so bedeutsam, weil hier noch vor dem Computer eine reale Maschine existiert, in der die Äquivalenz von Formalismus und Mechanismus realisiert ist. Das heißt, daß der Mechanismus nicht mehr auf der Bewegung, der Funktion von materiellen Bestandteilen oder der Energie beruht, sondern sich ausschließlich auf die Zeichen bezieht. Turing formuliert die These, daß jede berechenbare Funktion durch den von ihm entwickelten Mechanismus berechnet werden kann. Diese läßt sich zwar nicht beweisen – auch nicht widerlegen –, bringt aber zum Ausdruck, daß einerseits das Symbolische zu einem bloßen Rechenverfahren und andererseits das Mechanische zu einer funktionalen Zeichenkonfiguration geworden ist. Der Zeichenbegriff und die damit operierenden Rechenverfahren haben mit dem Turingschen Modell jeden Bezug auf ein bestimmtes Objekt verloren. Turings Maschine beschreibt lediglich ein Verfahren, eine Regelvorschrift, beziehungsweise deren Abarbeitung. Es ist ein Rechenverfahren als Formation und Transformation von Zeichenreihen gemäß bestimmter Regeln und kann daher auf verschiedene Weise realisiert und auf unterschiedliche Objekte angewendet werden. Mit Turings Modell ist die Stoffwechselmaschine als Übertragungsmechanismus zu einer Bewegung ohne Stoff geworden. Dies hat weitreichende Konsequenzen für das Verständnis der Maschine.

Die beiden Gesetze der Thermodynamik, die für die formale Beschreibung der Energieübertragung so bedeutsam waren, werden in mancher Hinsicht obsolet, beziehungsweise ändern ihren Bedeutungsgehalt. Wiener zieht – in Anlehnung an Claude Shannons Informationstheorie – für sein kybernetisches Modell zwar den auf der Energieübertragung beruhenden Zweiten Hauptsatz der Thermodynamik heran, doch hat dieses mit der Entropie, also dem Ende der Welt, dem Tod des Menschen drohende Modell seinen pessimistischen Charakter mit dem Elektronenrechner verloren. Die Heranziehung dieses Modells zur Beschreibung der physikalischen Welt ist dadurch ungefährlich geworden, daß der Funktionsmechanismus der Maschine in erster Linie als die Übertragung von Information abläuft. Das Problem des Wärmeverlusts wird zum „Rauschen" – ein vom Toningenieur übernommener Ausdruck (Wiener) –, das mit den Mitteln der Nachrichtentechnologie reduziert oder wenigstens kalkulierbar, berechenbar wird. Die Maschine – als formaler Mechanismus der

Informationsumwandlung/-übertragung verstanden – kann sich von dem unerbittlichen Zeitpfeil der Energiebewegung, des Energieverlusts befreien, da mit ihr die Differenz von repräsentierter realer, *irdischer* Welt und repräsentierendem Zeichensytem aufgehoben ist. Der erste Hauptsatz, die Erhaltung der Energie, verliert infolgedessen erheblich an Bedeutung. Dies läßt den Gedanken der Selbsterschaffung und Selbstbewegung der Welt in einem neuen Licht erscheinen. Bereits in Wieners kybernetischem Maschinenmodell kündigt sich der Zusammenhang von Übertragung der Information und Selbsterschaffung/Selbsterzeugung der realen Körperwelt, der Wirklichkeit an. Mit dem Begriff der Koppelung beschreibt Wiener einen Formalismus, der es möglich macht, die unterschiedlichen und bisher unvereinbaren Ordnungen der Mikro- und Makroebene zu verbinden. Der Mensch wird wie die Maschine zu einem kognitiven System, zu einer berechenbaren Funktion im Sinne der Informationsübertragung. Der menschliche Körper wird – wie jeder Organismus, jedes lebende System – als Nervenzentrum betrachtet, das analog der kybernetischen Maschine zum Gedächtnis, zum informationellen Übertragungsmechanismus der psychischen, kinästhetischen Funktionen wird.

Die Grenze dieses Modells im Hinblick auf die Selbsterschaffung der Bewegung, der Körperwelt liegt darin, daß die Maschine ebenso wie der Mensch noch immer als Entität, als Einheit – eine funktionale, kommunikative, interaktive zwar – aufgefaßt wird. Von daher konnte die Vorstellung eines die Bewegung, den Übertragungsmechanismus steuernden Zentrums, einer die körperlichen Funktionen steuernden, verstehenden, abstrakten symbolischen Realität, die diese Einheit immer wieder herzustellen hatte, noch nicht aufgegeben werden, wenngleich sie mit dem koppelnden Formalismus zu einer funktionalen – also nicht mehr repräsentierenden, sondern simulierenden – Zeichenkonfiguration wurde. Erst mit der immensen Erweiterung der Speicherkapazität und der daraus resultierenden Computerisierung des Experiments hat sich „das naturwissenschaftliche Erkenntnisinteresse von der Substanz auf die Kommunikation verlagert". (Prigogine/Stengers, 1981: 12) Das heißt, daß die lebende Materie nicht mehr als ein Artefakt aufgefaßt wird, das als mathematische Funktion im Sinne eines Übertragungsmechanismus beschrieben wird, sondern ausschließlich als das im Experiment beobachtbare Kommunikationsverhalten der materiellen Welt. Die Lebendigkeit eines Systems, die notwendige Bedingung einer sinnvollen Beobachtung ist, gerät in der Definition der Maschine als autopoietisches System zu einer impliziten Voraussetzung. Mit dem Konzept der „Autopoiese", der „Selbstorganisation", schafft sich die Wissenschaft ein gedankliches Konstrukt, das es ihr erlaubt – anders als im 19. Jahrhundert – die erste Bewegung, den Grund der Bewegung, zumindest als impliziten Teil ihres wissenschaftlichen Modells anzunehmen.

Der Neurophysiologe Humberto Maturana begreift wie La Mettrie die Maschine über die Selbstorganisation. Ebenso definiert er diese über die Beziehungen zwischen den materiellen Bestandteilen einer Maschine und nimmt sie als notwendige Bedingung zur Herstellung einer in sich geschlossenen Einheit an. Doch unterliegt die Organisation beim Computer und ähnlichen Systemen strukturellen Veränderungen im zeitlichen Verlauf in zweifacher Hinsicht. Anders als bei den Maschinen vom Typ der Uhr verändern sich nicht nur die Beziehungen zwischen den materiellen Komponenten, sondern die Eigenschaften der Komponenten selbst. Aus diesem Grund entzieht sich der Computer einer Definition, die sich auf das Artefakt bezieht, mit der Konsequenz, daß sich die Erzeugung des Systems, die Erzeugung der Lebendigkeit eines Systems der wissenschaftlichen Beobachtung entzieht. (Maturana, 1982: 183ff) Die Lebendigkeit, die Selbsterzeugung/-organisation eines Systems kann somit nur als jeder wissenschaftlichen Beobachtung implizite Bedingung wahrgenommen werden, der die Bestimmung der Beobachtung als Kommunikation, als Interaktion oder Dialog Rechnung trägt. Da mit diesem Gedankenmodell Wahrnehmung – als Beobachtung der Wirkungen des Systems, der funktionalen Einheit – und Erkenntnis äquivalent gedacht werden, erhält die Annahme der Äquivalenz von informationeller Umwandlung und Selbsterschaffung der Welt ein wissenschaftliches Fundament. Anders als bei La Mettrie, der – von der beobachteten Bewegung der Uhr angeregt – die Selbstorganisation des Körpers/ der Maschine imaginiert hat, ist das wissenschaftliche Modell Maturanas nicht mehr der Gefahr ausgesetzt, der Irrationalität einer spekulativen Philosophie zu verfallen. Die Selbstorganisation ist mit diesem Modell zwar nicht beobachtbar geworden, aber über die Beobachtung der Wirkung der Funktion/Kommunikation – also über Input und Output der autopoietischen Maschine – berechenbar und vorhersagbar. Auf der Basis des wissenschaftlichen Modells der Autopoiese kann Maturana – anders als der Arzt und Physiker Robert Mayer – ohne irgendeine Einschränkung die Äquivalenz von Beobachtung und Erzeugung der Wirklichkeit durch den Menschen behaupten. Es steht „außer Frage, was Realität ist: ein Bereich, der durch Operationen des Beobachters bestimmt wird. Menschen können über Gegenstände sprechen, da sie die Gegenstände über die sie sprechen, eben dadurch erzeugen, daß sie über sie sprechen". (Maturana, 1982: 264) Das Modell der Selbstorganisation verspricht, die nicht-lineare Berechenbarkeit von lebenden Organismen/Maschinen zu leisten, und hat in den letzten Jahren neben anderen nicht-linearen Modellen, wie beispielsweise den neuronalen Netzen, in dem Bemühen, das Bewußtsein und darüber zugleich die Seele wissenschaftlich erfassen, berechnen zu können, immens an Bedeutung gewonnen. Nicht-lineare Systeme sind gewöhnlich schwieriger mathematisch zu verstehen als lineare, auch weil sie offene Systeme sind. „Ein lineares System erzeugt [...] bei doppeltem Input genau den doppelten Output – der Output verhält sich proportional zum Input." (Crick, 1994: 220) Dies gilt nicht für nicht-lineares Verhalten, das „im wirklichen Leben weit verbreitet" ist. Beispielsweise zeigen die Gesetze der Physik, daß bei Wellen mit großer Amplitude – anders als bei kleinen Wellen – die Proportionalität nicht mehr gilt. Das Brechen einer Welle ist ein nicht-linearer Prozeß, das heißt, wenn die Amplitude einen bestimmten Schwellenwert überschreitet, verhält sich die Welle völlig anders. Es handelt sich dabei um ein neues Verhalten. Von daher ist die Vorhersage des Verhaltens dieser Systeme schwierig. (Crick, 1994: 220)

Neuronale Netze, die im Rahmen der Künstlichen-Intelligenz-Forschung als lernende, sich selbst programmierende Systeme konstruiert werden sollen, scheinen besonders geeignet, den wissenschaftlichen Traum der berechenbaren Seele zu verwirklichen. Berechenbar heißt hier nämlich nicht nur die mathematische Formulierung des Bewußtseins, der Mechanismen des Geistes. Das Hauptanliegen der Wissenschaftler besteht selbstverständlich in der maschinellen Umsetzung des mechanischen Modells vom Bewußtsein, von der Seele. Denn so heterogen die Auffassungen der wissenschaftlichen Bewußtseins-/Hirnforschung auch sind – teilweise stehen sie im völligen Widerspruch – haben sie doch die Annahme gemein, daß das Bewußtsein, die Seele, eine Maschine sei. Insofern muß es nicht erstaunen, daß die Zunahme der Intensität der Forschungsbemühungen um Bewußtsein und Gehirn vor allem mit der technischen Möglichkeit des Parallelrechnens zusammenhängt. Deshalb erlebt der von Warren McCulloch und Walter Pitts 1943 konzipierte Ansatz des „Parallel Distributed Processing" (PDP-Ansatz) – eine stärker am Hirn orientierte Auffassung, die für eine lange Zeit zur Bedeutungslosigkeit verurteilt war – eine Renaissance in den neuronalen Netzen. Die beiden Wissenschaftler zeigten, daß „Netze", die aus sehr einfachen miteinander verbundenen Einheiten bestehen, im Prinzip jede logische oder arithmetische Funktion berechnen können. Die neuronalen Netze sind parallel arbeitende mechanische Systeme, während der Standardcomputer mit der sogenannten John-von-Neumann-Architektur eine seriell arbeitende Maschine ist. Da man heute davon ausgeht, daß das Gehirn überwiegend ein parallel arbeitendes System ist, gilt die Architektur der neuronalen Netze als „hirnähnlicher als die Architektur eines Standardcomputers". (Crick, 1944: 244) Neuronale Netze weisen – so der Naturwissenschaftler Francis Crick – heute bereits eine „erstaunliche Breite der Leistungsfähigkeit auf", obgleich ihre technische Realisierung noch sehr beschränkt ist. Größtenteils müssen die neuronalen Netze auf Standardcomputern simuliert werden, was aufgrund der gegenwärtigen Langsamkeit dieser Technologie nur kleine Netze zuläßt. Hochgradig parallele, netzartige Computer befinden sich noch in der Entwicklungsphase.

Die Bewußtseinsforschung ist ein interdisziplinäres Anliegen, das vor allem an der Verknüpfung von Physik und Biologie interessiert ist. Neurophysiologen, Psychologen, Informatiker, Biologen und Physiker haben sich die *Berechenbarkeit*, die *Mechanisierung der Seele*, das heißt des *Eigentlichsten* des Menschen seit Platon, zum Ziel gesetzt. Mit dem Gelingen dieses Forschungsvorhabens würde das aus dem Gesetz der Mechanik und den physiologischen Erkenntnissen gewonnene, imaginär-philosophische Modell der Seele von La Mettrie zur expliziten mechanisch-wissenschaftlichen, also zur maschinellen Realität. Die mit der Mechanik einhergehende emergente Auffassung von Geist und Seele, die Descartes „cogito ergo sum" des Menschen in ein ‚'ich bin' des Universums" (Paul Valery: „'L'Homme pense; donc je suis', dit l'Univers") verwandelt, würde sich mit dem Gelingen der Berechenbarkeit des Gefühls, der Empfindungen, der Leidenschaften – also der Seele, des Geistes/Bewußtseins – vervollkommnen.

Bereits die Verknüpfung der Mechanik mit einer imponderablen Kraft wie der Wärme enthielt die Möglichkeit der Berechenbarkeit der Leidenschaften, die aus der Struktur dieser Energie, die im Gegensatz zur Materie durch eine gewisse Unbestimmbarkeit, Ungenauigkeit gekennzeichnet ist, herrührte. Wir haben gesehen, daß dies zu Auflösungs- und Todesängsten führte, die man mit einem gedanklichen, phsysikalischen Kreismodell zu bannen suchte. Erst mit der Entstofflichung der mechanischen Bewegung als der Äquivalenz von Mechanismus und Formalismus läßt sich die Irrationalität der Diskursivierung und Mechanisierung der Seele zur wissenschaftlichen Rationalität wenden. Wie wir gesehen haben, wird mit dem kybernetischen, kommunikationstheoretischen Modell der Maschine die Mechanisierung der körperlichen Funktionen mit wissenschaftlichem Gewinn betrieben. Denn mit der Annahme der Koppelung wurde eine symbolische Realität geschaffen, die aus den körperlichen Funktionen hervorgehend gedacht wird und auch als funktionale Zeichenfiguration, die das Gegenständliche bestenfalls noch simuliert, aber nicht mehr repräsentiert. Wenngleich der kybernetischen Rationalität die Leidenschaften und das Gefühl zunächst nur implizit gedacht werden konnten, so ließ sich doch bereits von einer Versinnlichung und Ver-Leidenschaftlichung der Erkenntnis im Zusammenhang mit dem kybernetischen Verständnis von Maschine sprechen, denn Erkenntnis und materielle Welt waren im Bereich der Koppelung zur berechenbaren, mechanischen Imagination geworden.

Es sollte also nicht erstaunen, daß Michel Foucault und Roland Barthes in den 60er Jahren in Sade die „Umkehrung" vom Diskurs der Repräsentation hin zum bloßen Diskurs feiern, daß die Schriften Fouriers etwa zur gleichen Zeit mit einem Geleitwort Theodor W. Adornos in einer deutschen Übersetzung erscheinen und Fouriers Theorie der berechenbaren Liebe zum wesentlichen Impuls einer sozialen Bewegung wird, die die Überwindung repressiver gesellschaftlicher Strukturen zum Ziel hatte. Und nicht zuletzt ist La Mettrie, den Denis Diderot in seinem Seneca-Essay zur Rettung der Philosophie vor den Angriffen der Wissenschaft wegen seiner „Sittenlosigkeit" und „Schamlosigkeit" aus der Schar der Philosophen ausschloß, vor beinahe zwei Jahrzehnten als einer der konsequentesten Denker der Aufklärung erkannt worden. (Panajotis Kondylis)

Die Realisierung einer berechenbaren, mechanisierten Seele scheint heute also nur noch eine Frage der Zeit zu sein. Nicht nur die „fühlenden" Programme des Bamberger Psychologen Dietrich Dörner deuten darauf hin. Dörner präsentiert in einem Interview in der Zeitschrift „Der Spiegel" (1996) als Realität, was die amerikanischen Kollegen noch als Wunsch formulieren. Drücken William Calvin (1993) oder Francis Crick in ihren jüngst erschienenen Publikationen einerseits die Freude aus, daß mit ihren Studien eine „mechanistische Analogie des Bewußtseins" existiere, andererseits das Bedauern, daß sie noch nicht als Computerhardware realisiert sei, so verweist Dörner mit Stolz auf die von ihm verantwortlich konstruierten „fühlenden Computer", die er als wichtigen Meilenstein zur Mechanisierung der Seele, des Bewußtseins sieht.

Die „Emos", wie sie genannt werden, seien „vergeistigte Dampfmaschinen" (Dörner), die in einer Art Videowelt lebten. Es gibt Apfelbäumchensymbole und ähnliches als Freude gewährende Nahrung, aber es gibt auch Angst auslösende Gefahren wie Raubtiersymbole. Seine Programme will Dörner aber nicht mehr als einfache Simulationen verstanden wissen. Ihm erscheinen sie als „Replikate [...] und als solche führen sie durchaus ein reales Leben." Von daher ist es naheliegend, daß er für die Mechanisierung des Geistes/des Bewußtseins, der Seele keine unüberwindbaren Grenzen mehr sieht. Für Dörner lassen sich die Mechanismen des Geistes – sei es das Verlangen nach einem kühlen Bier, sei es „die Lust, sich an erhitzter Haut zu reiben" – in Programmcodes fassen. Die Berechenbarkeit der Seele begreift er als äquivalent mit der Möglichkeit der wissenschaftlich-psychologischen Beschreibung der Seele schlechthin.

Es scheint, als würde sich mit der Realisierung der berechenbaren Seele ein Kreis zu Platons Bemühen schließen, die Erotik in den Kontext einer formalen Erkenntnis als Selbsterkenntnis/Selbsterschaffung zu stellen. Die kommunikationstheoretische Maschine, die den Formalismus und den Mechanismus in einem wissenschaftlich-technischen Modell eins werden läßt, bedeutet zugleich das Zusammenfallen von formalisiertem Eros wie Erkenntnis und mechanisierter Liebe, Wollust und Imagination. Also scheint die sokratisch-platonische Idee der Formalisierung der Seele, die sich in der Verknüpfung von formalisierter Rede und Eros herstellen sollte, mechanische Realität geworden zu sein.

Hatte Sokrates jedoch den Eros als Selbsterzeugung der Seele über die Einschreibung der

Rede in die Seele des schönen Jünglings vor Augen, hatte La Mettrie die Wollust, die körperliche Leidenschaft zu einer schönen jungen Frau als die Triebfeder des sich selbst erschaffenden Mechanismus Seele vor Augen, so hat der Mechaniker der Seele im Geiste der kommunikationstheoretischen Maschine diese sterblichen Schönheiten überwunden. Zum Spiegelbild seiner Selbsterkenntnis, seiner Seele, ist der formale, maschinelle Mechanismus geworden. Die Selbstschaffung der Seele gerät hier zu einer erotischen Beziehung, die sich über die Einschreibung der funktionalen Zeichen in das Programm, in die Seele der Maschine realisiert. Der Bewußtseinsforscher ist deshalb – anders als der sokratische Philosoph – in seinem Selbstschaffungsbemühen den Göttern nicht nur ähnlich, sondern das seit dem Beginn der Neuzeit ständig mehr oder weniger offen verfolgte Ziel der Wissenschaft, Gott zu sein, ist in den Anstrengungen um die Selbstschaffung, um die Erzeugung der vollkommenen Liebe als die Berechenbarkeit der Seele in greifbare Nähe gerückt: „Wir sind [...] Maschinen mit Bewußtsein, und wahrscheinlich sind wir auch in der Lage, mechanisches Bewußtsein zu schaffen, das bedeutet mehr als jedes Herumbasteln an den Genen, daß wir 'Gott spielen'." (Calvin, 1993: 12)

Bob Hilbreth, *The Land of Kui*, Titelblatt von: Amazing Stories, Dezember 1946, Sammlung Dr. Rottensteiner, Wien

Verwendete Literatur:

Calvin, W. H. (1993): *Die Symphonie des Denkens. Wie aus Neuronen Bewußtsein entsteht,* München.

Crick, F. (1994): *Was die Seele wirklich ist. Die naturwissenschaftliche Erforschung des Bewußtseins,* München.

Crick, F. (1996): „Was mache ich hier?"/ „Mein Computer lebt", in: *Der Spiegel* 9/1996, S. 118-119.

Foucault, M. (1979): *Überwachen und Strafen. Die Geburt des Gefängnisses,* Frankfurt a. M.

Foucault, M. (1983): *Der Wille zum Wissen. Sexualität und Wahrheit ,* Bd. 1, Frankfurt a. M.

Fourier, Ch. (1977): *Aus der neuen Liebeswelt* (französisch 1808), Berlin.

Galvani, A. (1894): *Abhandlung über die Kräfte der Elektrizität bei der Muskelbewegung* (1791), Leipzig.

Haller von, A. (1922): *Von den empfindlichen und reizbaren Teilen des menschlichen Körpers* (1751), Leipzig.

La Mettrie, J. O. (1988): *Der Mensch als Maschine* (französisch 1784: L'Homme-Machine), Nürnberg.

La Mettrie, J. O. (1987): *Die Kunst, Wollust zu empfinden* (französisch 1751: L'art de jouir), Nürnberg.

Mach, E. (1919): *Die Prinzipien der Wärmelehre. Historisch-kritisch entwickelt,* Leipzig.

Markovic, Z. (1965): Platons Theorie über das Eine und die unbestimmte Zweiheit und ihre Spuren in der griechischen Mathematik, in: O. Becker (Hg.), *Zur Geschichte der griechischen Mathematik,* S. 308-318, Darmstadt.

Maturana, H.R. (1982): *Erkennen: Die Organisation und Verkörperung von Wirklichkeit,* Braunschweig/Wiesbaden.

Mayer, R. (1911): *Die Mechanik der Wärme. Zwei Abhandlungen* (1842), Leipzig.

Ostwald, W. (1912): *Die Energie,* Leipzig.

Planck, M. (1913): *Das Prinzip der Erhaltung der Energie,* Leipzig/Berlin.

Platon (1965): *Sämtliche Werke,* übersetzt von F. Schleiermacher und H. Müller.

Prigogine, I.; Stengers, I. (1981): *Dialog mit der Natur. Neue Wege wissenschaftlichen Denkens,* Zürich.

de Sade, D. A. F. Marquis (1987): *Justine oder die Leiden der Tugend gefolgt von Juliette oder die Wonnen des Lasters* (französisch 1797), Nördlingen.

Turing, A.M. (1936): On computable numbers with an explication to the Entscheidungsproblem, in: *Proceeding of the London Math* (Soc. 2-42), S. 230-265.

Volta, A. (1900): *Briefe über thierische Elektricität* (1792), Leipzig.

Wiener, N. (1963): *Kybernetik. Regelung und Nachrichtenübertragung in Lebewesen und Maschine,* Düsseldorf/Wien.

Die Natur des Menschen: Eine Einführung

Gabriele Mras

Man hat den Menschen schon mit allem möglichen verglichen...
nur nicht mit ihm selbst.
Gilbert Ryle, *The Concept of the Mind*

Hugo P. Herdeg, *Lichtschalter*, Photographie, 26 × 22,5 cm, Schweizerische Stiftung für die Photographie, Zürich

„Was ist der Mensch?" Das ist sicher eine Frage, die man sich und anderen stellt, nicht um detailliertere Angaben über physiologische Prozesse, psychische Zustände und gesellschaftliche Umstände zu erhalten, sondern aus dem Bedürfnis heraus, etwas zu finden, was den Menschen *ganz ausmacht*, sein Wesen erklärt; etwas, wonach man sich dann richten und womit man sich identifizieren kann. „Ich bin überzeugt, der Mensch ist ein Uhrwerk" (La Mettrie, 1909: 58) – das war und ist sicher nicht die erwartete Antwort. Wir haben ja auch sonst nicht allen Bestimmungen des Menschen freudig zugestimmt – „gefiederter Zweibeiner" (Platon) oder „sekundärer Nesthocker" (Gehlen) –, diese scheint nun aber gar keine zu sein, die überhaupt eine Grundlage für Zu- und Widerspruch bietet: „Kann man sich ein Uhrwerk denkend, fühlend, wachsend vorstellen?", wird so mancher mit Wittgenstein erstaunt fragen und, nach einiger Reflexion schon etwas verzagter geworden, anmerken wollen: „Habe ich nicht Gedanken, Gefühle, lebe ich nicht?" (Shylock)

Eben diese Überzeugung aber, daß Menschen Uhrwerke seien, hat der Physiologe Julien Offray de La Mettrie (1709-1751) 1748 in einem anonym veröffentlichten Aufsatz „L'Homme-Machine" niedergelegt, und damit im *mechanistischen Zeitalter* so vehemente Empörung erregt, daß 1751 die Ursache seines Todes – Genuß von verdorbener Fasanpaté – als gerechte Strafe für einen nur auf das Materielle gerichteten Mann begrüßt wurde. (vgl. Toulmin/Goodfield, 1962: 317)

In einer Zeit, in der die Ökonomie ihre Zwecksetzung allein im materiellen Wohlergehen aller sieht, in der nach fast dreieinhalb Jahrhunderten der Gleichsetzung Mensch-Maschine sich auch die Psyche beruhigen konnte, könnte man sich diesem Urteil noch einmal, verstehen wollend, zuwenden. Warum man das sollte? Weil es eben einen Beginn markiert. Den Beginn unablässiger Versuche, Mensch und Geist mittels Maschinen – gleichgültig welcher Funktionsweise – zu erforschen. Und weil „L'Homme-Machine" in eine Zeit fällt, in der die modernen Naturwissenschaften sich bildeten, in Auseinandersetzung mit der dualistischen Sichtweise des Menschen als Körper und Geist. Darauf zurückzublicken könnte durchaus fruchtbar sein. Schließlich leben wir ja im *postnewtonschen* Zeitalter einer zumindest nicht mechanistischen Neurophysiologie – was etwaige Irrtümer über das Funktionieren der Leiblichkeit des Menschen ausschließen müßte – und reden dennoch von *Gehirntraining*, von Seh-, Riech- und Hörorganen als *Überträgern* von – nein, nicht Kräften, sondern – Informationen und vom Gedächtnis als Speicher, dessen Fehlfunktionen manchmal dazu führen, daß wir Informationen nicht richtig empfangen und gelegentlich überhaupt *ausgeschaltet* sind. Nichts gegen die Freiheit der Rede, aber auch da wäre mit Wittgenstein fragen: „Was hat Du damit gemeint?" Also sollte wohl geklärt werden, inwieweit die Bestimmung des Menschen als Maschine ihm Denken, Gefühle etc. abspricht, zuspricht – oder vielleicht sogar deren einzig mögliche Erklärung darstellt.

„Der Mensch ist ein Uhrwerk" weicht von den meisten konkurrierenden Definitionen insofern ab, als keine Differenz der Art (Mensch) zur Gattung (Uhrwerk) angegeben ist. Da Uhrwerk zu sein außer auf Menschen auch auf alle anderen Uhrwerke zutrifft, unterscheiden sich die Art und die Gattung in nichts voneinander. Zum anderen legt diese Identität ein radikal anderes Verhältnis zur Natur des Menschen nahe als jene berühmteste Wesensbestimmung, die über Jahrtausende, quer durch die verschiedensten Religionen und geisteswissenschaftlichen Disziplinen hindurch, immer den Auftrag und die Berechtigung zur Erziehung begründet: Der Mensch als *animal rationale*. Hier ist er nämlich durch die spezifische Differenz der Ratio so gefaßt, daß er den (für Tiere geltenden) naturgegebenen und determinierten Bezug auf eben diese Natur kraft seiner Denkfähigkeit distanzieren, umgestalten, überwinden kann.

Was ist dieses Denken? Die Frage muß beantwortet werden, sonst hätten wir ja nur einen Namen für einen angeblichen Unterschied gegenüber Tieren und Maschinen – und nicht diesen selbst. Wir müssen uns aber nicht gleich in die Tiefen erkenntistheoretischer Überlegungen begeben: Ob dem Erkennen Objektivität zukommt, und wenn, welches die Bedingungen der Möglichkeit dafür seien, kann vernachlässigt werden, wo für einen Konsens in Wissenschaft, Gesellschaft und Privatleben *Wahrheitsähnlichkeit* oder *Übereinstimmung* reicht. „Das Denken ist eine geistige Tätigkeit" (Wittgenstein, 1988b: 255/Par. 23) – darauf scheinen sich alle einigen zu können. So bliebe nur noch verständlich zu machen, wie das vor sich geht. Wie kommt es zum Verstehen in all seinen reichen Ausdrucksformen? Stellen wir uns mit Wittgenstein ein Beispiel vor: „A schreibt Reihen von Zahlen an; B sieht ihm zu und trachtet, in der Zahlenfolge ein Gesetz zu finden. Ist es ihm gelungen, so ruft er: 'Jetzt kann ich fortsetzen!' – Diese Fähigkeit, dieses Verstehen ist also etwas, was in einem Augenblick eintritt. Schauen wir also nach: Was ist es, was hier eintritt? – A habe die Zahlen 1, 5, 11, 19, 29 hingeschrieben; da sagt B, jetzt wisse er weiter. Was geschah da? Es konnte verschiedenerlei geschehen sein; z.B.: Während A langsam eine Zahl nach der anderen hinsetzte, ist B damit beschäftigt, verschiedene algebraische Formeln an den angeschriebenen Zahlen zu versuchen. Als A die Zahl 19 geschrieben hatte, versuchte B die Formel an $= n^2 + n - 1$; und die nächste Zahl bestätigte seine Annahme. Oder aber: B denkt nicht an Formeln. Es sieht mit einem gewissen Gefühl der Spannung zu, wie A seine Zahlen hinschreibt; dabei schwimmen ihm allerlei unklare Gedanken durch den Kopf. Endlich fragt er sich 'Was ist die Reihe der Differenzen?' Er findet: 4, 6, 8, 10 und sagt: Jetzt kann ich weiter. ...– Oder er sagt garnichts und schreibt bloß die Reihe weiter." (Wittgenstein, 1989: 316/Par. 151)

Das scheint zu entmutigen: In jeder der drei Variaten ist der Vorgang, der zu einem Verstehen führt, ein anderer. Man braucht nur an sich selbst zu denken: Manchmal wendet man eine Regel an, ein anderes Mal muß man sie erst konstruieren, oder man *weiß* die Lösung einfach. Der Vorgang, durch den man zu einer Lösung kommt, scheint also willkürlich zu sein. Es ist nichts an ihm zu entdecken, wodurch man notwendig zu einem bestimmten Gedanken gelangen würde. Und nicht nur das: Auch wenn sich etwas finden ließe, das all diesen unterschiedlichen Vorgängen gemeinsam wäre und das erklärte, warum und wie man fähig ist, gewisse *Schritte* im Denken zu konstruieren und auf verschiedene Aufgaben anzuwenden – auch dann wäre unser Problem noch nicht gelöst: Dieses Zugrundeliegende müßte nämlich seinerseits von uns, in denen es *wirkt*, wahrgenommen und verstanden werden – wie sollten wir sonst auf den Gedanken eines Vergleichs der Regel mit demjenigen, worauf sie angewendet wird, gekommen sein? „Ich bin in einem Wirrwarr", sagt Wittgenstein im Zuge seiner Überlegung. (Wittgenstein, 1989: 317/Par. 153)

Halten wir also fest: *Was* gedacht wird, dadurch erklären zu wollen, *wie* gedacht wird, führt zu einem infiniten Regreß. Aber liegt das nicht nur an unserer zu geringen Kenntnis der Vorgänge im Gehirn und im Nervensystem? Nun, wir wollen nicht jetzt schon zu Materialisten werden und den Satz der Identität dadurch erklären, daß „der Phosphorgehalt der Großhirnrinde beim Menschen an keiner Stelle mehr als 4% beträgt", wie Frege das Ideal einer solchen Erklärung spöttelnd beschreibt. (Frege, 1969: 160)

Denn wenn diese Erklärung von Denken durch Denkinhalte auch wenig aussichtsreich scheint, so muß doch eine Einschränkung gemacht werden: Der obige Regreß tritt ein, wenn verlangt ist, daß man beim Denken auch weiß, wie man denkt, wenn also bestimmte Denkinhalte als Ursachen der Denkresultate, des Verstehens angenommen werden. Diese Bedingung kann man auch fallen lassen und hat dann möglicherweise eine Auffassung vom Denken als Mittel, wodurch anderes erfaßt wird, gerettet. Daß das *produktive Denken*, durch das etwa die Lösung einer Aufgabe plötzlich klar wird, nicht *aus* Einsicht in deren Struktur entspringt, sondern eher als etwas beschrieben werden sollte, das *mit* Einsicht und Verständnis vor sich geht, scheint auch ein Blick in die psychologische Forschung zu bestätigen. Nicht erst die Gestaltpsychologen haben darauf hingewiesen, daß man der drohenden Zirkularität einer Verstehenstheorie entgeht, wenn man den Prozeß des Denkens als etwas auffaßt, das seinerseits gar nicht recht bewußt ist. Es scheint eben bloß jene Annahme (daß das, was man *in sich* an Einfällen, Überlegungen etc. vorfindet, auch zum Ergebnis führt) zu sein, die die Tatsache, daß etwas verstanden wird, verrätselt. Stellt man sich hingegen auf den Standpunkt, daß die unklaren Gedanken, Assoziationen, das Regelfolgen etc. bloß Begleitumstände des Verstehens sind, hat man dieses zwar auch nicht geklärt, aber auf jeden Fall einen Unterschied zu Maschinen festhalten können: Nämlich, daß wir Menschen uns beim Lösen von Aufgaben, beim Schreiben und Rechnen etwas denken und dieses nicht einfach wie Schreib-, Lese-, Sprech- und Rechenmaschinen automatisch tun. Wer würde auch von sich behaupten etwas *gelesen* zu haben, wenn er das nicht *mit Bedacht, mit Verständnis* getan hätte.

Daß andererseits Verständis, Aufmerksamkeit und Bedächtigkeit keine Mittel sind,

Rechenaufgaben zu lösen, sollte auch keiner besonderen Aufklärung bedürftig sein. „Denken, ein weit verzweigter Begriff. Ein Begriff, der viele Lebensäußerungen in sich verbindet. Die Denkphänomene liegen weit auseinander." (Wittgenstein, 1988b: 260/Par. 220) So war unsere anfängliche Betrachtungsweise also entschieden zu instrumentalistisch, insofern sie alle Denkphänomene unter die Auffassung eines einzigen erfolgreichen Mittels zu subsumieren suchte. „Das Denken ist frei." Das ist weiter nicht schlimm, dann ist es eben die Tatsache, daß „Ich denke" (Kant) und beim Denken immer dabei bin, was den Menschen auszeichnet. „'Denken ist eine geistige Tätigkeit.' – Denken ist keine körperliche Tätigkeit. Ist Denken eine Tätigkeit?" (Wittgenstein, 1988b/193: 255) Wie auch immer unsere Anfangsbestimmung zerronnen sein mag, fest scheint doch zu stehen, daß der Mensch ein Verhältnis zum Denken einnimmt, in dem ihm dieses *irgendwie* bewußt ist. Man weiß schließlich, wer man ist, und auch, daß man Gedanken hat.

Die nächste Frage liegt auf der Hand: Was bedeutet es, Gedanken, Gefühle und Empfindungen zu haben? Wenn das Denken durch das, worauf es sich richtet, nicht bestimmbar ist – zum Beispiel die algebraische Formel der obigen Zahlenreihe –, und auch nicht dadurch, wie es sich auf etwas richtet – das ist eben individuell verschieden –, dann ist nicht nur nicht geklärt, was das Denken eigentlich tut, sondern auch nicht, was überhaupt sein Inhalt ist. Wie kann man dann wissen, was man denkt? Denkt sich jeder annähernd das gleiche, wenn von „x" und „y" die Rede ist? Kann ich wissen, ob ich *über etwas* denke, oder mir alles nur ausdenke? Bin ich überhaupt? „Der vernünftige Mensch hat gewisse Zweifel nicht." (Wittgenstein, 1990: 163/Par. 220) Gut, dem schließt man sich gerne an. Ein wenig fragwürdig wird allerdings die Autorität des Ich schon, wenn sich das Denken in derartiger Unabhängigkeit von mir selbst und der *externen Welt* vollzieht. Soll man wirklich glauben, daß Gedanken kommen und gehen wie sie wollen, und wir selber sie weder verscheuchen, noch ins Bewußtsein rufen können? Sollte tatsächlich mit Lichtenberg das „Ich denke" als „Es denkt" (in mir) verstanden werden? Oder ist vielleicht der Bezug des Menschen auf seine Umwelt gar kein denkender?

Letztlich sollte das alles nicht so schwer zu entscheiden sein: „Um in die Tiefe zu steigen, braucht man nicht weit zu reisen." (Wittgenstein, 1988a: 77/Par. 361) Empfindungen bieten sich als Schlüssel an. Und sie sind wirklich geistige Zustände, die mit einem Schlage zu erfassen sind. Gegenüber Gedanken, die *im Kopf*, aber auch *in Büchern* sind, die man haben, aber auch vergessen kann, die richtig und falsch sein können, weisen Empfindungen gewaltige Vorteile auf: Wo auch immer sie sein mögen, im Kopf, im Fuß oder im Zahn, man hat sie in einem sehr selbstbewußten Sinne. Die lästige, aber notwendige Unterscheidung zwischen Gedanken haben (1) im allgemeinen und (2) als aktueller Zustand entfällt bei Empfindungen – und damit auch die Frage, wer sie hat. Die letzten Zahnschmerzen hat nicht nur der Zahn gehabt, sondern leider auch das Ich, und zwar jede Sekunde. Daß Ich empfinde, daß die Empfindung von ihrem *Träger* unzertrennlich ist, wirkt sich vorteilhaft aus, wenn das, was empfunden wird, gefunden werden soll. Zum einen scheint die Tatsache, daß man körperlich *affiziert* ist, darauf zu verweisen, daß den Empfindungen auch wirklich – und nicht nur eingebildeterweise – etwas entspricht: So werden noch die heftigsten Anstrengungen, sich in den letzten Urlaub via Vorstellung zurückzuversetzen, nicht die Meeresluft riechen lassen. Zum anderen ist für das Erfassen dessen, was man etwa bei Fußschmerzen empfindet, eine genauere Angabe des Bezugs auf

den Körper – Arthritis oder Rheuma – kaum relevant, da ja auch ein Wissen darum nichts am Schmerz ändert. Über Empfindungen scheint man sich nicht täuschen zu können.
Im Unterschied zu schwer faßbaren Denkprozessen wie Rechnen, Lesen und Sprechen bieten Empfindungen – lokalisierbar und von bestimmter Dauer – ein *Material*, an dem nicht nur leicht zu erklären ist, was wer wie empfindet, sondern an dem auch die Irreduzibilität des Ich, der Subjektivität des Menschen nachvollziehbar ist. Vergessen wir nicht: Auch wenn *Es* denkt, heißt das ja bloß, daß der effektive Denkprozeß nicht bewußt ist, und keineswegs, daß Ich nicht manchmal das Bewußtsein oder das Gefühl des Verstehens einer Aufgabe, eines Satzes hätte. Aber hatten wir nicht gerade das Denken als *geistige Tätigkeit* bestimmt? Na ja, irgendwo muß es sich doch auch vollziehen: Ohne Kopf keine Gedanken. „Denken ist kein unkörperlicher Vorgang" (Wittgenstein, 1989: 387/Par. 339), und wie weit der eigene Körper in die Empfindungen hineinreicht, ist eben noch gar nicht ausgemacht.
Jetzt vielleicht, zur Erholung von den Schmerzen, etwas weniger Unangenehmes. Stellen Sie sich vor – vieldiskutiert in der Künstlichen Intelligenz –, Sie essen Erdbeereis mit Schlagsahne. (vgl. Turing, 1994) Versuchen Sie streng wissenschaftlich nachzuvollziehen, was alles geschieht: Das Eis schmilzt auf Ihrer Zunge, verursacht chemische Reaktionen, elektrische Impulse gelangen über bestimmte Nerven zu Ihrem Gehirn, und aufgrund von bestimmten physiologischen Veränderungen dort schmecken Sie endlich (den Geschmack von) Erdbeeren. Was schmeckt man da eigentlich? Die physiologischen Prozesse in den Gehirnzellen? Wenig wahrscheinlich, denn wie könnte der Geschmack durch Bezug auf Gehirnzellen beschrieben werden, die sicher nicht nach Erdbeeren schmecken? Also vielleicht etwas anderes, was durch die Erdbeeren verursacht wurde? Nein, am Ende werden wir doch immer bei der Überlegung landen, daß das, was da nach Erdbeeren schmeckt, die Erdbeeren selbst sind. Das Problem liegt nur darin, daß dieser Standpunkt trotz seiner überwältigenden Vernünftigkeit auch einen Haken hat: Obwohl es immer die Erdbeeren sind, die wir schmecken, so schmeckt doch nicht jeder von uns dasselbe. Man muß es nicht gleich so radikal wie Wittgenstein ausdrücken – „Ich sage, 'Das ist süß', der Andere 'Das ist sauer'"(Wittgenstein, 1988b: 283/Par. 348) –, eine gewisse Wahrheit ist da zweifelsfrei angesprochen. Letzter und zusammenfassender Bezugspunkt für den Geschmack sind die Erdbeeren nicht. Vielleicht ist der Geschmack einfach zu subjektiv, zu individuell – also wieder zurück zu den Schmerzen verschiedenster Art.
„Schmerzgefühl ist Schmerzgefühl – ob er es hat, oder ich es habe." (Wittgenstein, 1989: 391/Par. 351) Schmerzen haben in dem Sinne einen Ort, als man fühlt, wo man sie hat. Bedauerlicherweise macht sich jedoch auch hier das alte Problem bemerkbar: Wenn ich weiß, wo ich die Schmerzen habe, so heißt das noch lange nicht, daß ich auch weiß, wo sie sind – in irgendeinem *objektiven* Sinn. Sie sind weder im Zahn noch in der Hand, und auch die genaueste Untersuchung von Muskeln, Nerven und Gehirnzellen könnte die Empfindung von Schmerzen dort nicht lokalisieren. „Soll ich mir [...] die Schmerzen eines auf dem Tisch liegenden Zahnes denken können [...]?" (Wittgenstein, 1981/65: 94) „[...] ist es nicht absurd, von einem <u>Körper</u> zu sagen, er habe Schmerzen." (Wittgenstein, 1989: 371/Par. 286)
„Der Fuß, der Zahn, der Körper haben keine Schmerzen" – das mag banal klingen, hat aber Konsequenzen für die Bestimmung des Inhalts der Empfindung. Gleichgültig wie unaussprechlich er sein mag, auf keinen Fall wird er etwas Körperliches sein – so empfin-

det man bei Zahn- und Fußschmerzen auch weder Zahn noch Fuß. Alle, die jetzt darauf pochen, daß sie sie doch fühlen, sind im Irrtum. Das zeigen die Phantomschmerzen, die man *in* amputierten Gliedmaßen fühlt, was beweist, daß man das *Bild* des Körpers – von wo her auch immer, aber – nicht von diesem hat. Wittgenstein hat diesen Sachverhalt einmal aus einer anderen Perspektive aufs Korn genommen, als Versuch, das Körpergefühl in einem Körperteil zu fühlen: „Ja, es ist seltsam. Mein Unterarm liegt jetzt horizontal und ich möchte sagen, daß ich das fühle; aber nicht so, als hätte ich ein Gefühl, das immer mit dieser Lage zusammengeht (als fühlte man etwa Blutleere, oder Plethora) – sondern, als wäre eben das 'Körpergefühl' des Arms horizontal angeordnet oder verteilt, wie etwa ein Dunst, oder Staubteilchen, an der Oberfläche meines Armes so im Raum verteilt sind. Es ist also nicht wirklich, als fühlte ich die Lage meines Arms, sondern als fühlte ich meinen Arm, und das Gefühl hätte die und die Lage. D.h. aber nur: ich weiß einfach, wie er liegt – ohne zu wissen, weil ... Wie ich auch weiß, wo ich den Schmerz empfinde – es aber nicht weiß, weil ..." (Wittgenstein, 1990: 386/Par. 481)

Der sichere Halt für den geistigen Zustand, den wir in der *körperlichen* Empfindung zu haben meinten, hat sich damit ebenso aufgelöst, wie vom Standpunkt der Empfindung aus der Körper selbst. Da Ich mir aber auf jeden Fall in Empfindungen und Gefühlen näher bin als in meinem so schwer zu identifizierenden Körper und da eben die Tatsache, daß Ich sie empfinde, keines Kriteriums bedarf, so steht zumindest fest, daß Ich die Empfindungen habe. „Wenn ich sage, 'Ich habe Schmerzen', bin ich jedenfalls vor mir selbst gerechtfertigt.'" (Wittgenstein, 1989:372/Par. 289) Das scheint nicht viel weiter zu führen und mag in nicht-philosophischen Kontexten kaum in Frage gestanden haben, kann aber zu einer verstärkten Aufmerksamkeit auf das Ich führen. Wenn das Ich nicht im Körper ist und in den Empfindungen sich nicht ausdrücken kann, dann muß es entweder etwas ganz besonderes sein, oder es existiert vielleicht gar nicht – da ja beim besten Willen nicht feststellbar ist, wo es sich befindet. Das Ich wäre dann ebenso ein Phantom wie die in theoretischen Debatten beliebteste Art von Schmerz, von dem man sich eben nur einbildet, daß ihm irgend etwas entspricht. Als erstes Zwischenresultat sei hier folgendes gestattet: Man muß nicht René Descartes' „Meditationes" folgen, um im Zuge von Überlegungen zur Natur des Menschen einsehen zu lernen, daß dasjenige, was man als sicher geglaubt hat, *verlorengegangen* ist. Nicht in dem Sinne, daß Bestimmungen wie Körperlichkeit oder Denken gänzlich unbrauchbar wären, aber sehr wohl in der Bedeutung, daß der Mensch selber sich der realen Vorgänge, die damit gemeint sind, kaum bewußt sein kann. Das ist nicht ganz leicht zu akzeptieren: Daß Ich meine Hand hebe und nicht einfach darauf warte, daß sie sich hebt, oder daß ich, wenn ich etwas verstehe, dafür auch Gründe weiß und nicht einfach den Erfolg einer Gedankenoperation erlebe, ist doch das *normale* Verständnis von Denken und Körperlichkeit. Ohne diesen ausdrücklichen Bezug auf mich scheinen solche Bestimmungen keinen Wert zu haben. Da jedoch gerade der Versuch zu klären, wie man sich der eigenen Denktätigkeit bewußt ist, was man beim Sprechen denkt, wie man den Körper fühlt, in die Skepsis geführt hat, muß ein Ausweg im Sinne grundsätzlicher Neuorientierung gesucht werden.

Vielleicht sollten wir uns einfach für eine Existenz entscheiden, zum Beispiel mit Descartes für eine immaterielle: Cogito ergo sum. Mit diesem *Schluß* hat er die Möglichkeit der Reflexion auf sich selber in den Status einer eigenen Existenz erhoben. Denn wenn die Gewißheit des *Ich denke* als das Ende des universalen Zweifels auch ein Anfang für Sicherheit sein soll, muß dieses *Ich* als Ding aufgefaßt werden. Freilich kommen ihm keine anderen Eigenschaften zu als die der Reflexion, also eben des Denkens. Damit hat Descartes nicht nur die dualistische Auffassung der Existenz von zwei Substanzen – einer materiellen, körperlichen und einer immateriellen, geistigen – begründet, sondern die monistische gleich dazu: Menschliche Tätigkeiten, sofern sie sich am Körper vollziehen, werden nun ohne Bezug auf den Geist erklärbar. Alles, was man mit seinem Körper macht, ist im Prinzip auch von diesem alleine vollziehbar. Der Körper atmet und verdaut nicht nur, sondern läuft auch weg und hebt die Hand.

Berühmt berüchtigter Ausdruck davon ist Descartes Ansicht, daß Tiere als seelenlose Automaten – wie Uhrwerke – betrachtet werden können, und unsere Annahme, daß sie etwa Schmerzen empfinden, ein *bloßes Vorurteil* sei. (Descartes, 1973: 52) Das ist im Sinne eines nicht geprüften Urteils zu verstehen, und tatsächlich gibt es nach Descartes hier grundsätzliche Schwierigkeiten der Überprüfung. Das Wegrennen oder -fliegen, Zusammenrollen, Jaulen etc. kommen als Kriterien für Schmerzen nicht in Frage. Vorurteilsfrei betrachtet sind das bloße (Ton-)Bewegungen und darin in nichts von allem anderen, was auf der Welt passiert, zu unterscheiden: zum Beispiel nicht von den Bewegungen der Steine, bei denen man sich ja noch nie gedacht hat, daß sie schmerzbewegt wegrollen, wenn man sie anstößt. Wenn wir jetzt aber darauf verweisen, daß sich Tiere im Unterschied zu Steinen *selbst* bewegen, sind wir endgültig bei ihrer Cartesischen Bestimmung als Automaten angelangt – was es uns nicht leichter macht, ihnen Schmerzen zuzusprechen.

Descartes' theoretische Skrupel gegenüber dem Seelenleben der Tiere liegen zum einen daran, daß dieses *Argument* fast zuviel beweist. Denn aus der Perspektive der Beobachtung von Ereignissen kann man recht eigentlich von keinerlei Körpern, auch nicht von denen der anderen Menschen nicht, wissen, daß sie Schmerzen haben. Das weiß man nur von sich selbst – und von den anderen Menschen, sofern sie es sagen: „Au". Aber so würde das schon wieder nicht stimmen, sondern man muß hier an den ganzen Satz denken: „Ich habe Schmerzen". Genau das Faktum, daß Hunde und Fische diesen Satz nicht aussprechen können, ist für Descartes das entscheidende Kriterium. Die propositionale Form stellt den einzigen Unterschied zwischen tierischer und menschlicher Schmerzäußerung dar. Wenn von der Sprach-Unfähigkeit her weiter auf die Unmöglichkeit empfindenden Selbstbezuges zu schließen ist, so wäre das für Descartes Grund, auch daran zu zweifeln, daß Tiere überhaupt Empfindungen haben.

Die *Vorsicht* mit der Zusprechung von Empfindung erweist sich aber zum anderen als Konsequenz der dualistischen Sichtweise, in der Gegenstandsbewußtsein und Denkfähigkeit in der immateriellen Substanz „Ich" zusammenfallen. Daß Tiere durch Denken Ereignisse vorwegnehmen können oder sich frei zu ihren Empfindungen stellen können, kann man nun freilich nicht behaupten. „Wir sagen, der Hund fürchtet, sein Herr werde ihn schlagen; aber nicht: er fürchte, sein Herr werde ihn morgen schlagen." (Wittgenstein, 1989: 475/Par. 650) Den *Schluß*, daß Tiere eben deswegen auch nicht empfinden, hat Descartes in einem berühmt gewordenen Brief an Mersenne gezogen, während er später (etwa Briefe an More oder die Marquess of Newcastle) nur die von Menschen unterschiedene *Art* der Empfindungen von Tieren hervorhebt.

Mit oder ohne Empfindungen bietet die Bestimmung von Tieren als Körper die

Möglichkeit, ihr Verhalten nach kausalen Gesetzmäßigkeiten zu beschreiben. Das hat schon zu Descartes Lebzeiten zu einiger Verwunderung darüber geführt, wie er sich wohl das Wegrennen eines Schafes vor einem Wolf erklären könnte, ohne die Annahme, daß das Schaf den Wolf in irgendeiner Bedeutung des möglichen Aufgefressenwerdens wahrnimmt. Körper haben keinen Grund, irgend etwas zu tun, und so könnte das Schaf wie ein Stein angesichts eines Wolfes einfach liegenbleiben. *Körper* sind jedoch für Descartes ein weites Feld. Sie bieten als *materielle Dinge* die Möglichkeit einer wissenschaftlichen Erklärung ihrer *Veränderung*. Deren Grundlage sah er mit den mechanistischen Naturphilosophen des 17. Jahrhunderts in allgemeinen Bewegungsgesetzen. Das Wegrennen eines Schafes wäre letztlich durch Gesetze zu erklären, in denen der Unterschied von Bewegung und Handlung getilgt ist. (Stellt man sich auch noch eine übernatürliche Kraft als Letztursache der Naturgesetze vor, dann hat die Bewegung des Schafes sogar Sinn.) Wenn die Natur eines Schafes nach den Gesetzen der Mechanik erklärt werden kann, scheint ein mechanisches Schaf nicht von einem *natürlichen* unterscheidbar. Und so stellt sich Descartes allerlei künstliche Schafe, Vögel etc. vor, die die gleichen *Reaktionsmuster* wie natürliche haben, aber im Unterschied zum Menschen nicht wissen, was sie tun.

Der Mensch hingegen ist nach Descartes so frei, Gründe für sein Handeln und seine Überzeugungen abzuwägen. Eben diese Freiheit erlaubt es, seine *Natur* – also seinen Geist – als von jedem Kausalzusammenhang zur Natur getrennte Existenz zu behaupten.

So sollte man also all denen mißtrauen, die einen direkten Weg von Descartes zu La Mettrie behaupten: „Auf Descartes folgt Vaucanson und auf Vaucanson La Mettrie". (Swoboda, 1967: 82) Die Tatsache, daß La Mettrie in seinem Aufsatz „L'Homme-Machine" sich auf Descartes' „bête machine" bezogen hat, beweist da zunächst gar nichts. Allerdings, wenn wir bedenken, daß Descartes Körperprozesse mechanistisch erklärt hat, so muß festgehalten werden, daß die Anwendung von mechanischen Gesetzen nicht nur auf Statik, Dynamik, Astronomie, physikalische Optik etc., sondern auch in der Medizin, zur Erklärung von physiologischen Prozessen, bereits zu der Zeit, als La Mettrie seinen Artikel schrieb, die dominierende Sichtweise war. Newtons Gesetze der Mechanik schienen einfach alles, was geschieht, erklären zu können. (Nicht überhaupt alles: Aber Gedanken wurden auch nicht als etwas angesehen, das *geschieht*.)

So hat Archibald Pitcairne, Professor für Medizin und Freund Newtons, in seiner Antrittsrede an der Universität Leiden 1691 erklärt, das Studium der Medizin auf die Gesetze der Mechanik gründen zu wollen. (Pitcairne, 1704: 10) Dieses Programm, das von Pitcairne noch *rein mathematisch*, antiempiristisch, gegen das Aufsuchen von materiellen Ursachen gerichtet war (und sich damit übrigens auch als anti-cartesianisch verstanden wissen wollte) wurde wenig später mit der empirischen Erforschung von physiologischen Ursachen verbunden. Herman Boerhaave (1668–1738) verstand mechanistische Modelle so, daß erst sie den *wirklichen* Zusammenhang von Körperteilen und deren Bewegungen zu erklären gestatten, ohne Rückgriff auf immaterielle „animalische Geister". Boerhaave erkennt zwar Geistiges als „Erstursache" des Funktionierens von kausalen Vorgängen im Körper an, die Bewegungen (Schlagen des Herzens oder Atmen der Lunge) müssen jedoch davon unabhängig erklärt werden. Mechanistische Prinzipien als empirische Forschungsmethode bedeuten, daß der Körper als Instrument des Menschen seine Eigengesetzlichkeit hat: Er kann als eine Maschine betrachtet werden. Und das ist nicht nur eine Metapher für

Selbstbewegung, sondern insofern ernst gemeint, als für die Bewegungsart der Teile (Organe, Nerven, Muskeln) deren spezifische *Qualität* gleichgültig ist. Natürlich, gerade wenn man sich empirisch mit den unterschiedlichen Bewegungen der Körperteile beschäftigt, merkt man bald, daß ein Modell von „Hebeln und Schrauben" (Hegel) nicht paßt. Es war Albrecht von Haller (1708–1777), ein Schüler von Boerhaave und Freund La Mettries (dem der Aufsatz „L'Homme-Machine" auch gewidmet ist), der Muskeln mit einer ganz bestimmten Eigenschaft ausgestattet sah, nämlich mit „Irritabilität", die es ihnen erlaube, von sich aus auf Stimuli zu reagieren, und nicht aufgrund ihrer Verbundenheit mit den Nerven und dem darin möglicherweise fließenden „besonderen Saft".

Man kann La Mettries Begeisterung über diese *Entdeckung* nur nachvollziehen, wenn man sich im einzelnen klarmacht, was durch die sie bestätigt schien:

Erstens: Die Kräfte der Bewegung sind einem Stückchen Materie intrinsisch. Das war insofern nicht neu, als die *Materialisierung* der Newtonschen „Kräfte" gerade in der Medizin – wie auch immer bewußt – schon dem Flüssigkeitsgedanken immanent war. Neu war jedoch, daß man mit der Annahme einer *Erregbarkeit* von Nerven und Muskeln für die Erklärung ihres Zusammenhangs nicht mehr eines *spiritus animalis* bedurfte. Zweitens: Materie hat nicht nur eine intrinsische Kraft der Bewegung, sondern diese ist auch sinnvoll. So bewegt sich der Herzmuskel nicht nur, sondern er bewegt sich, um Blut in die Venen zu pumpen; so wie die Lungen sich auch nicht wie eine hydraulische Presse auf- und niederblasen, sondern dies tun, um den Körper mit Sauerstoff zu versorgen etc. Also hat Materie selbst einen Zweck in sich, *bewiesen* daran, daß die Organe – und mit ihnen wir selbst – durch ihre Wirkungsweise erhalten werden. Der weitere *Schluß* liegt nahe, daß es dann immaterieller Existenzen – Gott, Geist, Gedanken – überhaupt nicht mehr bedarf. Denn drittens: Wenn Funktionen von Organen diesen notwendig zukommen, warum dann nicht Denken als Funktion des Gehirns auffassen? – wo es doch nicht sein kann, daß es ein Organ ganz ohne Funktion gibt; und auch nicht, daß das Denken gar nichts mit dem Gehirn zu tun hat. Das klingt harmlos, ist es aber nicht, da ja nicht nur behauptet wird, daß das Gehirn eine Funktion hat, die über es hinausweist, sondern vor allem die Umkehrung gelten soll, daß das Denken eine Funktion von etwas Materiellem ist, also ihm auch keine davon unterschiedenen Zwecke zukommen. Was das heißt, ist zumindest negativ durch die Analogie des Denkens mit der Blutzirkulation deutlich: Wir stellen uns unser Verhältnis zu Gedanken genau so vor, wie das zu vegetativen Körperfunktionen, bei denen wir auch nicht bestimmen, daß und wie sie sich vollziehen. Und die Beantwortung der folgenden Frage, was auf welche Weise die Gedankenbewegungen bestimmt, war La Mettrie, im Unterschied zu modernen Neurophysiologen, im Prinzip glasklar: die intrinsische Kraft des Gehirns, auf Stimuli zu reagieren, *elektrisch*, *magnetisch*, *ätherisch*, wie auch immer. Und im funktionalen Zusammenhang mit der übrigen Welt natürlich. Der Blick auf die Wohlgeordnetheit der Welt hat La Mettrie also nicht Gott preisen lassen, sondern ihn veranlaßt, die Natur zu einem *Künstler* zu erklären, der nicht einfach blinde Ursache-Wirkungsverhältnisse schafft, sondern solche, die in sich den Zweck ihres Funktionierens tragen: lebendige Mechanismen. Eben diese Begeisterung für die *lebendige Materie*, im Unterschied zur chaotischen, hat ihn dazu geführt, darin gleich das ganze *Wesen* des Menschen zu sehen. Was hat er also gemeint mit dem Satz „Der Mensch ist ein Uhrwerk"?

Nicht daß er wirklich ein Uhrwerk sei. Auch nicht, daß er aus Rädchen und Springfedern bestünde. Auch nicht, daß er bloß die Zeit angäbe. Und auch nicht, daß er von einem Uhrwerk nicht zu unterscheiden sei. Aber im *großen Ganzen* alles zusammen schon: Daß sein geistiges und organisches Leben nach den Gesetzen der Natur abläuft, wie der Mechanismus eines Uhrwerks nach physikalischen. Gedanken sind keine Ausnahme, bloß die verzierte Form dieser Entsprechung. Heute wäre La Mettrie vielleicht eher Neurophysiologe denn ein Vertreter der Künstlichen Intelligenz geworden und hätte das Ich zu einer Illusion des Gehirns erklärt, mit der Funktion, daß wir uns in unseren Bewußtseins- und Gedankenströmen besser zurechtzufinden.

Searle: „Seit Jahrtausenden haben Menschen versucht, ihre Beziehung zum übrigen Universum zu verstehen. […] Das größte Problem ist derzeit: Wir haben ein gewisses Bild von uns selbst als Menschen, das zu unseren gewöhnlichen Alltagsauffassungen gehört; dieses Bild des gesunden Menschenverstandes ist sehr schwer mit unseren umfassenden 'wissenschaftlichen' Vorstellungen von der materiellen Welt in Einklang zu bringen. Wir denken von uns selbst, daß wir einen Geist haben, daß wir bewußt, frei und rational in einer Welt handeln, von der uns die Wissenschaft sagt, sie bestehe ausschließlich aus Materie-Teilchen ohne Geist und Bedeutung." (Searle, 1986: 12)

Verwendete Literatur:

Descartes, R. (1973): *Abhandlung über die Methode des richtigen Verrnunftgebrauchs,* Stuttgart.

Frege, G. (1969): Logik, in: ders., *Nachgelassene Schriften,* Hamburg.

Kant, I. (1902): Anthropologie in pragmatischer Hinsicht, Vorrede in: *Kants gesammelte Schriften,* Berlin.

La Mettrie, J.O. (1909): *Der Mensch eine Maschine (Original: L'Homme-Machine),* Leipzig.

Lange, F.A. (1974): *Geschichte des Materialismus 1,* Frankfurt a. M.

Pitcairne, A. (1704): *The Works of Dr. Archibald Pitcairne,* London.

Putnam, H. (1984): Causation and Causal Theories, in: P. A.French; Th.E. Uehling, Jr.; H.K. Wettstein (Hg.), *Midwest Studies in Philosophy* (IX/1984).

Searle, J. R. (1986): *Geist, Hirn und Wissenschaft,* Frankfurt a. M.

Swoboda, H. (1967): *Der künstliche Mensch,* München.

Toulmin, S.; Goodfield, J. (1962): *The Architecture of Matter*, New York.

Turing, A. M: (1994): Kann eine Maschine denken?, in: W.Ch. Zimmerli; S. Wolf (Hg.), *Künstliche Intelligenz. Philosophische Probleme,* Stuttgart.

Wittgenstein, L. (1988a[3]): *Bemerkungen über die Philosophie der Psychologie I, in: Werkausgabe, Bd. 7, Frankfurt a. M.*

Wittgenstein, L. (1988b[3]): Bemerkungen über die Philosophie der Psychologie II, in: *Werkausgabe,* Bd. 7 Frankfurt a. M.

Wittgenstein, L. (1981): Philosophische Bemerkungen, in: *Werkausgabe,* Bd. 2, Frankfurt a. M.

Wittgenstein, L. (1989[5]): Philosophische Untersuchungen , in: *Werkausgabe,* Bd. 1, Frankfurt a. M.

Wittgenstein, L. (1990[4]): Über Gewißheit, in: *Werkausgabe,* Bd. 8, Frankfurt a. M.

Uhrwerk und Schachspiel

Zur Motivgeschichte des Bildes der intelligenten Maschine

Ernst Strouhal

„Spielzeuge sind wir, wie's dem Himmel gefällt.
Das ist wahr, kein Gleichnis; das Schachbrett der Welt
Sieht etwas uns spielen, bis eins nach dem anderen
Zurück in den Kasten des Nichtseins fällt."
(Omar Khayyam 1048-1131)

Das Konzept vom Ich, der Welt und der Grenze von Lebendigem und Unbelebtem ist nicht zuletzt ein Spiel mit Metaphern. Der Mensch vergleicht und mißt sein Selbst an der äußeren Natur und seit Maschinen – materielle wie ideelle – zur Umwelt des Menschen gehören, dienen auch sie ihm zur Beschreibung seiner selbst. Der jeweilige technische Standard liefert dazu die Bilder, welche die kollektiven Träume – die Tagträume wie die Alpträume – prägen. Zwei Metaphern in der Geschichte der Allegorien sind das Uhrwerk und das Schachspiel. Beide Motive vereinen sich in der Vorstellung vom denkenden Automaten zu einem einzigen evokatorischen Objekt, in dem sich das Selbst spiegelt. [1])

1.

1946 beschloß der englische Mathematiker Alan Turing (1912-1954) einen Menschen – oder wenn schon nicht einen ganzen Menschen so doch zumindest „ein Gehirn" – zu bauen. (Hodges, 1994: 335) Turings Plan löste zunächst Verwirrung und Bestürzung aus. Turing war damals nur einer Handvoll Logikern durch seine 1937 erschienene Adnote zum Entscheidungsproblem von David Hilbert bekannt, noch weniger wußten um seine Tätigkeit für den Britischen Geheimdienst während des Zweiten Weltkrieges Bescheid. Turing war Kryptoanalytiker. Es gelang ihm, die durch Funk aufgefangenen Nachrichten der deutschen Chiffriermaschine Enigma zu entschlüsseln, eine Leistung, die sich im U-Boot-Krieg als entscheidend erwies. Mit der Enigma konnte die deutsche Wehrmacht Nachrichten automatisch, das heißt elektrisch, verschlüsseln. Durch ein komplexes System von Rotoren und Steckverbindungen wurden Buchstaben mehrfach permutiert, die Grundeinstellung der Maschine wurde täglich geändert, sodaß die Chiffrierung durch Enigma als praktisch sicher galt.

Indem die Codierung jedoch durch eine Maschine erfolgte, die exakten Anweisungen folgte, mußte es, so Turing, im Prinzip möglich sein, den Code durch eine Maschine zu brechen. Das Problem Turings war die Frage der Steuerung seiner Gegenmaschine und die Zeit, die sie für die Rechenarbeit benötigte. Gegen Ende des Krieges hatte Turing für beide Probleme adäquate Lösungen gefunden, und der Zweite Weltkrieg hatte dadurch einen weitreichenden technischen Innovationsschub auf der Ebene der Logistik und der Hardware gebracht. Schnellrechner wie Eniac von John von Neumann oder Colossus von Turing selbst waren entwickelt worden. Mit ihren Tausenden Vakuumröhren waren sie zwar im Vergleich mit den heutigen Maschinen lächerlich langsam, doch sie nährten die Idee, daß durch den Schnellrechner auch andere Probleme technisch gelöst werden konnten als nur das Brechen von Codes. Zum Beispiel die Simulation des Gehirns.

„Die Schaltkreise, die in elektronischen Rechenmaschinen verwendet werden", schreibt Turing in einem Projektexposé, als der Frieden wieder ausgebrochen war, „scheinen die wesentlichen Eigenschaften von Nerven zu haben. Sie sind in der Lage, Informationen von einem Punkt zu einem anderen zu übertragen, wie auch, sie zu speichern. Gewiß der Nerv hat viele Vorteile. Er ist kompakt, verschleißt nicht [...] und verbraucht sehr wenig Energie. Gegenüber diesen Vorteilen besitzen elektronische Schaltkreise nur einen einzigen Vorzug, die Geschwindigkeit. Dieser Vorteil zählt jedoch in einem Maß, daß er die Überlegenheit des Nervs vielleicht aufwiegen kann." Das Vorhaben der Zukunft besteht nach Turing darin, eine „denkende Maschine" zu bauen, am besten „einen Menschen als ganzen", mit Sensoren, Kameras und künstlichen Gliedern, eine mit basalen Programmen ausgestattete Kindmaschine, die lernfähig ist und sich in einem Erziehungsprozeß Weltwissen und Erfahrung aneignet. Dieser ganzheitliche Weg erschien Turing zwar der „sichere", um eine denkende Maschine herzustellen, aber „alles in allem doch zu langsam und unpraktikabel. Stattdessen schlagen wir vor auszuprobieren, was mit einem 'Gehirn' anzufangen ist, das mehr oder weniger ohne Körper und höchstens mit Seh-, Sprach- und Hörorganen versehen ist. Wir stehen dann dem Problem gegenüber, angemessene Denkarbeiten für die Maschine zu finden, in denen sie ihre Fähigkeiten ausüben kann." (Turing, 1987: 97)

Oberste Priorität beim Auffinden der „angemessenen Denkarbeit" für die Universalmaschine nimmt für Turing das Schachspiel ein. „Wir dürfen hoffen, daß Maschinen schließlich auf allen rein intellektuellen Gebieten mit dem Menschen konkurrieren, aber mit welchem sollte man am besten beginnen?" fragt Turing in „Computing Machinery and Intelligence": „Auch dies ist eine schwierige Entscheidung. Viele glauben, daß eine abstrakte Tätigkeit, beispielsweise das Schachspielen, am geeignetsten wäre." (Turing, 1987: 182) Der Vorteil des Schachspiels zur Erprobung des elektronischen Gehirns lag für Turing darin, daß die Tätigkeit kein sinnliches Faktum von außen einbezieht. Alle Vorgänge des Schachspiels können mit einer endlichen Menge von Symbolen beschrieben und mechanisch nachvollzogen werden, alle Handlungen des Schachspielers könnten durch eine endliche Liste von Vorschriften im Sinne einer „Bedienungsanweisung" formuliert werden. Zugleich ist das Schachspiel ein System von zureichender Komplexität, sodaß es nicht durch einen einfachen Algorithmus oder durch bloße Rechenarbeit gelöst werden kann, somit ein ideales Feld zur Erprobung heuristischer Techniken in der Kognitionswissenschaft: „Wenn man eine erfolgreiche Schachmaschine entwickeln könnte, wäre man imstande, zum Inneren des menschlichen intellektuellen Könnens vorzudringen." (Euwe, 1970: 105)

Ging es im Krieg um den Zeitvorsprung, der durch die Rechenleistung erzielt werden konnte, so ging es nun um ein Prinzip. Am Gehirn, ist Turing überzeugt, ist nichts „Geheimnisvolles" oder gar „Heiliges"; die Entwicklung einer erfolgreichen Schachmaschine ist im Kontext der Theorie Turings und seiner Schüler deshalb auch ein bedeutender Schritt zur Auslöschung aller metaphysischen Illusionen über den Menschen und seine Fähigkeiten.

In einem internen Bericht an die englische Regierung 1946 schreibt Turing daher über die Verwendungsmöglichkeiten eines solchen Gehirns: „Ausgehend von einer gegebenen Stellung im Schachspiel könnte die Maschine dazu gebracht werden, eine Liste aller 'Gewinnkombinationen' bis zu einer Tiefe von etwa drei Zügen auf jeder Seite aufzustellen. Das [...] wirft die Frage auf: 'Kann eine Maschine Schach spielen?' Es wäre ziemlich einfach, sie ein sehr schlechtes Spiel spielen zu lassen. Es wäre schlecht, weil das Schachspiel Intelligenz erfordert. Wir haben am Anfang dieses Abschnitts behauptet, daß die Maschine als völlig frei von Intelligenz behandelt werden sollte. Es gibt jedoch Hinweise darauf, daß es möglich ist, die Maschine Intelligenz zeigen zu lassen, auf die Gefahr hin, daß ihr gelegentlich ernsthafte Fehler unterlaufen. Im Zuge der Verfolgung dieses Aspekts könnte die Maschine wahrscheinlich dazu gebracht werden, sehr gut Schach zu spielen." (Hodges, 1994: 384)

Die Lokalisation der Hirnrindenleitungen, Illustration in: Fritz Kahn, Das Leben des Menschen. Eine volkstümliche Anatomie, Biologie, Physiologie und Entwicklungs-geschichte des Menschen, Band IV, Stuttgart 1929, S. 203, Abb. 144, 25,5 × 36,5 cm, Österreichische Nationalbibliothek, Wien

Was Turing mit „Intelligenz" meinte, bleibt unklar, Turing selbst hielt das Problem einer Definition auch für bedeutungslos. Als Schüler Wittgensteins versuchte Turing auch gar nicht, das Problem zu „lösen", sondern es aufzulösen. Statt sich auf eine Diskussion über Geist und Seele einzulassen, sollte der Grad der Intelligenz einer Maschine durch den einfachen Vergleich ihrer Leistung mit der eines Menschen beurteilt werden. Zur Erprobung schlug Turing ein Imitationsspiel vor (Turing, 1987: 149ff; zur Kritik vgl. Searle, 1986; Heintz, 1993: 261ff; Burger, 1989): Ein Beobachter soll aufgrund schriftlicher Antworten entscheiden, wer von zwei Personen, die sich in einem anderen Raum aufhalten, Mann und Frau sei. Der Mann soll bemüht sein, die Frau zu imitieren, die Frau soll den Beobachter durch ihre Antworten überzeugen. Die Pointe von Turings Spiel zwischen Mann und Frau ist, daß das Spiel, wer immer es gewinnt, über das Geschlecht nichts aussagt: Selbst wenn der Beobachter die Antworten im Imitationsspiel falsch zuordnet, ändert sich nichts am biologischen Faktum des Geschlechts. Gelingt einer Maschine eine erfolgreiche Simulation menschlichen Verhaltens, bleibt sie zwar in ihrer Materialität unverrückbar eine Maschine, wie eine Frau eine Frau bleibt, auf der Ebene der Zeichen jedoch, auf der Begriffe wie Denken und Intelligenz verhandelt werden, spielt das biologische oder materielle Substrat keine Rolle. Eine Maschine also, die so gut beziehungsweise intelligent wie ein Mensch zu arbeiten scheint, *ist* für Turing so gut beziehungsweise intelligent wie ein Mensch. Bewährt sich die Maschine als Teilnehmer im Imitationsspiel, so müßte man ihr die Attribute „intelligent" und „denkend" zuordnen dürfen. Ist das Spiel einer Schachmaschine nicht von dem eines Menschen zu unterscheiden, so wäre man gezwungen, von einer „intelligenten Maschine" zu sprechen (oder man müßte die Begriffe „Denken" und „Intelligenz" auch für den Menschen sein lassen). Für Turing kondensiert eine ganze Wolke philosophischer Diskurse über Mensch und Maschine zu dem bekannten Tropfen Sprachbetrachtung. Könnten sich Maschinen im Imitationsspiel bewähren, würden sich die Grundlagen der Rede über den Menschen radikal verändern: „Meiner Meinung nach wird es in ca. 50 Jahren möglich sein, Rechenmaschinen mit einer Speicherkapazität von ungefähr 10^9 zu programmieren, die das Imitationsspiel so vollendet spielen, daß die Chance für einen durchschnittlichen Fragesteller, nach einer fünfminütigen Fragezeit die richtige Identifizierung herauszufinden, nicht höher als sieben zu zehn steht. Die ursprüngliche Fragestellung 'Können Maschinen denken?' halte ich für zu bedeutungslos, als daß sie ernsthaft diskutiert werden sollte. Nichtsdestoweniger glaube ich, daß am Ende unseres Jahrhunderts der Sprachgebrauch und die allgemeine gebildete Meinung sich so stark gewandelt haben werden, daß man von denkenden Maschinen reden kann, ohne mit Widerspruch rechnen zu müssen." [2]) Aus dem Blickpunkt der Gegenwart wird man Turings Vision aus den 40er Jahren zustimmen müssen.

Bereits 1937 hatte Turing in „On Computerable Numbers with an Application to the Entscheidungsproblem" ein Gedankenexperiment formuliert, das die denkende Maschine vorwegnimmt: Jedes Denken, das klaren Vorschriften folgt, kann mechanisch vollzogen werden. Alle Formalisierung etwa in der Mathematik bedeutet nach Turing nur eine Mechanisierung, durch welche Denkprozesse in eindeutig definierbare Handlungsprozesse überführt werden. Eine Maschine kann daher jede gewünschte Operation ausführen, wenn diese eindeutig determiniert ist und in einer kontextfreien, formalen Sprache beschrieben werden kann. Das gedankliche Experiment führte Turing zur Idee der Konstruktion einer universalen Maschine, eines Papiercomputers. [3]) Die Architektur ist höchst einfach: Die Maschine besteht aus einem Speicher und aus einer Lese-/Schreibvorrichtung. Der Speicher ist nach Turing ein Band, das in Felder unterteilt ist, worauf je ein Zeichen gedruckt ist. Die Lese-/Schreibvorrichtung kann auf dem Band Zeichen abtasten und verschieben, indem sie das Band vor- und rückwärtsbewegt und in bestimmten Positionen anhalten kann. Auf diese Weise kann jedes einzelne Zeichen auf dem Band gelesen, verschoben und gelöscht werden, und zwar so, daß die anderen Zeichen nicht in ihrer Position und Wertigkeit beeinflußt werden. Das Verhalten der Maschine wird vollständig von den abgetasteten Zeichen bestimmt. Damit ist im Prinzip der moderne Computer beschrieben.

Räumt man der Turingmaschine für ihre Arbeit unbegrenzte Speicherkapazität ein und sehr viel Zeit zur Bewegung der Lese-/Schreibvorrichtung, so kann sie im Prinzip jede Operation ausführen, die klaren Vorschriften folgt, denn jedes formale System ist lesbar als Folge einer endlichen Zeichenreihe. Die Maschine Turings hat deshalb universellen Charakter. Sie kann nicht nur jede Operation ausführen, sondern jede denkbare Maschine simulieren. Der Stachel an Turings Idee ist, daß auch jede Funktion, die von einem Menschen nach Vorschriften ausgeführt wird, von einer solchen universellen Maschine ausgeführt werden kann, indem jedes regelgeleitete menschliche Verhalten sich nach Turing in Elementaroperationen aufspalten läßt, die nachzuvollziehen auch einer einfachen Mechanik mit Band und Lese/Schreibvorrichtung möglich ist. Invers betrachtet ist der Mensch nichts als eine universale Maschine in Turings Verständnis: „Es ist möglich,

den Effekt einer Rechenmaschine zu erreichen, indem man eine Liste von Handlungsanweisungen niederschreibt und einen Menschen bittet, sie auszuführen. Eine derartige Kombination eines Menschen mit geschriebenen Instruktionen wird 'Papiermaschine' genannt. Ein Mensch, ausgestattet mit Papier, Bleistift und Radiergummi sowie strikter Disziplin unterworfen, ist in der Tat eine Universalmaschine." (Turing, 1987: 91) Die auf diese Weise disziplinierten Bediener nennt Turing „Sklaven".
Da sich das menschliche Denken, solange es Regeln folgt, in Elementaroperationen zerlegen läßt, gibt die Turingmaschine ein Modell für Denkprozesse ab. Mentalistische und mechanistische Positionen werden in diesem Moment deckungsgleich, und zugleich wird das cartesianische Leib-Seele-Problem aufgelöst, da die Turingmaschine abstrakt und ihr Funktionieren nicht an ein bestimmtes materielles Substrat gebunden ist. Ist am Geist somit nichts wesentlich Biologisches, lassen sich kognitive Vorgänge im menschlichen Gehirn auch mit gänzlich anderen physikalischen Mitteln realisieren. [4] Alle Intelligenz wäre in bestimmter Weise künstlich, und es entfällt auch die lästige Frage nach dem Status des menschlichen Bewußtseins; es wäre nicht mehr als eine Art übergeordnetes Programm, das im menschlichen Gehirn die Entscheidungen aufgrund ablaufender Subprogramme trifft – ob auf Basis von Kohlenstoff mit Nervensträngen oder auf der Basis von Vakuumröhren oder von Silizium mit elektronischen Schaltkreisen, ist gleichgültig. [5]
Um den Beweis für diese These am Beispiel des Schachspiels anzutreten, arbeitete Turing hart. Die ersten praktischen Ergebnisse der Arbeit mit Schachcomputern waren enttäuschend. Das 1948 von Donald Michie und Shaun Wylie in Oxford entwickelte Schachprogramm „Machiavelli" konnte gerade einen Zug weit rechnen. Der im selben Jahr von Turing und David Champernowne konstruierte „Turochamp" kam kaum weiter, und es dauerte weitere drei Jahre, bis von einer Maschine der Manchester University erstmals ein sehr einfaches Matt in zwei Zügen mit nur sieben Figuren gelöst werden konnte. Zunächst glich das Spiel der Automaten einer Karikatur selbst einer Begegnung unter Amateuren, aber ab den 50er Jahren gelang es den Schachautomaten, den Fortgang einer normalen Partie zu simulieren und Anfänger zu schlagen. Es dauerte weitere 40 Jahre, bis Turings „Angriff auf das Schachspiel durch die maschinelle Denkmethode" (Hodges, 1994: 447) erfolgreich war: In der ersten Runde des Londoner Turniers 1994 schlug das Schachprogramm „Genius 3.0" Garri Kasparow. Erstmals war ein Schachweltmeister in einer seriösen Partie gegen eine Maschine unterlegen. Erst im Semifinale des Turniers gelang es dem indischen Großmeister Viswanathan Anand, das Programm zu besiegen und – wie es in aufgeregten Medienberichten hieß – „die menschliche Ehre zu retten."
Turings Vision einer mechanischen Simulation menschlicher Handlungs- und Entscheidungsfähigkeit, sein Imitationsspiel und der Erfolg der Turingmaschinen haben bekanntlich zu einer heftigen und langanhaltenden Diskussion über die Differenz oder Identität von Mensch und Maschine in der Philosophie, Kunst und in den Kognitionswissenschaften geführt. Einwände aller Art wurden und werden formuliert, um eine Differenz zwischen Mensch und Maschine aufrechtzuerhalten. Zentral ist der Einwand, daß das sterile Schachspiel als Paradigma für die Simulation des menschlichen Urteils- und Entscheidungsvermögens nicht geeignet ist. Es sei unmöglich, eine Maschine herzustellen, die beim Schachspiel wie der Mensch Freude oder Schmerz entwickelt. Dem Einwand begegnete Turing bereits selbst: Ob die Maschine Gefühle entwickelt, könne

man nie wissen, indem man nie sicher sein kann, daß ein Mensch so fühlt wie man selbst oder überhaupt etwas empfindet. Indem jedes Wissen um die Authentizität der Gefühle fehlt, genügt es, daß die Maschine den Eindruck von Gefühlen erweckt. Und dies läßt sich technisch bewerkstelligen. (Turing, 1987: 121)

Betrachtet man die Vehemenz und Intensität, mit der weit über die Grenzen der philosophischen Seminare hinaus über die Implikationen von Turings Automat gestritten wird, scheint sich am Ende des 20. Jahrhunderts nochmals die Diskussion um den „L' Homme-Machine" zu wiederholen, die sich regelmäßig an jenen Stationen und Orten der europäischen Geistesgeschichte ereignet, an denen das metaphysische Ideal ermüdet und der Zweifel am transzendenten Sinn den Glauben an ihn überwiegt. Die Welt als Matrix eines zwar regelgeleiteten, aber zweckfreien Spiels; der Mensch: eine lernfähige Mechanik. Ihre Stärke gewinnt die Metapher Turings von der schachspielenden Maschine aus ihrer Ambivalenz. Sie formuliert die archaische Angst vor dem Verlust von Freiheit und Identität wie die vielleicht sogar ältere Sehnsucht nach der Auslöschung beider: eins zu sein mit dem tickenden Räderwerk, nicht Subjekt, sondern Objekt des Weltspiels zu sein, dessen Regeln für den einzelnen unabänderlich sind und dessen einziger Sinn darin liegt, es gut zu spielen.

2.

Turings Heurisma zur Vernichtung aller Illusionen über den menschlichen Geist und seine Freiheit ist motivgeschichtlich nicht neu. Automat und Schachspiel haben als Bilder der Mechanik der Welt und des Selbst im europäischen Denken eine lange Tradition. Die Entwicklung der Bilder verläuft historisch zunächst getrennt, sie begegnen einander aber nicht erst bei Turing im 20. Jahrhundert, sondern bereits lange vorher. Die frühen Automatenbilder des Mittelalters orientieren sich an der Faszination des Uhrwerks, und noch bevor der Mensch und die Welt als tickende Uhr theoretisch postuliert wurden, wurden Räderuhren mit großer Perfektion gebaut. Bei der Uhr des Astronomen Giovanni Domni 1364 etwa war die Zeitmessung selbst nur Nebensache. Sie zeigte sowohl die Bahnen der Sonne, des Mondes und fünf weiterer Planeten an und enthielt in einem ewigen Kalender alle kirchlichen Feste. (White, 1968: 101) Viele der frühen astronomischen Uhren wie die des Giovanni verfügten über umfangreiche von der Uhr gesteuerte Automatenumzüge vor allem mit religiöser Thematik. Das berühmteste Uhrwerk mit Automaten wurde 1352 im Straßburger Münster errichtet. Neben dem vom Uhrwerk gesteuerten Astrolabium und einem ewigen Kalender besaß die Uhr das automatisch bewegte Figurenwerk von Maria mit dem Christuskind, vor der die Heiligen Drei Könige vorbeizogen. Gott selbst kam auf einer Wolke mit Orgelmusikbegleitung und Glockenspiel vom Himmel herab. Auch ein Hahn konnte krähen und mit den Flügeln flattern, um die gläubigen Christen an den Verrat und die Reue des Petrus zu erinnern.

Die ersten Automaten sind gleichsam von den Turmuhren herabgestiegen,[6]) sie werden aber noch im 15. Jahrhundert vom Himmel gesteuert. Eine Miniatur in der um 1450 entstandenen Handschrift „L'epître d'Othéa" von Christine de Pisan zeigt eine Temperantia, die als Gottesmutter vom Himmel aus ein gewaltiges Uhrwerk justiert. Eifrig diskutieren die Beobachter der göttlichen Erscheinung den Vorgang.

„Was, frage ich, verdient noch Bewunderung, wenn nicht dieses, daß ein an sich lebloses

Ding wie das Metall so lebendige, beständige und regelmäßige Bewegungen vollzieht? Wäre dies nicht, bevor es noch erfunden war, für eben so unmöglich gehalten worden, wie wenn einer behauptet hätte, die Bäume würden gehen und die Steine sprechen können?" (Comenius, zit. nach Sutter, 1988: 19) Der Theologe und Pädagoge Johann Comenius spricht aus, was wohl viele in den Jahrhunderten nach der Erfindung der Räderuhr gedacht und gefühlt haben, fasziniert von beweglichen Metallen, so als ob Steine sprechen könnten. Totes scheint beseelt, die Seele Bewegung zu sein: „Nun aber sind unsere Augen Zeugen dieses Geschehens. Welche verborgene Kraft aber bewirkt solches? Keine andere als die offenkundige, hier alles beherrschende Ordnung. [...] So wickelt sich alles mit größter Genauigkeit ab als in einem lebendigen, von eigenem Geist gestifteten Körper." Als erklärbares Wunder wird die Uhr Vorbild für das geordnete Leben und bei Comenius sogar für das Schöne, das Gute und die richtige Erziehung des Menschen: „Alles wird ebenso leicht und bequem gehen wie in einer Uhr, wenn sie von ihrem Gewicht richtig reguliert wird; ebenso angenehm und erfreulich, wie der Anblick einer solchen Maschine angenehm und erfreulich ist. [...] Laßt uns im Namen des Höchsten versuchen, einen Typus von Schulen zu begründen, der einer kunstreich angefertigten, mit vielfacher Pracht gezierten Uhr genau entspricht." (zit. nach Sutter, 1988: 19) In der zunehmend säkularen Kultur verselbständigt sich das Uhrwerk langsam von seinem Schöpfer. Die Welt als Uhrwerk beginnt sich selbst aufzuziehen. 1605 schreibt Johannes Kepler in einem Brief: „Ich möchte zeigen, daß die Maschine des Universums nicht mit einem beseelten göttlichen Wesen, sondern mit einem Uhrwerk zu vergleichen ist [...], und daß all die verschiedenen Bewegungen darin von einer materiellen Triebkraft abhängen, ganz wie die Bewegungen im Uhrwerk allein auf das Pendel zurückgehen." (Kepler, zit. nach Sutter, 1988: 242)

Bei René Descartes ist schon alles, was zu den res extensae gehört, dem Funktionieren der Mechanik unterworfen. Die Arbeit der Nerven und Muskeln des Menschen ist profan wie die Arbeit der wassergespeisten Fontänen: „Und tatsächlich kann man die Nerven der Maschine, die ich beschreibe, sehr gut mit den Röhren bei diesen Fontänen vergleichen, ihre Muskeln und Sehnen mit den verschiedenen Vorrichtungen und Triebwerken, die dazu dienen, sie in Bewegung zu setzen, ihre spiritus animales mit dem Wasser, das sie bewegt, wobei das Herz ihre Quelle ist und die Kammern des Gehirns ihre Verteilung bewirken." (Descartes, 1969: 56f)

Die einzelnen physiologischen Funktionszusammenhänge, die Descartes in „Droit de l'homme" beschreibt, sind beinahe immer irgendwelchen Mechanismen real existierender

Anonym, *Temperantia beim Justieren einer mechanischen Uhr*, Miniatur in: Christine de Pisan, L'epître d'Othéa, Handschrift, um 1450

Automaten nachgebildet, seien dies Fontänen, Orgeln, Uhren, Mühlen etc. Der von Descartes tatsächlich beschriebene Körper-Automat präsentiert sich somit als ein Mischbild zeitgenössischer Anatomie und Technologie.

Die vielleicht folgenreichste Forderung von Descartes war, Tiere als Automaten anzusehen, doch deutet der Tierautomat Descartes noch nicht auf Turings Imitationsspiel, denn es geht ihm nicht darum, einer Maschine Intelligenz zuzusprechen, sondern einer bête-machine die Intelligenz und die Empfindungen abzusprechen. Nach Descartes wäre bei einer Verwechselbarkeit von Uhrwerk und Mensch der Unterschied immer noch in der res cogitans. Dies würde der Maschine ewig ermangeln.

Gottfried Wilhelm Leibniz scheint eine Kindmaschine hingegen schon für möglich zu halten: „Es leidet keinen Zweifel, daß ein Mensch eine Maschine herstellen könnte, die imstande wäre, sich eine Zeitlang durch eine Stadt umherzubewegen und genau um bestimmte Straßenecken zu biegen. Ein unvergleichlich vollkommener, wenn auch immer noch beschränkter Geist würde in gleicher Weise eine unvergleichlich größere Anzahl von Hindernissen vorhersehen und vermeiden können. Das ist so wahr, daß sicher, wenn diese Welt der Hypothese einiger Philosophen gemäß nur ein Gebilde aus einer endlichen Anzahl von Atomen wäre, die sich nach den Gesetzen der Mechanik bewegen, auch ein endlicher Geist erhaben genug sein könnte, um in überzeugender Weise alles zu begreifen und vorauszusehen, was in einem bestimmten Zeitraume darin vorgehen muß, sodaß dieser Geist nicht bloß ein Schiff herstellen könnte, das dadurch, daß er ihm von vornherein den Gang, die Richtung und die Triebkräfte gibt, deren es dazu bedarf, imstande wäre, ganz allein einem bestimmten Hafen zuzusteuern, sondern daß er auch einen Körper bilden könnte, der fähig wäre einen Menschen nachzuahmen." (Leibniz, 1906, Bd. 2: 384; Sutter, 1988: 87)

Einen vollkommenen Androiden zu bauen wäre allerdings nur möglich, wenn die Zahl der Atome endlich wäre. Und das kann nach Leibniz nicht sein. Die Monaden und die dazugehörigen Körper sollen als zwei Uhren gedacht werden, die, einmal von Gott aufgezogen, ewig harmonisch nebeneinander herlaufen. „Allerdings stört nach meiner Ansicht weder die Seele die Gesetze des Körpers noch der Körper die der Seele. [...] dies widerstreitet nicht [...] der Freiheit der Seele. Denn jedes tätige Wesen, das gemäß Zweckursachen mit Wahl handelt, ist frei, wenngleich seine Handlungen mit Ereignissen, die nur durch mechanische Ursachen und ohne Bewußtsein gewirkt sind, übereinkommen. Gott, der voraussah, was die freie Ursache tun würde, hat am Anfang seine Maschine so geregelt, daß sie damit unfehlbar übereinstimmen muß." (Leibniz, 1906, Bd. 2: 201; Sutter, 1988: 97)

Leibniz bestimmt daher den Seelenautomaten als das selbsttätige Vermögen, eine Vorschrift zu realisieren. „Ich betrachte die Seele als ein immaterielles Automa; dessen innerliche Einrichtung und Verfassung eine Konzentration oder Abbildung eines materiellen Automats ist." (zit. nach Sutter, 1988: 95) A. Sutter sieht in dieser Bestimmung des Seelenautomaten eine Übereinstimmung mit der Bestimmung eines Programms im Sinne Turings: nämlich ein „Regelsystem", das heißt, eine Anzahl von Regeln, die dem Spieler exakt vorschreiben, wie er sich von einem Augenblick zum anderen verhalten muß. Ein solches Programm wird als „Algorithmus" bezeichnet, der als „immaterieller Automat" vorzustellen ist. (Sutter, 1988: 96; vgl. auch Weizenbaum, 1978: 74)

Leibniz hat es also nicht nur ein Modell für die Computerprogramm-Maschinen erdacht, sondern in der Monadologie auch einen inzwischen fast klassisch gewordenen Einwand gegen die Möglichkeit von denkenden Maschinen formuliert: „Denkt man sich etwa eine Maschine, deren Einrichtung so beschaffen wäre, daß sie zu denken, zu empfinden und zu perzipieren vermöchte, so kann man sie sich unter Beibehaltung derselben Verhältnisse vergrößert denken, sodaß man in sie wie in eine Mühle hineintreten könnte. Untersucht man alsdann ihr Inneres, so wird man in ihr nichts als Stücke finden, die einander stoßen, niemals aber Etwas, woraus man eine Perzeption erklären könnte. Den Grund hiefür muß man also in der einfachen Substanz, nicht im Zusammengesetzten oder in der Maschine suchen" (Leibniz, 1906, Bd. 2: 439).

Und in § 64 heißt es: „Daher ist jeder organische Körper (Leib) eines Lebendigen eine Art von göttlicher Maschine oder natürlichem Automaten, der alle künstlichen Automaten unendlich übertrifft. Eine durch menschliche Kunst verfertigte Maschine ist nämlich nicht in jedem ihrer Teile Maschine. So hat z.B. der Zahn eines Messingrades Teile oder Bruchteile, die für uns nichts Künstliches mehr sind und die nichts mehr an sich haben, was im Bezug auf den Gebrauch, zu dem das Rad bestimmt war, etwas Maschinenartiges verrät. Aber die Maschinen der Natur, das heißt die lebendigen Körper, sind noch Maschinen in ihren kleinsten Teilen, bis ins Unendliche. Das ist der Unterschied zwischen der Natur und der Technik, das heißt zwischen der göttlichen Kunstfertigkeit und der unsrigen." (Leibniz, 1906, Bd. 2: § 64)

3.

Was das Uhrwerk mimetisch leistet, leistet das Schachspiel zerebral. Wie viele Gelehrte und Fürsten des Barock liebte Herzog August von Braunschweig-Lüneburg (1579-1666) das Schachspiel und sammelte ebenso leidenschaftlich Uhren. Mehrfach ließ sich Herzog August am Schachbrett porträtieren, 1616 veröffentlichte er unter dem Pseudonym Gustavus Selenus das „Schach=oder König=Spiel", das erste gedruckte Schachbuch in deutscher Sprache. Das königliche Spiel war ihm Metapher der rationalen Macht und Symbol der politischen Klugheit, an den Uhren faszinierte ihn die Präzision ihrer Mechanik. In der Erziehung der Fürstensöhne sind die Automaten wertvoll, da sie helfen, das Kriegsspiel zu erlernen. (vgl. Faber, 1988: 74) Im 17. Jahrhundert häufen sich daher die Ankäufe von teuren Schachfiguren ebenso wie von automatischen Soldatenfiguren. So bestellte Ludwig XIV. 1664 bei Nürnberger Handwerksmeistern für seinen Sohn zwei mechanische Armeen, die nach den erhaltenen Beschreibungen mechanische Wunderwerke gewesen sein mußten. Durch Uhrwerke in ihren Körpern konnten die Soldaten ihre Gewehre heben und senken, Feuer geben und sogar aus dem Sattel geworfen werden. Gleichzeitig standen auf dem Stundenplan des Dauphins auch Schachstunden. (Aries, 1992: 130; Faber, 1988: 106)

Beides – Uhr wie Schachspiel – sind Modelle des Gehorsams und der Herrschaft über die Welt und über das eigene Ich: Die Schachfiguren gehorchen dem, der die Macht hat, sie zu ziehen; die Uhr dem, der die Macht hat sie aufzuziehen. Im Blick des Fürsten sind Uhrwerke und Schachfiguren kleine Automaten, die „wie aufgezogen" funktionieren und über die eine vollständige Kontrolle möglich ist.

Michel Foucault beschreibt in „Überwachen und Strafen" die zunehmenden Reglementierungen des Körpers und der Seele. Nach Abschaffung der Folter, so eine These

Foucaults, wird jetzt die Seele malträtiert und neu geformt: durch neue Techniken der Macht, der Zeitreglementierung, der vollkommenen Kontrolle. „Die Aufmerksamkeit galt dem Körper, den man manipuliert, formiert und dressiert, der gehorcht, antwortet, gewandt wird und dessen Kräfte sich mehren." (Foucault, 1977: 174)

Für Foucault ist die These von Julien Offray de La Mettrie über die Mensch-Maschine nicht nur eine mechanische Reduktion des Seeleautomaten, sondern auch eine Theorie der Dressur des Körpers: „Das große Buch vom Menschen als Maschine wurde gleichzeitig auf zwei Registern geschrieben: auf dem anatomisch-metaphysischen Register, dessen erste Seiten von Descartes stammen und das von den Medizinern und Philosophen fortgeschrieben wurde; und auf dem technisch-politischen Register, das sich aus einer Masse von Militär-, Schul- und Spitalreglements sowie aus empirischen und rationalen Prozeduren zur Kontrolle oder Korrektur von Körpertätigkeiten angehäuft hat. Die beiden Register sind wohl unterschieden, da es hier um Unterwerfung und Nutzbarmachung, dort um Funktionen und Erklärung ging: ausnutzbarer und durchschaubarer Körper. Gleichwohl gibt es Überschneidungen. Der „Homme-Machine" von La Mettrie ist sowohl eine materialistische Reduktion der Seele wie eine allgemeine Theorie der Dressur, zwischen denen der Begriff der Gelehrigkeit herrscht, der den analysierbaren mit dem manipulierbaren Körper verknüpft. Gelehrig ist ein Körper, der unterworfen, der ausgenutzt, der umgeformt und vervollkommnet werden kann. Die berühmten Automaten waren nicht bloß Illustrationen des Organismus; sie waren auch politische Puppen, verkleinerte Modelle von Macht: sie waren die Obsession Friedrichs II., des pedantischen Königs der kleinen Maschinen, der gut gedrillten Regimenter und der langen Übungen." (Foucault, 1977: 174f)

Jacques Callot, *Guerre de Beauté (Der Schönheitskrieg)*, 1616, Radierung, 29,9 × 29,5 cm, Hamburger Kunsthalle

La Mettrie schreibt in „L'Homme-Machine": „Denn sie – diese auffallende Analogie – zwingt alle gelehrten und urteilsfähigen Köpfe zu gestehen, daß jene stolzen und eitlen Wesen, die mehr durch ihren Hochmut als durch den Namen Mensch ausgezeichnet erscheinen, im Grunde, so gerne sie sich auch erheben möchten, nur Tiere und in aufrechter Haltung dahinkriechende Maschinen sind." (La Mettrie 1984: 125)

Der Mensch ist „nur ein Tier oder eine Gesamtheit von Triebfedern [...], die sich alle gegenseitig aufziehen, ohne daß man sagen könnte, an welchem Punkt des menschlichen Bereiches die Natur damit angefangen hat".

Die Triebfedern unterscheiden sich voneinander nur durch den Grad der Kraft, die stärkste Kraft nannte man Seele, sie ist ein empfindlicher materieller Teil des Gehirns. „Der Körper ist nur eine Uhr und der neue Speisesaft der Uhrmacher dazu." (La Mettrie 1984: 113)

Bewegt wird die Maschine von der Nahrung, vom Klima, von der Gegend, von den

Nachbarn und wird wesentlich bestimmt durch die „Mechanik (der) Erziehung". „Man hat einen Menschen ebenso abgerichtet wie ein Tier." Durch Zeichen erwerben sich die Menschen symbolische Erkenntnis. „Alles reduziert sich auf Laute oder Wörter, die aus dem Mund des einen in das Ohr des anderen und sein Gehirn gelangen, das gleichzeitig durch die Augen die Gestalt des Körpers aufnimmt, wofür diese Wörter die willkürlichen Zeichen sind." (La Mettrie 1984: 56f)

Die ethischen Konsequenzen seiner Menschenmaschine: Sie ist nur ein Tier. „So behandelt er seinesgleichen niemals schlecht. Kurz, er will nach dem Naturgesetz, das allen Lebewesen gegeben ist, einem anderen nicht das antun, was ihm nicht angetan werden soll." (La Mettrie 1984: 137) Wahrheit ist ein Zusammenhängen bestimmter Ideen, Tugenden heißen Handlungen, die im gesellschaftlichen und politischen Leben von Vorteil sind. Glück ist eine angenehme Modifikation des Nervensystems, Laster und Verbrechen schließlich untergraben beides und schädigen Glück und Tugend. Zur Freiheit bemerkt La Mettrie im Anti-Seneca: „Jeder Mensch spielt im Leben die Rolle, die ihm von Triebfedern einer von ihm nicht konstruierten Maschine (mit Denkvermögen) vorgeschrieben wird." Fazit: „Der Unterschied zum Tier ist der höhere Grad von Intelligenz." (Mecke, 1988: 129)

4.

Die Idee der Maschine Mensch mündet bei La Mettrie logisch in der Haltung des Fatalismus. Es überrascht deshalb nicht, daß sich die Züge von La Mettries Mensch-Maschine und der „Triebfedern" im Bild Arthur Schopenhauers einer Puppe mit Uhrwerk wiederfinden: „Die Menschen sind Puppen, die nicht von äußeren Fäden gezogen, sondern von einem inneren Uhrwerk getrieben werden: daher dem Zuschauer von außen ihre Bewegungen unerklärlich sind. [...] Von außen werden diese Puppen nicht gezogen und bewegt, sondern jeder trägt ein Uhrwerk in sich, wodurch die Bewegungen, ganz unabhängig von den äußeren Gegenständen, auf die sie gerichtet sind, erfolgen. Dies Uhrwerk ist der Wille zum Leben: ein unermüdlicher und unvernünftiger Trieb." (Schopenhauer, 1985, Bd. 3: 532)

An anderer Stelle notiert Schopenhauer über das Schachspiel: „Das Schicksal mischt die Karten und wir spielen. Meine gegenwärtige Betrachtung auszudrücken, wäre aber das folgende Gleichniß am geeignetsten. Es ist im Leben wie im Schachspiel: wir entwerfen einen Plan: dieser bleibt jedoch bedingt durch das, was im Schachspiel dem Gegner, im Leben dem Schicksal zu thun belieben wird. Die Modifikationen, welche hierdurch unser Plan erleidet, sind meistens so groß, daß er in der Ausführung kaum noch an einigen Grundzügen zu erkennen ist." Und weiter: „Uebrigens giebt es in unserem Lebenslaufe noch etwas, welches über das Alles hinausliegt. Es ist nämlich eine triviale und nur zu häufig bestätigte Wahrheit, daß wir oft törichter sind, als wir glauben [...]." (Schopenhauer, 1991, Bd. 4: 459)

Schopenhauer diente der Vergleich des Lebens mit dem Schachspiel zur Akzeptanz eines unberechenbaren und unabänderlichen Schicksals. Das Leben ist eine „mißliche Sache"[7]), man spielt im Angesicht des je individuellen Todes ein aussichtsloses Spiel und versucht, es sich in der schlechtesten aller Welten so halbwegs einzurichten. Das Leben ist „nicht eigentlich da, um genossen, sondern um überstanden, abgetan zu werden", denn „Leben ist Leiden", wie der Leitsatz von Schopenhauers pessimistischer Anthropologie lautet.(Schopenhauer 1991, Bd. 4: 425f) Wie das Schachspiel ist das Leben im Grunde profan, der Plan geht nicht auf, die Partie, die mit dem Tod endet und in der Gewißheit des Endes gespielt wird, ist Zug um Zug eine Abfolge von Enttäuschungen, Niederlagen und Schmerzen. Daß der Mensch überhaupt das Spiel dem Nichtspiel, das Sein dem Nichtsein vorzieht und glaubt, Glück darin finden zu können, beruht auf einem „angeborenen Irrtum des Menschen." (Schopenhauer 1991: 331) Der Irrtum, der ihn trotz allem am Leben und am Spielen hält, ist jedoch das eigentlich Erstaunliche und macht seine Betrachtung für Schopenhauer interessant: Ein universaler und ursprünglicher Wille wirkt offenbar in der Welt und hält ihre Spielmechanik in Gang.

Wie die Uhr fungiert das Schachspiel seit dem Mittelalter als Modell der rationalen Beherrschung der Welt und nimmt aufgrund seiner hohen Komplexität und Rationalität eine besondere Stellung unter den Spielen ein. Das Schachspiel ist das Modell einer spinozistischen Welt: Die Zahl der möglichen Züge ist zwar enorm groß, aber das Spiel bleibt endlich, deterministisch und durch Vernunft beherrschbar. Die Ordnung und Verknüpfung dieser Welt ist ident mit der Ordnung und Verknüpfung der Ideen seiner Spieler. Sie ist – potentiell – rechenbar, ein panlogisches, geschlossenes System, in dem Gesetzmäßigkeit, Regelhaftigkeit und Berechenbarkeit statt Willkür, Chaos oder Zufall herrschen. In ihr existiert kein freier Wille, sondern die reine Kausalität; eine kalte, klare, geometrisch strenge Welt, in welcher zwischen sinnlicher Erfahrung und Vernunfterkenntnis kein Unterschied besteht. Die richtige Anwendung der Spielregeln ergibt für den, der unter der Leitung der Vernunft handelt, immer die gute, das heißt die richtige Lösung. Das Böse ist im Schachspiel einfach eine falsche Entscheidung des einzelnen. Insofern ist das Schachspiel ein rationales Spiel und zugleich ein demokratisches: Alle Tradition kann mit den Mitteln der Vernunft vom einzelnen überdacht werden.

Schon im 11. Jahrhundert gehörten die Übungen im Schachspiel zum Kanon der ritterlichen Erziehung. Petrus Alfonsi zählt es in seiner Disciplina Clericalis – in der deutschen Übersetzung mit dem schönen Titel „Die Kunst vernünftig zu leben" versehen – schon zu den „Dingen die man können muß", (Alfonsi 1970: 152f) denn es hemmt die Affekte und trägt bei zur Tugend der circumstatio.

Die Welt als Schachspiel gedacht ist ein Mechanismus, er läuft ab wie ein Uhrwerk und kennt keinen Zufall. Alles kann durch seine Mechanik erklärt werden: die neue Ordnung der Städte, die neue Ordnung der Liebe und die Ordnung des Sterbens, da es einen gibt, der Regeln geschaffen hat, an denen keiner zweifeln darf und nach denen das Spielwerk abläuft.

„Die Welt", kann deshalb Johannes Gallensis um 1260 in seiner „Summa collationum" schreiben, ohne in den Verdacht der Ketzerei zu geraten, „die Welt gleicht einem Brett mit weißen und schwarzen Feldern, auf denen die Menschen wie Schachfiguren verschiedene Plätze einnehmen. Früh werden die Figuren aus dem Sack geholt und auf das Brett gestellt; nach dem Spiel wartet auf sie alle ungeachtet ihrer Stellung im Leben wie im Spiel derselbe Ort. Und wie der König dabei wohl zuunterst im Beutel liegen könnte, so könnten auch die Großen der Erde zur Hölle, die Armen aber in den Himmel gelangen." (zit. Linde, 1874, Bd. 1: 150)

Fast wortgleich findet sich die Metapher vom Gleichmacher Tod und dem Leben als

Schachspiel in den Gesprächen des Don Quijote mit seinem Knecht Sancho Pansa bei Cervantes und mehr als hundert Jahre vor Johannes Gallensis in der Predigtsammlung des Herrmann von Fritzlar um 1140. Die Partie mit dem Tod verliert man zwar immer, aber kennt man die richtigen Regeln des Sterbens, gewinnt man danach das Spiel mit dem Teufel und landet im Himmel.

Wie der Tod ist auch die Liebe ein mechanisches Spiel, in dem sich die Partner wie Spielfiguren begegnen und in dem die Vernunft über die Leidenschaft siegen soll. Unzählig sind die Darstellungen der Liebenden beim Schachspiel in der ritterlichen und höfischen Welt. Der Meister E. S. zeigt um 1450 die „Liebenden im Garten" am Schachbrett, und noch im Schlußakt in Shakespeares „Sturm" (1611) klingt das Motiv an: Während Prospero die Welt entzaubert, spielen Miranda und Ferdinand miteinander Schach.

Ihren Ausgang nimmt die Liebesallegorie vom „Livre des Échecs amoureux", das zwischen 1370 und 1380 nach dem Vorbild des Roman de la Rose in Frankreich entstanden ist [8]). Populär wurde das Liebesschach in John Lydgates Übersetzung um 1430 unter dem bezeichnenden Titel „Reason and Sensuality". In der Exposition des altfranzösischen Fragments erscheint dem Dichter die Königin der Natur im Traum und mahnt ihn, stets den Weg der Vernunft und nicht den der Sinnlichkeit zu beschreiten. Bald erscheinen ihm Venus, Juno und Pallas Athene und bitten um sein Urteil. Der Dichter entscheidet sich wie Paris für die Venus, betritt trotz vieler Warnungen ihren Liebesgarten und wird zum Schachspiel mit einer Jungfrau geführt, in die er sich unsterblich verliebt. Ihre Gunst kann er wie Huon von Bordeaux nur erlangen, wenn er die Partie mit ihr gewinnt. Er verliert jedoch das Spiel, verwirrt durch ihre Schönheit, und erst Pallas Athene rettet ihn aus seiner Trauer. Nicht ein Leben nach den Geboten der Venus führe zum Glück, sondern nur ein tätiges, auf Vernunft gründendes Spiel in ihrem oder Junos Sinn.

In den Échecs amoureux, in denen Pallas Athene und nicht Venus den Weg zum guten Leben weist, ist die Liebe zwischen Mann und Frau ein Turingspiel mit Regeln. Nicht Amor oder Eros führen zum Erfolg, sondern die triebhemmende Vernunft allein. Das Schachspiel ist die Generalmetapher für die Forderung nach Mäßigung der Affekte und nach Ritualisierung des Begehrens im Zusammenleben der Geschlechter, wie sie das späte zwölfte Jahrhundert in der höfischen Gesellschaft aufstellt. Die Schachmetapher dient so zur Entwicklung eines einheitlichen, verständlichen Codes, um, wie Georges Duby vermutet, „auf dem Weg zu einer gesitteten Welt die Brutalität und Gewalttätigkeit in Schranken zu halten." (Duby, 1993: 86)

Daß das verzweifelte Ringen des Menschen mit dem Tod und der unbarmherzige Kampf der Geschlechter nur ein symbolisches, regelgeleitetes Spiel sei, war fern aller Realität, aber die allegorische Kunst des Mittelalters ist bekanntlich nicht Echo der Wirklichkeit, sondern ein Zauberspiegel – reflektiert wird ein Ideal, dessen Realität durch das Schachspiel oder das Uhrwerk nicht dargestellt, sondern beschworen wird.

Neben dem idealen Umgang mit dem Tod und der Liebe formulierte die moralisierende Literatur des ausgehenden Mittelalters durch diese Metapher auch das Ideal einer neuen Gesellschaft und ihrer Hierarchien, also eines Ordnungssystems, das in Bewegung geraten war und das neu codiert und durch die Codierung als gottgewollt legitimiert werden mußte. Die neuen Regeln der Städte und Stände wurden in vielen Traktaten deutlich gemacht. Zu einem der populärsten Texte des Mittelalters entwickelte sich die Schachpredigt des Dominikaners Jacobus von Cessolis aus der Lombardei. Wie Schachfiguren auf dem Brett haben die Bürger im Staate Aufgaben. Jeder einzelne dient auf unterschiedliche Art und Weise dem König, doch zugleich muß sich selbst der König seiner Pflichten bewußt sein, denn die Regeln des Spiels, an denen keiner zweifeln darf, hat Gott festgesetzt.

Im Theatrum mundi des Mittelalters herrschte aber noch die Rationalität der göttlichen Ordnung. Die Menschen waren nicht mehr als Figuren in einem göttlichen Spiel. Im Zuge der Entchristianisierung des europäischen Denkens in der Renaissance übertrugen sich die freieren Wertvorstellungen einer zunehmend säkularen Kultur auch auf die Schachallegorie. Dabei reißt der frühe Humanismus den Menschen aus seiner Verankerung, er wird frei in dem Sinn, daß er als Spielfigur die Position auf dem Schachbrett und den eigenen Wert im Spiel langsam selbst bestimmen muß.

In „Gargantua und Pantagruel" von François Rabelais ist die Devise der freien Mönche in der Abtei Thélème: „Tu, was du willst". Den Rabelaisschen Mönchen fehlt jeder Glaube, außer an sich selbst und an die eigene Freiheit. Unter dieser Devise steht auch ein lebendes, von Musik begleitetes Schach am Hof von Madame Quintessenz (!), an dem die nach der Wahrheit suchenden Panurge und Pantagruel aus Touraine teilnehmen.

Rabelais greift mit seiner Schilderung des lebenden Schachs auf den Wiegendruck des Dominikaners Francesco Colonna, den Traumliebeskampf des Poliphilus (Hypnerotomachia Poliphili) aus dem Jahr 1499 zurück. Bei Colonna kommt der Held Poliphilus in den prächtigen Palast der Königin Willensfreiheit, wo Symmetrie und Ordnung herrschen: „Da zeigten sich meinen Augen eher göttliche als menschliche Dinge. Eine prächtige Inszenierung in einer überwältigenden, weiträumigen Halle [...] von vollendet quadratischer Form." (zit. nach Holländer, 1994: 128) Begleitet wird die Schachpartie bei Colonna von einer „Melodie von süßem Einklang und großer Harmonie", nach der die Planeten als Schachfiguren tanzen und sich, ohne zu kämpfen, ganz dem Sphärenklang hingeben. Die Königin Willensfreiheit gibt die Melodie vor, aber alle Entscheidungen am Schachbrett fügen sich der kosmischen Harmonie. [9])

Bei Rabelais ist Mitte des 16. Jahrhunderts von kosmischer Ordnung und Sphärenharmonie keine Rede mehr. Zwar tanzen seine Figuren wie bei Colonna, aber der Tanz ist ein grotesker, sinnverwirrender Kampf, ein „Gemetzel" zwischen einem silbernen und goldenen König, bei dem die Musik immer schneller wird, bis die Figuren zu „schwirrenden Drehkreiseln" werden. (Rabelais, 1979, Bd. 2: 1242) Die Figuren dienen zwar noch dem jeweiligen König, aber sie scheinen bereits Entscheidungsgewalt über sich selbst zu haben: Sie lauern in Hinterhalten, trauern um die geschlagenen Figuren und opfern sich tapfer – aber nur, wenn es sein muß. Die Musik, die noch bei Francesco Colonna die Regel der Bewegung vollständig enthielt, gibt in der Schachchoreographie von Rabelais nur noch den Rhythmus vor, die Bewegung der Figuren wird frei, die einstmals harmonische Partie gerät aus den Fugen. Obwohl die Partien der Renaissance wie bei Rabelais chaotisch, die Verbindungen der Menschmarionetten zu den göttlichen Spielregeln unsicher werden, bleibt das Spiel die Metapher der Ordnung. Der Spieler ist nun aber ganz auf sich allein gestellt.

Nicht zufällig läßt Denis Diderot seinen Dialogroman „Rameaus Neffe", die schönste

Satire der Aufklärung auf sich selbst, im prominentesten Schachcafé des 18. Jahrhunderts, dem Café de la Régence in Paris, spielen: „Ist es zu kalt oder der Tag verregnet, flüchte ich mich ins Café de la Régence; da sehe ich zu meiner Unterhaltung den Schachmeistern zu. Paris ist der Ort in der Welt und das Café de la Régence der Ort in Paris, wo man dieses Spiel am besten spielt. Dort, bei Rey, belagern sich der kluge Légal, der scharfsinnige Philidor und der gründliche Mayot; dort sieht man die staunenswertesten Züge und hört die minderwertigsten Reden; denn kann man ein gescheiter Kopf und großer Schachspieler sein wie Légal, so kann man auch ein großer Schachspieler und Dummkopf sein wie Foubert und Mayot." (Diderot, 1979, Bd. 1: 7)

Was einer ist und woher er kommt, ob er in Wahrheit ein Dummkopf ist oder nicht, spielt am Schachbrett keine Rolle. Es zählt das Spiel, wie der philosophische Dialog, den Diderots „Ich" und „Er" führen, in diesem Sinn ein kunstvolles rhetorisches Spiel ist, in dem der zynische Rameau über das moralisierende, fiktive Ich Diderots den Sieg davonträgt. Das Spiel fragt weder nach absoluter Wahrheit noch bildet es Identität aus – somit die ideale mise en scène für den skeptischen Dialog des Aufklärers, der eben im Begriff war, den Glauben an Wahrheit und Identität zu verlieren: „Er: Wir verschlingen gierig die Lüge, die uns schmeichelt, doch wir kosten Tropfen für Tropfen eine Wahrheit, die uns bitter schmeckt. Und dann setzen wir Mienen auf, so überzeugt, so aufrichtig! Ich: Dennoch müßt ihr einmal gegen diese Kunstprinzipien verstoßen haben, muß Euch aus Versehen eine dieser bitteren Wahrheiten, die verletzen, entschlüpft sein; denn trotz der elenden, niederträchtigen, gemeinen, abscheulichen Rolle, die ihr spielt, glaube ich, daß ihr im Grunde eine zarte Seele habt. Er: Ich? Keineswegs! Der Teufel soll mich holen, wenn ich weiß, was ich im Grunde bin." (Diderot, 1979, Bd. 1: 52)

5.
Das Verwerfen der Frage nach dem Ich, die mechanistischen Bilder vom Körper, dem Tier, der Seele und schließlich vom Menschen führten fast 200 Jahre vor Turing zur Idee einer schachspielenden Maschine. Ihren Ausgangspunkt nimmt sie von der Erfindung des Baron Wolfgang von Kempelen (1734-1804), dem „Türken", den Kempelen Kaiserin Maria Theresia 1769 in Wien präsentierte. Die Herrscherin begeisterte sich für die Magnetismus-Experimente des Franzosen Pelletier. Der Schachautomat des Baron von Kempelen übertraf die Pelletierschen Experimente wie die Androiden von Jaquet-Droz bei weitem: Die Maschine Kempelens hatte spielerisch von der Ratio Besitz ergriffen; eine Puppe hatte das schwerste aller Spiele, das Schach, erlernt.

Das Publikum begegnete dem Automaten mit einer Mischung aus Schock und Lust. Die lebensgroße Puppe in türkischer Tracht saß an der Rückwand eines eleganten Holzkastens. Die Vorderseite, auf dem ein Schachbrett mit Metallfiguren stand, wies drei Türen auf, darunter eine Schublade. Vor der Vorstellung öffnete Kempelen die Abteilungen, um das Innere des Kastens vorzuzeigen. Die Zuseher erblickten ein Gewirr aus Walzen, Hebeln und Zahnrädern verschiedenster Größen. Mit einer Kerze durchleuchtete Kempelen den Automat Abteil für Abteil, danach bat Kempelen einen Freiwilligen aus dem Publikum an das Schachbrett, und endlich begann der Türke, sich selbständig zu bewegen. Bei jedem Zug war ein Rasseln und das Ächzen von Zahnrädern zu hören. [10])

Nach der Vorstellung war die Kritik sich einig: Man hatte eine technische Sensation gesehen, vielleicht die Sensation technischer Erfolge schlechthin. Wohl runzelten Skeptiker von Anbeginn an die Stirne, aber für einen kurzen historischen Augenblick schien vieles, sogar die denkende Maschine möglich zu sein. An dieser Angstlust am schachspielenden Golem hat sich bis Turing wenig geändert. [11])

Nach der erfolgreichen Premiere des Türken hatte Kempelen eine Serie von Vorführungen für die Wiener Gesellschaft gegeben. Die Vorstellungen waren bestbesucht, der Türke wurde Tagesgespräch nicht nur in Wien. In der Folge erschienen Artikel, Briefe, Kundmachungen und Flugschriften über das Geheimnis der schachspielenden Maschine in ganz Europa. War es tatsächlich gelungen, einem Automaten nicht nur das Körnerpicken oder das Addieren, sondern das freie, nicht vorherbestimmte Handeln beizubringen, funktionierte der Türke also autonom, dann wäre er durch die Simulation der Freiheit der menschlichen Entscheidung die „wunderbarste über jedwede Vergleichung turmhoch erhabne Erfindung der Menschheit", wie Edgar Allan Poe noch 1836 – allerdings skeptisch – bemerken wird. (Poe, 1994: 265)

Die Beobachter der Vorführungen um 1770 waren „nach sorgfältiger Untersuchung" zur Überzeugung gelangt, daß das „Automatum sich ganz alleine überlassen" sei: „Die Maschine wirkt gänzlich durch sich selbst, so daß sie nicht den mindesten Einfluß erhält. Niemand steckt darinn verborgen", schreibt ein Korrespondent der Brünner Zeitung noch 1780, „aber eine Menge kleiner Rollen, worüber Saiten gespannt waren, verwirrten meinen Begriff, und es kam mir vor, als wenns eine Reihe von Vernunftschlüssen wären, deren letzteres Resultat darinn besteht, daß die Partie gewonnen ist". [12])

Dem Rätseln und Staunen über die Technik des denkenden Automaten folgte in aller Regel die Huldigungsadresse an seinen Schöpfer. Kempelen galt als „neuer Prometheus", als Genie der Mechanik, ja als fortschrittlicher Aufklärer, zugehörig jenen „Biedermännern, die an Vertilgung der Vorurteile, der Misbräuche und des Aberglaubens Theil genommen, mithin die gute Sache eifrig unterstützt und befördert haben". [13])

Kempelen mag die plötzliche Popularität mit Genuß und mit Schaudern verfolgt haben, denn je bekannter der Türke wurde, desto entschlossener wurden Erklärungen für das Wunder der denkenden Maschine eingefordert. Immer drängender wurden die Fragen nach dem Geheimnis der neuen Technik, und immer schwieriger wurde es, ihnen diskret auszuweichen. Die Gefahr, daß der Trick durch einen falschen Handgriff während der Vorstellung oder durch eine Indiskretion aufflog, war groß, und Kempelen hatte einen Ruf als seriöser Ingenieur und als Beamter zu verlieren. Obwohl Kempelen bei jeder Vorstellung betonte, daß es sich um eine Täuschung handle, war es zu spät, die Täuschung zu erläutern und so alle „sorgfältigsten Beobachter" für Dummköpfe zu erklären. Schließlich erklärte Kempelen, daß die Maschine irreparabel beschädigt sei. Einige Jahre später – die Experimente für eine Sprechmaschine hatten große Lücken in sein Vermögen geschlagen – suchte Kempelen um Urlaub an und präsentierte den Türken in ganz Europa. Die Reise führte über Frankfurt, Dresden, Leipzig, Paris, Amsterdam bis London. Für unbedarfte Besucher der Vorstellungen Kempelens war er nach wie vor ein unerklärliches Wunder, nach wie vor fähig, die stärksten, auch metaphysischen Reaktionen hervorzurufen. Karl Gottlieb von Windisch berichtet: „Eine alte Dame schlug ein Kreuz mit einem andächtigen Seufzer vor sich, und schlich an ein etwas entferntes Fenster, um dem bösen Feind, den sie unfehlbar bey oder in der Maschine vermuthete, nicht so nahe zu seyn." (Windisch, 1783: 12)

Die Furcht vor dem „bösen Feind" war im ausgehenden 18. Jahrhundert schon selten geworden. Die Welt, in der alles möglich war, brauchte Erklärungen. Erschienen in den 70er Jahren noch fast ausschließlich staunende Berichte über den Türken, so waren es nun hauptsächlich um kritische Distanz bemühte Analysen. Das technische Wunder wurde Gegenstand der Wissenschaften und der Politik. Nach der Frankfurter Vorstellung veröffentlichte Johann Philipp Ostertag „philosophische Grillen" über den Kempelenschen Schachspieler (Ostertag, 1783). Er sah übernatürliche Kräfte im Türken wirken, doch schon nach der Leipziger Präsentation 1784 wurde der wissenschaftliche Zugriff um einiges härter. Der Mathematiker Johann Jacob Hindenburg und nach ihm Carl Friedrich Ebert schlossen bereits Metaphysik aus und machten elektrische und magnetische Ströme für eine externe Lenkung des Türken verantwortlich. Beide hielten ihn für einen echten Automaten. (Hindenburg, 1784; Ebert, 1785)

Dem Einwand konnte Kempelen noch leicht begegnen, indem er jedermann einlud, einen starken Magneten zur Vorstellung mitzubringen. Gleichzeitig wurden jedoch sowohl in Paris und London als auch in Deutschland die Stimmen immer lauter, die einen Pseudo-Automaten vermuteten. Kempelen wurde nicht nur Täuschung, sondern Betrug vorgehalten. [14]) Die Schwierigkeit des Nachweises eines verborgenen Spielers in der Maschine schlug bisweilen in Wut um. Prominentestes Beispiel ist wohl das Pamphlet des Revolutionärs und Aufklärers Friedrich Nicolai gegen den Türken. „Ich bin ein Freund der Wahrheit", schreibt Nicolai in seinen Reisebeschreibungen, „und ein Feind der Vorspiegelungen", um den Türken (und den verhaßten Österreicher Kempelen) in Bausch und Bogen zu verdammen. (Nicolai, 1785: 422 und 434)

Zu beweisen war die Täuschung zwar nicht, aber aus dem „promethischen Geschöpf" war nun eines geworden, gegen das Voruntersuchungen im Gange waren. Allen voran hatte Freiherr Joseph Friedrich zu Racknitz mit großem Aufwand den Türken in zwei Modellen nachgebaut, um die Welt von den Mystifikationen über die denkende Maschine zu befreien. Racknitz entdeckte – wie übrigens vier Jahre vor ihm Lorenz Boeckmann aus Karlsruhe (Boeckmann, 1785) –, daß ein im Inneren des Kastens verborgener Spieler das äußere Geschehen am Schachbrett verfolgen könnte, wenn die Schachfiguren mit Magnetkernen versehen wären, wodurch bei Betreten eines bestimmten Feldes unmittelbar darunter angebrachte Metallnadeln angehoben würden. Zugleich beschrieb Racknitz die Lenkung des Türken von innen mit großer Präzision: Mittels einer Storchschnabelmechanik war es dem Spieler möglich, Bewegungen am inneren (verkleinerten) Schachbrett über einen Seilzug durch den linken Arm des Türken auf das große Schachbrett zu übertragen. (Racknitz, 1789: 59-63) Man möchte annehmen, daß diese Enttarnungen zureichten, um aus dem Türken eine Technikreliquie im Status einer museumsreifen Kuriosität zu machen. Doch die Arbeiten von Boeckmann und Racknitz blieben fast resonanzlos. (zur Rezeptionsgeschichte vgl. Faber, 1983: 82) Noch ein halbes Jahrhundert nach seinem ersten Auftreten gab es Berichte, die im Türken einen echten Schachautomaten oder eine geheimnisvolle Lenkung von außen vermuten. Nach dem Tod von Kempelen wurde der Türke an den Mechanikus Maelzel verkauft, womit ein neuer Abschnitt in der Karriere des Automaten begann.

Bei Johann Nepomuk Maelzel befand sich der Türke erstmals in der Gesellschaft anderer Automaten. Maelzel verfügte über einen selbstgebauten Trompeter, eine mechanische Seiltänzerin und über ein mechanisches Orchester, für das immerhin Ludwig von

Der Schachautomat, Erklärungsversuche, Der Automat, wie er dem Publikum vorgeführt wurde, Illustration in: Freiherr Joseph Friedrich zu Racknitz, Über den Schachspieler des Herrn von Kempelen, Leipzig 1789

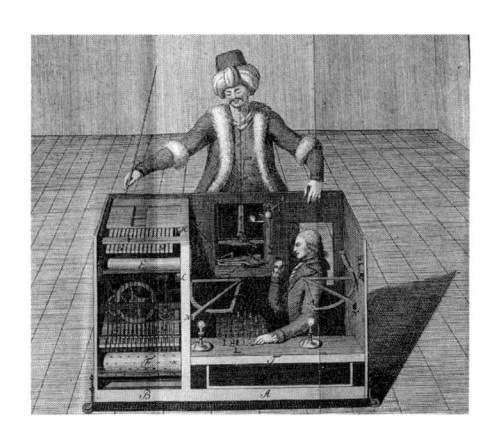

Der Schachautomat, Erklärungsversuche, Der Automat, wie er tatsächlich funktionierte, Illustration in: Freiherr Joseph Friedrich zu Racknitz, Über den Schachspieler des Herrn von Kempelen, Leipzig 1789

Beethoven 1813 die Ouvertüre op. 91 komponierte. Der Türke ergänzte die Sozietät der Automaten ideal, denn sofort nach seinem Erwerb begab sich Maelzel auf Tournee. Inmitten der sinnlichen und artistischen Darbietungen präsentierte der schachspielende Automat die Simulation der intellektuellen Tätigkeiten des Menschen.

Nach seiner Partie gegen Napoleon am 9. Oktober 1809 – der Türke gewann – erreichte der schachspielende Automat einen zweiten Höhepunkt seiner Popularität. Gemeinsam mit der mechanischen Seiltänzerin und einem beweglichen Diorama wurde er in Paris, Amsterdam, London, Liverpool, Manchester und in schottischen Städten gezeigt. Die Siege waren glanzvoll, denn Maelzel konnte für die Lenkung des Türken William Lewis, den stärksten Spieler Englands der 20er Jahre, verpflichten. Wieder rätselte die Welt, erneut war das Medieninteresse kaum zu überbieten, und neue Erklärungsversuche erschienen. Zunächst anonym „by an Oxford graduate", der die Vermutung zu belegen versuchte, daß Maelzel die Arme des Türken mit haarfeinen Drähten lenkt. (Observations, 1819)

Dem Einwand war leicht zu begegnen, 1821 legte jedoch Robert Willis eine Studie vor, die erstmals das System des Verstecks des Spielers im Automaten plausibel zu erklären vermochte. (vgl. Willis, 1821) 1825 verließ der Türke Europa und überquerte auf dem Postboot Howard den Atlantik.

Die Premiere des Schachautomaten am 13. April 1826 in New York war glanzvoll. (vgl. Allen, 1859: 484) Maelzel hatte den Showcharakter der Maschine erhöht: Der Türke konnte jetzt auch Whist spielen und durch eine Sprechvorrichtung „Schach" sagen. Nahezu alle Vorstellungen in New York, Boston, Philadelphia und Baltimore waren ausverkauft; über jeden Abend wurde detailliert berichtet.

Die Rezeption des Türken in der Neuen Welt war anders als noch wenige Jahre davor in Europa. Ob skeptisch oder emphatisch, der Türke wurde in Europa als spätbarocke Materialisation der Utopie einer denkenden Maschine diskutiert. Seine Aura gewann der Türke aus der Kraft dieser Utopie. In Amerika bestand wenig Interesse an derlei Spekulationen. Der Türke bekam bald Konkurrenz: Während Freiherr zu Racknitz noch mühsam Modelle zur Erklärung des Automaten erstellt hatte, so kopierten die Brüder Walker das Original und stiegen mit ihrem „American Automaton Chess Player" selbst ins Automatengeschäft ein.

In Baltimore ereignete sich schließlich die Katastrophe, die schon Kempelen befürchtet hatte: Zwei Jugendliche beobachteten den Spieler Wilhelm Schlumberger, als er nach der Vorstellung aus dem Türken stieg. Die „Baltimore Gazette" berichtete in drei Folgen, sodaß erstmals ein Beweis für die Existenz des Menschen in der Maschine erbracht war. (Faber, 1983: 104) Maelzel dementierte zwar, brach aber den Aufenthalt in Baltimore ab.

Im Spätherbst 1834 wurde in Richmond gespielt, wo ihn Edgar Allan Poe mehrmals beobachtete, durch seine einundeinhalb Jahre später erschienene Schrift „Maelzel's Chess Player" gelangte der Türke endgültig über den Tagesruhm hinaus in die literarische Unsterblichkeit. Kriminalistische Spurensuche, genaue Beobachtung des scheinbar Nebensächlichen verbunden mit mathematisch-präzisen Argumenten sollten das Geheimnis enträtseln, das – hätte man die Pressemeldungen der letzten zehn Jahre zur Verfügung gehabt – keines mehr war: Von Brewsters „Letters on Natural Magic" übernahm Poe die Geschichte von Kempelens Schachspieler inklusive mancher Fehler, wie die Zitierung des Freiherrn von Racknitz als Mr. Freyhere. Recht schief war auch Poes Argument, der Türke könne schon deswegen keine Maschine sein, weil sie manchmal verliert, doch der Essay fand Wirkung und Verbreitung. (Poe, 1994) Der Türke war gezwungen, sich weiter zurückzuziehen. Über den Mississippi gelangt er schließlich Ende 1836 bis nach New Orleans, (Allen, 1859: 484) ein Jahr danach entdeckt man seine Spur in Havanna. Die Vorstellungen waren wieder sehr gut besucht, doch 1838 starb Maelzel auf der Überfahrt nach Philadelphia. Am Ende landete der Türke in Peale's Museum in Philadelphia und wurde während eines Feuers 1854 zerstört.

Die Zeit der romantischen Automaten war Mitte des 19. Jahrhunderts abgelaufen. Im Zeitalter der Automation hatten sie ihre Aura verloren, und die Wissenschaft schickte sich an, echte Automaten zu bauen. Um 1837 entwarf der englische Mathematiker Charles Babbage (1791-1871) eine „Analytische Maschine". Sie sollte einen Speicher haben, eine Bibliothek und mit Lochkarten mit den Menschen kommunizieren können. Mit der Analytischen Maschine sollte man nicht nur rechnen können, sondern sie könnte – läßt man ihr nur genügend Zeit – jede gewünschte Operation ausführen; im Prinzip präludiert die Maschine von Babbage bereits die Architektur der universalen Maschine von Turing. (zu Babbage vgl. Hodges, 1994: 342)

Kaum ein halbes Jahrhundert nach dem Ende des Türken beendete der Ingenieur Leonardo Torres y Quevedo, der Vorsitzende der Akademie der Wissenschaft in Madrid, seine Konstruktion eines elektromechanischen Schachspielers. Der Automat von Torres y Quevedo konnte den schwarzen König mit Turm und König von jeder beliebigen Position aus in spätestens 63 Zügen matt setzen. Diese Leistung war bescheiden, aber der Mensch war nun tatsächlich aus der Maschine verschwunden. Oder in sie hinein.

6.

Die subjektferne Mechanik des Schachspiels regte vor allem im 20. Jahrhundert in der Kunst wie in der Wissenschaft dazu an, das Spiel als autonom zu denken. In einer Skulptur von Max Ernst haben sich die Schachfiguren zu einem eigenen Spiel verselbständigt. Ein überdimensionierter König greift nach einer Königin. Die Intervention des Menschen ist nicht mehr erforderlich, eher wird er zum Zuseher von Bewegungen und Regeln, die ihn, sollte er eingreifen, überwältigen können.

Und je weiter sich das Spiel und das Uhrwerk vom Menschen emanzipieren, desto trister erscheint der Spieler, der die Regeln des Spiels und das Ticken des Uhrwerks noch zu beherrschen versucht. Von der Renaissance bis ins 19. Jahrhundert erschien die Figur des Schachspielers odysseushaft – als moderne Allegorie der Umsicht und der Klugheit. Sein Spielen ist Ausdruck der Macht und der rationalen Freiheit des modernen Menschen. Selbstbewußt beherrscht er die Natur, indem er ihre Regeln kennt, und er gewinnt während des Spiels im Bewußtsein seiner Überlegenheit Identität.

In Turings Jahrhundert hat Odysseus bekanntlich eine schlechte Presse, und was die Frage nach der Existenz des Einen betrifft, der die Regeln zu beherrschen vermag, herrscht Skepsis. Ob bei Stefan Zweig, Vladimir Nabokow, Samuel Beckett, Fernando Arrabal oder Friedrich Dürrenmatt: Im Schachroman der Gegenwart erscheint der Spieler als ein durch seine eigene Rationalität Beschädigter an der Grenze zum Wahnsinn und darüber hinaus. Er strebt im Spiel nach Macht und Selbsterhaltung, wenngleich er kaum mehr über ein Selbst verfügt, das zu erhalten lohnt. Eher wird dem heroischen Subjekt eine Archäologie der Strukturen entgegengehalten, die die Nichtexistenz oder Leere des regelbeherrschten Menschen zu denken versucht. Es bleibt die Betrachtung der Mechanik der Regeln, die dem Spieler vorgeordnet ist. [15])

Es scheint sich somit scheinbar Turings Prognose aus den späten 40er Jahren zu bewahrheiten, „daß es nicht lange dauern wird, bis unsere schwachen Kräfte übertroffen sein werden, wenn die maschinelle Denkmethode einmal eingesetzt hat. [...] Ab einem bestimmten Zeitpunkt müssen wir damit rechnen, daß die Maschinen die Macht übernehmen." (Turing, 1987: 14f)

Am Ende des 20. Jahrhunderts bewähren sich die Schachmaschinen im Imitationsspiel, nur mehr wenigen Experten ist es möglich, eine Differenz zwischen dem Spiel der Maschinen und der Menschen zu erkennen. Der Sieg der schachspielenden Turingmaschine über den Weltmeister kündet von einer weiteren Desillusionierung des Menschen nach Kopernikus, Darwin und Freud: Der Mensch, der sein Ich als Mittelpunkt der Welt wähnte, rückte wieder um ein Stück weiter aus ihrem Zentrum; der stolze Homo ludens wird zur Appendix einer Mechanik, welche das Spiel der Vernunft, dessen Metapher das Schachspiel ist, besser beherrscht als er selbst. Der nächste Weltmeister im Schachspiel könnte eine Maschine sein, der übernächste eine, die von Maschinen programmiert wurde. Das Verschwinden des Menschen aus der Schachmaschine führte zum Gedanken an eine Analytik

Timmins, Titelblatt von: Astounding Science Fiction, Jänner 1947, Sammlung Dr. Rottensteiner, Wien

der anonymen Struktur, wie sie Saussure für die Sprache, Foucault für die Geschichte unternahm und Turing technisch ratifizierte: der Sprachmaschinen, der Geschichtsmaschine und der Spielmaschine.

7.

So sicher sollte man sich aber vielleicht der Ohnmacht des Subjekts nicht sein. Bevor der Jubel des Antihumanismus über das Verschwinden des Menschen aus der Maschine ausbricht, sei bemerkt, daß Turings Vision auf einer unzulässigen Identifizierung von Konvention und Regel beruht. Eine Bemerkung dazu quasi in Parenthese zum Abschluß. Das Paradigma des Schachspiels wählte Turing, da es ihm als ein von der Welt vollständig abgeschlossenes und eindeutig definierbares System erschien. Die Geschlossenheit des abzubildenden Systems ist für die Turingmaschine wie für alle numerischen Modelle essentiell. Indem das Schachspiel ein deterministisches System ist, könnte man versuchen, es erschöpfend in allen Varianten auszurechnen oder den besten Zug durch eine Formel anzugeben. Beide Methoden scheitern an der Komplexität des Schachspiels: Eine vollständige Berechnung aller Varianten mißlingt, da die Maschine vom ersten Zug an unendlich lange auf der Suche nach einem Matt rechnen würde und nie dazu käme, sich in einem Imitationsspiel zu bewähren. Man kann es aber aufgrund der hohen Komplexität auch nicht durch eine Formel, deren Anwendung immer den besten Zug ergibt, bewältigen. Wie schon Poincaré wußte, bleibt das Wissen um den besten Zug probabilistisch.

Um seine Maschine überhaupt zum Spielen zu bringen, war Turing deshalb gezwungen, neben den basalen Spielregeln auch Bewertungskriterien der Abschätzfunktion und der Variantenselektion in das Programm der Maschine aufzunehmen. Die „allgemeinen Bewertungsregeln", die Turing benötigt, ermöglichen der Maschine, ihre Berechnungen an einem bestimmten Punkt abzubrechen, die Stellung abzuschätzen und in annehmbarer Zeit einen „plausiblen Zug" zu machen. Die Bewertungsregeln gelten der Maschine wie die Spielregeln als Gesetz, sie beruhen jedoch auf Konventionen.

Turings Maschinen wären unter Umständen sogar so weit lernfähig, daß sie in der Lage sind, das ihnen programmierte Ensemble der allgemeinen Bewertungsregeln selbständig zu vervollkommnen, indem sie es durch die Analyse der eigenen Partien modulieren und die Faktoren möglichst optimal aufeinander abstimmen. Die schachspielende Turingmaschine ist jedoch nicht in der Lage, neue Bewertungsregeln zu schaffen oder sie bei ihrer Abschätzung auszublenden.

Eben dies ist dem menschlichen Spieler möglich. Er vermag den Unterschied zwischen Spielgesetz und den Parametern der allgemeinen Bewertungsregeln zu erkennten, indem er weiß, daß die Bewertungsregeln nicht auf einem mathematischen Kalkül, sondern eben nur auf allgemeinen Grundsätzen beruhen; die allgemeinen Grundsätze sind Konventionen, die stimmen können oder einmal gestimmt haben, die aber nicht stimmen müssen. Die Konventionen, die zur Abschätzung einer Position notwendig sind, sind zeitgebunden und widerrufbar.

Üblicherweise orientiert sich der Spieler an den „allgemeinen Grundsätzen", welche seine Zeit vorgibt, ohne sie zu überdenken. Die Konvention ermöglicht dem Spieler wie der Maschine, nur wenige Varianten genauer berechnen zu müssen. Solange sich der Spieler in dieser Art diszipliniert an die Vorschriften der Konventionen hält, nur das berechnet, was die Konvention empfiehlt, ist sein Spiel mit dem der Maschine ident. Die Maschine *muß* sich jedoch, einmal programmiert, an sie halten. Die Konvention gilt ihr als unverrückbares Gesetz, ansonsten würde sie ewig rechnen.

Der Schachspieler spielt in aller Regel so gut, wie es seine Zeit erlaubt – aber manchmal ein wenig besser. Im Gegensatz zur Maschine vermag er, sich von den Konventionen und Bewertungsregeln seiner Zeit zu lösen. Von Zeit zu Zeit verändert er die Konventionen des Schachspiels, wie er die Konventionen der Kunst und der Wissenschaft verändert. Ein und dieselbe Stellung wurde im 18. Jahrhundert gänzlich anders bewertet als im 20. und wird im 22. Jahrhundert wieder anders bewertet werden. Die Bewertungen und damit die Abschätzungen sind somit zeitlich veränderbar. In aller Regel sind die Versuche des einzelnen, gegen die allgemeinen Grundsätze der Konvention zu verstoßen, schwere Fehler (und führen zum Verlust der Partie). Doch bisweilen werden die Verstöße des einzelnen gemerkt und als wertvoll aufgenommen: Das Neue entsteht. Für die Turingmaschine, die weder Geschichte noch Widerspruch kennt, ist das Neue dagegen stets nur Defekt oder Zufall.

Die Geschichte des Schachspiels zeigt, daß die Entwicklung der Konventionen in Homologie zur Entwicklung des gesellschaftlichen Ganzen erfolgt, also vielleicht zufällig, aber nicht beliebig ist. Damit erweist sich das Schachspiel nicht als hermetisches, sondern als offenes System, womit eine der Grundvoraussetzungen für eine vollständige Simulation durch eine Turingmaschine, die Abgeschlossenheit, nicht mehr gegeben ist.

Der Widerspruch des einzelnen Spielers gegen die allgemeine Konvention ist dabei nicht eine Sache des Gefühls oder eine irrationale Handlung. Im Gegenteil: Die Freiheit, die er im Verstoß gegen die Konventionen hie und da für sich in Anspruch nimmt, ist kalkuliert. Der Spieler weiß, daß die Geschichte der Konventionen, die sein Denken determiniert, eine Geschichte der Irrtümer darstellt. Sobald er nur so spielt, wie alle anderen es tun, nur jene Varianten berechnet, die alle aufgrund der herrschenden Konvention berechnen, wird er sein Spiel nicht gewinnen können.

Von Zeit zu Zeit muß er, will er gewinnen, die allgemeinen Konventionen vergessen und auf der Suche nach dem Neuen Zugfolgen des Variantenbaumes berechnen, welche die zur Intelligenz verdammte Maschine aufgrund der Identität von Konvention und Spielregel niemals in Betracht ziehen kann. Er vermag somit, aufgrund seiner Freiheit, dümmer zu sein, als es der Schachcomputer jemals sein kann – ein Vorsprung, den auch die intelligenteste Turingmaschine niemals wird aufholen können.

Anmerkungen:

1) Grundlage für den folgenden Text bilden Kapitel aus: Strouhal, 1996, und, für die historische Darstellung im besonderen Krieghofer/Strouhal, 1991. Brigitte Felderer bin ich zu großem Dank verpflichtet.

2) Turing, 1987:160. Der Übersetzungsfehler wurde richtiggestellt.

3) Ich folge der software-orientierten Darstellung in Turing, 1987: 87ff; vgl. ausführlich Weizenbaum, 1978: 68-107 und Heintz, 1993: 63-107.

4) Zur funktionalistischen Perspektive der künstlichen Intelligenz vgl. Heintz, 1993: 105 und 255ff und Putnam, 1990 und 1991.

5) Simulationsmöglichkeiten und Abstraktheit der Turingmaschine haben auch in der Ästhetik der 90er Jahre zu einer neuen Diskussion der Spielkonzepte geführt, vgl. Flusser, 1991; Kamper, 1993 und Rötzer, 1995 mit weiteren Literaturangaben.

6) vgl. Grassmuck, 1988: 183; zur frühen Automatenliteratur besonders Heckmann, 1982.

7) Schopenhauer im Gespräch mit Wieland, zit. nach Fromm, 1991: 28.

8) vgl. Legaré, 1991; zum Motiv des Liebesschach vgl. Strouhal, 1996, Anm. 69.

9) Zum Traumliebeskampf vgl. Murray, 1913: 748 und Holländer, 1994.

10) Den besten Überblick über die Geschichte des „Türken" gibt Faber, 1983, deren Darstellung ich folge. Zur Biographie Kempelens vgl. auch Kadletz, 1984, zur Bibliographie Whyld, 1994.

11) In der Literatur- und Filmgeschichte nimmt das Motiv des schachspielenden Automaten einen besonderen Rang ein. Neben den bekannten Texten von Jean Paul („Wider die Einführung der Kempelinschen Spiel- und Sprachmaschinen", 1789, in der „Auswahl aus des Teufels Papieren"), E. T. A. Hoffmann („Die Automate", erstpubliziert in der „Zeitung für die elegante Welt" im April 1815) und Edgar Alan Poe („Maelzel's Chess Player", erstpubliziert im „Southern Literary Messenger" im April 1836, 1857 auf Französisch in der Übersetzung von Charles Baudelaire), vgl. das Lustspiel in vier Aufzügen: „Die Schachmaschine" von Heinrich Beck, das 1798 in Mannheim zur Uraufführung gelangte, und im 19. Jahrhundert das Vaudeville von Benoit-Joseph Marsollier: „Le Joueur d'Échecs", (Paris, 1801) das Theaterstück von J. Walker in drei Akten: „Modus Operandi or the Automaton Chess Player", (London, 1866) Ludwik Niemojowskis Novelle: „Szach i mat!" (Warschau, 1881, verfilmt 1967) und Sheila Braines Roman: „Turkish Automaton". (London, 1899) Im 20. Jahrhundert erwähnt Walter Benjamin den Kempelenschen Automaten an prominenter Stelle, und zwar in der ersten geschichtsphilosophischen These: „Bekanntlich soll es einen Automaten gegeben haben, der so konstruiert gewesen sei, daß er jeden Zug eines Schachspielers mit einem Gegenzug erwidert habe, der ihm den Gewinn der Partie sicherte. Eine Puppe in türkischer Tracht, eine Wasserpfeife im Munde, saß vor dem Brett, das auf einem geräumigen Tisch aufruhte. Durch ein System von Spiegeln wurde die Illusion erweckt, dieser Tisch sei von allen Seiten durchsichtig. In Wahrheit saß ein buckliger Zwerg darin, der ein Meister im Schachspiel war und die Hand der Puppe an Schnüren lenkte. Zu dieser Apparatur kann man sich ein Gegenstück in der Philosophie vorstellen. Gewinnen soll immer die Puppe, die man 'historischer Materialismus' nennt. Sie kann es ohne weiteres mit jedem aufnehmen, wenn sie die Theologie in ihren Dienst nimmt, die heute bekanntlich klein und häßlich ist und sich ohnehin nicht darf blicken lassen." (Benjamin, 1991: 693) Benjamin diente der Vergleich mit dem Schachautomat des Baron von Kempelen, um auf das versteckt theologische Element in der Theoriemaschine des Materialismus hinzuweisen: Will sie es mit jedem aufnehmen, und das hat sie getan, muß sie den häßlichen menschlichen Zwerg des Glaubens in den Dienst ihrer Spiele nehmen. 1926 erscheint in Paris Henry Dupuy-Mazuels Roman „Le Joueur d'échecs", der wie Sheila Braine die Handlung ins revolutionäre Polen verlegt. Dupuy-Mazuels Roman wird noch 1926 von R. Bernard verfilmt. (Stummfilm, Paris, 1926; Tonfilm von Jean Dréville, 1938, Videoedition 1993) Drei Jahre zuvor war bereits bei Universal Production Tod Brownings Stummfilm „White Tiger" mit Priscilla Dean in der Hauptrolle erschienen. In „White Tiger" verarbeitet Browning das romantische Automatenmotiv im Kriminalfilm. Der Türke dient den Dieben Roy und Silvia als Versteck bei einem

Juwelenraub. Am Ende entdecken die beiden, daß sie eineiige Zwillinge sind, die in ihrer Kindheit getrennt wurden. Siegfried Lenz nimmt 1947 das Kempelen-Motiv im 3. Teil seines Hörspiels „Klingendes Schachspiel" (Hamburg, 1947) auf. Am populärsten wurden nach dem Zweiten Weltkrieg neben der Novelle von R. Rebensburg „Die Majestätsbeleidigung" (1949) und dem ungarischen Kempelenroman von Szalatnei Rezsö „Kempelen, a varázsló" (Budapest, 1957) vor allem der Film von Jean Louis Buñuel „Maelzels Schachspieler" (Paris, 1965) und Thomas Garvins Roman „Kingkill". (New York, 1977) Im Science-fiction-Film der Gegenwart gehören schachspielende Automaten zum fixen Inventar. Das Vanitasmotiv wird mit dem Motiv der Bedrohlichkeit des Nichtfunktionierens des Androiden verbunden. In „2001 – A Space Odyssey" (USA, 1968) von Stanley Kubrick schlägt der Computer Hal, als er noch funktioniert, die Astronauten beim Schach, die er später beseitigen wird. In Ridley Scotts „Blade Runner" (1982) erhält der titanenhafte Androide durch das Lösen eines Schachrätsels Zugang zu seinem Schöpfer, besiegt ihn mit einem Damenopfer und bricht ihm anschließend das Genick.

12) Brünner Zeitung, 3. 9. 1780. Drei Jahre zuvor berichtete die Vossische Zeitung in Berlin (Nr. 117/1777): „In Wien erregt die Maschine oder der Schachspieler des Herrn von Kempele, Königl. Rat bei der Kammer zu Preßburg, jedermanns Bewunderung, sie erreicht alles, wozu der menschliche Geist gelangen konnte. Sein Schachspieler, die größte Erfindung unseres Jahrhunderts in der Meßkunst, ist bekannt. [...] Diese Maschine wirkt gänzlich durch sich selbst. Sie erhält nicht den mindesten Einfluß. Niemand steckt darin verborgen."

13) Vorrede in Rautenstrauch, 1784. Das Prometheusmotiv nahm Jean Paul in seinem Text „Wider die Einführung der Kempelinschen Spiel- und Sprachmaschinen" 1789 auf und wünschte Kempelen, den „neuen Prometheus", wegen seiner Erfindung zum Teufel: „Prometheus, der so gut wie Herr von Kempele Menschen erschuf, wurde dafür abgestraft: aber Herr von Kempele hat auch eine Leber." (Paul, 1927, Bd. 1: 292) Wie nach ihm nur E. T. A. Hoffmann hat Jean Paul die Maschine als evokatorisches Objekt, als Spiegel des entfremdeten Lebens erkannt. Die Unterhaltungsautomaten Kempelens sind ihm Zeichen für die Entfremdung des Lebens durch das Ideal des Mechanischen: „Es ist mehr als zuwohl bekannt, daß vor einiger Zeit zwei sonderbare Maschinen, wovon die eine spielte und die andere sprach, die große Tour durch Europa machten, und in den besten Städten abstiegen. Herr von Kempele leistete beiden Europafahrern als Spiel-, Sprach- und Hofmeister auf ihren Reisen so gute Gesellschaft als er konnte, und machte nicht wie tausend schlechtere Hofmeister ein Geheimnis daraus, daß er seine Eleven selbst gemacht. Indessen konnte doch niemand dazu ein besonders saures Gesicht machen, dazumal diese Maschinen jung und alt durch ihre Uneigennützigkeit völlig hinrissen: denn es ist keine Erdichtung, sondern von hundert Zeugen bestätigt, daß sie von den ansehnlichen Summen, die ihnen für ihre Reden und Spiele einliefen, keinen Pfennig für sich erhielten, sondern alles ihrem armen Vater, dem Herrn von Kempele ohne Überwindung zusteckten. [...] Schon von jeher brachte man Maschinen zum Markt, welche die Menschen außer Nahrung setzten, indem sie die Arbeiten derselben besser und schneller ausführten. Denn zum Unglück machten die Maschinen alle Zeit recht gute Arbeit und laufen den Menschen weit vor. Daher suchen Männer, die in der Verwaltung wichtiger Ämter es zu etwas mehr als träger Mittelmäßigkeit zu treiben wünschen soviel sie können ganz maschinenmäßig zu verfahren; um wenigstens künstliche Maschinen abzugeben, da sie unglücklicherweise keine natürlichen sein können." (Paul, 1927, Bd. 1: 283) Wie unsicher das Verhältnis des Bewohners des frühen 19. Jahrhunderts zu seiner menschlichen Identität im Verhältnis zu seinem künstlichen Simulakrum geworden ist, wie automatenhaft das Lebendige und wie lebendig der Automat erscheint, zeigt sich nicht nur bei E. T. A. Hoffmann und Jean Paul, sondern auch im populären Märchen. In „Der Affe als Mensch" verwendet Wilhelm Hauff 1826 Descartes Motiv der Tiermaschine. Im deutschen Städtchen Grünwiesel etabliert sich ein Affe unerkannt als Mitglied der menschlichen Gemeinschaft. Von seinem Menschsein überzeugt er die Bewohner, indem das kluge Tier den Oberpfarrer beim Schachspiel schlägt. Das Motiv der schachspielenden

Tiermaschine hatte in Europa bereits eine lange Tradition. Einem Affen beim Schachspiel begegnet man in Christian Fürchtegott Gellerts Gedicht „Der Affe", (1746, der Affe, der nichts vom Spiel versteht, belehrt zwei ratsuchende Knaben) in „De Spaansche Robinson" von Don Blas de Soria Origuela, einer freien Bearbeitung von Daniel Defoes Robinson (1758: 40ff, der Affe verblüfft mit seiner Kenntnis des Schachspiel, sodaß er von den Kiebitzen, die ihn für den Teufel halten, ertränkt wird) und im „Exilium melancholiae". (1643: 382; der Affe schlägt seinen Herrn zweimal im Schach und wird verprügelt) Die historische Spur des schachspielenden Affen endet bei Petrarca. In der „Artzney bayder Glück" (1532) heißt es in einer Kritik des Schachspiels: „Plinius sagt/ das ein Aff imm schach gespilt habe/ ein recht affenspil ists/ affenkünden auch die stayn hin unn wider rucken/ inns bretspil werffen/ das klappt." (vgl. zur Motivgeschichte vor allem Faber, 1988: 201)

14) Whyld (1994) zählt in seiner Bibliographie bis 1800 über 100 Texte über Kempelen.

15) Die Verwendung der Schachmetapher in der Kunst und in der Mathematik des 20. Jahrhunderts kann unter dem Gesichtspunkt der Krise der Repräsentation betrachtet werden. Wie ein Schachspieler erprobt und erforscht der Künstler Kombinationen der Sprache in einem Experiment. Das Ingangsetzen des Experiments bedarf nicht mehr des Künstlergenies, dessen Werke die Welt repräsentieren, sondern der Rationalität des Kombinierenden. Im „poetischen Experiment" wird Sprache vom Instrument der Repräsentation zum Material und büßt zugunsten der Objektivität des Experiments ihre Abbildungsfunktion ein. Die ästhetische Utopie liegt dabei in der vollständigen Abschottung der Sprache gegenüber der Welt und ihrer Ideologien, denn „erst die sprache ohne wirklichkeitsbezug ermöglicht objektivität". (Wiener, 1969: 86) Sprache repräsentiert nichts, sie wird zumindest tendenziell zur Wirklichkeit für sich. Zwischen poetischem Zeichen und einem Schachzug besteht daher für Raymond Roussel kein Unterschied. Indem im poetischen Experiment der ästhetische Prozeß semiotisch (also am Signifikant) und nicht semantisch (an der Beziehung zwischen Signifikant und Wirklichkeit) verläuft, ist das Zeichenmaterial beliebig von einem System in das andere transformierbar. Die sterile Mechanik einer Schachpartie bot sich deshalb Avantgardisten – im besonderen bei M. Duchamp, H. Richter, J. Cage – als Algorithmus poetischer Transformationen an, ohne mehr auf Gefühl, Geschmack oder Wahrheit des Künstlersubjekts rekurrieren zu müssen. Die Krise der Repräsentation, wie sie für die Moderne bezeichnend ist, trifft nicht allein für die Avantgarde der Kunst, sondern auch für die Avantgarde der Mathematik des 20. Jahrhunderts zu. In der modernen Mathematik haben die Zeichen ihren Wirklichkeitsbezug, den sie zuvor zumindest in lockerer Weise noch gehabt haben, abgelegt. In der formalistischen Mathematik des Göttinger Logikers David Hilbert oder in der maschinellen Methode Alan Turings hat sich in den 20er und 30er Jahren die Symbolebene von der Wirklichkeit vollständig abgekoppelt und zu einem *axiomatischen Spiel* entleert. Auch hier wurde häufig zum Vergleich mit dem Schachspiel gegriffen, so Hermann Weyl in einer Kritik des Hilbertschen Formalismus 1925: „Die Sätze werden zu bedeutungslosen, aus Zeichen aufgebauten Figuren, die Mathematik ist nicht mehr Erkenntnis, sondern ein durch gewisse Konventionen geregeltes *Formelspiel*, durchaus vergleichbar mit dem Schachspiel. Den Steinen des Schachspiels entspricht ein beschränkter Vorrat an *Zeichen* in der Mathematik, einer beliebigen Aufstellung der Steine auf dem Brett die Zusammenstellung der Zeichen zu einer *Formel*. Eine oder wenige Formeln gelten als *Axiome*; ihr Gegenstück ist die vorgeschriebene Aufstellung der Steine zu Beginn einer Schachpartie. Und wie hier aus einer im Spiel auftretenden Stellung die nächste hervorgeht, indem ein Zug gemacht wird, der bestimmten Zugregeln zu genügen hat, so gelten dort formale *Schlußregeln*, nach denen aus Formeln neue Formeln gewonnen, 'deduziert' werden können. Unter einer spielgerechten Stellung im Schach verstehe ich eine solche, welche aus der Anfangsstellung in einer den Zugregeln gemäß verlaufenden Spielpartie entstanden ist. Das Analoge in der Mathematik ist die beweisbare (oder besser: die bewiesene) Formel, welche auf Grund der Schlußregeln aus den Axiomen hervorgeht. Gewisse Formeln von anschaulich beschriebenem Charakter werden als Widersprüche gebrandmarkt; im Schachspiel verstehen wir als

Widerspruch etwa jede Stellung, in welcher zehn Damen der gleichen Farbe auftreten. Formeln anderer Struktur reizen, wie die Mattstellung den Schachspieler, den Mathematikspielenden dazu, sie durch eine geschickte Aneinanderkettung der Züge als Endformel in einer richtig gespielten Beweispartie zu gewinnen." (Weyl, 1925: 535; zit. auch bei Heintz, 1993: 49)

Verwendete Literatur:

Alfonsi, Petrus (1970): *Die Kunst vernünftig zu leben,* hg. von E. Hermes, Zürich.

Allen, G. (1859): *History of the Automaton Chess Player in America,* London/Philadelphia.

Aries, P. (1992): *Geschichte der Kindheit,* München.

Benjamin, W. (1991): *Über den Begriff der Geschichte,* in: *Abhandlungen* (Ges. Schriften, Bd. 1.2), S. 691-707, Frankfurt a. M.

Boeckmann, J. L. (1785): Versuch einer Erklärung des vom Hr. v. Kempele erfundenen mechanischen Schachspielers, in: *Wissenschaftliches Magazin für Aufklärung,* 1/1785, S. 72-91.

Burger, R. (1989): Die Sprache der Puppen oder die Angst vor dem Widerspruch, in: ders.., *Vermessungen,* S. 132-143, Wien.

Colonna, F. (1964): *Hypnerotomachia Poliphili,* hg. von G. Pozzi, Venedig.

Descartes, R. (1969): *Über den Menschen, sowie Beschreibung des menschlichen Körpers,* Heidelberg.

Diderot, D. (1979): Rameaus Neffe, in: ders., *Sämtliche Romane in zwei Bänden,* Bd. 2, München.

Duby, G. (1993): *Die Frau ohne Stimme. Liebe und Ehe im Mittelalter,* Frankfurt a. M.

Ebert, J. (1785): *Nachricht von dem berühmten Schachspieler und der Sprechmaschine des k. k. Hofkammerraths Herrn von Kempelen,* Leipzig.

Euwe, M. (1970): Schach mit dem Computer, in: ders., *Feldherrnkunst im Schach,* S. 9-108, Berlin.

Faber, M. (1983): *Der Schachautomat des Baron von Kempelen,* S. 67-127, Dortmund.

Faber, M. (1988): *Das Schachspiel in der europäischen Malerei und Graphik (1550-1700),* Wiesbaden.

Flusser, V. (1991): Digitaler Schein, in: Rötzer, F. (Hg.), *Digitaler Schein. Ästhetik der elektronischen Medien,* S. 147-160, Frankfurt a. M.

Foucault, M. (1977): *Überwachen und Strafen. Die Geburt des Gefängnisses,* Frankfurt a. M.

Fromm, A. (1991): *Arthur Schopenhauer,* Berlin.

Grassmuck, V. (1988): *Vom Animismus zur Animation. Anmerkungen zur Künstlichen Intelligenz,* Hamburg.

Heckmann, H. (1982): *Die andere Schöpfung. Geschichte der frühen Automaten in Wirklichkeit und Dichtung,* Frankfurt a. M.

Heintz, B. (1993): *Die Herrschaft der Regel. Zur Grundlagengeschichte des Computers,* Frankfurt a. M./New York.

Hindenburg, C. F. (1784): Über den Schachspieler des Herrn von Kempelen, in: *Leipziger Magazin zur Naturkunde, Mathematik und Oekonomie,* S. 235-269, Leipzig.

Hodges, A. (1994[2]): *Alan Turing, Enigma,* Wien/New York.

Holländer, B. (1994): Lebendes Schach in der Literatur, in: *Homo ludens,* 4/1994, S. 124-134.

Kadletz, K. (1984): Kempelen, Wolfgang von, in: *Archiv der Geschichte der Naturwissenschaften,* 11-12/1984, S. 583-587.

Kamper, D. (1993): Der aufs Spiel gesetzte Mensch, in: U. Baatz; W. Müller-Funk (Hg.), *Vom Ernst des Spiels. Über Spiel und Spieltheorie,* S. 161-171, Berlin.

Krieghofer, G.;Strouhal, E. (1991): Eins sein mit allem was tickt, in: E. Strouhal, *Technische Utopien. Zu den Baukosten von Luftschlössern,* S. 39-115, Wien.

La Mettrie, J. O. (1984): *Der Mensch eine Maschine,* Leipzig.

Legaré, A.-M. (1991): *Le Livre des Échecs amoureux,* Paris.

Leibniz, G. W. (1906): *Hauptschriften zur Grundlegung der Philosophie,* hg. von E. Cassirer, Leipzig.

Linde, A. van der (1874): *Geschichte und Litteratur des Schachspiels,* Berlin.

Mecke, J. (1988): Zeitmaschine und Zeitgeist, in: *Appareils et machines à representation,* Mannheim.

Murray, H. J. R. (1913): *A History of Chess,* Oxford.

Newell, A.; Shwa, J.; Simon, H. (1958): Chess Playing Programs and the Problem of Complexity, in: *IBM Journal of Research and Development.*

Nicolai, F. (1785): *Beschreibung einer Reise durch Deutschland und die Schweiz,* Berlin.

Observations on the Automaton Chess Player (by an Oxford Graduate), 1819, London.

Ostertag, J. P. (1783): *Etwas über den Kempelinschen Schachspieler,* Frankfurt a. M.

Paul, J. (1927): *Sämtliche Werke,* hg. von E. Berend, Weimar.

Poe, E. A. (1836/1994): Maelzels Schachspieler, in: ders., *Der Rabe* (Ges. Werke in fünf Bänden, Bd. 2), S. 242-292, Zürich.

Putnam, H. (1991): *Repräsentation und Realität,* Frankfurt a. M.

Putnam, H. (1990): *Vernunft, Wahrheit und Geschichte,* Frankfurt a. M.

Rabelais, F. (1979): *Gargantua und Pantagruel,* München.

Racknitz, J. F. zu (1789): *Über den Schachspieler des Herrn von Kempelen und dessen Nachbildung,* Leipzig/Dresden (Reprint, 1983, hg. von M. Faber, Dortmund).

Rautenstrauch, J. (1784): *Oesterreichische Biedermanns-Chronik,* Freiheitsburg.

Rötzer, F. (1995): Alles ein Spiel mit tödlichem Ausgang? Vom Homo ludens zum Homo Globi, in: *Kunstforum International*, 129/1995, S. 62-73.

Schopenhauer, A. (1985): *Der handschriftliche Nachlaß in fünf Bänden*, hg. von A. Hübscher, München.

Schopenhauer, A. (1991): *Werke in fünf Bänden*, hg. von L. Lütkehaus, Zürich.

Searle, J. R. (1986): *Geist, Hirn und Wissenschaft*, Frankfurt a. M.

Strouhal, E. (1996): *Acht mal Acht. Zur Kunst des Schachspiels*, Wien/New York.

Sutter, A. (1988): *Göttliche Maschinen. Die Automaten für Lebendiges bei Descartes, Leibniz, La Mettrie und Kant*, Frankfurt a. M.

Turing, A. (1987): *Intelligence Service. Schriften*, hg. von B. Dotzler und F. Kittler, Berlin.

Weizenbaum, J. (1978): *Die Macht der Computer oder die Ohnmacht der Vernunft*, Frankfurt a. M.

Weyl, H. (1925/1968): Die heutige Erkenntnislage in der Mathematik, in: *Gesammelte Abhandlungen*, hg. *von K. Chandrasekharan*, Bd. 2, S. 511-541, Berlin.

White, L. (1968): *Die mittelalterliche Technik und der Wandel der Gesellschaft*, München.

Whyld, K. (1994): *Fake Automata in Chess*, Caistor.

Wiener, O. (1969): *Die Verbesserung von Mitteleuropa. Roman*, Reinbek bei Hamburg.

Willis, R. (1821): An attempt to analyze the automaton chess player of Mr. de Kempelen, in: *Edinburgh Philosophical Journal*, 4/1821, S. 393-398 (Rezension und Kurzfassung von Willis' Studie).

Windisch, K. G. v. (1783): *Briefe über den Schachspieler des Herrn von Kempelen*, Basel.

Die Paradoxe mechanischen Lebens

Jasia Reichardt

Es gibt einen Punkt, in dem das Leben und der Tod, das Reale und das Imaginäre, die Vergangenheit und die Zukunft, das Faßbare und das Unfaßbare, das Hohe und das Tiefe zusammenfallen.
André Breton

Wie alle Versuche, Künstliches mit naturalistischem Detail auszustatten, verblaßt auch die virtuelle Wirklichkeit neben den Hervorbringungen unserer Imagination. Die Vorstellungskraft braucht einen gewissen Spielraum. Auch wenn er noch so klein ist, genügt dieser Spielraum, unsere visionären Kräfte zur Entfaltung zu bringen. Details verhindern das. Mary Shelley etwa tat gut daran, Frankensteins Kreatur kaum zu beschreiben und nur die Farbe des Gesichtes, die Beschaffenheit der Haut, das Haar, die Zähne und die Größe zu schildern – sonst nichts. Jedes Mal, wenn das Monster auftaucht, erscheint es uns anders. Es liegt an der Imagination des Schauspielers, des Kostümbildners, des Filmkünstlers, etwas daraus zu machen. Die Legende lebt, weil man sie immer wieder von neuem deuten kann.

Als Francis Picabia nach Bildern suchte, mit deren Hilfe er „Ideen deuten oder menschliche Besonderheiten bloßlegen" konnte, bediente er sich der Form moderner Maschinen. Er erfand eine ganze Maschinenfamilie aus miteinander in Zusammenhang stehenden Kreisen. Da und dort finden sich Hinweise auf sexuelle Abenteuer, doch es bleibt der Imagination des Betrachters überlassen, festzustellen, wer was wie und mit wem treibt.

Es war Picabia, der zwischen dem, was für uns wirklich ist, und dem, was wir uns vorstellen können, einen Unterschied aufklaffen ließ.

Die Kluft

Es sind vorzugsweise leblose Gegenstände, die unseren Träumen und Alpträumen Unterschlupf geben. Manche, wie Marionetten zum Beispiel, können vielleicht außergewöhnliche Bewegungen vollführen; manche haben überhaupt keine Körperlichkeit und existieren nur auf den Seiten eines Buches. Geschichtenerzähler wie Werbeleute wissen, wie überzeugend sie sind. Ihr besonderer Zauber liegt genau in dem Abstand, der sie von uns trennt, im Unterschied zwischen unserem Fleisch und Blut und ihrem Holz, ihren Schnüren, dem Metall, dem Plastik, ihrer Elektronik und den Worten, die sie beschreiben. Diesen Abstand zu beurteilen, zu korrigieren und damit umzugehen, ist die Aufgabe von Künstlern, Schriftstellern und Filmemachern.

Für den Leser und Betrachter liegt der Schlüssel zu diesem Unterschied in der Unvollständigkeit der Information. Der Geist des Rezipierenden muß damit beschäftigt sein, das Bekannte zu ordnen und neu zu ordnen und über das Unbekannte zu spekulieren. Hier hat die Magie ihren Ort.

Gegen Thomas Holden, der einmal als großer Meister seiner Kunst bekannte Puppenspieler des 19. Jahrhunderts, wurden kritische Stimmen laut, als er sich dem Naturalismus näherte. Sobald er begann, spektakulärerer Aufführungen willen Marionetten und Automaten zu verbinden, verlor sein Puppentheater an Popularität. Man warf ihm vor, „eine so völlige Illusion des Lebendigen und Wirklichen" geschaffen zu haben, „daß nichts der Phantasie überlassen blieb". (Early, 1955: 196)

Es ist nicht einfach anzugeben, wann genau die Kluft, die die Künstler und Autoren der Imagination einst gelassen hatten, sich allmählich zu schließen begann. Man kann die Veränderung mit der Durchsetzung der Technik in Zusammenhang bringen. Die Raumfahrt und neue Bildtechniken halfen Phänomene zu klären, die bis dahin in den Bereich der Maler, Schriftsteller und Filmemacher gefallen waren. In den 60er Jahren des 20. Jahrhunderts nahm sich die Industrie des Light Pen, der Kathodenstrahlröhre und des computergesteuerten Plotters an, entwickelte die entsprechenden Technologien und überschwemmte uns mit Tausenden von Farbtönen und Bildern schärfster Auflösung. Mit den Wirklichkeit werdenden Versprechungen der Computerwissenschaft stand die kreative Phantasie einer neuen Herausforderung gegenüber. Je umfassender die Verbesserungen der Hard- und Software-Technologien wurden, in desto greifbarere Nähe rückte die Möglichkeit verblüffender realistischer Detailtreue. Schließlich wurden naturalistische Illusionen zum Prüfstein für die Effektivität der Technologien selbst. Selbst wenn das meiste reine Erfindung war, ließ sich die simulierte Realität immer weniger davon unterscheiden, was es in der Natur geben könnte. In einer Welt, die täglich mit Illusionen überschwemmt wird, deren Genauigkeit und Farbqualität verblüffend sind, wurde alles Vorläufige, Langsame und Unvollkommene nach und nach aufgegeben.

In den Händen von Künstlern hält sich die Technologie nicht an die Regeln des Spektakulären. Die Imagination verlangt nach der gebrochenen Geraden, dem unfertigen Satz, dem Fehlen präziser Definitionen, der poetischen Pause. Meisterleistungen der technologischen Pracht, und dazu gehört sogar der atemberaubende Zauber von „Terminator II", verleihen der Vorstellungskraft keine Flügel. Wir werden Zeugen, wie sich auf der Leinwand blubberndes, geschmolzenes Metall nahtlos in einen Roboter verwandelt. Hier fallen Naturalismus und Fiktion zusammen, doch es gibt keine Andeutung, keine Poesie, kein Geheimnis.

Baudrillard zufolge haben die neuen Entwicklungen im Bereich der interaktiven Technologie die einst der Imagination vorbehaltene Kluft überflüssig gemacht. „Die mechanischen Automaten spielen noch mit der Differenz zwischen Mensch und Maschine und mit dem Charme dieser Differenz. Unsere interaktiven Automaten, unsere Simulationsautomaten fragen nicht mehr nach dieser Differenz. Mensch und Maschine sind hier isomorph und indifferent geworden, keiner ist mehr der andere für den anderen." (Baudrillard, 1992: 145)

Trotzdem ist die Kluft noch lange nicht geschlossen. In jedem kreativen Bereich wird auf dem Abstand zwischen Realem und Künstlichem insistiert. Das Reich der Kunst wird nach wie vor von menschlichen Urwesen bevölkert und verweist auch heute noch auf die Macht respektloser Verwendungsweisen neuer Technologie.

Was uns Marionetten zeigen

Es könnte ein Dichter unter die Herrschaft einer Marionette geraten, denn die Marionette hat nichts als Phantasie.

Rainer Maria Rilke

1921 überraschte Edward Gordon Craig die Theaterwelt mit einer gegen die zeitgenössischen Schauspieler gerichteten Schmährede. Er schlug vor, menschliche Darsteller durch Marionetten zu ersetzen, bis sich das Niveau bessern würde. „Kein Darsteller kommt je an die Vielfältigkeit einer Puppe heran: Eine Puppe vermag sogar einen anderen Kopf aufzusetzen und drei unterschiedliche Identitäten anzunehmen, und diese können, falls erforderlich, gemeinsam auf der Bühne erscheinen." (Craig, 1921: 12)
Craig empfahl Marionetten als eine Art Vorbild für Schauspieler. Die Übungsmarionette sollte aus Holz und etwa 90 cm groß sein und einen Stab als Wirbelsäule haben. Der Schauspieler müsse mit ihr üben: sie hinknien lassen, sich umdrehen, niederlegen, sich hinsetzen lassen usw. Craig sprach von sechs Fäden: zwei am Kopf (einen hinter jedem Ohr), zwei am Rücken (einen an jeder Schulter) und zwei an den Händen (einen an jedem Handgelenk). Er war überzeugt, daß nur ein geborener Schauspieler genügend Verständnis für die Kunst der Bewegung und des Ausdrucks haben könne, um die Puppe erfolgreich zu führen. Auf den ersten Blick mögen einem sechs Fäden und ein Stab nicht ausreichend erscheinen, einer Marionette Leben einzuhauchen, und dennoch könne man mit ihrer Hilfe jemanden zum Lachen bringen und zu Tränen rühren.
Die Marionette sei das Modell eines Menschen in Bewegung und daher geeignet, Bewegungen zu vervollkommnen. Wie ein Bildhauer Skulpturen aus dem Stein herauswachsen läßt, bestehe die Kunst, die Puppe zu bewegen, darin, ihr zu erlauben, sich zu bewegen. Da wie dort werde „etwas vollkommener, indem wir etwas hinzufügen oder wegnehmen". (Craig, 1921: 17)
George Bernard Shaw bezeichnet in einem Schreiben an den Puppenspielmeister Vittorio Podrecca Marionetten als „aufschlußreiche gegenständliche Lektionen für unsere Fleisch- und Blutschauspieler. Wenn sie auch steif sind und einen mit dem immer gleichen übertriebenen Ausdruck anstarren, bewegen einen die Holzfiguren dennoch in einer Art, wie es nur die erfahrensten lebendigen Schauspieler vermögen. Was uns im Theater wirklich berührt, sind nicht die Muskelbewegungen der Darsteller, sondern die Gefühle, die sie durch ihre Erscheinung in uns auslösen; die Imagination des Zuschauers spielt hier eine viel größere Rolle als die Anstrengungen der Schauspieler. Die Marionette ist der Schauspieler in seiner ursprünglichen Form. Ihr symbolisches Kostüm, dem alle realistischen und geschichtlich genauen Unverschämtheiten fremd sind, ihr in einer Grimasse versteinerter unveränderlicher Blick – einer Grimasse, in deren Ausdruck die ganze Kunst des Schnitzers eingeht –, ihre Verwandlungsfähigkeit, durch die sie gespenstisch karikierend menschliche Gesten andeutet: all das verleiht den Darstellungen einer Marionette eine Intensität, die nur wenige Schauspieler erreichen und die sich unserer Imagination bemächtigt wie jene Bilder unbeweglicher hieratischer Haltungen, die uns die Glasfenster der Kathedrale von Chartres vorführen, in der die gaffenden Touristen durch die ungeheure Lebendigkeit der Bilder über ihren Köpfen zu kleinen leblosen Puppen werden, die im Luftzug durch die Gänge wirbeln

wie Sägemehl." Die Intensität der Wirkung einer Marionette entspringt ihrer Andersartigkeit, erklärt sich aus der schockierenden Wahrnehmung eines lebendigen menschlichen Ausdrucks in einer Puppe.

In „Über das Marionettentheater" hat Heinrich von Kleist Marionetten und Tänzer in Zusammenhang gebracht. Ähnlich wie Craig bezieht sich Kleist auf einen Schwerpunkt „in dem Innern der Figur" und spricht von einer „Linie, die der Schwerpunkt zu beschreiben hat". Diese Linie sei nichts anderes als der „Weg der Seele des Tänzers". Kleist läßt Herrn C., „den ersten Tänzer der Oper in M...", behaupten, „daß wenn ihm ein Mechanikus, nach den Forderungen, die er an ihn zu machen dächte, eine Marionette bauen wollte, er vermittelst derselben einen Tanz darstellen würde, den weder er, noch irgendein anderer geschickter Tänzer seiner Zeit, [...] zu erreichen imstande wäre." Gefordert seien äußerstes „Ebenmaß, Beweglichkeit und Leichtigkeit" und „eine naturgemäßere Anordnung der Schwerpunkte" als bei den meisten menschlichen Tänzern. (Kleist, 1964: 5-7) Schließlich sei eine Marionette deshalb ein besserer Darsteller, weil ein menschlicher Tänzer der Schwerkraft nicht nur unterworfen, sondern sich dessen auch stets bewußt sei. Die Grazie von Marionetten erkläre sich daraus, daß sie „antigrav" seien. (Kleist, 1964: 8) Anstrengungen, natürliche und unbefangene Gesten bewußt zu wiederholen, seien zum Scheitern verurteilt. Je weniger Überlegung und Absicht dazwischenträten, desto brillanter und überzeugender entfalte sich die Grazie der Bewegung.

Bühnenregisseure sind sich der überlegenen Wirkung von Marionetten bewußt. Meyerholds Übungen für Schauspieler aus dem Jahr 1922 (Meyerhold, 1969: 197-204) erinnern an Anweisungen für Puppenspieler. Er nannte sein System Biomechanik, weil er es mit den

Wsewolod Emiljewitsch Meyerhold, *Biomechanische Übungen*, 1922, Zeichnungen von V. Lioutse

von ihm als „industrielle Situation" bezeichneten Verhältnissen in Zusammenhang bringen wollte. Das Ziel der Ausbildung lag für ihn darin, sich mit der Mechanik des Körpers so vertraut zu machen, daß sich mit sparsamsten Bewegungen ein Höchstmaß an Ausdruck erzielen ließ. Den Anweisungen eines unsichtbaren Dirigenten – nämlich sich selbst – folgend, solle der Schauspieler seine Glieder bewegen und seinen Ausdruck verändern.

Wo das Leben endet und die Kunst beginnt
Das Paradoxe in der Literatur

Robert Walser beschreibt in einer 1905 entstandenen Geschichte (Walser, 1972: 133-136) eine von Puppen bevölkerte Stadt. Sie können sprechen, gehen und fühlen, sind höflich und schön, haben ein edles Auftreten und tragen elegante Kleider. Sie sind Muster des Anstands, sind bezaubernd, haben Kultur und Takt. Es gibt „keine Berufskünstler, weil Geschicklichkeit zu allerhand Künsten zu allgemein verbreitet" (Walser, 1972: 135) ist, keine Dichter, weil es nichts gibt, worüber man schreiben kann; es gibt auch keine „sogenannten höheren Dinge", weil es kein Bedürfnis danach gibt. Versunken in das sonnige, fröhliche Bild, das sich seinen Augen bietet, beobachtet ein junger Mann von einer Gartenbank aus die mit wunderschönen Hüten auf dem Kopf vorbeispazierenden Damen, die vor ihm umherhüpfenden Spatzen und die „Kindermägde", die ihre Schützlinge in „Kinderwägelchen" vorbeischieben. Plötzlich steht der junge Mann auf und geht. Es hat zu regnen begonnen, und das Bild verschwimmt. (Walser, 1972: 136) Walsers Geschichte ist so kurz, weil nichts geschieht. Die Puppen führen ein glückliches, harmloses Leben, leben also eigentlich gar nicht.

Ebenfalls aus dem Jahr 1905 stammt ein amerikanischer Text von L. Frank Baum, der sich mit der Natur des Lebens auseinandersetzt. Baum beschreibt eine Szene, die an eine Projektion von Bewegungen an eine Wand denken läßt. Das Bild ändert sich dauernd: „Einmal ist es eine Wiese, dann ist es ein Wald, dann ein See oder ein Dorf." Der Betrachter kann seinen Wunsch zum Ausdruck bringen, eine bestimmte Szene oder Person zu sehen, die dann auch im Rahmen erscheint, aber es bleibt offen, ob das, was man sieht, auch wahr ist.

Baums Geschichten für Kinder setzen sich immer wieder mit der Frage auseinander, was wirklich und was nicht wirklich ist. In einem seiner 16 Oz-Bücher macht der Autor den Leser mit der Idee vertraut, daß Äußerlichkeiten nicht das Leben ausmachen. (Baum, 1907) Oz ist das Land, in dem verschiedene Menschen, Tiere, Mischwesen und Maschinen mehr oder weniger in Frieden und Eintracht miteinander leben und alle ein entwickeltes Ich haben. Einige Figuren der Geschichte, wie Tiktok, scheinen nur lebendig zu sein, sind es aber nicht. Tiktok, der Maschinenmensch, wurde von einem Künstler/Erfinder aus verschiedenen Uhrteilen zusammengesetzt; er hat einen kugelförmigen Körper aus poliertem Kupfer. Lebt er nun oder nicht? Eine Karte auf seinem Rücken gibt seine Identität preis: „Gedanken hervorbringender, perfekt sprechender mechanischer Mensch [...] Denkt, spricht, handelt und tut alles –

John R. Neill, *Tiktok* (mechanischer Mensch), Illustration in: L. Frank Baum, Ozma of Oz

außer leben." Hinweise darauf, daß Tiktok nicht lebt, durchziehen die ganze Geschichte, und wenn er auch weder Kummer noch Freude empfindet, vollbringt er, wenn er aufgezogen ist, gute Taten und sagt gescheite Dinge. Da er nicht lebt, kann er auch von seinen Feinden nicht getötet werden und ist daher ungeheuer mutig. Die Garantie der Maschine gilt 1000 Jahre, also sozusagen für immer.

In einer Geschichte des ausgehenden 20. Jahrhunderts würde eine von intelligenten Robotern, Nervenmechanismen und anderen Formen künstlichen Lebens umgebene humanoide Maschine Tiktoks Platz einnehmen. Es gäbe keine Garantie, die Maschine wäre von keinem Künstler geschaffen worden und würde Denken, Sprechen und Handeln nicht als drei voneinander unabhängige Verhaltensweisen erachten. Allerdings wäre sie ebenso wie Tiktok nicht in der Lage, etwas zu empfinden.

Tiktok, ein einfaches Spielzeug aus Metall, ist das am wenigsten geheimnisvolle humanoide Geschöpf. Seine Einzigartigkeit liegt darin, daß seine Beschreibung keine Mehrdeutigkeit zuläßt. Andere literarische Schöpfungen fordern uns da emotionell schon mehr. Jean Pauls 1789 anonym erschienene „Auswahl aus des Teufels Papieren nebst einem nöthigen Aviso vom Juden Mendel" enthält einen Aufsatz über einen Maschinenmenschen: Da der Autor nicht erwartet, von seinen Zeitgenossen ernst genommen zu werden, wendet er sich gleich an die Bewohner des Saturn. Er geht von der Voraussetzung aus, daß man einen Gegenstand dieser Art nur jemandem näherbringen kann, der keine fixen Vorstellungen davon hat, wo tote Materie aufhört und Leben beginnt. Er berichtet, wie Menschen entdecken, daß sie bestimmte Dinge mit Hilfe von Maschinen besser ausführen können. Er schildert eine Schreibvorrichtung, die Kopien herstellt, ein Kaugerät, eine Maschine für das Zuspitzen von Federkielen und eine Zählvorrichtung, macht uns mit Duelliermaschinen bekannt, beschreibt Maschinen zum Feueranzünden und zum Öffnen von Vorhängen. Dann kommt der Autor auf eine höhere Ebene des technischen Abenteuers zu sprechen, auf eine Welt, in der die Menschen fünf Maschinen haben, die ihre fünf Sinne ersetzen. Sie holen sich nicht nur ihre Arme, Beine, ihre Augen, ihre Nase und ihre Zähne aus einer Fabrik, sondern stellen auch alle anderen Glieder und den gesamten Rumpf so her. Der Mensch, so Jean Paul, wird sich nicht einmal seine natürliche Individualität bewahren, sondern sich von Technikern eine zurechtbasteln lassen. Die verschiedenen Teile des Körpers haben für ihn an und für sich so gut wie kein Leben, sondern werden erst lebendig, wenn man sie verbindet. (Paul, 1789)

Auch Bruno Schulz zeigt sich von der Ablehnung lebloser Materie verstört. Er glaubt, überall Leben vorfinden zu können. In den „Zimtläden" läßt er seinen Vater ein „Traktat über die Mannequins oder die zweite Genesis" vortragen. Dieser bezeichnet die Schöpfung als komplexes und unendlich schwieriges Unterfangen, die Materie als unendlich fruchtbar, lebendig und formbar. Sie sei wehrlos und unschuldig und biete sich für Myriaden von Manipulationen an. „Es gibt keine tote Materie, [...] der Zustand des Todes ist lediglich ein Schein, hinter dem sich unbekannte Daseinsformen verstecken." (Schulz, 1974: 36 f) Beim Schaffen solcher Kreaturen sei kein Raum für Ungeschick und Improvisation; man könne keine Studien oder Skizzen machen. Alles oder nichts. Das Leben durchdringt jede Schöpfung. Die „Fortsetzung" des Vortrags beginnt mit den Worten: „Die Figuren des Panoptikums [...] sind kirmeßartige Parodien der Mannequins; aber hütet euch, sie selbst in dieser Gestalt leichtfertig zu behandeln. Die Materie kennt keine Scherze. Sie ist immer voll tragischen Ernstes. Wer wagt zu denken, daß man mit der Materie spielen darf, daß man sie zum Spaß formen darf [...]?" (Schulz, 1974: 41)

Schulz schrieb über Schneiderpuppen: „Spürt ihr den Schmerz, das dumpfe Dulden, das nicht befreite, das in die Materie eingeschmiedete Leiden der Puppe, die nicht weiß, was sie ist, warum sie in dieser gewaltsam aufgezwungenen Form verharren muß, die eine Parodie ist?" (Schulz, 1974: 41) Ihn interessierte die tyrannische Willkür, die die Materie

The Brothers Quay, *Street of Crocodiles*, 1986, Film basierend auf der gleichnamigen Geschichte von Bruno Schulz (1934), Filmstill

formt und ihr eine bestimmte Gestalt aufzwingt. Die Materie selbst weiß nicht, was sie ist, und kennt auch kein Warum.

„Die Menge lacht. Versteht ihr den schrecklichen Sadismus, die berauschende, demiurgische Grausamkeit dieses Gelächters? Denn wir sollten doch, meine Damen, über unser eigenes Schicksal weinen beim Anblick der Not dieser Materie, der vergewaltigten Materie, der ein schreckliches Unrecht zugefügt wurde. Daher kommt, meine Damen, die schreckliche Trauer aller närrischen Golems, aller Puppen, die tragisch über ihre lächerliche Grimasse nachgrübeln." (Schulz, 1974: 41 f) Die Klage des Vaters paßt haarscharf zur Situation im Polen der dreißiger Jahre, doch plötzlich macht er einen Sprung, der uns mit der Atmosphäre und den Anliegen der Literatur unserer Tage konfrontiert und an William Gibsons Kurzgeschichte „Der Wintermarkt" erinnert. Im „Schluß"-Abschnitt des „Traktats" erfahren wir, daß der Vater sich „ein[es] Geschlecht[s] nur halb organischer Wesen, eine[r] Pseudovegetation und Pseudofauna […], die Ergebnisse einer phantastischen Gärung der Materie" erträumt hat. (Schulz, 1974: 44) Gibsons Ingredienzien entstammen einem ähnlichen Bereich. Er erzählt von seltsamen Schöpfungen, die sich aus Traumresten und -fetzen zusammensetzen. Seine Vorstellung „verbrauchter Atmosphäre" schlägt eine Brücke zu den 60 Jahre zuvor entstandenen „Zimtläden" von Bruno Schulz.

Verneinung der menschlichen Autonomie: Hinein ins Netz

Die Erzählung „Der Wintermarkt" (Gibson, 1986:140-166) spielt in der nahen Zukunft. Am Ende schließt die Heldin der Geschichte, Lise, den Tod und die Unsterblichkeit zugleich in die Arme, indem sie sich mit einem Computernetzwerk vereint.

In Gibsons Welt sind es drei Bereiche, die unsere Aufmerksamkeit auf sich ziehen: Trümmer, von denen manche menschlicher Herkunft sind; die moderne Kultur mit ihren Ranglisten, ihren PR-Beziehungen und ihrem ordinären Glanz; und die Schattenwelt des Alltags. Lise ist eine junge Frau, die kaum etwas zu verlieren hat, eine Süchtige, die gesundheitlich am Ende und von einer Prothese abhängig ist. Sie steckt fast vollständig in einem Gerüst aus Polykarbon, dessen Programmschritte von einem leisen Klicken angezeigt werden. Das Gerüst ist mit ihrem Gehirn verbunden und geht mit Lise, zwingt sie zu genauen und arrogant anmutigen Bewegungen. Lise hat keinerlei körperliche Empfindungen, aber einen starken Willen.

Das Gefühl, seinen Körper zu verlassen, das alle Jugendlichen zumindest einmal erlebt haben wollen, nennt Gibson „jacking straight across". Es handelt sich um ein gleichermaßen erschreckendes wie ekstatisches Gefühl, das ein auf das Nervensystem gerichteter Energiestoß auslöst, der mittels an den Schädel angeschlossener Elektroden übertragen wird. Das Signal kommt entweder von einem anderen Gehirn oder von den

Aufzeichnungen der Tätigkeit eines anderen Gehirns. Das neuroelektronische Material setzt sich aus Träumen, Tagträumen und verschiedenen Tätigkeiten des Unterbewußten zusammen, die einige wenige außergewöhnliche Individuen so weit an die Oberfläche bringen können, daß man sie aufzeichnen kann. Diese Erfahrung ist unter Umständen tödlich.

Das neuroelektronische Material, das für die Aufzeichnungen bearbeitet und vermarktet wird, ist den meisten Menschen nicht zugänglich. Lise gehört zu den wenigen Künstlern, die in ihr Unterbewußtsein eintauchen und mit einem so bemerkenswerten Fund wieder an die Oberfläche kommen können, daß die Aufzeichnung ihrer psychischen Wellen zum Bestseller wird. Bald verschmilzt Lise mit einem Programm und wird zu einem Teil des Netzwerkes, weil sie für ihre Aufzeichnungen einen leistungsfähigeren Computer braucht. In ihrer kybernetischen Unsterblichkeit wird sie aus dem Cyberspace ihre nächste Aufnahme herausbringen.

Lise ist ganz und gar Marionette. Sie ist nur Ausdruck und Imagination. Aufgrund ihres körperlichen Zustands ist sie auf einen Mechanismus angewiesen, der sie steuert. Ohne ihren Panzer kann sie sich nicht bewegen. Daß sie schließlich mit dem Netzwerk eins wird, verwundert nur auf den ersten Blick. Sie hat ja bereits in einer Maschine gelebt. Die Reduziertheit ihres Lebens verleiht den Inhalten der aufgezeichneten Gehirnsignale eine tragische Dimension. Die entfremdeten Jugendlichen erkennen in ihr die verklärten ekstatischen Tiefen ihrer eigenen Verzweiflung und stehlen Lises Aufnahmen aus den Regalen der Geschäfte. Lise wird eine Kultfigur.

Auch Gibsons Erzählung stellt die Grenzen und Bestimmungen des Lebens in Frage. Doch der Übergang von einer Lebensform zu einer anderen bleibt ein Geheimnis. Wir erfahren nicht, wie Lise sich in einen digitalen Code verwandelt. Und wir erfahren auch nicht, was mit dem Rest des Körpers geschieht. Wir wissen nur, daß sie ihren Produzenten anrufen wird und daß dieser auf ihren Anruf wartet. Der Autor läßt uns nicht dabei sein. Auch in Kobe Abes „Secret Rendezvous" kommen wir nicht dahinter, wie die Mutter zu einer Baumwolldecke wird. In Julio Cortázars Erzählung „Axolotl" verwandelt sich ein Mensch in einen Lurch. Besessen besucht der Erzähler die Tiere im Jardin des Plantes, bis er sich eines Tages auf der anderen Seite des Glases wiederfindet. Auch wenn uns der Autor viele Details verrät, läßt er uns im Augenblick der Verwandlung nicht dabei sein.

Künstler und ihre Theater des künstlichen Lebens

So manche Künstler haben ihre eigenen Formen des Marionettentheaters erfunden. Manchmal ist die Bühne ganz klein und der einzige Darsteller ein bloßes Glied oder das projizierte Bild eines Schauspielers. Manchmal sind es Gruppen von Körperteilen, die keinem äußeren Einfluß zu unterliegen scheinen. Manchmal wiederum übernimmt eine ganze Figur die Rolle einer lebenden Person oder stellt das Gewissen einer Gesellschaft dar. Gruppen von Spielern und ganze Besetzungen lassen die Trennlinie zwischen dem Menschlichen und dem Künstlichen verschwimmen. Gemeinsam feiern sie die Metapher als höchste Form des sprachlichen Ausdrucks.

Im April 1995 brach Colin Piepgras bei der Eröffnung der 4. Internationalen ARTEC Biennale in Nagoya mehrmals täglich unter dem Gewicht des Geschirrs, das ihn mit sei-

Colin Piepgras, *Doppelgänger*, Performance auf der ARTEC '95

nem „Doppelgänger" verband, in Schweiß aus. Der Künstler ging mit seinem Doppelgänger durch das Stadtmuseum, und die Attrappe ahmte seinen Gang und seine Art aufs genaueste nach. Die beiden nackten Figuren, die an den Knöcheln, Knien, Handgelenken und Ellbögen und am Kopf miteinander verbunden waren, bewegten sich wie ausgebildete Tänzer, die ihre Darbietung gut einstudiert hatten. Seine Performance, so Piepgras, versuche „die Interaktion mit der Welt" darzustellen, bei der „das Individuum von wahrer Fühlungnahme ausgeschlossen" sei. Piepgras war nicht der erste Künstler, der sich ein Double schuf, um sich damit die Welt vom Leib zu halten. Als Andy Warhol einen Roboter bauen ließ, der wie er aussah, führte er die Idee, sich von der Welt zu distanzieren, bereits einen Schritt weiter. Der Roboter vertrat ihn bei öffentlichen Anlässen.

Nur wenige der von Künstlern geschaffenen steuerbaren Figuren sind Selbstporträts. Es handelt sich eher um Darsteller ihrer eigenen Theaterwelten.

Köpfe

Zu den von Tony Oursler geschaffenen Figuren gehören ausgestopfte Stoffpuppen mit übergroßen Köpfen. Manchmal sind die Körper aus gemusterten Stoffen, manchmal stecken sie in schlecht passenden dunklen Anzügen. Es gibt auch nur Köpfe, an denen die Kleider wie schlampig gebundene Krawatten herunterhängen. Irgendwo steht ein kleiner Videoprojektor, der das Bild eines sprechenden Kopfes auf das ausgestopfte Kissen wirft. Das Größenverhältnis von Kopf und Körper ist kein fixes. Bei manchen Figuren sind die Köpfe riesig, bei manchen nicht größer als eine Orange. Die Körper kommen einem da und dort fast überflüssig vor.

Die Köpfe sind unförmig und haben Falten und Ausbuchtungen wie zerdrückte Kissen. Die projizierten Gesichter nehmen diese Falten an. Die leblosen Figuren sind androgyn, die projizierten Gesichter lassen jedoch Geschlecht, Alter und gewisse Regungen erkennen, die von Verzweif-

Tony Oursler, *Hysterics*, 1994, Stoff, Metall, Videoprojektion, Installation: 132 × 81 × 52 cm

Jasia Reichardt

lung bis zu arroganten Blicken reichen. Manche sprechen, manche weinen oder winseln, während sich andere noch in Schweigen hüllen. Wenn wir, die Besucher, in das Leben der Puppen eintreten, begegnen wir mit einiger Wahrscheinlichkeit jemandem, der am Ende ist, der nicht mehr weiß, was er tun soll. Die schriftlich oft banalen Monologe wirken melodramatisch, wenn man sie hört. Es sind die Worte und Gesichter einfacher Menschen, die zu einem lebendigen und an Gefühlen reichen Stück Theater werden. Es gibt eine Puppe, deren Kopf gleich von einem Sofa zerdrückt werden wird. Eine andere winzige Figur weint in der dunklen Ecke eines Raumes. Die Dunkelheit ist ein wesentliches Moment des Schauplatzes.

Für Oursler waren die Puppen paranoid: In ihrem Kummer gehen sie vom Schlimmsten aus. Hier ist Ausdruck alles. Die von den projizierten Bildern bewohnten Köpfe sind tragisch; ohne die Projektionen sind sie nichts.

Körper

Auf einen schrägen Tisch wird der Körper einer schlafenden Frau projiziert, die einen Petticoat trägt. Sie liegt mit dem Gesicht nach unten und bewegt sich nicht, bis jemand den Tisch berührt. Unter der Tischplatte installierte Mikrophone nehmen die Geräusche auf und geben sie an den Videoprojektor weiter. Die Frau bewegt einen Arm oder ein Bein. Die Berührung der Tischplatte löst manchmal eine Reaktion aus, manchmal nicht. Der Körper reagiert nicht immer. Ein Handgriff genügt, und die Frau dreht sich um und verschwindet hinter der Tischkante. Der Betrachter fragt sich, wie er es anstellen soll, sie wieder auftauchen zu lassen, wie er den Tisch berühren soll, um eine bestimmte Bewegung hervorzurufen. Diese Arbeit von Studio Azzurro setzt sich mit den Schwierigkeiten auseinander, die sich ergeben, wenn man eine Puppe führen will, auch wenn es sich nur um ein zweidimensionales Bild handelt, das durch bloßes Licht erzeugt wird.

Beine

Konzentriert sich Oursler auf den Kopf und Studio Azzurro auf den Körper, besteht die Skulptur Stephan von Huenes nur aus Beinen. Es sind lebensgroße Beine von einem Steptänzer in gebügelten Hosen und mit glänzenden Schuhen, die an der Hüfte mit einem Ledergürtel abschließen. Es sind Beine von einer Person mit akkuraten Gewohnheiten, die Wert auf Kleidung legt, Beine eines konventionellen Mannes, der weder jung noch alt ist. Die Beine vollführen einen Steptanz zu Musiknummern oder Radioberichten. Obwohl die beeindruckende Darstellung auch automatisch ist, bewundern die Zuschauer allmählich, daß sich die Beine nicht nur im Takt der Musik bewegen, sondern auch die Bedeutung der Reden zu unterstreichen scheinen. Die Mechanismen, die die Beine antreiben, sind mit einem Radio und einem Geschwindigkeits- und Rhythmus-Dekoder verbunden, der für eine direkte Umsetzung von Ton in Bewegung sorgt. Von Huene wurde seiner eigenen Aussage zufolge von einer Figur in William Saroyans Stück „Time of Your Life" angeregt, in dem der Protagonist „sich seine Mahlzeiten verdient, indem er in einer Bar in San Francisco zu den Tagesereignissen tanzt, über die er laut aus einer Zeitung vorliest". Von Huene hat diese Skulpturen-Serie „Tischtänzer"genannt. Indem er die Beine durch die Luft tanzen läßt und auf den Rest des Körpers verzichtet, unterstreicht der Künstler, daß für ihn jeder Körperteil eine eigene Intelligenz und ein spezifisches Spektrum beredter Reaktionen hat. Ohne die Last des Körpers tragen zu müssen, können die Beine zeigen, was in ihnen steckt.

Figuren

In den frühen 60er Jahren stellte Bruce Lacey aus Abfall eine Reihe humanoider Figuren her, die sich aus einer Fülle von Momenten des täglichen Lebens zusammensetzen – hybride Mischungen von Haushaltsgeräten, Motoren, Knochen, Kleidungsstücken und zeitgenössischen Gebrauchsgegenständen. Jedes Werk erzählte eine Geschichte. Und jedes Werk war mit einer Warnung vor der Gegenwart und der Zukunft versehen. In ihrer Gesamtheit brachten die Arbeiten die mehrdeutige Haltung des Künstlers gegenüber Maschinen zum Ausdruck: so sehr er auf Maschinen angewiesen ist, um seine Vorstellungen zu einer Botschaft verbinden zu können, so sehr hat er gleichzeitig Angst davor, daß ihn die Maschinen überflüssig machen könnten.

„We will make a new man of him" aus dem Jahr 1963 besteht aus einem menschlichen Kopf, zwei Armen ohne Hände und einem Paar Stiefel, während sich der Rest des Körpers aus einem auf dem Rahmen eines Kinderwagens montierten Staubsauger und einer Wasserenthärtungsvorrichtung zusammensetzt. Die Skulptur wird von einem Motor bewegt und uriniert von Zeit zu Zeit. Das Werk ist eine Ode an die plastische Chirurgie und funktioniert nur teilweise. Lacey hatte eine Zeit vor Augen, in der Maschinen in erster Linie dazu dienen würden, unser Leben zu verlängern, und uns, nachdem sie große Teile unseres Körpers ersetzt haben, die Illusion zu geben, daß wir noch menschliche Wesen sind. Er ging damals davon aus, daß Maschinen so freundlich sein würden, das zu tun.

In Kalifornien hat Chico MacMurtrie eine Gruppe von mehr als 80 Robotern zusammengestellt, mit denen er auf Tournee geht. Die Arbeit ist gemeinsam mit dem Programmierer Rick Sayre und George Homey, Phillip Robertson und Frank Houseman, drei anderen Mitgliedern seines auch als Amorphic Robots bekannten „Neuronenteams" entstanden. Der Künstler bezeichnet seine aus Menschen und Maschinen bestehende Truppe entweder als Multimedia-Performance oder als „organisch interaktives Environment". Der Eindruck ist der eines Zoos aus Metall; die kleinsten Tiere sind 30 cm hoch, die größten über 9 m lang. Es handelt sich um verschiedene Arten mit unterschiedlichen Verhaltensspektren. MacMurtrie sagt, daß er mit Hilfe dieser Maschinen das Geheimnis der Bewegung erforschen und darstellen will. Und genau diese idiosynkratische Bemühung und die Anstrengung der Maschinenfiguren faszinieren den Betrachter. Um aufzustehen,

Chico MacMurtrie and Amorphic Robot Works, Merge into Dream State, *hydraulisch betriebene interaktive Maschinen*, Performance, 1995

einen Felsbrocken zu werfen, zu straucheln oder eine Trommel zu schlagen, scheinen die Maschinen einen langwierigen Kampf vollführen zu müssen. Wir sind an makellose Maschinen gewöhnt. MacMurtrie spielt mit dem Widerspruch zwischen fließenden, organischen Bewegungen und deren Präzision und Feinheit einerseits und der ungeheuren Mühe beim Ausführen der Befehle andererseits.

MacMurtrie hat mit lebensgroßen Marionetten, die man mit der Hand bewegt, zu arbeiten begonnen. Seine neue Maschinengeneration versteht er als humanoid: sich bewegende Kolben und Druckluftzylinder als Muskeln, elektrische Kabel als Nerven. „Meine Skulpturen leiden unter dieser Welt", schreibt der Künstler. „Sie herrschen und kontrollieren nicht. Daß ich Druckluft verwende, um ihnen Leben einzuhauchen, hat viel mit den lebensbedrohenden Verhältnissen unserer Umwelt zu tun. Die Geräusche und Bewegungen, die sich bei diesen Prozessen ergeben, sind ein Ausdruck der Angst, die uns alle in einer Welt befällt, in der uns die Abhängigkeit von Maschinen, die wir einst beherrschten und die heute uns beherrschen, der Reinheit beraubt." Trotz ihres bedrohlichen Aussehens sind MacMurtries Maschinen gutartig und beseelt. Sie erzählen Geschichten.

Krieg

Der für die Roboter-Tradition zentralen Moral, derzufolge Menschen dafür bestraft werden, daß sie die Grenze des Anstands überschreiten, begegnet man in der Literatur häufig, im Film weniger oft und in der Performance-Kunst selten. In der Performance-Kunst werden Abweichungen vom guten Geschmack entweder als Äußerungen des Muts oder als mehr oder weniger radikale Formen des Realismus verstanden. Es hat verschiedene Ebenen der technologischen Selbstverstümmelung gegeben. Tinguelys „Homage to New York" zum Beispiel löste sich in seine Bestandteile auf; und bei den Happenings der Künstlergruppe „Destruction in Art" wurden Klaviere zertrümmert. Bis zu den 70er Jahren kam es jedoch zu keinen Kämpfen.

Ebenfalls in San Francisco schuf Mark Pauline, der Begründer der Survival Research Laboratories, ein Theater aus Metall, das zu dem Chico MacMurtries in krassem Gegensatz steht. Schon in den 70er Jahren hatte Pauline Roboterkämpfe inszeniert, die in einer Weise seine Besessenheit von Gewalt zum Ausdruck brachten, daß jede Performance zu einem Test dafür wurde, wieviel Grausamkeit das Publikum ertragen kann. Ferngesteuert krachend hinschreitende, spuckende, rasende und flammenwerfende Maschinen gegeneinander, setzen einander in Brand, zerstören einander. Einige Maschinen stellen Tierkadaver dar. Brutalität und Gewalt sind auf die Spitze getrieben – eine ehrliche Antwort auf die Erwartungen des Publikums, so Mark Pauline. Das SRL-Team wählt für die Kämpfe leere Parkplätze, auf denen Tausende Zuschauer manchmal Stunden auf den Beginn der Performance warten. Es geht los, sobald sich die Maschinen zu bewegen beginnen; die Vorstellung dauert oft mehrere Stunden: Explosionen und pyrotechnische Schauspiele lösen einander ab, bis nur mehr Haufen von Metall zurückbleiben. Filmaufnahmen zeigen, daß viele Zuschauer sich abwenden oder sich die Augen zuhalten. Wenn man die Performances von SRL auch mit Sportveranstaltungen, mit Macht- und Strategiespielen verglichen hat, ist festzuhalten, daß es bei diesen Kämpfen keine Gewinner gibt. Pauline hat einmal gesagt, daß die aus veraltetem militärischem Gerät gebauten Maschinen ihrer eigenen Tagesordnung folgen. Sie seien von allen Hilfsmitteln des täglichen Lebens abgeschnitten und sollten daher mit der Wirklichkeit der Welt draußen nicht verwechselt werden. Die Futuristen und Surrealisten hätten in diesen Figuren wohl Formen des „absoluten" Theaters gesehen. Kaum wären sie über die Behauptung des Künstlers verwundert gewesen, daß das Publikum bereitwilliger auf die Präsenz von Maschinen als auf die Präsenz von Menschen reagiert.

Wenn das Theater das Leben widerspiegeln soll, und das unabhängig davon, ob es sich um Marionetten oder Maschinen handelt, müssen Kriegsspiele eine Rolle spielen. Eine Frage bleibt allerdings offen: Können alle Metaphern Natur in Kultur verwandeln?

In „Die Moral des Spielzeugs" beschreibt Baudelaire ein einsames Kind, das zwei Armeen gegeneinander antreten läßt: „Die Soldaten mögen Korken, Dominosteine, Brettspielfiguren, Knöchelchen sein; es wird Tote geben, Friedensverträge, Geiseln, Gefangene, Kontributionen. Ich habe bei mehreren Kindern festgestellt, daß sie des Glaubens waren, über Niederlage oder Sieg im Kriege entscheide die mehr oder minder hohe Zahl der Toten." (Baudelaire, 1983: 198)

Bachelard behauptet, daß die Funktion der Vorstellungskraft in der Formulierung dessen liege, was das wirkliche Leben untersage. (Bachelard, 1942: 43) Als Fähigkeit, Bilder zu schaffen, welche die Wirklichkeit transzendieren, darf die Imagination keinem Zwang unterworfen werden. 50 Jahre später weist Gore Vidal der Vorstellungskraft eine in gewisser Weise noch paradoxere Rolle zu: Wir hätten Fiktionen erfunden, um die Wahrheit sagen zu können.

Koda

Kleists „Über das Marionettentheater" schließt mit einem Vorschlag des Autors, welchen Weg man gehen könnte, um die bedauerlichen Fehler der Geschichte wiedergutzumachen. „Ein wenig zerstreut" fragt der Erzähler den Tänzer: „Mithin [...] müßten wir wieder von dem Baum der Erkenntnis essen, um in den Stand der Unschuld zurückzufallen?" Und der Tänzer antwortet: „Allerdings [...]; das ist das letzte Kapitel von der Geschichte der Welt." (Kleist, 1964: 12)

Verwendete Literatur:

Abe, Kobe: *Secret Rendezvous* (die Erzählung im Original ohne Ort und Jahr, dt. Übersetzung erst in Vorbereitung!)

Bachelard, Gaston (1942): *L'Eau et les rêves,* Paris.

Baudelaire, Charles (1983): Die Moral des Spielzeugs, in: Friedhelm Kemp; Claude Pichois in Zusammenarbeit mit Wolfgang Drost (Hg.), *Sämtliche Werke/Briefe,* Bd. 2, S. 196-203, München.

Baudrillard, Jean (1992): *Die Transparenz des Bösen. Ein Essay über extreme Phänomene* (aus dem Französischen von Michaela Ott), (Merve) Berlin.

Baum, Frank L. (1907): *Ozma of Oz,* ohne Ort.

Cortázar, Julio (1976): Axolotl, in: ders., *Los relatos,* Bd. 3, Pasajes, S. 13-18, (Alianza) Madrid.

Craig, E. Gordon (1921): Puppets and Poets, in: *The Chapbook,* Nr. 20, 2/1921.

Early, Alice K. (1955): *English Dolls, Effigies and Puppets, (B. T. Batsford) London.*

Gibson, William (1986): The Winter Market, in: ders., *Burning Chrome,* (Gollancz) London.

Kleist, Heinrich von (1964): Über das Marionettentheater, in: *Berliner Abendblätter,* 12.-15. Dezember 1810. zit. nach: ders., *Über das Marionettentheater, Briefe, Kleine Schriften, Anekdoten, Der Findling, Die Marquise von O...,* mit einem Essay „Zum Verständnis der Werke" und einer Bibliographie von Curt Grützmacher, Reinbek bei Hamburg.

Meyerhold, Wsewolod (1969): Vortrag im Kleinen Auditorium des Moskauer Konservatoriums am 12. Juni 1922, in: *Edward Braun, Meyerhold on Theatre,* (Methuen) London.

Paul, Jean (1789): *Auswahl aus des Teufels Papieren nebst einem nöthigen Aviso vom Juden Mendel,* (Beckmann) Gera.

Rilke, Rainer Maria (1966): Puppen. Zu den Wachs-Puppen von Lotte Pritzel, in:ders., *Sämtliche Werke,* Bd. 6, Malte Laurids Brigge, Prosa 1906-1926, S. 1063-1074, Frankfurt a. M.

Schulz, Bruno (1974): Traktat über die Mannequins oder die zweite Genesis, Traktat über die Mannequins – Fortsetzung und Traktat über die Mannequins – Schluß, in: ders., *Die Zimtläden,* Frankfurt a. M.

Gore Vidal's Gore Vidal (1995): *Omnibus,* BBC, 1. Oktober 1995.

Walser, Robert (1972): Seltsame Stadt, in: *Das Gesamtwerk,* hg. von Jochen Greven, Bd. I, Fritz Kochers Aufsätze, Geschichten, Aufsätze, S. 133-136, (Kossodo) Genf/Hamburg.

Die Maschine als Doppelgänger

Romantische Ansichten von Apparaturen, Automaten und Mechaniken

Wolfgang Müller-Funk

Vordergründig hängt die romantische Obsession für das Maschinelle, von der automatischen Puppe Olimpia bis zu Frankenstein, dem Golem redivivus, mit der Apparatur selbst, besonders aber mit ihrem täuschenden Charakter zusammen: In diesem Sinn einer positiven wie negativen Affinität zur simulatorisch-spielerischen Qualität jener *nutzlosen* Maschinerien, von denen die Schachmaschine des österreichischen Adligen von Kempelen nur die bekannteste darstellt (vgl. Sauer, 1983: 21f; bis heute die umfassendste literaturwissenschaftliche Darstellung zu Wolfgang von Kempelen), ist das Verhältnis der Romantik zu Maschine und Automat wiederholt thematisiert worden, insbesondere im Falle von Autoren wie Jean Paul oder E. T. A. Hoffmann, dessen Werk nicht nur motivisch, sondern auch bis in die ästhetische Feinstruktur von der radikalen Gegenwart von Apparaturen und Medien geprägt ist, die ihr unheimliches Dasein einem verborgenen Anderen verdanken. (vgl. auch Gendolla, 1980; Schmidt-Biggermann, 1975; Baruzzi, 1973, Cesarini 1989)

Die Reich- und Tragweite der romantischen Obsession dürfte indes über diese imaginäre Besetzung hinausgehen, oder umgekehrt: Die imaginäre Besetzung des Maschinellen gewinnt ihre volle Bedeutung erst im Kontext eines grundlegenderen Diskurses, in dem zum ersten Mal das Prinzip der Rationalität in Frage gestellt wird, und zwar in einer systematischen Art und Weise, die die Kehren der abendländischen Philosophien seit der letzten Jahrhundertwende antizipiert. (vgl. in unterschiedlicher Perspektive Klinger, 1995; Frank, 1982; Müller-Funk, 1988)

Eine solche stringente Rück-Frage, ein derartiges In-Frage-Stellen ist zivilisationsgeschichtlich nicht zuletzt deshalb möglich geworden, weil seit dem 18. Jahrhundert der Prozeß der Rationalisierung aller Lebensbereiche (etwa der Ökonomie und der Verwaltung) schon einigermaßen weit gediehen ist und sich auch im Bereich der Industrie anzukündigen beginnt. (vgl. Sieferle, 1984) Die Maschine, das Triebwerk, im Deutschen seit Mitte des 17. Jahrhunderts zunächst als „Werk-

Peter Kintzing und David Roentgen, *Joueuse de Tympanon (Tympanonspielerin)*, 1784, Musikautomat, Holz, Kupfer, Eisen, Messing, Spitze, Seide und Mechanik, 120 x 122 x 57 cm, Musée National des Techniques du C.N.A.M., Paris

zeug des Festungsbaus und der Belagerungskunst", [1]) später auch als Apparatur im Theater verwendet, (vgl. Kluge, 1975: 464) wird dabei zur Chiffre eines zu verwerfenden Konzeptes des Denkens wie der Kultur generell. Die Romantik denkt weiter, was bei Autoren wie Rousseau, Herder oder Jean Paul schon vorgedacht ist: Es geht darum, gegen die bereits als bedrohlich empfundene Dominanz der Maschine ein Weltbild zu entwerfen, in dem der Mensch nicht als „Anhängsel" (Marx) fremder Apparaturen und am Ende selbst als eine Maschine konfiguriert.

Aktualisiert gesprochen, konstituiert sich die romantische Kritik am Logozentrismus der Aufklärung in Ablehnung dessen, was man heute als Tod des Menschen bezeichnet, und das heißt auch: der Vorstellung einer maschinellen Determiniertheit des Menschen durch die ihm zugrundeliegenden Strukturen. Die Maschine, die (etymologisch mit der Maschine verwandte) Mechanik und der Materialismus – sozusagen von Descartes bis La Mettrie – bilden dabei drei Begriffe ein und desselben Projektes, das es im Kontext des romantischen (und schon vorromantischen) deutschen Denkens zu überwinden gilt. So ist die Maschine untergründig auch in jenen Diskursen anwesend, wo scheinbar nicht von ihr die Rede ist, wo es um Begriffe wie „Leben", „Weltseele", „Geist" oder „Organismus" geht. Die Hinwendung zur Natur und zur Kunst, die in der Schellingschen Frühphilosophie als zwei Seiten ein und desselben lebendigen, nicht maschinellen Prozesses angesehen werden, hat entscheidend mit der Ablehnung der „seelenlosen" Maschinerie zu tun. Der künstlerische und der natürliche Mensch sind die logischen Antipoden zur Maschine und zum „Maschinen-Mann", (Jean Paul) wie Novalis in den Fragmenten und Studien 1797-1798 vermerkt: „[...] der Künstler hat den Keim des selbstbildenden Lebens in seinen Organen belebt – die Reizbarkeit derselben für den Geist erhöht und ist mithin im Stande Ideen nach Belieben – ohne äußere Sollizitation – durch sie herauszuströmen – sie, als Werkzeuge, zu beliebigen Modifikationen der wirklichen Welt zu gebrauchen – dahingegen sie beim Nichtkünstler nur durch Hinzutritt einer äußren Sollizitation ansprechen und der Geist, wie die träge Materie, unter den Grundgesetzen der Mechanik, daß alle Veränderungen eine äußre Ursache voraussetzen und Wirkung und Gegenwirkung einander jederzeit gleich sein müssen, zu stehn, oder sich diesem Zwang zu unterwerfen scheint. Tröstlich ist es wenigstens zu wissen, daß dieses mechanische Verhalten dem Geiste unnatürlich und wie alle geistige Unnatur, zeitlich sei." (Novalis, 1969: 394)

Der Künstler (und damit das Genie) wird hier zum Gegenbild des mechanischen und maschinellen Menschen (obschon Novalis konzediert, daß auch beim „gemeinsten Menschen" der Geist sich nicht gänzlich nach den Gesetzen der Mechanik richtet; Novalis, 1969: 394). Er ist mit den Gesetzen der Mechanik nicht zu fassen, sein Tun ist nicht determiniert, sondern willkürlich, jenseits einer festen Abfolge von Ursache und Wirkung, weithin unabhängig von den Einwirkungen eines Außen. Als Schöpfer eines Neuen, bislang Nicht-Dagewesenen gleicht er einem natürlichen Organismus, der „den Keim des selbstbildenden Lebens in seinen Organen belebt". In dieser Verschränkung von Kunst und Leben wird der Organismus zum wenn nicht absoluten, so doch relativen Gegensatz zu Mechanismus, Instrument und Apparat. Diese sind ihrer inneren Struktur nach zeitlos, aber an eine historische Zeit gebunden, während der Geist, obzwar an eine vergängliche Struktur gekoppelt, als historisch zeitlos und so transzendent gedacht ist.

Zuweilen gerät Novalis, dem wohl bedeutendsten und differenziertesten romantischen Philosophen, die Kritik am Mechanismus überaus pauschal und beschwörend, etwa wenn Kepler pathetisch als Gewährsmann für einen spiritualisierten ethischen Kosmos angerufen wird: „Zu dir kehr ich zurück, edler Kepler, dessen hoher Sinn ein vergeistigtes, sittliches Weltall sich erschuf, statt daß in unsern Zeiten es für Weisheit gehalten wird – alles zu ertöten, das Hohe zu erniedrigen, statt das Niedre zu erheben – und selber den Geist des Menschen unter die Maschine zu beugen." (Novalis, 1969: 407)

Damit ist der Grundton eines sehr deutschen Unbehagens angeschlagen, wie er sich von Eichendorff bis Klages, frühgrün aber auch spätlinks, mit anderen Worten immer wieder findet und restituiert. In dieser Kritik bedeuten Mechanik, Maschine und Industrie fast automatisch den Tod des Menschen, den Anbruch einer seelenlosen Zeit.

Entgegen einer landläufigen, von Novalis übrigens nicht favorisierten Selbstinterpretation ist die Bezugnahme auf Kunst und Natur – gegen das drohende mechanische Versiegen der Welt – kein Rückgriff. Die Kulturkritik, die die Romantik potentiell eröffnet, beruft sich auf

Frontispiz von: Thomas Hobbes, *Leviathan or the matter forme*, 1651

Robert Michel, *Monsieur Biscaya*, 1920, Wasserfarbe auf Papier, 30 × 33,7 cm, Barry Friedman Ltd., New York

Prinzipien, die nicht schlicht vorhanden sind, sondern die – nicht zuletzt in Auseinandersetzung mit dem französischen Rationalismus – entwickelt werden müssen. Erst aus dem Horizont der sich ankündigenden Mechanisierung von Natur und Gesellschaft gewinnt die Frage nach dem Innen, nach Subjektivität und dem rational Nicht-Einholbaren ihre Bedeutung, die die Romantik zur Vorläuferin etwa diverser psychologischer Diskurse macht. Insofern ist die Romantik genuin modern, und die naturphilosophischen und ästhetischen Schriften Schellings und Novalis können auch im Sinne folgender Fragen fokussiert werden: Was ist nicht Maschine? Was ist nicht Materie? Was ist nicht Mechanismus? Über die Romantik hinaus, der hier eine Rolle des Initials zuzumessen ist, läßt sich konstatieren, daß seit der radikalen Gegenwärtigkeit der Maschine, sozusagen vom Webstuhl und der Automatenpuppe bis zur digitalen Elektronik, keine Anthropologie perspektivisch genügt, die diese Welt der Apparaturen nicht in Rechnung stellt. In der philosophischen wie in der praktischen Anthropologie, die die Menschen mit sich betreiben, spielt dieser Kontext mit den auskristallisierten Konstrukten einer imaginierten Rationalität eine maßgebliche Rolle. Seither setzt sich der Mensch in Differenz nicht bloß zum Seinsmodus früherer Zeiten, sondern auch zum Status des Maschinellen. Das, was moderne Subjektivität ausmacht, konstituiert sich nicht zuletzt im Wechsel- und Widerspiel zu diesem.

Die Frage nach der Differenz läßt sich auch lokal formulieren: Wo ist nicht Maschine? Wo ist nicht Materie? Wo ist nicht Mechanik? Auch hier ist die bereits erwähnte begriffliche Gegenwelt einschlägig: Lebendigkeit, „Organism", Seele. Aber der Ort des Nicht-Maschinellen ist in einem konzisen Sinn ou-topisch, nicht-örtlich geworden, unauffindbar, aber deshalb noch nicht imaginär. Es ist der Ort eines romantischen Wie-von-Selbst-Bewußtseins, das den Ausgangspunkt des eigenen Schaffens bildet. Es war Schelling, der den Begriff der Freiheit konsequent an die „Lebendigkeit" geknüpft hat. Demgegenüber ist die nicht-organische Natur, aber auch die Maschine das Tote und daher Unfreie. In Auseinandersetzung mit Descartes hält Schelling noch in den Münchner Vorlesungen „Zur Geschichte der neueren Philosophie" (1827) diesen Zusammenhang von Freiheit und Lebendigkeit im Hinblick auf den Gottesbegriff fest:

„Die Lebendigkeit besteht eben in der Freiheit, sein eignes Sein als ein unmittelbar, unabhängig von ihm selbst gesetztes aufheben und es in ein selbst-gesetztes verwandeln zu können. Das Tote, in der Natur z. B., hat keine Freiheit, sein Sein zu verändern, wie es ist, so ist es – in keinem Moment seiner Existenz ist sein Sein ein selbstbestimmtes. Der bloße Begriff des notwendig Seienden würde also nicht auf den lebendigen, sondern auf den toten Gott führen." (Schelling, 1975: 39)

Der Befund läßt sich von Gott (und seiner natürlichen Offenbarung) auf den Menschen und seine *Offenbarung*, die Geschichte, übertragen. Schelling denkt die Geschichte als eine Geschichte der Freiheit, als einen offenen, progressiven und prinzipiell unvorhersehbaren Prozeß. Die ewige Wiederkehr des Gleichen entspricht ebenso der Logik der Maschine (und des Mythos) wie ein determiniertes Programm von Geschichte im Sinn eines Fortschritts-Narrativs (dies bedeutete, in Extrapolation der Position Schellings, die Geschichte als Mega-Maschine). Anders als Hegel und Kant denkt Schelling Freiheit nach dem Muster eines ästhetisch-schöpferischen Prozesses, der etwas Nicht-Notwendiges zutage fördert, mit dem niemand gerechnet hat. Konsequenterweise schließt ein solches Konzept von Freiheit aus, daß es so etwas wie Gesetze der Geschichte und eine (systematische) Philosophie der Geschichte geben könne. Deshalb heißt es in dem Traktat „Ist eine Philosophie der Geschichte möglich?" (1797/98) folgerichtig: „Also: was a priori zu berechnen ist, was nach notwendigen Gesetzen geschieht, ist nicht Objekt der Geschichte; und umgekehrt, was Objekt der Geschichte ist, muß nicht a priori zu berechnen sein." (Schelling, 1985: 298) Aus dieser strengen und exklusiv-negativen Definition von Geschichte folgt, daß es keine Geschichte der Maschine (im genetivus subjektivus, wäre hinzuzufügen), übrigens auch keine der Tiere geben kann: „Wo Mechanismus ist, ist keine Geschichte, und umgekehrt, wo Geschichte ist, ist kein Mechanismus." Und Schelling führt zur Erklärung an: „Können wir uns z. B. die Geschichte einer Uhr denken, die immer regelmäßig (der Einheit ihres

Princips gemäß) geht? Aus doppeltem Grund nicht: einmal, weil in ihr keine Freiheit des Principls, und dann, weil [...] in ihr keine Mannichfaltigkeit der Handlung ist, denn es ist eine und dieselbe immer wiederholte Begebenheit, die wir an ihr sehen. Daher ist auch der Mensch nach der Uhr – der selbst Maschine geworden ist (er aß, trank, nahm ein Weib und starb) – kein Objekt – nicht einmal der Erzählung." (Schelling, 1985: 302)

Die erläuternden Ausführungen in dieser Passage sind aufschlußreich. Hier wird die Uhr gleichsam als der Prototyp des Mechanischen, als die Ur-Maschine angesehen, die einen mechanischen Gleichlauf der Zeit stiftet, der gerade nicht Geschichte ist. Zeit und Geschichte werden an dieser Stelle radikal unterschiedlich gedacht, im Sinn einer Differenz von Quantität und Qualität, und es bleibt die Frage, ob überhaupt die Uhrzeit, die die Zeit der Maschine ist, eine Voraussetzung für eine Geschichtlichkeit darstellt, die insofern ein Zeitliches enthält, als ihr ein progredierendes Moment innewohnt (ein Gerichtetes, dessen Richtung paradoxerweise nicht feststeht). Zeitlicher Ablauf als solcher beinhaltet nämlich keine Geschichte: Nur dort, wo der *Fatalismus*, die Wiederkehr des Immergleichen, überwunden wird, da hat so etwas wie Geschichte statt. Oder wie es Schelling ausdrückt: Eine „Geschichte a priori" ist „widersprechend in sich selbst". (Schelling, 1985: 304)

Insofern der Mensch in diesem Gleichlauf lebt, ist er kein geschichtliches, sondern ein maschinenförmiges Wesen. So tritt hinter dem Unbehagen am Maschinellen ein anderes hervor, ein elementarer Schrecken: daß nämlich der Mensch wenigstens potentiell auch zur berechenbaren und daher ungeschichtlichen Maschine zu werden vermag. Die Maschine zieht den Maschinen-Mann (und die Maschinen-Frau, die weibliche Puppe) nach sich. Eine existentielle Bedrohung romantischer Befindlichkeit ist, daß der durch die Maschine sozialisierte und zivilisatorisch zugerichtete Mensch sich am Ende selbst in eine verwandeln könnte (in eine Menschen-Maschine, bei der die biologisch-organischen Funktionen gleichsam auf mechanische reduziert sind); die andere gipfelt darin, daß die wohlperfektionierte, genügsame Maschine am Ende den Menschen überflüssig zu machen vermöchte. In beiden Fällen lautet die nicht ungeläufige Diagnose, daß der Mensch im emphatischen Sinn verschwindet. Der Mensch, der ißt, trinkt, ein Weib nimmt und stirbt, jener Mensch, der Nietzsches „letztem

Jean-Charles Delafosse, *Les Graveurs à la Grec*, 18. Jhdt., Zeichnung, 36,2 × 48,9 cm, The Metropolitan Museum of Modern Art, The Elisha Whittelsey Collection, The Elisha Whittelsey Fund, 1960

Menschen" aufs Verblüffendste ähnelt, ist ein Lebewesen, das hinter seinen geschichtlichen Möglichkeiten zurückbleibt.

In der Diagnose vermischen sich, wie noch zu zeigen sein wird, exklusive und gesellschaftskritische Momente: das Selbstbewußtsein und der Glaube an die eigene Geschichtlichkeit (im Sinn einer erfüllten Zeit) mit einer durchaus bürgerlichen Kritik an Feudalismus, Philistertum und der kalten, höfischen Frau. Zu dieser Bürgerlichkeit gehört auch die Apotheose eines Typus von Arbeit, die schöpferisch ist und von der Maschine nicht nachvollzogen werden kann, weil diese sich stets nur mechanisch zu reproduzieren vermag. Ein Ergebnis der Infragestellung des Rationalismus und seiner Maschinerie ist wohl jenes, daß Rationalität unmöglich die entscheidende differentia specifica zu sein vermag, die den Menschen, will man ihn von dieser unterscheiden, unverwechselbar auszeichnet; liegt diese Rationalität doch dem Menschen und der Maschine als seinem Produkt gleichermaßen zugrunde. Die Differenz, die der Blick auf die Maschine gleichsam erzwingt, muß etwas Non-Rationales, ein unaufhebbares Geheimnis darstellen. Und genau das ist der Punkt, der Novalis zwischen Leben und Sein unterscheiden läßt. Leben bestimmt Novalis als ein „Schweben zwischen Sein und Nicht-Sein" (im Unterschied zum „reinen" Sein der Maschine). Und nur dieses Sein hat die Philosophie bisher im Auge gehabt: „Hier bleibt die Philosophie stehn und muß stehn bleiben – denn darin besteht gerade das Leben, daß es nicht begriffen werden kann. Nur aufs Sein kann alle Philosophie gehn. Der Mensch fühlt die Grenze, die alles für ihn, ihn selbst, umschließt, die erste Handlung; er muß sie glauben, so gewiß er alles andre weiß." (Novalis, 1969: 295)

Die bisherige Philosophie hat das Lebens methodisch ausgeschlossen; die Wissenschaft und Technik, die dieser episteme folgen, führen fast automatisch zur Maschine, und zwar in einer doppelten Bewegung: Einerseits wird der menschliche Geist nur von seiner materiellen (und das heißt mechanischen und maschinenförmigen) Seite her aufgefaßt, und zum anderen wird nur nach dem „Geist der Materie" (als des einzig faßbaren Objektes von neuzeitlicher Wissenschaft) gefragt.

Novalis formuliert diesen Reduktionismus in einer aphoristischen Engführung: „Sollten wir nur die Materie des Geistes, und den Geist der Materie kennen lernen." (Novalis, 1969: 308)

Schärfer als Schelling ist sich Novalis bewußt, daß das Andere der Maschine seiner ganzen Logik nach keinen Gegen-Ort hat. Weil Novalis um die Gefahr weiß, einem mechanisch-kausalen Materialismus einen Spiritualismus gegenüberzustellen, der dieselbe Struktur aufweist wie der verworfene Materialismus, forciert er die Vorstellung, daß der „Sitz der Seele", der Inbegriff des scheinbar Überkommenen, Religiösen und zugleich überraschend Neuen (das eben Nicht-Maschine ist) ein Nowhereland ist, ein Schnittpunkt, eine Grenze, die nicht objektiv situierbar, sondern nur subjektiv erfahrbar ist: „Der Sitz der Seele ist da, wo sich Innenwelt und Außenwelt berühren. Wo sie sich durchdringen – ist er in jedem Punkt der Durchdringung." (Novalis, 1969: 326)

Der Romantiker ist der Mensch, der einen Sensus für diesen erotisch-unsichtbaren Berührungspunkt entwickelt hat, und romantische Kunst will gerade diesen subjektiven und erregenden Punkt stimulieren. Der „Sitz der Seele", so lautet das Credo dieses Verinnerlichungsprogrammes – sozusagen von Novalis bis Bataille und Blanchot – ist nicht von Philosophie und Wissenschaft auffindbar, sondern entsteht – hier ist das Gegenwort zur

Maschine fällig – organisch in mir. Das heißt aber auch: Die Maschine (und der Maschinen-Mensch) sind außerstande zu solch organischer Entwicklung. Sie ist per definitionem seelenlos, sie entbehrt des erregenden Berührungspunktes zwischen Innen und Außen: „Wie kann ein Mensch Sinn für etwas haben, wenn er nicht den Keim davon in sich hat. Was ich verstehn soll, muß sich organisch in mir entwickeln – und was ich zu lernen scheine ist nur Nahrung-Inzitament des Organism." (Novalis, 1969: 326)

Das Gleichförmige und Maschinelle ist keineswegs auf die verläßlich wiederkehrende Bewegung der Maschine beschränkt. Es ist gerade der Alltag, dem in seiner Regelmäßigkeit etwas Maschinelles innewohnt. Aber während der geniale Mensch, der Nicht-Maschinen-Mensch, diesen Alltag überschreitet, bleibt der „Philister", die verläßliche Gegenfigur aller ästhetischen Avantgarden der letzten zweihundert Jahre, in seinem maschinenförmigen Dasein befangen. In seiner inneren Anteillosigkeit,

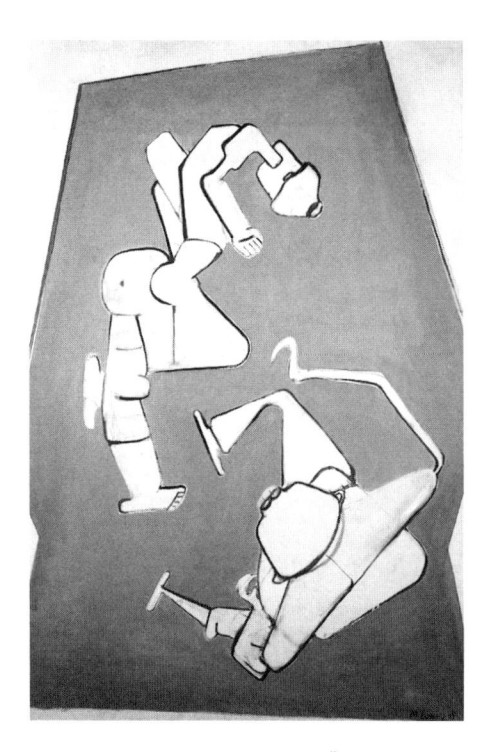

Maria Lassnig, *Science Fiction*, 1963, Öl auf Leinwand, 192 × 128,5 cm, Galerie Klewan, München

in seiner Pedanterie und seinem Gleichmaß ist er die leibhaftige Antizipation der maschinisierten Welt. Die romantische und vorromantische Kritik an der Maschine ist gekoppelt an eine Gesellschaftskritik, die sich gegen ein enges und beschränktes Leben, aber auch – wie noch zu zeigen ist – gegen den Machtapparat des aufgeklärten Absolutismus und seine höfische Etikette wendet, die gleichermaßen unter das Verdikt des Maschinellen geraten: „Unser Alltagsleben besteht aus lauter erhaltenden, immer wiederkehrenden Verrichtungen. Dieser Zirkel von Gewohnheiten ist nur Mittel zu einem Hauptmittel, unserm irdischen Dasein überhaupt – das aus mannigfaltigen Arten zu existieren, gemischt ist. Philister leben nur ein Alltagsleben. Das Hauptmittel scheint ihr einziger Zweck zu sein. Sie tun alles, um des irdischen Lebens [...]."(Novalis, 1969: 341)

Das Mechanische ist der Logik des romantischen Holismus zufolge ubiquitär. Es findet sich in der natürlichen wie in der sozialen Welt, in der sozialen Welt in der Gleichförmigkeit gesellschaftlichen Lebens, in der Natur im Bereich der physikalischen Prozesse. Schelling entfaltet seinen Begriff der Organisation konsequenterweise in Abgrenzung zum „Mechanismus", der nur die untere Ordnung des Organischen darstellt. Im Gegensatz zu Novalis geht es Schelling um die systematische und philosophische Herausarbeitung der Differenz von Mechanismus und Organisation: „Nun ist aber Mechanismus allein bei weitem nicht das, was die Natur ausmacht. Denn sobald wir in das Gebiet der organischen Natur übertreten, hört für uns alle mechanische Verknüpfung von Ursache und Wirkung auf. Jedes organische Produkt besteht für sich selbst, sein Daseyn ist von keinem andern Daseyn abhängig. Nun ist aber die Ursache nie dieselbe mit der Wirkung, nur zwischen ganz verschiedenen Dingen ist ein Verhältnis von Ursache und Wirkung möglich. Die Organisation aber producirt sich selbst, entspringt aus sich selbst; jede einzelne Pflanze ist nur Produkt eines Individuums ihrer Art, und so producirt und reproducirt jede einzelne Organisation ins Unendliche fort nur ihre Gattung. Also schreitet kein Organismus fort, sondern kehrt ins Unendliche fast immer in sich selbst zurück. Eine Organisation als solche demnach ist weder Ursache noch Wirkung eines Dinges außer ihr, also nichts, was in den Zusammenhang des Mechanismus eingreift. Jedes organische Produkt trägt den Grund seines Daseins in sich selbst, denn es ist von sich selbst Ursache und Wirkung. Kein einzelner Theil konnte entstehen, als in diesem Ganzen, und dieses Ganze selbst besteht nur in der Wechselwirkung der Theile." (Schelling, 1985, Bd. 1: 278)

Es sind im wesentlichen vier Merkmale, die Schelling unter Bezugnahme auf die Naturwissenschaften seiner Zeit festhält. Manches an seinem Konzept mag hingegen durchaus an Autopoiese-Konzepte erinnern, wie sie heute etwa von Denkern wie Varela und Maturana favorisiert werden. (vgl. Maturana/Varela, 1984)

Erstens folgen organische Prozesse – an einem entscheidenden Punkt – nicht dem kausalen Prinzip von Ursache und Wirkung. Dieses setzt nämlich radikale Heteronomie voraus: eine Ursache, die außerhalb einer Entität liegt. Demgegenüber wird der Organismus als ein autonomes Prinzip verstanden, das seine Ursache gleichsam in sich trägt.

Zweitens ist der Organismus autonom, oder, um ein zeitgenössisches Wort zu gebrauchen, autopoietisch (so wie sein menschliches Pendant, das Genie, auch). Seine Tätigkeit resultiert nicht so sehr daraus, daß es einer Einwirkung von außen folgt, sondern seiner immanenten Logik, einem inneren Zirkel, der von sich selbst ausgeht und in sich selbst zurückführt. Anders als der nicht-maschinelle, künstlerische Mensch, das Genie, verbleibt der Organismus stets in sich selbst, er kennt keine Geschichte im Sinne Schellings.

Drittens ist der Organismus holistisch: Jede einzelne Pflanze stellt nur eine Variante ihrer Art dar, steht für das Ganze ihrer Gattung, bewegt sich nicht darüber hinaus. Die einzelne Pflanze reproduziert sich und stirbt. Novalis formuliert den „Geist der Mechanik" als ein abstraktes Ganzes ohne Bezug auf seine Teile: „Geist der Mechanik – ist wohl Geist des Ganzen ohne Bezug auf die Teile oder die Individualität." (Novalis, 1969: 430)

Damit ist viertens ein dynamischer Prozeß der Reproduktion gegeben. Die ewige Wiederkehr des Gleichen verläuft über den Tod und die Reproduktion des jeweils einzelnen Exemplares. Demgegenüber ist die Maschine, so läßt sich folgern, statisch, das heißt, sie stirbt und reproduziert sich nicht. Was ewig wiederkehrt, ist, solange die Maschine funktioniert, ihre vorhersehbare mechanische Bewegung (wie etwa der Zeit-Maschine Uhr). Zwischen der ewigen Wiederkehr der organischen Produktion und der der Maschine besteht diesem Konzept zufolge ein kardinaler Unterschied.

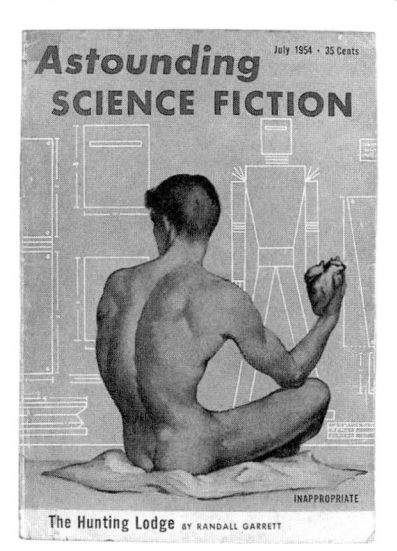

Titelblatt von: *Astounding Science Fiction*, Juli 1954, Sammlung Dr. Rottensteiner, Wien

Das Konzept des Novalis differiert von jenem Schellings in mehrerlei Hinsicht. Novalis verläßt sich nicht auf die systematische Differenz von Mechanismus und Organismus, sondern markiert demgegenüber eine perspektivische Grenze im Sinne von Innen und Außen: Nur von einem Innen ist ein Außen verortbar, und umgekehrt das Innen vom Außen. Die Grenzlinie zwischen beiden ist methodisch zwingend unsichtbar und unverortbar. Epistemisch und praktisch besitzt der Mensch – im Unterschied zu Mechanismus wie Organismus – die Fähigkeit, aus sich herauszugehen. Das aber ist für das Verständnis der Maschine wie für die Selbstreflexion maßgeblich. Maschine und (organische) Natur lassen sich nur vom Menschen aus denken, den Novalis an einer Stelle als ein „übersinnliches Wesen" charakterisiert: „Das willkürlichste Vorurteil ist, daß dem Menschen das Vermögen außer sich zu sein, mit Bewußtsein jenseits der Sinne zu sein, versagt sei. Der Mensch vermag in jedem Augenblick ein übersinnliches Wesen zu sein. Ohne dies wär er nicht Weltbürger [...]." (Novalis, 1969: 327)

Novalis öffnet theoretisch einen Vorhang, der bei Schelling verschlossen blieb: Die radikale Frage nach der menschlichen „Natur", deren Dynamik darin besteht, daß das einzelne Exemplar nicht nur organisch stirbt und sich reproduziert, sondern potentiell darüber hinausgeht. Dieser anthropische Überschuß, diese geschichtliche Freiheit (Schellings) manifestiert sich in Artefakten, in symbolischen und instrumentellen. So fällt die Frage nach der Maschine mit der nach dem Menschen zusammen, läßt sich erstere nicht als beklagenswerte Ausgießung eines mechanischen Geistes auffassen. Sie sind vielmehr Produkte jener Einbildungskraft, deren Emanzipation die Romantik betreibt. Denn das Vermögen, übersinnlich und außer sich zu sein, hängt offenkundig mit jenen Maschinerien zusammen, die dem Menschen seit der Romantik zugleich wesenslogisch zu schaffen machen.

„Werkzeuge armieren den Menschen. Man kann wohl sagen, der Mensch versteht eine Welt hervorzubringen – es mangelt ihm nur am gehörigen Apparat – an der verhältnismäßigen Armatur seiner Sinneswerkzeuge. Der Anfang ist da. So liegt das Prinzip eines Kriegsschiffs in der Idee des Schiffsbaumeisters, der durch Menschenhaufen und gehörige Werkzeuge und Materialien diesen Gedanken zu verkörpern vermag – indem er durch alles dieses sich gleichsam zu einer ungeheuern Maschine macht.

So erforderte die Idee eines Augenblicks oft ungeheure Organe – ungeheure Massen von Materie, und der Mensch ist also, wo nicht actu, doch potentia, Schöpfer" (Novalis, 1969: 344). Als Exemplar einer natura naturans ist der Mensch Schöpfer einer (selbst als unschöpferisch gedachten) Welt (einer reinen *natura naturata*). Mittels eines Komplexes von Maschinen und Apparaturen „armiert" er sich und seine Sinneswerkzeuge – wie es in der Sprache des Krieges heißt. Das setzt aber voraus, daß den Sinneswerkzeugen selbst etwas Mittelhaftes und Maschinelles zugrundeliegt, oder anders ausgedrückt: etwas Mediales.

Wenn Novalis von Maschinen und Apparaturen spricht, denkt er nicht allein an Kriegsschiffe oder optische Geräte, sondern auch an soziale Gegebenheiten. Der moderne Staat seiner Zeit etwa ist in seinen Augen: „[...] eine künstliche, sehr zerbrechliche Maschine – daher allen genialischen Köpfen höchst zuwider – aber das Steckenpferd unserer Zeit. Ließe sich diese Maschine in ein lebendiges, autonomes Wesen verwandeln, so wäre das große Problem gelöst. Naturwillkür und Kunstzwang durchdringen sich, wenn man sie in Geist auflöst. Der Geist macht beides flüssig. Der Geist ist jederzeit poetisch. Der poetische Staat – ist der wahrhafte, vollkomme Staat." (Novalis, 1969: 351)

Gerade an dieser Stelle läßt sich zeigen, daß das romantische Potenzierungsprinzip keineswegs auf den Bereich von Kunst und Literatur beschränkt sein soll, sondern gerade das Feld von Gesellschaft und Politik umgreift. Dem Staat als Maschine wird ein Staat gegenübergestellt, der ein Kunstwerk ist, ein Organismus, der sich auf den *ganzen* Menschen bezieht, nicht nur auf seinen Körper (wie der Maschinenstaat), sondern auch auf seine Seele. In der politischen (dem preußischen Königspaar zugeeigneten) Aphorismensammlung „Glauben und Liebe" (1798) unternimmt Novalis den Versuch, die nüchterne moderne Staats-Maschine in ein lebendiges, autonomes Wesen zu transformieren.

Was Novalis vorschwebt, ist eine strikt ethische und zugleich ästhetische Staatsgesellschaft, die dem Geist des Genialen wie dem Prinzip von Gleichheit und Freiheit Rechnung trägt und Monarchie und Republik zu einer neuen Einheit verschränkt: „Der echte König wird Republik, die echte Republik König sein." (Novalis, 1969: 359) König und Königin sind, in Nachfolge der Lehre von den „zwei Körpern des Königs" (vgl. Kantorowicz, 1990), als mystische und exemplarische Konfigurationen, als Personifikationen des gesellschaftlich Imaginären (Castoriadis, 1984: 196-282, 559-609) gedacht, die gleichsam das Leben des modernen Maschinen-Staates mit Leben erfüllen, wie überhaupt das gesamte politische Leben einen zweiten – ästhetischen – Körper erhalten soll, der das seelische Moment sichtbar macht. Die Monarchie verkörpert so das personale, das organische und oligarchische ethisch-ästhetische Prinzip, das, was das Alltagsleben der Menschen, des Philisters übersteigt: „Meinethalben mag jetzt der Buchstabe an der Zeit sein. Es ist kein großes Lob für die Zeit, daß sie so weit von der Natur entfernt, so sinnlos für Familienleben, so abgeneigt der schönsten poetischen Gesellschaftsform ist. Wie würden unsre Kosmopoliten erstaunen, wenn ihnen die Zeit des ewigen Friedens erschiene und sie die höchste gebildetste Menschheit in monarchischer Form erblickten?

Zerstäubt wird dann der papierne Kram sein, der jetzt die Menschen zusammenkleistert, und der Geist wird die Gespenster, die statt seiner in Buchstaben erschienen und von Federn und Pressen zerstückelt ausgingen, verscheuchen, und alle Menschen wie ein paar Liebende zusammenschmelzen." (Novalis, 1969: 357)

Es fällt schwer, diesen organischen, gegen bürokratische Maschinerie konzipierten Idealstaat nach heutiger politischer Maßgabe einzuordnen. Entgegen einer weit verbreiteten Romantik-Kritik läßt er sich nämlich weder eindeutig links noch rechts lokalisieren. Mit neuzeitlichen Staatsutopien hat Novalis' Konzept gemeinsam, daß ihm die Kategorie des Politischen und die damit verbundenen Vermittlungsformen fehlen (oder diese als negativ beurteilt werden). Regeln in den klassischen Utopien Rationalität und der Geist der Wissenschaft das Gemeinwesen, so vollzieht sich bei Novalis die Verschmelzung der Staatsbürger zu einer kollektiven unio mystica durch die Mächte des Glaubens und der Liebe. Trotz unübersehbarer organischer und restaurativer Momente ist das staatliche Kunstwerk des Novalis, der Anti-Maschinenstaat, nicht mit Restauration und Reaktion gleichzusetzen. Abgesehen davon, daß auch die gegenwärtigen westlichen Demokratien monarchische Momente enthalten und auf die Ästhetisierung des *Staatskörpers* angewiesen sind, beinhaltet Novalis Bild einer monarchisch überhöhten Republik, das durch ein Bürger-Königs-Paar symbolisiert wird, zugleich Kritik am höfischen Feudalismus seiner Zeit und steht den Prinzipien von Gleichheit und Freiheit prinzipiell positiv gegenüber.

Der romantische Staat des Novalis ist überdies pazifistisch und kosmopolitisch im Sinne Kants, ein Weltstaat, der durch Schönheit und Geselligkeit „beseelt" wird: „Der Weltstaat ist der Körper, den die schöne Welt, die gesellige Welt – beseelt. Er ist ihr notwendiges Organ." (Novalis, 1969: 323)

Ein Provinzialstaat, dem es an der Dimension des Gesellig-Schönen und Weltläufigen ermangelt, ist jener, der in den Werken von E. T. A. Hoffmann anzutreffen ist. Durchgängig, vom „Meister Floh" über „Kater Murr" bis zu „Klein Zaches", ist die liberale Kritik am Obrigkeitsstaat mit dem romantischen Unbehagen an dessen seelenlosem Mechanismus verknüpft, am signifikantesten in „Klein Zaches", wo die Einführung der Aufklärung verhängnisvolle Folgen zeitigt. (Hoffmann, 1967, Bd. 2: 126; Müller-Funk, 1985: 200-214; eine neuere Gesamtdarstellung ist Barkhoff, 1995) Diese führt zur lückenlosen Ordnung von Verkehr, Schulwesen, Landwirtschaft und Bürokratie und vor allem zur Vertreibung der Poesie aus dem neu organisierten Gemeinwesen. Diese schon auf Grund ihrer Marginalität lächerliche rational-autoritäre Staatsmaschinerie reproduziert sich in Gestalt eines Blendwerkes namens Zinnober, eines quasi-virtuellen Geschöpfes, das, ferngesteuert von einer verbannten Fee, sich den Anschein von Größe zu geben vermag und fremde Leistungen als die eigenen erscheinen läßt. Diese Simulationsmaschinerie ist gleichsam die Rache für die staatlicherseits verbannte Phantasie; ihre Wirksamkeit hängt aufs engste damit zusammen, daß die Bürger dieses ins Märchenhafte verfremdeten Aufklärungsstaates wie besessen davon sind, in dem häßlichen Zwerg Klein Zaches den glänzenden Zinnober zu sehen. Darin beruht zum einen die Wirksamkeit der „Alraune", des Blendwerks, das der aufklärerische Staat hervorbringt, zum anderen aber hat sie damit zu tun, daß Klein Zaches eine ferngesteuerte Marionette ist, die in sich zusammenbricht, als die Zaubermacht der Fee Rosabelverde von einem Gegen-Zauber außer Kraft gesetzt wird. Der Zusammenbruch der Herrschaft des häßlichen Zwerges, der zugleich den aufgeklärten Absolutismus allegorisiert, eröffnet in Hoffmanns Anti-Aufklärungs-Märchen die Möglichkeit zu poetischeren und liberaleren Formen politischer Vergesellschaftung.

Die Maschine, das ist die bis ins Unwirkliche ferngesteuerte Marionette, die einem anderen Willen unterliegt, die eben nicht autonom ist wie der Organismus (dessen Gestalt sie vortäuscht) und die letztlich, dem Prinzip von Ursache und Wirkung unterworfen, heteronom konstruiert ist. Die Auseinandersetzung mit der Maschine evoziert die Angst, der Mensch selbst könnte die Maschine anderer Wesen sein, wie dies in Jean Pauls frühem Text „Menschen sind Maschinen der Engel" (1785) explizit zum Thema gemacht wird.

Diese spielerische Kleinprosa, die die übliche Form der Satire sprengt, erweist sich als eine theoretische Versuchsanordnung, die Maschine zu denken. Von der Satire unterscheidet sie sich dadurch, daß mit der spielerisch vorgetragenen Idee sogleich Ernst gemacht wird. En passant liefert der schriftstellernde Gelegenheitsphilosoph einen so krausen wie abgründigen Beitrag zum Thema „Theodizee" (das er kunstvoll mit der Problematik des geozentrischen Weltbildes verknüpft), indem er deren anthropozentrische Voraussetzung klarlegt und bloßstellt: Wer sagt uns denn, daß die Welt, für uns, die Menschen, die beste aller möglichen Welten sei und nicht etwa für andere Wesen, deren ausführende Werkzeuge wir sind? Und wenn man „die stolze Einbildung aufzugeben" hat, wonach „die ganze Welt blos unsertwegen existiere und daß die Sterne nichts anders als die messingen Himmelsknöpfe wären", dann liegt es – so Jean Paul – nahe, sich mit dem Gedanken anzufreunden, „daß wir bloß gewisser höherer Geschöpfe wegen hienieden leben, die wir Engel nennen und daß diese die wahren Bewohner dieser Erde, wir aber nur der Hausrath derselben sind."

Dieser zunächst scheinbar scherzhaft vorgetragene Gedanke wird nun konsequent durchgeführt: „Denn es ist keine poetische Redensart, sondern kahle nackte Wahrheit, daß wir Menschen bloße Maschinen sind, deren sich höhere Wesen, denen die Erde zum Wohnplatz beschieden worden, bedienen." (Paul, 1927, Bd. II/2: 439)

Die Kempelensche Schachmaschine, die Jean Paul ebenso nachhaltig angeregt hat wie dessen Sprachmaschine, erscheint unter diesem Blickwinkel als eine schlechte Kopie eines Originals, und die Menschen sind nicht bloß „Maschinen der Engel", sondern deren schlechte Nachahmer: Maschinen, die Maschinen erzeugen. Der Rückgriff auf ein Phantasma des Esoterischen zeitigt erstaunlich enttäuschende, ja, entzaubernde und skeptische Wirkungen, desavouiert er doch das aufklärerische Menschenbild des Menschen als Souverän und Mitschöpfer seiner selbst. In dieser gedanklichen Konstruktion ist die entscheidende Differenz zwischen Mensch und Maschine vollständig getilgt, nimmt die Ähnlichkeit zugunsten des Unterschiedes beklemmend zu. Ähnlichkeit und Unterschied sind die beiden Pole, innerhalb deren sich der Diskurs über das Unheimliche der Maschine bewegt: Erst in der Kombination von Ähnlichkeit und Differenz kommt der elementare existentielle und *kosmogonische* Schrecken zum Austrag, der den romantischen Umgang mit der Maschinerie kennzeichnet; der Impetus, der dahinter steht, wird nicht selten mit organischen Metaphern belegt: Die Maschine ist wie in dem Text der „Einfältigen, aber gut gemeinten Biographie einer neuen, angenehmen Frau von bloßem Holz" eine Kopfgeburt, ein Phantasma. Auffällig bleibt, daß Ähnlichkeit und Differenz nicht bloß auf die Funktionsweise der Maschine bezogen werden, sondern vornehmlich auf deren Äußeres. Die Puppe und der Automat sind, obschon nutzlose Spielfiguren zum Zeitvertreib, die Leitmetapher, um das, was man heute als das Imaginäre der Maschine bezeichnen könnte, zu begreifen. Die romantische Vorliebe für den maschinell reproduzierten Kunst-Menschen hat ganz offenkundig mit eben der Perspektive zu tun, die Maschine als falschen und wahren Doppelgänger des Menschen auszuweisen und in der Welt des Fiktiven, der Literatur, zur Aufführung zu bringen. Erst diese *Ästhetik* rückt die Maschine in die Nähe des Monströsen und Mythischen, die in der materialistisch-aufklärerischen Perspektive nicht vorgesehen sind.

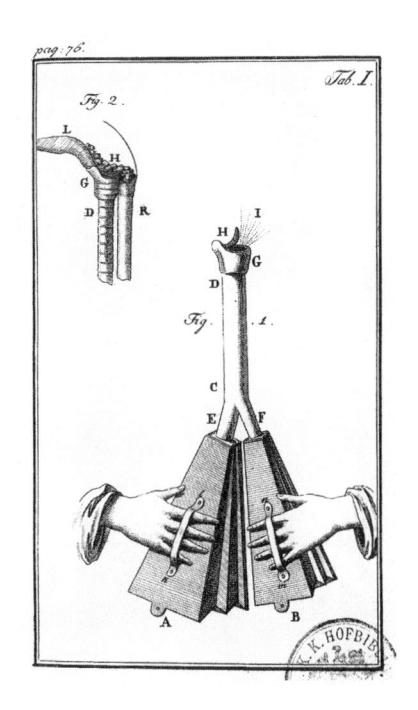

Künstliche Lungenfunktion, Illustration in: Wolfgang von Kempelen, *Mechanismus der menschlichen Sprache nebst der Beschreibung seiner sprechenden Maschine*, Kupferstich, Wien 1791, Österreichische Nationalbibliothek, Wien

Hinter dem Postulat eines verstörend intimen Verhältnisses von Mensch und Maschine steckt offenkundig die Erfahrung von Heteronomie und Alterität eines Subjektes, das weiß, daß es sich nicht in der Hand hat. Diese unheimliche Andersheit wird in dem Text von Jean Paul im Sinne eines maschinellen Daseins interpretiert, und das heißt vor allem, wenn man sich die zeitlich spätere Definition Schellings vor Augen hält: Ebenso wie die Maschine sich im Unterschied zum autonomen Organismus einer Wirkung und einem Willen von außen verdankt, ist auch der Mensch gleichsam ferngesteuert.

Zwischen den Medien mesmeristischer Sitzungen, die mit Hilfe einer komplexen Apparatur, von einem fremden (menschlichen und übermenschlichen) Willen gesteuert, sprechen und agieren, und den Kopfgeburten ingeniöser Erfinder besteht eine erhellende strukturelle Homologie, wie ein Seitenblick auf zwei Erzählungen E. T. A. Hoffmanns, „Der Magnetiseur" und „Der Sandmann", zeigt. Maria, die mesmerisierte Frau, und Olimpia, die Puppe von Professor Spalanzani, zeichnen sich beide dadurch aus, daß sie schweigen und – banal, aber wichtig – daß sie Frauen sind. Sie schweigen, weil sie sich – das eine Mal als Testperson für die mesmeristische Übertragung, das andere Mal als Blickfang männlicher Projektion herhaltend – besonders gut für einen Prozeß eignen, der in den beiden Erzählungen, nimmt man sie zusammen, ein gegenläufiger ist: Die magnetische Behandlung verwandelt die Frau in einen psychischen Apparat, während der imaginäre männliche Blick, der die tote Puppe phantasmatisch besetzt, sie gleichsam zum Leben erweckt und alles Maschinenhafte im Sinn eines fest umrissenen Bildes von Weiblichkeit umdeutet. Weil dieses Bild fix und fixiert ist, muß die starre, schweigende, stille Automaten-Frau (jenes Wesen, das Nathanael die reale, alltägliche Frau vergessen läßt, die nicht umsonst Klara heißt) beinahe zwangsläufig als himmlisch erscheinen. In dieser Befangenheit ist die Maschine die ideale Frau und die himmlische Superfrau, das Reprodukt der imaginären, ja, geheimnisvollen Frau, die Distanz hält und deren kalte Ferne dafür sorgt, daß das Spiel der Einbildungskraft kein Ende findet. In diesem Blick auf die Maschine ist jene Ausdruck der Resurrektion von Mythos und Märchen.

René Magritte, *L'Age des Merveilles (Das Zeitalter der Wunder)*, 1926, Öl auf Leinwand, 121 × 80 cm, Privatsammlung, München

Die männliche Erzeugung des Weiblichen als eines verfügbaren Mediums und Apparates hat Jean Paul satirisch durchleuchtet. In der „Einfältigen, aber gut gemeinten Biographie" ist die Perspektive schon dadurch eine völlig andere, als der Konstrukteur und der Liebhaber in Personalunion vereint sind: „Meine Frau ist so alt wie mein Kanapee, 49 Jahre; gerade so lange ist es auch, daß ich mit ihr im harten Stande der Ehe lebe [...]." (Paul, 1927, Bd. I/2: 493)

Satire bedeutet: Verschiebung der gewohnten Perspektive. Im romantischen Kontext begegnet uns der Konstrukteur des maschinellen Doppelgängers (wie auch der Magnetiseur, der die Frau zur gefügigen psychischen Apparatur macht) nicht selten als dämonisch-magischer Agent finsterer Mächte, als hypertropher Sekundärdemiurg, als Konfiguration einer unheilvollen und frevelhaften Selbstüberhebung; bei Jean Paul hingegen ist er ein Philister, der in der gefügigen, stummen, hölzernen Ehefrau sein passendes Pendant findet. Umgekehrt hat sich auch das Verhältnis zwischen Kopie und Vorbild. Denn die lebenden Frauen sind es, die auf überraschende Weise der konstruierten Puppen-Frau ähneln. Die Kopie wird zum nachgeahmten Vorbild. Kurzum, die Maschinen-Satire erweist sich zugleich als eine Gesellschaftssatire, in der mit einem bestimmten Typus von Weiblichkeit ‚aber auch mit der Künstlichkeit des feudalen Lebens schonungslos abgerechnet wird.

Die hölzerne Prima Donna, raffiniert geschminkt und aufgeputzt, übertrifft ihre lebenden Geschlechtsgenossinnen meilenweit, und sie kann auch – mittels einer raffinierten Mechanik – artige poetische Verse schreiben. Keine der lebenden Frauen vermag mit ihrer Enthaltsamkeit in puncto Essen und mit ihrer Pariser Mode mitzuhalten. Die hölzerne Frau ist in ihrer perfekten Künstlichkeit und Kühle der Inbegriff des französischen Menschen, der hier als Gegenbild gilt, und zwar in doppelter Weise: Denn das Pendant zu dem toten, künstlichen Modepüppchen ist der materialistische Maschinenmann, der Feudalist par excellence, der sich mit Maschinen umgibt wie mit Kammerdienern.

Satirisch ist auch die Bezeichnung „Biographie", denn wenn die Kopie, die vollkommener und vorbildlicher ist als das Original, eines nicht hat, dann ist das eine *Biographie* im Sinn des 18. Jahrhunderts mit seinem emphatischen Bildungsbegriff, der noch einmal als Metapher die Vorliebe für das Organische gegenüber dem unbildungsfähigen Maschinellen verdeutlicht. Ihre Lebensgeschichte ist eine *Kosmogonie*, aber sie ereilt, das ist die Schlußpointe, das Schicksal der Endlichkeit: „Ich wünschte, meine Gattin würde nicht von Stunde zu Stunde baufälliger und abschätziger, und ihr Leben suchte nicht wie dieser Aufsatz mit weiten Schritten sein Ende. Es ist ein einfältiger Satz, aber er ist wahr, daß man in kurzem von ihr sagen wird, was jeder Indianer von einer stillstehenden Uhr behauptet: sie ist gestorben, oder auch wir von vielen Fürsten, die vorher lebten." (Paul, 1927, Bd. I/2: 519)

Auch Maschinen sind – so lautet die „einfältige" Lebensbilanz – sterblich: Tod durch Materialverschleiß, der Tod eines durch und durch unnützen „Wesens", des Ebenbilds der aufgeputzten Dame.

Ausgangspunkt der Satire ist eine spezifisch protestantische Bürgerlichkeit, die Befindlichkeit des homo faber (Hannah Arendt), der sich gegen die Nutzlosigkeit virtueller Menschen-Maschinen, gegen Schein und Ästhetisierung, gegen Raffinement und Verschleierung des buchstäblich Nichtigen richtet und seine Existenz durch die substituierende Qualität der praktischen Maschinen bedroht sieht. Der bürgerliche Mensch traditionellen Zuschnitts definiert sein Dasein über eine handwerkliche oder – wie im Falle des Künstlers – über eine ästhetische Arbeit. Die Arbeitsmaschinen einerseits, die Sprach- und Denkmaschinen andererseits werden daher als existentielle Bedrohung verstanden, so etwa in dem ironischen Traktat „Unterthänigste Vorstellung unser, der sämmtlichen Spieler und redenden Damen in Europa entgegen und wider die Kempelischen Spiel- und Sprachmaschinen". Der Text stellt einen unmittelbaren Konnex zwischen Maschinisierung und Selbst-Automatisierung des Menschen her: Die künstlich-maschinisierte Verhaltensweise geht der Maschine voran, wie diese umgekehrt die Maschinisierung des Menschen befördert: Im Anschluß an Maschinen von Kempelen schreibt Jean Paul mit ironischem Seitenhieb auf die Spieler und Damen der feudalen Salons: „Was aber uns Damen und Spielern allzunahe angeht, ist, daß er uns Brod und Arbeit aus der Hand schlagen will. Denn es muß aus dem Wiener Neuigkeitenblatt schon der großen Welt bekannt sein, daß er um ein Privilegium eingekommen, die ** Staaten mit Spiel- und Sprechmaschinen bloß aus seiner Fabrik zu versorgen. Deßgleichen sollen sogleich auf der ersten Messe so viele Sprachmaschinen versendet werden, daß man bis an den jüngsten Tag gar keine Damen mehr vonnöten hat, welche reden, und in Auerbachs Hof will er persönlich zur Probe mit einer weiblichen Sprechmaschine am Arm öffentlich herumrücken, welche um Galanteriewaren so lange feilschen soll, bis sie selbst abgekauft wird. [...] er hat seine böse Absicht erreicht, wenn durch diese Veranstaltung künftighin an allen Spieltischen in den Assembleen und an allen Spieltafeln in den Dorfschenken keine einzige lebendige Seele mehr sitzt." (Paul, 1927, Bd. I/2: 276)

Der vorgebliche Protest der Damen und ihrer Galans schlägt in eine ernstgemeinte Kritik an der Maschine um, wenn die Perspektive sich von diesen auf die zunehmende Gleichförmigkeit der Verwaltung und auf die soziale Situation der Spinnweber richtet: „Sollen wir [die Spieler und die Damen, A. d. V.] aber zur allgemeinen Einführung von Maschinen still sitzen, die durch die größere Dauer und Güte ihres Redens und Spielens uns völlig ruinieren müssen? Uns dünkt, in andern Handwerken litt man bisher den Gebrauch solcher zu arbeitsamer Maschinen nicht.

Schon von jeher brachte man Maschinen zu Markt, welche die Menschen außer Nahrung setzten, indem sie die Arbeiten derselben besser und schneller ausführten. Denn zum Unglück machen die Maschinen allezeit recht gute Arbeit und laufen den Menschen weit vor. Daher suchen Männer, die in der Verwaltung wichtiger Ämter es zu etwas mehr als träger Mittelmäßigkeit zu treiben wünschen, so viel sie können, ganz maschinenmäßig zu verfahren und wenigstens künstliche Maschinen abzugeben, da sie unglücklicher Weise keine natürliche sein können. An vielen Orten durfte man die Einführung der Bandmühle nicht wagen, weil unzählige Bandweber zu verhungern drohten. In Chemnitz kamen vor Kurzem alle Spinner und Spinnerinnen mit einer deutschen Vorstellung gegen die neuen Spinnmaschinen ein, die besser und mehr als 25 Menschen spinnen und weder zu Nachts noch (da sie nimmermehr Glieder der unsichtbaren Kirche sein können) am Sonntage abzusetzen brauchen." (Paul, 1927, Bd. I/2: 277)

Hier liegt, im harten Bereich der Maschinerie, bereits eine klassische *humanistische* Kritik an der Maschinerie vor, die später zwischen Rechts und Links, zwischen Konservatismus und Revolution changieren wird: Die *natürliche* Maschine wird als ein Medium der Depotenzierung des Menschen zur *künstlichen* Maschine verstanden. Jean Paul ergreift an dieser Stelle unmißverständlich die Partei der Maschinenstürmer, die den (englischen) Spinnmaschinen eine „deutsche" Vorstellung geben. [2]) Die Maschine, die Apparatur der Automation von Arbeit bedroht das menschliche Privileg der Arbeit, die Welt des homo faber, der „seine Werkzeuge und Geräte erfunden" hat, „um mit ihnen eine Welt zu errichten, aber nicht, oder doch nicht primär, um dem menschlichen Lebensprozeß zu Hilfe zu kommen". (Arendt, 1981: 137) Das, was Hannah Arendt in Anschluß an Aristoteles Konzept der poiesis „Herstellen" nennt (im Unterschied zu rein körperlicher Arbeit) und handwerkliche Tätigkeit ebenso umfaßt wie künstlerische, besitzt sein eigenes Telos. Oder anders ausgedrückt: Der neuzeitliche Humanismus verdankt, anders als der antike, sein Pathos der herstellenden und intelligenten Arbeit, in der der Mensch sich als Subjekt erfährt, das seine Werkzeuge souverän einsetzt und durch seine Tätigkeit eine festgefügte Welt erbaut, in die er eingebettet ist.

Erst wo dieses Telos – so die Argumentationslinie – durch das der schieren Produktivität ersetzt wird, ist es um die Souveränität menschlichen Herstellens geschehen. Denn die Maschinen, die Jean Paul anspricht (und die nicht selten zynisch-unbekümmert Frauen-Namen tragen) sind, wie schon die hölzerne Ehefrau, anspruchsloser, vor allem aber fleißiger und vollkommener. Daß sie die menschliche Arbeit zu substituieren vermögen, hängt damit zusammen, daß bestimmte Aspekte des Herstellens selbst mechanisch und damit reduzierbar sind und etwas, das im zwischenmenschlichen Bereich satirisch wirksame Utopie bleibt.

Anonym, *Automates de Vaucanson*, Paris (Die Automaten Vaucansons), 1750, Radierung, Bibliothèque nationale de France, Paris

Den anderen Aspekt, der uns seit Marx geläufig ist, die Umkehrung des Verhältnisses von Instrument und Benutzer, die Anpassung des letzteren an das zu Maschine gewordene, (scheinbar) selbstläufige Instrument, behandelt Jean Paul nicht am Beispiel der Spinnmaschine, sondern interessanterweise anhand der Bürokratie, und zwar im Sinn einer sisypheischen Anpassungsleistung des Menschen an die so produktive Maschinerie. Die Entstehung der modernen *rationalisierten* Verwaltung hängt für Jean Paul unmittelbar mit der Einführung der Maschine ins gesellschaftliche Leben zusammen. An dieser Stelle kommt Jean Pauls Interpretation der Bürokratie als Verwaltungsmaschine der Novalisschen Interpretation des modernen, aufgeklärt-absolutistischen Staates als einer mechanischen Einrichtung sehr nahe.

Medium des Einspruchs ist für Jean Paul die nichtmechanisierbare, willkürlich-unwillkürlich irrlichternde, satirisch oder ironisch gebrochene Prosa, die der Hypothesenbildung freien Lauf läßt und die um die Vergeblichkeit des Protestes weiß. In diesem Sinn sind auch die beiden Beschreibungen des „Maschinen-Mannes" zu verstehen, die aus

Anonym, *Pseudo-canard de Vaucanson*, (Kopie der Vaucansonschen Ente), Ende 19. Jhdt. Photographie, 20,9 × 14,8 cm, Musée National des Techniques du C.N.A.M., Paris

Robert Seymour (Shortshanks), *Shaving by Steam (Rasur mit Dampfmaschine)*, um 1810, handkolorierter Kupferstich, 30 x 42 cm, The Science Museum, London

einer verfremdeten-saturnalischen Perspektive vorgenommen werden: Der Maschinen-Mann, als der Protoyp des dix-huitième, wird vom Erzähler einem exterrestrischen Publikum vorgestellt und rückt dadurch in die exotische Perspektive ein. Maschinisierung bedeutet: Auslagerung körperlicher Prozesse. Deshalb fügt der Erzähler den bekannten Spielmaschinen und -automaten oder sonstigen Instrumenten (wie den Maschinen Kempelens, der Ente Vaucansons, den Figuren von Jaquet Droz, dem Chronometre Renaudins) noch weitere Erfindungen hinzu wie eine vollautomatische „Käumaschine", Schreib-, Sprach-, Rechen-, Musik- und Buchmaschinen, oder eine „Bartroßmühle", die Krünitz ökonomischer Enzyklopädie entnommen sein soll, die angeblich „eine ganze Fakultät von 60 Bärten" binnen einer Minute „überscheeren" kann. (Paul, 1927, Bd. I/2: 278) Auch eine Betmaschine, eine moderne Version des „Beträdlein der Kalmücken" findet Erwähnung, die noch einmal die Geistlosigkeit des gedankenlos Abgespulten (hier im Bereich der Religion) versinnbildlicht.

Wenn die Maschine als ein feudales Phänomen angesehen wird, erfunden von einer Spezies Mensch, die zu faul zum Arbeiten ist, liegt es nahe, den Maschinen-Menschen als einen feudalen König zu zeichnen, der seine Dienstboten mechanisiert hat. So stellt der Erzähler, der Leser Swifts und Popes, den Maschinen-Mann als den König der exotischen Insel Barataria (der Heimstatt des Sancho Pansa), als Herrscher eines satirisch beleuchteten Science-Fiction-Reiches, als einen nomadischen Menschen dar, der seine Omnipräsenz durch den Versand von Visitenkarten garantiert: „Der Maschinenkönig war, als ich landete, schon aufgeweckt, seine Bette- und Fenstervorhänge schon aufgezogen, Licht und Feuer schon gemacht – alles von Morgues Wecker. Er und und seine Dienerschaft hatten eben die Kinne in die Bartroßmühle gesteckt und wurden von dem darin trabenden Gaule durch ein Mühlenrad in corpore balbiert. Als er glatt war, mußte sein Arm- oder Deltamuskel – so hieß ein Leibpage, der sein dritter Arm war und der das Schnupftuch an ihm handhabte, wenn er niesete und der ihm Schnupftabak eingab wie einem Pferde Arznei – sogleich laufen und die Sprechmaschine holen und sie seinem Bauche vorbinden. Der Maschinenmann griff auf der Tastatur die ersten Akkorde der Ouvertüre, welche hießen: 'Ihr ganz Gehorsamster! guten Morgen!'" (Paul, 1962, Bd. 4: 902)

Natürlich ist dieser Maschinen-Mann, der „sich von seinen Leuten wie einen Kegel aufstellen" läßt, ein Franzose, dessen Aufschreibsystem „längst als Semiotik und Signatur der Pariser Notifikationsschreiben bekannt gewesen". (Paul, 1962, Bd. 4: 903) Die Bibliothek des Maschinenkönigs besteht nicht mehr aus Büchern, sondern – was nicht nur für die romantische Imagination der Maschine entscheidend ist – aus einem einzigen Mann, bei dem man nicht so recht weiß, ob er ein automatisch zugerichteter Mensch, eine *künstliche*

Maschine oder eine (*natürliche*) Sprechmaschine Kempelens ist: „Er führte mich darauf in seine Bibliothek zur großen Enzyklopädie von d'Alembert, die in weiter nichts bestand als in einem alten Franzosen, der sie auswendig konnte und der ihm alles sagte, was er daraus wissen wollte: wie ein Römer (nach Seneka) Sklaven hatte, die an seiner Statt den Homer hersagten, wenn er ihn zitierte, so wünschte sich der Mann herzlichst noch einen chemischen Pagen, einen astronomischen, einen heraldischen, einen kantianischen, damit, wenn er etwas schriebe, er bloß die Pagen wie Bücher um sich stellen und in ihnen nachschlagen könnte, ohne selber alles zu wissen." (Paul, 1962, Bd. 4: 904)

Eine sehr poetisch-märchenhafte Version von CD-ROM wird uns da vorgeführt. Auch hier ist die feudale Komponente unverkennbar: Die Maschine ist der perfekte, genügsame Sklave, den sich der Maschinen-Mann des 18. Jahrhunderts, schafft. Durch die Befreiung aller vermeintlichen Last des Herstellens, Denkens, Sprechens entledigt, wird der Herr der mechanischen Knechte (wie jener Hegels) *leer*, das heißt, all seiner spezifisch menschlichen Fähigkeiten beraubt. Sein gesamtes Orchester inklusive Komponist besteht aus Automaten aus der Fabrikation Vaucansons, Droz' und Renaudins: „Der Komponist bestand aus einem Paar Würfeln, womit der Bedientenkönig nach dem im Modejournal gelehrten Regeln des reinen Satzes einige musikalische Fidibus erwürfelte – der Notist war nicht Rousseau, sondern ein sogenanntes Setzinstrument, worauf der Mann die erwürfelten Tonstücke spielte, damit sie aufgeschrieben würden – der von Renaudin in Paris erfundene Chronometre schlug den Takt – Vaucansons Flötenist blies, eine hölzerne Mamsell, von Jaquet Droz geschnitzt, spielte auf einer Orgel mit kartenpapiernen Pfeifen – eine Äolsharfe harfnete am offnen Fenster – der Maschinenkönig war im Himmel – ich in der Hölle." (Paul, 1962, Bd. 4: 905)

Absehbar wird eine Vollautomation, bei der am Ende auch der Zuhörer, der einsame Maschinen-König, sich wird in einen Automaten verwandelt haben. Er ist nämlich schon derart regrediert, daß er nur einmal am Tage, „wenn er sich über dem Essen betrunken hat", gleichsam tautologisch sein Fortschrittsprogramm von der kompletten Maschinisierung der Welt vor sich hinlallen kann. Nur diese Rede ist ihm in eigener Sprache geblieben. Der feudale Maschinen-Mann ist eine jener gegenbildlichen Konfigurationen, an denen sich im Gefolge Herders und Rousseaus die romantische Subjektivität entzündet, die das freie Spiel der Einbildungskraft als ein quasi-organisches Vermögen betrachtet. Daß das Mittelalter und die Renaissance mit dem Handwerker einerseits und dem genialen Künstler andererseits – man denke beispielsweise an Ludwig Tiecks Roman „Franz Sternbald" – zur Projektionsfläche einer erfüllten Subjektivität werden, hat damit zu tun, daß sie als projektive Gegenwelten zu mechanischen Maschinen-Menschen und Menschen-Maschinen des 18. Jahrhunderts gesehen werden. Sie sind die Projektionsfläche für die Utopie des ästhetischen Menschen und seiner zwei Seiten: der Mühe der Herstellung und der Mühelosigkeit des Einfalls. In einer rückwärtsgewandten Utopie wird gegen die Maschine die Autonomie des ästhetischen Menschen beschworen. Beide sind mit dem Modell der Maschine nicht vereinbar, auch wenn sich die Maschine gerade eben jener Einbildungskraft verdankt, die die Romantik im Bereich von Kunst und Literatur theoretisch abfeiert. Über die kulturgeschichtliche Befindlichkeit hinaus hat der romantische Diskurs über den Maschinen-Mann und seine (nicht selten weiblich konzipierte) Maschine eine bis in die Gegenwart reichende Bedeutung, und es scheint, als habe das nachfolgende Unbehagen an der Maschine stets aufs Neue romantische Motive wiederbelebt: Dazu gehört die frühgrüne Emphase für das Organische und Natürliche, das der Maschine entgegengestellt wird, der Verdacht, daß die Maschinerie sich männlicher Phantasmatik verdankt, [3]) die Kritik an der Umkehrung des Verhältnisses von Mensch und Werkzeug (sozusagen in der Traditionslinie von Marx bis Arendt) und vor allem die Produktion einer aparten Subjektivität gegen die Maschine und deren Schatten, die sie auf die Frage nach dem Menschen wirft. Anstößig wie anregend bleibt zudem die Hypothese vom feudalen Charakter der Maschine, sie macht verständlich, daß sich gesellschaftlicher Protest seit der französischen Revolution auch (klein-) bürgerlich manifestiert, gegen die Maschinerie der Moderne. [4]) Mindestens so bedeutsam wie diese offenkundigen Motive sind die verschwiegenen: die heimliche Faszination für die schöpferische Qualität, die in der Erfindung von Maschinen liegt, und die Entdeckung, daß es – gerade im Bereich des Psychischen und Seelischen, das nicht nur im romantischen Kontext zur Diskriminierung der eben seelenlosen Maschine

Anonym, *Living made easy: Revolving Hat (Das Leben leicht gemacht: 'Automatischer Hut')*, 1830, handkolorierter Kupferstich, 16 x 26 cm, The Science Museum, London

dient – etwas Automatisches und Mechanisches gibt und daß die Vorstellung des Menschen als eines autonomen Organismus dahingehend relativiert werden muß, daß er selbst heteronomen Effekten und fremden Einflüssen unterworfen ist.

Mit Jean Paul läßt sich sagen, daß das Spezifische des Menschlichen (das der Maschine abgerungen ist) gerade in dessen Imperfektibilität liegt und daß die Melancholie über die Vollkommenheit der Maschine nicht trägt. In der Einsicht in die Imperfektibilität liegt nämlich die Chance, das Phantasma der Vollkommenheit zu überwinden, das zusammen mit dem Wahn einer unaufhörlichen automatischen Produktion geschichtswirksam geworden ist. Mit der Romantik beginnt der Diskurs, der dem Lallen der Maschinenmänner und dem Stammeln der Maschine, das heißt, dem reduzierten Diskurs in eigener Sache, gründlich mißtraut. Das koinzidiert mit der Einsicht, der Aufklärung gerade dort zu mißtrauen, wo sie über sich selbst spricht.

Anmerkungen:

1) Danach hat das lateinische Wort machina, ein Lehnwort aus dem Griechischen (mechané) Mitte des 17. Jahrhunderts Eingang in die deutsche Sprache gefunden, vornehmlich als Werkzeug der Belagerungskunst, später auch im Bereich des Theaters.

2) Bemerkenswert bleibt, daß die bedrohlichen Maschinen im romantischen Kontext fast immer exterritorial sind. Nicht selten sind die Konstrukteure teuflischer Blendwerke bei E. T. A. Hoffmann Fremde, zum Beispiel Italiener (was auch mit der Abneigung Hoffmanns gegen die italienische Oper zusammenhängen mag). Bei Jean Paul begegnen uns die französische Hofdame (als Typus) und der „philosophe" (von Descartes über La Mettrie bis zu den Enzyklopädisten), die als Gegenfiguren zum romantisch-natürlichen deutschen Menschen herhalten müssen.

3) Vom „objektiven Patriarchalismus" von Maschinen und Medien spricht etwa der Philosoph und ausgebildete Psychotherapeut Rudolf Heinz (1994: 30-42). Ein heikler Diskurs wird vorgeschlagen: denn es könnte sein, daß er von seinem Thema eingeholt wird.

4) Daß sich die Radikalen der französischen Revolution, Sansculotten und Jakobiner, tendenziell aus „Modernisierungsverlierern" (um einen heute gängigen Jargon zu verwenden) zusammengesetzt haben, ist selbst in der marxistisch orientierten Historiographie über die französische Revolution eingeräumt worden. (vgl. Soboul, 1976: 521) Über die geschichtliche und politische Orientierung der Sansculotten schreibt der marxistische Historiograph: „Die einen wußten, daß die Maschine die Arbeitslosigkeit erhöht, die anderen, daß die Konzentration des Kapitals zur Schließung ihrer Betriebe führen und sie selbst zu Lohnarbeitern degradieren wird. Während des gesamten 19. Jahrhunderts klammerten sich Handwerker und Kleinhändler an die alten Verhältnisse."

Verwendete Literatur:

Arendt, Hannah (1981): *Vita activa oder Vom tätigen Leben*, München.

Barkhoff, Jürgen (1995): *Magnetische Fiktionen*, Stuttgart/Weimar.

Baruzzi, Arno (1973): *Mensch und Maschine. Das Denken sub speciae machinae*, München.

Cesarini, Remo (1989), in: Enrico de Angelis; Ralph-Rainer Wuthenow, *Deutsche und Italienische Romantik*, Pisa.

Castoriadis, Cornelius (1984): *Gesellschaft als imaginäre Institution*, Frankfurt a. M.

Frank, Manfred (1982): *Der kommende Gott. Vorlesungen über die Neue Mythologie*, Frankfurt a. M.

Gendolla, Peter (1980): *Die lebende Maschine. Zur Geschichte der Maschinenmenschen bei Jean Paul, E. T. A. Hoffmann und Villiers de l'Isle Adam*, Marburg.

Heinz, Rudolf (1994), in: Wolfgang Müller-Funk (Hg.), *Macht Geschlechter Differenz. Beiträge zur Archäologie der Macht im Verhältnis der Geschlechter*, Wien.

Hoffmann, E. T. A. (1967): *Werke*, hg. von Herbert Kraft und Manfred Wacker, Frankfurt a. M.

Kantorowicz, Ernst H. (1990): *Die zwei Körper des Königs. Eine Studie zur politischen Theologie des Mittelalters*, München.

Klinger, Cornelia (1995): *Flucht, Trost, Revolte. Die Moderne und ihre ästhetischen Gegenwelten*, München.

Kluge, Friedrich (1975[23]): *Etymologisches Wörterbuch der deutschen Sprache*, Berlin/New York.

Maturana, Humberto R.; Varela, Francisco J. (1984): *Der Baum der Erkenntnis. Die biologischen Wurzeln menschlichen Erkennens*, Bern.

Müller-Funk, Wolfgang (1988): *Die Rückkehr der Bilder, Beiträge zu einer „romantischen Ökologie"*, Wien.

Müller-Funk, Wolfgang (1985): E. T. A. Hoffmanns Erzählung „Der Magnetiseur", ein poetisches Lehrstück zwischen Dämonisierung und neuzeitlicher Wissenschaftskritik, in: Heinz Schott (Hg.), *Franz Anton Mesmer und die Geschichte des Mesmerismus*, Wiesbaden/Stuttgart.

Novalis (1969[2]): *Werke*, hg. und kommentiert von Gerhard Schulz, München.

Paul, Jean (1927): *Werke*, Bd. II/2, hg. von Eduard Berend (Preußische Akademie der Wissenschaften), Weimar.

Paul, Jean (1962): *Werke*, Bd. 4: Kleinere erzählende Schriften (1796-1801), hg. von Norbert Miller und Walter Höllerer, München.

Sauer, Liselotte (1983): *Marionetten, Maschinen, Automaten: der künstliche Mensch in der deutschen und englischen Romantik*, Bonn.

Schelling, Friedrich Wilhelm Joseph (1975): *Zur Geschichte der neueren Philosophie, Münchener Vorlesungen*, hg. von Manfred Buhr, Leipzig.

Schelling, Friedrich Wilhelm Joseph (1985): *Ausgewählte Schriften*, Bd. 1 (1794-1800), Frankfurt a. M. (Nachdruck).

Schmidt-Biggermann, Wilhelm (1975): *Maschine und Teufel. Jean Pauls Jugendsatiren nach ihrer Modellgeschichte*, Freiburg/München.

Sieferle, Rolf Peter (1984): *Fortschrittsfeinde? Opposition gegen Technik und Industrie von der Romantik bis zur Gegenwart*, München.

Soboul, Albert (1976): *Die Große Französische Revolution. Ein Abriß ihrer Geschichte (1789-1799)*, Frankfurt a. M.

Automaten in Gärten

Géza Hajós

Gärten waren und sind – wenn man ihnen einen Kunstcharakter zubilligen möchte – eine künstliche Darstellung der Natur, die in architektonischer Form verarbeitet und ästhetisch gebändigt werden sollte. Sie thematisieren das spannungsgeladene Verhältnis zwischen künstlicher Natur und natürlicher Kunst – die ewige Intention des Menschen, Dauer auch in vergänglichem Stoff zu demonstrieren. In den Gärten kommt daher der Künstlichkeit eine verstärkte, aber auch eine kuriose Rolle zu: denn gerade dort wird *Kunst* zu ihren äußersten natürlichen Grenzen getrieben, wo *Natur* in erhöhtem Maße kosmisch konzentriert versinnbildlicht werden sollte. Diese Spannung fordert ständig Täuschungen und Illusionen heraus, die bewußt im Interesse von menschlichen Utopien eingesetzt werden. Gärten waren (und sind) daher ein idealer Ort für Automaten und Wunschmaschinen, die den Zweck erfüllen sollten, Natur in ihrer *konzentrierten Natürlichkeit* künstlich zu vermitteln.

Wenn man den Versailler Barockgarten einmal ohne und einmal mit Wasserspielen erlebt hat, wird es besser verständlich, was die künstliche Verlebendigung für die Brunnenanlagen und für die mythologischen Figuren bedeutet. (Lablaude, 1995) Zahllose Maschinen, Pumpen und Automaten werden eingesetzt, um eine märchenhafte Welt aus ihrer Stummheit zu befreien und in Bewegung zu setzen. Durch das spielerische Fluidum des Wassers entsteht in Versailles eine theatralische Vorstellung der Antike, die sonst – insbesondere für den heutigen Besucher – in musealer Repräsentation erstarrt ist. Die sprühenden Fontänen und rollenden Kaskaden strahlen Kraft und Dynamik aus, die den Garten als verdichteten Kosmos von Kunst und Natur beseelen.

Der Garten wurde im Zeitalter der Renaissance als „dritte Natur" definiert: (vgl. Lazzaro, 1990: 9ff; Hunt, 1994: 9f) Jacopo Bonifadio schrieb in einem Brief im Jahre 1541, daß im Garten zwischen Kunst und Natur ein symbiotisches Verhältnis herrsche. Aus der Kooperation dieser beiden entstehe somit eine dritte Natur, die man schwer benennen könne. Natur und Kunst seien also im Garten als untrennbares Ganzes vereinigt, in dem Natur als Kunstschöpferin fungiere und am Wesen der Kunst teilhabe. Die beiden produzierten etwas, was weder die eine noch die andere sei und gleichermaßen von den beiden erschaffen worden sei. [1])

Diese Ideen gingen freilich auf antike Vorstellungen zurück, wo schon Cicero in seinem Werk „De natura deorum" erklärt hat, daß man zwischen wilder und agrarisch kultivierter Natur grundsätzlich unterscheiden müsse. (Glacken, 1967: 144-149; Pohlenz, 1947: 276) Der Begriff von einer „zweiten", neuen und anderen Natur war in der Renaissance sehr verbreitet; (Bialostocki, 1963: 19-30) dieser betraf auch die Architektur, die Poetik und im allgemeinen die Kunst. Er bedeutete die Kontrolle des Menschen über ungebändigte Naturkräfte und seine Kunst diese zu überwinden. Der Garten sollte dann in diesem

Zusammenhang die Synthese bedeuten, sozusagen eine *natürliche Künstlichkeit* oder eine *künstliche Natürlichkeit*.

Durch die Absicht, Natur wiedererschaffen zu wollen, war der Garten dazu berufen, die hinter dem materiellen Erscheinungsbild existierenden Naturgesetze zu enthüllen und die Korrespondenz von sichtbaren und unsichtbaren Dingen herzustellen. Die göttliche Harmonie des Universums sollte in der Harmonie menschlicher Produkte – wie auch im Garten – wiedergefunden werden. Die Ordnung im Garten reproduzierte die kosmische Ordnung des Himmels.

Daß der so definierte Garten ein Ort für die kühnsten Maschinen und Automaten wurde, wird aus dem vorher Gesagten verständlich. Die Entfaltung der materiellen Vielfalt in einer geordneten idealen Struktur und die Fähigkeit, Natur so zu manipulieren, daß ihre Identität mit Kunst austauschbar wurde, waren Grundziele der Gartengestaltung. Versteckte Maschinen ermöglichten Automaten Täuschungen, welche die These von der Kunsthaftigkeit der Natur und der Natürlichkeit der Kunst bestätigten. Die Fertigkeit von Ingenieuren war gefragt.

Der Garten war spätestens seit dem 16. Jahrhundert eine Stätte der Antikensehnsucht, ein Ort des Wettstreits von Natur und Kunst, ein Theater von Selbst- und Fremddarstellung und schließlich als Freiraum für Sammlungen auch ein Kuriositätenkabinett. (Lazzaro, 1990) Bredekamps These von der historischen Abfolge „Naturform – antike Skulptur – Kunstwerk – Maschine" (Bredekamp, 1993: 50) könnte hier exemplarisch vielleicht am besten demonstriert werden.

Maschine für eine Gartenszene mit dem Drachen und Herkules, Illustration in: Giovan Battista Aleotti, Gli artifitiosi et curiosi moti spiritali di Herrone, Ferrara 1589, S. 89

Besonders die Grotte spielt in diesem Zusammenhang eine ganz wichtige Rolle: „Hier erfüllten sich ihre Versprechungen [nämlich von den Automaten] in größerem Maßstab, und hier bot sich ein Paradefeld, auf dem der Übergang von scheinbar unberührter, aber gestalteter Natur zu antikisierendem Bildwerk und schließlich zu verlebendigten Automaten besonders sinnfällig werden konnte, weil die Grotten als anthropomorphe 'Mutterhöhlen' aufgefaßt wurden, in denen sich die Höherentwicklung der Metalle wie in einem unterirdischen Naturlabor vollzog." (Bredekamp, 1993: 51)

Über die Grotten der Gartenanlage von Saint-Germain-en-Laye in Frankreich aus dem frühen 17. Jahrhundert schreibt Gerold Weber: „In den mit verschiedenen und verschiedenfarbigen Materialien ausgelegten Räumen verbinden sich Skulptur, Kunstgewerbe und Malerei mit den Finessen einer ausgeklügelten Hydraulik und Mechanik zu einem grandiosen Grottentheater, das in seiner Vielfalt gebotener Spektakel den Vergleich mit den besten Schöpfungen Italiens auf diesem Gebiet nicht scheuen muß. Da gab es einen Drachen, der zum mehrstimmigen Gesang von Nachtigallen mit seinen Flügeln schlug und Wassermassen aus dem Maul spie; Neptun, der beim Ertönen von Tritonshörnern aus seiner Höhle herausgefahren kam; Perseus, der von der Decke herabstürzte, um den Drachen zu bekämpfen, nach dessen Tod sich die Ketten Andromedas von selbst lösten; eine Wasserorgel, die eine festlich gekleidete Dame ertönen ließ; Orpheus, der mit seinem Lyraspiel die verschiedensten Tiere aus ihren Höhlen lockte und die Bäume zum Bewegen brachte; eine Guckkastenbühne, in der neben bewegten Bildern der Hölle, des Paradieses und des Universums, auch der französische König erschien; schließlich eine Unzahl von

T. de Francini, Grottenentwürfe für St. Germain-en-Laye: *Orpheus und orgelspielende Dame*, 1624

Automaten (arbeitende Schmiede, Mühlen, Kapellen mit läutenden Glocken etc.), sowie Wasserplastiken und Wasserscherze verschiedenster Art." (Weber, 1985: 4)

Freilich war die Urheimat solcher mechanischer Spiele Italien, wo zum Beispiel in Pratolino (Zangheri, 1993: 55) der Ingenieur und Direktor von „spettacoli" Bernardo Buontalenti zwischen 1569 und 1581 eine ähnliche Unzahl von Automaten und „giochi d'acqua" wie später die vorhin erwähnten in Saint-Germain-en-Laye errichtet hatte. Francesco de'Veri beschrieb diese Wunderwerke in seinem Buch „Discorsi delle meravigliose opere di Pratolino" (Florenz 1586) und wies auf Heron von Alexandrien hin, dessen wissenschaftliches Werk über Mechanik und „Pneumatica" um diese Zeit in Italien von Giovan Battista Aleotti übersetzt wurde. [2] Pratolino wurde europaweit berühmt, von Montaigne beschrieben und bewundert und sogar in England (Richmond) imitiert. In Agostino Ramellis Buch „Le diverse et artificiose machine" [3] waren mehr als hundert Wassermaschinen abgebildet und behandelt, die auch in Gärten eingesetzt werden konnten, um Wundereffekte zu erzielen. Zahlreiche Beschreibungen zeugen von diesen

Maschinen und Automaten, die unter anderem auch von Descartes (Abhandlung über den Menschen, 1629) erwähnt wurden.

Der Einsatz von Maschinen und Automaten in Gärten hat eine längere Geschichte, (Miller, 1986: 29f; Miller, 1982: 35-76) denn der Garten war immer ein Wunschraum für utopische Vorstellungen, ein irdisches Paradies inmitten der schwer bewältigbaren, bedrohlichen Alltagswelt. Arabische Technologie brachte solche Werke schon im frühen 10. Jahrhundert in den Gärten von Bagdad hervor, wo eine Abhandlung von Banu Musa aus dem 9. Jahrhundert benützt wurde. Al-Jazaris „Buch über mechanische Erfindungen" (1206) transportierte in diesem Zusammenhang antikes Wissen weiter. Die ersten Gartenautomaten in Italien wurden – wahrscheinlich nicht ohne Kenntnis der älteren Autoren – in Francesco Colonnas Buch „Hypnerotomachia Poliphili" (1499) beschrieben und reich illustriert. (Goebel, 1982: 3-21) Im 16. Jahrhundert war dann schließlich die manieristische Denkweise in der Kunst geradezu ein idealer Hintergrund für solche Experimente. Das schönste österreichische, noch aus

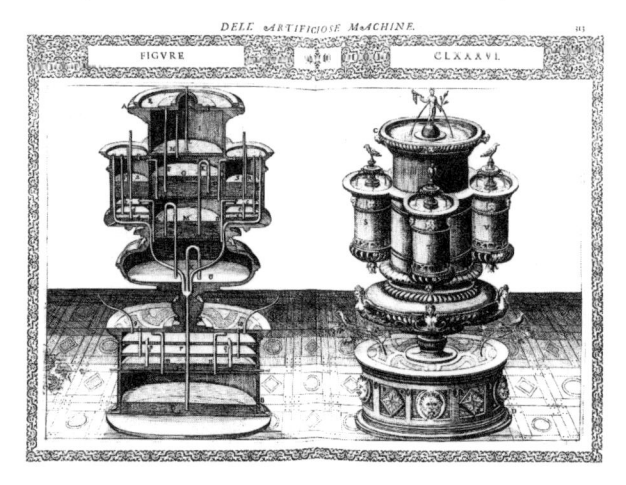

Windmühle neben einem Garten, Illustration in: Agostino Ramelli, Le diverse et artificiose machine del capitano Agostino Ramelli dal Ponte della Tresia Ingegniero del christianissimo re di Francia et di Pollonia, Paris 1588, Tafel LXXIII, S. 112

dem frühen 17. Jahrhundert erhaltene Beispiel solcher Anlagen mit mechanischen Wasserspielen und Automaten befindet sich in Hellbrunn bei Salzburg: Hier wurde all das verwirklicht, was sich die Humanisten in diesem Zusammenhang vorgestellt haben. (Hofmann, 1987: 435f) Eine Grottenwelt mit Römischem Theater entstand hier unter Santino Solaris Leitung in den Jahren zwischen 1612 und 1619.

Als eine der interessantesten Persönlichkeiten der Automatenkunst im Zusammenhang mit Garten gilt Salomon de Caus:

Gartenbrunnen, Illustration in: Agostino Ramelli, Le diverse et artificiose machine del capitano Agostino Ramelli dal Ponte della Tresia Ingegniero del christianissimo re di Francia et di Pollonia, Paris 1588, Tafel CLXXXVL, S. 313

Architekt, Gartengestalter, Ingenieur, Naturwissenschaftler und Kunsttheoretiker. (Zimmermann, 1986: 7ff) Sein Hauptwerk „Les raisons des forces mouvantes" (1615) wurde auch auf Deutsch übersetzt – „Von Gewaltsamen bewegungen. Beschreibung etlicher, so wol nützlicher alß lustigen Machiner beneben Vnderschiedtlichen abriessen etlicher Höllen od' Grotten vnd lust Brunnè ..." (1615) – und diente lange Zeit als Grundlage für viele Überlegungen. (Zimmermann, 1986: 47) Außer dem „Hortus Palatinus" in Heidelberg konnte man bisher keine Gartenanlage mit Sicherheit de Caus zuschreiben, obwohl seine Tätigkeit in Brüssel und England nachweisbar ist. Er war neben Bernard Palissy (Kris, 1926: 190-208) zweifellos der größte Grottenkünstler Frankreichs. Der Garten als Kunstkammer wurde auch in Francis Bacons Philosophie

Salomon de Caus, Grottenentwurf: *Polyphem und Galathea*, 1615

verankert. (Bredekamp, 1993: 63f) In seinem Zukunftslabor sollten vier Maßnahmen und Werke beachtet werden: 1. eine Bibliothek mit Schriften aller Zeiten und Völker, 2. ein großer und gepflegter Garten mit sämtlichen durch die Sonne hervorgebrachten und vom Menschen gezüchteten Pflanzen, 3. ein universaler Tiergarten und schließlich 4. ein „chemisches Labor" mit Mühlen, Instrumenten, Öfen und Kesseln. Wenn Bredekamp in diesem Zusammenhang „Schöpfung als Spiel" und „Kunstkammer als Spielraum" begreifen möchte, kann der Garten als idealer Ort für diese Thesen gelten. Denn nirgendwo konnte Wirklichkeit und Irrealität so symbiotisch demonstriert werden wie in einem manieristischen Garten und in dessen wahrem Zentrum, der Grotte. Hier wird der Sinn der Automateninstallationen offenkundig und verständlich: „Einerseits demonstrieren sie für den Unkundigen das Wirken der Naturkräfte von ihrer geheimnisvoll-magischen Seite her, und andererseits bezeugen sie für den Kundigen, daß das Mysterium der Natur durch Naturforschung offenbar gemacht und in der Form technischer Rationalität kontrollierend und beherrschend auf Naturphänomene rückbezogen werden kann." (Zimmermann, 1986: 13)

Diese faszinierende, auf Täuschungen basierende Symbiose zwischen Natur und Kunst, die manieristisch durch raffinierte technische Erfindungen ständig vor Augen geführt wurde, schien im Barockgarten des späteren 17. Jahrhunderts verlorengegangen zu sein. Die 1667 fertiggestellte (und heute nicht mehr existente) Versailler Thetisgrotte war nicht mehr „als Höhle, d.h. als Naturgebilde, sondern als Palast, also als gebaute Architektur vorgestellt". (Weber, 1985: 101) Damit feierte – im Sinne des Sonnenkönigs Louis XIV. – die Kunst einen Triumph über die Natur. „Denn im Gegensatz zu den szenischen Skulpturen früherer Grotten, deren Realistik gerne durch tatsächliche Bewegung noch gesteigert wurde, sind die Gruppen der Thetisgrotte auch autonome Skulpturen, die sich durch das andere Material (Marmor) und monumentale Sockeln von ihrer Umgebung abheben, vor allem aber trotz der inhaltlich gegebenen Verbindung in ihrer dargestellten Aktion nicht real in die Wasserspiele der Grotte integriert sind." (Weber, 1985: 101) Die

Austauschbarkeit von Natur und Kunst geht damit in der mechanistisch-rationalen Form zu Ende. Hundert Jahre später wurden die Marmorfiguren der Thetisgrotte als „Apolls Bad" in einer malerischen Felsengrotte wieder aufgestellt und damit zur Illustration eines sentimentalen Naturgefühls eingesetzt. In diesem Zusammenhang erlangte die Natur den lang gewünschten Triumph im Parkbereich. Schon Antoine Joseph Dézallier d'Argenville verlangte in seinem wichtigen Gartenbuch „La Théorie et la Pratique de Jardinage", daß die Kunst der Natur weiche („faire ceder l'art à la Nature") und kritisierte damit, daß es Gärten gibt, „in denen man nichts siehet, als gantz ausserordentliche gezwungene und gar nicht natürliche Sachen, welche mit grossen Kosten sind verfertiget worden". [4]) In seinen gartenarchitektonischen Vorstellungen, die das ganze 18. Jahrhundert bis zum Erscheinen der englischen Parkanlage geprägt haben, wurde kein Platz für Automaten und technische Spielereien gelassen, obwohl Brunnenwerke, Kaskaden und künstlich geschaffene Terrainsituationen noch lange eine Selbstverständlichkeit blieben.

Im englischen Park wurde die Natur in gemäldehafte Szenerien verwandelt, statt mythologischer Verzauberung herrschte hier die sentimentale Stimmung. Daß aber Automaten und technische Spielereien – entsprechend einer langen Tradition – hie und da noch immer gefragt waren, zeigen zwei österreichische Anlagen aus dem späten 18. Jahr-

Laxenburg: Tempelritter in der Franzensburg, um 1800

hundert. Der kaiserliche Park Laxenburg wurde um 1800 modernisiert, und heute kann man noch im Turm der Franzensburg die bewegliche Puppe des Tempelritters bewundern, der zum Schrecken des Publikums von den Führern in Bewegung versetzt wird. (Hajós, 1989: 56f) Anton Gaheis beschrieb die heute in diesem Park nicht mehr vorhandene Einsiedelei: „Im Mittelzimmer ist vor dem Bilde des heiligen Franziskus ein Bethschemmel. Kaum kniet man sich darauf, so springt das Bild in Gestalt zweyer Fensterflügel auseinander, und eine reitzend schöne weibliche Gottheit: die Beständigkeit, mit Blumen geziert, erscheint den erstaunten Augen." (Gaheis, 1801ff: 165-194) Auch im Park von Schönau, einem 1797 entstandenen Werk des freimaurerischen Besitzers Peter

Braun, waren zahlreiche mechanische Spielereien zur Erzeugung von schauerlichen Stimmungen im Bereich des „Tempels der Nacht" eingebaut: „Zum letztenmahle wüthen nun Sturm und Donner, die Fackeln erlöschen, und man betritt das 'Reich der Nacht'. Mit rauschendem Getöse eröffnen sich die beiden Flügeln der eisernen Pforte; und lassen in das 'Heiligtum der Göttinn' blicken; das Innere ist durch ein mattes, dämmerndes und rätselhaftes Licht erhellet, was mehr dazu geeignet ist, die Gegenstände ringsumher zu verhüllen, als sie den Augen deutlich darzustellen." (Hajós, 1989: 206)

Solche theatralischen Inszenierungen (im Sinne der Tradition seit der Renaissance) waren dann in den Parks des 19. Jahrhunderts nicht mehr vorhanden, obwohl Maschinen für künstliche Natureffekte immer noch eingesetzt wurden. Als letztes Beispiel soll in diesem Zusammenhang die Dampfmaschine des Fürsten Nikolaus Esterházy im Schloßpark von Eisenstadt erwähnt werden. (Prost, 1995: 407-409) Diese – als Wattscher Typus – erste moderne Dampfmaschine in Österreich-Ungarn wurde dafür verwendet, das Wasser aus dem sogenannten Maschinenteich in eine höher gelegene Teichanlage zu pumpen, um auch dort malerische Effekte in der Parkszenerie zu erzielen. Ihre Präsentation geschah noch immer tempelhaft, die erhaltene architektonische Hülle zeugt bis heute davon.

Anmerkungen:

1) Diese Ideen hatte nicht nur Bonifadio, sondern auch Taegio, 1559, erörtert. Dort liest man folgendes: „quanto sia l'industria d'un accordo giardiniero, che incorporando l'arte con la natura fa che d'amendue ne riesce una terza natura". (S. 58, eigentlich 66)

2) In diesem letzten Teil befinden sich einige Automaten, die man in den Gärten verwenden konnte. Das schönste Beispiel ist: „Far che un Dracone, che stia alle guarda de i pomi d'oro combatta un'Hercole, con una mazza, & mentre ch'egli l'alza sibili il Dracone, & nel punto che Hercole lo percouterà in capo: far che esso le spruzzi l'acqua nella faccia." (Aleotti, 1589).

3) vgl. die Abbildungen und Beschreibungen von Brunnenmaschinen, die auch Gärten zeigen: S. 2v-3v, 29v-30v, 101-102, 111-112v, 162-163, 311-313, in: Ramelli, 1588.

4) Wimmer, 1989: 125. Die erste Ausgabe von Dézalliers Werk ist 1709 anonym erschienen. Bis 1760 waren acht Neuauflagen herausgekommen. Die erste deutsche Übersetzung von Franz Anton Danreiter erschien 1731.

Verwendete Literatur:

Aleotti, Giovan Battista (1589): Quattro theoremi aggiunti a gli artifitiosi spirti degli elementi di Herrone, in: *Gli artifitiosi et curiose moti spiritali di Herrone*, Ferrara.

Bialostocki, Jan (1963): Renaissance Conception of Nature and Antiquity, in: *Studies in Western Art. II, The Renaissance and Mannierism, Acts of the XXth International Congress of History of Art,* Princeton.

Bredekamp, Horst (1993): Antikensehnsucht und Maschinenglauben – Die Geschichte der Kunstkammer und die Zukunft der Kunstgeschichte, in: *Kleine Kulturwissenschaftliche Bibliothek,* Bd. 41, Berlin.

Gaheis, Franz de Paula Anton (1801-1808): *Wanderungen und Spazierfahrten in die Gegenden Wiens,* (neueste Auflage) Bd. 4, Wien.

Glacken, C. J. (1967): *Traces on the Rhodian Shore: Nature and Culture in Western Thought from Ancient Times to the End of the Eighteenth Century,* Berkeley/Los Angeles.

Goebel, Gerhard (1982): Träume von Polifilo, in: *Italienische Studien,* 5, Wien.

Hajós, Géza (1989): *Romantische Gärten der Aufklärung – englische Landschaftskultur des 18. Jahrhunderts in und um Wien,* Wien/Köln.

Hofmann, Werner (1987; Hg.): *Zauber der Medusa,* Wien.

Hunt, John Dixon (1994): Why Garden History?, in: *Garten Kunst Geschichte, Festschrift für Dieter Hennebo zum 70. Geburtstag,* Worms a. R.

Kris, Ernst (1926): Der Stil „rustique" – Die Verwendung des Naturabgusses bei Wenzel Jamnitzer und *Bernard Palissy,* in: *Jahrbuch der Kunsthistorischen Sammlungen in Wien,* Neue Folge, Bd. 1, Wien.

Lablaude, Pierre-André (1995): *Die Gärten von Versailles,* Worms a. R.

Lazzaro, Claudia (1990): *The Italian Renaissance Garden,* New Haven/London.

Miller, Naomi (1982): *Heavenly Caves – Reflections on the Garden Grotto,* Boston/London/Sydney.

Miller, Naomi (1986): Automata, in: *The Oxford Companion to Gardens,* Oxford/New York.

Pohlenz, M. (1947): *Der hellenische Mensch,* Göttingen.

Prost, Franz (1995): Modell der Dampfmaschine von Langenreiter, in: *Die Fürsten Esterházy* (Kat.) Eisenstadt.

Ramelli, Agostino (1588): *Le diverse et artificiose machine del capitano Agostino Ramelli dal Ponte della Tresia Ingegniero del christianissimo re di Francia et di Pollonia,* Paris.

Taegio, Bartolomeo (1559): *La villa.*

Weber, Gerold (1985): *Brunnen und Wasserkünste in Frankreich im Zeitalter von Louis XIV. – Mit einem typengeschichtlichen Überblick über die französischen Brunnen ab 1500,* Worms a. R.

Wimmer, Clemens Alexander (1989): *Geschichte der Gartentheorie,* Darmstadt.

Zangheri, Luigi (1993): Naturalia und Kuriosa in den Gärten des 16. Jahrhunderts, in: M. Mosser; G. Theyssot (Hg.), *Die Gartenkunst des Abendlandes,* Stuttgart.

Zimmermann, Reinhard (1986): *Hortus Palatinus – Die Entwürfe zum Heidelberger Schlossgarten von Salomon de Caus 1620,* Worms a. R.

Im Dienste einer Vision – Kapsch & Telekommunikation

Herbert Lachmayer

Technikgeschichte ist immer auch Firmengeschichte: keine realisierten Technikvisionen ohne unternehmerischen Weitblick. Von der Idee zur industriellen Verwirklichung einer *gewünschten Maschine* führt kein Weg am unternehmerischen Konzept vorbei, das an Kreativität den Erfindungen beileibe nicht nachsteht. Erst der zum Produkt gewordene Einfall des Erfinders vollzieht seine *Vergesellschaftung*, bereichert das Panorama unserer Zivilisation um ein *high light*, das – jenseits des Nutzens, der natürlich im Vordergrund steht – als technisches Gerät zu einem Teil unserer alltäglichen Kulturgeschichte avanciert: als Firmenname, Logo, Design, Material etc. So treten in ihrer Bedeutung oft die Namen von Firmen an die Stelle der technischen Funktion einer Erfindung, die sie zwar in ihrer Bedeutung früh erkannt, aufgegriffen, aber nicht erfunden haben, wie Kodak ein Synonym für Photographie wurde. Ein Unternehmen prägt durch ein unverwechselbares Produkt den ästhetischen Standard einer Gewohnheit, die für die Sache selbst steht. Die schwarze Wählscheibe des Telephons – vor der Zeit des Tastenblocks eine zeitlose Ikone für Telephonieren – ist mit einem Namen verbunden, der als österreichisches Unternehmen für die Entwicklung der Telekommunikation Technikgeschichte geschrieben hat – Kapsch.

Wenn im Rahmen einer Ausstellung zum Thema Technikvisionen die Kapsch AG vorkommt, dann deshalb, weil das optimale Verwirklichen epochaler Erfindungen stets Leitidee der Kapschschen Unternehmensphilosophie war: Da spannt sich historisch ein Bogen der Produktpalette von Morse- und Telephonapparaten schon in der Frühzeit, über Radio- und Unterhaltungselektronik noch in den 80er Jahren, bis hin zu digitalen Technologien der Public and Corporate Networks von heute und der zukunftsorientierten Breitbandkommunikations-Technologie auf Basis der ATM – Asynchronous Transfer Mode. Mit diesen hochentwickelten Technologieprodukten behauptet das Unternehmen seinen Markt gegen internationale Anbieter nicht nur in Österreich, sondern auch in Tschechien, Ungarn, Polen, der Ukraine und Rußland; darüber hinaus ist es maßgeblich an internationalen Forschungsprojekten der EU beteiligt. Das Exemplarische in der Produktion zu suchen, hat die Firma im Laufe ihrer mehr als 100jährigen Geschichte – die zurecht ein Stück österreichische Technikgeschichte genannt werden darf – zu einem unternehmerischen Realisator der jeweiligen Technik-Avantgarde gemacht. Nicht von ungefähr mag ein Werbespruch aus den 20er Jahren seine produkt-geschichtliche Gültigkeit gut 60 Jahre lang behauptet haben: „Wer von Radio spricht, meint Kapsch."

Es ist eine aus der Wirtschaftsgeschichte des 19. Jahrhunderts wohlbekannte Tatsache, daß sehr große Unternehmen häufig aus der Tatkraft eines Einzelnen hervorgegangen sind. Die Gestalt des Industrie-Heroen ist eine typisch neue Erscheinung dieser Zeit und nicht nur für die Vereinigten Staaten von Amerika charakteristisch. Vorzugsweise waren für diese exzeptionellen Unternehmerfiguren jene Bereiche als Betätigungsfeld attraktiv, die man heute als technische Innovationsgebiete bezeichnen würde: So beherrschte gegen Ende des 18. Jahrhunderts und zu Beginn des 19. Jahrhunderts die Textilindustrie als führende Branche der industriellen Revolution das Feld, in dem Erfinder-Unternehmer wie Arkwright auftauchten, während mit dem Fortschreiten des Jahrhunderts andere industrielle Bereiche immer wichtiger wurden. Neben einer sich gigantisch vergrößernden Metallindustrie, in der rasanten Entwicklung der Eisenbahnen allgemein sinnfällig geworden, war es eine zunächst bescheidene Anwendung der recht neuen elektrischen Energie, welche den Erfindergeist beschäftigte. Lange bevor die Elektrizität als Antriebsenergie genutzt werden konnte, war sie Trägerin der Nachrichtentechnik geworden, zuerst in der Gestalt der elektrischen Telegraphie.

Industrieheroen wie Werner von Siemens eröffneten auf diesem Feld ihre Tätigkeit, um später, nach der Erfindung der Dynamomaschine, auch auf jenem der Anwendung des „Starkstroms" tätig zu werden. Die technisch-wirtschaftliche Entwicklung wurde aber im *mainstream* nicht von den Erfinder-Industriellen getragen. Ihre Betriebe begleitend entstanden zahlreiche technische Werkstätten, deren Belegschaft, handwerklich geschult, erstklassige technische Qualitätsarbeit liefern konnte. Die von Johann Kapsch 1892 eingerichtete „Feinmechanische Werkstätte" gehört zu diesem Typus. Sie etablierte sich in einer späten Phase der elektrischen Telegraphie und in einer frühen der Telephonie – dementsprechend war das Unternehmen auf diese beiden Techniken ausgerichtet.

Während gegen Ende des 19. Jahrhunderts die Kontinente durch Überlandleitungen in sich und durch Seekabel untereinander vernetzt waren, man also zurecht von einem globalen Netz der Telegraphie sprechen konnte, war die Technik des Telephons zu dieser Zeit auf einen kleinen Raum der Städte beschränkt. Die Zahl der Teilnehmer war in Europa – im Vergleich zu den Vereinigten Staaten – zunächst gering und blieb es auch bis nach dem Zweiten Weltkrieg. So hatte die erste Telephonzentrale Österreichs bei ihrer Gründung im Jahre 1881 nicht mehr als 154 Teilnehmer; 1892 waren es immerhin schon 4400. Mit der Teilnehmerzahl wuchs die Betriebsgröße der Vermittlungsämter, wo die händische Vermittlung von den berühmten *Fräuleins*

vom Amt getätigt wurde. Diese Parallelität der Expansion hatte natürlich auch ihre Tücken – so berichtet Georg von Siemens anläßlich der Betriebseröffnung eines Amtes mit 10.000 Anschlüssen in Berlin 1907: „Die Anrufe stauten sich, die Fehlverbindungen häuften sich, die Mängel des Netzes brachten durch Übersprechen weitere Verwirrung [...] Plötzlich riß sich eine der Telephonistinnen die Sprechgarnitur vom Kopf und brach in Schreikrämpfe aus, und dieses Beispiel wirkte ansteckend: Wenige Augenblicke später war der Saal von schreienden und heulenden Frauen erfüllt, die von ihren Plätzen aufsprangen und zum Teil davonstürzten. Mitten in dem Tumult stand der Telegraphendirektor mit zum Himmel erhobenen Händen und schrie ein über das andere Mal: 'Meine armen Mädchen! Meine armen Mädchen!'" Aber es waren nicht nur derartige Ereignisse, die schon im 19. Jahrhundert zahlreiche, vor allem amerikanische Erfinder angeregt hatten, automatische Telephonverbindungen zu realisieren. Auf dem europäischen Kontinent war Österreich hierin eine der führenden Nationen, wobei der Firma Kapsch eine höchst wichtige Rolle bei dieser Modernisierung der nachrichtentechnischen Infrastruktur zufiel.

Der Erste Weltkrieg beförderte einerseits die Telephontechnik, als er die Fernverbindungen entscheidend entwickelte, andererseits bedienten sich die Armeen für die Landheere des herkömmlichen Telegraphen einer neuen Entwicklung, der sogenannten drahtlosen Telegraphie, ohne die sie bei der Steuerung ihrer damaligen Hochtechnologiewaffen – Kriegsschiffe, Flugzeuge, insbesondere die über große Entfernungen agierenden Luftschiffe – nicht auskamen. Wie der alte Telegraph die Eisenbahnen als Sicherungs- und Kontrollinstrument begleitet hatte, so verschaltete die drahtlose Telegraphie – der *Funk* – die auf See oder in der Luft operierenden Flugzeuge, um ihnen Befehle oder Wettermeldungen zuzustellen. Wie so oft, wurde aus dieser vor allem militärisch genutzten Technik sehr schnell *ziviler* Gebrauch gemacht. Nach dem Ersten Weltkrieg begannen Funker ein spontanes, das heißt nicht staatlich reguliertes Programm zu senden, um aber sehr bald einsehen zu müssen, daß kein Staat diese Technik unkontrolliert läßt. Hatte schon das Telephon den engsten privaten Bereich der medialen Öffentlichkeit erschlossen, so tat dies das Radio in einem qualitativ neuen Sinn ebenso. Was man *Massenmedium* nennt, hat seine erste und intensivste Ausprägung im Radio gefunden. Das Nachfolgemedium Fernsehen entspringt technikgeschichtlich – zumindest der Idee nach – wiederum dem Telegraphen. Erfinder wie Ferdinand Braun waren in beiden Bereichen bahnbrechend innovativ – einerseits erfand er das moderne Senderprinzip und andererseits mit der Kathodenstrahlröhre, der sogennanten „Braunschen Röhre", den Ausgangstypus der Bildröhre. In den 20er Jahren unseres Jahrhunderts gab es in zahlreichen Labors Fernsehversuchsanlagen. 1929 richtete die deutsche Post in ihrem Zentralamt Fernseh-Sprechzellen für eine Fernseh-Tephonverbindung ein, bei der sich die Gesprächspartner gegenseitig sehen und hören konnten. Bereits auf der Wiener Herbstmesse 1930 – 25 Jahre vor der Einführung des Fernsehens in Österreich –, präsentierte Kapsch das neue Medium: „In dem großen, nur der Vorführung von Fernsehversuchen gewidmeten Pavillon der Kapsch und Söhne AG auf der Wiener Radiomesse wurde dieser konstruierte Fernsehsender und Verstärker mit dem Telehorempfänger dem großen Publikum zum erstenmal in Österreich öffentlich vorgeführt."

Einmal mehr bewies die Firma Kapsch mit antizipatorischer Intelligenz, daß ein

Unternehmer an der jeweiligen Schnittstelle – würde man heute sagen – seine produktivste Position hat, dort wo Erfindergeist mit neuer gesellschaftlicher Bedürfnisformulierung zusammengeht, wo aber auch ein zivilisatorischer Fortschritt nach seinem kulturgeschichtlichen Ausdruck – eines alltags- wie lebensbegleitenden Apparates – sucht. Kapsch reüssierte zunächst im Telegraphenbau, der die gesamte österreichische Monarchie zu vernetzen begann, und stand anfangs unter hohem Innovationsdruck, galt es doch, gegenüber den etablierten Firmen Berliner oder Czeija-Nissl (später ITT) ein unverwechselbares *Imagedesign* zu kreieren. Kapsch erkannte, daß der Ästhetik des technischen Objekts *Logo-Wert* zukommt. So wurde nach 1912 bei Kapsch der Typendruck-Telegraph nach dem Patent Hughes gebaut: Anstelle einer Morsetaste wurde für die Texteingabe beim Hughes-Telegraphen, einer Vorstufe des Fernschreibers, eine alpha-numerische Klaviatur verwendet; die empfangene Information wurde im Klartext auf einem Papierstreifen ausgedruckt. Mit dem Hughes-Telegraphen endete bei Kapsch die Telegraphen-Aktivität im Fertigungsbereich Apparate.

Kapsch war an der informationstechnologischen Logistik von Militär, öffentlichem Dienst, Polizei und Bahnen maßgeblich beteiligt. Kapsch belieferte noch bis in die 50er Jahre Wiens Polizeikommissariate mit Morsetelegraphen, die zur Übermittlung schriftlicher Dienstanweisungen und Fahndungsmitteilungen verwendet wurden. Schließlich konzentrierte sich Kapsch ab der Jahrhundertwende auf die Fabrikation von Telephonapparaten und -anlagen. Der Warenkatalog von Kapsch erläutert den oben angesprochenen Zusammenhang zwischen Technik-, Sozial- und Kulturgeschichte, inventarisiert das Spektrum bürgerlicher Lebenskultur und gibt einen repräsentativen Überblick über Technik- und Medienfaszination von einst. Johann Kapsch paßte sich den Erfordernissen der damaligen Neuen Medien an. Er ließ in seiner Werkstätte eine Vielfalt von Produkten herstellen: Haustürtaster, Unterwassertelephone für Taucherausrüstungen, die in Tauchhelmen eingebaut waren, tragbare Morseapparate, mondäne Telephonkästen, alphanumerische Morsetelegraphen, selbst Stempelkissen für Postämter u. ä. m. – Welterfindung durch ein Ensemble von Apparaten.

Tisch- und Wandtaster in modernem Stil

Haustürtaster

Unterwasser-Telephon

Die „Telephon- und Telegraphen-Fabriks-Aktiengesellschaft Kapsch und Söhne" – so hieß das 1916 in eine Aktiengesellschaft umgewandelte Unternehmen – hatte aber auch die Umwandlung des unter militärischer Okkupation stehenden Rundfunkes in einen zivilen Unterhaltungsfunk mitgestaltet. Die *Zivilisierung* des Rundfunks begann in Österreich am 1. April 1923 mit der Inbetriebnahme des ersten österreichischen Rundfunksenders „Radio Hekaphon" der Firma Czeija, Nissel und Co. Im Produktionsprogramm von 1924 ist bereits ein umfassendes Tableau von Radioempfängern mit ein bis vier Lampen, neben Detektorapparaten und verschiedenen Radiobestandteilen zu finden. Mit dem Beginn der 30er Jahre wurden dann die batteriebetriebenen Geräte weitgehend durch solche abgelöst, die aus dem Stromnetz gespeist werden konnten. Kapsch hatte sich in diesen ersten fünf Rundfunkjahren am Markt etabliert und konnte sich mit der erwähnten Fernsehpräsentation auf der Wiener Herbstmesse von 1930 am Technologiemarkt den Nimbus des Medien-Pioniers erwerben. Gut 60 Jahre später gelingt es dem Unternehmen Kapsch erneut – von einer technologisch wiederum so avancierten anderen Basis aus – diesen Ruf zu bestätigen: Die Übertragung von Information als Erweiterung und Fortsetzung der Übertragung von Sprache findet ihr zeitgemäßes Medium in den Entwicklungen des ISDN-Netzes und der asynchronen Übertragungstechnologie ATM, an deren Entwicklung Kapsch maßgeblich beteiligt ist. Technologie-Innovationen signalisieren für Fabrikanten stets einen revolutionären Einschnitt, sie bestimmen unmittelbar Forschung, Produktion, Fertigung und Imagedesign des Firmenhauses. Auch Kapsch restrukturiert mit jedem Ereignis technologischen Fortschrittes seine Produktionskultur. Obwohl die zugrundeliegenden inhaltlichen Anliegen multimedialer Kommunikation mindestens so alt sind wie das Telephon, gewinnen Telephonkonzerte, Codetransfer, synthetische Musik am Netz etc. im Licht der Neuen Technologien qualitative Reformierungen, die aus quantitativen Verbesserungen erwachsen. Etwa ein ISDN-Multimedia-Event frei Haus über Glasfaserkabel übertragen setzt demgemäß nicht nur Ideen der Jahrhundertwende in – salopp gesagt – schnittiger Form effizient um, sondern setzt gleichzeitig, anhand real gewordener Prozesse, neue Wünsche und technologische Forderungen in Gang. ISDN ist daher nicht der ruhmreiche Endpunkt der Telephonie, sondern der Startpunkt künftiger Kommunikationsweisen und -formen.

Poetik von Zeit und Raum

Eleonora Louis

„Man könnte die Menschen in zwei Klassen abteilen: in solche, die sich auf eine Metapher und 2) in solche, die sich auf eine Formel verstehn. Deren, die sich auf beides verstehn, sind zu wenige, sie machen keine Klasse aus."
Heinrich von Kleist, 1809

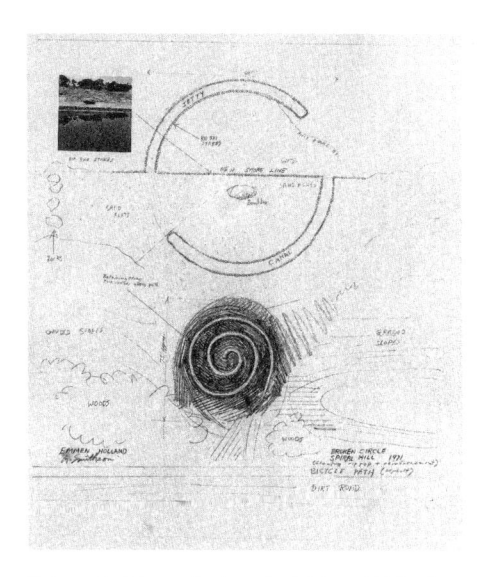

„Stelle dir in deinem geistigen Auge die Sandkiste vor, in zwei Hälften geteilt, schwarzer Sand in der einen Hälfte, weißer Sand in der anderen. Wir nehmen ein Kind und lassen es hundert Mal im Uhrzeigersinn in der Kiste laufen, bis der Sand sich vermischt und grau wird; anschließend lassen wir es gegen den Uhrzeigersinn laufen, aber das Resultat wird nicht eine Wiederherstellung der ursprünglichen Teilung sein, sondern ein noch größerer Grad an Grau und ein Anwachsen der Entropie."
Robert Smithson, 1967

Robert Smithson, *Broken Circle/ Spiral Hill*, 1971, schwarze Kreide und Photo, 52,7 x 45,7 cm

„Wie mein Benehmen, so ist auch mein Werk: nicht harmonisch im Sinne der klassischen Komponisten, nicht einmal im Sinne der klassischen Revolutionäre. Aufrührerisch, ungleichmäßig, widersprüchlich, ist es für Spezialisten der Kunst, der Kultur, des Benehmens, der Logik, der Moral unannehmbar. Es hat dafür die Gabe, meine Komplizen: die Dichter, die Pataphysiker und ein paar Analphabeten zu bezaubern."
Max Ernst, 1962

Max Ernst, *le cygne est bien paisible* ... (Der Schwan ist sehr friedlich ...),1920, Collage, 8, 2 x 12 cm

„Wenn ich anfange, das Ding [ein Flugzeug, A.d.V.] zu bauen, dann ist es natürlich das Fliegen an sich ... aber wenn ich dann damit beschäftigt bin, dann wird das Bauen das Wichtigste, und wenn es fertig ist, dann fühle ich mich wohl noch verpflichtet, es nun auszuprobieren und so, aber das hat dann Zeit, wie mir scheint, denn es gibt dann ... wichtigere Aspekte, die viel interessanter sind, die dann eigentlich mehr Fliegen sind als das wirkliche Fliegen."

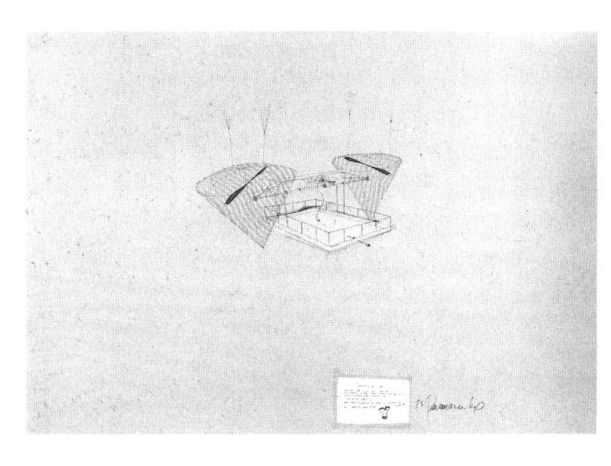

Panamarenko

Panamarenko, *Paradox II*, 1975, schwarze, rote Tinte und Bleistift auf Papier, collagiert, 100 x 138 cm, Museum van Hedendaagse Kunst, Gent

Peter Halley, *Blue Cell with Smoke Stack and Conduit*, 1985, Acryl, Roll-a-tex auf Leinwand, 161 x 161 cm, Galerie Bischofberger, Zürich

„In den 60er Jahren war die einzige Aufgabe der Astronauten, in der Umlaufbahn der Erde zu kreisen, sozusagen eine Kreisbahn in den Himmel um unseren Planeten einzuschreiben. Raumfahrt war ein großes öffentliches Spektakel und ein Ereignis mit großer ritueller Bedeutung. In den reflektierenden Silberanzügen und der glänzenden Kapsel (einer archetypischen Zelle mit meist sehr beschränkter Manövrierfähigkeit und einem winzigen Fenster) kündeten sie mit ihren an Heldenepen erinnernden Flugabenteuern, daß die ganze Menschheit (im Fernsehen) sehen konnte, wie das Lineare sich nun geschlossen hatte: Das Lineare und das Abstrakte umschrieben nun das Natürliche. Die spekulative Tradition eines Descartes, Kant und Hegel hatte die Welt neu geschaffen. Es war, als hätte der Zauber der Schamanen sich als allmächtig erwiesen, und die schamanistischen Rezepte hätten die Geheimnisse der Natur auf ewig vertrieben. Das Lineare würde nun in sich selbst münden. Das System war geschlossen, zu einer massiven Maschinerie zur Reproduktion der eigenen Annahmen geworden, hatte im Modell der Umlaufbahn einen Zustand der Stasis erreicht."

Peter Halley, 1985

"Und ist es denn nicht wahr, daß sogar der kleine Schritt eises Blicks durch das Mikroskop uns Bilder enthüllt, die wir für phantastisch und überimaginativ halte, wenn wir sie irgendwo zufälligsehen und kein Gefühl dafür haben, sie zu verstehen. Beschäftigt sich deshalb der Künstler mit Mikroskopie? Geschichte? Paläontologie? Nur zum Zweck des Vergleichs, nur in einer Übung seiner geistigen Beweglichkeit, und nicht, um die Wahrheit der Natur wissenschaftlich zu prüfen."

Edouardo Paolozzi, 1958

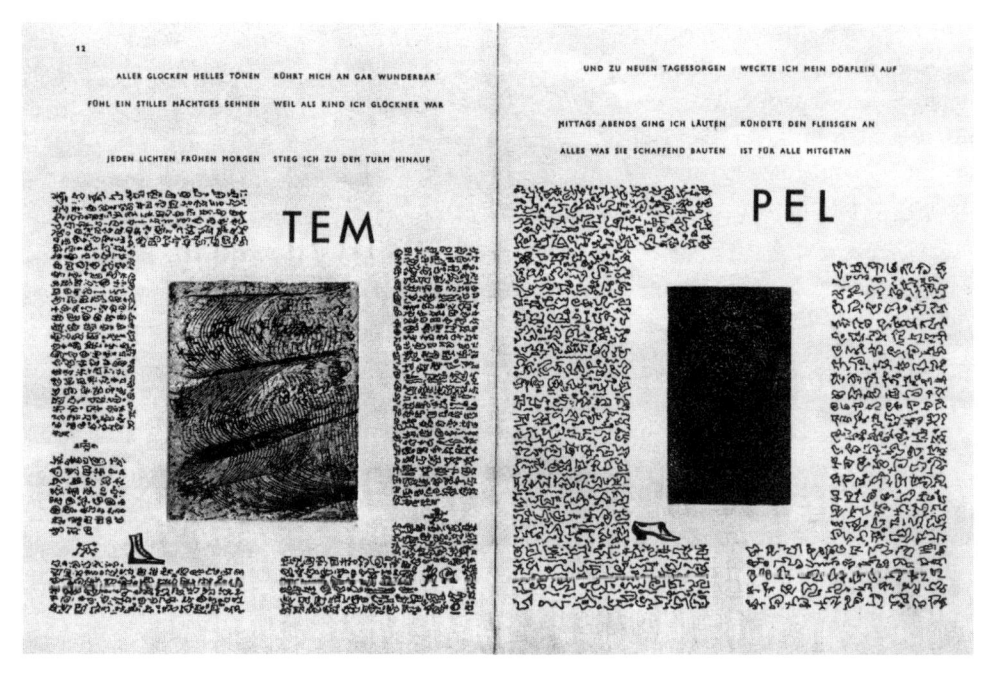

Aus: Max Ernst, *Maximiliana ou l'exergise illégal de l'astronomie*, 1964, Radierungen und Schriften, ungebunden in Kassette, 41 × 30,5 cm

„ALLER GLOCKEN HELLES TÖNEN RÜHRT MICH AN GAR WUNDERBAR

FÜHL EIN STILLES MÄCHTGES SEHNEN WEIL ALS KIND ICH GLÖCKNER WAR

JEDEN LICHTEN FRÜHEN MORGEN STIEG ICH ZU DEM TURM HINAUF

UND ZU NEUEN TAGESSORGEN WECKTE ICH MEIN DÖRFLEIN AUF

MITTAGS ABENDS GING ICH LÄUTEN KÜNDETE DEN FLEISSGEN AN

ALLES WAS SIE SCHAFFEND BAUTEN IST FÜR ALLE MITGETAN"

Leihgeber

Die folgende Liste an Leihgebern läßt erahnen, wieviel an Arbeit, organisatorischem Aufwand, Entgegenkommen und Geduld unsere Leihansuchen erforderten und deswegen möchten wir die Leihgeber nicht einfach nur genannt wissen, sondern ihnen auch unseren herzlichen Dank für die Zusammenarbeit aussprechen.

Åbo Akademis Bibliothek
Vito Acconci, Courtesy Barbara Gladstone Gallery
Agentur für geistige Gastarbeit
Archiv Archigram , London
Archiv Superstudio, Florenz
Archives nationales, Paris
Archivio Storico Bolaffi, Turin
Association „Les Ailes Brisées", Paris
Avery Architectural and Fine Arts Library, Columbia University
Barry Friedman Ltd., New York
Bauhaus-Archiv, Berlin
Bayerische Staatsbibliothek München
The British Architectural Library: Drawings Collection/Royal Institute of British Architects, London
Dr. Bruno Besser, Graz
Bibliothèque de l'Arsenal, Paris
Bibliothèque municipale de Mâcon, France
Bibliothèque nationale de France, Paris
Courtesy Buckminster Fuller Institute, Santa Barbara, California
Carl Solway Gallery, Cincinnati, Ohio
Centre Georges Pompidou, Paris
Coop Himmelb(l)au
Courtesy Arts Council of England
Courtesy Houk Friedman, New York
Courtesy Julie Saul Gallery, New York
Courtesy Lance Fung Fine Art, New York
Sammlung Jane Crawford, New York
Courtesy Layne Nielson, Los Angeles, USA
Courtesy Plus International, London
W. H. Crain Collection, Theatre Arts Collection, Harry Ransom Humanities Research Center, The University of Texas at Austin
Tulio Crali, Mailand
Deutsches Architektur-Museum, Frankfurt
Deutsches Museum München
Deutsches Museum München, Archiv, Sammlung Oberst von Brug
Deutsches Museum München, Bibliothek, Sammlung Oberst von Brug
Nachlaß Robert Doisneau
Fondation Le Corbusier, Paris
Historical and Interpretative Collection of The Franklin Institute Science Museum, Philadelphia
Yona Friedman, Paris
Galerie Alex Lachmann, Köln
Galerie Berinson, Berlin
Galerie Bruno Bischofberger, Zürich
Galerie Klewan, München
Galerie Louise Leiris, Paris
Germanisches Nationalmuseum, Nürnberg
Gernsheim Collection, Harry Ransom Humanities Research Center, The University of Texas at Austin
Goethe-Museum Düsseldorf
Guildhall Library, Corporation of London
Hagley Museum and Library, Wilmington, USA
Hamburger Kunsthalle
Alanna Heiss, New York
Hertfordshire County Record Office, Hertford
Hessisches Hauptstaatsarchiv, Wiesbaden
Hirschl & Adler Modern, New York
Hans Hollein, Wien
Illustration House, New York
Institut français d'Architecture (Archives d'Architecture du XXe Siècle), Paris
Institut Français de Vienne
Institut für Geschichte der Medizin der Universität Wien
Institut für Geschichte und Theorie der Architektur, ETH Zürich
Leihgabe Königliches Hausarchiv, Den Haag
Kunsthalle Wien
Mr. Charles I. Larson, Mrs. Magali Sarfatti Larson
Paul Maymont (Architecte urbaniste), Paris
The Metropolitan Museum of Art, Gift of Mr. and Mrs. Paul Bird Junior, 1962
The Metropolitan Museum of Art, The Elisha Whittelsey Collection, The Elisha Whittelsey Fund, 1960
The Library, University College London
Magnum Photos, Paris
Jean-Claude Mézières, Paris
Musée Carnavalet, Paris
Musée de l'Air et de l'Espace, Le Bourget
Musée de la bande dessinée, Angoulême
Musée National des Techniques du C.N.A.M., Paris
Musei Civici Como

Museo Aeronautico G. Caproni, Trient
Museo di Arte Moderna e Contemporanea di Trento e Rovereto
Museum der tschechischen Literatur in Prag
Museum moderner Kunst Stiftung Ludwig Wien
Museum of Childhood, Edinburgh
Museum van Hedendaagse Kunst, Gent
NAI, Rotterdam
NAI, Rotterdam, Leihgabe EFL-Stiftung
National Gallery of Art, Washington
Layne Nielson, Los Angeles
Norman Bel Geddes Collection, Theatre Arts Collection, Harry Ransom Humanities Research Center, The University of Texas at Austin
Oberösterreichisches Landesmuseum, Linz
Österreichische Nationalbibliothek
Österreichische Nationalbibliothek, Kartensammlung
Österreichische Nationalbibliothek, Porträtsammlung
Österreichisches Staatsarchiv, Wien
Österreichisches Staatsarchiv, Kriegsarchiv, Wien
Österreichisches Filmarchiv, Wien
Österreichisches Patentamt, Wien
Österreichisches Theatermuseum, Wien
Photography Collection, Harry Ransom Humanities Research Center, The University of Texas at Austin
Walter Pichler, Wien
Prentenkabinett der Rijksuniversiteit Leiden
Prinzhorn-Sammlung der Psychiatrischen Universitätsklinik Heidelberg
Privatsammlung Mailand
Privatbesitz, Hamburg
Privatsammlung, München
Privatsammlung, Schweiz
Privatsammlung, Wien
Property of Dessau Trust
Purdue University Library, West Lafayette, USA
Sammlung Alessandra, Mailand
Sammlung Auerswald
Sammlung Bogner, Wien
Sammlung Claude Rebeyrat, Paris
Sammlung Dr. Rottensteiner, Wien
Sammlung Dr. Wolfgang Jansen, Berlin
Sammlung Elisabeth Hueber-Zötl, Linz
Sammlung Fabio, Turin
Sammlung Fondation Hergé, Bruxelles
Sammlung Franz Reitinger, Linz
Sammlung Graf Gondolo della Riva, Turin
Sammlung H. Marc Moyens, Alexandria, USA
Sammlung Icarus, Turin
Sammlung Jean Pigozzi, Genf
Sammlung Joseph E. Seagram & Sons, Inc.
Sammlung Loïc Malle, Paris
Sammlung Musée de la Poste, Paris
Sammlung Musée du Temps, Besançon
Sammlung NAI/ Sammlung RBK, Schenkung Van Moorsel
Sammlung Norman Brosterman, New York
Sammlung Pegasus, Mailand
Sammlung Lucien Rudaux, Donville
Schweizerische Landesbibliothek, Bern
Schweizerische Stiftung für die Photographie, Zürich
The Science Museum, London
Robert Smithson and Nancy Holt papers. Archives of American Art, Smithsonian Institution
Staatsbibliothek zu Berlin - Preußischer Kulturbesitz
Stadtbibliothek Nancy, B. M. Nancy
Stadtmuseum Eisenerz
Städtische Galerie im Lenbachhaus, München
Stiftsbibliothek St. Florian
Stiftung Preußischer Kulturbesitz - Staatliche Museen zu Berlin - Kunstbibliothek
Stiftung Theresianische Akademie, Wien
Technisches Museum Wien
Theaterabteilung des Nationalmuseums, Prag
Theaterwissenschaftliche Sammlung der Universität zu Köln
UCLA - Arts Library Special Collections, Los Angeles
Universitäts- und Stadtbibliothek, Köln
Universitätsbibliothek der Technischen Universität Wien
Universitätsbibliothek Erlangen-Nürnberg, Erlangen
Universitätsbibliothek Wien
University of London Library, Durning-Lawrence Library
Ronny van de Velde, Antwerpen
The Board of Trustees of the Victoria & Albert Museum, London
Vlaamse Gemeenschap - Leihgabe an das Museum van Hedendaagse Kunst, Gent
Wenzel Hablik Museum, Itzehoe
©1996 Archiv und Familiennachlaß Oskar Schlemmer, Badenweiler, Deutschland
© 1996 Bühnen Archiv Oskar Schlemmer, Badenweiler, Deutschland

Werkliste

Die einzelnen Objekte sind innerhalb der thematischen Zuordnung chronologisch gereiht, wobei die Reihenfolge manchmal zugunsten einzelner Werkgruppen übergangen wurde.

Bei Illustrationen in Büchern wird, soweit bekannt, zuerst der Stecher bzw. der Illustrator, dann der Buchautor genannt. In der Materialangabe wird in diesem Fall zuerst die Technik der Illustration genannt, in Klammer dahinter das Objekt (Buch, Magazin, ...).

Bei Einzelblättern wird, soweit bekannt, zuerst der Stecher, dann der Künstler der Vorlage genannt. Handelt es sich um Einzelblätter für Bücher, wird der Buchtitel im Werktitel genannt.

Die Konstruktion von neuen Welten und Wunschländern

Maître François/Augustinus, La Cité céleste et la Cité terrestre avec les Vertus et les Vices (Die himmlische Stadt und die irdische Stadt mit den Tugenden und den Lastern), in: *La Cité de Dieu*, 1480, Wasserfarbe auf Kalbsleder (Buch), 42,8 x 29,5 cm, Bibliothèque municipale de Mâcon, France

Anonym, Ohne Titel, in: *Der Dornenkranz von Collen*, 1490, Holzschnitt (Buch), 20,7 x 14,3 x 3,5 cm, Universitäts- und Stadtbibliothek, Köln

Anonym/Dante Alighieri, Ohne Titel, in: *La Divina Commedia di Dante insieme con uno dialogo circa el sita forma et misure dello inferno*, Florenz (Die Göttliche Komödie mit einem Dialog über die ungefähre Lage, Form und Abmessung der Hölle), 1506, Holzschnitt (Buch), 16,5 x 10,5 cm, Universitäts- und Stadtbibliothek, Köln

Anonym/Dante Alighieri, Sito et forma della valle inferna, in: *Dante col sito, et forma dell'inferno tratta dall'istessa descrittione del poeta*, Venedig (Ort und Form des Höllentals, in: Dante mit Ort und Form der Hölle erzählt nach den Beschreibungen des Dichters selbst), 1515, Holzschnitt (Buch), 17 x 9,5 cm, Österreichische Nationalbibliothek

Hans und Ambrosius Holbein (del.)/Thomas Morus, Utopia insulae tabula, Frontispiz von: *Utopia*, Basel, 1518, Holzschnitt (Buch), 12 x 18 cm, Österreichische Nationalbibliothek

Giovanni Antonio Doni, Inferni del Doni (Donis Hölle), in: *I mondi del Doni,* Venedig, 1552-53, Kupferstich (Buch), 21 x 15 cm, Österreichische Nationalbibliothek

Anonym/Caspar Stiblin, Macariae et Eudaemonis tabula, in: *Coropaedia … eiusdem, de eudaemonensium respublica commentaribus*, Basel, 1555, Holzschnitt, 18 x 15,3 cm, Österreichische Nationalbibliothek

Anonym, *Regnum Caelorum Vim Patitur et Violenti Rapiunt illud*, A. 17. Jhdt., Kupferstich, 29,5 x 21 cm, Privatsammlung, München

William Kip/Joseph Hall, Ohne Titel, in: *Mundus Alter et Idem, sive Terra Australis antehac semper incognita, longis itineribus peregrini academici nuperrimé lustrata, authore Mercurio Britannico*, London, 1607, Kupferstich (Buch), 16 x 10,5 cm, Universitätsbibliothek Erlangen-Nürnberg, Erlangen

Ed. Blount, W. Barrett (ed.)/John Healey, The Discovery of a New World or a Description of the South Indies. Hetherto Unknowne, Frontispiz von: *The Discovery of a New World*, London (Die Entdeckung einer Neuen Welt oder eine Beschreibung der bis dahin unbekannten South Indies), um 1609, Kupferstich (Buch), University of London Library, Durning-Lawrence Library [D.L.L.] Bb. 4 [Hall]

William Marshall/Francis Bacon, Instauratio Magna, Frontispiz von: *Of the Advancement and Proficience of Learning or the Partitions of Sciences*, London, 1640, Kupferstich (Buch), 56,5 x 48,5 cm, University of London Library, Durning-Lawrence Library [D.L.L.] (xvii) Bc [Bacon - De Augmentis - English] fol. copy 3

Anonym/Otto van Veen, Le Tableau de Cebes ou l'image de la vie humaine, in: *Le Théâtre moral de la vie humaine … avec la table du philosophe Cebese*, Brüssel (Die Tafel von Cebes oder das Bild des menschlichen Lebens), 1672, Kupferstich (Faltblatt in Buch), 36 x 52 cm, Österreichische Nationalbibliothek

Justus Danckert, Frontispiz von: *Atlas*, Amsterdam, 1680, Kupferstich, koloriert, 50 x 34 cm, Österreichische Nationalbibliothek, Kartensammlung

Anonym, *Erklaerung der Wunder-seltzamen Land-Charten Utopiae, so da ist, das neu-entdeckte Schlarraffenland, Worinnen All und jede Laster der schalckhafftigen Welt als besondere Koenigreiche, Herrschafften und Gebiete, mit vielen laeppischen Staedten, Festungen, Flecken und Doerffern, Fluessen, Bergen, Seen, Insuln, Meer und Meer-Busen, wie nicht weniger Dieser Nationen Sitten, Regiment, Gewerbe, samt vielen leßwuerdigen, naerrischen Seltenheiten, und merckwuerdigen Einfällen aufs deutlichste beschrieben; Allen thoerrechten Laster-Freunden zum Spott, denen Tugend liebenden zur Warnung, und denen melancholischen Gemuethern zu einer ehrlichen Ergetzung vorgestellet. Gedruckt zu Arbeitshausen, in der Graffschafft Fleissig, in diesem Jahr da Schlarraffenland entdeckt ist*, Nürnberg, 1694, Kupferstich (Buch), 13,5 x 8 x 4,5 cm, Stiftsbibliothek St. Florian

Johann Baptist Homann, *Accurata Utopiae Tabula, Das ist der Neu-entdeckten Schalck-Welt oder des so offt benannten, und doch nie erkannten Schlaraffenlandes, Neu*

erfundene lächerliche Land-Tabell, Worinnen all und jede Laster in besondere Königreich, Provintzien und Herrschafften abgetheilet, Beyneben auch die nächst angräntzende Länder der Frommen des zeitlichen Auff- u. Unterg. auch ewigen Verderbens Regionen samt einer Erklärung anmuthig und nutzlich vorgestellt, 1713, Kupferstich, koloriert, 56,5 x 48,5 cm, Stiftsbibliothek St. Florian

Anonym / Gerhard Onder de Linden, Isaac Stokmans, Afbeeldinge van't zeer vermaarde Eiland Geks-Kop, gelégen in de Actie-Zé, ontdekt door Monsr. Laurens, werende bewoond door en verzámeling van alderhande volkeren, die men dézen generálen naam (Actionisten) geeft, in: *Het groote Tafereel der Dwaasheid, Vertoonende de opkomst, voortgang en ondergang der Actie, Bubbel en Windnegotie, in Vrankryk, Engeland, en den Niederlanden*, Amsterdam, 1720, Kupferstich (Buch), 29,5 x 21 cm, Österreichische Nationalbibliothek

Bodenehr / Johann Heinrich Steffens, Philautia, Frontispiz von: *Esopus bey Hofe und Aesopus in der Stadt. Zwey Comoedien von Mons. Boursault verfertigt*, Dresden, 1723, Kupferstich (Buch), 16,5 x 10,5 cm, Bayerische Staatsbibliothek München

Gottlieb Friedrich Frommann (ed.) / Philipp Balthasar Sinold, gen. v. Schütz (= Constantin von Wahrenberg), Das Land der Zufriedenheit, in: *Die glückseeligste Insul auf der gantzen Welt, oder Das Land der Zufriedenheit, Dessen Regierungs-Art, Beschaffenheit, Fruchtbarkeit, Sitten derer Bewohner, Religion, Kirchenverfassung und dergleichen, Samt der Gelegenheit, wie solches Land entdecket worden*, Königsberg, 1723, Kupferstich (Buch), 16,5 x 10,5 cm, Bayerische Staatsbibliothek München

Conrad Tyroff, *Das Reich der Liebe*, Nürnberg, 1778, Kupferstich, koloriert, 18 x 23,6 cm, Germanisches Nationalmuseum, Nürnberg

Johann Immanuel Breitkopf, *Charte von der Quelle der Wünsche. Des Landcharten-Satzes dritter Versuch*, Leipzig, 1779, Letterndruck (Buch), 18 x 25 cm, Goethe-Museum Düsseldorf

Anonym, *Wählen Sie sich selbst aus diesem Plan, was am meisten Sie beglücken kann*, A. 19. Jhdt., Kupferstich, koloriert, 15 x 10,5 cm, Staatsbibliothek zu Berlin - Preußischer Kulturbesitz

Anonym, *Carte allégorique du voyage de la jeunesse au pays du bonheur* (Allegorische Karte der Reise der Jugend ins Land des Glücks), um 1800, Kupferstich, 18,5 x 22 cm, Sammlung Franz Reitinger, Linz

Anonym, *Des Landes aufrichtiger Wünsche zugeeignet von Irma Keitler und Dr. Keitler*, um 1800, kolorierter Kupferstich (Postkarte), 10,5 x 15 cm, Stiftung Preußischer Kulturbesitz - Staatliche Museen zu Berlin - Kunstbibliothek

Joseph Krommer (del.) / Franz Johann Joseph von Reilly, *Atlas von der moralischen Welt in zehen Satyrisch-Allegorischen Landkarten mit ihrer Erklärung und Beschreibung* a) General-Karte von der moralischen Welt; b) Topographische Karte von der Stadt der Selbstliebe; c) Landkarte von dem Reiche der Liebe; d) Landkarte von dem Reiche des Erwerbes; e) Landkarte von dem Reiche der Ehre; f) Landkarte von dem Reiche der Herrschaft; g) Landkarte von dem Reiche des Wissens; h) Landkarte von dem Reiche des Müssiggangs; i) Landkarte von dem Reiche der Speculation; j) Landkarte von dem Reiche der Ruhe, 1802, Kupferstiche, 10 x (21 x 29,5 cm), Oberösterreichisches Landesmuseum, Bibliothek, Linz

Anonym, *Ile de l'amitié* (Insel der Freundschaft), um 1820, Federzeichnung auf Papier, koloriert, 24,5 x 36,5 cm, Sammlung Franz Reitinger, Linz

Joseph und Aloys Zötl, *Karte des Landes meiner Wünsche*, 1830, Feder auf Papier (Stammbuch), 17 x 11 x 2 cm, Sammlung Elisabeth Hueber-Zötl, Linz

Johann Carl Mare, *Neue Wege-Karte zum Gebrauch der Erdenwaller*, um 1850, Kupferstich, koloriert, 15 x 10,5 cm, Staatsbibliothek zu Berlin - Preußischer Kulturbesitz

Anonym / Zacharias Topelius, Ohne Titel, in: *Resan Till Lycksalighetens Ö* (Die Reise zur Insel der Glückseligkeit), Supplement zu Eos, Nr. 24, 1855, Lithographie (Buch), 26 x 18,7 cm, Åbo Akademis Bibliothek

Oskar Schlemmer, *Utopia: Dokumente der Wirklichkeit*, Entwurf für Buchumschlag, 1921, Aquarell und Deckweiß, Silber und Goldbronze über Konturenzeichnung in Tuschfeder auf Pergaminpapier, 32,8 x 24,9 cm, © 1996 Archiv und Familiennachlaß Oskar Schlemmer, Badenweiler, Deutschland, © 1996 Bühnen Archiv Oskar Schlemmer, Badenweiler, Deutschland

Robert Smithson, *Mono Lake, Site/Nonsite*, 1968, Neun Streifen von Landkarten der USA, gedruckt auf blauem Papier, 104 x 72 cm, Sammlung Loïc Malle, Paris

Robert Smithson, *Broken Circle*, 1971, Negativphotographie, 17,8 x 17,8 cm, Robert Smithson and Nancy Holt papers. Archives of American Art, Smithsonian Institution

Robert Smithson, *Entwurf für Broken Circle/Spiral Hill*, 1971, Tinte auf Papier, 32,1 x 39,4 cm, Sammlung Joseph E. Seagram & Sons, Inc.

Robert Smithson, *Spiral Hill*, 1971, Negativphotographie, 17,8 x 17,8 cm, Robert Smithson and Nancy Holt papers. Archives of American Art, Smithsonian Institution

Marcel Broodthaers, *Carte utopique du monde* (Utopische Weltkarte), 1968-73, Karte auf Leinwand, Holz, Filzstift, 123 x 185 cm, Privatsammlung

Marcel Broodthaers, *Pyramide de toiles* (Leinwand-Pyramide), 1973, 22 Leinwände (gestapelt), 1 Postkarte, 40 x 65,4 x 50, 2 cm, Hirschl & Adler Modern, New York

Peter Weibel, *Babylon*, 1996, Video Link zwischen Kunsthistorischem Museum und Kunsthalle Wien, interaktive Echtzeit-Bildmanipulation, Im Besitz des Künstlers

Ordnungssysteme (Vom Panopticum zum Exerzierreglement)

Wilhelm Ludwig Graf von Nassau, *Skizze einer Schlachtordnung für die Aufstellung von Musketieren in sechs rotierenden Reihen für die Aufrechterhaltung von Dauerfeuer*, 8. 12. 1595 (Brief), Tinte auf Papier, 33 x 21,5 cm, Leihgabe Königliches Hausarchiv, Den Haag

Johann von Nassau, Skizze zu jenen Positionen, die ein Soldat idealerweise beim Laden der Muskete einnehmen sollte, in: *Kriegsbuch des Grafen Johann von Nassau-Siegen*, 1607, Tusche auf Papier, 40 x 52 cm, Hessisches Hauptstaatsarchiv, Wiesbaden

Jacques Callot, *Guerre de Beauté* (Der Schönheitskrieg), 1616, Radierung, 29,9 x 29,5 cm, Hamburger Kunsthalle

Johann Jacob von Wallhausen, *Kriegskunst zu Fuß*, 1615, Buch, 32 x 45,5 x 3 cm, Österreichische Nationalbibliothek

Johann Jacob von Wallhausen, *Kriegskunst zu Pferde*, 1616, Buch, 32 x 45,4 x 3 cm, Österreichisches Staatsarchiv, Bibliothek des Österreichischen Kriegsarchivs, Wien

Johann Jacob von Wallhausen, *Archiley Kriegskunst*, Hanaw, 1617, Kupferstich (Buch), 32 x 45,5 x 3 cm, Österreichische Nationalbibliothek

Pierre Giffart, *L'Art Militaire Français*, 1697, Buch, 15 x 19 cm, Österreichische Nationalbibliothek

Johann Rudolf Fäsch, *Kurtze jedoch grund- und deutliche Anfangs-Gründe zu der fortification*, 1725, Buch, 26,5 x 39,5 cm, Österreichische Nationalbibliothek, Porträtsammlung

Anonym, *L'art d'assiéger un cœur* (Die Kunst, ein Herz zu belagern), 1750, Kupferstich, 39 x 30 cm, Bibliothèque nationale de France, Paris

Anonym, *Exercices et évolutions de l'infanterie française* (Exerzierübungen der französischen Infanterie), 1765, Buch, 11 x 17 cm, Bibliothèque de l'Arsenal, Paris

Eisen/Delafosse, *Planche concernant l'exercice militaire de l'infanterie* (Darstellung zur Militärübung der Infantrie), 1766, Kupferstich (Heft), 45 x 56 cm, Bibliothèque de l'Arsenal, Paris

Gravelot, *Plusieurs positions dans lesquelles doivent se trouver les soldats conformément à l'ordonnance de 1766* (Mehrere Positionen, die die Soldaten einnehmen müssen, laut Verordnung von 1766), 1766, Faltblatt (Buch), 30,2 x 103 cm, Bibliothèque de l'Arsenal, Paris

Joly de Maizeroy, *Théorie de la guerre, où l'on expose la constitution et formation de l'infanterie* (Theorie des Krieges, in der die Gliederung und Aufstellung der Infanterie gezeigt werden), 1777, Buch, 29 x 22,8 cm, Bibliothèque nationale de France, Paris

Etienne-Louis Boullée, *Projet pour l'agrandissement de la future Bibliothèque nationale* (Projekt für die Vergrößerung der zukünftigen Nationalbibliothek), um 1780, Kupferstich (Buch), 51 x 95 cm, Bibliothèque de l'Arsenal, Paris

Bernard Poyet, *Projet d'Hôtel-Dieu dans l'île des Cygnes* (Plan eines Projekts für ein Hospiz auf der Île des Cygnes), 1785, Radierung, 33 x 36,5 cm, Bibliothèque nationale de France, Paris

Jeremy Bentham, *House of Inspection* (Überwachungsanstalt), Grundriß, 1791, Aquarell, Tusche, 32,5 x 20 cm, The Library, University College London

Jeremy Bentham, *House of Inspection* (Überwachungsanstalt), Schnitt, 1791, Aquarell, Tusche, handschriftliche Anmerkungen, 16 x 20 cm, The Library, University College London

Jean-Jacques Lequeu, *Temple à l'Égalité, élévation et coupe* (Tempel der Gleichheit, Aufriß und Schnitt), 1791, Tuschfeder und Aquarell auf Papier, 41 x 32 cm, Bibliothèque nationale de France, Paris

Anonym, *Brixton Prison. Treadwheel* (Brixton Prison. Tretmühle), 1. Hälfte 19. Jhdt., Kupferstich, 23 x 27,5 cm, Guildhall Library, Corporation of London

Thomas All, *Grand National Cemetary* (Großer Nationalfriedhof), 19. Jhdt., Lithographie, 43,5 x 65,5 cm, Guildhall Library, Corporation of London

Anonym, *Ansicht der 'Phalanstère' von Charles Fourier*, 19. Jhdt., Aquarell auf Papier, 61,5 x 74,5 cm, Sammlung Musée du Temps, Besançon

Claude-Nicolas Ledoux, Vue perspective de la ville de Chaux (Perspektivische Ansicht der Stadt Chaux) aus: *L'architecture considérée sous le rapport de l'art, des mœurs et de la législation*, 1804/1986, Faksimile, 45 x 65 cm, Privatsammlung, Wien

Joseph Hamel, *Der gegenseitige Unterricht*, 1818, Buch, 20 x 12 cm, Österreichische Nationalbibliothek, Porträtsammlung

Anonym, *Galeries Colosseum, Regent's Park*, 1829, Aquatinta auf Papier, 32 x 23 cm, Guildhall Library, Corporation of London

Anonym, *View above the pavillion into the Colosseum, Regent's Park* (Blick auf das Panorama im Colosseum, Regent's Park), 1829, Aquatinta auf Papier, 33,5 x 27,5 cm, Guildhall Library, Corporation of London

Thomas Willson, *Pyramid Cemetary in Primrose Hill* (Friedhof mit Pyramiden in Primrose Hill), um 1829, Kupferstich, 55 x 42,3 cm, Guildhall Library, Corporation of London

Anonym, *Pläne zu dem Abrichtungs-Reglement der k.k. Linien-Infanterie*, 1843, Buch, 22 x 62 cm, Österreichisches Staatsarchiv, Wien

A. Blouet, *Prison cellulaire pour 585 condamnés* (Zellengefängnis für 585 Insassen), 1843, Lithographie, 33,9 x 44,1 cm, Bibliothèque nationale de France, Paris

John Bunstone Bunning, *New Goal House of Correction* (Besserungsanstalt in New Goal), 1846, Lithographie, koloriert, 42 x 43,8 cm, Guildhall Library, Corporation of London

M. Gaildrau, *Vue générale du Camp de Chalons* (Gesamtansicht des Lagers von Chalons), 26. 9. 1857, Kupferstich, 36 x 54 cm, Österreichische Nationalbibliothek

Anonym, *Pentonville Prison. Chapel on the seperate system* (Pentonville Prison. Gefängniskirche mit Einzelzellen), 1862, Holzstich, 16 x 25,8 cm, Guildhall Library, Corporation of London

Anonym, *The Workshop under the „Silent System" at Millbank Prison* (Das „Schweige-System" im Millbank Gefängnis), 1862, Holzstich, 15,5 x 25 cm, Guildhall Library, Corporation of London

Howard Ebenezer, *The Social City*, um 1888, Photographie (Reproduktion eines Aquarells, vergrößert), 50,8 x 40,6 cm, Hertfordshire County Record Office, Hertford

Hannah Höch, *Mechanischer Garten*, 1920, Aquarell auf Papier, 74 x 48 cm, Sammlung H. Marc Moyens, Alexandria, USA

Anonym, *Schreibmaschinenbild aus der Revue „Das lachende Berlin"*, 1925, Photographie, 12,5 x 18 cm, Sammlung Dr. Wolfgang Jansen, Berlin

Frank B. und Lilian Gilbreth, *Model for stacking boxes of soap* (Lehrmodell für das richtige Stapeln von Seifenkartons), um 1925/1996, Photographie (Neuabzug), 24 x 18 cm, Purdue University Library, West Lafayette, USA

Frank B. und Lilian Gilbreth, *Motion model* (Modell der idealen Arbeitsbewegung), um 1925/1996, Photographie (Neuabzug), 24 x 18 cm, Purdue University Library, West Lafayette, USA

Frank B. und Lilian Gilbreth, *Moving boxes of glassware* (Verschieben von Glas-gefüllten Schachteln), um 1925/1996, Photographie (Neuabzug), 24 x 18 cm, Purdue University Library, West Lafayette, USA

Frank B. und Lilian Gilbreth, *Mr. P. H. Waters Motion Study Laboratory* (Normierung elementarer Arbeitssequenzen einer Stenotypistin im Laboratorium für Bewegungsstudien), um 1925, Photographie (Neuabzug), 18 x 24 cm, Purdue University Library, West Lafayette, USA

Frank B. und Lilian Gilbreth, *Small stores for the handicapped* (Rationalisierter Arbeitsplatz für Behinderte), um 1925/1996, Photographie (Neuabzug), 18 x 24 cm, Purdue University Library, West Lafayette, USA

Hermann Böhrs, Die Taylorisierung der Büroarbeit, in: *Rationelle Büroarbeit*, München, 1953, Buch, 23 x 16 cm, Bayerische Staatsbibliothek München

Hermann Böhrs, Die Rationalisierung industrieller Arbeit, in: *Die Organisation des Industriebetriebs*, München, 1963, Buch, 24,4 x 17,3 cm, Bayerische Staatsbibliothek München

Maria Lassnig, *Raummenschen im Kubus*, 1963, Öl auf Leinwand, 200 x 200 cm, Privatsammlung

Peter Halley, *Blue Cell with Smoke Stack and Conduit* (Blaue Zelle mit Rauchfang und Rohrleitung), 1985, Acryl und Day-Glo auf Leinwand, 161 x 161 cm, Galerie Bruno Bischofberger, Zürich

Architektur als reale oder ideale Maschine

Anonym, *The Century of Invention Anno Domini 2000* (Das Jahrhundert der Erfindung Anno Domini 2000), 1830 (?), Lithographie, 25 x 40 cm, Sammlung Norman Brosterman, New York

James Clephan, *Perspective view of the Trunk Viaduct of the London Union Railway* (Perspektivische Ansicht des Hauptviadukts der London Union Railway), um 1850, Lithographie, zweifärbig, 59 x 44 cm, The British Architectural Library: Drawings Collection/Royal Institute of British Architects, London

Albert Robida, *Le 21 juin 1868*, 1868, Federzeichnung, aquarelliert, 27,8 x 41,5 cm, Sammlung Claude Rebeyrat, Paris

Albert Robida, L'Embellissement de Paris, in: *La Caricature*, (Die Verschönerung von Paris) 19. Juni 1886, Farbdruck (Zeitschrift, gebunden), 38,5 x 28,5 x 2,5 cm, Sammlung Claude Rebeyrat, Paris

Albert Robida, *Leur capitale s'était étendue de Bordeaux à Toulouse* (Ihre Hauptstadt erstreckte sich von Bordeaux bis Toulouse), um 1890, Lithographie, 32 x 24 cm, Musée Carnavalet, Paris

Jules Verne, *A floating City. New York* (Eine schwimmende Stadt), 1874, Originalbucheinband, Goldprägung, 21,4 x 15,4 x 3 cm, Sammlung Graf Gondolo della Riva, Turin

L. Benett/Jules Verne, Cette masse est Stahlstadt, la cité de l'acier (Diese Masse ist Stahlstadt), in: *Les Cinq Cents Millions de la Bégum*, o. J. (1886?), Holzschnitt, 26,5 x 17,2 cm, Privatsammlung, Wien

Hamilton, *What we are coming to* (Was wir erreichen), 1895, Magazinseite, 54 x 35 cm, Sammlung Norman Brosterman, New York

Anonym, *Boston in the Future, Paris futur, San Francisco in the Future, Genova in 'avvenire, Chemnitz in der Zukunft*, um 1900, Farbdruck auf Karton (Postkarten), 5 x (9 x 13,8 cm), Sammlung Norman Brosterman, New York

F. W. Read, *In Futuro*, 1901, Gouache auf Papier, 61 x 45,7 cm, Sammlung Norman Brosterman, New York

Charles Lamb, *High Streets in the Air*, um 1908, Wasserfarbe und Gouache auf grünem Papier, 71 x 54 cm, Avery Architectural and Fine Arts Library, Columbia University

José Roy/Henri de Graffigny, Titelblatt von: *La Ville Aérienne*, M. Vermot Éditeur (Die Stadt in der Luft), Paris, 1910, Farbdruck auf Papier (Buch), 228,5 x 23 cm, Sammlung Claude Rebeyrat, Paris

Antonio Sant'Elia, *Architekturelemente*, 1913, Schwarze, rote und grüne Kreide auf gelbem Karton, 39,5 x 29,8 cm, Musei Civici Como

Antonio Sant'Elia, *Studie für ein Kraftwerk*, 1913, Schwarze Tinte und Bleistift auf Papier, 21 x 28 cm, Musei Civici Como

Antonio Sant'Elia, *Appartmenthaus der 'Città nuova' mit Außenliften, Galerie, überdachtem Durchgang auf drei Straßenniveaus*, 1914, Schwarze Tinte und Bleistift auf Papier, 52,5 x 51,5 cm, Musei Civici Como

Antonio Sant'Elia, *Station für Züge und Flugzeuge*, 1914, Tinte und Wasserfarbe auf Papier, 30,8 x 20,5 cm, Mr. Charles I. Larson, Mrs. Magali Sarfatti Larson

Antonio Sant'Elia, *Studie für die 'Città nuova'*, 1914, Bleistift auf Papier, 12,9 x 11,3 cm, Musei Civici Como

Frank Godwin, *On the Site of the „Old Broad Street Station"* (Auf dem Gelände der „Old Broad Street Station"), 1919, Broschüre, 38 x 28 cm, Hagley Museum and Library, Wilmington, USA

Franklin Booth, *Future City* (Stadt der Zukunft), um 1920, Gouache, Buntstift auf orangem Papier, 33 x 25,4 cm, Sammlung Norman Brosterman, New York

Kasimir Malevitch, *Suprematismus*, Animation von Lutz Becker, 1920/1970, Film, 5', Courtesy Arts Council of England

Robert Michel, *Monsieur Biscaya*, 1920, Wasserfarbe auf Papier, 30 x 33,7 cm, Barry Friedman Ltd., New York

Annie Harrar, *Die Feuerseelen. Ein phantastischer Roman*, 1921, Buch, 18 x 24,3 cm, Österreichische Nationalbibliothek

Oskar Schlemmer, *Wohnmaschine*, 1922, Federzeichnung auf Papier, 18,2 x 16,4 cm, © 1996 Archiv und Familiennachlaß Oskar Schlemmer, Badenweiler, Deutschland, © 1996 Bühnen Archiv Oskar Schlemmer, Badenweiler, Deutschland

Charles-Edouard Jeanneret, gen. Le Corbusier, *Cité contemporaine pour trois millions d'habitants. Dessin d'étude en perspective, vue du ciel* (Zeitgenössische Stadt für drei Millionen Einwohner. Perspektivische Entwurfszeichnung, Vogelperspektive), undatiert (1922), Tusche auf Pauspapier, 44 x 67 cm, Fondation Le Corbusier, Paris

Charles-Edouard Jeanneret, gen. Le Corbusier, *Cité contemporaine pour trois millions d'habitants. Perspective de la ville* (Zeitgenössische Stadt für drei Millionen Einwohner. Perspektivenansicht), 1922, Tusche auf Pauspapier, 66 x 131 cm, Fondation Le Corbusier, Paris

Charles-Edouard Jeanneret, gen. Le Corbusier, *Plan Voisin* (Skizze, Gesamtperspektive), undatiert (1925), schwarzer Stift, Tusche, Pause, 57 x 110 cm, Fondation Le Corbusier, Paris

Charles-Edouard Jeanneret, gen. Le Corbusier, *Plan voisin* (Entwurfsskizze, Vogelperspektive), undatiert (1925), Schwarzer Stift und Tusche auf Pauspapier, 55 x 72 cm, Fondation Le Corbusier, Paris

Jacques Lambert nach Auguste Perret, L'Avenue des Maisons-Tours (Straße der Turm-Häuser), aus: *Wendingen*, 1923, Druck, 33 x 33 cm, Institut français d'Architecture (Archives d'Architecture du XXe Siècle), Paris

Theo van Doesburg, *Contra-Constructie* (Analyse der Architektur), 1923, Bleistift und Tinte auf Papier, 50,2 x 35,5 cm, NAI, Rotterdam, DOES Pf 1

Theo van Doesburg, *Contra-Constructie* (Analyse der Architektur), 1923, Bleistift und Tinte auf Papier, 59,6 x 48 cm, NAI, Rotterdam EEST 3.2O7, Leihgabe EFL-Stiftung

Theo van Doesburg, *Contra-Constructie* (Analyse der Architektur), 1923, Tinte auf Transparentpapier, 55 x 38 cm, NAI, Rotterdam DOES Pf 1

Theo van Doesburg/Cornelius van Eesteren, *Axonometrie* (Architecture, vue d'en haut) (Vogelperspektive), 1923, Tinte, Gouache, Collage auf Papier, 57 x 57 cm, NAI-Rotterdam EEST 3.182, Leihgabe EFL-Stiftung

Theo van Doesburg, *Cité de Circulation* (Aufriß), 1924-29, Bleistift auf Papier, Sammlung NAI / Sammlung RBK, Schenkung Van Moorsel

Theo van Doesburg, *Cité de Circulation* (Aufriß und Schnitt von Apartementturm), 1924-29, Bleistift auf Papier, 39,2 x 66,2 cm, Sammlung NAI / Sammlung RBK, Schenkung Van Moorsel

Theo van Doesburg, *Cité de Circulation* (Plan), 1924-29, Bleistift auf Papier, 63 x 63 cm, Sammlung NAI / Sammlung RBK, Schenkung Van Moorsel

Paul Citroën, *Metropolis*, 1923, Geklebte Photographien, Postkarten und Photogravuren, 76,2 x 58,7 cm, Prentenkabinett der Rijksuniversiteit Leiden

Hugh Ferriss, *The Lure of the City* (Die Faszination der Stadt), 1925, Schwarze Kreide auf Papier, 44 x 61 cm, In loving memory of Ann Ferriss Harris

Wenzel Hablik, Fliegende Siedlung, aus: *Cyklus Architektur. Teil II: Utopien*, 1925, Radierung, 33,2 x 32cm, Wenzel Hablik Museum, Itzehoe

Wenzel Hablik, Ohne Titel, aus: *Cyklus Architektur, Blatt 18*, 1925, Radierung, 33,2 x 31,6 cm, Wenzel Hablik Museum, Itzehoe

Wenzel Hablik, Ohne Titel, aus: *Cyklus Architektur, Blatt 20*, 1925, Radierung, 19,3 x 24,9 cm, Wenzel Hablik Museum, Itzehoe

Werner Rohde, *Großstadt*, 1925, Photocollage, 29 x 24 cm, Galerie Berinson, Berlin

R. Buckminster Fuller, *4D tower garage* (4D Turmgarage), 1927, Zeichnung, 27,9 x 21,6 cm, Courtesy Buckminster Fuller Institute, Santa Barbara, California

R. Buckminster Fuller, *Air Ocean World Town Plan* (Luft-Ozean-Welt-Stadtplan), 1927, Tusche auf Papier, 21,6 x 27,9 cm, Carl Solway Gallery, Cincinnati, Ohio

R. Buckminster Fuller, *Comparison 4D tower house with conventional 6-room house* (Vergleich zwischen einem 4D Turmhaus und einem konventionellen 6-Zimmer Haus), 1927, Tusche auf Papier, 21,6 x 27,9 cm, Courtesy Buckminster Fuller Institute, Santa Barbara, California

R. Buckminster Fuller, *Projected delivery by zeppelin of the planned 10-deck, wire-wheel, 4D tower apartment house* (Auslieferung des geplanten 10stöckigen 4D Apartmentturms mit Hilfe eines Zeppelins), 1927, Pause, autorisiert, 21,6 x 27,9 cm, Carl Solway Gallery, Cincinnati, Ohio

R. Buckminster Fuller, *4D House*, 1928, Modell (Photo) mit darüberliegender Patentzeichnung (transparente Plastikfolie), 77 x 102,5 cm, Carl Solway Gallery, Cincinnati, Ohio

Marianne Brandt, Collage „me", um 1928, Photocollage, 54 x 41 cm, Bauhaus-Archiv, Berlin

Hugh Ferriss, *Philosophy*, 1928, Kohle auf Papier, 95,6 x 55,6 cm, Avery Architectural and Fine Arts Library, Columbia University

Georgij Krutikov, *Fliegende Stadt*, 1928, Lichtpause, 54,5 x 43 cm, Galerie Alex Lachmann, Köln

Georgij Krutikov, *Fliegende Stadt*, 1928, Lichtpause, 54,5 x 43 cm, Galerie Alex Lachmann, Köln

El Lissitzky/Roger Ginzburger, Bucheinband für „Frankreich", 1929/30, Buch, 28 x 21,1 cm, Courtesy Houk Friedman, New York

Jakov Tschernichow/Chernikhov-Foundation, Moskau und Alex Lachmann, Köln, *Chemische Silos*, 1992, Aluminium (Modellrekonstruktion), 71 x 54,9 x 50 cm, Galerie Alex Lachmann, Köln

Jakov Tschernichow, *Chemische Silos*, 1928-31, Tusche auf Papier, 30,2 x 24,5 cm, Galerie Alex Lachmann, Köln

Jakov Tschernichow, *Die gut balancierte Kombination von Architekturräumen*, um 1929, Tusche und Spritztechnik auf Zeichenkarton, 72 x 52 cm, Deutsches Architekturmuseum, Frankfurt

Jakov Tschernichow, *Geometrische Komposition mit Sphere*, 1929, Mischtechnik auf Papier, 30 x 26 cm, Galerie Alex Lachmann, Köln

Ivan Illich Leonidow, *Haus der CSV*, 1930, Tusche auf Papier, 20,2 x 29 cm, Galerie Alex Lachmann, Köln

Ivan Illich Leonidow, *Haus der CSV*, 1930, Tusche auf schwarzem Papier, 21 x 30,3 cm, Galerie Alex Lachmann, Köln

Tullio Crali, *Attracco girevole per dirigibili* (Drehbare Plattformen für Luftschiffe), 1931, Tusche auf Papier, 48,5 x 61 cm, Sammlung des Künstlers

Tullio Crali, *Progetto per stazione interplanetaria* (Projekt für eine interplanetare Raumstation), 1931, Tusche auf Papier, 49 x 35 cm, Sammlung des Künstlers

Tullio Crali, *Aeroporto urbano* (Flughafen in der Stadt), 1931-32, Tusche auf Papier, 36 x 57 cm, Sammlung des Künstlers

Friedrich Kiesler, Mobile Home Library, in: *Contemporary Art applied to the store and its display* (Mobile Hausbibliothek), 1930, Buch, 28,2 x 20,6 cm, Sammlung Bogner, Wien

Norman Saunders, *Do Wild Radio Waves Cause Air Disasters?* (Verursachen unkontrollierte Funkwellen Luftschiffkatastrophen?), 1933, Öl auf Leinwand, 76,2 x 55,9 cm, Sammlung Norman Brosterman, New York

Frank R. Paul, *Future New York* (Das New York der Zukunft), 1934, Tusche auf Papier, 43 x 33 cm, Sammlung Norman Brosterman, New York

Lee Conrey, *Science Plans A New Tower of Babel Six Miles High* (Die Wissenschaft plant einen neuen, sechs Meilen hohen Turm zu Babel), 24.2.1935, Gouache auf Papier, 61 x 25,4 cm, Sammlung Norman Brosterman, New York

Pat Sullivan, *Félix le chat en l'an 2000* ('Fritz the Cat' im Jahr 2000), 1935, Buch, 29 x 22,8 cm, Bibliothèque nationale de France, Paris

Winold Reiss, *Future City*, 1936, Bleistift auf Papier, 61 x 13 cm, Sammlung Norman Brosterman, New York

Hugo P. Herdeg, *Pavillon de la Marine*, auf der Exposition internationale des arts et techniques, Paris 1937, Photographie, 29,5 x 29,5 cm, Schweizerische Stiftung für die Photographie, Zürich

Norman Bel Geddes, *Modellauto #9*, 1932-39, Aluminium, gegossen, 14 x 17 x 46,5 cm, Norman Bel Geddes Collection, Theatre Arts Collection, Harry Ransom Humanities Research Center, The University of Texas at Austin

Anonym, *'Futurama' von General Motors auf der New York World's Fair 1939*, 1939, Gelatinesilberabzug, 22,5 x 27 cm, Norman Bel Geddes Collection, Theatre Arts Collection, Harry Ransom Humanities Research Center, The University of Texas at Austin

Anonym, *Arbeiter montiert die Abteilung Wolkenkratzer im Stadtbereich des Modells 'Futurama'*, 1939, Gelatinesilberabzug, 27 x 22,5 cm, Norman Bel Geddes Collection, Theatre Arts Collection, Harry Ransom Humanities Research Center, The University of Texas at Austin

Anonym, *'Futurama'-Besucherin*, 1939, Gelatinesilberabzug, 20,2 x 25,8 cm, Norman Bel Geddes Collection, Theatre Arts Collection, Harry Ransom Humanities Research Center, The University of Texas at Austin

Anonym, *Kinder betrachten das Modell 'Futurama'*, 1939, Gelatinesilberabzug, 16,8 x 21,6 cm, Norman Bel Geddes Collection, Theatre Arts Collection, Harry Ransom Humanities Research Center, The University of Texas at Austin

Anonym, *Kreuzung im Stadtbereich des Modells 'Futurama'*, 1939, Gelatinesilberabzug, 43 x 35,7 cm, Norman Bel Geddes Collection, Theatre Arts Collection, Harry Ransom Humanities Research Center, The University of Texas at Austin

Anonym, *Stadtmodell 'Futurama' mit Bergen im Hintergrund*, 1939, Gelatinesilberabzug, 28,2 x 35,4 cm, Norman Bel Geddes Collection, Theatre Arts Collection, Harry Ransom Humanities Research Center, The University of Texas at Austin

Anonym, *Zuschauer in Übertragungskabinen mit Blick auf das unter ihnen liegende Stadtmodell 'Futurama'*, 1939, Gelatinesilberabzug, 20,6 x 25,3 cm, Norman Bel Geddes Collection, Theatre Arts Collection, Harry Ransom Humanities Research Center, The University of Texas at Austin

Gjon Mili, *Landwirtschaftsbereich des Modells 'Futurama' mit Bauernhaus, Obstgarten, Lagerbehältnisse*, 1939, Kontaktabzug, 25,8 x 20,2 cm, Norman Bel Geddes Collection, Theatre Arts Collection, Harry Ransom Humanities Research Center, The University of Texas at Austin

Richard Garrison, *Arbeiter montiert die Brücke des Modells 'Futurama'*, 1939, Gelatinesilberabzug, 26,9 x 22,5 cm, Norman Bel Geddes Collection, Theatre Arts Collection, Harry Ransom Humanities Research Center, The University of Texas at Austin

Richard Garrison, *Arbeiter montiert den ländlichen Wohnbereich des Modells 'Futurama'*, 1939, Gelatinesilberabzug, 27 x 22,5 cm, Norman Bel Geddes Collection, Theatre Arts Collection, Harry Ransom Humanities Research Center, The University of Texas at Austin

Richard Garrison, *Auf dem Bauch liegende Arbeiter montieren die Kreuzung im Stadtbereich des Modells 'Futurama'*, 1939, Gelatinesilberabzug, 24 x 19,2 cm, Norman Bel Geddes Collection, Theatre Arts Collection, Harry Ransom Humanities Research Center, The University of Texas at Austin

Richard Garrison, *Kreuzung im Modell 'Futurama' mit Miniaturautos*, 1939, Gelatinesilberabzug, 20,6 x 25,3 cm, Norman Bel Geddes Collection, Theatre Arts Collection, Harry Ransom Humanities Research Center, The University of Texas at Austin

Richard Garrison, *Kreuzung im Stadtbereich des Modells 'Futurama' mit Miniatur-Verkehr*, 1939, Gelatinesilberabzug, 25,3 x 20,3 cm, Norman Bel Geddes Collection, Theatre Arts Collection, Harry Ransom Humanities Research Center, The University of Texas at Austin

Richard Garrison, *Städtische Kreuzung im Modell 'Futurama' mit Fassade des Auditoriums von General Motors*, 1939, Gelatinesilberabzug, 25,3 x 20,5 cm, Norman Bel Geddes Collection, Theatre Arts Collection, Harry Ransom Humanities Research Center, The University of Texas at Austin

Richard Garrison, *Kreuzung in der Stadt, in menschlichem Maßstab aufgebaut mit Fassade des Auditoriums von General Motors*, 1939, Gelatinesilberabzug, 20,6 x 25,3 cm, Norman Bel Geddes Collection, Theatre Arts Collection, Harry Ransom Humanities Research Center, The University of Texas at Austin

Richard Garrison, *Modellbauer beim Ordnen der Miniaturautos mit Figuren im Inneren*, 1939, Gelatinesilberabzug, 25,3 x 20,5 cm, Norman Bel Geddes Collection, Theatre Arts Collection, Harry Ransom Humanities Research Center, The University of Texas at Austin

Howard M. Duffin, *Atomic Power Plant* (Atomkraftwerk), 1939, Gouache auf Papier, 40,6 x 61 cm, Sammlung Norman Brosterman, New York

Howard M. Duffin, Atomic Power Plant, Rückseite

von: *Amazing Stories*, Oktober 1939, Sammlung Dr. Rottensteiner, Wien

Frank R. Paul, *Glass City of Europe* (Gläserne Stadt Europas), 1941, Aquarell, Luftpinsel auf Papier, 58 x 40 cm, Illustration House, New York

Frank R. Paul, Glass City of Europe, Rückseite von: *Amazing Stories*, Jänner 1942, Sammlung Dr. Rottensteiner, Wien

Frank R. Paul, City of the future, Titelblatt von: *Amazing Stories*, April 1942, Zeitschrift, 25,5 x 17,9 cm, Bibliothèque nationale de France, Paris

Henricus Theodorus Wijdeveld, *Plan the Impossible, 15 miles into the earth*, 1944, Bleistift auf Transparentpapier, 121 x 32 cm, NAI-Rotterdam Wijd A 46

Henricus Theodorus Wijdeveld, *Plan the Impossible, 15 miles into the earth*, 1944, Bleistift auf Transparentpapier, 49 x 32 cm, NAI-Rotterdam Wijd A 46

Henricus Theodorus Wijdeveld, *Plan the Impossible, 15 miles into the earth*, 1944, Bleistift und Kreide auf Transparentpapier, 94 x 174 cm, NAI-Rotterdam Wijd A168

Henricus Theodorus Wijdeveld, *Plan the Impossible, 15 miles into the earth*, 1944, Bleistift und Kreide auf Transparentpapier, 65 x 75 cm, NAI-Rotterdam Wijd A152

Henricus Theodorus Wijdeveld, *Plan the Impossible. Interieur Schacht*, 1944, Kreide auf Papier auf Karton, 56,5 x 62,5 cm, NAI-Rotterdam Wijd p 27

Robert Doisneau, *Voiture Paul Arzens devant la tour Eiffel* (Das Auto von Paul Arzens vor dem Eiffelturm), 1945, Photographie, 40 x 30 cm, Nachlaß Robert Doisneau

Friedrich Kiesler, Correlations-Tabelle für Bücherstellagen, in: *Architectural Record*, September 1939, Faltblatt, 30 x 22,5 cm, Sammlung Bogner, Wien

Friedrich Kiesler, Manifeste du Corréalisme, Sonderdruck der Zeitschrift „*L'Architecture d'aujour d'hui*", 1949, Faltblatt, 30,4 x 24,2 cm, Sammlung Bogner, Wien

Alexander Leydenfrost, *City of the Future – Rush Hour*, um 1949, Kohle, Kohlestift auf Papier, 43,2 x 53,3 cm, Sammlung Norman Brosterman, New York

Malcolm Smith, *Space Station* (Raumstation), 1951, Gouache, Luftpinsel auf Papier, ca. 45,7 x 30,5 cm, Sammlung Norman Brosterman, New York

Malcolm Smith, *Space Station*, Titelblatt von: Other Worlds Science Stories, Dezember 1951, Sammlung Dr. Rottensteiner, Wien

Desmond Walduck, *Dan Dare – Operation Saturn* (Dan Dare – Unternehmen Saturn), 1953, Gouache und Tinte auf Karton, 54 x 38,5 cm, The Science Museum, London

Kenneth Fagg, *Undersea Cities* (Städte auf dem Meeresgrund), 1953, Gouache auf Papier, 34,3 x 48,3 cm, Sammlung Norman Brosterman, New York

Kenneth Fagg, Undersea Cities, Titelblatt von: *IF*, Jänner 1954, Sammlung Dr. Rottensteiner, Wien

Ray Pioch, *A Base on Mars* (Raumbasis auf dem Mars), um 1952, Gouache auf Papier, 40,6 x 61 cm, Sammlung Norman Brosterman, New York

Ray Pioch, *Space Station* (Raumstation), 1956, Gouache auf Papier, 17,8 x 38,1 cm, Sammlung Norman Brosterman, New York

Ray Pioch, *Space Station* (Raumstation), 1956, Gouache auf Papier, 20,3 x 25,5 cm, Sammlung Norman Brosterman, New York

Ray Pioch, *Space Station* (Raumstation), 1956, Gouache auf Papier, 20,3 x 25,5 cm, Sammlung Norman Brosterman, New York

Ray Pioch, *Inflatable Space Station* (Aufblasbare Raumstation), um 1959, Tempera auf Papier, 35,6 x 25,4 cm, Sammlung Norman Brosterman, New York

Edward Valigursky, *Space Stations* (Raumstationen), um 1956, Tempera auf Papier, 61 x 40,6 cm, Sammlung Norman Brosterman, New York

Marcel Broodthaers, *Atomium in Brüssel*, 1957, Photographie, 11,7 x 7,8 cm, Privatsammlung

Marcel Broodthaers, *Modell des Atomiums in Brüssel*, 1957, Photographie, 7,8 x 11,2 cm, Privatsammlung

Marcel Broodthaers, *Zwei Detailaufnahmen des Atomiums in Brüssel*, 1957, Photographie (Neuabzug), 2 x (14 x 21 cm), Privatsammlung

Marcel Broodthaers, *Besucher der Weltausstellung in Brüssel*, 1958, Photographie, 15,4 x 23,5 cm, Privatsammlung

Charles-Edouard Jeanneret, gen. Le Corbusier, *Philips-Pavillon auf der Expo Brüssel*, 1958, Holz und Harz, 51 x 51 x 31 cm, Fondation Le Corbusier, Paris

Henri Cartier-Bresson, *Besucher der Weltausstellung Brüssel*, 1958, Photographie (Neuabzug), 24 x 30 cm, Magnum Photos, Paris

Russ Heath, *Capri Satellite*, um 1959, Tempera, Tinte auf Papier, 35,6 x 35,6 cm, Sammlung Norman Brosterman, New York

Fred Freeman, *Clean Air Park*, 1959, Gouache auf Papier, 39,4 x 64,8 cm, Sammlung Norman Brosterman, New York

Yona Friedman, *Ohne Titel* (zwei Skizzen), um 1960, Filzstift auf Papier, 33,5 x 42 cm, Yona Friedman, Paris

Yona Friedman, *Ville spatiale* (Raumstadt), 1958/59, Keramikfliesen, Glas, Holz, 30 x 103 x 83 cm, Yona Friedman, Paris

R. Buckminster Fuller, *Undersea Island – Submarisle* (Unterwasserstadt – Submarisle), 1959, Modell (Photo) mit darüberliegender Patentzeichnung (transparente Plastikfolie), 77 x 102,5 cm, Carl Solway Gallery, Cincinnati, Ohio

R. Buckminster Fuller, *Hypothetical geodesic dome over Manhattan* (Geodätische Kuppel über Manhattan), 1960, Plakat, 61 x 68,6 cm, Courtesy Buckminster Fuller Institute, Santa Barbara, California

Boris Artzybatsheff, Richard Buckminster Fuller, Titelblatt von: TIME Magazin, 10.1.1964, Zeitschrift, 28,3 x 21,2 cm, Kunsthalle Wien

R. Buckminster Fuller, *Floating City* (Schwimmende Stadt), um 1968, Collage, 75 x 45 cm, Courtesy Buckminster Fuller Institute, Santa Barbara, California

Paul Maymont, *Ville-Tour pour 30.000 habitants* (Turmstadt für 30.000 Bewohner), 1960, Tusche auf Pauspapier (2 Ansichten), 29 x 47,2 cm und 29 x 48,4 cm, Paul Maymont (Architecte urbaniste), Paris

Paul Maymont, *La ville saharienne* (Die Wüstenstadt), 1961, Tusche auf Papier auf Photographie (Collage), 25,4 x 37,5 cm, Paul Maymont (Architecte urbaniste), Paris

Paul Maymont, *La ville astrale* (Die Stadt im All), 1962, Tusche auf Pauspapier, 37,3 x 51 cm, Paul Maymont (Architecte urbaniste), Paris

Anonym, *Future City* (Stadt der Zukunft), 1961, Kohle, Tempera auf Papier, 4 x (10,2 x 40,6 cm), Sammlung Norman Brosterman, New York

Richard Arbib, *Flying City* (Fliegende Stadt), 1961, Bleistift auf Papier, ca. 61 x 91,4 cm, Sammlung Norman Brosterman, New York

Walter Pichler, *Gebäude*, 1963, 12 x 29,5 cm, Sammlung des Künstlers

Walter Pichler, *Kern einer unterirdischen Stadt*, 1963, 28 x 23 cm, Sammlung des Künstlers

Ron Herron, *Walking City: New York Collage*, 1964, Collage, Tusche und Bleistift auf Karton mit photographischem Hintergrund, 23,5 x 53,1 cm, Archiv Archigram, London

Ron Herron, *Walking City, Schnitt*, 1964, Tusche und Farbstift auf Transparentpapier, 42,5 x 30 cm, Archiv Archigram, London

Hans Hollein, *City communication-interchange*, 1962, Bleistift auf Transparentpapier, 78 x 108 cm, Hans Hollein, Wien

Hans Hollein, *Valley City*, 1964, Bleistift und Photographie auf Transparentpapier, 41 x 51 cm, Hans Hollein, Wien

Hans Hollein, *Erweiterungsvorschlag für die Wiener Universität*, 1966, Photographie, 40,5 x 50,5 cm, Hans Hollein, Wien

Hans Hollein, *Aufblasbare Wohnungseinrichtung*, 1967, Filzstift und Buntstift auf Papier, 51 x 41 cm, Hans Hollein, Wien

Hans Hollein, *Hans Hollein im mobilen Büro*, 1969, Photographie, 40,5 x 50,5 cm, Hans Hollein, Wien

Peter Cook, Dennis Crompton, Ron Herron, *Instant City: One of two*, 1968, Farbcollage auf Karton, 55,2 x 79,6 cm, Archiv Archigram, London

David Greene, *Living Pod Variant*, 1968, Photokopie von Kupferstich, 57 x 100 cm, Archiv Archigram, London

Michael Webb, *Suitaloon: Comfort for Two* (Suitaloon: Komfort für zwei), 1968, Schwarz auf Weiß Druck, 45 x 83,5 cm, Archiv Archigram, London

Walter Jonas, *Intrapolis – Möglicher Stadtplan*, Grundriß, 1960-70, Pause, koloriert, 25,5 x 42 cm, Deutsches Architekturmuseum, Frankfurt

Walter Jonas, *Intrapolis – Trichterhaus*, 1960-70, Holz, Acrylglas, organische Materialien (Modell), 141,5 cm x 71 cm x 71 cm, Deutsches Architekturmuseum, Frankfurt

Walter Jonas, *Intrapolis – Perspektivische Ansicht einer Intrapolis-Stadt*, 1960-70, Tusche, Papier auf Karton, 30,2 x 43,5 cm, Deutsches Architekturmuseum, Frankfurt

Walter Jonas, *Intrapolis – Vogelperspektive auf eine Gruppe von drei Trichterhäusern, perspektivische Ansichtsskizze*, 1960-70, Bleistift, Filzstift, Tusche auf Papier, 28,8 x 44 cm, Deutsches Architekturmuseum, Frankfurt

Wolfgang Döring, *Kapselhaussystem*, 1969, Bleistift und Tusche auf Transparentpapier, 54 x 87,5 cm, Deutsches Architekturmuseum, Frankfurt

Wolfgang Döring, *Kapselstruktur*, 1969, Kunststoff (Modell), 49,5 x 49,5 x 51 cm, Deutsches Architekturmuseum, Frankfurt

COOP HIMMELB(L)AU, *Die Wolke*, 1968-70, Photographie, Bleistift, Farbstift auf Zeichenpapier, 39,7 x 60,2 cm, Deutsches Architekturmuseum, Frankfurt

COOP HIMMELB(L)AU, *Charlie*, 1970, Transparentpapier, Bleistift, rosa Buntstift, blaues Transparentmillimeterpapier auf Zeichenkarton, 45,3 x 62,6 cm, Coop Himmelb(l)au

Haus-Rucker Co., *Air Spa Hotel*, 1970, Collage, 49 x 30,8 cm, Museum moderner Kunst Stiftung Ludwig, Wien

Adolfo Natalini und Superstudio, Premonizioni della Parusia Urbanistica, Aus dem Zyklus: *Le Dodici Città Ideali* (Zwölf Idealstädte), 1971, Einzelblatt aus Zeitschrift, auf schwarzem Karton, 31 x 23,8 cm, Archiv Superstudio, Florenz

Adolfo Natalini und Superstudio, *La Prima Città, La Seconda Città, La Terza Città, La Quinta Città, La Ottava Città*, aus dem Zyklus: *Le Dodici Città Ideali* (Zwölf Idealstädte), 1971, Lithographie, Siebdruck, Deckweiß, Collage, Buntstift, auf Karton, 70 x 100 cm / 35,6 x 49,9 cm / 41,8 x 5,9 cm / 20,7 x 25,6 cm / 27,5 x 50,8 cm, Archiv Superstudio, Florenz

Adolfo Natalini und Superstudio, *Sesta Città: The Magnificent and Fabulous Barnum Jrs. City – 6th City: Barnum Jrs.'s Mangificent and Fabulous City, Settima Città: Città nastro a produzione continua – 7th City: Continuous Production Conveyor-Belt City, Ottava Città: Città cona a gradoni – 8th City: Conical Terraced City, Nona Città: La 'Ville Machine Habitée' – 9th City: The Ville Machine Habitée*, 1971, Zeitschriftenblätter, Collage, 50 x 69,7 cm, Archiv Superstudio, Florenz

Adolfo Natalini und Superstudio, *Decima Città: Città dell'Ordine – 10th City: City of Order, Undicesima Città: Città delle Case Splendide – 11th City: City of the Splendid Houses, Dodicesima Città: Città del Libro – 12th City: City of the Book, Epilogo*, 1971, Zeitschriftenblätter, Collage, 50 x 69,7 cm, Archiv Superstudio, Florenz

Adolfo Natalini und Superstudio, *Prima Città Città 2000 t – 1st City 2.000 Ton City, La Tredicesima Città – The Thirteenth City*, 1971, Zeitschriftenblätter, Collage, 45,6 x 23,9 cm, Archiv Superstudio, Florenz

Adolfo Natalini und Superstudio, *Seconda Città: Città Coclea Temporale – 2nd City: Temporal Cochlea City, Terza Città: New York City of Brains – 3rd City: New York of Brains*, 1971, Zeitschriftenblätter, Collage, 50 x 69,7 cm, Archiv Superstudio, Florenz

Adolfo Natalini und Superstudio, *Quarta Città: Città Astronave – 4th City: Spaceship City, Quinta Città: Città Delle Semisfere – 5th City: City of the Semispheres*, 1971, Zeitschriftenblätter, Collage, 50 x 69,7 cm, Archiv Superstudio, Florenz

Jean-Claude Mézières, *Point central*, 1974, Tusche und Bleistift auf Papier, 42 x 30 cm, Jean-Claude Mézières, Paris

Gordon Matta-Clark, *Proposition for Balloon Building* (Vorschlag für ein Ballongebäude), 1978, Tinte und Bleistift auf Papier, 2 x (21,5 x 28 cm), Courtesy Lance Fung Fine Art, New York. Sammlung Jane Crawford, New York

Gordon Matta-Clark, *Proposition for Alanna, Time Sphere Launch*, 1978, Tinte, Bleistift auf Papier, 30 x 25 cm, Alanna Heiss, New York

Future Systems, *Project 136: Preliminary Lunar Base* (Projekt 136: Vorläufige Basis auf dem Mond), 1985, Collage, Photographie, 59 x 83,8 cm, Deutsches Architekturmuseum, Frankfurt

Future Systems, *Project 136: Preliminary Lunar Base* (Projekt 136: Vorläufige Basis auf dem Mond), 1985, Collage auf Kunststoffolie, 58 x 82,3 cm, Deutsches Architekturmuseum, Frankfurt

Die Konstruktionszeichnung von Wunschmaschinen und gewünschten Maschinen

Albrecht Dürer, *Unterweysung der messung/mit den zirckel un richtscheyt/in Linien ebnen und gantzen corporen*, Nürnberg, 1525, Buch, 32 x 45 cm, Universitätsbibliothek Wien

Capitano Agostino Ramelli dal Ponte della Tresia, La roue à livres (Das Bücherrad), aus: *Le diverse et artificiose machine del capitano Agostino Ramelli dal Ponte della Tresia Ingeniero del christianissimo re di Francia et di Pollonia*, Paris, 1588, Radierung, 30 x 37 cm, Bibliothèque de l'Arsenal, Paris

Capitano Agostino Ramelli dal Ponte della Tresia, *Le diverse et artificiose machine* (Verschiedene und kunstvolle Maschinen), Paris, 1588, Stich auf Papier, 42 x 59 cm, Österreichische Nationalbibliothek

Joseph Furttenbach, *Mechanische Reißladen*, Augsburg, 1644, Buch, 35 x 39 cm, Universitätsbibliothek Wien

Anonym / Georg Andreas Böckler, Eine Trett-Mühl, in: *Schauplatz der Mechanischen Künsten. Theatrum Machinarum Novum*, Nürnberg, 1661, Kupferstich (Buch), 35 x 24 cm, Universitätsbibliothek Wien

Caspar Schott, Lorica aquatica, in: *Technica Curiosa*, Nürnberg, 1664, Buch, 20,3 x 32 cm, Österreichische Nationalbibliothek

Jacob Leupold, *Theatrum Machinarum Generale*, Leipzig, 1724, Buch, 37 x 24,5 cm, Stiftung Theresianische Akademie, Wien

Bostel, *Modell eines französischen Telegraphen*, 1814, Tusche auf Papier, 33 x 43 cm, Österreichisches Staatsarchiv, Kriegsarchiv, Wien

Bostel, *Mobiler Feldtelegraph*, um 1815, Tusche auf Papier, 41 x 32 cm, Österreichisches Staatsarchiv, Kriegsarchiv, Wien

Bostel, *Verzeichnis sämtlicher telegraphischer Zeichen*, um 1815, Tusche auf Papier, koloriert, Österreichisches Staatsarchiv, Kriegsarchiv, Wien

Claude Chappe, *Vocabulaire détaché* (Supplement zum Code von C. Chappe), 1822-24, Buch, 24,5 x 35 cm, Sammlung Musée de la Poste, Paris

P. L. Lanz und D. Th. Augustine de (?) Bétancourt, *Versuch über die Zusammensetzung der Maschinen*, 1829, Buch, 26,5 x 21,5 cm, Universitätsbibliothek der Technischen Universität Wien

Le Blanc, *Choix de modèles à l'enseignement du dessin des machines* (Auswahl von Modellen für den Unterricht im Maschinenzeichnen), 1830, Buch, 31,5 x 46 cm, Universitätsbibliothek der Technischen Universität Wien

Le Blanc/Jodl, *Vorlagen von getuschten Zeichnungen*, Tafel 56 in: *Maschinenzeichnen*, um 1840, Buch, 29,5 x 86 cm, Österreichische Nationalbibliothek

Jacques Eugène Armengaud, *Nouveau cours raisonné de dessin industriel appliqué principalement à la mécanique et à l'architecture* (Neue wissenschaftliche Studien über technisches Zeichnen, vorwiegend angewandt in der Mechanik und in der Architektur), 1848, Buch, 31 x 48 cm, Universitätsbibliothek der Technischen Universität Wien

Leopold Ritter von Hauffe, *Skizzen zu den Vorträgen über Maschinenbau, gehalten an der k. k. technischen Hochschule in Wien*, um 1880, Buch, 58,5 x 41,5 cm, Universitätsbibliothek der Technischen Universität Wien

Franz Reuleaux, *Skizzenbuch zur angewandten Kinematik*, 1880-92, Buch, 26 x 32,5 cm, Universitätsbibliothek der Technischen Universität Wien

Anonym (nach Franz Reuleaux), *Conchoiden-Lenker, Kinematisches Triebwerksmodell*, um 1890, Eisenguß, Eisen, Messing, Holz, 29 x 22,5 x 13 cm, Technisches Museum Wien

L. Benett/Jules Verne, 'Franz de Télek! ... ' s'écrie Rodolphe de Gortz ('Franz von Télek! ... ' ruft Rudolph von Gortz), in: *Le Chateau des Carpathes*, o. J. (1886?), Holzschnitt, koloriert, 26,5 x 17,2 cm, Privatsammlung, Wien

Otto Schäffler, *Neuerung an statistischen Zählmaschinen*, 13. 8. 1896, Tusche auf Papier, 50 x 70 cm, Österreichisches Patentamt, Wien

Theodor Gührer, *Ohne Titel*, A. 20. Jhdt., Bleistift, Buntstift auf Papier, 32 x 20,2 cm, Prinzhorn-Sammlung der Psychiatrischen Universitätsklinik Heidelberg

Theodor Gührer, *Überdruck Schirmglocke und Schraubenplan*, A. 20. Jhdt., Bleistift, Buntstift auf Schreibpapier, 32,8 x 21 cm, Prinzhorn-Sammlung der Psychiatrischen Universitätsklinik Heidelberg

Alfons Frenkl, *Luftschiffe Model Alfons Frenkl*, A. 20. Jhdt., Bleistift auf Zeichenpapier, 35 x 27,4 cm, Prinzhorn-Sammlung der Psychiatrischen Universitätsklinik Heidelberg

Alfons Frenkl, *Ohne Titel*, 1906, Bleistift auf Zeichenpapier, 35 x 27 cm, Prinzhorn-Sammlung der Psychiatrischen Universitätsklinik Heidelberg

Alfons Frenkl, *Ohne Titel*, 1906, Bleistift auf Zeichenpapier, 53,8 x 35,1 cm, Prinzhorn-Sammlung der Psychiatrischen Universitätsklinik Heidelberg

Paul Scheerbart, *Das Perpetuum Mobile. Die Geschichte einer Erfindung*. Leipzig, 1910, Buch, 21,7 x 18 cm, Agentur für geistige Gastarbeit

Raymond Roussel, *Locus Solus*, 1914/1965, Buch, 21 x 13,6 cm, Bibliothèque nationale de France, Paris

August Natterer (Neter), *Luftkreuzer*, 1915, Bleistift, Buntstifte auf Zeichenpapier, 19,9 x 29 cm, Prinzhorn-Sammlung der Psychiatrischen Universitätsklinik Heidelberg

August Natterer (Neter), *Schiessbock*, 1915, Bleistift, Buntstifte auf Zeichenpapier, 24,9 x 39,8 cm, Prinzhorn-Sammlung der Psychiatrischen Universitätsklinik Heidelberg

Fortunato Depero, *Pianoforte Motorumorista* (Motorumoristisches Klavier), 1915, Bleistift und Tinte auf Papier, aquarelliert, 32 x 42 cm, Museo di Arte Moderna e Contemporanea di Trento e Rovereto

Fortunato Depero, *Progetto di scena mobile* (Projekt einer beweglichen Szene), 1918, Tusche auf Papier, 29,8 x 39 cm, Museo di Arte Moderna e Contemporanea di Trento e Rovereto

Francis Picabia, *La Ville de New York aperçue à travers le corps* (Die Stadt New York durch den menschlichen Körper wahrgenommen), 1913, Aquarell auf Papier, 55,5 x 75 cm, Ronny van de Velde, Antwerpen

Francis Picabia, Ici Stieglitz, Titelblatt von: *391*, Nr. 5-6, Juli-August 1915, Zeitschrift (Faksimile), 29 x 43,5 cm, Ronny van de Velde, Antwerpen

Francis Picabia, Marie, in: *391*, Nr. 3, 1917, Zeitschrift (Faksimile), 27 x 37,5 cm, Ronny van de Velde, Antwerpen

Francis Picabia, Américaine, Titelblatt von: *391*, Nr. 6, Juli 1917, Zeitschrift (Faksimile), 27 x 37,5 cm, Ronny van de Velde, Antwerpen

Louis Castner, *Berlin*, um 1920, Bleistift, Kopierstift, Buntstift auf Papier (Doppelblatt), 33 x 21 cm, Prinzhorn-Sammlung der Psychiatrischen Universitätsklinik Heidelberg

László Moholy-Nagy, *Mechanische Exzentrik*, 1923, Partiturskizze, Ausfalltafel mit Textblatt, Collage, 51,7 x 40,5 cm, Theaterwissenschaftliche Sammlung der Universität zu Köln

Anonym, *Skizzen zu Redtenbachers Vorträgen über Maschinenbau*, o. J. (vor 1929), Tusche auf Papier, koloriert, 3 x (28,5 x 22,5), 3 x (44 x 29 cm), Technisches Museum Wien

Friedrich Kiesler, *Poèmes Espace dedié à H(ieronymus) Duchamp* (Raumgedichte, H(ieronymus) Duchamp gewidmet), 1945 (?), Faltblatt, 30,4 x 22,5 cm, Sammlung Bogner, Wien

Michel Carrouges, *Les machines célibataires* (Die Junggesellenmaschinen), 1954, Buch, 21 x 13,6 cm, Bibliothèque nationale de France, Paris

Jean Ferry, Schéma général de la machine à Peindre (Schematische Darstellung der Malmaschine), aus: *L'Afrique des impressions. Petit Guide Pratique à L'Usage du Voyageur*, Pauvert, Paris, 1967, Buch, 21 x 13,6 cm, Bibliothèque nationale de France, Paris

Jean Suquet, *Marcel Duchamps „La Mariée mise à nu par ses célibataires, même"*, Schema des Großen Glases ergänzt von Jean Suquet mit Hilfe von Entwurfszeichnungen aus Marcel Duchamps Notizen, 1974/1996, Siebdruck auf Glas, 266,5 x 170 cm, Privatsammlung, Wien

Peter Halley, *Model and Truth*, 1996, digitaler Perforationsdruck (Wandinstallation, Kunsthalle Wien), variable Größe, Im Besitz des Künstlers

Mathias Fuchs/Wolfgang Pircher, *Text Generator*, 1996, Computer-Textinstallation für eine Serie von Monitoren, Im Besitz der Künstler

Die Sehnsucht nach Entlastung

Anonym, *Nouveau moulin à barbe, avec lequel on peut raser et coiffer soixante personnes en une minute* (Neue Rasiermühle, mit der man 60 Personen in der Minute rasieren und frisieren kann), 1765, Kupferstich, 32 x 40 cm, Bibliothèque nationale de France, Paris

Shortshanks (Robert Seymour), *Locomotion*, o. J., Druck, 36,2 x 48,9 cm, The Metropolitan Museum of Art, Gift of Mr. and Mrs. Paul Bird Junior, 1962

Shortshanks (Robert Seymour), *Shaving by Steam* (Rasur mit Dampfmaschine), um 1810, Kupferstich, handkoloriert, 30 x 42 cm, The Science Museum, London

Anonym, *Machine à vapeur pour la correction célérifère des petites filles et des petits garçons* (Dampfmaschine zur schnellen und sicheren Besserung der kleinen Mädchen und der kleinen Knaben), 1820, Radierung auf blauem Papier, koloriert, 32 x 42,5 cm, Bibliothèque nationale de France, Paris

T. McLean, *The March of Intellect: Lord how this world improves as we grow older* (Der Fortschritt des Geistes: Gott, wie wird diese Welt besser, je älter wir werden), 1829, Kupferstich, handkoloriert, 28,5 x 40 cm, The Science Museum, London

Anonym, *Living made easy: Revolving Hat* (Das Leben leicht gemacht: 'Automatischer Hut'), 1830, Kupferstich, handkoloriert, 16 x 26 cm, The Science Museum, London

Anonym, *Le Labourage à vapeur inventé par M. Lassise* (Dampfpflugmaschine, Erfindung von Hrn. Lassise), 1834, Farblithographie, 17,5 x 26 cm, Bibliothèque nationale de France, Paris

Schoeller (del.)/A. Geiger (s.c.), *Dampfwagen und Dampfpferde im Jahre 1942 im Prater in Wien*, 1842, Kupferstich, 23,5 x 29,2 cm, Bibliothèque nationale de France, Paris

Anonym, *Prédictions: l'industrie ne connaît plus d'obstacles* (Prophezeiungen: die Industrie kennt keine Grenzen mehr), 1862, Kupferstich, 30 x 18 cm, Bibliothèque nationale de France, Paris

Anonym, *En l'an 2000* (Im Jahr 2000), um 1900, Farbdruck auf Papier (Sammelbilder), Tafelgröße: 4 x (26,7 x 31,9 cm), 2 x (19,8 x 31,9 cm), Sammlung Graf Gondolo della Riva, Turin

Anonym, *Nouveau Siècle* (Das neue Zeitalter), um 1900, Farbdrucke auf Karton, 10 x (8 x 12 cm), Sammlung Graf Gondolo della Riva, Turin

Guillaume, La nouvelle chasse à courre (Die neue Hetzjagd), aus dem Supplement zu: *L'Assiette au Beurre*, um 1901, Farbdruck, 30 x 45 cm, The Science Museum, London

G. Ri, *Composition*, 1906, Tusche und Gouache auf Papier, 31 x 49,6 cm, Musée de la bande dessinée, Angoulême

Anonym, *En l'an 2012* (Im Jahr 2012), 1912, Farbdruck auf Karton, 29,5 x 21 cm, Bibliothèque nationale de France, Paris

Fernand Léger, Titelblatt von: *„Machine-Age"*, 16.-18. Mai 1927, Katalog, 25,5 x 22 cm, Avery Architectural and Fine Arts Library, Columbia University

William Lescaze, *House of 1938*, 1928, Luftpinsel auf Papier, ca. 61 x 95,3 cm, Avery Architectural and Fine Arts Library, Columbia University

Kitchenaid, Werbung in: *The Electric Maid for the Modern Kitchen. The electric maid in your kitchen*, 1928, Broschüre, 21 x 15,5 cm, Hagley Museum and Library, Wilmington, USA

Anonym/Libbey-Owens-Ford Co., *The Kitchen of Tomorrow* (Die Küche der Zukunft), o. J., Photographien, 7 x (20,8 x 25,4 cm), Arbeitsarchiv Siegfried Giedion, Institut für Geschichte und Theorie der Architektur, ETH Zürich (NLB-43)

Anonym/The Schaible Company, Cincinnati, *The Kitchen of Tomorrow* (Die Küche der Zukunft), o. J., Prospekt, gefaltet, gestanzt, 22,5 x 27,9 cm, Arbeitsarchiv Siegfried Giedion, Institut für Geschichte und Theorie der Architektur, ETH Zürich (NLB-43)

Anonym/General Electric, *The Joy of Living Electrically* (Lebensfreude mit Elektrizität), 1933, Broschüre,

20,5 x 14 cm, Hagley Museum and Library, Wilmington, USA

Anonym / General Electric, *General Electric presents 'Mrs. Cinderella'* (General Electric präsentiert 'Mrs. Cinderella'), 1939, Broschüre, 44 x 42 cm, Hagley Museum and Library, Wilmington, USA

Anonym / New Freedom Gas Kitchens, Let us Help you make it livable, lovely and work-saving, too!, in: *New Freedom Gas Kitchens*, 1946, Broschüre, 26,5 x 20,5 cm, Hagley Museum and Library, Wilmington, USA

General Motors Corp., Kitchen of Tomorrow (Die Küche der Zukunft), in: *Styling. The Look of Things*, 1955, Broschüre, 21,5 x 28 cm, Hagley Museum and Library, Wilmington, USA

Anonym / General Motors, *The Future is Our Assignment. A Glimpse behind the Scenes at the General Motors Research Laboratories* (Die Zukunft ist unsere Aufgabe. Ein Blick hinter die Kulissen in den Forschungslaboratorien bei General Motors), 1959, Broschüre, 18 x 25,5 cm, Hagley Museum and Library, Wilmington, USA

Hasso Gehrmann, *Projekt der ersten vollautomatischen Küche der Welt*, um 1970, diverses Dokumentationsmaterial: Photographien, Broschüren, Entwurfszeichnungen, Hasso Gehrmann, Bregenz

Die Überwindung von Raum und Zeit

Anonym, *Les merveilleux physiciens* (Die wunderbaren Physiker), 18. Jhdt., Radierung, koloriert, 21 x 27 cm, Musée de l'Air et de l'Espace, Le Bourget

Anonym, engl., *Die drei berühmtesten Luftreisenden: Vincent Lunardi, George Biginn und Mrs. Sage, die erste englische Luftreisende*, nach einem Stich von Bartolozzi, 2. Hälfte 18. Jhdt., Öl auf Leinwand, 48,4 x 40,6 cm, Museo Aeronautico G. Caproni, Trient

Joseph Montgolfier, *Esquisse d'une Montgolfière donnant la forme définitive de la Montgolfière à Galerie* (Skizze einer Montgolfière, die die endgültige Form einer Montgolfière à Galerie zeigt), o. J. (E. 18. Jhdt.), Bleistift auf Papier, 21,5 x 16,5 cm, Musée de l'Air et de l'Espace, Le Bourget

Anonym, *Cyrano auf dem Wege zur Sonne*, 1710, Buch, 16 x 10 cm, Deutsches Museum München, Bibliothek Inv.-Nr. 1929 A 3031, Sammlung Oberst von Brug

Anonym / Jonathan Swift, Île de Laputa, aus: *'Die Dritte Reise von Gulliver'* (Die Insel Laputa), um 1730, Kupferstich, koloriert, 10 x 6,5 cm, Bibliothèque nationale de France, Paris

Anonym / Louis Guillaume de La Follie, Frontispiz von: *Le philosophe sans prétention, ou l'homme rare...dédié aux savans...* (Der Philosoph ohne Vorurteil oder der seltene Mensch … den Gelehrten gewidmet …), 1775, Kupferstich, 14,6 x 9,6 cm, Deutsches Museum München, Archiv, Plsg., Sammlung Oberst von Brug Nr. 2

Thoenert, *Etienne et Joseph Montgolfier frères* (Die Brüder Etienne und Joseph Montgolfier), um 1780, Kupferstich, 12 x 6,8 cm, Bibliothèque nationale de France, Paris

Anonym, *In einem Festzug zu Ehren des Heiligen Joseph in Frascati führt man einen Heißluftballon mit*, 1781, Lithographie, 26 x 23,4 cm, Deutsches Museum München, Archiv, Plsg., Sammlung Oberst von Brug Nr. 5

Binet / Restif de la Bretonne, L'enlèvement (Die Entführung), aus: *La Découverte Australe par un Homme-volant ou le Dédale Français*, 1781, Kupferstich, 13,9 x 9,5 cm, Bibliothèque nationale de France, Paris

Binet / Restif de la Bretonne, Victorin prenant son envol (Victorin im Abflug), aus: *La Découverte Australe par un Homme-volant ou le Dédale Français*, 1781, Kupferstich, 13,9 x 9,5 cm, Bibliothèque nationale de France, Paris

François Nicolas Martinet, *Mécanique du vaisseau de Blanchard* (Mechanik des Flugschiffes von Jean-Pierre Blanchard), 1782, Radierung, koloriert, 26,8 x 31 cm, Association „Les Ailes Brisées", Paris

Anonym, *Expérience aérostatique faite à Versailles le 19 septembre 1783* (Aerostatische Versuche in Versailles), 1783, Radierung, koloriert, 48 x 39 cm, Musée de l'Air et de l'Espace, Le Bourget

Anonym, *Montgolfière à la Muette sur son socle* (Montgolfière in Muette, auf ihrem Sockel), 1783, Druck, 37 x 31 cm, Association „Les Ailes Brisées", Paris

Anonym, *Expérience du vaisseau de Blanchard* (Versuch mit dem Luftschiff von Jean-Pierre Blanchard), 1784, Radierung, koloriert, 41,2 x 27,5 cm, Musée de l'Air et de l'Espace, Le Bourget

Anonym, *Aerostatischer Ballon* (Lunardis Aufstieg in Rom, 8. Juli 1788), 1788, Kupferstich, 26,3 x 18,4 cm, Museo Aeronautico G. Caproni, Trient

Anonym, *Der fliegende Wanderer*, Leipzig, 1797, Kupferradierung, koloriert, 25,4 x 20,8 cm, Deutsches Museum München, Archiv, Plsg., Sammlung Oberst von Brug Nr. 38

Anonym, *Ein abendliches Fest im Park von Monceau*, 1797, Kupferradierung, 21,3 x 14,8 cm, Deutsches Museum München, Archiv, Plsg., Sammlung Oberst von Brug Nr. 40

Anonym, *Aufstieg des Testu-Brissy, auf einem Pferde sitzend, am 16. Oktober 1798 in Meudon*, 1798, Aquatinta, koloriert, 13,7 x 20,8 cm, Deutsches Museum München, Archiv, Plsg., Sammlung Oberst von Brug Nr. 47

Anonym, *Luftschiffprojekt Lana*, A. 19. Jhdt., Kupferstich, 19,8 x 12,8 cm, Museo Aeronautico G. Caproni, Trient

Anonym, frz., *Aérostat de 120 pieds de long compris la queue* (Aerostat von insgesamt 120 Fuß Länge), 19. Jhdt., Druck auf grünem Karton, 28,9 x 46,5 cm, Museo Aeronautico G. Caproni, Trient

Anonym, frz., *Steuer für einen Aerostaten,* Erfindung von M. Maffe, Architekt, 19. Jhdt., Druck, 56,2 x 41,9 cm, Museo Aeronautico G. Caproni, Trient

Anonym, frz., *Technische Zeichnung einer Flugmaschine*, 19. Jhdt., Tusche auf Papier, 38 x 39,1 cm, Museo Aeronautico G. Caproni, Trient

Anonym, frz., *Technische Zeichnung zu einem Ballon*, 19. Jhdt., Druck, 50,1 x 26,8 cm, Museo Aeronautico G. Caproni, Trient

Durier, *Technische Zeichnung einer Flugmaschine*, 19. Jhdt., Lithographie, 28,9 x 50,4 cm, Museo Aeronautico G. Caproni, Trient

De Montaut(pinx.)/Pannemaker(del.)/Jules Verne, Frontispiz von: *De la Terre à la Lune, Trajet direct en 97 Heures 20 Minutes* (Von der Erde zum Mond, direkte Verbindung in 97 Stunden 20 Minuten), o. J. (E. 19. Jhdt.), Holzschnitt, 26,5 x 17,2 cm, Privatsammlung, Wien

De Montaut(pinx.)/Pannemaker(del.)/Jules Verne, L'Intérieur du projectile (Das Innere des Projektils), aus: *De la Terre à la Lune*, o. J. (E. 19. Jhdt.), Holzdruck, 26,5 x 17,2 cm, Privatsammlung, Wien

De Montaut(pinx.)/Pannemaker(del.)/Jules Verne, Michel Ardan, aus: *De la Terre à la Lune*, o. J. (E. 19. Jhdt.), Holzschnitt, 26,5 x 17,2 cm, Privatsammlung, Wien

De Montaut(pinx.)/Pannemaker(del.)/Jules Verne, Les trains de projectiles pour la lune (Geschoßzüge in Richtung Mond), aus: *De la Terre à la Lune*, o. J. (E. 19. Jhdt.), Holzschnitt, 26,5 x 17,2 cm, Privatsammlung, Wien

Anonym, *News from the Clouds* (Nachrichten aus den Wolken), E. 19. Jhdt., Werbe-Flugzettel, der aus Washington Donaldsons Ballon abgeworfen wurde, Sammlung Icarus, Turin

Anonym, *Divers projets sur la descente en Angleterre* (Verschiedene Projekte für die Invasion Englands), um 1801, Kupferstich, 31,5 x 39 cm, Bibliothèque nationale de France, Paris

Anonym/Jakob Degen, Flugmaschine von Jakob Degen, aus: *Beschreibung einer neuen Flugmaschine*, Wien, 1808, Kupferstich, koloriert, 24 x 24 cm, Musée de l'Air et de l'Espace, Le Bourget

Anonym, *Die Phantastische Darstellung des Ballons 'La Minerve'*, um 1810, Kupferradierung, 44,6 x 30,5 cm,

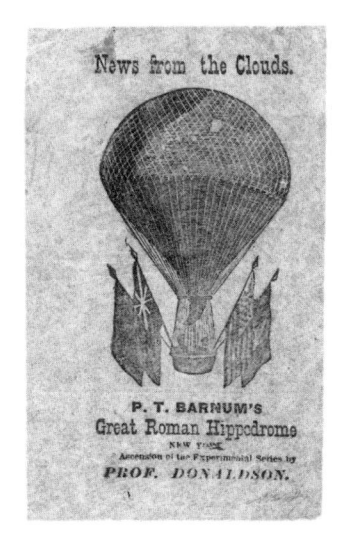

Anonym, *News from the Clouds* (Nachrichten aus den Wolken), E. 19. Jhdt., Werbe-Flugzettel der aus Washington Donaldsons Ballon abgeworfen wurde, 12,1 x 7,4 cm, Sammlung Icarus, Turin

Deutsches Museum München, Archiv, Plsg.., Sammlung Oberst von Brug Nr. 52

Anonym, *Aero Veliero* (Luftsegler von Sarti), 1824, Zeichnung auf Papier, 24,6 x 17,4 cm, Museo Aeronautico G. Caproni, Trient

Anonym, *Ballon mit Segeln*, um 1824, Lithographie, 25,6 x 17,1 cm, Museo Aeronautico G. Caproni, Trient

Golightly, *Dampfmaschinenpferd, worauf man in einer Stunde von Paris nach Petersburg reiten kann*, 1828, Lithographie, handkoloriert, 25 x 33 cm, The Science Museum, London

Anonym, *I necessitati di cambiar dimora* (Zwänge und Bedürfnisse, den Aufenthaltsort zu verändern), um 1830, Lithographie, 53 x 44 cm, Archivio Storico Bolaffi, Turin

G. Meloni, *Aufstieg des Luftschiffes 'Rettiremiga' von Muzio Muzzi, 5. November 1838*, 1838, Radierung, 46 x 64 cm, Museo Aeronautico G. Caproni, Trient

Luigi Piana, ohne Titel (Flugmaschine), 1839, Kupferstich, 29,8 x 22,5 cm, Museo Aeronautico G. Caproni, Trient

J. Absolon, *The Aerostat* (Luftfahrzeug), 1842, Lithographie, koloriert, 38 x 45 cm, The Science Museum, London

Vincenzo Querini, Erstes Projekt eines Luftpost-Schiffes genannt L' Aquila', Venedig, 1843, Druck, 19,6 x 29 cm, Archivio Storico Bolaffi, Turin

W. Walton, *Aerial Steam Carriage* (Der Luftdampfwagen), 1843, Lithographie, handkoloriert, 30,5 x 35 cm, The Science Museum, London

Anonym, *Erster im Direktflug mit dem Flugzeug 'America' über den Atlantik beförderter Brief*, 1927, Briefmarke, Autograph und Typoskript auf Papierkuvert, 8 × 14,1 cm, Sammlung Pegasus, Mailand

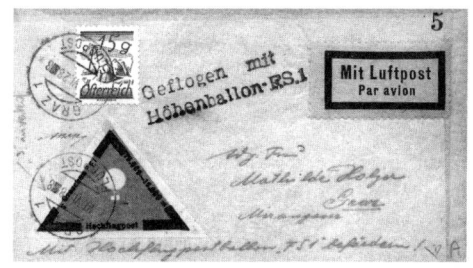

Anonym, *Erstes Experiment einer Postsendung mit dem Hochflugpostballon FS1 von F. Schmidel*, 1928, Briefmarke, Autograph und Typoskript auf Papierkuvert, 7,3 × 12,6 cm, Sammlung Alessandra, Mailand

Anonym, *2. Forschungsflug in die Stratosphäre von Auguste Piccard*, 1932, Briefmarke, Autograph und Typoskript auf Papierkuvert, 14,3 × 21 cm, Privatsammlung Mailand

Anonym, *Moon Landing*, 20. 7. 1969, Briefmarke Autograph und Typoskript auf Papierkuvert gestempelt in einem die Schwerkraft des Mondes simulierenden Labor, 9,8 × 22,8 cm, Sammlung Fabio, Turin

Anonym, *Maschine des Aeronauten Francesco Orlandi*, um 1845, Kupferstich, 30,2 x 22,7 cm, Museo Aeronautico G. Caproni, Trient

Anonym, *Tableau de l'Art Aérostatique et de la Direction des Ballons* (Tafel der aeronautischen Kunst und des Lenkens der Ballone), um 1852, Kupferstich, handkoloriert, 53,5 x 67 cm, The Science Museum, London

J. Leech, *The New Aerial Omnibus*, 1854, Wasserfarbe auf Papier, 25 x 32 cm, The Science Museum, London

Félix Tournachon gen. Nadar, *Paris vom Fesselballon aus gesehen*, um 1858, Albuminabzug, 7,8 x 17,3 cm, Gernsheim Collection, Harry Ransom Humanities Research Center, The University of Texas at Austin

Félix Tournachon gen. Nadar, *Premiers essais de photographies aérostatiques de la place de l'Étoile* (Erste Versuche von Luftaufnahmen der 'Place de l'Étoile' in Paris), um 1858, Photographie (Neuabzug), 40 x 30 cm, Bibliothèque nationale de France, Paris

Félix Tournachon gen. Nadar, *Le Géant tra le nuvole* (Nadars Ballon 'Le Géant' zwischen den Wolken), um 1863, Öl auf Holz, 40 x 60 cm, Archivio Storico Bolaffi, Turin

Anonym, *Jeu du ballon 'Le Géant'* (Spiel mit dem Motiv 'Le Géant'), 19. Jhdt., Farblithographie, 63,5 x 38,5 cm, Musée de l'Air et de l'Espace, Le Bourget

Honoré Daumier, *Nadar élevant la photographie à la hauteur de l'art* (Nadar hebt die Photographie auf die Höhe der Künste), Le Boulevard, 25. Mai 1862, Lithographie, 40,6 x 50,8 cm, Bibliothèque nationale de France, Paris

Félix Tournachon gen. Nadar, *Hélicoptère de Ponton d'Amécourt* (Helikopter des Ponton d'Amécourt), um 1863, Photographien, 3 x (29,4 x 23,7 cm), Musée Carnavalet, Paris

Ponton d'Amécourt, *Appareil d'expérience – Modèle original d'hélicoptère* (Versuchsapparat – Originalmodell des Helikopters), 1863, Messing, Aluminium, Kupfer, Ø: 50 cm; H: 65 cm, Musée de l'Air et de l'Espace, Le Bourget

Anonym, *Titelseite des „Aéronaute"*, 20. 4. 1864, Druck, 25,5 x 32,5 cm, Musée Carnavalet, Paris

M. Verlat & M. Pirodon, *Schwerer als Luft*, 1866, Lithographie, Zeitungsausschnitt, 37,9 x 24,7 cm, Museo Aeronautico G. Caproni, Trient

André Gill, Nadar, Titelblatt von: *La Lune*, Spezialnummer, Nr. 65, 2. Juni, 1867, Zeitschrift, 47,3 x 33 cm, Sammlung Claude Rebeyrat, Paris

E. Dieuaide, *Tableau de l'Aviation … remarquable sans Ballons* (Tafel der Luftfahrt … ohne Ballon bemerkenswert), um 1881, Kupferstich, handkoloriert, 53 x 71 cm, The Science Museum, London

Albert Robida, *Aéronef sur fond de lune* (Flugschiff vor dem Mond), 19. Jhdt., Feder und Tusche auf Papier, 32 x 24 cm, Musée de l'Air et de l'Espace, Le Bourget

Albert Robida, *Départ pour le Grand Prix* (Aufbruch zum Grand Prix), 1883, Tusche auf Papier, laviert, 20 x 35 cm, Sammlung Claude Rebeyrat, Paris

Albert Robida, Frontispiz von: *Le vingtième siècle* (Das 20. Jahrhundert), 1883, Aquarell auf Papier (eingeheftet in Buch), 30,5 x 22 x 6,3 cm, Sammlung Claude Rebeyrat, Paris

L. Benett/Jules Verne, Description de l' appareil (Beschreibung der Flugmaschine), in: *Robur-Le-Conquérant*, o. J. (1886?), Holzschnitt, 27,6 x 37,5 cm, Privatsammlung, Wien

Jules Verne, *Robur der Sieger*, Wien, Pest, Leipzig, 1887, Buch, Österreichische Nationalbibliothek

Arnold Boecklin, *Skizzen zum Flugapparat Nr. 27*, um 1889, Bleistift, Tusche, gelbe und rote Farbe auf rotem Papier, 30,7 x 47,5 cm, Schweizerische Landesbibliothek, Bern

William A. MacKay, *Magnificent Pageants of Air-Ships Bearing Wonderful Electric Lights* (Prächtige Parade von Luftschiffen mit wundervoller elektrischer Beleuchtung), 1898, Gouache auf Papier, 40,6 x 25,4 cm, Sammlung Norman Brosterman, New York

Underwood & Underwood, *'The Wonderful Exposition – The Champ de Mars from Trocadero Tower'* (Die Wundervolle Ausstellung – das Marsfeld vom Trocadéro aus gesehen), 1900, Stereoalbuminabzug, 8,3 x 14,3 cm, Photography Collection, Harry Ransom Humanities Research Center, The University of Texas at Austin

Anonym, *Jeu Magnétique Géographique* (Magnetisch-Geografisches Spiel), um 1900, Farblithographien auf Karton, 23,6 x 28,6 cm (Spielbrett) / 23,6 x 38,6 cm (Deckel), Archivio Storico Bolaffi, Turin

Guillaume, Le Grand Prix de Paris, aus dem Supplement zu: *L'Assiette au Beurre*, um 1901, Farbdruck, 31 x 47 cm, The Science Museum, London

Guillaume, Les ballons transatlantiques, aus dem Supplement zu: *L'Assiette au Beurre*, um 1901, Farbdruck, 44 x 29 cm, The Science Museum, London

Guillaume, Ohne Titel, aus dem Supplement zu: *L'Assiette au Beurre*, um 1901, Farbdruck, 92 x 31 cm, The Science Museum, London

Alvim-Corrêa/H. G. Wells, Frontispiz von: *La guerre des mondes*, Brüssel, 1906, Lithographie (Buch), 32,5 x 25,8 cm, Sammlung Claude Rebeyrat, Paris

Winsor McCay, *Little Nemo in Slumberland*, 1906, Druck, 42 x 58 cm, Musée de la bande dessinée, Angoulême

Wenzel Hablik, *Ohne Titel* (Entwurf für Flugmaschinen), 1906/07, Bleistift auf Papier, 34,2 x 20,7 cm, Wenzel Hablik Museum, Itzehoe

Wenzel Hablik, *Ohne Titel* (Entwurf für Flugmaschinen), 1906/07, Bleistift auf Papier, 34,5 x 20,9 cm, Wenzel Hablik Museum, Itzehoe

Albert Robida, *La flotte aérienne française traverse la Manche pour aller secourir Londre que les Allemands investissent par terre, par eau et par l'air* (Die französische Luftflotte überquert den Ärmelkanal, um London zu retten, das die Deutschen zu Wasser, zu Lande und in der Luft erobern wollten), 1908, Farbdruck, 27,5 x 22 cm, Sammlung Claude Rebeyrat, Paris

Albert Robida, *La nichée des monstres* (Der Brutkasten der Monster), 1908, Tusche und Feder auf Papier, 32 x 25,5 cm, Sammlung Claude Rebeyrat, Paris

Kurd Lasswitz, *Auf zwei Planeten*, 1913, Buch, 19 x 13 cm, Österreichische Nationalbibliothek

Kurd Lasswitz, *Aspira. Der Roman einer Wolke*, um 1915, Buch, 18 x 13 cm, Österreichische Nationalbibliothek

Roowy, *Diatto... C'est un bolide!! Non c'est la voiture Diatto gagnante de la coupe de tourisme* (Diatto ... Das ist ein Bolide!! Nein, das ist das Auto der Marke Diatto, der Gewinner des Tourismus Cup), 1914, Siebdruck, 88 x 43 cm, Archivio Storico Bolaffi, Turin

Giacomo Balla, *Aviatori Poeme futuriste* (Futuristische Fluggedichte), um 1915, Autograph und Zeichnung auf Papier, 25,2 x 17 cm, Museo Aeronautico G. Caproni, Trient

Anonym, *Erster im Direktflug mit dem Flugzeug 'America' über den Atlantik beförderter Brief*, 1927, Briefmarke, Autograph und Typoskript auf Papierkuvert, 8 x 14,1 cm, Sammlung Pegasus, Mailand

Anonym, *The First World Exhibition of Interplanetary Machines and Mechanisms in Moscow* (anläßlich des 10jährigen Jubiläums der Oktoberrevolution. Raketenraum: Rakete von Oberth 1915, Rakete von Ulinski 1901 und Büste von Ziolkowsky), 1927, Photographie (Neuabzug), 41,1 x 29,6 cm, Dr. Bruno Besser, Graz

Anonym, *The First World Exhibition of Interplanetary Machines and Mechanisms in Moscow* (anläßlich des 10jährigen Jubiläums der Oktoberrevolution. Abteilung Jules Verne), 1927, Photographie (Neuabzug), 29,6 x 41,1 cm, Dr. Bruno Besser, Graz

Anonym, *The First World Exhibition of Interplanetary Machines and Mechanisms in Moscow* (anläßlich des 10jährigen Jubiläums der Oktoberrevolution. Raketenflugzeug von Max Valier), 1927, Photographie (Neuabzug), 29,6 x 41,1 cm, Dr. Bruno Besser, Graz

Anonym, *Erstes Experiment einer Postsendung mit dem Hochflugpostballon FS 1 von F. Schmidel*, 1928, Briefmarke, Autograph und Typoskript auf Papierkuvert, 7,3 x 12,6 cm, Sammlung Alessandra, Mailand

Hermann Noordung, *Das Problem der Befahrung des Weltraums. Der Raketenmotor*, 1929, Buch, 22,5 x 15 cm, Technisches Museum Wien

Herbert Paus, *Monorail* (Einschienenbahn), 1930, Wasserfarbe auf Papier, 43,2 x 38 cm, Sammlung Norman Brosterman, New York

Anton Stankowski, *1/100 sec bei 70 km/h*, 1930, Gelatinesilberabzug, 31 x 24 cm, Schweizerische Stiftung für die Photographie, Zürich

Anonym, *2. Forschungsflug in die Stratosphäre von Auguste Piccard*, 1932, Briefmarke, Autograph und Typoskript auf Papierkuvert, 14,3 x 21 cm, Privatsammlung Mailand

Alain Saint-Ogan, *L'Obus Interplanétaire* (Interplanetarisches Raumschiff), 1933-34, Tinte auf Papier, mit weißer Gouache retouchiert, 28,2 x 39,8 cm, Musée de la bande dessinée, Angoulême

Frank R. Paul, *Take-off From Mt. Everest* (Start vom Mt. Everest), 1934, Gouache auf Papier, 55,9 x 38 cm, Sammlung Norman Brosterman, New York

Frank R. Paul, Take-off From Mt. Everest, Titelblatt von: *Wonder Stories*, Dezember 1934, Sammlung Dr. Rottensteiner, Wien

Bruno Munari, *Niente del resto è assurdo per chi vola* (Nichts allerdings ist absurd für den, der fliegt), um 1933, Collage, ca. 26,5 x 19,5 cm, Museo Aeronautico G. Caproni, Trient

Bruno Munari, *L'Ala d'Italia*, 1934/36, Collage, 28,5 x 21,6 cm, Museo Aeronautico G. Caproni, Trient

Bruno Munari, *In those days the aeroplane was made of bamboo and canvas*, 1936, Collage, 18,6 x 17,4 cm, Museo Aeronautico G. Caproni, Trient

Bruno Munari, *L'odore di velivolo* (Der Duft des Flugzeugs), um 1936, Collage, Gouache, Zeichnung auf Papier, ca. 23 x 13,6 cm, Museo Aeronautico G. Caproni, Trient

Pegna, *Modell eines Fluggerätes*, um 1935, Metall, Draht, Plexiglas etc., ca. 75 x 82 x 82 cm, Museo Aeronautico G. Caproni, Trient

Fortunato Depero, *Aeroplani su Vienna* (Flugzeuge über Wien), 1936, Bleistift und Tusche auf Papier, 44,3 x 31,4 cm, Museo di Arte Moderna e Contemporanea di Trento e Rovereto

Karel Teige, *Ohne Titel* (Collage No. 18), 1936, Collage, 17,9 x 13,5 cm, Museum der tschechischen Literatur in Prag

James B. Settles, *Monorail* (Einschienenbahn), 1943, Wasserfarbe auf Papier, 55,9 x 35,6 cm, Sammlung Norman Brosterman, New York

James B. Settles, Monorail, Rückseite von: *Amazing Stories*, Dezember 1944, Sammlung Dr. Rottensteiner, Wien

Hannes Bok, *Boomerang*, 1947, Lithographischer Stift auf Papier, 35,6 x 24,4 cm, Sammlung Norman Brosterman, New York

Hannes Bok, Boomerang, Illustration in: *Famous Fantastic Mysteries*, August 1947, S. 115, Sammlung Dr. Rottensteiner, Wien

Chesley Bonestell, *Spaceship on Launching Rack on Some Mountaintop in Colorado* (Raumschiff auf Startrampe auf einem Berggipfel in Colorado), 1945, Öl auf Holzfaserplatte, 50,8 x 40,6 cm, Sammlung Norman Brosterman, New York

Chesley Bonestell, *Zero Hour Minus Five* (Fünf Minuten vor dem Start), 1949, Öl auf Holzfaserplatte, 53,3 x 38 cm, Sammlung Norman Brosterman, New York

René Groebli, *Magie der Schiene*, 1949, Photographie (Serie bestehend aus fünf Einzelaufnahmen), 27,5 x 34,5; 34 x 26; 27 x 39; 34,5 x 27,5; 34 x 26 cm, Schweizerische Stiftung für die Photographie, Zürich

Frank Hampson, *Dan Dare – Pilot of the Future* (Dan Dare – Pilot der Zukunft), 1951, Gouache und Tinte auf Karton, 59,5 x 41,5 cm, The Science Museum, London

Alexander Leydenfrost, *Missile Interception Over Eastern U.S.* (Raketenabwehr über dem Osten der USA), um 1952, Kohle, Tempera auf Papier, 45,7 x 86,4 cm, Sammlung Norman Brosterman, New York

Anonym, *Die Fahrt zum Mars* (Kurierwerbefilm), 1957, Video nach Film, Österreichisches Filmarchiv, Wien

Anonym, *Ohne Titel* (Tschechoslowakisches Propagandaplakat), 1958, Siebdruck, 81,5 x 57,2 cm, Archivio Storico Bolaffi, Turin

Anonym, *Ohne Titel* (Sowjetische Raketen im Weltall), 1959, Siebdruck, 118,5 x 39,6 cm, Archivio Storico Bolaffi, Turin

George Pal, *Ohne Titel* (Konstruktionszeichnung für das Requisit 'Time Machine', 7. Mai 1959), 1959, Reproduktion, 45,8 x 61 cm, UCLA - Arts Library Special Collections, Los Angeles

Anonym, *Die sowjetische Wissenschaft übernimmt die Oberhand in einem großartigen Sieg! Via Satellit haben wir die erdabgewandte Seite des Mondes gesehen*, 1960, Siebdruck, 100 x 70 cm, Archivio Storico Bolaffi, Turin

Anonym, *Gagarin, der erste Mann im Weltall*, 1961, Briefmarke und Autograph auf Postkarte, 18,6 x 12,8 cm, Sammlung Alessandra, Mailand

Anonym, *Ohne Titel* (Sowjetisches Plakat), 1964, Siebdruck, 55,4 x 82,6 cm, Archivio Storico Bolaffi, Turin

Anonym, *Ohne Titel* (Sowjetisches Plakat zur Raumfahrt), 1964, Siebdruck, 69 x 101,2 cm, Archivio Storico Bolaffi, Turin

Anonym, *Ohne Titel* (Plakat zur sowjetischen Raumfahrt), 1967, Siebdruck, 46,1 x 64 cm, Archivio Storico Bolaffi, Turin

Anonym, *Ohne Titel* (Sowjetisches Plakat zur Raumfahrt, Sonde 5), 1968, Siebdruck, 86,2 x 57,1 cm, Archivio Storico Bolaffi, Turin

Anonym, *Die Großmutter stellte mit Bestimmtheit fest: ohne Gott existiert nichts. Aber die Wissenschaft, das strahlende Licht, hat längst bewiesen, daß es Gott nicht gibt*, 1965, Siebdruck, 80,9 x 58,8 cm, Archivio Storico Bolaffi, Turin

Anonym, *Vase in Form eines Sichelmondes mit Apollokapsel*, 1968, Keramik, Höhe ca. 35 cm, Archivio Storico Bolaffi, Turin

Anonym, *Apollo 11 - Armstrong, Aldrin, Collins* (eines von 204 Kosmogrammen, die sich an Bord der Apollo 11-Kapsel befanden), 1969, Briefmarke, Autograph und Typoskript auf Papier, 8,3 x 14,2 cm, Sammlung Alessandra, Mailand

Vladmir Aleksandrovich Shatalov, *Brief, der am 14. 1. 1969 von der Erde an einen Adressaten im All ging, V. A. Shatalov, Kommandant der Soyuz 4*, 11 x 15,6 cm, Archivio Storico Bolaffi, Turin

Anonym, *Moon Landing*, 20. 7. 1969, Briefmarke, Autograph und Typoskript auf Papierkuvert, gestempelt in einem die Schwerkraft des Mondes simulierenden Labor, 9,8 x 22,8 cm, Sammlung Fabio, Turin

Robert Rauschenberg, *Sky Garden*, 1969, sechsfärbige Lithographie (Stein und Aluminium) und Siebdruck auf Arjomari Papier, 225,2 x 106,7 cm, National Gallery of Art, Washington, Gift of Gemini G.E.L. 1981.5.74

Anonym, *Raketenflugbrief*, signiert von Dr. Ing. Willy Messerschmitt, Prof. Dr. Hermann Oberth und Prof. Wernher von Braun, 3. 4. 1971, Autograph und Briefmarke auf Postkarte, Sammlung Alessandra, Mailand

David Lane Mayrowitz, William Burroughs in: *„Superman marooned"*, Regie: Lutz Becker und Jenni Pozzi, 1971/1996, Film, 3', Courtesy Plus International, London

Panamarenko, *Paradox II - Airship*, 1975, schwarze, rote Tinte, Bleistift auf Papier, collagiert, 100 x 138 cm, Vlaanse Gemeenschap - Leihgabe an das Museum van Hedendaagse Kunst, Gent

Gordon Matta-Clark, *Jacob's Ladder* (Jakobsleiter), 1977, Tinte und Bleistift auf Papier, 10 x (22 x 29 cm), Courtesy Lance Fung Fine Art, New York. Sammlung Jane Crawford, New York

Roman Signer, *Lebensdauer einer Rakete und Raketenflug durch die Erde*, 1976, Tusche auf Papier, aquarelliert, 30 x 42 cm, Privatbesitz

Roman Signer, *„Ballon" (mit Rakete)*, 1980, Tusche auf Papier, aquarelliert, 30 x 42 cm, Privatbesitz

Roman Signer, *Runder Raum*, 1981, Tusche auf Papier, aquarelliert, 30 x 42 cm, Privatbesitz

Paul Sermon, *Telematic Dreaming*, 1992, Telematische Installation für 2 Betten und Video-Link, Im Besitz des Künstlers

ART+COM, *Terravision*, 1994, 3D-Computerinstallation mit 'Earth-Tracker' Steuereinheit, Variable Größe, Besitz des Künstlers

Francisco de Sousa Webber, Public Netbase, *Remote Viewing*, 1996, Variable Größe, CUSeeMe Installation, Im Besitz des Künstlers

Die Erfindung des Weltalls

Anonym/Francis Godwin, Frontispiz von: *Der Mann auf dem Mond oder die phantastische Reise von der Erde zum jüngst entdeckten Mond*, 17. Jhdt., Radierung, 17 x 9,5 cm, Association „Les Ailes Brisées", Paris

Anonym/Saverio Bettinelli, Frontispiz von: *Il Mondo della Luna. Poema eroico-comico*, Venedig (Die Welt des Mondes. Heroisch-komisches Gedicht), 1754, Kupferstich (Buch), 17,5 x 12 cm, Archivio Storico Bolaffi, Turin

Filippo Morghen, *Raccolta delle cose più notabili vedute da Giovanni Wilkins (...) nel suo famoso viaggio dalla Terra alla Luna ...* (Sammlung jener denkwürdigsten Dinge, die John Wilkins auf seiner berühmten Reise von der Erde zum Mond erlebte), um 1765, Kupferstiche, 4 x (28 x 39 cm), Archivio Storico Bolaffi, Turin

Anonym, *Scoperte fatte nella Luna dal sig.r Herschel* (Was Herr Herschel auf dem Mond entdeckte), Tafel 2: Partenza di Pulcinella per la Luna (Abreise Pulcinellas zum Mond), Tafel 4: Ritorno di Pulcinella dalla Luna (Rückkehr Pulcinellas vom Mond), um 1830, Lithographien, 2 x (45 x 33 cm), Archivio Storico Bolaffi, Turin

John Moore/William Hogarth, *Royalty, Episcopacy & Law. Some of the principal inhabitants of the Moon ...* (Adel, Klerus und Gesetz. Einige der wichtigsten Mondbewohner ...), um 1830, Stahlstich, 27 x 20 cm, Archivio Storico Bolaffi, Turin

Luigi Galluzzo und Giovanni Dura, *Altre scoverte fatte nella Luna dal sig.r Herschel* (Weitere Entdeckungen Herrn Herschels auf dem Mond), Tafel 2: Diligenza per la Luna (Aufbruch zum Mond), Tafel 4: Diligenza di ritorno dalla Luna (Aufbruch zur Abreise vom Mond), 1836, Lithographien, 2 x (54 x 44 cm), Archivio Storico Bolaffi, Turin

Jean-Ignace-Isidore gen. Grandville, *Le Pont sur les Planètes* (Planetenbrücke), 1844, Holzstich, Künstlerabzug, 24,5 x 16, 5 cm, Sammlung Claude Rebeyrat, Paris

Warren de la Rue, *Photographien des Mondes*, ca. 1860, Albuminabzüge, aufgezogen, 12 x 96,5 cm, Gernsheim Collection, Harry Ransom Humanities Research Center, The University of Texas at Austin

Gustave Liquier, *Voyage d'un âne dans la planète Mars* (Reise eines Esels zum Mars), Genf, 1867, Lithographie (Buch), 20 x 29 cm, Archivio Storico Bolaffi, Turin

James Nasmyth, *Aspect of an eclipse of the sun by the earth, as it would appear as seen from the moon* (Sonnenfinsternis durch die Erde, wie sie vom Mond aus gesehen würde), 1874, Woodbury-Druck, 15,2 x 22,6 cm, Courtesy Julie Saul Gallery, New York

James Nasmyth, *Normal lunar crater* (Gewöhnlicher Mondkrater), 1874, Woodbury-Druck, 15,2 x 22,6 cm, Courtesy Julie Saul Gallery, New York

Jules Verne, *From the Earth to the Moon and a Trip round it* (Von der Erde zum Mond und um den Mond), London, 1874, Originalbucheinband, Goldprägung, 20,2 x 15 x 4,3 cm, Sammlung Graf Gondolo della Riva, Turin

Jules Verne, *From the Earth to the Moon and a Trip round it* (Von der Erde zum Mond und um den Mond), New York, 1874, Originalbucheinband, Goldprägung, 20,2 x 15 x 4,3 cm, Sammlung Graf Gondolo della Riva, Turin

Jules Verne, *Hector Servadac*, New York, 1878, Originalbucheinband, Goldprägung, 21,2 x 14,7 x 5,3 cm, Sammlung Graf Gondolo della Riva, Turin

Emile Bayard und A. de Neuville/Hildibrand/Jules Verne, Autour du Projectile (Rund um das Projektil), aus: *Autour de la Lune*, o. J. (1886?), Holzschnitt, 26,5 x 17,2 cm, Privatsammlung, Wien

Henri de Graffigny, *De la Terre aux Étoiles. Voyage dans l'Infini* (Von der Erde zu den Sternen. Reise ins Unendliche), Paris, 1888, Originalbucheinband, Goldprägung, 29,5 x 18 x 2 cm, Sammlung Graf Gondolo della Riva, Turin

G. le Faure & H. de Graffigny, *Aventures Extraordinaires d'un Savant Russe* (Außergewöhnliche Abenteuer eines russischen Gelehrten), Bd. 1 „La Lune" (Der Mond), Bd. 2 „Le Soleil et Les petites planètes" (Die Sonne und die kleinen Planeten), Bd. 3 „Les planètes géantes et les comètes" (Die Riesenplaneten und ihre Kometen), Paris, 1889-96, Buch, 3 x (28,9 x 19,9 x 3,5 cm), Sammlung Graf Gondolo della Riva, Turin

Ulisse Grifoni, Frontispiz von: *Dalla Terra alle Stelle. Viaggio meraviglioso di due Italiani ed un Francese* (Von der Erde zu den Sternen. Die wunderbare Reise von zwei Italienern und einem Franzosen), Rom, 1890,

Buch, 25,5 x 18 x 3 cm, Sammlung Graf Gondolo della Riva, Turin

Pierre de Sélènes, *Un monde inconnu. Deux ans sur la lune*, (Eine unbekannte Welt. Zwei Jahre auf dem Mond), Paris, um 1890, Buch, 28 x 19 x 4,4 cm, Sammlung Graf Gondolo della Riva, Turin

André de Ville d'Avray, *Voyage dans la Lune avant 1900* (Reise zum Mond vor 1900), 1896, Farblithographie, 21 x 26 cm, Archivio Storico Bolaffi, Turin

Anonym, *Voyage dans la Lune* (Reise zum Mond), um 1900, Farbdruck, 36 x 25 cm, Archivio Storico Bolaffi, Turin

Jules Verne, *De la Terre à la Lune suivi de Autour de la Lune* (Von der Erde zum Mond und um den Mond), Paris, um 1900, Originalbucheinband, Goldprägung, 28,3 x 20 x 3,9 cm, Sammlung Graf Gondolo della Riva, Turin

George Gibbs, *Racing To The Ship* (Zum Schiff rennen), 1916, Kohle auf Papier, 48,3 x 94 cm, Sammlung Norman Brosterman, New York

George Gibbs, *Stranded* (Gestrandet), 1916, Kohle auf Papier, 63,5 x 94 cm, Sammlung Norman Brosterman, New York

László Moholy-Nagy, *Photogramm*, um 1925-28, Rayographie, 40 x 30 cm, Schweizerische Stiftung für die Photographie, Zürich

Lucien Rudaux, *Blick aus dem Raumschiff auf Mondlandschaft, Blick aus dem Raumschiff auf die Wolkendecke über Venus, Blick aus dem Raumschiff auf Mars und Satellit, Blick auf die Erde vom Mond, Sonnenfinsternis der Erde vom Mond aus gesehen, Mondlandschaft mit Krater, Milchstraße vom Mond aus gesehen*, 1925-37, Glasphotographien, bemalt, schwarzes Klebeband, 7 x (8,5 x 10 cm), Sammlung Lucien Rudaux, Donville

Lucien Rudaux, *Jupiter vu de son premier satellite* (Jupiter von seinem ersten Satelliten aus gesehen), 1925-37, Aquarell auf Papier, 35 x 27 cm, Sammlung Lucien Rudaux, Donville

Lucien Rudaux, *Saturne vu d'un de ses satellites* (Saturn von einem seiner Satelliten aus gesehen), 1925-37, Aquarell auf Papier, 35 x 27 cm, Sammlung Lucien Rudaux, Donville

Alain Saint-Ogan, *Étranges Découvertes* (Seltsame Entdeckungen), 1933-34, Tinte auf Papier, mit Deckweiß retouchiert, 28 x 35,2 cm, Musée de la bande dessinée, Angoulême

Alain Saint-Ogan, *Vénus*, 1933-34, Tinte auf Papier, mit Deckweiß retouchiert, 28 x 35,2 cm, Musée de la bande dessinée, Angoulême

Chesley Bonestell, *Lunar Landing* (Mondlandung), 1947, Öl auf Karton, 53,3 x 38 cm, Sammlung Norman Brosterman, New York

Hergé, Objectif Lune (Reiseziel Mond), S. 61 des gleichnamigen Bandes von: *Tintin et Milou*, 1950-51, Tusche und weiße Gouache auf Papier, 53,5 x 37,1 cm, Fondation Hergé, Bruxelles

Hergé, On a marché sur la lune (Schritt am Mond), S. 25 des gleichnamigen Bandes von: *Tintin et Milou*, 1952-53, Tinte und weiße Gouache auf Papier, 50,7 x 36,1 cm, Fondation Hergé, Bruxelles

Jack Coggins, *Exploring the Lunar Surface* (Die Erforschung der Mondoberfläche), 1951, Gouache auf Papier, 39,4 x 26,7 cm, Sammlung Norman Brosterman, New York

Emile und A. de Rudolph Belarski, *Lunar Probe Units with Burning Earth* (Mondsonden vor brennender Erde), 1955, Öl auf Leinwand, 76,2 x 61 cm, Sammlung Norman Brosterman, New York

Keith Watson, *Dan Dare – The Mushroom* (Dan Dare – Der Pilz), 1965, Gouache und Tinte auf Karton, 54 x 38,5 cm, The Science Museum, London

NASA, *Day 262 survey W-N*, 1967, Photographien, montiert auf Papier, 77 x 37 cm, Sammlung Norman Brosterman, New York

Der demontierte Leib im anatomischen Blick

Johannes Alphonsus Borelli, Tafel aus: *De Motu Animalium*, Rom, 1680-81, Radierung (Buch), 16 x 21 cm, Österreichische Nationalbibliothek

Johannes Alphonsus Borelli, Tafel aus: *De Motu Animalium*, Leyden, 1710, Radierung, 16 x 21 cm, Österreichische Nationalbibliothek

Claude Nicolas Le Cat, *Traité de l' Existance du Fluide des Nerfs*, (Traktat über die Existenz von Nerfenfluidum), Berlin 1765, Buch, 19,3 x 24 cm, Österreichische Nationalbibliothek

Anonym, *Aus einer Serie von Aquarellen zu anatomischen Wachspräparaten: Augen, Ohr, Schädel, Männlicher Körper, Fuß, Hand, Herz, Unterarm und Hand, Stimmbänder*, um 1775-1785, Aquarelle auf Papier, 8 x (40,7 x 31,9 cm); 1 x (38,2 x 51,8 cm), Institut für Geschichte der Medizin der Universität Wien

Fritz Kahn, *Das Leben des Menschen. Eine volkstümliche Anatomie, Biologie, Physiologie und Entwicklungsgeschichte des Menschen*, Bd. IV, 1929, Buch, 25,5 x 36,5 cm, Österreichische Nationalbibliothek

Edouardo Paolozzi, *Man as a chemical factory* (Der Mensch als chemische Fabrik), *Man Holds The Key* (Der Mensch hält den Schlüssel in der Hand), 1972,

Siebdruck, 24 x 36 cm, The Board of Trustees of the Victoria & Albert Museum, London

Christian Möller/ARCHIMEDIA, *Voyage through the Human Body*, 1996, Motorisierte Projektion auf einer 12 Meter langen Schiene, Laser-Disc, Im Besitz des Künstlers

Der reparierte Körper (Prothesen)

Anonym, *Prothesenhand*, 17. Jhdt., Eisen, Leder, Holz, 60 x 19 cm, Germanisches Nationalmuseum, Nürnberg

Hieronymi Fabricii von Aquapendente, *Parte Postica*, aus: *Opera chirurgica*, Patavii, 1647, Kupferstich, 30, 7 x 19, 8 cm, Privatsammlung, Wien

Dheulland/Jean-Gauffin Gallon, *Bras artificiel inventé par M. Kriegseissen (Künstlicher Arm, Erfindung von Hrn. Kriegseissen)*, in: *Machines et inventions approuvées par l'Académie royale des Sciences*, Paris, 1735, Radierung (Buch), 21,3 x 18,3 cm, Bibliothèque nationale de France, Paris

Christian von Mechel, *Die Eiserne Hand des tapfern deutschen Ritters Götz von Berlichingen wie selbige noch bei seiner Familie in Franken aufbewahrt wird, sowohl von Außen als von Innen dargestellt*, 1815, Kupferstich, 58 x 43 cm, Staatsbibliothek zu Berlin - Preußischer Kulturbesitz

Anonym, Horsley's Pupillometer, in: *Surgical Instruments, Orthopedic Appliances, Yarnell Company*, Philadelphia, 1892, Broschüre, 24 x 16 cm, Hagley Museum and Library, Wilmington, USA

Anonym/Firma Justi (H. D.) & Sohn, *H. D. Justi's Circular of Dental Specialities*, um 1894, Broschüre, 23 x 15 cm, Hagley Museum and Library, Wilmington, USA

Anonym/Firma Queen & Co. Oculists & Opticians, Standard Eye Colours. Shades of Brown, in: *Queen & Co. Oculists & Opticians*, um 1900, Broschüre, 20 x 36 cm, Hagley Museum and Library, Wilmington, USA

Anonym/Consolidated Dental Manufacturing Company, New York, Porzellanzähne, in: *A condensed Catalogue for Selecting our Porcelain Teeth and Davis Crowns*, 1904, Broschüre, 23,5 x 18 cm, Hagley Museum and Library, Wilmington, USA

Anonym/Firma G. Schoepfer, New York, Best Quality Eyes Made, in: *... manufacturers, importers and exporters of glass eyes and taxidermist's supplies*, um 1930, Broschüre, 28 x 22 cm, Hagley Museum and Library, Wilmington, USA

Anonym/Denver Optic Company, *Bestellschein für künstliche Augen aus einem Firmenkatalog der Denver Optic Company*, 1931, Broschüre, 21 x 14 cm, Hagley Museum and Library, Wilmington, USA

Der künstliche Körper (Automaten)

Anonym, *Automates de Vaucanson* (Die Automaten Vaucansons), 1750, Radierung, 46,5 x 35,5 cm, Bibliothèque nationale de France, Paris

Peter Kintzing und David Roentgen, *Joueuse de Tympanon* (Tympanonspielerin), 1784, Holz, Kupfer, Eisen, Messing, Spitze, Seide und Mechanik, 125 x 122 x 57 cm, Musée National des Techniques du C.N.A.M., Paris

Wolfgang von Kempelen, *Sprechmaschine*, 1788, Holz, Leder, Metall, Glas, 27,5 x 100 x 65 cm, Deutsches Museum München

Anonym/Wolfgang von Kempelen, Tafel I, S. 76, in: *Mechanismus der menschlichen Sprache nebst der Beschreibung seiner sprechenden Maschine*, Wien, 1791, Kupferstich, 15,8 x 9,8 cm, Österreichische Nationalbibliothek

Adalbert Kurka, *Tendlersche Seiltänzer (Automatenfiguren) mit Landschaftsveduten im Hintergrund*, 19. Jhdt., Photographien, 11 x (10 x 13,6 cm), Stadtmuseum Eisenerz

Anonym, *Pseudo-canard de Vaucanson* (vermutlich die Vaucansonsche Ente), Ende 19. Jhdt., Photographien, 4 x (20,9 x 14,8 cm), Musée National des Techniques du C.N.A.M., Paris

Tendler, *Mechanische Puppe des Tendlerschen Automatentheaters*, um 1810, Holz mit beweglichen Gliedmaßen, Kleidung teilweise erneuert, 70 x 50 cm, Stadtmuseum Eisenerz

Anonym, *Ankündigung von Vorstellungen des mechanischen Figurentheaters von Tendler in Wien*, 1811/12, Plakat, 71 x 50 cm, Stadtmuseum Eisenerz

Jacques Noël/Villiers de L'Isle-Adam, *L'Eve future* (Die Eva der Zukunft), 1886/1957, Buch, 20,2 x 13,5 cm, Institut Français de Vienne

Alfred Kubin, *Die Erzeugung des Homunculus*, 1927, Federlithographie auf Japanpapier, 28,5 x 18,5 cm, Städtische Galerie im Lenbachhaus, München

André Masson, *Naissance de l'automate* (Die Geburt des Automaten), 1938, Tuschfeder auf Papier, 63 x 48 cm, Privatbesitz, Hamburg

André Masson, *La basse-cour de Vaucanson* (Vaucansons Hühnerhof), 5.10.1939, Tinte auf Papier, 48 x 63 cm, Galerie Louise Leiris, Paris

André Masson, *Mort de l'automate – étude pour l'assassinat du double* (Der Tod des Automaten – Studie zum Mord des Doppelgängers), 1941, Tusche auf Papier, 49,2 x 63,9 cm, Centre Georges Pompidou, Paris

Christian Möller/ARCHIMEDIA, *Autonomous Mirror*, 1996, Interaktive Computeranimation für ein menschenähnliches Wire-Frame Modell in einem elektronischen Spiegel, Im Besitz des Künstlers

Der perfekte Körper (Cyborgs)

Giovanni Battista Bracelli, *Bizzarie di varie figure* (Bizarres verschiedener Figuren), 1624/1863, Buch (Faksimileausgabe), Hamburger Kunsthalle

Jean-Charles Delafosse, *Les Graveurs à la Grec*, 18. Jhdt., Zeichnung, 36,2 x 48,9 cm, The Metropolitan Museum of Modern Art, The Elisha Whittelsey Collection, The Elisha Whittelsey Fund, 1960

Anonym, *Projet du Chevalier de Beauve pour l'équipement d'un plongeur, détail* (Projekt von Ritter de Beauve für eine Taucherausrüstung, Detail), 1715, Aquarell auf Papier, 43 x 55 cm, Archives nationales, Paris

Anonym, *Projet du Chevalier de Beauve pour l'équipement d'un plongeur, ensemble de dos et de face* (Projekt von Ritter de Beauve für eine Taucherausrüstung, Vorder- und Rückansicht), 1715, Aquarell auf Papier, 42,7 x 54 cm, Archives nationales, Paris

Mainville, *L'homme libre* (Der freie Mensch), aus: *Mémoires et autres desseins de plo(n)geurs*, 1719, Tuschfeder auf Papier, 22,5 x 17 cm, Archives nationales, Paris

Mainville, *L'homme non-libre* (Der unfreie Mensch), aus: *Mémoires et autres desseins de plo(n)geurs*, 1719, Tuschfeder auf Papier, 18,5 x 24,5 cm, Archives nationales, Paris

Albert Robida, *Grande Bataille sous marine - 19 juin 1868* (Große Unterwasserschlacht), Federzeichnung, aquarelliert, 27,8 x 41,5 cm, Sammlung Claude Rebeyrat, Paris

A. de Neuville/Hildibrand/Jules Verne, J'était prêt à partir (Ich war zum Aufbruch bereit), aus: *Vingt mille lieues sous les mers*, o. J. (1886?), Holzschnitt, 26,5 x 17,2 cm, Privatsammlung, Wien

Alec Shanks, Ohne Titel (Kostümentwurf für Folies Bergères), um 1920, Wasserfarbe, Farbe mit Metallpigmenten auf Papier, 46 x 36 cm, W. H. Crain Collection, Theatre Arts Collection, Harry Ransom Humanities Research Center, The University of Texas at Austin

Rudolf Lutz, Ohne Titel (Utopia), 1921, Collage, Photographie, Eintrittskarten, Zeitungsausschnitte, Papier, schwarze Tusche, aquarelliert, 29,2 x 21,2 cm, Bauhaus-Archiv, Berlin

Rudolf Lutz, Ohne Titel (Porträt Rudolf Lutz kostümiert), um 1921/22, Gelatinesilberabzug, 15,2 x 9,1 cm, Bauhaus-Archiv, Berlin

El Lissitzky, *Tatlin bei der Arbeit an dem Denkmal für die Dritte Internationale*, 1921/22, Aquarell, Bleistift und Photomontage auf Papier, 29,2 x 22,8 cm, Property of Dessau Trust

René Magritte, *L'Âge des Merveilles*, 1926, Öl auf Leinwand, 121 x 80 cm, Privatsammlung, München

Fernand Léger, *L'Homme qui voulait voler* (Der Mann, der fliegen wollte), o. J. (1927?), Gouache und Tusche auf Papier, 42,5 x 30 cm, Bibliothèque nationale de France, Paris

Enrico Prampolini, Kostüm für: „Danza dell' Elica", 1928, Lamé, Samt, 125 x 40 cm, Österreichisches Theatermuseum, Wien

G. Ri, *Composition*, 1906, Gouache auf Druck, 32 x 49,6 cm, Musée de la bande dessinée, Angoulême

Oskar Schlemmer, *Der Radiozauberer* (Kostümentwurf), 1928, Tusche, Wasserfarbe auf Papier, 42 x 50 cm, Theaterwissenschaftliche Sammlung der Universität zu Köln

Man Ray, *Electricité*, 1931, Photogramme/ Photogravuren, 10 x (26 x 20,5 cm), Schweizerische Stiftung für die Photographie, Zürich

Ferruccio Demanins, *Marinetti à la Radio*, 1932, Gelatinesilberabzug, 22,5 x 16,8 cm, Sammlung Jean Pigozzi, Genf

Bruno Munari, *Aeroplane-woman*, um 1936, Collage, 27,4 x 18,2 cm, Museo Aeronautico G. Caproni, Trient

Karel Teige, *Ohne Titel* (Collage No. 284), 1943, Collage, 20,5 x 19,3 cm, Museum der tschechischen Literatur in Prag

Karel Teige, *Ohne Titel* (Collage No. 293), 1944, Collage, 26,5 x 17,4 cm, Museum der tschechischen Literatur in Prag

Virgil Finlay, *Space Suit* (Raumanzug), 1956, Tusche auf Karton, 20,3 x 14 cm, Sammlung Norman Brosterman, New York

Maria Lassnig, *Science Fiction*, 1963, Öl auf Leinwand, 192 x 128,5 cm, Galerie Klewan, München

Walter Pichler, *TV-Helm – Tragbares Wohnzimmer*, 1963, glasfaserverstärktes Polyester und TV-Set, 60 x 125 x 40 cm, Sammlung des Künstlers

Rudi Gernreich, *Bike Parts costume*, um 1970, Bleistift auf Papier, 35,5 x 21,5 cm, Layne Nielson, Los Angeles

Rudi Gernreich, *Drei Skizzen zum 'Flugmenschen'*, um 1970, Bleistift auf Papier, 35,5 x 21,5 cm, Layne Nielson, Los Angeles

Rudi Gernreich, Fashion of the 70's, in: *LIFE Magazine*, 9. 1. 1970, Druck, 33,5 x 26,9 cm, Kunsthalle Wien

Rudi Gernreich, Ohne Titel (Modeentwurf für die

Zeitschrift „LIFE" zur Mode für das nächste Jahrzehnt), 1970, Bleistift und Farbstift auf Pauspapier, 40,6 x 30,5 cm, Courtesy Layne Nielson, Los Angeles, USA

Theodore E. Anderson, Christine G. Rossi, *Menschlicher Körper mit Ersatzteilen*, 1989-90, Plexiglas, Gummi, Schnur, Metall, lebensgroß, Historical and Interpretative Collection of The Franklin Institute Science Museum, Philadelphia

Vito Acconci, *Virtual Intelligence Mask*, 1993, Aluminium, Motor, Drahtgeflecht-Maske, Fernseher, Radio, Video, Kameras, Gummi, Vinyl, Aluminium, 27,9 x 53,3 x 40,6 cm, Vito Acconci, Courtesy Barbara Gladstone Gallery

Stelarc, Performance, 1996, Live Performance 5. Juni 1996, Kunsthalle Wien, und Videoaufzeichnung der Performance, Im Besitz des Künstlers

Der andere Körper (Roboter)

Jean-Ignace-Isidore gen. Grandville, *Concert à la vapeur (Le moi et le Non-Moi: symphonie en Ut majeur)*Dampfkonzert (Ich und Nicht-Ich: Symphonie in A Dur), 1844, Farblithographie, 26,9 x 20 cm, Stadtbibliothek Nancy, B.M. Nancy

Bedrich Feuerstein, *Kostümentwürfe für R.U.R. von Karel Čapek*, 1921, Tusche und Aquarell auf Papier, 30 x 43,9 cm, Theaterabteilung des Nationalmuseums, Prag

Bedrich Feuerstein, *Ohne Titel* (Szenenentwurf für Karel Čapeks R.U.R.), 1921, Tusche und Aquarell auf Papier, 22,5 x 30,2 cm, Theaterabteilung des Nationalmuseums, Prag

George Grosz, *Kostümentwurf zu „Methusalem" von Iwan Goll*, 1922, Feder und Aquarell auf Papier, 52,5 x 41,2 cm, Österreichisches Theatermuseum, Wien

Josef Čapek, *Elektroroboter* (Kostümentwurf), 1923, Gouache und Bleistift auf Papier, 29,8 x 22 cm, Theaterabteilung des Nationalmuseums, Prag

Fortunato Depero, *Scena di Aniccham*, 1923, schwarze und rote Tusche auf Papier, 54,5 x 88,5 cm, Museo di Arte Moderna e Contemporanea di Trento e Rovereto

Fortunato Depero, *Costumi delle locomotive* (Lokomotiv-Kostüme), 1924, Tinte auf Papier, 26,5 x 25,5 cm, Museo di Arte Moderna e Contemporanea di Trento e Rovereto

Fortunato Depero, *Depero Futurista. Dinamo Azari*, 1927, Buch, Metallschrauben, Muttern, 24,5 x 32 cm, Museo di Arte Moderna e Contemporanea di Trento e Rovereto

Alexandra Exter, *Ohne Titel* (Kostümentwurf für den Film „Aelita" von Jakow P. Protasanow), 1924, Bleistift und Gouache auf Papier, 48 x 25 cm, Bibliothèque nationale de France, Paris

Hein Heckroth, *Figurine Werkvermähler* (Maschinengott), 1925, Aquarell, Tusche, Pastell, Mischtechnik, 40 x 29 cm, Theaterwissenschaftliche Sammlung der Universität zu Köln

Vlastislav Hofman, *Bühnenbildentwurf für „Adam Stvoritel" von Karel und Josef Čapek*, 1927, Weiße Pastellkreide auf Papier, 32,3 x 35,6 cm, Theaterabteilung des Nationalmuseums, Prag

Ivo Pannaggi, *L'angoscia delle macchine*, Rekonstruktion für den Film „Vita Futurista" von Lutz Becker, 1927/1987, Film, 5', Courtesy Arts Council of England

Lothar Schenck von Trapp, *Ohne Titel* (Szenenentwurf 'Ein Wohnzimmer von Robert und Helene', für Paul Hindemiths „Hin und Zurück"), 1927, Bleistift, rote Tinte auf Pergamin aufgezogen, 23,5 x 27,5 cm, Theaterwissenschaftliche Sammlung der Universität zu Köln

Vlatislav Hofman, *Kostümentwürfe für „R.U.R." von Karel Čapek*, 1929, weiße Pastellkreide auf Papier, 14,8 x 36 cm, Theaterabteilung des Nationalmuseums, Prag

Kurt Kranz, *Kreisschießer*, 1930/31, Collage, 42 x 53, 5 cm, Galerie Berinson, Berlin

Weegee, *Zwei Liliputaner in Roboterkostümen*, um 1940, Photographie, 50 x 40 cm, Galerie Berinson, Berlin

Hugo P. Herdeg, *Lichtschalter*, zw. 1930 und 1950, Photographie, 26 x 22,5 cm, Schweizerische Stiftung für die Photographie, Zürich

Frank R. Paul, *Robot Factory* (Roboterfabrik), 1950, Tusche auf Papier, 43,2 x 30,5 cm, Sammlung Norman Brosterman, New York

Diverse Hersteller, *Spielzeugroboter, Space Toys*, 1950-1980, unterschiedliche Materialien und Größen, Sammlung Auerswald

Edoardo Paolozzi, *Robot*, 1960, Gepreßtes Metall und Holz, Plexiglas, Plastikleisten, elektrisches Licht und Draht, 157,5 x 66,1 cm, Museum of Childhood, Edinburgh

Jean Claude Forest, *Barbarella*, 1967, Handpressendruck, 86 x 61,5 cm, Agentur für geistige Gastarbeit

Panamarenko, *Alluminaut*, 1970, Tusche auf Papier, 150 x 150 cm, Museum van Hedendaagse Kunst, Gent

Edoardo Paolozzi, *Radio Electronics*, 1972, Lithographie, 24 x 36 cm, The Board of Trustees of the Victoria & Albert Museum, London

Anonym/diverse Künstler, *Diverse amerikanische Science-fiction-Magazine*, 1926-70, Zeitschriften, diverse Maße (19 x 15 cm bis 26 x 18 cm), Sammlung Dr. Rottensteiner, Wien

Photonachweis

Sollten ohne unsere Absicht Bildrechte nicht angeführt sein, bitten wir um Mitteilung an die Kunsthalle Wien.

Archiv für Kunst und Geschichte, Berlin 395, 403b
Archivio Storico Bolaffi, Turin 13
Archives d'Architecture Moderne, Brüssel 319
Courtesy Archives nationales, Paris 399
Courtesy Ars Electronica, Linz 181b
Courtesy Art + Com, Berlin 208
Avery Architectural & Fine Arts Library, Columbia University, New York 77b, 239a
Bauhaus-Archiv, Berlin 16
Norman Bel Geddes Collection, Harry Ransom Humanities Research Center, The University of Texas at Austin 330
Galerie Berinson, Berlin 374
Courtesy Smlg. Bernard, Wien 359, 363a
Bibliothèque de l'Arsenal, Paris 425
Bibliothèque nationale de France, Paris 70, 73, 116, 238, 501a
Bildarchiv der Österreichischen Nationalbibliothek, Wien 320b
Bildarchiv der Staatsbibliothek zu Berlin - Preußischer Kulturbesitz 193
Bildarchiv des Instituts für Geschichte der Medizin der Universität Wien 258a, 416
Bing Crosby Enterprises 182
Courtesy Galerie Bischofberger, Zürich 521b
The Bodleian Library, Oxford 450
Courtesy The Brothers Quay/Atelier Koninck, London 478
Smlg. Norman Brosterman, New York 17, 63, 78, 186, 198, 369, 372a, 376
Courtesy Galerie Brusberg, Berlin 8
Courtesy Buckminster Fuller Institute, Santa Barbara, USA 84, 401
Courtesy CoopHimmelb(l)au 86b
Deutsches Architektur-Museum, Frankfurt a. M. 20, 83
Deutsches Museum, München 51
Fondation Le Corbusier, Paris 60a, 75
Courtesy Barry Friedman Ltd., New York 488b
Smlg. Graf Gondolo della Riva, Turin 9
Courtesy Grosvenor Gallery, London 59
Courtesy Studio Zaha Hadid, London 7ab
Hagley Museum and Library, Wilmington, USA 197, 223
Courtesy Peter Halley 427
Courtesy Hamburger Kunsthalle 453
Hessisches Hauptstaatsarchiv, Wiesbaden 124
Courtesy Hans Hollein 86a, 87
Courtesy W. Jansen, Berlin 140
Journal of Communication 256, 258c
Courtesy Kapsch AG 515, 516, 518, 519
Galerie Klewan, München 492
Kunsthistorisches Museum, Wien 398a
Galerie Alex Lachmann, Köln 79, 81
Courtesy Mr. Charles I. Larson, Mrs. Magali Sarfatti Larson 77a
Courtesy Lisson Gallery, London 480b
Courtesy Chico Macmurtrie 482
The Metropolitan Museum of Art, New York 192, 490
Moravská Galerie, Brno 222
Musée Carnavalet, Paris 237
Musée de l'Air et de l'Espace, Le Bourget 340
Musée de Temps, Besançon 122

Musée National des Techniques du C.N.A.M., Paris 405, 486, 501b
The Museum of Modern Art, New York 11, 364, 366a
Courtesy Museum van Hedendaagse Kunst, Gent 521a
Musikinstrumentenmuseum der Universität Leipzig 50
National Museum of American History, Smithsonian Institution, Washington D.C. 273, 274a
Courtesy Layne Nielsen, Los Angeles 406
Oberösterreichisches Landesmuseum, Linz 159
Österreichische Nationalbibliothek, Wien 147, 157, 252, 253, 258b, 320a, 327, 386, 403a, 446, 488a, 497, 508, 510ab
Courtesy Walter Pichler, Wien 12
Prinzhorn-Sammlung der Psychiatrischen Universitätsklinik Heidelberg 66
Purdue University Library, West Lafayette, USA 138ab
Smlg. Rebeyrat, Paris 229
Photoarchiv C. Raman Schlemmer, I-28050 Oggebbio 113
Courtesy Smlg. Lothar Schmid, Bamberg, 461ab
Schweizerische Stiftung für die Photographie, Zürich 361, 413a, 434
Science & Society Picture Library, London 191, 502, 504
Courtesy Paul Sermon 210
Staatsbibliothek zu Berlin - Preußischer Kulturbesitz 158, 160b
Stadtmuseum Eisenerz 43
Courtesy Superstudio, Florenz 88
Courtesy Jean Suquet 366b
Courtesy Torch Gallery, Amsterdam 89
Universitätsbibliothek der Technischen Universität, Wien 99, 100ab
Universitätsbibliothek Wien 94, 95, 96ab
University College London Library, London 129
Courtesy Ronny van de Velde, Antwerpen 60b
VBK, Wien, 8, 59, 60a, 60b, 75, 363b, 364, 366a, 413a, 498, 520b, 522
The Board of Trustees of the Victoria & Albert Museum, London 315
Courtesy Martin Vlk 36
Courtesy Warburg Institute, London 37
Courtesy Peter Weibel /Kunsthistorisches Museum, Wien 218
Courtesy Firma Wittner, Kempten 54
The Wolfsonian Foundation, Miami Beach, USA 85, 329

Photographen:

Andreas Balon 160a
Atelier Schneider 16
Manuel Chemineau 18, 22, 94, 95, 96ab, 99, 100ab, 102, 110, 169ab, 170, 171, 181a, 189, 194, 224, 225, 232b, 236, 257, 258a, 270, 274b, 275, 277, 281b, 339, 341ab, 342, 343, 344ab, 345ab, 346ab, 347ab, 348ab, 349ab, 350ab, 351, 352ab, 353ab, 354ab, 355, 356abc, 377, 378, 382, 387, 389, 391, 402, 404, 416, 421, 432, 463, 493
C. Choffet 122
Philippe Degobert 15
B. Ecker 159
P. Faligot 405, 486, 501b
Gruco 200
Simon Hunter 219
Ingeborg Limmer, 461ab
Jasia Reichardt 480a
John Riddy 480b
Jacques Véry 229, 425
Herbert P. Vose 520

Dank

Eine Ausstellung wie diese wäre ohne die freundliche Unterstützung zahlreicher Personen und Institutionen nicht möglich. Ihnen, und auch denjenigen, die nicht genannt werden möchten, gebührt unser Dank:

John Alviti, Philadelphia
Paul Asenbaum, Wien
Dieter Auracher, Wien
Christian Bailly, Paris
Marie-Christine Barillaud, Wien
Sigrid Barten, Zürich
Familie von Bartha, Basel
Frédéric Baud, Sainte Croix
Eva Beaufort, Wien
Lutz Becker, London
Hendrik Berinson, Berlin
Christian Bernard, Genf
Bruno Besser, Wien
Christophe Blaser, Lausanne
Margareta Blumenthal, Åbo
Alberto Bolaffi, Turin
Annette Bordeaux, Monaco
Lidia Breda, Paris
Sabine Breitwieser, Wien
Librairie Brieux, Paris
Norman Brosterman, New York
Dieter Brusberg, Berlin
Friedrich Buchmayr, St. Florian
Ralf Bülow, München
Monika Burckhardt, Paris
Roland Buret, Paris
Pierre Buser, Le Locle
Contessa Maria Fede Caproni-Armani, Trento/Rom
Catherine Cardinal, La Chaux de Fonds
Jacqueline Chemineau, Paris
Yves Chemineau, Paris
Annie Crouzet, Paris
Camillo D'Afflitto, Paris
Lisette Danckaert, Brüssel
Alain Dégardin, Le Bourget
Helmut Draxler, München
Evelyne Dufay, Arc et Senans
Antonin Dufek, Brno
Tamar Efrat, München
Laetitia Enderli, Zürich
Bernd Evers, Berlin
Monika Faber, Wien
Odile Faliu, Paris
Leopold Federmair, Wien
Günther Felderer, Wien

Joachim Fischer, Berlin
Nora Fischer, Wien
Yves Frémion, Paris
Eddie Gabriel, Antwerpen
Roger Gaillard, Yverdon-les-Bains
Carl-Rudolf Gardberg, Helsingfors
Jean Claude Garetta, Paris
Laurent Gervereau, Paris
Paul Gillon, Ignaucourt
Graf Piero Gondolo della Riva, Turin
Chris Hables Gray, Oregon
Valérie Guillaume, Paris
Roman Güttinger, Frauenfeld
Rosemary Haddad, Montreal
Werner Hanak, Wien
Ruth Hanisch, Wien
Volkmar Hansen, Düsseldorf
Virginia Heckert, Essen
Richard Heinrich, Wien
Jan Hosak, Prag
Elisabeth Hueber-Zötl, Linz
Ralph Hyde, London
Georges Jean, Verneil-le-Chétif
Tanja Jhelnina, Kaluga/Moskau
Caroline Junier-Clerc, Neuchâtel
François Junod, Sainte Croix
Hans-Otto Keunecke, Erlangen
Egon Klemp, Berlin
Helmut Klewan, München
Alex Korab, Wien
Gabis Kortian, Paris/Wien
Vlasta Koubska, Prag
Heike Kraemer, München
Cécile Kruyfthooft, Antwerpen
Marianne Kubaczek, Wien
Margherite Lacroix, Mâcon
Marianne Lamonaca, Miami Beach
Christiane Lange, München
Theodor Lässig, Deggendorf
Carl Laszlo, Basel
Irene Lenk, Wien
Barbara Lésak, Wien
Giovanni Lista, Paris
Wolfgang Lorenz, Wien
Elaine Lustig Cohen, New York
Loïc Malle, Paris
Sylvia Mattl, Wien
Brigitte Maurer, Wien
Eva Mayring, München
Corinne Merle, Bern
Helga und Thierry Mettetal, Besançon
Melissa Miller, Austin
Mauro Morelli und Marco Campetti, Trento
Alain Niderlinder, Paris

Österreichisches Kulturinstitut, London
Céchic Pastore, Genf
Janet Parks, New York
Alain Paviot, Paris
C. Ford Peatross, Washington D.C.
Otto Pfersmann, Aix-en-Provence
Serge Plantureux, Paris
Michel Ragon, Paris
Christian Rapp, Wien
Caroline, Gioia und Florentine Raspé, Berlin
Michel Roethel, Paris
Karlheinz Rohrwild, Feucht
Franz Rottensteiner, Wien
Monsieur Saluz, Seewen
Paul Scheufler, Prag
Edith Schipper, München
Astrit Schmidt-Burkhardt, Salzburg
Andreas Schultz, Wien
Wendy Sheridan, London
Roman Signer, St. Gallen
Silvia, Gianni und Matteo, Genua
Jean-Paul Siffre, Le Bourget
René Simmen, Zürich
Kurt Hans Staub, Darmstadt
Jan Stembera, Prag
Mariette van Stralen, Rotterdam
Pierre Strinati, Cologny
Jean Suquet, Paris
Fritz Sykora, Wien
Harald Szeemann, Tegna
Jivan Tabibian, Los Angeles
den Mitarbeitern des Technischen Museums in Wien trotz ihrer nicht immer leichten Arbeitsbedingungen
den Angestellten der Universitätsbibliothek der Technischen Universität Wien
Ludwig Thürmer, Berlin
Sasha Tikhomirov, Moskau
Lucien Treillard, Paris
Véronique Umbert, Paris
François Vannierre, Paris
Jacques Véry, Orsay
Françoise Vittu, Paris
Arye Wachsmuth, Wien
Julia Walworth, London
Jan van der Wateren, London
Franz Wawrik, Wien
Rüdiger Wehling-Raspé, Berlin
Peter Weibel, Wien
J. E. Weidinger, Wien
Hubert Winter, Wien
Inge Wolf, Frankfurt a. M.
Heinz Zemanek, Wien

Ausstellung:

Idee: Brigitte Felderer, Herbert Lachmayer, Toni Stooss

Konzept: Brigitte Felderer, Herbert Lachmayer

Kuratorin: Brigitte Felderer

Co-Kurator: Manuel Chemineau

Wissenschaftliches Ausstellungsbüro:
Manuel Chemineau, Peter Henrici, Elke Krasny

Interfacing: Mathias Fuchs

Ausstellungsarchitektur:
Zaha Hadid und Patrik Schumacher

Umsetzung der Ausstellungsarchitektur in Wien:
Fritz Mascher, Klaus Stattmann

Recherche:
Ingerid Helsing Almaas, Ianthe Kallas-Bortz

Wissenschaftliche Beratung:
Klaus Heinrich, Berlin; Thomas Macho, Berlin;
Helga Nowotny, Wien/Zürich

Kommissäre:
Jürgen Berger, Mannheim (Film, Filmarchitektur)
Timothy Druckrey, New York (Neue Technologien)
Doreet LeVitte-Harten, Düsseldorf (Science-fiction)
Bart Lootsma, Rotterdam (Architektur)
Eleonora Louis, Wien (Gegenwartskunst)
Wolfgang Pircher, Wien (Technikgeschichte)
Jasia Reichardt, London (Roboter)
Ramón M. Reichert (Ordnungssysteme)
Franz Reitinger, Salzburg/Berlin (Kartographie)

Photographische Installation:
Dietmar Hochhauser, Johannes Wegerbauer

Organisation:

Produktion: Catrin Wesemann

Öffentlichkeitsarbeit: Dietlinde Bügelmayer

Ausstellungssekretariat: Robert Priewasser,
Semirah Zecher-Heilingsetzer

Leitung des Ausstellungsaufbaus: Paul Lehner,
Richard Resch, Andreas Schiefer, Helmut Urbanek

Restauratorische Betreuung: Joachim Goppelt

Transporte: hs art service, Wien

Leitung Kunsthalle Wien:
Gerald Matt, Geschäftsführer
Cathrin Pichler, Chefkuratorin

Diese Ausstellung wäre in dieser Form nicht zustandegekommen ohne die großzügige Unterstützung von:
Silicon Graphics
Kapsch AG
Rigips
KulturKontakt
Zumtobel
Französisches Kulturinstitut
ORF
J.E. Weidinger
Porr
Austrian Airlines
Geospace
Kunsthistorisches Museum Wien
Hotel Bristol
Fa. Felderer

Katalog:

Herausgeberin: Brigitte Felderer

Redaktion: Jeanette Pacher, Mechtild Widrich

Covergestaltung und Layout: Loys Egg

Graphik: Daniel Egg

Übersetzungen:
Wolfgang Astelbauer (D. LeVitte-Harten;
J. Reichardt; J. Safran), Martina Bauer (F. Kittler)
Leopold Federmair (M. Chemineau; P. Virilio)
Elisabeth Frank-Großebner (C.H. Gray;
E. Huhtamo), Camilla Nielsen (T. Druckrey),
Robert Pfaller (S. Žižek),
Beate Rupprecht (B. Lootsma)

Lektorat:
Dietmar Krug, Peter Mahr, Claudia Mazanek

Satz u. Druck: A. Holzhausens Nfg. GesmbH., Wien

Gedruckt auf säurefreiem, chlorfrei gebleichtem Papier-TCF

Das Werk ist urheberrechtlich geschützt. Die dadurch begründeten Rechte, insbesondere die der Übersetzung, des Nachdrucks, der Entnahme von Abbildungen, der Funksendung, der Wiedergabe auf photomechanischem oder ähnlichem Wege und der Speicherung in Datenverarbeitungsanlagen, bleiben, auch bei nur auszugsweiser Verwertung, vorbehalten.

© 1996 Springer-Verlag/Wien, Printed in Austria

© 1996 der Texte bei den Herausgebern, Autoren, Künstlern und Übersetzern

© 1996 der abgebildeten Werke bei den Künstlern und ihren Rechtsnachfolgern,

Photographen: Siehe Photonachweis

© 1996 VBK, Wien

ISBN 3-211-82871-0 Springer-Verlag Wien New York